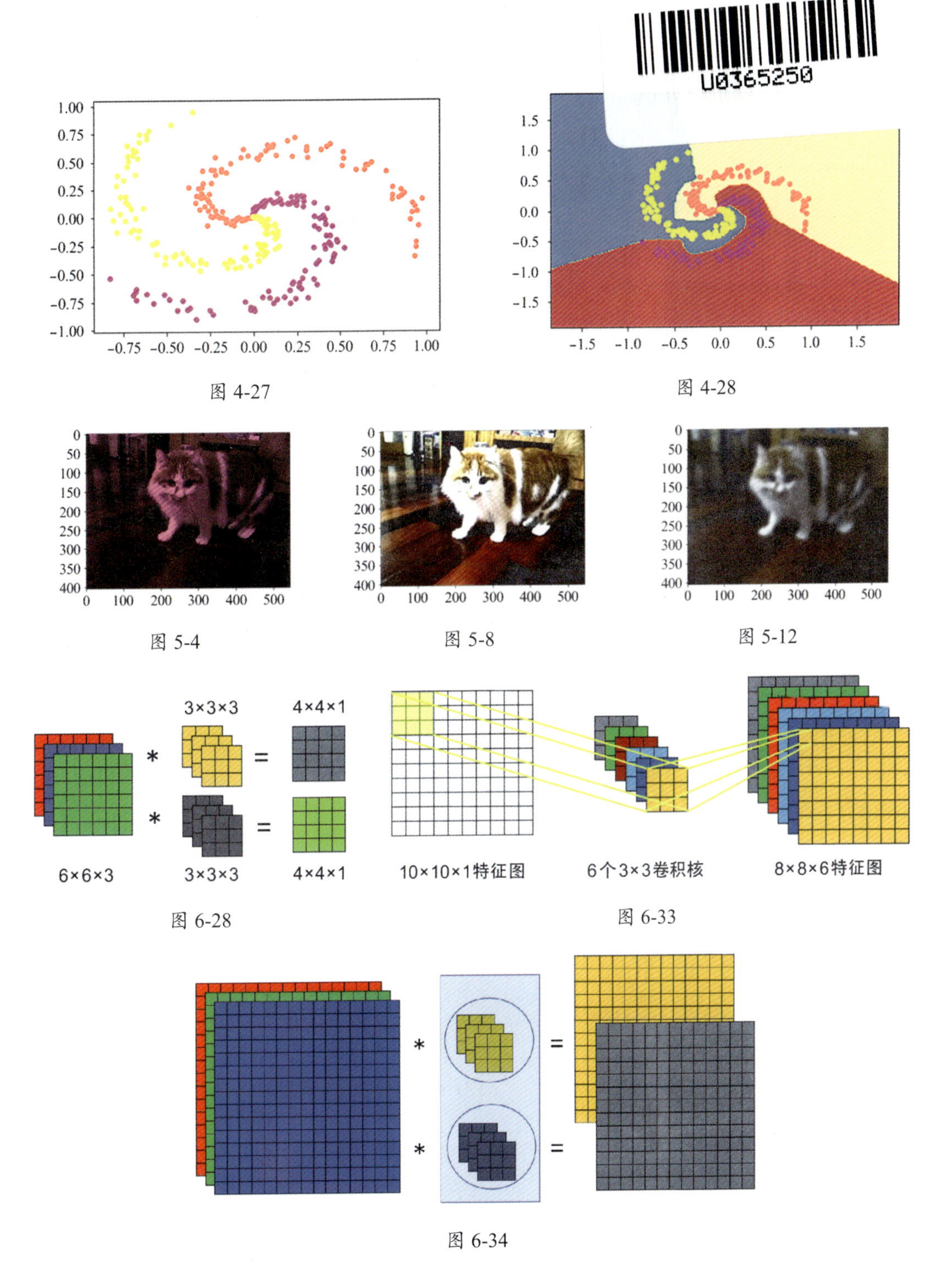

图 4-27

图 4-28

图 5-4

图 5-8

图 5-12

图 6-28

图 6-33

图 6-34

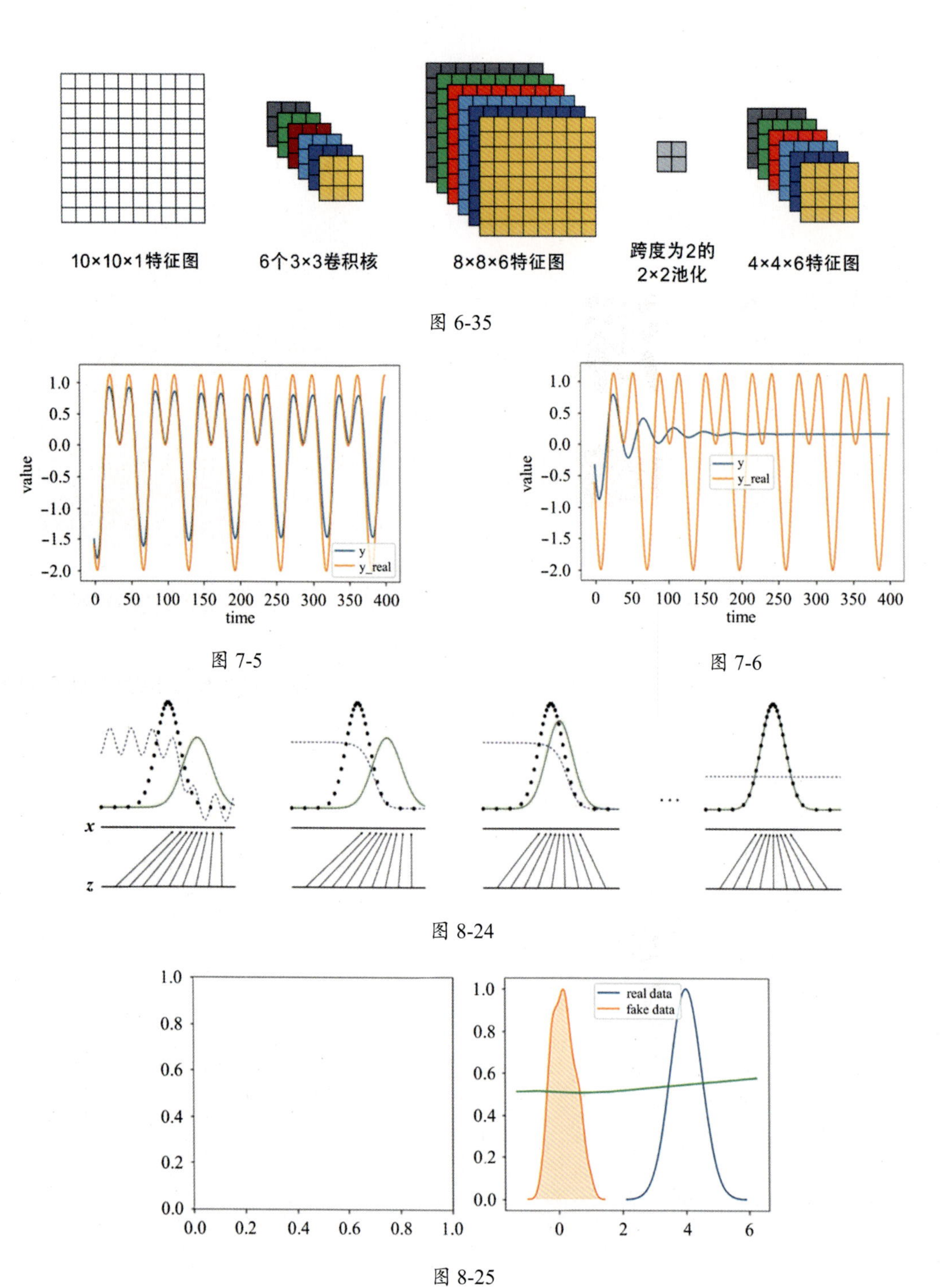

图 6-35

图 7-5

图 7-6

图 8-24

图 8-25

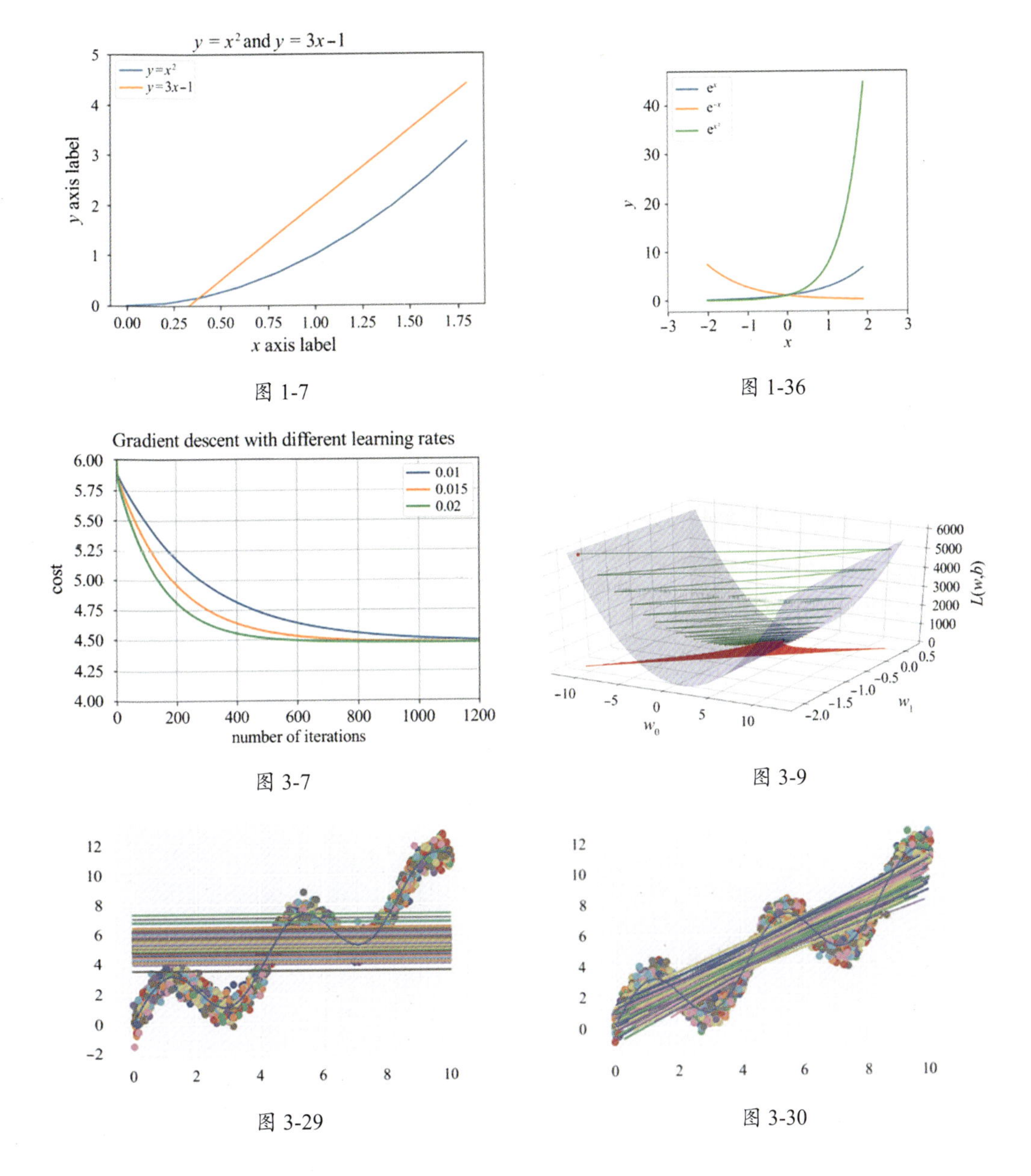

图 1-7

图 1-36

图 3-7

图 3-9

图 3-29

图 3-30

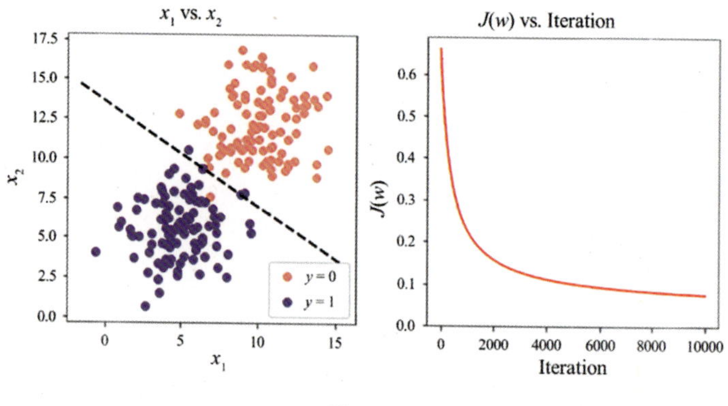

图 3-36

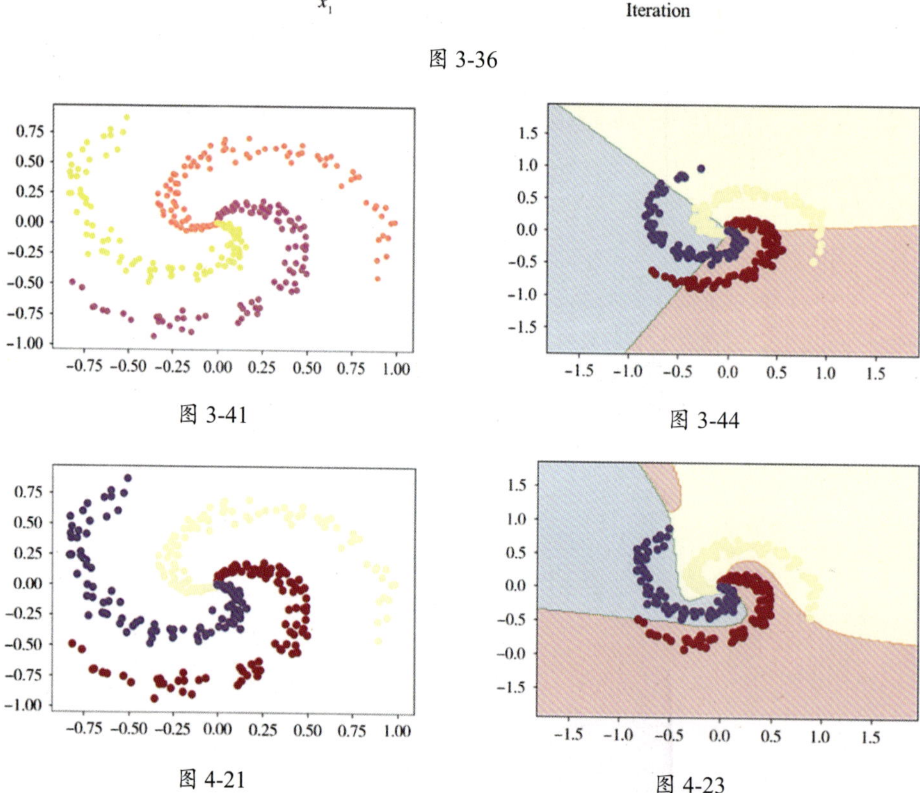

图 3-41

图 3-44

图 4-21

图 4-23

解剖深度学习原理

从0编写深度学习库

董洪伟　著

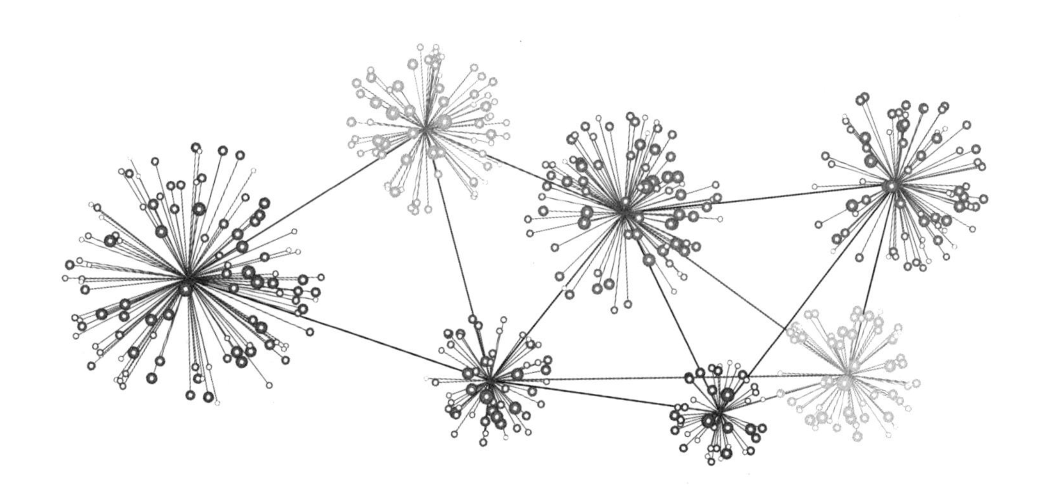

電子工業出版社
Publishing House of Electronics Industry
北京•BEIJING

内 容 简 介

本书深入浅出地介绍了深度学习的基本原理和实现过程，带领读者用 Python 的 NumPy 库从底层而不是借助现有的深度学习库，从 0 开始构建属于自己的深度学习库。本书在介绍基本的 Python 编程、微积分、概率、统计知识的基础上，按照深度学习的发展脉络介绍了回归模型、神经网络、卷积神经网络、循环神经网络、生成对抗网络等深度学习的核心知识，在深入浅出地剖析原理的同时，给出了详细的代码实现过程。

本书既适合没有任何深度学习基础的初学者阅读，也适合具有深度学习库使用经验、想了解其底层实现原理的从业人员参考。同时，本书特别适合作为高等院校的深度学习教材。

图书在版编目（CIP）数据

解剖深度学习原理：从 0 编写深度学习库 / 董洪伟著. —北京：电子工业出版社，2021.8

ISBN 978-7-121-41449-7

Ⅰ. ①解…　Ⅱ. ①董…　Ⅲ. ①机器学习　Ⅳ. ①TP181

中国版本图书馆 CIP 数据核字（2021）第 124754 号

责任编辑：潘　昕

印　　刷：三河市君旺印务有限公司

装　　订：三河市君旺印务有限公司

出版发行：电子工业出版社

北京市海淀区万寿路 173 信箱　　邮编 100036

开　　本：787×980　1/16　　印张：39.5　　字数：685 千字　　彩插：2

版　　次：2021 年 8 月第 1 版

印　　次：2021 年 8 月第 1 次印刷

定　　价：158.00 元

凡所购买电子工业出版社图书有缺损问题，请向购买书店调换。若书店售缺，请与本社发行部联系，联系及邮购电话：（010）88254888，88258888。

质量投诉请发邮件至 zlts@phei.com.cn，盗版侵权举报请发邮件至 dbqq@phei.com.cn。

本书咨询联系方式：（010）51260888-819，faq@phei.com.cn。

前　言

从计算机被发明以来，使机器具有类似于人类的智能一直是计算机科学家努力的目标。从1956年人工智能的概念被提出以来，人工智能研究经历了多次起伏，从基于数理逻辑的规则推理到状态空间搜索推理、从专家系统到统计学习、从群智能算法到机器学习、从神经网络到支持向量机，不同的人工智能技术曾各领风骚。

近年来，采用深度神经网络的深度学习大放异彩、突飞猛进，如AlphaGo、自动驾驶、机器翻译、语音识别等深度学习的成功应用，不断吸引人们的眼球。作为机器学习的一个分支，深度学习使传统的神经网络技术重回舞台中央，奠定了其在众多人工智能技术中的领先地位。

深度学习没有复杂、深奥的理论，在原理上仍然是传统的神经网络，即用一些简单的神经元函数组合成一个复杂的函数，并采用简单的梯度下降法根据实际样本数据学习神经网络中的模型参数。当然，深度学习的成功，离不开计算机硬件性能的提升（特别是并行计算性能越来越强的图形处理器），以及越来越多的数据。

未来社会，人工智能将无处不在，许多工作将被人工智能代替已经成为共识。目前，世界主要国家纷纷制定了人工智能战略，中小学也开始开设人工智能课程。借助一些深度学习平台，如TensorFlow、PyTorch、Caffe，一个小学生就可以轻松使用深度学习库去实现人脸识别、语音识别等应用，所要做的工作就是直接调用这些平台的API、定义深度神经网络的模型结构、调试训练参数。这些平台使深度学习的实现变得非常容易，使深度学习走进了寻常百姓家，使人工智能不再神秘。从高校到企业，各行各业的人都在使用深度学习开展各种研究与应用。

写作背景

只有透彻地理解技术背后的原理，才能更好地应用技术。尽管网上有大量讲解深度学习原理的文章，以及一些深度学习课程，但图书仍然是系统学习深度学习的重要工具。

市场上的深度学习图书：有些是针对专家或专业研究人员的偏重数学理论的图书，这类图书和学术论文一样，普通读者难以理解，且大都缺少对原理的深度剖析及代码实现，读者即使理解了原理，也可能仍然不知道该如何去实现；有些是工具类图书，主要介绍如何使用各种深度学习库，对原理的讲解非常少，读者只能依葫芦画瓢；有些属于通俗读物，对每个技术领域都浅尝辄止；还有极少的图书，在介绍原理的同时提供代码实现过程，并尽可能避免数学公式的推导。

笔者认为：平台教程类图书具有较强的时效性，而图书的出版周期往往以年计算，读者拿到图书时，平台的接口可能已经发生了较大的变化，图书的价值也就降低了；原理类图书应该通俗易懂，尽量避免复杂、深奥的数学推导，但完全抛弃经典高等数学，对于具有高等数学知识的读者来说，并不是一个好的选择。市场上缺少的，正是在介绍原理的同时讨论如何从底层而不是调用深度学习库编写深度学习算法的通俗易懂的图书。

本书内容

为了照顾没有编程经验、数学基础不足的读者，本书对 Python 编程、微积分、概率等知识进行了通俗易懂的讲解。在此基础上，本书由浅入深，从最简单的回归模型过渡到神经网络模型，采用从问题到概念的方式剖析深度学习的基本概念和原理，既避免“长篇大论”，也不会“惜字如金”，同时用简单的示例展现模型和算法的核心原理。在剖析原理的基础上，本书进一步用 Python 的 NumPy 库从底层进行代码实现，使读者透彻理解相关原理和实现并得到启发。通过阅读本书，读者不需要借助任何深度学习库，就可以从 0 开始构建属于自己的深度学习库。

本书既适合没有任何深度学习基础的初学者阅读，也适合具有深度学习库使用经验、想了解其底层实现原理的从业人员参考。同时，本书特别适合作为大专院校的深度学习教材。

读者服务

本书的相关资源（包括算法代码、链接列表），读者可访问作者的 GitHub 站点 https://hwdong-net.github.io 获取。

董洪伟

2021 年 3 月

目　　录

第 1 章　编程和数学基础

1.1　Python 快速入门

Python 是一种简单易学的解释性脚本语言，在设计之初被用于编写自动化脚本，后来被用于 Web 开发和科学计算。近年来，随着数据科学和人工智能的发展，Python 成为进步最快、最受欢迎的编程语言之一，并奠定了其在以数据处理和机器学习为代表的人工智能领域的领先地位。

1.1.1　快速安装 Python

作为解释性脚本语言，Python 程序的每个语句都由 Python 解释器解释和执行，即 Python 解释器逐句解释和执行 Python 程序中的语句。

1. 安装 Python 解释器

在 Ubuntu 系统中，可以在终端窗口输入以下命令，安装 Python。

```
$ sudo apt-get update                    #更新软件包
$ sudo apt-get install python3.8
```

在 Mac 系统中，可以通过包管理工具 Homebrew 安装 Python，命令如下。

```
$ brew install python3
```

在 Windows 平台中，可以访问 Python 官方网站（链接 1-1）下载并运行 Python 安装程序。在安装过程中勾选“Add Python3.8 to Path”复选框，安装程序会自动将 Python 解释器的路径添加到系统路径中。

在终端窗口输入 Python 解释器命令“python”，即可打开 Python 解释器。此时将显示 Python 的版本信息。如果显示如下信息，就表示 Python 安装成功。

```
C:\Users\hwdon>python
Python 3.8.2 (tags/v3.8.2:7b3ab59, Feb 25 2020, 23:03:10) [MSC v.1916 64 bit (AMD64)]
 on win32
Type "help", "copyright", "credits" or "license" for more information.
>>>
```

Python 广受欢迎的原因是其提供了大量的程序库（包），如多维数组（张量）库 NumPy、绘图库 Matplotlib。可以通过 pip 安装命令安装这些包，示例如下。

```
python -m pip install -U pip
pip install numpy
python -m pip install -U matplotlib
```

2. Jupyter Notebook 编程环境

目前，很多人都在使用 Jupyter Notebook 的 Python 开发环境。Jupyter Notebook 可以将浏览器当作 Python 程序的编程环境。一个 Jupyter Notebook 文档由一些单元（Cell）构成。单元的类型主要有 Code Cell 和 Markdown Cell 两种，前者用于编写 Python 代码，后者用于编写 Markdown 格式（类似于 Word，可以包含文字、公式等）的文档。Jupyter Notebook 可将代码和笔记有机地结合在一个文档中，已成为 Python 程序员使用最多的一种集代码编写和思想记录于一体的工具。

可以输入以下命令，安装 Jupyter 环境。

```
pip install --upgrade pip
pip install jupyter
```

然后，在命令行窗口输入“jupyter notebook”，就可以打开浏览器窗口进行 Python 编程了。

3. Anaconda

使用集成安装工具 Anaconda 可自动安装 Python 解释器和常用开发包（如 Jupyter Notebook、NumPy、Matplotlib）。访问 Anaconda 官方网站（链接 1-2）可下载并安装 Anaconda。

注意：若已通过 Anaconda 安装 Python 及相关包，就不需要单独安装 Python 解释器了。

Anaconda 安装程序还自带一个具有图形用户界面的 Python 集成开发环境 Spyder。当然，读者也可以使用其他 Python 开发环境，如 PyCharm 等。

1.1.2 Python 基础

1. 对象

在 Python 中，所有数值（如整数 2）都以对象的形式存在。一个对象通常包含值（对象的内容）、数据类型和 ID（相当于地址）等信息。

Python 是一种动态类型的高级语言。所谓“动态类型”是指 Python 能自动通过对象的值推断其类型。可通过 Python 内置函数 type() 查询一个值的类型，示例如下。

```
type("http://hwdong-net.github.io")
```

```
str
```

```
type(2)
```

```
int
```

```
type(3.14)
```

```
float
```

```
type(False)
```

```
bool
```

```
id(3)
```

```
140705546753760
```

```
id(3.14)
```

```
1857260776048
```

注意：布尔（bool）型只有两个值，即 True 和 False，分别表示逻辑命题的真和假。

2. print() 函数

print() 函数可用于输出一系列用逗号隔开的对象，示例如下。

```
print(2,3.14)
print("youtube 频道：hwdong",True)
```

```
2 3.14
youtube 频道：hwdong True
```

print() 函数有一个关键字参数 end，表示输出信息后的默认结束字符。其默认值是“\n”，表示输出后换行。执行以下代码，给 end 参数传递一个空格字符串，此时 print() 函数输出内容后会输出这个空格，而不是换行。

```
print(1,2,3,end = " ")          #输出两个对象后，输出一个空格，而不是换行
print(4,5,6)
```

```
1 2 3 4 5 6
```

3. 类型转换

对于基本类型，可用类型名将一个其他类型的对象转换为该类型的对象，示例如下。

```
print(int(3.14))                #将 3.14 从浮点型转换为整数型
print(type(int(3.14)))          #输出 int(3.14)的类型
print(type("3.14"))
print(float("3.14"))
print(type(float("3.14")))      #将 3.14 从字符串型转换为浮点型
```

```
3
<class 'int'>
<class 'str'>
3.14
<class 'float'>
```

4. 注释

以“#”开头的行中的文字称为**注释**。注释不是程序语句，而是对程序代码的说明。

5. 变量

可以用运算符“=”给对象起名字。这个名字称为对象的**变量名**（或者说，这个变量引用了对象），示例如下。

```
pi = 3.14
print(pi)
print(2*pi)
```

变量名可以随时引用其他对象，示例如下。变量名不是“从一而终”的，这一点和C语言等不同。

```
a = 3.14                          #a引用了对象3.14
b = a                             #b和a引用了同一个对象，即3.14
a = "hwdong-net.github.io"        #a引用了字符串对象“hwdong-net.github.io”
print(a)
print(b)
```

```
hwdong-net.github.io
3.14
```

在以上代码中，变量名a先引用对象3.14，然后引用字符串对象“hwdong-net.github.io”。如图1-1所示，左图是执行b=a的结果，右图是执行a= "hwdong-net.github.io" 的结果。

a	3.14
b	3.14

a	"hwdong-net.github.io"
b	3.14

图 1-1

6. input() 函数

input() 函数用于从键盘接收输入。输入的内容通常是字符串。input() 函数还可以接收“提示串”，示例如下。

```
name = input()
print("name: ",name)
score = input("请输入你的分数：")
print("姓名：",name,"分数：",score)
type(score)
```

```
王安
name:  王安
请输入你的分数：56.8
姓名：  王安 分数：  56.8
```

```
str
```

尽管input() 函数输入的总是一个字符串类型的对象，但可以通过类型转换将输入的字符串转换为其他基本类型，示例如下。

```
score = input("请输入你的分数：")
print(type(score))
score = float(input("请输入你的分数："))
type(score)
```

```
请输入你的分数：70.5
```

```
<class 'str'>
请输入你的分数：80.5
```

```
float
```

1.1.3 Python 中的常见运算

在 Python 中，可以用运算符直接对（对象）值进行运算。不同类型的值支持的运算不同。例如，对数值型（int、float）可进行算术运算（+、-、*、/、%、//、**），示例如下，其中“%”“//”“**”分别表示求余数、整数除、指数运算。

```
x = 15
y = 2
print('x + y =',x+y)
print('x - y =',x-y)
print('x * y =',x*y)
print('x / y =',x/y)
print('x % y =',x%y)          #求余数
print('x // y =',x//y)        #整数除
print('x ** y =',x**y)        #指数运算
```

```
x + y = 17
x - y = 13
x * y = 30
x / y = 7.5
x % y = 1
x // y = 7
x ** y = 225
```

用于对两个值进行比较的比较运算符“==”“!=”“>”“<”“>=”“<=”，分别表示等于、不等于、大于、小于、大于等于、小于等于。比较运算的结果是布尔型的值，示例如下。

```
x = 15
y = 2
print('x > y is',x>y)
print('x < y is',x<y)
print('x == y is',x==y)
print('x != y is',x!=y)
print('x >= y is',x>=y)
print('x <= y is',x<=y)
```

```
x > y is True
x < y is False
x == y is False
x != y is True
x >= y is True
x <= y is False
```

逻辑运算符 and、or、not 分别表示**逻辑与**、**逻辑或**、**逻辑非**。在逻辑运算中，True、非 0 或非空对象为真（True），False、0 或空对象为假（False）。

算术运算符的运算规则如下。

- 对一个对象x：当x为真（True、非0值或非空值）时，“not x”为False；当x为假（False、0或空值）时，“not x”为True。示例代码如下。

```
#print()函数默认在输出后换行，可通过给end参数传递一个空格达到只输出空格而不换行的效果
print(not 0,end = ' ')
print(not "",end = ' ')
print(not False,end = ' ')
print(not 2,end = ' ')
print(not "hwdong")
```

```
True True True False False
```

- 对两个对象x、y：当x为真时，“x or y”的结果是x；当x为假时，“x or y”的结果是y。示例代码如下。

```
print(3 or 2,end = ' ')          #因为3为真，所以3 or 2的结果是3
print(0 or 2,end = ' ')          #因为0为假，所以0 or 2的结果是2
print(False or True,end = ' ')
print("" or 2)                   #因为空字符串为假，所以"" or 2的结果是2
```

```
3 2 True 2
```

- 对两个对象x、y：当x为真时，“x and y”的结果是y；当x为假时，“x and y”的结果是x。示例代码如下。

```
print(3 and 2,end = ' ')         #因为3为真，所以3 and 2的结果是2
print(0 and 2,end = ' ')         #因为0为假，所以0 and 2的结果是0
print("" and 2,end = ' ')        #因为空字符串为假，所以"" and 2的结果是""，即没有输出
print(False and True)
```

```
2 0  False
```

Python还有移位运算符（如位与&、位或 |、异或^、取反~、左移<<、右移>>）等运算符，对此感兴趣的读者可以参考相关资料。

运算符“=”也可以与其他算术运算符、位运算符结合使用，示例如下。

```
x = 3
print(id(x))
x+=2                   #等价于x = x+2
print(id(x))
```

“x+=2”等价于“x = x+2”，其含义是：将原来的x与2相加，得到一个新对象，x将引用这个相加计算的结果对象（新对象）。可以看出，前后两个x表示的是两个不同的对象。

运算符in、not in用于判断一个值（对象）是否在一个容器对象中，示例如下。

```
print("h"in"hwdong")
print("h"not in"hwdong")
```

```
True
```

```
False
```

1. 下标运算符

可以通过给下标运算符（[ ]）赋予一个下标来访问一个容器对象中的某个元素，示例如下。

```
s = "hwdong"
print(s[0], s[1], s[2], s[3], s[4], s[5])
print(s[-6],s[-5],s[-4],s[-3],s[-2],s[-1])
```

下标的编号从 0 开始。字符串对象 s 由一系列字符构成：第一个字符的下标是 0，第二个字符的下标是 1……依此类推。长度为 n 的字符串的下标为 $0,1,2,\cdots,n-1$。

下标也可以是负整数，其中，-1 指最后一个字符，$-n$ 指第一个字符。

2. 字符串的格式化

用格式符“%”将一些数据格式化到字符串中，以创建一个新字符，示例如下。

```
s2 = '%s %s %f' % ("The score", "of LiPing is: ", 78.5)
print(s2)
```

“%s %s %f”表示：其后面的三个输出项“The score”“of LiPing is:”“78.5”，前两个是字符串，第三个是实数。

可用 format() 方法对一个字符串进行格式化，也就是将字符串中的占位符“{}”依次替换为 format() 方法中的数据，示例如下。

```
print ("{} {} {}".format("The score", "of LiPing is: ", 78.5))
```

1.1.4　Python 控制语句

程序通常是从上到下依次执行每一条语句的。有时可能需要根据某个条件是否被满足来决定是否执行某些语句或重复执行某些语句。Python 的条件语句、循环语句就是用来根据条件决定如何执行某些语句的控制语句的。

1. if 语句

if 语句的格式如下。

```
if 表达式:
    程序块
```

以上语句表示 if 关键字后的表达式的结果。如果结果为 True 或非 0 值，则执行其中的程序块，示例如下。

```
score = float(input())
if score>=60:
  print("恭喜你！")
  print("通过了考试。")
```

```
60.5
恭喜你！
```

```
通过了考试。
```

- if表达式后面要有冒号。
- 在Python中，可以通过对齐的方式表示一组语句属于同一个程序块，如以上代码中if程序块里的两个语句。

同一个程序块中的代码的缩进必须是正确的，否则Python解释器就会报错，示例如下。

```
score = float(input())
if score>=60:
   print("恭喜你!")
 print("通过了考试。")
```

```
  File "<tokenize>", line 4
    print("通过了考试。")
    ^
IndentationError: unindent does not match any outer indentation level
```

if和else可以结合使用，表示“如果……否则……”，即当if中的条件表达式为True时执行if子句中的程序块，否则执行else子句中的程序块。else后面不需要条件表达式。if...else语句的格式如下。

```
if 表达式:
  程序块 1
else:
  程序块 2
```

示例程序如下。

```
score= float(input("请输入成绩: "));
if score>=60:                    #如果score大于等于60，就执行if子句中的程序块
    print("恭喜你!")
    print("通过了考试。")
else:                            #否则，执行else程序块
    print("你未通过考试。")
    print("继续努力，加油! ")
```

```
请输入成绩: 67.5
恭喜你!
通过了考试。
```

对于多个条件，可使用if的另一种形式if...elif...else，即“如果……否则如果……否则”，示例如下。

```
if 表达式 1:
   程序块 1
elif 表达式 2:
   程序块 2
elif 表达式 3:
   程序块 3
else:
   程序块
```

以上语句表示：如果表达式 1 的结果是 True，则执行表达式 1 中的程序块 1，且不会执行其他程序块；如果表达式 2 的结果是 True，则执行表达式 2 中的程序块 2；如果表达式 3 的结果是 True，则执行表达式 3 中的程序块 3；如果前面的表达式的结果都是 False，则执行 else 子句中的程序块。示例程序如下。

```
score= float(input("请输入学生成绩: "));
if score<60:             #如果 score 小于 60，就执行这个 if 程序块
    print("不及格")
elif score<70:           #如果 score 小于 60，就执行这个 elif 程序块
    print("及格")
elif score<80:           #如果 score 小于 80，就执行这个 elif 程序块
    print("中等")
elif score<90:           #如果 score 小于 69，就执行这个 elif 程序块
    print("良好")
else:                    #否则（其他情况），执行这个 else 程序块
    print("优秀");
```

```
请输入学生成绩: 90.5
优秀
```

2. while 语句

while 语句的格式如下。

```
while 表达式:
      程序块
```

当关键字 while 中的表达式为 True 时，就重复执行其中的程序块，示例如下。

```
i = 1
s = 0
while i<=100:
   s = s+i;             #等价于 s += i
   #print(i,s)
   i+=1
print(s)
```

```
5050
```

统计通过键盘输入的一组学生的成绩的平均值，可以用下列代码实现。

```
total_score=0
i= 0
score = float(input("请输入学生成绩: "))
while True:
    total_score += score
    i += 1
    score = float(input("请输入学生成绩: "))
    if  score<0:
        break            #关键字 break 用于跳出循环
```

```
print('平均成绩为：', total_score/i)
```

```
请输入学生成绩：45.6
请输入学生成绩：56.7
请输入学生成绩：89.7
请输入学生成绩：78.6
请输入学生成绩：-2
平均成绩为： 67.65
```

在循环的程序块里嵌套了一个 if 条件语句。如果该条件语句表达式“score<0”为 True，则执行其中的 break 语句。**break** 是 Python 的关键字，用于跳出循环语句，即不再执行循环语句。

3. for 语句

for 关键字也表示一个循环语句，用于迭代访问一个容器对象或一个可迭代对象中的所有元素。for 语句的格式如下。

```
for e in container:
   程序块
```

以上语句表示：循环访问容器对象 container 中的元素 e，执行程序块中的语句。示例程序如下。

```
for ch in "hwdong":
   print(ch,end=",")
```

```
h,w,d,o,n,g,
```

迭代访问字符串中的所有元素（字符），然后用 print() 函数输出该元素（本例中为 ch）。

1.1.5 Python 常用容器类型

就像字符串是字符的容器一样，Python 提供了 list、tuple、set、dict 等类型的容器。

1. 列表

列表（list）是一组数据元素（对象）的有序序列。列表对象被一对方括号（[ ]）包围，数据元素之间用逗号隔开，示例如下。

```
a = [2,5,8]
print(a)
type(a)
```

```
[2, 5, 8]
```

```
list
```

列表中数据元素的类型可以是不同的，甚至可以是包含其他对象的 list 对象，示例如下。

```
my_list =[2, 3.14,True,[3,6,9],'python']
print(my_list)
print(type(my_list))        #打印 my_list 的类型，即 list 类型
```

```
[2, 3.14, True, [3, 6, 9], 'python']
<class 'list'>
```

再给出一个示例，具体如下。

```
a = [[1,2,3],[4,5,6]]
print(a)
```

```
[[1, 2, 3], [4, 5, 6]]
```

（1）索引

和字符串一样，可通过下标访问列表中的元素，示例如下。

```
print("my_list[0]:",my_list[0])
print("my_list[3]:",my_list[3])
print("my_list[-2]:",my_list[-1])
```

```
my_list[0]: 2
my_list[3]: [3, 6, 9]
my_list[-2]: python
```

可以通过下标修改列表对象中的元素，示例如下。

```
print(my_list)
my_list[-2]=[8,9]
print(my_list)
```

```
[2, 3.14, True, [3, 6, 9], 'python']
[2, 3.14, True, [8, 9], 'python']
```

在以上代码中，下标“-2”指向新对象 [8,9]。

将不同的对象赋值给列表元素，可使列表元素指向不同的对象，如图 1-2 所示。

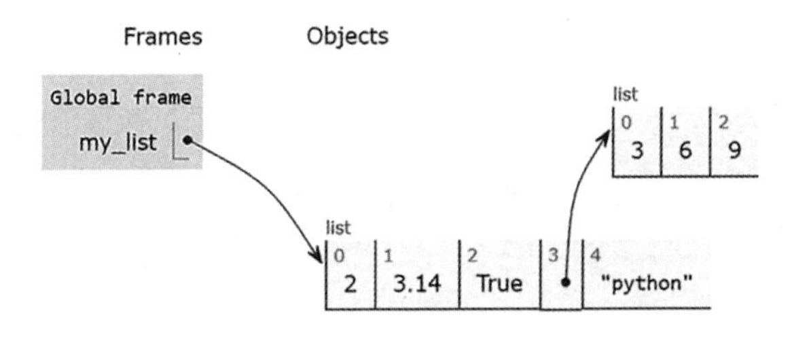

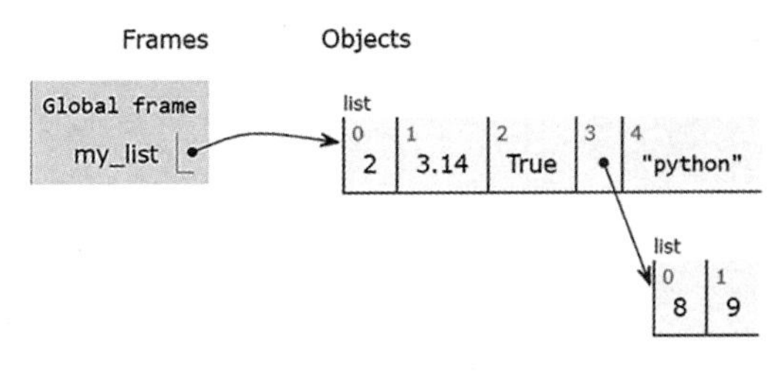

图 1-2

（2）切片

可以通过 [start:end:step] 访问一个列表对象的由起始下标、结束下标、步长筛选出来的元素构成的子列表。这种访问列表对象的方式称为切片，示例如下。

```
print(my_list)
print(my_list[2:4])
print(my_list[0:4:2])
```

```
[2, 3.14, True, [8, 9], 'python']
[True, [8, 9]]
[2, True]
```

步长的默认值是 1。如果起始下标未指定，则默认为 0；如果结束下标未指定，则默认为最后一个元素后面的位置。示例代码如下。

```
list_2 = my_list[:]          #所有元素
print(list_2)
```

```
[2, 3.14, True, [8, 9], 'python']
```

以上代码用于返回一个由所有元素构成的列表。

注意：通过切片创建的是一个新的列表对象。因此，执行以下代码，将输出不同的 ID。

```
print(id(my_list))
print(id(list_2))
```

```
1535447525504
1535447326144
```

如果切片位于赋值语句的左边，则表示修改该切片所对应的子列表的内容，示例如下。

```
print(my_list)
my_list[2:4] = [13, 9]
print(my_list)
```

```
[2, 3.14, True, [8, 9], 'python']
[2, 3.14, 13, 9, 'python']
```

以上代码通过切片替换了列表中的部分元素，如图 1-3 所示。

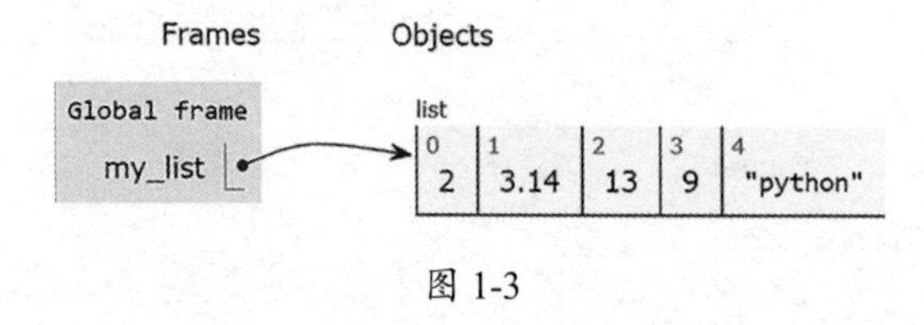

图 1-3

（3）遍历

和字符串一样，可以用 for 循环等访问一个列表对象中的元素，示例如下。

```
for e in my_list:
```

```
    print(e,end=" ")
```

```
2 3.14 True [8, 9] python
```

甚至可以通过用 for 循环遍历一个容器或可迭代对象的方式创建一个列表对象，示例如下。

```
alist = [e**2 for e in [0,1,2,3,4,5]]
print(alist)
```

```
[0, 1, 4, 9, 16, 25]
```

以上代码表示对 [1,2,3,4,5] 的每个元素计算 e**2，并用这些值创建一个列表对象。这种通过在方括号中迭代计算而产生值来创建列表对象的式子叫作**列表解析式**。列表解析式可以包含更复杂的计算代码，如包含条件语句，示例如下。

```
alist = [0, 1, 2, 3, 4,5]
alist = [x ** 2 for x in alist if x % 2 == 0]
print(alist)
```

```
[0, 4, 16]
```

Python 的内置函数 range(n) 是一个用于产生 0 到 n 之间整数（不包括 n）的**迭代器对象**。尽管迭代器对象不是容器，但依然可以用 for 循环遍历该对象中的元素，示例如下。

```
for e in range(6):
    print(e, end = ' ')
print()
```

```
0 1 2 3 4 5
```

可以通过遍历迭代器对象的方式创建一个列表对象，示例如下。

```
alist = [e**2 for e in range(6)]
print(alist)
```

```
[0, 1, 4, 9, 16, 25]
```

2. 元组

和列表一样，元组（tuple）也是一组数据元素（对象）的有序序列，也就是说，每个元素有唯一的下标。在定义元组时，使用的是圆括号，而不是方括号，示例如下。

```
t = ('python',[2,5],37,3.14,"https://hwdong.net")
print(type(t))
print(t[1:4])
print(t[-1:-4:-1])
```

```
<class 'tuple'>
([2, 5], 37, 3.14)
('https://hwdong.net', 3.14, 37)
```

列表中的元素是可修改的，示例如下。

```
print(alist)
alist[1] = 22
```

```
print(alist)
```

```
[0, 1, 4, 9, 16, 25]
[0, 22, 4, 9, 16, 25]
```

元组中的元素是不可修改的（如同一个字符串中的元素是不可修改的），示例如下。

```
t[1]=22
```

```
---------------------------------------------------------------------------

TypeError                                 Traceback (most recent call last)

<ipython-input-27-70d00e4ef536> in <module>
----> 1 t[1]=22
```

```
TypeError: 'tuple' object does not support item assignment
```

注意：用圆括号解析式创建的是可迭代对象，而不是元组对象，示例如下。

```
nums = (x**2 for x in range(6))
print(nums)
for e in nums:
    print(e,end= " ")
```

```
<generator object <genexpr> at 0x000001657FD80F20>
0 1 4 9 16 25
```

这是因为，元组对象是不可修改的，即无法通过每次产生一个值然后将其添加到元组中的方式创建一个元组对象。

3. 集合

集合（set）是指不包含重复元素的无序集合。集合是被一对花括号（{}）包围的、以逗号隔开的一组元素，元素的类型可以是不同的，示例如下。

```
s = {5,5,3.14,2,'python',8}
print(type(s))
print(s)
```

```
<class 'set'>
{2, 3.14, 5, 8, 'python'}
```

可以用 add() 和 remove() 函数向一个集合中添加和删除元素。对于列表对象，可以用 append() 或 insert() 函数追加或插入元素。pop() 函数用于删除最后一个元素。remove() 函数用于删除第一个指定值的元素。示例代码如下。

```
s.add("hwdong")
print(s)
s.remove("hwdong")
print(s)
alist.append("hwdong")
print(alist)
```

```
alist.insert(2,"net")
print(alist)
alist.pop()
print(alist)
alist.remove("net")
print(alist)
```

```
{2, 3.14, 5, 8, 'hwdong', 'python'}
{2, 3.14, 5, 8, 'python'}
[0, 22, 4, 9, 16, 25, 'hwdong']
[0, 22, 'net', 4, 9, 16, 25, 'hwdong']
[0, 22, 'net', 4, 9, 16, 25]
[0, 22, 4, 9, 16, 25]
```

对于不可修改的对象（如元组），没有 append() 或 insert() 之类的函数用于添加元素。例如，以下代码是**错误**的。

```
t.append("hwdong")
```

```
---------------------------------------------------------------------------
AttributeError                            Traceback (most recent call last)
<ipython-input-31-34fd50c7f43a> in <module>
----> 1 t.append("hwdong")

AttributeError: 'tuple' object has no attribute 'append'
```

可以用花括号解析式创建一个集合对象，示例如下。

```
nums = {x**2 for x in range(6)}
print(nums)
```

```
{0, 1, 4, 9, 16, 25}
```

4. 字典

字典（dict）是键值对（Key-Value Pairs）的无序集合，每个元素都以“键:值”（key:value）的形式存储，示例如下。

```
d = {1:'value', 'key':2, 'hello': [4,7]}
print(type(d))
print(d)
```

```
<class 'dict'>
{1: 'value', 'key': 2, 'hello': [4, 7]}
```

在以上代码中，需要通过 key（键，也称关键字）访问 dict 中这个 key 所对应的元素的 value（值），示例如下。

```
d['hello']
```

```
[4, 7]
```

如果一个key所对应的元素不存在，那么通过这个key访问元素的操作是非法的，示例如下。

```
d[3]
```

```
---------------------------------------------------------------------------

KeyError                                  Traceback (most recent call last)

<ipython-input-35-0acadf17a380> in <module>
----> 1 d[3]

KeyError: 3
```

不过，可以给一个不存在的key赋值，即在集合中添加一个键值对，示例如下。

```
d[3] = "python"
print(d)
print(d[3])
```

```
{1: 'value', 'key': 2, 'hello': [4, 7], 3: 'python'}
python
```

定义一个表示学生信息并以名字作为关键字的dict对象，示例如下。

```
students={"LiPing":[21,"计科01",15370203152],"ZhangWei":[20,"计科02",17331203312],
          "ZhaoSi":[22,"机械03",16908092516]}
print(students)
print(students["ZhangWei"])
```

```
{'LiPing': [21, '计科01', 15370203152], 'ZhangWei': [20, '计科02', 17331203312],
'ZhaoSi': [22, '机械03', 16908092516]}
[20, '计科02', 17331203312]
```

可以通过for...in循环语句访问dict中的元素，示例如下。

```
for name in students:
    info = students[name]
    print('{}\'s info: {} '.format(name, info))
```

```
LiPing's info: [21, '计科01', 15370203152]
ZhangWei's info: [20, '计科02', 17331203312]
ZhaoSi's info: [22, '机械03', 16908092516]
```

当然，也可以用花括号解析式创建dict对象，示例如下。

```
points = {x:x**2 for x in range(6)}
print(points)
```

```
{0: 0, 1: 1, 2: 4, 3: 9, 4: 16, 5: 25}
```

1.1.6 Python常用函数

Python通过关键字**def**来定义函数、给程序块起名字，然后通过函数名调用并执行相应的函数，示例如下。

```
def hwdong():
    print("我的 youtube 频道是：","hwdong")                    #调用内置函数 print()
    print("我的 B 站号是：hw-dong")
    print("我的博客是：https://hwdong-net.github.io")
```

调用函数 hwdong()，示例如下。

```
hwdong()
print()        #调用内置函数 print()
hwdong()
print()        #调用内置函数 print()
hwdong()
```

```
我的 youtube 频道是： hwdong
我的 B 站号是：hw-dong
我的博客是：https://hwdong-net.github.io

我的 youtube 频道是： hwdong
我的 B 站号是：hw-dong
我的博客是：https://hwdong-net.github.io

我的 youtube 频道是： hwdong
我的 B 站号是：hw-dong
我的博客是：https://hwdong-net.github.io
```

函数可以有参数，以便在调用函数时将相应的参数传递给函数。以下函数用于计算 x^n。

```
def pow(x,n):
    ret = 1
    for i in range(n):        #0,1,2,...,n-1
        ret *=x               #ret = ret*x
    return ret                #返回函数的值
```

其中，关键字 **return** 表示的语句称为返回语句，即函数执行到 return 时就返回（结束执行），同时返回一个值。

调用这个函数，分别给函数的形式参数 x 和 n 传递实际参数，示例如下。

```
print(pow(3,2))
print(pow(2,4))
```

```
9
16
```

在以上代码中，pow() 函数调用的返回值将传递给 print() 函数，以便打印这个返回值。

函数的参数可以有默认值。如果在调用函数时没有提供相应的参数，那么这个参数将使用其默认值，示例如下。

```
def pow(x,n=2):
    ret = 1
    for i in range(n):
        ret *=x
    return ret
```

该函数的参数 n 的默认值是 2，即计算 x^2。在调用该函数时，可以传递或不传递实际参数给形式参数 n，示例如下。

```
print(pow(3.5))           #将 3.5 传递给 x，n 的默认值为 2
print(pow(3.5,3))
```

```
12.25
42.875
```

一个函数内部可以存在调用其他函数的语句。当然，一个函数可以在其内部调用自身，这种函数称为**递归函数**。

求正整数 n 的阶乘的函数，示例如下。当 $n=1$ 时，直接返回 1；否则，将 $n!$ 转换为 $n\times(n-1)!$。

```
def fact(n):
    if n==1:                    #如果 n 等于 1，就直接返回 1
        return 1
    return n * fact(n - 1)      #如果 n 大于 1，就计算 n 和 fact(n-1)的积

fact(4)                         #输出 24
```

```
24
```

当然，也可以直接用循环来计算 $n!=1\times2\times3\times\cdots\times(n-1)\times n$，示例如下。

```
def fact(n):
    ret = 1
    i = 1
    while i<=n:
        ret *= i
        i += 1
    return ret

fact(4)                  #输出 24
```

```
24
```

1. math 包

math 包里定义了许多数学函数库。要想使用该包中的函数，需要先导入（import）该包，命令如下。

```
import math
print(math.sqrt(2))
```

```
1.4142135623730951
```

import...as 语句可以给导入的包起一个别名，示例如下。

```
import math as mt
print(mt.sqrt(2))
print(mt.pow(3.5,2))
```

```
1.4142135623730951
12.25
```

再看一个例子，具体如下。

```
import math
def circle(r):
    area = math.pi*r**2
    perimeter = 2*math.pi*r
    return area,perimeter

area,p = circle(2.5)
print("半径是 2.5 的圆面积和周长是：%5.2f,%5.2f"%(area,p))
area,p =circle(3.5)
print("半径是 3.5 的圆面积和周长是：%5.2f,%5.2f"%(area,p))
```

```
半径是 2.5 的圆面积和周长是：19.63,15.71
半径是 3.5 的圆面积和周长是：38.48,21.99
```

函数可以返回多个值。这些值实际上是以一个元组对象的形式返回的，示例如下。

```
ret = circle(2.5)
print(type(ret))
area,p = ret
print(area,p )
```

```
<class 'tuple'>
19.634954084936208 15.707963267948966
```

2. 全局变量和局部变量

在函数外部定义的变量称为**全局变量**，在函数内部定义的变量称为**局部变量**。全局变量属于全局名字空间。局部变量属于函数的局部名字空间，不同的名字空间里可以有同名变量（它们互不冲突）。在函数内部不能直接访问外部的全局变量。示例代码如下。

```
global_x = 6
def f():
    x = 3
    global_x = 5
    print(x,global_x)
```

```
f()
print(global_x)
```

```
3 5
6
```

函数内部的语句“global_x = 5”并没有修改函数外部的全局变量 global_x，而是定义了一个局部变量 global_x 来指向对象 5（对全局变量 global_x 没有任何影响）。因此，执行函数 f() 后，函数内部的局部变量就被销毁了，全局变量 global_x 的值仍然是 6。

要想从函数内部访问全局变量，就要在函数内部用关键字 global 声明一个变量是全局变量，示例如下。

```
global_x = 6
def f():
    global global_x
    x = 3
    global_x = 5
    print(x,global_x)
```

```
f()
print(global_x)
```

```
3 5
5
```

函数内部的 global_x 被声明为函数外部的全局变量 global_x。对它进行修改，就是修改外部的全局变量 global_x。因此，函数 f() 执行后的输出语句输出的是 5，而不是 6。

另一种修改全局变量的方法是将全局变量作为参数传递给函数，但这个全局变量必须是非基本类型的对象。这是因为，在传递基本类型的对象时，函数的形式参数引用的对象是实际参数引用的对象的复制对象（不是同一个对象）。示例代码如下。

```
global_x = 6
a = [1,2,3]

def f(y,z):
    x = 3
    y = 5
    z[0] = 10
    print(y)
    print(z)

f(global_x,a)
print(global_x)
print(a)
```

```
5
[10, 2, 3]
6
[10, 2, 3]
```

如图 1-4 所示：在将变量 global_x 传递给 y 时，y 引用的是变量 global_x 指向的对象的复制对象，而不是其本身；而在将变量 a 传递给 z 时，z 和 a 引用的是同一个对象。也就是说，基本类型的参数传递的是复制对象，非基本类型的参数传递的是引用对象。

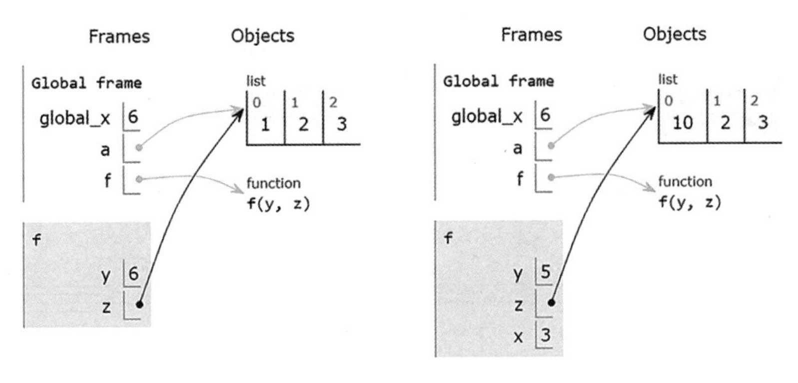

图 1-4

3. 匿名函数和 lambda 函数

对一些简短的函数，可以用关键字 lambda 定义一个没有函数名的函数，示例如下。

```
lambda arguments: expression
```

函数没有函数名，但有参数 arguments，示例如下。

```
lambda x: x ** 2
```

通常用“=”运算符给 lambda 函数命名，示例如下。

```
double = lambda x: x ** 2
```

调用 double 引用的匿名函数，示例如下。

```
double(3.5)
```

```
12.25
```

4. 嵌套函数

定义在一个函数内部的函数称为**嵌套函数**，示例如下。

```
def print_msg(msg):          #包围函数
    def printer():           #嵌套函数
        print(msg)
    return printer           #返回嵌套函数

another = print_msg("Hello")
another()
```

```
Hello
```

嵌套函数可以访问其所包含范围内的变量，如 printer() 可以访问 print_msg() 的变量（包括参数 msg）。示例代码如下。

```
def make_pow(n):
    def pow(x):
        return x ** n        #pow()可以访问make_pow()的变量（即n）
    return pow
```

make_pow() 返回的函数对象 pow() 可以访问 make_pow() 的变量（即 n），示例如下。

```
pow3 = make_pow(3)          #给返回的嵌套函数pow()起了一个名字pow3

pow5 = make_pow(5)          #给返回的嵌套函数pow()起了一个名字pow5

print(pow3(9))
print(pow5(3))
print(pow5(pow3(2)))
```

```
729
243
32768
```

5. yield 关键字和生成器

通过 yield 关键字，可以定义一个生成器。生成器是一种函数，可返回一个迭代器（对象），示例如下。

```
def infinite_sequence():
    num = 0
    while True:
        yield num
        num += 1
```

生成器 infinite_sequence() 通过 yield 关键字返回一个可迭代对象，示例如下。

```
iterator = infinite_sequence()
print(next(iterator))
print(next(iterator))
```

```
0
1
```

可以用变量名 iterator 引用生成器返回的可迭代对象，然后用 next() 函数得到这个可迭代对象的一个值。也可以用 for 循环遍历这个可迭代对象，示例如下。

```
for i in infinite_sequence():
    print(i, end=" ")
    if i>5:
        break
```

```
0 1 2 3 4 5 6
```

1.1.7 类和对象

类（class）是对一个抽象概念的描述。类描述了属于同一个概念的所有对象的共同属性，包括数据属性和方法属性。数据属性描述了该类对象的状态，方法属性描述了该类对象的功能。一个类就是一个数据类型，它刻画了这个类的所有可能值的共同属性，如 int 类刻画了所有整数的特性。

一般地，可以通过类名创建一个类对象。类对象是一个具体的对象，示例如下。

```
s = str("http://hwdong.net")
print(type(s))                  #str
location = s.find("hwdong")     #通过 str 的 find() 方法查询是否存在子串，并返回子串的位置
print(location)
alist = list(range(6))          #[0,1,2,3,4,5]，即 list
blist = alist.copy()            #通过 list 的 copy() 方法产生 alist，以修改一个被复制的 list
blist[2] = 20
print(alist)
print(blist)
```

```
<class 'str'>
7
[0, 1, 2, 3, 4, 5]
[0, 1, 20, 3, 4, 5]
```

以上代码通过一个类对象，用**成员访问运算符**“.”访问**类的方法**，并对这个对象进行操作（访问某些信息、修改该对象或创建新对象）。例如：s.find() 在 s 中查询是否存在一个等于字符串“hwdong”的子串，并返回该子串的位置；alist.copy() 复制并创建了一个和 alist 内容相同的 list 对象，并使 blist 引用这个新的 list 对象。

类的方法是属于类的函数，即类的内部函数，而不是普通的外部函数。

在 Python 中，可以用关键字 class 来定义一个类。例如，为了刻画学生的共同属性，可以定义一个 Student 类，代码如下。

```
class Student:
   def __init__(self, name, score):
      self.name = name
      self.score = score

   def print(self):
      print(self.name,",",self.score)
```

类中的函数称为**方法**。通过一个类对象调用一个类的方法，就可以对这个类对象执行该方法中的语句。因为一个类中可以有多个对象，而类的方法必须知道要对哪个对象执行该方法，所以，类的方法的第一个参数都是 self，以表示需要调用这个类的方法的哪个对象。

下面的代码定义了 Student 类的两个对象 s1 和 s2，并通过它们调用了 Student 类的 print() 方法，而 Student 类的 print() 方法调用了内置函数 print() 来输出 self，以指向对象的姓名和分数。

```
s1 = Student("LiPing",67)
s2 = Student("WangQiang",83)
s1.print()
s2.print()
```

```
LiPing , 67
WangQiang , 83
```

类的 __init__() 方法是一种特殊方法，称为**构造函数**。在定义类对象时，会自动调用这个构造

函数，对 self 指向的类对象进行初始化。

上述 Student 类的构造函数，分别使用参数 name 和 score 对 self 指向的对象自身的两个属性 self.name 和 self.score 进行初始化。例如，在执行 Student("LiPing",67) 时会自动调用这个构造函数，"LiPing" 和 67 分别作为参数 name 和 score 来调用构造函数，从而创建一个对象。

每个对象都有自己的实例属性，改变一个对象的实例属性不会影响其他对象的实例属性。

除了实例属性，还可以给一个类定义类属性。类属性是指由类的所有对象共享的属性，是定义在类的方法外面的属性。例如，修改后的 Student 类增加了一个类属性 count，表示通过这个类创建了多少个具体的类对象，其初始值为 0，每次创建一个类对象都会增加其计数，示例如下。

```
class Student:
    count=0
    def __init__(self, name, score):
        self.name = name
        self.score = score
        Student.count +=1

    def print(self):
        print(self.name,",",self.score)
```

通常可以通过“类名.类属性”来查询或修改类的属性，如“Student.count”。也可通过“实例名.类属性”（包括“self.类属性”）来查询实例的属性，如以下代码中的“s1.count”。

```
print(Student.count)
s1 = Student("LiPing",67)
print(s1.count)
s2 = Student("WangQiang",83)
print(Student.count)
```

```
0
1
2
```

1.1.8　Matplotlib 入门

Matplotlib 是一个用于绘制和显示 2D 图形的 Python 包。matplotlib.pyplot 为 Matplotlib 的面向对象绘图库提供了接口函数。执行以下命令，可导入 matplotlib.pyplot 模块并将其命名为“plt”，从而避免输入“matplotlib.pyplot”这个长字符串。

```
import matplotlib.pyplot as plt
%matplotlib inline
```

“%matplotlib inline”用于使图形在 Jupyter Notebook 中显示。

pyplot 模块的 plot() 函数可直接用于绘制 2D 图形，示例如下，结果如图 1-5 所示。

```
y = [i*0.5 for i in range(10)]
print(y)
plt.plot(y)                    #绘制以 y 作为纵轴坐标点构成的图形
```

```
plt.show()                        #调用 plt.show()来显示图形
```

```
[0.0, 0.5, 1.0, 1.5, 2.0, 2.5, 3.0, 3.5, 4.0, 4.5]
```

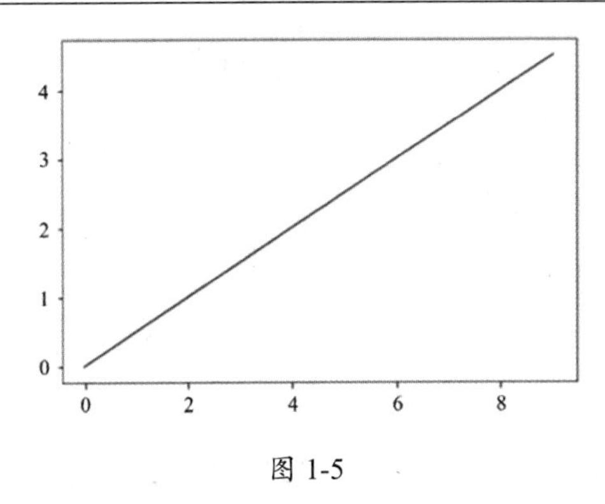

图 1-5

由于只给出了纵轴坐标的数组 y，plot() 函数默认会自动生成从 0 开始的横轴坐标。当然，可以分别传递两个数组来表示 x 和 y 的坐标，示例如下，结果如图 1-6 所示。

```
x = [i*0.1 for i in range(10)]
y = [xi**2 for xi in x]
print(["{0:0.2f}".format(i) for i in x])
print(["{0:0.2f}".format(i) for i in y])
plt.plot(x, y)                              #绘制由(x,y)坐标点构成的图形
plt.show()                                  #调用 plt.show()来显示图形
```

```
['0.00', '0.10', '0.20', '0.30', '0.40', '0.50', '0.60', '0.70', '0.80', '0.90']
['0.00', '0.01', '0.04', '0.09', '0.16', '0.25', '0.36', '0.49', '0.64', '0.81']
```

还可以同时绘制多条曲线，示例如下，结果如图 1-7 所示。

```
x = [i*0.2 for i in range(10)]
y = [xi**2 for xi in x]
y2 = [3*xi-1 for xi in x]

plt.plot(x, y)                              #绘制由(x,y)坐标点构成的图形
plt.plot(x, y2)
plt.ylim(0,5)
plt.xlabel('$x$ axis label')
plt.ylabel('$y$ axis label')
plt.title('$y=x^2$ and $y=3x-1$')
plt.legend(['$y=x^2$', '$y=3x-1$'])         #指定图例的标签
plt.show()                                  #调用 plt.show()来显示图形
```

其中，pyplot 模块的 title() 函数用于给图片添加标题，legend() 函数用于给绘制出来的曲线命名，xlim() 和 ylim() 函数用于限制 x 和 y 的坐标的范围，xlabel() 和 ylabel() 函数用于给 x 轴和 y 轴添加标签。不同的图形将自动使用不同的颜色来显示。

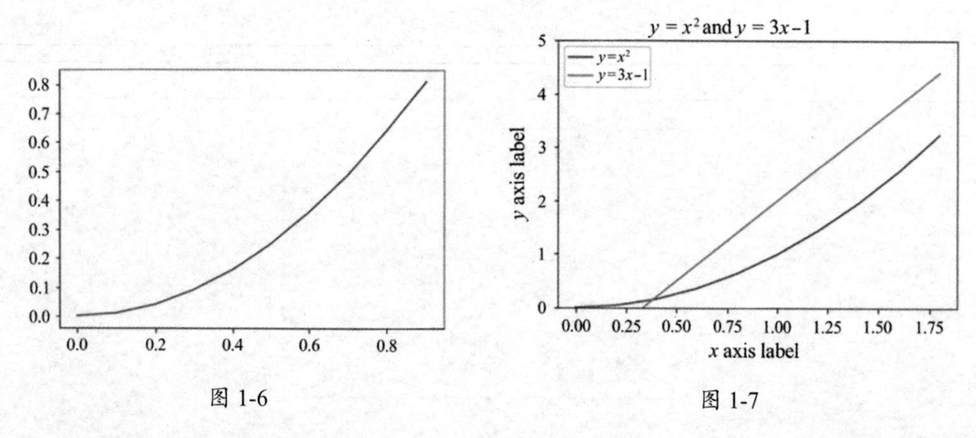

图 1-6　　　　图 1-7

plot() 函数还可以接收一些参数，以指定所绘制图形的样式，示例如下，结果如图 1-8 所示。

```
import math
x = [i*0.2 for i in range(50)]
y = [math.sin(xi) for xi in x]
y2 = [math.cos(xi) for xi in x]
y3 = [0.2*xi for xi in x]
plt.plot(x, y,'r-')
plt.plot(x, y2,'bo')
plt.plot(x, y3,'g:')
plt.legend(['$sin(x)$', '$cos(x)$','$0.2x$'])
plt.show()
```

“r-”中的“r”表示红色（Red），“-”表示短线。“bo”中的“b”表示蓝色（Blue），“o”表示圆点。“g:”中的“g”表示绿色（Green），“:”表示虚线。

除了 plot() 函数，还有一些函数可用于绘制图形。例如，scatter() 函数用于绘制散点图，示例如下，结果如图 1-9 所示。

```
import math
x = [i*0.2 for i in range(50)]
y = [math.sin(xi) for xi in x]
y2 = [math.cos(xi) for xi in x]
y3 = [0.2*xi for xi in x]
plt.scatter(x, y, c='r', s=6, alpha=0.2)
plt.scatter(x, y2,c='g', s=18, alpha=0.9)
plt.scatter(x, y3,c='b', s=3, alpha=0.4)
plt.legend(['$sin(x)$', '$cos(x)$','$0.2x$'])
plt.show()
```

在以上代码中，参数 c 表示颜色，参数值 r、g、b 分别表示红色、绿色、蓝色，参数 s 表示点的大小，参数 alpha 表示透明度。

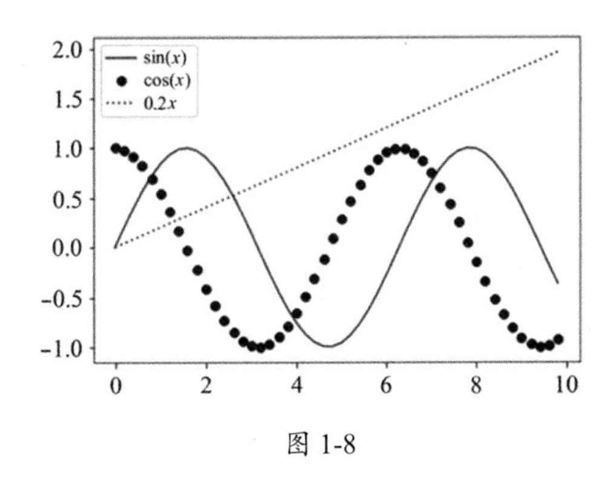

图 1-8

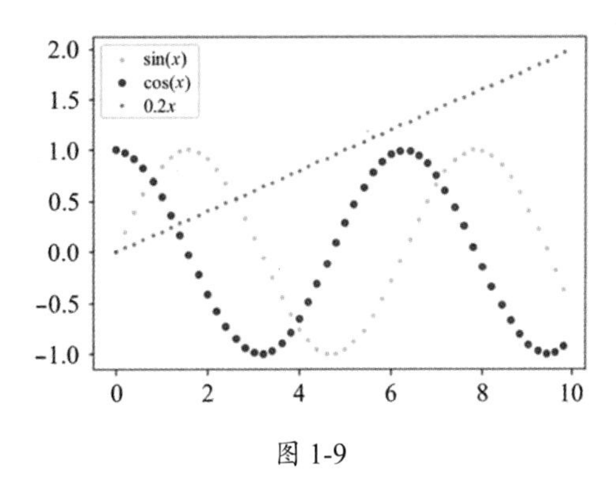

图 1-9

1. subplot() 函数

subplot() 函数用于设置图形的窗口（figure）对象，除了可以显示多个图形，还可以在多个子区域中显示不同的图形。用 subplot() 函数指定子图（subplot）的显示窗口，示例如下。

```
subplot(numRows, numCols, plotNum)
```

参数 numRows、numCols、plotNum 分别用于指定行数、列数、子图的序号。在绘制子图中的图形前，需要调用 subplot() 函数指明要在哪个子图上绘制图形。可以用 title() 函数设置子图的标题。示例代码如下，结果如图 1-10 所示。

```
import math
x = [i*0.2 for i in range(50)]
y = [math.sin(xi) for xi in x]
y2 = [math.cos(xi) for xi in x]
y3 = [0.2*xi for xi in x]

fig = plt.gcf()
fig.set_size_inches(12, 4, forward=True)

plt.subplot(1, 2, 1)
plt.plot(x, y,'r-')
plt.plot(x, y2,'bo')
plt.title('$sin(x)$ and $cos(x)$')
plt.legend(['$sin(x)$', '$cos(x)$'])

plt.subplot(1, 2, 2)
plt.plot(x, y3,'g:')
plt.title('$0.2x$')


plt.show()
```

以上代码先通过“fig = plt.gcf()”得到当前窗口的 figure 对象并将其赋予变量 fig，再通过调用 figure 的 set_size_inches() 函数修改 figure 对象的宽和高的默认值。“forward=True”表示立即更新当前窗口的 figure 对象的大小。

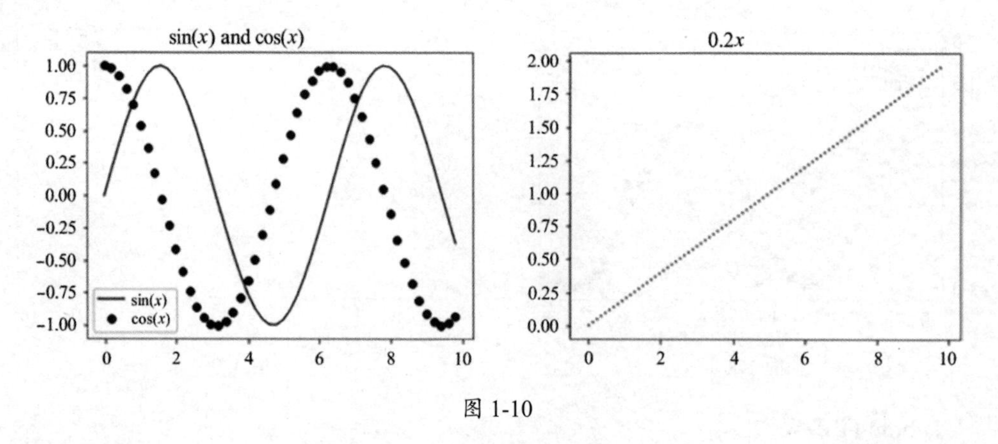

图 1-10

2. 轴对象

subplot() 函数用于返回一个轴（axes）对象。我们可以使用它随时指定一个子图是否处于活动状态，示例如下，结果如图 1-11 所示。

```
# http://www.math.buffalo.edu/~badzioch/MTH337/PT/PT-matplotlib_subplots/PT-matplot
lib_subplots.html
from math import pi
plt.figure(figsize=(8,4))

x = [i*0.03 for i in range(300)]
y = [math.sin(2*xi) for xi in x]
y2 = [math.sin(10*xi) for xi in x]
y3 =[math.cos(2*xi) for xi in x]

plt.subplots_adjust(hspace=0.4)

ax1 = plt.subplot(2,1,1)   # subplot(2,1,1) is active, plotting will be done there
plt.xlim(0, 9)
plt.plot(x, y)
plt.title('subplot(2,1,1)')

ax2 = plt.subplot(2,1,2)   # subplot(2,1,2) is now active
plt.xlim(0, 9)
plt.plot(x, y2)
plt.title('subplot(2,1,2)')

plt.axes(ax1)     # we activate subplot(2,1,1) to do more plotting on this subplot
plt.plot(x, y3, 'r--')

plt.show()
```

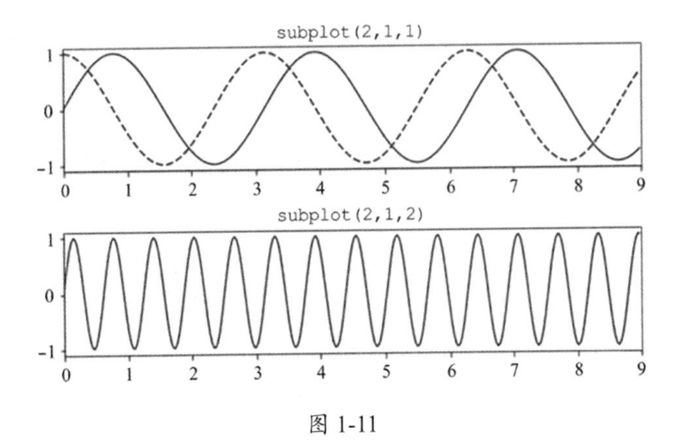

图 1-11

3. mplot3d

可以执行“projection ='3d'”命令，创建 Axes3D 对象。

创建 matplotlib.figure.Figure 并添加一个类型为 Axes3D 的轴对象，示例如下。

```
from mpl_toolkits.mplot3d import Axes3D
fig = plt.figure()
ax = fig.add_subplot(111, projection='3d')
```

同样，可以分别用 Axes3D 对象的方法 plot()、scatter()、plot wireframe()、plot_surface() 来绘制线、点、线框、阴影曲面，示例如下，结果如图 1-12 ~ 图 1-15 所示。

```
import matplotlib as mpl
from mpl_toolkits.mplot3d import Axes3D
import numpy as np
import matplotlib.pyplot as plt

mpl.rcParams['legend.fontsize'] = 10

fig = plt.figure()
ax = fig.gca(projection='3d')

theta = np.linspace(-4 * np.pi, 4 * np.pi, 100)
z = np.linspace(-2, 2, 100)
r = z**2 + 1
x = r * np.sin(theta)
y = r * np.cos(theta)
ax.plot(x, y, z, label='parametric curve')
ax.legend()

plt.show()
```

```
from mpl_toolkits.mplot3d import Axes3D
import matplotlib.pyplot as plt
import numpy as np
```

```
def randrange(n, vmin, vmax):
    '''
    Helper function to make an array of random numbers having shape (n, )
    with each number distributed Uniform(vmin, vmax).
    '''
    return (vmax - vmin)*np.random.rand(n) + vmin

fig = plt.figure()
ax = fig.add_subplot(111, projection='3d')

n = 100

# For each set of style and range settings, plot n random points in the box
# defined by x in [23, 32], y in [0, 100], z in [zlow, zhigh].
for c, m, zlow, zhigh in [('r', 'o', -50, -25), ('b', '^', -30, -5)]:
    xs = randrange(n, 23, 32)
    ys = randrange(n, 0, 100)
    zs = randrange(n, zlow, zhigh)
    ax.scatter(xs, ys, zs, c=c, marker=m)

ax.set_xlabel('$X$ Label')
ax.set_ylabel('$Y$ Label')
ax.set_zlabel('$Z$ Label')

plt.show()
from mpl_toolkits.mplot3d import axes3d
import matplotlib.pyplot as plt


fig = plt.figure()
ax = fig.add_subplot(111, projection='3d')

# Grab some test data.
X, Y, Z = axes3d.get_test_data(0.05)
print(len(X))
print(X)

# Plot a basic wireframe.
ax.plot_wireframe(X, Y, Z, rstride=10, cstride=2)

plt.show()
120
```

```
[[-30.  -29.5 -29.  ...  28.5  29.   29.5]
 [-30.  -29.5 -29.  ...  28.5  29.   29.5]
 [-30.  -29.5 -29.  ...  28.5  29.   29.5]
 ...
```

```
 [-30.  -29.5 -29.  ...  28.5  29.   29.5]
 [-30.  -29.5 -29.  ...  28.5  29.   29.5]
 [-30.  -29.5 -29.  ...  28.5  29.   29.5]]
```

```
from mpl_toolkits.mplot3d import Axes3D
import matplotlib.pyplot as plt
from matplotlib import cm
from matplotlib.ticker import LinearLocator, FormatStrFormatter
import numpy as np


fig = plt.figure()
ax = fig.gca(projection='3d')

# Make data.
X = np.arange(-5, 5, 0.25)
Y = np.arange(-5, 5, 0.25)
X, Y = np.meshgrid(X, Y)
R = np.sqrt(X**2 + Y**2)
Z = np.sin(R)

# Plot the surface.
surf = ax.plot_surface(X, Y, Z, cmap=cm.coolwarm,
                       linewidth=0, antialiased=False)

# Customize the z axis.
ax.set_zlim(-1.01, 1.01)
ax.zaxis.set_major_locator(LinearLocator(10))
ax.zaxis.set_major_formatter(FormatStrFormatter('%.02f'))

# Add a color bar which maps values to colors.
fig.colorbar(surf, shrink=0.5, aspect=5)

plt.show()
```

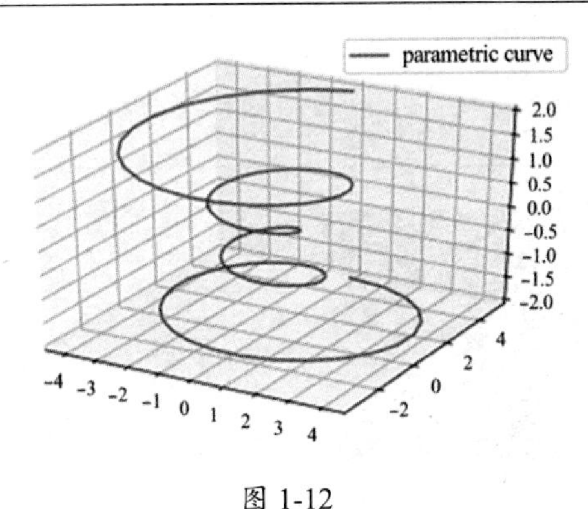

图 1-12

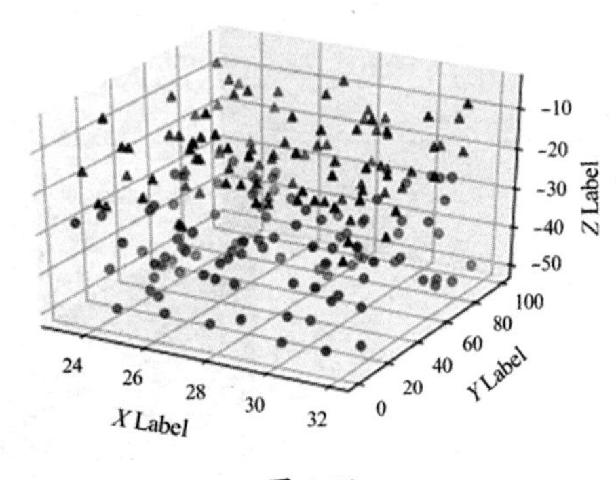

图 1-13

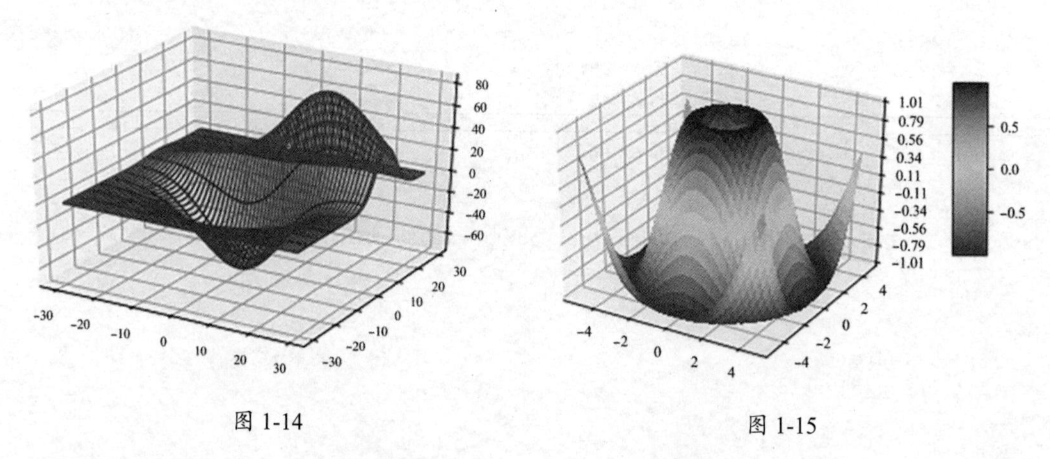

图 1-14　　　　　　　　　　图 1-15

读者可以访问链接 1-3，获取更多信息。

4. 显示图像

可以用 imshow() 函数显示一幅图像。在此之前，可以用 skimage 库的 io 模型的 imread() 函数读取图像。读取的图像将被放在一个多维数组库 NumPy 的多维数组对象 ndarray 中。NumPy 库提供了很多用于处理多维数组的函数，如 uint8() 函数可以将其他类型的 NumPy 数组转换为 uint8 型（无符号整数型，取值范围是 [0,255]），代码如下，结果如图 1-16 所示。

```
import numpy as np
#import skimage
import matplotlib.pyplot as plt
import skimage.io

img = skimage.io.imread('../imgs/lenna.png')        #原图
img_tinted = img * [1, 0.95, 0.9]                   #对三个颜色通道的值分别乘以不同的系数

plt.subplot(1, 2, 1)
plt.imshow(img)

plt.subplot(1, 2, 2)
plt.imshow(np.uint8(img_tinted))          #将用实数值表示的 img_tinted 图像转换为 unit8 型
plt.show()
```

图 1-16

1.2 张量库 NumPy

张量也叫作**多维数组**，是多个数值的有规律的排列。张量运算是深度学习中最重要的运算。本节将介绍 Python 张量库 NumPy。

1.2.1 什么是张量

最简单的张量就是一个单独的数。一个单独的数也叫作**标量**，如 2、3.6 等都是标量。

1. 向量

在物理学中，向量是指具有大小和方向的量，如力、速度。可以通过直角坐标系将向量表示为一组有序的数，如 (2,5,8)，以便通过数学方法来研究向量。

在线性代数中，向量被定义为一组有序的数，即一维数组（一维张量）。例如，一个学生的平时成绩、实验成绩、期末成绩、总评成绩，可以表示成一个向量 (平时成绩,实验成绩,期末成绩,总评成绩)。再如，方程 $ax_1+bx_2+cx_3=d$ 的系数和未知数，可以分别用向量表示为 (a,b,c,d) 和 (x_1,x_2,x_3)，也就是说，线性代数中的向量是对各种实际问题中的向量的抽象。

向量（一组有序的数）可表示为 $\boldsymbol{a}=(a_0,a_1,\cdots,a_{n-1})$，其中的每个数在序列中都有一个确定的序号（或者下标）。向量也称为**一维张量**或**一维数组**。可以用 Python 的 list 等序列容器表示一个一维张量，示例如下。

```
a = [2,5,8]
a[1] = 30              #通过下标访问元素
print(a[0],a[1],a[2])
```

在数学中，向量可以写成 1 行（**行向量**）或 1 列（**列向量**）的形式。例如，行向量 (2,3,5) 所对应的列向量的形式如下。

$$\begin{pmatrix}2\\3\\5\end{pmatrix}$$

同一个向量的行列形式具有**转置**关系，即行向量 $(x_1,x_2,\cdots,x_n)$ 的转置就是其列向量，示例如下。

$$(x_1,x_2,\cdots,x_n)^{\mathrm{T}}=\begin{pmatrix}x_1\\x_2\\\vdots\\x_n\end{pmatrix}$$

其中，上标 T 表示转置运算，即将行向量转置为列向量。反过来，列向量也可以转置为行向量，示例如下。

$$\begin{pmatrix}x_1\\x_2\\\vdots\\x_n\end{pmatrix}^{\mathrm{T}}=(x_1,x_2,\cdots,x_n)$$

只包含两个数值的向量 (x, y) 可用二维直角坐标系中的一个点（更准确地说，是有向线段）来形象化地表示。例如，向量 (1,3) 中的两个元素分别作为 x 和 y 坐标，表示二维平面上的一个点。如图 1-17 所示，向量可表示为平面上的一个点，或者从起点（原点）到该点的有向线段：点 A 以坐标系的原点 O 到点 A 的有向线段 OA 表示向量 (1,3)；向量 (3,1) 可以用点 B 表示，或者用有向线段 OB 表示。

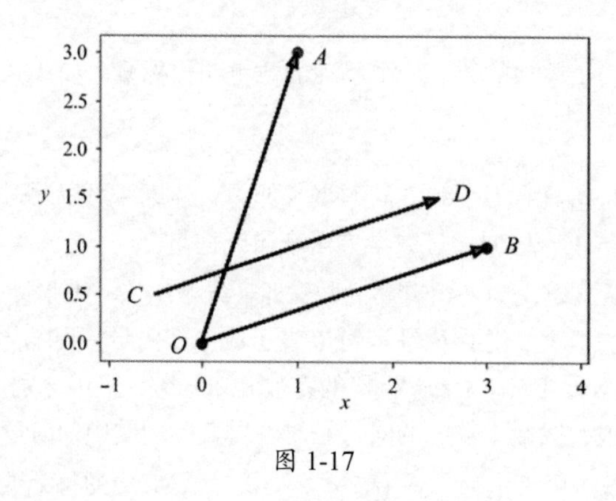

图 1-17

在用有向线段表示向量时，起点可以不是原点。只要两个有向线段具有相同的大小和方向，就认为它们是相同的向量。例如，有向线段 CD 和 OB 表示的是同一个向量，其中点 C 和 D 的坐标分别为 (−0.5,0.5) 和 (2.5,1.5)。

有三个数值的向量 (x, y, z) 可以用三维直角坐标系中的一个点或有向线段形象地表示。

对于一个包含两个元素的向量 $\boldsymbol{v} = (x, y)$，可以用直角坐标系中坐标点 (x, y) 到原点 (0,0) 的欧几里得距离 $\sqrt{x^2 + y^2}$ 表示其大小（直接表示该坐标点与原点的距离）。通常用 $\|\boldsymbol{v}\|_2$ 表示这个欧几里得距离，即

$$\|\boldsymbol{v}\|_2 = \sqrt{x^2 + y^2}$$

例如，$\|OA\|_2 = \sqrt{3^2 + 1^2} = \sqrt{10}$，$\|OB\|_2 = \sqrt{1^2 + 3^2} = \sqrt{10}$，可见 $\|OA\|_2 = \|OB\|_2$，即向量 (3,1) 和 (1,3) 的大小相同。

对于向量 $\boldsymbol{v} = (x, y)$，$\|\boldsymbol{v}\|_2 = \sqrt{x^2 + y^2}$ 称为向量的 **2-范数**，它刻画了向量的大小。对于包含三个元素的向量 $\boldsymbol{v} = (x, y, z)$，其 2-范数是三维空间中的欧几里得距离 $\|\boldsymbol{v}\|_2 = \sqrt{x^2 + y^2 + z^2}$。

在不引起混淆的情况下，可以将向量中元素的数目称为向量的长度，向量的范数则表示向量的大小。

2-范数的一般推广是 ***p*-范数**，即对于一个正整数 p，其 p-范数定义为

$$\|\boldsymbol{x}\|_p = (\sum_{i=1}^{n} |x_i|^p)^{\frac{1}{p}}$$

对向量元素绝对值的 p 次方求和后，再计算和的 $\frac{1}{p}$ 次幂。p-范数也在不同意义上刻画了向量

的某种大小。例如，$p=1$ 的 1-范数就是向量所有元素的绝对值的和，即

$$\| \boldsymbol{x} \|_1 = \sum_{i=1}^{N} |x_i|$$

$p=\infty$ 的 ∞-**范数**是向量元素绝对值的最大值，即

$$\| \boldsymbol{x} \|_\infty = \max_i |x_i|$$

通常约定：向量的 **0 范数**是其非零元素的个数。

2. 矩阵

代数中的矩阵是多个向量的有序序列。例如，以下 3 行 4 列的标量构成了一个矩阵。

$$\begin{bmatrix} a_{11} & a_{12} & a_{13} & a_{14} \\ a_{21} & a_{22} & a_{23} & a_{24} \\ a_{31} & a_{32} & a_{33} & a_{34} \end{bmatrix}$$

矩阵中的每一行都是一个向量（一维张量）。当然，矩阵中的每一列也都是一个向量。对于矩阵中的所有元素，可通过其两个下标（行下标和列下标）来访问，如通过下标 ij 访问元素 a_{ij}。由于可通过两个下标访问矩阵中的元素，因此矩阵也称为**二维数组**或**二维张量**。

矩阵可以被看作数据元素是行向量的列向量，示例如下。

$$\boldsymbol{A}_{m\times n} = \begin{bmatrix} a_{11} & a_{11} & \cdots & a_{1n} \\ a_{21} & a_{21} & \cdots & a_{2n} \\ \vdots & \vdots & \vdots & \vdots \\ a_{m1} & a_{m1} & \cdots & a_{mn} \end{bmatrix} = \begin{bmatrix} \boldsymbol{a}_{1,:} \\ \boldsymbol{a}_{2,:} \\ \vdots \\ \boldsymbol{a}_{m,:} \end{bmatrix}$$

其中，$\boldsymbol{a}_{i,:}$ 表示矩阵中的一个行向量。

矩阵也可以被看作数据元素是列向量的行向量，示例如下。

$$\boldsymbol{A}_{m\times n} = \begin{bmatrix} a_{11} & a_{11} & \cdots & a_{1n} \\ a_{21} & a_{21} & \cdots & a_{2n} \\ \vdots & \vdots & \vdots & \vdots \\ a_{m1} & a_{m1} & \cdots & a_{mn} \end{bmatrix} = [\boldsymbol{a}_{:,1} \quad \boldsymbol{a}_{:,2} \quad \cdots \quad \boldsymbol{a}_{:,n}]$$

其中，$\boldsymbol{a}_{:,j}$ 表示矩阵中的一个列向量。

在计算机中，一幅灰度图像可以表示为其各个点的像素值的矩阵，如图 1-18 所示。也可以通过在 list 中嵌套 list 来表示二维张量（矩阵），示例如下。

```
b = [[1,2,3],[4,5,6]]
b[0][2] = 20
print(b)
print(b[0])
print(b[1])
```

```
[[1, 2, 20], [4, 5, 6]]
[1, 2, 20]
```

```
[4, 5, 6]
```

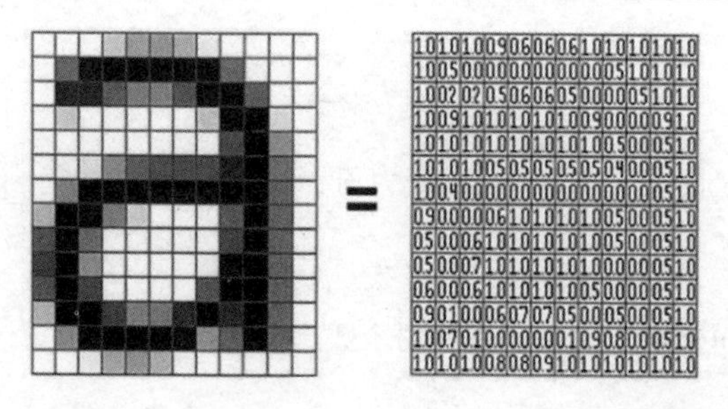

图 1-18

3. 三维张量

彩色图像是由红、绿、蓝 3 个通道的图像（即 3 个矩阵）构成的，如图 1-19 所示。

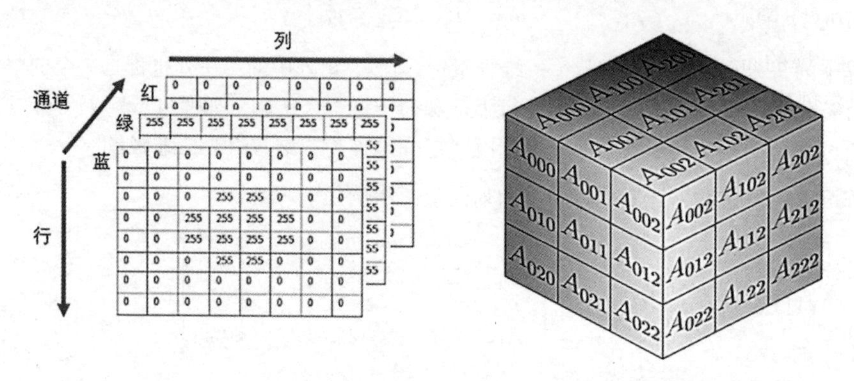

图 1-19

这 3 个矩阵组合在一起，构成了一个三维张量（三维数组）。如图 1-20 所示，其每个元素都可以通过 3 个下标来访问，如通过下标 ijk 访问元素 a_{ijk}。

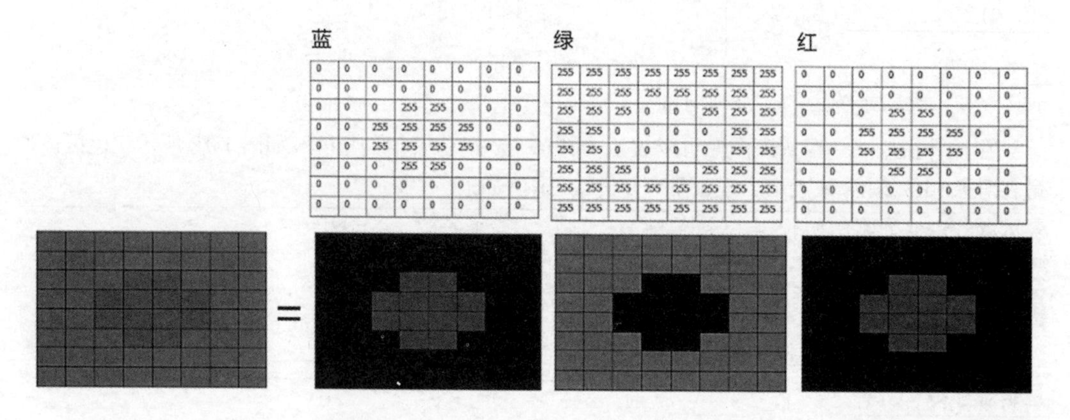

图 1-20

当然，也可以通过嵌套的 list 来表示三维张量，读者可以自行尝试。常见的有零维标量、一维向量、二维矩阵。此外，张量的维数可以是四维、五维等。

注意：在线性代数中，张量的维数（维度）和向量的维数（维度）是两个概念。在线性代数中，一维向量的数据元素个数称为维数（维度）。在本书中，一律采用张量的维度而不是向量的维数，即一维向量的维度是 1 而不是其元素的个数。

尽管 Python 内置的序列类型（如 list）可以表示**多维张量**（也称**多轴张量**），但 Python 软件包 NumPy 提供了更加高效的张量（多维数组）库功能。NumPy 的张量（多维数组）类型 **ndarray** 可以描述任意维度（轴）的张量。一个 ndarray 对象就是一个张量（多维数组）。在由 ndarray 对象表示的张量中，每个元素的数据类型都是相同的。

1.2.2　创建 ndarray 对象

1. array() 函数

NumPy 库的 array() 函数是创建 ndarray 对象时最常用的函数，该函数可以从一个序列对象或可迭代对象创建一个多维数组（ndarray 对象）。执行以下代码，可创建一个一维张量和一个二维张量。

```
import numpy as np
a= np.array([1,3,2])                 #创建一维张量 a
print(a)
print(a.shape)
b= np.array([[1,3,2],[4,5,6]])       #创建二维张量 b
print(b)
print(b.shape)                       #axis=0
```

```
[1 3 2]
(3,)
[[1 3 2]
 [4 5 6]]
(2, 3)
```

numpy.array() 函数的实现代码如下。

```
numpy.array(object, dtype = None, copy = True, order = 'K', subok = False, ndmin = 0)
```

第一个参数 object 是必需的，表示该 object 对象创建一个 ndarray 对象，如 np.array([1,3,2]) 从列表对象 [1,3,2] 创建了一个 ndarray 对象。dtype 用于指定数组元素的数据类型，默认值为 None，表示和 object 元素的类型相同。copy 的默认值为 True，表示创建一个复制对象且不与 object 共享数据存储空间。order 表示 object 中的元素在被创建的数组中的排列次序，默认为 'K'，表示按行排列。

array() 函数不仅可以根据传入的可迭代对象元素的类型创建相应元素类型的数组，还可以通过指定参数 dtype 创建相应元素类型的数组，示例如下。

```
a = np.array([1,2,3,4])
```

```
print(a.dtype)
print(a)
b = np.array([1,2,3,4], dtype=np.float64)
print(b.dtype)
print(b)
```

```
int32
[1 2 3 4]
float64
[1. 2. 3. 4.]
```

2. 多维数组类 ndarray

NumPy 的 ndarray 类用于表示多维数组。下面列举 ndarray 类对象的常用属性。

- ndarray.ndim：数组的轴（维度）的个数，即数组的秩。
- ndarray.shape：数组的形状，是一个整数元组。该元组中的每个整数都表示数组的对应维度（轴）的长度（数据元素的个数）。
- ndarray.size：数组中元素的总数，等于 shape 属性中各元组元素的乘积。
- ndarray.dtype：数组中元素的数据类型。
- ndarray.itemsize：数组中每个元素的字节数。例如，元素类型为 float64 的数组的 itemsiz 属性值为 8（64/8）。
- ndarray.data：存储实际数组元素的内存地址。通常不会使用这个属性，因为我们可以通过下标访问数组中的元素。

执行以下代码，输出 ndarray 对象 a、b 的上述属性。

```
a= np.array([1.,2.,3.])
print(a.ndim,a.shape,a.size,a.dtype,a.itemsize,a.data)

b= np.array([[1,3,2],[4,5,6]])
print(b.ndim,b.shape,b.size,b.dtype,b.itemsize,b.data)
```

```
1 (3,) 3 float64 8 <memory at 0x000001F747A16F40>
2 (2, 3) 6 int32 4 <memory at 0x000001F747A11A00>
```

ndarray 对象的 shape 属性表示张量的形状。(3,) 表示 a 是一个一维张量，其中有 3 个元素。(2, 3) 表示 b 是一个二维张量，其第一维（行）有 2 个元素，第二维（列）有 3 个元素，即 b 是一个 2 行 3 列的矩阵，具体如下。

$$\boldsymbol{b} = \begin{bmatrix} 1 & 3 & 2 \\ 4 & 5 & 6 \end{bmatrix}$$

ndim 是张量（数组）的维数（轴的个数）。轴从 0 开始编号。以上代码中的 b 有 axis=0 和 axis=1 两个轴，如图 1-21 所示。

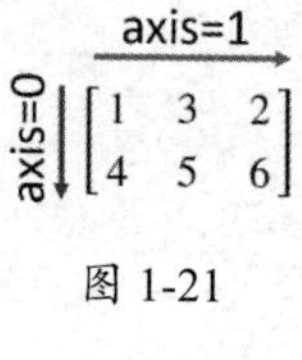

axis=1

axis=0

$$\begin{bmatrix} 1 & 3 & 2 \\ 4 & 5 & 6 \end{bmatrix}$$

图 1-21

可以通过下标（称为**索引**）访问多维数组中的元素。下标从 0 开始。例如，用下标 [1,2] 访问数组 b 中第 2 行第 3 列的元素，代码如下。

```
print(a[2])
print(b[1,2])
```

```
3.0
6
```

3. asarray() 函数

array() 函数默认用于进行复制（Copy）操作，即新建的 ndarray 对象和原来传入的 object 不共享数据存储空间。如果不需要进行复制，就直接将传入的 obejct 转换为 ndarray 对象。

array() 的简化版是 asarray()，示例如下。asarray() 函数不会复制原来的数据，参数比 array() 函数少。

```
numpy.asarray(a, dtype = None, order = None)
```

asarray() 函数的实现代码如下。

```
def asarray(a, dtype=None, order=None): return array(a, dtype, copy=False,
order=order)
```

asarray() 函数简单地调用 array() 函数，创建一个新的 ndarray 对象，新对象和传入的 a 共享数据存储空间。当然，如果传入的 a 是一个可迭代对象，就不会共享数据存储空间，新对象的数据会指向一个存储了所有元素的新的内存块，示例如下。

```
d= np.asarray(range(5))
print(d)
#通过 asarray()函数也可以从一个序列或可迭代对象创建一个 ndarray 对象
e= np.asarray([1,2,3,4,5])
print(e)
print(type(e))

f= np.asarray(e)              #f 和 e 共享数据存储空间，修改一个就会影响另一个
e[2] = 20                     #可通过下标 2 访问 e 的第 3 个元素
print(e)
print(f)
```

```
[0 1 2 3 4]
[1 2 3 4 5]
<class 'numpy.ndarray'>
[ 1  2 20  4  5]
[ 1  2 20  4  5]
```

4. ndarray 的 tolist() 方法

NumPy 的 array() 和 asarray() 函数，可以从 Python 可迭代对象创建 NumPy 的 ndarray 对象。ndarray() 函数的 tolist() 方法可将 ndarray 对象转换为 Python 的 list 对象，示例如下。

```
a = np.array([[1,2,3],[4,5,6]])
b = a.tolist()
```

```
print(type(b))
print(b)
```

```
<class 'list'>
[[1, 2, 3], [4, 5, 6]]
```

5. astype() 和 reshape() 方法

ndarray 的 astype() 方法可将 ndarray 对象的元素的数据类型转换成另一种数据类型，如将前面提到的 a 的元素的数据类型从 NumPy 的 int32 转换为 NumPy 的 float64，示例如下。

```
c = a.astype(np.float64)
print(a.dtype,c.dtype)
a[0][0] = 100
print(a)
print(c)
```

```
int32 float64
[[100   2   3]
 [  4   5   6]]
[[1. 2. 3.]
 [4. 5. 6.]]
```

NumPy 的 reshape() 函数和 ndarray 的 reshape() 方法可通过改变 ndarray 对象的形状来创建 ndarray 对象，示例如下。

```
a= np.array(range(6))                   #从可迭代对象创建一个张量
b =np.reshape(a,(2,3))                  #创建形状为(2,3)的张量
c = a.reshape(2,3).astype(np.float64)
print(a)
print(b)
print(c)
```

```
[0 1 2 3 4 5]
[[0 1 2]
 [3 4 5]]
[[0. 1. 2.]
 [3. 4. 5.]]
```

6. arange() 和 linspace() 函数

arange() 函数可通过指定初始值、终值和步长的方式创建用于表示等差数列的一维数组，其实现代码如下。

```
numpy.arange([start], stop, [step], dtype=None)
```

在等差数列中，元素的初始值为 start，等差为 step（步长），数列到终值 stop（但不包括 stop）结束，示例如下。可以指定元素类型为 dtype。start 的默认值为 0，step 的默认值为 1，dtype 的默认值为 None，它们都可以不指定。

```
print(np.arange(5))          #只指定 stop，start 和 step 取各自的默认值 0 和 1
print(np.arange(2,5))
```

```
print(np.arange(2,7,2))
```

```
[0 1 2 3 4]
[2 3 4]
[2 4 6]
```

注意：结果数组不包含终值。

和 arange() 函数类似，linspace() 函数也用于创建一个初始值和终值之间的等差数列，只不过其第三个参数不是步长，而是创建的元素的数目，实现代码如下。

```
numpy.linspace(start, stop, num=50, endpoint=True, retstep=False, dtype=None)
```

linspace() 函数在 start 和 stop 之间创建由 num 个数构成的等差数列。endpoint 用于表示是否包含 stop。示例代码如下。

```
np.linspace(2.0, 3.0, num=5, endpoint=False)
```

```
array([2. , 2.2, 2.4, 2.6, 2.8])
```

```
np.linspace(2.0, 3.0, num=5)
```

```
array([2.  , 2.25, 2.5 , 2.75, 3.  ])
```

和 linspace() 函数类似，logspace() 函数用于创建等比数列，实现代码如下。

```
numpy.logspace(start, stop, num=50, endpoint=True, base=10.0, dtype=None)
```

logspace() 函数先产生一个 start 和 stop 之间的等差数列，再以 base（默认值为 10）为底，以数列中的数为指数，产生一个等比数列作为 NumPy 数组的元素。该方法等价于以下实现代码。

```
y = numpy.linspace(start, stop, num=num, endpoint=endpoint)
numpy.power(base, y).astype(dtype)
```

示例代码如下。

```
np.logspace(2.0, 3.0, num=5)
```

```
array([ 100.        ,  177.827941  ,  316.22776602,  562.34132519,
       1000.        ])
```

```
np.logspace(2.0, 3.0, base = 3,num=5)
```

```
array([ 9.        , 11.84466612, 15.58845727, 20.51556351, 27.        ])
```

7. full()、empty()、zeros()、ones()、eye() 函数

full() 函数用于创建指定值为 fill_value、形状为 shape 的数组，实现代码如下。

```
numpy.full(shape, fill_value, dtype=None, order='C')
```

示例代码如下。

```
np.full((2, 3),np.inf)
```

```
array([[inf, inf, inf],
       [inf, inf, inf]])
```

```
np.full((2, 3),3.5)
```

```
array([[3.5, 3.5, 3.5],
       [3.5, 3.5, 3.5]])
```

和 full() 函数类似，NumPy 的 empty()、zeros()、ones()、eye() 函数分别用于创建未初始化的、值为 0 的、值为 1 的、对角线元素值为 1 其余为 0 的数组，示例如下。

```
numpy.empty(shape, dtype = float, order = 'C')
numpy.zeros(shape, dtype = float, order = 'C')
numpy.ones(shape, dtype = None, order = 'C')
numpy.eye(N, M=None, k=0, dtype=<class 'float'>, order='C')

print( np.empty((2,3)) ,'\n')   #创建形状为(2,3)的二维数组，相当于2×3的矩阵，元素值未初始化
print( np.zeros((2,3)) ,'\n')   #创建形状为(2,3)、元素值都为0的二维数组，相当于2×3的矩阵
print( np.ones((1,2)) ,'\n' )   #创建形状为(1,2)、元素值都为1的二维数组
#创建形状为(2,2)的单位矩阵，即对角线元素值为1、其他元素值都为0的矩阵
print(  np.eye(2)   ,'\n' )
```

```
[[3.5 3.5 3.5]
 [3.5 3.5 3.5]]

[[0. 0. 0.]
 [0. 0. 0.]]

[[1. 1.]]

[[1. 0.]
 [0. 1.]]
```

8. 可创建随机值张量的常用函数

numpy.random 模块提供了多个可以创建值为随机数的张量的函数，举例如下。

- numpy.random.rand(d0, d1, ..., dn) 用于创建指定形状 (d0, d1, ... , dn)、值在 [0,1] 区间内的均匀采样的随机数数组。
- numpy.random.random(shape) 用于创建形状为 shape、值在 [0,1] 区间内的均匀采样的随机数数组。shape 是一个元组对象，表示每维的元素个数。
- numpy.random.randn(d0,d1,…,dn) 用于创建指定形状 (d0, d1, ..., dn)、值在 [0,1] 区间内的高斯采样的随机数数组。
- numpy.random.normal(loc=0.0, scale=1.0, size=None) 用于生成值在 [0,1] 区间内的、按正态分布 N(loc,scale) 采样的随机数或数组。size 的默认值为 None，表示生成一个数值。如果 size 是一个整数，就表示创建一个一维数组；如果 size 是一个元组，就表示创建一个由该元组指定形状的多维数组。
- numpy.random.randint(low,hight,size,dtype) 用于创建形状为 size、值在 low 和 high 之间的

dtype 类型的随机整数。dtype 的数据类型可以是 int64 或 int。

执行以下代码，可创建形状为 (2,3) 的二维数组。

```
np.random.rand(2,3)
```

```
array([[0.77752078, 0.90528037, 0.03474023],
       [0.74134429, 0.53963193, 0.12413591]])
```

注意：rand() 函数可直接传递一系列整数来分别表示每维的元素个数；random() 函数可传递一个元组对象来表示每维的元素个数。

```
e = np.random.random((2,3))      #创建形状为(2,3)、元素值在[0,1]内的随机数的二维数组
print(e)
```

```
[[0.09472091 0.21267183 0.05193963]
 [0.16334292 0.20288691 0.89140325]]
```

执行以下代码，可创建服从标准正态分布的一维或二维数组。

```
a = np.random.randn(5)            #生成 5 个服从(0,1)标准正态分布的随机数一维数组
b = np.random.randn(2,3)          #生成形状为(2,3)、服从(0,1)标准正态分布的随机数二维数组
print("a:",a)
print("b:",b)
c = np.random.normal(0,1,5)       #生成 5 个服从(0,1)标准正态分布的随机数一维数组
#生成 size 为(2,3)、服从(0,1)标准正态分布的随机数二维数组
d = np.random.normal(size=(2,3))
#生成 size 为(2,3)、服从(2,0.3)正态分布的随机数二维数组
e = np.random.normal(2,0.3,size=(2,3))
print("c:",c)
print("d:",d)
print("e:",e)

print(a.shape,b.shape,c.shape,d.shape)
```

```
a: [ 0.19371118 -1.15554198  1.19635313  0.79492457  0.87414178]
b: [[ 0.00880117 -0.75877358 -0.64144633]
 [ 1.04679662  0.24226954  0.34902206]]
c: [-0.43792241  0.8093157  -1.18669693 -1.37376709 -1.3847464 ]
d: [[-0.6863099   0.24868581 -0.5864114 ]
 [ 2.26636543 -1.24958728 -1.78229482]]
e: [[2.12434416 1.97693289 2.12858001]
 [1.69272355 1.89084818 2.15927248]]
(5,) (2, 3) (5,) (2, 3)
```

标准正态分布和正态分布都用于描述随机变量取值的概率。如果一个随机变量 x 服从正态分布，那么它的概率密度函数为

$$N(x;\mu,\sigma^2)=\frac{1}{\sqrt{2\pi\sigma^2}}\mathrm{e}^{-\frac{(x-\mu)^2}{2\sigma^2}}$$

上式描述了 x 取不同值的概率。其中，x 取 μ 时的概率最大，而离 μ 越远的值，被取到的概

率越小。$\mu=0$、$\sigma=1$ 的正态分布称为标准正态分布。标准正态分布的概率密度为

$$N(x;0,1)=\frac{1}{\sqrt{2\pi}}\mathrm{e}^{-\frac{x^2}{2}}$$

randn() 函数只能创建按标准正态分布随机采样的多维数组，而 normal() 函数可以创建按正态分布随机采样的多维数组。它们之间可以相互转换。

假设 x 服从正态分布 $x\sim N(\mu,\sigma)$，通过变量替换

$$z=\frac{x-\mu}{\sigma}$$

可以将它转换为变量 z 的标准正态分布 $z\sim N(0,1)$。示例代码如下。

```
mu, sigma = 2, 0.3
e = np.random.normal(mu, sigma,size=(2,3))
print(e)
f = np.random.randn(2,3)
print(f)
g = f*sigma+mu          #f=(g-mu)/sigma 服从标准正态分布，g 服从(mu,sigma)正态分布
print(g)
```

```
[[2.34166242 1.98567633 2.21305203]
 [2.37320838 1.7396114  1.62458515]]
[[ 0.14297945 -1.29341937  0.44674436]
 [ 0.7630391   0.49162644  0.43494297]]
[[2.04289383 1.61197419 2.13402331]
 [2.22891173 2.14748793 2.13048289]]
```

一些随机数函数有别名，如 random() 函数的别名是 random_sample()，即二者表示同一个函数，都生成在 [0,1] 区间内均匀采样的随机数。如果要生成在 [a,b] 区间内均匀采样的随机数，只需要对生成的数组进行简单的线性变换。例如，“(b - a) * random_sample() + a”可生成在 [a,b] 区间内的随机数数组。以下代码用于创建在 [2,7] 区间内的随机数数组。

```
5 * np.random.random_sample((2, 3)) +2
```

9. 添加、重复与铺设、合并与分裂、边缘填充、添加轴与交换轴

除了前面介绍的内容，NumPy 还有很多通过对已有数组进行添加、重复、铺设、合并、分裂、添加轴、交换轴等操作创建 ndarray 对象的函数或方法。

NumPy 的 append() 函数可在已有数组后添加内容以创建一个新的数组，其实现代码如下。

```
numpy.append(arr, values, axis=None)
```

以上代码表示在数组 arr 后添加 values 的内容。axis 表示沿着哪个轴添加内容，其默认值为 None。执行以下代码，将创建一个被摊平（扁平）的一维数组。

```
a = np.array([1,2,3])
b= np.append(a,4)
print(a)
print(b)
```

```
np.append([1, 2, 3], [[4, 5, 6], [7, 8, 9]])
```

```
[1 2 3]
[1 2 3 4]
```

```
array([1, 2, 3, 4, 5, 6, 7, 8, 9])
```

```
np.append([[1, 2, 3], [4, 5, 6]], [[7, 8, 9]], axis=0)
```

```
array([[1, 2, 3],
       [4, 5, 6],
       [7, 8, 9]])
```

（1）repeat() 函数

repeat() 函数可以通过沿着某个轴重复使用数组中的元素的方式创建一个新的 ndarray 数组，实现代码如下。

```
numpy.repeat(a, repeats, axis=None)
```

根据上述代码，创建一个数组，让 a 的元素沿着轴 axis 重复 repeats 次，示例如下。axis 的默认值是 None，表示创建一个被摊平（扁平）的数组。

```
np.repeat(3, 4)         #创建一个数组，让数值 3 重复 4 次
```

```
array([3, 3, 3, 3])
```

```
a = np.array([[1,2],[3,4]])
np.repeat(a, 2)         #创建一个扁平的数组，即一维数组，让 x 中的元素重复 2 次
```

```
array([1, 1, 2, 2, 3, 3, 4, 4])
```

```
np.repeat(a, 2,axis=0)
```

```
array([[1, 2],
       [1, 2],
       [3, 4],
       [3, 4]])
```

np.repeat(a, 2, axis=0) 表示让 axis=0 方向上的所有元素（行）重复 2 次；np.repeat(a, 2, axis=1) 表示沿 axis=1 方向让所有元素（列）重复 2 次，示例如下。

```
np.repeat(a, 2,axis=1)
```

```
array([[1, 1, 2, 2],
       [3, 3, 4, 4]])
```

（2）tile() 函数

与 repeat() 函数复制每个 axis 方向上的元素不同，铺设函数 tile(A, reps) 可将整个数组像瓷砖（tile）一样纵向或横向复制，示例如下。

```
numpy.tile(A, reps)
```

A 是要铺设的数组，reps 表示每个 axis 的重复次数。如果 reps 的长度小于 A.ndim，如形状为 (2, 3, 4, 5)，而 rep=(2,2)，就会在数组 A 前面补 1，变成 (1,1,2,2)。如果 A.ndim 小于 reps 的长度，则 A 会被提升为和 reps 形状相同的数组。例如，一维张量的形状是 (3,)，reps=(2,2)，则该一维张量会被提升为形状是 (1,3) 的二维张量，代码如下。

```
a = np.array([1, 2,3])
b= np.tile(a, 2)                    #以将 a 重复 2 次的方式创建一个数组
print(a)
print(b)
```

```
[1 2 3]
[1 2 3 1 2 3]
```

在将数组 a 按 (2, 2) 的方式铺设时，会先将 a 从一维张量 [1, 2, 3] 提升为二维张量 [[1, 2, 3]]，再进行铺设，代码如下。

```
np.tile(a, (2, 2))                  #将 a 以 2 行 2 列的方式铺设，以创建一个数组
```

```
array([[1, 2, 3, 1, 2, 3],
       [1, 2, 3, 1, 2, 3]])
```

再如，以下代码中的 c，形状为 (1,2)，而 reps=2，长度为 1，所以，reps 会先被转换为 (1,2)，再进行铺设，即沿 axis=0 方向重复 1 次（在行方向上保持不变），沿 axis=2 方向重复 2 次。

```
c = np.array([[1, 2], [3, 4]])
print(c)
np.tile(c, 2)                       #reps 会先被转换为(1,2)
```

```
[[1 2]
 [3 4]]
```

```
array([[1, 2, 1, 2],
       [3, 4, 3, 4]])
```

下面的代码与上面的代码相反。

```
np.tile(c, (2, 1))
```

```
array([[1, 2],
       [3, 4],
       [1, 2],
       [3, 4]])
```

注意：repeat() 函数用于对数组中的所有轴进行复制（如果没有指定轴，就对所有元素进行复制），而 tile() 函数用于对整个数组进行复制。

（3）concatenate() 函数

拼接函数 concatenate() 和累加函数 stack() 可通过将多个数组合并的方式创建新数组。

concatenate() 函数沿指定轴 axis 拼接多个数组，从而创建一个新数组，实现代码如下。

```
numpy.concatenate((a1, a2, ...), axis=0, out=None)
```

axis 用于指定合并方向的轴，默认值是 0；如果该值是 None，则表示合并成一个扁平的数组（一维数组）。out 的默认值是 None；如果该值不是 None，则合并结果将被放到 out 中。示例代码如下。

```
a = np.array([[1, 2], [3, 4]])
b = np.array([[5, 6]])
print(b.T)
c = np.concatenate((a, b), axis=0)          #沿 axis=0 方向合并
d = np.concatenate((a, b.T), axis=1)        #沿 axis=1 方向合并
e = np.concatenate((a, b), axis=None)       #合并成一个扁平的数组
print(c)
print(d)
print(e)
```

```
[[5]
 [6]]
[[1 2]
 [3 4]
 [5 6]]
[[1 2 5]
 [3 4 6]]
[1 2 3 4 5 6]
```

（4）stack() 函数

叠加函数 stack(arrays, axis=0, out=None) 用于将一系列数组沿着 axis 的方向堆积成一个新数组。axis 的默认值为 0，表示第 1 轴。如果 axis=-1，就表示最后一个轴。示例代码如下。

```
a = np.array([1, 2])
b = np.array([3, 4])
c = np.array([5, 6])
np.stack((a, b,c))
```

```
array([[1, 2],
       [3, 4],
       [5, 6]])
```

```
np.stack((a,b,c),axis=1)
```

```
array([[1, 3, 5],
       [2, 4, 6]])
```

stack() 和 concatenate() 函数的区别是：stack() 函数将合并的数组作为一个整体进行堆积（合并）操作，因此新数组中会多出一个轴（维度），如将多个一维数组通过 stack() 函数累加，将形成一个二维数组；concatenate() 函数对数组中的元素进行拼接，或者说，将后面的数组中的元素添加到前面的数组中，因此新数组和原数组的轴数通常是一样的，不会产生新的轴（维度）。

（5）column_stack()、hstack()、vstack() 函数

作为 stack() 函数的特殊形式，numpy.column_stack(tup) 将 tup 中的一系列一维数组作为二维数组的列，以创建一个二维数组。将两个一维数组作为新数组的列来创建一个二维数组，代码如下。

```
a = np.array((1,2,3))
b = np.array((4,5,6))
np.column_stack((a,b))
```

```
array([[1, 4],
       [2, 5],
       [3, 6]])
```

作为 concatenate() 函数的特殊形式，numpy.hstack(tup) 沿第 2 轴（axis=1）方向进行拼接操作，或者说，沿水平方向（列）进行拼接操作，示例如下，过程如图 1-22 所示。

```
a = np.array([[1],[2],[3]])           #3 行 1 列
b = np.array([[4],[5],[6]])           #3 行 1 列
print(a.shape,b.shape)
np.hstack((a,b))                      #合并结果为 3 行 2 列
```

```
(3, 1) (3, 1)
```

```
array([[1, 4],
       [2, 5],
       [3, 6]])
```

$$\begin{bmatrix}1\\2\\3\end{bmatrix}\begin{bmatrix}4\\5\\4\end{bmatrix}\Rightarrow\begin{bmatrix}1&4\\2&5\\3&6\end{bmatrix}$$

图 1-22

对一维数组进行合并，得到的仍然是一维数组，示例如下。

```
a = np.array((1,2,3))
b = np.array((4,5,6))
print(a.shape,b.shape)
np.hstack((a,b))
```

```
(3,) (3,)
```

```
array([1, 2, 3, 4, 5, 6])
```

作为 concatenate() 的特殊形式，numpy.vstack(tup) 沿第 1 轴（axis=0）方向进行拼接操作，或者说，沿垂直方向（行）进行拼接操作，示例如下。

```
a = np.array([[1, 2, 3]])             #1 行 3 列
b = np.array([[4, 5, 6]])             #1 行 3 列
print(a.shape)
np.vstack((a,b))                      #合并结果为 2 行 3 列
```

```
(1, 3)
```

```
array([[1, 2, 3],
       [4, 5, 6]])
```

```
c = np.array([[1], [2], [3]])              #3 行
d = np.array([[4], [5], [6]])              #3 行
np.vstack((c,d))                           #合并结果为 6 行
```

```
array([[1],
       [2],
       [3],
       [4],
       [5],
       [6]])
```

用 vstack() 函数将一维数组 (N,) 以形状 (1,N) 进行拼接，示例如下。

```
a = np.array([1, 2, 3])
b = np.array([4, 5, 6])
np.vstack((a,b))        #一维数组 a 的形状是(3,)，会被当作形状为(1,3)的二维数组；b 也是如此
```

```
array([[1, 2, 3],
       [4, 5, 6]])
```

（6）split() 函数

分裂是与合并相反的操作。split() 函数沿着 axis 的方向对数组进行分裂（axis 的默认值为 0）操作，示例如下。

```
numpy.split(ary, indices_or_sections, axis=0)
```

如果 indices_or_sections 是一个整数，就表示将分裂成相应个相等的子数组；如果无法按该方式进行分裂操作，则操作失败。如果 indices_or_sections 是一个有序的整数数组，就表示在轴方向上分裂的位置。例如，当 indices_or_sections = [2,3]、axis=0 时，分裂操作的结果如下。

- ary[:2]。
- ary[2:3]。
- ary[3:]。

相关示例代码如下。

```
x = np.arange(9.0)
print(x)
np.split(x, 3)          #分裂成 3 个长度相等的子数组
```

```
[0. 1. 2. 3. 4. 5. 6. 7. 8.]
```

```
[array([0., 1., 2.]), array([3., 4., 5.]), array([6., 7., 8.])]
```

```
x = np.arange(8.0)
print(x)
np.split(x, [3, 5, 6, 10])
```

```
[0. 1. 2. 3. 4. 5. 6. 7.]
```

```
[array([0., 1., 2.]),
 array([3., 4.]),
 array([5.]),
 array([6., 7.]),
 array([], dtype=float64)]
```

hsplit()、vsplit() 是对应于合并操作 hstack()、vstack() 的分裂函数，它们分别沿水平（axis=1）和垂直（axis=0）方向对数组进行分裂操作。这两个分裂函数都是 split() 函数的特殊形式。示例代码如下。

```
x = np.arange(16.0).reshape(4, 4)
print(x)
np.hsplit(x, 2)         #沿水平方向（列）分裂成2个相等的子数组
```

```
[[ 0.  1.  2.  3.]
 [ 4.  5.  6.  7.]
 [ 8.  9. 10. 11.]
 [12. 13. 14. 15.]]
```

```
[array([[ 0.,  1.],
        [ 4.,  5.],
        [ 8.,  9.],
        [12., 13.]]),
 array([[ 2.,  3.],
        [ 6.,  7.],
        [10., 11.],
        [14., 15.]])]
```

```
np.vsplit(x, 2)         #沿垂直方向（行）分裂成2个相等的子数组
```

```
[array([[0., 1., 2., 3.],
        [4., 5., 6., 7.]]),
 array([[ 8.,  9., 10., 11.],
        [12., 13., 14., 15.]])]
```

```
np.split(x, [1,2])
```

```
[array([[0., 1., 2., 3.]]),
 array([[4., 5., 6., 7.]]),
 array([[ 8.,  9., 10., 11.],
        [12., 13., 14., 15.]])]
```

（7）边缘填充

np.pad() 函数可以对数组的所有轴（维度）进行边缘填充，即在轴（维度）的前后填充一些数值，实现代码如下。

```
numpy.pad(array, pad_width, mode='constant', **kwargs)
```

arrary 是输入数组，pad_width 表示填充的宽度（元素的个数），mode 表示填充方式，'constant' 表示填充的常量，constant_values 表示常量的值，示例如下。

```
a = [7,8 ,9 ]
b =np.pad(a, (2, 3), mode='constant', constant_values=(4, 6))
print(a)
print(b)
```

```
[7, 8, 9]
[4 4 7 8 9 6 6 6]
```

在以上代码中：(2, 3) 表示在数组 a 的前面填充 2 个元素，在数组 a 的后面填充 3 个元素；mode='constant' 表示填充的是常数；constant_values=(4, 6) 表示在前面和后面填充的常数值分别是 4 和 6。

将 mode 设置为 'edge'，表示用边缘元素的值进行填充，示例如下。mode='minimum' 表示用数组中的最小值进行填充。

```
np.pad(a, (2, 3), 'edge')
```

```
array([7, 7, 7, 8, 9, 9, 9, 9])
```

对于多维数组，必须指定每维首尾填充的宽度，示例如下。

```
a = [[2, 5], [7, 9]]
print(a)
np.pad(a, ((1, 2), (2, 3)), 'minimum')
```

```
[[2, 5], [7, 9]]
```

```
array([[2, 2, 2, 5, 2, 2, 2],
       [2, 2, 2, 5, 2, 2, 2],
       [7, 7, 7, 9, 7, 7, 7],
       [2, 2, 2, 5, 2, 2, 2],
       [2, 2, 2, 5, 2, 2, 2]])
```

以上代码表示在 a 的第 1 轴（行）的前面和后面分别填充 1 个和 2 个最小值 2，即在二维数组的前面和后面分别增加 1 行和 2 行的数值 2。同样，在 a 的列方向上，即数组的左边和右边，各填充 2 列和 3 列的数值 2。

（8）添加轴

numpy.expand_dims(a, axis) 用于在 axis 的位置插入一个新的轴，从而扩展数组，示例如下。

```
x = np.array([3,5])              #x 是一维数组，只有 1 个轴
print(x.shape)
print(x)
#y 是二维数组，有 2 个轴，新增的是轴 axis=0，即新增的轴成为第 1 轴（行）
y = np.expand_dims(x, axis=0)
print(y.shape)
print(y)
```

```
(2,)
[3 5]
(1, 2)
```

```
[[3 5]]
```

x 是一维数组，只有 1 个轴。执行“y = np.expand_dims(x, axis=0)”后，y 是二维数组，有 2 个轴。新增的是轴 axis=0，即新增的轴成为第 1 轴（行）。也可以用 np.newaxis 给 x 添加一个轴，示例如下。

```
y = x[np.newaxis,:]
print(y.shape)
print(y)
```

```
(1, 2)
[[3 5]]
```

```
y = x[:,np.newaxis]
print(y.shape)
print(y)
```

```
(2, 1)
[[3]
 [5]]
```

（9）交换轴

有时我们需要交换数组的轴。例如，彩色图像的颜色通道可能是第 3 轴（axis=2），而在一些程序中，颜色通道需要在第 1 轴内。一些函数可用于交换数组的轴。

numpy.swapaxes(a, axis1, axis2) 用于交换轴，示例如下。

```
A = np.random.random((2,3,4,5))
print(A.shape)
B = np.swapaxes(A,0,2)      #交换轴 axis=0 和 axis=2
print(B.shape)
```

```
(2, 3, 4, 5)
(4, 3, 2, 5)
```

numpy.rollaxis(a, axis, start=0) 用于将轴向后滚动，直到其位于轴 start 前，示例如下。

```
C = np.rollaxis(A,2,0)      #将 A 的轴 axis=2 移动到轴 axis=0 前，即 C 的形状为(4,23,,5)
print(C.shape)
D = np.rollaxis(C,2,1)      #将 C 的轴 axis=2 移动到轴 axis=1 前，即 D 的形状为(4,3,2,5)
print(D.shape)
```

```
(4, 2, 3, 5)
(4, 3, 2, 5)
```

numpy.moveaxis(a, source, destination) 用于将轴 source 移到轴 destination 处，示例如下。

```
C = np.moveaxis(A,2,0)      #A 的形状为(2,3,4,5)，C 的形状为(4,2,3,5)
print(C.shape)
D = np.rollaxis(C,2,1)      #D 的形状为(4,3,2,5)
print(D.shape)
```

```
(4, 2, 3, 5)
(4, 3, 2, 5)
```

numpy.transpose(a, axes=None) 可根据 axes 中轴的次序重新对数组的轴进行排列，示例如下。axes 的默认值为 None，表示对轴进行逆序排列。可以说，numpy.transpose(a, axes=None) 函数的通用性更强，也更灵活。

```
A = np.random.random((2,4))
print(A)
B = np.transpose(A)
print(B)
C = np.random.random((2,4,3,5))
D = np.transpose(C,(2,0,3,1))
print(D.shape)
```

```
[[0.37541182 0.15745876 0.81639957 0.09506275]
 [0.2499226  0.59380174 0.69907614 0.73254894]]
[[0.37541182 0.2499226 ]
 [0.15745876 0.59380174]
 [0.81639957 0.69907614]
 [0.09506275 0.73254894]]
(3, 2, 5, 4)
```

1.2.3　ndarray 数组的索引和切片

NumPy 的索引（indexing）和切片（slicing）功能与 Python 对序列对象的索引和切片功能是相同的，即通过以方括号指定元素下标的方式提取数组中的元素或子数组。

和 Python 不同的是，NumPy 数组的索引和切片不是创建新的数组，而是创建原数组的视图（视窗），即子数组是原数组的一部分。因此，通过切片所引用的变量去修改这个切片，实际上修改的是原数组。示例代码如下。

```
import numpy as np
a = np.array([1,2,3,4,5])          #创建秩是 1 的数组，即一维数组
print(a[0], a[1], a[2])            #通过方括号中的下标访问数组 a 中的元素并打印它们
a[0] = 5                           #修改下标为 0 的元素 a[0]的值
print(a)                           #打印整个数组
b  = a[1:4]                        #a[1:4]返回由下标为从 1 到 4（不包含 4）的元素组成的切片
print(b)
b[0] = 40                          #切片 b 是 a 的一部分，修改 b 就相当于修改 a 中的元素
print(b)
print(a)
```

```
1 2 3
[5 2 3 4 5]
[2 3 4]
[40  3  4]
[ 5 40  3  4  5]
```

a[1:4] 用于获取 a 中由下标从 1 到 4（不包括 4）的元素组成的 a 的子数组，如图 1-23 所示。

索引和切片对多维数组而言是相同的，即可对任意维度进行索引或切片，示例如下。

```
a = np.array([[1,2,3,4], [5,6,7,8], [9,10,11,12]])
print(a)
print(a[2,1])
print(a[2])
print(a[:,1])
```

```
[[ 1  2  3  4]
 [ 5  6  7  8]
 [ 9 10 11 12]]
10
[ 9 10 11 12]
[ 2  6 10]
```

在以上代码中，a[2,1] 表示第 3 行第 2 列的元素，a[2] 表示第 1 轴的第 3 行，a[:,1] 表示第 2 列。第 1 轴的 “:” 表示所有行下标和列下标为 1 的一列元素。a[2] 和 a[:,1] 的切片，如图 1-24 所示。

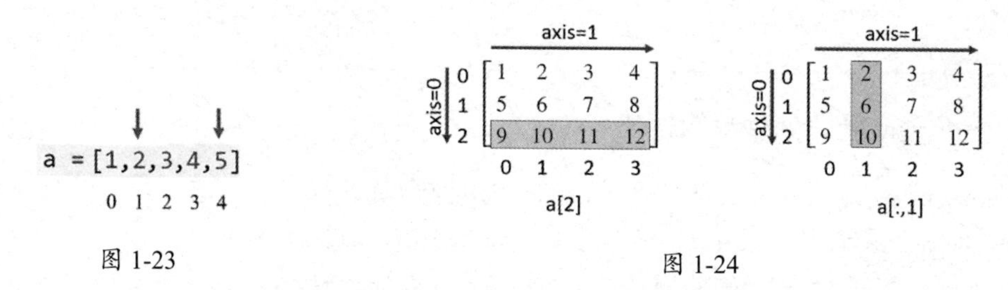

图 1-23

图 1-24

也可以用负整数进行切片，示例如下。

```
a = np.array([[1,2,3,4], [5,6,7,8], [9,10,11,12]])
b = a[:2, -1:-4:-1]  #切片区域：第一维从 0 到 2（不包含 2）；第二维从-1 到-4（不包含-4），步长是-1
print(a)
print(b)
```

```
[[ 1  2  3  4]
 [ 5  6  7  8]
 [ 9 10 11 12]]
[[4 3 2]
 [8 7 6]]
```

在以上代码中，“:2” 表示第 1 轴的下标 (0,1)；“-1:-4:-1” 表示第 2 轴的下标从 -1 开始，步长是 -1，因此下标为 (-1,-2,-3)。

a[:2, -1:-4:-1] 的切片，如图 1-25 所示。列下标是逆序的。

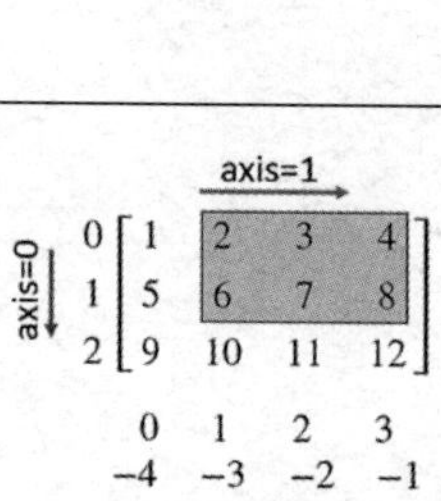

如果某维的索引或切片用 “:” 表示该维中的所有元素，指定了范围 start:end:step，未指定步长 step，则默认 step=1；如果未指定 start，则默认为 “-”；如果未指定 end，则默认在该维的最后添加 1。

axis=1
axis=0
0 1 2 3
−4 −3 −2 −1

图 1-25

示例代码如下。

```
c = a[:2,:]    #第一维默认结束位置是 2，即第 3 行，而起始位置是 0；第二维默认为所有下标
print(c)
d = a[1:,1]    #第一维默认结束位置是 4，而起始位置是 1；第二维为索引 1；最终得到一个一维数组
print(d)
```

```
[[1 2 3 4]
 [5 6 7 8]]
[ 6 10]
```

同样，改变数组本身或切片，都将使二者发生改变，示例如下。这是因为，切片中的数据是原数组的一部分，即切片是原数组的窗口。

```
a[0,3]=100
print(a)
print(b)
```

```
[[  1   2   3 100]
 [  5   6   7   8]
 [  9  10  11  12]]
[[100   3   2]
 [  8   7   6]]
```

再看一个三维张量（数组）的索引，代码如下。

```
a = np.array(range(27)).reshape(3,3,3)
print(a)
```

```
[[[ 0  1  2]
  [ 3  4  5]
  [ 6  7  8]]

 [[ 9 10 11]
  [12 13 14]
  [15 16 17]]

 [[18 19 20]
  [21 22 23]
  [24 25 26]]]
```

```
print(a[1, 2])
```

```
[15 16 17]
```

给定两个下标，第 1 轴、第 2 轴的下标是分别 1、2，第 3 轴的下标默认是 “:”，即第 3 轴为所有下标。a[1,2]、a[0,:,1]、a[:,1,2] 的切片，如图 1-26 所示。

a[0,:,1] 是由第 1 轴的第 1 元素（第一个平面）和第 3 轴的第 2 元素（列）构成的子数组，示例如下。

```
print(a[0,:,1])
```

```
[1 4 7]
```

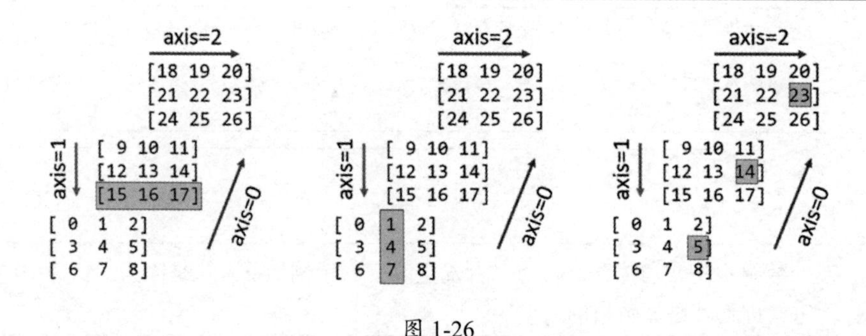

图 1-26

a[:,1,2] 为第 2 轴、第 3 轴的第 2 个和第 3 个元素。第 1 轴为所有的下标值。示例代码如下。

```
print(a[:,1,2])
```

```
[ 5 14 23]
```

1. 整型数组索引

对 NumPy 数组进行切片操作，得到的数组视图（Array View）总是原数组的一个子数组，即子数组中的元素是由原数组中的连续元素构成的。这是因为，每维的索引值都是连续的，如 1:3 的实际索引值是 1 和 2。通过切片操作得到的子数组是原数组的一个窗口，与原数组窗口区域共享数据存储空间。

在进行索引操作时，也可以给每维索引传递不连续的整数值，即给每维传递一个整数数组。整数数组索引可用于构建新数组，示例如下。

```
a = np.array([[1,2,3,4], [5,6,7,8], [9,10,11,12]])
c = a[[0,2],[1,3]]      #第 1 行（0）、第 3 行（2）和第 2 列、第 4 列中的元素
print(a)
print(c)
c[0] = 111
print(a)
print(c)                #c 是独立于 a 的新数组
```

```
[[ 1  2  3  4]
 [ 5  6  7  8]
 [ 9 10 11 12]]
[ 2 12]
[[ 1  2  3  4]
 [ 5  6  7  8]
 [ 9 10 11 12]]
[111  12]
```

传递整数数组的索引，就是使每个轴所对应的下标构成索引下标，即构成两个索引下标 (0,1) 和 (2,3)，指向两个元素。整数数组所谓“索引”的切片，如图 1-27 所示。

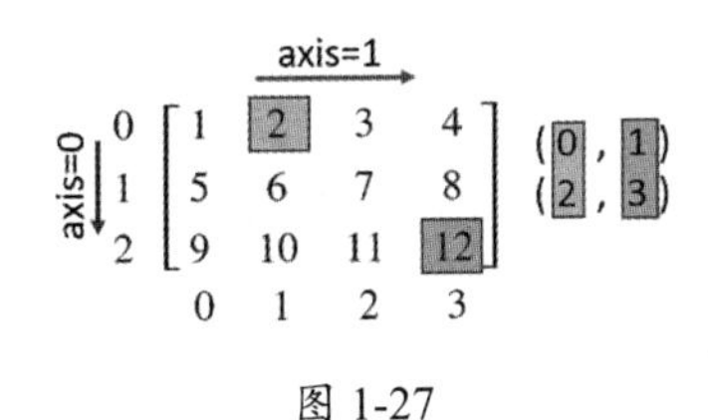

图 1-27

通过以上操作，得到的是一个一维张量（数组）。通过给每维传递整数数组的索引，可创建新数组，且新数组和原数组不共享数据存储空间，即改变一个数组的内容不会影响另一个数组。

2. 布尔型数组索引

布尔型数组索引用于选取数组中满足某些条件的元素，以创建一个不共享数据存储空间的新数组，示例如下。

```
import numpy as np

a = np.array([[1,2], [3, 4], [5, 6]])

bool_idx = (a > 2)        #返回一个和 a 形状相同的、值为 True 和 False 的数组
print(bool_idx)           # Prints "[[False False]
                          #          [ True True]
                          #          [ True True]]"

print(a[bool_idx])        #由于布尔值只能是 True 和 False，所以可将上述二式合为一式
print(a[a > 2])
```

```
[[False False]
 [ True  True]
 [ True  True]]
[3 4 5 6]
[3 4 5 6]
```

1.2.4　张量的计算

1. 逐元素计算

对两个多维数组，可“逐元素”执行 +、-、*、/、% 等运算符，以产生新数组，示例如下。

```
a = np.array([[1,2,3],[4,5,6]])
b = np.array([[7,8,9],[10,11,12]])
print(a+b)
print(a*b)
print(b%a)
```

```
[[ 8 10 12]
 [14 16 18]]
[[ 7 16 27]
 [40 55 72]]
```

```
[[0 0 0]
 [2 1 0]]
```

这些运算符还有对应的 NumPy 函数，如 add()、subtract()、multiply()、divide() 函数分别对应于运算符 +、-、*、/，示例如下。

```
print(np.add(a,b))
print(np.subtract(a,b))
print(np.multiply(a,b))
print(np.divide(a,b))
```

```
[[ 8 10 12]
 [14 16 18]]
[[-6 -6 -6]
 [-6 -6 -6]]
[[ 7 16 27]
 [40 55 72]]
[[0.14285714 0.25       0.33333333]
 [0.4        0.45454545 0.5       ]]
```

NumPy 中的函数都可以执行逐元素的运算，即对每个元素执行相应的运算，以产生新数组。例如，NumPy 的 sqrt()、sin()、power() 函数分别用于计算数组元素的平方根、正弦值、指数函数值，代码如下。

```
print(np.sqrt(a))
print(np.sin(a))
print(np.power(a,2))        #计算 a 的 2 次方
```

```
[[1.         1.41421356 1.73205081]
 [2.         2.23606798 2.44948974]]
[[ 0.84147098  0.90929743  0.14112001]
 [-0.7568025  -0.95892427 -0.2794155 ]]
[[ 1  4  9]
 [16 25 36]]
```

逐元素乘积也称为 Hadamard 乘积或 Schur 乘积。

两个向量的 Hadamard 乘积是由其对应元素的乘积构成的向量，即

$$\begin{pmatrix}1\\2\end{pmatrix} \odot \begin{pmatrix}3\\4\end{pmatrix} = \begin{pmatrix}1\times3\\2\times4\end{pmatrix} = \begin{pmatrix}3\\8\end{pmatrix}$$

和向量的 Hadamard 乘积一样，两个矩阵的 Hadamard 乘积是由其对应元素的乘积构成的矩阵，即

$$\begin{bmatrix}1 & 2\\3 & 4\end{bmatrix} \odot \begin{bmatrix}5 & 6\\7 & 8\end{bmatrix} = \begin{bmatrix}1\times5 & 2\times6\\3\times7 & 4\times8\end{bmatrix} = \begin{bmatrix}5 & 12\\21 & 32\end{bmatrix}$$

2. 累积计算

可以使用 NumPy 的函数或 ndarray 类的方法对 ndarray 对象进行累积计算，如求和（sum()）、求最值（min()、max()）、求均值（mean()）、求标准差（std()），示例如下。

```
a = np.array([[1,2,3],[4,5,6]])
print(np.max(a),a.max())
print(np.min(a),a.min())
print(np.sum(a),a.sum())
print(np.mean(a),a.mean())
print(np.std(a),a.std())
```

```
6 6
1 1
21 21
3.5 3.5
1.707825127659933 1.707825127659933
```

这些函数还可以指定沿数组的某个轴进行运算，示例如下。

```
print(a)
#np.max(a,axis=0)表示沿第 0 轴（第一维）的方向求最大值
print(np.max(a,axis=0),a.max(axis=1))
print(np.min(a,axis=0),a.min(axis=1))
print(np.sum(a,axis=0),a.sum(axis=1))
print(np.mean(a,axis=0),a.mean(axis=0))
print(np.std(a,axis=0),a.std(axis=0))
```

```
[[1 2 3]
 [4 5 6]]
[4 5 6] [3 6]
[1 2 3] [1 4]
[5 7 9] [ 6 15]
[2.5 3.5 4.5] [2.5 3.5 4.5]
[1.5 1.5 1.5] [1.5 1.5 1.5]
```

3. 点积

Hadamard 乘积是逐元素的乘积，而张量的点积是**向量点积**和**矩阵乘积**的推广。

（1）点积（内积）

两个向量 $\boldsymbol{x}=(x_1,x_2,\cdots,x_n)$、$\boldsymbol{y}=(y_1,y_2,\cdots,y_n)$ 的**点积**（**内积**，Dot Product）是它们所对应元素乘积的和 $x_1y_1+x_2y_2+\cdots+x_ny_n$，通常用 $\boldsymbol{x}\cdot\boldsymbol{y}$ 表示。向量的点积是标量。

在几何中，向量的点积就是两个向量的长度乘以它们夹角的余弦值，如图 1-28 所示，公式如下。

$$\boldsymbol{x}\cdot\boldsymbol{y}=\|\boldsymbol{x}\|_2\|\boldsymbol{y}\|_2\cos(\theta)$$

θ

图 1-28

因此，对于长度不变的两个向量：如果夹角为 0，则它们的点积最大；如果夹角为 -2π（180°），则它们的点积最小，是一个负数；如果夹角为 $\frac{\pi}{2}$（90°），则它们的点积为 0。

向量的点积等价于其中一个向量在另一个向量上的投影向量和另一个向量的长度的积。

（2）矩阵的乘积

如果矩阵 $\boldsymbol{A}_{m\times n}$ 的列数和矩阵 $\boldsymbol{B}_{n\times l}$ 的行数相同，那么，这两个矩阵可以相乘，它们的乘积 $\boldsymbol{A}_{m\times n}\boldsymbol{B}_{n\times l}$ 的结果矩阵 $\boldsymbol{C}$ 将是一个大小为 $m\times l$ 的矩阵，其中下标为 ij 的元素 c_{ij} 是矩阵 $\boldsymbol{A}$ 的第 i 行向量和矩阵 $\boldsymbol{B}$ 的第 j 列向量的点积，即 $c_{ij}=\sum_k^n(a_{ik}b_{kj})$。乘积矩阵中第2行第1列的元素是第一个矩阵中第2行的向量和第二个矩阵中第1列的向量的点积，如图1-29所示。

$$\begin{pmatrix}1 & 2 & 3\\ \boxed{4 \quad 5 \quad 6}\end{pmatrix}\begin{pmatrix}4 & 3 & 2 & 1\\ 5 & 6 & 7 & 8\\ 9 & 10 & 11 & 12\end{pmatrix}=\begin{pmatrix}41 & 45 & 49 & 53\\ 95 & 102 & 109 & 116\end{pmatrix}$$

图 1-29

两个向量的点积可以用矩阵乘法来表示。设 $\boldsymbol{x}$ 和 $\boldsymbol{y}$ 是两个列向量，则

$$\boldsymbol{x}\cdot\boldsymbol{y}=\boldsymbol{x}^{\mathrm{T}}\boldsymbol{y}=\boldsymbol{y}^{\mathrm{T}}\boldsymbol{x}$$

用 $\boldsymbol{A}_{i,:}$ 表示矩阵 $\boldsymbol{A}$ 中第 i 行的行向量，用 $\boldsymbol{B}_{:,j}$ 表示矩阵 $\boldsymbol{B}$ 中第 j 列的列向量，那么

$$c_{ij}=\boldsymbol{A}_{i,:}\boldsymbol{B}_{:,j}$$

由于向量是一个特殊的矩阵，所以矩阵和向量的乘积也属于矩阵乘法。例如，矩阵 $\boldsymbol{A}_{m\times n}$ 和列向量 $\boldsymbol{x}_{n\times 1}$ 相乘

$$\boldsymbol{A}\boldsymbol{x}=\begin{bmatrix}\boldsymbol{a}_{1,:}\\ \boldsymbol{a}_{2,:}\\ \vdots\\ \boldsymbol{a}_{m,:}\end{bmatrix}\boldsymbol{x}=\begin{bmatrix}\boldsymbol{a}_{1,:}\boldsymbol{x}\\ \boldsymbol{a}_{2,:}\boldsymbol{x}\\ \vdots\\ \boldsymbol{a}_{m,:}\boldsymbol{x}\end{bmatrix}=\begin{bmatrix}a_{11}x_1+a_{12}x_2+\cdots+a_{1n}x_n\\ a_{21}x_1+a_{22}x_2+\cdots+a_{2n}x_n\\ \vdots\\ a_{m1}x_1+a_{m2}x_2+\cdots+a_{mn}x_n\end{bmatrix}$$

$\boldsymbol{A}\boldsymbol{x}$ 是一个列向量，其每个元素都是矩阵 $\boldsymbol{A}$ 的一行和 $\boldsymbol{x}$ 相乘（点积）的结果。因此，可以证明：

- 矩阵的乘法满足结合律，即 $(\boldsymbol{AB})\boldsymbol{C}=\boldsymbol{A}(\boldsymbol{BC})$；
- 矩阵的乘法和加法满足分配律，即 $\boldsymbol{A}(\boldsymbol{B}+\boldsymbol{C})=\boldsymbol{AB}+\boldsymbol{AC}$。

可以用NumPy的dot()函数或ndarray的dot()方法计算向量的点积、矩阵的乘积。NumPy的dot()函数可接收两个多维数组，执行多维数组的点积（乘法）运算，实现代码如下。

```
numpy.dot(a, b, out=None)
```

如果指定了输出out，则结果将被输出到out中。

以下代码对比展示了逐元素乘（*）和点积的区别。

```
a= np.array([1,3])
b= np.array([2,5])
print("a*b:",a*b)
print("dot(a,b):",np.dot(a,b))              #两个向量的点积是一个数值（标量）
```

```
a*b: [ 2 15]
dot(a,b): 17
```

可见，两个向量逐元素乘的结果是一个向量，而两个向量的点积是一个标量（数值）。

在矩阵和向量相乘的过程中，需要注意其对应轴中元素的个数是否一致，示例如下。

```
a= np.array([[1,2,3],[4,5,6]])
b =  np.array([2,5])
c =  np.array([2,5,3])
print("a.shape:",a.shape)
print("b.shape:",b.shape)
print("c.shape:",c.shape)
#print("dot(a,b):",np.dot(a,b))
print("dot(b,a):",np.dot(b,a))
print("dot(a,c):",np.dot(a,c))
```

```
a.shape: (2, 3)
b.shape: (2,)
c.shape: (3,)
dot(b,a): [22 29 36]
dot(a,c): [21 51]
```

在以上代码中，a 是矩阵 (2, 3)，b 是一维张量 (2,)。因为一维张量既可以作为行向量，也可以作为列向量，所以 np.dot(b,a) 相当于矩阵 (1,2) 和 (2, 3) 相乘。np.dot(a,b) 是无法执行的，其原因在于矩阵 (2, 3) 不可能和矩阵 (1,2) 或 (2,1) 相乘。但是，可以执行 np.dot(a,c)，因为 c 的形状为 (3,)，np.dot(a,c) 相当于矩阵 (2, 3) 和 (3,1) 相乘。

对于一维向量和二维矩阵，通过 matmul() 函数和运算符“@”也可以执行矩阵乘法运算，它们和 np.dot() 的作用相同，示例如下。

```
a= np.array([1,3])
b= np.array([2,5])
print("dot(a,b):",np.dot(a,b))
print("matmul(a,b):",np.matmul(a,b))
print("a@b:",a@b)

a= np.array([[1,2,3],[4,5,6]])
b= np.array([[2,5],[1,3],[4,5]])
print("a.shape:",a.shape)                #2×3 的矩阵
print("b.shape:",b.shape)                #3×2 的矩阵
print("dot(a,b):",np.dot(a,b))
print("matmul(a,b):",np.matmul(a,b))
print("a@b:",a@b)
```

```
dot(a,b): 17
matmul(a,b): 17
a@b: 17
a.shape: (2, 3)
b.shape: (3, 2)
dot(a,b): [[16 26]
 [37 65]]
matmul(a,b): [[16 26]
```

```
 [37 65]]
a@b: [[16 26]
 [37 65]]
```

4. 广播

广播（Broadcasting）是一种强有力的机制，可以使 NumPy 对不同形状的数组进行算术运算。例如，用一个数和一个数组进行运算，相当于将这个数变成了和这个数组大小相同的数组，然后进行逐元素的运算。以下代码中的“a+3”等价于“a+ np.array([[3,3],[3,3]])”，运算过程如图 1-30 所示。

```
a = np.array([[1,2],[3,4]])
print(a)

print(a+3)
print(a+ np.array([[3,3],[3,3]]))
```

```
[[1 2]
 [3 4]]
[[4 5]
 [6 7]]
[[4 5]
 [6 7]]
```

```
[1 2]       [1 2]   [3 3]    [4 5]
[3 4] + 3 = [3 4] + [3 3] =  [6 7]
```

图 1-30

一个数和一个张量的减法、乘法、除法等，也是通过广播进行计算的，示例如下。

```
print(a*3)
print(a/3)
```

```
[[ 3  6]
 [ 9 12]]
[[0.33333333 0.66666667]
 [1.         1.33333333]]
```

二维数组 a 可以和一维数组 b 进行运算，示例如下。

```
b = np.array([1,2])
print(a+b)
```

```
[[2 4]
 [4 6]]
```

在计算 a+b 时，数组 b 的轴中只有 1 个元素（1 行），而数组 a 的轴中有 2 个元素（2 行），这相当于将数组 b 沿 axis=0 的方向重复堆积，形成一个和数组 a 大小相同的新数组，再进行计算。此过程如图 1-31 所示。

```
[1 2]            [1 2]   [1 2]   [2 4]
[3 4] + [1 2] =  [3 4] + [1 2] = [4 6]
```

图 1-31

NumPy 的广播并不实际执行上述重复堆积再计算的过程，而是按照这个概念的计算过程直接进行广播计算，从而节省内存、提高效率，示例如下。

```
a = np.array([[1],[2],[3]])          #a 是形状为(3,1)的二维数组
b = np.array([4,5])                  #b 是数组(2,)的一维数组
print(a)
print(b)
print(a+b)
```

```
[[1]
 [2]
 [3]]
[4 5]
[[5 6]
 [6 7]
 [7 8]]
```

a 是二维数组 (3,1)，b 是数组 (2,) 的一维数组。一维数组既可以被看成数组 (2,1)，也可以被看成张量 (1,2)。a+b 需要对 a 和 b 的形状进行匹配，而 (2,1) 和 (3,1) 的第 1 轴显然不匹配。因此，需要将 b 看成张量 (1,2)（因为只有 1 个元素的轴可以和任意数目的轴匹配），a+b 就是 (3,1) 和 (1,2) 两个二维数组相加。元素个数为 1 的轴会被提升为与数组元素个数一致的数组，即被提升为形状为 (3,2) 的二维数组，如图 1-32 所示，然后进行逐元素运算。

```
[1]            [1 1]   [4 5]   [5 6]
[2] + [4 5] =  [2 2] + [4 5] = [6 7]
[3]            [3 3]   [4 5]   [7 8]
```

图 1-32

两个数组进行运算，使用广播的原则如下。

- 如果数组的秩不同，就使用一对秩较小的数组进行扩展，直到两个数组的秩相同。例如，秩为 0 的数和秩不为 0 的数组进行运算，需要将这个数扩展成和数组相同的形状。
- 如果两个数组在某维度（轴）上的长度相同，或者其中一个数组在该维度上的长度为 1，就认为这两个数组在该维度上是相容的。
- 如果两个数组在所有维度上都相容，它们就能使用广播。在使用广播时，需要将所有长度为 1 的轴的长度扩展成长度不为 1 的那个数组所对应的轴的长度。

1.3　微积分

在本节中，将介绍函数、极限、函数的导数等微积分基本概念。

1.3.1 函数

关于函数，有多种定义，举例如下。

- 函数描述了一个变量与另一个变量的依赖关系。被依赖的变量称为自变量，依赖其他变量的变量称为因变量。
- 函数是一个变量到另一个变量的映射，即函数可将一个变量映射到另一个变量。
- 函数是从输入到输出的变换，即函数接收一个输入变量，产生一个输出变量。

这些定义从不同的角度描述了两个变量之间的函数关系。例如，正方形的面积 S 是依赖其边长 e 的。在这里，边长 e（被依赖的变量）就是**自变量**，面积 S（依赖其他变量的变量）就是**因变量**。面积 S 对边长 e 的依赖关系可表示为 $S = e^2$。依赖关系可以看成映射关系 $e \to S$，即将边长 e 映射为面积 S，也可以看成一个从输入到输出的变换 $S(e)$，即输入边长 e，输出面积 $S(e)$。

两个变量之间的函数关系是普遍存在的，例如：温度是时间的函数；股票价格是时间的函数；运动物体的速度是时间的函数；身高是年龄的函数；房价是房屋面积的函数；等等。

在机器学习中，将函数作为一个从输入到输出的变换，可能更容易理解。如果用 x 表示输入变量，用 f 表示函数，用 $f(x)$ 表示将 x 输入 f 后产生的输出值，那么三者的关系为

$$x \to f \to f(x)$$

有时，从 x 产生 $f(x)$ 的过程可以表示为一个计算子，如对 $f(x) = 2x + 1$ 输入 $x = 3$，将产生输出值 $f(3) = 2 \times 3 + 1 = 7$。

常数 C 也可以作为一个函数，即 $f(x) = C$。这种函数称为**常数函数**。

如果两个标量（数）x、$f(x)$可以表示为二维直角坐标平面上的坐标点 $(x, f(x))$，那么，通过在该平面上绘制多个该函数的坐标点，我们可以更清楚地看到一个函数是如何将 x 变换为 $f(x)$ 的。这些点构成的图形，称为**函数曲线**。

也可以用一个字母（如 y）表示输出值 $f(x)$。

以下代码通过在 [0,10] 中采样 x 的值，得到对应的 $f(x) = 2x + 1$ 的值。通过绘制 $(x, f(x))$ 构成的图形，可以了解 x 和 $f(x)$ 的关系。绘制由函数 $f(x) = 2x + 1$ 定义的一些坐标点，结果如图 1-33 所示。

```
import numpy as np
import matplotlib.pyplot as plt
%matplotlib inline

x = np.arange(-3, 3, 0.1) #
y = 2*x+1

plt.scatter(x, y, s=6)
plt.legend(['$f(x)=2x+1$'])

plt.show()
```

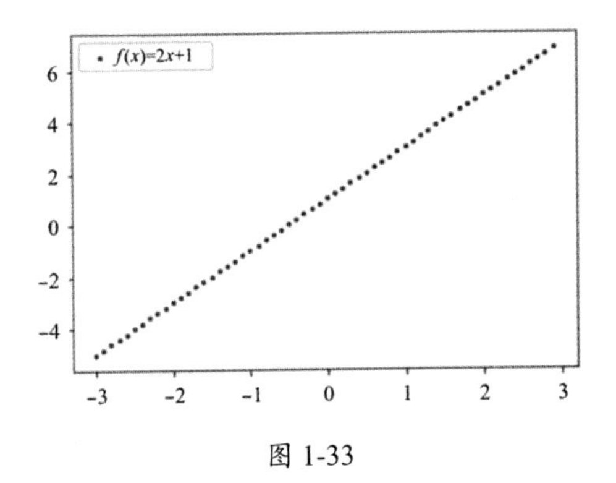

图 1-33

形如 $f(x) = ax + b$ 的函数称为线性函数，因为所有的点 $(x, f(x))$ 都在一条直线上。$f(x) = ax^2$ 是一条由二次函数的所有点 $(x, f(x))$ 组成的抛物线。还有一些常见的基本函数，如指数函数 $f(x) = \mathrm{e}^x$、正弦函数 $f(x) = \sin(x)$。

执行以下代码，绘制曲线，结果如图 1-34 所示。

```
import numpy as np
import matplotlib.pyplot as plt
%matplotlib inline

x = np.arange(-3, 3, 0.1)
y = np.sin(x)
y0 = np.full(x.shape, 2)
y1 = 2*x
y2 = x**2
y3 = np.exp(x)

fig = plt.gcf()
fig.set_size_inches(20, 4, forward=True)

plt.subplot(1, 5, 1)
plt.scatter(x, y, s=6)
plt.legend(['$sin(x)$'])

plt.subplot(1, 5, 2)
plt.scatter(x, y0, s=6)
plt.legend(['$2$'])


plt.subplot(1, 5, 3)
plt.scatter(x, y1, s=6)
plt.legend(['$2x$'])

plt.subplot(1, 5, 4)
plt.scatter(x, y2, s=6)
plt.legend(['$x^2$'])
```

```
plt.subplot(1, 5, 5)
plt.scatter(x, y3, s=6)
plt.legend(['$e^x$'])
plt.axis('equal')

plt.show()
```

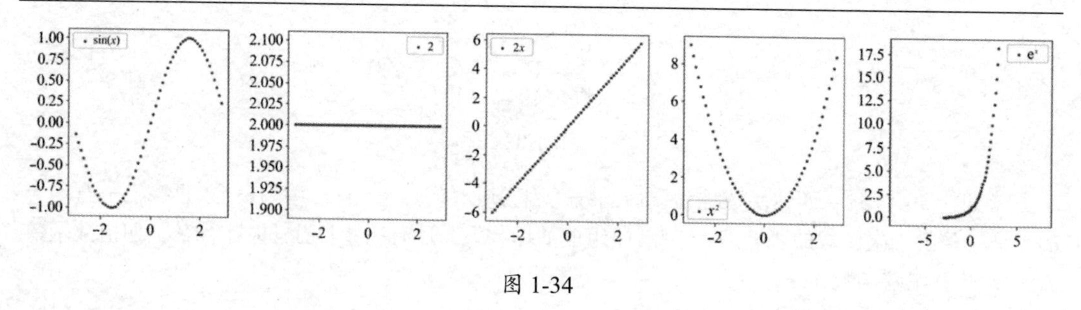

图 1-34

直线函数 $y=2x$ 和指数函数 $y=\mathrm{e}^x$ 的值（因变量）都随 x 的增大而增大，但指数函数的值增长得非常快。人们经常说某个量“呈指数级增长”，就是指这个量增长得非常快。

1.3.2 四则运算和复合运算

可以通过四则运算和复合运算，从简单的函数构造复杂的函数。

1. 四则运算

四则运算是指对两个函数执行加、减、乘、除运算，从而构造一个函数的过程。

假设有两个函数 $f(x)$、$g(x)$，可分别将 x 变换为 $f(x)$、$g(x)$，即

$$f{:}\, x \to f(x)$$

$$g{:}\, x \to g(x)$$

如果定义一个新的变换关系，将每个 x 都变换为 $f(x)+g(x)$，就会得到一个新的函数

$$x \to f(x)+g(x))$$

这个新的函数称为原来两个函数的**和函数**。

例如，$y=x^2$ 和 $y=\mathrm{e}^x$ 可以通过加法运算产生新的函数 $y=x^2+\mathrm{e}^x$，当 $x=2$ 时，新的函数的值为 $y=2^2+\mathrm{e}^2=4+\mathrm{e}^2$。

执行以下代码，可以绘制 $y=x^2$、$y=\mathrm{e}^x$、$y=x^2+\mathrm{e}^x$ 的曲线，结果如图 1-35 所示。

```
import numpy as np
import matplotlib.pyplot as plt
%matplotlib inline

x = np.arange(-2, 2, 0.1) #
y = x**2
```

```
y2 = np.exp(x)
y3 = x**2 + np.exp(x)

plt.plot(x, y)
plt.plot(x, y2)
plt.plot(x, y3)
plt.legend(['$x^2$','$e^x$','$x^2+e^x$'])

fig = plt.gcf()
fig.set_size_inches(4, 4, forward=True)
#plt.axis('equal')
plt.xlim([-3,3])
plt.show()
```

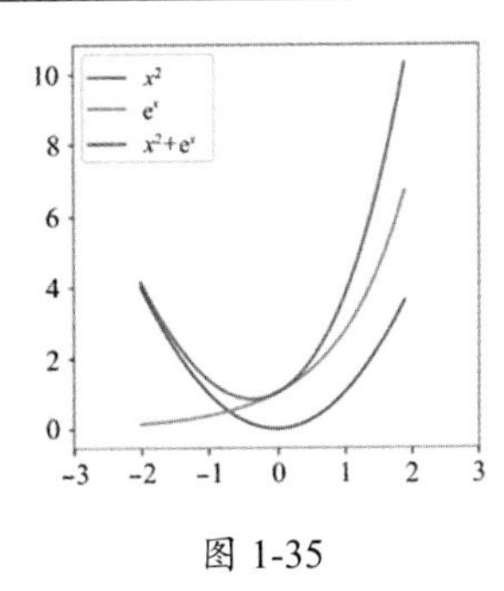

图 1-35

类似地，可分别通过“-”“*”“/”构造两个函数的差函数 $f(x)-g(x)$、积函数 $f(x)g(x)$、商函数 $f(x)/g(x)$。

2. 复合运算

既然函数是一个变换（或者输入/输出装置），那么将 x 输入函数 g，会产生一个输出 $g(x)$。将 $g(x)$ 作为另一个函数 f 的输入，就会产生一个新的函数 $f(g(x))$，关系如下。

$$x \to g \to g(x) \to f \to f(g(x))$$

将一个函数的输出作为另一个函数的输入，可以构成一个新的变换（或者说新的函数）。这个新的函数是由原来的两个函数 g 和 f 串联构成的复合函数，可记为 $f \circ g: x \to f(g(x))$，即

$$f \circ g(x) = f(g(x))$$

例如，$g(x) = -x$，$f(x) = \mathrm{e}^x$，则 $f \circ g(x) = f(g(x)) = \mathrm{e}^{-x}$。再如，$g(x) = \mathrm{e}^x$，$f(x) = x^2$，则 $f \circ g(x) = f(g(x)) = (\mathrm{e}^x)^2$，该复合函数的计算代码如下。

```
y =  np.exp(x)**2
```

$y = \mathrm{e}^x$、$y = \mathrm{e}^{-x}$、$y = \mathrm{e}^{x^2}$ 的函数曲线，如图 1-36 所示。

sigmoid 函数 $\sigma(x) = \frac{1}{1+\mathrm{e}^{-x}}$ 是机器学习（深度学习）中的常用函数之一，可以将它看成常数函数 1 和函数 $1+\mathrm{e}^{-x}$ 的商。可以将函数 $1+\mathrm{e}^{-x}$ 看成常数函数 1 和函数 e^{-x} 的和。可以将函数 e^{-x}

看成 e^z 和 $z=-x$ 的复合函数。可以将 $-x$ 看成常数函数 -1 和 x 的积。通过四则运算和复合运算，用简单的初等函数构造这个复杂函数的过程，如图 1-37 所示。

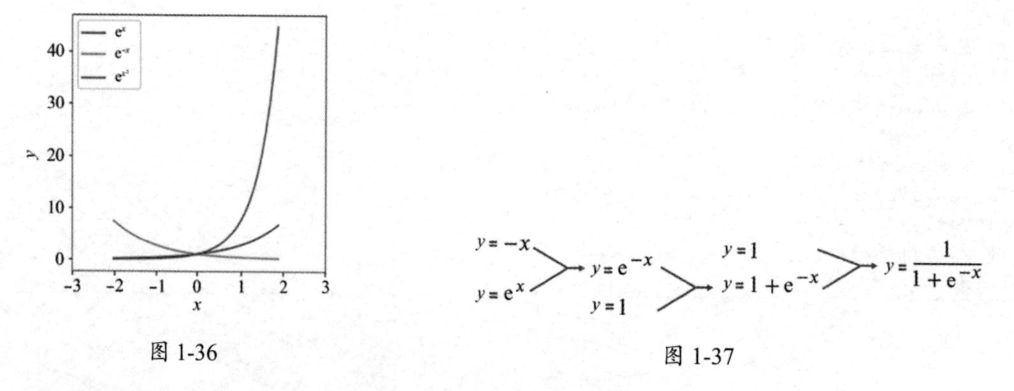

图 1-36　　　　图 1-37

执行以下代码，可以绘制 $\sigma(x)$ 函数的曲线，结果如图 1-38 所示。

```
import numpy as np
import matplotlib.pyplot as plt
%matplotlib inline

x = np.arange(-7, 7, 0.1)
y = 1/(1+ np.exp(-x) )
plt.plot(x, y)

plt.xlabel('$x$')
plt.ylabel('$y$')
plt.show()
```

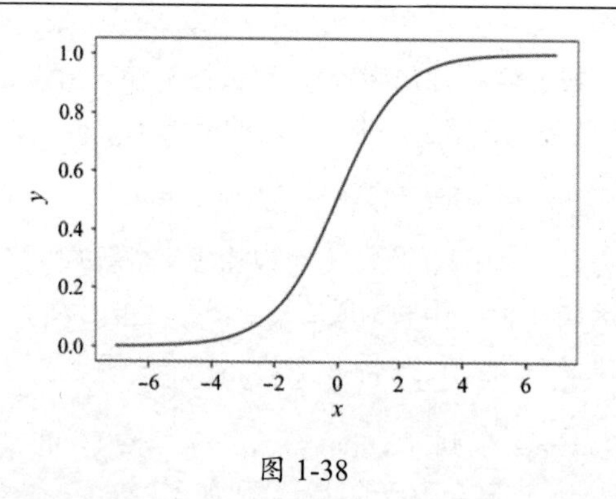

图 1-38

可以看出，函数 $f(x)$ 的值在区间 [0,1] 内，且随着 x 的增大而增大，也就是说，该函数是**递增**的。如果在自变量的某个区间内的任意两个数 $x_1 < x_2$ 必然有 $f(x_1) < f(x_2)$，就说该函数是严格递增的。函数递减也可以这样定义。

如果 $\sigma(x)$ 在 $x=0$ 处的值是 $\frac{1}{1+e^{-x}}=\frac{1}{2}$，那么当 x 趋近于正无穷（$x\to\infty$）时，e^{-x} 将趋近于

0, 即 $e^{-x} \to 0$, $\frac{1}{1+e^{-x}}$ 将趋近于 $\frac{1}{1+0} = 1$; 反之, 当 $x \to -\infty$ 时, $e^{-x} \to \infty$, $\frac{1}{1+e^{-x}}$ 将趋近于 $\frac{1}{1+\infty} = 0$。为了描述一个变量趋近于某个量（趋近于 0 或无穷大时）的行为，人们提出了极限的概念。

1.3.3 极限和导数

1. 数列的极限

数列是指一列有序的数，如 (1,2,3,4)、$(1,\frac{1}{2},\frac{1}{3},\cdots,\frac{1}{n},\cdots)$。

数列中的元素格式称为**项数**，项数有限的称为有限数列，项数无限的称为无限数列。

数列也是函数，它是自然数的子集到一个数值集合的映射，也就是说，数列的自变量是一个自然数，因变量是一个数值。数列通常指无限数列，写作

$$a_1, a_2, a_3, \cdots, a_n, \cdots$$

极限描述的是无限逼近的情况。例如，有一个无限数列 $\{1,\frac{1}{2},\frac{1}{3},\cdots,\frac{1}{n},\cdots\}$，当 n 不断增大时，数列中对应的数值（如 $\frac{1}{n}$）将越来越小、越来越接近 0，即无限逼近 0。也就是说，这个数列随着 n 的增大而无限增大，并逐渐收敛至 0。这里的 0 就称为这个数列的**极限**。

所谓“无限逼近”就是说，只要 n 足够大，$\frac{1}{n}$ 和其极限 0 的距离就足够小。也就是说，对一个任意小的数，如 $\epsilon = 0.001$，总能找到一个 n，使数列中第 n 项之后的所有数与极限的距离都小于 ϵ。例如，$n = 1000$，$|\frac{1}{n} - 0| < \epsilon$。再如，可以证明数列 $\{3-1,3-\frac{1}{2},3-\frac{1}{3},\cdots,3-\frac{1}{n},\cdots\}$ 的极限是 3。

通常用 lim 表示极限，即

$$\lim_{n\to\infty}\frac{1}{n} = 0$$

上式表示，对等号左边的数列，当 $n \to \infty$ 时，其极限是 0。

一个数列可能没有极限。如果数列有极限，则极限必定是唯一的。

2. 函数的极限与连续性

同样，可以定义函数 $f(x)$ 在点 x_0 处的极限 $\lim\limits_{x\to x_0} f(x)$，表示当 x 充分接近 x_0 时，$f(x)$ 将充分接近这个极限，示例如下。

$$\lim_{x\to 3} x^2 = 9$$

上式表示当自变量 x 充分接近 3 时，因变量 $f(x)$ 的值将逼近 9，即 $f(x)$ 的极限是 9。例如，一个逼近 3 的自变量数列 $\{3-1,3-\frac{1}{2},3-\frac{1}{3},\cdots\}$，其所对应的 $f(x)$ 的值组成的数列 $\{(3-1)^2, (3-\frac{1}{2})^2,(3-\frac{1}{3})^2,\cdots\}$ 的极限是 9。

如果函数在点 x_0 的极限存在且等于 x_0 的函数值，即 $\lim\limits_{x\to x_0} f(x) = f(x_0)$，就说函数在 x_0 这一点是**连续**的。直观地，函数 $f(x)$ 所对应的曲线在 x_0 处没有断开。

如图 1-39 所示：函数 $f(x)=\text{sign}(x)$ 在 $x=0$ 处是不连续的，公式如下；函数 $f(x)=|x|$ 是处处连续的；函数 $f(x)=x^2$ 在任意自变量 x 处都是连续的（表现在其函数曲线是连续的），就说这个函数是**连续**的。

$$f(x)=\text{sign}(x)=\begin{cases}1,\text{如果 } x>0\\0,\text{如果 } x=0\\-1,\text{如果 } x<0\end{cases}$$

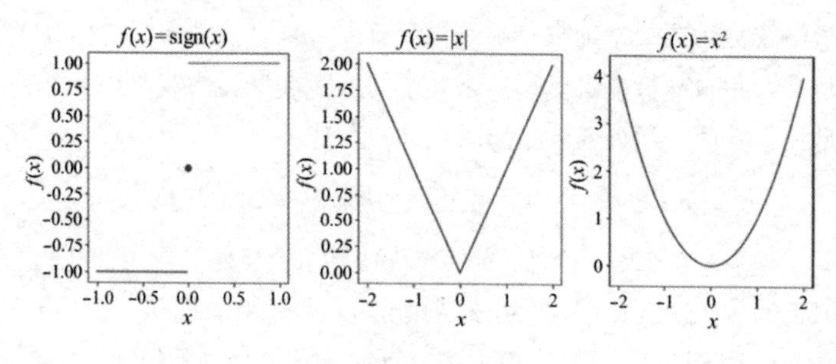

图 1-39

令 $\Delta x_0=x-x_0$，$\Delta f(x_0)=f(x)-f(x_0)$，则 $\lim\limits_{x\to x_0}f(x)=f(x_0)$ 可表示为

$$\lim_{\Delta x_0\to 0}\Delta f(x_0)=0$$

函数在自变量 x_0 处连续的含义是：当 Δx_0 趋近于 0 时，$\Delta f(x_0)$ 也趋近于 0，即 $\Delta f(x_0)$ 随 Δx_0 趋近于 0 而趋近于 0。

3. 函数的导数

函数 $y=f(x)$ 在点 x 处的连续性是指，在该点附近，因变量 $y=f(x)$ 随自变量的连续变化而连续变化。有时需要进一步考察因变量随自变量变化的具体情况。例如，用 t 表示时间，用 s 表示运动物体走过的距离，显然 s 是随着 t 连续变化的，不会出现在某个时刻从某个点突然跳到另一个点的情况。

对于运动物体，有时我们更关心其运动速度。可以以运动物体在一段时间里走过的距离来表示其平均运动速度。例如，在时刻 t_0 到时刻 $t_0+\Delta t$ 这个时间段（$t_0+\Delta t-t_0$）内，运动物体走过的距离是 $s(t_0+\Delta t)-s(t_0)$，它们的比值表示在这段时间内运动物体的平均运动速度，公式如下。

$$\frac{s(t_0+\Delta t)-s(t_0)}{t_0+\Delta t-t_0}=\frac{s(t_0+\Delta t)-s(t_0)}{\Delta t}$$

要想了解运动物体在时刻 t_0 的精确速度，需要计算上述平均速度在 $\Delta x\to 0$ 时的极限，然后用这个极限作为时刻 t_0 的精确速度，公式如下。

$$\lim_{\Delta t\to 0}\frac{s(t_0+\Delta t)-s(t_0)}{\Delta t}$$

在微积分里，将上述极限值称为函数 $s(t)$ 在 t_0 处的**导数**，记为 $s'(t_0)$ 或 $\frac{\mathrm{d}s}{\mathrm{d}t}|_{t_0}$，公式如下。

$$s'(t_0)=\frac{\mathrm{d}s}{\mathrm{d}t}|_{t_0}=\lim_{\Delta t\to 0}\frac{s(t_0+\Delta t)-s(t_0)}{\Delta t}$$

一般地，函数 $f(x)$ 在点 x_0 处的导数 $f'(x_0)$ 定义为

$$f'(x_0)=\lim_{\Delta x\to 0}\frac{\Delta y}{\Delta x}=\lim_{\Delta x\to 0}\frac{f(x_0+\Delta x)-f(x_0)}{\Delta x}$$

其中，Δx 是一个趋近于 0 的微小增量，$\Delta y=f(x_0+\Delta x)-f(x_0)$ 是相应的因变量的增量。这个导数刻画了在点 x_0 处依赖自变量 x 的因变量 y 的变化情况。$f'(x_0)$ 的绝对值越大，说明 y 的变化越剧烈。

例如，$f(x)=x^2$ 在 $x=3$ 处的导数为

$$\begin{aligned}f'(3)&=\lim_{\Delta x\to 0}\frac{f(3+\Delta x)-f(3)}{\Delta x}=\lim_{\Delta x\to 0}\frac{(3+\Delta x)^2-3^2}{\Delta x}\\&=\lim_{\Delta x\to 0}(6+\Delta x)=6\end{aligned}$$

根据同样的推导过程，$f(x)=x^2$ 在 $x=1$ 处的导数为

$$\begin{aligned}f'(1)&=\lim_{\Delta x\to 0}\frac{f(1+\Delta x)-f(1)}{\Delta x}=\lim_{\Delta x\to 0}\frac{(1+\Delta x)^2-1^2}{\Delta x}\\&=\lim_{\Delta x\to 0}(2+\Delta x)=2\end{aligned}$$

$f(x)=x^2$ 在 $x=0$ 处的导数为

$$\begin{aligned}f'(0)&=\lim_{\Delta x\to 0}\frac{f(0+\Delta x)-f(0)}{\Delta x}=\lim_{\Delta x\to 0}\frac{(0+\Delta x)^2-0^2}{\Delta x}\\&=\lim_{\Delta x\to 0}\Delta x=0\end{aligned}$$

以上推导过程说明：在 $x=0$ 处，当 x 有微小增量 Δx 时，y 的增量大约是其 0 倍（几乎不改变）；在 $x=1$ 处，当 x 有微小增量 Δx 时，y 的增量大约是其 2 倍，即 $2\Delta x$；在 $x=3$ 处，当 x 有微小增量 Δx 时，y 的增量大约是其 6 倍，即 $6\Delta x$。

可以看出，导数刻画了因变量 y 相对于自变量 x 的变化情况。如果导数的绝对值较大，那么微小的 x 增量可导致 y 发生剧烈变化；如果导数的绝对值较小（如接近 0），那么微小的 x 增量引起的 y 的变化较小，即 y 相对于 x 变化平缓（如同一个运动物体在时间发生变化时几乎静止）。

如图 1-40 所示：（a）是函数 $y=x^3$ 在 $x=1$ 处 $\Delta x=0.8$ 时的 $\frac{\Delta y}{\Delta x}$，它表示两个点 $(1,1^3)$ 和 $(1.8,1.8^3)$ 的因变量变化关于自变量变化的变化率，这个比值就是这两个点所在直线的斜率；（b）是 $x=1$ 处的 $\Delta x=0.8,0.6,0.4$ 时的 $\frac{\Delta y}{\Delta x}$；（c）是当 $\Delta x\to 0$ 时，斜率将收敛为 $x=1$ 和函数曲线的切线的斜率。

如果函数 $f(x)$ 在所有点的导数 $f'(x)$ 都存在，就说该函数处处可导，即每个 x 都对应于一个导数值 $f'(x)$，此时映射关系 $x\to f'(x)$ 就是一个函数关系。这样的函数称为原函数的**导函数**，记为 $f'(x)$。

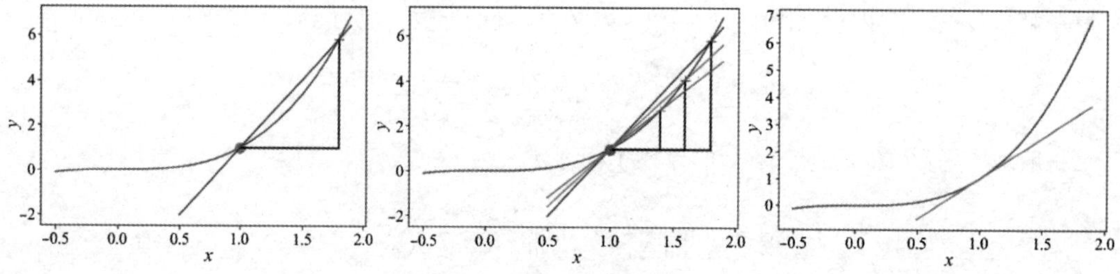

（a） （b） （c）

图 1-40

对于 $f(x)=x^2$，可以按照极限公式求出其每个点的导数值 $f'(x)$，公式如下。

$$\begin{aligned} f'(x) &= \lim_{\Delta x \to 0} \frac{f(x+\Delta x)-f(x)}{\Delta x} = \lim_{\Delta x \to 0} \frac{(x+\Delta x)^2 - x^2}{\Delta x} \\ &= \lim_{\Delta x \to 0} 2x + \Delta x = 2x \end{aligned}$$

即 $f(x)=x^2$ 的导函数为 $f(x)=2x$。

很容易求出以下初等函数的导函数。

$$C' = 0$$

$$(x'')' = nx^{n-1}(n \in Q)$$

$$(\sin x)' = \cos x$$

$$(\cos x)' = -\sin x$$

$$(a^x)' = a^x \ln a$$

$$(\mathrm{e}^x)' = \mathrm{e}^x$$

$$(\log_a x)' = \frac{1}{x}\log_a \mathrm{e}$$

$$(\ln x)' = \frac{1}{x}$$

1.3.4 导数的四则运算和链式法则

对可能遇到的函数，都根据导数的极限的定义去计算其导函数，是不现实的（可以通过四则运算或复合运算构造不同的函数）。幸好我们很容易证明，对于用四则运算或复合运算的方式构造的函数的导数，可以通过构造它们的函数的导数来计算。

例如，对于 $(f(x)+g(x))' = f'(x)+g'(x)$（和函数的导数是原来两个函数的导数之和），根据导数的极限的定义，很容易证明，对于用四则运算构造的函数的导数，有下列计算公式。

$$\big(f(x)+g(x)\big)' = f'(x)+g'(x)$$

$$\big(f(x)-g(x)\big)'=f'(x)-g'(x)$$

$$(f(x)g(x))'=f'(x)g(x)+f(x)g'(x)$$

$$\left(\frac{f(x)}{g(x)}\right)'=\frac{f'(x)g(x)-f(x)g'(x)}{g(x)^2}$$

因为常数函数 $f(x)=C$ 的导数是 0，常数 C 和函数 $f(x)$ 的积 $Cf(x)$ 的导数为

$$(C+f(x))'=C'+f'(x)=f'(x)$$

所以，有 $(\frac{f(x)}{C})'=(\frac{1}{C}f(x))'=\frac{1}{C}f'(x)$。

常数 C 和函数 $f(x)$ 的和 $C+f(x)$ 的导数为

$$(C+f(x))'=C'+f'(x)=f'(x)$$

再如，对于 $(x^2+\sin(x))'=(x^2)'+(\sin(x))'=2x+\cos(x)$，同样由 $f(x)$ 和 $g(x)$ 组成复合函数 $f(g(x))$，其导数和原来的函数的导数有如下关系。

$$(f(g(x))'=f'(g(x))g'(x)$$

这个复合函数的求导公式称为**链式法则**。在求 $f(g(x))$ 的导数时，应先求 f 关于 g 的导数 $f'(g)$，再求 g 关于 x 的导数 $g'(x)$，最后将二者相乘，即求 $f'(g)g'(x)$，如图 1-41 所示。

对于复合函数，输入一个变量 x，就会“从内到外”沿着函数的复合过程计算其函数值，即先计算 $g(x)$，再计算 $f(g(x))$，最后将二者相乘。求最终的函数值 $f(g(x))$ 关于输入 x 的导数的过程则与此相反，即先计算 $f'(g)$，再计算 $g'(x)$，最后将二者相乘，也就是说，求导过程“从外到内”依次求每个函数的导数。

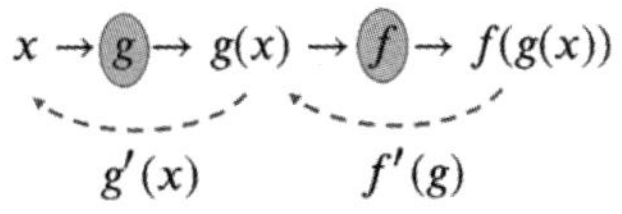

$x \to g \to g(x) \to f \to f(g(x))$

$g'(x)$　　$f'(g)$

图 1-41

例如，$\sin(x^2)$ 是 $f=\sin(g)$ 和 $g=x^2$ 的复合函数，因此，其导数为

$$\sin(x^2)'=\sin'(g)g'(x)=\sin'(g)(x^2)'=\cos(g)(2x)=2x\cos(x^2)$$

同样，可以对函数 $\sigma(x)$ 求导，公式如下。

$$\begin{aligned}
\sigma'(x) &= (\frac{1}{1+\mathrm{e}^{-x}})'=\frac{1'\times(1+\mathrm{e}^{-x})-1\times(1+\mathrm{e}^{-x})'}{(1+\mathrm{e}^{-x})^2}\\
&=\frac{-(1+\mathrm{e}^{-x})'}{(1+\mathrm{e}^{-x})^2}=\frac{-0-(\mathrm{e}^{-x})'}{(1+\mathrm{e}^{-x})^2}=\frac{-(\mathrm{e}^{-x})(-x)'}{(1+\mathrm{e}^{-x})^2}\\
&=\frac{\mathrm{e}^{-x}}{(1+\mathrm{e}^{-x})^2}=\frac{1+\mathrm{e}^{-x}-1}{(1+\mathrm{e}^{-x})^2}=\frac{1}{1+\mathrm{e}^{-x}}-\frac{1}{(1+\mathrm{e}^{-x})^2}\\
&=\frac{1}{1+\mathrm{e}^{-x}}(1-\frac{1}{1+\mathrm{e}^{-x}})=\sigma(x)(1-\sigma(x))
\end{aligned}$$

执行如下代码，绘制函数 $\sigma'(x)$ 的曲线，结果如图 1-42 所示。

```
import numpy as np
```

```
import matplotlib.pyplot as plt
%matplotlib inline

def sigmoid(x):
    return 1/(1+np.exp(-x))

x = np.arange(-7, 7, 0.1)
y = sigmoid(x)
dy = sigmoid(x)*(1-sigmoid(x))

plt.plot(x, y)
plt.plot(x, dy)

plt.legend(['$\sigma(x)$','$\sigma'\(x)$'])
plt.xlabel('$x$')
plt.ylabel('$y$')
plt.show()
```

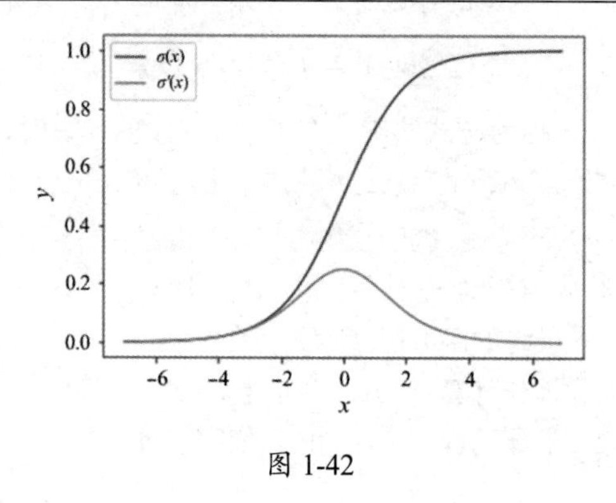

图 1-42

可以看出，函数 $\sigma'(x)$ 的曲线是一条钟形曲线，对所有 x，都有 $\sigma'(x)>0$。在 $x=0$ 处其导数值最大，为 $\sigma(0)(1-\sigma(0))=0.5\times 0.5=0.25$；当 x 趋近于无穷时，导数值趋近于 0。由于导数值的绝对值体现了函数值随自变量变化的情况，所以，$\sigma(x)$ 在 $x=0$ 处变化最剧烈，而在逐渐接近无穷的过程中变化越来越平缓。

根据导数的定义，很容易就能证明上述四则运算法则和复合函数的链式法则，感兴趣的读者可以自己证明一下或查阅微积分教材。

1.3.5 计算图、正向计算和反向传播求导

如图 1-43 所示，是将自变量 x 输入函数，计算函数值（函数的输出）的过程。这种图称为**计算图**。按照计算图中的过程计算一个自变量（输入）的函数值的过程称为**正向计算**。求导的过程是正向计算过程的反向过程，因此称为**反向计算**或**反向传播计算**。

从图 1-43 中可以看出，对于 x，正向计算先通过函数 g 得到 $g(x)=x^2$，再通过函数 f 得到 $f(g)=\sin(g)=\sin(x^2)$。正向计算的过程如下。

$$x \to g \to g(x) = x^2 \to f \to f(g) = \sin(g) = \sin(x^2)$$

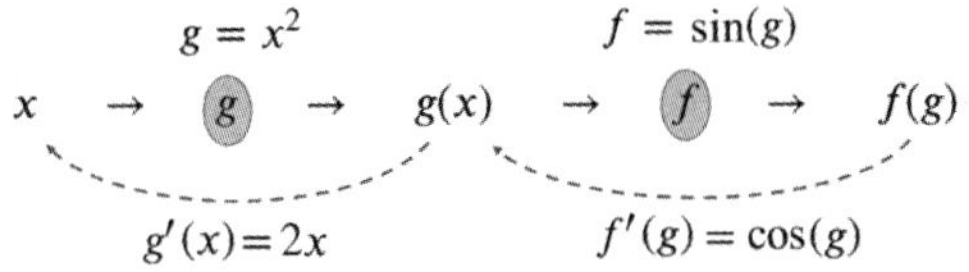

$g = x^2$　　$f = \sin(g)$

x → g → $g(x)$ → f → $f(g)$

$g'(x) = 2x$　　$f'(g) = \cos(g)$

图 1-43

反向传播求导的过程如下。

$$f \to f'(g) \to f'(g) = \sin'(g) = \cos(g)$$

$$g \to g'(x) \to g'(x) = (x^2)' = 2x$$

$$f'(x) = f'(g)g'(x) = \cos(g)(x^2)' = \cos(g)2x = \cos(x^2)2x$$

反向传播求导是神经网络（深度学习）最核心和最关键的基础。理解了反向传播求导，就能轻松理解深度学习的算法原理。

1.3.6　多变量函数的偏导数与梯度

有些时候，自变量是由多个分量构成的向量，而不是单个数值，即 $\boldsymbol{x} = (x_1, x_1, \cdots, x_n)$ 包含多个分量（x_j）。将这样的自变量 $\boldsymbol{x}$ 映射到单个数值的因变量的函数 $f(\boldsymbol{x})$ 称为**多变量函数**，一般表示为 $f\colon \mathbb{R}^n \to \mathbb{R}$。

$f(\boldsymbol{x})$ 关于 $\boldsymbol{x}$ 的分量 x_j 的导数称为偏导数，记为 $\frac{\partial f}{\partial x_j}$，它反映了 $f(\boldsymbol{x})$ 关于分量 x_j 的变化率，公式如下。

$$\frac{\partial f}{\partial x_j} = \lim_{\Delta x \to 0} \frac{f(x_1, \cdots, x_j + \Delta x_j, \cdots, \Delta x_n) - f(x_1, \cdots, x_j, \cdots, x_n)}{\Delta x_j}$$

也就是说，偏导数将其他变量当作常量，而将 x_j 当作变量。因此，该函数是一个单变量函数，其关于 x_j 的导数称为原函数关于 x_j 的偏导数。

例如，$f(x,y) = 2x + y^2$ 的自变量包括两个分量 x 和 y。该函数是一个多变量函数，将自变量 (x,y) 映射到函数值 $f(x,y)$，即 $f\colon (x,y) \to (2x + y^2)$。该函数关于 x 和 y 的偏导数分别为

$$\frac{\partial f}{\partial x} = \frac{\partial(2x + y^2)}{\partial x} = \frac{\mathrm{d}(2x)}{\mathrm{d}x} = 2$$

$$\frac{\partial f}{\partial y} = \frac{\partial(2x + y^2)}{\partial y} = \frac{\mathrm{d}(y^2)}{\mathrm{d}y} = 2y$$

$f(\boldsymbol{x})$ 关于 $\boldsymbol{x}$ 的梯度 $\nabla_{\boldsymbol{x}} f(\boldsymbol{x})$ 是由 $f(\boldsymbol{x})$ 关于 $\boldsymbol{x}$ 的分量 x_j 的偏导数构成的向量，公式如下。

$$\nabla_{\boldsymbol{x}} \boldsymbol{f}(\boldsymbol{x}) = \frac{\mathrm{d}f}{\mathrm{d}\boldsymbol{x}} = (\frac{\partial f}{\partial x_1}, \cdots, \frac{\partial f}{\partial x_j}, \cdots, \frac{\partial f}{\partial x_n}) \in \mathbb{R}^n$$

在上例中，$f(x,y)=2x+y^2$ 关于 (x,y) 的梯度为 $\nabla_{(x,y)}f(x,y)=(2,2y)$，在点 (2,3) 处的梯度为 (2,6)。

在不会引起混淆的前提下，$f(\boldsymbol{x})$ 关于 $\boldsymbol{x}$ 的梯度 $\nabla_{\boldsymbol{x}}f(\boldsymbol{x})$ 常简写为 $\nabla f(\boldsymbol{x})$。

对于一个很小的 $\boldsymbol{x}$ 的增量 $\Delta\boldsymbol{x}=(\Delta x_1,\Delta x_2,\cdots,\Delta x_n)$，$f(\boldsymbol{x})$ 的增量 $f(\boldsymbol{x}+\Delta)-f(\boldsymbol{x})$ 可以近似表示为梯度 $\nabla f(\boldsymbol{x})$ 和 $\boldsymbol{x}$ 的增量 $\Delta\boldsymbol{x}$ 的点积，公式如下。

$$f(\boldsymbol{x}+\Delta)-f(\boldsymbol{x})\simeq\nabla f(\boldsymbol{x})\cdot\Delta\boldsymbol{x}$$

通常，梯度可以写成行向量的形式，具体如下。

$$\nabla f(\boldsymbol{x})=(\frac{\partial f}{\partial x_1},\cdots,\frac{\partial f}{\partial x_j},\cdots,\frac{\partial f}{\partial x_n})\in\mathbb{R}^n$$

而对于 $f(\boldsymbol{x})$，$\boldsymbol{x}$ 可以写成列向量的形式，具体如下。

$$\boldsymbol{x}=\begin{bmatrix}x_1\\x_2\\\vdots\\x_n\end{bmatrix},\qquad\Delta\boldsymbol{x}=\begin{bmatrix}\Delta x_1\\\Delta x_2\\\vdots\\\Delta x_n\end{bmatrix}$$

梯度向量和增量向量的点积也可以写成矩阵乘积的形式，公式如下。

$$f(\boldsymbol{x}+\Delta)-f(\boldsymbol{x})\simeq\nabla f(\boldsymbol{x})\Delta\boldsymbol{x}=\Delta\boldsymbol{x}^{\mathrm{T}}\nabla f(\boldsymbol{x})^{\mathrm{T}}$$

如果将梯度也写成列向量的形式,那么梯度向量和增量向量的点积可以写成矩阵乘积的形式,公式如下。

$$f(\boldsymbol{x}+\Delta)-f(\boldsymbol{x})\simeq\nabla f(\boldsymbol{x})^{\mathrm{T}}\Delta x=\Delta\boldsymbol{x}^{\mathrm{T}}\nabla f(\boldsymbol{x})$$

如果将自变量写成行向量的形式，将梯度写成列向量的形式，那么

$$\boldsymbol{x}=(x_1,x_2,\cdots,x_n)$$

$$\Delta\boldsymbol{x}=(\Delta x_1,\Delta x_2,\cdots,\Delta x_n)$$

$$\nabla f(\boldsymbol{x})=(\frac{\partial f}{\partial x_1},\frac{\partial f}{\partial x_2},\cdots,\frac{\partial f}{\partial x_n})^{\mathrm{T}}$$

因此有

$$f(\boldsymbol{x}+\Delta)-f(\boldsymbol{x})\simeq\Delta\boldsymbol{x}\nabla f(\boldsymbol{x})$$

如果将 $\nabla_{\boldsymbol{x}}f(\boldsymbol{x})$、$f(\boldsymbol{x})$、$\boldsymbol{x}$ 都写成行向量的形式，那么

$$f(\boldsymbol{x}+\Delta)-f(\boldsymbol{x})\simeq\nabla f(\boldsymbol{x})\Delta\boldsymbol{x}^{\mathrm{T}}=\Delta\boldsymbol{x}\nabla f(\boldsymbol{x})^{\mathrm{T}}$$

对于一个多变量函数 $f(\boldsymbol{x})$，如果将自变量 $\boldsymbol{x}$ 写成矩阵的形式，那么，虽然 $f(\boldsymbol{x})$ 关于 $\boldsymbol{x}$ 的梯度是一个向量,但仍可以写成和 $\boldsymbol{x}$ 形状相同的矩阵的形式,从而直观地表示偏导数所对应的变量,公式如下。

$$f'(\boldsymbol{x})=\frac{\mathrm{d}f}{\mathrm{d}\boldsymbol{x}}=\begin{bmatrix}\frac{\partial y}{\partial x_{11}} & \frac{\partial y}{\partial x_{21}} & \cdots & \frac{\partial y}{\partial x_{n1}}\\ \frac{\partial y}{\partial x_{12}} & \frac{\partial y}{\partial x_{22}} & \cdots & \frac{\partial y}{\partial x_{n2}}\\ \vdots & \vdots & \ddots & \vdots\\ \frac{\partial y}{\partial x_{1n}} & \frac{\partial y}{\partial x_{2n}} & \cdots & \frac{\partial y}{\partial x_{nn}}\end{bmatrix}$$

将梯度、自变量和因变量，写成行向量、列向量还是矩阵的形式，完全取决于哪种形式更有助于我们推导公式。例如，将 $\boldsymbol{x}$ 写成矩阵的形式、将梯度写成矩阵的形式，公式的格式看上去相对统一。下面给出几个示例。

例 1　对于多变量函数 $F(x,y,z)=x+2y^2+3z^3$，有

$$\nabla F(x,y,z)=(1,4y,9z^2)$$

该函数在点 (2,3,4) 处的梯度为 $(1,4\times 3,9\times 4^2)=(1,12,144)$。如果在该点附近，自变量有微小增量 $(\Delta x,\Delta y,\Delta z)$，那么有

$$F(2+\Delta x,3+\Delta y,4+\Delta z)-F(2,3,4)\simeq 1\cdot\Delta x+12\cdot\Delta y+144\cdot\Delta z$$

例 2　设 $y=w_1\cdot x_1+w_2\cdot x_2+\cdots+w_n\cdot x_n+b$。如果将 y 当作 $\boldsymbol{w}=(w_1,w_2,\dots,w_n)$ 的函数，则 $\frac{\mathrm{d}y}{\mathrm{d}\boldsymbol{w}}=(x_1,x_2,\dots,x_n)$；如果将 y 当作 $\boldsymbol{x}=(x_1,x_2,\dots,x_n)$ 的函数，则 $\frac{\mathrm{d}y}{\mathrm{d}\boldsymbol{x}}=(w_1,w_2,\dots,w_n)$；如果将 y 当作 b 的函数，则 $\frac{\mathrm{d}y}{\mathrm{d}b}=1$。

如果将 $\boldsymbol{w}$ 写成列向量的形式，将 $\boldsymbol{x}$ 写成行向量的形式，则 $y=\boldsymbol{x}\boldsymbol{w}$。如果将梯度写成行向量的形式，则 $\frac{\partial y}{\partial \boldsymbol{x}}=\boldsymbol{w}^{\mathrm{T}}$，$\frac{\partial y}{\partial \boldsymbol{w}}=\boldsymbol{x}$。

如果将 $\boldsymbol{w}$ 和 $\boldsymbol{x}$ 写成列向量的形式，将梯度写成行向量的形式，则 $y=\boldsymbol{w}^{\mathrm{T}}\boldsymbol{x}=\boldsymbol{x}^{\mathrm{T}}\boldsymbol{w}$，$\frac{\partial y}{\partial \boldsymbol{x}}=\boldsymbol{w}^{\mathrm{T}}$，$\frac{\partial y}{\partial \boldsymbol{w}}=\boldsymbol{x}^{\mathrm{T}}$。

可以证明，导数的四则运算法则和链式法则对于梯度同样成立。设 f 和 g 是从 $\mathbb{R}^n$ 到 $\mathbb{R}$ 的两个实值函数。

- 线性规则：$(\alpha f+\beta g)'(x)=\nabla(\alpha f+\beta g)(x)=\alpha f'(x)+\beta g'(x)=\alpha\nabla f+\beta\nabla g(x)$。
- 乘积规则：$(fg)'(x)=\nabla(fg)(x)=f'(x)g(x)+f(x)g'(x)=g(x)\nabla f(x)+f\nabla g(x)$。
- 链式法则：设 g 是从 $\mathbb{R}^n$ 到 $\mathbb{R}$ 的实值函数，f 是从 $\mathbb{R}^n$ 到 $\mathbb{R}$ 的实值函数，对 $\boldsymbol{x}\in\mathbb{R}^n$，$g(\boldsymbol{x})$ 的值是 z。如果将 $\boldsymbol{x}$ 写成列向量的形式，将其梯度写成行向量的形式，则 $(f\circ g)'(\boldsymbol{x})=\nabla(f\circ g)(\boldsymbol{x})=f'(z)g'(\boldsymbol{x})=f'(z)\nabla g(\boldsymbol{x})$。如果将 $\boldsymbol{x}$ 写成行向量的形式，将其梯度写成列向量的形式，则 $(f\circ g)'(\boldsymbol{x})=\nabla(f\circ g)(\boldsymbol{x})=g'(\boldsymbol{x})f'(z)=\nabla g(\boldsymbol{x})f'(z)$。也就是说，这两种链式法则的运算次序正好相反。

例 3　如果 $g\left(\begin{pmatrix}x_1\\x_2\end{pmatrix}\right)=3x_1+2x_2^3$，$f(z)=z^2$，则 $(f\circ g)\left(\begin{pmatrix}x_1\\x_2\end{pmatrix}\right)=(3x_1+2x_2^3)^2$。因此，有

$$(f\circ g)'(\boldsymbol{x})=f'(z)\nabla g(\boldsymbol{x})=2z\cdot(3,6x_2^2)=2\cdot(3x_1+2x_2^3)\cdot(3,6x_2^2)$$

$$= (18x_1 + 12x_2^3, 36x_1x_2^2 + 24x_2^5)$$

如果将变量写成行向量的形式，将其梯度写成列向量的形式，$g(x_1, x_2) = 3x_1 + 2x_2^3$，$f(z) = z^2$，则 $(f \circ g)(x_1, x_2) = (3x_1 + 2x_2^3)^2$。因此，有

$$(f \circ g)'(\boldsymbol{x}) = \nabla g(x) f'(z) = \begin{pmatrix} 3 \\ 6x_2^2 \end{pmatrix} 2z = \begin{pmatrix} 3 \\ 6x_2^2 \end{pmatrix} 2 \cdot (3x_1 + 2x_2^3) = \begin{pmatrix} 18x_1 + 12x_2^3 \\ 36x_1x_2^2 + 24x_2^5 \end{pmatrix}$$

例 4 设 $\boldsymbol{y}$ 和 $\hat{\boldsymbol{y}}$ 是 $\mathbb{R}^n$ 中的两个向量，可以用它们的欧几里得距离的平方来定义这两个向量之间的距离（误差）。例如，以下公式表示两个向量之间的距离。

$$E(\boldsymbol{y}, \hat{\boldsymbol{y}}) = \frac{1}{2} \| \boldsymbol{y} - \hat{\boldsymbol{y}} \|_2^2 = \frac{1}{2}((y_1 - \hat{y}_1)^2 + (y_2 - \hat{y}_2)^2 + \cdots + (y_n - \hat{y}_n)^2)$$

其中，$E(\boldsymbol{y}, \hat{\boldsymbol{y}})$ 关于 $\boldsymbol{y}$ 的梯度为 $(\boldsymbol{y} - \hat{\boldsymbol{y}})^{\mathrm{T}}$。

1.3.7 向量值函数的导数与 Jacobian 矩阵

假设有多个函数

$$\begin{gathered} f_1 : x \to f_1(x) \\ f_2 : x \to f_2(x) \\ \vdots \\ f_m : x \to f_m(x) \end{gathered}$$

可以用一个列向量将它们组合在一起，具体如下。

$$f(x) = \begin{bmatrix} f_1(x) \\ f_2(x) \\ \vdots \\ f_m(x) \end{bmatrix}$$

这些组合在一起的函数称为**向量值函数**。输入 x，每个函数产生一个函数值 $f_i(x)$，这些函数值就构成了上式等号右边的向量。

例如，有 3 个函数 $f_1(x) = x^2$、$f_2(x) = \mathrm{e}^x$、$f_1(x) = ax$，它们构成了一个向量值函数，具体如下。

$$f(x) = \begin{bmatrix} f_1(x) \\ f_2(x) \\ f_3(x) \end{bmatrix} = \begin{bmatrix} x^2 \\ \mathrm{e}^x \\ ax \end{bmatrix}$$

输入 x 的值，如 3，就会产生如下结果。

$$\begin{bmatrix} 9 \\ \mathrm{e}^3 \\ 3a \end{bmatrix}$$

m 个单变量函数构成的向量值函数是实数集 $\mathbb{R}$ 到 $\mathbb{R}^m$ 的映射（变换）$f(x) : \mathbb{R} \to \mathbb{R}^m$。如果在点 x 处，任意函数 $f_i(x)$ 关于 x 的导数都存在，那么这些导数可堆积成一个向量，称为向量值函

数关于自变量 x 的导数，记为 $\mathrm{D}f(x)$，公式如下。

$$\mathrm{D}f(x)=f'(x)=\frac{\mathrm{d}\boldsymbol{f}}{\mathrm{d}x}=\begin{bmatrix}\frac{\mathrm{d}f_1}{\mathrm{d}x}\\ \frac{\mathrm{d}f_2}{\mathrm{d}x}\\ \vdots\\ \frac{\mathrm{d}f_m}{\mathrm{d}x}\end{bmatrix}\in\mathbb{R}^{m\times 1}$$

向量值函数的导数是一个包含 m 个元素的向量。

如果向量值函数的自变量 $\boldsymbol{x}$ 是一个由多个变量组成的向量，那么这样的向量值函数称为多变量向量值函数。设自变量个数为 n，函数个数为 m，那么这就是一个从 $\mathbb{R}^n$ 到 $\mathbb{R}^m$ 的映射（变换）$\boldsymbol{f}\colon\mathbb{R}^n\rightarrow\mathbb{R}^m$。输入 n 个自变量的值，就会输出 m 个实数。

所有多变量向量值函数 $f_i(\boldsymbol{x})$ 都是多变量函数。在点 $\boldsymbol{x}$ 处，如果任意函数 $f_i(\boldsymbol{x})$ 都有一个关于 $\boldsymbol{x}$ 的梯度，那么，将这些梯度向量堆积在一起，会得到一个矩阵，公式如下。这个矩阵称为 Jacobian 矩阵。

$$\mathrm{D}f(\boldsymbol{x})=f'(\boldsymbol{x})=\frac{\mathrm{d}\boldsymbol{f}}{\mathrm{d}\boldsymbol{x}}=\begin{bmatrix}\frac{\partial f_1}{\partial x_1}&\frac{\partial f_1}{\partial x_2}&\cdots&\frac{\partial f_1}{\partial x_n}\\ \frac{\partial f_2}{\partial x_1}&\frac{\partial f_2}{\partial x_2}&\cdots&\frac{\partial f_2}{\partial x_n}\\ \vdots&\vdots&\ddots&\vdots\\ \frac{\partial f_m}{\partial x_1}&\frac{\partial f_m}{\partial x_2}&\cdots&\frac{\partial f_m}{\partial x_n}\end{bmatrix}\in\mathbb{R}^{m\times n}$$

这是一个 $m\times n$ 的矩阵，其中的每一行都是一个函数的梯度。

通常可将自变量和向量值函数写成列向量的形式，将每个函数的梯度写成行向量的形式。在本书中，将自变量和向量值函数都写成行向量的形式，即

$$f(\boldsymbol{x})=f_1(\boldsymbol{x}),f_2(\boldsymbol{x}),\cdots,f_m(\boldsymbol{x})$$
$$\boldsymbol{x}=(x_1,x_2,\cdots,x_n)$$

则

$$\mathrm{D}f(\boldsymbol{x})=f'(\boldsymbol{x})=\frac{\mathrm{d}\boldsymbol{f}}{\mathrm{d}\boldsymbol{x}}=\begin{bmatrix}\frac{\partial f_1}{\partial x_1}&\frac{\partial f_2}{\partial x_1}&\cdots&\frac{\partial f_m}{\partial x_1}\\ \frac{\partial f_1}{\partial x_2}&\frac{\partial f_2}{\partial x_2}&\cdots&\frac{\partial f_m}{\partial x_2}\\ \vdots&\vdots&\ddots&\vdots\\ \frac{\partial f_1}{\partial x_n}&\frac{\partial f_1}{\partial x_n}&\cdots&\frac{\partial f_m}{\partial x_n}\end{bmatrix}\in\mathbb{R}^{n\times m}$$

由于 Jacobian 矩阵是由不同的多变量实值函数的梯度向量累积而成的，所以，梯度的四则运算和链式法则适用于 Jacobian 矩阵。

设 f 和 g 是从 $\mathbb{R}^n$ 到 $\mathbb{R}^m$ 的向量值函数，则

$$\mathrm{D}(\alpha f+\beta g)(x)=\alpha \mathrm{D}f(x)+\beta \mathrm{D}g(x)$$

设 g 是从 $\mathbb{R}^m$ 到 $\mathbb{R}^k$ 的向量值函数，f 是从 $\mathbb{R}^k$ 到 $\mathbb{R}^n$ 的向量值函数，对于 $\mathbb{R}^m$ 中的点 $\boldsymbol{x}$，假设 $g(\boldsymbol{x})$ 的值是 $\boldsymbol{z}$，如果向量值函数和自变量等都被写成了列向量的形式，那么

$$(\boldsymbol{f}\circ\boldsymbol{g})'(\boldsymbol{x})=\mathrm{D}(\boldsymbol{f}\circ\boldsymbol{g})(\boldsymbol{x})=f'(\boldsymbol{z})g'(\boldsymbol{x})=\mathrm{D}f(\boldsymbol{z})\mathrm{D}g(\boldsymbol{x})$$

如果向量值函数和自变量等都被写成了行向量的形式，则

$$(\boldsymbol{f}\circ\boldsymbol{g})'(\boldsymbol{x})=\mathrm{D}(\boldsymbol{f}\circ\boldsymbol{g})(\boldsymbol{x})=g'(\boldsymbol{x})f'(\boldsymbol{z})=\mathrm{D}g(\boldsymbol{x})\mathrm{D}f(\boldsymbol{z})$$

向量 $\boldsymbol{x}=(x_1,x_2,\cdots,x_n)$ 可以作为其自身的一个多变量向量值函数，其导数就是一个恒等矩阵 $\boldsymbol{I}$，公式如下。

$$\frac{\mathrm{d}\boldsymbol{x}}{\mathrm{d}\boldsymbol{x}}=\begin{bmatrix}1&0&\cdots&0\\0&1&\cdots&0\\\vdots&\vdots&\ddots&\vdots\\0&0&\cdots&1\end{bmatrix}=\boldsymbol{I}$$

根据导数的四则运算法则，对于向量 $\boldsymbol{x}$ 和 $\boldsymbol{b}$，$\nabla_{\boldsymbol{x}}(\alpha\boldsymbol{x}+\beta\boldsymbol{b})=\alpha\boldsymbol{I}$。

在 1.3.6 节的例 4 中，如果将 $E(\boldsymbol{y},\hat{\boldsymbol{y}})$ 当作 $\boldsymbol{y}$ 的函数，那么，这个函数可以被当作 $\boldsymbol{z}=\boldsymbol{y}-\hat{\boldsymbol{y}}$ 和 $E(\boldsymbol{z})=\frac{1}{2}\boldsymbol{z}^2$ 这两个函数的复合函数。$E(\boldsymbol{y},\hat{\boldsymbol{y}})$ 关于 $\boldsymbol{y}$ 的梯度为

$$\begin{aligned}E'(\boldsymbol{z})&=\boldsymbol{z}^{\mathrm{T}}\\\boldsymbol{z}'(\boldsymbol{y})&=(\boldsymbol{y}-\hat{\boldsymbol{y}})'=\boldsymbol{I}\\\nabla_{\boldsymbol{y}}E(\boldsymbol{y},\hat{\boldsymbol{y}})&=E'(\boldsymbol{z})\boldsymbol{z}'(\boldsymbol{y})=\boldsymbol{z}^{\mathrm{T}}z'(\boldsymbol{y})=\boldsymbol{z}^{\mathrm{T}}\boldsymbol{I}=\boldsymbol{z}^{\mathrm{T}}=(\boldsymbol{y}-\hat{\boldsymbol{y}})^{\mathrm{T}}\end{aligned}$$

例 5 设 $z(\boldsymbol{x})=\begin{bmatrix}z_1(\boldsymbol{x})\\z_2(\boldsymbol{x})\end{bmatrix}=\begin{bmatrix}2x_1+4x_2+7x_3\\3x_1+5x_2+4x_3\end{bmatrix}$ 是 $\boldsymbol{x}$ 的函数，$y=[4z_1+3z_2]$ 是 $\boldsymbol{z}$ 的函数，则 $f(\boldsymbol{x})=y(z(\boldsymbol{x}))$ 是 $y(\boldsymbol{z})$ 和 $z(\boldsymbol{x})$ 的复合函数。根据复合函数的求导规则，有

$$f'(\boldsymbol{x})=y'(\boldsymbol{z})z'(\boldsymbol{x})=(4{,}3)\begin{bmatrix}2&4&7\\3&5&4\end{bmatrix}=(17{,}31{,}40)$$

$f(\boldsymbol{x})$ 的完整表达式为

$$f(\boldsymbol{x})=4(2x_1+4x_2+7x_3)+3(3x_1+5x_2+4x_3)=17x_1+31x_2+40x_3$$

可以证明上述结果是正确的。

如果约定将梯度写成列向量的形式，那么链式法则公式就要倒过来写，具体如下。

$$y'(\boldsymbol{z})=\begin{bmatrix}4\\3\end{bmatrix},\quad z'(\boldsymbol{x})=\begin{bmatrix}2&3\\4&5\\7&4\end{bmatrix},\quad f'(\boldsymbol{x})=z'(\boldsymbol{x})y'(\boldsymbol{z})=\begin{bmatrix}2&3\\4&5\\7&4\end{bmatrix}\begin{bmatrix}4\\3\end{bmatrix}=\begin{bmatrix}17\\31\\40\end{bmatrix}$$

今后在推导这些公式时，一定要注意梯度等向量是列向量还是行向量。

例 6　设

$$\boldsymbol{z}=[z_1 \quad z_2 \quad \cdots \quad z_n]=[x_1 \quad x_2 \quad \cdots \quad x_m]\cdot\begin{bmatrix} w_{11} & w_{12} & \dots & w_{1n} \\ w_{21} & w_{22} & \dots & w_{2n} \\ \vdots & \vdots & \ddots & \vdots \\ w_{m1} & w_{m2} & \dots & w_{mn} \end{bmatrix}$$

$$=[w_{11}\cdot x_1+w_{21}\cdot x_2+\cdots+w_{m1}\cdot x_m, w_{12}\cdot x_1+w_{22}\cdot x_2+\cdots+w_{m2}\cdot x_m,\cdots,$$
$$w_{1n}\cdot x_1+w_{2n}\cdot x_2+\cdots+w_{mn}\cdot x_m]$$

因为 $\frac{\partial z_i}{\partial x_j}=w_{ji}$，$\frac{\partial z_i}{\partial \boldsymbol{x}}=\boldsymbol{w}_{.i}$ 表示 $\boldsymbol{W}$ 的第 i 列，所以有 $\frac{\partial \boldsymbol{z}}{\partial \boldsymbol{x}}=\boldsymbol{W}$。

如果有一个变量 y，它关于 $\boldsymbol{z}$ 的梯度为 $\frac{\mathrm{d}y}{\mathrm{d}\boldsymbol{z}}=(\frac{\partial y}{\partial z_1},\frac{\partial y}{\partial z_2},\cdots,\frac{\partial y}{\partial z_n})^{\mathrm{T}}$，则

$$\frac{\mathrm{d}y}{\mathrm{d}x}=\frac{\partial y}{\partial z_1}\cdot\frac{\partial z_1}{\partial x}+\frac{\partial y}{\partial z_2}\cdot\frac{\partial z_2}{\partial x}+\cdots+\frac{\partial y}{\partial z_n}\cdot\frac{\partial z_n}{\partial x}=\frac{\mathrm{d}\boldsymbol{z}}{\mathrm{d}x}\frac{\mathrm{d}y}{\mathrm{d}\boldsymbol{z}}$$
$$=\left(\frac{\partial z_1}{\partial x},\frac{\partial z_2}{\partial x},\cdots,\frac{\partial z_n}{\partial x}\right)\left(\frac{\partial y}{\partial z_1},\frac{\partial y}{\partial z_2},\cdots,\frac{\partial y}{\partial z_n}\right)^{\mathrm{T}}=\boldsymbol{W}\frac{\mathrm{d}y}{\mathrm{d}\boldsymbol{z}}$$

$\frac{\partial z_j}{\partial w_{ij}}=x_i$，$\frac{\partial z_k}{\partial w_{ij}}=0$，$k\neq j$，有

$$\frac{\mathrm{d}\boldsymbol{z}}{\mathrm{d}\boldsymbol{W}}=\begin{bmatrix} x_1 & 0 & \dots & 0 \\ x_2 & 0 & \dots & 0 \\ \vdots & \vdots & \ddots & \vdots \\ x_n & 0 & \dots & 0 \end{bmatrix}$$

如果有一个变量 y，它关于 $\boldsymbol{z}$ 的梯度为 $\frac{\mathrm{d}y}{\mathrm{d}\boldsymbol{z}}=(\frac{\partial y}{\partial z_1},\frac{\partial y}{\partial z_2},\cdots,\frac{\partial y}{\partial z_n})^{\mathrm{T}}$，则

$$\frac{\mathrm{d}y}{\mathrm{d}w_{ij}}=\frac{\partial y}{\partial z_1}\cdot\frac{\partial z_1}{\partial w_{ij}}+\frac{\partial y}{\partial z_2}\cdot\frac{\partial z_2}{\partial w_{ij}}+\cdots+\frac{\partial y}{\partial z_n}\cdot\frac{\partial z_n}{\partial w_{ij}}=\frac{\partial y}{\partial z_j}\cdot\frac{\partial z_j}{\partial w_{ij}}=\frac{\partial y}{\partial z_j}x_i=x_i\frac{\partial y}{\partial z_j}$$

因此，有

$$\frac{\mathrm{d}y}{\mathrm{d}\boldsymbol{W}}=\begin{bmatrix} x_1\frac{\partial y}{\partial z_1} & x_1\frac{\partial y}{\partial z_2} & \dots & x_1\frac{\partial y}{\partial z_n} \\ x_2\frac{\partial y}{\partial z_1} & x_2\frac{\partial y}{\partial z_2} & \dots & x_2\frac{\partial y}{\partial z_n} \\ \vdots & \vdots & \ddots & \vdots \\ x_m\frac{\partial y}{\partial z_1} & x_m\frac{\partial y}{\partial z_2} & \dots & x_m\frac{\partial y}{\partial z_n} \end{bmatrix}=\boldsymbol{x}^{\mathrm{T}}\left(\frac{\mathrm{d}y}{\mathrm{d}\boldsymbol{z}}\right)^{\mathrm{T}}$$

设

$$\boldsymbol{W}=\begin{bmatrix} w_{11} & w_{12} & \dots & w_{1n} \\ w_{21} & w_{22} & \dots & w_{2n} \\ \vdots & \vdots & \ddots & \vdots \\ w_{m1} & w_{m2} & \dots & w_{mn} \end{bmatrix},\quad \boldsymbol{x}=\begin{bmatrix} x_1 \\ x_2 \\ \vdots \\ x_n \end{bmatrix},\quad \boldsymbol{b}=\begin{bmatrix} b_1 \\ b_2 \\ \vdots \\ b_m \end{bmatrix},\quad \hat{\boldsymbol{z}}=\begin{bmatrix} \hat{z}_1 \\ \hat{z}_2 \\ \vdots \\ \hat{z}_m \end{bmatrix}$$

$\boldsymbol{z}=\boldsymbol{W}\boldsymbol{x}+\boldsymbol{b}$，即

$$\boldsymbol{z}=\begin{bmatrix}z_1\\z_2\\\vdots\\z_m\end{bmatrix}=\begin{bmatrix}w_{11}&w_{12}&\cdots&w_{1n}\\w_{21}&w_{22}&\cdots&w_{2n}\\\vdots&\vdots&\ddots&\vdots\\w_{m1}&w_{m2}&\cdots&w_{mn}\end{bmatrix}\cdot\begin{bmatrix}x_1\\x_2\\\vdots\\x_n\end{bmatrix}+\begin{bmatrix}b_1\\b_2\\\vdots\\b_m\end{bmatrix}$$

$$=\begin{bmatrix}w_{11}\cdot x_1+w_{12}\cdot x_2+\cdots+w_{1n}\cdot x_n+b_1\\w_{21}\cdot x_1+w_{22}\cdot x_2+\cdots+w_{2n}\cdot x_n+b_2\\\vdots\\w_{m1}\cdot x_1+w_{m2}\cdot x_2+\cdots+w_{mn}\cdot x_n+b_m\end{bmatrix}$$

如果将 $\boldsymbol{z}$ 当作 $\boldsymbol{x}=(x_1,x_2,\cdots,x_n)$ 的多变量向量值函数，则 $\frac{\mathrm{d}\boldsymbol{z}}{\mathrm{d}\boldsymbol{x}}$ 的 Jacobian 矩阵为

$$f'(\boldsymbol{x})=\frac{\mathrm{d}\boldsymbol{z}}{\mathrm{d}\boldsymbol{x}}=\begin{bmatrix}w_{11}&w_{12}&\cdots&w_{1n}\\w_{21}&w_{22}&\cdots&w_{2n}\\\vdots&\vdots&\ddots&\vdots\\w_{m1}&w_{m2}&\cdots&w_{mn}\end{bmatrix}\in\mathbb{R}^{m\times n}$$

如果将 $\boldsymbol{z}$ 当作 $\boldsymbol{b}=(b_1,b_2,\cdots,b_m)$ 的多变量向量值函数，则 $\frac{\mathrm{d}\boldsymbol{z}}{\mathrm{d}\boldsymbol{b}}$ 的 Jacobian 矩阵为

$$f'(\boldsymbol{b})=\frac{\mathrm{d}\boldsymbol{z}}{\mathrm{d}\boldsymbol{b}}=\begin{bmatrix}1&0&\cdots&0\\0&1&\cdots&0\\\vdots&\vdots&\ddots&\vdots\\0&0&\cdots&0\end{bmatrix}\in\mathbb{R}^{m\times m}$$

如果将 $\boldsymbol{z}$ 当作 $\boldsymbol{W}=(w_{11},w_{12},\cdots,w_{1n},\cdots,w_{m1},w_{m2},\cdots,w_{mn})$ 的多变量向量值函数，则 $\frac{\mathrm{d}\boldsymbol{z}}{\mathrm{d}\boldsymbol{W}}$ 的 Jacobian 矩阵为

$$f'(\boldsymbol{W})=\frac{\mathrm{d}\boldsymbol{z}}{\mathrm{d}\boldsymbol{W}}=\begin{bmatrix}x_1&\cdots&x_n&0&\cdots&0&\cdots\cdots&0&\cdots&0\\0&\cdots&0&x_1&\cdots&x_n&\cdots\cdots&0&\cdots&0\\\vdots&\vdots&\vdots&\vdots&\vdots&\vdots&\cdots\cdots&\vdots&\ddots&\vdots\\0&\cdots&0&0&\cdots&0&\cdots\cdots&x_1&\cdots&x_n\end{bmatrix}\in\mathbb{R}^{m\times(m\times n)}$$

为便于识别，$\boldsymbol{z}$ 关于 $\boldsymbol{W}$ 的导数或 Jacobian 矩阵也可写成和 $\boldsymbol{W}$ 形状相同的形式，具体如下。

$$f'(\boldsymbol{W})=\frac{\mathrm{d}\boldsymbol{z}}{\mathrm{d}\boldsymbol{W}}=\begin{bmatrix}x_1&x_2&\cdots&x_n\\x_1&x_2&\cdots&x_n\\\vdots&\vdots&\ddots&\vdots\\x_1&x_2&\cdots&x_n\end{bmatrix}\in\mathbb{R}^{m\times n}$$

例 7 设 $\boldsymbol{W}$、$\boldsymbol{x}$、$\boldsymbol{b}$ 同例 6，$\boldsymbol{L}=\frac{1}{2}\parallel\boldsymbol{Wx}-\boldsymbol{b}\parallel^2$。如果将 $\boldsymbol{L}$ 当作 $\boldsymbol{x}$ 的函数，就可以将 $\boldsymbol{L}$ 当作 $f(\boldsymbol{z})=\frac{1}{2}\parallel\boldsymbol{z}\parallel^2$ 和 $z(x)=\boldsymbol{Wx}-\boldsymbol{b}$ 的复合函数，$\boldsymbol{L}$ 关于 $\boldsymbol{x}$ 的梯度是

$$\nabla_{\boldsymbol{x}}\boldsymbol{L}=f'(\boldsymbol{z})\cdot z'(\boldsymbol{x})=\boldsymbol{z}^{\mathrm{T}}\boldsymbol{W}=(\boldsymbol{Wx}-\boldsymbol{b})^{\mathrm{T}}\boldsymbol{W}$$

这是梯度的行向量形式，其列向量形式为

$$((\boldsymbol{Wx}-\boldsymbol{b})^{\mathrm{T}}\boldsymbol{W})^{\mathrm{T}}=\boldsymbol{W}^{\mathrm{T}}(\boldsymbol{Wx}-\boldsymbol{b})=\boldsymbol{W}^{\mathrm{T}}\boldsymbol{Wx}-\boldsymbol{W}^{\mathrm{T}}\boldsymbol{b}$$

如果将 $\boldsymbol{L}$ 当作 $\boldsymbol{W}$ 的函数，就可以将 $\boldsymbol{L}$ 当作 $f(\boldsymbol{z})=\frac{1}{2}\parallel\boldsymbol{z}\parallel^2$ 和 $z(\boldsymbol{W})=\boldsymbol{Wx}-\boldsymbol{b}$ 的复合函数，$\boldsymbol{L}$ 关于 $\boldsymbol{W}$ 的梯度是

$$
\begin{aligned}
\nabla_{\boldsymbol{W}}\boldsymbol{L} &= f'(\boldsymbol{z})\cdot z'(\boldsymbol{W}) = \boldsymbol{z}^{\mathrm{T}} z'(\boldsymbol{W}) \\
&= (\boldsymbol{W}_1\boldsymbol{x}-b_1, \boldsymbol{W}_2\boldsymbol{x}-b_2, \cdots, \boldsymbol{W}_m\boldsymbol{x}-b_m)\begin{bmatrix} x_1 & \cdots & x_n & 0 & \cdots & 0 & \cdots\cdots & 0 & \cdots & 0 \\ 0 & \cdots & 0 & x_1 & \cdots & x_n & \cdots\cdots & 0 & \cdots & 0 \\ \vdots & \vdots & \vdots & \vdots & \vdots & \vdots & \cdots\cdots & \vdots & \ddots & \vdots \\ 0 & \cdots & 0 & 0 & \cdots & 0 & \cdots\cdots & x_1 & \cdots & x_n \end{bmatrix} \\
&= ((\boldsymbol{W}_1x-b_1)x_1, (\boldsymbol{W}_1x-b_1)x_2, \cdots, (\boldsymbol{W}_1x-b_1)x_n, \cdots, (\boldsymbol{W}_2x-b_2)x_1, \\
&\quad (\boldsymbol{W}_2x-b_2)x_2, \cdots, (\boldsymbol{W}_2x-b_2)x_n, \cdots,)
\end{aligned}
$$

将 $\nabla_{\boldsymbol{W}}\boldsymbol{L}$ 写成和 $\boldsymbol{W}$ 一样的矩阵形式，公式如下。

$$
\begin{aligned}
\begin{bmatrix} (\boldsymbol{W}_1\boldsymbol{x}-b_1)x_1 & (\boldsymbol{W}_1\boldsymbol{x}-b_1)x_2 & \cdots & (\boldsymbol{W}_1\boldsymbol{x}-b_1)x_n \\ (\boldsymbol{W}_2\boldsymbol{x}-b_2)x_1 & (\boldsymbol{W}_2\boldsymbol{x}-b_2)x_2 & \cdots & (\boldsymbol{W}_2\boldsymbol{x}-b_2)x_n \\ \vdots & \vdots & \ddots & \vdots \\ (\boldsymbol{W}_m\boldsymbol{x}-b_m)x_1 & (\boldsymbol{W}_m\boldsymbol{x}-b_m)x_2 & \cdots & (\boldsymbol{W}_m\boldsymbol{x}-b_m)x_n \end{bmatrix} &= \begin{bmatrix} \boldsymbol{W}_1\boldsymbol{x}-b_1 \\ \boldsymbol{W}_2\boldsymbol{x}-b_2 \\ \vdots \\ \boldsymbol{W}_m\boldsymbol{x}-b_m \end{bmatrix} \times [x_1 \quad x_2 \quad \cdots \quad x_n] \\
&= (\boldsymbol{W}\boldsymbol{x}-\boldsymbol{b})\boldsymbol{x}^{\mathrm{T}} = \boldsymbol{z}\boldsymbol{x}^{\mathrm{T}} = f'(\boldsymbol{z})^{\mathrm{T}}\boldsymbol{x}^{\mathrm{T}}
\end{aligned}
$$

一般地，假设 $f(\boldsymbol{z})$ 关于 $\boldsymbol{z}$ 的梯度为 $f'(\boldsymbol{z})$，$\boldsymbol{z}=\boldsymbol{W}\boldsymbol{x}+\boldsymbol{b}$，则 $f(\boldsymbol{W}\boldsymbol{x}+\boldsymbol{b})$ 关于 $\boldsymbol{x}$ 的梯度为 $f'(\boldsymbol{z})\boldsymbol{z}'(\boldsymbol{x}) = f'(\boldsymbol{z})\boldsymbol{W}$，关于 $\boldsymbol{W}$ 的梯度可以写成和 $\boldsymbol{W}$ 一样的矩阵形式 $f'(\boldsymbol{z})^{\mathrm{T}}\boldsymbol{x}^{\mathrm{T}}$。这个规律在神经网络的梯度计算中作用很大。

1.3.8 积分

对于如图 1-44 所示的函数 $f(x)$，如何求其曲线下方阴影部分的面积？可以将由曲线上均匀分布的点 x_i 构成的长方形的面积加起来，即用 $\sum_i f(x_i)*\Delta x$ 去逼近阴影部分的面积，其中 Δx 是 x 所在区间被均匀分割的小区间的长度。

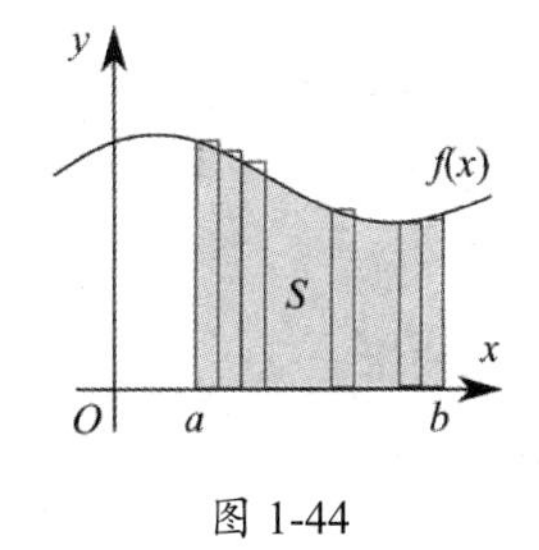

图 1-44

根据极限的思想，只要 Δx 足够小，上述累加和与实际面积的误差就足够小，即实际面积 S 为如下极限值。

$$S = \lim_{\Delta x\to 0}\sum_i f(x_i)*\Delta x$$

这个极限值称为函数 $f(x)$ 在这个区间上的**定积分**（Integral）。在微积分中，用一个专门的符号 $\int_a^b f(x)\mathrm{d}x$ 表示这个极限值，其中：$\mathrm{d}x$ 表示自变量的微分，即可认为是无穷小的 Δ；$\int_a^b$ 表示在区间 $[a,b]$ 上对乘积 $f(x)\mathrm{d}x$ 进行累加。

同理，区间 $[a,x]$ 上的面积可以用 $\int_a^x f(x)\mathrm{d}x$ 表示。如果 x 的值不断变化，这个值就会不断变化，从而构成一个函数，其映射关系为 $F\colon x\to\int_a^x f(x)\mathrm{d}x$，公式如下。

$$F(x) = \int_a^x f(x)\mathrm{d}x$$

这也是一个随着 x 的变化而变化的函数。

那么，$F(x)$ 的导数是什么呢？根据导数的定义，有

$$F'(x) = \lim_{\Delta x \to 0} \frac{(F(x+\Delta) - F(x))}{\Delta x} = \lim_{\Delta x \to 0} \frac{(f(x) * \Delta x)}{\Delta x} = f(x)$$

上式的证明过程不够严格，感兴趣的读者可参考微积分教材。

1.4 概率基础

在本节中，将介绍概率、随机变量、期望、方差等概率论基础知识。

1.4.1 概率

概率是指一个事件出现（发生）的可能性（likelihood）的大小。概率是一个在 0 和 1 之间的实数。如果一个事件的概率是 0，就说明这个事件不可能发生，如“太阳从西边升起”“人可以长生不老”。如果一个事件的概率是 1，就说明这是一个必然会发生的事件，如“一个人总会死去”。因此，概率为 1 和 0 的事件属于确定性事件，即必然会发生和必然不会发生的事件。

然而，很多事件是否发生、发生的可能性有多大，往往是不确定的，即为随机事件。“买彩票中大奖”这个事件，可能发生，也可能不发生。抛一枚硬币，可能出现正面，也可能出现反面。投一枚六面数字骰子，出现的数字可能是 1、2、3、4、5、6 中的任意一个。当然，“买彩票中大奖”是一个小概率事件，即其概率应该是一个很小的、接近 0 的实数。

如果一个硬币是均质的，那么抛硬币出现正面和反面的概率是相同的。一个随机试验（如抛硬币）可能出现很多不同的结果（随机事件），这些结果可能有不同的概率，但在所有结果中必然会有一个出现，即所有结果的概率之和等于 1。因此，设抛硬币出现正面和出现反面的概率都是 P，则 $2P=1$，即 $P=\frac{1}{2}=0.5$。同理，如果一个六面数字骰子是均质的，则投骰子时每个数字出现的概率都是 $\frac{1}{6}$。

通常用大写字母 P 表示概率。在抛硬币时可能发生的两个事件的概率为：$P(\text{出现正面})=\frac{1}{2}$；$P(\text{出现反面})=\frac{1}{2}$。在投骰子时出现数字 i 的概率为：$P\Big(\text{出现数字}i\Big)=\frac{1}{6}$，$i \in 1,2,3,4,5,6$。将“随机抛一枚硬币”称为一个**随机试验**。将随机试验可能出现的结果（事件）称为**样本点**。将随机试验可能出现的所有结果（所有样本点的集合）称为**样本空间**。通常用大写字母 E 表示随机试验，用大写字母 S、Ω 或 U 表示样本空间。对于抛硬币，样本空间为 $\{\text{出现正面}, \text{出现反面}\}$；对于投骰子，样本空间为 $\{\text{出现数字 }1, \text{出现数字 }2, \text{出现数字 }3, \text{出现数字 }4, \text{出现数字 }5, \text{出现数字 }6\}$。

如果随机试验是“随机投两次骰子”，则样本空间为 $\{\text{第一次出现数字 1 且第二次出现数字 1}, \text{第一次出现数字 1 且第二次出现数字 2}, \cdots, \text{第一次出现数字 6 且第二次出现数字 6}\}$，一共有 36 种可能的结果。假设投每枚骰子出现每个数字的概率是一样的，则每个结果出现的概率是相等的，即 $\frac{1}{36}$。

如果随机试验为“从 52 张扑克牌中随机抽出一张，牌面上的数字是多少”，则样本空间为

$\{A, 2,3, \cdots, J, Q, K\}$，一共有 13 个样本点。如果随机试验为“从 52 张扑克牌中随机抽出一张，牌面上的花色是什么”，则样本空间为 {黑桃, 红桃, 梅花, 方块}，一共有 4 个样本点。如果随机试验为“从 52 张扑克牌中随机抽出一张，观察这张牌的牌面”，则此时随机试验的结果，既要考察数字，又要考察花色，样本空间将是上述两个样本空间的笛卡儿乘积，具体为 {(A, 黑桃), (A, 红桃), (A, 梅花), (A, 方块), (B, 黑桃), (B, 红桃), (B, 梅花), (B, 方块), ⋯, (K, 黑桃), (K, 红桃), (K, 梅花), (K, 方块)}，一共有 $13 \times 4 = 52$ 个样本点。

样本空间的样本点称为**基本事件**。多个样本点的集合也是一个事件。例如，随机试验“投一个骰子”有 6 个基本事件，这些基本事件可能组合成其他事件，如“出现的数字不大于 3”这个事件，其样本空间为 {出现数字 1, 出现数字 2, 出现数字 3}，它是 3 个基本事件的并集。

在所有随机事件中，有两种特殊的事件：空集对应的事件，记为 $\emptyset$；全集（包含所有样本点）对应的事件，记为 Ω。

随机事件 A（记为 A）出现的可能性的大小，可用一个在 0 和 1 之间的实数来表示，通常记为 $P(A)$，即 $0 \leq P(A) \leq 1$。显然，$P(\emptyset)=0$，$P(\Omega)=1$，概率为 0 和 1 的事件分别称为不可能事件和必然事件，$\emptyset$ 和 Ω 分别表示不可能事件和必然事件。

对于随机事件 A，显然有 $\emptyset \subseteq A \subseteq \Omega$。

- **互斥事件**（也称为**不相容事件**）：随机事件 A 与随机事件 B（记为 B）不可能同时发生，随机事件 A 与随机事件 B 没有公共的样本点，即 $A \cap B=\emptyset$。
- **对立事件**：互斥事件的特殊形式。随机事件 A 与随机事件 B 不可能同时发生，但随机事件 A 与随机事件 B 必然有一个发生，用集合表示为 $A \cap B=\emptyset$ 且 $A \cup B=\Omega$。
- **古典概率模型**（**古典概型**）：样本空间有限，每个样本出现的概率都是一样的。古典概型的事件概率 = 事件包含的样本数 / 样本空间的总样本数。

例如，对于投骰子这个随机事件，样本空间是 6，而“出现的数字小于 3”的样本点只有两个（数字 1 和数字 2），因此，$P(\text{出现的数字小于 } 3)=\frac{2}{6}$。

当然，对于一般的随机事件，每个样本点（基本事件）出现的概率通常是不相等的。如何知道一个事件出现的概率？可以用统计的方法确定一个事件的概率，即多次重复进行随机试验（如 n 次），如果在这些试验中随机事件 A 出现了 k 次，就说随机事件 A 出现的频率是 $\frac{k}{n}$。多次重复进行随机试验，当 n 的值很大时，根据概率论中的大数定律，这个频率就会逼近真正的概率，公式如下。

$$P(A)=\lim_{n \rightarrow \infty} \frac{k}{n}$$

例如，以下代码用函数 one_coin_test(n) 模拟了一个随机试验（抛 n 次硬币），并返回出现正面的频率。可以看到，随着 n 的值的增大，频率逼近 0.5。

```
from random import randint
def one_coin_test(n):
    head_tails=[]
```

```
    for i in range(n):
        head_tails.append(randint(0,1))
    heads = head_tails.count(1)
    return heads/n

for n in range(10,50000,2000):
    print(one_coin_test(n),end=', ')
```

```
0.7, 0.47562189054726367, 0.4845386533665835, 0.4945091514143095, 0.501373283395755
3, 0.5031968031968032, 0.49467110741049125, 0.5007137758743755, 0.5033104309806371,
 0.4999444752915047, 0.49485257371314345, 0.5070422535211268, 0.5001665972511453, 0.
5036908881199539, 0.5008568368439843, 0.5007664111962679, 0.5004998437988128, 0.497
2655101440753, 0.4980560955290197, 0.5011312812417785, 0.5004498875281179, 0.499190
6688883599, 0.5021586003181095, 0.49734840252119106, 0.49989585503020206,
```

一个随机试验中有很多可能的事件，每个事件都有一个概率。在数学领域，将这些事件的概率定义为事件到概率的映射。

设样本空间 Ω 中的所有可测事件的集合为 F，概率 P 是从 F 到实数区间 [0,1] 的映射，即 $P{:}\,F \to [0,1]$ 必须具有以下性质。

- 非负性：$0 \leq P(A) \leq 1$。
- 规范性：$P(\Omega) = 1$。
- 可列可加性：设 $A_1, A_2, \cdots$ 是两两互不相容的事件，即对于 $i \neq j$，$A_i \cap A_j = \emptyset, (i, j = 1, 2, \cdots)$，有 $P(A_1 \cup A_2 \cup \cdots) = P(A_1 + P(A_2) + \cdots)$。

1.4.2 条件概率、联合概率、全概率公式、贝叶斯公式

对于一个事件 A，$P(A)$ 表示其发生的概率，称为**先验概率**。有时我们还会考虑一种条件概率，即在某个事件已经发生的情况下，另一个事件发生的概率。通常用 $P(B|A)$ 表示在事件 A 已经发生情况下，事件 B 发生的概率。

举个医学方面的例子。事件 A 为“得了乙肝”，事件 B 为“乙肝表面抗体呈现阳性”。$P(A)$ 表示随机取一个人，他“得了乙肝”的概率是多少。$P(B)$ 表示随机对一个人进行检查，他“乙肝表面抗体呈现阳性”的概率是多少。那么，$P(B|A)$ 表示一个人在“得了乙肝”的情况下，他“乙肝表面抗体呈现阳性”的概率是多少。显然，先验概率 $P(B)$ 和条件概率 $P(B|A)$ 是不相等的，因为“乙肝表面抗体呈现阳性”和“得了乙肝”且“乙肝表面抗体呈现阳性”显然是不一样的，后者的概率应该更大一些。

联合概率 $P(A,B)$ 为 (A,B) 的联合，即事件 A 和事件 B 同时发生的概率，也就是随机找一个人，其“得了乙肝”和“乙肝表面抗体呈现阳性”同时发生的概率是多少。

联合概率 $P(A,B)$ 有时也写成 $P(A \cap B)$，表示事件 A 和事件 B 同时发生（或者说，事件 A 和事件 B 的交集）的概率。

条件概率可以用先验概率和联合概率来计算，公式如下。

$$P(B|A) = \frac{P(A,B)}{P(A)}$$

$$P(A|B) = \frac{P(A,B)}{P(B)}$$

前面提到的“投骰子”的例子可以帮助我们理解以上二式。设 A 表示“数字大于 3”，B 表示“数字是偶数”，则 (A,B) 表示“数字大于 3 且是偶数”，$(B|A)$ 表示“在数字大于 3 的情况下是偶数”。

“数字大于 3 且是偶数”在样本空间 {1,2,3,4,5,6} 中只有两个样本点，即 {4,6}，因此，有 $P(A,B) = \frac{2}{6}$。同理，“数字大于 3”的概率为 $P(A) = \frac{3}{6}$。

在“数字大于 3”的情况下，样本空间为 {4,5,6}，共有三个样本点，其中有两个是偶数，即 {4,6}，因此，有 $P(B|A) = \frac{2}{3}$。

因此，可以验证

$$\frac{P(A,B)}{P(A)} = \frac{2/6}{3/6} = \frac{2}{3} = P(B|A)$$

联合概率也可以写成下面的形式（条件概率和先验概率的乘积）。

$$P(A,B) = P(A)P(B|A) = P(B)P(A|B)$$

该公式可以推广到 n 个事件，具体如下。

$$P(A_1, A_2, \cdots, A_n) = P(A_1)P(A_2|A_1)P(A_3|A_1, A_2) \cdots P(A_n|A_1, A_2, \cdots, A_{n-1})$$

如果两个事件是**独立**的，那么，当且仅当 $P(A,B) = P(A)P(B)$ 时，等价于 $P(B|A) = P(B)$ 或 $P(A|B) = P(A)$。

两个事件是**互斥**的，是指这两个事件不可能同时发生，如抛硬币时出现正面和出现反面。对于互斥的事件 A 和事件 B，显然，它们同时发生的概率为 0，即 $P(A,B) = 0$。

对于集合 A 和 B，其交集和并集具有关系 $A \cup B = A + B - (A \cap B)$，因此：如果事件 A 和事件 B 不互斥，则 $P(A \cup B) = P(A) + P(B) - P(A,B)$，如图 1-45 所示；如果事件 A 和事件 B 互斥，则 $P(A \cup B) = P(A) + P(B) - P(A,B) = P(A) + P(B)$。

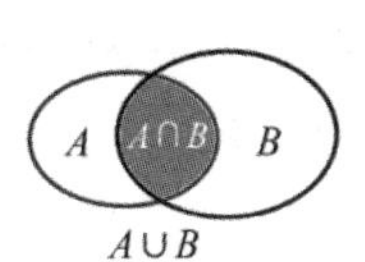

图 1-45

如果 n 个事件 $A_1, A_2, \cdots, A_n$ 是互斥的，且它们的并集就是整个样本空间，即 $A_1 \cup A_2 \cup \cdots \cup A_n = \Omega$，则有 $P(A_1 \cup A_2 \cup \cdots \cup A_n) = P(A_1) + P(A_2) + \cdots + P(A_n) = 1$。

如果对于集合 B，有 $B = B \cap \Omega = B \cap (A_1 \cup A_2 \cup \cdots \cup A_n) = ((B \cap A_1) \cup (B \cap A_2) \cup \cdots \cup (B \cap A_n))$，则对任意事件 B，下式成立。

$$P(B) = P(B \cap A_1) + P(B \cap A_2) + \cdots = \sum_{i=1}^{n} P(B|A_i)P(A_i)$$

上式称为**全概率公式**。

根据全概率公式，可以计算条件概率 $P(A|B)$，公式如下。

$$P(A_i|B) = \frac{P(A_i, B)}{P(B)} = \frac{P(B|A_i)P(A_i)}{\sum_{i=1}^{n} P(B|A_i)P(A_i)}$$

例如，用 $P(A) = 0.001$ 表示一个人“得了乙肝”的先验概率，用 $P(A^C) = 0.999$ 表示一个人“没有得乙肝”的先验概率，用 $P(B|A) = 0.99$ 表示一个人“得了乙肝，乙肝表面抗体呈现阳性”的概率，用 $P(B|A^C) = 0.01$ 表示一个人“没有得乙肝，乙肝表面抗体呈现阳性”的概率。假设一个人进行了乙肝表面抗体检查，结果为阳性，那么他得乙肝的概率（可能性）有多大？可以用贝叶斯公式直接求解，具体如下。

$$P(A|B) = \frac{P(B|A)P(A)}{P(B|A)P(A) + P(B|A^C)P(A^C)} = \frac{0.99 \times 0.001}{0.99 \times 0.001 + 0.01 \times 0.999} \approx 0.09$$

1.4.3 随机变量

如果总是将随机事件写成文字的形式，如“出现正面”，将相应的概率写成 $P(\text{出现正面})$，是很不方便的——特别是在随机事件数目很多时。为了更好地通过数学方法来研究概率，可以将样本空间中的样本点（基本事件）映射到一个实数值，这样的映射关系称为**随机变量**。简单地说，就是从样本空间 Ω 到实数集合 R 的映射，即对每个样本点（基本事件），都有一个实数与之对应，如图 1-46 所示。

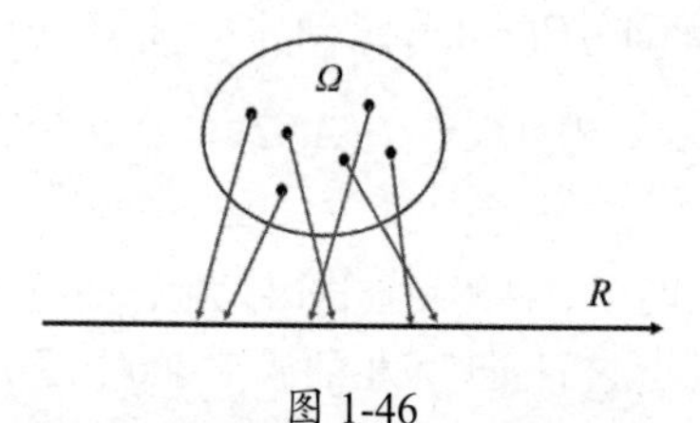

图 1-46

例如，在随机试验“抛一枚硬币，观察其正反面”的样本空间中，只有两个样本，即“正面”和“反面”。可以定义随机变量 $X(\omega)$，具体如下。

$$X(\text{正面}) = 3, \quad X(\text{正面}) = 4$$

随机变量 $X(\omega)$ 将基本事件“正面”和“反面”分别映射到两个数值 3 和 4。该随机变量也可以写成以下形式。

$$X(\omega = \text{正面}) = 3, \quad X(\omega = \text{反面}) = 4$$

或者写成分段函数的形式，具体如下。

$$X(\omega)=\begin{cases}3, \text{如果 } \omega=\text{正面}\\4, \text{如果 } \omega=\text{反面}\end{cases}$$

假设这两个样本点（基本事件）的概率为 $P(\text{正面})=0.3$，$P(\text{正面})=0.7$，则可以表示为随机变量 X 的概率，具体如下。

$$P(X(\omega)=3)=0.3,\quad P(X(\omega)=4)=0.7$$

即 $X(\omega)$ 取 3 和 4 的概率分别为 0.3 和 0.7。

对一个随机试验，可以定义不同的随机变量。例如，随机投两个骰子，整个事件空间可以由 36 个元素组成，公式如下。

$$\omega=\{(i,j)|i=1,\cdots,6,;j=1,\cdots,6\}$$

定义一个随机变量（映射）X，表示投两个骰子获得的点数的和。随机变量 X 可取 11 个整数值，公式如下。

$$X(\omega)=X(i,j):=i+j, x=2,3,\cdots,12$$

也可以定义一个随机变量（映射）Y，表示投两个骰子获得的点数的差。随机变量 Y 可以取 6 个整数值，公式如下。

$$Y(\omega)=Y(i,j):=|i-j|, y=0,1,2,3,4,5$$

再如，班车的发车间隔是 5 分钟，如果一个人到达车站的事件是随机的，那么他等车的时间可以用随机变量 $X(\omega)$ 表示。假设样本空间 $S=\{\text{等车时间}\}$，样本点本身是一个实数，则随机变量 $X(\omega)$ 为

$$X(\omega)=\omega,\quad \omega\in\Omega$$

实际上，这是一个恒等函数。

如果随机变量 $X(\omega)$ 的取值范围是可数的，那么 $X(\omega)$ 称为**离散型随机变量**；否则，称为**非离散型随机变量**。在非离散型随机变量中，如果取值范围是由一些区间构成的，那么这种非离散型随机变量称为**连续型随机变量**。随机变量 $X(\omega)$ 经常简写为 X，即省略了样本点 ω。

1.4.4　离散型随机变量的概率分布

设 X 为离散型随机变量，即它只有有限个可能的取值 $x_1,x_2,\cdots,x_n$。如果 X 取每个值时都有一个概率 $P(X_i)$，这些概率的排列 $P(x_1),P(x_2),\cdots,P(x_n)$ 就称为该随机变量的**概率分布列**。随机变量 X 从其可能的取值 x_i 到对应的概率 $P(x_i)$ 的映射，即 $P(X){:}\,x_i\to P(x_i)$，称为**概率质量函数**。

例如，对一个商家的评论有“优”“良”“中”“差”，可以用一个随机变量 X 将这组样本点映射为 [0,1,2,3]。如果根据以往的评论，已经知道该商家获得“优”“良”“中”“差”评论的概率为

[0.5,0.3,0.1,0.1]，那么随机变量 X 的概率分布律为

$$P(X=0)=0.5,\quad P(X=1)=0.3,\quad P(X=2)=0.1,\quad P(X=3)=0.1$$

执行以下代码，绘制 X 的概率分布率，结果如图 1-47 所示。可以看出，除了 0、1、2、3 四个整数，X 取其他值的概率为 0。

```
import matplotlib.pyplot as plt
%matplotlib inline

x = [0,1,2,3]
p = [0.5,0.3,0.1,0.1]
plt.vlines(0, 0, 0.5,color="red")
plt.vlines(1, 0, 0.3,color="red")
plt.vlines(2, 0, 0.1,color="red")
plt.vlines(3, 0, 0.1,color="red")
plt.scatter(x,p)
plt.show()
```

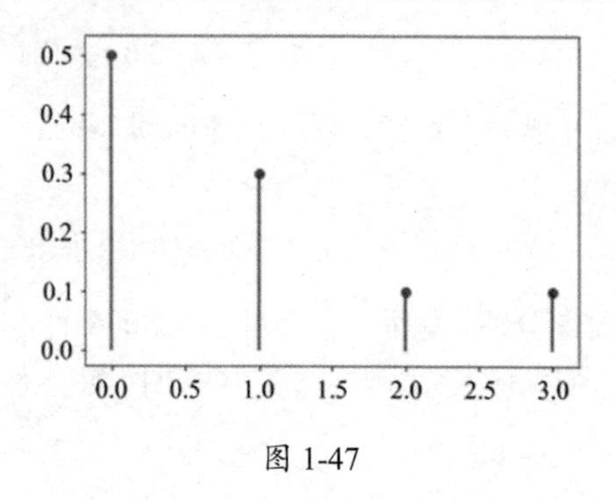

图 1-47

1. 两点分布

离散型随机变量只会取两个值（如 0 和 1）。这种二值随机变量的分布称为**两点分布**（也称为 0-1 分布、Bernoulli 分布）。一个二值随机变量 X 取 1 和 0 的概率，公式如下。

$$P(X=1)=\phi,\quad P(X=0)=1-\phi$$

上式描述的是随机试验的结果只有两个不同基本事件的概率，类似于抛硬币时出现正面和反面的概率。在机器学习的二分类问题中，经常用两点分布表示一个物体属于两个分类的概率。

2. 二项分布

"随机抛一个硬币 n 次，正面出现 k 次"的概率是多少？这个问题可以用二项分布来回答。

"随机抛一个硬币 n 次"这个事件符合两点分布，即任意两次抛硬币的事件都是相互独立的。"前 k 次出现正面，后面出现的都是反面"这个事件是 n 个独立事件的联合事件，即"第 1 次出现正面"（用 A_1 表示）、"第 2 次出现正面"……"第 k 次出现正面"、"第 $k+1$ 次出现反面"（用 B_{k+1} 表示）……"第 n 次出现反面"这个联合事件。因此，有

$$A = (A_1, A_2, \cdots, A_k, B_{k+1}, \cdots, B_n)$$

假设抛一次硬币出现正面的概率为 p，则有

$$P(A) = P(A_1)P(A_2)\cdots P(A_k)P(B_{k+1})\cdots P(B_n) = p^k(1-p)^{n-1}$$

根据组合的原理，在“随机抛一个硬币 n 次，正面出现 k 次”这个事件中，正面出现的总次数为 $C_n^k = \frac{n!}{k!(n-k)!}$。根据概率的可加性，出现“随机抛一个硬币 n 次，正面出现 k 次”这个事件的概率为 $C_n^k p^k(1-p)^{n-1}$。完整的公式如下。

$$P(k; n, p) = C_n^k p^k (1-p)^{n-1}$$

如果用随机变量 X 将“随机抛一个硬币 n 次，正面出现 k 次”映射为一个整数 k，则这个离散型随机变量 X 的概率分布称为**二项分布**，公式如下。

$$P(X = k) = C_n^k p^k (1-p)^{n-1}$$

上式描述了，对于确定的 n 和 p，离散型随机变量 $X = k$ 的概率。

1.4.5　连续型随机变量的概率密度

离散型随机变量，可直接枚举随机变量，取每个离散值的概率。然而，一些随机变量，如人的身高、水位、温度、股票价格等，能取的值可能有无数个（不可数的）。这些随机变量的可能取值在实数轴上是连续的，属于**连续型随机变量**。

对连续型随机变量，无法枚举随机变量的所有可能取值的概率（这样做也是没有意义的）。如同对一个物体，测量其内部某个点的质量，不仅是不可行的，也是没有意义的。

既然定义连续型随机变量取单个值的概率是没有意义的，那么，应该怎样衡量随机变量取不同值的可能性的大小呢？我们知道，密度用于衡量物质某个点的质量。对于随机变量，可以用**概率密度**衡量随机变量在某个值附近取值的可能性的大小。

如同物质的密度是其质量和体积的比的极限，对于物质内部的点 p，其密度定义为

$$\rho(p) = \lim_{\Delta p \to 0} \frac{\Delta m}{\Delta p}$$

Δp 和 Δm 分别表示包含点 p 的一个小区域的体积和质量，它们的比值反映了该小区域的质量的大小。当这个小区域趋近于 0 时，该比值的极限值就精确地刻画了点 p 处的质量的大小（严格地说，是质量密度的大小）。

类似地，连续型随机变量在点 x 处的概率（严格地说，是概率密度）可以表示为

$$p(x) = \lim_{\Delta x \to 0} \frac{\Delta P}{\Delta x} = \lim_{\Delta x \to 0} \frac{P(x+\Delta) - P(x)}{\Delta x}$$

Δx 是包含 x 的小区间，ΔP 表示随机变量落在这个小区间的概率，它们的比值表示随机变量落在这个小区间的平均概率。当 Δx 趋近于 0 时，这个比值的极限就精确地刻画了随机变量在点 x

处取值的概率（可能性的大小）。因此，对于 x，随机变量 X 在 $[x-\mathrm{d}x, x+\mathrm{d}x]$ 上取值的概率 $P([x-\mathrm{d}x, x+\mathrm{d}x])$ 可近似地用 $2\mathrm{d}x * p(x)$ 表示。

假设随机变量 X 在区间 $[a,b]$ 上是均匀取值的，$P[a,b]=1$，点 x 处的概率密度为 $p(x)=\frac{1}{b-a}$，即每个点的概率密度都是相同的，随机变量取 $[a,b]$ 上每个点的可能性是相同的，也就是说，随机变量在区间 $[a,b]$ 上是均匀分布的。

如果一个随机变量的概率密度函数可以用如下高斯函数公式表示

$$p(x)=N(\mu,\,\sigma^2)=\frac{1}{\sigma\sqrt{2\pi}}\mathrm{e}^{-\frac{(x-\mu)^2}{2\sigma^2}}$$

就说该随机变量服从高斯分布。该随机变量的取值范围是整个实数轴。

执行以下代码，绘制不同的 μ 和 σ 的高斯分布曲线，结果如图 1-48 所示。

```
import numpy as np
import matplotlib.pyplot as plt
%matplotlib inline

def gaussian(x, mu, sigma):
    return 1/(sigma*np.sqrt(2*np.pi))*np.exp(-np.power(x - mu, 2) / (2 * \
          np.power(sigma, 2.)))

x = np.linspace(-5, 5, 100)
plt.plot(x, gaussian(x,0,0.5))
plt.plot(x, gaussian(x,-2,0.7))
plt.plot(x, gaussian(x,0,1))
plt.plot(x, gaussian(x,1,2.3))
plt.legend(['$\mu=0,\sigma=0.5$','$\mu=-2,\sigma=0.7$','$\mu=0,\sigma=1$','$\mu=1,\
sigma=2.3$'])
#plt.axis('equal')
plt.xlabel('$x$')
plt.ylabel('$p(x)$')
plt.show()
```

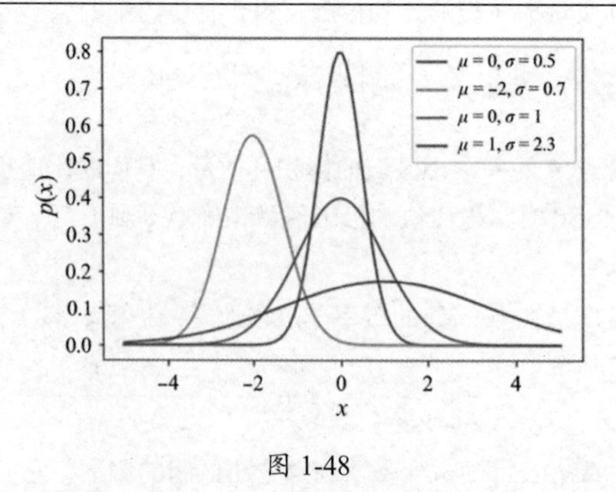

图 1-48

这是一个倒置的钟形曲线。可以看出，点 μ 处的概率密度最大，离 μ 越远，概率密度越小。

也就是说，随机变量在点 μ 附近取值的可能性最大，距离该点越远的值，被取到的可能性越小。同时，σ 越小，曲线越窄，随机变量的取值越集中于点 μ 附近。$\mu = 0$、$\sigma = 1$ 的高斯分布称为**标准正态分布**。

1.4.6　随机变量的分布函数

函数

$$F(x) = P(X \leq x) = P(\omega|X(\omega) \leq x) \qquad -\infty \leq x \leq \infty$$

称为随机变量 X 的分布函数。分布函数描述了随机变量落在区间 $(-\infty, x)$ 上的概率。

例如，在本节多次提到的事件抛硬币中，随机变量 X 所对应的分布函数是一个阶梯形的函数 $F(x)$，公式如下。

$$F(x) = \begin{cases} 1, \text{如果 } x < 3 \\ 0.3, \text{如果 } 3 \leq x \leq 4 \\ 1, \text{如果 } x \geq 4 \end{cases}$$

因为该随机变量只有两个可能的值，即 3 和 4，其概率分别是 0.3 和 0.7，所以，该随机变量不可能小于 3，即落在区间 $(-\infty, x)(x < 3)$ 上的概率为 0，落在区间 $(-\infty, x)(x < 4)$ 上的概率为取 3 的概率 0.3。因为该随机变量的值 3 和 4 总会落在区间 $(-\infty, x)(x \geq 4)$ 上，所以 $F(x)$ 落在区间 $(-\infty, x)(x \geq 4)$ 上的概率为 1。相关代码如下。

```
import numpy as np
import matplotlib.pyplot as plt
%matplotlib inline
lines = [(-2, 3), (0, 0),'r',(3, 4), (0.3, 0.3),'g',(4, 10), (1, 1),'b']
plt.plot(*lines)
plt.scatter(3,0, s=50, facecolors='none', edgecolors='r')
plt.scatter(4,0.3, s=50, facecolors='none', edgecolors='g')
```

对于抛硬币这个事件，随机变量 X 所对应的分布函数的图像，如图 1-49 所示。

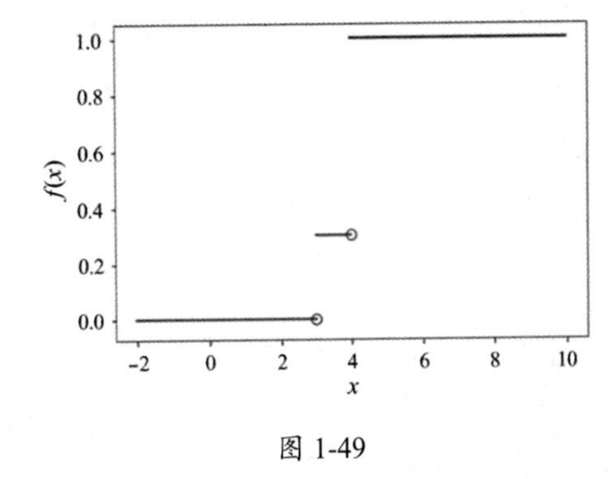

图 1-49

对于一个连续型随机变量，如果其概率密度为 $p(x)$，那么分布函数是概率密度函数 $p(x)$ 在区间 $(-\infty, x)$ 上的定积分，公式如下。

$$F(x) = \int_{-\infty}^{x} p(x)\mathrm{d}x$$

反过来，概率密度就是分布函数的导数，即

$$p(x) = F'(x)$$

执行以下代码，绘制如图 1-49 所示的概率密度所对应的分布函数的曲线，结果如图 1-50 所示。

```
from scipy.integrate import quad
import numpy as np
import matplotlib.pyplot as plt
%matplotlib inline

def gaussian(x, mu, sigma):
   return 1/(sigma*np.sqrt(2*np.pi))*np.exp(-np.power(x - mu, 2) / (2 * np.power(
                    sigma, 2.)))
def gaussion_dist(x,mu, sigma):
   return quad(gaussian, np.inf,x, args=(mu, sigma))
vec_gaussion_dist = np.vectorize(gaussion_dist)

x = np.linspace(-5, 5, 100)
plt.plot(x, vec_gaussion_dist(x,0,0.5)[0])
plt.plot(x, vec_gaussion_dist(x,-2,0.7)[0])
plt.plot(x, vec_gaussion_dist(x,0,1)[0])
plt.plot(x, vec_gaussion_dist(x,1,2.3)[0])
plt.legend(['$\mu=0,\sigma=0.5$','$\mu=-2,\sigma=0.7$','$\mu=0,\sigma=1$','$\mu=1,\
sigma=2.3$'])

plt.xlabel('$x$')
plt.ylabel('$p(x)$')
plt.show()
```

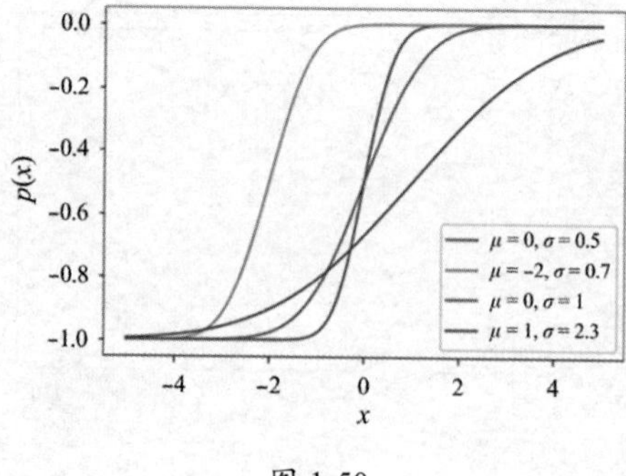

图 1-50

1.4.7 期望、方差、协方差、协变矩阵

1. 均值和期望

假设学生的年龄是 (18,19,20,21,22,19)，他们的平均年龄的计算代码如下。

```
(18+19+20+21+22+19)/6
```

计算结果如下。

```
19.833333333333332
```

这个平均年龄就是他们年龄的**均值**。

均值是指一组数的平均值。假设这组数是 $(x_1, x_2, \cdots, x_n)$，则这组数的均值是

$$\frac{x_1 + x_2 + \cdots + x_n}{n} = \frac{1}{n}\sum_{x=1}^{n} x_i$$

如果 $(x_1, x_2, \cdots, x_n)$ 是一个随机变量 X 的所有可能取值，假设随机变量取这些值的概率是相同的，即都是 $\frac{1}{n}$，那么均值可以写成

$$\frac{1}{n}(x_1 + x_2 + \cdots + x_n) = \frac{1}{n}x_1 + \frac{1}{n}x_2 + \cdots + \frac{1}{n}x_n$$

即均值是随机变量的每个值的概率与这个值的乘积的和。这个均值称为这个随机变量的**数学期望**，简称**期望**，也就是从平均的角度看，这个随机变量期望的取值。

如果随机变量取每个值的概率是不同的，如取 x_i 的概率是 p_i，则随机变量的期望（均值）值为 $p_1x_1 + p_2x_2 + \cdots + p_nx_n$。通常用字母 E 表示一个随机变量的期望，用记号 $E[X]$ 表示随机变量 X 的期望，公式如下。

$$E[X] = p_1x_1 + p_2x_2 + \cdots + p_nx_n = \sum_{i=1}^{n} p_i x_i$$

假设大一新生的年龄为 18 岁、19 岁、20 岁、21 岁，可以用值可能是 0、1、2、3 的随机变量 X 表示，随机变量的概率 $p_i = P(x = i)(i = 0,1,2,3)$ 表示该随机变量的取值概率，或者说一个学生属于不同年龄的概率。这个随机变量 X 的期望是

$$E[X] = p_0 \times 0 + p_1 \times 1 + p_2 \times 2 + p_3 \times 3$$

如果 p_0、p_1、p_2、p_3 的值分别是 0.2、0.4、0.3、0.1，则有 $E(x) = 0.2 \times 0 + 0.4 \times 1 + 0.3 \times 2 + 0.1 \times 0.3 = 1.03$。假设函数 $f(X)$ 将表示学生年龄的随机变量 X 映射到学生年龄，即将 $x = 0,1,2,3$ 映射到年龄 (18,19,20,21)。因为随机变量 X 取 0、1、2、3 的概率分别是 p_0、p_1、p_2、p_3，所以，随随机变量 X 变化而变化的函数值 $f(X)$ 也是一个随机变化的随机变量，随机变量 $f(X)$ 取 $f(0)$、$f(1)$、$f(2)$、$f(3)$ 的概率也分别是 p_0、p_1、p_2、p_3。这样，就可以计算随机变量 $f(X)$ 的期望 $E[f(X)]$ 了，公式如下。

$$\begin{aligned}E[f(X)] &= p_0f(0) + p_1f(1) + p_2f(2) + p_3f(3)\\ &= 0.2 \times 18 + 0.4 \times 19 + 0.3 \times 20 + 0.1 \times 21 = 19.3\end{aligned}$$

如果随机变量 X 的所有取值的概率是 $p_1,\cdots,p_i,\cdots,p_n$，该随机变量的函数值 $f(X)$ 也是随机变量，那么，随机变量 $f(X)$ 的期望是

$$\begin{aligned}E[f(X)] &= p_1 f(x_1) + p_2 f(x_2) + \cdots + p_n f(x_n) \\ &= \sum_{i=1}^{n} p_i\, f(x_i)\end{aligned}$$

如果随机变量 X 取 x 的概率是 $p(x)$，$f(X)$ 是依赖 X 的随机变量，那么，随机变量 X 和 $f(X)$ 的期望可以用积分来计算，公式如下。

$$E_{X\sim p}[X] = \int p(x)x\mathrm{d}x$$
$$E_{X\sim p}[f(X)] = \int p(x)f(x)\mathrm{d}x$$

如果令 $f(X) = X$ 是一个恒等映射，就可以通过 $E_{X\sim p}[f(X)] = \int p(x)f(x)\mathrm{d}x$ 得出 $E_{X\sim p}[X] = \int p(x)x\mathrm{d}x$。因此，$E_{X\sim p}[X] = \int p(x)x\mathrm{d}x$ 可作为 $E_{X\sim p}[f(X)] = \int p(x)f(x)\mathrm{d}x$ 的特例。

期望具有线性，即

$$E_X[\alpha f(X) + \beta g(X)] = \alpha E_X[f(X)] + \beta E_X[g(X)]$$

2. 方差、标准差

期望（均值）表示的是随机变量的期望均值。例如，18、19、20、21、22 的均值是 20，1、6、18、10、65 的均值也是 20，前一组数比较接近，后一组数之间偏差较大（或者说发散）。那么，如何表示随机变量取值的发散程度呢？可以用随机变量距离其期望的平均误差来刻画随机变量取值的发散程度。具体的计算方法就是，将每个随机变量与期望值的误差的平方加起来，再求平均值，公式如下。

$$\frac{(18-20)^2 + (19-20)^2 + (20-20)^2 + (21-20)^2 + (22-20)^2}{5} = \frac{4+1+0+1+4}{5} = 2$$
$$\frac{(1-20)^2 + (6-20)^2 + (18-20)^2 + (10-20)^2 + (65-20)^2}{5} = \frac{4+1+0+1+4}{5} = 537.2$$

这个误差的平方的平均值称为**均方差**，简称**方差**（Variance）。方差刻画了随机变量对于其期望值的发散程度：方差越大，说明数据越发散；方差越小，说明数据越集中。也就是说，方差越小，随机变量的值越集中于期望值附近。

对于一个取值为 $(x_1,x_2,\cdots,x_n)$ 的等概率随机变量 x，其期望（均值）记为 $\mu = E(X)$，其方差 $\mathrm{Var}(X)$ 为

$$\begin{aligned}\mathrm{Var}(X) &= \frac{1}{n}((x_1-\mu)^2 + (x_2-\mu)^2 + \cdots + (x_n-\mu)^2) \\ &= \frac{(x_1-\mu)^2 + (x_2-\mu)^2 + \cdots + (x_n-\mu)^2}{n}\end{aligned}$$

$$= \frac{\sum_{i=1}^{n}(x_i - \mu)^2}{n}$$

如果随机变量 X 的概率分别是 $p_1, \cdots, p_i, \cdots, p_n$，则方差为

$$\mathrm{Var}(X) = (p_1(x_1 - \mu)^2 + p_2(x_2 - \mu)^2 + \cdots + p_n(x_n - \mu)^2)$$

如果 X 是连续型随机变量，其取 x 的概率是 $p(x)$，则 X 的方差 $\mathrm{Var}(X)$ 为

$$\mathrm{Var}(X) = E_{X\sim p}[X - E(X)]^2 = \int p(x)(X - E[x])^2 \mathrm{d}x$$

因此，方差也是期望，即随机变量 $(X - E(X))^2$ 的期望，或者说是误差的平方的期望（均值）。根据期望的线性法则，可以推导出

$$\mathrm{Var}(X) = E_{X\sim p}[X - E(X)]^2 = E[X^2] - E[X]^2$$

方差是误差的平方，方差的平方根称为**标准差**，可用 $\mathrm{std}(X)$ 表示，即 $\mathrm{std}(X) = \sqrt{\mathrm{Var}(X)}$。

通常分别用 μ 和 σ 表示期望和标准差，用 σ^2 表示方差。

注意：有时，也会将方差定义为采样方差，公式如下。

$$\begin{aligned}\mathrm{Var}(X) &= \frac{1}{n-1}((x_1 - \mu)^2 + (x_2 - \mu)^2 + \cdots + (x_n - \mu)^2) \\ &= \frac{(x_1 - \mu)^2 + (x_2 - \mu)^2 + \cdots + (x_n - \mu)^2}{n-1}\end{aligned}$$

3. 协方差、协变矩阵

对于二维平面上的两个向量 $a = (x_a, y_a)$ 和 $b = (x_b, y_b)$，它们的点积 $a \cdot b = x_a x_b + y_a y_b$ 刻画了它们的相关性。

例如，$a = (1,1)$，$b = (-1,1)$，它们的点积 $a \cdot b = 1 \cdot 1 + (-1) \times 1 = 0$ 表示它们是相互垂直的（不相关的）。

再如，$a = (1,1)$，$b = (1,1)$，它们的点积为 $a \cdot b = 1 \times 1 + 1 \times 1 = 2$，这两个向量就是重合的（同一个向量，也说是相关的），如 $a = (1,1)$、$b = (1,0)$ 的点积为 $a \cdot b = 1 \times 1 + 1 \times 0 = 1$。这两个向量的夹角是 45°，它们的相关程度介于上例中两个向量的相关程度之间。

一般地，如果有两个向量 $x = (x_1, x_2, \cdots, x_n)$ 和 $y = (y_1, x_2, \cdots, y_n)$，就可以用它们的点积 $x \cdot y = x_1 y_1 + x_2 y_2 + \cdots + x_n y_n$ 来刻画它们的相关性。

协方差是对两个随机变量的相关性的度量。如果有两个随机变量 X 和 Y，它们的取值分别为 $x = (x_1, x_2, \cdots, x_n)$ 和 $y = (y_1, x_2, \cdots, y_n)$，则它们的协方差 $\mathrm{Cov}(X, Y)$ 可定义为

$$\mathrm{Cov}(X,Y) = \frac{(x_1 - \mu_X)(y_1 - \mu_Y) + (x_2 - \mu_X)(y_2 - \mu_Y) + \cdots + (x_n - \mu_X)(y_n - \mu_Y)}{n}$$

即对 X 和 Y 分别减去期望后的值进行点积运算，再求平均值，公式如下。这个形式和单个随机变量的方差相似。

$$\mathrm{Var}(X) = \frac{(x_1-\mu_X)(x_1-\mu_X)+(x_2-\mu_X)(x_2-\mu_X)+\cdots+(x_n-\mu_X)(x_n-\mu_X)}{n}$$

但是，二者的含义是不同的。$\mathrm{Var}(X)$ 刻画的是随机变量对于期望值的发散程度。$\mathrm{Cov}(X,Y)$ 刻画的是两个随机变量之间的相关性，公式如下。

$$\mathrm{Cov}(X,Y) \quad = E[(X-E[X])(Y-E[Y])]$$

根据期望的线性法则，可以进行如下推导。

$$\begin{aligned}\mathrm{Cov}(X,Y) \quad &= E[(X-\mu_X)(Y-\mu_Y)]\\ &= E[XY-\mu_X Y-\mu_Y X+\mu_x\mu_Y]\\ &= E[XY]-\mu_X E[Y]-\mu_Y E[X]+\mu_x\mu_Y\\ &= E[XY]-\mu_x\mu_Y-\mu_x\mu_Y+\mu_x\mu_Y\\ &= E[XY]-\mu_x\mu_Y\\ &= E[XY]-E[X]E[Y]\end{aligned}$$

在机器学习中，一个样本可能有多个特征，如一套住宅可能包含的特征有面积、房间数量、地点、所在楼层等。通过每个特征都可以得到一个随机变量。有些特征可能是相关的，相关的特征对机器学习算法的影响会相互牵制。消除特征之间的相关性，或者选择低相关性的特征，有助于提高机器学习算法的性能。可以对这些特征进行相关性分析，从而选择好的特征；也可以对原始数据进行变换，以消除特征之间的相关性。

假设一个样本有三个特征，它们所对应的随机变量分别为 X_1、X_2、X_3。通过两两计算它们之间的协变，可以分析它们之间的相关性。这些协变值可以用一个矩阵来表示，公式如下。该矩阵称为**协变矩阵**，通常记为 $\boldsymbol{\Sigma}$。

$$\boldsymbol{\Sigma} = \begin{pmatrix}\mathrm{Cov}(X_1,X_1) & \mathrm{Cov}(X_1,X_2) & \mathrm{Cov}(X_1,X_3)\\ \mathrm{Cov}(X_2,X_1) & \mathrm{Cov}(X_2,X_2) & \mathrm{Cov}(X_2,X_3)\\ \mathrm{Cov}(X_3,X_1) & \mathrm{Cov}(X_3,X_2) & \mathrm{Cov}(X_3,X_3)\end{pmatrix}$$

可以看出，这是一个对称矩阵。

如果将每个随机变量的所有可能取值排成一列，那么，所有随机变量的这些可能取值可表示为一个矩阵，公式如下。

$$\boldsymbol{X} = (X_1, X_2, X_3)$$

如果 X_i 是等概率随机变量，则协变矩阵可通过如下公式计算。

$$\boldsymbol{X} = \boldsymbol{X} - E[\boldsymbol{X}]$$

$$\boldsymbol{\Sigma} = \boldsymbol{X}^{\mathrm{T}}\boldsymbol{X}$$

执行以下 Python 代码，即可进行上述计算。

```
X = X-np.mean(X,axis=0)
np.dot(X.transpose(),X)
```

第 2 章　梯度下降法

深度学习的核心任务就是通过样本数据训练一个函数模型，或者说，找到一个最佳函数来表示或刻画样本数据。求最佳函数模型可归结为数学优化问题，更准确地说，是求某种损失函数的最值（极值）问题。在深度学习中，通常用**梯度下降法**解答最值问题（或者说，求解模型参数）。

本章将从函数极值的必要条件出发，介绍梯度下降法的理论依据、算法原理、代码实现，以及梯度下降法在更新变量（参数）时采用的优化策略。

2.1　函数极值的必要条件

函数 $y=f(x)$ 在 x_0 处取**极小值**，是指存在一个正数 ϵ，使区间 $(x_0-\epsilon,x_0+\epsilon)$ 中的所有 x 都满足 $f(x_0)\le f(x)$。此时，x_0 称为函数的**极小值点**，$f(x_0)$ 称为函数的**极小值**。

函数 $y=f(x)$ 在 x_0 处取**极大值**，是指存在一个正数 ϵ，使区间 $(x_0-\epsilon,x_0+\epsilon)$ 中的所有 x 都满足 $f(x)\le f(x_0)$。此时，x_0 称为函数的**极大值点**，$f(x_0)$ 称为函数的**极大值**。

极小值和极大值统称为**极值**，极小值点和极大值点统称为**极值点**。

如果函数 $f(x)$ 的定义域内的所有 x 都满足 $f(x_0)\le f(x)$，则 x_0 称为函数的**最小值点**，$f(x_0)$ 称为函数的**最小值**。

如果函数 $f(x)$ 的定义域内的所有 x 都满足 $f(x)\le f(x_0)$，则 x_0 称为函数的**最大值点**，$f(x_0)$ 称为函数的**最大值**。

也就是说，最小值是一个全局范围的极小值，最大值是一个全局范围的极大值。最小值和最大值统称为**最值**，最小值点和最大值点统称为**最值点**。

函数取极值的必要条件是：如果 x_0 是函数 $f(x)$ 的极值点，且函数在 x_0 处可导，则一定有 $f'(x_0)=0$，即极值点处的导数值必然为 0。例如，函数 $f(x)=x^2$ 在 $x=0$ 处取最小值（当然，也是极小值）且可导，因此，在 $x=0$ 处其导数值 $f'(0)=2\times 0=0$ 一定是 0。

这个命题很容易被证明。假设 x_0 是函数 $f(x)$ 的极值点，即存在区间 $(x_0-\epsilon,x_0+\epsilon)$，满足 $f(x_0)\le f(x)$，因此，$f(x)-f(x_0)\ge 0$，而

$$f'(x_0)=\lim_{\Delta x\to 0}\frac{\Delta y}{\Delta x}=\lim_{\Delta x\to 0}\frac{f(x_0+\Delta x)-f(x_0)}{\Delta x}=\lim_{\Delta x\to x_0}\frac{f(x)-f(x_0)}{x-x_0}$$

当 x 从左右两边分别趋近于 x_0 时，Δx 可以是负数，也可以是正数，而分子总是正数，所以，当 x 从右边趋近于 x_0 时其极限值应该大于等于 0，当 x 从左边趋近于 x_0 时其极限值应该小于等于 0。这个极限是存在的，因此，其值只能是 0。

根据极限公式，还可以发现一个规律：如果在 x_0 处导数是正数，就说明在该点附近函数 $f(x)$

是单调递增的，即如果 $x_1 < x_2$，则 $f(x_1) < f(x_2)$，$f(x)$ 随着 x 的增大而增大（或者说，如果 Δx 是正数，那么 Δy 也是正数）。例如，由于 $y = f(x) = x^2$ 的导数是 $f'(x) = 2x$，当 $x > 0$ 时导数都是正数，所以，函数曲线是单调递增的；而当 $x < 0$ 时导数都是负数，所以，函数曲线是单调递减的，即如果 $x_1 < x_2$，则 $f(x_1) > f(x_2)$。

例如，对函数 $f(x) = x^3 - 3x^2 - 9x + 2$，令其导数 $f'(x) = 0$，则有

$$f'(x) = 0 \Rightarrow (x^3 - 3x^2 - 9x + 2) = 0 \Rightarrow 3x^2 - 6x - 9 = 0 \Rightarrow x^2 - 2x - 3 = 0$$
$$\Rightarrow x_1 = -1,\ x_2 = 3$$

可以得到导数为 0 的两个点 $x_1 = -1$、$x_2 = 3$。

该函数及其导函数 $f'(x)$ 的单调变化情况，如图 2-1 所示。

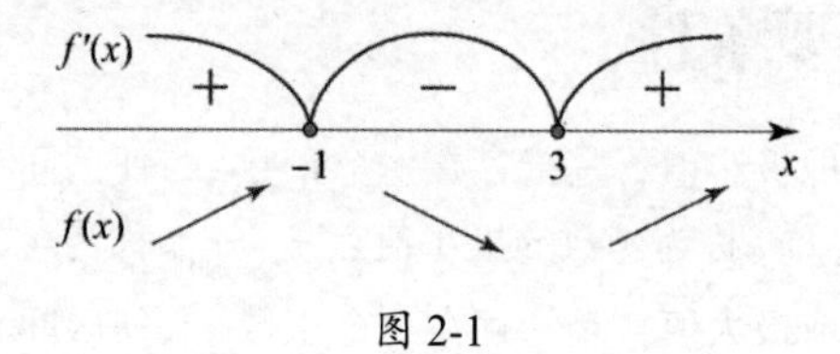

图 2-1

在区间 $(-\infty, -1]$ 内，$f'(x)$ 是正数，因此，$f(x)$ 是单调递增的。在区间 $(-1,3)$ 内，$f'(x)$ 是负数，因此，$f(x)$ 是单调递减的。在区间 $[3,\ \infty)$ 内，$f'(x)$ 是正数，因此，$f(x)$ 是单调递增的。

执行以下代码，可以绘制函数 $f(x)$ 及其导函数的曲线。

```
import numpy as np
import matplotlib.pyplot as plt
%matplotlib inline

x = np.arange(-3, 4, 0.01)
f_x = np.power(x,3)-3*x**2-9*x+2
df_x = 3*x**2-6*x-9

plt.plot(x,f_x)
plt.plot(x,df_x)
plt.xlabel('$x$ axis label')
plt.ylabel('$y$ axis label')
plt.legend(['$f(x)$', '$df(x)$'])
plt.axvline(x=0, color='k')
plt.axhline(y=0, color='k')
plt.show()
```

$f(x) = x^3 - 3x^2 - 9x + 2$ 及其导函数的曲线，如图 2-2 所示。

注意：以上只讨论了函数极值点处的必要条件，但这不是充分条件。也就是说，一个函数在 x_0 处的导数 $f'(x_0) = 0$，并不表示 x_0 是一个极值点。

例如，$f(x) = x^3$ 在 $x = 0$ 处的导数 $f'(0)$ 是 0，但该点并不是函数的极值点，代码如下。实际上，这个函数是一个单调递增函数，如图 2-3 所示。

```
x = np.arange(-3, 3, 0.01)
f_x = np.power(x,3)

plt.plot(x,f_x)
plt.xlabel('$x$ axis label')
plt.ylabel('$y$ axis label')
plt.axvline(x=0, color='k')
plt.axhline(y=0, color='k')
plt.show()
```

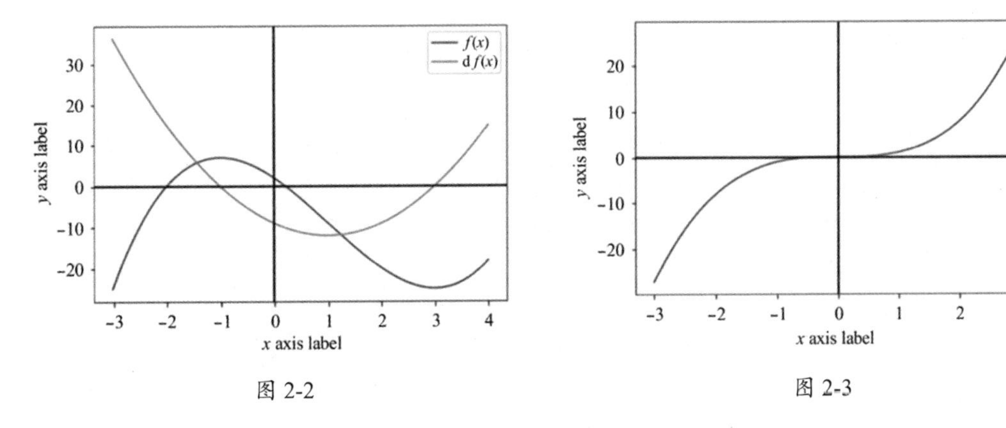

图 2-2　　　　图 2-3

显然，函数极值的必要条件可以推广到多变量函数，即对一个多变量函数 $f(x_1, x_2, \cdots, x_n)$，如果该函数在 $x^* = (x_1^*, x_2^*, \cdots, x_n^*)$ 处取极值且该点的梯度存在（即所有偏导数都存在），则该点处梯度必然为 0（即每个偏导数的值都是 0），公式如下。

$$\frac{\partial f(x_1, x_2, \cdots, x_n)}{\partial x_i}_{|x^*} = 0 \quad i = 1,2,\cdots,n$$

2.2　梯度下降法基础

对于一个一元函数 $f(x)$，如果在点 x 附近有微小的变化 Δx，则 $f(x)$ 的变化 $f(x+\Delta x) - f(x)$ 可表示成如下微分形式。

$$f(x+\Delta x) - f(x) \simeq f'(x)\Delta x$$

也就是说，在点 x 附近：如果 Δx 和 $f'(x)$ 的符号相同，那么 $f'(x)\Delta x$（即 $f(x+\Delta x) - f(x)$）是正数；如果 Δx 和 $f'(x)$ 的符号相反，那么 $f'(x)\Delta x$（即 $f(x+\Delta x) - f(x)$）是负数。

例如，取 $\Delta x = -\alpha f'(x)$（α 是一个很小的正数），那么 $f(x+\Delta x) - f(x) = -\alpha f'(x)^2$ 是负数，即 $f(x+\Delta x)$ 的值比 $f(x)$ 小，或者说，x 沿着 $f'(x)$ 的反方向 $-f'(x)$ 运动 Δx 的距离（增量），其函数值 $f(x+\Delta x)$ 比原来的 $f(x)$ 小。

如图 2-4 所示，函数 $f(x) = x^2 + 0.2$ 在 $x = 1.5$ 处，函数值 $f(x)$ 是 2.45，导数值 $f'(x)$ 是 3.0。它们都是正数，在 $f(x)$ 的定义域中（即在 x 轴上）指向 x 轴的方向。

令 $\alpha = 0.15$，$\Delta x = -\alpha f'(x) = -0.449$，让 x 沿着这个 Δx（如图 2-4 中较粗箭头的方向）移动到 $x_{\text{new}} = x + \Delta x = 1.05$，得到 $x = 1.05$ 处的 $f(1.05)$，即 1.3025（图 2-4 中曲线上蓝色点的 y 坐标）。因为 Δx 和 $f'(x)$ 的方向相反（一负一正），所以 $f(1.05)$ 肯定小于 $f(1.5)$。

只要不断重复这个过程，即让 x 沿着其导函数 $f'(x)$ 的反方向（$-f'(x)$）移动一个微小的距离 $-\alpha f'(x)$，就能到达 $x_{\text{new}} = x - \alpha f'(x)$。$x_{\text{new}}$ 的函数值 $f'(x_{\text{new}})$ 肯定小于之前的函数值 $f'(x)$。随着 x 不断接近最小值点，$f'(x)$ 将不断接近 0（因为在函数极值点 x^*，$f'(x^*) = 0$），x 移动的距离 Δx 越来越接近 0。

这就是**梯度下降法**的思想，即从一个初始的 x 出发，不断用以下公式更新 x 的值。

$$x = x - \alpha f'(x)$$

对于当前的 x，沿着其导数（梯度）的反方向（$-f'(x)$）移动，就能使 $f(x)$ 变小。在理想情况下，对于达到最小值 $f(x)$ 的 x，有 $f'(x) = 0$。此时，如果迭代更新 x，x 的值将不会发生变化。如图 2-5 所示，x 不断迭代更新，从而不断接近极值点。

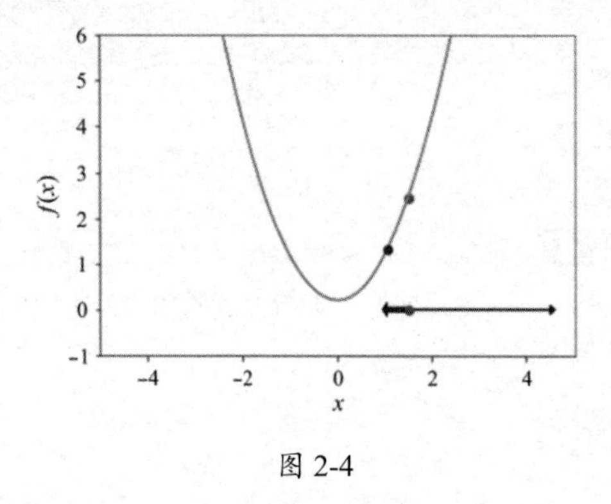

图 2-4

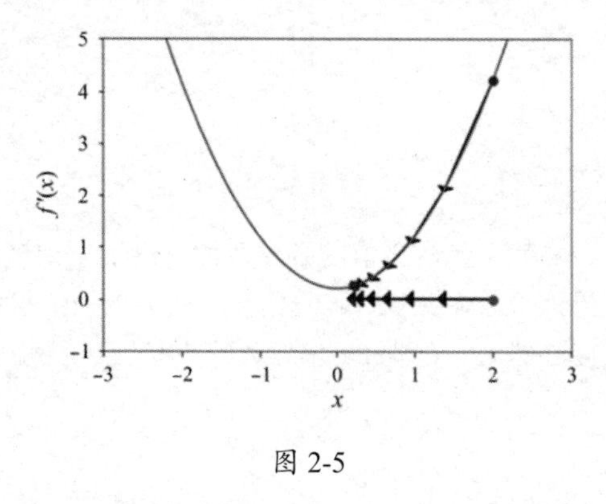

图 2-5

当然，移动的“步伐”（即 $-\alpha f'(x)$）不能太大。这是因为，根据导数的定义，上述近似公式只在点 x 附近适用。如果移动的“步伐”太大，就有可能跳过最优值所对应的点 x，导致 x 的值来回震荡，如图 2-6 所示。

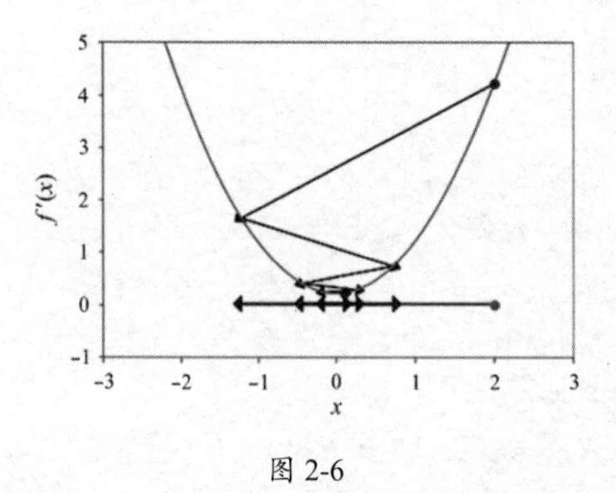

图 2-6

梯度下降法就是求一个逼近的最优解。为了避免一直迭代下去，可以用下列方法检查是否足够逼近最优解。

- $f'(x)$ 的绝对值足够小。
- 迭代次数已达到预先设定的最大迭代次数。

梯度下降法的示例代码如下。其中，参数 df 用于计算函数 $f(x)$ 的导数 $f'(x)$，x 是变量的初始值，alpha 是学习率，iterations 表示迭代次数，epsilon 用于检查 $\mathrm{d}f = f'(x)$ 的值是否接近 0。

```
def gradient_descent(df,x,alpha=0.01, iterations = 100,epsilon = 1e-8):
    history=[x]
    for i in range(iterations):
        if abs(df(x))<epsilon:
            print("梯度足够小！ ")
            break
        x = x-alpha* df(x)
        history.append(x)
    return history
```

这个梯度下降法函数将迭代过程中所有被更新的 x 保存在一个 Python 的列表对象 history 中，并返回这个对象。

函数 $f(x) = x^3 - 3x^2 - 9x + 2$ 的导函数为 $f'(x) = 3x^2 - 6x - 9$，要想求 $x = 1$ 附近函数的极小值，可调用 gradient_descent() 函数，代码如下。

```
df = lambda x: 3*x**2-6*x-9
path = gradient_descent(df,1.,0.01,200)
print(path[-1])
```

```
梯度足够小！
2.999999999256501
```

执行以上代码，得到了 $f(x)$ 的极值点 $x = 2.999999999256501$。

执行以下代码，可将迭代过程中 x 所对应的曲线绘制出来，如图 2-7 所示。

```
f = lambda x: np.power(x,3)-3*x**2-9*x+2
x = np.arange(-3, 4, 0.01)
y= f(x)
plt.plot(x,y)

path_x = np.asarray(path)            # .reshape(-1,1)
path_y=f(path_x)
plt.quiver(path_x[:-1], path_y[:-1], path_x[1:]-path_x[:-1],
           path_y[1:]-path_y[:-1], scale_units='xy', angles='xy', scale=1, color='k')
plt.scatter(path[-1],f(path[-1]))
plt.show()
```

Matplotlib 的 quiver() 函数可以用箭头绘制速度向量，其实现代码如下。

```
quiver([X, Y], U, V, [C], **kw)
```

“X, Y” 是一维或二维数组，表示箭头的位置。“U, V” 也是一维或二维数组，表示箭头的“速度”（向量）。其他参数的含义，请读者自行查询相关文档。

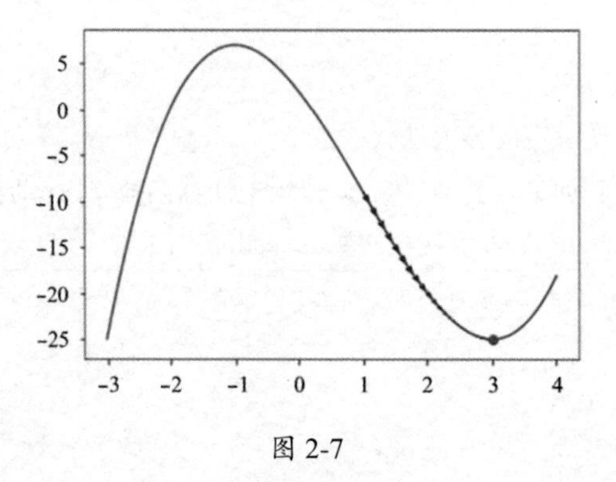

图 2-7

对于多变量函数，梯度下降法的原理和单变量函数相同，只不过用梯度代替了导数，公式如下。

$$f(x+\Delta x)-f(x)\simeq\nabla f(x)\Delta x$$

维基百科给出的 Beale’s 函数公式，具体如下。

$$f(x,y)=(1.5-x+xy)^2+(2.25-x+xy^2)^2+(2.625-x+xy^3)^2$$

这个函数的全局极小值点是 (3,0.5)，可以用如下 Python 代码计算函数值。

```
f = lambda x, y: (1.5 - x + x*y)**2 + (2.25 - x + x*y**2)**2 + (2.625 - x + x*y**3)**2
```

为了绘制这个函数所对应的曲面，可以先取一些均匀分布的坐标值，示例如下。

```
xmin, xmax, xstep = -4.5, 4.5, .2
ymin, ymax, ystep = -4.5, 4.5, .2
x_list = np.arange(xmin, xmax + xstep, xstep)
y_list = np.arange(ymin, ymax + ystep, ystep)
```

然后，根据以上代码中的的 x_list 和 y_list，用 np.meshgrid() 函数求出它们的交叉位置的坐标点 (x,y)，并计算这些坐标点所对应的函数值，示例如下。

```
x, y = np.meshgrid(x_list, y_list)
z = f(x, y)
```

最后，调用 plot_surface() 函数，绘制曲面，示例如下。

```
ax.plot_surface(x, y, z, norm=LogNorm(), rstride=1, cstride=1,
                edgecolor='none', alpha=.8, cmap=plt.cm.jet)
```

完整代码如下所示，结果如图 2-8 所示。

```
import numpy as np
import matplotlib.pyplot as plt
from mpl_toolkits.mplot3d import Axes3D
from matplotlib.colors import LogNorm
import random
```

```
%matplotlib inline

f = lambda x, y: (1.5 - x + x*y)**2 + (2.25 - x + x*y**2)**2 + (2.625 - x + x*y**3)**2

minima = np.array([3., .5])
minima_ = minima.reshape(-1, 1)

xmin, xmax, xstep = -4.5, 4.5, .2
ymin, ymax, ystep = -4.5, 4.5, .2
x_list = np.arange(xmin, xmax + xstep, xstep)
y_list = np.arange(ymin, ymax + ystep, ystep)
x, y = np.meshgrid(x_list, y_list)
z = f(x, y)

fig = plt.figure(figsize=(8, 5))
ax = plt.axes(projection='3d', elev=50, azim=-50)

ax.plot_surface(x, y, z, norm=LogNorm(), rstride=1, cstride=1,
                edgecolor='none', alpha=.8, cmap=plt.cm.jet)
ax.plot(*minima_, f(*minima_), 'r*', markersize=10)

ax.set_xlabel('$x$')
ax.set_ylabel('$y$')
ax.set_zlabel('$z$')

ax.set_xlim((xmin, xmax))
ax.set_ylim((ymin, ymax))

plt.show()
```

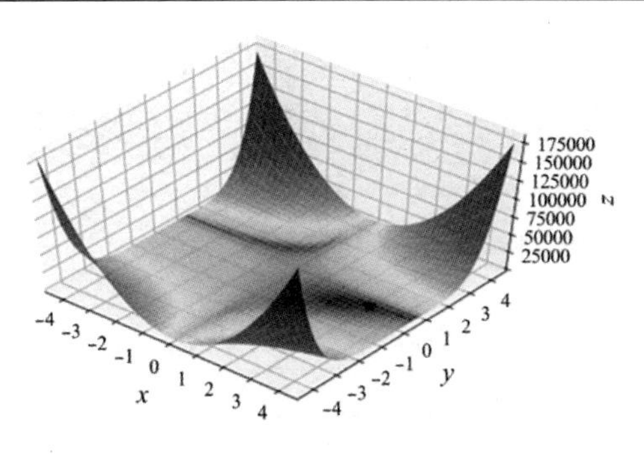

图 2-8

$f(x,y)$ 关于 (x,y) 的偏导数，公式如下。

$$\frac{\partial f(x,y)}{\partial x}=2(1.5-x+xy)(y-1)+2(2.25-x+xy^2)(y^2-1)+2(2.625-x+xy^3)(y^3-1)$$

$$\frac{\partial f(x,y)}{\partial y}=2(1.5-x+xy)x+2(2.25-x+xy^2)(2yx)+2(2.625-x+xy^3)(3y^2x)$$

可使用 Matplotlib 的 quiver() 函数在二维坐标平面上绘制这些坐标点的梯度的方向，结果如图 2-9 所示。

```
df_x  = lambda x, y: 2*(1.5 - x + x*y)*(y-1) + 2*(2.25 - x + x*y**2)*(y**2-1)
                     + 2*(2.625 - x + x*y**3)*(y**3-1)
df_y  = lambda x, y: 2*(1.5 - x + x*y)*x + 2*(2.25 - x + x*y**2)*(2*x*y)
                     + 2*(2.625 - x + x*y**3)*(3*x*y**2)
dz_dx = df_x(x, y)
dz_dy = df_y(x, y)

fig, ax = plt.subplots(figsize=(10, 6))

ax.contour(x, y, z, levels=np.logspace(0, 5, 35), norm=LogNorm(), cmap=plt.cm.jet)
ax.quiver(x, y, x - dz_dx, y - dz_dy, alpha=.5)
ax.plot(*minima_, 'r*', markersize=18)

ax.set_xlabel('$x$')
ax.set_ylabel('$y$')

ax.set_xlim((xmin, xmax))
ax.set_ylim((ymin, ymax))

plt.show()
```

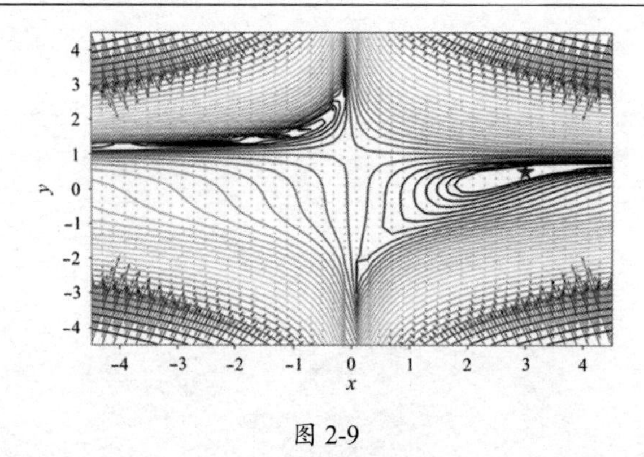

图 2-9

为了直接利用本节前面给出的梯度下降法的代码，可用一个 NumPy 向量表示 x，即将

```
if abs(df(x))<epsilon:
```

修改为

```
if np.max(np.abs(df(x)))<epsilon:
```

将分离的 x、y 坐标点数组组合起来，示例如下。

```
print(x.shape)
print(y.shape)

x_ = np.vstack((x.reshape(1, -1) ,y.reshape(1, -1) ))
```

```
print(x_.shape)
```

```
(46, 46)
(46, 46)
(2, 2116)
```

可以定义一个针对这个向量化的坐标点 x 的梯度函数 df，示例如下。在以下代码中，还实现了修改后的向量化梯度下降法。

```
df = lambda x: np.array( [2*(1.5 - x[0] + x[0]*x[1])*(x[1]-1) + 2*(2.25 - x[0]
                          + x[0]*x[1]**2)*(x[1]**2-1) + 2*(2.625 - x[0]
                          + x[0]*x[1]**3)*(x[1]**3-1), 2*(1.5 - x[0]
                          + x[0]*x[1])*x[0] + 2*(2.25 - x[0]
                          + x[0]*x[1]**2)*(2*x[0]*x[1]) + 2*(2.625 - x[0]
                          + x[0]*x[1]**3)*(3*x[0]*x[1]**2)])

def gradient_descent(df,x,alpha=0.01, iterations = 100,epsilon = 1e-8):
    history=[x]
    for i in range(iterations):
        if np.max(np.abs(df(x)))<epsilon:
            print("梯度足够小！")
            break
        x = x-alpha* df(x)
        history.append(x)
    return history
```

执行以下代码，从 [3., 4.] 出发，求这个曲面的极值点。

```
x0=np.array([3., 4.])
print("初始点",x0,"的梯度",df(x0))

path = gradient_descent(df,x0,0.000005,300000)
print("极值点：",path[-1])
```

```
初始点 [3. 4.] 的梯度 [25625.25 57519.  ]
极值点： [2.70735828 0.41689171]
```

因为 x 的初始梯度值很大，所以学习率 α 必须取很小的值（如 0.000005），否则会导致震荡或得到的值很大。最后，收敛到点 [2.70735828 0.41689171]，但它不是最优点。

执行以下代码，绘制迭代过程中 x 的变化情况，如图 2-10 所示。

```
def plot_path(path,x,y,z,minima_,xmin, xmax,ymin, ymax):
    fig, ax = plt.subplots(figsize=(10, 6))
    ax.contour(x, y, z, levels=np.logspace(0, 5, 35), norm=LogNorm(),
          cmap=plt.cm.jet)
    #ax.scatter(path[0],path[1]);
    ax.quiver(path[:-1,0], path[:-1,1], path[1:,0]-path[:-1,0],
          path[1:,1]-path[:-1,1], scale_units='xy', angles='xy', scale=1, color='k')
    ax.plot(*minima_, 'r*', markersize=18)

    ax.set_xlabel('$x$')
```

```
    ax.set_ylabel('$y$')
    ax.set_xlim((xmin, xmax))
    ax.set_ylim((ymin, ymax))

path = np.asarray(path)
plot_path(path,x,y,z,minima_,xmin, xmax,ymin, ymax)
```

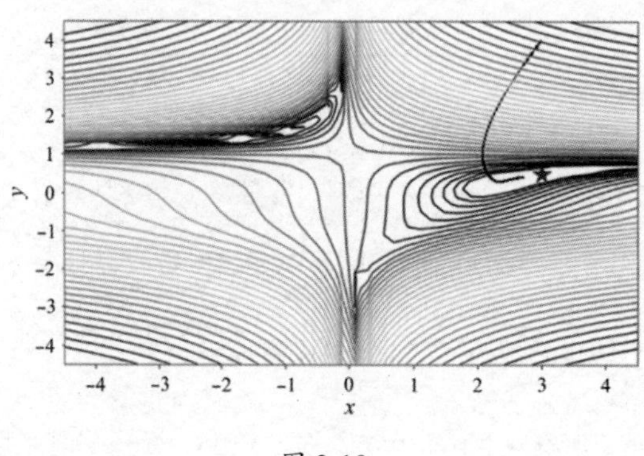

图 2-10

在迭代过程中，梯度值将变得越来越小，因此，使用同样的学习率，将使 x 的更新速度变得非常慢——迭代 10 万次，仍未能逼近最优解。针对这个问题，一种解决方法是，采用自适应的学习率，即当梯度变得很小时增大学习率。作为练习，读者可以尝试修改梯度下降法的代码，以便更好、更快地逼近最优解。

2.3　梯度下降法的参数优化策略

在梯度下降法中，学习率是一个固定值。在迭代过程中，梯度大小是不断变化的。学习率过大，会导致待求变量来回震荡；学习率过小，会使收敛缓慢甚至停滞。即使初始学习率适中，在接近最优解的过程中，梯度值也将接近 0，从而造成收敛停滞。因此，应在迭代过程中调整学习率。在迭代过程中，通常用一个可变化的学习率来更新待求变量 x。

为了更好、更快地逼近最优解，人们针对梯度下降法提出了许多改进方法。这些改进方法都是用变化的学习率或策略对待求变量（也称为参数）进行更新的。对变量（参数）的更新（优化）策略和方法，主要有 Momentum、Nesterov Accelerated Gradient、AdaGrad、AdaDelta、RMSprop、Adam、AdaMax、Nadam、AMSGrad 等。

需要说明的是，因为函数可能是多变量函数，所以，变量 x 可能是由多个值构成的向量（即 $\boldsymbol{x}$）。下面对一些常用的优化策略进行说明。

2.3.1　Momentum 法

梯度下降法每次都会使用学习率 α 沿梯度的负方向（$-\alpha\nabla f(x)$）来更新 x。$-\alpha\nabla f(x)$ 完全取决于当前计算出来的梯度。

Momentum（动量）法在更新 x 的向量时，不仅会考虑当前的梯度，还会考虑上次更新的向量，即认为更新的向量具有惯性。

假设 $\boldsymbol{v}_{t-1}$ 是前一次用于更新的向量，则当前更新的向量为

$$\boldsymbol{v}_t = \gamma \boldsymbol{v}_{t-1} + \alpha \nabla f(x)$$

用这个 $\boldsymbol{v}$ 更新 x，有

$$x = x - \boldsymbol{v}_t$$

这个用于更新 x 的向量称为**动量**。

Momentum 法将需要更新的向量看成一个运动物体的速度，而速度是有惯性的。由于结合了之前的更新向量和当前的梯度，Momentum 法缓解了不同时刻梯度的剧烈变化，使需要更新的向量更“光滑”——既保持了之前运动的惯性，使得在梯度很小的地方仍具有较大的运动速度，也不会因梯度突然变大而发生过冲。Momentum 法可以理解为，一个有质量的小球沿着斜坡向下滚动，在寻找最“陡峭”的下降路径的同时，保持了一定的惯性。普通的梯度下降法只根据“陡峭”的程度决定运动速度，如在“陡峭”的地方移动得快、在“平坦”的地方几乎不移动。

设 $\boldsymbol{v}$ 的初始值为 0，用 Python 代码可表示如下。

```
v= np.zeros_like(x)
```

也就是说，$\boldsymbol{v}$ 是和 x 形状相同的、初始值为 0 的张量。在迭代过程中，先更新 v，再更新函数的参数 x，示例如下。

```
v = gamma*v+alpha* df(x)
x = x-v
```

基于 Momentum 法的梯度下降法，代码如下。

```
def gradient_descent_momentum(df,x,alpha=0.01,gamma = 0.8, iterations = 100, epsilon
 = 1e-6):
    history=[x]
    v= np.zeros_like(x)                     #动量
    for i in range(iterations):
        if np.max(np.abs(df(x)))<epsilon:
            print("梯度足够小！")
            break
        v = gamma*v+alpha* df(x)            #更新动量
        x = x-v                             #更新变量（参数）

        history.append(x)
    return history
```

用 Momentum 法求解，代码如下。

```
path = gradient_descent_momentum(df,x0,0.000005,0.8,300000)
print(path[-1])
path = np.asarray(path)
```

```
[2.96324633 0.49067782]
```

可以看出，通过 Momentum 法得到的解已经非常接近最优解了，如图 2-11 所示。

```
plot_path(path,x,y,z,minima_,xmin, xmax,ymin, ymax)
```

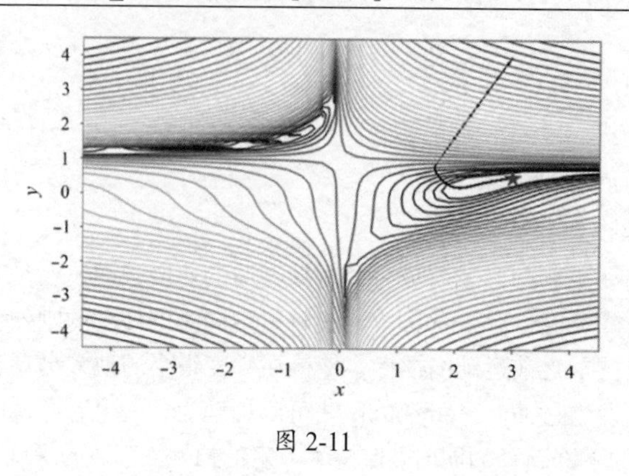

图 2-11

2.3.2 AdaGrad 法

根据梯度下降法的变量更新公式 $\boldsymbol{x} = \boldsymbol{x} - \alpha\nabla f(\boldsymbol{x})$，影响变量更新的是学习率和梯度的乘积 $\alpha\nabla f(\boldsymbol{x})$，梯度过大或过小和学习率过大过小都会影响算法的收敛。

在多变量函数中，每个变量的偏导数的大小可能相差很大。例如，有两个变量的函数 $f(x_1, x_2)$ 在点 (x_1, x_2) 处的偏导数 $\frac{\partial f}{\partial x_1}$、$\frac{\partial f}{\partial x_2}$ 的绝对值可能相差很大，就像对它们采用同一个学习率一样。对一个分量合适的学习率，对另一个分量来说可能过大或过小，从而造成震荡或停滞，即直接用下式进行更新是不合适的。

$$x_1 = x_1 - \alpha\frac{\partial f}{\partial x_1}$$

$$x_2 = x_2 - \alpha\frac{\partial f}{\partial x_2}$$

AdaGrad 法，根据名字可翻译为“自适应（Ada）梯度（Grad）”。它对每个梯度分量除以该梯度分量的历史累加值，从而消除不同分量梯度大小不均衡的问题。对于两个分量 (x_1, x_2)，如果分别计算它们的历史累加值 (G_1, G_2)，则这两个分量的更新公式为

$$x_1 = x_1 - \alpha\frac{1}{G_1}\frac{\partial f}{\partial x_1}$$

$$x_2 = x_2 - \alpha\frac{1}{G_2}\frac{\partial f}{\partial x_2}$$

通常用 $g_{t,i} = \nabla_\theta f(x_{t,i})$ 表示第 t 轮迭代中分量 x_i 的偏导数 $\frac{\partial f}{\partial x_i}$。通过从 $t' = 1$ 到 $t' = t$ 的所有迭代轮中该分量的梯度，可以计算如下累加和。

$$G_{t,i} = \sqrt{\sum_{t'=1}^{t} g_{t',i}^2}$$

用 $g_{t,i}$ 除以 $G_{t,i}$，即可更新该分量，公式如下。

$$x_{t+1,i} = x_{t,i} - \alpha \frac{1}{\sqrt{\sum_{t'=1}^{t} g_{t',i}^2}} g_{t,i}$$

为了防止出现除数为 0 的情况，可以在分母上增加一个很小的正数 ϵ。因此，AdaGrad 的参数更新公式如下。

$$x_{t+1,i} = x_{t,i} - \alpha \frac{1}{\sqrt{\sum_{t'=1}^{t} g_{t',i}^2} + \epsilon} g_{t,i}$$

对比基本的参数更新公式 $x_{t+1,i} = x_{t,i} - \alpha g_{t,i}$，可以看出，AdaGrad 法消除了分量梯度大小不均衡的问题。

AdaGrad 法的参数更新公式，也可以写成向量的形式，具体如下。

$$\boldsymbol{x}_{t+1} = \boldsymbol{x}_t - \alpha \frac{1}{\sqrt{\sum_{t'=1}^{t} \boldsymbol{g}_{t'}^2} + \epsilon} \odot \boldsymbol{g}_t$$

可以用初始值为 0 的变量 gl 记录 G_t^2 的累加和。在每一轮迭代中，AdaGrad 法的参数更新代码如下。

```
gl += df(x)**2
x = x-alpha* df(x)/(sqrt(gl)+epsilon)
```

AdaGrad 法的优点主要是消除了不同梯度值大小差异的影响。这样，就可以将学习率设置为一个固定的值，而不需要在迭代过程中不断调整学习率了（学习率一般设置为 0.01）。

AdaGrad 法的主要缺点是，随着迭代的进行，累加和 $\sum_{t'=1}^{t} \boldsymbol{g}_{t'}^2$ 会越来越大。这是因为，其中的每一项都是正数，而这会导致学习变得缓慢甚至停滞。另外，使每个分量梯度具有一致的“步伐”，可能不符合实际情况，因为这会使更新方向偏离最优解的方向。

基于 AdaGrad 法的梯度下降法，代码如下。

```
def gradient_descent_Adagrad(df,x,alpha=0.01,iterations = 100,epsilon = 1e-8):
    history=[x]
    # v= np.zeros_like(x)
    gl = np.ones_like(x)
    for i in range(iterations):
        if np.max(np.abs(df(x)))<epsilon:
            print("梯度足够小！")
            break
        grad = df(x)
        gl += grad**2
        x = x-alpha* grad/(np.sqrt(gl)+epsilon)
```

```
        history.append(x)
    return history
```

针对上述问题，可使用梯度下降法，示例如下。

```
path = gradient_descent_Adagrad(df,x0,0.1,300000,1e-8)
print(path[-1])
path = np.asarray(path)
```

```
[-0.69240717  1.76233766]
```

可以看出，基于分量梯度的均衡化，变量的更新方向偏离了最优解的方向，收敛到了另一个局部最优解，示例如下，如图 2-12 所示。

```
plot_path(path,x,y,z,minima_,xmin, xmax,ymin, ymax)
```

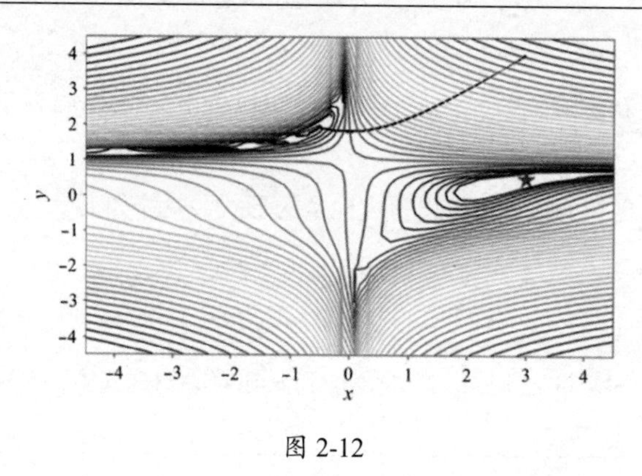

图 2-12

2.3.3 AdaDelta 法

回顾基本的参数更新方法，可以用 $\Delta \boldsymbol{x}_t$ 表示参数的更新向量，具体如下。

$$\begin{aligned} \Delta \boldsymbol{x}_t &= -\eta \cdot \boldsymbol{g}_t \\ \boldsymbol{x}_{t+1} &= \boldsymbol{x}_t + \Delta \boldsymbol{x}_t \end{aligned}$$

AdaGrad 法的更新向量，公式如下。

$$\Delta \boldsymbol{x}_t = -\frac{\eta}{\sqrt{G_t + \epsilon}} \odot \boldsymbol{g}_t$$

这里的 $G_t = \sum \boldsymbol{g}_t^2$ 是 g_t 的历史值的平方和。随着迭代的进行，G_t 会越来越大，导致 $\Delta \boldsymbol{x}_t$ 越来越小，收敛速度越来越慢。其解决方法是：用均方和 $E[g^2]_t = \frac{G_t}{t}$（而不是平方和）代替 G_t。

$E[g^2]_t$ 可以通过移动平均法计算出来，即将上一次的平均值和当前值进行平均，公式如下。

$$E[g^2]_t = \gamma E[g^2]_{t-1} + (1-\gamma) g_t^2$$

AdaDelta 法更进一步，对更新向量采用移动平均法，让更新向量的变化更平滑，公式如下。

$$E[\Delta \boldsymbol{x}^2]_t = \gamma E[\Delta \boldsymbol{x}^2]_{t-1} + (1-\gamma) \Delta \boldsymbol{x}_t^2$$

最终的更新向量如下。

$$\Delta \boldsymbol{x}_t = -\sqrt{\frac{E[\Delta \boldsymbol{x}^2]_{t-1}+\epsilon}{E[g^2]_t+\epsilon}}g_t$$

通常分别用 $\text{RMS}[\Delta \boldsymbol{x}]_{t-1}$ 和 $\text{RMS}[g]_t$ 表示 $E[\Delta \boldsymbol{x}^2]_{t-1}+\epsilon$ 和 $E[g^2]_t+\epsilon$。更新向量可表示为

$$\Delta \boldsymbol{x}_t = -\sqrt{\frac{\text{RMS}[\Delta \boldsymbol{x}]_{t-1}}{\text{RMS}[g]_t}}g_t$$

参数更新公式为

$$\boldsymbol{x}_{t+1} = \boldsymbol{x}_t + \alpha \Delta \boldsymbol{x}_t$$

AdaDelta 法的 Python 实现代码如下。

```
Eg = rho*Eg+(1-rho)*(grad**2)                              #更新梯度的累加平方和
delta = np.sqrt((Edelta+epsilon)/(Eg+epsilon))*grad        #计算更新向量
x = x- alpha* delta
Edelta = rho*Edelta+(1-rho)*(delta**2)                     #更新向量的累加更新
```

AdaDelta 法的衰减率参数 ρ 通常设置为 0.9。$\Delta \boldsymbol{x}_t$、$E[\Delta \boldsymbol{x}^2]_t$、$E[g^2]_t$ 的初始值为 0。基于 AdaDelta 法的梯度下降法，代码如下。

```
def gradient_descent_Adadelta(df,x,alpha = 0.1,rho=0.9,iterations = 100, \
                              epsilon = 1e-8):
    history=[x]
    Eg = np.ones_like(x)
    Edelta = np.ones_like(x)
    for i in range(iterations):
        if np.max(np.abs(df(x)))<epsilon:
            print("梯度足够小！")
            break
        grad = df(x)
        Eg = rho*Eg+(1-rho)*(grad**2)
        delta = np.sqrt((Edelta+epsilon)/(Eg+epsilon))*grad
        x = x- alpha*delta
        Edelta = rho*Edelta+(1-rho)*(delta**2)
        history.append(x)
    return history
path = gradient_descent_Adadelta(df,x0,1.0,0.9,300000,1e-8)
print(path[-1])
path = np.asarray(path)
```

```
[2.9386002  0.45044889]
```

可以看出，AdaDelta 法也能收敛到接近最优解的位置，示例如下，如图 2-13 所示。

```
plot_path(path,x,y,z,minima_,xmin, xmax,ymin, ymax)
```

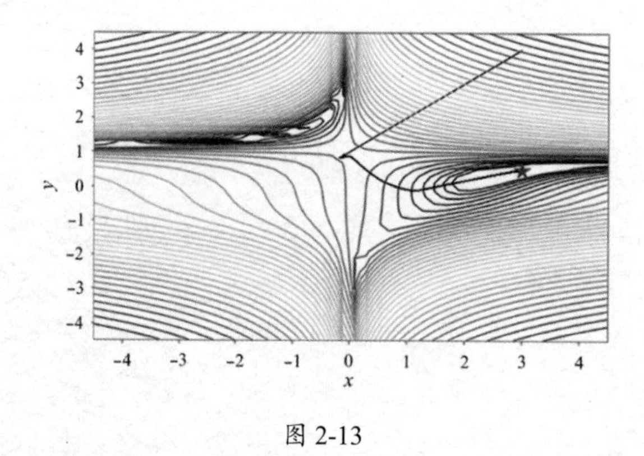

图 2-13

2.3.4 RMSprop 法

和 Momentum 法类似，RMSprop 法使用下列公式更新动量和参数。

$$v_t = \beta v_{t-1} + (1-\beta)\nabla f(x)^2$$

$$x = x - \alpha \frac{1}{\sqrt{v_t}+\epsilon}\nabla f(x)$$

RMSprop 法的思想是，将梯度的所有数值都除以一个长度（数值的绝对值），即转换为单位长度，从而总是以固定的步长 α 来更新参数 x。为了计算梯度的每个分量的长度，RMSprop 法采用类似于 Momentum 法的方式，计算梯度值的平均移动长度的平方，即 $f(x)^2$。

RMSprop 法更新模型参数的 Python 实现代码如下。

```
v= np.ones_like(x)
grad = df(x)
v = beta*v+(1-beta)* grad**2
x = x-alpha*(1/(np.sqrt(v)+epsilon))*grad
```

基于 RMSprop 法的梯度下降法，代码如下。

```
def gradient_descent_RMSprop(df,x,alpha=0.01,beta = 0.9, iterations = 100, \
                                epsilon = 1e-8):
    history=[x]
    v= np.ones_like(x)
    for i in range(iterations):
        if np.max(np.abs(df(x)))<epsilon:
            print("梯度足够小！")
            break
        grad = df(x)
        v = beta*v+(1-beta)*grad**2
        x = x-alpha*grad/(np.sqrt(v)+epsilon)

        history.append(x)
    return history
```

针对上述问题，可使用梯度下降法，代码如下。

```
path = gradient_descent_RMSprop(df,x0,0.000005,0.99999999999,300000,1e-8)
print(path[-1])
path = np.asarray(path)
```

```
[2.70162562 0.41500366]
```

如果模型参数还不够好，可增加迭代次数，代码如下。

```
path = gradient_descent_RMSprop(df,x0,0.000005,0.99999999999,900000,1e-8)
print(path[-1])
path = np.asarray(path)
```

```
[2.9082809  0.47616156]
```

可以看出，模型收敛到接近最优解的位置，示例如下，如图 2-14 所示。

```
plot_path(path,x,y,z,minima_,xmin, xmax,ymin, ymax)
```

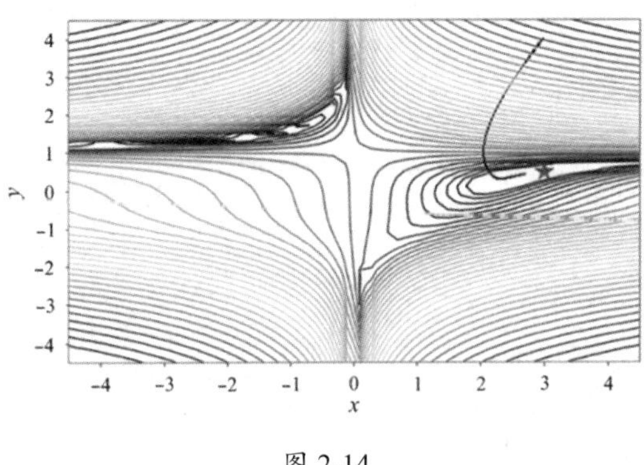

图 2-14

2.3.5　Adam 法

Adam 法除了和 RMSprop 法一样，存储了一个指数衰减的过去梯度的平方的累积平均值，还和 Momentum 法一样，存储了梯度的累积平均值。Momentum 法的行为可视为一个沿着斜坡运动的球，但 Adam 法的行为像一个有摩擦力的球，因此，Adam 法更适合获取平坦的极小值。

用 m_t、v_t 表示过去的梯度和梯度的平方的移动平均值，公式如下。

$$m_t = \beta_1 m_{t-1} + (1-\beta_1) g_t$$

$$v_t = \beta_2 v_{t-1} + (1-\beta_2) g_t^2$$

以上二式相当于梯度的一阶和二阶动量（因为它们的初始值为 0）。

Adam 法的作者观还察到：当衰减率很小（如 β_1、β_2 接近 1）时，m_t、v_t 将偏向 0 ——特别是在迭代初期。为了纠正这个问题，Adam 法的作者使用了以下纠正公式。

$$\widehat{m}_t = \frac{m_t}{1-\beta_1^t}$$

$$\hat{v}_t = \frac{v_t}{1-\beta_2^t}$$

在此基础上更新 x，公式如下。

$$\theta_{t+1} = \theta_t - \frac{\eta}{\sqrt{\hat{v}_t}+\epsilon}\widehat{m}_t$$

示例代码如下。

```
# https://towardsdatascience.com/adam-latest-trends-in-deep-learning-optimization-6
be9a291375c
def gradient_descent_Adam(df,x,alpha=0.01,beta_1 = 0.9,beta_2 = 0.999, \
                           iterations = 100,epsilon = 1e-8):
    history=[x]
    m = np.zeros_like(x)
    v = np.zeros_like(x)
    for t in range(iterations):
        if np.max(np.abs(df(x)))<epsilon:
            print("梯度足够小！")
            break
        grad = df(x)
        m = beta_1*m+(1-beta_1)*grad
        v = beta_2*v+(1-beta_2)*grad**2

        # m_1 = m/(1-beta_1)
        # v_1 = v/(1-beta_2)
        t = t+1
        if True:
            m_1 = m/(1-np.power(beta_1, t+1))
            v_1 = v/(1-np.power(beta_2, t+1))
        else:
            m_1 = m / (1 - np.power(beta_1, t)) + (1 - beta_1) * grad /
                  (1 - np.power(beta_1, t))
            v_1 = v / (1 - np.power(beta_2, t))

        x = x-alpha*m_1/(np.sqrt(v_1)+epsilon)
        # print(x)
        history.append(x)
    return history
```

针对上述问题，可使用梯度下降法函数 gradient_descent_Adam()，代码如下，结果如图 2-15 所示。

```
path = gradient_descent_Adam(df,x0,0.001,0.9,0.8,100000,1e-8)
# path = gradient_descent_Adam(df,x0,0.000005,0.9,0.9999,300000,1e-8)
print(path[-1])
path = np.asarray(path)
# plt.plot(path)
```

```
[2.99999653 0.50000329]
```

```
plot_path(path,x,y,z,minima_,xmin, xmax,ymin, ymax)
```

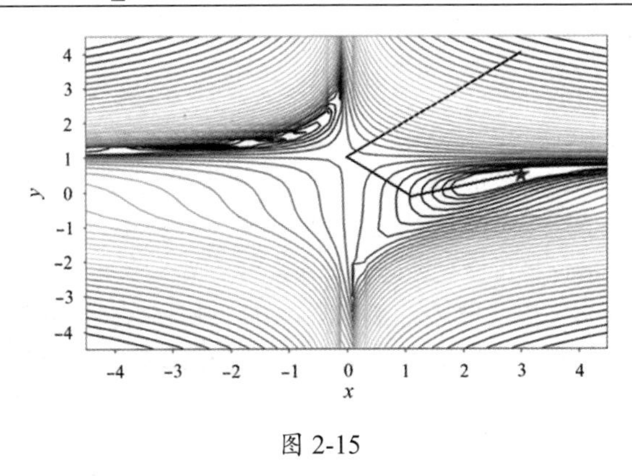

图 2-15

2.4　梯度验证

2.4.1　比较数值梯度和分析梯度

在编写梯度下降法的代码时，最容易出现的错误是梯度计算错误（这会导致算法无法收敛）。因此，除了调整学习率，还应检查梯度的计算是否正确。

可根据导数的定义（导数是函数的变化率），用以下公式估计函数在 x 处的导数（梯度）。

$$\frac{\partial f(x)}{\partial x} = \lim_{\epsilon\to 0}\frac{f(x+\epsilon)-f(x-\epsilon)}{2\epsilon}$$

上式等号右边的除式可近似表示 $f(x)$ 在点 x 处的导数（梯度）。如果 ϵ 足够小，那么这个数值的导数（梯度）应该和等号左边的分析导数（梯度）的值足够接近。因此，在使用梯度下降法训练模型前，可比较数值计算梯度和分析梯度，以验证分析梯度的计算是否正确。

例如，对二元函数 $f(x,y)=\frac{1}{16}x^2+9y^2$ 使用梯度下降法，该函数在 $x=(x_0,x_1)$ 处的函数值和分析梯度是通过以下代码计算出来的。

```
f = lambda x: (1/16)*x[0]**2+9*x[1]**2
df = lambda x: np.array( ((1/8)*x[0],18*x[1]))
```

$x=(x_0,x_1)$ 处的数值梯度，可通过以下代码计算。

```
df_approx = lambda x,eps:((f([x[0]+eps,x[1]])-f([x[0]-eps,x[1]]) )/(2*eps),
( f([x[0],x[1]+eps])-f([x[0],x[1]-eps]) )/(2*eps))
```

以下代码用于在 [2.,3.] 处比较分析梯度和数值梯度。

```
x = [2.,3.]
eps = 1e-8
grad = df(x)
grad_approx = df_approx(x,eps)
print(grad)
```

```
print(grad_approx)
print(abs(grad-grad_approx))
```

```
[ 0.25 54.  ]
(0.2500001983207767, 54.00000020472362)
[1.98320777e-07 2.04723619e-07]
```

可见，只要用于计算数值梯度的微小增量（eps）足够小，该数值梯度就足够接近分析梯度。这正符合导数的定义：数值梯度可以足够逼近分析梯度。如果两者的差较大或很大，就说明分析梯度、函数值或数值梯度的计算可能存在问题（在大多数情况下，是分析梯度或函数值的计算存在问题）。因此，在使用梯度下降法求最优解之前，都应使用梯度验证的方法来确保分析梯度和函数值的计算是正确的，在此基础上，再调整梯度下降法的超参数（如学习率）或动量参数等。

2.4.2 通用的数值梯度

机器学习（包括深度学习）中的假设函数，参数的数量往往很多。因此，可以编写一个通用的数值梯度计算函数，代码如下。

```
def numerical_gradient(f,params,eps = 1e-6):
    numerical_grads = []
    for x in params:
        #x 可能是一个多维数组，对其所有元素计算数值偏导数
        grad = np.zeros(x.shape)
        it = np.nditer(x, flags=['multi_index'], op_flags=['readwrite']
        while not it.finished:
            idx = it.multi_index
            old_value = x[idx]
            x[idx] = old_value + eps        #x[idx]+eps
            fx = f()
            x[idx] = old_value - eps        #x[idx]-eps
            fx_ = f()
            grad[idx] = (fx - fx_) / (2*eps)
            x[idx] = old_value              #一定要将该权值参数恢复为原始值
            it.iternext()                   #循环访问 x 的下一个元素

        numerical_grads.append(grad)
    return numerical_grads
```

该函数接收的参数 f 表示要计算梯度的那个函数，params 表示该函数的参数。因为 f 可能有多个参数，params 是由这些参数构成的集合（如 Python 的列表、元组等类型的对象），所以，为了使代码更具一般性，假设 params 的每个元素都是包含多个元素的多维数组。

在内层循环中，对 x 的下标 idx 指向的元素 x[idx]，分别加上微小的增量（即 x[idx]+eps 和 x[idx]-eps），并计算相应的函数值。然后，用导数的差分逼近公式计算 x[idx] 所对应的偏导数，并将其赋予 grad[idx]。

注意：每次对 x[idx] 进行修改后，都要将其恢复为原始值；否则，会影响其他偏导数的计算，

并在退出函数后影响 params 的值。

可使用如下通用数值梯度计算函数，计算函数的数值梯度。

```
x = np.array([2.,3.])
param = np.array(x)          #numerical_gradient 的参数 param 必须是 NumPy 数组
numerical_grads = numerical_gradient(lambda:f(param),[param],1e-6)
print(numerical_grads[0])
```

```
[ 0.25       54.00000001]
```

注意：numerical_gradient 的第一个参数 f，必须指向一个函数对象，而不是函数调用结果。也就是说，将 lambda:f(param) 写成 f(param) 是错误的。

对一个包含参数（如 param）的函数，通常可以使用上述 lambda 表达式，或者如下包裹函数 fun()，返回一个在参数 param 上执行计算的函数对象。

```
def fun():
    return f(param)

numerical_grads = numerical_gradient(fun,[param],1e-6)
print(numerical_grads[0])
```

```
[ 0.25       54.00000001]
```

这个通用的数值梯度计算函数 numerical_gradient() 的源代码在本书的源代码文件 util.py 中。

2.5　分离梯度下降法与参数优化策略

2.5.1　参数优化器

在前面介绍的将变量（参数）的优化策略硬编码在梯度下降法的方法中，对于不同优化策略的梯度下降法，除了参数更新方式不同，梯度下降法的框架是完全一样的。为了提高代码的复用性和灵活性，可将参数的优化策略从梯度下降法中提取出来。

定义一个表示参数优化策略的类，代码如下。

```
class Optimizator:
    def __init__(self,params):
        self.params = params

    def step(self,grads):
        pass
    def parameters(self):
        return self.params
```

params 是变量（参数）的列表。step() 函数用于根据 grads（梯度）来更新参数。例如，可以从该类派生出定义（使用梯度下降法的基本参数优化策略的参数优化器类 SGD），示例如下。

```
class SGD(Optimizator):
    def __init__(self,params,learning_rate):
```

```
        super().__init__(params)
        self.lr = learning_rate

    def step(self,grads):
        for i in range(len(self.params)):
            self.params[i] -= self.lr*grads[i]
        return self.params
```

也可以定义其他参数优化器，如 Momentum 法的 SGD_Momentum，示例如下。

```
class SGD_Momentum(Optimizator):
    def __init__(self,params,learning_rate,gamma):
        super().__init__(params)
        self.lr = learning_rate
        self.gamma= gamma
        self.v = []
        for param in params:
            self.v.append(np.zeros_like(param) )

    def step(self,grads):
        for i in range(len(self.params)):
            self.v[i] = self.gamma*self.v[i]+self.lr* grads[i]
            self.params[i] -= self.v[i]
        return self.params
```

2.5.2 接受参数优化器的梯度下降法

梯度下降法只要接受可以更新参数的参数优化器，就可以按照该优化器的优化策略对参数进行更新，示例如下。

```
def gradient_descent_(df,optimizator,iterations,epsilon = 1e-8):
    x, = optimizator.parameters()
    x = x.copy()
    history=[x]
    for i in range(iterations):
        if np.max(np.abs(df(x)))<epsilon:
            print("梯度足够小！")
            break
        grad = df(x)
        x, = optimizator.step([grad])
        x = x.copy()
        history.append(x)
    return history
```

一个简单的凸函数，公式如下。

$$f(x,y) = \frac{1}{16}x^2 + 9y^2$$

这是一个碗形曲面，如图 2-16 所示，其最小值在“碗底”，即 (0,0) 是整个函数的最小值点（最小值是 0)。

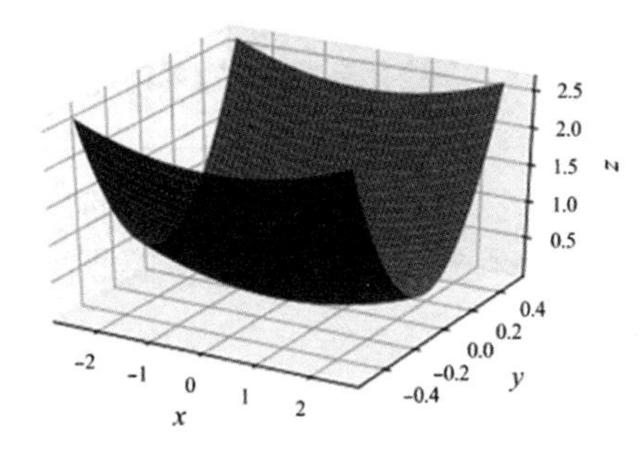

图 2-16

对该函数应用上述 SGD 参数优化器，示例如下。

```
df = lambda x: np.array( ((1/8)*x[0],18*x[1]))
x0=np.array([-2.4, 0.2])

optimizator = SGD([x0],0.1)
path = gradient_descent_(df,optimizator,100)
print(path[-1])
path = np.asarray(path)
path = path.transpose()
```

```
[-8.26638332e-06  2.46046384e-98]
```

可以看出，逼近了最优解。

换用 SGD_Momentum 优化器，示例如下。

```
x0=np.array([-2.4, 0.2])
optimizator = SGD_Momentum([x0],0.1,0.8)
path = gradient_descent_(df,optimizator,1000)
print(path[-1])
path = np.asarray(path)
path = path.transpose()
```

```
梯度足够小!
[-1.49829905e-08 -4.74284398e-10]
```

以上代码更好地逼近了最优解。

第 3 章　线性回归、逻辑回归和 softmax 回归

本章将介绍三种典型的机器学习技术——线性回归、逻辑回归和 softmax 回归。它们是基于神经网络的深度学习的基础，其中的概念、技术、方法，如数据的规范化、模型的评估、正则化等，在深度学习中经常会使用。

3.1　线性回归

3.1.1　餐车利润问题

在吴恩达的深度学习课程中，有一个"餐车利润问题"，提供了以下数据集。

```
6.1101,17.592
5.5277,9.1302
8.5186,13.662
7.0032,11.854
5.8598,6.8233
...
```

在该数据集中，第 1 列是各个城市的人口，第 2 列是相应城市的餐车利润（数据都以万元为单位）。执行以下 Python 代码，可从文本文件中读取该数据集，并输出前 5 条记录。

```
x , y = [] ,[]
with open('food_truck_data.txt') as A:
    for eachline in A:
        s = eachline.split(',')
        x.append(float(s[0]))
        y.append(float(s[1]))
for i in range(5):
    print(x[i],y[i])
```

```
6.1101 17.592
5.5277 9.1302
8.5186 13.662
7.0032 11.854
5.8598 6.8233
```

将城市人口和餐车利润分别当作二维坐标平面上的 x 和 y 坐标，即将数据样本看成二维平面上的坐标点，示例如下。

```
import matplotlib.pyplot as plt
%matplotlib inline

fig, ax = plt.subplots()
ax.scatter(x, y, marker="x", c="red")
```

```
plt.title("Food Truck Dataset", fontsize=16)
plt.xlabel("City Population in 10000s", fontsize=14)
plt.ylabel("Food Truck Profit in 10000s", fontsize=14)
plt.axis([4, 25, -5, 25])
plt.show()
```

如图 3-1 所示，可以将该数据集在二维平面上显示出来。

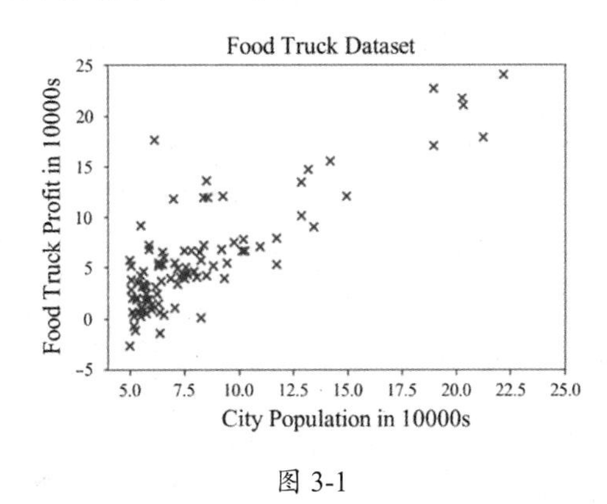

图 3-1

“餐车利润问题”的目标是，根据已有的城市人口及对应的餐车利润数据，对已有城市以外的城市的餐车利润进行预测。

3.1.2　机器学习与人工智能

1. 机器学习

“餐车利润问题”是一个典型的机器学习问题。机器学习能够从经验数据中学到某种统计规律，并使用学到的规律对新的数据进行判断或预测。也就是说，机器学习可以通过已知数据得到一个能够反映数据之间关系的数据模型（函数）。

用 x 表示城市人口，用 y 表示餐车利润。机器学习的任务就是寻找一个函数 $f(x)$，使 y 满足 $y=f(x)$。求解这个函数或数学模型的过程，称为**机器学习**或**模型训练**。有了这个数学模型（函数）$f(x)$，就可以将一个新的城市的人口 x 代入 $f(x)$，从而预测该城市的餐车利润。

在机器学习中，用于训练模型的数据称为**样本数据**、**样本集**或**训练集**。样本集中可能有多个样本，每个样本均由**样本特征**（如城市人口）和**样本标签**（如餐车利润）构成，它们分别对应于要学习的函数 $y=f(x)$ 的自变量 x 和因变量 y。样本标签通常也称为**真实值**或**目标值**。学习模型的最终目的是，根据模型从样本特征预测其目标值或标签。

一般地，模型的预测值 $f(x)$ 和真实值不可能完全相等。模型训练通常就是寻找某种意义（如预测值 $f(x)$ 和真实值 y 之间的某种误差最小）上的最优数学函数。

2. 机器学习与人工智能的关系

机器学习是人工智能的一个研究领域。人工智能算法与常见的计算机程序不同。常见的计算机程序都是根据已知的数学模型进行计算的，每一步计算都是按照一个确定的计算公式进行的。例如，根据圆面积 A 和半径 r 之间的公式 $A=\frac{1}{2}\pi r^2$，计算半径为某个值时圆的面积。

但对很多实际问题，我们却无法找到一个确定的数学模型来表示数据之间的关系或规律。例如，我们希望根据一所房屋的特征信息（如房屋的面积等）预测房屋的价格，但并没有一个现成的数学模型告诉我们，应该如何通过房屋的特征信息来计算房屋的价格。类似的问题还有很多，如预测股票的价格、识别人脸照片、识别语音所对应的文字、判断垃圾邮件、行棋落子、向用户推荐其可能感兴趣的商品、自动驾驶等。

要想解决这些问题，都需要计算机具有和人类一样的智能。人类之所以能轻松地识别一幅图像中是否包含猫和狗，是因为我们之前已经看过很多这样的图像，在大脑中形成了某种用于完成这个识别任务的模型。但对计算机来说，所有的图像都是由数值组成的矩阵（数组），并没有一个明确的公式可以表示图像及其类别之间的关系。

使计算机具有人类智能，是人工智能研究的目标。人工智能并不神秘。例如，20 世纪 80 年代兴起的专家系统将特定领域专家的经验转换为一些规则，然后基于规则匹配的逻辑推理等方法去解决特定问题：如果一个人发烧，就提示他可能生病了；如果一个人血液中的红细胞数量很少，则提示他可能患有某种缺血性或失血性疾病。但是，专家系统存在耗时、费力、昂贵等问题，且一个问题的专家规则无法应用到其他问题上。另外，有些问题，如图像和语音识别等，其规则很难被定义。

和传统的基于逻辑推理的人工智能不同，作为现代人工智能的机器学习，无须借助领域专家的知识，只需要有大量的数据，就可以用统计学方法对数据进行建模和统计、学习。例如，购物网站的推荐系统可根据用户的浏览和购买记录预测其喜好，从而向用户推荐相应的商品。再如，如果有很多房屋特征信息及其价格方面的数据，机器学习就可以找到一个合理的、能反映二者关系的数学模型，通过房屋特征信息预测其价格。

3. 机器学习的分类

机器学习主要分为三大类——监督式学习、非监督式学习、强化学习。

（1）监督式学习

监督式学习是指，对用于学习的数据，不仅知道它们的特征，还知道它们的目标值。例如，在“餐车利润问题”中，对于一个样本，不仅知道城市的人口，还知道该城市的餐车利润。如果数据特征 x 和目标值 y 满足函数 $y=f(x)$，就可以通过多个已知样本 $(x^{(i)},y^{(i)})$ 求得尽可能满足 $y^{(i)}=f(x^{(i)})$ 的函数。这种根据数据特征 x 和目标值 y 都已知的多个数据样本 $(x^{(i)},y^{(i)})$ 求解最佳假设函数的机器学习，称为监督式学习。监督式学习是目前应用最广泛的机器学习方法。

监督式学习的过程，就是根据自变量（特征）和其所对应的因变量（标签或目标）已知的很多样本来学习自变量（特征）和因变量（目标）的函数关系。一旦知道了这个函数，就可以对新的样本特征预测其目标值。

如图 3-2 所示：训练（学习）一个手写数字识别函数 f，接收输入的数字图像，输出 0 到 9 中的某个数字；训练一个语音识别模型，从输入的语音产生其对应的文字；训练一个人工智能围棋程序，根据输入的行棋落子情况，输出一个落子的位置。

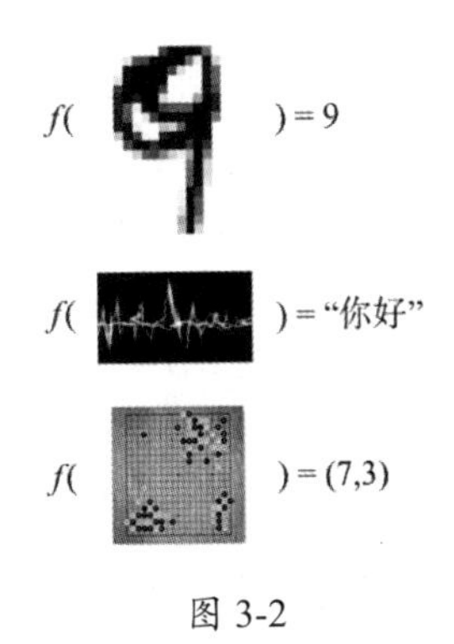

图 3-2

自变量和因变量的函数关系多种多样，如线性函数、二次函数、三角函数等。监督式学习根据具体问题及其数据集的特点，选择一个能恰当地表示数据特征 x 和目标值 y 的关系的函数。例如，对于"餐车利润问题"，如果认为城市人口和餐车利润之间具有线性关系，就可以将线性函数 $f(x) = wx + b$ 作为 x 和 y 之间的函数模型。函数 $f(x) = wx + b$ 称为**假设函数**。不同的参数（w 和 b）表示不同的线性关系，模型训练就是根据大量样本 $(x^{(i)}, y^{(i)})$ 的真实值 $y^{(i)}$ 和假设函数的预测值 $f(x^{(i)}) = wx^{(i)} + b$ 的某种误差求解一组最佳的参数。一旦确定了参数（也就是确定了模型函数 $f(x)$），对于新的输入 x_*，只要将其带入模型函数，就能得到预测值 $f(x^*) = wx^* + b$。

监督式学习是目前应用最广泛、最成功的机器学习方法。例如，图像分类识别可通过大量已知类别的图像去识别一幅新的图像属于哪一类，邮政编码识别系统可自动识别手写的邮政编码，还有完胜人类围棋冠军的 AlphaGo，击败所有人类专家、成功地根据基因序列预测出蛋白质的 3D 形状的 AlphaFold，等等。

监督式学习主要包含以下几个步骤（任务）。

- 需要一组训练样本。
- 设计可以良好刻画样本特征和目标值之间关系的假设函数。
- 选择一个合理的损失函数，用于刻画预测值和真实值之间的误差。
- 训练模型。
- 用模型进行预测。

可根据目标值是否是连续实数将监督式学习分成**回归**（Regression）和**分类**（Classification）。例如，房屋价格是连续实数，因此，房屋价格预测问题就是一个回归问题。再如，在图像分类问题中，需要识别图像所属的类别（如猫、狗、飞机等），而图像的类别是离散值，因此，图像分类问题就是一个分类问题。

分类问题通常也是通过学习一个连续的目标值（即物体属于每个分类的概率）进行分类的。本章将要介绍的线性回归、逻辑回归、softmax 回归的假设函数的预测值都是连续值，所以称为回归。其中，逻辑回归和 softmax 回归分别用于解决二分类和多分类问题。

监督式学习依赖目标值已知的训练数据，但在大多数情况下，手动标注数据样本的目标值是一项耗时费力的任务。例如，人脸识别任务需要在所有人脸图像上标注 68 个标志点的位置，如果要处理几百万幅人脸图像，则工作量是巨大的。再如，对于几百万幅图像，仅就标记它们的类别来说，工作量也是巨大的。

（2）非监督式学习

能否在不知道样本的真实值的情况下学习到这些数据之间的某些规律呢？**非监督式学习**就是应用在不知道真实值的情况下的一种机器学习方法。例如，聚类算法可以对数据样本进行分析，以确定它们分别属于哪个聚类中心。主成分分析法可以确定数据的主成分，然后对数据进行降维，即将高维数据转换为低维形式。自编码器将数据自身作为目标值，即用 $(x^{(i)}, x^{(i)})$ 作为监督式学习的样本，通过编码/解码的自监督学习过程得到数据的内在特征。

缺少真实值的监督，使非监督式学习难以进行。尽管非监督式学习看似漫无目的，很难学习到高质量的规律或数学模型，但它不需要监督数据，因此，通常作为监督式学习的辅助技术使用。

一种折中的学习方法是**半监督式学习**，它只对少量数据提供真实值（大部分数据是没有真实值的），既避免了监督式学习获得样本所要花费的高昂代价，又可以监督和指导学习过程，是一种非常有前途的机器学习方法。

（3）强化学习

一些**强化学习**方法，可以通过与环境的交互获得的经验来学习环境的模型和决策过程，从而指导行为决策。

3.1.3　什么是线性回归

对于“餐车利润问题”，应该用一个什么样的函数 $f(x)$ 来表示样本特征（城市人口）x 和样本标签（餐车利润）y 之间的映射关系呢？通过对图 3-1 的观察，可以认为，由 x 和 y 构成的坐标点几乎都在一条直线上，或者说，x 和 y 几乎满足一种线性关系。因此，可以用一个线性函数来表示 x 和 y 的关系，公式如下。

$$y = f(x) = wx + b$$

这个线性函数称为**假设函数**、**函数模型**或**模型**。

这个线性函数由参数 w 和 b 决定，参数不同，所表示的线性关系就不同。如果有多个数据样本 $(x^{(i)}, y^{(i)})$，就可以通过最小化样本特征 x 的预测值 $f(x)$ 和真实值 y 之间的某种误差的方式得到参数值，然后用由这些参数值表示的线性函数来刻画 x 和 y 之间的关系。求解参数的过程，称为**模型训练**或**训练模型**。

线性回归（Linear Regression）就是用线性函数表示自变量（特征）和因变量（真实值）之间的关系，并根据一组样本数据求解最佳线性函数的过程。

那么，什么是“最佳”？

对样本 $(x^{(i)}, y^{(i)})$，用记号 $f^{(i)}$ 表示假设函数 $f(x)$ 的预测值 $f(x^{(i)})$。对于“餐车利润问题”，可用方差 $(f^{(i)} - y^{(i)})^2$ 表示单个样本的预测误差。所有样本的预测误差，公式如下。

$$L = \frac{1}{m}\sum_{i=1}^{m}(f^{(i)} - y^{(i)})^2 = \frac{1}{m}\sum_{i=1}^{m}(wx^{(i)} + b - y_i)^2$$

L 可以看成未知参数 w、b 的函数 $L(w, b)$，用于刻画在样本数据上模型预测的误差。$L(w, b)$ 称为

损失函数（也称为**误差函数**）。模型训练就是求解使损失函数 $L(w,b)$ 的值最小的参数 w、b。

当然，对一个函数乘以一个常数，不会影响其最小值的参数。有些时候，为了使导数更简单，会将上式第一个等号右边的式子除以 2，作为损失函数，具体如下。

$$L(w,b)=\frac{1}{2m}\sum_{i=1}^{m}(f^{(i)}-y^{(i)})^2=\frac{1}{2m}\sum_{i=1}^{m}(wx^{(i)}+b-y^{(i)})^2$$

线性回归就是求使这个损失函数的值最小的参数 w、b。求最小值有两种方法，分别是正规方程法和梯度下降法。

3.1.4　用正规方程法求解线性回归问题

损失函数 $L(w,b)$ 是一个关于 (w,b) 的多变量函数。$L(w,b)$ 关于 (w,b) 的偏导数如下。

$$\frac{\partial L}{\partial w}=\frac{1}{2m}\frac{\partial(\sum(wx^{(i)}+b-y^{(i)})^2)}{\partial w}=\frac{1}{m}\sum(wx^{(i)}+b-y^{(i)})\,x^{(i)}$$
$$\frac{\partial L}{\partial b}=\frac{1}{2m}\frac{\partial(\sum(wx^{(i)}+b-y^{(i)})^2)}{\partial b}=\frac{1}{m}\sum(wx^{(i)}+b-y^{(i)})$$

函数 $L(w,b)$ 的最小值必须满足的条件是：$L(w,b)$ 关于自变量（即 (w,b) 的梯度，或者说偏导数）等于 0，公式如下。

$$\frac{\partial L}{\partial w}=\frac{1}{m}\sum(wx^{(i)}+b-y^{(i)})\,x^{(i)}=0$$
$$\frac{\partial L}{\partial b}=\frac{1}{m}\sum(wx^{(i)}+b-y^{(i)})=0$$

令

$$\boldsymbol{X}=\begin{pmatrix}1 & x^{(1)}\\ 1 & x^{(2)}\\ 1 & \vdots\\ 1 & x^{(m)}\end{pmatrix},\quad \boldsymbol{W}=\begin{pmatrix}b\\ w\end{pmatrix},\quad \boldsymbol{y}=\begin{pmatrix}y^{(1)}\\ y^{(2)}\\ \vdots\\ y^{(m)}\end{pmatrix}$$

去掉方程的系数 $\frac{1}{m}$，有

$$\begin{pmatrix}x^{(1)} & x^{(2)} & \cdots & x^{(m)}\end{pmatrix}\begin{pmatrix}wx^{(1)}+b-y^{(1)}\\ wx^{(2)}+b-y^{(2)}\\ \vdots\\ wx^{(m)}+b-y^{(m)}\end{pmatrix}=0$$

$$\begin{pmatrix}1 & 1 & \cdots & 1\end{pmatrix}\begin{pmatrix}wx^{(1)}+b-y^{(1)}\\ wx^{(2)}+b-y^{(2)}\\ \vdots\\ wx^{(m)}+b-y^{(m)}\end{pmatrix}=0$$

即

$$\begin{pmatrix} 1 & 1 & \cdots & 1 \\ x^{(1)} & x^{(2)} & \cdots & x^{(m)} \end{pmatrix} \begin{pmatrix} b + wx^{(1)} - y^{(1)} \\ b + wx^{(2)} - y^{(2)} \\ \vdots \\ b + wx^{(m)} - y^{(m)} \end{pmatrix} = 0$$

令

$$\boldsymbol{X} = \begin{pmatrix} 1 & x^{(1)} \\ 1 & x^{(2)} \\ 1 & \vdots \\ 1 & x^{(m)} \end{pmatrix}, \quad \boldsymbol{W} = \begin{pmatrix} b \\ w \end{pmatrix}, \quad \boldsymbol{y} = \begin{pmatrix} y^{(1)} \\ y^{(2)} \\ \vdots \\ y^{(m)} \end{pmatrix}$$

因此，有 $\boldsymbol{X}^{\mathrm{T}}(\boldsymbol{X}\boldsymbol{W} - \boldsymbol{y}) = 0$，即

$$\boldsymbol{X}^{\mathrm{T}}\boldsymbol{X}\boldsymbol{W} = \boldsymbol{X}^{\mathrm{T}}\boldsymbol{y}$$

等号两边同时乘以 $\boldsymbol{X}^{\mathrm{T}}\boldsymbol{X}$ 的逆矩阵 $(\boldsymbol{X}^{\mathrm{T}}\boldsymbol{X})^{-1}$，结果如下。

$$\boldsymbol{W} = (\boldsymbol{X}^{\mathrm{T}}\boldsymbol{X})^{-1}\boldsymbol{X}^{\mathrm{T}}\boldsymbol{y}$$

求得 $\boldsymbol{W} = (b, w)$。

求解 $\boldsymbol{W}$ 的**正规方程**（Normal Equation）如下。

$$\frac{\partial L}{\partial w} = \frac{1}{m}\sum\left(wx^{(i)} + b - y^{(i)}\right)x^{(i)} = 0$$

用正规方程法求解“餐车利润问题”，代码如下。

```
import numpy as np

#data 是 m×2 的矩阵，每一行表示一个样本
data = np.loadtxt('food_truck_data.txt', delimiter=",")
train_x = data[:, 0]            #城市人口，m×1 的矩阵
train_y = data[:, 1]            #餐车利润，m×1 的矩阵

X = np.ones(shape=(len(train_x), 2))
X[:, 1] = train_x
y = train_y


XT = X.transpose()

XTy = XT @ y

w = np.linalg.inv(XT@X) @ XTy
print(w)
```

```
[-3.89578088  1.19303364]
```

执行以上代码，可以求出模型函数 $f(x) = wx + b$。只要将一个城市人口的数值 x 代入这个

函数，就可以预测该城市的餐车利润了。例如，预测人口 4.6 万人的城市的餐车利润，示例如下。

```
4.6*w[1]+w[0]
```

```
1.5921738849602525
```

3.1.5　用梯度下降法求解线性回归问题

在使用正规方程法时，需要计算矩阵乘积和矩阵的逆矩阵，不过，如果数据特征数量或样本数量较多，则耗时较长。因此，一般用梯度下降法（Gradient Descent）求解此类问题。

为了求解 $L(w,b)$ 的未知的模型参数 w、b，梯度下降法从 (w_0,b_0) 出发，通过下列公式迭代更新 $(w:,b:)$。

$$w := w - \alpha\frac{\partial L}{\partial w}$$

$$b := w - \alpha\frac{\partial L}{\partial b}$$

令

$$\boldsymbol{x} = \begin{pmatrix} x^{(1)} \\ x^{(2)} \\ \vdots \\ x^{(m)} \end{pmatrix}, \quad \boldsymbol{y} = \begin{pmatrix} y^{(1)} \\ y^{(2)} \\ \vdots \\ y^{(m)} \end{pmatrix}, \quad \boldsymbol{b} = \begin{pmatrix} b \\ b \\ \vdots \\ b \end{pmatrix}$$

可将偏导数表示成向量的形式，公式如下。

$$\frac{\partial L}{\partial w} = \text{np.mean}((wx + b - y) \odot x)$$

$$\frac{\partial L}{\partial b} = \text{np.mean}(wx + b - y)$$

将系数 $\frac{1}{m}$ 包含到学习率中，使用 NumPy 的向量化运算，很容易就能写出梯度的计算代码，具体如下。

```
X = train_x
w,b = 0.,0.
dw = np.mean((w*X+b-y)*X)
db = np.mean((w*X+b-y))
print(dw)
print(db)
```

```
-65.32884974555671
-5.839135051546393
```

因此，可以写出基于梯度下降法的线性回归的计算代码，具体如下。

```
def linear_regression(x,y,w,b,alpha=0.01, iterations = 100,epsilon = 1e-9):
    history=[]
```

```
    for i in range(iterations):
        dw = np.mean((w*x+b-y)*x)
        db = np.mean((w*x+b-y))
        if abs(dw) < epsilon and abs(db) < epsilon:
            break;

        #更新 w: w = w - alpha * gradient
        w -= alpha*dw
        b -= alpha*db
        history.append([w,b])

    return history
```

用学习率 alpha 和迭代次数 iterations 调用上述码，可以求出假设函数的参数，示例如下。

```
alpha = 0.02
iterations=1000
history = linear_regression(X,y,w,b,alpha,iterations)
print(len(history))
print(history[-1])
```

```
1000
[1.1822480052540145, -3.7884192615511796]
```

history 记录了迭代过程中每一步的模型参数，最后一个参数就是最优参数。

那么，如何判断梯度下降法收敛到最优解了呢？

对于输入变量和输出变量都只有一个数值的函数 $f(x)$，可以通过在样本点的二维平面上绘制这个函数的图像的方式，从视觉上观察函数是否已经收敛。执行以下代码，绘制模型参数所对应的函数的图像。

```
def draw_line(plt,w,b,x,linewidth =2):
    m=len(x)
    f = [0]*m
    for i in range(m):
        f[i] = b+w*x[i]
    plt.plot(x, f, linewidth)
```

执行以下代码，可以绘制求得的模型参数所对应的假设函数的图像，结果如图 3-3 所示。

```
import matplotlib.pyplot as plt
%matplotlib inline

#fig, ax = plt.subplots()
plt.scatter(X, y, marker="x", c="red")
plt.title("Food Truck Dataset", fontsize=16)
plt.xlabel("City Population in 10000s", fontsize=14)
plt.ylabel("Food Truck Profit in 10000s", fontsize=14)
plt.axis([4, 25, -5, 25])
w,b = history[-1]
draw_line(plt,w,b,X,6)
```

```
plt.show()
```

对数据特征（自变量）多于 2 个的线性回归问题，观察迭代的收敛情况的通用做法是绘制**损失曲线（代价曲线）**，即观察迭代过程中损失（代价）的变化情况。可使用以下 loss() 函数计算参数所对应的损失。

```
def loss(x,y,w,b):
    m = len(y)
    return np.mean((x*w+b-y)**2)/2
    cost = 0
    for i in range(m):
        f =  x[i]*w+b
        cost += (f-y[i])**2
    cost /=(2*m)
    return cost

print(loss(X,y,1,-3))
```

```
4.983860697569072
```

用 loss() 函数计算迭代过程中所有的参数所对应的损失，并绘制损失曲线，代码如下，结果如图 3-4 所示。

```
costs = [loss(X,y,w,b) for w,b in history]
plt.axis([0, len(costs), 4, 6])
plt.plot(costs)
```

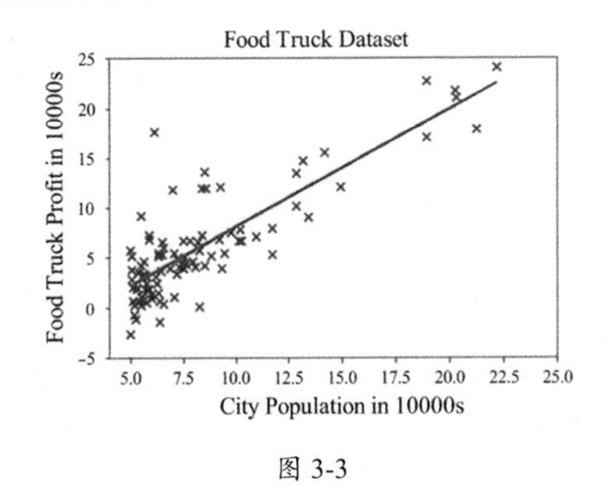

图 3-3

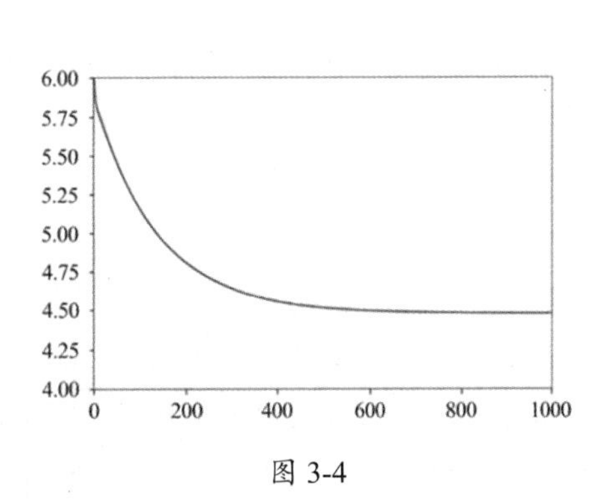

图 3-4

可以看出，损失曲线是逐渐下降的，即迭代是逐渐收敛的。如果损失曲线不下降，就说明算法程序可能存在问题或设置的学习率不合适。

当然，对于自变量的线性回归，其损失函数是两个参数的函数，因此，可执行如下代码，绘制损失函数所对应的曲面，以及迭代过程中未知参数的变化情况，结果如图 3-5 所示。

```
from mpl_toolkits.mplot3d import Axes3D

def plot_history(x,y,history,figsize=(20, 10)):
    w= [ e[0] for e in history]
```

```
    b= [ e[1] for e in history]

    xmin,xmax, xstep = min(w)-0.2,max(w)+0.2, .2
    ymin, ymax, ystep = min(b)-0.2,max(b)+0.2, .2
    ws,bs = np.meshgrid(np.arange(xmin, xmax + xstep, xstep), np.arange(ymin,
              ymax + ystep, ystep))

    zs = np.array([loss(x, y, w,b)    for w,b in zip(np.ravel(ws), np.ravel(bs))])
    z = zs.reshape(ws.shape)

    fig = plt.figure(figsize=figsize)
    ax = fig.add_subplot(111, projection='3d')

    ax.set_xlabel('$w[0]$', labelpad=30, fontsize=24, fontweight='bold')
    ax.set_ylabel('$w[1]$', labelpad=30, fontsize=24, fontweight='bold')
    ax.set_zlabel('$L(w,b)$', labelpad=30, fontsize=24, fontweight='bold')

    ax.plot_surface(ws, bs, z, rstride=1, cstride=1, color='b', alpha=0.2)

    w_sart,b_start,w_end,b_end = history[0][0], history[0][1],history[-1][0],
             history[-1][1]
    ax.plot([w_sart],[b_start], [loss(x,y,w_sart,b_start)] , markerfacecolor='b',
           markeredgecolor='b', marker='o', markersize=7)
    ax.plot([w_end],[b_end], [loss(x,y,w_end,b_end)] , markerfacecolor='r',
           markeredgecolor='r', marker='o', markersize=7)

    z2 =  [loss(x,y,w,b) for w,b in history]
    ax.plot(w, b, z2  , markerfacecolor='r', markeredgecolor='r', marker='.',
           markersize=2)
    ax.plot(w, b,  0 , markerfacecolor='r', markeredgecolor='r', marker='.',
           markersize=2)

    fig.suptitle("L(w,b)", fontsize=24, fontweight='bold')
    return ws,bs,z

ws,bs,z = plot_history(X,y,history)
```

对这种有 2 个参数的损失函数，我们经常会在参数平面上绘制损失函数的等值曲线，从而更清楚地在参数平面上观察迭代过程中参数的变化情况，代码如下，结果如图 3-6 所示。

```
from matplotlib.colors import LogNorm
plt.contour(bs,ws,z,levels=np.logspace(-5, 5, 100), norm=LogNorm(),
cmap=plt.cm.jet)

w= [ e[0] for e in history]
b= [ e[1] for e in history]
plt.plot(b,w)
plt.xlabel("b")
plt.ylabel("w")
title = str.format("iteration={0}, alpha={1}, b={2:.3f}, w={3:.3f}", iterations,
```

```
          alpha, b[-1], w[-1])
plt.title(title)

#plt.axis([result_w-1,result_w+1,result_b-1,result_b+1])
plt.show()
```

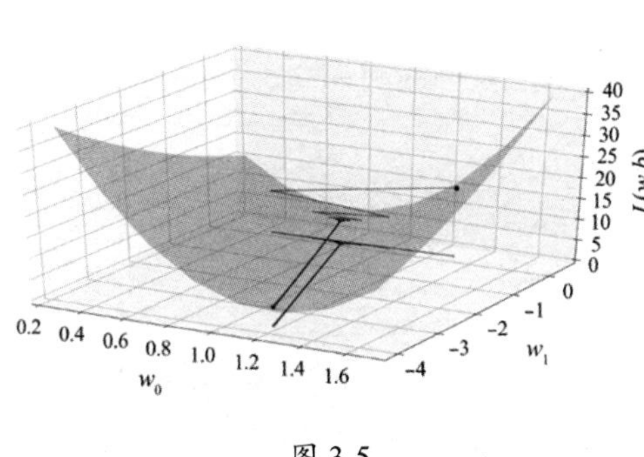

图 3-5

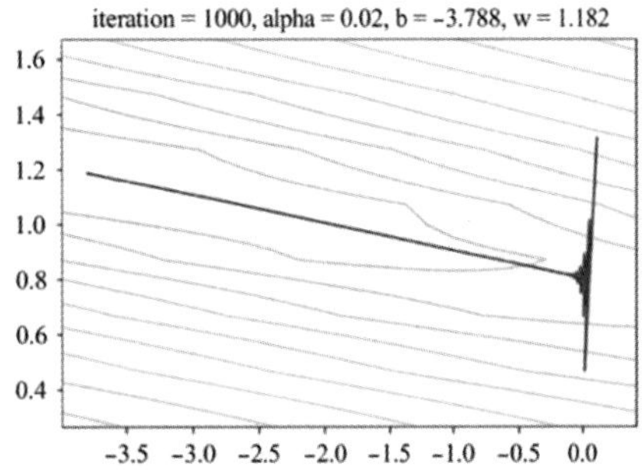

图 3-6

3.1.6　调试学习率

调试学习率的过程，就是用不同的学习率进行尝试的过程。

执行以下代码，对每个学习率绘制对应的**代价历史**（Cost History）**曲线**（简称**代价曲线**），结果如图 3-7 所示。

```
plt.figure()
num_iters = 1200
learning_rates = [0.01, 0.015, 0.02]
for lr in learning_rates:
    w,b=0,0
    history = linear_regression(X, y,w, b,lr, num_iters)
    cost_history = [loss(X,y,w,b) for w,b in history]
    plt.plot(cost_history, linewidth=2)
plt.title("Gradient descent with different learning rates", fontsize=16)
plt.xlabel("number of iterations", fontsize=14)
plt.ylabel("cost", fontsize=14)
plt.legend(list(map(str, learning_rates)))
plt.axis([0, num_iters, 4, 6])
plt.grid()
plt.show()
```

在使用这些学习率时，梯度下降法都能正常工作，并且，学习率越小，迭代次数越多。那么，能不能使用更大的学习率呢？我们来试试看，代码如下。

```
learning_rate = 0.025
num_iters = 50
w,b=0.,0.
history = linear_regression(X, y,w, b,learning_rate, num_iters)
cost_history = [loss(X,y,w,b) for w,b in history]
```

```
plt.plot(cost_history, linewidth=2)
plt.title("Gradient descent with learning rate = " + str(learning_rate),
          fontsize=16)
plt.xlabel("number of iterations", fontsize=14)
plt.ylabel("cost", fontsize=14)
plt.axis([0, num_iters, 0, 6000])
plt.grid()
plt.show()
```

当 alpha = 0.025 时，代价曲线如图 3-8 所示。

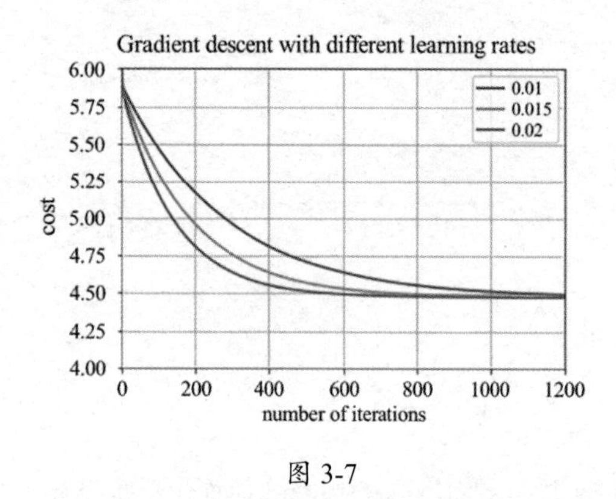

图 3-7

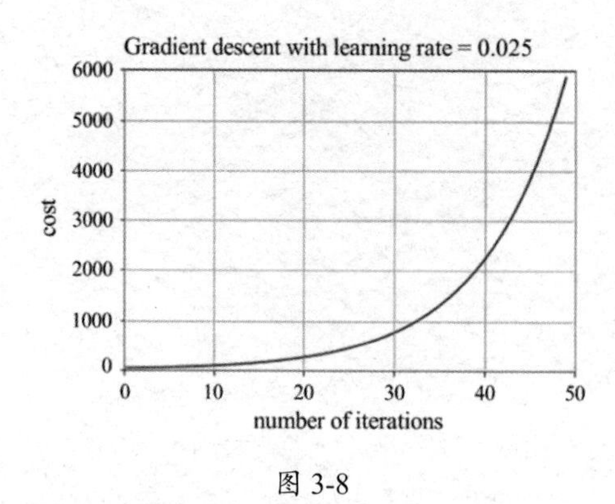

图 3-8

结果不妙——学习率太大了。尽管梯度下降法总能沿着正确的方向前进，但学习率过大会导致前进“步伐”过大，甚至越过最优解，也就是说，其代价是发散，而不是收敛。当 alpha = 0.025 时，损失曲面上的迭代过程，如图 3-9 所示。

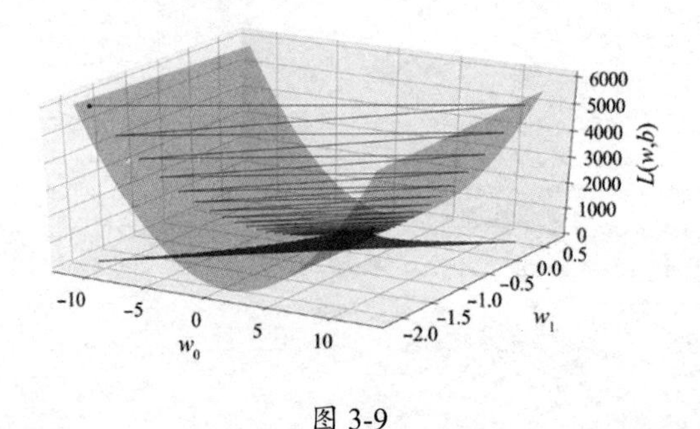

图 3-9

看来，学习率取 0.02 比较合适，因为此时梯度能以较少的迭代次数收敛（即最小化目标函数值），示例如下。

```
ws,bs,z = plot_history(X,y,history)
```

3.1.7 梯度验证

在实际执行梯度下降法之前，应进行梯度验证，以保证梯度和函数值的计算正确。对于线性回归问题，应使用以下数值梯度公式来检验分析梯度的计算是否正确。

$$\frac{\partial L(w,b)}{\partial w} = \lim_{\epsilon\to 0}\frac{L(w+\epsilon,b)-L(w-\epsilon,b)}{2\epsilon}$$
$$\frac{\partial L(w,b)}{\partial b} = \lim_{\epsilon\to 0}\frac{L(w,b+\epsilon)-L(w,b-\epsilon)}{2\epsilon}$$

对于梯度下降法，可使用以下代码来验证分析梯度和数值梯度是否一致。例如，3.1.5 节提到的 loss() 函数是用于计算函数值 $L(w,b)$ 的，而以下代码是用于计算分析梯度的。

```
dw = np.mean((w*x+b-y)*x)
db = np.mean((w*x+b-y))
```

可以定义一个函数来计算数值梯度，代码如下。

```
df_approx = lambda x,y,w,b,eps: ( (loss(x,y,w+eps,b)-loss(x,y,w-eps,b) )/(2*eps),
(loss(x,y,w,b+eps)-loss(x,y,w,b-eps) )/(2*eps) )
```

然后，在任意点，如 $(w,b)=(1.0,-2.0)$，比较分析梯度和数值梯度，代码如下。

```
w =1.0
b = -2.
eps = 1e-8
dw = np.mean((w*X+b-y)*X)
db = np.mean((w*X+b-y))
grad = np.array([dw,db])
grad_approx = df_approx(X,y,w,b,eps)
print(grad)
print(grad_approx)
print(abs(grad-grad_approx))
```

```
[-0.24450692  0.32066495]
(-0.24450690361277339, 0.3206649612508272)
[1.98820717e-08 1.27972190e-08]
```

可以看出，两者的计算结果是一致的。这样，就可以在梯度下降法中放心地使用分析梯度了。当然，也可以用 2.4.2 节介绍的通用数值梯度函数来计算损失函数的数值梯度。

3.1.8　预测

一旦确定了假设函数 $f(x;w,b)=xw+b$ 的参数 (w,b)，将新的数据（如城市人口）代入这个假设函数，就能得到相应的预测值（如餐车利润）。例如，将训练集 X 中的所有 $X[i]$ 代入假设函数，得到预测值 $f(X[i];w,b)=X[i]w+b$。执行以下代码，对 x 中的所有样本计算预测值，并绘制这些预测值所对应的数据点，结果如图 3-10 所示。

```
#用求得的 w 计算 X 个样本的预测值
m=len(X)
predictions = [0]*m
for i in range(m):
    predictions[i] =  X[i]*w+b
```

```
plt.scatter(X, y, marker="x", c="red")
plt.scatter(X, predictions, marker="o", c="blue")
#plt.plot(X, predictions, linewidth=2)  # plot the hypothesis on top of the training
data
```

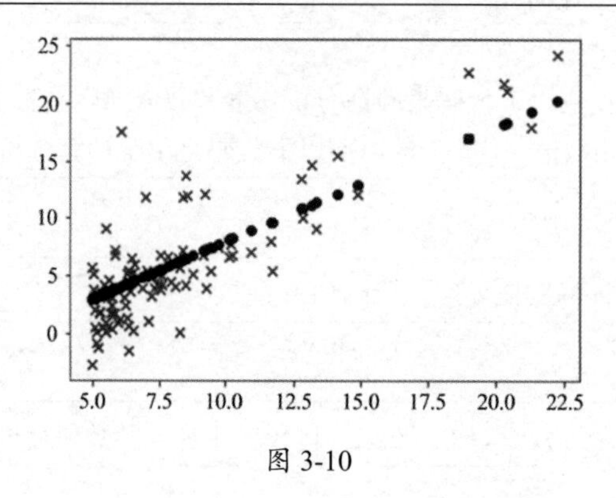

图 3-10

3.1.9 多特征线性回归

1. 多个特征的线性回归

"餐车利润问题"的样本只有一个数据特征。而在很多实际问题中，样本的特征很多，如房屋的特征可能包含房屋面积 x_1、房间数 x_2 等。房屋特征 $\boldsymbol{x}=(x_1,x_2)$ 和房价 y 之间的关系如下。

$$y=f(\boldsymbol{x})=w_1*x_1+w_2*x_2+b$$

有时，为了更好地刻画 $\boldsymbol{x}$ 和 y 之间的关系，可在原有特征的基础上构造一些高阶特征，如 x_1^2、x_2^2 等，从而将原有特征和高阶特征作为新特征，用以下函数表示新特征和真实值之间的关系。

$$y=f(\boldsymbol{x})=w_1*x_1+w_2*x_2+w_3*x_1^2+w_4*x_2^2+b$$

$f(\boldsymbol{x})$ 既是特性 (x_1,x_2) 的非线性函数，又是未知参数 (w_1,w_2,w_3,w_4,b) 的线性函数，因此，它仍然属于线性回归。将 x_1^2、x_2^2 当作两个新特性 x_3、x_4，则该函数也是 (x_1,x_2,x_3,x_4) 的线性函数。

一般地，如果一个样本包含 K 个特征，那么线性回归的假设函数如下。

$$f(\boldsymbol{x})=w_1*x_1+w_2*x_2+\cdots+w_K*x_K+b=\sum_{i=1}^{K}w_i*x_i+b$$

用行向量表示一个样本的所有特征，即 $\boldsymbol{x}=(x_1,x_2,\cdots,x_K)$。用列向量表示假设函数中这些特征的系数，即 $\boldsymbol{w}=(w_1,w_2,\cdots,w_K)^{\mathrm{T}}$。假设函数可以表示成更简单的向量形式，公式如下。

$$f(\boldsymbol{x})=(x_1,x_2,\cdots,x_K)\begin{bmatrix}w_1\\w_1\\\vdots\\w_K\end{bmatrix}+b=\boldsymbol{xw}+b$$

x_i 的系数 w_i 越大，对 $f(\boldsymbol{x})$ 的输出值的影响就越大，因此，w_i 常被称作**权重**。与 x_i 无关的 b 也

会在整体上对输出值产生影响，因此，常被称作**偏置**。

有时，将 b 写成 w_0，将所有未知参数表示成 $\boldsymbol{w}=(w_0,w_1,w_2,\cdots,w_K)^{\mathrm{T}}$，将 $\boldsymbol{x}$ 表示成 $\boldsymbol{x}=(x_0=1,x_1,x_2,\cdots,x_K)$。假设函数可表示成

$$f_{\boldsymbol{w}}(\boldsymbol{x})=w_1*x_1+w_2*x_2+\cdots+w_K*x_K+w_0=(x_0,x_1,x_2,\cdots,x_K)\begin{bmatrix}w_0\\w_1\\w_1\\\vdots\\w_K\end{bmatrix}=\boldsymbol{xw}$$

假设有 m 个样本 $\boldsymbol{x}^{(i)}$，将这些样本按行放在一个二维矩阵中，具体如下。

$$\boldsymbol{X}=\begin{bmatrix}\boldsymbol{x}^{(1)}\\\boldsymbol{x}^{(2)}\\\vdots\\\boldsymbol{x}^{(m)}\end{bmatrix}=\begin{bmatrix}\boldsymbol{x}_0^{(1)} & \boldsymbol{x}_1^{(1)} & \cdots & \boldsymbol{x}_K^{(1)}\\\boldsymbol{x}_0^{(2)} & \boldsymbol{x}_1^{(2)} & \cdots & \boldsymbol{x}_K^{(2)}\\\vdots & \vdots & & \vdots\\\boldsymbol{x}_0^{(m)} & \boldsymbol{x}_1^{(m)} & \cdots & \boldsymbol{x}_K^{(m)}\end{bmatrix}$$

因为每个样本都会产生一个输出，所以，所有样本的函数输出可以写成向量（矩阵）的形式，具体如下。

$$f_{\boldsymbol{w}}\boldsymbol{X}==\begin{bmatrix}\boldsymbol{x}^{(1)}\\\boldsymbol{x}^{(2)}\\\vdots\\\boldsymbol{x}^{(m)}\end{bmatrix},\qquad \boldsymbol{w}=\begin{bmatrix}\boldsymbol{x}_0^{(1)} & \boldsymbol{x}_1^{(1)} & \cdots & \boldsymbol{x}_K^{(1)}\\\boldsymbol{x}_0^{(2)} & \boldsymbol{x}_1^{(2)} & \cdots & \boldsymbol{x}_K^{(2)}\\\vdots & \vdots & & \vdots\\\boldsymbol{x}_0^{(m)} & \boldsymbol{x}_1^{(m)} & \cdots & \boldsymbol{x}_K^{(m)}\end{bmatrix}$$

因此，有

$$\boldsymbol{w}=\boldsymbol{Xw}$$

这样，就可以很容易地用 NumPy 计算这个矩阵乘积（用 np.dot(X,W)、X.dot(W) 或 X@W 进行计算）了。例如，$\boldsymbol{X}$ 中有 2 个样本，每个样本有 3 个特征，$\boldsymbol{w}$ 对应于这 3 个特征的权值，可以直接计算 $f_{\boldsymbol{w}}(\boldsymbol{X})=\boldsymbol{Xw}$，代码如下。

```
import numpy as np
X = np.array([[1,8,3],[1,7,5]])          #有 2 个样本，每个样本有 3 个特征
w = np.array([1.3, 2.4,0.5])             #权重
X@w
```

```
array([22. , 20.6])
```

在用向量（矩阵）表示运算过程时，一定要注意每维的界是否一致。对于前面提到的 $\boldsymbol{xw}$，有

$$\begin{matrix}\boldsymbol{X} & \boldsymbol{w} & = & \boldsymbol{f}\\2\times3 & 3\times1 & & 2\times1\end{matrix}$$

我们知道，**模型训练**就是通过已知目标值的一组样本 $\{\boldsymbol{x}^{(i)},y^{(i)}\}$ 求解某种意义上的最佳假设函数 $f_{\boldsymbol{w}}(\boldsymbol{x})$，即确定假设函数的未知参数 $\boldsymbol{w}$。

和单变量假设函数一样，多变量假设函数也可以用基于均方差的损失函数对模型的预测值和真实值之间的误差进行度量，公式如下。

$$L(\boldsymbol{w}) = \frac{1}{2m}\sum\nolimits_{i=1}^{m}\left(f_{\boldsymbol{w}}(\boldsymbol{x}^{(i)}) - y^{(i)}\right)^2$$

$L(\boldsymbol{w})$ 是未知参数 $\boldsymbol{w}$ 的函数，而 $\boldsymbol{w}$ 包含多个变量，因此，这是一个 $\boldsymbol{w}$ 的多变量函数。线性回归的模型训练，就是求使损失函数值最小的参数 $\boldsymbol{w} = (w_0, w_1, \cdots)$，公式如下。

$$\arg\ \min\nolimits_{w_0, w_1, \cdots} L(w_0, w_1, \cdots)$$

如果 $L(\boldsymbol{w})$ 在 $\boldsymbol{w}^*$ 处取最小值，那么该点的梯度（偏导数）应该为 0，公式如下。

$$\frac{\partial L(w_0, w_1, \cdots)}{\partial w_j}|_{\boldsymbol{w}^*} = 0$$

为了更好地了解方程等号左边偏导数的求导过程，我们引入一些辅助记号，定义如下。

$$\begin{aligned} f^{(i)} &= f_{\boldsymbol{w}}(\boldsymbol{x}^{(i)}) = \boldsymbol{x}^{(i)}\boldsymbol{w} = w_1 * x_1^{(i)} + w_2 * x_2^{(i)} + \cdots + w_K * x_K^{(i)} + w_0 * 1 \\ \delta^{(i)} &= f^{(i)} - y^{(i)} \\ L(\boldsymbol{w}) &= \frac{1}{2m}\sum\nolimits_{i=1}^{m} {\delta^{(i)}}^2 \end{aligned}$$

$L(\boldsymbol{w})$ 可以看成 m 个 ${\delta^{(i)}}^2$ 的平均值除以 2，$\delta^{(i)}$ 是 $f^{(i)}$ 的函数，$f^{(i)}$ 是 $\boldsymbol{w} = (w_1, w_2, \cdots, w_k)^{\mathrm{T}}$ 的函数。因此，根据求导的四则运算法则（例如，和函数的导数是所有函数的导数之和）和复合函数的链式法则，有

$$\frac{\partial L(\boldsymbol{w})}{\partial \delta^{(i)}} = \frac{1}{2m}2\delta^{(i)} = \frac{\delta^{(i)}}{m}$$

$$\frac{\partial \delta^{(i)}}{\partial f^{(i)}} = 1$$

$$\frac{\partial f^{(i)}}{\partial w_j} = x_j^{(i)}$$

$$\begin{aligned} \frac{\partial L(\boldsymbol{w})}{\partial \delta^{(i)}} &= \sum\nolimits_{i=1}^{m} \frac{\partial L(\boldsymbol{w})}{\partial \delta^{(i)}} \times \frac{\partial \delta^{(i)}}{\partial f^{(i)}} \times \frac{\partial f^{(i)}}{\partial w_j} \\ &= \frac{1}{m}\sum\nolimits_{i=1}^{m} \delta^{(i)} \times 1 \times x_j^{(i)} = \frac{1}{m}\sum\nolimits_{i=1}^{m} (f^{(i)} - y^{(i)})x_j^{(i)} = \frac{1}{m}\sum\nolimits_{i=1}^{m} (f_w(x^{(i)}) - y^{(i)})x_j^{(i)} \end{aligned}$$

其中，除系数以外的值，都可以看成两个向量的点积，具体如下。

$$\sum_{1=1}^{m}(f_w(x^{(i)})-y^{(i)})\,x_j^{(i)} = (f_w(x^{(1)})-y^{(1)} \quad f_w(x^{(2)})-y^{(2)} \quad \cdots \quad f_w(x^{(3)})-y^{(3)})\begin{pmatrix} x_j^{(1)} \\ x_j^{(2)} \\ \vdots \\ x_j^{(m)} \end{pmatrix}$$

$$= \left(x_j^{(1)} \quad x_j^{(2)} \quad \cdots \quad x_j^{(m)}\right)\begin{pmatrix} f_w(x^{(1)})-y^{(1)} \\ f_w(x^{(2)})-y^{(2)} \\ \vdots \\ f_w(x^{(3)})-y^{(3)} \end{pmatrix}$$

$$= \left(x_j^{(1)} \quad x_j^{(2)} \quad \cdots \quad x_j^{(m)}\right)\begin{pmatrix} \boldsymbol{x}^{(1)}\boldsymbol{w}-\boldsymbol{y}^{(1)} \\ \boldsymbol{x}^{(2)}\boldsymbol{w}-\boldsymbol{y}^{(2)} \\ \vdots \\ \boldsymbol{x}^{(3)}\boldsymbol{w}-\boldsymbol{y}^{(3)} \end{pmatrix}$$

$$= \boldsymbol{X}_{:,j}^{\mathrm{T}}(\boldsymbol{X}\boldsymbol{w}-\boldsymbol{y})$$

其中，$\boldsymbol{X}_{:,j}^{\mathrm{T}}$ 表示矩阵 $\boldsymbol{X}$ 的第 j 列（即所有样本的第 j 个特征）的转置。因此，偏导数 $\frac{\partial L(\boldsymbol{w})}{\partial w_j}$ 可以写成向量的形式，具体如下。

$$\frac{\partial L(\boldsymbol{w})}{\partial w_j} - \frac{1}{m}\boldsymbol{X}_{:,j}^{\mathrm{T}}(\boldsymbol{X}\boldsymbol{w}-\boldsymbol{y})$$

$L(\boldsymbol{w})$ 关于 $\boldsymbol{w}$ 的梯度的列向量形式为

$$\nabla L(\boldsymbol{w}) = \left(\frac{\partial L(\boldsymbol{w})}{\partial w_1},\cdots,\frac{\partial L(\boldsymbol{w})}{\partial w_j},\cdots\right)^{\mathrm{T}} = \frac{1}{m}\boldsymbol{X}_{:,j}^{\mathrm{T}}(\boldsymbol{X}\boldsymbol{w}-\boldsymbol{y})$$

读者可以自己检验矩阵乘法每维的界是否一致，公式如下。

$$\begin{matrix} \nabla L(\boldsymbol{w}) & = & \boldsymbol{X}^{\mathrm{T}} & (& \boldsymbol{X} & \boldsymbol{w} & - & \boldsymbol{y}) \\ n\times 1 & & n\times m & (m\times n & & n\times 1 & & m\times 1) \end{matrix}$$

直计算损失函数关于 $\boldsymbol{w}$ 的梯度，代码如下。

```
y = np.array([2.3,1.7])
(1/len(y))*X.transpose() @ (X@w-y)        #或者(1/m)*X.T @ (X@W-y)
```

```
array([ 19.3 , 144.95,  76.8 ])
```

令 $\nabla L(\boldsymbol{w})=0$，即可得到正规方程，具体如下。

$$\boldsymbol{X}_{:,j}^{\mathrm{T}}(\boldsymbol{X}\boldsymbol{w}-\boldsymbol{y})=0$$

根据正规方程，可以计算 $\boldsymbol{w}$，公式如下。

$$\boldsymbol{w}=(\boldsymbol{X}^{\mathrm{T}}\boldsymbol{X})^{-1}\boldsymbol{X}^{\mathrm{T}}\boldsymbol{y}$$

2. 拟合平面

执行以下代码，可生成一组采样自平面 $z = 2x + 3y + c$ 的数据样本，每个数据样本的特征为 (x, y)，目标值是该点在对应平面上的噪声的 z 值，结果如图 3-11 所示。

```
#https://stackoverflow.com/questions/20699821/find-and-draw-regression-plane-to-a-s
et-of-points
#create random data
import matplotlib.pyplot as plt
from mpl_toolkits.mplot3d import Axes3D
import numpy as np

np.random.seed(1)

n_points = 20

a = 3
b = 2
c  = 5
x_range = 5
y_range = 5
noise = 3

xs = np.random.uniform(-x_range,x_range,n_points)
ys = np.random.uniform(-y_range,y_range,n_points)
zs = xs*a+ys*b+ c+ np.random.normal(scale=noise)

#-----绘制平面-------------
#创建网格点(xx,yy)
xx, yy = np.meshgrid([x for x in range(-x_range,x_range+1)],
                     [y for y in range(-y_range,y_range+1)])
#计算网格点(xx,yy)所对应的z的值zz
zz = a * xx +b * yy +c
#绘制曲面
plt3d = plt.figure().gca(projection='3d')
plt3d.plot_surface(xx, yy, zz, alpha=0.2)

#-------绘制数据点---------
ax = plt.gca()

ax.scatter(xs, ys, zs, color='b')
ax.set_xlabel('$x$')
ax.set_ylabel('$y$')
ax.set_zlabel('$z$');

plt.show()
```

用上述样本点求解正规方程以拟合一个平面，并用拟合函数计算原来的数据点 (xs,ys) 的预测值 zs2，然后，显示原来的数据点和拟合的数据点，以及原始平面和拟合的平面，代码如下。

```
#拟合一个平面
X = np.hstack((xs[:, None],ys[:, None]))
X = np.hstack((np.ones((len(xs), 1), dtype=xs.dtype),xs[:, None],ys[:, None]))
y = zs

#求解正规方程
XT = X.transpose()
XTy = XT @ y
w = np.linalg.inv(XT@X) @ XTy

#计算拟合误差
errors = y - X@w
residual = np.linalg.norm(errors)

print("拟合的平面的方程:")
print("z = %f x + %f y + %f" % (w[1], w[2],w[0]))
print("residual:",residual)

#绘制拟合的平面
xlim = ax.get_xlim()
ylim = ax.get_ylim()
xx2,yy2 = np.meshgrid(np.arange(xlim[0], xlim[1]),
                      np.arange(ylim[0], ylim[1]))
zz2 = w[1] * xx2 + w[1]  * yy2 +w[0]

zs2 = w[1] * xs + w[1]  * ys +w[0]
#ax.plot_wireframe(xx,yy,zz, color='k')
plt3d = plt.figure().gca(projection='3d')
plt3d.plot_surface(xx, yy, zz, alpha=0.5)
plt3d.plot_wireframe(xx2,yy2,zz2, color='k',alpha=0.2)

ax = plt.gca()
ax.scatter(xs, ys, zs, color='b')
ax.scatter(xs, ys, zs2, color='r')
ax.set_xlabel('$x$')
ax.set_ylabel('$y$')
ax.set_zlabel('$z$')
plt.show()
```

```
#拟合的平面的方程
z = 3.000000 x + 2.000000 y + 7.702568
residual: 8.103867617357112e-15
```

得到的拟合效果很好，如图 3-12 所示。

当样本数量或样本特征数量较多时，使用正规方程需要求逆矩阵，耗时较长。因此，一般用迭代法求解方程组，其中最典型的方法就是**梯度下降法**。

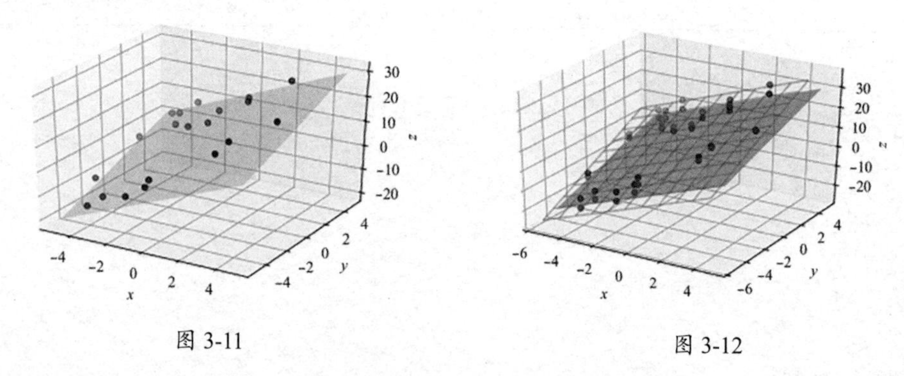

图 3-11　　　　图 3-12

用NumPy的向量运算的方式实现梯度下降法，代码如下。

```
def linear_regression_vec(X, y, alpha, num_iters,gamma = 0.8,epsilon=1e-8):
    history = []                                        #记录迭代过程中的参数
    X = np.hstack((np.ones((X.shape[0], 1), dtype=X.dtype),X))      #添加一列特征“1”
    num_features = X.shape[1]
    v= np.zeros_like(num_features)
    w = np.zeros(num_features)
    for n in range(num_iters):
        predictions = X @ w                             #求假设函数的预测值
        errors = predictions - y                        #预测值和真实值之间的误差
        gradient = X.transpose() @ errors /len(y)       #计算梯度
        if np.max(np.abs(gradient))<epsilon:
            print("gradient is small enough!")
            print("iterated num is :",n)
            break
        #w -= alpha * gradient                          #更新模型的参数
        v = gamma*v+alpha* gradient
        w= w-v
        history.append(w)
        #cost_history.append((errors**2).mean()/2)
        #compute and record the cost
    return history                                      #返回优化参数的历史记录
```

在上述代码中，对输入数据 $\boldsymbol{X}$ 的每个数据特征 $\boldsymbol{X}[i]$ 添加了特征1。因此，在调用该函数时，只要传递输入数据本身的特征就可以了。

执行以下代码，用上述向量版的梯度下降法拟合平面上的数据点。

```
learning_rate = 0.02
num_iters = 100
X = np.hstack((xs[:, None],ys[:, None]))
history = linear_regression_vec(X, y,learning_rate, num_iters)
print("w:",history[-1])
```

```
w: [7.70249204 3.00001029 1.99999546]
```

根据history记录的迭代过程中的模型参数，计算每次迭代时模型参数所对应的假设函数在训练集上的平均损失，代码如下，结果如图3-13所示。可以看出，使用梯度下降法的拟合结果和使用正规方程法一样好。

```
def compute_loss_history(X,y,w_history):
    loss_history = []
    for w in w_history:
        errors = X@w[1:]+w[0]-y
        loss_history.append((errors**2).mean()/2)
    return loss_history
loss_history = compute_loss_history(X,y,history)
print(loss_history[:-1:10])
plt.plot(loss_history, linewidth=2)
plt.title("Gradient descent with learning rate = " + str(learning_rate),
          fontsize=16)
plt.xlabel("number of iterations", fontsize=14)
plt.ylabel("cost", fontsize=14)
plt.grid()
plt.show()
```

```
[47.37207097798576, 7.869389606872218, 0.9330673577385573, 0.07231072725212524, 0.0
00871720174545, 0.0005480772411971994, 0.00010045516466507, 1.6311477818270702e-05,
 7.729368560150418e-07, 4.385531240105606e-08]
```

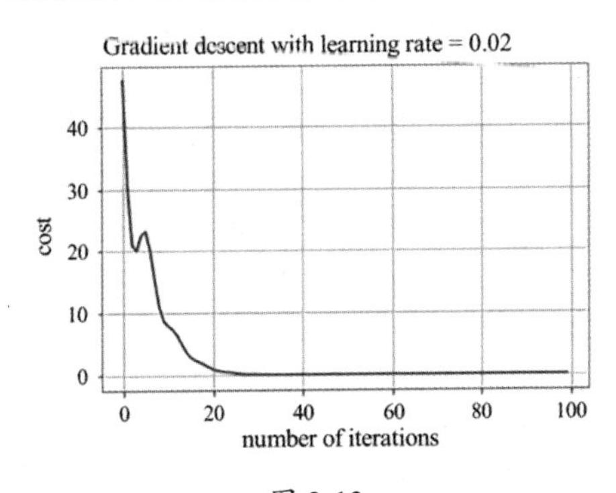

图 3-13

3.2 数据的规范化

3.2.1 预测大坝出水量

在吴恩达的机器学习课程中给出了一个“根据水库水位的变化预测大坝出水量”的问题，其中的样本数据记录了水库水位变化和对应的大坝出水量。可以用 SciPy 的 loadmat() 函数读取该课程提供的 MATLAB 数据文件，示例如下。

```
import numpy as np
import matplotlib.pyplot as plt
import scipy.io as sio

dataset = sio.loadmat("water.mat")
```

```
x_train = dataset["X"]
x_val = dataset["Xval"]
x_test = dataset["Xtest"]

# squeeze the target variables into one dimensional arrays
y_train = dataset["y"].squeeze()
y_val = dataset["yval"].squeeze()
y_test = dataset["ytest"].squeeze()
print(x_train.shape,y_train.shape)
print(x_val.shape,y_val.shape)
print(x_test.shape,y_test.shape)
print(x_train[:5])
print(y_train[:5])
```

```
(12, 1) (12,)
(21, 1) (21,)
(21, 1) (21,)
[[-15.93675813]
 [-29.15297922]
 [ 36.18954863]
 [ 37.49218733]
 [-48.05882945]]
[ 2.13431051  1.17325668 34.35910918 36.83795516  2.80896507]
```

样本数据分为训练集、验证集和测试集。x_train 和 y_train 分别表示训练集的数据特征和目标值。x_val 和 y_val 分别表示验证集的数据特征和目标值。x_test 和 y_test 分别表示训练集的数据特征和目标值。执行以下命令，可在二维平面上显示训练集和验证集的样本点，如图 3-14 所示，其中叉号和圆点分别表示训练样本和验证样本。

```
plt.scatter(x_train, y_train, marker="x", s=40, c='red')
plt.scatter(x_val, y_val, marker="o", s=40, c='blue')
plt.xlabel("change in water level", fontsize=14)
plt.ylabel("water flowing out of the dam", fontsize=14)
plt.title("Training sample", fontsize=16)
plt.show()
```

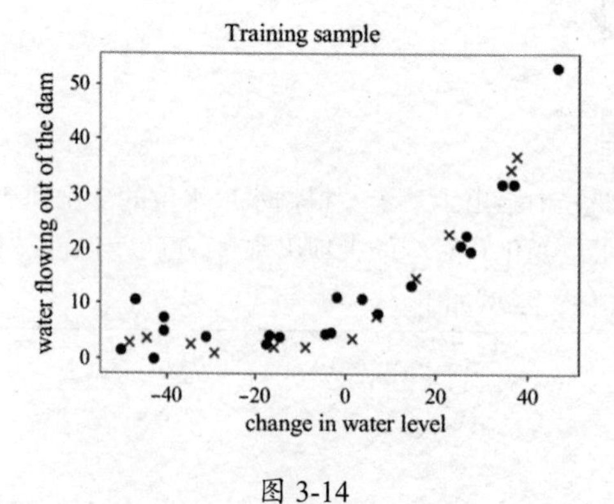

图 3-14

调用 linear_regression_vec() 函数，执行线性回归操作，代码如下。

```
X,y = x_train,y_train
alpha = 0.001
iterations = 100000
history = linear_regression_vec(X,y,alpha,iterations)
w = history[-1]
print("w",history[-1])
loss_history = compute_loss_history(X,y,history)
print(loss_history[:-1:len(loss_history)//10])
print(loss_history[-1])
```

```
gradient is small enough!
iterated num is : 4232
w [13.0879035   0.36777923]
[106.08297267143769, 23.666015886214183, 22.39338816981072, 22.374200228481484, 22.
373910923850048, 22.3739065618829, 22.37390649611569, 22.37390649512409, 22.3739064
95109143, 22.373906495108923, 22.373906495108912]
22.373906495108915
```

以下函数用于绘制损失曲线并训练模型的预测值。

```
def plot_history_predict(X,y,w,loss_history,fig_size=(12,4)):
    fig = plt.gcf()
    fig.set_size_inches(fig_size[0], fig_size[1], forward=True)

    plt.subplot(1, 2, 1)
    plt.plot(loss_history)

    X = np.hstack((np.ones((X.shape[0], 1), dtype=X.dtype),X))       #添加一列特征“1”
    x = X[:,1]

    predicts = X @ w
    plt.subplot(1, 2, 2)
    plt.scatter(x, predicts)# ,marker="x", c="red")

    indices = x.argsort()
    sorted_x = x[indices[::-1]]
    sorted_predicts = predicts[indices[::-1]]

    plt.plot(sorted_x, sorted_predicts, color = 'red')
    #plt.plot(x, predicts, color = 'red')

    plt.scatter(x, y)# ,marker="x", c="red")
    plt.show()
```

绘制损失曲线和训练样本的预测值，代码如下，结果如图 3-15 所示。

```
loss_history = compute_loss_history(X,y,history)
plot_history_predict(X,y,w,loss_history)
```

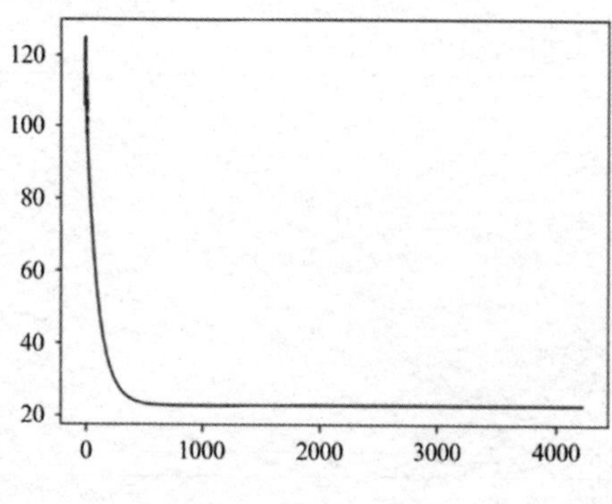

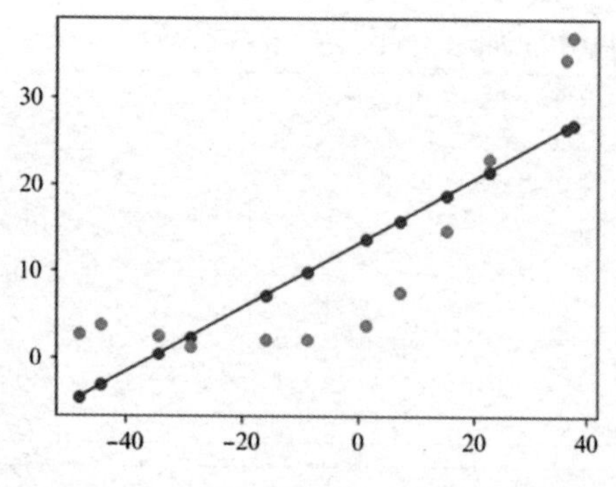

图 3-15

尽管我们得到了最佳的线性模型，可以拟合水位和出水量之间的关系，但根据图 3-15，水位和出水量的关系并不是线性的，所以，线性假设函数不是最好的选择。因此，很自然地，我们会想到用多项式函数来表示非线性关系（例如，压强 y 和温度 x 之间的关系）。

假设有以下非线性函数。

$$f(x) = w_3x^3 + w_2x^2 + w_1x + w_0 = (1, x, x^2, x^2)(w_0, w_1, w_2, w_3)^{\mathrm{T}}$$

该函数从最初的特征 $\boldsymbol{x}$ 构造新特征 (x^2, x^3)，同时将“1”作为特征，即将 $\boldsymbol{x}$ 当作由 4 个特征构成的数据特征向量 $\boldsymbol{x} = (1, x, x^2, x^3)$，公式如下。

$$f(\boldsymbol{x}; \boldsymbol{w}) = (1, x, x^2, x^3)(w_0, w_1, w_2, w_3)^{\mathrm{T}} = \boldsymbol{x}\boldsymbol{w}$$

其中，$\boldsymbol{w}$ 是模型参数。

生成 4 个特征（包含“1”）的数据，代码如下。

```
X  = np.hstack((X,X**2,X**3))
print(X[:3])
```

```
[[-1.59367581e+01  2.53980260e+02 -4.04762197e+03]
 [-2.91529792e+01  8.49896197e+02 -2.47770062e+04]
 [ 3.61895486e+01  1.30968343e+03  4.73968522e+04]]
```

使用梯度下降法，发现损失函数快速增大（直到无穷），并没有收敛，代码如下。

```
history = linear_regression_vec(X,y,alpha,iterations)
print("w:",history[-1])
```

```
<ipython-input-54-a3fa2f9ea4ed>:10: RuntimeWarning: overflow encountered in matmul
  gradient = X.transpose() @ errors /len(y)        #计算梯度
<ipython-input-54-a3fa2f9ea4ed>:10: RuntimeWarning: invalid value encountered in
matmul
  gradient = X.transpose() @ errors /len(y)        #计算梯度
```

```
w: [nan nan nan nan]
```

这是因为，数据的特征值都是比较大的值，这会导致梯度变得很大，所以必须使用一个特别小的学习率，而过小的学习率会使算法的收敛变得很慢。解决这个问题的方法是：对数据特征进行规范化，也就是说，将数据特征限制在一个较小的数值范围（如 [0,1]、[−1,1]）内。

3.2.2　数据的规范化过程

对一个特征进行规范化，过程很简单：首先计算所有样本关于此特征的平均值，然后计算所有样本的此特征关于平均值的偏移（即标准差），最后用所有样本的此特征减去其平均值并除以标准差，具体如下。

$$x \leftarrow \frac{x - \text{mean}(x)}{\text{stddev}(x)}$$

其中，x 是一组数值，$\text{mean}(x)$ 是 x 中数值的平均值，$\text{stddev}(x)$ 是 x 中数值的标准差（均方差）。

假设有一组特征值 $\{-5, 6, 9, 2, 4\}$，其平均值 mean 的计算代码如下。

```
mean = (-5+6+9+2+4) / 5 = 3.2
```

用所有特征值减去这个平均值，得到偏差，并计算这些偏差的平方，代码如下。

```
(-5-3.2)2 = 67.24
(6-3.2) 2 = 7.84
(9-3.2) 2 = 33.64
(2-3.2) 2 = 1.44
(4-3.2) 2 = 0.64
```

接下来，可以计算标准差 stddev，公式如下。

$$\text{stddev} = \sqrt{(67.24 + 7.84 + 33.64 + 1.44 + 0.64)/5} = 4.71$$

执行以下代码，计算 X 的所有特征的均值（mean）和均方差（stddev）。

```
mean = np.mean(X, axis=0)
stddev = np.std(X, axis=0)
print(mean)
print(stddev)
X = (X-mean)/stddev
#X2[:,1:] = (X2[:,1:]-mean[1:])/stddev[1:]
print(X[:3])
```

```
[-5.08542635e+00  8.48904834e+02 -1.28290173e+04]
[2.86887308e+01 7.54346385e+02 4.61380464e+04]
[[-3.78243704e-01 -7.88662325e-01  1.90328720e-01]
 [-8.38920100e-01  1.31420204e-03 -2.58961742e-01]
 [ 1.43871736e+00  6.10831582e-01  1.30534069e+00]]
```

对于规范化的数据，可采用较大的学习率来提高收敛速度，代码如下。

```
alpha = 0.3
history = linear_regression_vec(X,y,alpha,iterations)
print("w:",history[-1])
loss_history = compute_loss_history(X,y,history)
```

```
print(loss_history[:-1:len(loss_history)//10])
print(loss_history[0],loss_history[-1])
```

```
gradient is small enough!
iterated num is : 186
w: [11.21758932 11.33617058  7.61835033  2.39058388]
[66.33875695666133, 1.2177302089369388, 0.7300248803812178, 0.7169042030439288, 0.7
163708782460617, 0.7163655445395009, 0.716365458967088, 0.7163654554751844, 0.71636
54554466984, 0.7163654554465998, 0.7163654554465827]
66.33875695666133 0.7163654554465829
```

可以看出，损失函数的损失（代价）为0.7163654554465846。当然，读者也可以调整学习率和迭代次数，进一步降低误差。

执行以下代码，绘制损失曲线并拟合模型及其训练样本的预测值，结果如图3-16所示。

```
plot_history_predict(X,y,history[-1],loss_history)
```

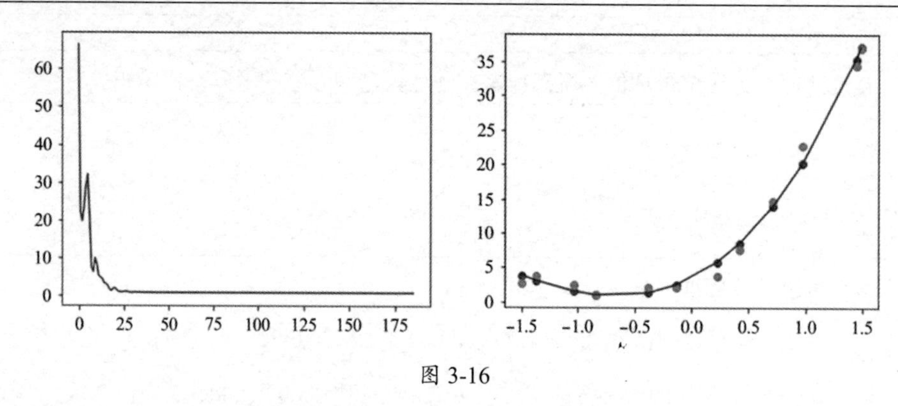

图 3-16

从预测结果中可以看出，该模型函数能较好地拟合训练数据。

这个示例说明：应根据数据的特点选择合适的假设函数；如果假设函数不能较好地拟合数据，那么可以考虑在已有特征的基础上人为添加特征。此外，数据特征的值应该在一个比较小的、规范化的范围内，如将数据特征都规范到均值是0、方差是1的范围内。

执行以下代码，将一个九次多项式作为函数模型。

```
X = x_train
K = 9
X = np.hstack([np.power(X,k+1) for k in range(K)])
mean = np.mean(X, axis=0)
stddev = np.std(X, axis=0)
X = (X-mean)/stddev

history = linear_regression_vec(X,y,alpha,iterations)
print("w:",history[-1])
loss_history = compute_loss_history(X,y,history)
print(loss_history[:-1:len(loss_history)//10])
print(loss_history[0],loss_history[-1])
```

```
plot_history_predict(X,y,history[-1],loss_history)
```

```
w: [ 1.12175893e+01  9.70254834e+00  1.78687279e+01  2.24463156e+01
 -2.40167938e+01 -5.18112169e+01 -3.10644297e-02  3.03604478e+01
  2.43339480e+01  1.33876716e+01]
[79.14476005753899, 0.055451482748361876, 0.049890993181668515, 0.0466514294230935,
 0.044031955443562955, 0.04189069702401279, 0.04012739598272104, 0.0386634763625143
26, 0.03743725317121494, 0.036400278691007544]
79.14476005753899 0.035514562768199316
```

可以看出，训练集的误差非常小，如图 3-17 所示。

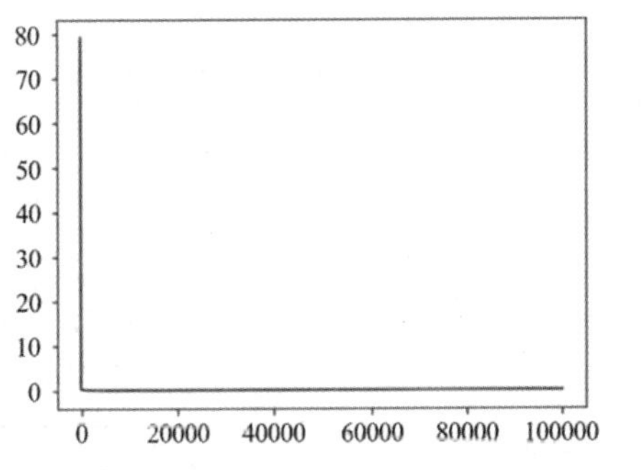

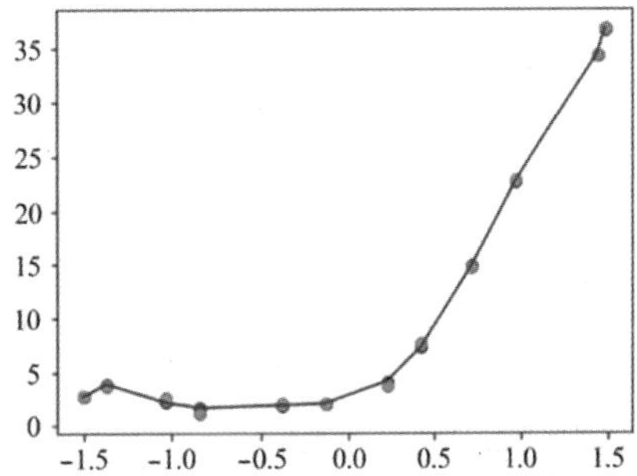

图 3-17

3.3　模型的评估

3.3.1　欠拟合和过拟合

当一个假设函数（统计模型）过于简单，不足以充分表达样本数据特征和目标值之间的关系时，不管如何训练，得到的模型函数都不能很好地进行预测，即输入数据特征，得到的预测值和真实值之间的误差很大。

模型函数不能很好地拟合训练数据的现象，称为**欠拟合**（Underfitting）。例如，在 3.2.1 节预测大坝出水量的例子中，如果用线性函数表示水位与出水量的关系，那么最终求得的线性函数产生的拟合误差会很大。为了增加特征，可以用一个三次多项式表示水位与出水量的关系，从而较好地拟合训练数据。其原因在于，三次多项式比一次（线性）多项式的表达能力强。

那么，用于表示数据特征和目标值的关系的函数是不是越复杂越好呢？当用一个三次多项式表示水位与出水量的关系时，尽管训练误差变小了，但其与实际数据之间潜在的真实关系相差很大，如果用这样的模型去做预测，将会造成很大的预测误差。这种对训练样本的拟合误差很小，而在测试样本上误差很大的现象，称为**过拟合**（Overfitting）。

执行以下代码，在正弦曲线附近随机采样一些坐标点，如图 3-18 所示。

```
#https://github.com/ctgk/PRML/blob/master/notebooks/ch01_Introduction.ipynb
```

```
import numpy as np
import matplotlib.pyplot as plt
%matplotlib inline

np.random.seed(896)

def sample(n_samples,std = 0.25):
    x = np.sort(np.random.uniform(0,1,n_samples))
    y = np.sin(2*np.pi*x) + np.random.normal(scale = std, size=x.shape)
    return x,y

n_samples = 10
x,y = sample(n_samples)
#x = np.sort(np.random.uniform(0,1,n_samples))
#y = np.sin(2*np.pi*x) + np.random.normal(scale = 0.25, size=x.shape)

x_test =  np.linspace(0, 1, 100)
xx = x_test
y_test = np.sin(2*np.pi*x_test)
plt.plot(x_test, y_test, c="g", label="$\sin(2\pi x)$")
plt.scatter(x, y,facecolor="none", edgecolor="b", s=50, label="training data")
plt.show()
```

用不同次数（零次、一次、三次、九次）的多项式拟合这些样本点，并用正规方程法求解模型函数，代码如下，结果如图3-19所示。

```
for i, K in enumerate([0, 1, 3, 9]):
    plt.subplot(2, 2, i + 1)
    X = np.array([np.power(x,k) for k in range(K+1)])
    X = X.transpose()

    #w,history = gradient_descent_vec(X,y,lr,iterations)
    XT = X.transpose()
    XTy = XT @ y
    w = np.linalg.inv(XT@X) @ XTy
    #w = np.linalg.pinv(X) @ y
    print("w=:",w)

    y_predict = 0 #np.zeros(x_test.shape)
    for i,wi in enumerate(w):
        y_predict+=wi*np.power(x_test,i)

    plt.plot(x_test, y_test, c="g", label="$\sin(2\pi x)$")
    plt.scatter(x, y,facecolor="none", edgecolor="b", s=50, label="training data")


    y_test = np.sin(2*np.pi*x_test)
    plt.plot(x_test, y_test, c="g", label="$\sin(2\pi x)$")
    plt.plot(x_test, y_predict, c="r", label="fitting")
    plt.ylim(-1.5, 1.5)
```

```
plt.show()
```

```
w=: [-0.19410186]
w=: [ 1.167293   -2.40352288]
w=: [ -0.69160733  14.4684786  -40.54048788  27.82130232]
w=: [   -4850.58138275    82357.68505859  -572250.34179688  2099805.484375
 -4310128.5         4541129.375       -994781.625      -2845787.5
  2864116.6875      -860148.515625  ]
```

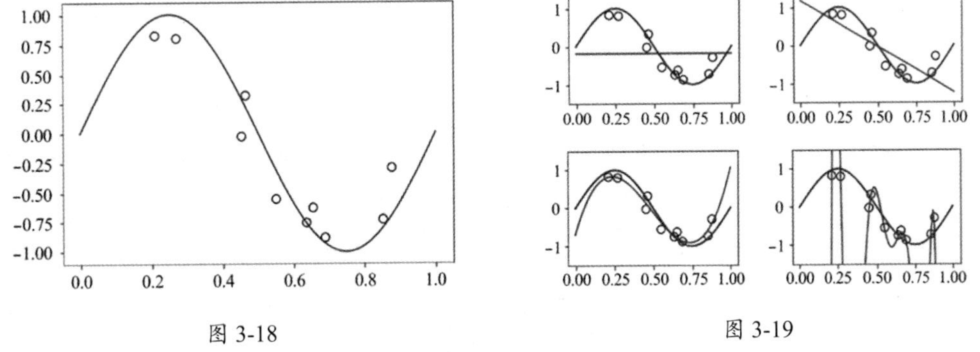

图 3-18　　　　图 3-19

对这个例子，零次、一次多项式函数对训练集的拟合误差很大（即欠拟合），而九次多项式虽然训练误差很小，但与实际数据潜在的真实关系相差很大（即过拟合）。欠拟合是模型函数过于简单造成的，过拟合则是模型函数过于复杂造成的。

解决过拟合的方法，一是用复杂度较低的函数作为假设函数，二是增加训练集的样本数量。执行以下代码，在增加训练集的样本数量后，对九次多项式假设函数能得到较好的拟合效果，如图 3-20 和图 3-21 所示。

```
n_samples = 100
x,y = sample(n_samples)
#x = np.sort(np.random.uniform(0,1,n_samples))
#y = np.sin(2*np.pi*x) + np.random.normal(scale = 0.25, size=x.shape)

K= 9

X = np.array([np.power(x,k) for k in range(K+1)])
X = X.transpose()

#w,history = gradient_descent_vec(X,y,lr,iterations)
XT = X.transpose()
XTy = XT @ y
w = np.linalg.inv(XT@X) @ XTy
#w = np.linalg.pinv(X) @ y
print("w=:",w)

y_predict = 0 #np.zeros(x_test.shape)
```

```
for i,wi in enumerate(w):
    y_predict+=wi*np.power(x_test,i)

plt.plot(x_test, y_test, c="g", label="$\sin(2\pi x)$")
plt.scatter(x, y,facecolor="none", edgecolor="b", s=50, label="training data")


y_test = np.sin(2*np.pi*x_test)
plt.plot(x_test, y_test, c="g", label="$\sin(2\pi x)$")
plt.plot(x_test, y_predict, c="r", label="fitting")
plt.ylim(-1.5, 1.5)

plt.show()
```

```
w=: [-6.03748469e-02  1.68918336e+01 -2.40282791e+02  2.07239002e+03
 -9.57345773e+03  2.50977081e+04 -3.92730265e+04  3.65062225e+04
 -1.86196456e+04  4.01347821e+03]
```

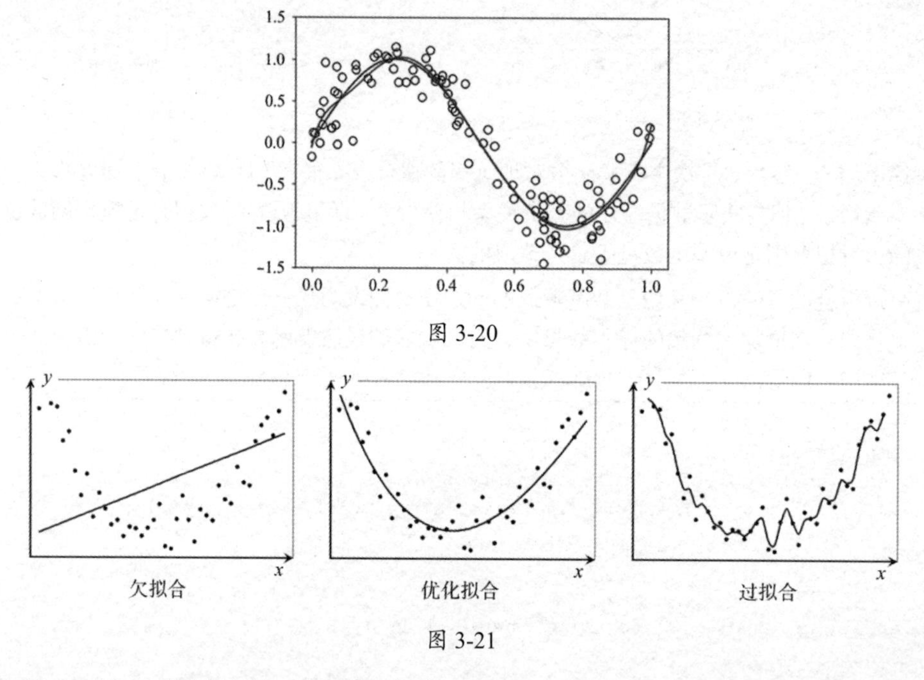

图 3-20

图 3-21

在图 3-21 中，对平面上的一组二维坐标点，用一次函数（直线）、二次函数（抛物线）、高次多项式作为线性回归的模型函数，左、中、右图分别展示了欠拟合、优化拟合、过拟合的情况。可以看出：如果模型过于简单，就会发生欠拟合；如果模型过于复杂，就会发生过拟合；复杂度合适的模型，才能达到优化拟合的效果。

可通过如下方法缓解欠拟合问题。

- 增加样本特征。例如，从一个样本特征添加更多的样本特征，实际上也提高了数据的复杂度，缓解了欠拟合问题。

- 提高模型复杂度：使用表达能力更强的假设函数（模型）或降低正则化程度。

可通过如下方法缓解过拟合问题。

- 增加训练样本的数量。
- 降低模型的复杂度：使用复杂度较低的假设函数（模型）或通过正则化限制假设函数（模型）的复杂度。

3.3.2　验证集和测试集

通过训练模型函数和真实样本数据的可视化，我们可以观察模型函数是否出现了欠拟合和过拟合现象，从而直接判断模型函数拟合的好坏。不过，这种方法只适用于那些简单的、可以用曲线和曲面表示的假设函数。

在很多实际问题中，假设函数复杂、数据特征数量较多，如一幅图像有数百万维特征、神经网络的函数有成千上万个参数。这样的数据样本和假设函数，是无法通过可视化的方式展示的。对于这样的问题，仅根据下降的损失函数曲线往往无法判断求得的模型函数拟合的好坏。对一个函数来说，即使对训练样本的损失很小，也可能对不在训练集中的样本产生很大的误差（即过拟合；或者说，该模型函数的泛化能力不足，不能较好地表达实际样本的数据特征和目标值之间的关系）。由于训练模型更关注如何更好地拟合训练集，所以，训练出来的模型很可能在与训练集不同的数据上产生较大的误差。当然，仅根据损失函数值的大小很难判断模型函数是过拟合还是欠拟合。有时，即使损失函数的值很小，也可能发生了欠拟合。

训练模型的目的是用模型对新数据进行预测，因此，如果模型对新数据的预测效果不好，就没有使用价值（就像一名运动员在自己所在的队伍中成绩名列前茅，但这不能保证他在面对其他选手时也能取得好成绩一样）。为了帮助判断一个模型函数是否出现了过拟合或欠拟合问题，除损失函数曲线外，通常会借助不同的训练集对模型函数的拟合质量进行评估。

在机器学习中，一般都用单独的测试集对训练出来的模型进行评估。对于模型函数，可以计算测试集中样本的预测误差（即预测值和目标值之间的误差），如果测试集样本的预测误差和训练集样本的预测误差差不多，就可以初步判断模型函数具有较强的泛化能力。测试集应尽可能覆盖各种数据，从而更好地评估训练出来的模型的泛化能力。

除训练集和训练模型的算法外，不同假设函数的性能也是不一样的。例如，在用多项式拟合二维度据点的过程中，使用次数不同的多项式函数，得到的模型函数的性能是不一样的，有的会出现欠拟合，有的会出现过拟合。

算法中的超参数（如学习率、批大小、迭代次数等）对训练结果的影响也是很大的。例如，在其他条件不变的情况下，迭代次数会对训练误差产生直接影响：迭代次数少，可能会发生欠拟合；迭代次数多，可能会发生过拟合。

通过验证集来评估不同模型的预测误差，可以帮助我们选择合适的假设函数、训练超参数，从而得到具有较强泛化能力的模型。例如，在训练模型时，可同时计算训练集和验证集的损失（误差），当迭代开始时，验证误差和训练误差都不断降低，而随着迭代次数的增加，验证集的误差变大，就说明模型的泛化能力减弱，可尽快停止迭代。这种方法称为**早停**（Early Stopping）法，即验证集可用于防止训练过程中迭代次数过多。再如，对于多项式拟合，如果没有可视化手段的帮助，则可根据训练集和验证集在不同次数的多项式模型函数上的训练误差和验证误差来选择次数合适的多项式函数。

可见，训练集一般用于训练模型，验证集一般用于评估和选择模型。有时，会有单独的测试集用于测试最终得到的模型；有时，则不会区分测试集和验证集。

对于正弦曲线采样点的拟合问题，可通过以下代码采样训练集、验证集、测试集。

```
import numpy as np
import matplotlib.pyplot as plt
%matplotlib inline

n_pts = 10
x_train,y_train =  sample(n_pts)
x_valid,y_valid =  sample(n_pts)
x_test,y_test =  sample(n_pts)
```

要想对不同次数（$K=0,1,2,3,\cdots,9$）的假设函数进行拟合，可使用不同次数的假设函数进行训练，并计算训练误差和验证误差，代码如下，结果如图3-22所示。

```
def rmse(a, b):
   return np.sqrt(np.mean(np.square(a - b)))

M = 10
errors_train = []
errors_valid = []
for K in range(M):
   X = np.array([np.power(x_train,k) for k in range(K+1)])
   X = X.transpose()

   XT = X.transpose()
   XTy = XT @ y_train
   w = np.linalg.inv(XT@X) @ XTy
   #w = np.linalg.pinv(X) @ y
   #print("w=:",w)

   predict_train = X@w
   error_train = rmse(y_train,predict_train)

   X_valid = np.array([np.power(x_valid,k) for k in range(K+1)])
   X_valid = X_valid.transpose()
   predict_valid =  X_valid@w
   error_valid = rmse(y_valid,predict_valid)

   errors_train.append(error_train)
```

```
    errors_valid.append(error_valid)

plt.plot(errors_train, 'o-', mfc="none", mec="b", ms=10, c="b", label="Training")
plt.plot(errors_valid, 'o-', mfc="none", mec="r", ms=10, c="r", label="Valid")
plt.legend()
plt.xlabel("degree")
plt.ylabel("RMSE")
plt.ylim(0, 1.5)
plt.show()
```

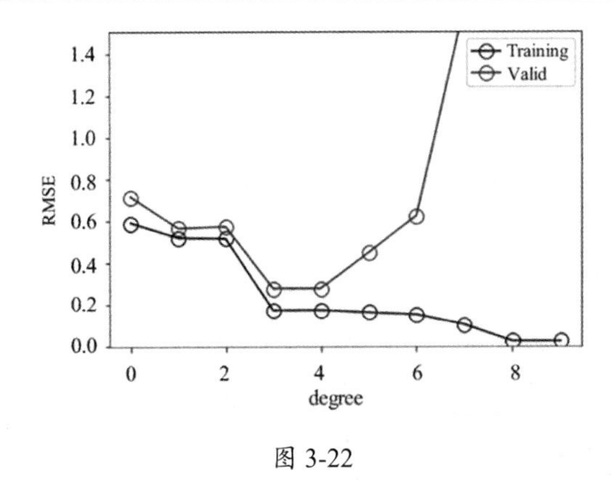

图 3-22

可以看出：当多项式的次数小于 2 时，训练误差和验证误差都比较大，说明对训练集和验证集的拟合效果都不好，即模型处于欠拟合状态；当多项式的次数为 3 和 4 时，训练误差和验证误差都比较小；当多项式的次数大于 5 时，训练误差继续下降，验证误差则有所上升，说明模型的泛化能力有所降低。因此，次数为 3 和 4 的多项式函数是比较好的假设函数。

训练集、验证集、测试集的规模（样本数量）应该多大才合适？这取决于实际情况。对一些问题，获取样本的成本较低，样本模型可以达到数十万甚至数百万个。例如，购物网站很容易获取大量用户购物行为数据，训练集样本数据在所有样本数据中的占比可能高达约 90%，而验证集和测试集样本数据各自在所有样本数据中的占比可能低至约 5%，其原因在于，样本总量很大，5% 的样本已经很多了。对另一些问题，获取样本的成本较高、样本总数较少。例如，医学影像的验证集和测试集样本数据在所有样本数据中的占比较高，有时甚至在 20% 以上，这样，训练集样本数据在所有样本数据中的占比自然不会很高。对于一般规模的样本，通常将训练集、验证集、测试集的样本数据在所有样本数据中的占比分别设置为 60%、20%、20%——这个比例划分不是绝对的，应根据实际问题确定。

3.3.3　学习曲线

从狭义的角度看，学习曲线通常是指训练损失（误差）曲线和验证损失（误差）曲线。可使用不同数量的训练样本和验证样本来计算误差（或得分），从而绘制训练误差（或得分）曲线和验证误差（或得分）曲线。通过学习曲线，我们可以了解训练中可能发生的过拟合、欠拟合等情况。

从广义的角度看，任何有助于判断训练情况的曲线都可称为学习曲线，如训练损失曲线、准确率曲线。通过针对训练样本的曲线，我们可以了解训练是否收敛，但不能判断是否发生了欠拟合或过拟合。只有结合针对验证样本的曲线，我们才能判断是否发生了欠拟合或过拟合。通常，学习曲线包含训练曲线和验证曲线。

下面针对特定的假设函数，如次数为 9 的多项式函数，绘制训练损失曲线和验证损失曲线，以观察训练集和验证集的损失（误差）是如何随着迭代次数的变化而变化的。

在以下代码中，loss() 函数用于计算模型参数所对应的假设函数在样本集 (X,y) 上的损失，learning_curves_trainSize() 函数用于计算不同大小（trainSize）的训练集的训练损失和验证损失，并绘制训练损失曲线和验证损失曲线，结果如图 3-23 所示。

```
def loss(w,X,y):
    X = np.hstack((np.ones((X.shape[0], 1), dtype=X.dtype),X))       #添加一列特征“1”
    predictions = X @ w
    errors = predictions - y
    return (errors**2).mean()/2

def learning_curves_trainSize(X_train, y_train, X_val, y_val,alpha=0.3,
        iterations = 1000):
    train_err = np.zeros(len(y_train))
    valid_err = np.zeros(len(y_train))
    for i in range(len(y_train)):
        w_history = linear_regression_vec(X_train[0:i + 1, :], y_train[0:i + 1],
                alpha,iterations)
        w = w_history[-1]
        train_err[i] = loss(w, X_train[0:i + 1, :], y_train[0:i + 1])
        valid_err[i] = loss(w, X_val, y_val)

    plt.plot(range(1, len(y_train) + 1), train_err, c="r", linewidth=2)
    plt.plot(range(1, len(y_train) + 1), valid_err, c="b", linewidth=2)
    plt.xlabel("number of training examples", fontsize=14)
    plt.ylabel("error", fontsize=14)
    plt.legend(["training", "validation"], loc="best")

    max_err = np.max( np.array([np.max(train_err),np.max(valid_err)]))
    min_err = np.min( np.array([np.min(train_err),np.min(valid_err)]))
    offset = (max_err-min_err)/10
    plt.axis([1, len(y_train)+1, min_err-offset, max_err+offset])
    #plt.axis([1, len(y_train)+1, 0, 100])
    plt.grid()
```

循环中的 i 表示每次训练时训练集的大小。用 (X_train,y_train) 中的 1 个、2 个……直到所有样本来训练模型，计算得到的模型参数的训练损失及在验证集 (x_valid,y_valid) 上的验证损失。然后，对正弦曲线采样一组训练集和验证集，以测试 learning_curves_batchSize() 函数。当 K = 2 时，示例代码如下。

```
np.random.seed(89)
```

```
n_pts = 100
x_train,y_train =  sample(n_pts)
x_valid,y_valid =  sample(n_pts)

#K = 4
K =2
X_train = np.array([np.power(x_train,k+1) for k in range(K)]).transpose()
X_valid = np.array([np.power(x_valid,k+1) for k in range(K)]).transpose()

plt.title("BatchSize Learning Curves for Linear Regression", fontsize=16)

alpha=0.3
iterations = 50000
learning_curves_trainSize(X_train, y_train, X_valid, y_valid,alpha,iterations)

plt.ylim(-0.5, 20)
plt.show()
```

```
gradient is small enough!
iterated num is : 117
...
```

当训练集的大小超过 40 后，训练误差和验证误差就比较接近了。因此，对于二次多项式假设函数，训练集的样本数量应大于 40 个。

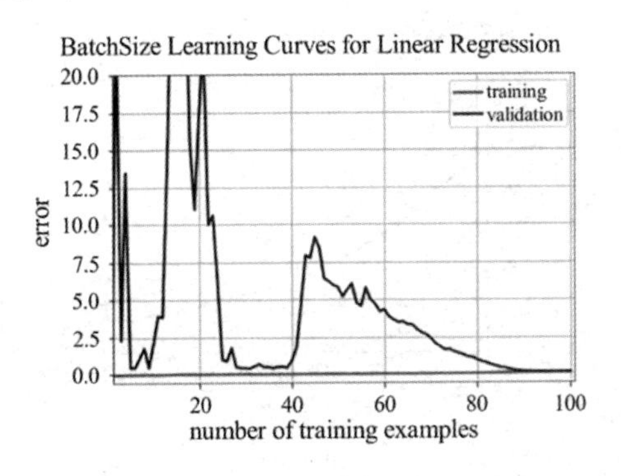

图 3-23

对于确定的假设函数，可以通过迭代学习曲线来判断迭代次数为多少比较合适，示例如下。

```
def learning_curves_iterations(X_train, y_train, X_valid, y_valid,alpha=0.3,
        iterations = 10000):
    w_history = linear_regression_vec(X_train, y_train,alpha,iterations)
    train_err = compute_loss_history(X_train, y_train,w_history)
    valid_err = compute_loss_history(X_valid, y_valid,w_history)

    plt.plot(range(1, len(train_err) + 1), train_err, c="r", linewidth=2)
    plt.plot(range(1, len(train_err) + 1), valid_err, c="b", linewidth=2)
    plt.xlabel("iterations", fontsize=14)
```

```
    plt.ylabel("error", fontsize=14)
    plt.legend(["training", "validation"], loc="best")
    max_err = np.max( np.array([np.max(train_err),np.max(valid_err)]))
    min_err = np.min( np.array([np.min(train_err),np.min(valid_err)]))
    offset = (max_err-min_err)/10
    plt.axis([1, len(train_err)+1, min_err-offset, max_err+offset])
    plt.grid()
```

对于二次多项式假设函数，执行以下代码，即可绘制其迭代过程中的训练损失曲线和验证损失曲线，结果如图 3-24 所示。

```
np.random.seed(89)
n_pts = 100
x_train,y_train =  sample(n_pts)
x_valid,y_valid =  sample(n_pts)

K = 2
X_train = np.array([np.power(x_train,k+1) for k in range(K)]).transpose()
X_valid = np.array([np.power(x_valid,k+1) for k in range(K)]).transpose()

plt.title("Iteration Learning Curves for Linear Regression", fontsize=16)

learning_curves_iterations(X_train, y_train, X_valid, y_valid,0.001,2000)
plt.show()
```

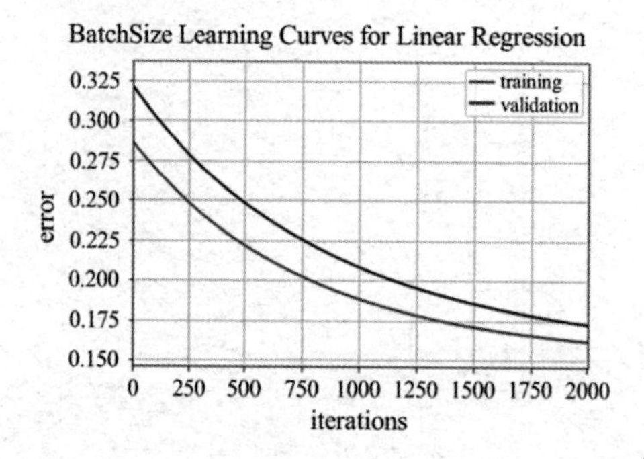

图 3-24

可以从 1 个样本开始，增加训练样本的数量，以观察大小不同的训练集得到的训练模型的训练误差及在整个验证集上的验证误差，从而评估模型的泛化能力。这样，当过拟合发生时，就可以及时停止无意义的训练。修改前面的 learning_curves_batchSize() 函数，具体如下。

```
def learning_curves_batchSize(X_train, y_train, X_val, y_val,alpha=0.3,
          iterations = 1000):
    train_err = np.zeros(len(y_train))
    val_err = np.zeros(len(y_train))
    for i in range(1, len(y_train)):
        w_history = linear_regression_vec(X_train[0:i + 1, :],
                                          y_train[0:i + 1],alpha,iterations)
```

```
        w = w_history[-1]
        train_err[i] = loss(w, X_train[0:i + 1, :], y_train[0:i + 1])
        val_err[i] = loss(w, X_val, y_val)
        #添加是否需要使用早停的检查代码，以便跳出循环
        #省略部分代码
    plt.plot(range(2, len(y_train) + 1), train_err[1:], c="r", linewidth=2)
    plt.plot(range(2, len(y_train) + 1), val_err[1:], c="b", linewidth=2)
    plt.xlabel("number of training examples", fontsize=14)
    plt.ylabel("error", fontsize=14)
    plt.legend(["training", "validation"], loc="best")
    plt.axis([2, len(y_train), 0, 100])
    plt.grid()
```

对于 3.2.1 节中预测大坝出水量的例子，执行以下代码，可绘制不同次数的多项式函数在不同大小的训练集上的学习曲线。

```
import numpy as np
import matplotlib.pyplot as plt
import scipy.io as sio

dataset = sio.loadmat("water.mat")
x_train = dataset["X"]
x_val = dataset["Xval"]
x_test = dataset["Xtest"]

# squeeze the target variables into one dimensional arrays
y_train = dataset["y"].squeeze()
y_val = dataset["yval"].squeeze()
y_test = dataset["ytest"].squeeze()

alphas = [0.3,0.3,0.3]
iterations = [100000,100000,100000]
for i, n in enumerate([1,3, 9]):
    #(x_train_1,x_train**2,x_train**3,x_train**4))
    x_train_n  =np.hstack(tuple(x_train**(i+1)  for i in range(n) )  )
    train_means = x_train_n.mean(axis=0)
    train_stdevs = np.std(x_train_n, axis=0, ddof=1)
    x_train_n = (x_train_n - train_means) / train_stdevs
    #(x_train_1,x_train**2,x_train**3,x_train**4))
    x_val_n  =np.hstack(tuple(x_val**(i+1)  for i in range(n) )  )
    x_val_n = (x_val_n - train_means) / train_stdevs

    plt.title("Learning Curves for Linear Regression", fontsize=16)
    print(x_train_n.shape)
    print(w.shape)
    print(x_val_n.shape)
    learning_curves_batchSize(x_train_n, y_train, x_val_n,
            y_val,alphas[i],iterations[i])
    plt.show()
```

使用大小不同的训练集进行训练，三次多项式假设函数的学习曲线，如图 3-25 所示和图 3-26 所示。

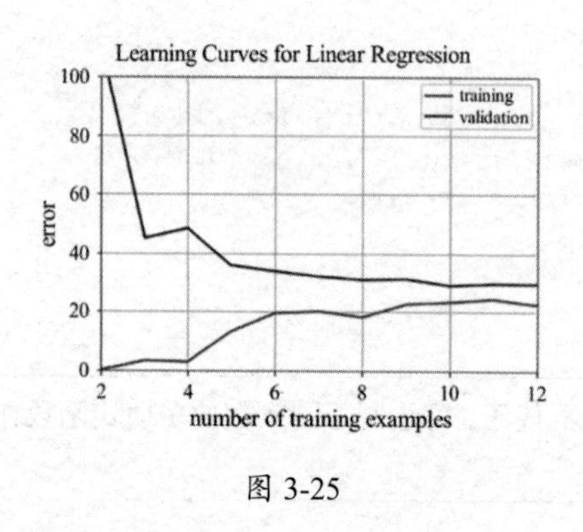

图 3-25

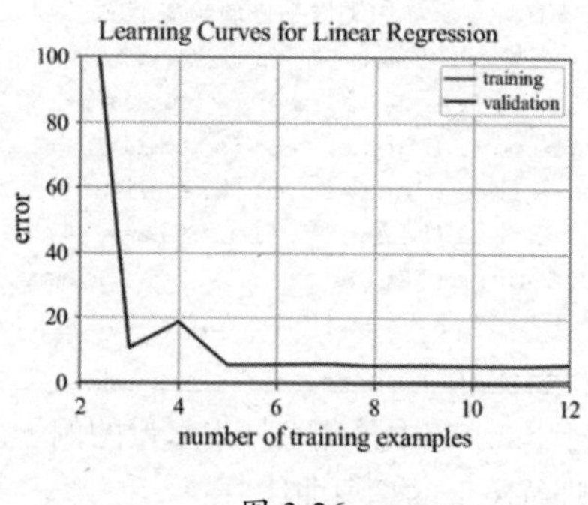

图 3-26

对于某训练集，九次多项式假设函数的学习曲线，如图 3-27 所示。

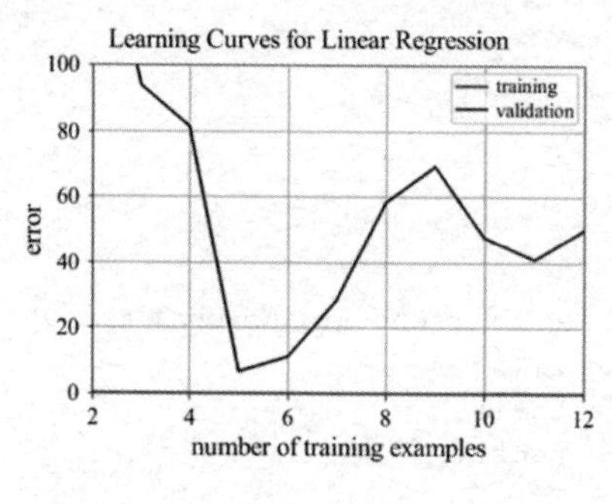

图 3-27

可以看出：随着训练样本数量的增加，模型函数的损失会逐渐增大（因为样本数量越多，模型拟合全部样本的难度就越大）；当样本数量达到一定的水平后，模型函数的损失的增长速度就会降低，此时，即使继续增加样本数量，对模型的改进作用也不大了。

再讨论一下验证集的模型损失。如果在训练样本数量很少时，验证误差很大，就说明拟合出来的模型不够准确，模型的泛化能力非常弱，这会导致验证集的损失很大。如果随着训练集样本数量的增加，验证误差逐渐减小，就说明模型的泛化能力越来越好。如果在训练集的样本数量达到一定的水平后，即使继续增加训练样本，验证误差也不会得到改进，就可以停止增加训练样本（早停）了。

3.3.4 偏差和方差

假设对某个问题，自变量（特征）x 和因变量（目标值）y 之间有函数关系 $f(x)$，但是，现在我们不知道函数具体是什么，只有一组数据样本 $\{x_i, y_i\}$。由于在采样过程中会产生噪声，所以实际样本的 x 和 y 之间并不严格满足函数 $f(x)$，即 y 和 $f(x)$ 之间存在一个随机误差 ϵ。通常认为随机误差服从高斯分布 $\mathcal{N}(\mu,\sigma^2)$，即 $\epsilon = y - f(x) \sim \mathcal{N}(0,\sigma^2)$。因此，$y$ 和 $f(x)$ 之间的关系可表示如下。

$$y = f(x) + \epsilon$$

也就是说，采样目标值 y 和实际值 $f(x)$ 之间存在误差 ϵ。

机器学习的目标是用假设函数 $\hat{f}(x)$ 来逼近真实的 $f(x)$。通常通过将实际值 y_i 和假设函数的预测值 $\hat{f}(x_i)$ 之间的误差 $(y_i - \hat{f}(x_i))^2$ 最小化来求解假设函数 $\hat{f}(x)$。如果使用不同的训练集、不同的机器学习算法，就会得到不同的 $\hat{f}(x_i)$。对于一个确定的 x，不同的 $\hat{f}(x_i)$ 和 y_i 之间的误差 $(y_i - \hat{f}(x_i))^2$ 也不同。由所有可能的 $\hat{f}(x_i)$ 产生的这个误差的平均值（期望），称为**期望误差**或**误差期望**，即 $E[(y-\hat{f}(x))^2]$。期望误差的公式如下。

$$E\left[\left(y-\hat{f}(x)\right)^2\right] = (\text{Bias}\left[\hat{f}(x)\right])^2 + \text{Var}\left[\hat{f}(x)\right] + \sigma^2$$

$\text{Bias}[\hat{f}(x)] = E[\hat{f}(x)] - E[f(x)]$ 称为偏差，用于表示假设函数 $\hat{f}(x)$ 的期望预测值和真实值之间的偏差。$\text{Var}[\hat{f}(x)] = E[\hat{f}(x)^2] - E[\hat{f}(x)]^2 = E(\hat{f}(x) - E[\hat{f}(x)])^2$ 称为方差，用于表示通过假设函数 $\hat{f}(x)$ 求得的不同的 $\hat{f}(x)$ 预测值及其期望预测值的均方差。公式的推导过程，读者可以参考链接 3-1。

假设待训练函数为 $f(x) = x + 2 * \text{np.}\sin(1.5 * x)$。执行以下代码，可以绘制这个函数的曲线，以及从该函数采样的一组 $\{x_i, y_i\}$，如图 3-28 所示。

```
import numpy as np
import math
import matplotlib.pyplot as plt
%matplotlib inline

np.random.seed(0)

f = lambda x: x+2*np.sin(1.5*x)

def plot_f(pts=50):
    x = np.linspace(0, 10, pts)
    f_ = f(x)
    plt.plot(x,f_)


def sample_f(pts =8):
    x = np.random.uniform(0,10,pts)
    f = x+2*np.sin(1.5*x)
    y = f+np.random.normal(0, 0.5, pts)        #随机噪声
    return x,y

plot_f()
x,y = sample_f()
plt.scatter(x,y,s=30)#, facecolors='none', edgecolors='r')
```

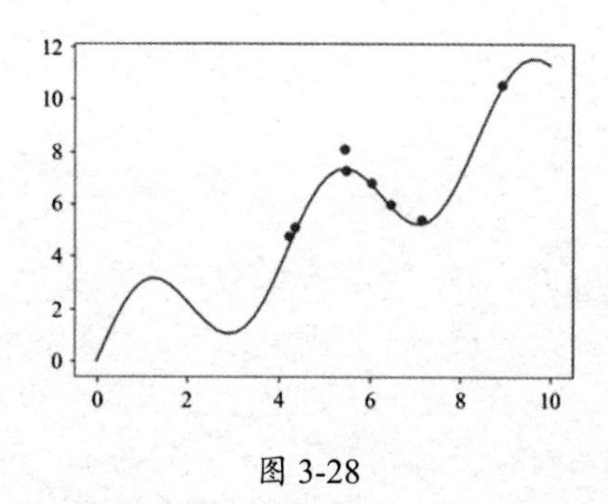

图 3-28

如果用一个常数函数 $\hat{f}(x)=b$ 作为假设函数模型来逼近 $f(x)$，那么，对于一个训练集中的所有 $\{x_i,y_i\}(i=1,2,\cdots,m)$，$\hat{f}(x)=b$ 的预测值都是 b。所以，最小化 $\sum_{i=1}^{m}(b-y_i)^2$，就可以求得

$$b=\frac{\sum_{i=1}^{m}y_i}{m}=\mathrm{np.mean}(y_i)$$

由于不同训练集中的样本不同，所以，用不同训练集求得的 b（即假设函数 $\hat{f}(x)=b$）是不同的。所有用不同的训练集求得的假设函数在某一点的预测期望值和真实值的差，就是偏差。所有不同的假设函数在某一点的预测值和预测期望值的均方差，就是方差。

执行以下代码，用 50 个训练集进行训练，求得 50 个假设函数，然后计算这些假设函数的预测偏差和预测方差，结果如图 3-29 所示。

```
train_set_num = 100

def plot_b(b):
    x = np.linspace(0, 10, pts)
    hat_f = [b for i in range(pts)]
    plt.plot(x,hat_f)


bs=[]
for i in range(train_set_num):
    x,y = sample_f(20)
    plt.scatter(x,y)
    b = np.mean(y)
    bs.append(b)
    plot_b(b)

plot_f()
plt.show()

x = 18
f_true = f(x)
f_predict_mean = np.mean(bs)
print("真正的函数值:",f_true)
print("预测期望值:",f_predict_mean)
```

```
print("预测的偏差:",f_predict_mean - f_true)
print("预测的方差:",np.std(bs))
```

```
真正的函数值: 19.912751856809006
预测期望值: 5.348626589850284
预测的偏差: -14.564125266958722
预测的方差: 0.7240080347500965
```

将以上代码中的函数换成一次函数 $\hat{f}(x) = wx + b$，具体如下，结果如图 3-30 所示。

```
ws = []
for i in range(train_set_num):
    x,y = sample_f(20)
    plt.scatter(x,y)
    X = np.hstack((np.ones((len(x), 1), dtype=x.dtype),x[:, None]))
    XT = X.transpose()
    XTy = XT @ y
    w = np.linalg.inv(XT@X) @ XTy
    draw_line(plt,w[1],w[0],x)
    ws.append(w)


plot_f()
plt.show()

x = 18
f_true = f(x)

f_predict = np.array([ w*x+b for w,b in ws])

f_predict_mean = np.mean(f_predict)
print("真正的函数值:",f_true)
print("预测期望值:",f_predict_mean)
print("预测的偏差:",f_predict_mean - f_true)
print("预测的方差:",np.std(f_predict))
```

```
真正的函数值: 19.912751856809006
预测期望值: 7.968426904632787
预测的偏差: -11.944324952176219
预测的方差: 10.868072850656494
```

我们可以进行这样的假设：函数模型 $\hat{f}(x) = b$ 的偏差和方差分别是 -14.564125266958722 和 0.7240080347500965；函数模型 $\hat{f}(x) = wx + b$ 的偏差和方差分别是 -11.944324952176219 和 10.868072850656494。简单的模型，往往复杂度不够，难以充分逼近真正的函数，因此，容易发生欠拟合（偏差比复杂的模型大）；复杂的模型，虽然偏差较小，但由于函数变化复杂，其预测值的变化往往很大（发散，即方差较大）。

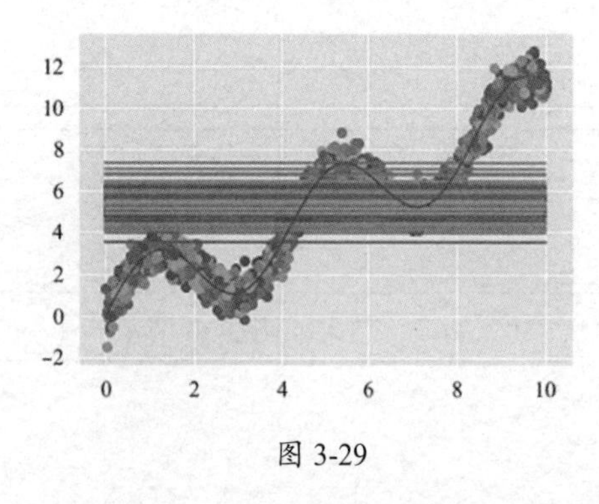

图 3-29

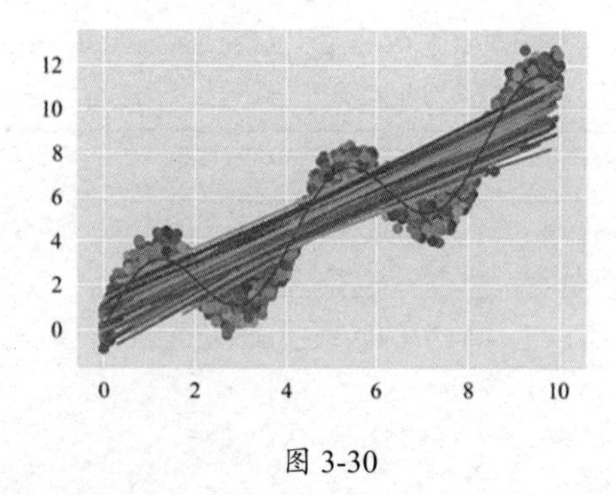

图 3-30

可以用如图 3-31 所示的“靶心”来说明模型预测的偏差和方差。靶心代表真实值，射击者就是假设函数。射击者训练完成，可以理解为模型训练完成；对靶心进行射击，可以理解为对样本进行预测。每完成一次模型训练，就进行一次预测（射击），最终，假设函数（射击者）的所有模型都产生了相应的预测值。这些预测值偏离真实值的程度，就是其偏差。

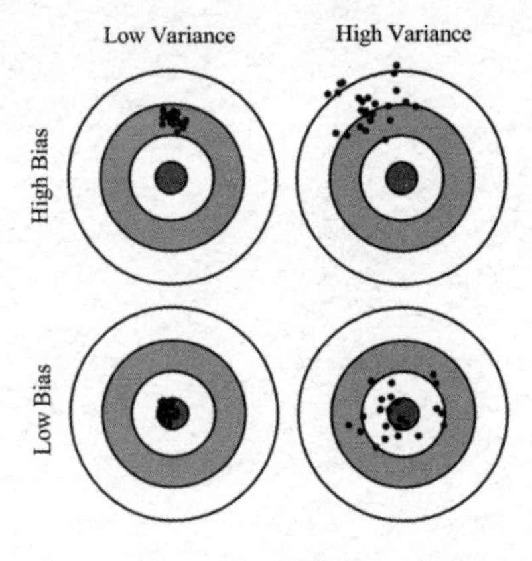

图 3-31

如图 3-31 所示：左上方的图表示偏差很大，模型欠拟合（射击者的水平不足），即模型不能较好地表达自变量和目标值之间关系；右边一列的两幅图，表示对同一个自变量的预测值的发散程度较大，即预测的方差较大，这说明不同模型的预测值之间的偏差较大（射击者的发挥不稳定）；左边一列的两幅图，预测值都比较集中，即预测的方差较小，这说明不同模型的预测结果几乎一致（射击者的发挥稳定）；左下方的图表示偏差很小且方差很小，说明模型的拟合效果较好（射击的准度较高）且很稳定；右下方的图表示偏差的期望较小（偏差比较均匀），预测值总是围绕着真实值（似乎拟合效果较好），但方差较大，提示可能存在过拟合现象。

比较训练集和验证集的学习曲线，可以直观地了解偏差和方差。如果训练集和验证集的误差比较接近，就说明模型对这个两个数据集的预测结果接近，方差较小（发散程度低）；反之，说明方差较大。误差数值的大小，表示训练集和验证集的偏差的大小。

可根据训练损失曲线和验证损失曲线判断欠拟合、过拟合、偏差、方差。如图 3-32 所示：当验证误差比训练误差大很多且训练误差较小时，说明模型对训练集的拟合效果较好、对验证集的拟合效果较差，提示存在过拟合现象；当验证误差和训练误差差距不大且值都较大时，提示可能存在欠拟合现象。

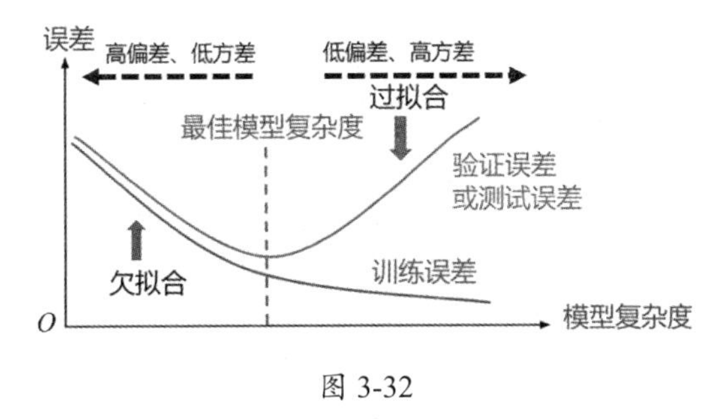

图 3-32

3.4　正则化

过拟合是由模型过于复杂、自由度过高造成的。解决过拟合问题的方法之一，就是增加训练样本的数量。但是，有时我们可能要面对很难获得足够的训练样本或样本获取成本高昂的问题。

还有一种解决过拟合问题的方法，就是降低模型的复杂度。降低模型的复杂度，需要用简单的假设函数代替复杂的假设函数，如用三次多项式而不是九次多项式作为假设函数。如果不想替换假设函数，就需要通过一些技术手段限制假设函数的复杂度——这种降低假设函数复杂度的方法，称为**正则化**（Regularization）。

3.3.2 节提到的**早停法**就是一种正则化方法。通过学习曲线观察训练模型的梯度下降法迭代过程中的训练损失和验证损失的变化（根据训练损失曲线和验证损失曲线，设置合适的迭代次数），可以使模型函数不会过于复杂。对于复杂的函数，由模型参数的所有可能值组成的假设函数集合可能会非常大，但在开始进行模型训练时，会将参数初始化为一个很小的值（例如 0）。这些很小的模型参数所对应的函数集合，只是所有可能的函数的很小一部分，也就是说，取值范围较小的模型会限制模型函数的表达能力、降低模型的复杂度。

对函数模型施加正则化约束的另一种常用方法是给损失函数添加惩罚项。例如，对于线性回归问题，模型的假设函数为 $f(x)=\boldsymbol{x}\boldsymbol{w}=w_0+x_1*w_1+\cdots++x_n*w_n$，假设一共有 m 个样本 $(x^{(i)},y^{(i)})$，用于刻画拟合误差的均方差损失函数如下。

$$L(x;\boldsymbol{w})=\sum\nolimits_{i=1}^{m}\|\boldsymbol{x}^{(i)}\boldsymbol{w}-\boldsymbol{y}^{(i)}\|^2$$

增加了正则项的损失函数如下。

$$L(x;\boldsymbol{w})=\frac{1}{2m}\sum\nolimits_{i=1}^{m}\|\boldsymbol{x}^{(i)}\boldsymbol{w}-\boldsymbol{y}^{(i)}\|^2+\lambda\|\boldsymbol{w}^2\|$$

其中，$\|\boldsymbol{w}^2\|={w_0}^2+{w_1}^2+\cdots+{w_n}^2$。

惩罚项（模型参数的范数的平方）可以阻止模型参数取过大的值，其原因在于：过大的 w_i 会使损失函数的值过大，而优化目标是使损失函数的值尽可能小。新的损失函数的 λ 是一个需要根据实际情况调整的超参数，用于控制拟合误差项和惩罚项之间的关系：λ 越大，惩罚项的作用就越大；λ 越小，惩罚项的作用就越小。于是，新的损失函数的梯度变成了

$$\nabla L(\boldsymbol{w}) = \frac{1}{m}\sum_{i=1}^{m}(\boldsymbol{x}^{(i)}\boldsymbol{w} - \boldsymbol{y}^{(i)})\,x^{(i)} + 2\lambda\boldsymbol{w}$$

因此，在用梯度下降法求偏导数时，只要添加后面一项的梯度就可以了。惩罚项版本的梯度下降法的代码，具体如下，绘制出来的带正则项的损失曲线和拟合曲线，如图 3-33 所示。

```
def gradient_descent_reg(X, y, reg, alpha, num_iters,gamma = 0.8,epsilon=1e-8):
    w_history = []                                          #记录迭代过程中的参数
    X = np.hstack((np.ones((X.shape[0], 1), dtype=X.dtype),X))      #添加一列特征“1”
    num_features = X.shape[1]
    v= np.zeros_like(num_features)
    w = np.zeros(num_features)
    for n in range(num_iters):
        predictions = X @ w                                 #求假设函数的预测值
        errors = predictions - y                            #预测值和真实值之间的误差
        gradient = X.transpose() @ errors /len(y)           #计算梯度
        gradient += 2*reg*w
        if np.max(np.abs(gradient))<epsilon:
            print("gradient is small enough!")
            print("iterated num is :",n)
            break
        #w -= alpha * gradient                              #更新模型的参数
        v = gamma*v+alpha* gradient
        w= w-v

        w_history.append(w)
    return w_history
def loss_reg(w,X,y,reg = 0.):
    errors = X@w[1:]+w[0]-y
    reg_error = reg*np.sum(np.square(w))
    return (errors**2).mean()/2+reg_error

def compute_loss_history_reg(X,y,w_history,reg = 0.):
    loss_history = []
    for w in w_history:
        loss_history.append(loss_reg(w,X,y,reg))
    return loss_history
reg = 0.2
iterations = 100000
history = gradient_descent_reg(x_train_n,y_train,reg,alpha,iterations)
print("w:",history[-1])
loss_history = compute_loss_history_reg(x_train_n,y_train,history,reg)
plot_history_predict(x_train_n,y_train,history[-1],loss_history)
```

```
gradient is small enough!
```

```
iterated num is : 184
w: [8.0125638  5.79344199 3.33539832 3.53746298 2.03218329 2.16210927
 1.23141113 1.33653994 0.72424795]
```

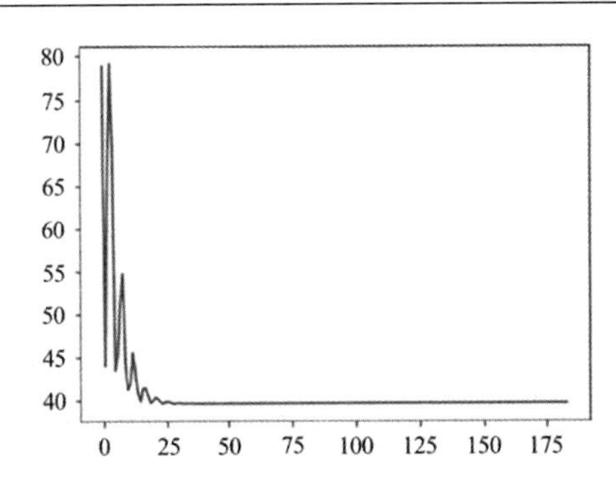

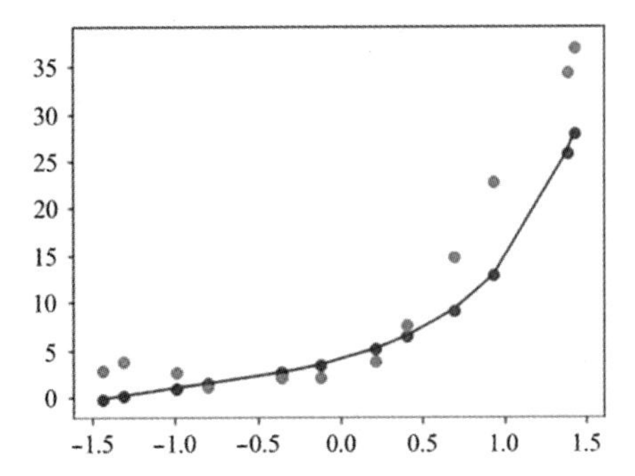

图 3-33

修改用于绘制学习曲线的 learning_curves() 函数，代码如下。

```
def learning_curves(X_train, y_train, X_val, y_val,reg,alpha=0.3,iterations = 1000):
    train_err = np.zeros(len(y_train))
    val_err = np.zeros(len(y_train))
    for i in range(1, len(y_train)):
        w_history = gradient_descent_reg(X_train[0:i + 1, :],
                                         y_train[0:i + 1],reg,alpha,iterations)
        w = w_history[-1]
        train_err[i] = loss_reg(w, X_train[0:i + 1, :], y_train[0:i + 1],reg)
        val_err[i] = loss_reg(w, X_val, y_val,reg)
    plt.plot(range(2, len(y_train) + 1), train_err[1:], c="r", linewidth=2)
    plt.plot(range(2, len(y_train) + 1), val_err[1:], c="b", linewidth=2)
    plt.xlabel("number of training examples", fontsize=14)
    plt.ylabel("error", fontsize=14)
    plt.legend(["training", "validation"], loc="best")
    plt.axis([2, len(y_train), 0, 100])
    plt.grid()
```

绘制学习曲线，代码如下，结果如图 3-34 所示。

```
#(x_train_1,x_train**2,x_train**3,x_train**4))
x_val_n  =np.hstack(tuple(x_val**(i+1)  for i in range(n) )  )
x_val_n = (x_val_n - train_means) / train_stdevs

plt.title("Learning Curves for Linear Regression", fontsize=16)
print(x_train_n.shape)
print(w.shape)
print(x_val_n.shape)
reg = 0.2
learning_curves(x_train_n, y_train, x_val_n, y_val,reg,alpha,iterations)
```

```
(12, 8)
```

```
(9,)
(21, 8)
gradient is small enough!
iterated num is : 158
gradient is small enough!
iterated num is : 177
gradient is small enough!
iterated num is : 167
gradient is small enough!
iterated num is : 190
gradient is small enough!
iterated num is : 178
gradient is small enough!
iterated num is : 183
gradient is small enough!
iterated num is : 185
gradient is small enough!
iterated num is : 185
gradient is small enough!
iterated num is : 180
gradient is small enough!
iterated num is : 184
gradient is small enough!
iterated num is : 184
```

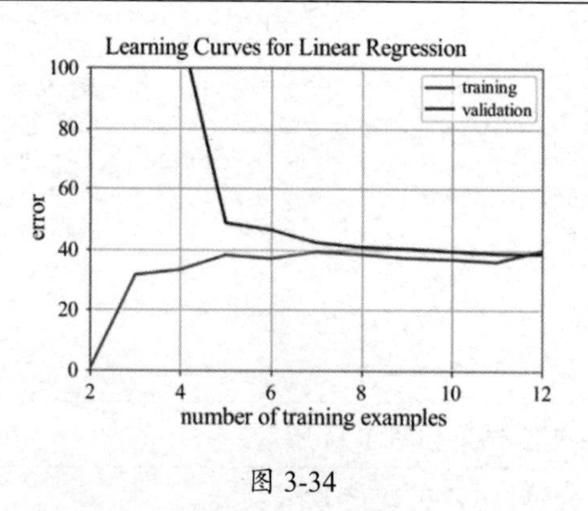

图 3-34

同样，对九次多项式假设函数，使用正则化技术惩罚模型参数，可解决模型的过拟合问题。

3.5 逻辑回归

在线性回归问题中，目标值（如餐车利润、房屋价格）是一个连续值。而在一些实际问题（如分类问题）中，目标值是一个离散的值，需要判断一个数据属于几个类别中的哪一个。例如，识别一幅图像上的物体是猫还是狗、根据一个人的医学影像或其他测量数据判断其是否患有某种疾病，就属于二分类问题，即需要判断一个数据属于两个类别中的哪一个。

逻辑回归（Logistic Regression）是对线性回归的推广，专门用于解决二分类问题。

3.5.1　逻辑回归基础

能否用线性回归解决二分类问题？答案是肯定的。

设置一个阈值 0，线性回归的输出值大于 0 的属于一类、小于 0 的属于另一类。线性回归的模型函数的输出值的范围是 $(-\infty,\infty)$。逻辑回归对这个输出值进一步使用 sigmoid 函数 $\sigma(x)$，将其变换到 (0,1) 区间内，从而使输出值可被解释为输入变量属于某个类别的概率。

用 sigmoid 函数对线性回归的预测值进行变换，就构成了逻辑回归的假设函数，具体如下。

$$f_{\boldsymbol{w}}(\boldsymbol{x})=\frac{1}{1+\mathrm{e}^{-(\boldsymbol{w}\boldsymbol{x}+b)}}=\sigma(x)$$

用这个假设函数对样本的特征及其目标值之间的关系进行建模，就是所谓的**逻辑回归**。

逻辑回归的假设函数 $f_{\boldsymbol{w}}(\boldsymbol{x})$ 的值介于 0 和 1 之间，可用于表示 $\boldsymbol{x}$ 属于某个类别的概率。假设 $\boldsymbol{x}$ 表示一幅医学影像中的肿瘤的特征，$f_{\boldsymbol{w}}(\boldsymbol{x})$ 表示 $\boldsymbol{x}$ 所对应的肿瘤为恶性的概率。用 $y=0$ 和 $y=1$ 分别表示肿瘤为良性和恶性两个类别，用 $f_{\boldsymbol{w}}(\boldsymbol{x})$ 表示 $\boldsymbol{x}$ 属于 $y=1$ 的概率，那么 $\boldsymbol{x}$ 属于 $y=0$ 的概率就是 $1-f_{\boldsymbol{w}}(\boldsymbol{x})$。具体的公式如下。

$$P(y=1|\boldsymbol{x})=f_{\boldsymbol{w}}(\boldsymbol{x})=\frac{1}{1+\mathrm{e}^{-\boldsymbol{x}\boldsymbol{w}}}=\sigma(\boldsymbol{x}\boldsymbol{w})$$

$$P(y=0|\boldsymbol{x})=1-f_{\boldsymbol{w}}(\boldsymbol{x})=1-\frac{1}{1+\mathrm{e}^{-\boldsymbol{x}\boldsymbol{w}}}=1-\sigma(\boldsymbol{x}\boldsymbol{w})$$

对于一个样本 $(\boldsymbol{x},y)$：如果它属于类别 $y=1$，那么它出现的概率是 $P(y=1|\boldsymbol{x})$；如果它属于类别 $y=0$，那么它出现的概率是 $P(y=0|\boldsymbol{x})$。不管是 $y=1$ 还是 $y=0$，$(\boldsymbol{x},y)$ 出现的概率可统一表示为 $P(y=1|\boldsymbol{x})^yP(y=0|\boldsymbol{x})^{1-y}$ 或 $f_{\boldsymbol{w}}(\boldsymbol{x})^y(1-f_{\boldsymbol{w}}(\boldsymbol{x}))^{1-y}$。因此，$m$ 个样本同时出现的概率如下。

$$\prod_{i=1}^{m}(f_{\boldsymbol{w}}(\boldsymbol{x}^i)^{y^i}(1-f_{\boldsymbol{w}}(\boldsymbol{x}^i))^{1-y^i})$$

只有使这个概率最大的 $\boldsymbol{w}$，才能使这 m 个样本以最大的概率出现。逻辑回归需要求出使概率最大的 $\boldsymbol{w}$。因为乘法计算会使数值迅速变成无穷大或趋近于 0，所以，为了使算法具有数值稳定性并方便导数计算，通常将这个概率的负对数的平均值作为代价函数，即

$$\mathcal{L}(\boldsymbol{w})=-\frac{1}{m}\sum_{i=1}^{m}(y^i\log(f_{\boldsymbol{w}}(\boldsymbol{x}^i))+(1-y^i)\log(1-f_{\boldsymbol{w}}(\boldsymbol{x}^i)))$$

$-(y^i\log(f_{\boldsymbol{w}}(\boldsymbol{x}^i))+(1-y^i)\log(1-f_{\boldsymbol{w}}(\boldsymbol{x}^i)))$ 称为该样本的**交叉熵**（Entropy Cross）**损失**，通常用符号用 $\mathcal{L}^{(i)}$ 表示。所有样本的交叉熵损失可表示为

$$\mathcal{L}(\boldsymbol{w})=-\frac{1}{m}\sum_{i=1}^{m}\mathcal{L}^{(i)}$$

对于一个样本 $(\boldsymbol{x}^i, y^i)$：如果其真实目标值 y^i 为 1，逻辑回归的预测值 $f_{\boldsymbol{ww}}(\boldsymbol{x}^i)$ 也为 1，则有 $\mathcal{L}^{(i)} = -(1*0+0*\log 0) = 0$；如果其真实目标值 y^i 为 0，逻辑回归的预测值 $f_{\boldsymbol{w}}(\boldsymbol{x}^i)$ 也为 0，则有 $\mathcal{L}^{(i)} = -(0*\log 0+1*\log 1) = 0$，即当预测值和目标值一致时这个值为 0（如果不一致，那么，因为 y^i、$1-y^i$、$f_{\boldsymbol{w}}(\boldsymbol{x}^i)$、$1-f_{\boldsymbol{w}}(\boldsymbol{x}^i)$ 都是 (0,1) 区间内的实数，所以 $\mathcal{L}^{(i)}$ 是一个大于 0 的正数）。因此，只有预测值和目标值完全一致时，$\mathcal{L}^{(i)}$ 才会取最小值 0。

逻辑回归的目标就是求解使 $\mathcal{L}(\boldsymbol{w})$ 最小的 $\boldsymbol{w}$，使用的算法仍然是梯度下降法。因此，需要计算 $\mathcal{L}(\boldsymbol{w})$ 关于 $\boldsymbol{w}$ 的梯度，即关于每个 w_j 的偏导数。

为了讨论如何求 $L(\boldsymbol{w})$ 关于 $\boldsymbol{w} = (w_0, w_1, \cdots, w_K)^{\mathrm{T}}$ 的偏导数，在此引入助记号 $z^{(i)}$ 和 $f^{(i)}$，公式如下。

$$
\begin{aligned}
z^{(i)} &= \boldsymbol{w} \odot \boldsymbol{x}^{(i)} = w_1 * x_1^{(i)} + w_2 * x_2^{(i)} + \cdots + w_K * x_K^{(i)} + w_0 * x_0^{(i)} \\
f^{(i)} &= \sigma(z^{(i)}) \\
\mathcal{L}^{(i)} &= -\left(y^i \log(f^{(i)}) + (1-y^i)\log(1-f^{(i)})\right) \\
\mathcal{L}(\boldsymbol{w}) &= \frac{1}{m}\sum_{i=1}^{m} \mathcal{L}^{(i)}
\end{aligned}
$$

在以上公式中，$\mathcal{L}(\boldsymbol{w})$ 可以看成 m 个 $\mathcal{L}^{(i)}$ 的和，$\mathcal{L}^{(i)}$ 是 $f^{(i)}$ 的函数，$f^{(i)}$ 是 $z^{(i)}$ 的函数，$z^{(i)}$ 是 $\boldsymbol{w} = (w_1, w_2, \cdots, w_k)^{\mathrm{T}}$ 的函数。根据求导的四则运算法则和复合函数的链式法则，有

$$
\begin{aligned}
\frac{\partial \mathcal{L}(\boldsymbol{w})}{\partial \mathcal{L}^{(i)}} &= \frac{1}{m} \\
\frac{\partial \mathcal{L}^{(i)}}{\partial f^{(i)}} &= -\left(\frac{y^i}{f^{(i)}} - \frac{(1-y^i)}{(1-f^{(i)})}\right) = \frac{f^{(i)} - y^i}{f^{(i)}(1-f^{(i)})} \\
\frac{\partial f^{(i)}}{\partial z^{(i)}} &= \sigma(z^{(i)})\left(1-\sigma(z^{(i)})\right) = f^{(i)}(1-f^{(i)}) \\
\frac{\partial z^{(i)}}{\partial w_j} &= x_j^{(i)}
\end{aligned}
$$

因此，有

$$
\begin{aligned}
\frac{\partial L(\boldsymbol{w})}{\partial w_j} &= \sum_{i=1}^{m} \frac{\partial \mathcal{L}(\boldsymbol{w})}{\partial \mathcal{L}^{(i)}} \times \frac{\partial \mathcal{L}^{(i)}}{\partial f^{(i)}} \times \frac{\partial f^{(i)}}{\partial z^{(i)}} \times \frac{\partial z^{(i)}}{\partial w_j} \\
&= \frac{1}{m}\sum_{i=1}^{m} \frac{f^{(i)} - y^{(i)}}{f^{(i)}(1-f^{(i)})} \times f^{(i)}(1-f^{(i)}) \times x_j^{(i)} \\
&= \frac{1}{m}\sum_{i=1}^{m} \left(f^{(i)} - y^{(i)}\right) x_j^{(i)} \\
&= \frac{1}{m}\sum_{i=1}^{m} \left(f_{\boldsymbol{w}}(\boldsymbol{x}^{(i)}) - y^{(i)}\right) x_j^{(i)}
\end{aligned}
$$

$$=\frac{1}{m}\sum_{i=1}^{m}x_j^{(i)}(f_{\boldsymbol{w}}(\boldsymbol{x}^{(i)})-y^{(i)})$$

因为 $f_{\boldsymbol{w}}(\boldsymbol{x}^{(i)})-y^{(i)}$ 是一个数值，所以，它与向量的数乘可以交换顺序，即

$$(f_{\boldsymbol{w}}(\boldsymbol{x}^{(i)})-y^{(i)})x_j^{(i)}=x_j^{(i)}(f_{\boldsymbol{w}}(\boldsymbol{x}^{(i)})-y^{(i)})$$

可以看出，对于一个样本 $(\boldsymbol{x},y)$，$L(\boldsymbol{w})$ 关于累加和 $z=\boldsymbol{x}\boldsymbol{w}$ 的梯度（导数）$\frac{\partial\mathcal{L}}{\partial z}$ 是 $f-y$，这和线性回归的方差 $\frac{1}{2}(f-y)^2$ 关于 f 的梯度（导数）的形式是一样的。

如果将 $\boldsymbol{x}^i$ 写成行向量的形式，那么所有的 $\boldsymbol{x}^i$ 可以按行构成一个矩阵 $\boldsymbol{X}$，相应地，所有样本的目标值和预测值 y^i 和 f^i 可以写成列向量的形式，公式如下。

$$\boldsymbol{X}=\begin{bmatrix}\boldsymbol{x}^1\\\boldsymbol{x}^2\\\vdots\\\boldsymbol{x}^i\\\vdots\\\boldsymbol{x}^m\end{bmatrix},\quad \boldsymbol{y}=\begin{bmatrix}y^1\\y^2\\\vdots\\y^i\\\vdots\\y^m\end{bmatrix},\quad \boldsymbol{f}=\begin{bmatrix}f_{\boldsymbol{w}}(\boldsymbol{x}^1)\\f_{\boldsymbol{w}}(\boldsymbol{x}^2)\\\vdots\\f_{\boldsymbol{w}}(\boldsymbol{x}^i)\\\vdots\\f_{\boldsymbol{w}}(\boldsymbol{x}^m)\end{bmatrix}=\begin{bmatrix}\sigma(\boldsymbol{x}^1\boldsymbol{w})\\\sigma(\boldsymbol{x}^2\boldsymbol{w})\\\vdots\\\sigma(\boldsymbol{x}^i\boldsymbol{w})\\\vdots\\\sigma(\boldsymbol{x}^m\boldsymbol{w})\end{bmatrix}=\sigma(\boldsymbol{X}\boldsymbol{w})$$

将所有 $L(\boldsymbol{w})$ 关于 w_j 的偏导数 $\frac{\partial L(\boldsymbol{w})}{\partial w_j}=\frac{1}{m}\sum_{i=1}^{m}x_j^i(f_{\boldsymbol{w}}(\boldsymbol{x}^i)-y^i)$ 写成行向量的形式，公式如下。

$$\begin{aligned}\nabla_{\boldsymbol{w}}L(\boldsymbol{w})&=\left[\frac{\partial L(\boldsymbol{w})}{\partial \boldsymbol{w}_0}\quad\frac{\partial L(\boldsymbol{w})}{\partial \boldsymbol{w}_1}\quad\frac{\partial L(\boldsymbol{w})}{\partial \boldsymbol{w}_2}\quad\cdots\quad\frac{\partial L(\boldsymbol{w})}{\partial \boldsymbol{w}_n}\right]\\
&=\Big[\frac{1}{m}\sum\nolimits_{1=1}^{m}x_0^{(i)}(f_{\boldsymbol{w}}(\boldsymbol{x}^i)-y^i)\quad\frac{1}{m}\sum\nolimits_{1=1}^{m}x_1^{(i)}(f_{\boldsymbol{w}}(\boldsymbol{x}^i)-y^i)\quad\frac{1}{m}\sum\nolimits_{1=1}^{m}x_2^{(i)}(f_{\boldsymbol{w}}(\boldsymbol{x}^i)\\
&\qquad -y^i)\quad\cdots\quad\frac{1}{m}\sum\nolimits_{1=1}^{m}x_n^{(i)}(f_{\boldsymbol{w}}(\boldsymbol{x}^i)-y^i)\Big]\\
&=\frac{1}{m}\sum_{1=1}^{m}[x_0^{(i)}(f_{\boldsymbol{w}}(\boldsymbol{x}^i)-y^i)\ \ x_1^{(i)}(f_{\boldsymbol{w}}(\boldsymbol{x}^i)-y^i)\ \ x_2^{(i)}(f_{\boldsymbol{w}}(\boldsymbol{x}^i)-y^i)\ \ \cdots\ \ x_n^{(i)}(f_{\boldsymbol{w}}(\boldsymbol{x}^i)-y^i)]\\
&=\frac{1}{m}\sum_{1=1}^{m}[x_0^{(i)}\quad x_1^{(i)}\quad x_2^{(i)}\quad\cdots\quad x_n^{(i)}](f_{\boldsymbol{w}}(\boldsymbol{x}^i)-y^i)\\
&=\frac{1}{m}\sum_{1=1}^{m}\boldsymbol{x}^i(f_{\boldsymbol{w}}(\boldsymbol{x}^i)-y^i)=\frac{1}{m}\sum_{1=1}^{m}(f_{\boldsymbol{w}}(\boldsymbol{x}^i)-y^i)\boldsymbol{x}^i\\
&=\frac{1}{m}(f_{\boldsymbol{w}}(\boldsymbol{x}^1)-y^1,f_{\boldsymbol{w}}(\boldsymbol{x}^2)-y^2,\cdots,f_{\boldsymbol{w}}(\boldsymbol{x}^m)-y^m)\begin{bmatrix}\boldsymbol{x}^1\\\boldsymbol{x}^2\\\vdots\\\boldsymbol{x}^m\end{bmatrix}\\
&=\frac{1}{m}(\boldsymbol{f_w}(\boldsymbol{x})-\boldsymbol{y})^{\mathrm{T}}\boldsymbol{X}=\frac{1}{m}(\boldsymbol{f}-\boldsymbol{y})^{\mathrm{T}}\boldsymbol{X}\end{aligned}$$

梯度 $\nabla_{\boldsymbol{w}}L(\boldsymbol{w})$ 可表示为

$$\nabla_{\boldsymbol{w}}L(\boldsymbol{w})=\frac{1}{m}(\boldsymbol{f}-\boldsymbol{y})^{\mathrm{T}}\boldsymbol{X}=\frac{1}{m}(\sigma(\boldsymbol{X}\boldsymbol{w})-\boldsymbol{y})^{\mathrm{T}}\boldsymbol{X}$$

假设样本数据特征的数目为 n，可以验证，上述矩阵运算的维度是一致的，具体如下。

$$1Xn \quad = \quad 1Xm \qquad mXn$$

因此，一旦知道了逻辑回归的输出 $\boldsymbol{f}$，就可以用以下 Python 代码计算交叉熵损失关于模型参数的梯度。

```
f = sigmoid(X @ w)                                  #求假设函数的预测值
errors = f - y                                      #预测值和真实值之间的误差
gradient = errors.transpose() @ X /len(y)           #计算梯度
```

如果将 $\boldsymbol{x}^i$ 写成列向量的形式，那么所有的 $\boldsymbol{x}^i$ 可以按列构成一个矩阵 $\boldsymbol{X}$，相应地，所有样本的目标值和预测值 y^i 和 f^i 可以写成行向量的形式，公式如下。

$$\begin{aligned}
\boldsymbol{X} &= [\boldsymbol{x}^1 \quad \boldsymbol{x}^2 \quad \cdots \quad \boldsymbol{x}^i \quad \cdots \quad \boldsymbol{x}^m] \\
\boldsymbol{y} &= [y^1 \quad y^2 \quad \cdots \quad y^i \quad \cdots \quad y^m] \\
\boldsymbol{f} &= [f_{\boldsymbol{w}}(\boldsymbol{x}^1) \quad f_{\boldsymbol{w}}(\boldsymbol{x}^2) \quad \cdots \quad f_{\boldsymbol{w}}(\boldsymbol{x}^i) \quad \cdots \quad f_{\boldsymbol{w}}(\boldsymbol{x}^m)] \\
&= [\sigma(\boldsymbol{x}^1\boldsymbol{w}) \quad \sigma(\boldsymbol{x}^2\boldsymbol{w}) \quad \cdots \quad \sigma(\boldsymbol{x}^i\boldsymbol{w}) \quad \cdots \quad \sigma(\boldsymbol{x}^m\boldsymbol{w})]
\end{aligned}$$

将所有 $L(\boldsymbol{w})$ 关于 w_j 的偏导数 $\frac{\partial L(\boldsymbol{w})}{\partial w_j} = \frac{1}{m}\sum_{i=1}^m x_j^i\,(f_{\boldsymbol{w}}(\boldsymbol{x}^i) - y^i)$ 写成列向量的形式，将 $\boldsymbol{x}^i$ 也写成列向量的形式，公式如下。

$$\begin{aligned}
\nabla_{\boldsymbol{w}} L(\boldsymbol{w}) &= \begin{bmatrix} \frac{\partial L(\boldsymbol{w})}{\partial w_0} \\ \frac{\partial L(\boldsymbol{w})}{\partial w_1} \\ \frac{\partial L(\boldsymbol{w})}{\partial w_2} \\ \vdots \\ \frac{\partial L(\boldsymbol{w})}{\partial w_K} \end{bmatrix} = \begin{bmatrix} \frac{1}{m}\sum_{1=1}^m x_0^{(i)}\,(f_{\boldsymbol{w}}(\boldsymbol{x}^{(i)}) - y^{(i)}) \\ \frac{1}{m}\sum_{1=1}^m x_1^{(i)}\,(f_{\boldsymbol{w}}(\boldsymbol{x}^{(i)}) - y^{(i)}) \\ \frac{1}{m}\sum_{1=1}^m x_2^{(i)}\,(f_{\boldsymbol{w}}(\boldsymbol{x}^{(i)}) - y^{(i)}) \\ \vdots \\ \frac{1}{m}\sum_{1=1}^m x_K^{(i)}\,(f_{\boldsymbol{w}}(\boldsymbol{x}^{(i)}) - y^{(i)}) \end{bmatrix} \\
&= \frac{1}{m}\sum_{1=1}^m \begin{bmatrix} x_0^{(i)}(f_{\boldsymbol{w}}(\boldsymbol{x}^{(i)}) - y^{(i)}) \\ x_1^{(i)}(f_{\boldsymbol{w}}(\boldsymbol{x}^{(i)}) - y^{(i)}) \\ x_2^{(i)}(f_{\boldsymbol{w}}(\boldsymbol{x}^{(i)}) - y^{(i)}) \\ \vdots \\ x_K^{(i)}(f_{\boldsymbol{w}}(\boldsymbol{x}^{(i)}) - y^{(i)}) \end{bmatrix} = \frac{1}{m}\sum_{1=1}^m \begin{bmatrix} x_0^{(i)} \\ x_1^{(i)} \\ x_2^{(i)} \\ \vdots \\ x_K^{(i)} \end{bmatrix} (f_{\boldsymbol{w}}(\boldsymbol{x}^{(i)}) - y^{(i)}) \\
&= \frac{1}{m}\sum_{i=1}^m \boldsymbol{x}^i\,(f_{\boldsymbol{w}}(\boldsymbol{x}^i) - y^i) = \frac{1}{m}\sum_{i=1}^m (\,f_{\boldsymbol{w}}(\boldsymbol{x}^i) - y^i)\boldsymbol{x}^i \\
&= \frac{1}{m}\boldsymbol{X}(\boldsymbol{f}_{\boldsymbol{w}}(\boldsymbol{x}) - \boldsymbol{y})^{\mathrm{T}} = \frac{1}{m}\boldsymbol{X}(\boldsymbol{f} - \boldsymbol{y})^{\mathrm{T}}
\end{aligned}$$

按照习惯，可以将梯度写成行向量的形式，即

$$\nabla_{\boldsymbol{w}} L(\boldsymbol{w}) = \left[\frac{\partial L(\boldsymbol{w})}{\partial w_0} \;\; \frac{\partial L(\boldsymbol{w})}{\partial w_1} \;\; \frac{\partial L(\boldsymbol{w})}{\partial w_2} \; \cdots \; \frac{\partial L(\boldsymbol{w})}{\partial w_K}\right] = \frac{1}{m}(\boldsymbol{f} - \boldsymbol{y})\boldsymbol{X}^{\mathrm{T}}$$

也可以给逻辑回归的损失函数添加正则项，即

$$L(\boldsymbol{w}) = -\frac{1}{m}\sum_{1=1}^{m}\Big(y^i\log\big(f_{\boldsymbol{w}}(\boldsymbol{x}^i)\big) + (1-y^i)\log\big(1-f_{\boldsymbol{w}}(\boldsymbol{x}^i)\big)\Big) + \lambda\|\boldsymbol{w}\|^2$$

相应地，$L(\boldsymbol{w})$ 关于 $\boldsymbol{w}$ 的梯度就是

$$\nabla_{\boldsymbol{w}}L(\boldsymbol{w}) = \frac{1}{m}\sum_{1=1}^{m} f_{\boldsymbol{w}}(\boldsymbol{x}^i - y^i)\,\boldsymbol{x}^i + 2\lambda\boldsymbol{w}$$

如果样本 $\boldsymbol{x}$ 都是行向量，$\boldsymbol{f}$、$\boldsymbol{y}$ 和模型参数 $\boldsymbol{w}$ 都是列向量，则上式可以写成如下形式。

$$\nabla_{\boldsymbol{w}}L(\boldsymbol{w}) = \frac{1}{m}(\boldsymbol{f}-\boldsymbol{y})^{\mathrm{T}}\boldsymbol{X} + 2\lambda\boldsymbol{w} = \frac{1}{m}(\sigma(\boldsymbol{X}\boldsymbol{w})-\boldsymbol{y})^{\mathrm{T}}\boldsymbol{X} + 2\lambda\boldsymbol{w}$$

3.5.2 逻辑回归的 NumPy 实现

1. 生成数据

执行以下代码，用 np.random.normal() 函数分别生成服从不同正态分布的两组二维坐标点数据的集合 Xa 和 Xb。每个样本都表示二维平面上的一个坐标点。

```
import numpy as np
import matplotlib.pyplot as plt
%matplotlib inline

# Persistent random data
np.random.seed(0)

n_pts = 100
D = 2

#x0 = np.ones(n_pts)
Xa = np.array([#x0,
             np.random.normal(10, 2, n_pts),
             np.random.normal(12, 2, n_pts)])
Xb = np.array([#x0,
             np.random.normal(5, 2, n_pts),
             np.random.normal(6, 2, n_pts)])


X = np.append(Xa, Xb, axis=1).T
#y = np.matrix(np.append(np.zeros(n_pts), np.ones(n_pts))).T
y = (np.append(np.zeros(n_pts), np.ones(n_pts))).T
print(X[::50])
print(y[::50])
```

```
[[13.52810469 15.76630139]
 [ 8.20906688 11.86351679]
 [ 4.26163632  3.3869463 ]
 [ 6.04212975  4.47171215]]
```

```
[0. 0. 1. 1.]
```

```
fig, ax = plt.subplots(figsize=(4,4))
ax.scatter(X[:n_pts,0], X[:n_pts,1],
        color='lightcoral', label='$Y = 0$')
ax.scatter(X[n_pts:,0], X[n_pts:,1],
        color='blue', label='$Y = 1$')
ax.set_title('Sample Dataset')
ax.set_xlabel('$x_1$')
ax.set_ylabel('$x_2$')
ax.legend(loc=4);
```

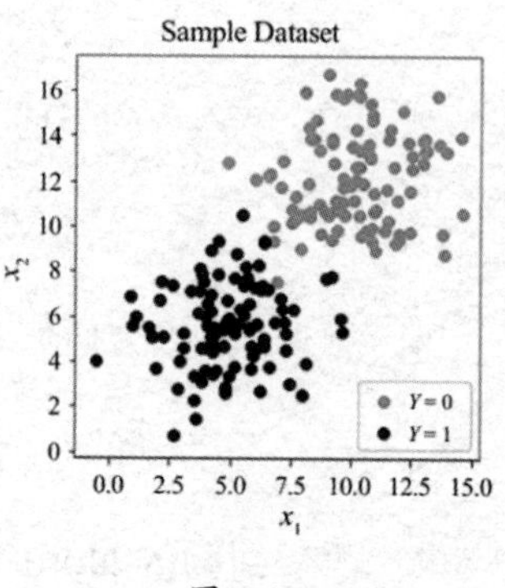

图 3-35

在上述代码中，如图 3-35 所示：Xa 中的样本点，是围绕中心点 (10,12) 的正态分布的采样点；Xb 中的样本点，是围绕中心点 (5,6) 的正态分布的采样点。

2. 梯度下降法的代码实现

假设 $\boldsymbol{x}$ 和 $\boldsymbol{w}$ 都是长度为 3 的向量。类似于线性回归，可以写出如下基于梯度下降法的算法代码。

```
def sigmoid(z):
    """ApplY the sigmoid function element-wise to the
    input arraY z."""
    return 1 / (1 + np.exp(-z))

def gradient_descent_logistic_reg(X, y, lambda_, alpha, num_iters,gamma = 0.8,
        epsilon=1e-8):
    #cost_history = []
    w_history = []                                      #记录迭代过程中的参数
    X = np.hstack((np.ones((X.shape[0], 1), dtype=X.dtype),X))      #添加一列特征“1”
    num_features = X.shape[1]
    v= np.zeros_like(num_features)
    w = np.zeros(num_features)
    for n in range(num_iters):
        predictions = sigmoid(X @ w)                    #求假设函数的预测值
        errors = predictions - y                        #预测值和真实值之间的误差
        #gradient = X.transpose() @ errors /len(y)      #计算梯度
        gradient = errors.transpose() @ X /len(y)       #计算梯度
        loss_grad = errors /len(y)


        gradient += 2*lambda_*w
        if np.max(np.abs(gradient))<epsilon:
            print("gradient is small enough!")
            print("iterated num is :",n)
            break
        #w -= alpha * gradient                          #更新模型的参数
        v = gamma*v+alpha* gradient
```

```
        w= w-v

        #cost = - np.mean((np.log(predictions).T * y+np.log(1-predictions).T
                      *(1-y) ))
        #cost_history.append(cost)
        w_history.append(w)


    return w_history
```

3. 计算损失函数的值

对于一个 $\boldsymbol{w}$ 和一组样本 (X, y)，可执行下列代码计算损失函数的值。

```
def loss_logistic(w,X,y,reg=0.):
    f = sigmoid(X @ w[1:]+w[0])
    loss = -np.mean((np.log(f).T * y+np.log(1-f).T *(1-y) ))
    loss += reg*( np.sum(np.square(w)))
    return loss

def loss_history_logistic(w_history,X,y,reg=0.):
    #X = np.hstack((np.ones((X.shape[0], 1), dtype=X.dtype),X))
    loss_history = []
    for w in w_history:
        loss_history.append(loss_logistic(w,X,y,reg))
    return loss_history

reg = 0.0
alpha=0.01
iterations=10000
w_history = gradient_descent_logistic_reg(X,y,reg,alpha,iterations)
w = w_history[-1]
print("w:",w)

loss_history = loss_history_logistic(w_history,X,y,reg)
print(loss_history[:-1:len(loss_history)//10])
```

```
[11.3920102  -0.55377808 -0.83931251]
[0.6577262444936193, 0.22674637036423945, 0.15646446608041156, 0.12698570286225014,
 0.11034864425987873, 0.0994935596036448, 0.09177469381378582, 0.08596435646154407,
 0.08141010065377204, 0.07773089221384288]
```

4. 决策曲线

以概率 $f_{\boldsymbol{w}}(\boldsymbol{x}) = 0.5$ 区分两个类别，因为 $f_{\boldsymbol{w}}(\boldsymbol{x}) == \sigma(\boldsymbol{xw})$，所以，对于样本 $\boldsymbol{x}$，$f_{\boldsymbol{w}}(\boldsymbol{x}) == 0.5$ 等价于 $\boldsymbol{xw} = 0$，即 $\boldsymbol{w}$ 和 $\boldsymbol{x}$ 的点积为 0，$w_0 + w_1 * x_1 + w_2 * x_2 = 0$。

执行以下代码，可以根据 $\boldsymbol{w}$ 计算一组 $\{x_1\}$ 所对应的 $\{x_2 = -w_0/w_2 - w_1 * x_1/w_2\}$，然后在 (x_1, x_2) 坐标平面上绘制这些点所对应的决策曲线。

```
fig, ax = plt.subplots(nrows=1, ncols=2, figsize=(8,4))
```

```
x1 = np.array([X[:,0].min()-1, X[:,0].max()+1])
x2 = - w.item(0) / w.item(2) + x1 * (- w.item(1) / w.item(2))

# Plot decision boundary?
ax[0].plot(x1, x2, color='k', ls='--', lw=2)

ax[0].scatter(X[:int(n_pts),0], X[:int(n_pts),1], color='lightcoral',
        label='$y = 0$')
ax[0].scatter(X[int(n_pts):,0], X[int(n_pts):,1], color='blue', label='$y = 1$')
ax[0].set_title('$x_1$ vs. $x_2$')
ax[0].set_xlabel('$x_1$')
ax[0].set_ylabel('$x_2$')
ax[0].legend(loc=4)

ax[1].plot(loss_history, color='r')
ax[1].set_ylim(0,ax[1].get_ylim()[1])
ax[1].set_title(r'$J(w)$ vs. Iteration')
ax[1].set_xlabel('Iteration')
ax[1].set_ylabel(r'$J(w)$')

fig.tight_layout()
```

如图 3-36 所示，该算法是逐渐收敛的，模型可以很好地区分两个类别的样本。

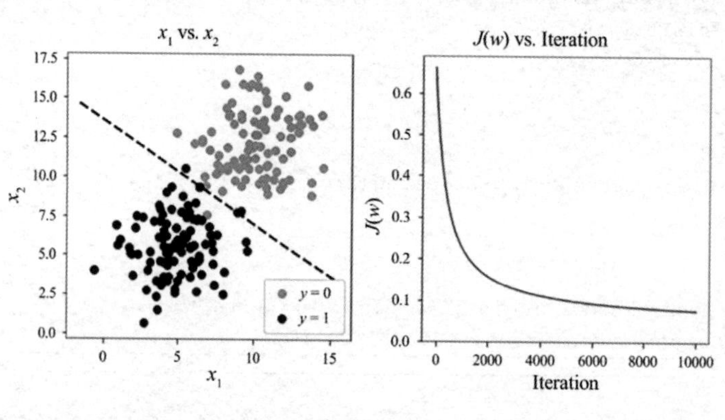

图 3-36

5. 预测的准确性

计算预测的准确性，代码如下。

```
# Print accuracy
X_1 = np.hstack((np.ones((X.shape[0], 1), dtype=X.dtype),X))        #添加一列特征“1”
y_predictions = sigmoid(X_1 @ w)>=0.5

print ('预测的准确性是: %d ' % float((np.dot(y, y_predictions)
              + np.dot(1 - y,1 - y_predictions)) / float(y.size) * 100) +'% ')
```

```
预测的准确性是: 98 %
```

6. Scikit-Learn 库的逻辑回归函数

Scikit-Learn 库的 linear_model 模块提供了逻辑回归函数 LogisticRegression()。可以用这个函数求解本节中的逻辑回归问题（得到的结果相同），如图 3-37 所示。

```
import sklearn
from sklearn.linear_model import LogisticRegression
from sklearn.model_selection import train_test_split

scikit_log_reg = sklearn.linear_model.LogisticRegression();
scikit_log_reg.fit(X,y)

# Score is Mean Accuracy
scikit_score = scikit_log_reg.score(X,y)
print('Scikit score: ', scikit_score)

# Print accuracy
y_predictions = scikit_log_reg.predict(X)
print ('预测的准确性是: %d ' % float((np.dot(y, y_predictions)
          + np.dot(1 - y,1 - y_predictions)) / float(y.size) * 100) +    '% ' )

#plot_decision_boundary(lambda x: clf.predict(x), X, Y)
# Plot decision boundary
x1 = np.array([X[:,0].min()-1, X[:,0].max()+1])
x2 = - w.item(0) / w.item(2) + x1 * (- w.item(1) / w.item(2))

fig, ax = plt.subplots(figsize=(4,4))
ax.scatter(X[:n_pts,0], X[:n_pts,1], color='lightcoral',
         label='$Y = 0$')
ax.scatter(X[n_pts:,0], X[n_pts:,1], color='blue',
         label='$Y = 1$')
ax.set_title('Sample Dataset')
ax.set_xlabel('$x_1$')
ax.set_ylabel('$x_2$')

ax.plot(x1, x2, color='k', ls='--', lw=2)
```

```
Scikit score:  0.97
预测的准确性是: 97 %
```

```
D:\Programs\Anaconda3\lib\site-packages\sklearn\linear_model\logistic.py:433: Futur
eWarning: Default solver will be changed to 'lbfgs' in 0.22. Specify a solver to sile
nce this warning.
  FutureWarning)
```

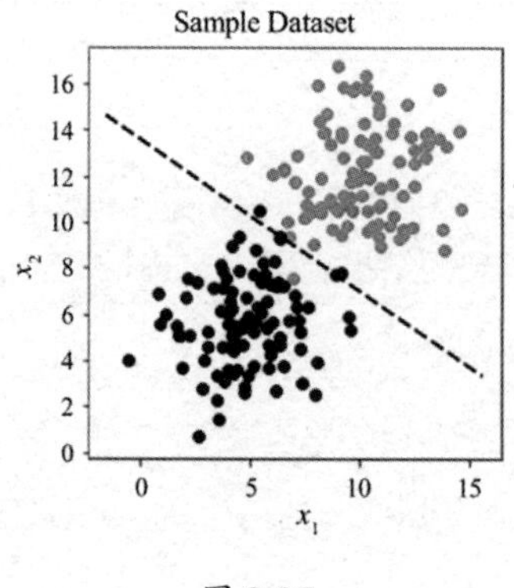

图 3-37

3.5.3 实战：鸢尾花分类的 NumPy 实现

经典数据集“鸢尾花”（iris.csv），特征如下。

```
sepal_length - Continuous variable measured in centimeters.
sepal_width - Continuous variable measured in centimeters.
petal_length - Continuous variable measured in centimeters.
petal_width - Continuous variable measured in centimeters.
species - Categorical. 2 species of iris flowers, Iris-virginica or
Iris-versicolor.
```

```
import pandas
import matplotlib.pyplot as plt
import numpy as np
iris = pandas.read_csv("iris.csv")
# shuffle rows
shuffled_rows = np.random.permutation(iris.index)
iris = iris.loc[shuffled_rows,:]
print(iris.head())

print(iris.species.unique())
iris.hist()
plt.show()
```

```
     sepal_length  sepal_width  petal_length  petal_width     species
55            5.7          2.8           4.5          1.3  versicolor
20            5.4          3.4           1.7          0.2      setosa
144           6.7          3.3           5.7          2.5   virginica
58            6.6          2.9           4.6          1.3  versicolor
31            5.4          3.4           1.5          0.4      setosa
['versicolor' 'setosa' 'virginica']
```

执行以下代码，绘制鸢尾花数据集的不同特征的直方图，如图 3-38 所示。

```
X = iris[['sepal_length', 'sepal_width', 'petal_length', 'petal_width']].values
#将 Iris-versicolor 类的标签设置为 1，将 Iris-virginica 类的标签设置为 0
```

```
y = (iris.species == 'Iris-versicolor').values.astype(int)
print(X[:3])
print(y[:3])
```

```
[[5.7 2.8 4.5 1.3]
 [5.4 3.4 1.7 0.2]
 [6.7 3.3 5.7 2.5]]
[0 0 0]
```

```
reg = 0.0
alpha=0.0001
iterations=10000
w_history = gradient_descent_logistic_reg(X,y,reg,alpha,iterations)
w = w_history[-1]
print("w:",w)

loss_history = loss_history_logistic(w_history,X,y,reg)
print(loss_history[:-1:len(loss_history)//10])
```

```
w: [-0.10784884 -0.59039117 -0.33446609 -0.31856867 -0.09292942]
[0.691647452939996, 0.04139644267230338, 0.021270173400400796, 0.01438887591269544
8, 0.010902234144325786, 0.008790617212622023, 0.007372547259035234, 0.006353506410
124969, 0.005585274554324254, 0.004985062855525219]
```

```
# Print accuracy
X_1 = np.hstack((np.ones((X.shape[0], 1), dtype=X.dtype),X))        #添加一列特征“1”
y_predictions = sigmoid(X_1 @ w)>=0.5

print ('预测的准确性是: %d ' % float((np.dot(y, y_predictions)
                    + np.dot(1 - y,1 - y_predictions)) / float(y.size) * 100) +'% ')
plt.plot(history, color='r')
```

```
预测的准确性是: 100 %
```

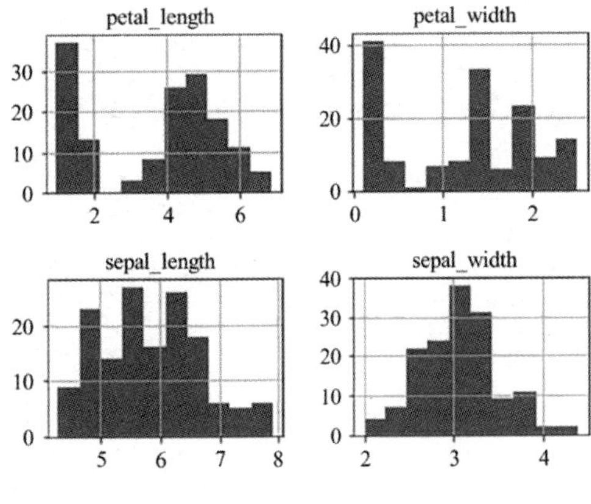

图 3-38

鸢尾花数据集的训练损失曲线，如图 3-39 所示。

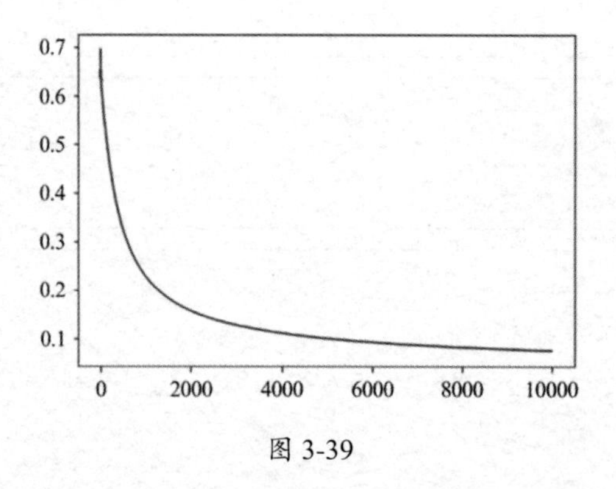

图 3-39

在这里，没有使用验证集和测试集对训练出来的模型进行评估。读者可以尝试将原数据集划分为训练集、验证集和测试集，计算验证集和测试集的误差并绘制相应的学习曲线，以观察训练出来的模型的拟合效果。

3.6 softmax 回归

逻辑回归可以解决二分类问题，但在实际应用中，很多分类问题属于多分类问题（类别超过 2 个）。例如，手写数字识别问题，需要识别手写数字图像中的数字是 0 到 9 中的哪一个（目标值有 10 个类别），如图 3-40 所示。

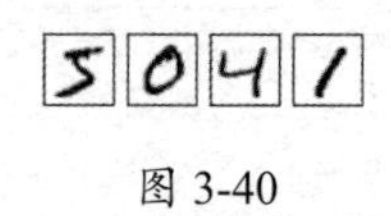

图 3-40

这种多分类问题，当然可以转换成二分类问题来解决。例如，先将其作为识别 0 和非 0 数字的二分类问题；如果是非 0 数字，就将其作为识别 1 和非 1 数字的二分类问题……依此类推。对每个数字，都要训练一个逻辑回归的二分类模型。也就是说，对于 10 个数字，需要训练 10 个逻辑回归的二分类模型。

与逻辑回归的假设函数只输出一个值来表示数据属于二分类中的某个分类不同，softmax 回归的假设函数可以输出和多分类类别数目相同的值来表示数据属于每个分类的概率。

3.6.1 spiral 数据集

执行以下代码，生成一个二维平面上的三分类数据集，结果如图 3-41 所示。

```
import numpy as np
import matplotlib.pyplot as plt
%matplotlib inline

np.random.seed(100)

def gen_spiral_dataset(N=100,D=2,K=3):
    N = 100 # number of points per class
```

```
    D = 2 # dimensionality
    K = 3 # number of classes
    X = np.zeros((N*K,D)) # data matrix (each row = single example)
    y = np.zeros(N*K, dtype='uint8') # class labels
    for j in range(K):
        ix = range(N*j,N*(j+1))
        r = np.linspace(0.0,1,N) # radius
        t = np.linspace(j*4,(j+1)*4,N) + np.random.randn(N)*0.2  # theta
        X[ix] = np.c_[r*np.sin(t), r*np.cos(t)]
        y[ix] = j
    return X,y

N = 100          # number of points per class
D = 2            # dimensionality
K = 3            # number of classes

X_spiral,y_spiral = gen_spiral_dataset()
# lets visualize the data:
plt.scatter(X_spiral[:, 0], X_spiral[:, 1], c=y_spiral, s=20, cmap=plt.cm.spring) #s
=40, cmap=plt.cm.Spectral)
plt.show()
```

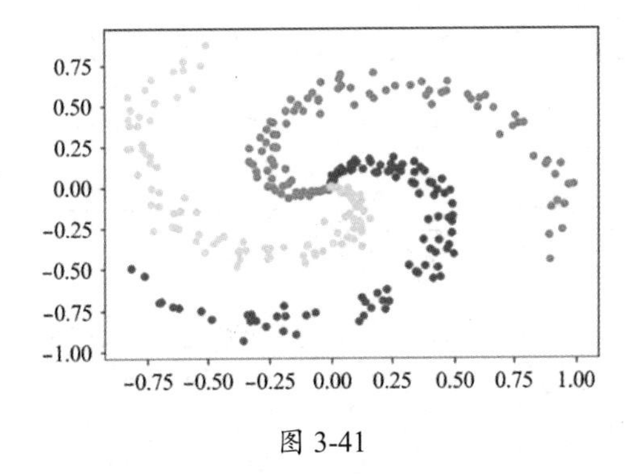

图 3-41

3.6.2 softmax 函数

softmax 函数是一种多变量向量值函数，它接收多个（如 3 个）输入值，产生同样数目（如 3 个）的输出值。3 个自变量 z_1、z_2、z_3 的 softmax(z_1, z_2, z_3)，其函数值是与自变量的数目相同的向量，公式如下。

$$
\begin{aligned}
\text{softmax}(z_1,z_2,z_3) &= \left[\frac{e^{z_1}}{e^{z_1}+e^{z_2}+e^{z_3}},\frac{e^{z_2}}{e^{z_1}+e^{z_2}+e^{z_3}},\frac{e^{z_2}}{e^{z_1}+e^{z_2}+e^{z_3}}\right] \\
&= \left(\frac{e^{z_1}}{\sum_1^3 e^{z_i}},\frac{e^{z_2}}{\sum_1^3 e^{z_i}},\frac{e^{z_2}}{\sum_1^3 e^{z_i}}\right)
\end{aligned}
$$

显然，softmax 函数的输出向量的每个分量的值都在区间 [0,1] 内，其所有分量值的和为 1，因此，其每个分量都可以看成一个概率。

执行以下 softmax() 函数代码，实现以上计算过程。

```
import numpy as np

def softmax(x):
    e_x = np.exp(x)
    return e_x / e_x.sum()
```

输入一个三维向量 $\boldsymbol{z}$，softmax() 函数将输出一个三维向量，其每个分量都表示一个概率，即这些分量的值在区间 [0,1] 内，且它们的和等于 1。示例代码如下。

```
z = [3.0, 1.0, 0.2]
softmax(z)
```

```
array([0.8360188 , 0.11314284, 0.05083836])
```

注意：softmax() 函数作用于 $\boldsymbol{z} = [3.0,1.0,0.2]$，其值

$$\text{softmax}(\boldsymbol{z}) = \left[\frac{\mathrm{e}^{3.0}}{\mathrm{e}^{3.0}+\mathrm{e}^{1.0}+\mathrm{e}^{0.2}}, \frac{\mathrm{e}^{1.0}}{\mathrm{e}^{3.0}+\mathrm{e}^{1.0}+\mathrm{e}^{0.2}}, \frac{\mathrm{e}^{0.2}}{\mathrm{e}^{3.0}+\mathrm{e}^{1.0}+\mathrm{e}^{0.2}}\right]$$

和 $\boldsymbol{z}$ 值之间不是线性关系。

对于值很大的 x，e^x 会超出计算机可表示值的范围，从而导致 softmax() 函数的值溢出，示例如下。

```
z = [100,1000]
softmax(z)
```

```
<ipython-input-1-e3aa77d695fd>:4: RuntimeWarning: overflow encountered in exp
  e_x = np.exp(x)
<ipython-input-1-e3aa77d695fd>:5: RuntimeWarning: invalid value encountered in true_
divide
  return e_x / e_x.sum()

array([ 0., nan])
```

由于对一个分数的分子和分母同时除以一个数，分数的值保持不变，即

$$\frac{\mathrm{e}^{z_j}}{\sum_i \mathrm{e}^{z_i}} = \frac{\mathrm{e}^{z_j}/\mathrm{e}^a}{\sum_i \mathrm{e}^{z_i}/\mathrm{e}^a} = \frac{\mathrm{e}^{z_j-a}}{\sum_i \mathrm{e}^{z_i-a}}$$

所以，可以先求出所有 z_i 中的最大值 a，然后用 $z_i - a$ 计算 softmax() 函数的值，代码如下。

```
def softmax(x):
    e_x = np.exp(x - np.max(x))
    return e_x / e_x.sum()

print(softmax(z))
z = [500,1000]
softmax(z)
```

```
[0. 1.]

array([7.12457641e-218, 1.00000000e+000])
```

以上代码主要针对一个输入向量进行计算。那么，以上代码能否用在由多个输入向量构成的矩阵（二维度组）上呢？示例如下。

```
z = np.array([[1, 2, 3],[6, 2, 4]])
softmax(z)
```

```
array([[0.00548473, 0.01490905, 0.04052699],
       [0.8140064 , 0.01490905, 0.11016379]])
```

在以上代码中，对于输入向量 [1,2,3]，输出向量为 [0.00548473,0.01490905,0.04052699]，这不满足概率的归一化条件（$0.00548473 + 0.01490905 + 0.04052699 \neq 1$），原因在于，上述 softmax() 函数中的 e_x.sum() 对该数组的所有元素进行了求和操作。

正确的做法是，对每个样本单独计算其属于每个分类的概率，即对每个样本计算其 softmax 输出值（求和应针对该样本的分量进行）。另外，max() 函数只需要计算样本中所有分量的最大值，不需要计算整个数组中的最大值（虽然这样做没有什么问题）。

为了能同时对多个样本计算 softmax() 函数的值，应对每个样本单独计算其 softmax 值向量。为此，可将上述代码改写如下。

```
def softmax(x):
    a= np.max(x,axis=-1,keepdims=True)
    e_x = np.exp(x - a)
    return e_x /np.sum(e_x,axis=-1,keepdims=True)

softmax(z)
```

```
array([[0.09003057, 0.24472847, 0.66524096],
       [0.86681333, 0.01587624, 0.11731043]])
```

在以上代码中：NumPy 函数 np.max() 和 np.sum() 的参数 axis=1，表示沿着该轴（列）进行相应的求最大值（max）和求和（sum）运算；keepdims=True 表示不改变结果数组的维度，即结果数组和原来的数组的维度相同。首先，求每一行的向量的最大值；然后，对每一行的向量都减去其最大值并计算其指数；最后，按行计算 softmax 函数的值，对每一行输入，都产生一个相应的、代表概率的输出向量。

以上代码可以进一步简化，具体如下。

```
def softmax(x):
    e_x=np.exp(x-np.max(x,axis=-1,keepdims=True))
    return e_x /np.sum(e_x,axis=-1,keepdims=True)

softmax(z)
```

```
array([[0.09003057, 0.24472847, 0.66524096],
       [0.86681333, 0.01587624, 0.11731043]])
```

一般地，假设 $\boldsymbol{z}=(z_1,z_2,\cdots,z_k,\cdots,z_C)$，用 $f(\boldsymbol{z})$ 表示 $\mathrm{softmax}(\boldsymbol{z})$，有

$$f_i=\frac{\mathrm{e}^{z_i}}{\sum_{k=1}^{C}\mathrm{e}^{z_k}}$$

其中，$\sum_{i=1}^{C}f_i=1$。

为防止计算过程中发生溢出，可对每个分量减去它们的最大值，即

$$f_i=\frac{\mathrm{e}^{z_i-\max(z)}}{\sum_{k=1}^{C}\mathrm{e}^{z_k-\max(z)}}$$

为了求 $f(\boldsymbol{z})=\mathrm{softmax}(\boldsymbol{z})$ 关于 $\boldsymbol{z}$ 的梯度，需要引入中间变量 $a_i=\mathrm{e}^{z_i}$、$b=\sum_{k=1}^{C}\mathrm{e}^{z_k}$，即

$$f_i=\frac{a_i}{b}$$

将 a_i 看成 z_k 的函数，有

$$\frac{\partial a_i}{\partial z_i}=\frac{\partial \mathrm{e}^{z_i}}{\partial z_i}=\mathrm{e}^{z_i}$$
$$\frac{\partial a_i}{\partial z_j}=\frac{\partial \mathrm{e}^{z_i}}{\partial z_j}=0$$

b 是 z_k 的函数。同样，有

$$\frac{\partial b}{\partial z_i}=\frac{\partial\left(\sum_{k=1}^{C}\mathrm{e}^{z_k}\right)}{\partial z_i}=\mathrm{e}^{z_i}$$

根据商的求导法则，有

$$\frac{\partial f_i}{\partial z_i}=\frac{\frac{\partial a_i}{\partial z_i}\cdot b-a_i\frac{\partial b}{\partial z_i}}{b^2}=\frac{a_ib-a_ia_i}{b^2}=\frac{a_i}{b}\left(1-\frac{a_i}{b}\right)=f_i(1-f_i)=f_i-f_if_i$$

$$\frac{\partial f_i}{\partial z_j}=\frac{\frac{\partial a_i}{\partial z_j}\cdot b-a_i\frac{\partial b}{\partial z_j}}{b^2}=\frac{0-a_ia_j}{b^2}=-f_if_j$$

$$\frac{\partial \boldsymbol{f}}{\partial \boldsymbol{z}}=\begin{bmatrix}f_1(1-f_1) & -f_1f_2 & \cdots & -f_1f_C\\ -f_2f_1 & f_2(1-f_2) & \cdots & -f_2f_C\\ \vdots & \vdots & \vdots & \vdots\\ -f_Cf_1 & -f_Cf_2 & \cdots & f_C(1-f_C)\end{bmatrix}$$

用 $\boldsymbol{f}=(f_1,f_2,\cdots,f_k,\cdots,f_C)$ 的外积进行计算，得到由 f_if_j 构成的矩阵，具体如下。

$$\begin{bmatrix}f_1f_1 & f_1f_2 & \cdots & f_1f_C\\ f_2f_1 & f_2f_2 & \cdots & f_2f_C\\ \vdots & \vdots & \vdots & \vdots\\ f_Cf_1 & f_Cf_2 & \cdots & f_Cf_C\end{bmatrix}$$

因此，$\boldsymbol{f}$ 关于 $\boldsymbol{z}$ 的梯度，可通过如下代码计算。

```
def softmax_gradient(z,isF = False):
    if isF:
        f = z
    else:
        f = softmax(z)
    grad = -np.outer(f, f) + np.diag(f.flatten())
    return grad
```

如果知道另一个变量，如 L 关于 $\boldsymbol{f}$ 的梯度 $\nabla_{\boldsymbol{f}} L=\frac{\partial L}{\partial \boldsymbol{f}}=\left(\frac{\partial L}{\partial f_1}, \frac{\partial L}{\partial f_2}, \cdots, \frac{\partial L}{\partial f_C}\right)$，则有

$$\nabla_{\boldsymbol{z}} L=\frac{\partial L}{\partial \boldsymbol{z}}=\frac{\partial L}{\partial \boldsymbol{f}} \frac{\partial \boldsymbol{f}}{\partial \boldsymbol{z}}$$

用 df 表示某个变量 L 关于 $\boldsymbol{f}$ 的梯度，L 关于 $\boldsymbol{z}$ 的梯度的 Python 计算代码如下。

```
def softmax_backward(z,df,isF = False):
    grad = softmax_gradient(z,isF)
    return df@grad
```

测试一下，示例如下。

```
x = np.array([[1, 2]])
print(softmax_gradient(x))
df = np.array([1, 3])
print(softmax_backward(x,df))
```

```
[[ 0.19661193 -0.19661193]
 [-0.19661193  0.19661193]]
[-0.39322387  0.39322387]
```

对于多个样本，可以用以下代码来计算 softmax 函数的梯度。

```
def softmax_gradient(z,isF = False):
    if isF:
        f = z
    else:
        f = softmax(z)

    if len(df)==1:
        return -np.outer(f, f) + np.diag(f.flatten())
    else:
        grads = []
        for i in range(len(f)):
            fi = f[i]
            grad = -np.outer(fi, fi) + np.diag(fi.flatten())
            grads.append(grad)
        return np.array(grads)

x = np.array([[1, 2],[2, 5]])
print(softmax_gradient(x))
```

```
[[ 0.19661193 -0.19661193]
 [-0.19661193  0.19661193]]
```

```
[-0.39322387  0.39322387]
```

用 np.einsum() 函数执行多样本的外积运算，向量化代码如下。

```
def softmax_gradient(Z,isF = False):
    if isF:
        F = Z
    else:
        F = softmax(Z)
    D = []
    for i in range(F.shape[0]):
        f = F[i]
        D.append(np.diag(f.flatten()))
    grads = D-np.einsum('ij,ik->ijk',F,F)
    return grads

print(softmax_gradient(x))
```

```
[[[ 0.19661193 -0.19661193]
  [-0.19661193  0.19661193]]

 [[ 0.04517666 -0.04517666]
  [-0.04517666  0.04517666]]]
```

如果知道某个函数（如损失函数）关于 softmax 输出值 F 的梯度 dF，就可以用以下函数计算该函数关于 softmax 函数的输入 Z 的梯度。

```
def softmax_backward(Z,dF,isF = True):
    grads = softmax_gradient(Z,isF)
    grad = np.einsum("bj, bjk -> bk", dF, grads)  # [B,D]*[B,D,D] -> [B,D]
    return grad

df = np.array([[1, 3],[2, 4]])
print(softmax_backward_2(x,df))
```

```
[[-0.39322387  0.39322387]
 [-0.09035332  0.09035332]]
```

3.6.3 softmax 回归模型

softmax 回归的函数模型，将多个线性回归函数的输出作为 softmax 函数的输入，从而产生数量相同的、用于表示概率的输出，也就是说，softmax 回归的模型函数是由多个线性回归和一个 softmax 函数复合而成的。

如图 3-42 所示，对于三分类问题，可以用 3 个线性回归函数产生 3 个输出。这 3 个输出经过 softmax 函数，产生 3 个在 (0,1) 区间内的值 f_i（$i=1,2,3$），以分别表示样本属于这 3 个分类的概率 $\sum_1^3 f_i = 1$。

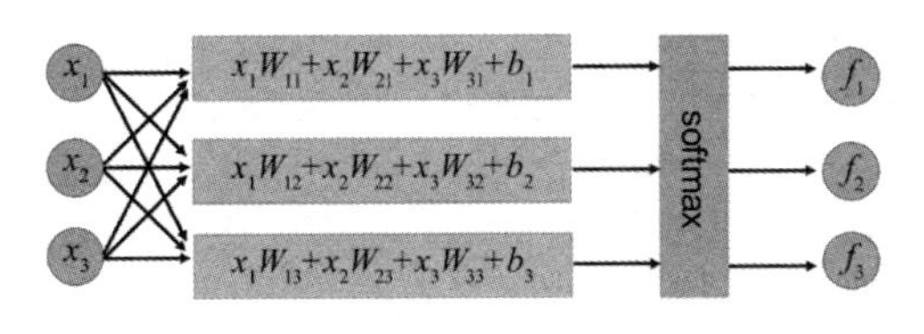

图 3-42

这个 softmax 回归函数的计算公式如下。

$$\begin{aligned}f(\boldsymbol{x}) &= (f_1, f_2, f_3)\\ &= \text{sofmax}(x_1W_{11} + x_2W_{21} + x_3W_{31} + b_1, x_1W_{12} + x_2W_{22} +\\ &\qquad x_3W_{32} + b_2, x_{13} + x_2W_{23} + x_3W_{33} + b_3)\end{aligned}$$

对于手写数字识别这个十分类问题，可以用 10 个线性回归函数 $\boldsymbol{xW}_{,i}$ 从输入特征 $\boldsymbol{x}$ 产生 10 个输出值 z_i，然后，用 softmax 函数将这 10 个输出值转换为 10 个概率值 f_i，即 $\sum_1^{10} f_i = 1$ 且 $f_i \in [0,1]$。

和线性回归一样，将偏置 b_i 看成 $\boldsymbol{w}_{0i}$，即 $\boldsymbol{W}_{,i} = (w_{0i}, w_{1i}, w_{2i}, w_{3i})$，将“1”也作为 $\boldsymbol{x}$ 的一个特征，即 $\boldsymbol{x} = (1, x_1, x_2, x_3)$，那么，上式可以写成

$$f(\boldsymbol{x}) = \text{softmax}(\boldsymbol{xW}_{,1}, \boldsymbol{xW}_{,2}, \boldsymbol{xW}_{,3}) = \text{softmax}(\boldsymbol{xW})$$

其中，$\boldsymbol{W}_{,i}$ 表示 $\boldsymbol{W}$ 的第 i 列。将 $\boldsymbol{xW}_{,i}$ 看成中间变量 z_i，则 softmax$(\boldsymbol{xW})$ 可表示成

$$\begin{aligned}\text{softmax}(z_1, z_2, z_3) &= \left(\frac{\mathrm{e}^{z_1}}{(\mathrm{e}^{z_1} + \mathrm{e}^{z_2} + \mathrm{e}^{z_3})}, \frac{\mathrm{e}^{z_2}}{(\mathrm{e}^{z_1} + \mathrm{e}^{z_2} + \mathrm{e}^{z_3})}, \frac{\mathrm{e}^{z_2}}{(\mathrm{e}^{z_1} + \mathrm{e}^{z_2} + \mathrm{e}^{z_3})}\right)\\ &= \left(\frac{\mathrm{e}^{z_1}}{\sum_1^3 \mathrm{e}^{z_i}}, \frac{\mathrm{e}^{z_2}}{\sum_1^3 \mathrm{e}^{z_i}}, \frac{\mathrm{e}^{z_2}}{\sum_1^3 \mathrm{e}^{z_i}}\right)\end{aligned}$$

对于一个样本 $\boldsymbol{x}$，$f(\boldsymbol{x}) = \text{softmax}(\boldsymbol{xW})$ 是一个向量，其每个分量表示 $\boldsymbol{x}$ 属于这个分量所对应的类别的概率。例如，f_j 表示 $\boldsymbol{x}$ 属于第 j 个类别的概率。如果样本 $(\boldsymbol{x}^{(i)}, y^{(i)})$ 的真实值 $y^{(i)}$ 为 2，则该样本属于第 2 个类别的概率就是 f_2，即 $f_{y^{(i)}}$。

m 个样本的数据特征的加权和 $\boldsymbol{XW}$ 是一个二维矩阵。该矩阵的每一行表示一个样本的数据特征的加权和。用 $\boldsymbol{Z}$ 表示这个矩阵，公式如下。

$$\boldsymbol{Z} = \begin{bmatrix} z^{(1)} \\ z^{(2)} \\ \vdots \\ z^{(m)} \end{bmatrix} = \begin{bmatrix} \boldsymbol{x}^{(1)}\boldsymbol{W} \\ \boldsymbol{x}^{(2)}\boldsymbol{W} \\ \vdots \\ \boldsymbol{x}^{(m)}\boldsymbol{W} \end{bmatrix}$$

样本 $\boldsymbol{x}^{(i)}$ 所对应的加权和 $\boldsymbol{z}^{(i)}$ 本身也是一个向量。softmax 函数作用于这个向量，将产生一个向量 softmax$(\boldsymbol{z}^{(i)})$ 来表示该样本属于不同类别的概率。用 $\boldsymbol{f}^{(i)}$ 表示 softmax$(\boldsymbol{z}^{(i)})$，所有的 $\boldsymbol{f}^{(i)}$ 可以表示成一个列向量 $\boldsymbol{F}$，公式如下。

$$
\boldsymbol{F}=\begin{bmatrix}\boldsymbol{f}^{(1)}\\ \boldsymbol{f}^{(2)}\\ \vdots\\ \boldsymbol{f}^{(m)}\end{bmatrix}=\begin{bmatrix}\frac{\mathrm{e}^{z_1^{(1)}}}{\sum_1^C \mathrm{e}^{z_i^{(1)}}} & \frac{\mathrm{e}^{z_2^{(1)}}}{\sum_1^C \mathrm{e}^{z_i^{(1)}}} & \cdots & \frac{\mathrm{e}^{z_C^{(1)}}}{\sum_1^C \mathrm{e}^{z_i^{(1)}}}\\ \frac{\mathrm{e}^{z_1^{(2)}}}{\sum_1^C \mathrm{e}^{z_i^{(2)}}} & \frac{\mathrm{e}^{z_2^{(2)}}}{\sum_1^C \mathrm{e}^{z_i^{(2)}}} & \cdots & \frac{\mathrm{e}^{z_C^{(2)}}}{\sum_1^C \mathrm{e}^{z_i^{(2)}}}\\ \vdots & \vdots & & \vdots\\ \frac{\mathrm{e}^{z_1^{(m)}}}{\sum_1^C \mathrm{e}^{z_i^{(m)}}} & \frac{\mathrm{e}^{z_2^{(m)}}}{\sum_1^C \mathrm{e}^{z_i^{(m)}}} & \cdots & \frac{\mathrm{e}^{z_C^{(m)}}}{\sum_1^C \mathrm{e}^{z_i^{(m)}}}\end{bmatrix}
$$

样本的目标值（标签）可以用一个一维向量 $\boldsymbol{y}$ 来表示，其中的每个元素都表示该样本的真正目标类别所对应的整数，公式如下。

$$
\boldsymbol{y}=\begin{bmatrix}\boldsymbol{y}^{(1)}\\ \boldsymbol{y}^{(2)}\\ \vdots\\ \boldsymbol{y}^{(m)}\end{bmatrix}
$$

用向量 $\boldsymbol{f}_{\boldsymbol{y}^{(i)}}^{(i)}$ 表示所有样本 i 所对应的真实类别 $\boldsymbol{y}^{(i)}$ 的概率。多个样本的这些概率也构成了一个向量，公式如下。

$$
\boldsymbol{F}_y=\begin{bmatrix}f_{y^{(1)}}^{(1)}\\ f_{y^{(2)}}^{(2)}\\ \vdots\\ f_{y^{(m)}}^{(m)}\end{bmatrix}=\begin{bmatrix}\frac{\mathrm{e}^{z_{y(1)}^{(1)}}}{\sum_1^C \mathrm{e}^{z_i^{(1)}}}\\ \frac{\mathrm{e}^{z_{y(2)}^{(2)}}}{\sum_1^C \mathrm{e}^{z_i^{(2)}}}\\ \vdots\\ \frac{\mathrm{e}^{z_{y(m)}^{(m)}}}{\sum_1^C \mathrm{e}^{z_i^{(m)}}}\end{bmatrix}
$$

3.6.4　多分类交叉熵损失

对于一个样本 $(\boldsymbol{x}^{(i)},y^{(i)})$，其数据特征 $\boldsymbol{x}^{(i)}$ 经过 softmax 回归模型，输出的是该样本属于每个分类的概率 $(f_1^{(i)},f_2^{(i)},\cdots,f_C^{(i)})$。样本属于目标分类 $y^{(i)}$ 的概率为 $f_{y^{(i)}}^{(i)}$，表示该样本以该目标分类出现的概率。m 个样本 $(\boldsymbol{x}^{(i)},y^{(i)})$ 以它们所对应的目标分类同时出现的概率，公式如下。

$$
\prod_{i=1}^{m} f_{y^{(i)}}^{(i)}
$$

概率最大的 $\boldsymbol{W}$ 才能使这 m 个样本以最大的概率出现。因此，softmax 回归就是要求解使这些概率最大的回归模型的参数 $\boldsymbol{W}$。因为乘法会使数值迅速变成无穷大或趋近于 0，所以，为了使算法具有数值稳定性，通常将这个概率的负对数的平均值作为代价函数，公式如下。

$$L(\boldsymbol{W})=-\frac{1}{m}\sum_{i=1}^{m}\log\left(f_{y^{(i)}}^{(i)}\right)$$

其中，$-\log(f_{y^{(i)}}^{(i)})$ 称为样本 i 的交叉熵损失。这样，使 $\prod_{i=1}^{m} f_{y^{(i)}}^{(i)}$ 最大的问题，就变成了使这个交叉熵损失最小的问题。

对于一个三分类问题，$y^{(i)}$ 用 0、1、2 分别表示该样本属于 3 个不同类别的概率。如果一个样本的真实类别是第 3 类，即 $y^{(i)}=2$，那么，针对该样本的预测值 $\boldsymbol{f}^{(i)}$ 就是一个向量，表示该样本属于每个分类的概率。假设该向量值为

$$\boldsymbol{f}^{(i)}=\begin{bmatrix}f_0^{(i)}\\f_1^{(i)}\\f_2^{(i)}\end{bmatrix}=\begin{bmatrix}0.5\\0.3\\0.2\end{bmatrix}$$

该样本的交叉熵损失就是 $-\log(f_2^{(i)})=-\log(0.2)$。

对于多个样本（$m=2$），对应的概率矩阵 $\boldsymbol{F}$ 和目标值向量 $\boldsymbol{y}$ 的计算公式如下。

$$\boldsymbol{F}=\begin{bmatrix}0.2 & 0.5 & 0.3\\0.2 & 0.6 & 0.2\end{bmatrix},\qquad \boldsymbol{y}=\begin{bmatrix}2\\1\end{bmatrix}$$

因此，有

$$\boldsymbol{F_y}=\begin{bmatrix}0.3\\0.6\end{bmatrix}$$

它表示每个样本属于对应目标分类的概率。所有样本的交叉熵损失的向量化表示如下。

$$L(\boldsymbol{W})=-\frac{1}{m}\sum_{i=1}^{m}\log\left(f_{y^{(i)}}^{(i)}\right)=-\frac{1}{m}\text{sum}\left(\log(\boldsymbol{F_y})\right)$$

对于有 2 个样本的例子，平均交叉熵损失如下。

$$L(\boldsymbol{W})=-\frac{1}{2}\left(\log(0.3)+\log(0.6)\right)$$

用于计算交叉熵的 Python 代码，示例如下。

```
def cross_entropy(F,y):
    m = len(F) #y.shape[0]
    log_Fy = -np.log(F[range(m),y])
    return np.sum(log_Fy) / m
```

计算上述有 2 个样本的例子的交叉熵，代码如下。

```
F = np.array([[0.2,0.5,0.3],[0.2,0.6,0.2]])      #每一行都对应于一个样本
Y = np.array([2,1])

print(-1/2*(np.log(0.3)+np.log(0.6)))
print(cross_entropy(F,Y))
```

```
0.8573992140459634
```

```
0.8573992140459634
```

有些时候，不是用一个整数值来表示某个样本的类别，而是用一个独热（one-hot）向量 $y^{(i)} = (y_1^{(i)}, y_2^{(i)}, \cdots, y_C^{(i)})$ 来表示某个样本的类别，C 表示类别的总数。在这个向量中，只有一个分量的值为 1，其他分量的值都为 0。例如，对于三分类问题，如果某个样本的类别是 3，那么其 one-hot 向量为 (0,0,1)，即第 3 个分量的值为 1，其他分量的值都为 0。

对于一个样本，如果其所对应的 $y^{(i)}$ 的第 j 个分量为 $y_j^{(i)} = 1$，即该样本属于第 j 类，则该样本的交叉熵损失可写成

$$-\log\left(f_j^{(i)}\right) = -y_j^{(i)}\log\left(f_j^{(i)}\right) = -\sum\nolimits_{I=1}^{C} y_j^{(i)}\log\left(f_j^{(i)}\right) = -y_j^{(i)} \bullet \log\left(f_j^{(i)}\right)$$

也就是说，这个样本所对应的交叉熵损失就是向量 $y^{(i)}$ 和 $\log(f^{(i)})$ 的点积的相反数。

因此，对于以 one-hot 向量形式表示的目标值，可将所有样本的交叉熵损失写成如下形式。

$$L(\boldsymbol{W}) = -\frac{1}{m}\sum_{i=1}^{m} y_j^{(i)} \bullet \log\left(f_j^{(i)}\right) = -\frac{1}{m}\mathrm{np.sum}\big(Y \odot \log(F)\big)$$

例如，对于上述 f 和 one-hot 向量 $\boldsymbol{y}$，有

$$f = \begin{bmatrix} 0.2 & 0.5 & 0.3 \\ 0.2 & 0.6 & 0.2 \end{bmatrix}, \qquad \boldsymbol{y} = \begin{bmatrix} 0 & 0 & 1 \\ 0 & 1 & 0 \end{bmatrix}$$

$$\begin{aligned} L(\boldsymbol{W}) &= -\frac{1}{2}\big(\mathrm{np.sum}(y \cdot \log(f))\big) \\ &= -\frac{1}{2} \times \mathrm{np.sum}\left(\begin{bmatrix} 0 \times \log(0.2) + 0 \times \log(0.5) + 1 \times \log(0.3) \\ 0 \times \log(0.2) + 1 \times \log(0.6) + 0 \times \log(0.2) \end{bmatrix}\right) = -\frac{1}{2}(\log(0.3) + \log(0.6)) \end{aligned}$$

也可以用逐元素乘积（Hadamard 乘积）的方法，将这两个形状相同的矩阵相乘，得到

$$Y \odot \log(F) = \begin{bmatrix} 0 \times \log(0.2) & 0 \times \log(0.5) & 1 \times \log(0.3) \\ 0 \times \log(0.2) & 1 \times \log(0.6) & 0 \times \log(0.2) \end{bmatrix}$$

将结果矩阵中的所有元素相加再除以样本的个数，就能得到总的交叉熵，具体如下。

$$\frac{1}{2}(\log(0.3) + \log(0.6))$$

相应的 Python 计算代码如下。

```
def cross_entropy_one_hot(F,Y):
    m = len(F)
    return -np.sum(Y*np.log(F))/m  # -(1./m) *np.sum(np.multiply(y, np.log(f)))

F = np.array([[0.2,0.5,0.3],[0.2,0.6,0.2]])        #每一行对应于一个样本
Y = np.array([[0,0,1],[0,1,0]])

print(cross_entropy_one_hot(F,Y))
```

```
0.8573992140459634
```

3.6.5 通过加权和计算交叉熵损失

一个样本的加权和 $\boldsymbol{z}$ 的 softmax 函数的输出，就是概率 $\boldsymbol{f}$。知道了加权和 $\boldsymbol{z}$，就可以算出 $\boldsymbol{f}$，从而算出交叉熵损失。

执行以下代码，通过多个样本的加权和 $\boldsymbol{Z}$ 和它们的目标分类标签 $\boldsymbol{y}$ 来计算交叉熵损失。

```
#https://deepnotes.io/softmax-crossentropy
def softmax(Z):
    A = np.exp(Z-np.max(Z,axis=1,keepdims=True))
    return A/np.sum(A,axis=1,keepdims=True)

def softmax_cross_entropy(Z,y):
    m = len(Z)
    F = softmax(Z)
    log_Fy = -np.log(F[range(m),y])
    return  np.sum(log_Fy) / m
```

用一组 $\boldsymbol{Z}$ 测试一下，示例如下。

```
Z = np.array([[2,25,13],[54,3,11]])      #每一行对应于一个样本
y = np.array([2,1])
softmax_cross_entropy(Z,y)
```

```
31.500003072148047
```

如果标签是 one-hot 向量形式的，则可以执行以下代码，通过加权和计算交叉熵损失。

```
def softmax_cross_entropy_one_hot(Z, y):
    F = softmax(Z)
    loss =  -np.sum(y*np.log(F),axis=1)
    return np.mean(loss)
Z = np.array([[2,25,13],[54,3,11]])      #每一行对应于一个样本
y = np.array([[0, 0, 1],[0, 1, 0]])
softmax_cross_entropy_one_hot(Z,y)
```

```
31.500003072148047
```

3.6.6 softmax 回归的梯度计算

softmax 回归的目标就是求解使交叉熵损失 $\mathcal{L}(\boldsymbol{W})$ 最小的 $\boldsymbol{W}$，使用的仍然是梯度下降法。因此，需要计算 $\mathcal{L}(\boldsymbol{W})$ 关于 $\boldsymbol{W}$ 的梯度（即关于 $\boldsymbol{W}_{jk}$ 的偏导数）。

1. 交叉熵损失关于加权和的梯度

假设样本为 $(\boldsymbol{x}, y)$，$\boldsymbol{f}(\boldsymbol{x}) = \text{softmax}(\boldsymbol{x}\boldsymbol{W})$ 可以看成 $\boldsymbol{z} = (z_1, z_2, z_3) = (\boldsymbol{x}\boldsymbol{W}_{,1}, \boldsymbol{x}\boldsymbol{W}_{,2}, \boldsymbol{x}\boldsymbol{W}_{,3})$ 和 $\boldsymbol{f}(\boldsymbol{z}) = \text{softmax}(\boldsymbol{z}) = \text{softmax}(z_1, z_2, z_3)$ 的复合函数。

引入辅助中间变量 $a = (a_1, a_2, a_3) = (\mathrm{e}^{z_1}, \mathrm{e}^{z_2}, \mathrm{e}^{z_3})$，则

$$\boldsymbol{f}(\boldsymbol{z}) = \boldsymbol{f}(\boldsymbol{a}) = (f_1,\quad f_2,\quad f_3) = \left(\frac{a_1}{a_1 + a_2 + a_3},\quad \frac{a_2}{a_1 + a_2 + a_3},\quad \frac{a_2}{a_1 + a_2 + a_3}\right)$$

令

$$\mathcal{L} = -\log(f_y) = -(\log(a_y) - \log(a_1 + a_2 + a_3))$$

$$\frac{\partial \mathcal{L}}{\partial z_i} = -\frac{1}{a_y}\frac{\partial a_y}{\partial z_i} - \frac{1}{a_1 + a_2 + a_3}\left(\frac{\partial a_1}{\partial z_i} + \frac{\partial a_2}{\partial z_i} + \frac{\partial a_3}{\partial z_i}\right) = -\frac{1}{a_y}\frac{\partial a_y}{\partial z_i} - \frac{1}{a_1 + a_2 + a_3}\mathrm{e}^{z_i}$$

$$= -\frac{1}{a_y}\bullet 1(y == i)\mathrm{e}^{z_y} - \frac{1}{a_1 + a_2 + a_3}\mathrm{e}^{z_i} = -1(y == i) + \frac{\mathrm{e}^{z_i}}{\sum_1^3 \mathrm{e}^{z_i}} = f_i - 1(y == i)$$

其中，记号 $1(y == i)$ 表示当 $y == i$ 成立时值为 1，否则值为 0。

因此，$\mathcal{L}$ 关于 $z = (z_1, z_2, z_3)$ 的梯度为

$$\nabla_z \mathcal{L} = \left(\frac{\partial \mathcal{L}}{\partial z_1}, \frac{\partial \mathcal{L}}{\partial z_2}, \frac{\partial \mathcal{L}}{\partial z_3}\right) = (f_1 - 1(y == 1), f_2 - 1(y == 2), f_3 - 1(y == 3))$$

如果 $y = 1$，那么 $\nabla_z \mathcal{L} = (f_1 - 1, f_2, f_3)$，也就是说，对于任意分类问题，如果某个 $\boldsymbol{y}$ 的分类为 i，则

$$\nabla_z \mathcal{L} = (f_1, f_2, \cdots, f_i - 1, \cdots f_c) = \boldsymbol{f} - \boldsymbol{I}_i$$

其中，记号 $\boldsymbol{I}_i$ 表示一个第 i 个分量为 1、其他分量为 0 的 one-hot 向量。如果用这个 one-hot 向量表示样本的目标值 $\boldsymbol{y}$，即 $\boldsymbol{y} = \boldsymbol{I}_i$，则

$$\nabla_z \mathcal{L} = \boldsymbol{f} - \boldsymbol{y}$$

这和线性回归的损失 $\frac{1}{2}\parallel \boldsymbol{f} - \boldsymbol{y} \parallel^2$ 关于 $\boldsymbol{f}$ 的梯度公式、逻辑回归的交叉熵损失 $-(\boldsymbol{y}\log(\boldsymbol{f}) + (1 - \boldsymbol{y})\log(1 - \boldsymbol{f}))$ 关于加权和 $\boldsymbol{z}$ 的梯度公式惊人的一致。不过，它们还是有区别的。线性回归是损失函数值关于 $\boldsymbol{f}$ 的梯度，而逻辑回归和 softmax 回归关于加权和 $\boldsymbol{z}$（而不是 $\boldsymbol{f}$）的梯度都是 $\boldsymbol{f} - \boldsymbol{y}$。不过，逻辑回归的概率是通过 $\boldsymbol{f} = \sigma(\boldsymbol{z})$ 计算的，softmax 回归的概率则是通过 $\boldsymbol{f} = \mathrm{softmax}(\boldsymbol{z})$ 计算的。因此，对于由多个样本特征构造的向量 $\boldsymbol{Z}$，用 $\mathcal{L}$ 表示所有样本总损失，$\mathcal{L}$ 关于加权和 Z 的梯度为

$$\nabla_z \mathcal{L} = \boldsymbol{F} - \boldsymbol{I}_i$$

或者

$$\nabla_z \mathcal{L} = \boldsymbol{F} - \boldsymbol{Y}$$

以上形式，不仅和逻辑回归损失函数关于加权和的梯度是一样的，也和线性回归的损失函数 $\frac{1}{2}\parallel \boldsymbol{F} - \boldsymbol{Y} \parallel^2$ 关于输出 $\boldsymbol{F}$ 的梯度是一样的。

计算交叉熵关于 $\boldsymbol{Z}$ 的梯度，代码如下。

```
def grad_softmax_crossentropy(Z,y):
    F = softmax(Z)
    I_i = np.zeros_like(Z)
    I_i[np.arange(len(Z)),y] = 1
    return (F - I_i) / Z.shape[0]
```

```
def grad_softmax_cross_entropy(Z,y):
    m = len(Z)
    F = softmax(Z)
    F[range(m),y] -= 1
    return F/m
```

用包含 2 个样本的 $\boldsymbol{Z}$ 及其目标值 y 测试一下，代码如下。

```
Z = np.array([[2,25,13],[54,3,11]])       #每一行对应于一个样本
y = np.array([2,1])
grad_softmax_cross_entropy(Z,y)
#grad_softmax_crossentropy(Z,y)
```

为了确保分析梯度的计算没有错误，可以用 1.4 节介绍的通过数值梯度函数计算出来的交叉熵关于 $\boldsymbol{Z}$ 的数值梯度和上述分析梯度进行比较，代码如下。

```
def loss_f():
    return softmax_cross_entropy(Z,y)

import util
Z = Z.astype(float)          #注意：必须将整数数组转换成 float 类型的
print("num_grad",util.numerical_gradient(loss_f,[Z]))
```

```
num_grad [array([[ 0.        ,  0.49999693, -0.49999693],
                [ 0.5       , -0.5       ,  0.        ]])]
```

如果目标样本是用 one-hot 向量表示的，那么，计算交叉熵关于 $\boldsymbol{Z}$ 的梯度的代码如下。

```
def grad_softmax_crossentropy_one_hot(Z, y):      #y 是用 one-hot 向量表示的
    F = softmax(Z)
    return (F - y)/Z.shape[0]

Z = np.array([[2,25,13],[54,3,11]])               #每一行对应于一个样本
y = np.array([[0, 0, 1],[0, 1, 0]])
grad_softmax_crossentropy_one_hot(Z,y)
```

```
array([[ 5.13090829e-11,  4.99996928e-01, -4.99996928e-01],
       [ 5.00000000e-01, -5.00000000e-01,  1.05756552e-19]])
```

2. 交叉熵损失关于权值参数的梯度

求出了损失函数关于加权和 $\boldsymbol{z}$ 的梯度，进一步地，可以求出损失函数模型的参数 $\boldsymbol{W}$。因为 $z_i = \boldsymbol{x}\boldsymbol{W}_{,i}$ 对于 $W_{,i}$ 的梯度为 $\boldsymbol{x}$、对于 $\boldsymbol{W}_{,j}$ 的梯度为 0，所以

$$\frac{\partial z_i}{\partial \boldsymbol{W}_{,j}} = 1(i == j)\boldsymbol{x}$$

因此，有

$$\frac{\partial \mathcal{L}}{\partial \boldsymbol{W}_{,j}} = \sum_{i=1}^{3} \frac{\partial \mathcal{L}}{\partial z_i} \frac{\partial z_i}{\partial \boldsymbol{W}_{,j}} = \frac{\partial \mathcal{L}}{\partial z_i} \frac{\partial z_i}{\partial \boldsymbol{W}_{,j}} = (f_j - 1(y == j))\boldsymbol{x}$$

即对于 $j=1,2,3$，有

$$\frac{\partial \mathcal{L}}{\partial \boldsymbol{W}_{,1}}=(f_1-1(y==1))\boldsymbol{x}$$

$$\frac{\partial \mathcal{L}}{\partial \boldsymbol{W}_{,2}}=(f_2-1(y==2))\boldsymbol{x}$$

$$\frac{\partial \mathcal{L}}{\partial \boldsymbol{W}_{,3}}=(f_3-1(y==3))\boldsymbol{x}$$

注意：因为 $\boldsymbol{W}_{,1}$ 是一个列向量，所以，如果 $\boldsymbol{x}$ 是一个行向量，则上述的 $\frac{\partial \mathcal{L}}{\partial \boldsymbol{W}_{,j}}$ 也是行向量。如果要将 $\frac{\partial \mathcal{L}}{\partial \boldsymbol{W}}$ 写成和 $\boldsymbol{W}$ 形状相同的矩阵形式，则

$$\begin{aligned}\frac{\partial \mathcal{L}}{\partial \boldsymbol{W}}&=\left(\frac{\partial \mathcal{L}}{\partial \boldsymbol{W}_{,1}}^{\mathrm{T}},\frac{\partial \mathcal{L}}{\partial \boldsymbol{W}_{,j}}^{\mathrm{T}},\cdots,\frac{\partial \mathcal{L}}{\partial \boldsymbol{W}_{,C}}^{\mathrm{T}}\right)\\&=\boldsymbol{x}^{\mathrm{T}}(f_1-1(y==1),f_2-1(y==2),\cdots,f_C-1(y==C))\end{aligned}$$

如果用 ont-hot 向量表示目标值（标签）$\boldsymbol{y}$，则上式可以写成更简洁的式子，具体如下。

$$\frac{\partial \mathcal{L}}{\partial \boldsymbol{W}}=\boldsymbol{x}^{\mathrm{T}}(\boldsymbol{f}-\boldsymbol{y})$$

假设 $\boldsymbol{x}$、$\boldsymbol{f}$、$\boldsymbol{y}$ 都是行向量，上式就可以表示成一个和 $\boldsymbol{W}$ 形状相同的矩阵。C 表示类别的数目，n 表示数据特征的数目，$\boldsymbol{x}$ 就是一个 $1\times n$ 的向量，$\boldsymbol{x}^{\mathrm{T}}$ 就是一个 $n\times 1$ 的向量，$\boldsymbol{W}$ 就是一个 $n\times C$ 的矩阵。因为 $\boldsymbol{z}=\boldsymbol{x}\boldsymbol{W}$，$\boldsymbol{f}=\mathrm{softmax}(\boldsymbol{z})$，所以，$\boldsymbol{f}$ 和 $\boldsymbol{y}$ 都是 $1\times C$ 的向量。因此，$\boldsymbol{x}^{\mathrm{T}}(\boldsymbol{f}-\boldsymbol{y})$ 是一个 $n\times C$ 的矩阵。

对于由 m 个样本 $\boldsymbol{x}^{(i)}$ 构成的矩阵

$$\boldsymbol{X}=\begin{bmatrix}\boldsymbol{x}^{(1)}\\\boldsymbol{x}^{(2)}\\\vdots\\\boldsymbol{x}^{(i)}\\\vdots\\\boldsymbol{x}^{(m)}\end{bmatrix}$$

$\boldsymbol{F}$ 和 $\boldsymbol{Y}$ 分别是由这些样本所对应的预测值和目标值构成的矩阵，具体如下。

$$\boldsymbol{F}=\begin{bmatrix}\boldsymbol{f}^{(1)}\\\boldsymbol{f}^{(2)}\\\vdots\\\boldsymbol{f}^{(i)}\\\vdots\\\boldsymbol{f}^{(m)}\end{bmatrix},\quad \boldsymbol{Y}=\begin{bmatrix}\boldsymbol{x}^{(1)}\\\boldsymbol{x}^{(2)}\\\vdots\\\boldsymbol{x}^{(i)}\\\vdots\\\boldsymbol{x}^{(m)}\end{bmatrix}$$

因此，损失函数关于权重 $\boldsymbol{W}$ 的梯度的向量形式为

$$\frac{\partial \mathcal{L}}{\partial \boldsymbol{W}} = \boldsymbol{X}^{\mathrm{T}}(\boldsymbol{F} - \boldsymbol{Y})$$

给 softmax 回归的交叉熵损失添加正则项。如果用整数表示目标值，则损失函数变为

$$L(\boldsymbol{W}) = -\frac{1}{m}\sum\nolimits_{i=1}^{m} \log\left(f_{y^{(i)}}^{(i)}\right) + \lambda\|\boldsymbol{W}\|^2$$

如果用 one-hot 向量表示目标值，则损失函数变为

$$L(\boldsymbol{W}) = -\frac{1}{m}\sum\nolimits_{i=1}^{m} \log y^{(i)}(f^{(i)}) + \lambda\|\boldsymbol{W}\|^2$$

损失函数关于权重 $\boldsymbol{W}$ 的梯度为

$$\frac{\partial \mathcal{L}}{\partial \boldsymbol{W}} = \boldsymbol{X}^{\mathrm{T}}(\boldsymbol{F} - \boldsymbol{Y}) + 2\lambda\boldsymbol{W}$$

根据梯度的计算公式，很容易就能写出损失函数关于 $\boldsymbol{W}$ 的梯度的计算代码。

在以下代码中，X 表示多个样本的数据特征矩阵，y 表示目标值向量，reg 表示正则化参数，loss_softmax() 和 gradient_soft_max() 函数分别用于计算损失函数的损失和损失函数关于 $\boldsymbol{W}$ 的梯度。

```
#def loss_gradient(W,X,y,lambda_):
def gradient_softmax(W,X,y,reg):
    m = len(X)
    Z=  np.dot(X,W)

    I_i = np.zeros_like(Z)
    I_i[np.arange(len(Z)),y] = 1
    F = softmax(Z)
    #F = np.exp(Z) / np.exp(Z).sum(axis=-1,keepdims=True)
    grad =  (1 / m) * np.dot(X.T,F - I_i)# Z.shape[0]
    grad = grad +2*reg*W
    return grad

def loss_softmax(W,X,y,reg):
    m = len(X)
    Z=  np.dot(X,W)
    Z_i_y_i = Z[np.arange(len(Z)),y]
    negtive_log_prob = - Z_i_y_i + np.log(np.sum(np.exp(Z),axis=-1))
    loss =  np.mean(negtive_log_prob)+reg*np.sum(W*W)
    return loss
```

测试一下，代码如下。

```
X = np.array([[2,3],[4,5]])                 #每一行对应于一个样本，每个样本都有两个特征
y = np.array([2,1])                         #类别数为 3
W = np.array([[0.1,0.2,0.3],[0.4,0.2,0.8]]) #2×3 的矩阵

reg = 0.2;
```

```
print(gradient_softmax(W,X,y,reg))
print(loss_softmax(W,X,y,reg))
```

```
[[ 0.30213245 -1.75779321  1.69566076]
 [ 0.5254108  -2.19194012  2.22652932]]
2.086304963628266
```

如果用 one-hot 向量表示每个样本的目标值，用 y 表示由多个样本的目标值构成的矩阵，那么，执行以下代码中的 loss_softmax_onehot() 和 gradient_softmax_onehot() 函数，可以分别计算损失函数的损失和损失函数关于 $\boldsymbol{W}$ 的梯度。

```
def gradient_softmax_onehot(W,X,y,reg):
    m = len(X)                          #样本数目
    nC = W.shape[1]                     #类别数目
    #y_one_hot = np.eye(nC)[y[:,0]]
    y_one_hot = y

    #y_mat = oneHotIt(y) # Next we convert the integer class coding into a one-hot rep
resentation
    Z = np.dot(X,W)                     #Z 为加权和
    F = softmax(Z)                      #F 为概率矩阵
    grad = (1 / m) * np.dot(X.T,(F - y_one_hot)) + 2*reg*W  # And compute the gradient
 for that loss
    return grad

def loss_softmax_onehot(W,X,y,reg):
    m = len(X) #First we get the number of training examples
    nC = W.shape[1]
    #y_one_hot = np.eye(nC)[y[:,0]]
    y_one_hot = y

    #y_mat = oneHotIt(y)                #将整数编码转换为 one-hot 向量的形式
    Z = np.dot(X,W)                     #Z 为加权和
    F = softmax(Z)                      #F 为概率矩阵
    loss = (-1 / m) * np.sum(y_one_hot * np.log(F)) + (reg)*np.sum(W*W)
    return loss
X = np.array([[2,3],[4,5]])             #每一行对应于一个样本，每个样本都有两个特征
y = np.array([[0,0,1],[0,1,0]])         #类别数为 3
W = np.array([[0.1,0.2,0.3],[0.4,0.2,0.8]])        #2×3 的矩阵

reg = 0.2;
print(gradient_softmax_onehot(W,X,y,reg))
print(loss_softmax_onehot(W,X,y,reg))
```

```
[[ 0.30213245 -1.75779321  1.69566076]
 [ 0.5254108  -2.19194012  2.22652932]]
2.0863049636282662
```

3.6.7　softmax 回归的梯度下降法的实现

softmax 回归的梯度下降法代码如下。

```
def gradient_descent_softmax(w,X, y, reg=0., alpha=0.01, iterations=100,
                             gamma = 0.8,epsilon=1e-8):
    X = np.hstack((np.ones((X.shape[0], 1), dtype=X.dtype),X))      #添加一列特征“1”
    v= np.zeros_like(w)
    #losses = []
    w_history=[]
    for i in range(0,iterations):
        gradient = gradient_softmax(w,X,y,reg)
        if np.max(np.abs(gradient))<epsilon:
            print("gradient is small enough!")
            print("iterated num is :",i)
            break

        w = w - (alpha * gradient)
        #v = gamma*v+alpha* gradientz
        #w= w-v
        #losses.append(loss)
        w_history.append(w)
    return w_history
```

对于样本 (X,y)，执行以下辅助函数，可计算 w_history（历史记录）里的每个模型参数所对应的模型损失。

```
def compute_loss_history(w_history,X,y,reg=0.,OneHot=False):
    loss_history=[]
    X = np.hstack((np.ones((X.shape[0], 1), dtype=X.dtype),X))
    if OneHot:
        for w in w_history:
            loss_history.append(loss_softmax_onthot(w,X,y,reg))
    else:
        for w in w_history:
            loss_history.append(loss_softmax(w,X,y,reg))
    return loss_history
```

3.6.8　spiral 数据集的 softmax 回归模型

对三分类数据集 spiral 训练一个 softmax 回归模型，代码如下，损失曲线如图 3-43 所示。

```
X_spiral,y_spiral = gen_spiral_dataset()
X = X_spiral
y = y_spiral

alpha = 1e-0
iterations  =200
reg = 1e-3
```

```
w = np.zeros([X.shape[1]+1,len(np.unique(y))])
w_history = gradient_descent_softmax(w,X,y,reg,alpha,iterations)
w = w_history[-1]
print("w: ",w)
loss_history = compute_loss_history(w_history,X,y,reg)
print(loss_history[:-1:len(loss_history)//10])
plt.plot(loss_history, color='r')
```

```
w:  [[-0.05432759  0.00909428  0.04523331]
 [ 1.33458061  1.00350822 -2.33808883]
 [-2.34741204  2.66497338 -0.31756134]]
[1.0676120053842029, 0.8282060256848282, 0.7842866954902825, 0.7712475770990912, 0.7664708448591956, 0.7645211840017035, 0.7636739840781024, 0.7632912248183761, 0.7631138695802607, 0.763030293277599]
```

执行以下函数，可计算训练模型在一批数据 (X,y) 上的预测准确性。

```
def getAccuracy(w,X,y):"
    X = np.hstack((np.ones((X.shape[0], 1), dtype=X.dtype),X))      #添加一列特征“1”
    probs = softmax(np.dot(X,w))
    predicts = np.argmax(probs,axis=1)
    accuracy = sum(predicts == y)/(float(len(y)))
    return accuracy
```

使用 getAccuracy() 函数，可以计算训练 spiral 数据集得到的 softmax 模型的预测准确性，代码如下。

```
getAccuracy(w,X_spiral,y_spiral)
```

```
0.5366666666666666
```

执行以下代码，绘制 softmax 模型的分类边界，如图 3-44 所示。

```
# plot the resulting classifier
h = 0.02
x_min, x_max = X[:, 0].min() - 1, X[:, 0].max() + 1
y_min, y_max = X[:, 1].min() - 1, X[:, 1].max() + 1
xx, yy = np.meshgrid(np.arange(x_min, x_max, h), np.arange(y_min, y_max, h))

Z = np.dot(np.c_[np.ones(xx.size),xx.ravel(), yy.ravel()], w)
Z = np.argmax(Z, axis=1)
Z = Z.reshape(xx.shape)
fig = plt.figure()
plt.contourf(xx, yy, Z, cmap=plt.cm.Spectral, alpha=0.3)
plt.scatter(X[:, 0], X[:, 1], c=y, s=40, cmap=plt.cm.Spectral)
plt.xlim(xx.min(), xx.max())
plt.ylim(yy.min(), yy.max())
#fig.savefig('spiral_linear.png')
```

```
(-1.908218802050246, 1.9517811979497575)
```

可见，softmax 回归本质上仍然是线性函数模型。表现在图形上，就是其分割线大都是直线，即很难对数据进行非线性分割（本节模型的预测准确性为 0.5366666666666666）。

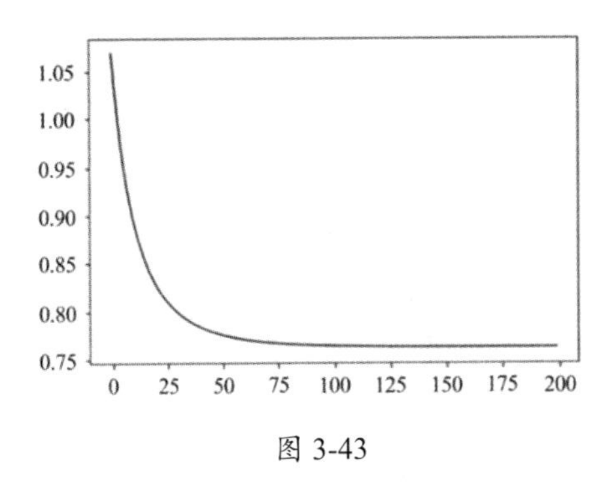

图 3-43

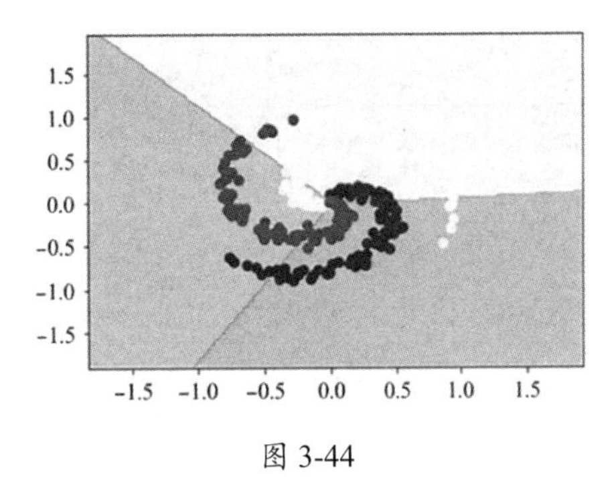

图 3-44

3.7　批梯度下降法和随机梯度下降法

3.7.1　MNIST 手写数字集

MNIST 手写数字集中是一些手写数字的图像，每幅图像中都有一个手写数字。也就是说，在样本数据集中，有 (0,1,⋯,9) 共 10 个数字的图像。因此，识别 MNIST 手写数字集中的数字是一个十分类问题。

执行以下代码，读取 MNIST 手写数字集的训练集。

```
import pickle, gzip, urllib.request, json
import numpy as np
import os.path

if not os.path.isfile("mnist.pkl.gz"):
    # Load the dataset
    urllib.request.urlretrieve("http://deeplearning.net/data/mnist/mnist.pkl.gz",
                               "mnist.pkl.gz")

with gzip.open('mnist.pkl.gz', 'rb') as f:
    train_set, valid_set, test_set = pickle.load(f, encoding='latin1')

train_X, train_y = train_set
valid_X, valid_y = valid_set
test_X, test_y = valid_set
print(train_X.shape,train_y.shape)
print(valid_X.shape,valid_y.shape)
print(test_X.shape,test_y.shape)
print(train_X.dtype,train_y.dtype)
print(train_X[9][300],train_y[9])
print(np.min(train_y),np.max(train_y))
```

```
(50000, 784) (50000,)
(10000, 784) (10000,)
```

```
(10000, 784) (10000,)
float32 int64
0.98828125 4
0 9
```

在训练集中有 50000 个样本，在验证集和测试集中各有 10000 个样本。图像的每个像素点的值都是 float 类型的实数，其取值范围是 [0,1] 之间的实数（表示每个像素点的灰度）。标签值表示图像所对应的数字分类，用 (0,1,⋯,9) 表示。

执行以下代码，对数据集中的一幅图像进行可视化，结果如图 3-45 所示。

```
import matplotlib.pyplot as plt
%matplotlib inline
digit = train_X[9].reshape(28,28)
plt.subplot(1,2,1)
plt.imshow(digit)
plt.colorbar()
plt.subplot(1,2,2)
plt.imshow(digit,cmap='gray')
plt.colorbar()
plt.show()
```

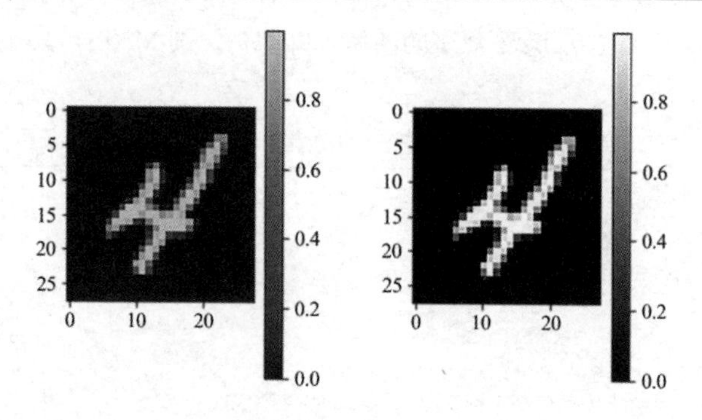

图 3-45

输出这幅图像（样本）中的一部分像素值（数据特征），代码如下。

```
print(train_X.shape)
print(train_X[9][200:250])
```

```
(50000, 784)
[0.         0.         0.         0.         0.         0.
 0.         0.         0.         0.         0.         0.
 0.         0.         0.         0.         0.75       0.984375
 0.73046875 0.         0.         0.         0.         0.
 0.         0.         0.         0.         0.         0.
 0.         0.         0.         0.         0.         0.
 0.2421875  0.72265625 0.0703125  0.         0.         0.
 0.         0.34765625 0.921875   0.84765625 0.18359375 0.
 0.         0.        ]
```

3.7.2 用部分训练样本训练逻辑回归模型

由于训练集中有 50000 个样本，所以，如果使用整个训练集中的样本进行训练，就会消耗大量的计算资源和时间。为了提高训练效率，我们可以用一部分数据（如 500 个样本）进行训练，代码如下。

```
batch = 500

alpha  =1e-2
iterations  =1000
reg = 1e-3

w_history=[]

w = np.zeros([train_X.shape[1]+1,len(np.unique(train_y))])
for i in range(5):
    s = i*batch
    X = train_X[s :s+batch,:]
    y = train_y[s :s+batch]
    w_history_batch = gradient_descent_softmax(w,X,y,reg,alpha,iterations)
    w = w_history_batch[-1]
    w_history.extend(w_history_batch)

print("w: ",w)
loss_history = compute_loss_history(w_history,X,y,reg)
print(loss_history[:-1:len(loss_history)//10])
```

分别计算模型函数在训练集、验证集、测试集上的准确性，代码如下。

```
print("训练集的准确性: ",getAccuracy(w,train_X,train_y))
print("验证集的准确性: ",getAccuracy(w,valid_X,valid_y))
print("测试集的准确性: ",getAccuracy(w,test_X,test_y))
```

```
训练集的准确性:  0.88412
验证集的准确性:  0.8979
测试集的准确性:  0.8979
```

绘制训练集和验证集的学习曲线，代码如下，结果如图 3-46 所示。

```
loss_history_valid = compute_loss_history(w_history,valid_X[0:1000,:],
              valid_y[0:1000],reg)

plt.plot(loss_history, color='r')
plt.plot(loss_history_valid, color='b')
plt.ylim(0,5)
plt.xlabel('iterations')
plt.ylabel('loss')
plt.title('iterative learning curve')
plt.legend(['train', 'valid'])
plt.ylim(-0.2,3)
```

```
plt.show()
```

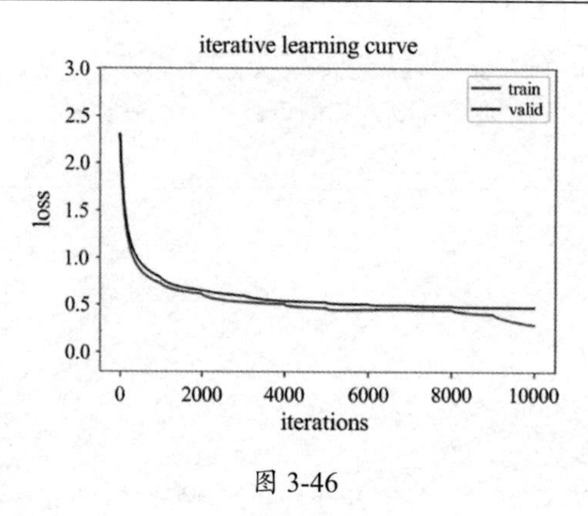

图 3-46

3.7.3　批梯度下降法

如果训练集的数据量很大，那么，用整个训练集进行训练，将会消耗大量的计算资源和时间。实际上，使用少量样本，甚至 1 个样本，都可以计算损失函数的梯度、对模型的参数进行更新。因此，在实际应用中，通常会从训练集中随机选取少量样本，用这批样本对模型的参数进行梯度更新，每次更新都可以使用不同批的样本，从而使训练集中的所有样本均参与训练。这种梯度下降法，称为**批梯度下降法**。

批梯度下降法的一般做法如下。

- 对原始训练集中的样本重新排序，即打乱原始训练集中样本的顺序。
- 对重新排序的训练集，从头开始按照顺序取少量样本，用这批样本计算模型函数损失的梯度并更新模型的参数。
- 多次重复以上两步，几乎可以完成训练集样本的遍历，并用不同批的样本对模型的参数进行更新。以上两步，称为一个 epoch。

可以用 numpy.random.shuffle() 函数打乱一个列表的顺序，示例如下。

```
m=5
indices = list(range(m))
print(indices)
np.random.shuffle(indices)
print(indices)
```

```
[0, 1, 2, 3, 4]
[2, 1, 4, 3, 0]
```

对数据集 (X,y)，可以定义一个迭代器函数 data_iter() 来打乱原始数据集中样本的顺序，并且每次从数据集中返回大小为 batch_size 的一批训练样本，代码如下。

```
def data_iter(X,y,batch_size,shuffle=False):
    m = len(X)
```

```
    indices = list(range(m))
    if shuffle:         #shuffle 为 True，表示打乱顺序
        np.random.shuffle(indices)
    for i in range(0, m - batch_size + 1, batch_size):
        batch_indices = np.array(indices[i: min(i + batch_size, m)])
        yield X.take(batch_indices,axis=0), y.take(batch_indices,axis=0)
```

批梯度下降法的实现代码如下。

```
def batch_gradient_descent_softmax(w,X, y, epochs,batchsize = 50,shuffle = False,
                                   reg=0., alpha=0.01, gamma = 0.8,epsilon=1e-8):
    w_history = []
    X = np.hstack((np.ones((X.shape[0], 1), dtype=X.dtype),X))
    for epoch in range(epochs):
        for X_batch,y_batch in data_iter(X,y,batchsize,shuffle):
            gradient = gradient_softmax(w,X_batch,y_batch,reg)
            if np.max(np.abs(gradient))<epsilon:
                print("gradient is small enough!")
                print("iterated num is :",i)
                break
            w = w - (alpha * gradient)
            w_history.append(w)
    return w_history
```

对 MNIST 手写数字集的训练集执行批梯度下降法，代码如下。

```
import matplotlib.pyplot as plt
%matplotlib inline

batchsize = 50
epochs = 5
shuffle = True
alpha = 0.01
reg = 1e-3
gamma = 0.8

X,y = train_X,train_y
w = np.zeros([X.shape[1]+1,len(np.unique(y))])
w_history = batch_gradient_descent_softmax(w,train_X,train_y,epochs,batchsize,
                                           shuffle,reg,alpha,gamma)
w = w_history[-1]
print("w: ",w)
X,y = train_X[0:1000,:],train_y[0:1000]
loss_history = compute_loss_history(w_history,X,y,reg)
print(loss_history[:-1:len(loss_history)//10])
```

```
w:  [[-0.09892444  0.18983056 -0.03299558 ...  0.14317605 -0.35128395
  -0.05662875]
 [ 0.          0.          0.         ...  0.          0.
   0.        ]
 [ 0.          0.          0.         ...  0.          0.
```

```
  0.        ]
 ...
 [ 0.         0.         0.        ... 0.         0.
  0.        ]
 [ 0.         0.         0.        ... 0.         0.
  0.        ]
 [ 0.         0.         0.        ... 0.         0.
  0.        ]]
[2.2958836783277783, 0.8257136664784022, 0.6443896577216318, 0.5720465018352683, 0.5335402945023445, 0.5081438385368758, 0.4898016509007597, 0.4760620858697159, 0.4682054859168761, 0.4587856686373923]
```

执行批梯度下降法，就可以用很小的一批样本进行训练，从而在提高算法运行速度的基础上保证模型的准确性不下降。

使用以下输出模型，输出算法在不同样本集上的准确性。

```
print("训练集的准确性：",getAccuracy(w,train_X,train_y))
print("验证集的准确性：",getAccuracy(w,valid_X,valid_y))
print("测试集的准确性：",getAccuracy(w,test_X,test_y))
```

```
训练集的准确性： 0.89254
验证集的准确性： 0.904
测试集的准确性： 0.904
```

执行以下代码，绘制学习曲线，结果如图 3-47 所示。

```
loss_history_valid = compute_loss_history(w_history,valid_X[0:1000,:],
            valid_y[0:1000],reg)

plt.plot(loss_history, color='r')
plt.plot(loss_history_valid, color='b')
plt.ylim(0,5)
plt.xlabel('iterations')
plt.ylabel('loss')
plt.title('iterative learning curve')
plt.legend(['train', 'valid'])
plt.ylim(-0.2,3)
plt.show()
```

模型参数矩阵 $\boldsymbol{W}$ 是一个 $n \times C$ 的矩阵，其每一列都对应于一个类似于逻辑回归的分类器。列的权值用于从数据中提取相关特征。对于 MNIST 图像分类问题的模型参数 $\boldsymbol{W}$，可将其某一列（对应与某个分类）的大小为 784 的权重参数以图像的形式显示出来。

执行以下代码，可以显示第 0 列（对应于数字 0 的那个类别）的权重参数，并将这个列向量转换为一个 28×28 的图像矩阵，如图 3-48 所示。

```
c = 0
plt.imshow(w[1:,c].reshape((28,28)))
```

Fashion MNIST 训练集的 softmax 回归函数，示例如下。

```
import mnist_reader
```

```
X_train, y_train = mnist_reader.load_mnist('data/fashion', kind='train')
X_test, y_test = mnist_reader.load_mnist('data/fashion', kind='t10k')
print(X_train.shape,y_train.shape)
print(X_train.dtype,y_train.dtype)
```

```
(60000, 784) (60000,)
uint8 uint8
```

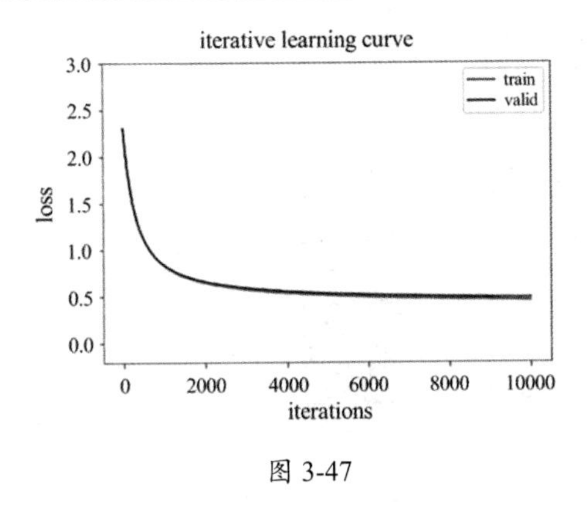

图 3-47

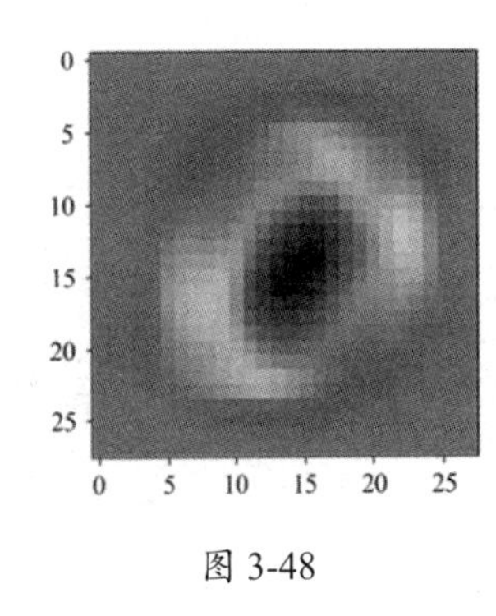

图 3-48

执行以下代码，查看其中一部分图像，如图 3-49 所示。

```
# https://machinelearningmastery.com/how-to-develop-a-cnn-from-scratch-for-fashion-
mnist-clothing-classification/
from matplotlib import pyplot
trainX = X_train.reshape(-1,28,28)
print(trainX.shape)
# lot first few images
for i in range(9):
    # define subplot
    pyplot.subplot(330 + 1 + i)
    # plot raw pixel data
    pyplot.imshow(trainX[i], cmap=pyplot.get_cmap('gray'))
# show the figure
pyplot.show()
```

```
(60000, 28, 28)
```

将用字节表示的值转换为 [0,1] 区间内的值，代码如下。

```
train_X = X_train.astype('float32')/255.0
test_X = X_test.astype('float32')/255.0
print(train_X.shape,y_train.shape)
print(test_X.shape,y_test.shape)
print(test_X.dtype,y_test.dtype)
print(np.mean(train_X[0:1000,:]))
print(np.mean(test_X[0:1000,:]))
train_y = y_train
```

```
(60000, 784) (60000,)
(10000, 784) (10000,)
float32 uint8
0.2829032
0.29028687
```

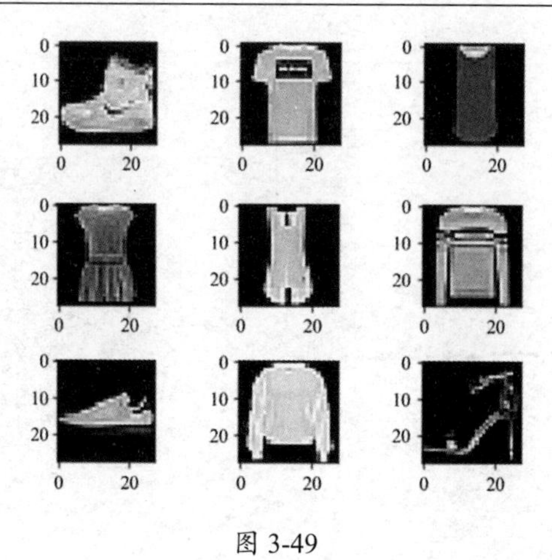

图 3-49

开始训练，代码如下。

```
import matplotlib.pyplot as plt
%matplotlib inline

batchsize = 50
epochs = 5
shuffle = True
alpha = 0.01
reg = 1e-3
gamma = 0.8

w = np.zeros([train_X.shape[1]+1,len(np.unique(train_y))])
w_history = batch_gradient_descent_softmax(w,train_X,train_y,epochs,batchsize,
                                           shuffle,reg,alpha,gamma)
w = w_history[-1]
print("w: ",w)
X,y = train_X[0:1000,:],train_y[0:1000]
loss_history = compute_loss_history(w_history,X,y,reg)
print(loss_history[:-1:len(loss_history)//10])
```

```
w:  [[ 7.31575784e-02 -6.19716807e-02 -7.67268263e-02 ... -6.90256353e-02
  -2.28128013e-01 -3.95874153e-01]
 [-1.40999051e-05 -3.41569227e-06 -1.79953563e-05 ... -1.06757525e-06
  -4.63211933e-06 -1.43653900e-06]
 [ 1.34046441e-04 -5.59964269e-07 -3.40548333e-06 ... -5.55241661e-06
  -7.51688795e-05 -1.99009945e-05]
 ...
```

```
[-1.39504254e-02 -1.61035934e-03  1.85487894e-02 ... -4.45252904e-03
 -1.39324550e-02 -2.90555040e-03]
[-4.71228285e-03 -3.51288646e-04  4.02540435e-03 ... -1.56477203e-03
 -5.55355304e-03 -2.51245458e-04]
[-1.92933951e-04 -9.90426911e-05  8.16674872e-04 ... -1.71482628e-04
 -9.56241526e-04  7.42584615e-05]]
[2.275109028057496, 0.8003628208932961, 0.6917393913965211, 0.6483408155406045, 0.6
101999163854088, 0.5895045906115264, 0.5749317113081786, 0.5656061065575259, 0.5555
802050015674, 0.5481140082218926]
```

执行以下代码，绘制曲线，结果如图 3-50 和图 3-51 所示。

```
plt.plot(loss_history)
```

```
loss_history_valid = compute_loss_history(w_history,test_X[0:1000,:],
          test_y[0:1000],reg)

plt.plot(loss_history, color='r')
plt.plot(loss_history_valid, color='b')
plt.ylim(0,5)
plt.xlabel('iterations')
plt.ylabel('loss')
plt.title('iterative learning curve')
plt.legend(['train', 'valid'])
plt.ylim(-0.2,3)
plt.show()
print("训练集的准确性: ",getAccuracy(w,train_X,train_y))
print("测试集的准确性: ",getAccuracy(w,test_X,test_y))
```

```
训练集的准确性:  0.8293
测试集的准确性:  0.8171
```

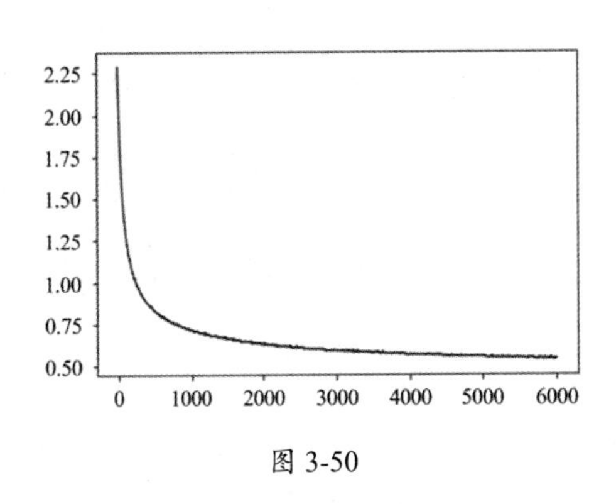

图 3-50

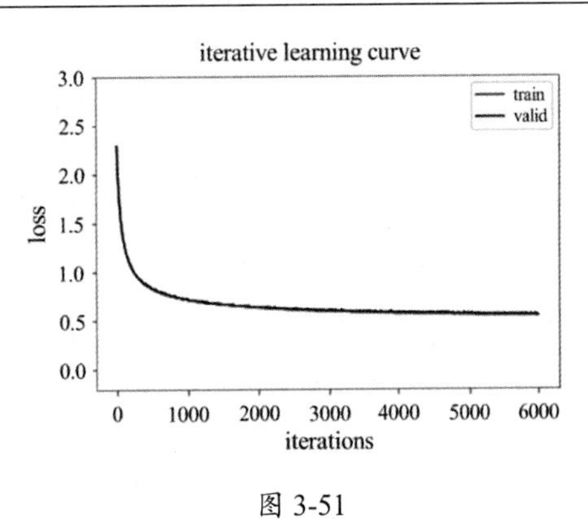

图 3-51

3.7.4　随机梯度下降法

批梯度下降法每次迭代只使用少量样本，随机梯度下降法更“极端”——每次迭代只使用 1 个样本。因此，要使用随机梯度下降，只需要在调用梯度下降法的代码之前，将 batch_size 的值修改为 1，即每次只使用 1 个样本更新模型的参数。为了节省训练时间，我们将 epochs 的值修改为 2。示例代码如下。

```
batchsize=1
epochs = 2
w = np.zeros([train_X.shape[1]+1,len(np.unique(train_y))])
w_history = batch_gradient_descent_softmax(w,train_X,train_y,epochs,batchsize,
                                            shuffle,reg,alpha,gamma)
w = w_history[-1]
print("w: ",w)
```

计算模型在训练集和测试集上的准确性，代码如下。

```
print("训练集的准确性：",getAccuracy(w,train_X,train_y))
print("测试集的准确性：",getAccuracy(w,test_X,y_test))
```

```
训练集的准确性： 0.81425
测试集的准确性： 0.7988
```

第 4 章　神经网络

神经网络自问世以来，经过了辉煌、沉寂、重获生机的曲折过程。直到 2012 年 ImageNet 取得成功，神经网络模型才大放异彩。

现代神经网络的成功，主要得益于高性能并行计算硬件的使用，以及大规模数据处理能力的实现。高性能 GPU，尤其是英伟达的 CUDA GPU，可以进行数据密集型的大规模并行计算。

4.1　神经网络概述

线性回归使用数据特征的线性函数来表示特征和目标值之间的关系。不过，线性函数过于简单，对许多机器学习问题，特征和目标值的函数关系往往是非线性的。

逻辑回归在线性函数的基础上，通过非线性函数（如 sigmoid 函数）将线性函数的计算结果转换为一个在 [0,1] 之间的概率，使特征和目标值之间有了非线性关系。但是，这仅仅是将线性加权和转换为概率而已，仍然很难表示复杂的函数。

如何表示复杂的函数呢？

一个复杂的函数通常可以分解为多个简单的函数，或者说，一个复杂的函数是由多个简单的函数通过四则运算等简单的方式组合而成的。例如，逻辑回归的假设函数 $\sigma(xw+b)$ 是由 $z=xw+b$ 和 $\sigma(z)$ 组合而成的，$xw+b$ 是由 x、w、b 通过乘法和加法运算组合而成的。

通过简单的运算和函数复合，可以表示非常复杂的函数。**神经网络**（Neural Network）就是通过这样的方法，将很多简单的**神经元**（Neuron）函数复合，构成的一个复杂的函数。一个神经元就是一个逻辑回归函数。神经元函数先对输入进行线性加权，再用非线性函数对加权和进行非线性变换。当然，神经元函数中对加权和进行非线性变换的函数，也可以是其他类似于 sigmoid 函数的简单函数。

神经网络由多个神经元（函数）构成，一个神经元的输出会作为另一个神经元的输入。神经元可接收其他神经元的输入，并通过简单的加权和及函数变换（非线性的）将结果输出到其他神经元。神经元之间通过输入和输出的连接形成网络。

4.1.1　感知机和神经元

1. 感知机

感知机（Perceptron）是一种具有二分类作用的简单函数。逻辑回归用 sigmoid 函数将输入的线性加权和转换为一个概率 $\sigma(xw)$，感知机则用阈值函数将输入的线性加权和转换为 0 或 1——$\text{sign}_b(xw)$。其中，$\text{sign}_b(z)$ 是一个根据 z 是否大于阈值 b 来输出 1 或 0 的阶跃函数，具体如下。

$$\text{sign}_b(z)=\begin{cases}1, & \text{如果 } z\geq b\\ 0, & \text{否则}\end{cases}$$

感知机先通过权值向量 $\boldsymbol{w}$ 对输入 $\boldsymbol{x}$ 求加权和 xw，再根据加权和是否超出阈值 b 来输出 1 或 0。例如，有 3 个输入值的感知机的计算公式为

$$f_{\boldsymbol{w},b}(\boldsymbol{x})=\text{sign}_b(\sum_{j=1}^{3}w_j\,x_j)$$

可以用一个简单的图形形象地表示感知机。如图 4-1 所示，感知机接收 3 个输入值，产生 1 个输出值。

感知机也称为**人工神经元**（简称**神经元**），它可以尝试模拟人脑中的神经元。神经科学告诉我们，人脑是由很多简单的神经元组成的，如图 4-2 所示。

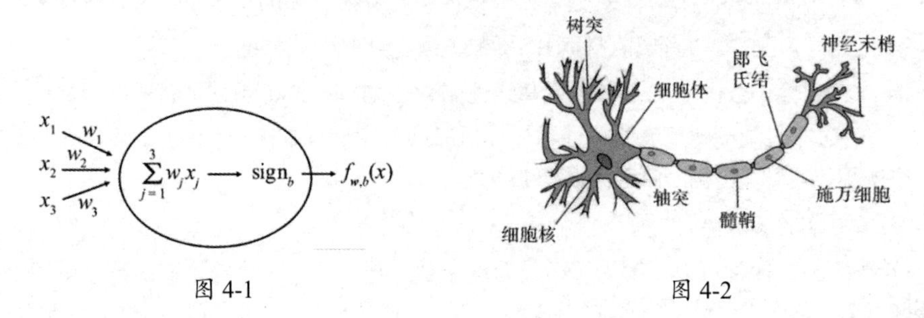

图 4-1　　　　　　　　　　图 4-2

一个神经元通常有多个树突，主要用来接收传入的信息，而轴突只有一个。轴突尾端有许多神经末梢，可以给其他神经元传递信息。神经末梢与其他神经元的树突产生连接，从而传递信号，这个连接的位置在生物学上叫作突触。

每个神经元接收多个输入信号，每个输入信号对神经元的作用的权重是不一样的。只有当所有输入信号的加权和超过神经元内部的阈值时，才会产生输出信号。

用 $f_{\boldsymbol{w}}(\boldsymbol{x})$ 表示感知机函数，即 $f_{\boldsymbol{w}}(\boldsymbol{x})=\text{sign}_b(xw)$，$\boldsymbol{x}$ 表示输入，$\boldsymbol{w}$ 是权值向量，有

$$f_{\boldsymbol{w}}(\boldsymbol{x})=\begin{cases}1, & \text{如果} \sum_j w_j\,x_j\geq 0\\ 0, & \text{否则}\end{cases}$$

上式可转换为

$$f_{\boldsymbol{w}}(\boldsymbol{x})=\begin{cases}1, & \text{如果} \sum_j w_j\,x_j-b\geq 0\\ 0, & \text{否则}\end{cases}$$

b 可正可负。用 b 表示 $-b$，上式可写为

$$f_{\boldsymbol{w}}(\boldsymbol{x})=\begin{cases}1, & \text{如果} \sum_j w_j\,x_j+b\geq 0\\ 0, & \text{否则}\end{cases}$$

因此，感知机函数通常可以写为 $f_{\boldsymbol{w}}(\boldsymbol{x}) = \text{sign}(xw + b)$。

感知机可直接表示最基本的逻辑计算功能“与”“或”“与非”。如图 4-3 所示，是逻辑电路的“与”门、“与非”门、“或”门、“异或”门的功能。

x_1	x_2	y
0	0	0
1	0	0
0	1	0
1	1	1

与

x_1	x_2	y
0	0	1
1	0	1
0	1	1
1	1	0

与非

x_1	x_2	y
0	0	0
1	0	1
0	1	1
1	1	1

或

x_1	x_2	y
0	0	1
1	0	1
0	1	1
1	1	0

异或

图 4-3

满足“与”门功能的感知机参数 (w_1, w_2, b) 有很多，例如 $(0.5,0.5,-0.6)$、$(0.5,0.5,-0.9)$、$(1,1,-1)$、$(1,1,-1.5)$。参数 $(0.5,0.5,-0.6)$ 表示的感知机函数如下。

$$\text{sign}(x_1 w_1 + x_2 w_2 + b) = \text{sign}(0.5x_1 + 0.5x_2 - 0.6)$$

将 $(x_1 = 0, x_2 = 0)$、$(x_1 = 1, x_2 = 0)$ 或 $(x_1 = 0, x_2 = 1)$ 代入以上感知机函数，输出值都是 0；将 $(x_1 = 1, x_2 = 1)$ 代入以上感知机函数，输出值是 1。也就是说，以上感知机函数实现了逻辑电路的“与”门功能。

满足“与非”门功能的感知机参数 (w_1, w_2, b) 有很多，如 $(-0.5,-0.5,0.6)$、$(-0.5,-0.5,0.9)$、$(-1,-1,1)$、$(-1,-1,1.5)$。

满足“或”门功能的感知机参数 (w_1, w_2, b) 也有很多，如 $(1,1,0)$、$(1,1,-0.5)$、$(0.5,0.5,-0.3)$。

对于感知机，用不同的权值 w_j 和偏置 b，可产生能够实现不同具体功能（如“与”“或”“与非”等逻辑计算功能）的函数。和逻辑回归一样，在本质上，单个感知机表示的仍然是具有线性可分功能的模型。例如，参数 $(1,1,-0.5)$ 表示的感知机是由直线 $-0.5 + x_1 + x_2 = 0$ 分开的两个“半空间”，一个“半空间”的 (x_1, x_2) 感知机的输出值是 1，另一个“半空间”的 (x_1, x_2) 感知机的输出值是 0，如图 4-4 所示。

因此，尽管单个感知机函数是非线性函数，但仍无法表示非线性可分功能，如无法表示“异或”门逻辑运算功能。只有如图 4-5 所示的非线性曲线，才能进行非线性划分。

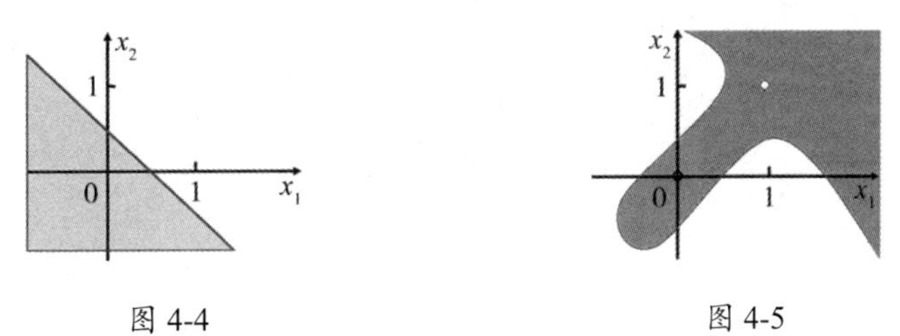

图 4-4　　图 4-5

要想实现“异或”门的功能，可通过函数复合的方式用多个感知机产生一个复杂的函数。假设用如图 4-6 所示的符号表示满足“与”门、“与非”门、“或”门功能的感知机。

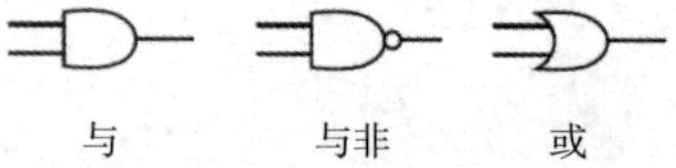

与　　与非　　或

图 4-6

简单的“与”门、“与非”门、“或”门感知机，可以组合成功能复杂的函数。一个满足“异或”门功能的感知机，如图 4-7 所示。该感知机的运算过程，如图 4-8 所示。输入 (x_1, x_2) 后，输出 y 实现了“异或”门的功能。

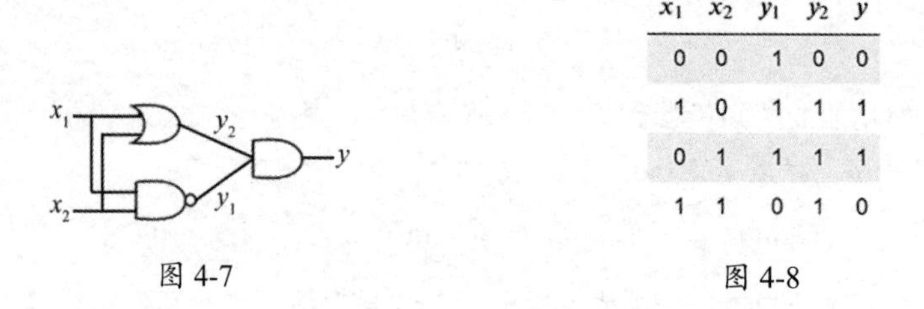

x_1	x_2	y_1	y_2	y
0	0	1	0	0
1	0	1	1	1
0	1	1	1	1
1	1	0	1	0

图 4-7　　图 4-8

2. 神经元

神经元是一种对多个输入值的线性加权和进行线性或非线性变换，从而产生一个或多个输出值的函数或向量值函数。神经元接收多个输入值，对它们进行加权求和，然后通过线性或非线性函数产生一个或多个输出值。神经元中对加权和进行线性或非线性变换的函数称为**激活函数**。

神经元函数，示例如下。

$$a = g\left(\sum_j w_j x_j\right)$$

其中，x_j 是一个输入值，w_j 是该输入值的权重，它们的加权和 $\sum_j w_j x_j$ 通过激活函数 g 产生输出值 a。

神经元通常用如图 4-9 所示的图形来表示。

有时，也会将神经元的偏置表示出来，即将神经元函数写成如下形式。

$$a = g\left(\sum_j w_j x_j + b\right)$$

相应地，上式可以表示为如图 4-10 所示的带偏置的神经元。

神经元经常用如图 4-11 所示的简化图形来表示。

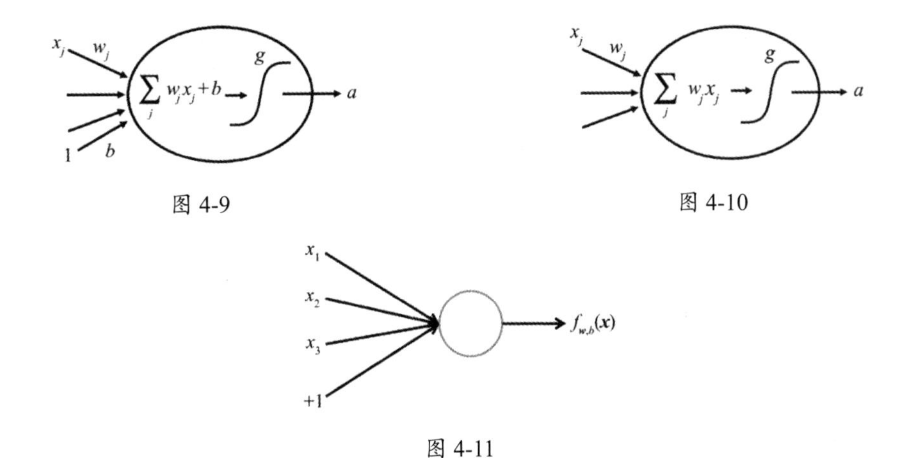

图 4-9

图 4-10

图 4-11

图 4-11 中的神经元，接收 3 个输入 x_1、x_2、x_3 和一个对应偏置的固定输入特征值 1，产生一个输出，公式如下。

$$f_{\boldsymbol{w},b}(\boldsymbol{x}) = g\left(\sum_{j=1}^{3} w_j x_j + b\right)$$

如果用 W_0 表示 b，用 x_0 表示 1，则上式可以表示为

$$f_{\boldsymbol{w}}(\boldsymbol{x}) = g\left(\sum_{j=0}^{3} w_j x_j\right)$$

激活函数的不同决定了神经元功能的不同。线性回归、逻辑回归、感知机是使用不同激活函数的神经元。线性回归的激活函数是恒等函数，即直接将加权和输出。逻辑回归用非线性激活函数（如 sigmoid 函数）对加权和进行变换。感知机用阶跃函数对加权和进行变换。因此，神经元是对线性回归、逻辑回归、感知机的推广。softmax 回归可以看成输出多个值的神经元，也就是说，其激活函数是 softmax。神经元的激活函数还可以是其他非线性函数，如 tanh、ReLU 等。

4.1.2　激活函数

神经元中的激活函数通常是一些简单的非线性函数。神经元常用的激活函数有 tanh、Rectified Linear（简称 ReLU）、sigmoid 等。sigmoid 函数已在 3.5 节详细介绍过，这里不再重复。

1. 阶跃函数

阶跃函数 sign(x) 及其导数的 Python 实现代码如下。

```
def sign(x):
    return np.array(x > 0, dtype=np.int)

def grad_sign(x):
    return np.zeros_like(x)
```

执行以下代码，可以绘制阶跃函数 sign(x) 的图像，结果如图 4-12 所示。

```
import numpy as np
import matplotlib.pylab as plt
%matplotlib inline

x = np.arange(-5.0,5.0, 0.1)
plt.ylim(-0.1, 1.1)        #指定 y 轴的范围
plt.plot(x, sign(x),label="sigmoid")
plt.plot(x, grad_sign(x),label="derivative")
plt.legend(loc="upper right", frameon=False)
plt.show()
```

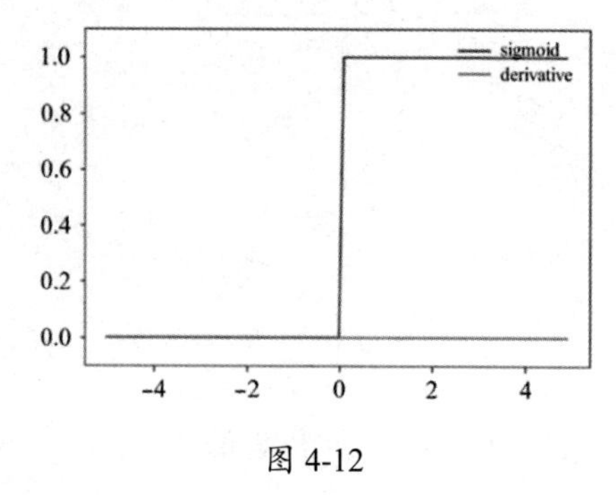

图 4-12

2. tanh 函数

tanh 函数的公式如下。

$$\tanh(x) = \frac{\mathrm{e}^x - \mathrm{e}^{-x}}{\mathrm{e}^x + \mathrm{e}^{-x}}$$

tanh 函数的导函数公式如下。

$$\begin{aligned}\tanh'(x) &= \frac{(\mathrm{e}^x + \mathrm{e}^{-x})(\mathrm{e}^x + \mathrm{e}^{-x}) - (\mathrm{e}^x - \mathrm{e}^{-x})(\mathrm{e}^x - \mathrm{e}^{-x})}{(\mathrm{e}^x + \mathrm{e}^{-x})^2} \\ &= 1 - \frac{(\mathrm{e}^x - \mathrm{e}^{-x})^2}{(\mathrm{e}^x + \mathrm{e}^{-x})^2} = 1 - \tanh^2(x)\end{aligned}$$

NumPy 提供了计算函数 tanh()。以下代码用于计算 $\tanh'(x)$，并绘制 $\tanh(x)$ 和 $\tanh'(x)$ 的函数曲线，结果如图 4-13 所示。

```
def grad_tanh(x):
    a = np.tanh(x)
    return 1 - a**2
x = np.arange(-5.0, 5.0, 0.1)
plt.plot(x, np.tanh(x),label="tanh")
plt.plot(x, grad_tanh(x),label="derivative")
plt.legend(loc="upper right", frameon=False)
plt.show()
```

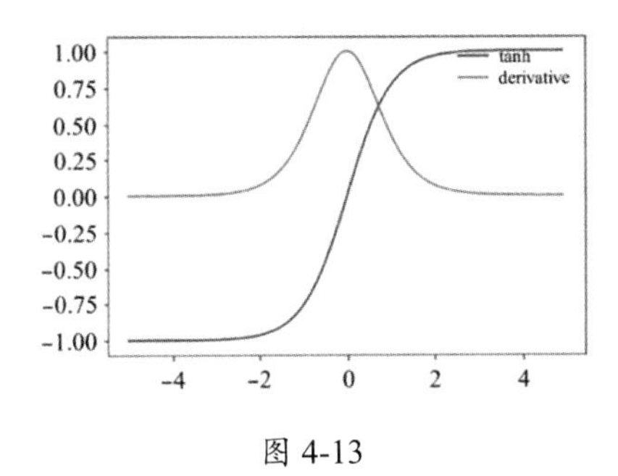

图 4-13

3. ReLU 函数

ReLU 函数在 x 大于 0 时直接输出 x，否则输出 0，公式如下。

$$\text{ReLU}(x) = \begin{cases} x, \text{如果 } x > 0 \\ 0, \text{如果 } x \leq 0 \end{cases}$$

其导函数公式如下。

$$\text{ReLU}'(x) = \begin{cases} 1, \text{如果 } x > 0 \\ 0, \text{如果 } x \leq 0 \end{cases}$$

以下代码用于计算 $\text{ReLU}(x)$ 和 $\text{ReLU}'(x)$，并绘制它们的函数曲线，结果如图 4-14 所示。

```
def relu(x):
    return np.maximum(0, x)
def grad_relu(x):
    return 1. * (x > 0)

x = np.arange(-5.0, 5.0, 0.1)
plt.plot(x, relu(x),label="ReLU")
plt.plot(x, grad_relu(x),label="derivative")
plt.legend(loc="upper right", frameon=False)
plt.show()
```

ReLU 函数还有一些变种，如 LeakReLU 函数，公式如下。

$$\text{LeakReLU}(x) = \begin{cases} x, \text{如果 } x > 0 \\ kx, \text{如果 } x \leq 0 \end{cases}$$

其导函数公式如下。

$$\text{LeakReLU}'(x) = \begin{cases} 1, \text{如果 } x > 0 \\ k, \text{如果 } x \leq 0 \end{cases}$$

以下代码用于计算 $\text{LeakReLU}(x)$ 和 $\text{LeakReLU}'(x)$，并绘制它们的函数曲线，结果如图 4-15 所示。

```
import numpy as np
def leakRelu(x,k=0.2):
    y = np.copy( x )
    y[ y < 0 ] *= k
    return y

def grad_leakRelu(x,k=0.2):
    return np.clip(x > 0, k, 1.0)
    grad = np.ones_like(x)
    grad[x < 0] = alpha
    return grad

x = np.arange(-5.0, 5.0, 0.1)
plt.plot(x, leakRelu(x),label="LeakReLU")
plt.plot(x, grad_leakRelu(x),label="derivative")
plt.legend(loc="upper right", frameon=False)
plt.show()
```

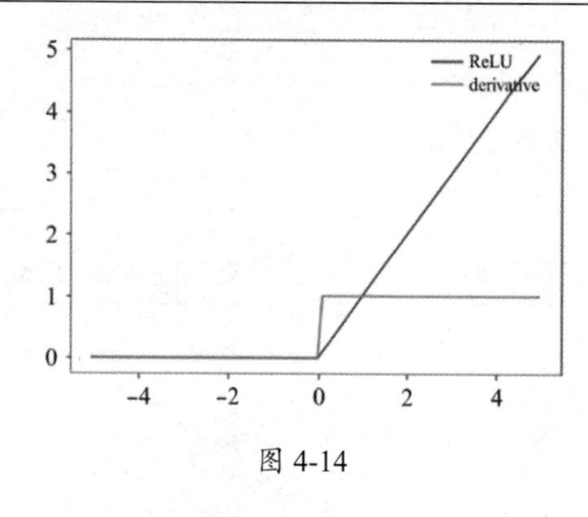

图 4-14

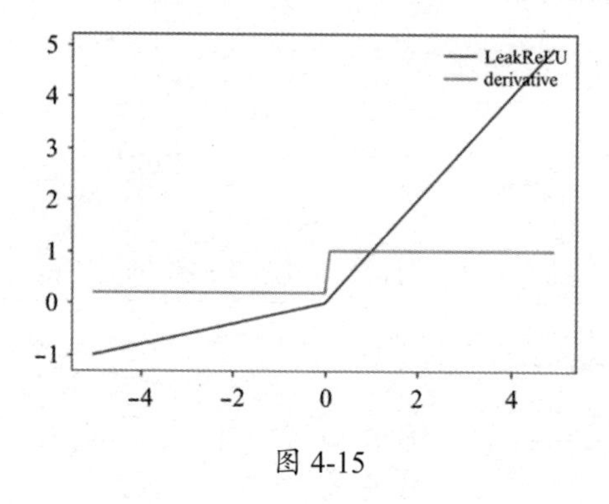

图 4-15

4.1.3　神经网络与深度学习

1943 年，心理学家 McCulloch 和数学家 Pitts 参考生物神经元的结构，发表了抽象的神经元模型 MP。1949 年，心理学家 Hebb 提出了 Hebb 学习率，认为人脑神经细胞的突触（也就是连接）的强度是可以变化的。1957 年，学者 Frank Rosenblatt 将人工神经元称为感知机，并提出了由两层感知机组成的多层感知机（Multilayer Perceptron，MLP）。在现代机器学习中，感知机更多地被称为**神经元**，多层感知机也被称为人工神经网络（Artificial Neural Network，ANN，简称**神经网络**）。

神经网络由多个简单的神经元构成，从而表示一个复杂的函数。softmax 函数是一个多变量的向量值函数，即接收多个输入值，输出多个输出值。例如，一个有 3 个输入值和 3 个输出值的 softmax 函数 $\boldsymbol{f}=\text{softmax}(\boldsymbol{z})$，它的输入向量为 $\boldsymbol{z}=(z_1,z_2,z_3)$，输出向量为 $\boldsymbol{f}=(f_1,f_2,f_3)$，因此，可以认为该函数是由 3 个神经元组成的，其结构如图 4-16 所示。

这 3 个神经元都接收输入向量 $\boldsymbol{z}=(z_1,z_2,z_3)$，产生输出 f_1、f_2、f_3，公式如下。

$$f_1=\frac{e^{z_1}}{e^{z_1}+e^{z_2}+e^{z_3}}, \qquad f_2=\frac{e^{z_2}}{e^{z_1}+e^{z_2}+e^{z_3}}, \qquad f_3=\frac{e^{z_3}}{e^{z_1}+e^{z_2}+e^{z_3}}$$

可以看出，这 3 个神经元和一般的神经元不同，它们没有对输入向量 $\boldsymbol{z}=(z_1,z_2,z_3)$ 进行加权和计算，而是直接通过上述公式输出一个结果值 f_i。

下面我们对螺旋数据集中的二维数据点进行三分类 softmax 回归。首先用 3 个神经元对输入向量 $\boldsymbol{x}=(x_1,x_2)$ 求加权和 $\boldsymbol{z}=(z_1,z_2,z_3)$，然后将 $\boldsymbol{z}=(z_1,z_2,z_3)$ 输入 softmax 函数的 3 个神经元，得到最终的输出 $\boldsymbol{f}=(f_1,f_2,f_3)$。因此，可以认为这个 softmax 回归的假设函数是由如图 4-17 所示的神经元组成的。

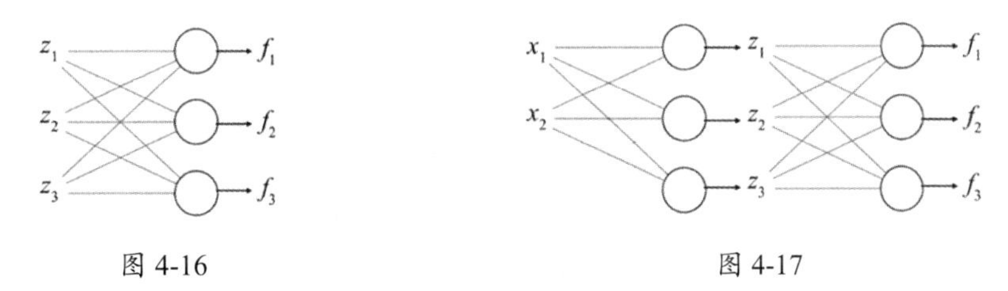

图 4-16　　　　图 4-17

左边一列圆圈，表示一个输入的多个特征。对于二维平面上的点，一个样本只有两个特征，即其横、纵坐标值 $\boldsymbol{x}=(x_1,x_2)$。中间一列神经元，对输入数据的多个特征求加权和。这些加权和 $\boldsymbol{z}=(z_1,z_2,z_3)$ 直接被输出到最右边的列，即 softmax 函数的 3 个神经元各自产生一个输出值 f_i，构成 softmax 回归的最终输出 $\boldsymbol{f}=(f_1,f_2,f_3)$。可以看出，数据从左边输入，从右边输出，左边的神经元的输出是其所对应的右边一列的神经元的输入，同一列的神经元之间没有联系，右边的神经元也不会向左边输出。这是一个数据从左到右“流动”且不会回退的计算过程。这样的神经网络称为**前馈神经网络**（Feedforward Neural Network）。

前馈神经网络每一列的所有神经元，称为神经网络的一层。通常将输入数据的特征称为**输入层**，将产生最终输出的最后一列神经元称为**输出层**，将中间所有列的神经元称为**隐含层**。在前馈神经网络中，数据就是这样一层一层地，从输入层依次经过各个隐含层，最后通过输出层输出最终的输出值的。有些书籍将包含输入层的层数称为神经网络的层数，如将图 4-17 中的神经网络称为 3 层神经网络；有些书籍则将图 4-17 中的神经网络称为 2 层神经网络（不包含输入层）。

如图 4-18 所示，可将 softmax 函数看成一个能产生多个输出的神经元，而不是多个神经元。这个神经网络中的神经元有些特殊：softmax 输出层的神经元没有计算前一层输入的加权和；隐含层直接输出加权和，没有经过非线性激活函数的变换，也就是说，隐含层神经元是一个线性回归函数。

在大多数情况下，神经网络的隐含层神经元是类似于逻辑回归的神经元，即先计算加权和，再通过非线性激活函数进行输出。输出层神经元可以是 softmax 神经元、线性回归神经元、逻辑回归神经元。因为 softmax 层的神经元没有权值等参数，而是一个确定的 softmax 函数，所以，在针对多分类问题设计神经网络时，可以不将 softmax 函数单独作为一个层——直接将 softmax 层的前一层作为输出层即可。

softmax 回归可以用如图 4-19 所示的神经网络来表示。在这个神经网络中，只有输入层和输出层，没有隐含层，输出层的输出值表示输入数据属于各个类别的得分。这个得分经过 softmax 函数，可以输出数据属于各个类别的概率。

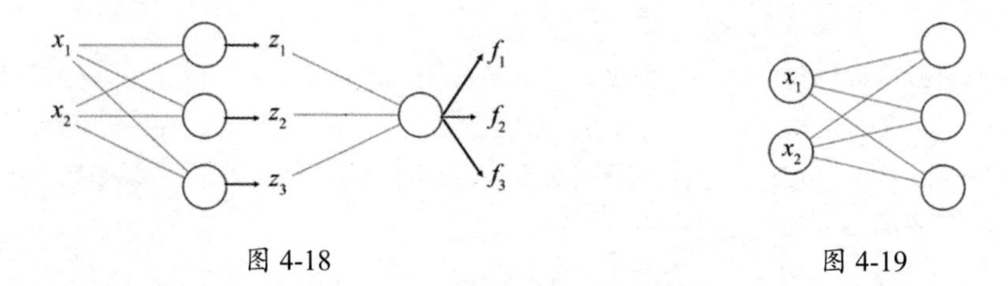

图 4-18　　　　　　图 4-19

实际的神经网络至少包含 1 个隐含层，通常包含多个隐含层。随着以 GPU 为代表的硬件的计算能力的发展，以及大规模数据的可获得，现代神经网络通常包含多个隐含层。神经网络的层次数称为神经网络的深度。现代神经网络可以很深，甚至可以包含数百个隐含层。较深的神经网络称为**深度神经网络**，基于深度神经网络的机器学习称为**深度学习**（Deep Learning）。

不管是深度神经网络还是浅层神经网络，其工作原理都是一样的，只不过深度神经网络“深”了一些而已。为简单起见，下面以浅层神经网络为例来讲解。

为了对二维坐标点进行三分类，可以用一个简单的 2 层神经网络作为假设函数进行模型训练。如图 4-20 所示，左边一列是输入层，中间一列的神经元组成了隐含层，右边一列的神经元组成了输出层。

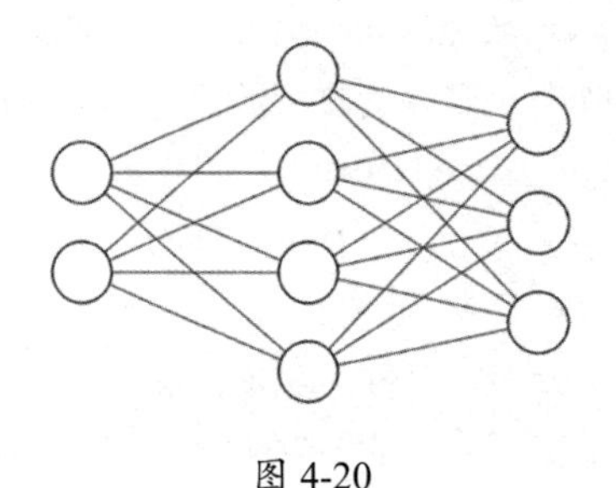

图 4-20

隐含层和输出层都是类似逻辑回归函数的神经元，即每个该神经元用自己的权值向量计算一个加权和 z，然后经过自己的激活函数，产生一个输出值 a。

这个只有一个隐含层的 2 层神经网络定义了一个函数 $f\colon \mathbf{R}^D \rightarrow \mathbf{R}^K$。其中，$D$ 表示输入向量 $\boldsymbol{x}$ 的大小，K 表示输出向量 $\boldsymbol{f}(\boldsymbol{x})$ 的大小。用 $l=0,1,2$ 分别表示每一层。对一个神经元，用 $\boldsymbol{z}$ 表示输入值的加权和，用 $z_i^{[l]}$ 表示第 l 层的第 i 个神经元的加权和，用 $\boldsymbol{a}$ 表示输出值，用 $a_i^{[l]}$ 表示第 l 层的第 i 个神经元的激活值。当 $l=0$ 时，$a_i^{(0)}$ 就是第 i 个输入特征。

假设第 1 层的所有神经元的激活函数都是 $g^{[1]}$，每个神经元接收输入 $\boldsymbol{x}=(x_1,x_2)$，产生一个输出值。这些输出值（激活值）就构成了一个向量 $\boldsymbol{a}^{[1]}=(a_1^{[1]},a_2^{[1]},a_3^{[1]},a_4^{[1]})$，公式如下。

$$a_1^{[1]} = g^{[1]}\left(x_1 W_{11}^{[1]} + x_2 W_{21}^{[1]} + b_1^{[1]}\right)$$
$$a_2^{[1]} = g^{[1]}\left(x_1 W_{12}^{[1]} + x_2 W_{22}^{[1]} + b_2^{[1]}\right)$$
$$a_3^{[1]} = g^{[1]}\left(x_1 W_{13}^{[1]} + x_2 W_{23}^{[1]} + b_3^{[1]}\right)$$
$$a_4^{[1]} = g^{[1]}\left(x_1 W_{14}^{[1]} + x_2 W_{24}^{[1]} + b_4^{[1]}\right)$$

用矩阵 $\boldsymbol{W}^{[1]}$、$\boldsymbol{b}^{[1]}$ 表示这些权值和偏置，公式如下。

$$\boldsymbol{W}^{[1]} = \begin{bmatrix} W_{11}^{[1]} & W_{12}^{[1]} & W_{13}^{[1]} & W_{14}^{[1]} \\ W_{21}^{[1]} & W_{22}^{[1]} & W_{23}^{[1]} & W_{24}^{[1]} \end{bmatrix}$$
$$\boldsymbol{b}^{[1]} = \left(b_1^{[1]}, b_2^{[1]}, b_3^{[1]}, b_4^{[1]}\right)$$

即每一列表示一个神经元的权值或偏置。第 1 层神经元的计算过程如下。

$$\begin{array}{cccccc} \boldsymbol{a}^{[1]} & = & g^{[1]}(\boldsymbol{a}^{[1]} & \boldsymbol{W}^{[1]} & + & \boldsymbol{b}^{[1]}) \\ 1\times 4 & & 1\times 2 & 2\times 4 & & 1\times 4 \end{array}$$

假设第 2 层（输出层）的所有神经元的激活函数都是 $g^{[2]}$，它们接收来自隐含层的输出值 $\boldsymbol{a}^{[1]} = (a_1^{[1]}, a_2^{[1]}, a_3^{[1]}, a_4^{[1]})$，产生最终的输出值，即向量 $\boldsymbol{a}^{[2]} = (a_1^{[2]}, a_2^{[2]}, a_3^{[2]})$，公式如下。

$$a_1^{[2]} = g^{[2]}\left(a_1^{[1]} W_{11}^{[2]} + a_2^{[1]} W_{21}^{[2]} + a_3^{[1]} W_{31}^{[2]} + a_4^{[1]} W_{41}^{[2]} + b_1^{[2]}\right)$$
$$a_2^{[2]} = g^{[2]}\left(a_1^{[1]} W_{12}^{[2]} + a_2^{[1]} W_{22}^{[2]} + a_3^{[1]} W_{32}^{[2]} + a_4^{[1]} W_{42}^{[2]} + b_2^{[2]}\right)$$
$$a_3^{[2]} = g^{[2]}\left(a_1^{[1]} W_{13}^{[2]} + a_2^{[1]} W_{23}^{[2]} + a_3^{[1]} W_{33}^{[2]} + a_4^{[1]} W_{43}^{[2]} + b_3^{[2]}\right)$$

用矩阵 $\boldsymbol{W}^{[2]}$、$\boldsymbol{b}^{[2]}$ 表示这些权值和偏置，公式如下。

$$\boldsymbol{W}^{[2]} = \begin{bmatrix} W_{11}^{[2]} & W_{12}^{[2]} & W_{13}^{[2]} \\ W_{21}^{[2]} & W_{22}^{[2]} & W_{23}^{[2]} \\ W_{31}^{[2]} & W_{32}^{[2]} & W_{33}^{[2]} \\ W_{41}^{[2]} & W_{42}^{[2]} & W_{43}^{[2]} \end{bmatrix}$$
$$\boldsymbol{b}^{[2]} = \left(b_1^{[2]}, b_2^{[2]}, b_3^{[2]}\right)$$

第 2 层神经元的计算过程如下。

$$\begin{array}{cccccc} \boldsymbol{a}^{[2]} & = & g^{[2]}(\boldsymbol{a}^{[1]} & \boldsymbol{W}^{[2]} & + & \boldsymbol{b}^{[2]}) \\ 1\times 3 & & 1\times 4 & 4\times 3 & & 1\times 3 \end{array}$$

将整个神经网络的函数 $f(\boldsymbol{x})$ 写成如下形式。

$$f(\boldsymbol{x}) = g^{[2]}\left(\left(g^{[1]}(\boldsymbol{x}\boldsymbol{W}^{[1]} + \boldsymbol{b}^{[1]})\right)\boldsymbol{W}^{[2]} + \boldsymbol{b}^{[2]}\right)$$

用 $\boldsymbol{a}^{(0)}$ 表示输入数据 $\boldsymbol{x}$。若

$$\boldsymbol{a}^{(0)} = \left(a_1^{(0)}, a_2^{(0)}\right) = \boldsymbol{x} = (x_1, x_2)$$

则输入一个 $\boldsymbol{x}$，即 $\boldsymbol{a}^{(0)}$。这个神经网络的计算过程如下。

$$\begin{aligned}
\boldsymbol{z}^{[1]} &= \boldsymbol{a}^{(0)}\boldsymbol{W}^{[1]} + \boldsymbol{b}^{[1]} \\
\boldsymbol{a}^{[1]} &= g^{[1]}(\boldsymbol{z}^{[1]}) \\
\boldsymbol{z}^{[2]} &= \boldsymbol{a}^{(1)}\boldsymbol{W}^{[2]} + \boldsymbol{b}^{[2]} \\
f(\boldsymbol{x}) = \boldsymbol{a}^{[2]} &= g^{[2]}(\boldsymbol{z}^{[2]})
\end{aligned}$$

按照 $\boldsymbol{x} \to \boldsymbol{z}^{[1]} \to \boldsymbol{a}^{[1]} \to \boldsymbol{z}^{[2]} \to \boldsymbol{a}^{[2]}$ 的顺序计算神经网络产生最终输出的过程，称为**前向传播**（Forward Propagation）或**正向计算**。

第 1 层和第 2 层的加权和及激活值的计算过程是类似的。对于一个普通的神经网络，其第 l 层的加权和及激活值的计算公式如下。

$$\begin{aligned}
\boldsymbol{z}^{[l]} &= \boldsymbol{a}^{(l-1)}\boldsymbol{W}^{[l]} + \boldsymbol{b}^{[l]} \\
\boldsymbol{a}^{[l]} &= g^{[l]}(\boldsymbol{z}^{[l]})
\end{aligned}$$

第 l 层接收来自第 $l-1$ 层的输入 $\boldsymbol{a}^{[l-1]}$，计算加权和 $\boldsymbol{z}^{[l]} = \boldsymbol{a}^{[l-1]}\boldsymbol{W}^{[l]} + \boldsymbol{b}^{[l]}$，经过激活函数 $g^{[l]}$，产生输出 $\boldsymbol{a}^{[l]} = g^{[l]}(\boldsymbol{z}^{[l]})$。

上述神经网络的正向计算，可用以下 Python 代码实现（不失一般性，假设所有神经元的激活函数都是 sigmoid 函数）。

```
import numpy as np

def sigmoid(x):
    return 1 / (1 + np.exp(-x))

g1 = sigmoid

g2 = sigmoid

#x 和 (W1,b1)
x = np.array([1.0, 0.5])                    #输入 x 是 1×2 的行向量
W1 = np.array([[0.1, 0.3,0.5,0.2],
               [0.4,0.6,0.7, 0.1]])         #W1 是 2×4 的矩阵
b1 = np.array([0.1, 0.2, 0.3,0.4])          #偏置 b1 是 1×4 的行向量
print("x.shape",x.shape)                    #(2,)
print("W1.shape",W1.shape)                  #(2, 4)
print("b1.shape",b1.shape)                  #(4,)

#通过输入 x 和 (W1,b1) 计算 z1 和 a1 的值
z1 = np.dot(x,W1) + b1                      #(1,4)
a1 = g1(z1)                                 #(1,4)
```

```
print("z1",z1)                          #(4,)
print("a1",a1)

#a1和(W2,b2)
W2 = np.array([[0.1, 1.4,0.2],[2.5, 0.6, 0.3],[1.1,0.7,0.8],[0.3,1.5,2.1]])
b2 = np.array([0.1, 2,0.3])
print("a2.shape",a1.shape)              #(4,)
print("W2.shape",W2.shape)              #(2, 4)
print("b2.shape",b2.shape)              #(2,)

#通过a1和(W2,b2)计算z2和a2的值
z2 = np.dot(a1,W2) + b2
a2 = g2(z2)
print("z2",z2)
print("a2",a2)
```

```
x.shape (2,)
W1.shape (2, 4)
b1.shape (4,)
z1 [0.4  0.8  1.15 0.65]
a1 [0.59868766 0.68997448 0.75951092 0.65701046]
a2.shape (4,)
W2.shape (4, 3)
b2.shape (3,)
z2 [2.91737012 4.76932075 2.61406058]
a2 [0.94869845 0.99158527 0.93176103]
```

4.1.4 多个样本的正向计算

多个样本（如 m 个样本 $\boldsymbol{x}^{(i)}$）的数据特征可以组成一个矩阵 $\boldsymbol{X}$，公式如下。

$$\boldsymbol{X}=\begin{bmatrix}\boldsymbol{x}^{(1)}\\ \boldsymbol{x}^{(2)}\\ \vdots\\ \boldsymbol{x}^{(m)}\end{bmatrix}$$

每个样本所对应的层的输出向量 $\boldsymbol{z}^{[l]}$、$\boldsymbol{a}^{[l]}$ 的矩阵 $\boldsymbol{Z}^{[l]}$、$\boldsymbol{A}^{[l]}$ 的公式如下。

$$\boldsymbol{Z}^{[l]}=\begin{bmatrix}\boldsymbol{z}^{(1)[l]}\\ \boldsymbol{z}^{(2)[l]}\\ \vdots\\ \boldsymbol{z}^{(m)[l]}\end{bmatrix},\quad \boldsymbol{A}^{[l]}=\begin{bmatrix}\boldsymbol{a}^{(1)[l]}\\ \boldsymbol{a}^{(2)[l]}\\ \vdots\\ \boldsymbol{a}^{(m)[l]}\end{bmatrix}$$

其中，$\boldsymbol{z}^{(i)[l]}$、$\boldsymbol{a}^{(i)[l]}$ 分别是第 i 个样本的第 l 层的加权和、激活值，它们将分别作为矩阵 $\boldsymbol{Z}^{[l]}$、$\boldsymbol{A}^{[l]}$ 的第 i 行。

多个样本的正向计算可以写成向量（矩阵）的形式，公式如下。

$$\boldsymbol{Z}^{[l]}=\begin{bmatrix}\boldsymbol{z}^{(1)[l]}\\\boldsymbol{z}^{(2)[l]}\\\vdots\\\boldsymbol{z}^{(m)[l]}\end{bmatrix}=\begin{bmatrix}\boldsymbol{a}^{(1)[l-1]}\boldsymbol{W}^{[l]}+\boldsymbol{b}^{[l]}\\\boldsymbol{a}^{(2)[l-1]}\boldsymbol{W}^{[l]}+\boldsymbol{b}^{[l]}\\\vdots\\\boldsymbol{a}^{(m)[l-1]}\boldsymbol{W}^{[l]}+\boldsymbol{b}^{[l]}\end{bmatrix}$$

因为 NumPy 数组具有广播功能，所以，可以将上式化简为

$$\boldsymbol{Z}^{[l]}=\boldsymbol{A}^{[l-1]}\boldsymbol{W}^{[l]}+\boldsymbol{b}^{[l]}$$

同样，$\boldsymbol{A}^{[l]}$ 是 $\boldsymbol{Z}^{[l]}$ 的激活值，公式如下。

$$\boldsymbol{A}^{[l]}=\begin{bmatrix}\boldsymbol{a}^{(1)[l]}\\\boldsymbol{a}^{(2)[l]}\\\vdots\\\boldsymbol{a}^{(m)[l]}\end{bmatrix}=\begin{bmatrix}g^{[l]}(\boldsymbol{z}^{(1)[l]})\\g^{[l]}(\boldsymbol{z}^{(2)[l]})\\\vdots\\g^{[l]}(\boldsymbol{z}^{(m)[l]})\end{bmatrix}$$

因为 NumPy 数组具有广播功能，所以，可以将上式化简为

$$\boldsymbol{A}^{[l]}=g^{[l]}(\boldsymbol{Z}^{[l]})$$

因此，对于一般的层 l，正向计算的向量化公式如下。

$$\boldsymbol{Z}^{[l]}=\boldsymbol{A}^{[l-1]}\boldsymbol{W}^{[l]}+\boldsymbol{b}^{[l]}$$
$$\boldsymbol{A}^{[l]}=g^{[l]}(\boldsymbol{Z}^{[l]})$$

针对多个样本的向量（矩阵）形式的正向计算的 Python 代码，具体如下。

```
X = np.array([[1.0, 2.],[3.0,4.0]])
W1 = np.array([[0.1, 0.3,0.5,0.2],
               [0.4,0.6,0.7, 0.1]])          #W1 是 2×4 的矩阵
b1 = np.array([0.1, 0.2, 0.3,0.4])           #偏置 b1 是 1×4 的行向量

print("X.shape",X.shape)                     #(2,)
print("W1.shape",W1.shape)                   #(4, 2)
print("b1.shape",b1.shape)                   #(4,)

#计算第 1 层的 Z1 和 A1
Z1 = np.dot(X,W1) + b1
A1 = sigmoid(Z1)
print("Z1:",Z1)
print("A1:",A1)

W2 = np.array([[0.1, 1.4,0.2],[2.5, 0.6, 0.3],[1.1,0.7,0.8],[0.3,1.5,2.1]])
b2 = np.array([0.1, 2,0.3])
print("A1.shape",A1.shape)      #(2,)
print("W2.shape",W2.shape)      #(4, 2)
print("b2.shape",b2.shape)      #(4,)

#计算第 1 层的 Z2 和 A2
Z2 = np.dot(A1,W2) + b2
```

```
A2 = sigmoid(Z2)
print("Z2:",Z2)
print("A2:",A2)
```

```
X.shape (2, 2)
W1.shape (2, 4)
b1.shape (4,)
Z1: [[1.  1.7 2.2 0.8]
 [2.  3.5 4.6 1.4]]
A1: [[0.73105858 0.84553473 0.90024951 0.68997448]
 [0.88079708 0.97068777 0.9900482  0.80218389]]
A1.shape (2, 4)
W2.shape (4, 3)
b2.shape (3,)
Z2: [[3.4842095  5.19593923 2.86901816]
 [3.94450732 5.71183814 3.24399047]]
A2: [[0.97023513 0.9944915  0.94629347]
 [0.98100697 0.99670431 0.96245657]]
```

有些书籍将 $\boldsymbol{x}^{(i)}$、$\boldsymbol{z}^{[l]}$、$\boldsymbol{a}^{[l]}$、$\boldsymbol{b}^{[l]}$ 等写成了列向量的形式，公式如下。

$$\boldsymbol{z}^{[l]} = \boldsymbol{W}^{[l]}\boldsymbol{a}^{[l-1]} + \boldsymbol{b}^{[l]}$$

例如

$$\boldsymbol{z}^{[1]} = \begin{bmatrix} z_1^{[1]} \\ z_2^{[1]} \\ z_3^{[1]} \\ z_4^{[1]} \end{bmatrix} = \begin{bmatrix} W_{11}^{[1]} & W_{21}^{[1]} \\ W_{21}^{[1]} & W_{22}^{[1]} \\ W_{31}^{[1]} & W_{32}^{[1]} \\ W_{41}^{[1]} & W_{42}^{[1]} \end{bmatrix} \begin{bmatrix} x_1 \\ x_2 \end{bmatrix} + \begin{bmatrix} b_1^{[1]} \\ b_2^{[1]} \\ b_3^{[1]} \\ b_4^{[1]} \end{bmatrix}$$

因为 $\boldsymbol{x}^{(i)}$ 是一个列向量，所以 m 个样本 $\boldsymbol{x}^{(i)}$ 组成了一个矩阵 $\boldsymbol{X}$，公式如下。

$$\boldsymbol{X} = \begin{bmatrix} \boldsymbol{x}^{(1)} & \boldsymbol{x}^{(2)} & \cdots & \boldsymbol{x}^{(m)} \end{bmatrix}$$

即每个样本的数据特征 $\boldsymbol{x}^{(i)}$ 作为矩阵 $\boldsymbol{X}$ 的一列。因此，加权和 $\boldsymbol{Z}^{[1]}$ 的计算公式为

$$\boldsymbol{Z}^{[1]} = \boldsymbol{W}^{[1]}\boldsymbol{X} + \boldsymbol{b}^{[1]}$$

一般地，有

$$\boldsymbol{Z}^{[l]} = \boldsymbol{W}^{[l]}\boldsymbol{A}^{[l-1]} + \boldsymbol{b}^{[l]}$$

$$\boldsymbol{A}^{[l]} = g^{[l]}(\boldsymbol{Z}^{[l]})$$

4.1.5　输出

当神经网络用于解决回归问题时，类似于线性回归，输出的是实数轴上的任意实数（可以是一个实数，也可以是多个实数）。例如，对于目标定位问题，需要输出目标的位置，如目标在样本图像中的坐标。再如，对于人脸标志点检测问题，需要输出图像中人脸上的多个特征点的坐标。

对于这些问题，输出值可以是任意实数。

在解决二分类问题时，类似于逻辑回归，输出的是表示样本属于其中一个类别的概率。这个概率通过 sigmoid 函数，将属于实数区间的实数压缩到表示概率的区间 [0,1] 内。在解决多分类问题时，输出的是样本属于各个类别的概率，这些概率就是由 softmax 函数将同样数目的（实数轴上的）实数压缩到表示概率的区间 [0,1] 内的。

对于分类问题，即使不将实数轴上的实数压缩到表示概率的区间 [0,1] 内，也可以根据实数的大小来判断样本的类别。

例如，对于三分类问题，如果输出是 3 个实数 219、18、564，那么可知该样本属于最大实数的类别是第 3 类，而不是第 1 类或第 2 类。将任意实数转换为表示概率的实数，是为了从概率意义上定义二分类或多分类的交叉熵损失。因此，对于分类问题，神经网络的输出可以是实数轴上的实数（表示样本属于哪个类别或在多个不同类别上的**得分**），也可以是将得分通过 sigmoid 或 softmax 函数转换得到的概率。

在设计神经网络时：如果将包含 sigmoid 或 softmax 函数的神经元作为最后的输出层，那么输出的概率可以直接和目标值计算交叉熵损失；如果将输出得分的网络层作为输出层，那么不管是分类问题还是回归问题，输出的都是实数轴上的任意实数，只不过对于分类问题，这种得分还会通过 sigmoid 或 softmax 函数转换为概率，再与目标值计算交叉熵损失。

不管是否将 sigmoid 或 softmax 函数作为输出层，神经网络的其他层的神经元都是具有类似逻辑回归功能的神经元，即每个神经元接收前一层的输入 $\boldsymbol{a}^{[l-1]}$，用该神经元的权值向量对这些输入计算加权和 $\boldsymbol{z}^{[l]}=\boldsymbol{a}^{[l-1]}\boldsymbol{W}^{[l]}$，再经过一个激活函数 $g^{[l]}$，产生一个输出 $\boldsymbol{a}^{[l]}=g^{[l]}(\boldsymbol{z}^{[l]})$。如果将输出得分的层作为输出层，那么该层的激活函数 $g^{[L]}$ 通常是一个恒等函数；否则，输出层的激活函数就是 sigmoid 或 softmax 函数这种特殊的神经元。为了避免区分特殊的神经元和一般的逻辑回归神经元，本书将输出得分的层作为输出层。

4.1.6 损失函数

无论是训练神经网络，还是使用训练好的神经网络进行预测，都需要对神经网络输出值（预测值）和真实值进行**误差评估**。这个误差也称为**损失**或**代价**。

假设一个样本的预测值和真实值分别是 $f^{(i)}$ 和 $y^{(i)}$，该样本的误差是 $L(f^{(i)},y^{(i)})$。在训练神经网络或对神经网络模型进行验证时，通常都要对一组样本计算它们的总体平均误差。对于 m 个样本的误差，可以取它们的误差的平均值，公式如下。

$$L(f,y)=\frac{1}{m}\sum_{i=1}^{m}L(f^{(i)},y^{(i)})$$

对于一个确定的样本，其误差 $L(f^{(i)},y^{(i)})$ 会随模型参数的不同而不同。模型参数不同，预测值 $f^{(i)}$ 就会不同，多个样本的平均误差 $L(f,y)$ 也是如此，即误差可以看成预测值 $f^{(i)}$ 和模型参数的函数。这个函数通常称为**损失函数**。通过最小化训练损失（误差），可以得到该损失函数的最小值所对应的模型的参数。

在神经网络中，常用的损失函数有均方差损失函数、二分类交叉熵损失函数、多分类交叉熵损失函数。

1. 均方差损失函数

均方差误差，就是将所有样本的预测值和真实值的欧几里得距离的平方的均值作为误差。

对于多个样本，设 $\boldsymbol{F}=(\boldsymbol{f}^{(1)},\boldsymbol{f}^{(2)},\cdots,\boldsymbol{f}^{(m)})^{\mathrm{T}}$、$\boldsymbol{Y}=(\boldsymbol{y}^{(1)},\boldsymbol{y}^{(2)},\cdots,\boldsymbol{y}^{(m)})^{\mathrm{T}}$，$\boldsymbol{F}$ 和 $\boldsymbol{Y}$ 之间的均方差损失 $\mathcal{L}(\boldsymbol{F},\boldsymbol{Y})$ 的计算公式如下。

$$\mathcal{L}(\boldsymbol{F},\boldsymbol{Y})=\frac{1}{m}\parallel \boldsymbol{f}^{(i)}-\boldsymbol{y}^{(i)}\parallel_2^2=\frac{1}{m}\sum_{i=1}^{m}\parallel \boldsymbol{f}^{(i)}-\boldsymbol{y}^{(i)}\parallel_2^2$$

我们知道，乘以一个常数不会改变损失函数的极值点。有时，为了使求导的梯度更“好看”，会将这个均方差损失除以 2，公式如下。

$$\mathcal{L}(\boldsymbol{F},\boldsymbol{Y})=\frac{1}{2m}\parallel \boldsymbol{f}^{(i)}-\boldsymbol{y}^{(i)}\parallel_2^2=\frac{1}{2m}\sum_{i=1}^{2}\parallel \boldsymbol{f}^{(i)}-\boldsymbol{y}^{(i)}\parallel_2^2$$

对于一个样本 $(\boldsymbol{f}^{(i)},\boldsymbol{y}^{(i)})$，$\frac{1}{2}\parallel \boldsymbol{f}^{(i)}-\boldsymbol{y}^{(i)}\parallel_2^2$ 的计算代码如下。

```
import numpy as np
f = np.array([0.1, 0.2,0.5])
y = np.array([0.3, 0.4,0.2])
loss =  np.sum((f - y) ** 2)/2
print(loss)
```

```
0.08499999999999999
```

对于多个样本，$\mathcal{L}(\boldsymbol{F},\boldsymbol{Y})=\frac{1}{2m}\parallel \boldsymbol{f}^{(i)}-\boldsymbol{y}^{(i)}\parallel_2^2$ 可通过以下代码来计算。

```
F = np.array([[0.1, 0.2,0.5],[0.1, 0.2,0.5]])
Y = np.array([[0.3, 0.4,0.2],[0.3, 0.4,0.2]])

m = len(F)
loss =  np.sum((F - Y) ** 2)/(2*m)
# loss = (np.square(H-Y)).mean()
print(loss)
```

```
0.08499999999999999
```

将均方差写成一个函数，具体如下。

```
def mse_loss(F,Y,divid_2=False):
    m = F.shape[0]
    loss =  np.sum((F - Y) ** 2)/m
    if divid_2:       loss/=2
    return loss

mse_loss(F,Y,True)
```

```
0.08499999999999999
```

均方差损失常用在回归问题中。对于分类问题，一般使用交叉熵损失（Cross-Entropy Loss）。

2. 二分类交叉熵损失函数

对于二分类问题，神经网络的输出层只有一个逻辑回归神经元，用于输出一个样本属于某个类别的概率。所有样本的概率输出，组成了一个向量 $\boldsymbol{f}$。训练样本的目标值用 1 或 0 表示样本属于哪个类别。由所有样本的目标值组成的向量，用 $\boldsymbol{y}$ 表示。交叉熵损失的计算公式如下。

$$
\begin{aligned}
L(\boldsymbol{f},\boldsymbol{y}) &= \frac{1}{m}\sum\nolimits_{i=1}^{m} L(y^{(i)}, f^{(i)}) \\
&= \frac{1}{m}\sum\nolimits_{i=1}^{m}[y^{(i)}\log(f^{(i)}) + (1-y^{(i)})\ \log(1-f^{(i)})] \\
&= -\frac{1}{m}\mathrm{np.sum}(\boldsymbol{y}\ \log\boldsymbol{f} + (1-\boldsymbol{y})\log(1-\boldsymbol{f}))
\end{aligned}
$$

其中：$y^{(i)}$ 的值为 1 或 0，表示样本所属的类别；$f^{(i)}$ 表示样本属于值为 1 的类别的概率。

二分类交叉熵损失可用以下代码来计算。

```
- (1./m)*np.sum(np.multiply(y,np.log(f)) + np.multiply((1 - y), np.log(1 - f)))
```

示例代码如下。

```
#https://towardsdatascience.com/neural-net-from-scratch-using-numpy-71a31f6e3675
f = np.array([0.1, 0.2,0.5])    #3个样本属于类别1的概率
y = np.array([0,   1,   0])     #3个样本所对应的类别
m = y.shape[0]

loss = - (1./m)*np.sum(np.multiply(y,np.log(f)) + np.multiply((1 - y),
                       np.log(1 - f)))
print(loss)
```

```
0.8026485362172906
```

为防止 $\boldsymbol{f}$ 或 $1-\boldsymbol{f}$ 出现 0 值，从而导致 log() 函数的值出现异常，可在计算对数时增加一个很小的值 ϵ。二分类交叉熵损失函数的计算代码如下。

```
def binary_crossentropy(f,y,epsilon = 1e-8):
    #np.sum(y*np.log(f+epsilon)+ (1-y)*np.log(1-f+epsilon), axis=1)
    m = len(y)
    return - (1./m)*np.sum(np.multiply(y,np.log(f+epsilon)) + np.multiply((1 - y),
                                       np.log(1 - f+epsilon)))
binary_crossentropy(f,y)
```

```
0.8026485091802541
```

3. 多分类交叉熵损失函数

上述针对二分类问题的交叉熵损失，可以推广到超过 2 个类别的多分类问题。

假设 $f_c^{(i)}$ 表示第 i 个样本属于第 c 个类别的概率，$y_c^{(i)}$ 用 1 或 0 表示第 i 个样本是否属于类

别 c，即用 one-hot 向量 $y^{(i)}$ 表示样本的目标值。根据 softmax 回归的相关知识，多个样本的交叉熵损失的计算公式如下。

$$
\begin{aligned}
L(\boldsymbol{f},\boldsymbol{y}) &= \frac{1}{m}\sum\nolimits_{i=1}^{m} L_i(\boldsymbol{y}^{(i)},\boldsymbol{f}^{(i)}) \\
&= \frac{1}{m}\sum\nolimits_{i=1}^{m}\sum\nolimits_{c=1}^{C} y_c^{(i)} \bullet \log\left(f_c^{(i)}\right) \\
&= -\frac{1}{m}\sum\nolimits_{i=1}^{m} \boldsymbol{y}^{(i)} \bullet \log(\boldsymbol{f}^{(i)})
\end{aligned}
$$

对于三分类问题，即 $C=3$，某个样本的 $\boldsymbol{f}^{(i)}$ 和 $\boldsymbol{y}^{(i)}$ 的值分别如下。

$$
\boldsymbol{f}^{(i)} = \begin{bmatrix} f_1^{(i)} & f_2^{(i)} & f_3^{(i)} \end{bmatrix} = \begin{bmatrix} 0.3 & 0.5 & 0.2 \end{bmatrix}
$$

$$
\boldsymbol{y}^{(i)} = \begin{bmatrix} y_1^{(i)} & y_2^{(i)} & y_3^{(i)} \end{bmatrix} = \begin{bmatrix} 0 & 0 & 1 \end{bmatrix}
$$

以上结果说明，样本的真实分类是第 3 类。预测值表示样本属于这 3 个分类的概率。

这个样本的交叉熵损失如下。

$$
-(0\times\log(0.3)+0\times\log(0.5)+1\times\log(0.2) = -\log(0.2)
$$

可以看出，交叉熵损失只取决于真实的类别所对应的那一项。

因此，如果所有样本的目标值都是 one-hot 向量，那么对于 m 个样本，可以将 $\mathcal{L}(\boldsymbol{f},\boldsymbol{y})$ 写成向量化的 Hadamard 乘积的形式，公式如下。

$$
\mathcal{L}(\boldsymbol{F},\boldsymbol{Y}) = -\frac{1}{m}\mathrm{sum}(\boldsymbol{y}\odot\log(\boldsymbol{f}))
$$

其 NumPy 代码如下。

```
-(1./m)*np.sum(np.multiply(y, np.log(f)))
```

例如，对于 $m=2$（2 个样本），softmax 层的输出 $\boldsymbol{F}$ 和样本的目标值（one-hot 向量）矩阵 $\boldsymbol{Y}$，具体如下。

$$
\boldsymbol{F} = \begin{bmatrix} 0.2 & 0.5 & 0.3 \\ 0.4 & 0.3 & 0.3 \end{bmatrix}, \quad \boldsymbol{Y} = \begin{bmatrix} 0 & 1 & 1 \\ 0 & 0 & 1 \end{bmatrix}
$$

以下代码用于计算这 2 个样本的交叉熵损失。

```
def cross_entropy_loss_onehot(F,Y):
    m = len(F) # F.shape[0]
    return -(1./m) *np.sum(np.multiply(Y, np.log(F)))

F = np.array([[0.2,0.5,0.3],[0.4,0.3,0.3]])
Y = np.array([[0,0,1],[1,0,0]])
cross_entropy_loss_onehot(F,Y)
```

```
1.0601317681000455
```

对于每个样本的目标值，如果没有用 one-hot 向量来表示，而是用一个整数来表示（该样本属于哪个类别），那么，对于 C 分类问题，这些整数就是 $(0,1,2,\cdots,C-1)$。例如，用整数 2 表示样本属于第 3 类，此时，该样本的交叉熵损失就是 $\boldsymbol{f}^{(i)}$ 所对应的分量（下标 2 所对应的类别 $f_2^{(i)}$），即 $-\log f_2^{(i)}$。

如果用整数表示样本的目标分类，则多分类交叉熵损失的计算公式如下。

$$\mathcal{L}(\boldsymbol{F},\boldsymbol{Y})=\frac{1}{m}\sum\nolimits_{i=1}^{m}L_i(\boldsymbol{y}^{(i)},\boldsymbol{f}^{(i)})=-\frac{1}{m}\sum\nolimits_{i=1}^{m}\log\left(f_{y^{(i)}}^{(i)}\right)$$

其中，$y^{(i)}$ 表示第 i 个样本所属类别所对应的整数（下标）。

因此，可以定义以下多分类交叉熵计算函数。

```
def cross_entropy_loss(F,Y,onehot=False):
    m = len(F) #F.shape[0]      #样本数
    if onehot:
        return -(1./m) *np.sum(np.multiply(Y, np.log(F)))
    #F[i]中对应于类别 Y[i]的对数
    else: return  - (1./m) *np.sum( np.log(F[range(m),Y]) )
```

在以下代码中：F 表示两个样本的输出；每个样本的输出向量都有 3 个分量，表示该样本属于 3 个类别的概率；目标 Y 的第 i 个分量表示第 i 个样本所属类别的下标（如 0、1、2）。

```
F = np.array([[0.2,0.5,0.3],[0.4,0.3,0.3]])        #每一行对应于一个样本
Y = np.array([2,0])        #第 1 个样本属于第 2 类，第 2 个样本属于第 0 类

cross_entropy_loss(F,Y)
```

```
1.0601317681000455
```

执行以下代码，可将一个整数索引数组转换为一个 one-hot 数组。

```
#numpy.eye(number of classes)[vector containing the labels]
n_C =  np.max(Y) + 1            #类别数
one_hot_y = np.eye(n_C)[Y]
print(one_hot_y)
```

```
[[0. 0. 1.]
 [1. 0. 0.]]
```

```
cross_entropy_loss_onehot(F,one_hot_y)
```

```
1.0601317681000455
```

当然，为了防止过拟合，可以在上述损失计算公式的基础上添加正则化项，对绝对值较大的模型参数施加较大的惩罚（防止模型参数的绝对值过大），具体如下。

$$\mathcal{L}(\boldsymbol{F},\boldsymbol{Y})=\frac{1}{m}\sum\nolimits_{i=1}^{m}L_i(\boldsymbol{y}^{(i)},\boldsymbol{f}^{(i)})+\lambda\sum\nolimits_{l=i}^{L}\|\boldsymbol{W}^{[l]}\|_2^2$$

4.1.7　基于数值梯度的神经网络训练

和回归问题一样，一个结构确定的神经网络函数完全由其神经元的参数（权值参数和偏置）决定。参数不同，所表示的神经网络函数就不同。

对于一组样本，希望找到能够拟合这些样本的最佳神经网络参数，即确定能够反映样本特征和目标值关系的最佳神经网络函数。寻找最佳神经网络参数的过程，和任何机器学习模型的训练过程一样，都是求解使某种损失最小的模型参数，具体地，就是通过求解损失函数的最小化问题来确定神经网络的模型参数。这个过程称为**神经网络的训练**。

神经网络的训练和回归模型的训练一样，都是用梯度下降法迭代更新模型参数，直到算法足够收敛或达到最大迭代次数为止。梯度下降法需要计算损失函数关于模型参数的偏导数。神经网络通常包含很多层，每一层都有很多神经元，每个神经元又包含很多模型参数，因此，其偏导数的计算要比回归问题复杂得多。

前面讨论了神经网络的正向计算和损失函数的计算，可以在梯度下降法中用数值梯度来逼近分析梯度。下面我们针对 2 层神经网络，完整地实现一个神经网络训练和预测算法（参见链接 4-1）。

在线性回归中，模型参数通常被初始化为 0。然而，如果神经网络模型的权值参数被初始化为 0，那么神经网络的神经元最终会趋同，即所有神经元的模型参数相同，每一层的多个神经元相当于一个神经元，神经网络的表达能力将大大退化，难以获得令人满意的神经网络。因此，需要对神经网络的权值进行随机初始化。研究人员提供了多种不同的初始化神经网络权值的方法。

通常，神经网络的偏置被初始化为 0，而权值参数随机采样自一个分布（如高斯分布）。假设神经元的数目为 $n^{(l)}$，前一层输出值的数目是 $n^{(l-1)}$，那么该层的神经元权值矩阵 $\boldsymbol{W}^{(l)}$ 就是一个 $n^{(l-1)} \times n^{(l)}$ 的矩阵。可以用以下 Python 代码对该神经网络进行初始化，将所有权值的标准正态分布的随机值乘以 0.01。

```
Wl = np.random.randn(n_l_1,n_l)* 0.01
```

假设上述 2 层神经网络的输入特征的数目是 n_x，中间层和输出层神经元的数目分别是 n_h 和 n_o，initialize_parameters() 函数负责完成所有模型参数的初始化工作并返回一个字典对象。示例代码如下。

```
import numpy as np

def initialize_parameters(n_x, n_h, n_o):
    np.random.seed(2)           #固定的种子，使每次运行这段代码时随机数的值都是相同的

    W1 = np.random.randn(n_x,n_h)* 0.01
    b1 = np.zeros((1,n_h))
    W2 = np.random.randn(n_h,n_o) * 0.01
    b2 = np.zeros((1,n_o))

    assert (W1.shape == (n_x, n_h))
    assert (b1.shape == (1, n_h))
    assert (W2.shape == (n_h, n_o))
```

```
    assert (b2.shape == (1, n_o))

    parameters = [W1,b1,W2,b2]
    return parameters
```

对 initialize_parameters() 函数进行测试，代码如下。

```
n_x, n_h, n_o = 2,4,3
parameters = initialize_parameters(n_x, n_h, n_o)
print("W1 = " + str(parameters[0]))
print("b1 = " + str(parameters[1]))
print("W2 = " + str(parameters[2]))
print("b2 = " + str(parameters[3]))
```

```
W1 = [[-0.00416758 -0.00056267 -0.02136196  0.01640271]
 [-0.01793436 -0.00841747  0.00502881 -0.01245288]]
b1 = [[0. 0. 0. 0.]]
W2 = [[-1.05795222e-02 -9.09007615e-03  5.51454045e-03]
 [ 2.29220801e-02  4.15393930e-04 -1.11792545e-02]
 [ 5.39058321e-03 -5.96159700e-03 -1.91304965e-04]
 [ 1.17500122e-02 -7.47870949e-03  9.02525097e-05]]
b2 = [[0. 0. 0.]]
```

用于进行正向计算的 forward_propagation(X, parameters) 函数的代码，具体如下。

```
def sigmoid(x):
    return 1 / (1 + np.exp(-x))

def forward_propagation(X, parameters):
    W1,b1,W2,b2 = parameters

    Z1 = np.dot(X,W1) + b1    #Z1 的形状：(3,2)(2,4)+(1,4)=>(3,4)
    A1 = np.tanh(Z1)
    Z2 = np.dot(A1,W2) + b2   #Z2 的形状：(3,4)(4,3)+(1,3)=>(3,3)
    #A2 = sigmoid(Z2)

    assert(Z2.shape == (X.shape[0],3))
    return Z2
```

对 forward_propagation(X, parameters) 函数进行测试，代码如下。

```
X = np.array([[1.,2.],[3.,4.],[5.,6.]])  #每一行对应于一个样本

Z2 = forward_propagation(X, parameters)
print(Z2)
```

```
[[-1.36253581e-04  4.87491807e-04 -2.47960226e-05]
 [-1.64985210e-04  1.01574088e-03 -5.99877659e-05]
 [-1.96135525e-04  1.54048069e-03 -9.36558871e-05]]
```

正向计算函数输出了样本属于各个类别的得分。对于得分，可使用 softmax 函数将其转换为样本属于各个类别的概率，然后和真正的目标值计算多分类交叉熵损失。

在以下代码中，softmax_cross_entropy() 和 softmax_cross_entropy_reg() 函数根据输出的得分和真实值计算交叉熵损失，后者包含了正则项损失（reg 是正则项系数）。

```
def softmax(Z):
    exp_Z = np.exp(Z-np.max(Z,axis=1,keepdims=True))
    return exp_Z/np.sum(exp_Z,axis=1,keepdims=True)

def softmax_cross_entropy_reg(Z, y, onehot=False):
    m = len(Z)
    F = softmax(Z)
    if onehot:
        loss = -np.sum(y*np.log(F))/m
    else:
        y.flatten()
        log_Fy = -np.log(F[range(m),y])
        loss = np.sum(log_Fy) / m
    return loss

def softmax_cross_entropy_reg(Z, Y, parameters,onehot=False,reg=1e-3):
    W1 = parameters[0]
    W2 = parameters[2]
    L  = softmax_cross_entropy(Z,y,onehot)+ reg*(np.sum(W1**2)+np.sum(W2**2))
    assert(isinstance(L, float))
    return L
```

```
y = np.array([2,0,1])  #每一行对应于一个样本
softmax_crossentropy_loss_reg(Z2,y,parameters)
```

```
1.0984277770814438
```

通常，我们希望输入一组数据和对应的目标值，神经网络就能计算损失函数的值。因此，可将正向计算和单独的交叉熵损失计算合并在一起，代码如下。

```
def compute_loss_reg(f,loss,X, Y, parameters,reg=1e-3):
    Z2 = f(X,parameters)
    return loss(Z2,y,parameters,reg)
```

对 compute_loss_reg() 函数进行测试，代码如下。

```
reg  =1e-3
compute_loss_reg(forward_propagation,softmax_cross_entropy_reg, X, y,\
                        parameters,reg)
```

```
1.0984277770814438
```

定义一个用于返回计算损失函数对象的函数 f()，将它和模型参数传给在 2.4 节中介绍的通用数值梯度计算函数，以计算神经网络的数值梯度，代码如下。

```
import util

def f():
    return compute_loss_reg(forward_propagation,\
```

```
                        softmax_cross_entropy_reg, X, y, parameters,reg)
num_grads = util.numerical_gradient(f,parameters)
print(num_grads[0])
print(num_grads[3])
```

```
[[ 0.00956814 -0.00773283  0.00375128  0.00506506]
 [ 0.00950714 -0.00774762  0.00379433  0.0050036 ]]
[[-0.00014298  0.00025054 -0.00010756]]
```

现在，就可以修改梯度下降法的计算代码，训练神经网络模型了。示例代码如下。

```
def max_abs(grads):
    return max([np.max(np.abs(grad)) for grad in grads])

def gradient_descent_ANN(f,X, y,parameters, reg=0., alpha=0.01,
                      iterations=100,gamma = 0.8,epsilon=1e-8):
    losses = []
    for i in range(0,iterations):
        loss = f()
        grads = util.numerical_gradient(f, parameters)
        if max_abs(grads)<epsilon:
            print("gradient is small enough!")
            print("iterated num is :",i)
            break
        for param, grad in zip(parameters, grads):
            param-=alpha * grad

        losses.append(loss)
    return parameters,losses
```

再次对螺旋数据集进行测试，结果如图 4-21 所示。

```
import numpy as np
import matplotlib.pyplot as plt
%matplotlib inline

np.random.seed(100)

def gen_spiral_dataset(N=100,D=2,K=3):
    X = np.zeros((N*K,D)) # data matrix (each row = single example)
    y = np.zeros(N*K, dtype='uint8') # class labels
    for j in range(K):
        ix = range(N*j,N*(j+1))
        r = np.linspace(0.0,1,N) # radius
        t = np.linspace(j*4,(j+1)*4,N) + np.random.randn(N)*0.2  # theta
        X[ix] = np.c_[r*np.sin(t), r*np.cos(t)]
        y[ix] = j
    return X,y

N = 100 # number of points per class
D = 2 # dimensionality
```

```
K = 3 # number of classes

X_spiral,y_spiral = gen_spiral_dataset()
# lets visualize the data:
plt.scatter(X_spiral[:, 0], X_spiral[:, 1], c=y_spiral, s=40, cmap=plt.cm.Spectral)
plt.show()
```

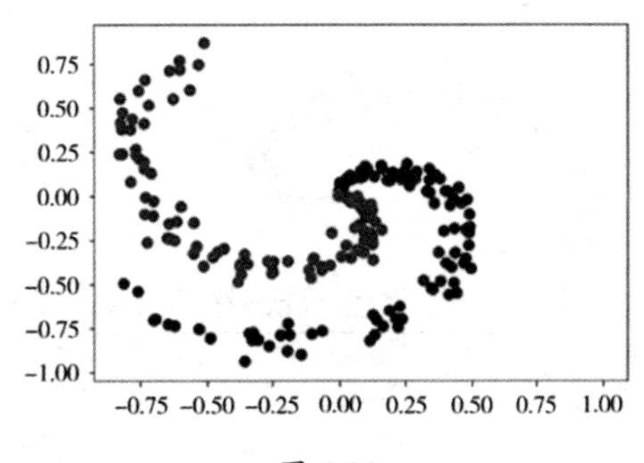

图 4-21

```
X = X_spiral
y = y_spiral
n_x, n_h, n_o = 2,5,3
parameters = initialize_parameters(n_x, n_h, n_o)
alpha = 1e-0
iterations  =1000
lambda_ = 1e-3
parameters,losses = gradient_descent_ANN(f,X,y,parameters,lambda_, alpha,\
                                          iterations)
for param in parameters:
    print(param)
print(losses[:-1:len(losses)//10])
plt.plot(losses, color='r')
```

```
W1 [[ 3.38138518  0.61426967 -4.03084148  4.58725647 -3.51525488]
 [ 1.71779295  4.22070297 -0.02482012 -2.94531953 -1.70138925]]
b1 [[-0.22738705  2.46255351 -1.6012184   0.13971558  1.93803839]]
W2 [[ 3.02107406 -0.56140685 -2.45577033]
 [-3.6239263   1.24139541  2.38094385]
 [ 0.1104459  -2.84775015  2.73785532]
 [ 0.32970362 -3.41827375  3.08718502]
 [ 2.15366321 -3.60902121  1.45391142]]
b2 [[ 2.05837167 -0.0169156  -2.04145607]]
[1.0986563635370763, 0.7420794668454465, 0.6457726035432326, 0.4988028574844082, 0.
4744212204660607, 0.4252523826460135, 0.3952037360037423, 0.3830253864421071, 0.378
22677209963196, 0.3757042519269851]
```

三分类神经网络针对螺旋数据集的损失曲线，如图 4-22 所示。

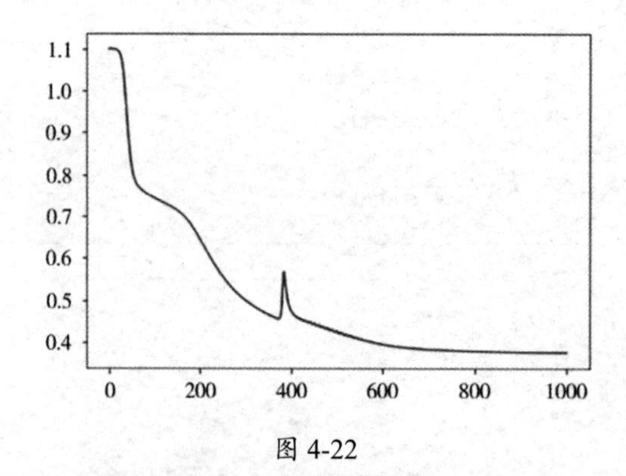

图 4-22

以下函数可通过比较预测结果和目标值，计算模型在样本集 (X, y) 上的预测准确度。

```
def getAccuracy(X,y,parameters):
    predicts = forward_propagation(X,parameters)
    predicts = np.argmax(predicts,axis=1)
    accuracy = sum(predicts == y)/(float(len(y)))
    return accuracy
getAccuracy(X,y,parameters)
```

```
0.9433333333333334
```

模型在训练集上的预测准确度达到了 0.943，而原来的 softmax 回归模型的预测准确度只有 0.516。

执行以下代码，绘制决策曲线，结果如图 4-23 所示。

```
# plot the resulting classifier
h = 0.02
x_min, x_max = X[:, 0].min() - 1, X[:, 0].max() + 1
y_min, y_max = X[:, 1].min() - 1, X[:, 1].max() + 1
xx, yy = np.meshgrid(np.arange(x_min, x_max, h), np.arange(y_min, y_max, h))

XX = np.c_[xx.ravel(), yy.ravel()]
Z = forward_propagation(XX,parameters)
Z = np.argmax(Z, axis=1)
Z = Z.reshape(xx.shape)
fig = plt.figure()
plt.contourf(xx, yy, Z, cmap=plt.cm.Spectral, alpha=0.3)
plt.scatter(X[:, 0], X[:, 1], c=y, s=40, cmap=plt.cm.Spectral)
plt.xlim(xx.min(), xx.max())
plt.ylim(yy.min(), yy.max())
#fig.savefig('spiral_linear.png')
```

```
(-1.9355521912329907, 1.8444478087670126)
```

可以看出，2 层神经网络模型的决策曲线不再是直线，而是可以任意弯曲的曲线。

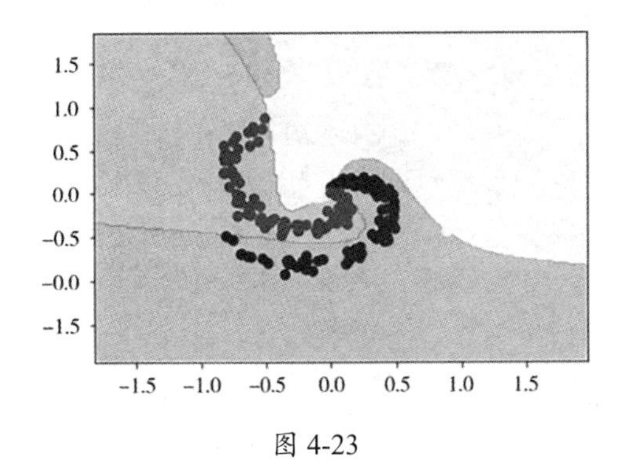

图 4-23

4.2　反向求导

神经网络模型的训练，需要求出损失函数关于模型参数的梯度（偏导数）。通过数值求导方法求得的梯度（导数），只是对分析梯度（导数）的逼近，还不够准确。更重要的是，数值求导需要对每个模型参数进行微小的扰动，然后计算整个神经网络的损失，当神经网络规模比较大（层数或每层的神经元数目比较多）时，正向计算损失函数需要的开销也比较大。

例如，用 2 层神经网络识别手写数字，一个样本有 $28 \times 28 = 784$ 个特征，采用批梯度下降法，每批样本有 500 个。如果神经网络的中间层有 100 个神经元，输出层有 10 个神经元，那么神经网络的模型参数的个数是 $784 \times 100 + 100 + 100 \times 10 + 10 = 79510$，而每个参数的更新都需要进行 2 次正向计算，所以，需要进行 2×79510 次正向计算，且每次计算都需要进行矩阵相乘和相加运算（例如，第 1 层神经元的 $\boldsymbol{XW}^{(1)}$ 计算就是一个 500×784 的矩阵和一个 784×100 的矩阵乘法运算）。因此，计算量与样本个数、每个样本的特征数目、神经网络的神经元数目成正比。对不同的模型参数求数值偏导数的过程是相互独立的，都要独立进行 2 次正向计算（包括损失函数值的计算），开销很大。对于较深的、规模较大的神经网络，这是不可行的。

实际上，目前深度学习都是用并行计算硬件（如 GPU）来提高神经网络的正向计算和求梯度的速度的。在实际的神经网络训练中，通过链式法则计算损失函数关于模型参数的分析梯度（导数），可先通过一次正向计算求出模型的损失，再以损失关于最终输出值的梯度沿正向计算的反方向算出每层模型参数的梯度。

4.2.1　正向计算和反向求导

神经网络是通过函数的运算和复合形成的一个复杂的复合函数，其每一层都可以看成一个多输入、多输出的多变量向量值函数，前一层的输出作为后一层的输入，即神经网络是由一层一层的函数复合而成的。

链式法则告诉我们，导数的计算过程和函数值的计算过程是相反的。例如，一个变量 x，经过函数 g，得到函数值 $g(x)$；将这个值输入函数 h，得到值 $h(g(x))$；再将这个值输入函数 k，得到最终的输出 $f(x) = k(h(g(x)))$。计算过程如下。

$$x \to g(x) \to h(g(x)) \to k(h(g(x))) = f(x)$$

$f(x) = k(h(g(x)))$ 是由一系列函数 $g(x)$、$h(g)$、$k(h)$ 通过函数复合的方式得到的。通过输入一个自变量 x 计算 $f(x)$ 的过程，就是按照这个复合过程一步一步进行的——直到求出最终的 $f(x)$。这种从最内层开始，通过一系列中间值对自变量求最终函数值的过程，称为**正向计算**。如果将 g、h、k 看成神经网络各层的函数，那么这个计算过程就是从神经网络的输入层开始，沿着神经网络的前一层向后一层计算（即前向传播）。

根据链式法则，计算最终的 f 关于 x 的导数，公式如下。

$$f'(x) = k'(h)h'(g)g'(x)$$

也就是说，$f'(x)$ 的计算过程可以分解为一系列步骤：先计算 f 关于 h 的导数 $f'(h) = k'(h)$，再计算 h 关于 g 的导数 $h'(g)$，最后计算 g 关于 x 的导数 $g'(x)$。

如下式所示，导数 $f'(x)$ 的计算过程和函数值 $f(x)$ 的计算过程的方向正好相反，导数是按照函数复合过程的反方向（从外到内）计算的，即沿着正向计算的反向过程来计算。

$$f'(h) = k'(h) \to f'(g) = k'(h)h'(g) \to f'(x) = k'(h)h'(g)g'(x)$$

这个反向计算复合函数的导数的过程，称为**反向求导**。$f'(h) = k'(h), h'(g), g'(x)$ 的计算不是相互独立的。如果先求出了 $f'(h)$，那么在计算 $f'(g) = f'(h)h'(g)$ 时就不必重复计算 $f'(h)$ 了，即如果沿着反向求导的方向将 f 关于中间变量的导数（如 h 的导数 $f'(h)$）保存起来，就可以直接把它和 $h'(g)$ 相乘，得到 $f'(g)$，从而避免在计算 $f'(g)$ 时重新计算 $f'(h)$。

如果将 x 作为神经网络的输入，将 g 和 h 作为隐藏层和输出层的输出，将 $f(h) = k(h)$ 作为损失函数，那么 $f'(h) = k'(h)$ 表示损失函数关于神经网络的输出 h 的梯度（导数）。在 $f'(h)$ 的基础上，沿着神经网络的反方向（从输出层到隐藏层）可依次求出损失函数关于隐藏层 g、输入 x 的梯度（导数）。

如果知道损失函数关于某一层的输出的梯度（如 $f'(h)$），就能求出该层的模型参数的梯度。假设一个神经网络层的输入是 x，其输出就是 $a = \sigma(xw + b) = \sigma(z)$。如果知道损失函数 L 关于 a 的导数 $L'(a)$，那么关于该层的模型参数 w 的梯度就是

$$L'(w) = L'(a)a'(z)z'(w) = L'(a)\sigma'(z)x$$

对于神经网络模型，损失函数关于每一层的输出、中间变量、输入的梯度的计算过程和正向传播的计算过程相反，即先计算损失函数关于输出层的输出的梯度，然后从后向前逐层计算损失函数关于每一层的中间变量、模型参数、输入的梯度。这个计算过程，称为**反向传播**（Backward Propagation）。

用简单的函数构建复合函数，不仅包括函数的复合运算，还包括普通的四则运算。不管使用哪些运算构建复合函数，从自变量计算函数输出的正向计算，以及求解函数关于中间变量和自变量的导数（梯度）的反向求导过程，都是类似的。下面再通过一个简单的例子深入讨论正向计算和反向求导过程。

对于两个自变量 x 和 y，函数 $f(x,y)=(2x+3y)^2+(x-4y)^2$ 可以看成 $f(x,y)=s+t$，s 和 t 可以看成 $s=u^2$ 和 $t=v^2$，u 和 v 可以看成 $u=2x+3y$ 和 $v=x-4y$。该函数的复合过程，如图 4-24 所示。

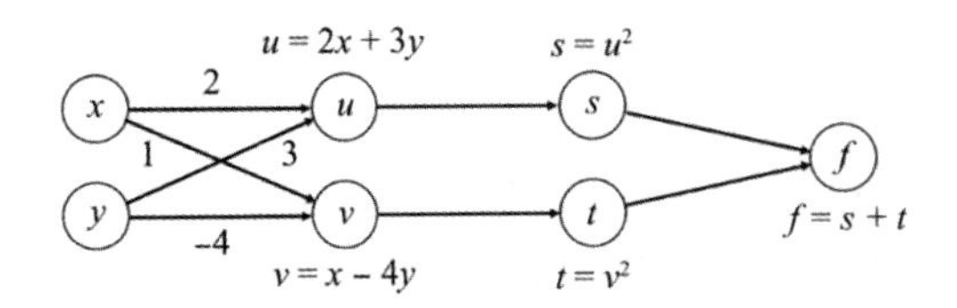

图 4-24

函数 $f(x,y)$ 的正向计算过程如下。

$$x,y\to u=2x+3y,v=x-4y\to s=u^2,t=v^2\to f=s+t$$

函数 $f(x,y)$ 关于 x 的偏导数的反向求导过程如下。

$$\begin{aligned}f'(s)&=1,f(t)=1\to f'(u)=f'(s)s'(u)+f'(t)t'(u),f'(v)\\&=f'(s)s'(v)+f'(t)t'(v)\to f'(x)=f'(u)u'(x)+f'(v)v'(x)\\&=(f'(s)s'(u)+f'(t)t'(u))u'(x)+(f'(s)s'(v)+f'(t)t'(v))v'(x)\end{aligned}$$

4.2.2　计算图

一个函数的正向计算和反向求导过程，可以用图形来表示。这种图形称作计算图。

对于函数 $f(x,y)=(2x+3y)^2+(x-4y)^2$，其正向计算过程是根据如图 4-24 所示的过程进行的。该函数的反向求导过程，如图 4-25 所示。

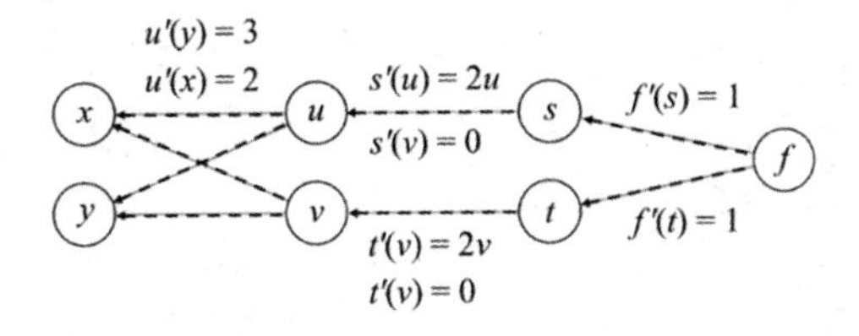

图 4-25

$f'(x)$ 来自两条路径的偏导数累加，一条来自 u 的反向求导，另一条来自 v 的反向求导，即 $f'(x)=f'(u)u'(x)+f'(v)v'(x)=f'(u)$。$f'(u)$ 只有来自 s 的反向求导，即 $f'(u)=f'(s)s'(u)$。同理，$f'(v)=f'(t)t'(v)$。因此，有

$$f'(x)=f'(s)s'(u)u'(x)+f'(t)t'(v)v'(x)$$

也就是说，先求 $f'(s)$，再求 $s'(u)$，最后求 $u'(x)$，就能求出 $f'(s)s'(u)u'(x)$ 了。这就是沿着正向计算的反方向求导数（$f'(t)t'(v)v'(x)$ 的反向求导同理）。

由于 $f'(s)=1$、$f'(t)=1$、$s'(u)=2u$、$t'(v)=2v$、$u'(x)=2$、$v'(x)=1$，因此，最终 $f'(x)$ 的计算公式如下。

$$f'(x)=1\times 2u\times 2+1\times 2v\times 1$$

我们知道，前馈神经网络是由多层神经元组成的，每一层的神经元接收前一层的输入 $\boldsymbol{a}^{[l-1]}$，通过神经元自身的模型参数 $\boldsymbol{w}^{[l]}$、$\boldsymbol{b}^{[l]}$ 计算加权和 $\boldsymbol{z}^{[l]}=\boldsymbol{a}^{[l-1]}\boldsymbol{w}^{[l]}+\boldsymbol{b}^{[l]}$，再经过激活函数 $g^{[l-1]}$ 产生输出 $\boldsymbol{a}^{[l]}$。这个输出将作为后一层神经元的输入，逐层将计算结果输出——直到输出层。最后，通过输出层的输出和目标值计算损失 $\mathcal{L}(\boldsymbol{a}^{[L]},y)$。对本节中的 2 层神经网络，可按照以下顺序计算每一层神经元的加权和 $\boldsymbol{z}^{[1]}$、$\boldsymbol{z}^{[2]}$ 及输出值 $\boldsymbol{a}^{[1]}$、$\boldsymbol{a}^{[2]}$，最后计算 $\mathcal{L}(\boldsymbol{a}^{[2]},y)$。

$$\boldsymbol{z}^{[1]}=\boldsymbol{W}^{[1]}\boldsymbol{x}+\boldsymbol{b}^{[1]}\to\boldsymbol{a}^{[1]}=\sigma(\boldsymbol{z}^{[1]})\to\boldsymbol{z}^{[2]}=\boldsymbol{W}^{[2]}\boldsymbol{a}^{[1]}+\boldsymbol{b}^{[2]}\to\boldsymbol{a}^{[2]}=\sigma(\boldsymbol{z}^{[2]})\to\mathcal{L}(\boldsymbol{a}^{[2]},y)$$

以上计算过程，如图 4-26 所示。

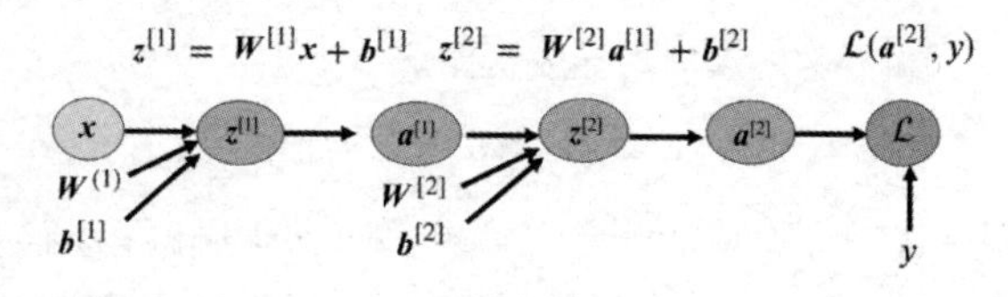

图 4-26

神经网络函数可以看成其模型参数和中间变量的函数。计算损失函数关于这些参数和变量的梯度（导数）的过程，和任何复杂函数的反向求导过程一样，都是从最外层的损失函数开始，沿正向计算神经网络函数值的反方向依次求解这些中间变量和参数的梯度。具体过程是：先求出损失函数关于输出层的输出的梯度；如果求出了损失函数关于层 l 的输出的梯度，即 $\frac{\partial\mathcal{L}}{\partial\boldsymbol{a}^{[l]}}$，即可根据该层每个神经元的激活函数，求出该层神经元加权和 $\boldsymbol{z}^{[l]}$ 的梯度，即 $\frac{\mathcal{L}}{\boldsymbol{z}^{[l]}}$（假设该层的神经元激活函数都是 g，即 $\frac{\partial\mathcal{L}}{\partial\boldsymbol{z}^{[l]}}=g'(\frac{\partial\mathcal{L}}{\partial\boldsymbol{a}^{[l]}})$）；在已知 $\frac{\mathcal{L}}{\boldsymbol{z}^{[l]}}$ 的情况下，分别求出损失函数关于该层的模型参数 $\boldsymbol{W}^{[l]}$ 和输入 $\boldsymbol{a}^{[l-1]}$ 的梯度 $\frac{\partial\mathcal{L}}{\partial\boldsymbol{W}^{[l]}}$ 和 $\frac{\partial\mathcal{L}}{\partial\boldsymbol{a}^{[l-1]}}$。

对于以上 2 层神经网络，反向求导过程如下。

$$\frac{\partial\mathcal{L}}{\partial\boldsymbol{a}^{[2]}}\to\frac{\partial\mathcal{L}}{\partial\boldsymbol{z}^{[2]}}\to(\frac{\partial\mathcal{L}}{\partial\boldsymbol{W}^{[2]}},\frac{\partial\mathcal{L}}{\partial\boldsymbol{b}^{[2]}},\frac{\partial\mathcal{L}}{\partial\boldsymbol{a}^{[1]}})\to\frac{\partial\mathcal{L}}{\partial\boldsymbol{z}^{[1]}}\to(\frac{\partial\mathcal{L}}{\partial\boldsymbol{W}^{[1]}},\frac{\partial\mathcal{L}}{\partial\boldsymbol{b}^{[1]}})$$

损失函数关于模型的每一层的中间变量和参数的梯度，都依赖正向计算的结果，如 $\boldsymbol{a}^{[l]}$。为了避免重复计算这些值，可在正向计算过程中将这些结果保存到神经网络的对应层中，在反向求导过程中直接利用这些结果，从而避免重复计算，以及提高效率。

在计算图上，这些中间结果可以保存在相应的结点中。现在的深度学习平台，大都会借助计算图来表示神经网络的正向传播和反向求导过程，并将相关的中间计算结果保存到计算图的相应结点中。因此，计算图不仅可以确保计算顺序正确，还可以保存中间结果以提高计算效率。

4.2.3 损失函数关于输出的梯度

在反向求导过程中，首先要计算损失函数关于最后的输出层的输出的梯度，然后从输出层开始，沿正向传播的反方向计算损失函数关于每一层的中间变量和参数的梯度，直到输入层为止。

不同的问题（回归、分类等），其损失函数的定义不同。下面针对常见的损失函数，讨论如何计算损失函数关于输出的梯度。

1. 二分类交叉熵损失函数关于输出的梯度

对于二分类问题，神经网络的输出层是一个逻辑回归神经元。用 z 表示这个神经元对输入的加权和。这个加权和经过 sigmoid 函数产生一个在 (0,1) 之间的输出值 $a=\sigma(z)$，表示样本属于两个类别中的一个的概率（属于另一个类别的概率就是 $1-a$）。对于输出层，本书用 $f=a$ 表示输出值，即 $f=\sigma(z)$，用 y 表示值为 1 或 0 的目标值。

根据二分类交叉熵损失的知识，$L(f,y)=-(y\log(f)+(1-y)\log(1-f))$ 关于 f 的导数为

$$\frac{\partial L}{\partial f}=-(\frac{y}{f}-\frac{(1-y)}{(1-f)})=\frac{f-y}{f(1-f)}$$

$f=\sigma(z)$ 关于 z 的导数为

$$\frac{\partial f}{\partial z}=\sigma(z)(1-\sigma(z))=f(1-f)$$

因此，$L(f,y)$ 关于 z 的导数为 $f-y$。

对于二分类问题，多个样本的交叉熵是单个样本的交叉熵的均值，公式如下。

$$L(\boldsymbol{F},\boldsymbol{Y})=\frac{1}{m}\sum_{i=1}^{m}L_i\left(y^{(i)},f^{(i)}\right)=-\frac{1}{m}\sum_{i=1}^{m}[y^{(i)}\log(f^{(i)})+(1-y^{(i)})\log(1-f^{(i)})]$$

因此，交叉熵损失 $L(\boldsymbol{F},\boldsymbol{Y})$ 关于 $\boldsymbol{z}$ 的梯度为

$$\frac{\partial L}{\partial \boldsymbol{F}}=\frac{1}{m}\frac{\boldsymbol{F}-\boldsymbol{Y}}{\boldsymbol{F}(1-\boldsymbol{F})}$$

$$\frac{\partial \boldsymbol{F}}{\partial \boldsymbol{Z}}=\sigma(\boldsymbol{Z})\big(1-\sigma(\boldsymbol{Z})\big)=\boldsymbol{F}(1-\boldsymbol{F})$$

$$\frac{\partial L}{\partial \boldsymbol{Z}}=\frac{\partial L}{\partial \boldsymbol{f}}\frac{\partial \boldsymbol{f}}{\partial \boldsymbol{z}}=\frac{1}{m}(\boldsymbol{F}-\boldsymbol{Y})$$

即

$$\boldsymbol{F}=\begin{bmatrix}f^{(1)}\\ \vdots\\ f^{(i)}\\ \vdots\\ f^{(m)}\end{bmatrix},\qquad \boldsymbol{Y}=\begin{bmatrix}y^{(1)}\\ \vdots\\ y^{(i)}\\ \vdots\\ y^{(m)}\end{bmatrix},\qquad \frac{\partial \mathcal{L}}{\partial \boldsymbol{Z}}=\frac{1}{m}\begin{bmatrix}f^{(1)}-y^{(1)}\\ \vdots\\ f^{(i)}-y^{(i)}\\ \vdots\\ f^{(m)}-y^{(m)}\end{bmatrix}$$

注意：因为每个样本都唯一对应于一个 $z^{(i)}$，所以，交叉熵损失 L 关于每个 $z^{(i)}$ 应单独求导，而不是将这些导数的值加起来。另外，上述式子中向量的乘、除运算，都是逐元素进行的。

由于神经网络的输出不仅是由加权和表示的得分，还是由 sigmoid 函数输出的概率，所以，可以编写以下代码，计算二分类交叉熵损失关于加权和或概率的梯度。

```
def sigmoid(x):
    return 1 / (1 + np.exp(-x))

def binary_cross_entropy(f,y,epsilon = 1e-8):
    #np.sum(y*np.log(f+epsilon)+ (1-y)*np.log(1-f+epsilon), axis=1)
    m = len(y)
    return - (1./m)*np.sum(np.multiply(y,np.log(f+epsilon)) \
                          + np.multiply((1 - y), np.log(1 - f+epsilon)))

def binary_cross_entropy_grad(out,y,sigmoid_out = True,epsilon = 1e-8):
    if sigmoid_out:
        f = out
        grad = ((f-y)/(f*(1-f)+epsilon)  )/(len(y))
    else:
        f = sigmoid(out) # out is z
        grad = (f-y)/(len(y))

def binary_cross_entropy_loss_grad(out,y,sigmoid_out = True,epsilon = 1e-8):
    if sigmoid_out:
        f = out
        grad = ((f-y)/(f*(1-f)+epsilon)  )/(len(y))
    else:
        f = sigmoid(out) # out is z
        grad = (f-y)/(len(y))
    loss = binary_cross_entropy(f,y,epsilon)
    return loss,grad
```

```
z = np.array([-4, 5,2])          #3 个样本所对应的类别的得分
f = sigmoid(z)                   #3 个样本属于类别 1 的概率
y = np.array([0,   1,   0])      #3 个样本所对应的类别

loss,grad = binary_cross_entropy_loss_grad(z,y,False)
print(loss,grad)
loss,grad = binary_cross_entropy_loss_grad(f,y)
print(loss,grad)
```

```
0.7172643944362687 [ 0.0059954  -0.00223095  0.29359903]
0.7172643944362687 [ 0.33943835 -0.33557881  2.79635177]
```

2. 均方差损失函数关于输出的梯度

对于回归问题，神经网络的输出层就是一个或多个线性回归神经元，即每个神经元直接输出其输入的加权和 z_i。输出层各神经元输出的值，可以组成一个输出向量 $\boldsymbol{z}=(z_1,z_2,\ldots z_K)$，作为

整个输出层的输出 $\boldsymbol{f}=\boldsymbol{z}$。当 $K>1$ 时，目标值是大小相同的向量 $\boldsymbol{y}=(y_1,y_2,\dots y_K)$。对于一个样本，可将输出向量 $\boldsymbol{z}$ 和目标值向量 $\boldsymbol{y}$ 的欧几里得距离的平方作为误差，即 $\|(\boldsymbol{f}^{(i)}-\boldsymbol{y}^{(i)})\|_2^2$。

为使导数（梯度）公式看起来更简洁，通常需要乘以一个常数，如将 $\frac{1}{2}\|(\boldsymbol{f}^{(i)}-\boldsymbol{y}^{(i)})\|_2^2$ 作为误差。该误差关于 $\boldsymbol{f}^{(i)}$ 的梯度是 $\boldsymbol{f}^{(i)}-\boldsymbol{y}^{(i)}$。假设输出值的维度是 K，则有

$$\frac{1}{2}\|(\boldsymbol{f}^{(i)}-\boldsymbol{y}^{(i)})\|_2^2=\frac{1}{2}\sum\nolimits_{k=1}^{K}(f_k^{(i)}-y_k^{(i)})^2$$

该误差关于 $\boldsymbol{f}^{(i)}$ 的梯度是 $(f_1^{(i)}-y_1^{(i)},f_2^{(i)}-y_2^{(i)},\cdots,f_K^{(i)}-y_K^{(i)})=\boldsymbol{f}^{(i)}-\boldsymbol{y}^{(i)}$。

对于由多个样本构成的矩阵 $\boldsymbol{F}$ 和 $\boldsymbol{Y}$,均方差 $L(\boldsymbol{F},\boldsymbol{Y})=\frac{1}{2m}\sum_{i=1}^{m}\|(\boldsymbol{f}^{(i)}-\boldsymbol{y}^{(i)})\|_2^2$ 关于 $\boldsymbol{F}$ 的梯度为 $\frac{1}{m}(\boldsymbol{F}-\boldsymbol{Y})$。因为 $\boldsymbol{F}=\boldsymbol{Z}$，所以，有

$$\frac{\partial\mathcal{L}}{\partial\boldsymbol{Z}}=\frac{\partial\mathcal{L}}{\partial\boldsymbol{F}}=\frac{1}{m}(\boldsymbol{F}-\boldsymbol{Y})$$

相关计算代码如下。

```
def mse_loss_grad(f,y):
    m = len(f)
    loss = (1./m)*np.sum((f-y)**2)# np.square(f-y))
    grad = (2./m)*(f-y)
    return loss,grad
```

3. 多分类交叉熵损失函数关于输出的梯度

对于多分类问题，神经网络通过最后的 softmax 函数，将前一层的输出转换为具有直观意义的概率。由于 softmax 层的神经元不包含任何模型参数，因此，有时不将 softmax 层作为神经网络的输出层，而是将其前一层作为神经网络的输出层。不管采用哪种方案，都要计算 softmax 回归中的多分类交叉熵损失。在实际应用中，通常采用后一种方案，即假设输出层输出的是得分，而不是概率。假设有一个 L 层的神经网络，输出层的序号是 L，输出层的神经元都是线性回归神经元，可直接将其输入的加权和作为激活值输出，即 $f_i=a_i^{(L)}=z_i^{(L)}$。

设输出层的输出 $\boldsymbol{z}$ 通过 softmax 函数产生了一个输出 $\boldsymbol{f}$，与目标值 $\boldsymbol{y}$ 计算 $L(\boldsymbol{f},\boldsymbol{y})$。对于多个样本，输出层的输出可以写成一个矩阵 $\boldsymbol{Z}=(\boldsymbol{z}_1,\cdots,\boldsymbol{z}_i,\cdots,\boldsymbol{z}_m)^{\mathrm{T}}$。softmax 函数产生的输出，也是一个用于表示概率的矩阵 $\boldsymbol{F}=(\boldsymbol{f},\cdots,\boldsymbol{f}_i,\cdots,\boldsymbol{f}_m)^{\mathrm{T}}$。

如 3.6 节所述：如果目标值 $\boldsymbol{y}_i$ 是 one-hot 向量，那么 $\boldsymbol{Y}$ 也是一个矩阵，此时，$L(\boldsymbol{F},\boldsymbol{Y})$ 关于 $\boldsymbol{Z}$ 的梯度是 $\frac{1}{m}(\boldsymbol{F}-\boldsymbol{Y})$；如果目标值 y_i 是一个整数，表示该样本所属类别的下标，那么 $L(\boldsymbol{F},\boldsymbol{Y})$ 关于 $\boldsymbol{Z}$ 的梯度是 $\frac{1}{m}(\boldsymbol{F}-\boldsymbol{I}_i)$，其中 $\boldsymbol{I}_i$ 的每一行都是一个 one-hot 向量，即由该样本所对应的整数转换而成的 one-hot 向量。因此，当 $\boldsymbol{I}_i$ 与 $\boldsymbol{y}_i$ 是 one-hot 向量时，构成的矩阵 $\boldsymbol{Y}$ 相同。

执行以下 Python 代码，将由整数构成的目标值向量转换成由 one-hot 向量构成的矩阵。

```
I_i = np.zeros_like(Z)
I_i[np.arange(len(Z)),Y] = 1
```

可以看出，回归的欧几里得损失、二分类的交叉熵损失、多分类的交叉熵损失关于输出层 $\boldsymbol{Z}$

的梯度惊人的一致，都是 $\frac{1}{m}(\boldsymbol{F}-\boldsymbol{Y})$。

执行以下代码，计算对于给定多样本的输出层加权和 Z 和目标值 Y 的多分类交叉熵关于 Z 的梯度（参见 3.6 节）。

```
def softmax(x):
    a= np.max(x,axis=-1,keepdims=True)
    e_x = np.exp(x - a)
    return e_x /np.sum(e_x,axis=-1,keepdims=True)

def cross_entropy_grad(Z,Y,onehot = False,softmax_out=False):
    if softmax_out:
        F = Z
    else:
        F = softmax(Z)
    if onehot:
        dZ = (F - Y) /len(Z)
    else:
        m = len(Y)
        dZ = F.copy()
        dZ[np.arange(m),Y] -= 1
        dZ /= m
        #I_i = np.zeros_like(Z)
        #I_i[np.arange(len(Z)),Y] = 1
        #return (F - I_i) /len(Z)  #Z.shape[0]
    return dZ
```

4.2.4 2 层神经网络的反向求导

1. 单样本的反向求导

反向求导算法，沿着照神经网络正向计算的反方向，求解损失函数关于每一层中相关变量的梯度。前面已经求出了损失函数关于输出层的加权和的梯度 $\frac{\partial\mathcal{L}}{\partial \boldsymbol{z}^{[L]}}$，下面讨论如何在已知某层的加权和 $\boldsymbol{z}^{[l]}$ 的梯度 $\frac{\partial\mathcal{L}}{\partial \boldsymbol{z}^{[l]}}$ 的基础上，求解损失关于该层的变量 $\boldsymbol{W}^{[l]}$、$\boldsymbol{b}^{[l]}$、$\boldsymbol{a}^{[l-1]}$ 的梯度。

对于 2 层神经网络，在 $\frac{\partial\mathcal{L}}{\partial \boldsymbol{z}^{[2]}}$ 已知的基础上，如何求 $\frac{\partial\mathcal{L}}{\partial \boldsymbol{W}^{[2]}}$、$\frac{\partial\mathcal{L}}{\partial \boldsymbol{b}^{[2]}}$、$\frac{\partial\mathcal{L}}{\partial \boldsymbol{a}^{[1]}}$? 由于$\mathcal{L}$ 是 $\boldsymbol{z}^{[2]}=(z_1^{[2]}, z_2^{[2]}, z_3^{[2]})$ 的函数，$\boldsymbol{z}^{[2]}=\boldsymbol{a}^{[1]}\boldsymbol{W}^{[2]}+\boldsymbol{b}^{[2]}$，所以，$\boldsymbol{z}^{[2]}$ 也是 $\boldsymbol{a}^{[1]}$、$\boldsymbol{W}^{[2]}$、$\boldsymbol{b}^{[2]}$ 的函数，公式如下。

$$
\begin{aligned}
\boldsymbol{z}^{[2]} &= (z_1^{[2]}, z_2^{[2]}, z_3^{[2]}) = (a_1^{[1]}, a_2^{[1]}, a_3^{[1]}, a_4^{[1]}) \begin{bmatrix} W_{11}^{(2)} & W_{12}^{(2)} & W_{13}^{(2)} \\ W_{21}^{(2)} & W_{22}^{(2)} & W_{23}^{(2)} \\ W_{31}^{(2)} & W_{32}^{(2)} & W_{33}^{(2)} \\ W_{41}^{(2)} & W_{42}^{(2)} & W_{43}^{(2)} \end{bmatrix} + (b_1^{[2]}, b_2^{[2]}, b_3^{[2]}) \\
&= (a_1^{[1]}W_{11}^{(2)} + a_2^{[1]}W_{21}^{(2)} + a_3^{[1]}W_{31}^{(2)} + a_4^{[1]}W_{41}^{(2)} + b_1^{[2]}, \\
&\quad a_1^{[1]}W_{12}^{(2)} + a_2^{[1]}W_{22}^{(2)} + a_3^{[1]}W_{32}^{(2)} + a_4^{[1]}W_{42}^{(2)} + b_2^{[2]} \\
&\quad a_1^{[1]}W_{13}^{(2)} + a_2^{[1]}W_{23}^{(2)} + a_3^{[1]}W_{33}^{(2)} + a_4^{[1]}W_{43}^{(2)} + b_3^{[2]})
\end{aligned}
$$

根据链式法则，有

$$\frac{\partial \mathcal{L}}{\partial a_1^{[1]}}=\frac{\partial \mathcal{L}}{\partial z_1^{[2]}}\frac{\partial z_1^{[2]}}{\partial a_1^{[1]}}+\frac{\partial \mathcal{L}}{\partial z_2^{[2]}}\frac{\partial z_2^{[2]}}{\partial a_1^{[1]}}+\frac{\partial \mathcal{L}}{\partial z_3^{[2]}}\frac{\partial z_3^{[2]}}{\partial a_1^{[1]}}=\frac{\partial \mathcal{L}}{\partial z_1^{[2]}}W_{11}^{[2]}+\frac{\partial \mathcal{L}}{\partial z_2^{[2]}}W_{12}^{[2]}+\frac{\partial \mathcal{L}}{\partial z_3^{[2]}}W_{13}^{[2]}$$

$$\frac{\partial \mathcal{L}}{\partial a_2^{[1]}}=\frac{\partial \mathcal{L}}{\partial z_1^{[2]}}\frac{\partial z_1^{[2]}}{\partial a_2^{[1]}}+\frac{\partial \mathcal{L}}{\partial z_2^{[2]}}\frac{\partial z_2^{[2]}}{\partial a_2^{[1]}}+\frac{\partial \mathcal{L}}{\partial z_3^{[2]}}\frac{\partial z_3^{[2]}}{\partial a_2^{[1]}}=\frac{\partial \mathcal{L}}{\partial z_1^{[2]}}W_{21}^{[2]}+\frac{\partial \mathcal{L}}{\partial z_2^{[2]}}W_{22}^{[2]}+\frac{\partial \mathcal{L}}{\partial z_3^{[2]}}W_{23}^{[2]}$$

$$\frac{\partial \mathcal{L}}{\partial a_3^{[1]}}=\frac{\partial \mathcal{L}}{\partial z_1^{[2]}}\frac{\partial z_1^{[2]}}{\partial a_3^{[1]}}+\frac{\partial \mathcal{L}}{\partial z_2^{[2]}}\frac{\partial z_2^{[2]}}{\partial a_3^{[1]}}+\frac{\partial \mathcal{L}}{\partial z_3^{[2]}}\frac{\partial z_3^{[2]}}{\partial a_3^{[1]}}=\frac{\partial \mathcal{L}}{\partial z_1^{[2]}}W_{31}^{[2]}+\frac{\partial \mathcal{L}}{\partial z_2^{[2]}}W_{32}^{[2]}+\frac{\partial \mathcal{L}}{\partial z_3^{[2]}}W_{33}^{[2]}$$

$$\frac{\partial \mathcal{L}}{\partial a_4^{[1]}}=\frac{\partial \mathcal{L}}{\partial z_1^{[2]}}\frac{\partial z_1^{[2]}}{\partial a_4^{[1]}}+\frac{\partial \mathcal{L}}{\partial z_2^{[2]}}\frac{\partial z_2^{[2]}}{\partial a_4^{[1]}}+\frac{\partial \mathcal{L}}{\partial z_3^{[2]}}\frac{\partial z_3^{[2]}}{\partial a_4^{[1]}}=\frac{\partial \mathcal{L}}{\partial z_1^{[2]}}W_{41}^{[2]}+\frac{\partial \mathcal{L}}{\partial z_2^{[2]}}W_{42}^{[2]}+\frac{\partial \mathcal{L}}{\partial z_3^{[2]}}W_{43}^{[2]}$$

因此，有

$$\begin{aligned}\frac{\partial \mathcal{L}}{\partial \boldsymbol{a}^{[1]}}&=\left(\frac{\partial \mathcal{L}}{\partial a_1^{[1]}},\frac{\partial \mathcal{L}}{\partial a_2^{[1]}},\frac{\partial \mathcal{L}}{\partial a_3^{[1]}},\frac{\partial \mathcal{L}}{\partial a_4^{[1]}}\right)\\&=\left(\frac{\partial \mathcal{L}}{\partial \boldsymbol{a}_1^{[1]}},\frac{\partial \mathcal{L}}{\partial \boldsymbol{a}_2^{[1]}},\frac{\partial \mathcal{L}}{\partial \boldsymbol{a}_3^{[1]}}\right)\begin{bmatrix}W_{11}^{(2)} & W_{21}^{(2)} & W_{31}^{(2)} & W_{41}^{(2)}\\ W_{12}^{(2)} & W_{22}^{(2)} & W_{32}^{(2)} & W_{42}^{(2)}\\ W_{13}^{(2)} & W_{23}^{(2)} & W_{33}^{(2)} & W_{43}^{(2)}\end{bmatrix}=\frac{\partial \mathcal{L}}{\partial \boldsymbol{z}^{[2]}}\boldsymbol{W}^{[2]\mathrm{T}}\end{aligned}$$

同理，有

$$\frac{\partial \mathcal{L}}{\partial W_{11}^{[2]}}=\frac{\partial \mathcal{L}}{\partial z_1^{[2]}}\frac{\partial z_1^{[2]}}{\partial W_{11}^{[2]}}+\frac{\partial \mathcal{L}}{\partial z_2^{[2]}}\frac{\partial z_2^{[2]}}{\partial W_{11}^{[2]}}+\frac{\partial \mathcal{L}}{\partial z_3^{[2]}}\frac{\partial z_3^{[2]}}{\partial W_{11}^{[2]}}=\frac{\partial \mathcal{L}}{\partial z_1^{[2]}}\frac{\partial z_1^{[2]}}{\partial W_{11}^{[2]}}+0+0=\frac{\partial \mathcal{L}}{\partial z_1^{[2]}}\frac{\partial z_1^{[2]}}{\partial W_{11}^{[2]}}=\frac{\partial \mathcal{L}}{\partial z_1^{[2]}}a_1^{[1]}$$

原因在于，$W_{11}^{[2]}$ 只与 $z_1^{[2]}$ 有关，$z_2^{[2]}$ 和 $z_3^{[2]}$ 都不依赖 $W_{11}^{[2]}$，所以后面两个偏导数都为 0。因为 $\boldsymbol{W}^{[2]}$ 的第 i 列只对 $z_i^{[2]}$ 有贡献，或者说，只有 $z_i^{[2]}$ 依赖 $\boldsymbol{W}^{[2]}$ 的第 i 列，所以，有

$$\frac{\partial \mathcal{L}}{\partial W_{i1}^{[2]}}=\frac{\partial \mathcal{L}}{\partial z_1^{[2]}}a_i^{[1]},\qquad \frac{\partial \mathcal{L}}{\partial W_{i2}^{[2]}}=\frac{\partial \mathcal{L}}{\partial z_2^{[2]}}a_i^{[1]},\qquad \frac{\partial \mathcal{L}}{\partial W_{i3}^{[2]}}=\frac{\partial \mathcal{L}}{\partial z_3^{[2]}}a_i^{[1]}$$

写成矩阵的形式，具体如下。

$$\frac{\partial \mathcal{L}}{\partial W^{[2]}}=\begin{bmatrix}\frac{\partial \mathcal{L}}{\partial W_{11}^{[2]}} & \frac{\partial \mathcal{L}}{\partial W_{12}^{[2]}} & \frac{\partial \mathcal{L}}{\partial W_{13}^{[2]}}\\ \frac{\partial \mathcal{L}}{\partial W_{21}^{[2]}} & \frac{\partial \mathcal{L}}{\partial W_{22}^{[2]}} & \frac{\partial \mathcal{L}}{\partial W_{23}^{[2]}}\\ \frac{\partial \mathcal{L}}{\partial W_{31}^{[2]}} & \frac{\partial \mathcal{L}}{\partial W_{32}^{[2]}} & \frac{\partial \mathcal{L}}{\partial W_{33}^{[2]}}\\ \frac{\partial \mathcal{L}}{\partial W_{41}^{[2]}} & \frac{\partial \mathcal{L}}{\partial W_{42}^{[2]}} & \frac{\partial \mathcal{L}}{\partial W_{43}^{[2]}}\end{bmatrix}=\begin{bmatrix}\frac{\partial \mathcal{L}}{\partial z_1^{[2]}}a_1^{[1]} & \frac{\partial \mathcal{L}}{\partial z_2^{[2]}}a_1^{[1]} & \frac{\partial \mathcal{L}}{\partial z_3^{[2]}}a_1^{[1]}\\ \frac{\partial \mathcal{L}}{\partial z_1^{[2]}}a_2^{[1]} & \frac{\partial \mathcal{L}}{\partial z_2^{[2]}}a_2^{[1]} & \frac{\partial \mathcal{L}}{\partial z_3^{[2]}}a_2^{[1]}\\ \frac{\partial \mathcal{L}}{\partial z_1^{[2]}}a_3^{[1]} & \frac{\partial \mathcal{L}}{\partial z_2^{[2]}}a_3^{[1]} & \frac{\partial \mathcal{L}}{\partial z_3^{[2]}}a_3^{[1]}\\ \frac{\partial \mathcal{L}}{\partial z_1^{[2]}}a_4^{[1]} & \frac{\partial \mathcal{L}}{\partial z_2^{[2]}}a_4^{[1]} & \frac{\partial \mathcal{L}}{\partial z_3^{[2]}}a_4^{[1]}\end{bmatrix}$$

$$= \begin{bmatrix} a_1^{[1]} \\ a_2^{[1]} \\ a_3^{[1]} \\ a_4^{[1]} \end{bmatrix} \begin{bmatrix} \frac{\partial \mathcal{L}}{\partial z_1^{[2]}} & \frac{\partial \mathcal{L}}{\partial z_2^{[2]}} & \frac{\partial \mathcal{L}}{\partial z_3^{[2]}} \end{bmatrix} = \boldsymbol{a}^{[1]\mathrm{T}} \frac{\partial \mathcal{L}}{\partial \boldsymbol{z}^{[2]}}$$

显然

$$\frac{\partial \mathcal{L}}{\partial \boldsymbol{b}^{[2]}} = \left(\frac{\partial \mathcal{L}}{\partial b_1^{[2]}} \ \frac{\partial \mathcal{L}}{\partial b_2^{[2]}} \ \frac{\partial \mathcal{L}}{\partial b_3^{[2]}} \right) = \left(\frac{\partial \mathcal{L}}{\partial z_1^{[2]}} \ \frac{\partial \mathcal{L}}{\partial z_2^{[2]}} \ \frac{\partial \mathcal{L}}{\partial z_3^{[2]}} \right) = \frac{\partial \mathcal{L}}{\partial \boldsymbol{z}^{[2]}}$$

这样，我们就求出了损失函数对 $l=2$ 层的所有变量 $\boldsymbol{W}^{[2]}$、$\boldsymbol{b}^{[2]}$、$\boldsymbol{a}^{[1]}$ 的梯度。

因为 $\boldsymbol{a}^{[1]} = g(\boldsymbol{z}^{[1]})$，即

$$\boldsymbol{a}^{[1]} = (a_1^{[1]}, a_2^{[1]}, a_3^{[1]}, a_4^{[1]}) = (g(z_1^{[1]}), g(z_2^{[1]}), g(z_3^{[1]}), g(z_4^{[1]})) = g(\boldsymbol{z}^{[1]})$$

所以

$$\begin{aligned} \frac{\partial \mathcal{L}}{\partial \boldsymbol{z}^{[1]}} &= \left(\frac{\partial \mathcal{L}}{\partial a_1^{[1]}} g'\left(z_1^{[1]}\right), \frac{\partial \mathcal{L}}{\partial a_2^{[1]}} g'\left(z_2^{[1]}\right), \frac{\partial \mathcal{L}}{\partial a_3^{[1]}} g'\left(z_3^{[1]}\right), \frac{\partial \mathcal{L}}{\partial a_4^{[1]}} g'\left(z_4^{[1]}\right) \right) \\ &= \left(\frac{\partial \mathcal{L}}{\partial a_1^{[1]}}, \frac{\partial \mathcal{L}}{\partial a_2^{[1]}}, \frac{\partial \mathcal{L}}{\partial a_3^{[1]}}, \frac{\partial \mathcal{L}}{\partial a_4^{[1]}} \right) \odot \left(g'\left(z_1^{[1]}\right), g'\left(z_2^{[1]}\right), g'\left(z_3^{[1]}\right), g'\left(z_4^{[1]}\right) \right) \\ &= \frac{\partial \mathcal{L}}{\partial \boldsymbol{a}^{[1]}} \odot g'\left(\boldsymbol{z}^{[1]}\right) \end{aligned}$$

根据以上推导过程，可以得到

$$\frac{\partial \mathcal{L}}{\partial \boldsymbol{W}^{[1]}} = \boldsymbol{a}^{[0]\mathrm{T}} \frac{\partial \mathcal{L}}{\partial \boldsymbol{z}^{[1]}}, \qquad \frac{\partial \mathcal{L}}{\partial \boldsymbol{b}^{[1]}} = \frac{\partial \mathcal{L}}{\partial \boldsymbol{z}^{[1]}}$$

借助损失函数关于 $\boldsymbol{z}^{[2]}$、$\boldsymbol{z}^{[1]}$ 的梯度，就可以求出损失函数关于模型参数 $\boldsymbol{W}^{[2]}$、$\boldsymbol{b}^{[2]}$、$\boldsymbol{W}^{[1]}$、$\boldsymbol{b}^{[1]}$ 的梯度。因此，可以根据损失函数关于输出层的加权和的梯度 $\frac{\partial \mathcal{L}}{\partial \boldsymbol{z}^{[2]}}$，按照反向求导过程，求出损失函数关于每一层的相关变量的梯度，公式如下。

$$\begin{aligned} &\frac{\partial \mathcal{L}}{\partial \boldsymbol{W}^{[2]}} = \boldsymbol{a}^{[1]\mathrm{T}} \frac{\partial \mathcal{L}}{\partial \boldsymbol{z}^{[2]}} \qquad &&\frac{\partial \mathcal{L}}{\partial \boldsymbol{b}^{[2]}} = \frac{\partial \mathcal{L}}{\partial \boldsymbol{z}^{[2]}} \qquad &&\frac{\partial \mathcal{L}}{\partial \boldsymbol{a}^{[1]}} = \frac{\partial \mathcal{L}}{\partial \boldsymbol{z}^{[2]}} \boldsymbol{W}^{[2]\mathrm{T}} \\ &\frac{\partial \mathcal{L}}{\partial \boldsymbol{z}^{[1]}} = \frac{\partial \mathcal{L}}{\partial \boldsymbol{a}^{[1]}} \odot g'\left(\boldsymbol{z}^{[1]}\right) \qquad &&\frac{\partial \mathcal{L}}{\partial \boldsymbol{W}^{[1]}} = \boldsymbol{a}^{[0]\mathrm{T}} \frac{\partial \mathcal{L}}{\partial \boldsymbol{z}^{[1]}} \qquad &&\frac{\partial \mathcal{L}}{\partial \boldsymbol{b}^{[1]}} = \frac{\partial \mathcal{L}}{\partial \boldsymbol{z}^{[1]}} \end{aligned}$$

2. 反向求导的多样本向量化表示

如同一般的机器学习，在训练神经网络时，通常会将多个样本的预测值和真实值之间的误差（损失）最小化，以求解模型参数。损失是模型参数的函数，也是中间变量的函数。

对于神经网络各层的非模型参数，如中间变量 $\boldsymbol{a}^{[l]}$、$\boldsymbol{z}^{[l]}$，不同的样本有不同的值，且属于不

同的变量。例如，$\boldsymbol{a}^{[l](1)}$ 和 $\boldsymbol{a}^{[l](2)}$ 是第 l 层的两个不同的样本产生的不同的变量。如果将这些变量都写成行向量的形式，就可以将所有样本的这些变量按行堆积起来，形成一个矩阵，矩阵的每一行对应一个样本。可以用记号 $\boldsymbol{A}^{[l]}$ 和 $\boldsymbol{Z}^{[l]}$ 表示由所有样本所对应的这些中间变量组成的矩阵，公式如下。

$$\boldsymbol{A}^{[l]}=\begin{bmatrix}\boldsymbol{a}^{[l](1)}\\ \boldsymbol{a}^{[l](2)}\\ \vdots\\ \boldsymbol{a}^{[l](m)}\end{bmatrix},\quad \boldsymbol{Z}^{[l]}=\begin{bmatrix}\boldsymbol{z}^{[l](1)}\\ \boldsymbol{z}^{[l](2)}\\ \vdots\\ \boldsymbol{z}^{[l](m)}\end{bmatrix}$$

其中，$\boldsymbol{A}^{[0]}$ 是由所有样本的输入特征组成的矩阵 $\boldsymbol{X}^{[0]}$，公式如下。

$$\boldsymbol{A}^{[0]}=\boldsymbol{X}^{[0]}=\begin{bmatrix}\boldsymbol{x}^{(1)}\\ \boldsymbol{x}^{(2)}\\ \vdots\\ \boldsymbol{x}^{(m)}\end{bmatrix}$$

即不同的样本在进行正向计算时，在每一层产生的中间变量都是不同的，但使用的是相同的模型参数 $\boldsymbol{W}^{[l]}$、$\boldsymbol{b}^{[l]}$。因为多个样本的损失是所有样本损失的均值，所以，多个样本的损失关于模型参数的梯度，就是所有样本关于模型参数的梯度的均值。假设有 m 个样本，对于权值参数 $\boldsymbol{W}$，有

$$\frac{\partial\mathcal{L}}{\partial\boldsymbol{W}}=\frac{1}{m}\sum_{i=1}^{m}\frac{\partial\mathcal{L}}{\partial\boldsymbol{W}}^{(i)}$$

通常在计算损失函数关于输出层 $\boldsymbol{z}^{[L]}$ 的梯度 $\frac{\partial\mathcal{L}}{\partial\boldsymbol{z}^{[L]}}$ 时，已经乘以均值因子 $\frac{1}{m}$，因此，模型参数的梯度可以直接累积，公式如下。

$$\frac{\partial\mathcal{L}}{\partial\boldsymbol{W}}=\sum_{i=1}^{m}\frac{\partial\mathcal{L}}{\partial\boldsymbol{W}}^{(i)}$$

所以，有

$$\begin{aligned}\frac{\partial\mathcal{L}}{\partial\boldsymbol{W}^{[2]}}&=\sum_{i=1}^{m}\boldsymbol{a}^{[1](i)^{\mathrm{T}}}\frac{\partial\mathcal{L}}{\partial\boldsymbol{z}^{[2](i)}}=\sum_{i=1}^{m}\boldsymbol{a}^{[1](i)^{\mathrm{T}}}\frac{\partial\mathcal{L}}{\partial\boldsymbol{z}^{[2](i)}}\\&=\boldsymbol{a}^{[1](1)^{\mathrm{T}}}\frac{\partial\mathcal{L}}{\partial\boldsymbol{z}^{[2](1)}}+\boldsymbol{a}^{[1](2)^{\mathrm{T}}}\frac{\partial\mathcal{L}}{\partial\boldsymbol{z}^{[2](2)}}+\cdots+\boldsymbol{a}^{[1](m)^{\mathrm{T}}}\frac{\partial\mathcal{L}}{\partial\boldsymbol{z}^{[2](m)}}\\&=\begin{bmatrix}\boldsymbol{a}^{[1](1)^{\mathrm{T}}} & \boldsymbol{a}^{[1](2)^{\mathrm{T}}} & \cdots & \boldsymbol{a}^{[1](m)^{\mathrm{T}}}\end{bmatrix}\begin{bmatrix}\frac{\partial\mathcal{L}}{\partial\boldsymbol{z}^{[2](1)}}\\ \frac{\partial\mathcal{L}}{\partial\boldsymbol{z}^{[2](2)}}\\ \vdots\\ \frac{\partial\mathcal{L}}{\partial\boldsymbol{z}^{[2](m)}}\end{bmatrix}\\&=\boldsymbol{A}^{[1]^{\mathrm{T}}}\frac{\partial\mathcal{L}}{\partial\boldsymbol{Z}^{[2]}}\end{aligned}$$

同理，对于偏置，将所有单样本的偏导数 $\frac{\partial\mathcal{L}}{\partial\boldsymbol{b}^{[l]}}=\frac{\partial\mathcal{L}}{\partial\boldsymbol{z}^{[l]}}$ 累加，可得

$$\frac{\partial \mathcal{L}}{\partial \boldsymbol{b}^{[2]}} = \sum_{i=1}^{m} \frac{\partial \mathcal{L}}{\partial \boldsymbol{z}^{[2](i)}} = \text{np.sum}\left(\frac{\partial \mathcal{L}}{\partial \boldsymbol{Z}^{[2]}}, \text{axis} = 0, \text{keepdims} = \text{True}\right)$$

即将矩阵 $\frac{\partial \mathcal{L}}{\partial \boldsymbol{Z}^{[2]}}$ 的所有行累加起来，keepdims = True 表示累加的结果仍然是一个二维矩阵（以便进行 NumPy 数组的运算）。

和模型参数不同，不同样本的中间变量是不同的（不是共享的），因此，损失函数关于中间变量的梯度是相互独立的。假设每个样本的中间变量的梯度都是行向量，所有中间变量的梯度就可以堆积成一个矩阵，矩阵的每一行表示一个样本的梯度。可将单样本的梯度公式 $\frac{\partial \mathcal{L}}{\partial \boldsymbol{a}^{[1]}} = \frac{\partial \mathcal{L}}{\partial \boldsymbol{z}^{[2]}} \boldsymbol{W}^{[2]\mathrm{T}}$ 转换成向量（矩阵）的形式，具体如下。

$$\frac{\partial \mathcal{L}}{\partial \boldsymbol{A}^{[1]}} = \begin{bmatrix} \frac{\partial \mathcal{L}}{\partial \boldsymbol{a}^{[1](1)}} \\ \frac{\partial \mathcal{L}}{\partial \boldsymbol{a}^{[1](2)}} \\ \vdots \\ \frac{\partial \mathcal{L}}{\partial \boldsymbol{a}^{[1](m)}} \end{bmatrix} = \begin{bmatrix} \frac{\partial \mathcal{L}}{\partial \boldsymbol{z}^{[2](1)}} \boldsymbol{W}^{[2]\mathrm{T}} \\ \frac{\partial \mathcal{L}}{\partial \boldsymbol{z}^{[2](1)}} \boldsymbol{W}^{[2]\mathrm{T}} \\ \vdots \\ \frac{\partial \mathcal{L}}{\partial \boldsymbol{z}^{[2](1)}} \boldsymbol{W}^{[m]\mathrm{T}} \end{bmatrix} = \frac{\partial \mathcal{L}}{\partial \boldsymbol{Z}^{[2]}} \boldsymbol{W}^{[2]\mathrm{T}}$$

$$\frac{\partial \mathcal{L}}{\partial \boldsymbol{Z}^{[1]}} = \frac{\partial \mathcal{L}}{\partial \boldsymbol{A}^{[1]}} \odot g^{[1]}(\boldsymbol{Z}^{[1]})$$

多样本的梯度公式和单样本的梯度公式相同，具体如下。

$$\frac{\partial \mathcal{L}}{\partial \boldsymbol{W}^{[2]}} = \boldsymbol{A}^{[1]\mathrm{T}} \frac{\partial \mathcal{L}}{\partial \boldsymbol{Z}^{[2]}}$$

$$\frac{\partial \mathcal{L}}{\partial \boldsymbol{b}^{[2]}} = \text{np.sum}\left(\frac{\partial \mathcal{L}}{\partial \boldsymbol{Z}^{[2]}}, \text{axis} = 0, \text{keepdims} = \text{True}\right)$$

$$\frac{\partial \mathcal{L}}{\partial \boldsymbol{A}^{[1]}} = \frac{\partial \mathcal{L}}{\partial \boldsymbol{Z}^{[2]}} \boldsymbol{W}^{[2]\mathrm{T}}$$

$$\frac{\partial \mathcal{L}}{\partial \boldsymbol{Z}^{[1]}} = \frac{\partial L}{\partial \boldsymbol{A}^{[1]}} \odot g'(\boldsymbol{Z}^{[1]})$$

$$\frac{\partial \mathcal{L}}{\partial \boldsymbol{W}^{[1]}} = \boldsymbol{A}^{[0]\mathrm{T}} \frac{\partial \mathcal{L}}{\partial \boldsymbol{Z}^{[1]}}$$

$$\frac{\partial \mathcal{L}}{\partial \boldsymbol{b}^{[1]}} = \text{np.sum}\left(\frac{\partial \mathcal{L}}{\partial \boldsymbol{Z}^{[1]}}, \text{axis} = 0, \text{keepdims} = \text{True}\right)$$

3. 列向量形式的梯度计算公式

如果样本、中间变量及其梯度等都采用列向量的形式，如 $\boldsymbol{x}$、$\boldsymbol{a}^{[1]}$、$\boldsymbol{z}^{[1]}$、$\boldsymbol{b}^{[1]}$、$\boldsymbol{a}^{[2]}$、$\boldsymbol{z}^{[2]}$、$\boldsymbol{b}^{[2]}$ 都是列向量，而 $\boldsymbol{W}^{[1]}$、$\boldsymbol{W}^{[2]}$ 的每一行都对应于一个神经元的所有权值，即

$$\boldsymbol{z}^{[1]} = \boldsymbol{W}^{[1]}\boldsymbol{x} + \boldsymbol{b}^{[1]} = \boldsymbol{W}^{[1]}\boldsymbol{a}^{[0]} + \boldsymbol{b}^{[1]}, \quad \boldsymbol{z}^{[2]} = \boldsymbol{W}^{[2]}\boldsymbol{a}^{[1]} + \boldsymbol{b}^{[2]}$$

就可以推导出相应的公式，具体如下。

（1）单样本形式

$$\frac{\partial \mathcal{L}}{\partial \boldsymbol{W}^{[2]}}=\frac{\partial \mathcal{L}}{\partial \boldsymbol{z}^{[2]}}\boldsymbol{z}^{[1]\mathrm{T}} \qquad \frac{\partial \mathcal{L}}{\partial \boldsymbol{b}^{[2]}}=\frac{\partial \mathcal{L}}{\partial \boldsymbol{z}^{[2]}} \qquad \frac{\partial \mathcal{L}}{\partial \boldsymbol{a}^{[1]}}=\boldsymbol{W}^{[2]\mathrm{T}}\frac{\partial \mathcal{L}}{\partial \boldsymbol{z}^{[2]}}$$

$$\frac{\partial \mathcal{L}}{\partial \boldsymbol{z}^{[1]}}=\frac{\partial L}{\partial \boldsymbol{z}^{[1]}}\odot g'(\boldsymbol{z}^{[1]}) \qquad \frac{\partial \mathcal{L}}{\partial \boldsymbol{W}^{[1]}}=\frac{\partial \mathcal{L}}{\partial \boldsymbol{z}^{[1]}}\boldsymbol{z}^{[0]\mathrm{T}} \qquad \frac{\partial \mathcal{L}}{\partial \boldsymbol{b}^{[1]}}=\frac{\partial \mathcal{L}}{\partial \boldsymbol{z}^{[1]}}$$

（2）多样本形式

$$\frac{\partial \mathcal{L}}{\partial \boldsymbol{W}^{[2]}}=\frac{\partial \mathcal{L}}{\partial \boldsymbol{Z}^{[2]}}\boldsymbol{A}^{[1]\mathrm{T}}$$

$$\frac{\partial \mathcal{L}}{\partial \boldsymbol{b}^{[2]}}=\mathrm{np.sum}\left(\frac{\partial \mathcal{L}}{\partial \boldsymbol{Z}^{[2]}},\mathrm{axis}=1,\mathrm{keepdims}=\mathrm{True}\right)$$

$$\frac{\partial \mathcal{L}}{\partial \boldsymbol{A}^{[1]}}=\boldsymbol{W}^{[2]\mathrm{T}}\frac{\partial \mathcal{L}}{\partial \boldsymbol{Z}^{[2]}}$$

$$\frac{\partial \mathcal{L}}{\partial \boldsymbol{Z}^{[1]}}=\frac{\partial L}{\partial \boldsymbol{A}^{[1]}}\odot g'(\boldsymbol{Z}^{[1]})$$

$$\frac{\partial \mathcal{L}}{\partial \boldsymbol{W}^{[1]}}=\frac{\partial \mathcal{L}}{\partial \boldsymbol{Z}^{[1]}}\boldsymbol{A}^{[0]\mathrm{T}}$$

$$\frac{\partial \mathcal{L}}{\partial \boldsymbol{b}^{[1]}}=\mathrm{np.sum}\left(\frac{\partial \mathcal{L}}{\partial \boldsymbol{Z}^{[1]}},\mathrm{axis}=1,\mathrm{keepdims}=\mathrm{True}\right)$$

对于包含正则项的损失函数，在计算梯度时也要计算正则项对每个模型参数的偏导数。如果正则项为 $\lambda \parallel \boldsymbol{W}^2 \parallel=\lambda\sum_l\sum_{ij}{W_{ij}^{[l]}}^2$，则 $W_{ij}^{[l]}$ 的偏导数为 $2\lambda W_{ij}^{[l]}$，其向量形式为 $2\lambda\boldsymbol{W}$。

在以下代码中，对于 2 层神经网络，在正向计算的基础（即正向计算中的 A0、A1 已知）上进行了反向求导（假设第 1 层的激活函数为 ReLU）。

```
def dRelu(x):
   return 1. * (x > 0)

dZ2 = grad_softmax_crossentropy(Z2,y)                    #计算损失函数关于输出层的加权和的梯度
dW2 = np.dot(A1.T, dZ2) +lambda*W2
db2 = np.sum(dZ2, axis=0, keepdims=True)
dA1 = np.dot(dZ2,W2.T)

#dZ1 = A1*dRelu(A1)
dA1[A1 <= 0] = 0
dZ1 = dA1

dW1 = np.dot(X.T, dZ1) +lambda*W1
db1 = np.sum(dZ1, axis=0, keepdims=True)
```

4.2.5　2 层神经网络的 Python 实现

2 层神经网络包含输入层、隐含层和输出层。

用 TwoLayerNN 类表示的 2 层神经网络模型，代码如下。

```
#https://github.com/jldbc/numpy_neural_net/blob/master/three_layer_network.py
#https://github.com/martinkersner/cs231n/blob/master/assignment1/neural_net.py
from util import *
def dRelu(x):
    return 1 * (x > 0)

def max_abs(s):
    max_value = 0
    for x in s:
        max_value_ = np.max(np.abs(x))
        if(max_value_>max_value):
            max_value = max_value_
    return max_value

class TwoLayerNN:
    def __init__(self, input_units, hidden_units,output_units):
        # initialize parameters randomly
        n = input_units
        h = hidden_units
        K = output_units

        self.W1 = 0.01 * np.random.randn(n,h)
        self.b1 = np.zeros((1,h))
        self.W2 = 0.01 * np.random.randn(h,K)
        self.b2 = np.zeros((1,K))


    def train(self,X,y,reg=0,iterations=10000, learning_rate=1e-0,epsilon = 1e-8):
        m = X.shape[0]
        W1 =  self.W1
        b1 =  self.b1
        W2 =  self.W2
        b2 =  self.b2
        for i in range(iterations):
            # forward evaluate class scores, [N x K]
            Z1 = np.dot(X, W1) + b1
            A1 = np.maximum(0,Z1)  #ReLU activation
            Z2 = np.dot(A1, W2) + b2

            data_loss = softmax_cross_entropy(Z2,y)
            reg_loss = reg*np.sum(W1*W1) + reg*np.sum(W2*W2)
            loss = data_loss + reg_loss
            if i % 1000 == 0:
                print("iteration %d: loss %f" % (i, loss))

            # backward
            dZ2 = cross_entropy_grad(Z2,y)
```

```
        dW2 = np.dot(A1.T, dZ2) +2*reg*W2
        db2 = np.sum(dZ2, axis=0, keepdims=True)
        dA1 = np.dot(dZ2,W2.T)


        dA1[A1 <= 0] = 0
        dZ1 = dA1
        #dZ1 = dA1*dReLU(A1)
        #dZ1 = np.multiply(dA1,dRelu(A1) )
        dW1 = np.dot(X.T, dZ1)+2*reg*W1
        db1 = np.sum(dZ1, axis=0, keepdims=True)

        if max_abs([dW2,db2,dW1,db1])<epsilon:
           print("gradient is small enough at iter : ",i);
           break


         # perform a parameter update
        W1 += -learning_rate * dW1
        b1 += -learning_rate * db1
        W2 += -learning_rate * dW2
        b2 += -learning_rate * db2
     return W1,b1,W2,b2

  def predict(self,X):
     Z1 = np.dot(X, W1) + b1
     A1 = np.maximum(0,Z1)  #ReLU activation
     Z2 = np.dot(A1, W2) + b2
     return Z2
```

TwoLayerNN 类的构造函数 __init__()，接收输入层、隐含层和输出层的神经元的数目，并将其作为参数，对 2 层神经网络的模型参数进行初始化。train() 函数用于训练神经网络模型，即根据训练样本，使用梯度下降法计算最佳的模型参数，使得对这些训练样本，其交叉熵损失最小。

train() 函数的参数包括一组训练样本 (X,y)、正则化参数 reg、梯度下降法的相关超参数（如迭代次数 iterations、学习率 learning_rate、收敛误差）。在梯度下降法迭代的每一步，train() 函数先正向计算样本的输出值及其中间变量 (Z1,A1,Z2)，将得分转换为概率，并计算多分类交叉熵损失（data_loss），再计算 data_loss 关于输出层输出的梯度 dZ2，并通过反向传播求出关于中间变量和模型参数的梯度（模型参数的梯度包含正则项关于模型参数的梯度 2*reg*W2、2*reg*W1）。

模型的预测函数 predict()，根据训练得到的神经网络模型预测输入数据 X 的目标值。这是一个正向传播过程。

我们使用此 2 层神经网络，对螺旋数据集的数据特征和目标值进行建模。

首先，执行以下代码，生成数据集，结果如图 4-27 所示。

```
import numpy as np
import matplotlib.pyplot as plt
```

```
%matplotlib inline
import  data_set  as ds

np.random.seed(89)
X,y = ds.gen_spiral_dataset()

# lets visualize thc data:
#plt.scatter(X[:, 0], X[:, 1], c=y, s=20, cmap=plt.cm.spring)
#plt.show()
```

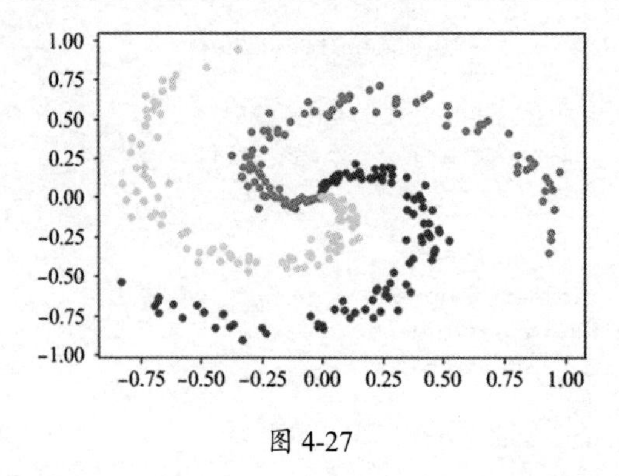

图 4-27

然后，定义一个 TwoLayerNN 类对象，将训练集传给该类对象的构成函数，并调用其 train() 函数进行模型训练，代码如下。

```
nn = TwoLayerNN(2,100,3)
W1,b1,W2,b2 = nn.train(X,y)
```

```
iteration 0: loss 1.098627
iteration 1000: loss 0.115216
iteration 2000: loss 0.053218
iteration 3000: loss 0.038299
iteration 4000: loss 0.031767
iteration 5000: loss 0.028016
iteration 6000: loss 0.025411
iteration 7000: loss 0.023476
iteration 8000: loss 0.022009
iteration 9000: loss 0.020872
```

执行以下代码，输出模型的准确度。

```
# evaluate training set accuracy
#A1 = np.maximum(0, np.dot(X, W1) + b1)
#Z2 = np.dot(A1, W2) + b2
Z2 = nn.predict(X)
predicted_class = np.argmax(Z2, axis=1)
print ('training accuracy: %.2f' % (np.mean(predicted_class == y)))
```

定义一个 TwoLayerNN 类对象，将训练集传给该类对象的构成函数，并调用其 train() 函数进行模型训练，代码如下。

```
nn = TwoLayerNN(2,100,3)
W1,b1,W2,b2 = nn.train(X,y)
```

```
iteration 0: loss 1.098627
iteration 1000: loss 0.115216
iteration 2000: loss 0.053218
iteration 3000: loss 0.038299
iteration 4000: loss 0.031767
iteration 5000: loss 0.028016
iteration 6000: loss 0.025411
iteration 7000: loss 0.023476
iteration 8000: loss 0.022009
iteration 9000: loss 0.020872
training accuracy: 0.99
```

使用分析导数计算梯度，得到的模型更准确——准确度达 99%。执行以下代码，即可显示决策边界。

```
# plot the resulting classifier
h = 0.02
x_min, x_max = X[:, 0].min() - 1, X[:, 0].max() + 1
y_min, y_max = X[:, 1].min() - 1, X[:, 1].max() + 1
xx, yy = np.meshgrid(np.arange(x_min, x_max, h),
                     np.arange(y_min, y_max, h))
XX = np.c_[xx.ravel(), yy.ravel()]
Z = nn.predict(XX)
Z = np.argmax(Z, axis=1)
Z = Z.reshape(xx.shape)
fig = plt.figure()
plt.contourf(xx, yy, Z, cmap=plt.cm.Spectral, alpha=0.8)
plt.scatter(X[:, 0], X[:, 1], c=y, s=20, cmap=plt.cm.spring)
plt.xlim(xx.min(), xx.max())
plt.ylim(yy.min(), yy.max())
#fig.savefig('spiral_net.png')
```

定义一个 TwoLayerNN 类对象，将训练集传给该类对象的构成函数，并调用其 train() 函数进行模型训练，代码如下。


```
nn = TwoLayerNN(2,100,3)
W1,b1,W2,b2 = nn.train(X,y)
```

```
iteration 0: loss 1.098627
iteration 1000: loss 0.115216
iteration 2000: loss 0.053218
iteration 3000: loss 0.038299
iteration 4000: loss 0.031767
iteration 5000: loss 0.028016
iteration 6000: loss 0.025411
iteration 7000: loss 0.023476
```

```
iteration 8000: loss 0.022009
iteration 9000: loss 0.020872
(-1.9124776305480737, 1.9275223694519297)
```

螺旋数据集的分类决策区域，如图 4-28 所示。

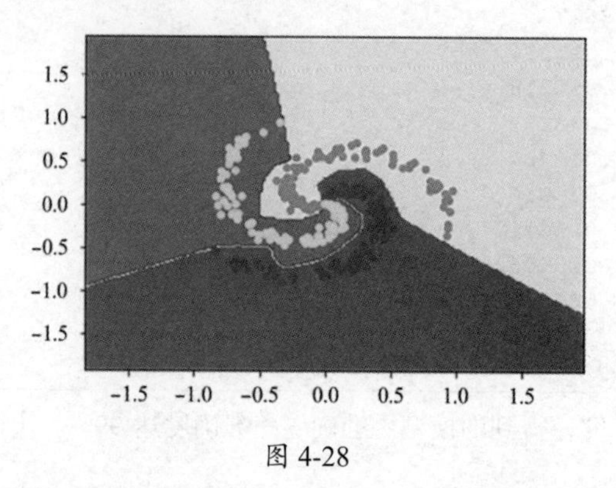

图 4-28

4.2.6 任意层神经网络的反向求导

2 层神经网络的反向求导过程，可以推广到任意深度（层）的神经网络，即对任意层 l，其加权和 $\boldsymbol{z}^{[l]}=\boldsymbol{a}^{[1-1]}\boldsymbol{W}^{[l]}+\boldsymbol{b}^{[l]}$ 经过激活函数 g，产生输出 $\boldsymbol{a}^{[l]}=g(\boldsymbol{z}^{[l]})$。

如果损失函数关于 $\frac{\partial\mathcal{L}}{\partial\boldsymbol{a}^{[l]}}$ 的梯度是已知的，就能求出 $\frac{\partial\mathcal{L}}{\partial\boldsymbol{z}^{[l]}}=\frac{\partial\mathcal{L}}{\partial\boldsymbol{a}^{[l]}}g'(\boldsymbol{z}^{[l]})$，通过 $\frac{\partial\mathcal{L}}{\partial\boldsymbol{z}^{[l]}}$ 就能求出损失函数关于该层的参数 $\boldsymbol{W}^{[l]}$、$\boldsymbol{b}^{[l]}$ 和输入 $\boldsymbol{a}^{[l-1]}$ 的梯度，公式如下。

$$\begin{aligned}\frac{\partial\mathcal{L}}{\partial\boldsymbol{W}^{[l]}}&=\boldsymbol{a}^{[l-1]\mathrm{T}}\frac{\partial\mathcal{L}}{\partial\boldsymbol{z}^{[l]}}\\ \frac{\partial\mathcal{L}}{\partial\boldsymbol{b}^{[l]}}&=\mathrm{np.sum}\left(\frac{\partial\mathcal{L}}{\partial\boldsymbol{z}^{[l]}},\mathrm{axis}=0,\mathrm{keepdims}=\mathrm{True}\right)\\ \frac{\partial\mathcal{L}}{\partial\boldsymbol{a}^{[l-1]}}&=\frac{\partial\mathcal{L}}{\partial\boldsymbol{z}^{[l]}}\boldsymbol{W}^{[l]\mathrm{T}}\end{aligned}$$

多样本形式的向量，公式如下。

$$\begin{aligned}\frac{\partial\mathcal{L}}{\partial\boldsymbol{Z}^{[l]}}&=\frac{\partial\mathcal{L}}{\partial\boldsymbol{A}^{[l]}}g'(\boldsymbol{Z}^{[l]})\\ \frac{\partial\mathcal{L}}{\partial\boldsymbol{W}^{[l]}}&=\boldsymbol{A}^{[l-1]\mathrm{T}}\frac{\partial\mathcal{L}}{\partial\boldsymbol{Z}^{[l]}}\\ \frac{\partial\mathcal{L}}{\partial\boldsymbol{b}^{[l]}}&=\mathrm{np.sum}\left(\frac{\partial\mathcal{L}}{\partial\boldsymbol{Z}^{[l]}},\mathrm{axis}=0,\mathrm{keepdims}=\mathrm{True}\right)\\ \frac{\partial\mathcal{L}}{\partial\boldsymbol{A}^{[l-1]}}&=\frac{\partial\mathcal{L}}{\partial\boldsymbol{Z}^{[l]}}\boldsymbol{W}^{[l]\mathrm{T}}\end{aligned}$$

以上公式假设输入 $\boldsymbol{x}=\boldsymbol{a}^{[0]}$ 和中间变量 $\boldsymbol{z}^{[1-1]}$、$\boldsymbol{a}^{[1-1]}$ 都采用行向量的形式。

下面以列向量的形式来推导损失函数关于中间变量和模型参数的梯度，即假设输入 $\boldsymbol{x}=\boldsymbol{a}^{[0]}$，中间变量 $\boldsymbol{z}^{[1-1]}$、$\boldsymbol{a}^{[1-1]}$ 及其梯度都是列向量。采用列向量的形式，第 l 层的加权和 $\boldsymbol{z}^{[l]}$ 为

$$\boldsymbol{z}^{[l]}=\boldsymbol{W}^{[l]}\boldsymbol{a}^{[l-1]}+\boldsymbol{b}^{[l]}$$

此时，权值矩阵的每一行（而不是每一列）表示一个神经元的权值参数。当然，加权和 $\boldsymbol{z}^{[l]}$ 经过激活函数 g，产生的也是列向量 $\boldsymbol{a}^{[l]}=g(\boldsymbol{z}^{[l]})$。

假设第 l 层有 m 个神经元，输入 $\boldsymbol{a}^{[l-1]}$ 有 n 个值。将加权和的向量形式展开，具体如下。

$$\boldsymbol{z}^{[l]}=\begin{bmatrix} z_1^{[l]} \\ z_2^{[l]} \\ \vdots \\ z_m^{[l]} \end{bmatrix}=\begin{bmatrix} \sum\limits_{k=1}^{n} W_{1k}^{[l]}a_k^{[l-1]}+b_1^{[l]} \\ \sum\limits_{k=1}^{n} W_{2k}^{[l]}a_k^{[l-1]}+b_2^{[l]} \\ \vdots \\ \sum\limits_{k=1}^{n} W_{mk}^{[l]}a_k^{[l-1]}+b_m^{[l]} \end{bmatrix}$$

为了便于推导，用记号 $\delta_j^{[l]}$ 表示损失函数关于 $z_j^{[l]}$ 的偏导数，即 $\delta_j^{(l)}=\frac{\partial\mathcal{L}}{\partial z_j^{(l)}}$。

神经网络的第 l 层的第 j 个神经元输出一个加权和 $z_j^{[l]}$。该加权和只与该神经元有关，与该层的其他神经元无关。因此，该神经元的权值参数 $W_{jk}^{[l]}$ 只对 $z_j^{[l]}$ 有贡献，或者说，依赖 $\boldsymbol{W}^{[l]}$ 的第 j 行的只有 $z_j^{[l]}$。因此，有

$$\frac{\partial\mathcal{L}}{\partial W_{jk}^{[l]}}=\frac{\partial\mathcal{L}}{\partial z_j^{[l]}}\frac{\partial z_j^{[l]}}{\partial W_{jk}^{[l]}}=\delta_j^{(l)}\frac{\partial}{\partial W_{jk}^{(l)}}\left(\sum_i W_{ji}^{[l]}a_i^{(l-1)}\right)=\delta_j^{[l]}a_k^{[l-1]}$$

将 $\boldsymbol{W}^{[l]}$ 的所有权值 $W_{jk}^{[l]}$ 的偏导数放入一个和 $\boldsymbol{W}^{[l]}$ 形状相同的数组。假设神经网络的第 l 层有 m 个神经元，输入 $\boldsymbol{a}^{[l-1]}$ 的值有 n 个，则有

$$\begin{aligned}\frac{\partial\mathcal{L}}{\partial\boldsymbol{W}^{[l]}}&=\begin{bmatrix} \frac{\partial\mathcal{L}}{\partial W_{11}^{[l]}} & \frac{\partial\mathcal{L}}{\partial W_{12}^{[l]}} & \cdots & \frac{\partial\mathcal{L}}{\partial W_{1n}^{[l]}} \\ \vdots & \vdots & \cdots & \vdots \\ \frac{\partial\mathcal{L}}{\partial W_{j1}^{[l]}} & \frac{\partial\mathcal{L}}{\partial W_{j2}^{[l]}} & \cdots & \frac{\partial\mathcal{L}}{\partial W_{jn}^{[l]}} \\ \vdots & \vdots & \cdots & \vdots \\ \frac{\partial\mathcal{L}}{\partial W_{m1}^{[l]}} & \frac{\partial\mathcal{L}}{\partial W_{m2}^{[l]}} & \cdots & \frac{\partial\mathcal{L}}{\partial W_{mn}^{[l]}} \end{bmatrix}=\begin{bmatrix} \delta_1^{[l]}a_1^{[l-1]} & \delta_1^{[l]}a_2^{[l-1]} & \cdots & \delta_1^{[l]}a_n^{[l-1]} \\ \vdots & \vdots & \cdots & \vdots \\ \delta_2^{[l]}a_1^{[l-1]} & \delta_2^{[l]}a_2^{[l-1]} & \cdots & \delta_2^{[l]}a_n^{[l-1]} \\ \vdots & \vdots & \cdots & \vdots \\ \delta_m^{[l]}a_1^{[l-1]} & \delta_m^{[l]}a_2^{[l-1]} & \cdots & \delta_m^{[l]}a_n^{[l-1]} \end{bmatrix}\\&=\begin{bmatrix} \delta_1^{[l]} \\ \delta_2^{[l]} \\ \vdots \\ \delta_m^{[l]} \end{bmatrix}\begin{bmatrix} a_1^{[l-1]} & a_2^{[l-1]} & \cdots & a_n^{[l-1]} \end{bmatrix}=\boldsymbol{\delta}^{[l]}{\boldsymbol{a}^{[l-1]}}^{\mathrm{T}}\end{aligned}$$

同理

$$\frac{\partial \mathcal{L}}{\partial b_j^{[l]}} = \frac{\partial L}{\partial z_j^{[l]}} \frac{\partial z_j^{[l]}}{\partial b_j^{[l]}} = \frac{\partial L}{\partial z_j^{[l]}} = \delta_j^{[l]}$$

即

$$\frac{\partial \mathcal{L}}{\partial \boldsymbol{b}^{[l]}} = \boldsymbol{\delta}^{[l]}$$

与 $W_{jk}^{[l]}$、$b_j^{[l]}$ 不同，第 $l-1$ 层的输出（即第 l 层的输入）$\boldsymbol{a}^{[l-1]}$ 的所有分量 $a_i^{[l-1]}$ 都对第 l 层的各个神经元 $z_j^{[l]}$ 有贡献，如图 4-29 所示。

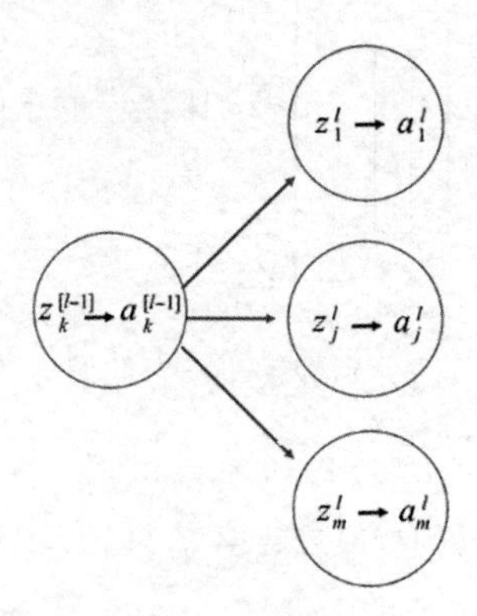

图 4-29

因此，在计算损失函数关于 $a_k^{[l-1]}$ 的偏导数时，需要累加所有 $z_j^{[l]}$ 对它的偏导数，即

$$\frac{\partial \mathcal{L}}{\partial a_k^{[l-1]}} = \sum_{j=1}^{m} \frac{\partial \mathcal{L}}{\partial z_j^{[l]}} \frac{\partial z_j^{[l]}}{\partial a_k^{[l-1]}} = \sum_{j=1}^{m} \left(\delta_j^{[l]} \frac{\partial}{\partial a_k^{[l-1]}} \left(\sum_i W_{jk}^{[l]} a_k^{[l-1]} \right) \right) = \sum_{j=1}^{m} \left(\delta_j^{[l]} W_{jk}^{[l]} \right)$$

也就是 $\boldsymbol{\delta}^{[l]}$ 和 $\boldsymbol{W}^{[l]}$ 的第 k 列的点积。

如果用 $\boldsymbol{W}_{,k}^{[l]}$ 表示第 k 列，那么上式可写成矩阵乘积的形式，具体如下。

$$\frac{\partial \mathcal{L}}{\partial a_k^{[l-1]}} = \boldsymbol{W}_{,k}^{[l]\mathrm{T}} \boldsymbol{\delta}^{[l]}$$

将 L 关于 $\boldsymbol{a}^{[l-1]}$ 的所有梯度写成一个列向量，具体如下。

$$\frac{\partial \mathcal{L}}{\partial \boldsymbol{a}^{[l-1]}} = \begin{bmatrix} \frac{\partial \mathcal{L}}{\partial a_1^{[l-1]}} \\ \frac{\partial \mathcal{L}}{\partial a_2^{[l-1]}} \\ \vdots \\ \frac{\partial \mathcal{L}}{\partial a_n^{[l-1]}} \end{bmatrix} = \begin{bmatrix} \boldsymbol{W}_{,1}^{[l]\mathrm{T}} \boldsymbol{\delta}^{[l]} \\ \boldsymbol{W}_{,2}^{[l]\mathrm{T}} \boldsymbol{\delta}^{[l]} \\ \vdots \\ \boldsymbol{W}_{,n}^{[l]\mathrm{T}} \boldsymbol{\delta}^{[l]} \end{bmatrix} = \boldsymbol{W}^{[l]\mathrm{T}} \boldsymbol{\delta}^{[l]}$$

接下来，问题的关键变成了求 $\delta_j^{(l)} = \frac{\partial \mathcal{L}}{\partial z_j^{(l)}}$。

对于输出层 L，可以直接用损失函数求关于输出的梯度。而对于其他层，如第 l 层（$l < L$），关于输出的梯度，可由该层的激活值 $\boldsymbol{a}^{[l]}$ 的 $\frac{\partial \mathcal{L}}{\partial \boldsymbol{a}^{[l]}}$ 和该层神经元的激活函数的导数求得。不失一般性，设该层神经元的激活函数都是 g，即 $a_i^{[l]} = g(z_i^{[l]})$。根据链式法则，有

$$\delta_i^{[l-1]} = \frac{\partial L}{\partial z_i^{[l-1]}} = \frac{\partial L}{\partial a_i^{[l-1]}} g'(z_i^{[l-1]})$$

记号 $g'(.)$ 表示具有广播功能，即可以作用于一个数组，相当于作用于数组中的所有元素，具体如下。

$$g'(\boldsymbol{z}^{[l]}) = \begin{bmatrix} g'\left(z_1^{[l]}\right) \\ g'\left(z_2^{[l]}\right) \\ \vdots \\ g'\left(z_n^{[l]}\right) \end{bmatrix}$$

$$\boldsymbol{\delta}^{[l-1]} = \frac{\partial L}{\partial \boldsymbol{z}^{[l-1]}} = \frac{\partial L}{\partial \boldsymbol{a}^{[l-1]}} \odot g'(\boldsymbol{z}^{[l-1]})$$

将 $\frac{\partial \mathcal{L}}{\partial \boldsymbol{a}^{[l-1]}} = \boldsymbol{W}^{[l]\mathrm{T}} \boldsymbol{\delta}^{[l]}$ 代入上述公式，得到

$$\boldsymbol{\delta}^{[l-1]} = (\boldsymbol{W}^{[l]\mathrm{T}} \boldsymbol{\delta}^{[l]}) \odot g'(\boldsymbol{z}^{[l-1]})$$

即在反向求导过程中，可以不计算中间层关于 $\boldsymbol{a}^{[l]}$ 的梯度，只计算损失函数关于 $\boldsymbol{z}^{[l]}$ 的梯度 $\boldsymbol{\delta}^{[l]}$。

最后需要说明的是，如果输出层没有将加权和 $\boldsymbol{z}^{[L]}$ 直接输出，而是经过激活函数（如 $\boldsymbol{a}^{[L]} = f(\boldsymbol{z}^{[L]})$）输出的，那么对于方差损失 $\frac{1}{2} \| \boldsymbol{a}^{[L]} - \boldsymbol{y} \|^2$，损失函数关于 $\boldsymbol{a}^{(L)}$ 的梯度为 $\frac{\partial \mathcal{L}}{\partial \boldsymbol{a}^{(L)}} = \boldsymbol{a}^{(L)} - \boldsymbol{y}$。这样，根据 $\frac{\partial \mathcal{L}}{\partial \boldsymbol{z}^{(L)}} = \frac{\partial \mathcal{L}}{\partial \boldsymbol{a}^{(L)}} f'(\boldsymbol{z}^{[L]})$ 即可计算关于输出层加权和 $\boldsymbol{z}^{[L]}$ 的梯度 $\frac{\partial \mathcal{L}}{\partial \boldsymbol{z}^{(L)}}$，公式如下。

$$\boldsymbol{\delta}^{(L)} = \frac{\partial L}{\partial \boldsymbol{z}^{(L)}} = \frac{\partial \mathcal{L}}{\partial \boldsymbol{a}^{(L)}} f'(\boldsymbol{z}^{[L]})$$

对于二分类问题，激活函数就是 sigmoid 函数；对于多分类问题，激活函数就是 softmax 函数。可以计算 $\boldsymbol{a}^{[L]}$ 和目标值 $\boldsymbol{y}$ 的交叉熵损失关于加权和 $\boldsymbol{z}^{[L]}$ 的梯度 $\frac{\partial \mathcal{L}}{\partial \boldsymbol{z}^{(L)}} = \boldsymbol{a}^{(L)} - \boldsymbol{y}$（对于多分类问题，$\boldsymbol{y}$ 是 one-hot 向量）。当然，对于多样本，该梯度就是 $\frac{\partial \mathcal{L}}{\partial \boldsymbol{Z}^{(L)}} = \frac{1}{m}(\boldsymbol{A}^{(L)} - \boldsymbol{Y})$。

在输出层直接输出加权和 $\boldsymbol{z}^{(L)}$ 而没有激活函数的情况下，有

$$\boldsymbol{\delta}^{(L)} = \frac{\partial \mathcal{L}}{\partial \boldsymbol{z}^{(L)}} = f(\boldsymbol{z}^{[L]}) - \boldsymbol{y}$$

对于回归问题，f 是恒等函数（假设方差损失为 $\frac{1}{2} \| \boldsymbol{z}^{[L]} - \boldsymbol{y} \|^2$）；对于二分类或多分类问题，$f$ 是 sigmoid 函数或 softmax 函数。当然，对于多样本，梯度是 $\frac{\partial \mathcal{L}}{\partial \boldsymbol{Z}^{(L)}} = \frac{1}{m}(f(\boldsymbol{Z}^{(L)}) - \boldsymbol{Y})$。

损失函数关于输出的梯度计算公式，连同以下 3 个公式，称为反向求导的四大公式。

$$
\begin{aligned}
\frac{\partial \mathcal{L}}{\partial \boldsymbol{W}^{(l)}} &= \boldsymbol{\delta}^{(l)}(\boldsymbol{a}^{(l-1)})^{\mathrm{T}} = \begin{bmatrix} \delta_1^{(l)} a_1^{(l-1)} & \delta_1^{(l)} a_2^{(l-1)} & \cdots & \delta_1^{(l)} a_k^{(l-1)} \\ \delta_2^{(l)} a_1^{(l-1)} & \delta_2^{(l)} a_2^{(l-1)} & \cdots & \delta_2^{(l)} a_k^{(l-1)} \\ \vdots & \vdots & & \vdots \\ \delta_j^{(l)} a_1^{(l-1)} & \delta_j^{(l)} a_2^{(l-1)} & \cdots & \delta_j^{(l)} a_k^{(l-1)} \end{bmatrix} \\
\frac{\partial \mathcal{L}}{\partial \boldsymbol{b}^{(l)}} &= \boldsymbol{\delta}^{(l)} \\
\boldsymbol{\delta}^{[l-1]} &= (\boldsymbol{W}^{[l]^{\mathrm{T}}} \boldsymbol{\delta}^{[l]}) \odot g'(\boldsymbol{z}^{[l-1]})
\end{aligned}
$$

以上三式的向量形式如下。

$$
\begin{aligned}
\frac{\partial \mathcal{L}}{\partial \boldsymbol{W}^{(l)}} &= \boldsymbol{\delta}^{(l)}(\boldsymbol{a}^{(l-1)})^{\mathrm{T}} = \frac{\partial \mathcal{L}}{\partial \boldsymbol{z}^{[l]}}(\boldsymbol{a}^{(l-1)})^{\mathrm{T}} \\
\frac{\partial \mathcal{L}}{\partial \boldsymbol{b}^{(l)}} &= \boldsymbol{\delta}^{(l)} = \frac{\partial \mathcal{L}}{\partial \boldsymbol{z}^{[l]}} \\
\boldsymbol{\delta}^{[l-1]} &= (\boldsymbol{W}^{[l]^{\mathrm{T}}} \boldsymbol{\delta}^{[l]}) \odot g'(\boldsymbol{z}^{[l-1]}) = (\boldsymbol{W}^{[l]^{\mathrm{T}}} \frac{\partial \mathcal{L}}{\partial \boldsymbol{z}^{[l]}}) \odot g'(\boldsymbol{z}^{[l-1]})
\end{aligned}
$$

其多样本的向量形式如下。

$$
\begin{aligned}
\frac{\partial \mathcal{L}}{\partial \boldsymbol{W}^{(l)}} &= \frac{\partial \mathcal{L}}{\partial \boldsymbol{Z}^{[l]}}(\boldsymbol{A}^{(l-1)})^{\mathrm{T}} \\
\frac{\partial \mathcal{L}}{\partial \boldsymbol{b}^{(l)}} &= \mathrm{np.sum}(\frac{\partial \mathcal{L}}{\partial \boldsymbol{Z}^{[l]}}, \mathrm{axis} = 1, \mathrm{keepdims} = \mathrm{True}) \\
\frac{\partial \mathcal{L}}{\partial \boldsymbol{Z}^{[l-1]}} &= \left(\boldsymbol{W}^{[l]^{\mathrm{T}}} \frac{\partial \mathcal{L}}{\partial \boldsymbol{Z}^{[l]}}\right) \odot g'(\boldsymbol{Z}^{[l-1]})
\end{aligned}
$$

4.3　实现一个简单的深度学习框架

4.3.1　神经网络的训练过程

和其他机器学习算法一样，神经网络的训练过程如下。

- 准备数据：准备训练模型的样本数据集。除训练集外，还可能包含验证集和测试集。
- 确定神经网络的结构：针对具体问题，设计一个合适的神经网络模型。模型规模大，训练时间长，训练难度就大；模型规模小，模型的表达能力可能不够。需要根据实际问题，选择合适的网络结构。网络结构还包括激活函数、误差（损失）评估方法，即应该定义一个什么样的损失函数。
- 训练模型：包括随机初始化模型参数、用梯度下降法求最优解。可能需要借助验证集来选择合适的模型和超参数，以免出现过拟合或欠拟合。

和回归模型一样，神经网络也使用梯度下降法来训练模型，以寻找最合适的模型参数。梯度下降法包含以下 3 步。

1. 正向传播计算模型的输出和损失函数值

从第 1 层开始，依次计算后面每一层的中间变量并激活输出值，直至输出层，公式如下。

$$\begin{aligned}\boldsymbol{Z}^{[l]} &= \boldsymbol{X}\boldsymbol{W}^{[l]} + \boldsymbol{b}^{[l]} = \boldsymbol{A}^{[l-1]}\boldsymbol{W}^{[l]} + \boldsymbol{b}^{[l]} \\ \boldsymbol{A}^{[l]} &= g^{[l]}(\boldsymbol{Z}^{[l]})\end{aligned}$$

根据不同的损失评价标准计算损失函数值，公式如下。

$$\mathcal{L} = \mathcal{L}(\boldsymbol{A}^{(L)}, \boldsymbol{y})$$

2. 反向求导

计算损失函数关于输出层的输出的梯度，即 $\boldsymbol{\delta}^{[L]} = \frac{\partial \mathcal{L}}{\partial \boldsymbol{Z}^{[L]}}$。

从输出层 L 到第 1 层，计算损失函数关于 $\boldsymbol{W}$、$\boldsymbol{b}$、$\boldsymbol{x}$ 的梯度 $\frac{\partial \mathcal{L}}{\partial \boldsymbol{W}^{[l]}}$、$\frac{\partial L}{\partial \boldsymbol{b}^{[l]}}$、$\frac{\partial \mathcal{L}}{\partial \boldsymbol{A}^{[l-1]}}$、$\frac{\partial \mathcal{L}}{\partial \boldsymbol{Z}^{[l-1]}}$，公式如下。

$$\begin{aligned}\frac{\partial \mathcal{L}}{\partial \boldsymbol{W}^{[l]}} &= \boldsymbol{A}^{[l-1]\mathrm{T}} \frac{\partial \mathcal{L}}{\partial \boldsymbol{Z}^{[l]}} \\ \frac{\partial \mathcal{L}}{\partial \boldsymbol{b}^{[1]}} &= \mathrm{np.sum}\left(\frac{\partial \mathcal{L}}{\partial \boldsymbol{Z}^{[1]}}, \mathrm{axis} = 0, \mathrm{keepdims} = \mathrm{True}\right) \\ \frac{\partial \mathcal{L}}{\partial \boldsymbol{A}^{[l-1]}} &= \frac{\partial \mathcal{L}}{\partial \boldsymbol{Z}^{[l]}} \boldsymbol{W}^{[l]\mathrm{T}} \\ \frac{\partial \mathcal{L}}{\partial \boldsymbol{Z}^{[l]}} &= \frac{\partial L}{\partial \boldsymbol{A}^{[l]}} \cdot g'(\boldsymbol{Z}^{[l]})\end{aligned}$$

3. 更新模型参数

更新模型参数，公式如下。

$$\begin{aligned}\boldsymbol{W}^{(l)} &= \boldsymbol{W}^{(l)} - \alpha \frac{\partial \mathcal{L}}{\partial \boldsymbol{W}^{(l)}} \\ \boldsymbol{b}^{(l)} &= \boldsymbol{b}^{(l)} - \alpha \frac{\partial \boldsymbol{L}}{\partial \boldsymbol{b}^{(l)}}\end{aligned}$$

4.3.2 网络层的代码实现

神经网络的正向计算和反向求导都是一层一层进行计算的。为了实现一个通用的神经网络框架，可以将每个神经网络层用一个类 Layer 来表示。

Layer 类表示一个抽象的神经网络层，除初始化构造函数 init() 外，主要有两个函数：正向计算函数 forward(self, x) 接收输入 x，产生输出；反向求导函数 backward(self,grad) 接收反向传来的梯度 grad。grad 是损失函数关于其输出的梯度，来自于其后一层（对于最后一层，grad 表示损失函数关于输出的梯度）。backward() 函数用于计算该层相关参数的梯度（如累加和、权值参数）。相关代码如下。

```
class Layer:
    def __init__(self):
```

```
        pass
    def forward(self, x):
        raise NotImplementedError

    def backward(self, grad):
        raise NotImplementedError
```

在 Layer 类的基础上，可以定义一个派生类 Dense 来表示一个全连接层。所谓全连接层，指的是该层的每个神经元接收前一层的所有输入。Dense 类的构造函数 init() 的参数 input_units、output_units 和 activation，分别表示输入的大小、输出的大小和激活函数。正向计算函数 forward() 先根据输入、权值、偏置来计算累加和，再将其输入激活函数，以计算输出值，公式如下。

$$\boldsymbol{Z}^{[l]} = \boldsymbol{X}\boldsymbol{W}^{[l]} + \boldsymbol{b}^{[l]} = \boldsymbol{A}^{[l-1]}\boldsymbol{W}^{[l]} + \boldsymbol{b}^{[l]}$$

$$\boldsymbol{A}^{[l]} = g^{[l]}(\boldsymbol{Z}^{[l]})$$

反向计算（反向求导）接收损失函数关于输出值 $\boldsymbol{A}$ 的梯度 $\frac{\partial L}{\partial \boldsymbol{A}^{[l]}}$，分别计算损失函数关于 $\boldsymbol{W}$、$\boldsymbol{b}$、$\boldsymbol{x}$ 的梯度 $\frac{\partial L}{\partial \boldsymbol{Z}^{[l]}}$、$\frac{\partial L}{\partial \boldsymbol{W}^{[l]}}$、$\frac{\partial L}{\partial \boldsymbol{A}^{[l-1]}}$。

因为在代码中无法使用偏导数、梯度等符号，所以，可分别用 $\mathrm{d}\boldsymbol{A}^{[l]}$、$\mathrm{d}\boldsymbol{Z}^{[l]}$、$\mathrm{d}\boldsymbol{W}^{[l]}$、$\mathrm{d}\boldsymbol{b}^{[l]}$ 来表示 $\frac{\partial L}{\partial \boldsymbol{A}^{[l]}}$、$\frac{\partial L}{\partial \boldsymbol{Z}^{[l]}}$、$\frac{\partial L}{\partial \boldsymbol{W}^{[l]}}$、$\frac{\partial L}{\partial \boldsymbol{b}^{[l]}}$。这些梯度的计算公式，具体如下。

$$\mathrm{d}\boldsymbol{Z}^{[l]} = \mathrm{d}\boldsymbol{A}^{[l]} \cdot g'(\boldsymbol{Z}^{[l]})$$

$$\mathrm{d}\boldsymbol{W}^{[l]} = \boldsymbol{A}^{[l-1]^{\mathrm{T}}}\mathrm{d}\boldsymbol{Z}^{[l]}$$

$$\mathrm{d}\boldsymbol{b}^{[l]} = \mathrm{np.sum}(\mathrm{d}\boldsymbol{Z}^{[l]}, \mathrm{axis} = 0, \mathrm{keepdims} = \mathrm{True})$$

$$\mathrm{d}\boldsymbol{A}^{[l-1]} = \mathrm{d}\boldsymbol{Z}^{[l]}\boldsymbol{W}^{[l]^{\mathrm{T}}}$$

网络层的代码实现，具体如下。

```
class Layer:
    def __init__(self):
        pass
    def forward(self, x):
        raise NotImplementedError

    def backward(self, grad):
        raise NotImplementedError

class Dense(Layer):
    def __init__(self, input_dim, out_dim,activation=None):
        super().__init__()
        self.W = np.random.randn(input_dim, out_dim) * 0.01  #0.01 * np.random.randn
        self.b = np.zeros((1,out_dim))  #np.zeros(out_dim)

        self.activation = activation
        self.A = None
```

```
    def forward(self, x):
        # f(x) = xw+b
        self.x = x
        Z = np.matmul(x, self.W) + self.b
        self.A = self.g(Z)
        return self.A

    def backward(self, dA_out):
        #反向传播
        A_in = self.x
        dZ = self.dZ_(dA_out)

        self.dW = np.dot(A_in.T, dZ)
        self.db = np.sum(dZ, axis=0, keepdims=True)
        dA_in = np.dot(dZ, np.transpose(self.W))
        return dA_in

    def g(self,z):
        if self.activation=='relu':
            return np.maximum(0, z)
        elif self.activation=='sogmiod':
            return 1 / (1 + np.exp(-z))
        else:
            return z

    def dZ_(self,dA_out):
        if self.activation=='relu':
            grad_g_z = 1. * (self.A > 0)    #实际上应该是“1. * (self.Z > 0)”，二者等价
            return np.multiply(dA_out,grad_g_z)
        elif self.activation=='sogmiod':
            grad_g_z = self.A(1-self.A)
            return np.multiply(dA_out,grad_g_z)
        else:
            return dA_out
```

对 Dense 类的 forward() 函数进行测试，示例如下。

```
import numpy as np
np.random.seed(1)
x = np.random.randn(3,48)        #3 个样本，3 个通道，每个通道都是 4×4 的图像
dense = Dense(48,10,'none')
o = dense.forward(x)
print(o.shape)
print(o)
```

```
(3, 10)
[[-0.03953509 -0.00214997  0.00743433 -0.16926214 -0.05162853  0.06734225
  -0.00221485 -0.11710758 -0.07046456  0.02609659]
 [ 0.00848392  0.08259757 -0.09858177  0.0374092  -0.08303008  0.04151241
  -0.01407859 -0.02415486  0.04236149  0.0648261 ]
```

```
[-0.13877363 -0.04122276 -0.00984716 -0.03461381  0.11513754  0.1043094
  0.00170353 -0.00449278 -0.0057236  -0.01403174]]
```

4.3.3 网络层的梯度检验

只有在确保神经网络的正向计算和反向求导正确的前提下，才能进一步训练神经网络模型。为了检测正向计算和反向求导的正确性，通常会比较用数值方法计算的梯度和用分析方法计算的梯度。如果二者之间的误差很小，就说明分析梯度的计算结果正确性很高，可放心地进行后续的工作了。

假设 f 是多变量参数 p 的函数，即给出了 p，可以计算 $f(p)$ 的函数值。如果知道损失函数 $\mathcal{L}$ 关于 f 的梯度 $\frac{\partial \mathcal{L}}{\partial f}$，则可在此基础上计算损失函数 $\mathcal{L}$ 关于 p 的梯度，公式如下。

$$\frac{\partial \mathcal{L}}{\partial p} = \frac{\partial \mathcal{L}}{\partial f}\frac{\partial f}{\partial p}$$

一般用 grad、$\mathrm{d}f$ 分别表示 $\frac{\partial \mathcal{L}}{\partial p}$、$\frac{\partial \mathcal{L}}{\partial f}$，于是，有

$$\mathrm{grad} = \mathrm{d}f\frac{\partial f}{\partial p}$$

如果 f 包含多个输出值，即 $f(p) = (f_1(p), f_2(p), \cdots, f_n(p))^{\mathrm{T}}$ 是一个多变量参数 p 的向量值函数，已知损失函数 $\mathcal{L}$ 关于 f 的梯度，那么，仍然可以根据链式法则计算 $\mathcal{L}$ 关于 p 的梯度，即关于每个参数 p_j 的偏导数，公式如下。

$$\frac{\partial \mathcal{L}}{\partial p_j} = \sum_i \frac{\partial \mathcal{L}}{\partial f_i}\frac{\partial f_i}{\partial p} = \sum_i \mathrm{d}f_i \frac{\partial f_i}{\partial p_j}$$

在 $\frac{\partial \mathcal{L}}{\partial f_i}$ 已知的情况下，可根据上式，用数值求导的方法求解 $\frac{\partial \mathcal{L}}{\partial p_j}$，即用数值导数来表示 $\frac{\partial f_i}{\partial p_j}$，公式如下。

$$\frac{\partial f_i}{\partial p_j} \simeq \frac{f_i(p_j+\epsilon) - f_i(p_j-\epsilon)}{2\epsilon}$$

即

$$\frac{\partial \mathcal{L}}{\partial p_j} = \sum_i \frac{\partial \mathcal{L}}{\partial f_i}\frac{f_i(p+\epsilon) - f_i(p-\epsilon)}{2\epsilon} = \frac{\partial \mathcal{L}}{\partial f} \cdot \frac{f(p_j+\epsilon) - f(p_j-\epsilon)}{2\epsilon} = \mathrm{d}f \cdot \frac{f(p_j+\epsilon) - f(p_j-\epsilon)}{2\epsilon}$$

其中，f 就是网络层 Dense 的输出。

如果用 $f = \mathrm{dense.\,forward}(x)$ 表示这个函数，那么这个函数的计算将依赖参数 p。损失函数对参数 p 的数值求导过程可通过以下代码实现。

```
def numerical_gradient_from_df(f, p, df, h=1e-5):
  grad = np.zeros_like(p)
  it = np.nditer(p, flags=['multi_index'], op_flags=['readwrite'])
  while not it.finished:
```

```
    idx = it.multi_index

    oldval = p[idx]
    p[idx] = oldval + h
    pos = f()              #当 f 的某个依赖参数 p[idx]发生变化后，重新调用 f()并计算其输出
    p[idx] = oldval - h
    neg = f()              #当 f 的某个依赖参数 p[idx]发生变化后，重新调用 f()并计算其输出
    p[idx] = oldval

    grad[idx] = np.sum((pos - neg) * df) / (2 * h)
    #grad[idx] = np.dot((pos - neg), df) / (2 * h)
    it.iternext()
  return grad
```

模拟一个损失函数关于网络层 Dense 的输出的梯度 df，调用 dense.backward(df)，通过反向求导获取 Dense 的模型参数的梯度。输出的 dx 就是关于 Dense 的输入 x 的梯度。然后，用数值梯度函数 numerical_gradient_from_df() 计算关于 x 的数值梯度 dx_num。最后，比较 dx 和 dx_num 之间的误差。相关代码如下。

```
df = np.random.randn(3, 10)
dx = dense.backward(df)
dx_num = numerical_gradient_from_df(lambda :dense.forward(x),x,df)

diff_error = lambda x, y: np.max(np.abs(x - y))
print(diff_error(dx,dx_num))
```

```
2.1851062625977136e-12
```

数值梯度和分析梯度之间的误差很小，说明通过 backward() 函数计算得到的分析梯度和数值梯度几乎相同。

也可以比较 Dense 的模型参数的梯度。执行以下代码，可以检验 Dense 的模型参数的梯度是否一致。

```
dW_num = numerical_gradient_from_df(lambda :dense.forward(x),dense.W,df)
print(diff_error(dense.dW,dW_num))
```

```
2.2715163083830703e-12
```

可以看出，模型参数的数值梯度和分析梯度非常接近。因此，可以判断分析梯度的计算代码基本正确。

4.3.4　神经网络的类

在层的基础上，可以定义一个能够表示整个神经网络的类 NeuralNetwork，示例如下。

```
class NeuralNetwork:
    def __init__(self):
        self._layers = []
```

```
    def add_layer(self, layer):
        self._layers.append(layer)

    def forward(self, X):
        self.X = X
        for layer in self._layers:
            X = layer.forward(X)
        return X

    def predict(self, X):
        p = self.forward(X)

        if p.ndim == 1:                     #单样本
            return np.argmax(p)

        #多样本
        return np.argmax(p, axis=1)


    def backward(self,loss_grad,reg = 0.):
        for i in reversed(range(len(self._layers))):
            layer = self._layers[i]
            loss_grad = layer.backward(loss_grad)

        for i in range(len(self._layers)):
            self._layers[i].dW += 2*reg * self._layers[i].W

    def reg_loss(self,reg):
        loss = 0
        for i in range(len(self._layers)):
            loss+= reg*np.sum(self._layers[i].W*self._layers[i].W)
        return loss

    def update_parameters(self,learning_rate):
        for i in range(len(self._layers)):
            self._layers[i].W += -learning_rate *  self._layers[i].dW
            self._layers[i].b += -learning_rate * self._layers[i].db

    def parameters(self):
        params = []
        for i in range(len(self._layers)):
            params.append(self._layers[i].W)
            params.append(self._layers[i].b)
        return params

    def grads(self):
        grads = []
        for i in range(len(self._layers)):
            grads.append(self._layers[i].dW)
```

```
        grads.append(self._layers[i].db)
    return grads
```

有了网络层 Layer 和神经网络类 NeuralNetwork，就可以针对实际问题定义神经网络模型了。针对二维平面上的点集分类问题定义的神经网络模型，示例如下。

```
nn = NeuralNetwork()
nn.add_layer(Dense(2, 100, 'relu'))
nn.add_layer(Dense(100, 3, 'softmax'))
```

对于多分类问题，可使用 softmax_cross_entropy() 和 cross_entropy_grad() 函数计算多分类交叉熵损失及加权和的梯度，示例如下。

```
X_temp = np.random.randn(2,2)
y_temp = np.random.randint(3, size=2)
F = nn.forward(X_temp)
loss = softmax_cross_entropy(F,y_temp)
loss_grad =  cross_entropy_grad(F,y_temp)
print(loss,np.mean(loss_grad))
```

```
1.098695480580774 -9.251858538542970e-18
```

4.3.5 神经网络的梯度检验

执行以下代码，比较数值梯度和分析梯度，以验证神经网络的正向计算、损失函数计算和反向求导的结果。

```
import util

#根据损失函数关于输出的梯度 loss_grad，计算模型参数的梯度
nn.backward(loss_grad)
grads= nn.grads()

def loss_fun():
    F = nn.forward(X_temp)
    return softmax_cross_entropy(F,y_temp)

params = nn.parameters()
numerical_grads = util.numerical_gradient(loss_fun,params,1e-6)

for i in range(len(params)):
    print(numerical_grads[i].shape,grads[i].shape)


def diff_error(x, y):
  return np.max(np.abs(x - y))

def diff_errors(xs, ys):
    errors = []
    for i in range(len(xs)):
```

```
        errors.append(diff_error(xs[i],ys[i]))
    return np.max(errors)

diff_errors(numerical_grads,grads)
```

```
(2, 100) (2, 100)
(1, 100) (1, 100)
(100, 3) (100, 3)
(1, 3) (1, 3)
2.3017241064515748e-10
```

数值梯度和分析梯度的误差很小，说明分析梯度基本正确。

梯度下降法的代码如下。

```
def cross_entropy_grad_loss(F,y,softmax_out=False,onehot=False):
    if softmax_out:
        loss = cross_entropy_loss(F,y,onehot)
    else:
        loss = softmax_cross_entropy(F,y,onehot)
    loss_grad =  cross_entropy_grad(F,y,onehot,softmax_out)
    return loss,loss_grad

def train(nn,X,y,loss_function,epochs=10000,learning_rate=1e-0,reg = 1e-3,\
                print_n=10):
    for epoch in range(epochs):
        f = nn.forward(X)
        loss,loss_grad = loss_function(f,y)
        loss+=nn.reg_loss(reg)

        nn.backward(loss_grad,reg)

        nn.update_parameters(learning_rate);

        if epoch % print_n == 0:
            print("iteration %d: loss %f" % (epoch, loss))
```

对于训练样本 (X,y)，梯度下降法的每一次迭代，都会进行正向计算，输出 f = nn.forward(X)，并计算损失函数关于输出的梯度 loss,loss_grad = loss_function(f,y)。然后，根据这个梯度，通过反向求导的方式计算模型参数的梯度 nn.backward(loss_grad,reg)。最后，更新模型参数 nn.update_parameters(learning_rate)。

对模型进行训练，并输出模型预测的准确度，示例如下。

```
import  data_set  as ds

np.random.seed(89)
X,y = ds.gen_spiral_dataset()

epochs=10000
learning_rate=1e-0
```

```
reg = 1e-4
print_n = epochs//10
train(nn,X,y,loss_gradient_softmax_crossentropy,epochs,learning_rate,reg,print_n)
print(np.mean(nn.predict(X)==y))
```

```
iteration 0: loss 1.098749
iteration 1000: loss 0.199245
iteration 2000: loss 0.129508
iteration 3000: loss 0.116411
iteration 4000: loss 0.110031
iteration 5000: loss 0.105776
iteration 6000: loss 0.103647
iteration 7000: loss 0.102508
iteration 8000: loss 0.101521
iteration 9000: loss 0.100991
0.9933333333333333
```

train() 函数使用训练集中的所有样本进行训练。在实际的训练过程中，通常使用其批梯度下降法函数 train_batch()，即每次从训练集中取出一部分样本进行训练。

使用 train_batch() 函数重新进行训练，示例如下。

```
def data_iter(X,y,batch_size,shuffle=False):
    m = len(X)
    indices = list(range(m))
    if shuffle:                  #shuffle 为 True，表示打乱顺序
        np.random.shuffle(indices)
    for i in range(0, m - batch_size + 1, batch_size):
        batch_indices = np.array(indices[i: min(i + batch_size, m)])
        yield X.take(batch_indices,axis=0), y.take(batch_indices,axis=0)

def train_batch(nn,XX,YY,loss_function,epochs=10000,batch_size=50,\
                learning_rate=1e-0,reg = 1e-3,print_n=10):
    iter = 0
    for epoch in range(epochs):
        for X,y in data_iter(XX,YY,batch_size,True):
            f = nn.forward(X)
            loss,loss_grad = loss_function(f,y)
            loss+=nn.reg_loss(reg)

            nn.backward(loss_grad,reg)

            nn.update_parameters(learning_rate);

            if iter % print_n == 0:
                print("iteration %d: loss %f" % (iter, loss))
            iter+=1
```

使用批梯度下降法训练一个 2 层神经网络，示例如下。

```
nn = NeuralNetwork()
```

```
nn.add_layer(Dense(2, 100, 'relu'))
nn.add_layer(Dense(100, 3))

epochs=1000
batch_size=50
learning_rate=1e-0
reg = 1e-4
print_n = epochs*len(X)//batch_size//10

train_batch(nn,X,y,cross_entropy_grad_loss,epochs,batch_size,learning_rate,\
                    reg,print_n)
print(np.mean(nn.predict(X)==y))
```

```
iteration 0: loss 1.098579
iteration 600: loss 0.377089
iteration 1200: loss 0.198609
iteration 1800: loss 0.129696
iteration 2400: loss 0.208457
iteration 3000: loss 0.090015
iteration 3600: loss 0.110976
iteration 4200: loss 0.095018
iteration 4800: loss 0.084522
iteration 5400: loss 0.095629
0.9866666666666667
```

4.3.6　基于深度学习框架的 MNIST 手写数字识别

下载 MNIST 数据集，示例如下。其中，每幅数字图像都已转换为长度为 784 的一维向量，如图 4-30 所示。

```
#%%time
import pickle, gzip, urllib.request, json
import numpy as np
import os.path

if not os.path.isfile("mnist.pkl.gz"):
    # Load the dataset
    urllib.request.urlretrieve("http://deeplearning.net/data/mnist/mnist.pkl.gz",
                               "mnist.pkl.gz")

with gzip.open('mnist.pkl.gz', 'rb') as f:
    train_set, valid_set, test_set = pickle.load(f, encoding='latin1')

train_X, train_y = train_set
valid_X, valid_y = valid_set
print(train_X.dtype)
print(train_set[0].shape)
print(valid_X.shape)
```

```
float32
(50000, 784)
(10000, 784)
```

```
import matplotlib.pyplot as plt
%matplotlib inline

digit = train_set[0][9].reshape(28,28)
plt.imshow(digit,cmap='gray')
plt.colorbar()
plt.show()
```

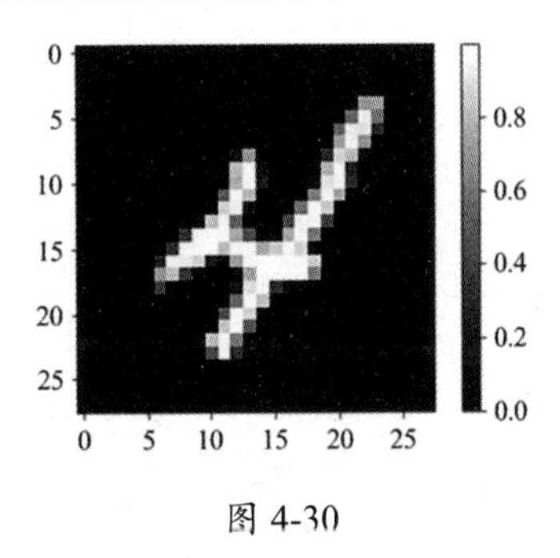

图 4-30

```
print(train_X.shape)
```

```
(50000, 784)
```

定义如图 4-31 所示的神经网络模型，作为进行手写数字图像识别的分类器函数。

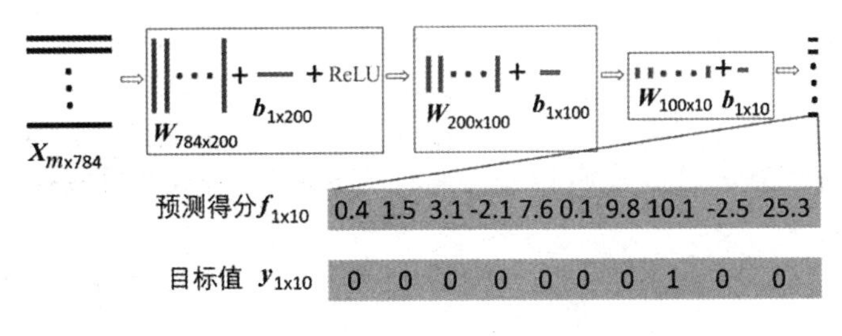

图 4-31

相关代码如下。

```
nn = NeuralNetwork()
nn.add_layer(Dense(784, 200, 'relu'))
nn.add_layer(Dense(200, 100, 'relu'))
nn.add_layer(Dense(100, 10, ))

epochs = 25
batch_size = 32
learning_rate = 0.1
reg = 1e-3
```

```
print_n = 25*len(train_X)//32//10
train_batch(nn,train_X,train_y,cross_entropy_grad_loss,epochs,batch_size,\
                 learning_rate,reg,print_n)
print(np.mean(nn.predict(valid_X)==valid_y))
print(nn.predict(valid_X[9]),valid_y[9])
```

```
iteration 0: loss 2.320527
iteration 3906: loss 0.436557
iteration 7812: loss 0.363573
iteration 11718: loss 0.289885
iteration 15624: loss 0.177679
iteration 19530: loss 0.286339
iteration 23436: loss 0.189970
iteration 27342: loss 0.143797
iteration 31248: loss 0.158769
0.98474
0.9766
[4] 4
```

4.3.7　改进的通用神经网络框架：分离加权和与激活函数

神经网络框架的网络层 Dense 包含加权和及激活函数，相应代码中的 Dense 类包含加权和及激活函数的正向计算和反向计算。为了提高灵活性，可分别用两个类来表示加权和及激活函数并进行计算，以便将来增加新的激活函数。

Layer 类提供了成员变量 params 来保存模型的参数，并提供了一个方法 reg_loss_grad()，用于将损失函数正则项的梯度添加到模型参数的梯度中。

Dense 类仅进行加权和计算，其构造函数可接收一个能够对权值参数进行随机初始化的参数，并根据不同的随机初始化方法对权值参数进行初始化。Dense 类接收的单个数据特征，不仅可以是向量，还可以是多通道的二维图像，如包含红、绿、蓝 3 种颜色的彩色图像（每个颜色通道对应于一个二维数组）。因此，forward() 和 backwrd() 方法都可以将多通道的输入“摊平”为一个一维向量，示例如下。

```
x1 = x.reshape(x.shape[0],np.prod(x.shape[1:]))            #将多通道的 x“摊平”

class Layer:
    def __init__(self):
        self.params = None
        pass
    def forward(self, x):
        raise NotImplementedError
    def backward(self, x, grad):
        raise NotImplementedError
    def reg_grad(self,reg):
        pass
    def reg_loss(self,reg):
        return 0.
```

```
#----------计算加权和------------
class Dense(Layer):
    # Z = XW+b
    def __init__(self, input_dim, out_dim,init_method = ('random',0.01)):
        super().__init__()
        random_method_name,random_value = init_method
        if random_method_name == "random":
            self.W = np.random.randn(input_dim, out_dim) * random_value  #0.01 * \
                        np.random.randn
            self.b = np.random.randn(1,out_dim)* random_value
        elif random_method_name == "he":
            self.W = np.random.randn(input_dim, out_dim)*np.sqrt(2/input_dim)
            #self.b = np.random.randn(1,out_dim)* random_value
            self.b = np.zeros((1,out_dim))
        elif random_method_name == "xavier":
            self.W = np.random.randn(input_dim, out_dim)*np.sqrt(1/input_dim)
            self.b = np.random.randn(1,out_dim)* random_value
        elif random_method_name == "zeros":
            self.W = np.zeros((input_dim, out_dim))
            self.b = np.zeros((1,out_dim))
        else:
            self.W = np.random.randn(input_dim, out_dim)* random_value
            self.b = np.zeros((1,out_dim))

        self.params = [self.W,self.b]
        self.grads = [np.zeros_like(self.W),np.zeros_like(self.b)]
   #  self.activation = activation
   #  self.A = None

    def forward(self, x):
        self.x = x
        x1 = x.reshape(x.shape[0],np.prod(x.shape[1:]))     #将多通道的x“摊平”
        Z = np.matmul(x1, self.W) + self.b
        return Z

    def backward(self, dZ):
        #反向传播
        x = self.x
        x1 = x.reshape(x.shape[0],np.prod(x.shape[1:]))     #将多通道的x“摊平”
        dW = np.dot(x1.T, dZ)
        db = np.sum(dZ, axis=0, keepdims=True)
        dx = np.dot(dZ, np.transpose(self.W))
        dx = dx.reshape(x.shape)                            #反“摊平”为多通道的x的形状

        #self.grads = [dW, db]
        self.grads[0] += dW
        self.grads[1] += db
```

```
        return dx

    #--------添加正则项的梯度-----
    def reg_grad(self,reg):
        self.grads[0]+= 2*reg * self.W

    def reg_loss(self,reg):
        return  reg*np.sum(self.W**2)

    def reg_loss_grad(self,reg):
        self.grads[0]+= 2*reg * self.W
        return  reg*np.sum(self.W**2)
```

假设 x 中的所有样本都是 4×4 的 3 通道图像。执行以下代码，可将这些样本作为输入，进行正向计算。

```
import numpy as np
np.random.seed(1)
x = np.random.randn(3,3,4, 4)          #3 个样本，3 个通道，每个通道都是 4×4 的图像
dense = Dense(3*4*4,10,('no',0.01))
o = dense.forward(x)
print(o.shape)
print(o)
```

```
(3, 10)
[[-0.03953509 -0.00214997  0.00743433 -0.16926214 -0.05162853  0.06734225
  -0.00221485 -0.11710758 -0.07046456  0.02609659]
 [ 0.00848392  0.08259757 -0.09858177  0.0374092  -0.08303008  0.04151241
  -0.01407859 -0.02415486  0.04236149  0.0648261 ]
 [-0.13877363 -0.04122276 -0.00984716 -0.03461381  0.11513754  0.1043094
   0.00170353 -0.00449278 -0.0057236  -0.01403174]]
```

下面重点讨论一下梯度验证。为了验证反向求导是否正确，可以模拟一个损失函数关于 Dense 的输出向量的梯度 do，然后用 dense.backward() 方法进行反向求导计算，并将计算结果与通过数值梯度函数 numerical_gradient_from_df 计算得到的数值梯度进行比较。由于 Dense 的输出向量的大小是 10，所以，可以用代码模拟一个包含 3 个样本的输入 x 经过 Dense 产生一个 3×10 的输出 o 的过程，模拟生成的梯度 do 是与输出形状相同的多维数组。

如果损失函数关于这个输出向量的梯度 do 是已知的，就可以从这个梯度反向计算模型参数和中间变量（如 x）的梯度。backward() 返回关于 Dense 的输入 x 的梯度 dx，然后比较这个分析梯度和数值梯度 dx_num 的误差。同样，对模型的权重参数 dense.params[0]，也要比较分析梯度 dense.grads[0] 和数值梯度 dW_num 的误差。相关代码如下。

```
do = np.random.randn(3, 10)
dx = dense.backward(do)
dx_num = numerical_gradient_from_df(lambda :dense.forward(x),x,do)

diff_error = lambda x, y: np.max(np.abs(x - y)/(np.maximum(1e-8, np.abs(x) + \
                    np.abs(y) )) )
```

```
print(diff_error(dx,dx_num))

dW_num = numerical_gradient_from_df(lambda :dense.forward(x),dense.params[0],do)
print(diff_error(dense.grads[0],dW_num))
print(dense.grads[0][:3])
print(dW_num[:3])
```

```
3.638244314951079e-09
1.3450414982951384e-11
[[ 1.77463167  0.11663492  1.87794917  0.27986781  1.27243915 -2.44375556
  -2.1266117   0.99629747 -0.73720237 -0.68570287]
 [-0.69807196  0.22547472 -0.93721649  0.3286185  -1.0421723   0.66487528
   1.33111205  0.25677848 -0.58451408  0.71015412]
 [ 0.12251147 -0.4041516   0.57764614  0.89962639 -0.35195022  0.77829011
  -0.01618803 -0.62209694 -1.28543176 -0.37554316]]
[[ 1.77463167  0.11663492  1.87794917  0.27986781  1.27243915 -2.44375556
  -2.1266117   0.99629747 -0.73720237 -0.68570287]
 [-0.69807196  0.22547472 -0.93721649  0.3286185  -1.0421723   0.66487528
   1.33111205  0.25677848 -0.58451408  0.71015412]
 [ 0.12251147 -0.4041516   0.57764614  0.89962639 -0.35195022  0.77829011
  -0.01618803 -0.62209694 -1.28543176 -0.37554316]]
```

还可以在 Dense 后面添加一个损失函数，以比较损失函数关于 Dense 的模型参数的分析梯度和数值梯度，示例如下。

```
import util
x = np.random.randn(3,3,4, 4)
y = np.random.randn(3,10)

dense = Dense(3*4*4,10,('no',0.01))

f = dense.forward(x)
loss,do = mse_loss_grad(f,y)
dx = dense.backward(do)
def loss_f():
    f = dense.forward(x)
    loss = mse_loss(f,y)
    return loss

dW_num = util.numerical_gradient(loss_f,dense.params[0],1e-6)
print(diff_error(dense.grads[0],dW_num))
print(dense.grads[0][:2])
print(dW_num[:2])
```

```
2.0148860313259954e-07
[[ 0.47568681 -0.06324119 -0.29294422 -0.76304343 -0.09660146  0.62794569
   1.16087896  0.06261028 -0.6611078  -0.02940735]
 [-0.10777785 -1.47174583  0.63258553  1.22381944 -0.35702633  0.4409597
  -2.42444873 -0.28804741 -1.33377026  0.66775208]]
[array([ 0.47568681, -0.06324119, -0.29294422, -0.76304343, -0.09660146,
```

```
       0.62794569,  1.16087896,  0.06261028, -0.6611078 , -0.02940735]), array([-0.1
0777785, -1.47174583,  0.63258553,  1.22381944, -0.35702633,
       0.4409597 , -2.42444873, -0.28804741, -1.33377026,  0.66775208])]
```

Dense 只计算加权和，不会根据不同的激活函数计算激活函数的值或求激活函数的导数。对于不同的激活函数，可以分别实现为一个激活函数层类。

以下代码定义了神经网络中经常使用的激活函数所对应的激活函数层。

```
class Relu(Layer):
    def __init__(self):
        super().__init__()
        pass
    def forward(self, x):
        self.x = x
        return np.maximum(0, x)
    def backward(self, grad_output):
        #如果 x>0，则导数为 1；否则为 0
        x = self.x
        relu_grad = x > 0
        return grad_output * relu_grad

class Sigmoid(Layer):
    def __init__(self):
        super().__init__()
        pass
    def forward(self, x):
        self.x = x
        return 1.0/(1.0 + np.exp(-x))
    def backward(self, grad_output):
        x = self.x
        a  = 1.0/(1.0 + np.exp(-x))
        return grad_output * a*(1-a)

class Tanh(Layer):
    def __init__(self):
        super().__init__()
        pass
    def forward(self, x):
        self.x = x
        self.a = np.tanh(x)
        return self.a
    def backward(self, grad_output):
        d = (1-np.square(self.a))
        return grad_output * d

class Leaky_relu(Layer):
    def __init__(self,leaky_slope):
        super().__init__()
        self.leaky_slope = leaky_slope
```

```
    def forward(self, x):
        self.x = x
        return np.maximum(self.leaky_slope*x,x)
    def backward(self, grad_output):
        x = self.x
        d=np.zeros_like(x)
        d[x<=0]=self.leaky_slope
        d[x>0]=1
        return grad_output * d
```

激活层没有模型参数，只是将输入 x 进行变换，产生一个输出。输入张量和输出张量的形状是一样的。因此，也可以用数值梯度来检查激活层的分析梯度是否正确。

以下代码用模拟的损失函数关于激活层的输出的梯度 do，检查其上面所有激活层的分析梯度和数值梯度的误差。

```
import numpy as np
np.random.seed(1)
x = np.random.randn(3,3,4, 4)
do = np.random.randn(3,3,4, 4)

relu = Relu()
relu.forward(x)
dx = relu.backward(do)
dx_num = numerical_gradient_from_df(lambda :relu.forward(x),x,do)
print(diff_error(dx,dx_num))

leaky_relu = Leaky_relu(0.1)
leaky_relu.forward(x)
dx = leaky_relu.backward(do)
dx_num = numerical_gradient_from_df(lambda :leaky_relu.forward(x),x,do)
print(diff_error(dx,dx_num))

tanh = Tanh()
tanh.forward(x)
dx = tanh.backward(do)
dx_num = numerical_gradient_from_df(lambda :tanh.forward(x),x,do)
print(diff_error(dx,dx_num))

sigmoid = Sigmoid()
sigmoid.forward(x)
dx = sigmoid.backward(do)
dx_num = numerical_gradient_from_df(lambda :sigmoid.forward(x),x,do)
print(diff_error(dx,dx_num))
```

```
3.2756345281587516e-12
7.43892997215858e-12
5.170019175240593e-11
3.282573028416693e-11
```

这些激活层的分梯度和数值梯度的误差几乎相等，因此，基本可以确定分析梯度的代码是正确的。

在 Dense 和各激活层的基础上，可以定义一个表示神经网络的类 NeuralNetwork，示例如下。

```
class NeuralNetwork:
    def __init__(self):
        self._layers = []
        self._params = []

    def add_layer(self, layer):
        self._layers.append(layer)
        if layer.params:
           # for  i in range(len(layer.params)):
            for  i, _ in enumerate(layer.params):
                self._params.append([layer.params[i],layer.grads[i]])

    def forward(self, X):
        for layer in self._layers:
            X = layer.forward(X)
        return X

    def __call__(self, X):
        return self.forward(X)

    def predict(self, X):
        p = self.forward(X)
        # One row
        if p.ndim == 1:                    #单样本
            return np.argmax(ff)

        return np.argmax(p, axis=1)        #多样本


    def backward(self,loss_grad,reg = 0.):
        for i in reversed(range(len(self._layers))):
            layer = self._layers[i]
            loss_grad = layer.backward(loss_grad)
            layer.reg_grad(reg)
        return loss_grad

    def backpropagation(self, X, y,loss_function,reg=0):
        f = self.forward(X)
        #损失函数关于输出 f 的梯度
        loss,loss_grad = loss_function(f,y)

        #从 loss_grad 反向求导
        self.zero_grad()
        self.backward(loss_grad)
        reg_loss = self.reg_loss_grad(reg)
```

```
        return loss+reg_loss
        #return np.mean(loss)

    def reg_loss(self,reg):
        reg_loss = 0
        for i in range(len(self._layers)):
            reg_loss+=self._layers[i].reg_loss(reg)
        return reg_loss

    def parameters(self):
        return self._params

    def zero_grad(self):
        for i,_ in enumerate(self._params):
            #self.params[i][1].fill(0.)
            self._params[i][1][:] = 0                #[w,dw]

    def get_parameters(self):
        return self._params
```

该类的 add_layer() 方法用于向神经网络中添加各种层，forward() 方法用于接收输入并产生对应的输出。__call() 是函数调用方法，对于一个 NeuralNetwork 对象 nn 和输入 X，nn(X) 等价于 nn.forward(X)。backward() 方法用于接收损失函数关于输出的梯度，进行反向求导，计算损失函数关于模型参数和中间变量的梯度。

forward() 和 backward() 方法正确与否，可以通过数值梯度来检验。以下代码定义了一个简单的神经网络，并用一组随机生成的样本 (x,y) 来计算和比较用 backward() 方法计算出来的分析梯度和用通用数值梯度函数计算出来的数值梯度。

```
import util

np.random.seed(1)
nn = NeuralNetwork()
nn.add_layer(Dense(2, 100,('no',0.01)))
nn.add_layer(Relu())
nn.add_layer(Dense(100, 3,('no',0.01)))

x = np.random.randn(5,2)
y = np.random.randint(3, size=5)

f = nn.forward(x)
dZ = cross_entropy_grad(f,y) #util.grad_softmax_cross_entropy(f,y)
nn.zero_grad()                         #梯度清零
reg = 0.1
dx =  nn.backward(dZ,reg)

#-----计算数值梯度-----------
params = nn.parameters()
nn_params=[]
```

```
for i in range(len(params) ):
    nn_params.append(params[i][0])

def loss_fn():
    f = nn.forward(x)
    loss =  softmax_cross_entropy(f,y) #util.softmax_cross_entropy(f,y)
    return loss+nn.reg_loss(reg)

numerical_grads = util.numerical_gradient(loss_fn,nn_params,1e-6)
for i in range(len(numerical_grads)):
    print(diff_error(params[i][1],numerical_grads[i]))
```

```
1.892395698905401e-06
1.7651393552515298e-06
2.306498772862026e-06
2.3545204992835373e-10
```

数值梯度和分析梯度非常接近，可以初步确定模型的 forward() 和 backward() 方法没有问题。

4.3.8 独立的参数优化器

为了便于使用不同的梯度下降优化策略来更新模型参数，可以将它们编写成单独的类，具体如下。

```
class SGD():
    def __init__(self,model_params,learning_rate=0.01, momentum=0.9):
        self.params,self.lr,self.momentum = model_params,learning_rate,momentum
        self.vs = []
        for p,grad in self.params:
            v = np.zeros_like(p)
            self.vs.append(v)

    def zero_grad(self):
        #for p,grad in params:
        for i,_ in enumerate(self.params):
            #self.params[i][1][:] = 0.
            self.params[i][1].fill(0)

    def step(self):

        for i,_ in enumerate(self.params):
            p,grad = self.params[i]
            self.vs[i] = self.momentum*self.vs[i]+self.lr* grad
            self.params[i][0] -= self.vs[i]
            #self.params[i][0][:] =  self.params[i][0] - self.vs[i]

    def scale_learning_rate(self,scale):
        self.lr *= scale
```

优化器类 SGD 的构造函数的参数 model_params，是一个 Python 的列表对象，其中的所有元素都是一个模型参数及其梯度的列表对象。假设一个模型有两个参数 W 和 b，它们所对应的梯度分别是 dW 和 db，则 model_params 参数的列表形式如下。

```
[[W,dW],[b,db]]
```

另外构造函数的两个参数，分别是梯度下降法的学习率 learning_rate 和动量法优化策略的参数 momentum。如果 momentum 为 0，就相当于不带动量的最基本的梯度更新策略。

SGD 的 zero_grad() 方法用于将所有参数所对应的梯度重置为 0，而 step() 方法用于根据梯度和优化策略更新模型参数。有时，梯度下降法需要在迭代过程中调整学习率。scale_learning_rate() 就是用于调整学习率的方法。

梯度下降法可以通过定义一个 SGD 类的优化器对象 optimizer 来更新模型参数，代码如下。

```
learning_rate = 1e-1
momentum = 0.9
optimizer = SGD(nn.parameters(),learning_rate,momentum)
```

也可以定义其他优化器类，如 Adam，代码如下。

```
class Adam():
    def __init__(self,model_params,learning_rate=0.01, beta_1 = 0.9,beta_2 = 0.999,\
                    epsilon =1e-8):
        self.params,self.lr = model_params,learning_rate
        self.beta_1,self.beta_2,self.epsilon = beta_1,beta_2,epsilon
        self.ms = []
        self.vs = []
        self.t = 0
        for p,grad in self.params:
            m = np.zeros_like(p)
            v = np.zeros_like(p)
            self.ms.append(m)
            self.vs.append(v)

    def zero_grad(self):
        #for p,grad in params:
        for i,_ in enumerate(self.params):
            #self.params[i][1][:] = 0.
            self.params[i][1].fill(0)

    def step(self):
        #for  i in range(len(self.params)):
        beta_1,beta_2,lr = self.beta_1,self.beta_2,self.lr
        self.t+=1
        t = self.t
        for i,_ in enumerate(self.params):
            p,grad = self.params[i]

            self.ms[i] = beta_1*self.ms[i]+(1-beta_1)*grad
            self.vs[i] = beta_2*self.vs[i]+(1-beta_2)*grad**2
```

```
            m_1 = self.ms[i]/(1-np.power(beta_1, t))
            v_1 = self.vs[i]/(1-np.power(beta_2, t))
            self.params[i][0]-= lr*m_1/(np.sqrt(v_1)+self.epsilon)

    def scale_learning_rate(self,scale):
        self.lr *= scale
```

更多的优化器和训练函数，参见随书文件 train.py。

训练函数 train() 用于接收一个数据迭代器，且每次从中取出一批训练样本。对每批样本，先进行 forwrd() 计算，输出 output。然后，用损失函数计算其损失和损失函数关于输出 output 的梯度 loss_grad，将这个梯度通过 backward() 函数回传，求出模型参数和中间变量的梯度。最后，用 optimizer 的 step() 函数更新模型参数。相关代码如下。

```
def train_nn(nn,X,y,optimizer,loss_fn,epochs=100,batch_size = 50,reg = 1e-3,\
                 print_n=10):
    iter = 0
    losses = []
    for epoch in range(epochs):
        for X_batch,y_bacth in data_iter(X,y,batch_size):
            optimizer.zero_grad()

            f = nn(X_batch) # nn.forward(X_batch)
            loss,loss_grad = loss_fn(f, y_bacth)
            nn.backward(loss_grad,reg)
            loss += nn.reg_loss(reg)

            optimizer.step()

            losses.append(loss)
            if iter%print_n==0:
                print(iter,"iter:",loss)
            iter +=1

    return losses
```

现在，就可以用这个神经网络去训练三分类问题模型了，代码如下，结果如图 4-32 所示。

```
import data_set as ds
import util

np.random.seed(1)
nn = NeuralNetwork()
nn.add_layer(Dense(2, 100,('no',0.01)))
nn.add_layer(Relu())
nn.add_layer(Dense(100, 3,('no',0.01)))

X,y = ds.gen_spiral_dataset()
epochs=5000
batch_size = len(X)
```

```
reg = 0.5e-3
print_n=480

learning_rate = 1e-1
momentum = 0.5#
optimizer = SGD(nn.parameters(),learning_rate,momentum)

losses = train_nn(nn,X,y,optimizer,cross_entropy_grad_loss,epochs,batch_size,\
                  reg,print_n)

import matplotlib.pylab as plt
%matplotlib inline
plt.plot(losses)
plt.show()
```

```
0 iter: 1.0985916677722303
480 iter: 0.7056240023920841
960 iter: 0.6422407772314334
1440 iter: 0.5246104670488081
1920 iter: 0.4186441561530432
2400 iter: 0.37118840941018727
2880 iter: 0.34583485668931857
3360 iter: 0.32954842747580104
3840 iter: 0.31961537369884196
4320 iter: 0.3124394704919282
4800 iter: 0.30620107113884415
```

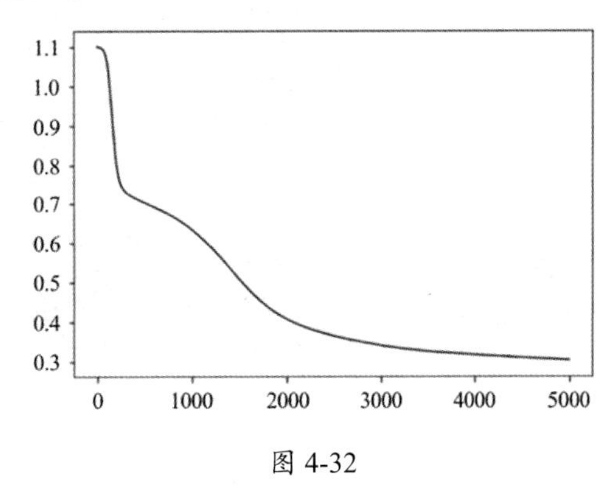

图 4-32

改进的神经网络框架的代码，参见随书文件 NeuralNetwork.py。

4.3.9 fashion-mnist 的分类训练

执行以下代码，用 fashion-mnist 训练集训练一个神经网络模型。

```
import mnist_reader
X_train, y_train = mnist_reader.load_mnist('data/fashion', kind='train')
X_test, y_test = mnist_reader.load_mnist('data/fashion', kind='t10k')
```

```
print(X_train.shape,y_train.shape)
print(X_train.dtype,y_train.dtype)
```

```
(60000, 784) (60000,)
uint8 uint8
```

```
import numpy as np
import matplotlib.pyplot as plt
%matplotlib inline
trainX = X_train.reshape(-1,28,28)
print(trainX.shape)
#lot first few images
for i in range(9):
    # define subplot
    plt.subplot(330 + 1 + i)
    # plot raw pixel data
    plt.imshow(trainX[i], cmap=plt.get_cmap('gray'))
# show the figure
plt.show()
```

```
(60000, 28, 28)
```

数据集中的图像，如图 4-33 所示。

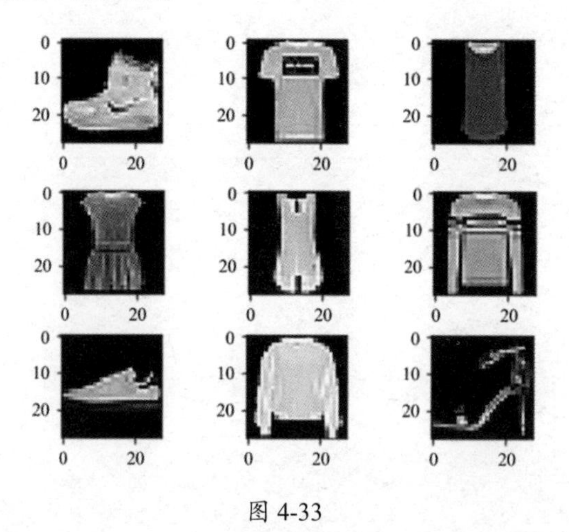

图 4-33

观察一下其中的数值。可以看出，原始值应该是 0 ~ 255 的整数，将其除以 255，就可以转换成 0 ~ 1 的实数。相关代码如下。

```
train_X = trainX.astype('float32')/255.0
print(np.mean(trainX),np.mean(train_X))
```

```
72.94035223214286 0.2860402
```

定义待训练的神经网络模型，代码如下。

```
import numpy as np
```

```
import util
np.random.seed(1)

nn = NeuralNetwork()
nn.add_layer(Dense(784, 500))
nn.add_layer(Relu())
nn.add_layer(Dense(500, 200))
nn.add_layer(Relu())
nn.add_layer(Dense(200, 100))
nn.add_layer(Relu())
nn.add_layer(Dense(100, 10))
```

定义优化器对象，代码如下。

```
learning_rate = 0.01
momentum = 0.9
optimizer = SGD(nn.parameters(),learning_rate,momentum)
```

开始训练，代码如下。

```
epochs=8
batch_size = 64
reg = 0#1e-3
print_n=1000

losses = train_nn(nn,train_X,y_train,optimizer,cross_entropy_grad_loss,epochs,\
                  batch_size,reg,print_n)

plt.plot(losses)
```

```
0 iter: 2.3016755298047347
1000 iter: 1.1510374540057933
2000 iter: 0.47471113470221005
3000 iter: 0.5333139450988945
4000 iter: 0.259167391843765
5000 iter: 0.3629363583454308
6000 iter: 0.3486191552507917
7000 iter: 0.4914253677369693
```

绘制损失曲线，代码如下，结果如图 4-34 所示。

```
print(np.mean(nn.predict(train_X)==y_train))
test_X = X_test.reshape(-1,28,28).astype('float32')/255.0
print(np.mean(nn.predict(test_X)==y_test))
```

```
0.87965
0.8585
```

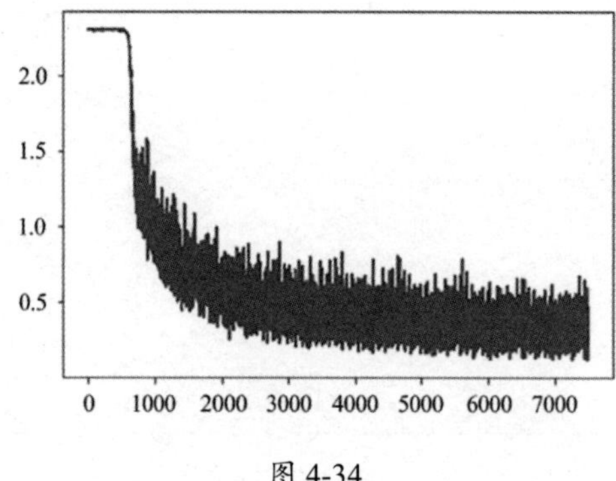

图 4-34

4.3.10　读写模型参数

如果模型的训练时间很长，可以暂停训练，将当前的模型参数保存到文件中，在下次训练时从文件中读取模型参数，继续训练。为此，可以给神经网络类 NeuralNetwork 添加模型参数的读（save_parameters()）、写（load_parameters()）功能，示例如下。

```
class NeuralNetwork:
    def __init__(self):
        self._layers = []
        self._params = []

    def add_layer(self, layer):
        self._layers.append(layer)
        if layer.params:
          # for  i in range(len(layer.params)):
           for  i, _ in enumerate(layer.params):
               self._params.append([layer.params[i],layer.grads[i]])

    def forward(self, X):
        for layer in self._layers:
            X = layer.forward(X)
        return X

    def __call__(self, X):
        return self.forward(X)

    def predict(self, X):
        p = self.forward(X)
        if p.ndim == 1:                         #单样本
            return np.argmax(ff)
        return np.argmax(p, axis=1)             #多样本

    def backward(self,loss_grad,reg = 0.):
        for i in reversed(range(len(self._layers))):
            layer = self._layers[i]
```

```
            loss_grad = layer.backward(loss_grad)
            layer.reg_grad(reg)
        return loss_grad

    def reg_loss(self,reg):
        reg_loss = 0
        for i in range(len(self._layers)):
            reg_loss+=self._layers[i].reg_loss(reg)
        return reg_loss

    def parameters(self):
        return self._params

    def zero_grad(self):
        for i,_ in enumerate(self._params):
            #self.params[i][1].fill(0.)
            self.params[i][1][:] = 0

    def get_parameters(self):
        return self._params

    def save_parameters(self,filename):
        params = {}
        for i in range(len(self._layers)):
            if self._layers[i].params:
                params[i] = self._layers[i].params
        np.save(filename, params)

    def load_parameters(self,filename):
        params = np.load(filename,allow_pickle = True)
        count = 0
        for i in range(len(self._layers)):
            if self._layers[i].params:
                layer_params = params.item().get(i)
                self._layers[i].params = layer_params
                for j in range(len(layer_params)):
                    self._params[count][0] = layer_params[j]
                    count+=1
```

执行以下代码，对模型的读写功能进行测试。

```
from NeuralNetwork import *
nn = NeuralNetwork()
nn.add_layer(Dense(3, 2,('xavier',0.01)))
nn.add_layer(Relu())
nn.add_layer(Dense(2, 4,('xavier',0.01)))
nn.add_layer(Relu())

def print_nn_parameters(params,print_grad=False):
    for p,grad in params:
```

```
        print("p",p)
        if print_grad:
            print("grad",grad)
        print()
print_nn_parameters(nn.get_parameters())
nn.save_parameters('model_params.npy')
nn.load_parameters('model_params.npy')
print_nn_parameters(nn.get_parameters())
```

```
p [[ 0.0027318   0.00063939]
 [-0.00144845  0.00138133]
 [-0.01521812  0.0023785 ]]

p [[0. 0.]]

p [[-0.00825534 -0.01301992  0.00130655  0.00532404]
 [-0.01092436 -0.00243776  0.00889602  0.00531146]]

p [[0. 0. 0. 0.]]

p [[ 0.0027318   0.00063939]
 [-0.00144845  0.00138133]
 [-0.01521812  0.0023785 ]]

p [[0. 0.]]

p [[-0.00825534 -0.01301992  0.00130655  0.00532404]
 [-0.01092436 -0.00243776  0.00889602  0.00531146]]

p [[0. 0. 0. 0.]]
```

第 5 章　改进神经网络性能的基本技巧

数据和算法是机器学习的两个要素。高质量的数据和好的算法都可以提高机器学习的性能。然而，获取高质量的数据是需要成本的。在已有数据的基础上，通过数据处理提高数据的质量和数量，以及通过各种技巧提高机器学习模型及算法的性能，是基于神经网络的深度学习实践的基本技能。

5.1　数据处理

现代人工智能实践证明：数据是机器学习的关键。神经网络的原理简单明了。为什么神经网络能从众多复杂的机器学习方法中脱颖而出？其关键就是数据——数据越多，机器学习的效果就越好。尽管高性能的硬件可以提高算法的效率，但算法效果的好坏取决于是否有足够的、多样化的训练数据。例如，通过增加数据量可以有效改善过拟合问题。除了数据的“数量”，数据的质量也很重要。通过各种手段（如采集、生成等）获得更多的数据，以及数据增强、规范化、特征工程等，是在现有条件下增加数据的“数量”和改善数据质量的常用方法。

5.1.1　数据增强

数据增强是指，基于现有数据，通过对数据进行变换、剪切等来增加数据量。例如，可以通过图像操作，如镜像、旋转、剪切、变形、滤波、改变颜色、增加噪声、覆盖等，将一幅图像变换为多幅图像，从而增加数据量。

执行以下代码，可通过 skimage 的 io 模块读取一幅图像。被读取的图像，如图 5-1 所示。

```
import numpy as np
import matplotlib.pyplot as plt
from skimage import io, transform

image = io.imread('cat.png')
print(image.shape)
plt.imshow(image)
plt.show()
```

```
(403, 544, 3)
```

图像的高和宽分别是 403 像素和 544 像素。我们知道，彩色图像是由包含红（R）、绿（G）、蓝（B）3 种颜色通道的图像组成的，即图像上的每个像素点都是由红、绿、蓝 3 种颜色的组合来表示的。

可以通过 NumPy 的数组操作，对图像进行各种变换。使用 image[:,::-1, :]，可对如图 5-1 所示的图像进行水平镜像翻转，示例如下，结果如图 5-2 所示。

```
img = image[:,::-1, :]
plt.imshow(img)
plt.show()
```

图 5-1

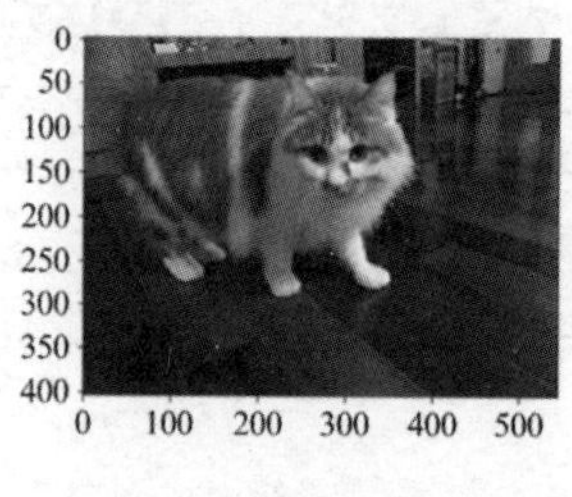

图 5-2

对如图 5-1 所示的图像进行剪切，示例如下，结果如图 5-3 所示。

```
img = image[50:300,90:400, :]
plt.imshow(img)
plt.show()
```

直接对如图 5-1 所示图像的所有像素点进行处理，示例如下，结果如图 5-4 所示。

```
def convert(image):
    image = image.astype(np.float64)
    yuvimg = np.empty(image.shape)
    if False:
        yuvimg[:,:,0] = image[:,:,0]*0.5+image[:,:,1]*0.2+ image[:,:,2]*0.3
        yuvimg[:,:,1] = image[:,:,1]*0.5
        yuvimg[:,:,2] = image[:,:,1]*0.1+ image[:,:,2]*0.7
    else:
        for y in range(image.shape[0]):
            for x in range(image.shape[1]):
                rgb = image[y, x]
                yuvimg[y, x][0] = rgb[0]*0.5+rgb[1]*0.2+rgb[2]*0.3
                yuvimg[y, x][1] = rgb[1]*0.5
                yuvimg[y, x][2] = rgb[1]*0.1+rgb[2]*0.7

    return yuvimg.astype(np.uint8)
img = convert(image)
plt.imshow(img)
plt.show()
```

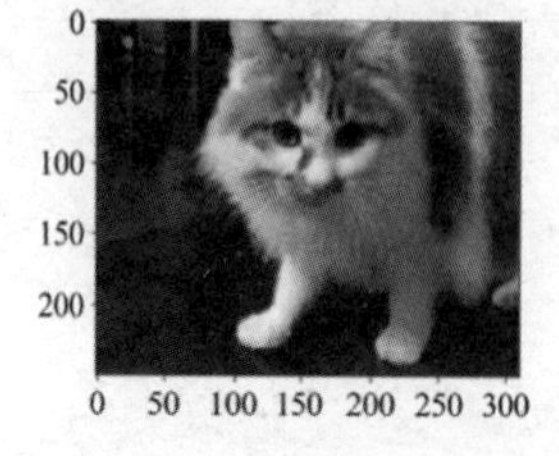

图 5-3

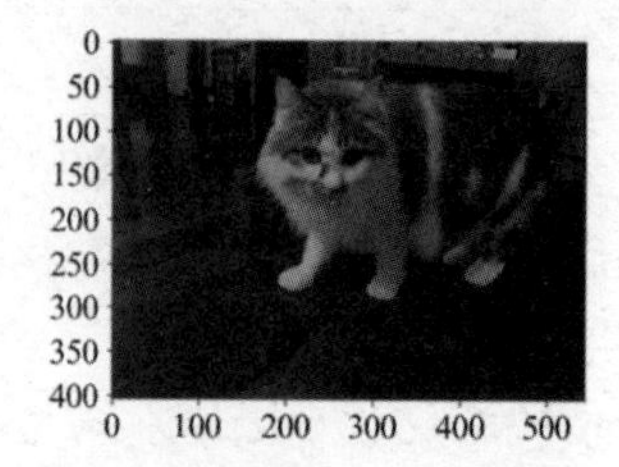

图 5-4

利用 NumPy 的 invet() 函数，对如图 5-1 所示图像的颜色进行转换，示例如下，结果如图 5-5 所示。

```
img = np.invert(image)
plt.imshow(img)
plt.show()
```

skimage 的不同模块，如 util、transform 等，提供了能够对图像进行变换的函数。使用 util 的 random_noise() 函数，给如图 5-1 所示的图像添加噪声，示例如下，结果如图 5-6 所示。

```
from skimage import util
img = util.random_noise(image)
plt.imshow(img)
plt.show()
```

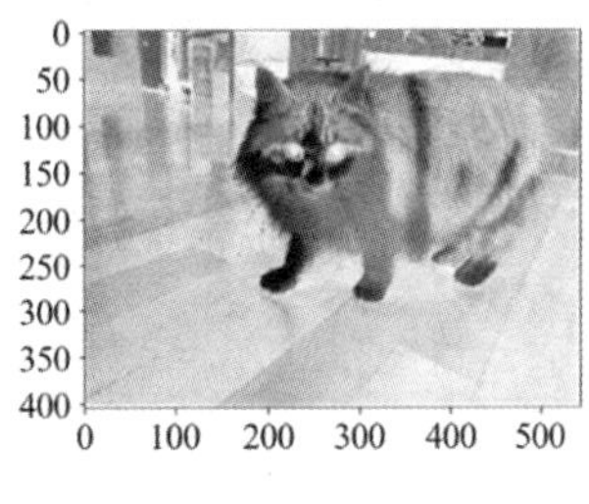

图 5-5

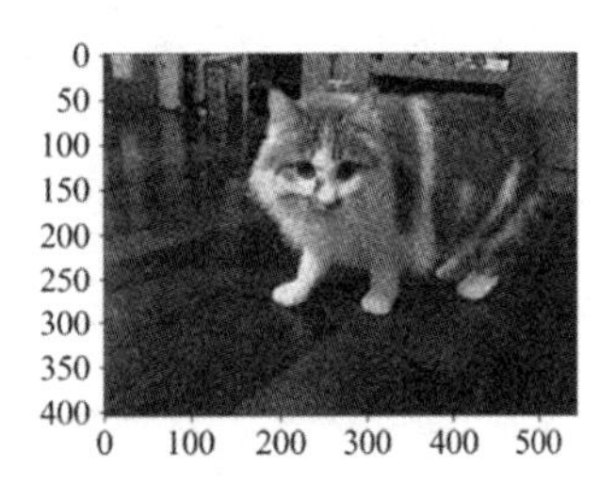

图 5-6

使用 transform 的 rotate() 函数，对如图 5-1 所示的图像进行旋转，示例如下，结果如图 5-7 所示。

```
from skimage import transform
img = transform.rotate(image, 30)
plt.imshow(img)
plt.show()
```

改变如图 5-1 所示图像的对比度，示例如下，结果如图 5-8 所示。

```
from skimage import  exposure
v_min, v_max = np.percentile(image, (18, 89.8))
img = exposure.rescale_intensity(image, in_range=(v_min, v_max))
plt.imshow(img)
plt.show()
```

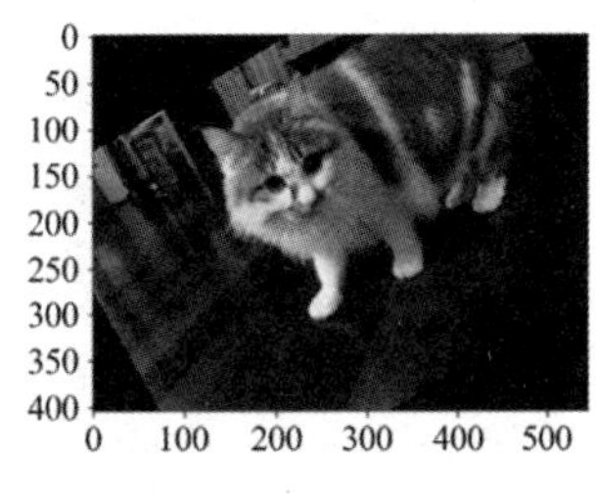

图 5-7

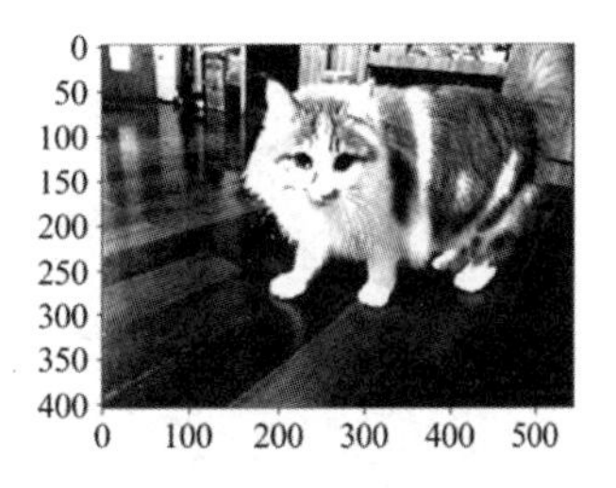

图 5-8

改变如图 5-1 所示图像的曝光度，示例如下，结果如图 5-9 所示。

```
# gamma and gain parameters are between 0 and 1
img = exposure.adjust_gamma(image, gamma=0.4, gain=0.9)
plt.imshow(img)
plt.show()
```

对如图 5-1 所示的图像进行对数变换，示例如下，结果如图 5-10 所示。

```
img = exposure.adjust_log(image)
plt.imshow(img)
plt.show()
```

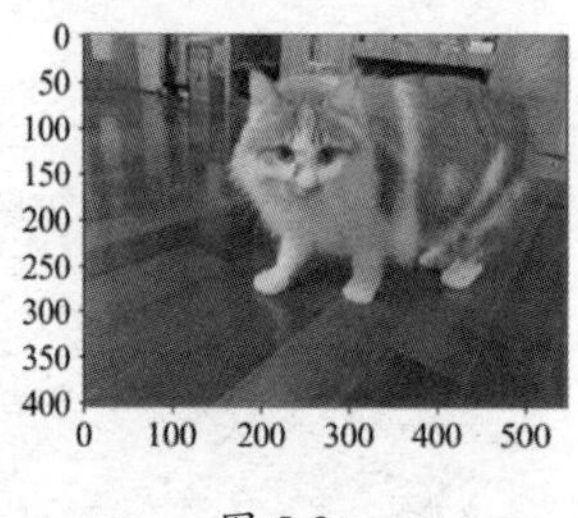

图 5-9

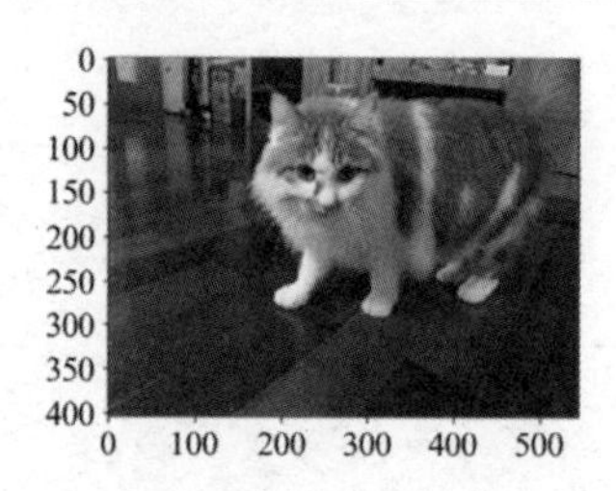

图 5-10

将如图 5-1 所示的多通道彩色图像转换为单通道的灰度图像（黑白图像），示例如下，结果如图 5-11 所示。

```
from skimage import  color
img = color.rgb2gray(image)
print(img.shape)
plt.imshow(img,cmap='gray')
plt.show()
```

```
(403, 544)
```

还可以使用其他 Python 包对图像等数据进行处理。例如，使用 scipy 的图像处理包 ndimage 对如图 5-1 所示的图像进行处理，使图像变得模糊，示例如下，结果如图 5-12 所示。

```
from scipy import ndimage
img = ndimage.uniform_filter(image, size=(11, 11, 1))
plt.imshow(img)
plt.show()
```

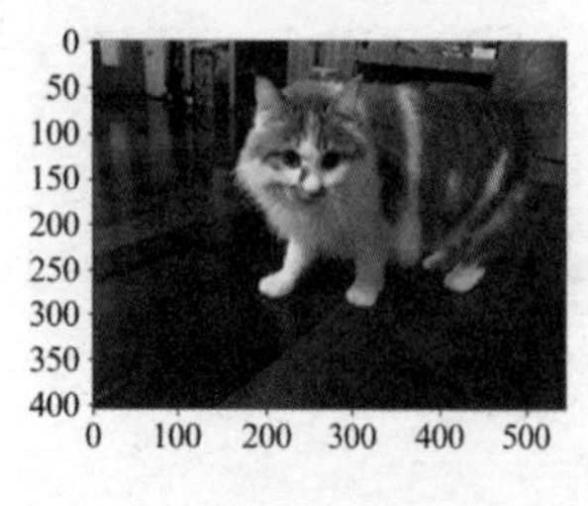

图 5-11

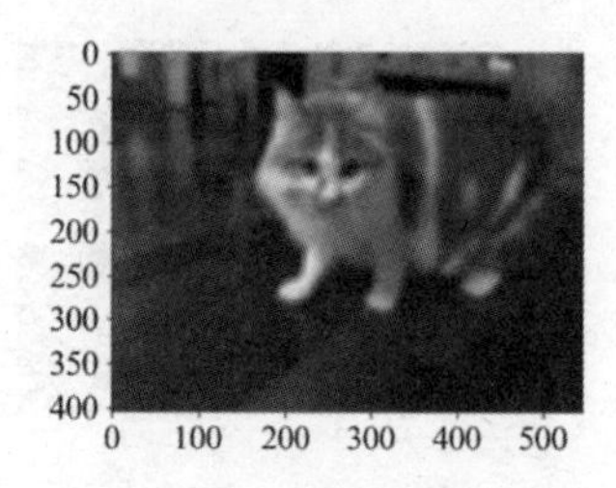

图 5-12

除了图像，对于其他数据，如文本、语音等，也可以进行数据增强。使用各种公开的数据处理包，可以提高数据处理效率。虽然增强的数据和原始数据具有相关性，但节省了获取全新数据的成本。通过数据增强，可以使数据量增加，这有助于减少过拟合。

5.1.2　规范化

绝对值过大的数据会使神经网络的数值计算溢出，导致梯度下降法的运算变得很慢。不同尺度的特征对算法的影响程度不同，从而造成“特征偏见”。这些因素都会使算法难以收敛。因此，在训练神经网络前，应对规范化程度不足的数据进行规范化。

通常需要对每个特征单独进行规范化，即针对每个特征 x_i，计算训练集中该特征的均值 x_i_mean 和标准差 x_i_std，然后用均值和标准差将所有样本的这个特征转换到一个在 0 附近的、数值较小的范围里，如 [0,1]、[−0.5,0.5]、[−1,1]。一般用下式进行规范化。

$$\frac{x_i - x_i\_\text{mean}}{x_i\_\text{std}}$$

执行以下 Python 代码，即可实现以上规范化过程。

```
X -= np.mean(X, axis = 0)
X/=np.std(X,, axis = 0)
```

如果所有特征的值都在一个相差不大的范围内，那么，也可以对所有特征统一进行规范化，即用训练集中所有数据的所有特征统一计算均值和标准差，然后用这组均值和标准差对所有的数据特征进行规范化。例如，图像用 1 字节正整数表示像素的颜色值，因为颜色值都在 [0,255] 区间内，所以，可直接除以 255 将颜色值转换到 [0,1] 区间内，而不需要专门计算均值和方差。

需要注意的是：对验证集和测试集中的样本，不能单独进行规范化；否则，这些集合中的样本和训练集中的样本使用的将是不同的规范化标准（使用正在训练的模型对这些样本进行预测，是没有任何价值的）。也就是说，在对验证集和训练集中的样本进行预测时，应使用与训练集相同的规范化参数（均值和标准差）对验证样本和测试样本进行规范化。

5.1.3　特征工程

对于一个原始数据样本，我们可能认为其中的某些特征和机器学习无关，且特征之间往往不是相互独立的（而是存在相关性的）。这些相互关联的原始数据特征，在进行机器学习时会相互牵制，使模型难以收敛。

特征工程是指从原始数据中发现和提取有助于机器学习的好的特征。特征工程是传统机器学习的一个关键问题，不同的领域往往有特定的人工特征设计方法。特征工程通常包括数据预处理（如数据的规范化）、数据降维、特征选择、人工特征设计、特征学习等具体技术。

1. 数据降维与主元分析法

数据降维是指将高维的数据转换为低维的形式。一个样本的原始特征数目可能比较多，如果能用较少的特征来表示这个样本，就可以提高机器学习算法的效率。例如，对数据进行压缩，压缩后的数据保留了原始数据的内在信息，且计算机对压缩后的数据的处理（如数据传输）效率比对原始数据的处理效率高。

主元分析（Principal Component Analysis，PCA）法是机器学习的经典数据降维技术。PCA 法将数据表示成主元的线性组合，以消除数据特征的关联性，并用少量的主元组合表示原始数据，从而起到降低数据维度（特征数目）的作用。例如，一幅 256 像素 × 256 像素的人脸彩色图像，需要用 $256 \times 256 \times 3 = 196608$ 个数值来表示，也就是说，其维度是 196608。通过 PCA 法，可将一幅人脸图像表示成 23 个主元的线性组合，以保留原始图像 97% 的信息。这样，一幅人脸图像只需要用 23 个数值就能表示了。

在以下代码中，二维平面上的所有数据点都是用两个坐标值表示的，在直线 $y = 2x + 1$ 附近随机采样，结果如图 5-13 所示。

```
import numpy as np
import matplotlib.pyplot as plt
%matplotlib inline
#生成直线 y=2x+1 附近的随机样本点
np.random.seed(1)

pts = 25
x = np.random.randn(pts,1)                          #随机采样一些 x 的坐标
y = x+2
y  = y+ np.random.randn(pts,1)*0.2                  #给 y 添加一个随机噪声


plt.plot(x,y,'o')
plt.xlabel('$x$')
plt.ylabel('$y$')
plt.axis('equal')
plt.show()
```

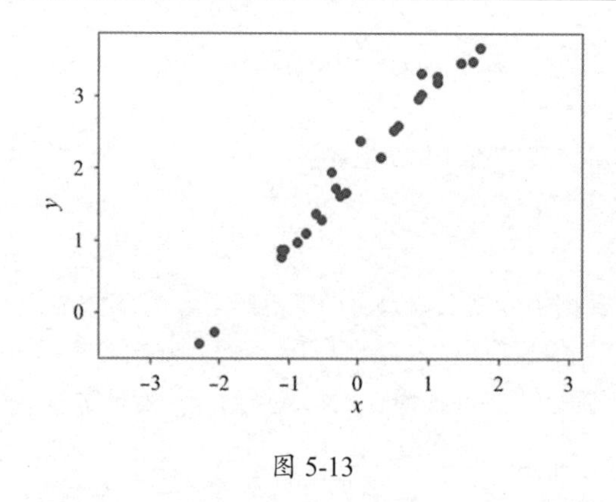

图 5-13

将每个点的坐标作为矩阵的一行，这样，所有的点的坐标就可以放在一个矩阵中。显示前 3

个坐标点，代码如下。

```
X = np.stack((x.flatten(), y.flatten()), axis=-1)
print(X.shape)
print(X[:3])
```

```
(25, 2)
[[ 1.62434536  3.48759979]
 [-0.61175641  1.36366554]
 [-0.52817175  1.28467436]]
```

可以看出，使用 PCA 法进行降维后，每个坐标点只需要用 1 个数值来表示，而不是 2 个。

PCA 法的第一步，是对各维（轴）的分量进行中心化操作，即用每个维度的分量减去该维度所有分量的均值。相关代码如下。

```
X -= np.mean(X, axis = 0)
print(X[:3])
plt.plot(X[:,0],X[:,1],'o')
plt.axis('equal')
plt.show()
```

```
[[ 1.63707525  1.50798964]
 [-0.59902653 -0.61594461]
 [-0.51544186 -0.69493579]]
```

数据的中心化，使所有特征都以 0 为中心点，如图 5-14 所示。

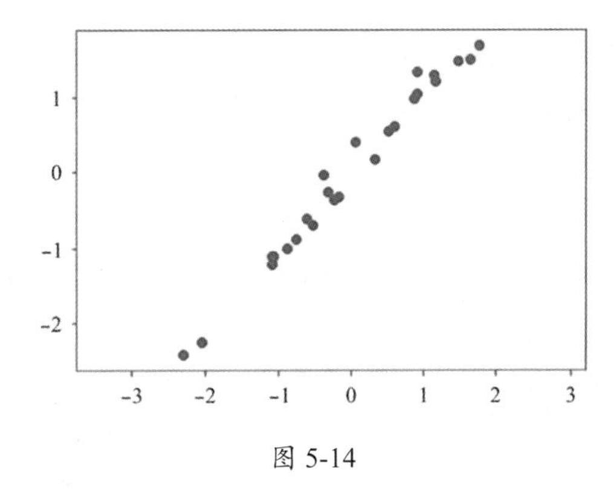

图 5-14

有一个由三维坐标点集构成的矩阵 $\boldsymbol{A}$，其每一行表示一个坐标点的 3 个坐标，公式如下。

$$\boldsymbol{A}=\begin{pmatrix}1 & 3 & 2\\ -4 & 2 & 6\\ 2 & 6 & 4\\ -3 & 0 & 1\end{pmatrix}$$

矩阵 $\boldsymbol{A}$ 中有 4 个样本，每个样本有 3 个特征（x、y、z 的坐标）。这些样本的特征是否具有相关性？矩阵 $\boldsymbol{A}$ 的关联矩阵（协变矩阵，Covariance Matrix）$\boldsymbol{A}^{\mathrm{T}}\boldsymbol{A}$ 可用于表示同一数据集的不同特征之间的相关性，公式如下。

$$A^{\mathrm{T}}A=\begin{pmatrix}1 & -4 & 2 & -3\\ 3 & 2 & 6 & 0\\ 2 & 6 & 4 & 1\end{pmatrix}\begin{pmatrix}1 & 3 & 2\\ -4 & 2 & 6\\ 2 & 6 & 4\\ -3 & 0 & 1\end{pmatrix}=\begin{pmatrix}30 & 7 & -17\\ 7 & 49 & 42\\ -17 & 42 & 57\end{pmatrix}$$

相关计算代码如下。

```
A = np.array([[1,3,2],[-4,2,6],[2,6,4],[-3,0,1]])
print(A)
print("A^TA:\n",np.dot(A.transpose(),A))
```

```
[[ 1  3  2]
 [-4  2  6]
 [ 2  6  4]
 [-3  0  1]]
A^TA:
 [[ 30   7 -17]
 [  7  49  42]
 [-17  42  57]]
```

通过协变矩阵中的元素值可知，x 和 y 的相关性的值为 7，y 和 z 的相关性的值为 42，说明 y 和 z 的相关性比较强，x 和 y 的相关性比较弱。

通常，可以通过对协变矩阵除以样本个数的方法来减少样本数目对矩阵中的值的影响。对于以上矩阵，其协变矩阵的计算代码如下。

```
cov = np.dot(X.T, X) / X.shape[0]            #协变矩阵
```

执行以下代码，对协方差矩阵进行 SVD 分解，可得到主元（特征向量）U 和奇异值（方差）S。奇异值相当于方差，用于表示特征的发散程度。S[0] 和 S[1] 表示数据在主元方向上的比重。

```
U,S,V = np.linalg.svd(cov)
print(U)
print(S)
print(S[0]/(S[0]+S[1]))
```

```
[[-0.68302064 -0.73039907]
 [-0.73039907  0.68302064]]
[2.46815362 0.01168714]
0.995287139793862
```

U 的每一列表示一个主元，示例如下。

```
plt.plot(X[:,0],X[:,1],'o')
plt.plot([0,U[0,0]], [0,U[1,0]])
plt.plot([0,U[0,1]], [0,U[1,1]])
plt.axis('equal')
plt.show()
```

主元用于表示数据的主要变化方向（主轴方向），如图 5-15 所示。

在本例中，数据在第 1 个主元上的变化占比较大。将数据投影到用主元 U 定义的坐标轴上，即可将数据表示为主元的分量。相关代码如下。

```
Xrot = np.dot(X, U)
print(Xrot[:5])
```

```
[[-2.21959042 -0.16573019]
 [ 0.85903285  0.01682553]
 [ 0.85963789 -0.09817723]
 [ 1.53210054  0.01886974]
 [-1.32424593  0.03607588]]
```

执行以下代码，可在主元轴上显示由这些主元分量构成的坐标点。

```
plt.plot(Xrot[:,0],Xrot[:,1],'o')
plt.axis('equal')
plt.show()
```

将数据旋转到主元轴和坐标轴对齐的位置，如图 5-16 所示。

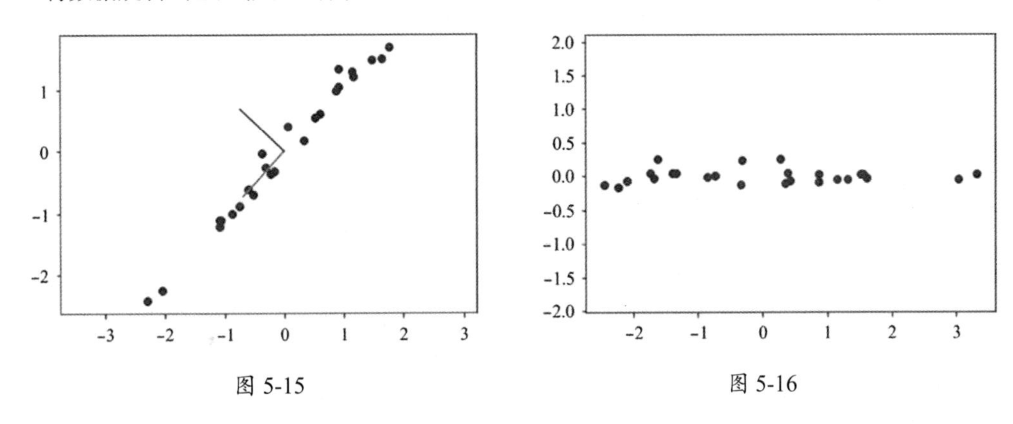

图 5-15　　　　图 5-16

将数据转换为主元的分量，可以消除新的特征之间的相关性，示例如下。

```
print(np.dot(Xrot.transpose(),Xrot))
```

```
[[6.17038405e+01 9.38138456e-15]
 [9.38138456e-15 2.92178571e-01]]
```

如果用第 1 个主元的坐标表示这些样本，则数据损失为 $(1-0.995287139793862)\times100\%=0.472\%$——几乎可以忽略。这种将数据样本表示为少数主元的线性组合的方法，称为**数据降维**，如图 5-17 所示。

对于本例，可将样本数据的维度从 2 减少为 1，达到减少样本特征数目的目的，代码如下。

```
Xrot_reduced = np.dot(X, U[:,:1])
print(Xrot_reduced[:3])
plt.plot(Xrot_reduced[:],[0]*pts,'o')
plt.axis('equal')
plt.show()
```

```
[[-2.21959042]
 [ 0.85903285]
 [ 0.85963789]]
```

执行以下代码，将投影和降维后的数据反投影到原始数据的主轴上。如图 5-18 所示，原始数据的主要特性被保留下来了。

```
X_temp = np.c_[Xrot_reduced, np.zeros(pts) ]
reProjX = np.dot(X_temp, U.transpose())
plt.plot(reProjX[:,0],reProjX[:,1],'o')
plt.axis('equal')
plt.show()
```

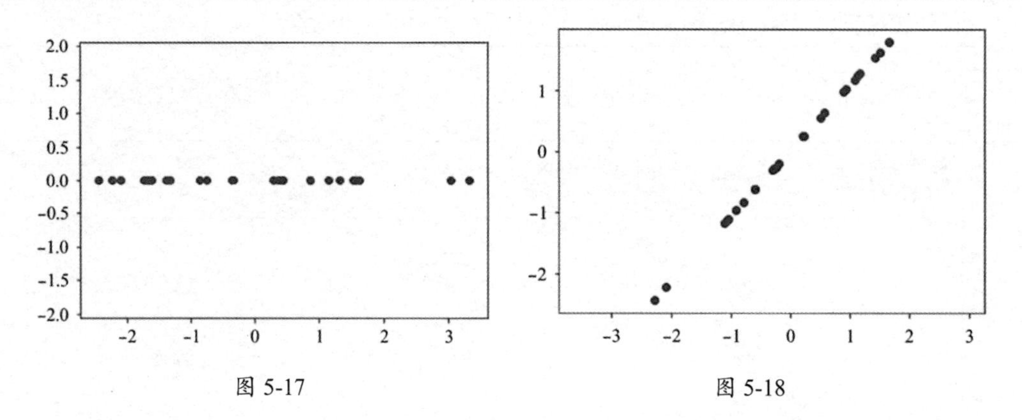

图 5-17　　　　图 5-18

2. 白化

因为一个数据样本可能有多个特征，而这些特征的方差可能相差很大，也就是说，不同特征的发散程度不同，所以，不同的特征对机器学习算法的影响不同。特征之间往往具有相关性。具有相关性的不同特征会相互牵制——就像一个人同时被几只手拉向不同的方向。

白化（Whitening）是指降低样本特征的相关性，并使这些特征具有相同的方差。将特征除以其标准差，可以使特征的方差相同。PCA 投影可以消除不同特征之间的相关性。白化操作通常会结合使用这两种技术，先进行 PCA 特征投影，以消除不同特征之间的相关性，再对每个特征除以其特征方差。结合了 PCA 法的白化操作，称为 PCA 白化（PCA Whitening）。

和规范化操作一样，白化操作也可以提高机器学习算法的性能。

在本节的“数据降维与主元分析法”部分，我们已经对原始数据进行了投影，得到了投影后的 Xrot，即 Xrot 的特征是相互独立的。在此基础上，执行以下代码，可对特征除以标准差，完成白化操作（原始数据只有 2 维，为了展示白化操作的效果，没有对数据进行降维）。

```
Xwhite = Xrot / np.sqrt(S + 1e-5)             #白化操作
plt.plot(Xwhite[:,0],Xwhite[:,1],'o')
plt.axis('equal')
plt.show()
```

白化操作的结果，如图 5-19 所示。

经过白化操作，两个主轴的分量已经具有相同的方差了。增加数据点，进一步观察白化操作的效果，代码如下，结果如图 5-20 所示。

```
pts = 1000
x = np.random.randn(pts,1)                          #随机采样一些 x 的坐标
y = x+2+ np.random.randn(pts,1)*0.2
X = np.stack((x.flatten(), y.flatten()), axis=-1)

fig = plt.gcf()
fig.set_size_inches(12, 4, forward=True)
plt.subplot(1,2,1)
plt.plot(X[:,0],X[:,1],'o')
plt.axis('equal')
X -= np.mean(X, axis = 0)
cov = np.dot(X.T, X) / X.shape[0]
U,S,V = np.linalg.svd(cov)
Xrot = np.dot(X, U)
Xwhite = Xrot / np.sqrt(S + 1e-5)
reProjX = np.dot(Xwhite, U.transpose())
plt.subplot(1,2,2)
plt.plot(reProjX[:,0],reProjX[:,1],'o')
plt.axis('equal')
plt.show()
```

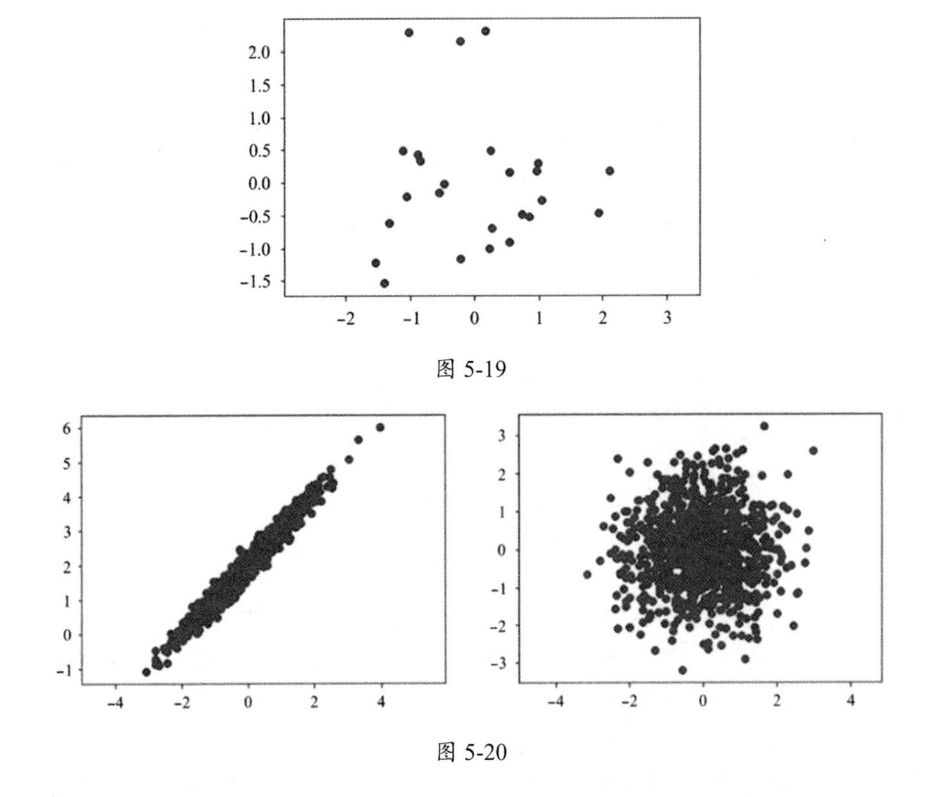

图 5-19

图 5-20

白化操作可以使样本的所有特征具有相同的方差，使模型不会因方差的不同而“偏向”某个特征，提高了机器学习算法的性能。

5.2 参数调试

5.2.1 权重初始化

对于回归问题，模型的权重通常被初始化为 0。对于神经网络，如果权重参数都被初始化为 0，就会导致一个层中的所有神经元学习的是同样的参数，即一个层中的所有神经元都使用同样的函数，使神经网络退化成每层只有一个神经元的线性序列，如图 5-21 所示。

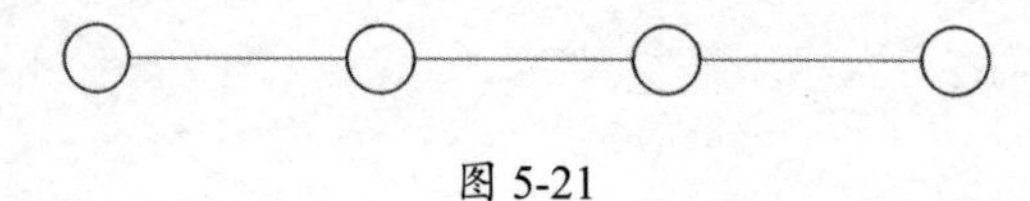

图 5-21

以如图 5-22 的 2 层神经网络为例，初始权值都是 0，隐含层和输出层的所有神经元的权重都是 0。假设同一层的神经元的激活函数都是相同的，公式如下。

$$\boldsymbol{a}^{[2]} = g(\boldsymbol{a}^{[1]}\boldsymbol{W}^{[2]} + \boldsymbol{b}^{[2]})$$

反向求导，可得

$$\frac{\partial L}{\partial \boldsymbol{a}^{[1]}} = \frac{\partial L}{\partial \boldsymbol{z}^{[2]}}\boldsymbol{W}^{[2]^{\mathrm{T}}} = \frac{\partial L}{\partial \boldsymbol{a}^{[2]}}g'(\boldsymbol{z}^{[2]})\boldsymbol{W}^{[2]^{\mathrm{T}}}$$

$$\frac{\partial L}{\partial \boldsymbol{W}^{[2]}} = \boldsymbol{A}^{[1]^{\mathrm{T}}}\frac{\partial L}{\partial \boldsymbol{z}^{[2]}} = \boldsymbol{A}^{[1]^{\mathrm{T}}}\frac{\partial L}{\partial \boldsymbol{a}^{[2]}}g'(\boldsymbol{z}^{[2]})$$

因此，对于隐含层的所有神经元，其 $\frac{\partial L}{\partial a_i^{[1]}}$ 都是相同的。类似地，$\frac{\partial L}{\partial W_i^{[w]}}$ 也都是相同的。依此类推，每一层都是如此。

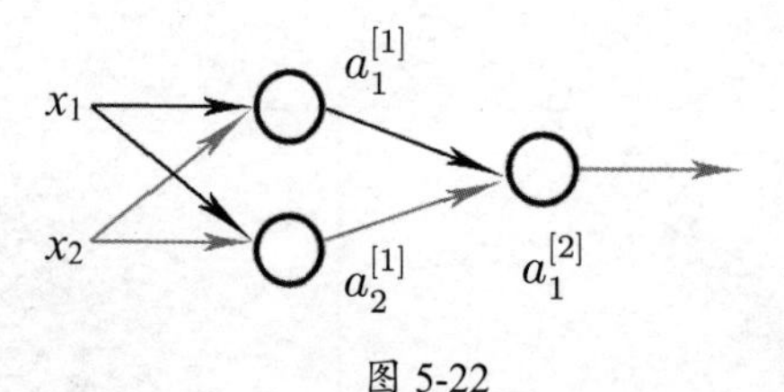

图 5-22

因为同一层的所有神经元的模型参数的梯度是相同的，所以，在用 $\boldsymbol{W} = \boldsymbol{W} - lr \times \mathrm{d}\boldsymbol{W}$ 更新模型参数时，所有的参数也是完全相同的。再次迭代时，同一层的所有神经元的输出是相同的，这将使反向求导的梯度相同。不管迭代多少次，同一层的所有神经元的权重参数都是相同的，表示同一个函数，即它们是对称的（Symmetry）。

显然，这样的神经网络，表示能力受到了很大的限制（每层包含多个神经元就失去了意义）。神经网络应该打破这种对称性，使所有神经元都能从输入中提取不同的特征，解决方法就是对权重进行随机初始化。通过前面的反向求导公式可以看出，偏置 $\boldsymbol{b}$ 对模型参数和输入的梯度的计算没有影响。因此，通常只需要对权重参数进行随机初始化，将偏置设置为 0 就可以了。可以用以下代码来初始化上述简单神经网络的模型参数。

```
W1 = np.random.randn(2,2)*0.01
b1 = np.zeros((1,2))
W2 = np.random.randn(2,1)*0.01
b2 = np.zeros((1,1))
```

将权重参数乘以一个比较小的值（相当于对数据进行规范化预处理），可以使神经元的加权和不至于过大。如果神经元的加权和过大，那么激活函数将处于饱和状态，即该点处的导数（梯度）接近 0。如果神经元的加权和过小，那么激活函数的梯度将使反向求导过程中模型参数的梯度变得很小，导致模型参数更新缓慢——这就是**梯度消失**。根据反向求导的原理，过大的值会使梯度变得很大——这就是**梯度爆炸**。

权重参数的初始值是否越小越好？不是。因为神经元的输入的梯度与权重成正比，而过小的权重参数会使关于输入的梯度过小，所以，在反向求导过程中会出现梯度消失问题。如果权重参数的初始值过小（如接近 0），也会在一定程度上造成神经元的对称问题。因此，一般使用均值为 0、标准差为 0.01 的高斯分布对权重参数进行初始化。

以上初始化权重的神经元的输出的方差，会随输入值数目的变化而变化。神经元的输出的方差，不应依赖输入值数目的常数值，否则，随着层数的增加，方差会越来越大。为此，可将权重参数除以输入值数目的平方根，使神经元输出的方差能被归一化为 1。也就是说，可以执行“w= np.random.randn(n) / sqrt(n)”命令对权重参数进行初始化（n 是该神经元的输入值的数目）。

假设 $\boldsymbol{x}=(x_1,\cdots,x_i,\cdots,x_n)$ 是输入的一个样本，n 是其特征值的数目，$\boldsymbol{z}$ 是神经元的输出值。$\boldsymbol{z}$ 的方差和 $\boldsymbol{x}$ 的方差之间的关系如下。

$$\begin{aligned}\mathrm{Var}(\boldsymbol{z}) &= \mathrm{Var}\left(\sum_i^n w_i x_i\right)\\ &= \sum_i^n \mathrm{Var}\left(w_i x_i\right)\\ &= \sum_i^n [E(w_i)]^2\,\mathrm{Var}(x_i)+E[(x_i)]^2\mathrm{Var}(w_i)+\mathrm{Var}(x_i)\mathrm{Var}(w_i)\end{aligned}$$

上式的最后一行应用了方差的性质，即如果两个随机变量 X、Y 是独立的，那么

$$\mathrm{Var}(XY)=[E(X)]^2\mathrm{Var}(Y)+[E(Y)]^2\mathrm{Var}(X)+\mathrm{Var}(X)\mathrm{Var}(Y)$$

假设输入和权重的均值都为 0，即 $E[x_i]=E[w_i]=0$，则有

$$\begin{aligned}\mathrm{Var}(\boldsymbol{z}) &= \sum_i^n \mathrm{Var}\left(x_i\right)\mathrm{Var}(w_i)\\ &= (n\mathrm{Var}(\boldsymbol{w}))\mathrm{Var}(\boldsymbol{x})\end{aligned}$$

输出值的方差 $\mathrm{Var}(\boldsymbol{z})$ 不仅和输入值的方差 $\mathrm{Var}(\boldsymbol{x})$、权重的方差 $\mathrm{Var}(\boldsymbol{w})$ 成正比，还和输入值 x_i

的数目 n 成正比。

如果输出值的方差和输入值的方差相同，即 $\text{Var}(\boldsymbol{z})=\text{Var}(\boldsymbol{x})$，那么输入 $\boldsymbol{x}$ 经过神经元后，输出的方差不会变大或变小，神经元的输入和输出将保持稳定。

为了使 $\text{Var}(\boldsymbol{z})=\text{Var}(\boldsymbol{x})$，$\text{Var}(\boldsymbol{w})$ 应为 $\frac{1}{n}$。根据 $\text{Var}(aX)=a^2\text{Var}(X)$，如果 $\boldsymbol{w}$ 采样自标准正态分布，那么 $\text{Var}(\boldsymbol{w})=1$。将 $\boldsymbol{w}$ 乘以一个常数 $a=\frac{1}{\sqrt{n}}$，有 $\text{Var}(a\boldsymbol{w})=a^2\text{Var}(\boldsymbol{w})=1$。因此，可以执行以下代码，对权重进行初始化。

```
w = np.random.randn(n) * sqrt(1.0/n)
```

一些学者提出了其他的参数初始化方式。例如，Glorot 提出，将标准正态分布的权重 w 都乘以 $\sqrt{\frac{2}{n_{\text{in}}+n_{\text{out}}}}$，使 $\text{Var}(w)=\frac{2}{n_{\text{in}}+n_{\text{out}}}$，其中 n_{in} 和 n_{out} 分别是网络层的输入和输出向量的大小，其目的是使反向求导过程中梯度的方差不变。当然，这两项结合起来会相互影响，使正向求导和反向求导的方差都发生变化。

还可以通过均匀分布 $w\sim U\left[-\frac{\sqrt{6}}{\sqrt{n_{\text{in}}+n_{\text{out}}}},\frac{\sqrt{6}}{\sqrt{n_{\text{in}}+n_{out}}}\right]$ 来计算权重，如 Xavier 初始化，其代码实现如下。

```
import numpy as np
import math
def calculate_fan_in_and_fan_out(tensor):
    if len(tensor.shape) < 2:
        raise ValueError("tensor with fewer than 2 dimensions")
    if len(tensor.shape) ==2:
        fan_in,fan_out = tensor.shape
    else: #F,C,kH,kW
        num_input_fmaps = tensor.shape[1]  #size(1)  F,C,H,W
        num_output_fmaps = tensor.shape[0]  #size(0)
        receptive_field_size = tensor[0][0].size
        fan_in = num_input_fmaps * receptive_field_size
        fan_out = num_output_fmaps * receptive_field_size
    return fan_in, fan_out

def xavier_uniform(tensor, gain=1.):
    fan_in, fan_out = calculate_fan_in_and_fan_out(tensor)
    std = gain * math.sqrt(2.0 / float(fan_in + fan_out))
    bound = math.sqrt(3.0) * std
    tensor[:] = np.random.uniform(-bound,bound,(tensor.shape))

def xavier_normal(tensor, gain=1.):
    fan_in, fan_out = calculate_fan_in_and_fan_out(tensor)
    std = gain * math.sqrt(2.0 / float(fan_in + fan_out))
    tensor[:] = np.random.normal(0,std,(tensor.shape))
```

在以上代码中：calculate_fan_in_and_fan_out() 函数用于计算网络层（神经元）的输入特征和输出特征的数目；gain 是可选的权重缩放系数，默认值为 1。

对于采用 ReLU 函数作为激活函数的神经元，目前使用比较多的是何凯明提出的权重初始化方法（也称为“kaiming 方法”或“he 方法”），即将标准正态分布采样的权重都乘以 $\sqrt{\frac{2}{n}}$，代码实现如下。

```
w = np.random.randn(n) * sqrt(2.0/n)
```

建议将采用 ReLU 激活函数的网络层的偏置设置为一个非 0 常数，如 0.01，以便在训练开始时就使激活函数对梯度产生影响。不过，将偏置设置为非 0 值是否能改进算法的性能，目前尚无定论。

何凯明提出的权重初始化方法的实现代码，具体如下。

```
def calculate_gain(nonlinearity, param=None):
    linear_fns = ['linear', 'conv1d', 'conv2d', 'conv3d', 'conv_transpose1d', \
                'conv_transpose2d', 'conv_transpose3d']
    if nonlinearity in linear_fns or nonlinearity == 'sigmoid':
        return 1
    elif nonlinearity == 'tanh':
        return 5.0 / 3
    elif nonlinearity == 'relu':
        return math.sqrt(2.0)
    elif nonlinearity == 'leaky_relu':
        if param is None:
            negative_slope = 0.01
        elif not isinstance(param, bool) and isinstance(param, int) or \
                    isinstance(param, float):
            negative_slope = param
        else:
            raise ValueError("negative_slope {} not a valid number".format(param))
        return math.sqrt(2.0 / (1 + negative_slope ** 2))
    else:
        raise ValueError("Unsupported nonlinearity {}".format(nonlinearity))

def kaiming_uniform(tensor,a=0,mode = 'fan_in', nonlinearity='leaky_relu'):
    fan_in,fan_out = calculate_fan_in_and_fan_out(tensor)
    if mode=='fan_in':      fan = fan_in
    else: fan = fan_out

    gain = calculate_gain(nonlinearity, a)
    std = gain / math.sqrt(fan)
    bound = math.sqrt(3.0) * std
    tensor[:] = np.random.uniform(-bound,bound,(tensor.shape))

def kaiming_normal(tensor,a=0,mode = 'fan_in', nonlinearity='leaky_relu'):
    fan_in,fan_out = calculate_fan_in_and_fan_out(tensor)
    if mode=='fan_in':     fan = fan_in
    else: fan = fan_out

    gain = calculate_gain(nonlinearity, a)
```

```
    std = gain / math.sqrt(fan)
    bound = math.sqrt(3.0) * std  # Calculate uniform bounds from standard deviation
    tensor[:] = np.random.normal(0,std,(tensor.shape))
```

在以上代码中，calculate_gain() 函数用于使用某个系数。对于 ReLU 函数，系数是 $\sqrt{2}$；对于 tanh 函数，系数为 $\frac{5.0}{3}$。kaiming_uniform() 和 kaiming_normal() 分别代表采用均值和高斯随机值的 kaiming 方法。

在以下代码中，kaiming() 函数根据参数来选择 kaiming_uniform() 或 kaiming_normal() 方法。

```
def kaiming(tensor,method_params=None):
    method_type,a,mode,nonlinearity='uniform',0,'fan_in','leaky_relu'
    if method_params:
        method_type = method_params.get('type', "uniform")
        a =  method_params.get('a', 0)
        mode = method_params.get('mode','fan_in' )
        nonlinearity = method_params.get('nonlinearity', 'leaky_relu')
    if method_params=="uniform":
        kaiming_uniform(tensor,a,mode,nonlinearity)
    else:
        kaiming_normal(tensor,a,mode,nonlinearity)
```

执行以下代码，对上述参数初始化方法进行测试。

```
w = np.empty((2, 3))
print(w)

xavier_uniform(w)
print("xavier_uniform:",w)
xavier_normal(w)
print("xavier_normal:",w)

kaiming_uniform(w)
print("kaiming_uniform:",w)
kaiming_normal(w)
print("kaiming_normal:",w)
```

```
[[17.2 17.2 17.2]
 [17.2 17.2 24.2]]
xavier_uniform: [[ 0.026289   -1.09114298 -0.48792212]
 [-0.3313437  -0.47333989 -0.90713322]]
xavier_normal: [[ 0.93298795  0.07044394 -0.00270454]
 [ 0.44167298 -1.01942638  0.45699115]]
kaiming_uniform: [[-1.21534711 -1.27523387  0.80492134]
 [ 0.81222595 -1.11076413 -0.29943563]]
kaiming_normal: [[-0.98492851  0.24745387  0.53676485]
 [ 1.27654978  1.52143405  0.87124828]]
```

此外，可以给 NeuralNetwork 类添加一个能初始化其所有层的参数的辅助函数 apply(self,init_params_fn)，从而对神经网络的多个层统一进行某种初始化操作。例如，对所有层使用 kaiming_ normal() 方法进行参数的初始化，代码如下。

```
def apply(self,init_params_fn):
        for layer in self._layers:
            init_params_fn(layer)
```

5.2.2　优化参数

梯度下降法最主要的参数就是学习率（常用 α 或 η 表示）。在神经网络结构确定的前提下，过大和过小的学习率就是影响算法是否能够收敛的最重要的因素。可以尝试使用不同数量级的参数（如 0.1、0.01、0.0001 等），并借助可视化的损失曲线或学习曲线来选择合适的学习率。

除了学习率，还可以尝试使用不同的参数优化策略。在动量法、RMSprop、Adam 等著名的参数优化方法中，可能有一些类似于学习率的超参数。可以采用与以上选择合适的学习率类似的方法来选择合适的超参数。

对于批梯度下降法，可以考虑采用不同大小的批，选择时间效率和模型质量都比较合适的批大小进行模型训练。此外，一些特殊的技术（如 5.4.2 节将要讨论的 Dropout），可能也会使用一些需要我们调整的超参数。

优化参数（包括网络结构参数）的方法，需要长期实践、探索、体会。我们可以借鉴他人的神经网络参数优化经验和技巧，以避免盲目摸索。

5.3　批规范化

数据的规范化，可以将数据的不同特征规范到均值为 0、方差相同的标准正态分布，避免了大数值造成的数据溢出，以及不同尺度的特征造成的“特征偏见”，从而使算法以更高的学习率更快地收敛。尽管如此，经过神经网络的变换，特别是随着神经网络层数的增加，数据的分布会逐渐偏离标准正态分布。由于梯度的反向计算是一个梯度在不同的层不断相乘的过程，所以，数值过大或过小容易造成梯度爆炸或梯度消失，使训练变得越来越难。

5.3.1　什么是批规范化

为了解决以上列举的问题，有人提出了对网络层的中间输出进行规范化的方法，也就是**批规范化**（Batch Normalization，BN）。对某个网络层的批规范化操作，通常先对加权和进行规范化，再由激活函数 ϕ 产生激活值。也就是说，批规范化操作是在加权和运算与激活函数运算之间进行的。如果某个网络层的加权和操作是 $\boldsymbol{z}=\boldsymbol{x}\boldsymbol{W}+\boldsymbol{b}$，就可以先进性批规范化操作，再执行激活函数，以输出激活值，公式如下。

$$\phi(\mathrm{BN}(\boldsymbol{z}))=\phi(\mathrm{BN}(\boldsymbol{x}\boldsymbol{W}+\boldsymbol{b}))$$

和前面提到的将加权和看成单独的全连接层、将激活函数看成单独的激活层一样，可将批规范化操作看成一个单独出现在它们之间的批规范化层。

如果仅仅简单地将 z 规范化到 $\mathcal{N}(0,1)$ 的标准正态分布，就会使模型的表示能力受限，原因在于：无论前面的网络层如何变换，经过这个层后的输出都将服从标准正态分布。批规范化操作引入了表示均值和均方差的可学习参数 β、γ，可将已被规范化到 $\mathcal{N}(0,1)$ 的标准正态分布的特征变换到 $\mathcal{N}(\beta,\gamma)$ 正态分布。由于 β、γ 都是可学习的，所以避免了模型表示能力降低的问题。

批规范化层接收全连接层的加权和的输出 z 作为自己的输入，计算 z 的所有特征的均值和方差，并根据这些均值和方差将 z 的所有特征规范化到 $\mathcal{N}(0,1)$ 标准正态分布，然后，用可以学习的参数 β、γ 将它们变换到 $\mathcal{N}(\beta,\gamma)$ 正态分布。

在不引起混淆的前提下，用 x 表示需要进行批规范化的 z。对一批样本 $\mathcal{B}=x_1,x_2,\cdots,x_m$ 进行批规范化，应先计算这批样本的均值 $\mu_{\mathcal{B}}$ 和方差 $\sigma_{\mathcal{B}}$，再用参数 γ、β 对它们进行放缩和平移。相关公式如下。

$$
\begin{aligned}
\mu_B &= \frac{1}{m}\sum_{i=1}^{m} x_i \\
\sigma_B^2 &= \frac{1}{m}\sum_{i=1}^{m}(x_i-\mu_B)^2 \\
\widehat{x_i} &= \frac{x_i-\mu_B}{\sqrt{\sigma_B^2+\epsilon}} \\
y_i &= \gamma \odot x_i + \beta
\end{aligned}
$$

假设矩阵 $\boldsymbol{X}$ 的每一行表示一个数据，可以执行以下代码，对数据的每个特征求均值（mean）和方差（var）。

```
mean = X.mean(axis=0)
var = ((X - mean) ** 2).mean(axis=0)
```

即沿着行的方向求均值和方差。当然，也可以使用 NumPy 的 var() 函数来求方差，示例如下。

```
var = np.var(X, axis=0)
```

在这里，假设每个数据 x_i 都是一个向量或一维数组，即 $\boldsymbol{X}$ 是一个二维数组或矩阵。此外，x_i 也可能是一个多维数组（如一幅多通道的图像）。不管 x_i 是一维的还是多维的，都可以将其每个元素看成一个特征。对于多维数组 x_i，可以用 NumPy 的 reshape() 函数将它摊平为一个一维数组（向量），使 $\boldsymbol{X}$ 仍然是一个二维数组（矩阵）。

执行以下代码，可将 x_i 摊平为一个一维向量。

```
n_X = X.shape[0]
X_flat = X.ravel().reshape(n_X,-1)  # X_flat = X.reshape(n_X,-1)
```

批规范化的正向计算代码，示例如下。

```
n_X = X.shape[0]
X_flat = X.ravel().reshape(n_X,-1)
mu = np.mean(X_flat,axis=0)
var = np.var(X_flat, axis=0)
X_norm = (X_flat - mu)/np.sqrt(var + 1e-8)
out = gamma * X_norm + beta
```

```
return out.reshape(self.X_shape)
```

由于神经网络的训练通常会采用批梯度下降法，在每一次梯度下降过程中，都会用一小批样本去更新模型的参数，所以，批规范化不会对整个训练集中的所有样本计算均值和均方差，而是用其中的一小批样本去计算均值和和均方差（因此被称为批规范化）。

在预测时，尽管数据的正向计算也需要经过批规范化层的处理，但不需要也不应该重新进行批标准化操作。这时，应使用在训练时已经确定的批规范化层的均值、方差和参数（如 β、γ）。但是，在迭代过程中，每一个迭代步骤的均值和均方差都是不同的，在预测时使用的均值和方差不应该仅依赖某一迭代步骤的均值和均方差。所以，可将所有迭代步骤的均值和均方差进行平均。通常用移动平均的方法来计算移动均值和方差。

用 running_mu、running_var 表示训练过程中的均值和方差的移动平均，其计算代码如下。

```
running_mu = momentum * running_mu + (1 - momentum) * mu
running_var = momentum * running_var + (1 - momentum) * var
```

即将当前的均值和方差的移动平均与当前样本的均值和方差进行简单的加权平均。其中，动量参数 momentum 表示移动平均所占的比重。

预测时进行的正向计算，可通过移动均值和方差进行变换，示例如下。

```
X_flat = X.ravel().reshape(X.shape[0],-1)
#规范化
X_hat = (X_flat - running_mean) / np.sqrt(running_var + eps)
#放缩和平移
out = self.gamma * X_hat + self.beta
```

5.3.2 批规范化的反向求导

如果知道某个外部函数 f 关于批规范化层的输出 $\boldsymbol{z}$ 的梯度，就可以根据链式法则求出损失函数关于 $\boldsymbol{x}$、$\boldsymbol{\beta}$、$\boldsymbol{\gamma}$ 的梯度。

由 $\boldsymbol{z}=\boldsymbol{\gamma}\odot\widehat{\boldsymbol{x}}+\boldsymbol{\beta}$ 可以得到

$$\frac{\partial f}{\partial \boldsymbol{\beta}}=\sum_{i=1}^{m}\frac{\partial f}{\partial z_i}\frac{\partial z_i}{\partial \boldsymbol{\beta}}=\sum_{i=1}^{m}\frac{\partial f}{\partial z_i}$$

$$\frac{\partial f}{\partial \boldsymbol{\gamma}}=\sum_{i=1}^{m}\frac{\partial f}{\partial z_i}\frac{\partial z_i}{\partial \boldsymbol{\gamma}}=\sum_{i=1}^{m}\frac{\partial f}{\partial z_i}\bullet\widehat{x_i}$$

$$\frac{\partial f}{\partial \widehat{x_i}}=\frac{\partial f}{\partial z_i}\bullet\frac{\partial z_i}{\partial \widehat{x_i}}=\frac{\partial f}{\partial z_i}\bullet\gamma$$

如何在已知 $\frac{\partial f}{\partial \widehat{x_i}}$ 的基础上求 $\frac{\partial f}{\partial x_i}$?

因为 $\widehat{x_i}=\frac{(x_i-\mu)}{\sqrt{\sigma^2+\epsilon}}$，其中 μ、σ^2 都是 $\boldsymbol{x}$ 的函数，所以，有

$$\frac{\partial f}{\partial x_i}=\frac{\partial f}{\partial \widehat{x_i}}\bullet\frac{\partial \widehat{x_i}}{\partial x_i}+\frac{\partial f}{\partial \mu}\bullet\frac{\partial \mu}{\partial x_i}+\frac{\partial f}{\partial \sigma^2}\bullet\frac{\partial \sigma^2}{\partial x_i}$$

根据

$$\widehat{x_i} = \frac{(x_i - \mu)}{\sqrt{\sigma^2 + \epsilon}}$$
$$\sigma^2 = \frac{1}{m}\sum_{i=1}^{m}(x_i - \mu)^2$$
$$\mu = \frac{1}{m}\sum_{i=1}^{m} x_i$$

可以得到

$$\frac{\partial \widehat{x_i}}{\partial x_i} = \frac{1}{\sqrt{\sigma^2 + \epsilon}}$$
$$\frac{\partial \mu}{\partial x_i} = \frac{1}{m}$$
$$\frac{\partial \sigma^2}{\partial x_i} = \frac{2(x_i - \mu)}{m}$$

因此，有

$$\frac{\partial f}{\partial x_i} = \left(\frac{\partial f}{\partial \widehat{x_i}}\frac{1}{\sqrt{\sigma^2 + \epsilon}}\right) + \left(\frac{\partial f}{\partial \mu}\frac{1}{m}\right) + \left(\frac{\partial f}{\partial \sigma^2}\frac{2(x_i - \mu)}{m}\right)$$

其中

$$\frac{\partial f}{\partial \sigma^2} = \frac{\partial f}{\partial \widehat{\boldsymbol{x}}} \bullet \frac{\partial \widehat{\boldsymbol{x}}}{\partial \sigma^2} = \frac{\partial f}{\partial \widehat{\boldsymbol{x}}} \bullet (-0.5(\boldsymbol{x} - \mu) \bullet (\sigma^2 + \epsilon)^{-1.5}) = -\left(0.5\sum_{j=1}^{m}\frac{\partial f}{\partial \widehat{x_j}}(x_j - \mu)(\sigma^2 + \epsilon)^{-1.5}\right)$$
$$\frac{\partial f}{\partial \mu} = \left(\sum_{i=1}^{m}\frac{\partial f}{\partial \widehat{x_i}} \bullet \frac{-1}{\sqrt{\sigma^2 + \epsilon}}\right) + \left(\frac{\partial f}{\partial \sigma^2} \bullet \frac{1}{m}\sum_{i=1}^{m} -2(x_i - \mu)\right)$$

5.3.3 批规范化的代码实现

以下代码用类封装了批规范化层的正向计算和反向求导过程。

```
from NeuralNetwork import *

class BatchNorm_1d(Layer):
    def __init__(self,num_features,gamma_beta_method = None,eps = 1e-8, \
                    momentum = 0.9):
        # self.d_X, self.h_X, self.w_X = X_dim
        # self.gamma = np.ones((1, int(np.prod(X_dim)) ))
        # self.beta = np.zeros((1, int(np.prod(X_dim))))
        # self.params = [self.gamma,self.beta]
         super().__init__()
         self.eps= eps
         self.momentum = momentum
```

```
        if not gamma_beta_method:
            self.gamma = np.ones((1, num_features ))
            self.beta = np.zeros((1, num_features ))
        else:
            self.gamma = np.random.randn(1, num_features)
            self.beta =  np.random.randn(1, num_features)  #np.zeros((1, num_features
))

        self.running_mu = np.zeros((1, num_features ))
        self.running_var = np.zeros((1, num_features ))

        self.params = [self.gamma,self.beta]
        self.grads = [np.zeros_like(self.gamma),np.zeros_like(self.beta)]

    def forward(self,X,training = True):
        if training:
            self.n_X = X.shape[0]
            self.X_shape = X.shape

            self.X_flat = X.ravel().reshape(self.n_X,-1)
            self.mu = np.mean(self.X_flat,axis=0)
            self.var = np.var(self.X_flat, axis=0) # var = 1 / float(N) * np.sum((x - m
u) ** 2, axis=0)
            self.X_hat = (self.X_flat - self.mu)/np.sqrt(self.var +self.eps)
            out = self.gamma * self.X_hat + self.beta

            #计算 means 和 variances 的移动平均
            running_mu,running_var,momentum = self.running_mu,self.running_var, \
                                              self.momentum
            running_mu = momentum * running_mu + (1 - momentum) * self.mu
            running_var = momentum * running_var + (1 - momentum) * self.var
        else:
            X_flat = X.ravel().reshape(X.shape[0],-1)
            #规范化
            X_hat = (X_flat - running_mean) / np.sqrt(running_var + eps)
            #放缩和平移
            out = self.gamma * X_hat + self.beta
        return out.reshape(self.X_shape)


    def __call__(self,X):
        return self.forward(X)

    def backward(self,dout):
        eps = self.eps
        dout = dout.ravel().reshape(dout.shape[0],-1)
        X_mu = self.X_flat - self.mu
        var_inv = 1./np.sqrt(self.var + eps)
```

```
        dbeta = np.sum(dout,axis=0)
        dgamma = np.sum(dout * self.X_hat, axis=0) #dout * self.X_hat

        dX_hat = dout * self.gamma
        dvar = np.sum(dX_hat * X_mu,axis=0) * -0.5 * (self.var + eps)**(-3/2)
        dmu = np.sum(dX_hat * (-var_inv) ,axis=0) + \
                        dvar * 1/self.n_X * np.sum(-2.* X_mu, axis=0)
        dX = (dX_hat * var_inv) + (dmu / self.n_X) + (dvar * 2/self.n_X * X_mu)
        dX = dX.reshape(self.X_shape)

        self.grads[0] += dgamma
        self.grads[1] += dbeta
        return dX#, dgamma, dbeta
```

对 BatchNorm 类，可执行以下代码，用数值梯度进行验证。

```
# diff_error = lambda x, y: np.max(np.abs(x - y))
from util import *
import numpy as np

diff_error = lambda x, y: np.max(np.abs(x - y))

np.random.seed(231)
N, D = 100, 5
x = 3 * np.random.randn(N, D) + 5

bn = BatchNorm_1d(D,"no")
x_norm = bn(x)

do = np.random.randn(N, D)+0.5
dx = bn.backward(do)

dx_num = numerical_gradient_from_df(lambda :bn.forward(x),x,do)
print(diff_error(dx,dx_num))

if False:
    dx_gamma = numerical_gradient_from_df(lambda :bn.forward(x),bn.gamma,do)
    print(diff_error(dgamma,dx_gamma))

    dx_beta = numerical_gradient_from_df(lambda :bn.forward(x),bn.beta,do)
    print(diff_error(dbeta,dx_beta))
```

```
7.684454184087031e-10
```

在卷积神经网络中，如果输入样本是彩色图像，就可以表示成三维张量 $C \times H \times W$，C、H、W 分别代表彩色图像的通道数、高、宽。这样，一批样本就可以表示成一个四维张量 $N \times C \times H \times W$，$N$ 是样本数目。我们可以改写前面的代码来处理这种四维张量。执行以下代码，对所有通道——而不是所有（像素）特征——进行批规范化操作。

```
class BatchNorm(Layer):
```

```
    def __init__(self,num_features,gamma_beta_method = None,eps = 1e-5, \
                        momentum = 0.9,std = 0.02):
        super().__init__()
        self.eps= eps
        self.momentum = momentum
        if not gamma_beta_method:
            self.gamma = np.ones((1, num_features ))
            self.beta = np.zeros((1, num_features ))
        else:
            self.gamma = np.random.normal(1,std,(1, num_features))
            self.beta =  np.zeros((1, num_features ))
        #self.gamma *=random_value
        self.params = [self.gamma,self.beta]
        self.grads = [np.zeros_like(self.gamma),np.zeros_like(self.beta)]

        self.running_mu = np.zeros((1, num_features ))
        self.running_var = np.zeros((1, num_features ))

    def forward(self,X,training = True):
        #N, C, H, W = X.shape
        self.X_shape = X.shape
        if len(self.X_shape)>2:
                N,C,H,W = self.X_shape

        if training:
            #X = np.swapaxes(X,0,1)  # C to fitst axis
            if len(self.X_shape)>2:
                X = np.moveaxis(X,1,3)   #move C to last axis: N,H,W,C
                X_flat = X.reshape(-1,X.shape[3])
            else:
                X_flat = X

            NHW = X_flat.shape[0]
            self.n_X = NHW
            mu = np.mean(X_flat,axis=0)
            var = 1 / float(NHW) * np.sum((X_flat- mu) ** 2, axis=0) # self.var = np.va
r(self.X_flat, axis=0) #
            X_hat = (X_flat - mu)/np.sqrt(var +self.eps)
            out = self.gamma * X_hat + self.beta

            if len(self.X_shape)>2:
                out = out.reshape(N,H,W,C)
                out = np.moveaxis(out,3,1)

            self.mu,self.var,self.X_flat,self.X_hat = mu,var,X_flat,X_hat

            #计算means和variances的移动平均
            running_mu,running_var,momentum = self.running_mu,self.running_var, \
                        self.momentum
```

```
            running_mu = momentum * running_mu + (1 - momentum) * self.mu
            running_var = momentum * running_var + (1 - momentum) * self.var
        else:
            if len(self.X_shape)>2:
                X = np.moveaxis(X,1,3)
                self.X_flat = X.reshape(-1,X.shape[3])
            else:
                 self.X_flat = X

            #规范化
            X_hat = (X_flat - self.running_mu) / np.sqrt(self.running_var + eps)
            #放缩和平移
            out = self.gamma * X_hat + self.beta
            if len(self.X_shape)>2:
                out = out.reshape(N,H,W,C)
                out = np.moveaxis(out,3,1)
        return out

    def __call__(self,X):
        return self.forward(X)

    def backward(self,dout):
        if  len(dout.shape)>2:    #len(self.X_shape)>2 and
            dout = np.moveaxis(dout,1,3)
            dout = dout.reshape(-1,dout.shape[3])

        eps = self.eps

        X_mu = self.X_flat - self.mu
        var_inv = 1./np.sqrt(self.var + eps)

        dbeta = np.sum(dout,axis=0)
        dgamma = np.sum(dout * self.X_hat, axis=0) #dout * self.X_hat

        dX_hat = dout * self.gamma
        dvar = np.sum(dX_hat * X_mu,axis=0) * -0.5 * (self.var + eps)**(-3/2)
        dmu = np.sum(dX_hat * (-var_inv) ,axis=0) + dvar * 1/self.n_X * \
                    np.sum(-2.* X_mu, axis=0)
        dX = (dX_hat * var_inv) + (dmu / self.n_X) + (dvar * 2/self.n_X * X_mu)

        if  len(self.X_shape)>2:
            N,C,H,W = self.X_shape
            dX = dX.reshape(N,H,W,C)
            dX = np.moveaxis(dX,3,1)
            #dX = dX.reshape(self.X_shape)

        self.grads[0] += dgamma
        self.grads[1] += dbeta
        return dX #, dgamma, dbeta
```

为了了解批规范化对网络性能的影响，我们在 4.3.9 节使用 fashion-mnist 数据集训练的网络模型的前两个网络层的加权和与激活函数之间添加一个批规范化层，结果如图 5-23 所示。因为批规范化可以避免模型的权重参数变得很复杂（批规范化也是一种正则化技术），所以，可将代码中对权重衰减的正则化取消（reg = 0），示例如下。

```
import numpy as np
import util
from NeuralNetwork import *
from train import *
import mnist_reader
import matplotlib.pyplot as plt
%matplotlib inline
np.random.seed(1)

X_train, y_train = mnist_reader.load_mnist('data/fashion', kind='train')
X_test, y_test = mnist_reader.load_mnist('data/fashion', kind='t10k')
trainX = X_train.reshape(-1,28,28)
train_X = trainX.astype('float32')/255.0

nn = NeuralNetwork()

nn.add_layer(Dense(784, 500))
nn.add_layer(Relu())

nn.add_layer(Dense(500, 200))
nn.add_layer(BatchNorm_1d(200))
nn.add_layer(Relu())

nn.add_layer(Dense(200, 100))
nn.add_layer(BatchNorm_1d(100))
nn.add_layer(Relu())

nn.add_layer(Dense(100, 10))

learning_rate = 0.01
momentum = 0.9
optimizer = SGD(nn.parameters(),learning_rate,momentum)

epochs=8
batch_size = 64
reg = 0#1e-3
print_n=1000

losses = train_nn(nn,train_X,y_train,optimizer,cross_entropy_grad_loss,epochs,batch
_size,reg,print_n)

plt.plot(losses)
```

```
[    1, 1] loss: 2.291
[ 1001, 2] loss: 0.416
[ 2001, 3] loss: 0.261
[ 3001, 4] loss: 0.342
[ 4001, 5] loss: 0.222
[ 5001, 6] loss: 0.196
[ 6001, 7] loss: 0.157
[ 7001, 8] loss: 0.295
```

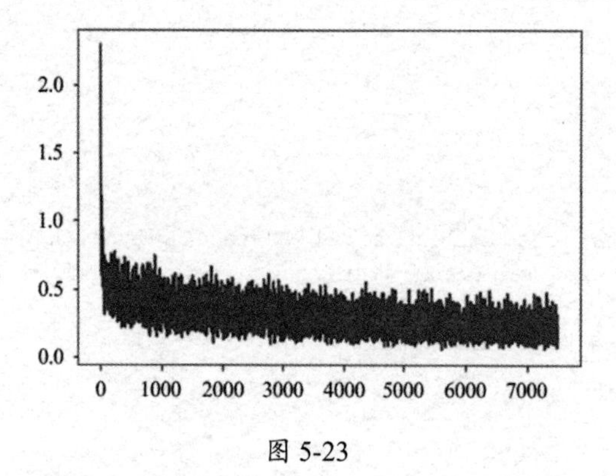

图 5-23

执行以下代码，可以得到最终的模型预测准确度。

```
print(np.mean(nn.predict(train_X)==y_train))
test_X = X_test.reshape(-1,28,28).astype('float32')/255.0
print(np.mean(nn.predict(test_X)==y_test))
```

```
0.9066833333333333
0.8766
```

可以看出，在使用批规范化后，模型的预测准确度有所提高。

5.4　正则化

当模型比较复杂（如模型参数比较多）时，可以通过正则化来防止模型出现过拟合。除了在回归中对权重直接进行正则化，在深度学习中还经常使用一种叫作 **Dropout**（丢弃）的正则化技术来防止模型出现过拟合。

5.4.1　权重正则化

权重正则化通过在损失函数中增加对权重参数的惩罚项来防止权重参数的绝对值过大。总损失函数包含数据本身预测的损失 L_{data} 和正则项 R_W，即

$$L_{\text{data}} + R_W$$

对于一个权值 w，其 L_2 正则项为 $R_W = \lambda w^2$，λ 用于控制正则项相对于数据损失的比重。该

值越大，正则项的作用就越大，防止过拟合的作用就越强；该值越小，正则项的作用就越小，防止过拟合的作用就越弱。L_2 正则项可以使参数一起趋向更小的、更接近 0 的值。

L_1 正则项为 $R_W = \lambda|w|$，其作用和 L_2 正则项类似，但稍有不同。L_2 正则项会使所有权值都减小；L_1 正则项会使权值变得稀疏，也就是使很多权值变得接近 0，只有少数非 0 值（即非 0 值很稀疏）。L_1 正则项使机器学习倾向于选择少数好的特征，而不是采用所有特征，即有助于选择好的特征。稀疏是机器学习的一门重要“功课”，限于篇幅，本书不展开讨论。

在实际应用中，可将 L_1 正则项和 L_2 正则项结合起来，形成所谓的弹性网络正则项（Elastic Net Regularization），即 $R_W = \lambda_1|w| + \lambda_2 w^2$。弹性网络正则项的作用域介于 L_1 正则项和 L_2 正则项之间，或者说，它弹性地组合了 L_1 正则项和 L_2 正则项。

3 种常见的权重正则化函数的示意图，如图 5-24 所示。

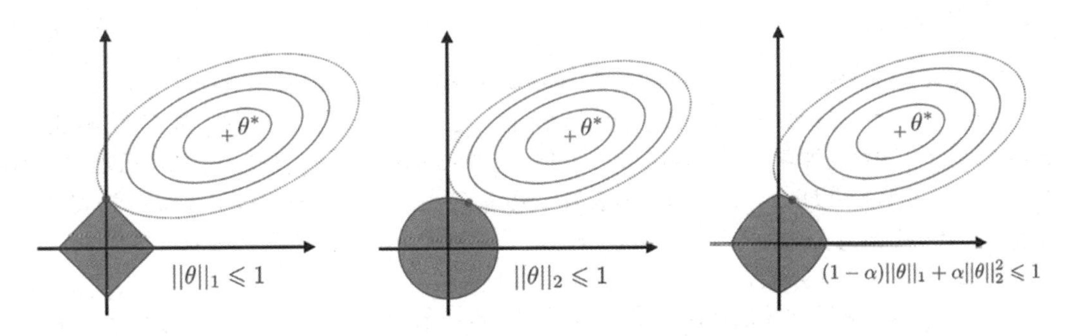

图 5-24

下面重点介绍**最大范数约束**（Max Norm Constraints）。

在梯度下降法，特别是深度学习中，随着网络层数的增加，由于反向求导对梯度计算乘积会导致梯度消失或梯度爆炸，而最大范数约束可以防止梯度爆炸，所以，可将更新的权值限制在某个范围里，通过裁剪权值向量的方式使其某种范数（如 L_2 范数）不超过某个值，即 $||w||_2 < c$。c 的典型值是 3 和 4。有研究发现，这种对权值的最大范数进行约束的方法，可以改进算法的收敛性能。特别是在循环神经网络（参见第 7 章）中，一般都会采用这种方法来防止梯度爆炸。示例代码如下。

```
import numpy as np
def max_norm_constraints(w,c,epsilon = 1e-8):
    norms = np.sqrt(np.sum(np.square(w),  keepdims=True))
    desired = np.clip(norms, 0, c)
    w *= (desired / (epsilon+ norms))
    return w

w = np.random.randn(2,5)*10
print(w)
w = max_norm_constraints(w,2)
print(w)
```

```
[[  3.42847604 -19.64442234  -4.80546287   5.65698305  -8.97334854]
 [ -0.95122877  -0.04471285 -14.33147196  -0.63593975   9.30212848]]
[[ 0.23851103 -1.36661635 -0.33430477  0.39354303 -0.6242548 ]
 [-0.06617475 -0.00311057 -0.99700686 -0.04424084  0.64712724]]
```

假设 grads 中有多个权重参数的梯度，可以执行以下代码，将它们的梯度限制在 $[-c, c]$ 内。

```
import math
def grad_clipping(grads,c):
    norm = math.sqrt(sum((grad ** 2).sum() for grad in grads))
    if norm > c:
        ratio = c / norm
        for i in range(len(grads)):
            grads[i]*=ratio
```

5.4.2 Dropout

Dropout 是 Srivastava 等人提出的一种正则化技术。在训练过程中使用 Dropout 技术，可以以一定的概率使一些神经元处于激活状态（输出激活值），使其他神经元处于非激活状态（不输出激活值）。对某一层中的神经元，Dropout 用一个介于 0 和 1 的概率 drop_p 使一个神经元处于非激活状态（也就是说，以概率 1 – drop_p 使该神经元处于激活状态）。drop_p 称为丢弃率，表示一个神经元处于非激活状态的概率。1 – drop_p 称为存活率或保持率，表示一个神经元处于激活状态的概率。

如图 5-25 所示：在左图的神经网络中，所有的神经元都处于激活状态；右图的神经网络则采用 Dropout 的方式来激活神经元。Dropout 通过使某些神经元处于非激活状态，定义了一个神经网络函数。因为梯度下降训练过程的每一次迭代，都会随机使某些神经元处于非激活状态，所以，不同的迭代针对的是不同的函数，也就是说，神经网络不会过于依赖少数神经元。这一现象可以类比为：团队的决策不依赖少数人，团队中的所有人都有机会参与决策，避免了因过分依赖少数人而产生偏见。

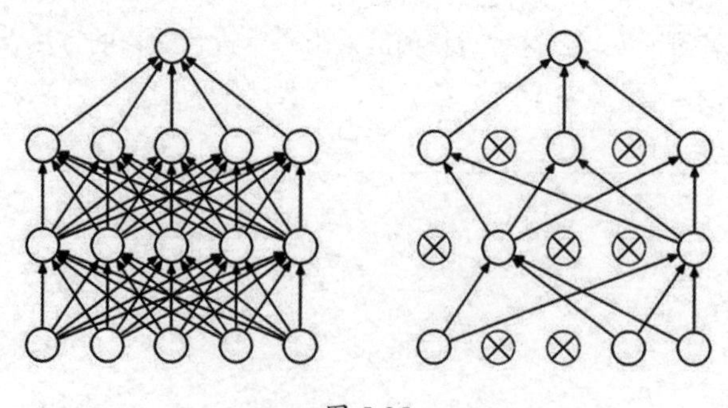

图 5-25

Dropout 和数据规范化的思想类似：如果不对数据进行规范化，那么某些数值较大的特征会对算法的学习产生较大的影响，而其他特征的作用很小。

Dropout 还与权重正则化的思想类似：权重正则化通过惩罚项使所有权重的值都比较小，避免了少数权重的值过大的问题。

如果某个网络层以一定的概率进行 Dropout 操作，那么其总输出期望将会变小。假设网络层本来的总输出期望为 e，Dropout 丢失率为 drop_p，那么期望值会变成 $e \times (1 - \text{drop\_p})$。为了避免对后续层产生影响，通常会对采用 Dropout 的输出层的每个神经元的输出除以 $1 - \text{drop\_p}$，即如果某个神经元的激活函数的输出值是 a，就输出 $\frac{a}{1-\text{drop\_p}}$。

因为在训练过程中，每次迭代时 Dropout 丢弃的都是随机的、不同的神经元，即每次迭代的神经网络函数是不同的，所以，损失函数的含义就变得不明确了。最终通过训练得到的函数，可以看成对不同次迭代产生的不同函数的平均。通过对多个不同函数模型的平均，可以得到一个更好的模型，就像由很多人而不是少数人投票，可以得到更能代表群体想法的结果一样。这是一种基于统计学习的机器学习思想——Dropout 通过多个函数的平均，可以有效地避免过拟合。

Dropout 技术只能用于训练模型。因为训练后的模型函数应该是明确的，且最终通过训练得到的神经网络函数应该是所有神经元都处于激活状态的函数，所以，在对模型进行验证和测试时，不应使用 Dropout 技术。

Dropout 可作用于任意一个隐含的网络层的输出。假设网络层的输出为 x，Dropout 操作可表示为

$$x = D \odot x$$

其中，D 和 x 是形状相同的数组。在数组 D 中，所有元素的值都是 1 或 0，表示对应的神经元是否处于激活状态。数组 D 是根据 Dropout 丢弃率或存活率计算得到的掩码数组。

执行以下代码，可以实现 Dropout 操作。

```
retain_p = 1-drop_p
mask = (np.random.rand(*x.shape) < retain_p) / retain_p
x *= mask
```

在以上代码中，drop_p 和 retain_p = 1-drop_p 分别表示丢弃率和存活率，mask 是处于激活状态的神经元的掩码数组。

在进行反向求导时，只需要将损失函数关于 Dropout 输出的梯度 dx_output 乘以掩码 mask，示例如下。

```
dx = dx_output* self._mask
```

在以上代码中，dx_output 是反向传入的损失函数关于 x 的梯度。

可以将 Dropout 操作实现为一个单独的 Dropout 层，代码如下。

```
from Layers import *
class Dropout(Layer):
    def __init__(self, drop_p):
        super().__init__()
        self.retain_p = 1- drop_p
```

```
    def forward(self, x, training=True):
        retain_p = self.retain_p
        if training:
            self._mask = (np.random.rand(*x.shape) < retain_p) / retain_p
            out = x * self._mask
        else:
            out = x
        return out

    def backward(self, dx_output,training=True):
        dx = None
        if training:
            dx = dx_output * self._mask
        else:
            dx = dx_output
        return dx
```

在以上代码中，x 表示 Dropout 层的前一层的输出。

执行以下代码，可使用 dropout.forward(X) 函数对输入 X 计算 Dropout 输出。在反向求导时，可使用 dropout.backward(dx_output) 函数从一个反向传入的关于 X 的梯度得到经过 Dropout 的反向梯度。

```
np.random.seed(1)
dropout = Dropout(0.5)
X = np.random.rand(2, 4)
print(X)
print(dropout.forward(X))
dx_output = np.random.rand(2, 4)
print(dx_output)
print(dropout.backward(dx_output))
```

```
[[4.17022005e-01 7.20324493e-01 1.14374817e-04 3.02332573e-01]
 [1.46755891e-01 9.23385948e-02 1.86260211e-01 3.45560727e-01]]
[[8.34044009e-01 0.00000000e+00 2.28749635e-04 0.00000000e+00]
 [2.93511782e-01 0.00000000e+00 3.72520423e-01 0.00000000e+00]]
[[0.4173048  0.55868983 0.14038694 0.19810149]
 [0.80074457 0.96826158 0.31342418 0.69232262]]
[[0.8346096  0.         0.28077388 0.        ]
 [1.60148914 0.         0.62684836 0.        ]]
```

Dropout 是一种用于降低函数复杂度的技术。Dropout 可以添加到任意一个隐含层中，模型参数较多的隐含层的丢弃率可以设置得大一些。对于模型参数少的网络层，可不设 Dropout 层。

使用 Dropout 技术的目的是防止过拟合。但是，Dropout 操作会导致每次迭代的不是同一个函数。这样，损失函数就失去了意义，也就无法使用调试工具来调试和训练参数了。常用的解决方法是：先停止 Dropout 操作（但可以添加正则项来防止过拟合），在将参数调试好后，再启动 Dropout 操作，以进一步提高模型的质量。

Dropout 作为一种正则化技巧，当网络相对于数据集较小时，通常不需要正则化。这是因为，模型的复杂度已经比较低了，再添加正则化操作反而会降低模型的表示能力。此外，Dropout 显然不能放在输出层的前面或后面（因为在这些位置，网络无法“纠正”由 Dropout 引起的错误）。

在以下代码中，对于使用 fashion-mnist 数据集训练的网络模型，如果在第 1 个网络层后面添加一个 Dropout 层，就可以取消对权重衰减的正则化（reg = 0），结果如图 5-26 所示。

```
import numpy as np
import util
from NeuralNetwork import *
from train import *
import mnist_reader
import matplotlib.pyplot as plt
%matplotlib inline
np.random.seed(1)

X_train, y_train = mnist_reader.load_mnist('data/fashion', kind='train')
X_test, y_test = mnist_reader.load_mnist('data/fashion', kind='t10k')

trainX = X_train.reshape(-1,28,28)
train_X = trainX.astype('float32')/255.0

nn = NeuralNetwork()
nn.add_layer(Dense(784, 500))
nn.add_layer(Relu())
nn.add_layer(Dropout(0.25))
nn.add_layer(Dense(500, 200))
nn.add_layer(Relu())
nn.add_layer(Dropout(0.2))
nn.add_layer(Dense(200, 100))
nn.add_layer(Relu())
nn.add_layer(Dense(100, 10))

learning_rate = 0.01
momentum = 0.9
optimizer = SGD(nn.parameters(),learning_rate,momentum)

epochs=8
batch_size = 64
reg = 0#1e-3
print_n=1000

losses = train_nn(nn,train_X,y_train,optimizer,cross_entropy_grad_loss,epochs,batch
_size,reg,print_n)
plt.plot(losses)
```

```
[    1, 1] loss: 2.307
[ 1001, 2] loss: 0.661
[ 2001, 3] loss: 0.322
[ 3001, 4] loss: 0.509
```

```
[ 4001, 5] loss: 0.316
[ 5001, 6] loss: 0.344
[ 6001, 7] loss: 0.355
[ 7001, 8] loss: 0.434
```

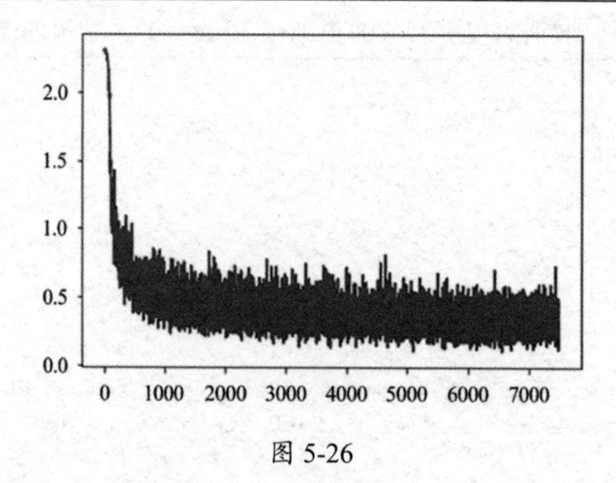

图 5-26

执行以下代码，可以得到最终的模型预测准确度。

```
print(np.mean(nn.predict(train_X)==y_train))
test_X = X_test.reshape(-1,28,28).astype('float32')/255.0
print(np.mean(nn.predict(test_X)==y_test))
```

```
0.8872333333333333
0.8667
```

可以看出，Dropout 操作提高了模型的预测准确度。

当然，Dropout 的超参数也需要调整，以改进效果。在目前的实践中，一般用批规范化来代替 Dropout。

5.4.3 早停法

如图 5-27 所示，在训练过程中，借助验证集，可以在验证损失不再降低（甚至开始增加）时停止迭代，以防出现过拟合，进而降低模型的泛化能力。这种方法就是早停法（参见 3.3.2 节）。

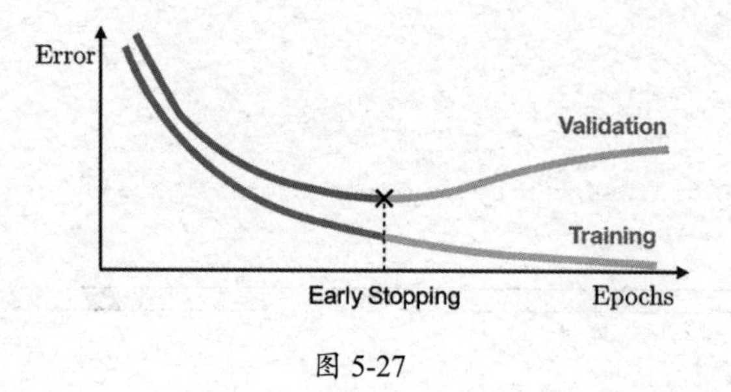

图 5-27

5.5　梯度爆炸和梯度消失

非常深的神经网络，会因为存在梯度爆炸和梯度消失问题而难以训练。其原因在于，梯度只能一层一层地从后向前反向传递。如果一个数不断乘以绝对值小于 1 的数，那么这个数会越来越接近 0；如果一个数不断乘以绝对值大于 1 的数，那么这个数会越来越接近无穷。

考虑一个简化的 L 层神经网络，其中的神经元都是 $z = xw$，正向计算过程为

$$x \rightarrow z_1 = xw_1 \rightarrow z_2 = z_1w_2 = xw_1w_2 \rightarrow \cdots \rightarrow z_L = z_{L-1}w_L = xw_1w_2\cdots w_L$$

假设已知损失函数最后的输出 z_L 的梯度 $\mathrm{d}z_L$，那么，损失函数关于 z_{L-1} 的梯度为 $\mathrm{d}z_{L-1} = w_L dz_L$，损失函数关于 z_i 的梯度为 $\mathrm{d}z_i = w_{i+1}\cdots w_L\mathrm{d}z_L$，损失函数关于 w_i 的梯度为 $\mathrm{d}w_i = \mathrm{d}z_iz_{i-1} = w_{i+1}\cdots w_L\mathrm{d}z_Lz_{i-1}$。

如果 $\| w_i \| < \rho < 1$，那么 $\mathrm{d}z_i$ 将随 $L-i$ 的增大呈指数级衰减，$L-i$ 越大，衰减速度越快，这可能会使 $\mathrm{d}w_i$ 的值变得很小。过小的梯度，会导致 w_i 的更新几乎停滞，收敛速度极慢。如果 $\| w_i \| > \rho > 1$，那么 $\mathrm{d}z_i$ 将随 $L-i$ 的增大呈指数级增长，从而使 w_i 剧烈震荡，无法收敛。

神经网络的加深将使梯度爆炸和梯度衰减不可避免，从而使深度神经网络的训练变得非常困难。为了防止出现梯度爆炸，可以采用梯度裁剪的技巧，即将梯度的绝对值限制在一个范围内。设 g 为梯度，θ 为裁剪阈值，按照下式对梯度进行裁剪。

$$\min\left(\frac{\theta}{\| \boldsymbol{g} \|}, 1\right)\boldsymbol{g}$$

即将梯度值限制在 $[-\theta, \theta]$。

在以下代码中，grads 包含多个权重参数的梯度，并将梯度值限制在区间 $[-c, c]$ 内。

```python
import math
def grad_clipping(grads,c):
    norm = math.sqrt(sum((grad ** 2).sum() for grad in grads))
    if norm > c:
        ratio = c / norm
        for i in range(len(grads)):
            grads[i]*=ratio
```

梯度裁剪可以在一定程度上解决梯度爆炸问题，但无法解决梯度消失问题。解决梯度消失问题的一个好的办法是采用残差网络（参见 6.5.4 节）。

第 6 章　卷积神经网络

在前面介绍的神经网络中，输入的所有数据样本都是一维张量，每一层的神经元都接收来自前一层的一维张量产生的一个输出，这种神经网络称为**全连接神经网络**。对于图像数据这种二维或三维张量，通过将数据摊平为一维张量来输入神经网络，摊平后的一维张量丢失了图像内在的空间结构信息（如像素的相邻关系），交换摊平后的张量的元素顺序，对网络函数的训练没有任何影响，也就是说，只要张量的所有元素相同，那么，即使改变元素的顺序，最终训练出来的也是相同的网络函数。试想一下：对一幅图像，如果将其所有像素随意排列，最终识别出来的是同一个物体，则显然是不合理的。其原因在于：图像的像素只有按照一定的空间结构排列，才是有意义的；否则，图像就是无意义的。

用全连接神经网络处理摊平的图像数据，会导致模型参数随着图像的增大而急剧增大。一幅 28×28 的黑白图像，摊平后一维张量的长度为 784，即一个神经元需要 784 个权重参数。一幅 64×64×3 的彩色图像，摊平后一维张量的长度为 12288，即一个神经元需要 12288 个权重参数。为了产生高质量的结果，可能需要处理高分辨率的图像。例如，对一幅 1280×1280×3 的彩色图像，一个神经元需要 4915200 个权重参数。通常，输入的一维张量越长，神经网络第 1 层的神经元数目就越多，其输出的一维张量的数目就会增加，使第 2 层的神经元数目相应增加，最终导致模型参数的数量随输入张量长度和网络深度的增加呈指数级增长。数量巨大的模型参数，将使网络函数非常复杂，从而使训练非常困难且容易发生过拟合。即使采用防止过拟合的技术，数量巨大的模型参数也会消耗大量内存，使计算机无法完成工作。

卷积神经网络（Convolutional Neural Networks，CNN，简称卷积网络）利用图像的平移不变性，用很少的权重参数对图像进行处理，并保持了图像的内在的空间结构。所谓图像的平移不变性，是指图像中的一个特征不会因为其在图像上的位置发生平移而改变。也就是说，即使一只猫从图像的左上角移动到右下角，它也还是那只猫。

卷积神经网络是专门为图像数据处理而设计的一种神经网络。卷积神经网络擅长使用图形处理器（GPU）的并行加速功能。2012 年，神经网络巨头 Hinton 的学生 Alex Krizhevsky 等人，正是以基于 CUDA GPU 实现的卷积神经网络 AlexNet 在 ImageNet 大赛中一举夺冠，使人们重新燃起了对神经网络相关技术的研究热情，并开启了基于深度神经网络的深度学习。

卷积神经网络是深度学习的核心，它彻底改变了计算机视觉研究方法，是计算机视觉领域的不二选择，并在许多计算机任务中攻城掠地。近年来，关于卷积神经网络的论文也井喷式爆发。除了计算机视觉领域，卷积神经网络还被用于解决一维序列结构问题，如音频、文本、基因序列等时间序列分析。此外，卷积神经网络在图状结构领域，发展出了图神经网络等新的神经网络技术。

一些典型的卷积神经网络应用，列举如下。

- 在一幅图像中检测、识别、定位、标记物体。例如，识别一幅图像中有哪些物体、物体的位置在哪里。著名的应用有人脸识别、目标检测、自动驾驶。
- 语音识别、声音合成。例如，将语音自动转换为文本、根据文本合成语音及合成音乐等。
- 用自然语言描述图像和视频。
- 自动驾驶中的道路、障碍物识别。
- 分析视频游戏屏幕，以指导智能体（Agent）自动玩游戏。
- 生成能够以假乱真的图像。例如，生成逼真的人脸、视频人脸替换（如 DeepFake）。

卷积神经网络在全连接神经网络中添加了一种叫作**卷积层**的网络层。卷积层的输入和输出都是图像这种多维张量（不需要摊平成一维张量）。本章将从最简单的一维张量的卷积开始，过渡到二维甚至多维张量的卷积、池化等，介绍卷积层及其代码实现，以及一些经典的现代卷积神经网络结构。

6.1　卷积入门

6.1.1　什么是卷积

卷积是加权和的一种推广。一组数 $x_1,x_2,x_3,\cdots,x_n$ 的算术平均值 $\frac{(x_1+x_2+x_3++x_n)}{n}$，实际上是用同一个权值 $\frac{1}{n}$ 和每个数相乘再累加求得的。也可以用不同的权值 w_i 乘以每个 x_i，然后进行累加，公式如下。

$$w_1\times x_1+w_2\times x_2+w_3\times x_4+\cdots+w_n\times x_n$$

用不同权值乘以每个数再累加的计算，称为**加权和**。例如，回归中的 $\boldsymbol{xw}$ 就是权重 $\boldsymbol{w}$ 对特征 $\boldsymbol{x}$ 的加权和。

当权值之和为 1 时，即 w_i 满足 $\sum_{i=1}^{n} w_i=1$，这种特殊的加权和称为**加权平均**。权值也可以是负数。例如，公司的负债率、盈利率等，可以是正数，也可以是负数。

假设我们要统计一个学生某门课的成绩，可以给平时成绩、实验成绩、期末成绩设置不同的权值，如权值分别为 0.2、0.3、0.5。这样，就可以用“0.2 × 平时成绩 + 0.3 × 实验成绩 + 0.5 × 期末成绩”计算该学生的总成绩了。对一组数的加权和，就是从这组数中提取某个特征，如对成绩的加权和就提取了“总成绩”这个特征。

用少于元素个数的权值对一组数进行加权和计算，就可以从这组数中提取多个特征。例如，用 3 个权值 1.2、0.3、0.5 对下面这组数进行加权和计算。

$$4\ \ 15\ \ 16\ \ 7\ \ 23\ \ 17\ \ 10\ \ 9\ \ 5\ \ 8$$

因为权值的个数少于数值的个数，所以，可以用这 3 个权值依次去和这组数中的每 3 个相邻数进行加权和。首先，将权值向量 (1.2,0.3,0.5) 对准前 3 个数 (4,15,16)，得到加权和 $4\times1.2+15\times0.3+16\times0.5=17.3$，如图 6-1 所示。

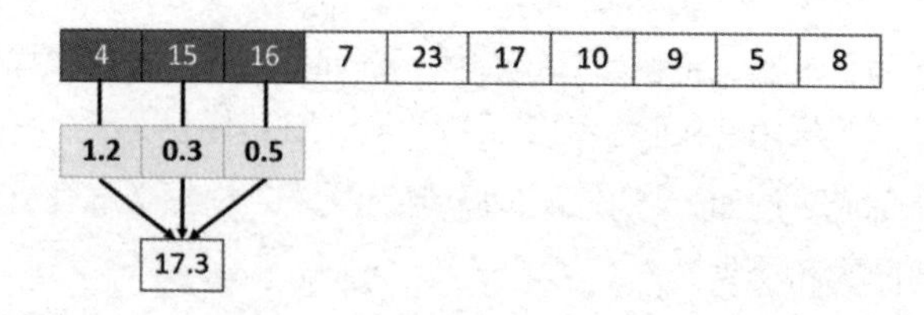

图 6-1

接下来，将权值向量 (1.2,0.3,0.5) 对准从第 2 个数开始的 3 个数 (15,16,7)，得到加权和 $15 \times 1.2 + 16 \times 0.3 + 7 \times 0.5 = 26.3$，如图 6-2 所示。

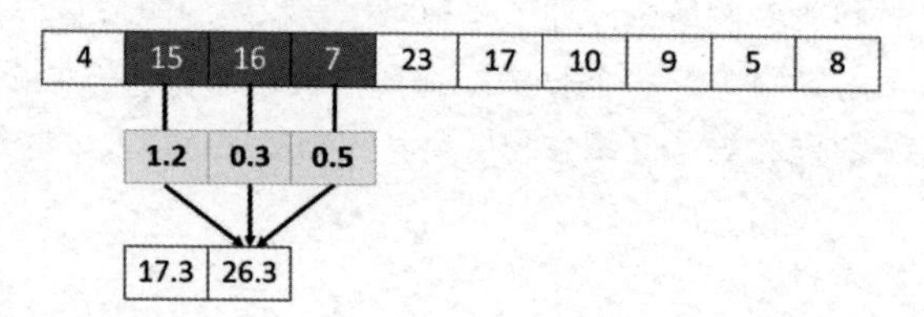

图 6-2

依此类推，直到将权值向量 (1.2,0.3,0.5) 对准最后 3 个数 (9,5,8)，如图 6-3 所示。最终，得到 8 个加权和。

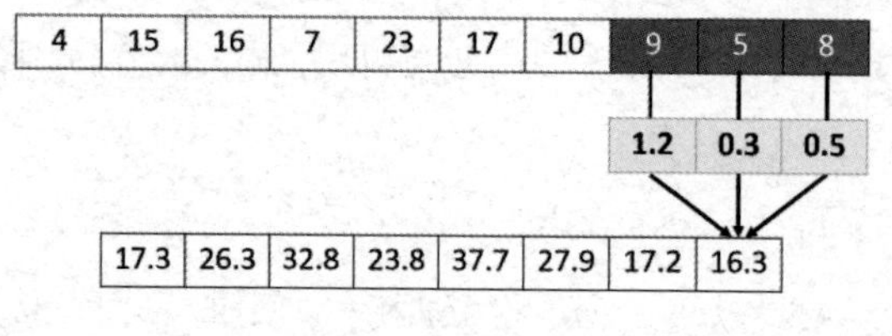

图 6-3

这种用少于数据个数的权值，通过滑动窗口去对准数据并求加权和，最终得到一组新数据的过程，称为**卷积**。

对长度为 n 的一维数组 $\boldsymbol{x} = (x_0, x_1, x_2, \cdots, x_{n-1})$ 和长度为 K 的权值向量（也称作**卷积核**）$\boldsymbol{w} = (w_0, w_1, w_2, \cdots, w_{K-1})$，用卷积核的第 1 个元素 w_0 对准 $\boldsymbol{x}$ 中任意一个未知的 x_i，得到的加权和（卷积值）为

$$z_i = \sum_{k=0}^{K-1} w_k \, x_{i+k}$$

将权值向量 $\boldsymbol{w} = (w_0, w_1, w_2, \cdots, w_{K-1})$ 对准 $(x_i, x_{i+1}, x_{i+2}, \cdots, x_{i+K})$，得到加权和 z_i，如图 6-4 所示。

当卷积核从 x_0 到 x_{n-K}，沿着向量 $\boldsymbol{x}$ 的每个元素滑动时，会产生一系列卷积值。这些卷积值构成了一个结果向量 $\boldsymbol{z} = (z_0, z_1, z_2, \cdots, z_{n-K})$，长度为 $n - K + 1$。例如，当输入数据长度为 5、卷积核宽度为 3 时，产生的结果向量的长度为 $5 - 3 + 1 = 3$，如图 6-5 所示。

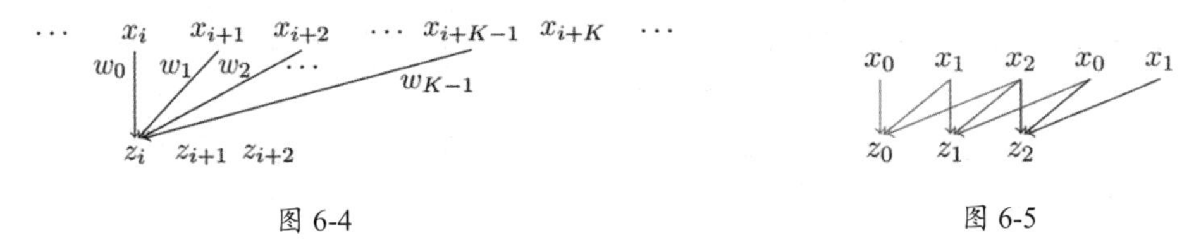

图 6-4　　　　　　　　　　　　　　　　图 6-5

这种卷积方式称为 **valid 卷积**。上述求和过程，可用 Python 代码表示如下。

```
K = w.size
z[i] = np.sum(x[i:i+K]*w)
```

以下代码实现了 valid 卷积操作。

```
import numpy as np
np.random.seed(5)
x = np.random.randint(low=1, high=30, size=10,dtype='l')
print(x)

w = np.array([1.2,0.3,0.5])
n = x.size
K = w.size
z = np.zeros(n-K+1)
for i in range(n-K+1):
   z[i] = np.sum(x[i:i+K]*w)
print(w)
print(z)
```

```
[ 4 15 16  7 23 17 10  9  5  8]
[1.2 0.3 0.5]
[17.3 26.3 32.8 23.8 37.7 27.9 17.2 16.3]
```

为了产生和原始数据长度相同的结果数据，可在原始数据的前后填充 0，然后进行卷积。如图 6-6 所示，对宽度为 3 的卷积核，在原始数据前后分别填充一个 0，即可产生两个新值 $1.2 \times 0 + 0.3 \times 4 + 0.5 \times 15 = 8.7$、$1.2 \times 5 + 0.3 \times 8 + 0.5 \times 0 = 8.4$。

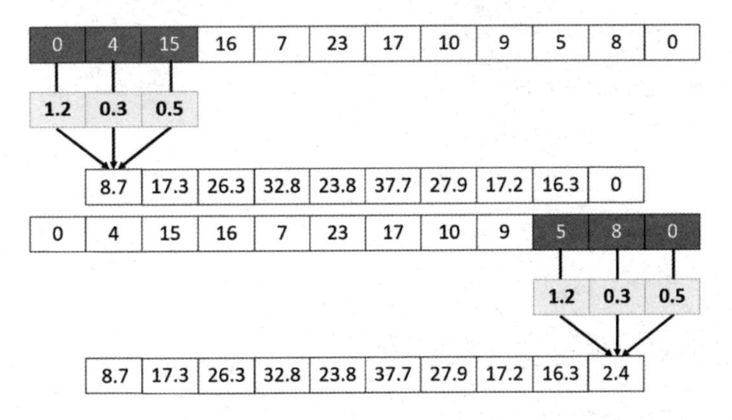

图 6-6

假设卷积核的宽度为 K，在长度为 n 的原始数据的前后分别填充 $\frac{K-1}{2}$ 个 0，使其长度变为 $\frac{n+2(K-1)}{2}=n+K-1$，卷积结果向量的长度就是 $n+K-1-K+1=n=10$，即产生了和原始数据长度相同的卷积结果。这种卷积方式称为 **same 卷积**。当然，对于 K 不是奇数的情况，卷积结果向量的长度为 $n-1$。

还有一种卷积方式叫作 **full 卷积**。full 卷积在数据的前后分别填充 $K-1$ 个 0。假设卷积核的宽度为 K，在长度为 n 的原始数据的前后分别填充 $K-1$ 个 0，卷积结果向量的长度就是 $n+K-1$。如图 6-7 所示，在当前数据（如图 6-6 所示）前后分别填充一个 0，即可产生两个新值 $1.2\times0+0.3\times0+0.5\times4=2.0$、$1.2\times8+0.3\times0+0.5\times0=9.6$，卷积结果的长度就是 $n+2\times(K-1)-K+1=n+K-1=10+3-1=12$。

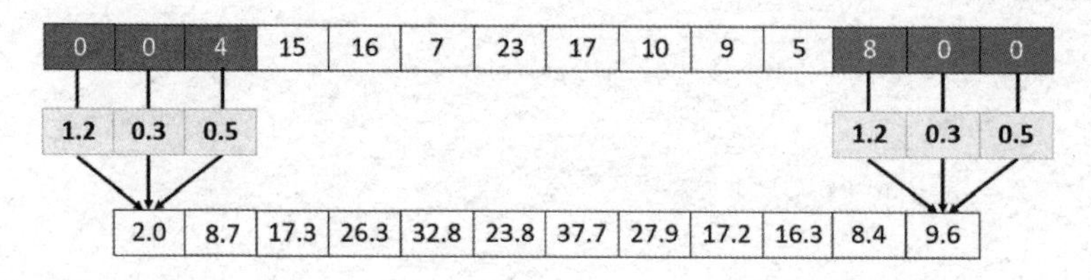

图 6-7

一般地，假设原始数据的长度为 n，卷积核的宽度为 K，填充数据的长度之和为 P，则卷积结果向量的长度为 $n+P-K+1$。例如，假设 $P=0$，即无填充，原始数据的长度是 3，卷积核的宽度也是 3，则卷积结果的长度是 $3-3+1=1$。

在以下代码中，函数 conv1d() 采用对称填充的方式，在原数组的两边各填充了个数（pad）相同的 0 值，实现了一维数据的卷积操作。

```
def conv1d(x,w,pad):
    n = x.size
    K = w.size
    P = 2*pad
    n_o = n+P-K+1
    y = np.zeros(n_o)
    if P>0:
        x_pad = np.zeros(n+P)
        x_pad[pad:-pad] = x
    else:
        x_pad = x

    for i in range(n_o):
        y[i] = np.sum(x_pad[i:i+K]*w)
    return y
```

用 conv1d() 函数对一维数组进行 same 卷积和 full 卷积操作，示例如下。

```
y1 = conv1d(x,w,1)                        #same 卷积
print(x.size,w.size,y1.size)
print("same: ", y1)
```

```
y2 = conv1d(x,w,2)                   #full 卷积
print(x.size,w.size,y2.size)
print("full: ", y2)
```

```
10 3 10
same:  [ 8.7 17.3 26.3 32.8 23.8 37.7 27.9 17.2 16.3  8.4]
10 3 12
full:  [ 2.   8.7 17.3 26.3 32.8 23.8 37.7 27.9 17.2 16.3  8.4  9.6]
```

注意：深度学习中定义的卷积运算与一般的卷积不同。一般的卷积运算，实际上是先对数据或卷积核进行翻转，再执行卷积运算的，公式如下，如图 6-8 所示（如果翻转的是卷积核，结果是相同的）。

$$y_i = \sum_{k=0}^{K-1} w_{K-k}\, x_{i+k}$$

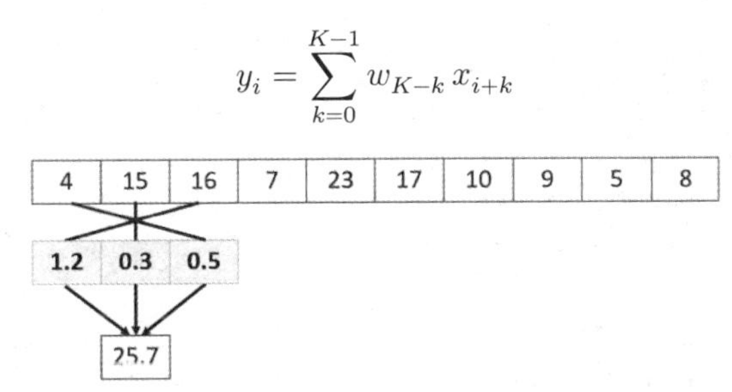

图 6-8

深度学习中的这种卷积运算，在其他学科中通常称为**互相关**（Correlate）。numpy 的 correlate() 函数对一维向量执行的就是互相关运算，示例如下。

```
numpy.correlate(a, v, mode='valid')
```

numpy 的 convolve() 函数对一维向量执行的是一般的卷积运算，示例如下。

```
numpy.convolve(a, v, mode='full')
```

这两个函数的第一个参数表示被卷积的数据，第二个参数表示权值，第三个参数表示卷积方式（full、same、valid）。

通过 numpy.correlate() 进行的互相关运算是深度学习中的卷积运算，而通过 numpy.convolve() 进行的是一般的卷积运算。如果要用 numpy.convolve() 获得和 numpy.correlate() 相同的结果，就要先将权值向量或数据翻转，如将 (1.2,0.3,0.5) 变成 (0.5,0.3,1.2)，再进行一般的卷积运算（相当于直接用原来的权值向量和数据进行一般的卷积运算）。相关代码如下。

```
import numpy as np
np.random.seed(5)
x = np.random.randint(low=1, high=30, size=10,dtype='l')
print(x)

w0 = np.array([1.2,0.3,0.5])
x_valid = np.correlate(x, w0,'valid')    #互相关函数 np.correlate()是深度学习中的卷积运算
x_same = np.correlate(x, w0,'same')
```

```
x_full = np.correlate(x, w0,'full')
print(x_valid)
print(x_same)
print(x_full)

w = np.array([0.5,0.3,1.2])
#卷积函数 np.convolve()，先进行数据翻转，再进行深度学习中的卷积运算
x_valid = np.convolve(x, w,'valid')
x_same = np.convolve(x, w,'same')
x_full = np.convolve(x, w,'full')

print(x_valid)
print(x_same)
print(x_full)
```

```
[ 4 15 16  7 23 17 10  9  5  8]
[17.3 26.3 32.8 23.8 37.7 27.9 17.2 16.3]
[ 8.7 17.3 26.3 32.8 23.8 37.7 27.9 17.2 16.3  8.4]
[ 2.   8.7 17.3 26.3 32.8 23.8 37.7 27.9 17.2 16.3  8.4  9.6]
[17.3 26.3 32.8 23.8 37.7 27.9 17.2 16.3]
[ 8.7 17.3 26.3 32.8 23.8 37.7 27.9 17.2 16.3  8.4]
[ 2.   8.7 17.3 26.3 32.8 23.8 37.7 27.9 17.2 16.3  8.4  9.6]
```

通常，卷积运算是让卷积核沿被卷积数据逐元素滑动的。因此，一个长度为 n 的数据和一个宽度为 K 的卷积核进行 valid 卷积，结果数据的长度为 $n-K+1$。这种每次只滑动一个元素的卷积操作，使结果数据和原始数据在长度上相差无几。卷积核每次沿原始数据滑动的元素个数，称为**跨度**（Stride）或**步幅**。有时，为了产生较小的卷积结果数据，会使用大于 1 的跨度进行滑动。跨度为 1 和 2 的卷积，如图 6-9 所示。

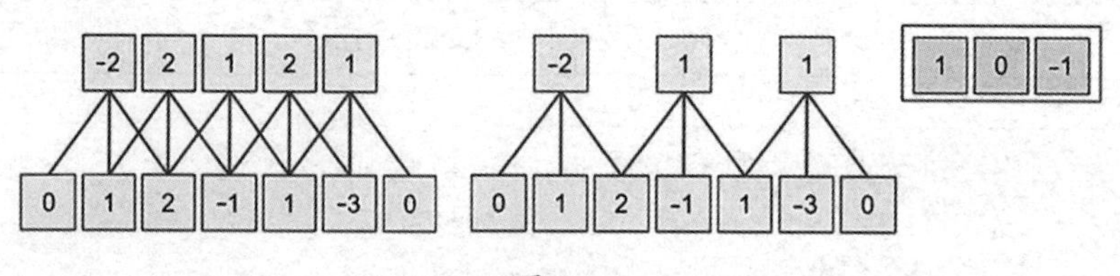

图 6-9

卷积核的跨度通常记为 S。宽度为 K 的卷积核在长度为 n 的数据上可以滑动 $\frac{n-K}{S}$ 次。除第一次卷积外，每滑动一次，都能进行一次卷积运算。因此，一共可以进行 $\frac{n-K}{S}+1$ 次卷积运算。例如，当 $n=10$、$K=3$、$S=2$ 时，可以进行的卷积运算的次数为 4 次（$\frac{10-3}{2}+1$）。

如果原始数据的长度为 n，填充数据的长度之和为 P，那么填充后数据的长度为 $n+P$。此时，可以进行的卷积运算的次数为 $\frac{n+P-K}{S}+1$，即结果数据的长度为 $\frac{n+P-K}{S}+1$。

因此，可以改写卷积函数 conv1d()，使它能够处理带有跨度的卷积运算，示例如下。

```
def conv1d(x,w,pad=0,s=1):
    n = x.size
    K = w.size
```

```
    n_o = (n+2*pad-K)//s+1
    y = np.zeros(n_o)                    #卷积结果

    if not pad==0:
        #x_pad = np.zeros(n+2*pad)
        #x_pad[pad:-pad] = x
        x_pad = np.pad(x,[(pad,pad)], mode='constant')
    else:
        x_pad = x

    for i in range(n_o):
        y[i] = np.sum(x_pad[i*s:i*s+K]*w)
    return y
```

使用不同的填充宽度和跨度，执行卷积函数 conv1d()，示例如下。

```
y1 = conv1d(x,w,0,s=2)
y2 = conv1d(x,w,1,s=2)
print(y1)
print(y2)
```

```
[17.3 32.8 37.7 17.2]
[ 8.7 26.3 23.8 27.9 16.3]
```

6.1.2　一维卷积

卷积用于对数据（一维信号、二维图像等）进行处理，从而去除数据中的噪声或得到数据蕴含的某种特征。

执行以下代码，生成两个组数 x 和 y，x 是 [0,2π] 上均匀分布的一组数（100 个），y 是对应的正弦曲线 $\sin(x)$ 附近的数（即 y 是对正弦曲线的噪声采样），结果如图 6-10 所示。

```
import numpy as np
import matplotlib.pyplot as plt
%matplotlib inline

x = np.linspace(0,2*np.pi,100)
y = np.sin(x) + np.random.random(100) * 0.2

plt.plot(x,y)
plt.show()
```

执行以下代码，根据正态分布生成一组权值向量（卷积核）w，结果如图 6-11 所示。

```
sigma=1.6986436005760381
x_for_w = np.arange(-6, 6)
w = np.exp(-(x_for_w) ** 2 / (2 * sigma ** 2))
w/= sum(w)
print(x_for_w)
print(["%0.2f" % x for x in w])
plt.bar(x_for_w, w)
```

```
[-6 -5 -4 -3 -2 -1  0  1  2  3  4  5]
['0.00', '0.00', '0.01', '0.05', '0.12', '0.20', '0.23', '0.20', '0.12', '0.05', '0.
01', '0.00']
```

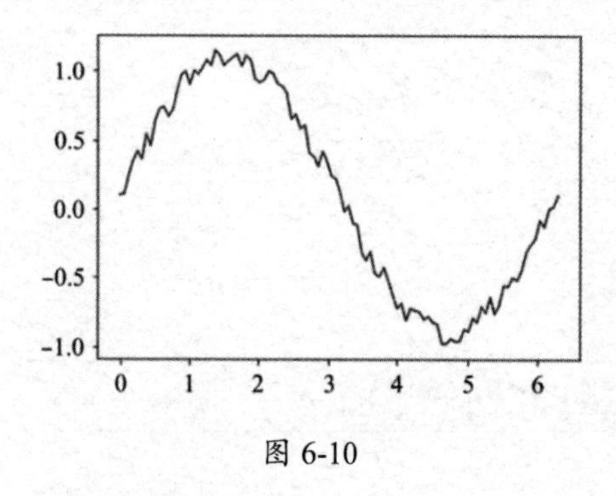

图 6-10

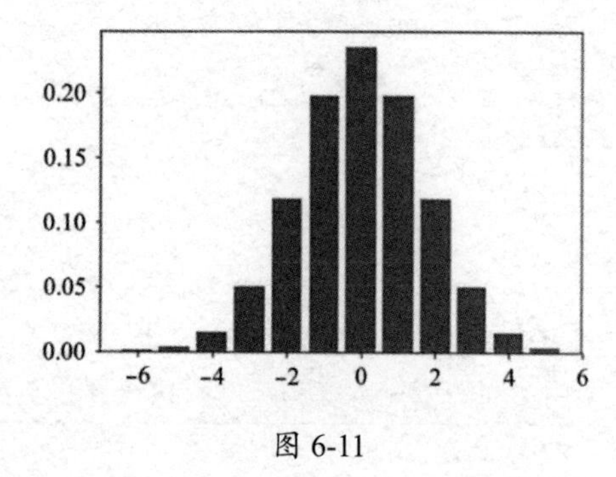

图 6-11

权值向量 w 的中间值大、两边值小，且所有权值之和为 1。执行以下代码，用权值向量 w 对数组 y 进行卷积操作。

```
#w = np.array([0.1,0.2, 0.5, 0.2, 0.1])
yhat = np.correlate(y, w,"same")
plt.plot(x,yhat, color='red')
```

用符合高斯分布的权值向量对原正弦采样数据计算加权和，可起到平滑（光滑）数据的作用，如图 6-12 所示。

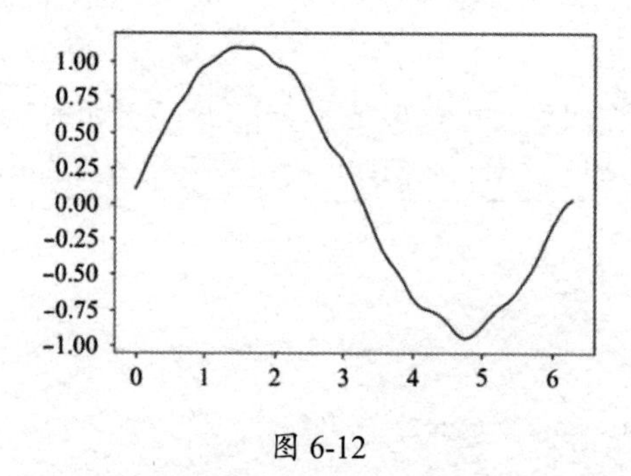

图 6-12

在本节的示例代码中，权值向量 w 对数组 y 中的数值求加权平均，当 w 沿 y 的方向滑动时，计算得到的值 yhat 表示滑动窗口的中心点及其周围点的加权平均，且中心点对应的权值最大（距离中心点越远的点对应的权值越小）。产生的结果向量相当于对原始数据进行了平滑处理。我们从图 6-12 中可以看出，卷积后的数据点所对应的曲线变得平滑了，即在一定程度上减少了原始数据中的噪声。

6.1.3 二维卷积

各种电子设备的显示屏，之所以能够显示色彩丰富的文字、图像等内容，是因为显示屏本身是由一些像素构成的，这些像素按行列排列成一个矩形。在计算机中，图像都是用像素矩阵来表示的，图像中像素的个数称为图像的分辨率，用像素矩阵表示的图像称为**数字图像**。例如，图像分辨率“1024 像素 × 768 像素”表示在图像矩形的宽度和高度的方向上，像素的个数分别是 1024 个和 768 个。如图 6-13 所示，是一幅分辨率为 170 像素 × 225 像素的图像。

在数字图像中，每个位置的像素都包含表示颜色信息的数据。彩色图像可能包含多个值，如红（R）、绿（G）、蓝（B）、透明度（A）；黑白图像则包含一个表示亮度的值。这些值通常用字节数（8 位二进制数）来表示，即值的范围是 [0,255]。黑白图像可以用一个整数矩阵来表示。彩色图像可以看成每种颜色所对应的矩阵的叠加，每种颜色的矩阵称为一个**通道**。一幅彩色图像由红（R）、绿（G）、蓝（B）3 个通道的图像叠加在一起，如图 6-14 所示。

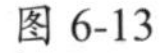

图 6-13

图 6-14

当然，也可以用 [0,1] 区间内的实数来表示数字图像像素的值。以下代码先用 skimage 包的 io 模型将一幅彩色图像读取到一个 numpy 多维数组 img 中，再用 skimage.color 模块的 rgb2gray 模块将彩色图像转换为黑白（灰度）图像，然后显示这两幅图像，并打印中间部分一个大小为 5 × 5 的窗口的像素值。

```
from skimage import io, transform
from skimage.color import rgb2gray
import numpy as np
import matplotlib.pyplot as plt
%matplotlib inline

img = io.imread('image.jpg')
gray_img = rgb2gray(img) #  io.imread('./imgs/image.jpg', as_grey=True)

fig, axes = plt.subplots(1, 2, figsize=(8, 4))
ax = axes.ravel()

plt.subplot(1, 2, 1)
plt.imshow(img)

plt.subplot(1, 2, 2)
plt.imshow(gray_img,cmap='gray')
#img = io.imread('./imgs/lenna.png', as_grey=True)   # load the image as grayscale
#plt.imshow(img, cmap='gray')
```

```
print('image matrix size: ', img.shape)              # print the size of image
print('image matrix size: ', gray_img.shape)         # print the size of image
print('\n First 5 columns and rows of the color image matrix: \n', img[150:155,110:
115])
print('\n First 5 columns and rows of the gray image matrix: \n', gray_img[150:155,
110:115])
```

```
image matrix size:  (233, 328, 3)
image matrix size:  (233, 328)

 First 5 columns and rows of the color image matrix:
 [[[143 106  88]
  [141 104  86]
  [150 108  94]
  [144 102  88]
  [137  95  81]]

 [[108  78  68]
  [106  76  66]
  [107  77  67]
  [101  71  61]
  [ 92  62  52]]

 [[159 138 133]
  [160 139 134]
  [167 149 145]
  [167 149 145]
  [167 149 145]]

 [[225 213 215]
  [227 215 217]
  [220 216 217]
  [220 216 217]
  [220 216 217]]

 [[206 203 210]
  [207 204 211]
  [204 209 215]
  [204 209 215]
  [204 209 215]]]

 First 5 columns and rows of the gray image matrix:
 [[0.4414302  0.43358706 0.45457098 0.43104157 0.40359059]
 [0.3280549  0.32021176 0.32413333 0.30060392 0.2653098 ]
 [0.55726275 0.56118431 0.59818275 0.59818275 0.59818275]
 [0.84585961 0.85370275 0.8506749  0.8506749  0.8506749 ]
 [0.80055765 0.80447922 0.81713765 0.81713765 0.81713765]]
```

将彩色图像转换为黑白（灰度）图像，如图 6-15 所示。

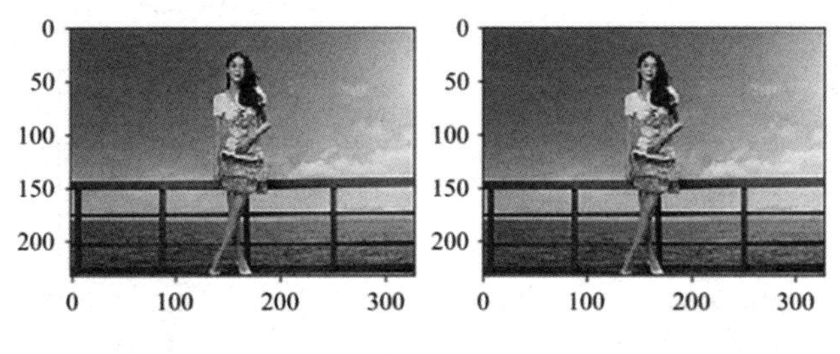

图 6-15

可以看出，彩色图像被读取到一个三维 numpy 数组中，该数组的第 3 维表示彩色图像的 3 个颜色通道，每个通道都是一个二维数组（矩阵）。因此，可以将彩色图像看成 3 个矩阵。rgb2gray() 函数将 3 通道的彩色图像转换成单通道的灰度图像，灰度像素的像素值是根据对应的彩色像素的红（R）、绿（G）、蓝（B）像素值的加权和计算出来的，示例如下。

```
Y = 0.2125 R + 0.7154 G + 0.0721 B
```

从输出结果看，将颜色值从 [0,255] 区间内的整数值转换成了 [0,1] 区间内的实数值。

也可以将颜色值从 [0,1] 区间内的实数值转换成 [0,255] 区间内的整数值，示例代码如下。

```
gray_img2 = gray_img*255
gray_imgs= gray_img2.astype(np.uint8)
print('灰度矩阵的前 5 行 5 列的数值: \n', gray_imgs[150:155,110:115])
```

```
灰度矩阵的前 5 行 5 列的数值:
 [[112 110 115 109 102]
 [ 83  81  82  76  67]
 [142 143 152 152 152]
 [215 217 216 216 216]
 [204 205 208 208 208]]
```

和一维数组一样，对于二维图像矩阵，也可以用一组权值对其中的数据进行处理。用一个小于图像的矩阵（通常称为**核**，Kernel）对原图像进行卷积（即加权和），如图 6-16 所示。对一个 6×6 的图像（矩阵），用 3×3 的卷积核（矩阵）按照“从上到下、从左到右”的方式滑动。对遇到的每个图像窗口，都用这个卷积核进行加权求和，从而产生一个值。用 3×3 的卷积核与图像左上角窗口中的元素进行加权求和，得到的值是

$$2\times(-1)+3\times0+0\times1+6\times(-2)+0\times0+4\times2+8\times(-1)+1\times0+0\times1=-14$$

将卷积核逐像素向右移动，依次产生新的值，具体如下。

$$3\times(-1)+0\times0+7\times1+0\times(-2)+4\times0+7\times2+1\times(-1)+0\times0+3\times1=20$$

$$0\times(-1)+7\times0+9\times1+4\times(-2)+7\times0+2\times2+0\times(-1)+3\times0+2\times1=7$$

可见，用 3×3 的卷积核对 6×6 的二维矩阵进行 valid 卷积，产生了 4×4 的矩阵。

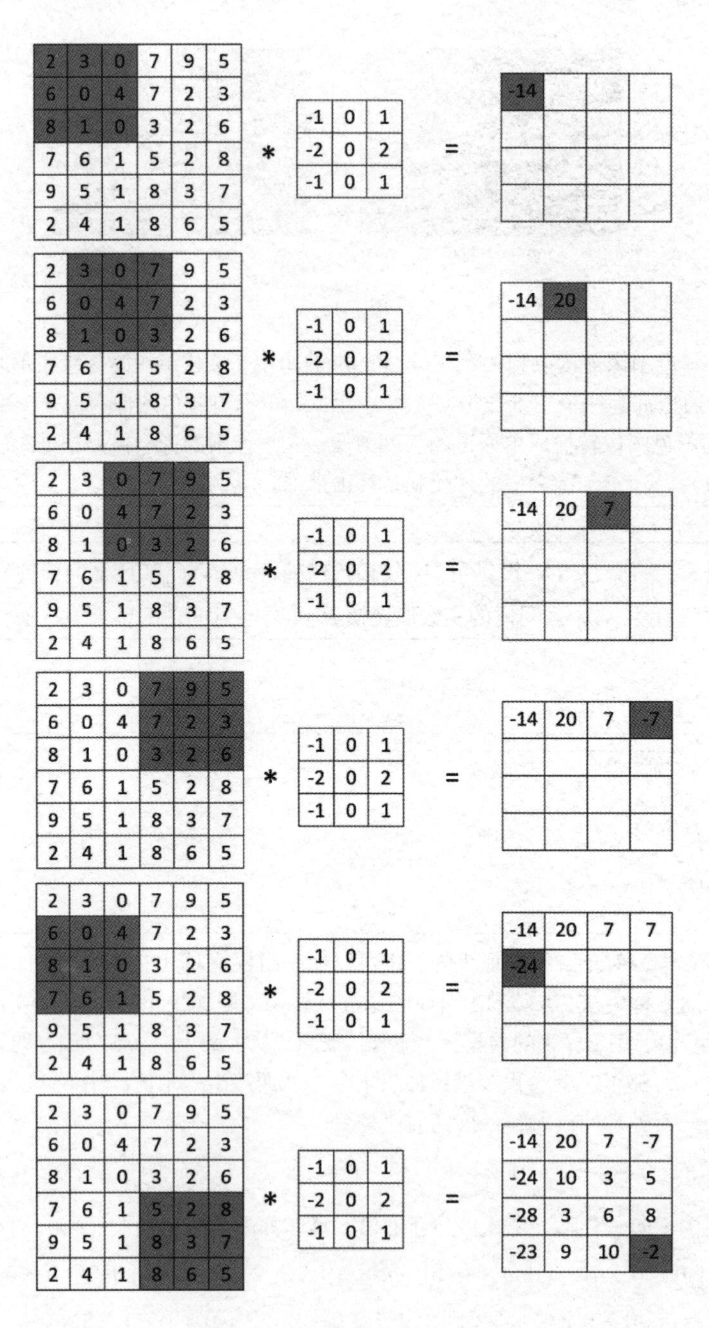

图 6-16

用 $x_{i,j}$ 表示二维矩阵中第 i 行第 j 列的元素，用 $w_{m,n}$ 表示卷积核的第 m 行第 n 列的权重，用 $a_{i,j}$ 表示结果矩阵中第 i 行第 j 列的元素。二维矩阵的卷积操作公式如下。

$$a_{i,j} = \sum_{m=0}^{F_h} \sum_{n=0}^{F_w} w_{m,n} \, x_{i+m,j+n}$$

即将卷积核窗口对准数据矩阵的 (i,j) 位置，然后和数据窗口中对应的数据进行加权和计算。例如，上例中的 $a_{1,1}$ 的计算公式如下。

$$\begin{aligned}
a_{1,1} &= \sum_{m=0}^{F_h} \sum_{n=0}^{F_w} w_{m,n} \, x_{1+m,1+n} \\
&= w_{0,0}x_{1,1} + w_{0,1}x_{1,1+1} + w_{0,2}x_{1,1+2} \\
&\quad w_{1,0}x_{1+1,1} + w_{1,1}x_{1+1,1+1} + w_{1,2}x_{1+1,1+2} \\
&\quad w_{2,0}x_{1+2,1} + w_{2,1}x_{1+2,1+1} + w_{2,2}x_{1+2,1+2} \\
&= w_{0,0}x_{1,1} + w_{0,1}x_{1,2} + w_{0,2}x_{1,3} \\
&\quad w_{1,0}x_{2,1} + w_{1,1}x_{2,2} + w_{1,2}x_{2,3} \\
&\quad w_{2,0}x_{3,1} + w_{2,1}x_{3,2} + w_{2,2}x_{3,3}
\end{aligned}$$

设数据矩阵 $\boldsymbol{X}$ 的行数和列数分别为 h 和 w，卷积核 K 的行数和列数分别为 F_h 和 F_w，则 valid 卷积产生的结果矩阵的行数和列数分别为 $h - F_h + 1$ 和 $w - F_w + 1$。对二维矩阵进行 valid 卷积的代码实现如下。

```
def convolve2d(X, K):
    h, w = K.shape
    Y = np.zeros((X.shape[0] - h + 1, X.shape[1] - w + 1))
    for i in range(Y.shape[0]):
        for j in range(Y.shape[1]):
            Y[i, j] = (X[i: i + h, j: j + w] * K).sum()
    return Y
```

在以上代码中，X 表示输入的二维矩阵，K 表示卷积核矩阵，Y 表示结果矩阵。用从 (i,j) 开始的图像窗口“X[i: i + h, j: j + w]”和卷积核逐元素相乘“X[i: i + h, j: j + w] * K”，并将结果累加到“X[i: i + h, j: j + w] * K.sum()”中。(i,j) 沿着图像滑动，就会得到结果矩阵的一系列元素值。

执行以下代码，进行测试。

```
X= np.array([[2,3,0,7,9,5], [6,0,4,7,2,3], [8,1,0,3,2,6],
            [7,6,1,5,2,8], [9,5,1,8,3,7], [2,4,1,8,6,5]])
K = np.array([[-1,0,1],[-2,0,2],[-1,0,1]])
print("X: ",X)
print("K: ",K)
convolve2d(X,K)
```

```
X:  [[2 3 0 7 9 5]
 [6 0 4 7 2 3]
 [8 1 0 3 2 6]
 [7 6 1 5 2 8]
 [9 5 1 8 3 7]
 [2 4 1 8 6 5]]
K:  [[-1  0  1]
 [-2  0  2]
```

```
 [-1  0  1]]
array([[-14.,  20.,   7.,  -7.],
       [-24.,  10.,   3.,   5.],
       [-28.,   3.,   6.,   8.],
       [-23.,   9.,  10.,  -2.]])
```

用这个卷积核对图像进行卷积操作，代码如下。

```
image = gray_img
kernel = np.array([[-1,0,1],[-2,0,2],[-1,0,1]])
image_sharpen = convolve2d(image,kernel)
plt.imshow(image_sharpen, cmap=plt.cm.gray)
print("原图像大小：",image.shape)
print("结果图像大小：",image_sharpen.shape)
```

```
原图像大小： (233, 328)
结果图像大小： (231, 326)
```

可以看出，结果图像的垂直特征被放大了，说明这是一个具有垂直边缘提取作用的卷积核，如图6-17所示。

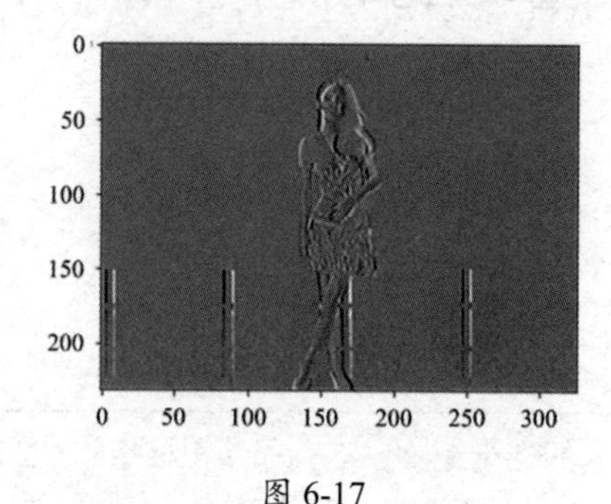

图 6-17

要想生成和原图像大小相同的图像，也可以使用same卷积，即在图像四周填充一些0值。假设权值矩阵的大小是 $F_w * F_h$，在原图像的左右分别填充的 0 值的个数 P_w 为 $\frac{F_w-1}{2}$、上下分别填充的 0 值的个数 P_h 为 $\frac{F_h-1}{2}$。权值矩阵通常是一个长和宽相等的方阵。如图 6-18 所示，在 6×6 的矩阵的上、下、左、右各填充 $\frac{3-1}{2}$ 个 0 值，用 3×3 的卷积核进行 same 卷积，得到一个 6×6 的矩阵。

执行以下代码，可在图像的上、下各填充 P_h 个 0 值，在图像的左、右各填充 P_w 个 0 值。

```
H,W = X.shape
P_h,P_w = 1,2
X_padded = np.zeros((H + 2*P_h, W +2*P_w))
X_padded[P_h:-P_h, P_w:-P_w] = X
```

执行以下代码，打印填充后的 X_padded。

```
print(X_padded)
```

```
[[0. 0. 0. 0. 0. 0. 0. 0. 0. 0.]
```

```
[0. 0. 2. 3. 0. 7. 9. 5. 0. 0.]
[0. 0. 6. 0. 4. 7. 2. 3. 0. 0.]
[0. 0. 8. 1. 0. 3. 2. 6. 0. 0.]
[0. 0. 7. 6. 1. 5. 2. 8. 0. 0.]
[0. 0. 9. 5. 1. 8. 3. 7. 0. 0.]
[0. 0. 2. 4. 1. 8. 6. 5. 0. 0.]
[0. 0. 0. 0. 0. 0. 0. 0. 0. 0.]]
```

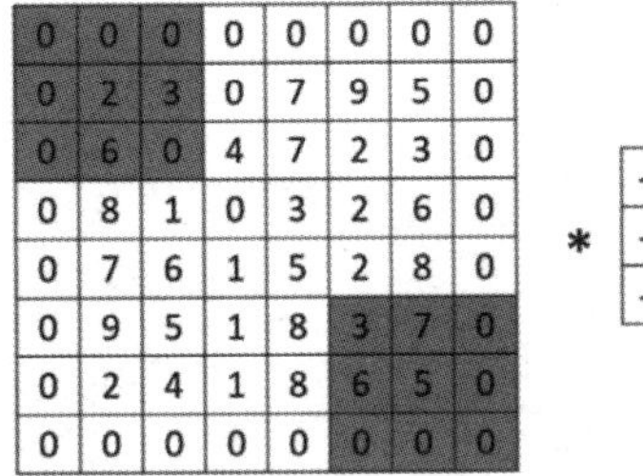

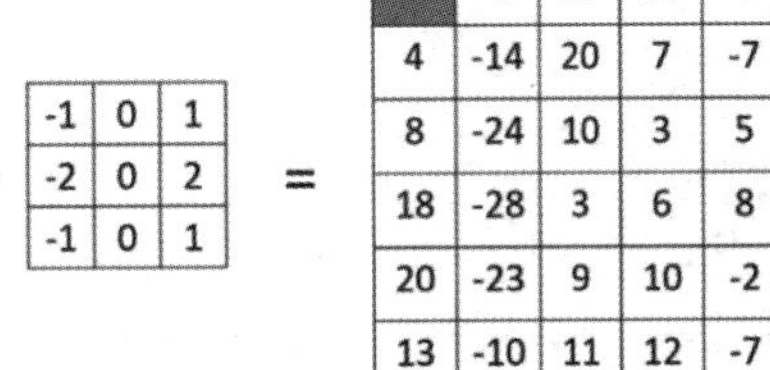

图 6-18

上述代码是笔者根据填充的情况编写的。实际上，numpy 提供了能在多维数组每个轴的前后进行填充的函数 pad()，示例如下。

```
np.pad(x, [(1, 0), (1, 2)], mode='constant', constant_values=0)
```

pad() 函数的第 2 个参数 [(1, 0), (1, 2)] 表示在 numpy 数组 x 的每个轴的前后分别填充的像素的个数。其中，第 1 个元组 (1,0) 表示在第 1 轴（axis=0）前后分别填充 1 个和不填充（0 个）像素，第 2 个元组 (1, 2) 表示在第 2 轴（axis=1）前后分别填充 1 像素和 2 像素。“mode='constant'”表示填充的是常数，“constant_values=0”表示填充的常数值是 0，这两个参数可以省略。

执行以下代码，在数组 a 的第 1 行前面填充一行 0，在数组 a 的第 1 列前面填充 1 列 0、最后一列后面填充 2 列 0。

```
import numpy as np
a = np.array([[ 1.,  1.,  1.],
              [ 1.,  1.,  1.]])
b = np.pad(a, [(1, 0), (1, 2)], mode='constant')
print(a)
print(b)
```

```
[[1. 1. 1.]
 [1. 1. 1.]]
[[0. 0. 0. 0. 0. 0.]
 [0. 1. 1. 1. 0. 0.]
 [0. 1. 1. 1. 0. 0.]]
```

执行以下代码，根据卷积核的高 K_h 和宽 K_w，在图像的上下、左右各填充 (K_h-1)//2 像素和 (K_w-1)//2 像素，并对填充后图像进行卷积操作。

```
def convolve2d_same(X, K):
    H,W = X.shape
```

```
    K_h,K_w = K.shape

    P_h = (K_h)//2                   #在图像左右填充的像素个数
    P_w = (K_w)//2                   #在图像上下填充的像素个数
    #Y = np.zeros_like(X)            #为什么这里会出错?
    Y = np.zeros((H,W))

    X_padded = np.pad(X, [(P_h, P_h), (P_w, P_w)], mode='constant')
#   X_padded = np.zeros((H + 2*P_h, W + 2*P_w))
#   X_padded[P_h:-P_h, P_w:-P_w] = X

    for i in range(Y.shape[0]):
        for j in range(Y.shape[1]):
            Y[i,j]=(X_padded[i:i+K_h,j:j+K_w]*K).sum()
    return Y
```

执行以下代码，将生成一个和原矩阵形状相同的结果矩阵。

```
convolve2d_same(X,K)
```

```
array([[  6.,  -6.,  15.,  16.,  -8., -20.],
       [  4., -14.,  20.,   7.,  -7., -15.],
       [  8., -24.,  10.,   3.,   5.,  -8.],
       [ 18., -28.,   3.,   6.,   8.,  -9.],
       [ 20., -23.,   9.,  10.,  -2., -14.],
       [ 13., -10.,  11.,  12.,  -7., -15.]])
```

在以下代码中，通过 same 卷积对原图像进行卷积操作，将生成和原图像大小相同的结果图像，如图 6-19 所示。

```
image = gray_img
kernel = np.array([[-1,0,1],[-2,0,2],[-1,0,1]])
image_sharpen = convolve2d_same(image,kernel)
plt.imshow(image_sharpen, cmap=plt.cm.gray)
print("原图像大小：",image.shape)
print("结果图像大小：",image_sharpen.shape)
```

```
原图像大小： (233, 328)
结果图像大小： (233, 328)
```

使用不同的卷积核对图像进行卷积，将得到不同的结果。例如，用一个可以提取边缘的卷积核对图像进行卷积，代码如下。如图 6-20 所示，结果图像提取了原图像边缘的特征。

```
kernel = np.array([[-1,-1,-1],[-1,8,-1],[-1,-1,-1]])
edges = convolve2d_same(image,kernel)
plt.imshow(edges, cmap=plt.cm.gray)
```

scipy 库的 scipy.signal 模块中有一个 convolve2d() 函数，可以对图像进行二维卷积。和我们自己实现的卷积不同的是，该函数会先对卷积图像进行左右和上下翻转，再用卷积核对元素的值进行累加，即该卷积操作就是一般的卷积操作。

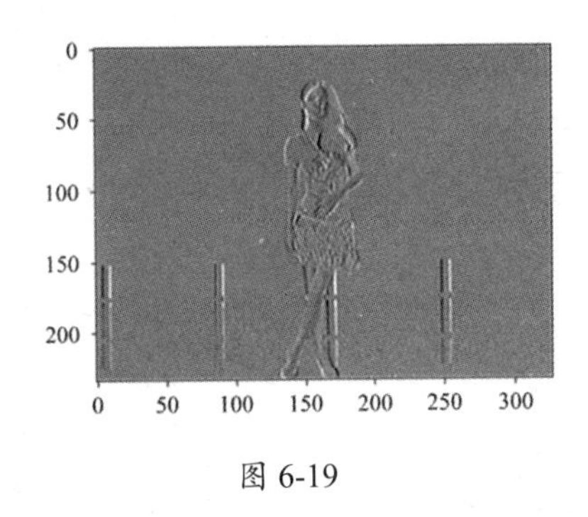

图 6-19

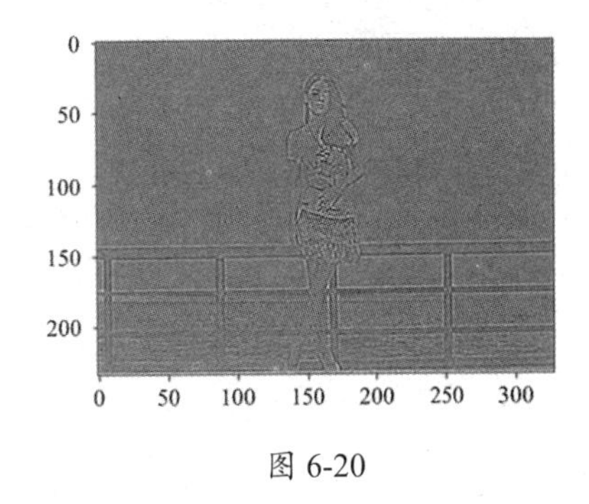

图 6-20

执行以下代码，先对上例中的卷积核进行水平翻转，再使用 convolve2d() 函数进行卷积操作，生成的结果图像如图 6-21 所示（与图 6-20 相同）。

```
import scipy.signal
kernel = np.flipud(np.fliplr(kernel))              #翻转卷积核
edges =scipy.signal.convolve2d(image, kernel, 'same')
plt.imshow(edges, cmap=plt.cm.gray)
```

用一个具有平滑作用的卷积核对图像进行平滑处理。这个卷积核用周围 25 个像素点的平均值作为该像素的值，示例如下。经过平滑处理，图像变得模糊了，如图 6-22 所示。

```
kernel = 1./9*np.ones((5,5))
print(kernel)
edges = convolve2d_same(image,kernel)
plt.imshow(edges, cmap=plt.cm.gray)
```

```
[[0.11111111 0.11111111 0.11111111 0.11111111 0.11111111]
 [0.11111111 0.11111111 0.11111111 0.11111111 0.11111111]
 [0.11111111 0.11111111 0.11111111 0.11111111 0.11111111]
 [0.11111111 0.11111111 0.11111111 0.11111111 0.11111111]
 [0.11111111 0.11111111 0.11111111 0.11111111 0.11111111]]
```

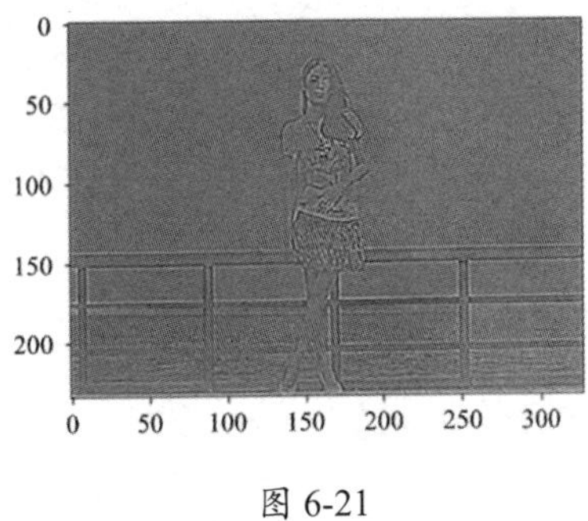

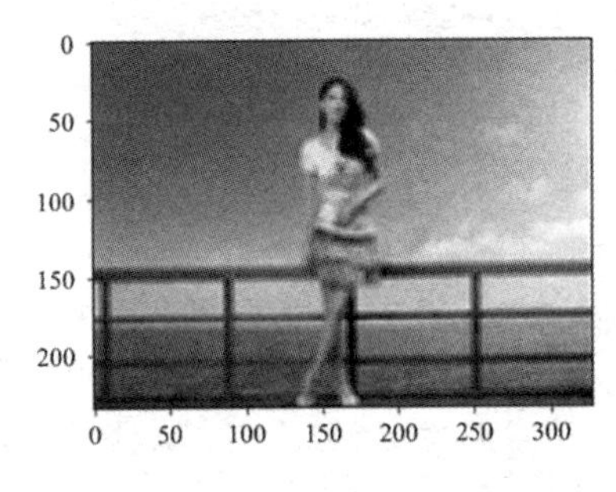

图 6-21　　　　图 6-22

因此，和一维卷积操作一样，二维卷积操作也可以对图像进行光滑、锐化，以及提取图像的某种特征。

上述卷积操作的跨度为 1，即卷积核总是以“从上到下、从左到右”的方式逐像素滑动，生成的结果图像和原图像的尺寸接近。为了生成小尺寸（如为原图像大小一半）的卷积图像，可在沿水平和垂直方向滑动时，每次滑动 2 像素，即卷积核以跨度 2 滑动。

和一维信号的卷积类似，对高为 H、宽为 W 的二维信号（例如图像），设卷积核的高为 F_h、宽为 F_w，上下、左右填充的元素个数分别为 P_h、P_w，上下、左右的跨度分别为 S_h、S_w。输出的二维信号高度、宽分别为

$$\frac{H-F_h+P_h}{S_h}+1$$

$$\frac{W-F_w+P_w}{S_w}+1$$

如图 6-23 所示，对于 7×7 的输入图像，卷积核大小为 3×3，跨度为 2，上下、左右各填充 1 个 0 值，将生成 3×3（$(\frac{6+2-3}{2}+1)\times(\frac{6+2-3}{2}+1)$）的图像。

包含填充和跨度的二维卷积操作的 Python 代码，具体如下。

```
def convolve2d(X, K,pad=(0,0),stride = (1,1)):
    H,W = X.shape
    K_h,K_w = K.shape

    P_h,P_w = pad
    S_h,S_w = stride

    h = (H-K_h+2*P_h)//S_h+1
    w = (W-K_w+2*P_w)//S_w+1
    Y = np.zeros((h,w))

    if P_h!=0 or  P_w !=0:
        X_padded = np.pad(X, [(P_h, P_h), (P_w, P_w)], mode='constant')
    else:
        X_padded = X
    for i in range(Y.shape[0]):
        hs = i*S_h
        for j in range(Y.shape[1]):
            ws = j*S_w
            Y[i,j]=(X_padded[hs:hs+K_h,ws:ws+K_w]*K).sum()
    return Y
```

对前面的二维矩阵和卷积核，执行以下卷积操作。

```
X= np.array([[2,3,0,7,9,5], [6,0,4,7,2,3], [8,1,0,3,2,6],
             [7,6,1,5,2,8], [9,5,1,8,3,7], [2,4,1,8,6,5]])
convolve2d(X,K,(1,1),(2,2))
```

```
array([[ 6., 15., -8.],
       [ 8., 10.,  5.],
       [20.,  9., -2.]])
```

0	0	0	0	0	0	0	0
0	2	3	0	7	9	5	0
0	6	0	4	7	2	3	0
0	8	1	0	3	2	6	0
0	7	6	1	5	2	8	0
0	9	5	1	8	3	7	0
0	2	4	1	8	6	5	0
0	0	0	0	0	0	0	0

*

-1	0	1
-2	0	2
-1	0	1

=

6		

0	0	0	0	0	0	0	0
0	2	3	0	7	9	5	0
0	6	0	4	7	2	3	0
0	8	1	0	3	2	6	0
0	7	6	1	5	2	8	0
0	9	5	1	8	3	7	0
0	2	4	1	8	6	5	0
0	0	0	0	0	0	0	0

*

-1	0	1
-2	0	2
-1	0	1

=

6	15	

0	0	0	0	0	0	0	0
0	2	3	0	7	9	5	0
0	6	0	4	7	2	3	0
0	8	1	0	3	2	6	0
0	7	6	1	5	2	8	0
0	9	5	1	8	3	7	0
0	2	4	1	8	6	5	0
0	0	0	0	0	0	0	0

*

-1	0	1
-2	0	2
-1	0	1

=

6	15	-8

0	0	0	0	0	0	0	0
0	2	3	0	7	9	5	0
0	6	0	4	7	2	3	0
0	8	1	0	3	2	6	0
0	7	6	1	5	2	8	0
0	9	5	1	8	3	7	0
0	2	4	1	8	6	5	0
0	0	0	0	0	0	0	0

*

-1	0	1
-2	0	2
-1	0	1

=

6	15	-8
8		

0	0	0	0	0	0	0	0
0	2	3	0	7	9	5	0
0	6	0	4	7	2	3	0
0	8	1	0	3	2	6	0
0	7	6	1	5	2	8	0
0	9	5	1	8	3	7	0
0	2	4	1	8	6	5	0
0	0	0	0	0	0	0	0

*

-1	0	1
-2	0	2
-1	0	1

=

6	15	-8
8	10	5
20	9	-2

图 6-23

对图像执行以下卷积操作，卷积核用像素自身数值的 5 倍减去其四周邻近像素的值，上下、左右的跨度均为 2，生成的结果图像的高和宽几乎是原图像的一半，如图 6-24 所示。

```
image = gray_img
kernel = np.array([[0,-1,0],[-1,5,-1],[0,-1,0]])
image_filtered = convolve2d(image,kernel,(1,1),(2,2))
plt.imshow(image_filtered, cmap=plt.cm.gray)
print("原图像大小：",image.shape)
print("结果图像大小：",image_filtered.shape)
```

```
原图像大小： (233, 328)
结果图像大小： (116, 164)
```

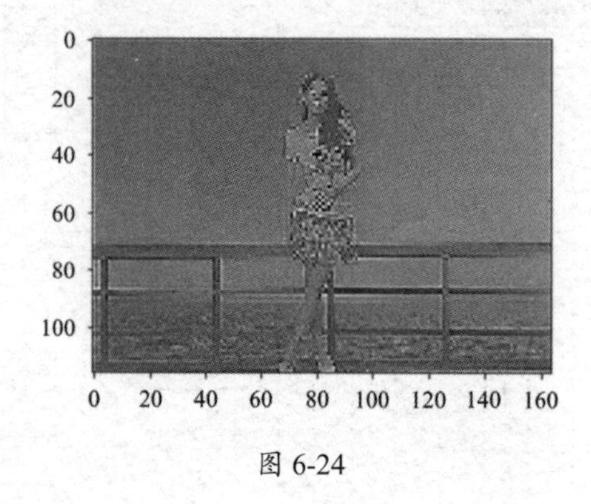

图 6-24

6.1.4　多通道输入和多通道输出

彩色图像通常至少包含 3 个通道（R、G、B），且每个通道都是一个二维矩阵（也称为 2D 信号），因此，3 通道的彩色图像可以看成 3 个二维矩阵叠加在一起，或者说，看成一个三维数组（张量，也称为 3D 信号）。对彩色图像进行卷积操作，需要给每个通道设置一个卷积核，而每个通道的图像都是一个 2D 信号，对应于一个 2D 卷积核，这样，所有通道的卷积核组合在一起，构成了一个 3D 卷积核。

如图 6-25 所示，对于一幅 2 通道的彩色图像，用一个 2 通道的 3D 卷积核进行卷积操作，产生了一幅单通道的输出图像。

用一个 3D 卷积核 w 对一个 3D 张量 X 进行卷积操作，将产生一个 2D 张量 a，其卷积计算公式如下。

$$a_{i,j} = \sum_{d=0}^{F_d-1} \sum_{m=0}^{F_h-1} \sum_{n=0}^{F_w-1} w_{d,m,n}\, x_{d,i+m,j+n}$$

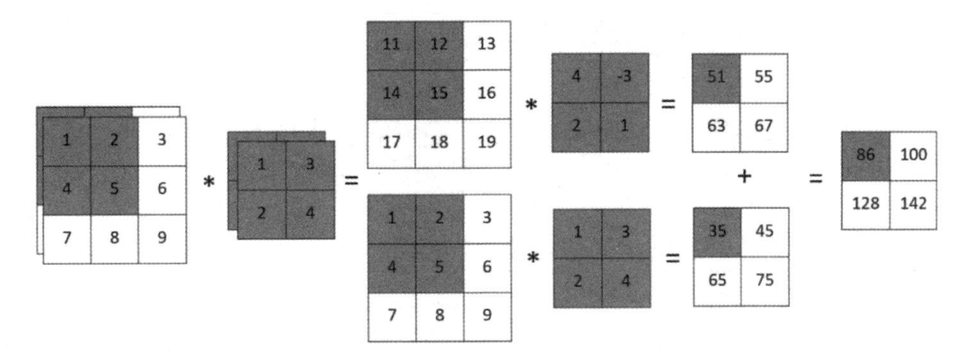

图 6-25

3D 卷积操作的代码实现，具体如下。

```
def convolve3d(X, K,P=(0,0),S=(1,1)):
    C,H,W = X.shape
    C,F_h,F_w = K.shape
    P_h,P_w = P[0],P[1]
    S_h,S_w = S[0],S[1]

    h = (H+2*P_h-F_h)//S_h+1
    w = (W+2*P_w-F_w)//S_w+1
    Y = np.zeros((h,w))          # convolution output

    if P_h!=0 or  P_w != 0:
        #X_padded = np.zeros((C,H + 2*P_h, W +2*P_w))
        #X_padded[:,P_h:-P_h, P_w:-P_w] = X
        X_padded = np.pad(X,[(0,0),(P_h,P_h),(P_w,P_w)], mode='constant')
    else:
        X_padded = X

    for i in range(h):           # Loop over every pixel of the image
        hs = i*S_h
        for j in range(w):
            ws = j*S_w
            # element-wise multiplication of the kernel and the image
            Y[i,j]=(K*X_padded[:,hs:hs+F_h, ws:ws+F_w]).sum()
    return Y
```

```
X= np.array([[[1, 2, 3], [4, 5, 6], [7, 8, 9]],
[[11, 12, 13], [14, 15, 16], [17, 18, 19]]])
K = np.array([[[1, 3], [2, 4]], [[4, -3], [2, 1]]])
convolve3d(X,K)
```

```
array([[ 86., 100.],
      [128., 142.]])
```

执行以下代码，读取如图 6-26 所示的彩色图像。

```
from skimage import io, transform
import numpy as np
import matplotlib.pyplot as plt
%matplotlib inline

lenna_img = io.imread('lenna.png', as_gray=False)     # load the image as grayscale
plt.imshow(lenna_img) #, cmap='gray')
print('image matrix size: ', lenna_img.shape)         # print the size of image
```

```
image matrix size:  (330, 330, 3)
```

对这幅 3 通道的彩色图像执行 3D 卷积操作，生成一幅单通道的黑白图像，代码如下，结果如图 6-27 所示。

```
X = np.moveaxis(lenna_img, -1, 0)  #np.rollaxis(lenna_img, 2, 0)
kernel = np.array([[[-1,-1,-1],[-1,8,-1],[-1,-1,-1]],[[-1,-1,-1],[-1,8,-1],[-1,-1,
-1]],[[-1,-1,-1],[-1,8,-1],[-1,-1,-1]]] )
edges = convolve3d(X,kernel,(1,1))
print(X.shape)
print(edges.shape)
plt.imshow(edges,cmap=plt.cm.gray)
```

```
(3, 330, 330)
(330, 330)
```

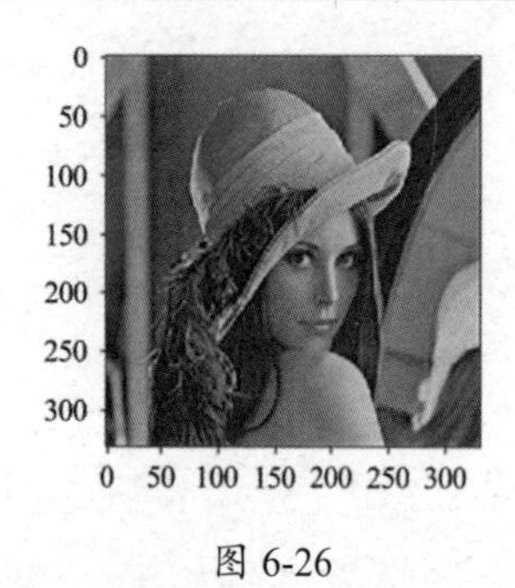

图 6-26

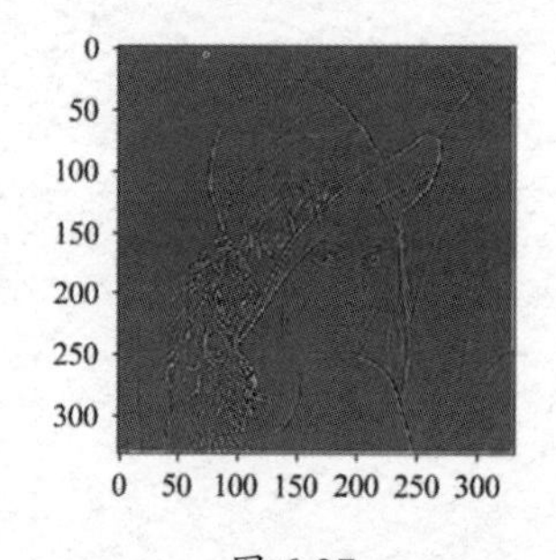

图 6-27

使用多个不同的 3D 卷积核，可以产生多幅不同的 2D 图像。如图 6-28 所示，用两个 3 通道的 3D 卷积核对一幅 3 通道的彩色图像进行卷积操作，每个 3 通道的 3D 卷积核都会生成一幅单通道的图像，一共可以生成两幅单通道的图像（或者说，生成了一幅 2 通道的图像）。

使用多个 3D 卷积核执行 3D 卷积操作，可以生成多通道的输出图像，其计算公式如下。

$$a_{i',j',k'} = \sum_{k=0}^{F_k-1} \sum_{i=0}^{F_h-1} \sum_{j=0}^{F_w-1} w_{i,j,k,k'} \, x_{i+i',j+j',k}$$

其中，k' 表示不同的卷积核。

卷积操作实际上就是提取原始数据中的某种特征信息，因此，每个卷积核产生的输出通道或卷积图像也称作**特征图**（Feature Map）。多个卷积核可以生成多个特征图。

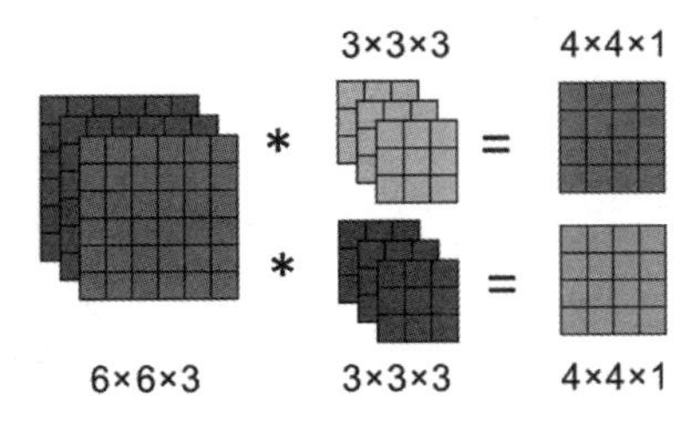

图 6-28

6.1.5　池化

和卷积一样，**池化**（Pooling）也是用一个固定形状的窗口（称为**池化窗口**）对准数据并计算数据窗口的输出值的。不同于卷积的输入数据和核的加权和，池化直接计算数据的池化窗口中元素的最大值或平均值。如图 6-29 所示，用一个 3 × 3 的窗口从输入的二维（图像）矩阵的左上角按“从上到下、从左到右”的方式滑动。滑动到每个位置，都会输出当前池化窗口所对应的数据窗口中的元素的最大值，并产生最终的结果矩阵。这个过程称为**最大池化**（Max Pooling）。

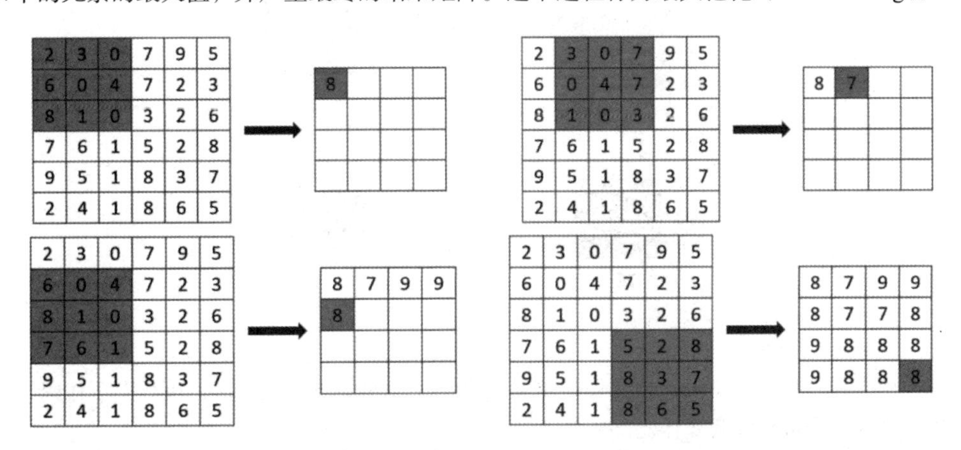

图 6-29

当然，也可以计算池化窗口中的平均值，并将其作为输出值，这种池化操作称为**平均池化**（Average Pooling）。平均池化的原理与最大池化类似，二者的区别在于，平均池化是求数据窗口中元素的平均值，而不是最大值。

和卷积操作一样，池化操作的窗口通常也是正方形。如图 6-29 所示，池化操作的跨度为 1，即每次移动 1 像素。池化操作的跨度通常与池化窗口的长或宽相同。

如图 6-30 所示，池化操作的窗口长度和跨度都是 3，因此，生成了大小为 2 × 2 的结果图像（原图像的大小为 6 × 6）。

池化的主要目标是缓解卷积操作对位置过度敏感的问题。在池化层中，可以保留原图像的主要特征。跨度大于 1 的池化操作会使图像大小成倍减少，生成较小的特征图，从而降低后续层的计算量，提高计算效率。

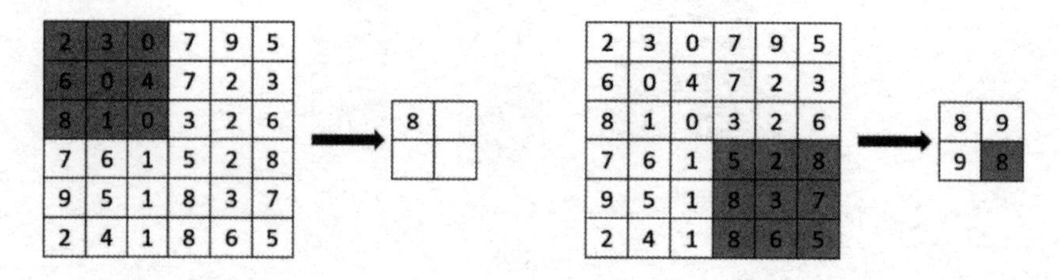

图 6-30

和卷积操作用卷积核对输入数据的所有通道进行卷积不同，池化操作通常对每个通道单独进行池化。因此，输入数据有多少个通道，输出数据就有多少个通道。如图 6-31 所示，输入的数据有 64 个通道，输出的数据也有 64 个通道，即每个输入通道都会产生一个输出通道。

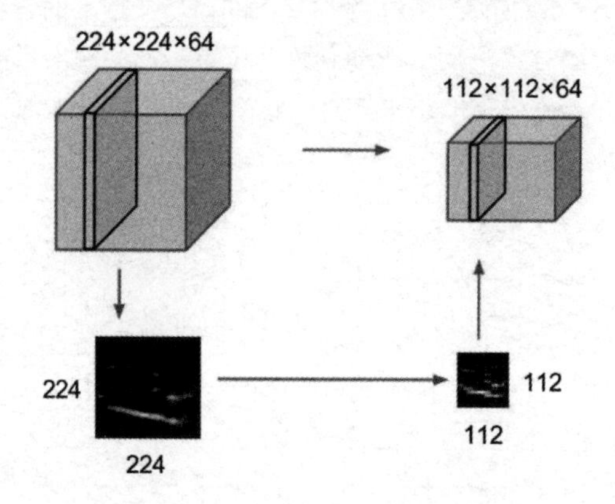

图 6-31

和卷积操作一样，也可以对原图像先填充、再池化。类似于卷积操作，执行以下代码，可对单通道的输入数据进行池化操作。

```
def pool2d(X, pool, stride=(1,1),padding=(0,0), mode='max'):
    pool_h, pool_w = pool
    S_h,S_w = stride
    P_h,P_w = padding

    #填充
    if P_h or P_w:
        X_padded = np.pad(X,[(P_h,P_h),(P_w,P_w)], mode='constant')
    else:
        X_padded = X

    #进行池化操作
    Y_h,Y_w =  (X.shape[0]-pool_h+2*P_h)//S_h+1,(X.shape[1]-pool_w+2*P_w)//S_w+1
    Y = np.zeros((Y_h,Y_w ),dtype = X.dtype)
```

```
    for i in range(Y.shape[0]):
        hs = i*S_h
        for j in range(Y.shape[1]):
            ws = j*S_h
            if mode == 'max':              #最大池化
                Y[i, j] = X[hs: hs + pool_h, ws: ws + pool_w].max()
            elif mode == 'avg':
                Y[i, j] = X[hs: hs + pool_h, ws: ws + pool_w].mean()
    return Y
```

对如图 6-30 所示的二维矩阵进行跨度为 3、窗口大小为 3×3 的最大池化，代码如下。

```
X= np.array([[2,3,0,7,9,5], [6,0,4,7,2,3], [8,1,0,3,2,6],
            [7,6,1,5,2,8], [9,5,1,8,3,7], [2,4,1,8,6,5]])
pool2d(X,(3,3),(3,3),(0,0),mode ='max')
```

```
array([[8, 9],
       [9, 8]])
```

进行平均池化，代码如下。

```
pool2d(X,(3,3),(3,3),(0,0),mode ='avg')
```

```
array([[2, 4],
       [4, 5]])
```

对于多通道的输入，只要在其每个通道上进行单通道池化操作即可。执行以下代码，对多通道的输入数据进行池化操作。可以看出，在原来的池化操作循环的外面增加了多通道遍历循环，即“for c in range(Y.shape[0])”。

```
def pool(X, pool, stride=(1,1),padding=(0,0), mode='max'):
    pool_h, pool_w = pool
    S_h,S_w = stride
    P_h,P_w = padding

    if P_h or P_w:
        X_padded = np.pad(X,[(0,0),(P_h,P_h),(P_w,P_w)], mode='constant')
    else:
        X_padded = X

    Y_h,Y_w =  (X.shape[1]-pool_h+2*P_h)//S_h+1,(X.shape[1]-pool_w+2*P_w)//S_w+1

    Y = np.zeros((X.shape[0],Y_h,Y_w ),dtype = X.dtype)
    print(X.shape)
    print(Y.shape)

    for c in range(Y.shape[0]):
        for i in range(Y.shape[1]):
            hs = i*S_h
            for j in range(Y.shape[2]):
                ws = j*S_w
                if mode == 'max':
```

```
                Y[c,i, j] = X[c,hs: hs + pool_h, ws: ws + pool_w].max()
            elif mode == 'avg':
                Y[c,i, j] = X[c,hs: hs + pool_h, ws: ws + pool_w].mean()
    return Y
```

对以上代码中的多通道输入池化操作函数 pool() 进行测试，代码如下。

```
X3= np.array([[[0, 1, 2], [3, 4, 5], [6, 7, 8]],
[[11, 2, 3], [4, 1, 16], [71, 8, 9]]])
pool(X3,(2,2),(1,1),(0,0),mode ='max')
```

```
(2, 3, 3)
(2, 2, 2)

array([[[ 4,  5],
        [ 7,  8]],

       [[11, 16],
        [71, 16]]])
```

执行以下代码，用 pool() 函数和 5×5 的窗口，以跨度 (2,2) 对图像进行池化，生成的结果图像的大小只有原图像的一半，如图 6-32 所示。

```
img = np.moveaxis(lenna_img, -1, 0)  #np.rollaxis(lenna_img, 2, 0)
pooled_img = pool(img,[5,5],(2,2))
pooled_img = np.moveaxis(pooled_img, 0, -1)        #将 axis=0 移到 axis=-1 的位置
plt.imshow(pooled_img, cmap=plt.cm.gray)
print("原图像大小: ",img.shape)
print("结果图像大小: ",pooled_img.shape)
```

```
(3, 330, 330)
(3, 163, 163)
原图像大小: (3, 330, 330)
结果图像大小: (163, 163, 3)
```

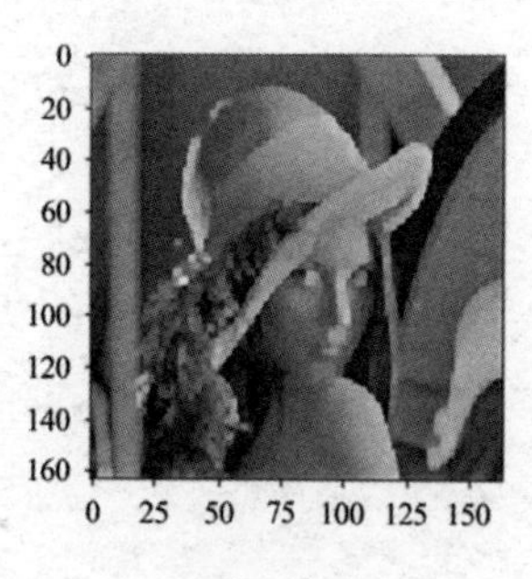

图 6-32

6.2 卷积神经网络概述

本书前面介绍的神经网络的神经元，都是所谓的**全连接**（Fully-Connected）神经元，即每个神

经元会直接对所有的输入特征求加权和。对于全连接神经网络，一个输入样本必须用一个一维向量来表示，因此它不适合处理图像这种多维数据。尽管可以将多维数据摊平为一维向量，但这样做存在效率低、无法捕获多维数据的内在结构等缺点。将卷积操作作为神经元的卷积神经网络，是处理多维数据的最佳选择。

2012 年，AlexNet 取得了 ImageNet 比赛的冠军，标志着神经网络从传统的低层神经网络走向基于深度神经网络的深度学习，使一直处于低谷的神经网络重新焕发青春。近年来，作为深度学习核心的卷积神经网络取得了很多新的研究进展，涌现出了多种改进的卷积神经网络结构，如 GoogLeNet、ResNet 等。

6.2.1　全连接神经元和卷积神经元

全连接网络的每个全连接神经元，都会对所有输入特征直接计算加权和，因此，每个神经元中的权值数目（偏置除外）和输入特征的数目相同。大量的权值参数，不仅会消耗大量的内存，还会使模型函数变得复杂，容易出现过拟合。如果输入样本是多维张量，那么，在将其输入全连接神经元时，需要将其摊平为一维张量，而这样做破坏了数据本身的结构，不利于提取样本的内在结构特征。

和全连接神经元不同，**卷积神经元**用一个卷积核对输入样本进行卷积操作。卷积核的参数数目通常远小于样本的特征数目。例如，对一幅 $3 \times 64 \times 64$ 的彩色图像，卷积神经元是 $3 \times 4 \times 4$ 大小的卷积核，该卷积神经元只有 48 个参数。相对于全连接神经元，卷积神经元的权值参数数目很少，这有助于防止过拟合。另外，全连接神经元只产生一个输出值，因此，全连接网络层需要很多全连接神经元才能提取足够多的特征，而卷积神经元产生的是包含多个输出值的特征图，由卷积神经元构成的卷积网络层需要的卷积神经元的数目很少。

如图 6-33 所示，与一个全连接神经元只输出一个值不同，卷积核沿着输入数据，以“从上到下、从左到右”的方式移动。每次移动，卷积核窗口都会对准一个数据窗口，并产生一个输出值。卷积核沿输入数据移动，将产生和原数据排列规则相同的多个输出值。这些规律排列的输出值称为**特征图**。卷积运算能保存和捕获原始数据中相邻数据之间的空间结构关系，也就是说，卷积运算可以更好地捕获数据内在的特征，从而提高神经网络的效果。

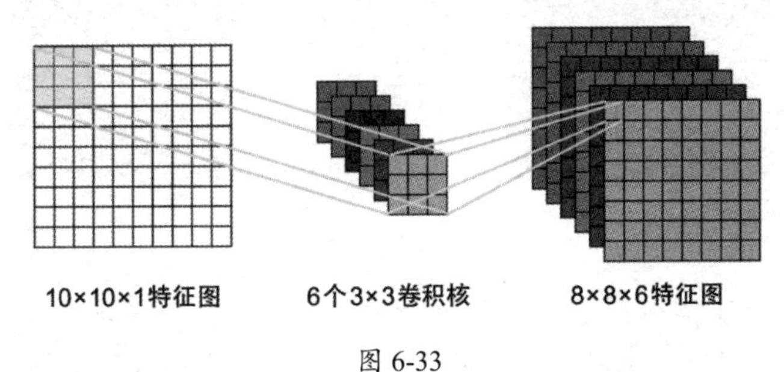

图 6-33

对于一个多通道的输入张量，卷积神经元的运算可以用以下公式表示。

$$a_{i',j'} = g\left(\sum_{k=0}^{F_k-1}\sum_{i=0}^{F_h-1}\sum_{j=0}^{F_w-1} w_{i,j,k}\, x_{i+i',j+j',k} + b\right)$$

可以看出，每个卷积神经元都有一个偏置 b 和激活函数 g，卷积操作的结果也要经过激活函数的变换才能输出。卷积神经元虽然具有和输入图像相同的通道数，但其分辨率通常远小于输入图像的分辨率。

6.2.2 卷积层和卷积神经网络

在神经网络中，如果某一层中的神经元都是卷积神经元，那么该层就称为**卷积层**。假设某一层中有 k' 个神经元，每个神经元的激活函数和偏置分别为 $g_{k'}$ 和 $b_{k'}$。如果输入是多通道的三维张量 $x_{u,v,c}$，那么权值矩阵就是一个四维张量，可记为 $w_{i,j,k,k'}$。这样，输出的第 k' 个特征图上的点 (i',j') 的像素值的计算公式如下。

$$a_{i',j',k'} = g_{k'}\left(\sum_{k=0}^{F_k-1}\sum_{i=0}^{F_h-1}\sum_{j=0}^{F_w-1} w_{i,j,k,k'}\, x_{i+i',j+j',k} + b_{k'}\right)$$

对于一个多通道的输入，每个具有相同通道数的卷积神经元都会输出一个特征图。如果卷积层中有 k' 个神经元，则将产生 k' 个特征图（或者说，k' 个输出通道），即卷积层中的多个卷积神经元将产生多个（与卷积神经元的数目相同）特征图。

如图 6-34 所示，每个卷积神经元都是 $3\times3\times3$ 的卷积核，对于输入的 3 通道数据的一个 $3\times3\times3$ 的窗口，2 个卷积神经元将产生 2 个输出值。也就是说，对于 3 通道的输入数据，每个卷积神经元都会输出一个单通道的特征图，2 个卷积神经元会输出 2 个单通道的特征图。如同全连接层的输出可作为下一个全连接层的输入一样，卷积层输出的多通道特征图可作为下一个卷积层的多通道输入。

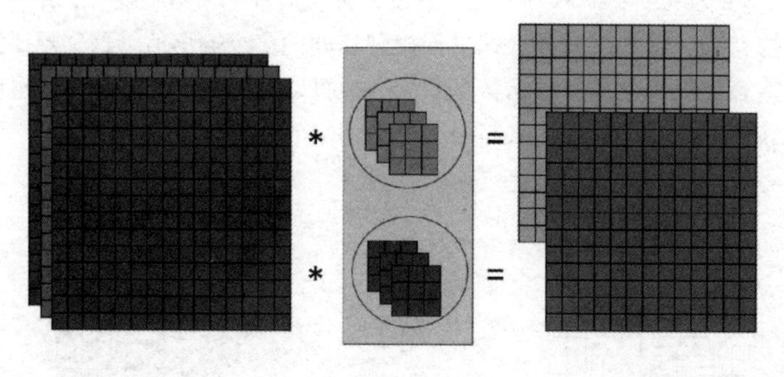

图 6-34

卷积层后面通常会跟着一个池化层。池化层负责进行简单的池化操作（最大池化或平均池化）。对一个特征图进行池化操作，将产生一个新的特征图。池化操作不会改变特征图的数目，输入 3 个特征图，将输出 3 个新的特征图，即输出的通道数和输入的通道数相同。

池化层的作用是减小特征图的尺寸，对卷积层输出的特征图进行降维，从而提高训练效率。池化层没有模型参数。如图 6-35 所示，输入的是 10 × 10 的单通道特征图（例如矩阵、图像），经过包含 6 个 3 × 3 的卷积神经元、跨度为 1 的卷积层，生成了 6 个 8 × 8 的特征图，然后，经过池化窗口为 2 × 2、跨度为 2 的池化层，生成了 6 个 4 × 4 的特征图。

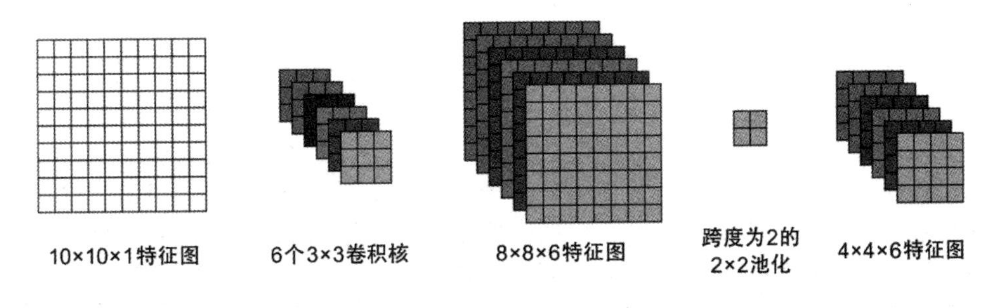

图 6-35

包含卷积层的神经网络，就是卷积神经网络。卷积神经网络的网络层，既有卷积层，也有全连接层，通常前面的网络层是卷积层，后面接近输出位置的网络层是全连接层。

如图 6-36 所示，是一个典型的卷积神经网络结构图，其计算流程为：输入 1 × 28 × 28 的单通道图像，经过包含 8 个 5 × 5 的卷积神经元、跨度为 1 的卷积层，输出 8 个 24 × 24 的特征图（输出通道数为 8）；经过池化窗口为 2 × 2、跨度为 2 的池化层，输出 8 个 12 × 12 的特征图；经过包含 16 个 5 × 5 的卷积神经元、跨度为 1 的卷积层，输出 16 个 8 × 8 的特征图；经过池化窗口为 2 × 2、跨度为 2 的池化层，输出 16 个 4 × 4 的特征图；执行摊平操作，将这 16 个 4 × 4 的特征图转换为一个长度为 256 的向量；经过一个全连接层，输出一个长度为 64 的向量；经过一个全连接层，输出一个长度为 10 的向量。

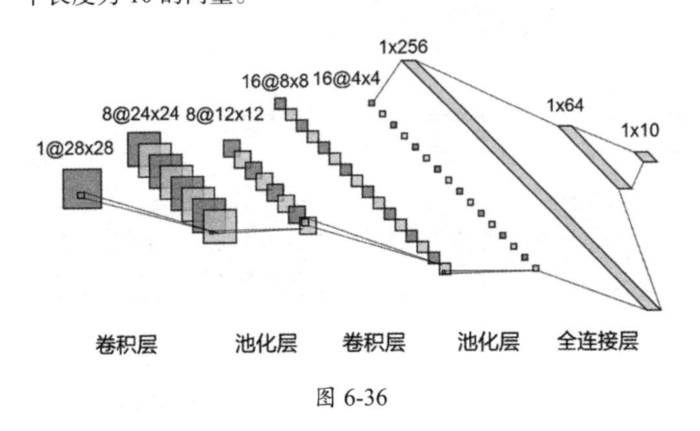

图 6-36

当卷积层（或池化层）生成的特征图输出到全连接层时，会将特征图摊平，即将特征图转换成一维向量，再用全连接层的神经元进行处理并输出。

注意：图 6-36 中没有给出卷积层，而是给出了卷积层的输入和输出特征图。

卷积神经网络在设计之初，主要用于解决计算机视觉和图像处理方面的问题，如分辨输入图像的类别。对于图像数据，卷积神经网络会通过多次“卷积+池化”，不断提取从低级到高级的图像特征，并利用池化操作减小图像的尺寸。在神经网络的最后某一层，会将尺寸较小的多通道特征图展开为一维向量，即先执行所谓的特征图**摊平**（Flatten）操作，再对这个一维特征向量使用由全连接神经元构成的全连接层进行进一步的变换。

卷积神经网络最常用的 3 种网络层是卷积层、全连接层、池化层（通常采用最大池化），在编程时通常分别简写为 CONV、FC、POOL。例如，以下代码描述了一个神经网络的结构。

```
INPUT -> [[CONV -> Relu]*N -> POOL?]*M -> [FC -> Relu]*K -> FC
```

其中：*N 表示该卷积层中有 N 个卷积核，产生 N 个特征图；*M 表示卷积层和池化层的组合 [[CONV -> RELU]*N -> POOL?] 重复了 M 次；*K 表示全连接层 [FC -> RELU] 重复了 K 次，也就是说，有 K 个全连接层；Relu 表示激活函数是 ReLU。

卷积层的激活函数一般采用 ReLU 函数。这是因为，当 x 的绝对值变大时，sigmoid 等函数的导数会变得很小，而这会使反向求导过程中的梯度（导数）无法有效传递，也就是说，会产生梯度消失问题（见 6.2.3 节）。特别是在网络深度增加时，梯度消失问题会更严重。ReLU 函数则没有这个问题。

权值不同的卷积核，可以提取不同的数据特征。如图 6-37 所示，在一个卷积层中，使用多个卷积核，提取了多个不同的特征图。

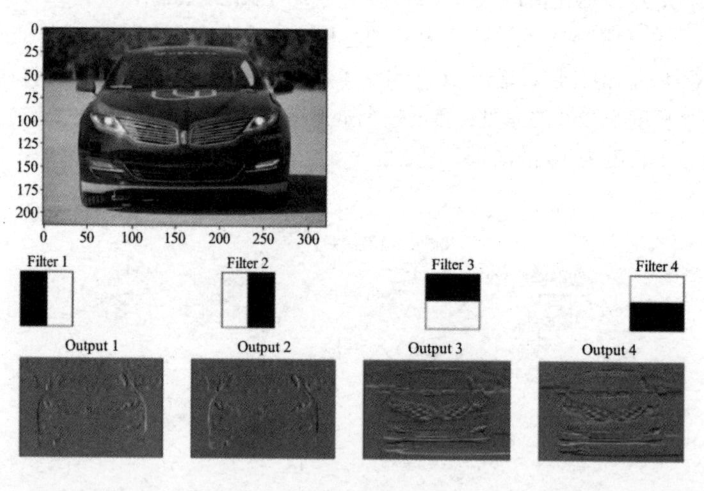

图 6-37

多次进行卷积操作，可以生成多种层次的卷积结果图像，从而提取从低层到高层的不同粒度的特征。如图 6-38 所示，通过多个卷积层，可以提取从低层到高层的多个特征，接近输入层的卷积层提取的是图像边缘或颜色，其后的卷积层可以提取边缘的交叉点或颜色的阴影，再往后的卷积层可以提取有意义的结构或对象。位置越靠后的卷积层，所提取的特征的层次越高。这种从低层的边缘特征到高层的形状特征的提取过程，与人类观察世界的过程类似。

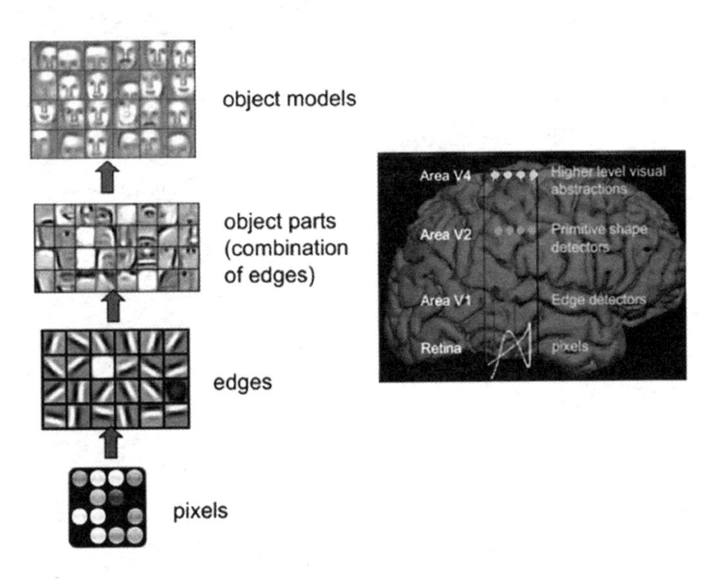

图 6-38

6.2.3　卷积层和池化层的反向求导及代码实现

卷积神经网络和全连接神经网络的区别是，卷积神经网络增加了卷积层（包括池化层）。也就是说，在前面已经实现的全连接神经网络的基础上，增加卷积层和池化层，即可实现卷积神经网络。在本节中，我们将讨论如何实现卷积层和池化层的反向求导。

1. 卷积层的反向求导

下面以一维卷积来说明如何实现卷积层的反向求导。

设 $\boldsymbol{x}=(x_0,x_1,\cdots,x_{n-1})$，$\boldsymbol{w}=(w_0,w_1,\cdots,w_{K-1})$，$b$ 为偏置，卷积结果为 $\boldsymbol{z}=\boldsymbol{x}\cdot\boldsymbol{w}+b=(z_0,\cdots,z_{n-K})$。如果已知某个损失函数关于 $\boldsymbol{z}$ 的梯度 $\mathrm{d}z=\frac{\partial L}{\partial z}=(\mathrm{d}z_0,\cdots,\mathrm{d}z_{n-K})$，那么，根据链式法则，可以求解该损失函数关于 $\boldsymbol{w}$ 的梯度，公式如下。

$$
\begin{aligned}
\mathrm{d}\boldsymbol{w}=\frac{\partial L}{\partial \boldsymbol{w}} &= \left(\frac{\partial L}{\partial w_0},\frac{\partial L}{\partial w_1},\frac{\partial L}{\partial w_2},\cdots,\frac{\partial L}{\partial w_{K-1}}\right)=\left(\sum_i\frac{\partial L}{\partial z_i}\frac{\partial z_i}{\partial w_0},\cdots,\sum_i\frac{\partial L}{\partial z_i}\frac{\partial z_i}{\partial w_j},\cdots,\sum_i\frac{\partial L}{\partial z_i}\frac{\partial z_i}{\partial w_{K-1}}\right)\\
&=\sum_i\frac{\partial L}{\partial z_i}\left(\frac{\partial z_i}{\partial w_0},\cdots,\frac{\partial z_i}{\partial w_j},\cdots,\frac{\partial z_i}{\partial w_{K-1}}\right)=\sum_i\frac{\partial L}{\partial z_i}\frac{\partial z_i}{\partial \boldsymbol{w}}
\end{aligned}
$$

因为

$$z_i=x_iw_0+x_{i+1}w_1+\cdots+x_{i+K-1}w_{K-1}$$

所以

$$\frac{\partial z_i}{\partial \boldsymbol{w}}=(x_i,x_{i+1},\cdots,x_{i+K-1})$$

因此，有

$$\mathrm{d}\boldsymbol{w}=\frac{\partial L}{\partial \boldsymbol{w}}=\sum_i \frac{\partial L}{\partial z_i}\frac{\partial z_i}{\partial \boldsymbol{w}}=\sum_i \frac{\partial L}{\partial z_i}(x_i,x_{i+1},\cdots,x_{i+K-1})$$

例如，设 $\boldsymbol{x}=(x_0,x_1,\cdots,x_9)$，$\boldsymbol{w}=(w_0,w_1,w_2)$，$b$ 为偏置，卷积结果为

$$z_0=x_0w_0+x_1w_1+x_2w_2+b$$
$$z_1=x_1w_0+x_2w_1+x_3w_2+b$$
$$\cdots$$

则有

$$\frac{\partial L}{\partial z_0}\frac{\partial z_0}{\partial \boldsymbol{w}}=\left(\frac{\partial L}{\partial z_0}x_0,\frac{\partial L}{\partial z_0}x_1,\frac{\partial L}{\partial z_0}x_2\right)$$
$$\frac{\partial L}{\partial z_1}\frac{\partial z_1}{\partial \boldsymbol{w}}=\left(\frac{\partial L}{\partial z_1}x_1,\frac{\partial L}{\partial z_1}x_2,\frac{\partial L}{\partial z_1}x_3\right)$$
$$\cdots$$

因此，有

$$\frac{\partial L}{\partial \boldsymbol{w}}=\left(\frac{\partial L}{\partial w_0},\frac{\partial L}{\partial w_1},\frac{\partial L}{\partial w_2}\right)=\sum_i \frac{\partial L}{\partial z_i}\frac{\partial z_i}{\partial \boldsymbol{w}}=\frac{\partial L}{\partial z_0}(x_0,x_1,x_2)+\frac{\partial L}{\partial z_1}(x_1,x_2,x_3)+\cdots+\frac{\partial L}{\partial z_7}(x_7,x_8,x_9)$$

将 $\frac{\partial L}{\partial z_0}(x_0,x_1,x_2),\frac{\partial L}{\partial z_1}(x_1,x_2,x_3),\cdots$ 累加到 $\left(\frac{\partial L}{\partial w_0},\frac{\partial L}{\partial w_1},\frac{\partial L}{\partial w_2}\right)$ 上，如图 6-39 所示。

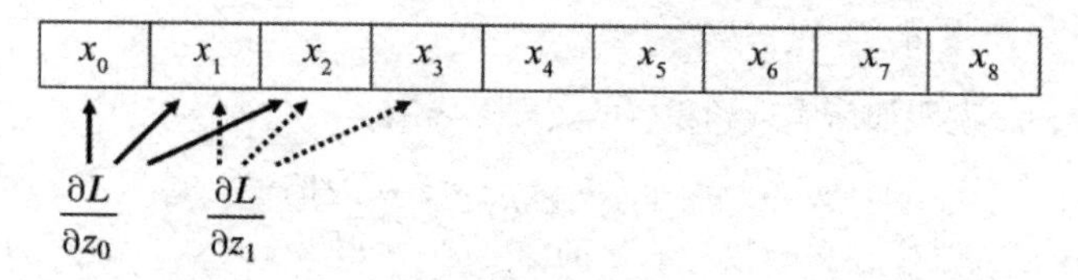

图 6-39

一般地，有

$$\frac{\partial L}{\partial \boldsymbol{w}}=\sum_{i=0}^{n-K}\frac{\partial L}{\partial z_i}x[i{:}\,i+K]$$

而 $\frac{\partial L}{\partial b}=\sum_i \frac{\partial L}{\partial z_i}\frac{\partial z_i}{\partial b}=\sum_i \frac{\partial L}{\partial z_i}$，即累加所有的 $\frac{\partial L}{\partial z_i}$。

在以下代码中，dw、dz、db 分别表示 $\frac{\partial L}{\partial w}$、$\frac{\partial L}{\partial z}$、$\frac{\partial L}{\partial b}$。

```
for i in range(z.size):
    dw += x[i:i+K]*dz[i]
db = dz.sum()
```

如何求 L 关于输出 $\boldsymbol{x}$ 的梯度 $\mathrm{d}\boldsymbol{x}=\frac{\partial L}{\partial \boldsymbol{x}}$?

因为 z_i 只和 $x_i,x_{i+1},\cdots,x_{i+K-1}$ 有关，所以，当 $j\neq i,\cdots,i+K-1$ 时，z_i 关于 x_j 的偏导数 $\frac{\partial z_i}{\partial \boldsymbol{x}_j}=0$，即

$$\begin{aligned}\frac{\partial z_i}{\partial \boldsymbol{x}} &= \left(\frac{\partial z_i}{\partial \boldsymbol{x}_0},\cdots,\frac{\partial z_i}{\partial \boldsymbol{x}_{i-1}},,\frac{\partial z_i}{\partial \boldsymbol{x}_i}\cdots,\frac{\partial z_i}{\partial \boldsymbol{x}_{i+K-1}},\frac{\partial z_i}{\partial \boldsymbol{x}_{i+K}},\cdots\right)\\ &= \left(0,\cdots,0,\frac{\partial z_i}{\partial \boldsymbol{x}_i},\cdots,\frac{\partial z_i}{\partial \boldsymbol{x}_{i+K-1}},0,\cdots\right)\\ &= (0,\cdots,0,w_0,\cdots,w_{K-1},0,\cdots)\end{aligned}$$

根据链式法则，有

$$\frac{\partial L}{\partial \boldsymbol{x}}=\sum_{i=1}^{n-K+1}\frac{\partial L}{\partial z_i}\frac{\partial z_i}{\partial \boldsymbol{x}}=\sum_{i=1}^{n-K+1}\frac{\partial L}{\partial z_i}(0,\cdots,w_0,w_1,\cdots,w_{K-1},\cdots,0)$$

因此，损失函数 L 通过 z_i 只对该损失函数关于 $x_i,x_{i+1},\cdots,x_{i+K-1}$ 的偏导数有贡献，即

$$\frac{\partial L}{\partial \boldsymbol{x}}[i{:}\,i+K]{+}{=}\frac{\partial L}{\partial z_i}\boldsymbol{w}$$

例如，对于上例，z_0 只和 (x_0,x_1,x_2) 有关，因此，可以将损失函数 L 通过 z_0 的关于 (x_0,x_1,x_2) 的偏导数累加到最终的 $\left(\frac{\partial L}{\partial x_0},\frac{\partial L}{\partial x_1},\frac{\partial L}{\partial x_2}\right)$ 上，即

$$\left(\frac{\partial L}{\partial x_0},\frac{\partial L}{\partial x_1},\frac{\partial L}{\partial x_2}\right){+}{=}\left(\frac{\partial L}{\partial z_0}\frac{\partial z_0}{\partial x_0},\frac{\partial L}{\partial z_0}\frac{\partial z_0}{\partial x_1},\frac{\partial L}{\partial z_0}\frac{\partial z_0}{\partial x_2}\right)$$

$$\left(\frac{\partial L}{\partial x_0},\frac{\partial L}{\partial x_1},\frac{\partial L}{\partial x_2}\right){+}{=}\left(\frac{\partial L}{\partial z_0}w_0,\frac{\partial L}{\partial z_0}w_1,\frac{\partial L}{\partial z_0}w_2\right)$$

$$\left(\frac{\partial L}{\partial x_0},\frac{\partial L}{\partial x_1},\frac{\partial L}{\partial x_2}\right){+}{=}\frac{\partial L}{\partial z_0}\boldsymbol{w}$$

以上计算过程，可以用以下 Python 代码来实现。

```
for i in range(z.size):
    dx[i:i+K] += w*dz[i]
```

对于跨度为 S 的卷积，因为每个 z_i 都是通过数据窗口 $x[i*S{:}\,i*S+K]$ 的加权和求得的，所以，推广到包含填充和跨度的卷积，公式如下。

$$\frac{\partial L}{\partial \boldsymbol{w}}=\sum_{i=0}^{(n-K)//S}\frac{\partial L}{\partial z_i}x[i*S{:}\,i*S+K]$$

$$\frac{\partial L}{\partial \boldsymbol{x}}[i*S{:}\,i*S+K]{+}{=}\frac{\partial L}{\partial z_i}\boldsymbol{w}$$

对需要进行上下、左右填充的卷积，应在卷积前进行填充，在反向求导时也是如此。执行以下代码，即可实现带跨度和填充的卷积的反向求导。

```
x_pad = np.pad(x, [(pad,pad)], 'constant')
dx_pad = np.zeros_like(x_pad)
#省略部分代码
start = i*S
dw += x_pad[start:start+K]*dz[i]
dx_pad[start:start+K] += w*dz[i]
```

对于一维数据，完整的反向求导代码如下。

```
def conv_backward(dz,x,w,p=0,s=1):
    n, K = len(x),len(w)
    o_n = 1 + (n + 2 * p - K) // s
    assert(o_n==len(dz))

    dx = np.zeros_like(x)
    dw = np.zeros_like(w)
    db = dz[:].sum()

    x_pad = np.pad(x, [(pad,pad)], 'constant')
    dx_pad = np.zeros_like(x_pad)

    for i in range(o_n):
        start = i * s
        dw += x_pad[start:start+K]*dz[i]
        dx_pad[start:start+K] += w*dz[i]
    dx = dx_pad[pad:-pad]
    return dx, dw, db
```

执行以下代码，对 conv_backward() 函数进行测试。

```
import numpy as np
np.random.seed(231)
x = np.random.randn(5)
w = np.random.randn(3)
stride = 2
pad = 1
dz = np.random.randn(5)

print(dz)

dx, dw, db = conv_backward(dz,x,w,1)
print(dx)
print(dw)
print(db)
```

```
[-1.4255293  -0.3763567  -0.34227539  0.29490764 -0.83732373]
[ 0.50522405 -2.33230266 -0.87796042 -0.03246064  0.67446745]
[-0.56864738 -0.65679696 -1.09889311]
-2.6865774833459617
```

可将对一维数据的卷积推广到对多通道输入、多通道输出的二维数据的卷积的反向求导。

单通道输入、单通道输出的梯度求解过程，如图 6-40 所示。其中，$z_{00}=x_{00}w_{00}+x_{01}w_{01}+x_{10}w_{10}+x_{11}w_1$，其关于 w_{00}、w_{01}、w_{10}、w_{11} 的梯度分别是 x_{00}、x_{01}、x_{10}、x_{11}，其关于 x_{00}、x_{01}、x_{10}、x_{11} 的梯度分别是 w_{00}、w_{01}、w_{10}、w_{11}。

单通道输入、单通道输出的反向求导公式如下。

$$\frac{\partial L}{\partial \boldsymbol{w}}=\sum_{ij}\frac{\partial L}{\partial z_{ij}}\frac{\partial z_{ij}}{\partial \boldsymbol{w}}$$

其中，z_{ij} 是以 x_{ij} 开头的窗口 $\boldsymbol{x}[i{:}\,i+K_h,j{:}\,j+K_w]$ 和卷积核 $\boldsymbol{w}$ 的加权和，即

$$z_{ij}=\boldsymbol{x}[i{:}\,i+K_h,j{:}\,j+K_w]\bullet\boldsymbol{w}$$

且

$$\frac{\partial z_{ij}}{\partial w_{u,v}}=x_{i+u,j+v}$$

因此，可将 $\frac{\partial z_{ij}}{\partial \boldsymbol{w}}$ 写成和 $\boldsymbol{w}$ 形状相同的矩阵，公式如下。

$$\frac{\partial z_{ij}}{\partial \boldsymbol{w}}=\boldsymbol{x}[i{:}\,i+K_h,j{:}\,j+K_w]$$

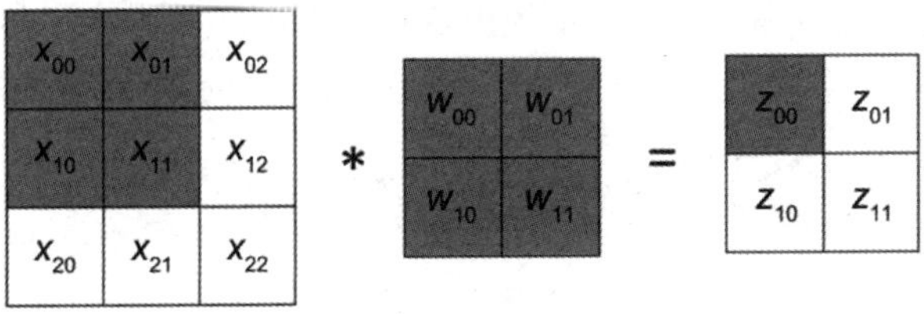

图 6-40

例如，对于图 6-40 中的 $\frac{\partial z_{00}}{\partial \boldsymbol{w}}$，有

$$\frac{\partial z_{00}}{\partial \boldsymbol{w}}=\boldsymbol{x}[0{:}\,0+2,0{:}\,j+2]=\begin{bmatrix}x_{00} & x_{01}\\ x_{10} & x_{11}\end{bmatrix}$$

所以

$$\frac{\partial L}{\partial \boldsymbol{w}}=\sum_{ij}\frac{\partial L}{\partial z_{ij}}\boldsymbol{x}[i{:}\,i+K_h,j{:}\,j+K_w]$$

同样，因为 $\frac{\partial z_{ij}}{\partial b}=1$，所以

$$\frac{\partial L}{\partial b}=\sum_{ij}\frac{\partial L}{\partial z_{ij}}\frac{\partial z_{ij}}{\partial b}=\sum_{ij}\frac{\partial L}{\partial z_{ij}}$$

又因为

$$\frac{\partial L}{\partial \boldsymbol{x}}=\sum_{ij}\frac{\partial L}{\partial z_{ij}}\frac{\partial z_{ij}}{\partial \boldsymbol{x}}$$

$z_{ij}=\boldsymbol{x}[i{:}\,i+K_h,j{:}\,j+K_w]\bullet\boldsymbol{w}$ 只依赖于以 x_{ij} 开头的数据窗口 $\boldsymbol{x}[i{:}\,i+K_h,j{:}\,j+K_w]$，且

$$\frac{\partial z_{ij}}{\partial x_{i+u,j+v}}=w_{u,v}$$

所以

$$\frac{\partial z_{ij}}{\partial \boldsymbol{x}}[i{:}\,i+K_h,j{:}\,j+K+_w]=\boldsymbol{w}$$

例如，对于图 6-40 中的 $\frac{\partial z_{ij}}{\partial \boldsymbol{x}}$ 的窗口 $[i{:}\,i+2,j{:}\,j+2]$，有

$$\frac{\partial z_{ij}}{\partial \boldsymbol{x}}[i{:}\,i+2,j{:}\,j+2]=\boldsymbol{w}=\begin{bmatrix}w_{00} & w_{01}\\ w_{10} & w_{11}\end{bmatrix}$$

因此，只要将 $\frac{\partial L}{\partial z_{ij}}\frac{\partial z_{ij}}{\partial \boldsymbol{x}}=\frac{\partial L}{\partial z_{ij}}w$ 累加到 $\frac{\partial L}{\partial \boldsymbol{x}}$ 所对应的窗口 $[i{:}\,i+K_h,j{:}\,j+K+_w]$ 中即可，公式如下。

$$\frac{\partial L}{\partial \boldsymbol{x}}[i{:}\,i+K_h,j{:}\,j+K+_w]{+}{=}\frac{\partial L}{\partial z_{ij}}\boldsymbol{w}$$

对于包含填充和跨度的卷积，在进行反向求导前，也需要进行填充，然后，再根据跨度寻找 z_{ij} 所对应的数据窗口，即按照如下公式计算损失函数 L 关于 $\boldsymbol{w}$ 和 $\boldsymbol{x}$ 的梯度（偏导数）。

$$\frac{\partial L}{\partial \boldsymbol{w}}=\sum_{ij}\frac{\partial L}{\partial z_{ij}}\boldsymbol{x}[i*S{:}\,i*S+K_h,j*S{:}\,j*S+K_w]$$

$$\frac{\partial L}{\partial b}=\sum_{ij}\frac{\partial L}{\partial z_{ij}}$$

$$\frac{\partial L}{\partial \boldsymbol{x}}[i*S{:}\,i*S+K_h,j*S{:}\,j*S+K_w]{+}{=}\frac{\partial L}{\partial z_{ij}}\boldsymbol{w}$$

以上介绍了单通道输入、单通道输出的反向求导计算公式。对于多通道的输入 $\boldsymbol{x}$，此时卷积核的权值张量 $\boldsymbol{w}$ 对应的也是 3D 卷积核（多了一个颜色通道），公式如下。

$$\frac{\partial L}{\partial \boldsymbol{w}}=\sum_{ij}\frac{\partial L}{\partial z_{ij}}\boldsymbol{x}[:,i*S{:}\,i*S+K_h,j*S{:}\,j*S+K_w]$$

$$\frac{\partial L}{\partial \boldsymbol{x}}[:,i*S{:}\,i*S+K_h,j*S{:}\,j*S+K_w]{+}{=}\frac{\partial L}{\partial z_{ij}}\boldsymbol{w}$$

如果是多通道输出，则将上述公式中的 $\boldsymbol{w}$ 换成每个输出通道 f 所对应的权值张量 $\boldsymbol{w}^f$。但因为 $\boldsymbol{x}$ 对每个输出通道特征图 $\boldsymbol{z}^f$ 都有贡献，所以，应该将所有 $\boldsymbol{z}^f$ 关于 $\boldsymbol{x}$ 的梯度累加起来，公式如下。

$$\frac{\partial L}{\partial \boldsymbol{x}}[:, i*S:i*S+K_h, j*S:j*S+K_w] += \text{sum}_f(\frac{\partial L}{\partial z_{ij}^f}\boldsymbol{w}^f)$$

$$\frac{\partial L}{\partial \boldsymbol{w}^f} = \sum_{ij}\frac{\partial L}{\partial z_{ij}^f}\boldsymbol{x}[:, i*S:i*S+K_h, j*S:j*S+K_w]$$

$$\frac{\partial L}{\partial b^f} = \sum_{ij}\frac{\partial L}{\partial z_{ij}^f}$$

如果是多个样本，则只要将每个样本的上述梯度 $(\frac{\partial L}{\partial \boldsymbol{w}^f}, \frac{\partial L}{\partial b^f})$ 累加起来就可以了。不过，每个样本的 $\boldsymbol{x}$ 都是独立的，因此 $\frac{\partial L}{\partial \boldsymbol{x}}$ 不能累加。

在 Layer 类的基础上，定义一个表示卷积层的类 Conv，用于多样本及多通道输入、多通道输出的卷积的正向计算和反向求导。Conv 类的构造函数接收表示卷积运算的输入通道数、输出通道数、卷积核等参数，forward() 方法接收一个多通道的输入，产生卷积后的多通道输出，backward() 方法接收来自损失函数关于卷积层的输出的梯度，计算损失函数关于卷积的参数和输入的梯度。相关代码如下。

```
import numpy as np
from init_weights import *

class Layer:
    def __init__(self):
        self.params = None
        pass
    def forward(self, x):
        raise NotImplementedError
    def backward(self, x, grad):
        raise NotImplementedError
    def reg_grad(self,reg):
        pass
    def reg_loss(self,reg):
        return 0.
    def reg_loss_grad(self,reg):
        return 0

class Conv(Layer):
    def __init__(self, in_channels, out_channels, kernel_size, stride=1,padding=0):
            super().__init__()
            self.C = in_channels
            self.F = out_channels
            self.K = kernel_size
            self.S = stride
            self.P = padding
            # filters is a 3d array with dimensions (num_filters, self.K, self.K)
            # you can also use Xavier Initialization.
            self.W = np.random.randn(self.F, self.C, self.K, self.K) #/(self.K*self.K)
```

```
            self.b = np.random.randn(out_channels,)
            self.params = [self.W,self.b]
            self.grads = [np.zeros_like(self.W),np.zeros_like(self.b)]
            self.X = None
            self.reset_parameters()

    def reset_parameters(self):
        kaiming_uniform(self.W, a=math.sqrt(5))
        if self.b is not None:
            #fan_in, _ = calculate_fan_in_and_fan_out(self.K)
            fan_in = self.C
            bound = 1 / math.sqrt(fan_in)
            self.b[:] = np.random.uniform(-bound,bound,(self.b.shape))

    def forward(self, X):
        self.X = X
        N, C, X_h, X_w = self.X.shape
        F, _, F_h, F_w = self.W.shape
        # print(self.X.shape,self.W.shape )


        X_pad = np.pad(self.X, ((0,0), (0, 0), (self.P, self.P),(self.P, self.P)), \
                       mode='constant', constant_values=0)

        O_h = 1 + int((X_h + 2 * self.P - F_h) / self.S)
        O_w = 1 + int((X_w + 2 * self.P - F_w) / self.S)
        O = np.zeros((N, F, O_h, O_w))

        for n in range(N):
            for f in range(F):
                for i in range(O_h):
                    hs = i * self.S
                    for j in range(O_w):
                        ws = j * self.S
                        O[n, f, i, j] = (X_pad[n, :, hs:hs+F_h, \
                                               ws:ws+F_w]*self.W[f]).sum() + self.b[f]

        return O

    def __call__(self,X):
        return self.forward(X)

    def backward(self,dZ):
        """ A naive implementation of the backward pass for a convolutional layer.
        Inputs: - dout: Upstream derivatives.
        - cache: A tuple of (x, w, b, conv_param) as in conv_forward_naive Returns a
tuple of:
        - dx: Gradient with respect to x - dw: Gradient with respect to w - db:
Gradient with respect to b """
```

```
        N, F, Z_h, Z_w = dZ.shape
        N, C, X_h, X_w = self.X.shape
        F, _, F_h, F_w = self.W.shape

        pad  = self.P

        H_ = 1 + (X_h + 2 * pad - F_h) // self.S
        W_ = 1 + (X_w + 2 * pad - F_w) // self.S


        dX = np.zeros_like(self.X)
        dW = np.zeros_like(self.W)
        db = np.zeros_like(self.b)

        X_pad = np.pad(self.X, [(0,0), (0,0), (pad,pad), (pad,pad)], 'constant')
        dX_pad = np.pad(dX, [(0,0), (0,0), (pad,pad), (pad,pad)], 'constant')

        for n in range(N):
            for f in range(F):
                db[f] += dZ[n, f].sum()
                for i in range(H_):
                    hs = i * self.S
                    for j in range(W_):
                        ws = j * self.S
                        # w [f,c,i,j]  X[n,c,i,j]
                        dW[f] += X_pad[n, :, hs:hs+F_h, ws:ws+F_w]*dZ[n, f, i, j]
                        dX_pad[n, :, hs:hs+F_h, ws:ws+F_w] += self.W[f] * dZ[n, f, i, j]

        # "Unpad"
        dX = dX_pad[:, :, pad:pad+X_h, pad:pad+X_h]


        self.grads[0] += dW
        self.grads[1] += db
        return dX
       # return dX, dW, db

    #--------添加正则项的梯度-----
    def reg_grad(self,reg):
        self.grads[0]+= 2*reg * self.W

    def reg_loss(self,reg):
        return  reg*np.sum(self.W**2)

    def reg_loss_grad(self,reg):
        self.grads[0]+= 2*reg * self.W
        return  reg*np.sum(self.W**2)
```

其中，N 表示样本数目，C 表示输入通道数，F 表示输出通道数。反向求导是对每个样本执行

“for n in range(N)”，对每个输出通道执行 “for f in range(F)”，从而计算 $\mathrm{d}b_f = \frac{\partial L}{\partial \boldsymbol{b}_f}$、$\mathrm{d}w_f = \frac{\partial L}{\partial \boldsymbol{w}_f}$、$\mathrm{d}x[n] = \frac{\partial L}{\partial \boldsymbol{x}}$。

用随机生成的输入数据测试 Conv 类的正向计算方法 forward()，并输出其第一个样本的第一个通道的值，代码如下。

```
np.random.seed(1)
x = np.random.randn(4, 3, 5, 5)

conv = Conv(3,2,3,1,1)
f = conv.forward(x)
print(f.shape)
print(f[0,0],"\n")
```

```
(4, 2, 5, 5)
[[ 0.46362714 -0.83578144  0.40298519 -0.32152652  0.56616046]
 [-0.47878018  1.02346756  0.20004975  0.59663092  0.25253169]
 [-0.39733747 -0.08368194  0.52454712  0.54133918 -0.32698456]
 [ 0.47703053 -0.01967369  1.13655418  0.22321357  0.77693417]
 [-0.23944267  0.62971182 -0.38411731  0.42818679 -0.07566246]]
```

反向求导方法 backward()，需要使用来自损失函数关于输出的梯度 $\frac{\partial \mathcal{L}}{\partial f}$，才能计算损失函数关于卷积的参数和输入的梯度。为测试该方法，可执行以下代码，输入一个模拟的梯度（记为 $\mathrm{d}f = \frac{\partial \mathcal{L}}{\partial \boldsymbol{f}}$）。

```
df = np.random.randn(4, 2, 5, 5)
dx= conv.backward(df)
print(df[0,0],"\n")
print(dx[0,0],"\n")
print(conv.grads[0][0,0],"\n")
print(conv.grads[1],"\n")
```

```
[[-1.30653407  0.07638048  0.36723181  1.23289919 -0.42285696]
 [ 0.08646441 -2.14246673 -0.83016886  0.45161595  1.10417433]
 [-0.28173627  2.05635552  1.76024923 -0.06065249 -2.413503  ]
 [-1.77756638 -0.77785883  1.11584111  0.31027229 -2.09424782]
 [-0.22876583  1.61336137 -0.37480469 -0.74996962  2.0546241 ]]

[[-1.28063939e-02 -3.66152720e-01  8.60100186e-02 -1.22187599e-01
  -9.82733000e-02]
 [ 1.56875134e-01 -1.50855186e-01 -9.11041554e-04 -3.84484585e-01
   7.94984888e-02]
 [-5.68530426e-01  4.20951048e-01  5.41634150e-01  7.61553975e-01
  -5.97223756e-01]
 [ 1.85998058e-01 -3.13055184e-01 -1.49268149e-01 -7.67989087e-01
   3.10833619e-01]
 [ 3.84377541e-02  6.33352468e-01 -3.20074728e-01 -9.61297590e-01
   9.84565706e-01]]
```

```
[[-12.64870544   7.33773197  -3.47470049]
 [  4.76851832 -18.31687439   3.59104687]
 [ -3.28925017   0.94823861  -5.66853535]]

[11.528173    7.46555585]
```

卷积层的反向求导比较复杂。可使用 util.py 中的数值梯度函数 numericalg_radient_from_df() 计算数值梯度和反向求导的分析梯度并对二者进行比较，以检查反向求导是否正确，代码如下。

```
import util

def f():
   return conv.forward(x)

dw_num = util.numerical_gradient_from_df(f,conv.W,df)
diff_error = lambda x, y: np.max(np.abs(x - y))
print(diff_error(conv.grads[0],dw_num))

db_num = util.numerical_gradient_from_df(lambda :conv.forward(x),conv.b,df)
print(diff_error(conv.grads[1],db_num))

dx_num = util.numerical_gradient_from_df(lambda :conv.forward(x),x,df)
print(diff_error(dx,dx_num))
```

```
6.533440455314121e-11
3.7474023883987684e-11
3.998808228988793e-11
```

可以看出，损失函数关于模型参数和输入的数值梯度和分析梯度是相同的。

2. 池化层的反向求导

池化层没有模型参数。池化层只会对输入数据进行最大池化或平均池化，输出每个池化窗口的最大值或平均值。通常采用的最大池化，假设 $\boldsymbol{x}$ 经过最大池化，输出 $\boldsymbol{z}$，因此有

$$z_{ij} = \max(\boldsymbol{x}[i{:}\, i + K_h, j{:}\, j + K_w])$$

如图 6-41 所示，$z_{00} = \max(\boldsymbol{x}[0{:}\, 2{,}0{:}\, 2])$，如果 $z_{00} = x_{11}$，那么损失函数 L 通过 z_{00} 关于 $\boldsymbol{x}$ 的偏导数只有 $\frac{\partial L}{\partial x_{11}} = \frac{\partial L}{\partial z_{00}}$ 和 $\frac{\partial z_{00}}{\partial x_{11}} = \frac{\partial L}{\partial z_{00}}$ 不为 0，其他 $\frac{\partial L}{\partial \boldsymbol{x}_{ij}} = 0$（$ij \neq 11$）。

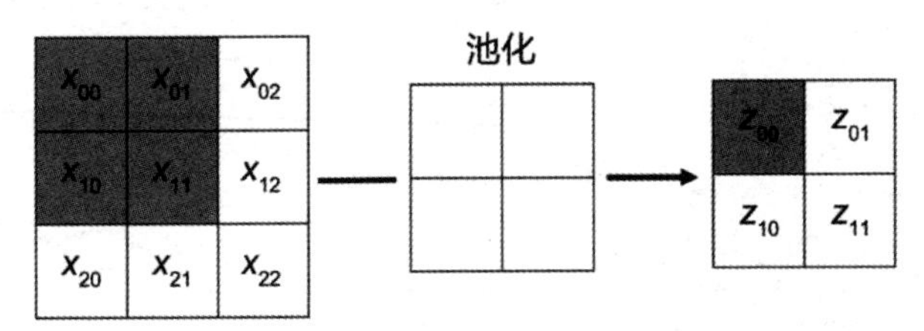

图 6-41

最大池化的梯度计算很简单，只要将每个 $\frac{\partial L}{\partial z_{ij}}$ 累加到 $z_{ij}=\max(\boldsymbol{x}[i{:}\,i+K_h, j{:}\,j+K_w])$ 所对应的数据窗口（值等于 z_{ij} 的 $x_{i+u,j+v}$ 所对应的数据窗口）的偏导数 $\frac{\partial L}{\partial x_{i+u,j+v}}$ 上即可。池化层的代码实现如下。

```
class Pool(Layer):
    def __init__(self, pool_param = (2,2,2)):
        super().__init__()
        self.pool_h,self.pool_w,self.stride = pool_param
    def forward(self, x):
        self.x = x
        N, C, H, W = x.shape

        pool_h,pool_w,stride= self.pool_h,self.pool_w,self.stride

        h_out = 1 + (H - pool_h) // stride
        w_out = 1 + (W - pool_w) // stride
        out = np.zeros((N, C, h_out, w_out))

        for n in range(N):
            for c in range(C):
                for i in range(h_out):
                    si = stride*i
                    for j in range(w_out):
                        sj = stride*j
                        x_win = x[n, c, si:si+pool_h, sj:sj+pool_w]
                        out[n,c,i,j] = np.max(x_win)
        return out

    def backward(self,dout):
        out = None
        x = self.x
        N, C, H, W = x.shape
        kH,kW,stride = self.pool_h,self.pool_w,self.stride
        oH = 1 + (H - kH) // stride
        oW = 1 + (W - kW) // stride

        dx = np.zeros_like(x)

        for k in range(N):
            for l in range(C):
                for i in range(oH):
                    si = stride * i
                    for j in range(oW):
                        sj = stride * j
                        slice = x[k,l,si:si+kH,sj:sj+kW]
                        slice_max = np.max(slice)
                        dx[k,l,si:si+kH,sj:sj+kW] += (slice_max==slice)*dout[k,l,i,j]
        return dx
```

同样，可以用数值梯度来验证 Pool 类的分析梯度的正确性，代码如下。

```
x = np.random.randn(3, 2, 8, 8)
df = np.random.randn(3, 2, 4, 4)

pool = Pool((2,2,2))
f = pool.forward(x)
dx = pool.backward(df)

dx_num = util.numerical_gradient_from_df(lambda :pool.forward(x),x,df)
print(diff_error(dx,dx_num))
```

```
1.680655614677562e-11
```

在以上卷积层的实现代码中，省略了神经元激活函数。可以像在全连接神经元中那样，将激活函数添加到卷积层的实现类 Conv 中，也可以对卷积层和全连接层中的加权和通过激活函数输出激活值，用单独的类来定义（参见第 4 章）。相关公式如下。

$$\boldsymbol{a} = g(\boldsymbol{z})$$

$$\frac{\partial L}{\partial \boldsymbol{z}} = \frac{\partial L}{\partial \boldsymbol{a}} g'(\boldsymbol{z})$$

6.2.4　卷积神经网络的代码实现

执行以下代码，在已经实现的卷积层、池化层和全连接层的基础上，实现一个表示卷积神经网络的类的 ConvNetwork。

```
class NeuralNetwork:
    def __init__(self):
        self._layers = []
        self._params = []

    def add_layer(self, layer):
        self._layers.append(layer)
        if layer.params:
            for i, _ in enumerate(layer.params):
                self._params.append([layer.params[i],layer.grads[i]])

    def forward(self, X):
        for layer in self._layers:
            X = layer.forward(X)
        return X

    def __call__(self, X):
        return self.forward(X)

    def predict(self, X):
        p = self.forward(X)
        if p.ndim == 1:          #单样本
```

```
            return np.argmax(ff)
        return np.argmax(p, axis=1)

    def backward(self,loss_grad,reg = 0.):
        for i in reversed(range(len(self._layers))):
            layer = self._layers[i]
            loss_grad = layer.backward(loss_grad)
            layer.reg_grad(reg)
        return loss_grad

    def reg_loss(self,reg):
        reg_loss = 0
        for i in range(len(self._layers)):
            reg_loss+=self._layers[i].reg_loss(reg)
        return reg_loss

    def parameters(self):
        return self._params

    def zero_grad(self):
        for i,_ in enumerate(self._params):
            self._params[i][1] *= 0.
```

读取 MNIST 手写数字集，对卷积层进行测试，代码如下。

```
import pickle, gzip, urllib.request, json
import numpy as np
import os.path

if not os.path.isfile("mnist.pkl.gz"):
    # Load the dataset
    urllib.request.urlretrieve("http://deeplearning.net/data/mnist/mnist.pkl.gz",
"mnist.pkl.gz")

with gzip.open('mnist.pkl.gz', 'rb') as f:
    train_set, valid_set, test_set = pickle.load(f, encoding='latin1')

train_X, train_y = train_set
print(train_X.shape)
train_X = train_X.reshape((train_X.shape[0],1,28,28))
print(train_X.shape)
```

```
(50000, 784)
(50000, 1, 28, 28)
```

定义如下卷积神经网络，对 MNIST 手写数字集进行分类训练，损失曲线如图 6-42 所示。

```
import train
#from NeuralNetwork import *
import time
```

```
np.random.seed(1)

#nn = ConvNetwork()
nn = NeuralNetwork()
nn.add_layer(Conv(1,2,5,1,0))    # 1*2828-> 2*24*24      # 1*2828-> 8*24*24
nn.add_layer(Pool((2,2,2)))          #       ->2*12*12    #       ->8*12*12
nn.add_layer(Conv(2,4,5,1,0))    #       ->4*8*8    ->16*8*8
nn.add_layer(Pool((2,2,2)))          #       ->4*4*4      # ->16*4*4
nn.add_layer(Dense(64, 100))
nn.add_layer(Relu())
nn.add_layer(Dense(100, 10))

learning_rate = 1e-3 #1e-1
momentum = 0.9
optimizer = train.SGD(nn.parameters(),learning_rate,momentum)

epochs=1
batch_size = 64
reg = 1e-3
print_n=100

start = time.time()

X,y  =train_X,train_y

losses = train.train_nn(nn,X,y,optimizer,util.loss_gradient_softmax_crossentropy,
epochs,batch_size,reg,print_n)

done = time.time()
elapsed = done - start
print(elapsed)

print(np.mean(nn.predict(X)==y))
```

```
[   1, 1] loss: 2.303
[ 101, 1] loss: 2.293
[ 201, 1] loss: 2.302
[ 301, 1] loss: 2.251
[ 401, 1] loss: 2.149
[ 501, 1] loss: 1.684
[ 601, 1] loss: 0.749
[ 701, 1] loss: 0.711
2535.1755859851837
0.84184
```

```
import matplotlib.pyplot as plt
%matplotlib inline
plt.plot(losses)
```

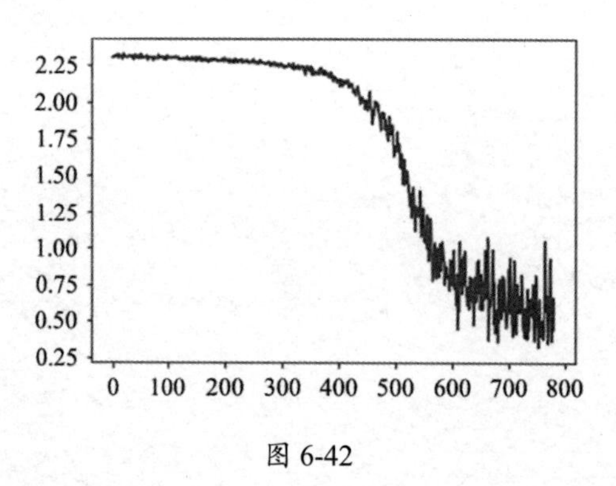

图 6-42

6.3 卷积的矩阵乘法

矩阵乘法可以很容易地实现全连接层的运算。对于一个权值向量为 $\boldsymbol{w}=(w_1,w_2,\cdots,w_n)^{\mathrm{T}}$ 的全连接神经元，如果输入的是一个样本 $\boldsymbol{x}=(x_1,x_2,\cdots,x_n)$，那么这个神经元的输出就是简单的向量的点积 $\boldsymbol{xw}$。假设全连接层有 K 个神经元，每个神经元的列向量可以组合成一个矩阵 $\boldsymbol{W}=(\boldsymbol{w}_1,\boldsymbol{w}_2,\cdots,\boldsymbol{w}_K)$。对于一个输入 $\boldsymbol{x}$，每个神经元都会产生一个输出，即一共会产生 K 个输出，公式如下。

$$\boldsymbol{xW}=(\boldsymbol{xw}_1,\boldsymbol{xw}_2,\cdots,\boldsymbol{xw}_K)$$

如果有 m 个输入样本，每个输入样本作为矩阵的一行，就可以构成一个 m 行的矩阵 $\boldsymbol{X}=(\boldsymbol{x}_1,\boldsymbol{x}_2,\cdots,\boldsymbol{x}_m)^{\mathrm{T}}$。这 m 个输入经过 K 个神经元，将产生 $m\times K$ 个输出。这些输出可表示为矩阵 $\boldsymbol{X}$ 和 $\boldsymbol{W}$ 的乘积 $\boldsymbol{Z}=\boldsymbol{XW}$。

卷积神经元的卷积操作，虽然也可以看成卷积核和对应数据窗口的张量的点积，但无法直接表示为向量的点积或矩阵的乘积。对于多个神经元、多通道输入，就更无法直接用简单的矩阵乘积或向量乘积来表示了。6.2 节给出的代码，大都是通过多层循环来实现卷积层的卷积运算的。这种多层循环的代码无法直接利用向量的并行化特点，导致卷积运算的效率很低。

为了提高卷积层的计算效率，可以将卷积运算转换为类似于全连接层神经元的向量点积或矩阵乘法运算。

6.3.1 一维卷积的矩阵乘法

假设有一个一维张量 $\boldsymbol{x}=(1,2,3,4,5)$ 和一个卷积核 $\boldsymbol{k}=(-1,2,1)$，进行跨度为 1、填充为 0 的卷积运算，公式如下。

$$(1,2,3)\cdot(-1,2,1)=6$$

$$(2,3,4)\cdot(-1,2,1)=8$$

$$(3,4,5)\cdot(-1,2,1)=10$$

如果将每次计算累加和的数据窗口中的数据作为矩阵的一行,就能得到一个矩阵,记为 $\boldsymbol{X}_{\text{row}}$。将卷积核转换为一个列向量,记为 $\boldsymbol{K}_{\text{col}}$。这样,卷积结果张量可以表示为这两个矩阵的乘积,公式如下。

$$\boldsymbol{Z}_{\text{row}} = \boldsymbol{X}_{\text{row}}\boldsymbol{K}_{\text{col}} = \begin{bmatrix}1 & 2 & 3\\2 & 3 & 4\\3 & 4 & 5\end{bmatrix}\begin{bmatrix}-1\\2\\1\end{bmatrix} = \begin{bmatrix}6\\8\\10\end{bmatrix}$$

假设输入张量的长度为 n,则经过跨度为 s、前后填充均为 p 的卷积运算,产生的结果张量的长度为 $o = \frac{n-k+2\times p}{s} + 1$。对于上例,结果张量的长度为 $o = \frac{5-3+0}{1} + 1 = 3$。

如果有 2 个样本,则对每个样本执行上述摊平操作。假设 $\boldsymbol{x}$ 是如下 2 个样本。

$$\boldsymbol{x} = \begin{bmatrix}1 & 2 & 3 & 4 & 5\\6 & 7 & 8 & 9 & 10\end{bmatrix}$$

$\boldsymbol{X}_{\text{row}}$ 就是一个 6 行的矩阵。其卷积运算可表示为

$$\boldsymbol{Z}_{\text{row}} = \boldsymbol{X}_{\text{row}}\boldsymbol{K}_{\text{col}} = \begin{bmatrix}1 & 2 & 3\\2 & 3 & 4\\3 & 4 & 5\\6 & 7 & 8\\7 & 8 & 9\\8 & 9 & 10\end{bmatrix}\begin{bmatrix}-1\\2\\1\end{bmatrix} = \begin{bmatrix}6\\8\\10\\16\\18\\20\end{bmatrix}$$

将 $\boldsymbol{Z}_{\text{row}}$ 还原为 2 个样本的形式,得到的 $\boldsymbol{z}$ 具体如下。

$$\boldsymbol{z} = \begin{bmatrix}6 & 8 & 10\\16 & 18 & 20\end{bmatrix}$$

6.3.2 二维卷积的矩阵乘法

假设输入数据只有一个样本且该样本只有一个通道,即输入数据是形状为 $(1,1,H,W)$ 的张量,其中 H、W 用于表示这个 2D 样本的分辨率。(1,1,3,3) 的样本 $\boldsymbol{X}$,具体如下。

$$\boldsymbol{X} = \begin{bmatrix}1 & 2 & 3\\4 & 5 & 6\\7 & 8 & 9\end{bmatrix}_{3\times 3}$$

卷积核是形状为 (1,1,2,2) 的张量,具体如下。

$$\boldsymbol{K} = \begin{bmatrix}1 & 2\\3 & 4\end{bmatrix}_{2\times 2}$$

如果执行的是跨度为 1、四周填充均为 1 的卷积操作,则需要先对原数据进行填充。填充后的数据 $\boldsymbol{X}_{\text{pad}}$,具体如下。

$$
\boldsymbol{X}_{\text{pad}} = \begin{bmatrix} 0 & 0 & 0 & 0 & 0 \\ 0 & 1 & 2 & 3 & 0 \\ 0 & 4 & 5 & 6 & 0 \\ 0 & 7 & 8 & 9 & 0 \\ 0 & 0 & 0 & 0 & 0 \end{bmatrix}_{5\times5}
$$

用 (1,1,2,2) 的卷积核沿着 $\boldsymbol{X}_{\text{pad}}$ 滑动，对每次对准的数据窗口和该卷积核所对应的元素求加权和，当卷积核以"从上到下、从左到右"的方式滑动时，将产生一个 4×4 的特征图。与卷积核计算加权和的数据窗口，具体如下。

$$
\boldsymbol{X}_0 = \begin{bmatrix} 0 & 0 \\ 0 & 0 \end{bmatrix}_{2\times2}, \boldsymbol{X}_1 = \begin{bmatrix} 0 & 0 \\ 0 & 1 \end{bmatrix}_{2\times2}, \boldsymbol{X}_2 = \begin{bmatrix} 0 & 0 \\ 1 & 2 \end{bmatrix}_{2\times2}, \boldsymbol{X}_3 = \begin{bmatrix} 0 & 0 \\ 3 & 0 \end{bmatrix}_{2\times2},
$$

$$
\boldsymbol{X}_4 = \begin{bmatrix} 0 & 1 \\ 0 & 4 \end{bmatrix}_{2\times2}, \boldsymbol{X}_5 = \begin{bmatrix} 1 & 2 \\ 4 & 5 \end{bmatrix}_{2\times2}, \boldsymbol{X}_6 = \begin{bmatrix} 2 & 3 \\ 5 & 6 \end{bmatrix}_{2\times2}, \boldsymbol{X}_7 = \begin{bmatrix} 3 & 0 \\ 6 & 0 \end{bmatrix}_{2\times2},
$$

$$
\boldsymbol{X}_8 = \begin{bmatrix} 0 & 4 \\ 0 & 7 \end{bmatrix}_{2\times2}, \boldsymbol{X}_9 = \begin{bmatrix} 4 & 5 \\ 7 & 8 \end{bmatrix}_{2\times2}, \boldsymbol{X}_{10} = \begin{bmatrix} 5 & 6 \\ 8 & 9 \end{bmatrix}_{2\times2}, \boldsymbol{X}_{11} = \begin{bmatrix} 6 & 0 \\ 9 & 0 \end{bmatrix}_{2\times2},
$$

$$
\boldsymbol{X}_{12} = \begin{bmatrix} 0 & 7 \\ 0 & 0 \end{bmatrix}_{2\times2}, \boldsymbol{X}_{13} = \begin{bmatrix} 7 & 8 \\ 0 & 0 \end{bmatrix}_{2\times2}, \boldsymbol{X}_{14} = \begin{bmatrix} 8 & 9 \\ 0 & 0 \end{bmatrix}_{2\times2}, \boldsymbol{X}_{15} = \begin{bmatrix} 9 & 0 \\ 0 & 0 \end{bmatrix}_{2\times2}
$$

如果将每个窗口中的数据块都作为矩阵的一行，那么所有数据块的行就可以构成一个矩阵，记为 $\boldsymbol{X}_{\text{row}}$。将卷积核转换成一个列向量，记为 $\boldsymbol{K}_{\text{col}}$。相关公式如下。

$$
\boldsymbol{X}_{\text{row}} = \begin{bmatrix} 0 & 0 & 0 & 0 \\ 0 & 0 & 0 & 1 \\ 0 & 0 & 1 & 2 \\ 0 & 0 & 3 & 0 \\ 0 & 0 & 0 & 4 \\ \vdots & \vdots & \vdots & \vdots \end{bmatrix}_{16\times4}, \quad \boldsymbol{K}_{\text{col}} = \begin{bmatrix} 1 \\ 2 \\ 3 \\ 4 \end{bmatrix}_{4\times1}
$$

卷积运算可以表示成这两个矩阵的乘积，即 $\boldsymbol{X}_{\text{row}}\boldsymbol{K}_{\text{col}}$，将产生一个 16×1 的结果矩阵，记为 $\boldsymbol{Z}_{\text{row}}$。可以将 $\boldsymbol{Z}_{\text{row}}$ 转换为形状为 4×4 的特征图，即 (1,1,4,4) 的张量。

如果输入的是单样本、多通道的张量，如 (1,2,3,3) 的张量 $\boldsymbol{X}$，则其两个通道 $\boldsymbol{X}_0$、$\boldsymbol{X}_1$ 分别为

$$
\boldsymbol{X}_0 = \begin{bmatrix} 1 & 2 & 3 \\ 4 & 5 & 6 \\ 7 & 8 & 9 \end{bmatrix}_{3\times3}, \quad \boldsymbol{X}_1 = \begin{bmatrix} 11 & 12 & 13 \\ 14 & 15 & 16 \\ 17 & 18 & 19 \end{bmatrix}_{3\times3}
$$

卷积核也应该是通道数相同的张量，如 (1,2,2,2) 的张量 $\boldsymbol{K}$，其两个通道分别记为 $\boldsymbol{K}_0$、$\boldsymbol{K}_1$，具体如下。

$$
\boldsymbol{K}_0 = \begin{bmatrix} 1 & 2 \\ 3 & 4 \end{bmatrix}_{2\times2}, \quad \boldsymbol{K}_1 = \begin{bmatrix} 5 & 6 \\ 7 & 8 \end{bmatrix}_{2\times2}
$$

假设进行的是跨度为 1、填充为 0 的卷积，卷积核每次滑动时与 2 通道的数据块 $2\times2\times2$ 进行加权和运算，即将卷积核所对应的 2 通道的数据块 $2\times2\times2$ 摊平为一行。这时，所有滑动窗口

所对应的数据块的对应行就构成了一个矩阵 $\boldsymbol{X}_{\text{row}}$，卷积核被摊平为一个大小为 8 的列向量，具体如下。

$$\boldsymbol{X}_{\text{row}} = \begin{bmatrix} 1 & 2 & 4 & 5 & 11 & 12 & 14 & 15 \\ 2 & 3 & 5 & 6 & 12 & 13 & 15 & 16 \\ 4 & 5 & 7 & 8 & 14 & 15 & 17 & 18 \\ 5 & 6 & 8 & 9 & 15 & 16 & 18 & 19 \end{bmatrix}_{4\times 8}, \quad \boldsymbol{K}_{\text{col}} = \begin{bmatrix} 1 \\ 2 \\ 3 \\ 4 \\ 5 \\ 6 \\ 7 \\ 8 \end{bmatrix}_{8\times 1}$$

将这两个矩阵相乘，得到一个 4×1 的卷积结果矩阵。将这个卷积矩阵转换成一个 (1,1,2,2) 的卷积结果张量，即一个单样本、单通道的特征图。

如果有多个卷积核（例如，有 3 个卷积核），每个卷积核被摊平为一个列向量，那么这 3 个卷积核的列向量可以构成一个 8×3 的矩阵 $\boldsymbol{K}_{\text{col}}$。矩阵相乘会产生一个 4×3 的矩阵，其中每一列对应于一个单通道的特征图，因此产生了一个 3 通道的特征图。可以将这个 4×3 的矩阵转置为一个 3×4 的矩阵，再将其转换成一个 (1,3,2,2) 的卷积结果张量。

假设：$\boldsymbol{X}$ 是一个形状为 (N, C, H, W) 的四维张量，N、C、H、W 分别表示样本数目、通道数、高度、宽度；卷积核 $\boldsymbol{K}$ 是形状为 (F, C, kH, kW) 的四维张量，F、C、kH、kW 分别表示卷积核数目、通道数、高度、宽度；在卷积层中有 F 个卷积核，卷积核的形状均为 (C, kH, kW)。

如果每个样本都是形状为 (C, H, W) 的张量，那么一个样本和一个卷积核进行卷积运算，将产生一个特征图。该特征图的形状记为 (oH, oW)，其中 oH、oW 是特征图的高和宽，满足

$$oH = (H + P - kH + 1)//S + 1, \quad oW = (W + P - kW + 1)//S + 1$$

对一个样本，卷积层的每个卷积核都会产生一个形状为 (oH, oW) 的特征图，F 个卷积核共产生 F 个特征图，即生成形状为 $(1, F, oH, oW)$ 的张量。因此，N 个样本生成的就是形状为 (N, F, oH, oW) 的张量。

如图 6-43 所示，所有卷积核都被摊平为一个大小为 $C\times kH\times kW$ 的列向量。F 个卷积核构成了一个列数为 F 的矩阵，记为 $\boldsymbol{K}_{\text{col}}$，具体如下。

$$\boldsymbol{K}_{\text{col}} = \begin{bmatrix} K_{\text{col}}^{(1)} \\ K_{\text{col}}^{(2)} \\ \vdots \\ K_{\text{col}}^{(F)} \end{bmatrix}$$

这是一个 $C\times kH\times kW$ 行、F 列的矩阵。

如果样本和卷积核都是由形状为 (C, kH, kW) 的数据块摊平而得到的行向量，那么样本将被摊平成 $oH\times oW$ 个行向量。由 N 个样本摊平后的行构成的矩阵，共有 $N\times oH\times oW$ 行，记为 $\boldsymbol{X}_{\text{row}}$，具体如下。

$$\boldsymbol{X}_{\text{row}} = \begin{bmatrix} X_{\text{row}}^{(1)} \\ X_{\text{row}}^{(2)} \\ \vdots \\ X_{\text{row}}^{(N\times oH\times oW)} \end{bmatrix}$$

这是一个 $N \times oH \times oW$ 行、$C \times kH \times kW$ 列的矩阵。

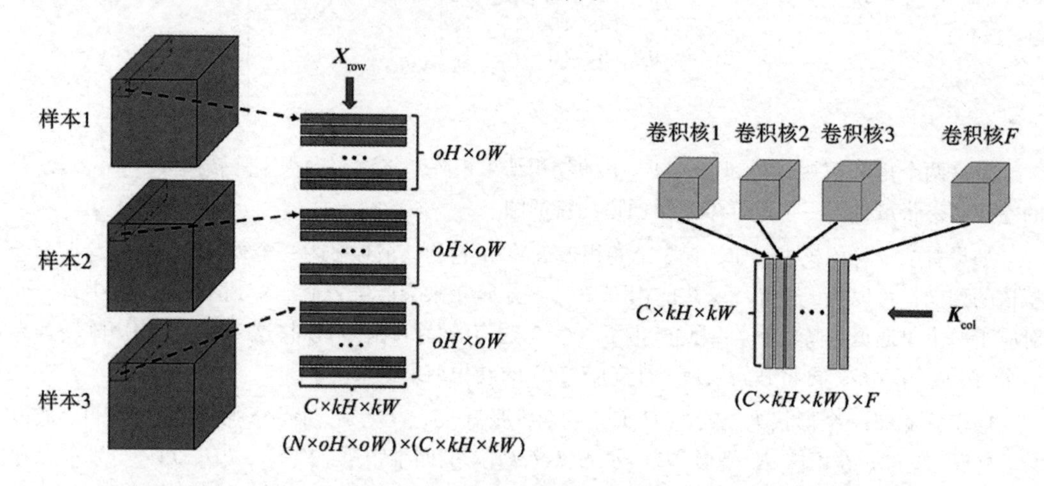

图 6-43

两个矩阵相乘的结果矩阵 $\boldsymbol{Z_{row}} = \boldsymbol{X}_{\text{row}}\boldsymbol{K}_{\text{col}}$，行数为 $N \times oH \times oW$、列数为 F。可以通过 numpy 的 reshape() 函数将其转换成形状为 (N, oH, oW, F) 或 (N, F, oH, oW) 的四维张量，即样本数为 N、通道数为 F、特征图形状为 $oH \times oW$ 的张量。

执行以下代码，即可使用 numpy 的 reshape() 函数，将由卷积层中多个卷积核构成的形状为 (F, C, kH, kW) 的四维张量摊平为由二维张量组成的矩阵。其中，每一列都对应于一个卷积核。

```
K.reshape(K.shape[0],-1).transpose()
```

假设对一个样本数据，需要将它以“从上到下、从左到右”的方式分割成 $oH \times oW$ 个三维数据块，将每个数据块转换成一个行向量。(h, w) 所代表的数据块，可以通过以下代码提取。

```
patch = x[:,h*S: h*S+kH, w*S: w*S+kW]
```

数据块被转换成一个行向量。在只有一个样本的情况下，这个行向量将被放入结果矩阵的第 h*oW+w 行，代码如下。

```
X_row[h*oW+w,:] = np.reshape(patch,-1)
```

如果有 N 个样本，可依次对每个样本执行上述摊平操作，结果矩阵共有 $oH \times oW \times N$ 行。在摊平的矩阵里，N 个样本所对应的数据块的行向量的间隔为 $oH \times oW$。因此，可以写出针对 N 个样本的代码，具体如下。

```
patch = x[:,:,h*S: h*S+kH, w*S: w*S+kW]        #同时提取N个样本的对应数据块
oSize = oH*oW                                  #oSize表示一个样本的数据块总数
```

```
X_row[h*oW+w::oSize,:] = np.reshape(patch,(N,-1))
```

执行以上代码，对于来自 N 个样本的数据块，先将其转换成 $(N,-1)$ 的形状，再按步长 $oH \times oW$ 放入对应的行。

将一个填充后的四维张量转换为二维矩阵的完整代码，具体如下。

```
def im2row(x, kH,kW, S=1):
    N, C,H, W = x.shape
    oH = (H - kH) // S + 1
    oW = (W - kW) // S + 1
    row = np.empty((N * oH * oW, kH * kW * C))
    oSize =   oH*oW

    for h in range(oH):
        hS = h * S
        hS_kH = hS + kH
        h_start = h*oW
        for w in range(oW):
            wS = w*S
            patch = x[:,:,hS:hS_kH,wS:wS+kW]
            row[h_start+w::oSize,:] = np.reshape(patch,(N,-1))
    return row
```

用单样本、多通道的四维张量进行测试，代码如下。

```
x = np.arange(18).reshape(1,2,3,3)
print(x)
x_row = im2row(x,2,2)
print(x_row)
```

```
[[[[ 0  1  2]
   [ 3  4  5]
   [ 6  7  8]]

  [[ 9 10 11]
   [12 13 14]
   [15 16 17]]]]
[[ 0.  1.  3.  4.  9. 10. 12. 13.]
 [ 1.  2.  4.  5. 10. 11. 13. 14.]
 [ 3.  4.  6.  7. 12. 13. 15. 16.]
 [ 4.  5.  7.  8. 13. 14. 16. 17.]]
```

用多样本、多通道的四维张量进行测试，代码如下。

```
x = np.arange(36).reshape(2,2,3,3)
print(x)
x_row = im2row(x,2,2)
print(x_row)
```

```
[[[[ 0  1  2]
   [ 3  4  5]
```

```
  [ 6  7  8]]

 [[ 9 10 11]
  [12 13 14]
  [15 16 17]]]

[[[18 19 20]
[21 22 23]
[24 25 26]]

[[27 28 29]
[30 31 32]
[33 34 35]]]]
[[ 0. 1. 3. 4. 9. 10. 12. 13.]
[ 1. 2. 4. 5. 10. 11. 13. 14.]
[ 3. 4. 6. 7. 12. 13. 15. 16.]
[ 4. 5. 7. 8. 13. 14. 16. 17.]
[18. 19. 21. 22. 27. 28. 30. 31.]
[19. 20. 22. 23. 28. 29. 31. 32.]
[21. 22. 24. 25. 30. 31. 33. 34.]
[22. 23. 25. 26. 31. 32. 34. 35.]]
```

现在，卷积层的卷积操作可以表示为数据矩阵 $\boldsymbol{X}_{\text{row}}$ 和卷积层矩阵 $\boldsymbol{K}_{\text{col}}$ 相乘，其运算结果为卷积结果矩阵 $\boldsymbol{Z} = \text{np.dot}(\boldsymbol{X}_{\text{row}}, \boldsymbol{K}_{\text{col}})$。$\boldsymbol{Z}$ 是行数为 $N \times oH \times oW$、列数为 F 的矩阵。可以将该矩阵的形状转换为 (N, oH, oW, F)，然后将 F 所在的第 4 轴（axis=3）与目前的第 2 轴进行交换，即将该矩阵转换为 (N, F, oH, oW) 形状的张量。相关代码如下。

```
Z = Z.reshape(N,oH,oW,-1)
Z = Z.transpose(0,3,1,2)
```

综上所述，用矩阵乘法实现卷积层的卷积运算，代码如下。

```
def conv_forward(X, K, S=1, P=0):
    N,C, H, W  = X.shape
    F,C, kH,kW = K.shape
    if P==0:
        X_pad = X
    else:
        X_pad = np.pad(X, ((0, 0), (0, 0),(P, P), (P, P)), 'constant')

    X_row = im2row(X_pad, kH,kW, S)

    K_col = K.reshape(K.shape[0],-1).transpose()
    Z_row = np.dot(X_row, K_col)

    oH = (X_pad.shape[2] - kH) // S + 1
    oW = (X_pad.shape[3] - kW) // S + 1

    Z = Z_row.reshape(N,oH,oW,-1)
    Z = Z.transpose(0,3,1,2)
```

```
    return Z
```

执行以下代码，进行测试。

```
x = np.arange(9).reshape(1,1,3,3)+1
k = np.arange(4).reshape(1,1,2,2)+1
print(x)
print(k)
z = conv_forward(x,k)
print(z.shape)
print(z)
```

```
[[[[1 2 3]
   [4 5 6]
   [7 8 9]]]]
[[[[1 2]
   [3 4]]]]
(1, 1, 2, 2)
[[[[37. 47.]
   [67. 77.]]]]
```

对多样本、多通道的数据进行测试，代码如下。

```
x = np.arange(36).reshape(2,2,3,3)
k = np.arange(16).reshape(2,2,2,2)
z = conv_forward(x,k)
print(z.shape)
print(z)
```

```
(2, 2, 2, 2)
[[[[ 268.  296.]
   [ 352.  380.]]

  [[ 684.  776.]
   [ 960. 1052.]]]

 [[[ 772. 800.]
 [ 856. 884.]]

 [[2340. 2432.]
 [2616. 2708.]]]]
```

6.3.3　一维卷积反向求导的矩阵乘法

设 $x=(x_0,x_1,x_2,x_3,x_4)$，$K=(w_0,w_1,w_2)$，$\boldsymbol{X}_{\text{row}}$、$\boldsymbol{K}_{\text{col}}$ 分别是 x 和 K 的摊平矩阵，卷积结果矩阵为 $\boldsymbol{Z}_{\text{row}}$，公式如下。

$$\boldsymbol{Z}_{\text{row}}=\begin{bmatrix}z_0\\z_1\\z_2\end{bmatrix}=\boldsymbol{X}_{\text{row}}\boldsymbol{K}_{\text{col}}=\begin{bmatrix}x_0&x_1&x_2\\x_1&x_2&x_3\\x_2&x_3&x_4\end{bmatrix}\begin{bmatrix}w_0\\w_1\\w_2\end{bmatrix}$$

例如，长度为 5 的一维向量和长度为 3 的卷积核进行 valid 卷积，产生长度为 3 的卷积结果向量，如图 6-44 所示。

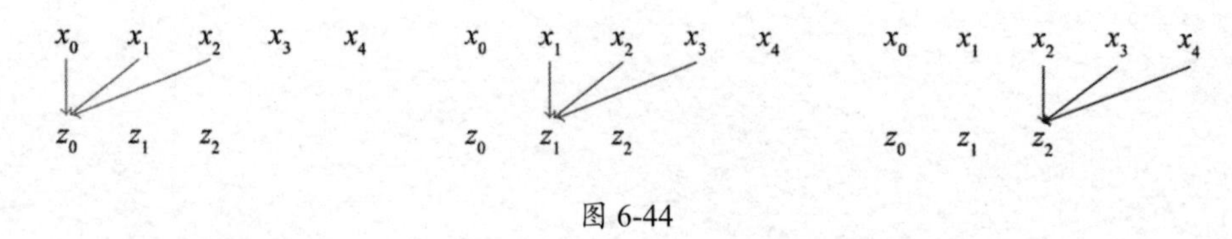

图 6-44

假设已知损失函数关于 $\boldsymbol{Z}$ 的梯度 $\mathrm{d}\boldsymbol{Z}$，其对应的矩阵为 $\mathrm{d}\boldsymbol{Z}_{\text{row}}$，则可以通过 $\mathrm{d}\boldsymbol{Z}$ 得到关于 $\boldsymbol{X}_{\text{row}}$ 和 $\boldsymbol{K}_{\text{col}}$ 的梯度，公式如下。

$$\mathrm{d}\boldsymbol{X}_{\text{row}} = \mathrm{d}\boldsymbol{Z}_{\text{row}}\boldsymbol{K}_{\text{col}}^{\mathrm{T}}$$

$$\mathrm{d}\boldsymbol{K}_{\text{col}} = \boldsymbol{X}_{\text{row}}^{\mathrm{T}}\mathrm{d}\boldsymbol{Z}_{\text{row}}$$

例如，对于 $\mathrm{d}\boldsymbol{X}_{\text{row}}$，公式如下。

$$\mathrm{d}\boldsymbol{X}_{\text{row}} = \mathrm{d}\boldsymbol{Z}_{\text{row}}\boldsymbol{K}_{\text{col}}^{\mathrm{T}} = \begin{bmatrix} \mathrm{d}z_0 \\ \mathrm{d}z_1 \\ \mathrm{d}z_2 \end{bmatrix} \begin{bmatrix} w_0 & w_1 & w_2 \end{bmatrix} = \begin{bmatrix} \mathrm{d}z_0 w_0 & \mathrm{d}z_0 w_1 & \mathrm{d}z_0 w_2 \\ \mathrm{d}z_1 w_0 & \mathrm{d}z_1 w_1 & \mathrm{d}z_1 w_2 \\ \mathrm{d}z_2 w_0 & \mathrm{d}z_2 w_1 & \mathrm{d}z_2 w_2 \end{bmatrix}$$

$\mathrm{d}\boldsymbol{X}_{\text{row}}$ 是 $\mathrm{d}\boldsymbol{X}$ 的摊平形式，其中的每一行都是输出 $\boldsymbol{Z}$ 的某个元素 z_i 关于其所依赖的数据块的梯度（这个数据块和卷积核的形状相同）。

如图 6-45 所示，$\mathrm{d}\boldsymbol{X}_{\text{row}}$ 的第 1 行就是输出分量 z_0 关于其所依赖的 $\boldsymbol{x}$ 的数据块 (x_0, x_1, x_2) 的梯度，即 $\mathrm{d}z_0$ 对 $\mathrm{d}x_0$、$\mathrm{d}x_1$、$\mathrm{d}x_2$ 都有贡献，或者说，$\mathrm{d}x_0$、$\mathrm{d}x_1$、$\mathrm{d}x_2$ 都依赖于 $\mathrm{d}z_0$（$\mathrm{d}x_0 = \mathrm{d}z_0 w_0$，$\mathrm{d}x_1 = \mathrm{d}z_0 w_1$，$\mathrm{d}x_2 = \mathrm{d}z_0 w_2$）。

在这个例子中，输出分量 z_0 将为其所依赖的数据块的 3 个输入分量的梯度贡献梯度，其他各行也分别对输入的不同数据块的梯度有贡献，即每个 $\mathrm{d}z_i$ 都对 z_i 所依赖的数据块中的元素 x_j 的梯度有贡献，如图 6-46 所示。

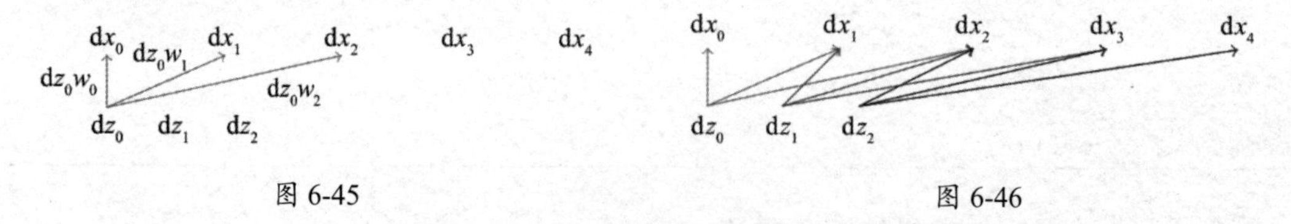

图 6-45　　图 6-46

可见，卷积的正向计算过程是计算数据块的加权和，得到一个输出值 z_i，反向求导则是将每个 z_i 的梯度分配到其所依赖的数据块的每个元素的梯度上——反向求导的分配过程是正向计算的累加过程的逆过程。

因此，为了得到损失函数关于输入 $\boldsymbol{x}$ 的梯度 $\mathrm{d}\boldsymbol{x}$，需要将 $\mathrm{d}\boldsymbol{X}_{\text{row}}$ 按照 $\boldsymbol{x}$ 摊平为 $\boldsymbol{X}_{\text{row}}$ 过程的逆过程，并将这些梯度分配到 $\mathrm{d}\boldsymbol{x}$ 所对应的数据块上。也就是说，将每一行转换为对一个数据块的梯度，因为不同的数据块是重叠的，所以这些梯度也是重叠的，在逆向摊平的过程中，应该将这些重叠的梯度进行累加。如图 6-47 所示，$\mathrm{d}z_i$ 对 z_i 所依赖的数据的梯度的贡献，都被累加到这个数据的梯度上了。

$$
\begin{array}{lllll}
x = (x_0, & x_1, & x_2, & x_3, & x_4) \\
\mathrm{d}z_0 w_0 & \mathrm{d}z_0 w_1 & \mathrm{d}z_0 w_2 & & \\
+ & \mathrm{d}z_1 w_0 & \mathrm{d}z_1 w_1 & \mathrm{d}z_1 w_2 & \\
+ & & \mathrm{d}z_2 w_0 & \mathrm{d}z_2 w_1 & \mathrm{d}z_2 w_2
\end{array}
$$

图 6-47

按照摊平过程的逆过程，将每一行的梯度累加到其所对应的原始数据块的位置，得到的 $\mathrm{d}\boldsymbol{x}$ 为

$$\mathrm{d}\boldsymbol{x} = (dz_0w_0, dz_0w_1 + dz_1w_0, dz_0w_2 + dz_1w_1 + dz_2w_0, dz_1w_2 + dz_2w_1, dz_2w_2)$$

即

$$\mathrm{d}\boldsymbol{x}[i{:}\,i+K] += \mathrm{d}\boldsymbol{X}_{\mathrm{row}}[i]$$

或

$$\mathrm{d}\boldsymbol{x}[i{:}\,i+K] += \mathrm{d}z_i * \boldsymbol{w}$$

6.3.4 二维卷积反向求导的矩阵乘法

和一维卷积反向求导的矩阵乘法一样，二维卷积反向求导的矩阵乘法也是从损失函数关于卷积层输出的梯度得到最终关于卷积层输入和卷积层权重参数的梯度的。

设输入为 $\boldsymbol{X}$，$\boldsymbol{K}$、b 是一个卷积层的权重和偏置，输出张量 $\boldsymbol{Z}$ 可以表示为

$$\boldsymbol{Z} = \mathrm{conv}(\boldsymbol{X}, \boldsymbol{K}) + b$$

其中，$\mathrm{conv}(\boldsymbol{X}, \boldsymbol{K})$ 表示用卷积核的权重 $\boldsymbol{K}$ 对输入 $\boldsymbol{X}$ 进行的卷积运算。

卷积运算 $\mathrm{conv}(\boldsymbol{X}, \boldsymbol{K})$ 可以表示为矩阵乘积，即

$$\boldsymbol{Z}_{\mathrm{row}} = \boldsymbol{X}_{\mathrm{row}}\boldsymbol{K}_{\mathrm{col}}$$

其中，$\boldsymbol{X}_{\mathrm{row}}$、$\boldsymbol{K}_{\mathrm{col}}$、$\boldsymbol{Z}_{\mathrm{row}}$ 分别表示摊平为矩阵形式的输入、权重、输出。

假设已知损失函数关于输出向量 $\boldsymbol{Z}$ 的梯度 $\mathrm{d}\boldsymbol{Z}$，根据公式 $\boldsymbol{Z} = \mathrm{conv}(\boldsymbol{X}, \boldsymbol{K}) + b$，损失函数关于 b 的梯度 $\mathrm{d}b$ 的计算过程，和前面介绍的全连接层的求导过程相同，即 $\mathrm{d}b = \mathrm{np.sum}(\mathrm{d}\boldsymbol{Z}, \mathrm{axis} = (0,2,3))$。也就是说，每个通道所对应的偏置 b_k 的梯度，是所有样本的所有像素值的梯度 $\mathrm{d}z_{i,k,h,w}$ 的累加。

根据公式 $\boldsymbol{Z}_{\mathrm{row}} = \boldsymbol{X}_{\mathrm{row}}\boldsymbol{K}_{\mathrm{col}}$，和全连接层的反向求导一样，从梯度 $\mathrm{d}\boldsymbol{Z}_{\mathrm{row}}$ 可以得到损失函数关于摊平的 $\boldsymbol{X}_{\mathrm{row}}$、$\boldsymbol{K}_{\mathrm{col}}$ 的梯度，公式如下。

$$\mathrm{d}\boldsymbol{X}_{\mathrm{row}} = \mathrm{d}\boldsymbol{Z}_{\mathrm{row}}\boldsymbol{K}_{\mathrm{col}}^{\mathrm{T}}$$

$$\mathrm{d}\boldsymbol{K}_{\mathrm{col}} = \boldsymbol{X}_{\mathrm{row}}^{\mathrm{T}}\mathrm{d}\boldsymbol{Z}_{\mathrm{row}}$$

以上计算过程，可以通过以下 Python 代码实现。

```
dK_col = np.dot(X_row.T,dZ_row) #X_row.T@dZ_row
dX_row = np.dot(dZ_row,K_col.T)
```

因为 $\boldsymbol{K}_{\text{col}}$ 是将 $\boldsymbol{K}$ 按通道摊平为列向量的，所以，只要将 $\text{d}\boldsymbol{K}_{\text{col}}$ 的每一列重新转换成和 $\boldsymbol{K}$ 相同的形状即可。相关代码如下。

```
    dK_col = dK_col.transpose(1,0)          #将通道轴 F 转置为第 1 轴
    dK = dK_col.reshape(K.shape)            #转换为和 K 相同的形状，即(F,C,kH,kW)
```

$\text{d}\boldsymbol{X}_{\text{row}}$ 是和 $\boldsymbol{X}$ 的摊平矩阵 $\boldsymbol{X}_{\text{row}}$ 形状相同的矩阵。该矩阵的每一行，都表示一个和卷积核 (C, oH, kW) 形状相同的数据块。然而，$\boldsymbol{X}_{\text{row}}$ 的不同行表示的数据块在 $\boldsymbol{X}$ 中可能是重叠的。因此，$\text{d}\boldsymbol{X}_{\text{row}}$ 的不同行表示的是可能重叠的数据块的梯度。在按照摊平过程的逆过程将 $\text{d}\boldsymbol{X}_{\text{row}}$ 恢复成 $\text{d}\boldsymbol{X}$ 时，需要将这些重叠的梯度累加起来。这个过程和一维卷积反向求导完全相同。

从 $\text{d}\boldsymbol{X}_{\text{row}}$ 按照摊平过程的逆过程得到 $\text{d}\boldsymbol{X}$，可以通过函数 row2im() 实现，代码如下。

```
def row2im(dx_row,oH,oW,kH,kW,S):
    nRow,K2C = dx_row.shape[0],dx_row.shape[1]
    C = K2C//(kH*kW)
    N = nRow//(oH*oW)                  #样本个数
    oSize = oH*oW
    H = (oH - 1) * S + kH
    W = (oW - 1) * S + kW
    dx = np.zeros([N,C,H,W])
    for i in range(oSize):
        row = dx_row[i::oSize,:]       #N 个行向量
        h_start = (i // oW) * S
        w_start = (i % oW) * S
        dx[:,:,h_start:h_start+kH,w_start:w_start+kW] += row.reshape((N,C,kH,kW))  #n
p.reshape(row,(C,kH,kW))
    return dx
```

在以上代码中：oSize = oH*oW 表示 $\boldsymbol{Z}$ 的一个特征图的大小，也表示一个输入样本被分成的数据块的数目；oH、oW 分别表示数据块矩阵的高、宽；i 表示以“从上到下、从左到右”的方式滑动卷积核时所对应的数据块的编号，根据 i 可以计算出该数据块在数据块矩阵中的行下标 (i // oW) 和列下标 (i % oW)。根据数据块的下标和跨度，可以计算出数据块在原始数据矩阵的高、宽的下标 h_start、h_start，从而将 dx_row 的第 i 行累加到这个位置。因为有多个样本，相邻样本的同样位置的数据块在摊平矩阵中的行的位置相差 oSize，所以，通过 dx_row[i::oSize,:] 可以得到所有样本的同样位置的数据块的梯度。原始数据梯度张量对应的位置为 dx[:,:,h_start:h_start+kH, w_start:w_start+kW]。

row2im() 函数也可以写成以下形式。

```
def row2im(dx_row,oH,oW,kH,kW,S):
    nRow,K2C = dx_row.shape[0],dx_row.shape[1]
    C = K2C//(kH*kW)
    N = nRow//(oH*oW)            #样本个数
```

```
    oSize = oH*oW

    H = (oH - 1) * S + kH
    W = (oW - 1) * S + kW
    dx = np.zeros([N,C,H,W])
    for h in range(oH):
        hS = h * S
        hS_kH = hS + kH
        h_start = h*oW
        for w in range(oW):
            wS = w*S
            row =dx_row[h_start+w::oSize,:]
            dx[:,:,hS:hS_kH,wS:wS+kW] += row.reshape(N,C,kH,kW)
    return dx
```

执行以下代码，对 row2im() 函数进行测试。

```
kH,kW = 2,2
oH,oW = 3,3
N,C,S,P  = 1,2,1,0
nRow = oH*oW*N
K2C = C*kH*kW

a = np.arange(nRow*K2C).reshape(nRow,K2C)
#dx_row = np.arange(nRow*K2C).reshape(nRow,K2C)
dx_row = np.vstack((a,a))
print("dx_row",dx_row)

print(dx_row.shape)
dx = row2im(dx_row,oH,oW,kH,kW,S)
print(dx.shape)
print("dx[0,0,:,:]:",dx[0,0,:,:])
```

```
dx_row [[ 0  1  2  3  4  5  6  7]
 [ 8  9 10 11 12 13 14 15]
 [16 17 18 19 20 21 22 23]
 [24 25 26 27 28 29 30 31]
 [32 33 34 35 36 37 38 39]
 [40 41 42 43 44 45 46 47]
 [48 49 50 51 52 53 54 55]
 [56 57 58 59 60 61 62 63]
 [64 65 66 67 68 69 70 71]
 [ 0  1  2  3  4  5  6  7]
 [ 8  9 10 11 12 13 14 15]
 [16 17 18 19 20 21 22 23]
 [24 25 26 27 28 29 30 31]
 [32 33 34 35 36 37 38 39]
 [40 41 42 43 44 45 46 47]
 [48 49 50 51 52 53 54 55]
 [56 57 58 59 60 61 62 63]
```

```
 [64 65 66 67 68 69 70 71]]
(18, 8)
(2, 2, 4, 4)
dx[0,0,:,:]: [[  0.   9.  25.  17.]
 [ 26.  70. 102.  60.]
 [ 74. 166. 198. 108.]
 [ 50. 109. 125.  67.]]
```

基于上面的讨论，卷积层的反向求导代码如下。

```
def conv_backward(dZ,K,oH,oW,kH,kW,S=1,P=0):
    #将dZ摊平为和Z_row形状相同的矩阵
    F = dZ.shape[1]          #将(N,F,oH,oW)转换为(N,oH,oW,F)
    dZ_row = dZ.transpose(0,2,3,1).reshape(-1,F)

    #计算损失函数关于卷积核参数的梯度
    dK_col = np.dot(X_row.T,dZ_row) #X_row.T@dZ_row
    dK_col = dK_col.transpose(1,0)
    dK = dK_col.reshape(K.shape)
    db = np.sum(dZ,axis=(0,2,3))
    db = db.reshape(-1,F)

    K_col = K.reshape(K.shape[0],-1).transpose()
    dX_row = np.dot(dZ_row,K_col.T)

    dX_pad = row2im(dX_row,oH,oW,kH,kW,S)
    if P == 0:
        return dX_pad,dK,db
    return dX_pad[:, :, P:-P, P:-P],dK,db
```

执行以下代码，对以上述卷积反向求导函数 conv_backward() 进行测试。

```
H,W  = 4,4
kH,kW = 2,2
oH,oW = 3,3
N,C,S,P,F  = 1,3,1,0,4
dZ = np.arange(N*F*oH*oW).reshape(N,F,oH,oW)
X =  np.arange(N*C*H*W).reshape(N,C,H,W)
if P==0:
    X_pad = X
else:
    X_pad = np.pad(X, ((0, 0), (0, 0),(P, P), (P, P)), 'constant')
K = np.arange(F*C*kH*kW).reshape(F,C,kH,kW)

X_row = im2row(X_pad, kH,kW, S)
dX,dW,db = conv_backward(dZ,K,oH,oW,kH,kW,S,P)
print(dX.shape)
print("dX[0,0,:,:]:",dX[0,0,:,:])
print(dW.shape)
print("dW[0,0,:,:]:",dW[0,0,:,:])
print(db.shape)
```

```
print("db:",db)
```

```
(1, 3, 4, 4)
dX[0,0,:,:]: [[1512. 3150. 3298. 1718.]
 [3348. 6968. 7280. 3788.]
 [3804. 7904. 8216. 4268.]
 [2100. 4358. 4522. 2346.]]
(4, 3, 2, 2)
dW[0,0,:,:]: [[258. 294.]
 [402. 438.]]
(1, 4)
db: [[ 36 117 198 279]]
```

6.4　基于坐标索引的快速卷积

用矩阵运算代替多重循环，提高了卷积运算的速度。但是，在对数据进行摊平和反摊平操作时，仍然需要多次进行数据的复制。本节将介绍基于索引的快速卷积方法，即先快速构建索引数组，再构建摊平或反摊平的张量，从而进一步提高卷积运算的效率。

卷积运算就是按照“从上到下、从左到右”的方式、以步长值为跨度来移动卷积核，在每个位置用卷积核和对应的数据张量的窗口的数据块（多通道数据块）进行对应元素的加权和计算，得到输出特征图各位置的元素。

本章前面介绍的将原数据张量摊平为矩阵，是根据“从上到下、从左到右”的卷积加权和的次序将原张量的多通道数据块摊平为一个行向量的。如果跨度和卷积核的尺寸（高和宽）不同，那么这些与卷积核依次计算加权和的数据块就可能是重叠的。按照计算顺序将这些数据块排列起来，可以得到一个数据块不重叠的新张量。例如，对于以下单样本、单通道的 4×4 的张量

$$\begin{bmatrix} x_{00} & x_{01} & x_{02} & x_{03} \\ x_{10} & x_{11} & x_{12} & x_{13} \\ x_{20} & x_{21} & x_{22} & x_{23} \\ x_{30} & x_{31} & x_{32} & x_{33} \end{bmatrix}$$

如果卷积核的尺寸是 2×2，那么，卷积操作实际上是通过以如下方式排列的数据块和卷积核进行加权和运算实现的。

$$\begin{bmatrix} \begin{bmatrix} x_{00} & x_{01} \\ x_{10} & x_{11} \end{bmatrix} & \begin{bmatrix} x_{01} & x_{02} \\ x_{11} & x_{12} \end{bmatrix} & \begin{bmatrix} x_{02} & x_{03} \\ x_{13} & x_{13} \end{bmatrix} \\ \begin{bmatrix} x_{10} & x_{11} \\ x_{20} & x_{21} \end{bmatrix} & \begin{bmatrix} x_{11} & x_{12} \\ x_{21} & x_{22} \end{bmatrix} & \begin{bmatrix} x_{12} & x_{13} \\ x_{23} & x_{23} \end{bmatrix} \\ \begin{bmatrix} x_{20} & x_{21} \\ x_{30} & x_{31} \end{bmatrix} & \begin{bmatrix} x_{21} & x_{22} \\ x_{31} & x_{32} \end{bmatrix} & \begin{bmatrix} x_{22} & x_{23} \\ x_{33} & x_{33} \end{bmatrix} \end{bmatrix}$$

将所有和卷积核大小相同的数据块摊平为一个行向量，可以得到如下行向量。

$$
\begin{bmatrix}
x_{00} & x_{01} & x_{10} & x_{11} \\
x_{01} & x_{02} & x_{11} & x_{12} \\
x_{02} & x_{03} & x_{13} & x_{13} \\[1em]
x_{10} & x_{11} & x_{20} & x_{21} \\
x_{11} & x_{12} & x_{21} & x_{22} \\
x_{12} & x_{13} & x_{23} & x_{23} \\[1em]
x_{20} & x_{21} & x_{30} & x_{31} \\
x_{21} & x_{22} & x_{31} & x_{32} \\
x_{22} & x_{23} & x_{33} & x_{33}
\end{bmatrix}
$$

对于多通道输入，每个数据块都是一个三维张量（长方体），卷积过程与单通道输入类似。例如，对 2 通道的张量

$$
\begin{bmatrix}
x_{000} & x_{001} & x_{002} & x_{003} \\
x_{010} & x_{011} & x_{012} & x_{013} \\
x_{020} & x_{021} & x_{022} & x_{023} \\
x_{030} & x_{031} & x_{032} & x_{033}
\end{bmatrix},
\begin{bmatrix}
x_{100} & x_{101} & x_{102} & x_{103} \\
x_{110} & x_{111} & x_{112} & x_{113} \\
x_{120} & x_{121} & x_{122} & x_{123} \\
x_{130} & x_{131} & x_{132} & x_{133}
\end{bmatrix}
$$

按照卷积计算过程，这些数据块如图 6-48 所示。可以看出，卷积计算的每个数据块都是由 2 通道矩阵构成的形状为 $2 \times 2 \times 2$ 的数据块。

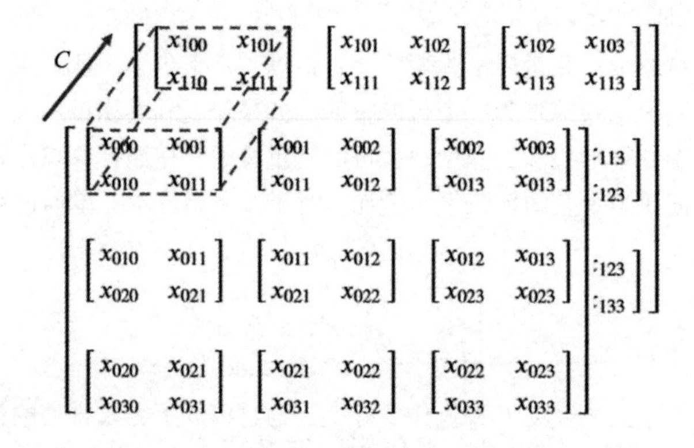

图 6-48

也就是说是，如下两个矩阵的对应位置的矩阵块构成了一个数据块。

$$
\begin{bmatrix}
\begin{bmatrix} x_{000} & x_{001} \\ x_{010} & x_{011} \end{bmatrix} & \begin{bmatrix} x_{001} & x_{002} \\ x_{011} & x_{012} \end{bmatrix} & \begin{bmatrix} x_{002} & x_{003} \\ x_{013} & x_{013} \end{bmatrix} \\[1em]
\begin{bmatrix} x_{010} & x_{011} \\ x_{020} & x_{021} \end{bmatrix} & \begin{bmatrix} x_{011} & x_{012} \\ x_{021} & x_{022} \end{bmatrix} & \begin{bmatrix} x_{012} & x_{013} \\ x_{023} & x_{023} \end{bmatrix} \\[1em]
\begin{bmatrix} x_{020} & x_{021} \\ x_{030} & x_{031} \end{bmatrix} & \begin{bmatrix} x_{021} & x_{022} \\ x_{031} & x_{032} \end{bmatrix} & \begin{bmatrix} x_{022} & x_{023} \\ x_{033} & x_{033} \end{bmatrix}
\end{bmatrix},
\begin{bmatrix}
\begin{bmatrix} x_{100} & x_{101} \\ x_{110} & x_{111} \end{bmatrix} & \begin{bmatrix} x_{101} & x_{102} \\ x_{111} & x_{112} \end{bmatrix} & \begin{bmatrix} x_{102} & x_{103} \\ x_{113} & x_{113} \end{bmatrix} \\[1em]
\begin{bmatrix} x_{110} & x_{111} \\ x_{120} & x_{121} \end{bmatrix} & \begin{bmatrix} x_{111} & x_{112} \\ x_{121} & x_{122} \end{bmatrix} & \begin{bmatrix} x_{112} & x_{113} \\ x_{123} & x_{123} \end{bmatrix} \\[1em]
\begin{bmatrix} x_{120} & x_{121} \\ x_{130} & x_{131} \end{bmatrix} & \begin{bmatrix} x_{121} & x_{122} \\ x_{131} & x_{132} \end{bmatrix} & \begin{bmatrix} x_{122} & x_{123} \\ x_{133} & x_{133} \end{bmatrix}
\end{bmatrix}
$$

将每个数据块都摊平为一个行向量，得到

$$\begin{bmatrix} x_{000} & x_{001} & x_{010} & x_{011} & x_{100} & x_{101} & x_{110} & x_{111} \\ x_{001} & x_{002} & x_{011} & x_{012} & x_{101} & x_{102} & x_{111} & x_{112} \\ x_{002} & x_{003} & x_{013} & x_{013} & x_{102} & x_{103} & x_{113} & x_{113} \\ \\ x_{010} & x_{011} & x_{020} & x_{021} & x_{110} & x_{111} & x_{120} & x_{121} \\ x_{011} & x_{012} & x_{021} & x_{022} & x_{111} & x_{112} & x_{121} & x_{122} \\ x_{012} & x_{013} & x_{023} & x_{023} & x_{112} & x_{113} & x_{123} & x_{123} \\ \\ x_{020} & x_{021} & x_{030} & x_{031} & x_{120} & x_{121} & x_{130} & x_{131} \\ x_{021} & x_{022} & x_{031} & x_{032} & x_{121} & x_{122} & x_{131} & x_{132} \\ x_{022} & x_{023} & x_{033} & x_{033} & x_{122} & x_{123} & x_{133} & x_{133} \end{bmatrix}$$

将这些和卷积核大小相同的数据块按“从上到下、从左到右”的计算次序排列，构成的扩展张量的数据都来自原数据张量（从如图 6-48 所示的扩展张量的数据下标可以看出它们来自原张量的哪些下标）。也就是说，只要知道扩展张量的每个数据元素在原数据张量中的下标，就可以根据原数据张量生成这些数据。

先看单通道的情况。去掉 x_0，就可以得到扩展张量的元素在原张量中的下标，示例如下。

$$\begin{bmatrix} \begin{bmatrix} 00 & 01 \\ 10 & 11 \end{bmatrix} & \begin{bmatrix} 01 & 02 \\ 11 & 12 \end{bmatrix} & \begin{bmatrix} 02 & 03 \\ 13 & 13 \end{bmatrix} \\ \\ \begin{bmatrix} 10 & 11 \\ 20 & 21 \end{bmatrix} & \begin{bmatrix} 11 & 12 \\ 21 & 22 \end{bmatrix} & \begin{bmatrix} 12 & 13 \\ 23 & 23 \end{bmatrix} \\ \\ \begin{bmatrix} 20 & 21 \\ 30 & 31 \end{bmatrix} & \begin{bmatrix} 21 & 22 \\ 31 & 32 \end{bmatrix} & \begin{bmatrix} 22 & 23 \\ 33 & 33 \end{bmatrix} \end{bmatrix}$$

根据这些下标索引原数据张量，就可得到这些数据块构成的张量。

观察这些下标可以发现，所有下标都可以从初始下标开始，按照“从上向下、从左向右”的方式，以步长为跨度进行移动得到。例如，初始下标是

$$\begin{bmatrix} 00 & 01 \\ 10 & 11 \end{bmatrix}$$

以“从左向右”的方式移动一个跨度，即列下标增加 1，可以得到第 1 行的 3 个数据块的下标，具体如下。

$$\begin{bmatrix} \begin{bmatrix} 00 & 01 \\ 10 & 11 \end{bmatrix} & \begin{bmatrix} 01 & 02 \\ 11 & 12 \end{bmatrix} & \begin{bmatrix} 02 & 03 \\ 13 & 13 \end{bmatrix} \end{bmatrix}$$

以“从上向下”的方式按照跨度移动这一行，即行下标增加 1，就可以依次得到下面两行的所有数据块的下标。

对于初始数据块的行列下标

$$\begin{bmatrix} 00 & 01 \\ 10 & 11 \end{bmatrix}$$

其行、列下标分别为 $i = (0,1)$、$j = (0,1)$，如图 6-49 所示。

$$
\begin{array}{c} i=0\rightarrow \\ i=1\rightarrow \end{array}\begin{bmatrix} 0 & 0 \\ 1 & 1 \end{bmatrix} \qquad \begin{array}{cc} j=0 & j=1 \\ \downarrow & \downarrow \end{array} \atop \begin{bmatrix} 0 & 1 \\ 0 & 1 \end{bmatrix}
$$

图 6-49

因此，可以通过数据块的 4 个元素的行下标向量 [0,0,1,1] 和列下标向量 [0,1,0,1] 得到初始数据块的 4 个元素的行列下标组合 [(0,0), (0,1), (1,0), (1,1)]。

类似地，对于任意 $kH \times kW$ 的卷积核，其对应于原张量初始数据块元素的行、列下标，可通过以下 Python 代码得到。

```
import numpy as np
kH,kW = 2,2
i0 = np.repeat(np.arange(kH), kW)    #行下标[0,1]沿着列的方向重复，[0,0,1,1]
print(i0)
j0 = np.tile(np.arange(kW), kH)      #列下标[0,1]沿着行的方向拼接，[0,1,0,1]
print(j0)
```

```
[0 0 1 1]
[0 1 0 1]
```

可以用 i0、j0 的组合索引得到初始数据块中的数据元素，代码如下。

```
def idx_matrix(H,W):
    a = np.empty((H,W), dtype='object')
    for i in range(H):
        for j in range(W):
            a[i,j] = str(i)+str(j)
    return a
```

定义一个矩阵，代码如下。

```
x = idx_matrix(4,4)
print(x)
print(x[i0,j0])
```

```
[['00' '01' '02' '03']
 ['10' '11' '12' '13']
 ['20' '21' '22' '23']
 ['30' '31' '32' '33']]
['00' '01' '10' '11']
```

对于多通道的数据块，其每个通道的数据块的对应元素的行、列下标是相同的。2 通道数据的初始数据块的行、列下标，如图 6-50 所示。

一般地，对通道数为 C 的初始数据块，其元素的行、列下标可以通过以下代码生成。

```
i0 = np.repeat(np.arange(kH), kW)
i0 = np.tile(i0, C)
j0 = np.tile(np.arange(kW), kH * C)
```

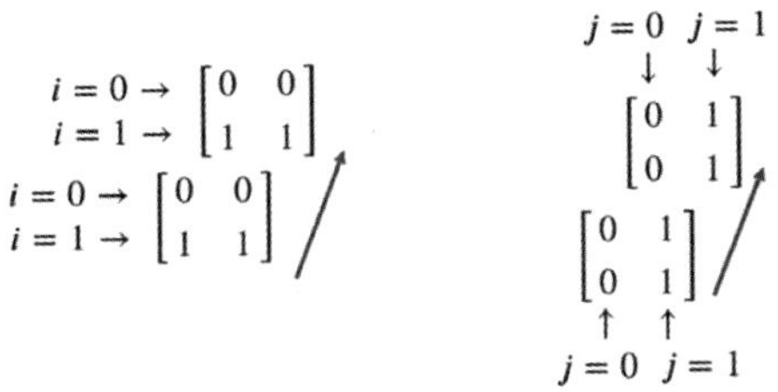

$$i=0\rightarrow\begin{bmatrix}0&0\\1&1\end{bmatrix}\quad i=0\rightarrow\begin{bmatrix}0&0\\1&1\end{bmatrix}\qquad \begin{bmatrix}0&1\\0&1\end{bmatrix}\quad\begin{bmatrix}0&1\\0&1\end{bmatrix}$$

图 6-50

执行以下代码，生成 C = 2 时的行、列下标。

```
C = 2
i0 = np.repeat(np.arange(kH), kW)
i0 = np.tile(i0, C)
j0 = np.tile(np.arange(kW), kH * C)
print(i0)
print(j0)
```

```
[0 0 1 1 0 0 1 1]        #行下标
[0 1 0 1 0 1 0 1]        #列下标
```

要想生成所有数据块中的元素在原数据张量中的坐标，不仅要知道每个数据块相对于 (0,0) 的行下标和列下标，还要加上根据跨度产生的偏移，从而得到正确的坐标。如果一个特征图被分割成多个数据块，那么这些数据块相对于初始数据块的偏移量称为**跨度坐标**。例如，一个特征图被分割成 $3\times3=9$ 个数据块，当跨度为 1 时，这 9 个数据块的行（高度）、列（宽度）坐标，如图 6-51 所示。

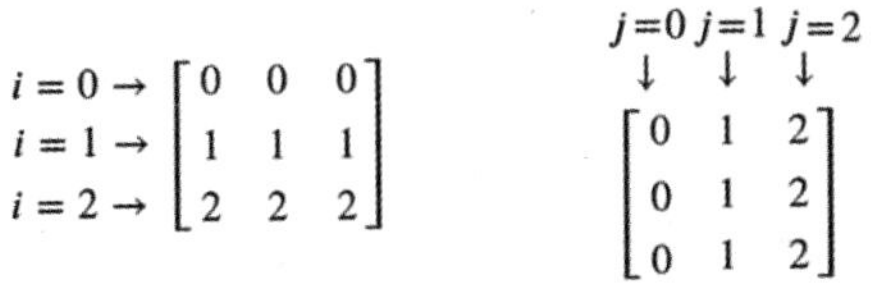

$$\begin{matrix}i=0\rightarrow\\i=1\rightarrow\\i=2\rightarrow\end{matrix}\begin{bmatrix}0&0&0\\1&1&1\\2&2&2\end{bmatrix}\qquad\begin{matrix}j=0&j=1&j=2\\\downarrow&\downarrow&\downarrow\end{matrix}\begin{bmatrix}0&1&2\\0&1&2\\0&1&2\end{bmatrix}$$

图 6-51

执行以下代码，通过生成一个数据块内元素行、列坐标的方式生成跨度坐标。

```
oH,oW=3,3
i1 = S * np.repeat(np.arange(oH), oW)
j1 = S * np.tile(np.arange(oW), oH)
print(i1)
print(j1)
```

```
[0 0 0 1 1 1 2 2 2]
[0 1 2 0 1 2 0 1 2]
```

用初始数据块的行、列坐标，分别加上这些数据块的跨度坐标，就得到了所有数据块元素在原数据张量中的行、列坐标，代码如下。

```
i = i0.reshape(-1, 1) + i1.reshape(1, -1)
j = j0.reshape(-1, 1) + j1.reshape(1, -1)
```

执行以下代码，输出这 9 个数据块的行下标。

```
print("i0:",i0)
print("i1:",i1)
print(i)
```

```
i0: [0 0 1 1 0 0 1 1]
i1: [0 0 0 1 1 1 2 2 2]
[[0 0 0 1 1 1 2 2 2]
 [0 0 0 1 1 1 2 2 2]
 [1 1 1 2 2 2 3 3 3]
 [1 1 1 2 2 2 3 3 3]
 [0 0 0 1 1 1 2 2 2]
 [0 0 0 1 1 1 2 2 2]
 [1 1 1 2 2 2 3 3 3]
 [1 1 1 2 2 2 3 3 3]]
```

其中，每一列都表示一个数据块的行下标，前 3 列表示当跨度的行坐标为 0 时 3 个数据块的行下标。

结合跨度坐标和数据块内元素的下标，得到所有数据块在原输入（单通道）张量中的行、列下标，代码如下。

```
C,S = 1,1,
oH,oW = 3,3
kH,kW = 2,2

i0 = np.repeat(np.arange(kH), kW)
i0 = np.tile(i0, C)
j0 = np.tile(np.arange(kW), kH * C)

i1 = S * np.repeat(np.arange(oH), oW)
j1 = S * np.tile(np.arange(oW), oH)

i = i0.reshape(-1, 1) + i1.reshape(1, -1)
j = j0.reshape(-1, 1) + j1.reshape(1, -1)
print(i)
print(j)
```

```
[[0 0 0 1 1 1 2 2 2]
 [0 0 0 1 1 1 2 2 2]
 [1 1 1 2 2 2 3 3 3]
 [1 1 1 2 2 2 3 3 3]]
[[0 1 2 0 1 2 0 1 2]
 [1 2 3 1 2 3 1 2 3]
 [0 1 2 0 1 2 0 1 2]
 [1 2 3 1 2 3 1 2 3]]
```

所有数据块的左上角元素的行下标，如图 6-52 所示。

```
[[0 0 0 1 1 1 2 2 2]
 [0 0 0 1 1 1 2 2 2]
 [1 1 1 2 2 2 3 3 3]
 [1 1 1 2 2 2 3 3 3]]
[[0 1 2 0 1 2 0 1 2]
 [1 2 3 1 2 3 1 2 3]
 [0 1 2 0 1 2 0 1 2]
 [1 2 3 1 2 3 1 2 3]]
```

$$
\begin{bmatrix}
\begin{bmatrix} \underline{x_{00}} & x_{01} \\ x_{10} & x_{11} \end{bmatrix} & \begin{bmatrix} \underline{x_{01}} & x_{02} \\ x_{11} & x_{12} \end{bmatrix} & \begin{bmatrix} \underline{x_{02}} & x_{03} \\ x_{13} & x_{13} \end{bmatrix} \\
\begin{bmatrix} \underline{x_{10}} & x_{11} \\ x_{20} & x_{21} \end{bmatrix} & \begin{bmatrix} \underline{x_{11}} & x_{12} \\ x_{21} & x_{22} \end{bmatrix} & \begin{bmatrix} \underline{x_{12}} & x_{13} \\ x_{23} & x_{23} \end{bmatrix} \\
\begin{bmatrix} \underline{x_{20}} & x_{21} \\ x_{30} & x_{31} \end{bmatrix} & \begin{bmatrix} \underline{x_{21}} & x_{22} \\ x_{31} & x_{32} \end{bmatrix} & \begin{bmatrix} \underline{x_{22}} & x_{23} \\ x_{33} & x_{33} \end{bmatrix}
\end{bmatrix}
$$

图 6-52

所有数据块的右下角元素的行下标，如图 6-53 所示。可以看出，这个索引矩阵的每一列都对应于一个数据块。

```
[[0 0 0 1 1 1 2 2 2]
 [0 0 0 1 1 1 2 2 2]
 [1 1 1 2 2 2 3 3 3]
 [1 1 1 2 2 2 3 3 3]]
[[0 1 2 0 1 2 0 1 2]
 [1 2 3 1 2 3 1 2 3]
 [0 1 2 0 1 2 0 1 2]
 [1 2 3 1 2 3 1 2 3]]
```

$$
\begin{bmatrix}
\begin{bmatrix} x_{00} & x_{01} \\ x_{10} & \underline{x_{11}} \end{bmatrix} & \begin{bmatrix} x_{01} & x_{02} \\ x_{11} & \underline{x_{12}} \end{bmatrix} & \begin{bmatrix} x_{02} & x_{03} \\ x_{13} & \underline{x_{13}} \end{bmatrix} \\
\begin{bmatrix} x_{10} & x_{11} \\ x_{20} & \underline{x_{21}} \end{bmatrix} & \begin{bmatrix} x_{11} & x_{12} \\ x_{21} & \underline{x_{22}} \end{bmatrix} & \begin{bmatrix} x_{12} & x_{13} \\ x_{23} & \underline{x_{23}} \end{bmatrix} \\
\begin{bmatrix} x_{20} & x_{21} \\ x_{30} & \underline{x_{31}} \end{bmatrix} & \begin{bmatrix} x_{21} & x_{22} \\ x_{31} & \underline{x_{32}} \end{bmatrix} & \begin{bmatrix} x_{22} & x_{23} \\ x_{33} & \underline{x_{33}} \end{bmatrix}
\end{bmatrix}
$$

图 6-53

如果想用所有数据块的下标组成矩阵的一行，则可以修改数据块下标和跨度下标的排列方式（按行或按列排列），代码如下。

```
C,S = 1,1
oH,oW=3,3
kH,kW = 2,2

i0 = np.repeat(np.arange(kH), kW)
i0 = np.tile(i0, C)
j0 = np.tile(np.arange(kW), kH * C)

i1 = S * np.repeat(np.arange(oH), oW)
j1 = S * np.tile(np.arange(oW), oH)

i = i0.reshape(1,-1) + i1.reshape(-1,1)
j = j0.reshape(1,-1) + j1.reshape(-1,1)
print(i)
print(j)
```

```
[[0 0 1 1]
 [0 0 1 1]
 [0 0 1 1]
 [1 1 2 2]
 [1 1 2 2]
 [1 1 2 2]
 [2 2 3 3]
 [2 2 3 3]
 [2 2 3 3]]
[[0 1 0 1]
 [1 2 1 2]
 [2 3 2 3]
 [0 1 0 1]
 [1 2 1 2]
 [2 3 2 3]
 [0 1 0 1]
 [1 2 1 2]
 [2 3 2 3]]
```

以上讨论了数据块的每个元素相对于其所在通道的图像的行、列坐标。在索引每个数据元素时，还应该考虑通道坐标。

假设有 C 个通道，一个元素在这 C 个通道里的坐标值为 $(0,1,2,\cdots,C-1)$，如图 6-54 所示。但是，每个数据块在一个通道上有 $kH\times kW$ 个元素。结合通道坐标和图像（特征图）坐标，一个形状为 $kH\times kW\times C$ 的数据块共有 $kH\times kW\times C$ 个坐标。

$$\begin{bmatrix}1 & 1\\1 & 1\end{bmatrix}$$
$$\begin{bmatrix}0 & 0\\0 & 0\end{bmatrix} \nearrow C$$

图 6-54

执行以下代码，计算一个数据块的通道坐标。

```
C=2
k = np.repeat(np.arange(C), kH * kW).reshape(1,-1) #(-1, 1)
print(k)
```

```
[[0 0 0 0 1 1 1 1]]
```

假设卷积层输入的原数据张量的形状为 (N,C,H,W)，卷积层中有 F 个形状为 (C,H,W) 的卷积核，即卷积层的形状为 (F,C,H,W)，执行跨度为 S、边缘填充为 P 的卷积操作。根据本章的分析，执行以下代码，通过 get_im2row_indices() 函数可以求出参与卷积运算的数据块构成的扩展张量中的所有元素在原数据张量中的通道坐标 k、行下标 i 和列下标 j。

```
import numpy as np
def get_im2row_indices(x_shape, kH, kW, S=1,P=0):
  N, C, H, W = x_shape
  assert (H + 2 * P - kH) % S == 0
  assert (W + 2 * P - kH) % S == 0
  oH = (H + 2 * P - kH) // S + 1
  oW = (W + 2 * P - kW) // S + 1

  i0 = np.repeat(np.arange(kH), kW)
```

```
    i0 = np.tile(i0, C)
    i1 = S * np.repeat(np.arange(oH), oW)
    j0 = np.tile(np.arange(kW), kH * C)
    j1 = S * np.tile(np.arange(oW), oH)
    #i = i0.reshape(-1, 1) + i1.reshape(1, -1)
    #j = j0.reshape(-1, 1) + j1.reshape(1, -1)
    i = i0.reshape(1,-1) + i1.reshape(-1,1)
    j = j0.reshape(1,-1) + j1.reshape(-1,1)

    k = np.repeat(np.arange(C), kH * kW).reshape(1,-1)

    return (k, i, j)
```

执行以下代码，对 get_im2row_indices() 函数进行测试。

```
H,W  = 4,4
kH,kW = 2,2
oH,oW = 3,3
N,C,S,P,F  = 2,2,1,0,4

k, i, j = get_im2row_indices((N,C,H,W),kH,kW,S,P)
print(k.shape)
print(i.shape)
print(j.shape)
```

```
(1, 8)
(9, 8)
(9, 8)
```

有了 get_im2row_indices() 函数，就可以轻松地从原数据张量生成数据块按行摊平的张量了，代码如下。

```
def im2row_indices(x, kH, kW, S=1,P=0):
  x_padded = np.pad(x, ((0, 0), (0, 0), (P, P), (P, P)), mode='constant')
  k, i, j = get_im2row_indices(x.shape, kH, kW, S,P)
  rows = x_padded[:, k, i, j]            #每个样本的所有数据块
  C = x.shape[1]
  rows = rows.reshape(-1,kH * kW * C)    #第 1 个样本的所有数据块，第 2 个样本的所有数据块
  return rows
```

执行以下代码，从原数据张量生成数据块按行摊平的张量。

```
X =  np.arange(N*C*H*W).reshape(N,C,H,W)
X_row = im2row_indices(X,kH,kW,S,P)
print(X)
print(X_row)
```

```
[[[[ 0  1  2  3]
   [ 4  5  6  7]
   [ 8  9 10 11]
   [12 13 14 15]]
```

```
  [[16 17 18 19]
   [20 21 22 23]
   [24 25 26 27]
   [28 29 30 31]]]

 [[[32 33 34 35]
 [36 37 38 39]
 [40 41 42 43]
 [44 45 46 47]]

 [[48 49 50 51]
 [52 53 54 55]
 [56 57 58 59]
 [60 61 62 63]]]]
 [[ 0 1 4 5 16 17 20 21]
 [ 1 2 5 6 17 18 21 22]
 [ 2 3 6 7 18 19 22 23]
 [ 4 5 8 9 20 21 24 25]
 [ 5 6 9 10 21 22 25 26]
 [ 6 7 10 11 22 23 26 27]
 [ 8 9 12 13 24 25 28 29]
 [ 9 10 13 14 25 26 29 30]
 [10 11 14 15 26 27 30 31]
 [32 33 36 37 48 49 52 53]
 [33 34 37 38 49 50 53 54]
 [34 35 38 39 50 51 54 55]
 [36 37 40 41 52 53 56 57]
 [37 38 41 42 53 54 57 58]
 [38 39 42 43 54 55 58 59]
 [40 41 44 45 56 57 60 61]
 [41 42 45 46 57 58 61 62]
 [42 43 46 47 58 59 62 63]]
```

执行以下代码，将数据块按行摊平的张量转换为原数据张量。

```
def row2im_indices(rows, x_shape, kH, kW, S=1,P=0):
  N, C, H, W = x_shape
  H_pad, W_pad = H + 2 * P, W + 2 * P
  x_pad = np.zeros((N, C,H_pad, W_pad), dtype=rows.dtype)
  k, i, j = get_im2row_indices(x_shape, kH, kW, S,P)

  rows_reshaped = rows.reshape(N,-1,C * kH * kW)

  np.add.at(x_pad, (slice(None), k, i, j), rows_reshaped)
  if P == 0:
    return x_pad
  return x_pad[:, :, P:-P, P:-P]
```

测试 get_im2row_indices() 函数和 6.3.4 节介绍的 row2im() 函数的计算结果是否一致，代码如下。

```
import numpy as np

H,W  = 4,4
kH,kW = 2,2
oH,oW = 3,3
N,C,S,P  = 2,2,1,0
#F = 4

nRow = oH*oW*N
K2C = C*kH*kW

dx_row = X_row.copy()  #np.arange(nRow*K2C).reshape(nRow,K2C)
print("dx_row.shape",dx_row.shape)
#print("dx_row",dx_row)

dx = row2im(dx_row,oH,oW,kH,kW,S)
print("dx.shape",dx.shape)
print("dx[0,0,:,:]",dx[0,0,:,:])

#dx_row = dx_row.transpose()
dX = row2im_indices(dx_row,(N,C,H,W),kH,kW,S,P)
print("dX.shape",dX.shape)
print("dX[0,0,:,:]",dX[0,0,:,:])
print(dX)
```

```
dx_row.shape (18, 8)
dx.shape (2, 2, 4, 4)
dx[0,0,:,:] [[ 0.  2.  4.  3.]
 [ 8. 20. 24. 14.]
 [16. 36. 40. 22.]
 [12. 26. 28. 15.]]
dX.shape (2, 2, 4, 4)
dX[0,0,:,:] [[ 0  2  4  3]
 [ 8 20 24 14]
 [16 36 40 22]
 [12 26 28 15]]
[[[[  0   2   4   3]
   [  8  20  24  14]
   [ 16  36  40  22]
   [ 12  26  28  15]]

  [[ 16  34  36  19]
   [ 40  84  88  46]
   [ 48 100 104  54]
   [ 28  58  60  31]]]

 [[[ 32 66 68 35]
  [ 72 148 152 78]
  [ 80 164 168 86]
```

```
 [ 44 90 92 47]]

 [[ 48 98 100 51]
 [104 212 216 110]
 [112 228 232 118]
 [ 60 122 124 63]]]]
```

有了能直接将多维张量摊平为矩阵的函数 get_im2row_indices()（参见随书文件 im2row.py），我们可以编写基于数据块的卷积操作的卷积层代码，具体如下。

```
from Layers import *
from im2row import *

class Conv_fast():
    def __init__(self, in_channels, out_channels, kernel_size, stride=1,padding=0):
            super().__init__()
            self.C = in_channels
            self.F = out_channels
            self.kH = kernel_size
            self.kW = kernel_size
            self.S = stride
            self.P = padding
            # filters is a 3d array with dimensions (num_filters, self.K, self.K)
            # you can also use Xavier Initialization.
            #self.K = np.random.randn(self.F, self.C, self.kH, self.kW) #/(self.K*sel
f.K)
            self.K = np.random.normal(0,1,(self.F, self.C, self.kH, self.kW))
            self.b = np.zeros((1,self.F)) #,1))
            self.params = [self.K,self.b]
            self.grads = [np.zeros_like(self.K),np.zeros_like(self.b)]
            self.X = None
            self.reset_parameters()

    def reset_parameters(self):
        kaiming_uniform(self.K, a=math.sqrt(5))
        if self.b is not None:
            #fan_in, _ = calculate_fan_in_and_fan_out(self.K)
            fan_in = self.C
            bound = 1 / math.sqrt(fan_in)
            self.b[:] = np.random.uniform(-bound,bound,(self.b.shape))

    def forward(self,X):
        #转换为多通道
        self.X = X
        if len(X.shape)==1:
            X = X.reshape(X.shape[0],1,1,1)
        elif len(X.shape)==2:
            X = X.reshape(X.shape[0],X.shape[1],1,1)

        self.N,self.H,self.W = X.shape[0], X.shape[2], X.shape[3]
```

```
        S,P,kH,kW = self.S, self.P,self.kH,self.kW
        self.oH = (self.H - kH + 2*P)// S + 1
        self.oW = (self.W - kW + 2*P)// S + 1

        X_shape = (self.N,self.C,self.H,self.W)

        self.X_row = im2row_indices(X,self.kH,self.kW,S=self.S,P=self.P)

        K_col = self.K.reshape(self.F,-1).transpose()
        Z_row =  self.X_row @ K_col   + self.b #W_row @ self.X_row + self.b

        Z = Z_row.reshape(self.N,self.oH,self.oW,-1)
        Z = Z.transpose(0,3,1,2)
        return Z

    def __call__(self,x):
         return self.forward(x)

    def backward(self,dZ):

        if len(dZ.shape)<=2:
           dZ = dZ.reshape(dZ.shape[0],-1,self.oH,self.oW)
        K = self.K
        #将 dZ 摊平为和 Z_row 形状相同的矩阵
        F = dZ.shape[1]                          #将(N,F,oH,oW)转换为(N,oH,oW,F)
        assert(F==self.F)
        dZ_row = dZ.transpose(0,2,3,1).reshape(-1,F)

        #计算损失函数关于卷积核参数的梯度
        dK_col = np.dot(self.X_row.T,dZ_row) #X_row.T@dZ_row
        dK_col = dK_col.transpose(1,0)           #将 F 通道的轴从 axis=1 变为 axis=0
        dK = dK_col.reshape(self.K.shape)
        db = np.sum(dZ,axis=(0,2,3))
        db = db.reshape(-1,F)

        #计算损失函数关于卷积层输入的梯度
        K_col = K.reshape(K.shape[0],-1).transpose()       #摊平
        dX_row = np.dot(dZ_row,K_col.T)

        X_shape = (self.N,self.C,self.H,self.W)
        dX = row2im_indices(dX_row,X_shape,self.kH,self.kW,S =self.S,P = self.P)

        dX = dX.reshape(self.X.shape)
        self.grads[0] += dK
        self.grads[1] += db

        return dX

    #--------添加正则项的梯度-----
```

```
    def reg_grad(self,reg):
        self.grads[0]+= 2*reg * self.K

    def reg_loss(self,reg):
        return  reg*np.sum(self.K**2)

    def reg_loss_grad(self,reg):
        self.grads[0]+= 2*reg * self.K
        return  reg*np.sum(self.K**2)
```

用梯度检验这个卷积层的代码是否正确，示例如下。

```
import util

np.random.seed(1)

N,C,H,W = 4,3,5,5
F,kH,kW = 6,3,3
oH,oW = 3,3
x = np.random.randn(N,C,H,W)
y = np.random.randn(N,F,oH,oW)

conv = Conv_fast(C,F,kH,1,0)
f = conv.forward(x)

loss,do = util.mse_loss_grad(f,y)
dx = conv.backward(do)

def loss_f():
    f = conv.forward(x)
    loss,do = util.mse_loss_grad(f,y)
    return loss

dW_num = util.numerical_gradient(loss_f,conv.params[0],1e-6)

diff_error = lambda x, y: np.max(np.abs(x - y)/(np.maximum(1e-8, np.abs(x) + \
                                        np.abs(y) )) )
print(diff_error(conv.grads[0],dW_num))
#print("dW",conv.grads[0][:2])
#print("dW_num",dW_num[:2])
```

```
4.198542114313848e-07
```

为了比较快速卷积与一般卷积在时间效率上的差异，使用与 6.2.5 节相同的卷积神经网络对MNIST 手写数字集进行分类训练，代码如下。

```
from Layers import *
import time
np.random.seed(0)

#N,C,H,W = 64,256,64,64
```

```
#F,kH= 128,5
N,C,H,W = 128,16,64,64
F,kH= 32,5
x = np.random.randn(N,C,H,W)
oH = H-kH+1
do = np.random.randn(N,F,oH,oH)

start = time.time()
conv = Conv(C,F,kH)
f = conv(x)
conv.backward(do)
done = time.time()
elapsed = done - start
print(elapsed)

start = time.time()
conv = Conv_fast(C,F,kH)
f = conv(x)
conv.backward(do)
done = time.time()
elapsed = done - start
print(elapsed)
```

```
476.4419822692871
29.02124047279358
```

可以看出，一般卷积需要 476 秒，快速卷积只要 29 秒。

将 6.2.5 节对 MNIST 手写数字集进行分类训练的卷积神经网络的卷积换成快速卷积，代码如下。

```
import pickle, gzip, urllib.request, json
import numpy as np
import os.path

if not os.path.isfile("mnist.pkl.gz"):
    # Load the dataset
    urllib.request.urlretrieve("http://deeplearning.net/data/mnist/mnist.pkl.gz",
"mnist.pkl.gz")

with gzip.open('mnist.pkl.gz', 'rb') as f:
    train_set, valid_set, test_set = pickle.load(f, encoding='latin1')

train_X, train_y = train_set
print(train_X.shape)
train_X = train_X.reshape((train_X.shape[0],1,28,28))
print(train_X.shape)
```

```
(50000, 784)
(50000, 1, 28, 28)
```

执行以下代码，对 MNIST 手写数字集进行分类训练，并绘制卷积神经网络的损失曲线，结果如图 6-55 所示。

```
import train
from NeuralNetwork import *
import time

np.random.seed(1)

nn = NeuralNetwork()
nn.add_layer(Conv_fast(1,2,5,1,0))    # 1*2828-> 2*24*24       # 1*2828-> 8*24*24
nn.add_layer(Pool((2,2,2)))          #       ->2*12*12    #       ->8*12*12
nn.add_layer(Conv_fast(2,4,5,1,0))    #        ->4*8*8    ->16*8*8
nn.add_layer(Pool((2,2,2)))          #       ->4*4*4     # ->16*4*4
nn.add_layer(Dense(64, 100))
nn.add_layer(Relu())
nn.add_layer(Dense(100, 10))

learning_rate = 1e-3 #1e-1
momentum = 0.9
optimizer = train.SGD(nn.parameters(),learning_rate,momentum)

epochs=1
batch_size = 64
reg = 1e-3
print_n=100

start = time.time()
X,y  =train_X,train_y
losses = train.train_nn(nn,X,y,optimizer,util.cross_entropy_grad_loss,epochs,batch_
size,reg,print_n)
done = time.time()
elapsed = done - start
print(elapsed)

print(np.mean(nn.predict(X)==y))
```

```
[    1, 1] loss: 2.383
[  101, 1] loss: 2.316
[  201, 1] loss: 2.283
[  301, 1] loss: 2.160
[  401, 1] loss: 1.675
[  501, 1] loss: 1.091
[  601, 1] loss: 0.514
[  701, 1] loss: 0.659
690.5078177452087
0.83894
```

```
import matplotlib.pyplot as plt
```

```
%matplotlib inline
plt.plot(losses)
```

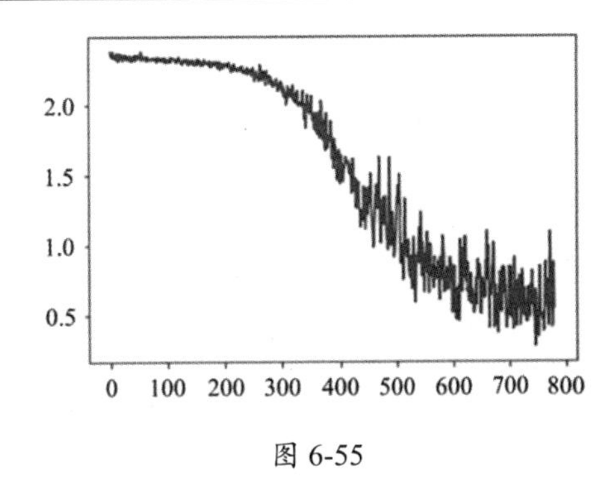

图 6-55

6.5　典型卷积神经网络结构

1989 年，卷积神经网络结构的提出者 Yann LeCun 用反向传播算法训练多层神经网络，以识别手写邮政编码，其中的神经网络就是 LeNet（于 1994 年被提出）。尽管 Yann LeCun 并未在论文中提及卷积或卷积神经网络，只是说把 5 × 5 的相邻区域作为感受野，但他在 1998 年提出了著名的 LeNet-5，标志着卷积神经网络的真正诞生。由于当时硬件的计算能力有限，卷积神经网络的训练会消耗大量的机器资源和时间，所以，卷积神经网络模型并没有得到广泛应用。

直到 2012 年，Alex Krizhevsky 用 GPU 实现了 AlexNet，并获得了 ImageNet 图像识别竞赛的冠军，以深度卷积神经网络为代表的深度学习才开始迅猛发展。随后，研究人员提出了多种的神经网络结构，如 VGG、Inception 等。

6.5.1　LeNet–5

LeNet-5 是一个经典的卷积神经网络结构，采用“先卷积、再池化”的模式，从多通道输入产生多通道输出并缩小图像的尺寸，如图 6-56 所示。

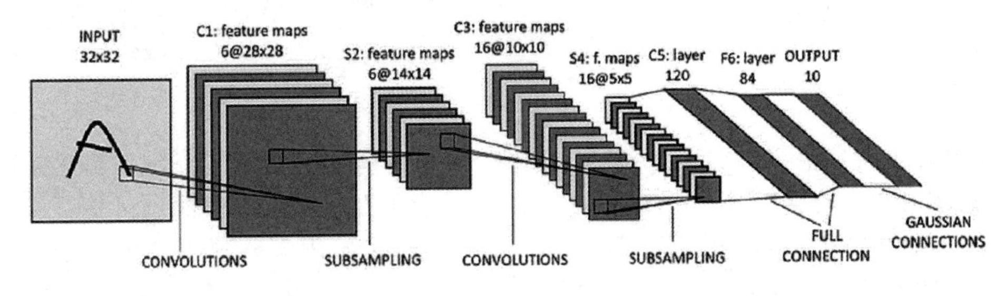

图 6-56

在卷积层，一幅 32 × 32 × 1 的图像，通过 6 个跨度为 1、填充为 0 的 5 × 5 的卷积核，产生 6 个 28 × 28 的特征图。然后，通过跨度为 2、大小为 2 的平均池化操作，产生 6 个 14 × 14 的特征图，即图像的长和宽都是原来的一半。接下来，通过 16 个跨度为 1、填充为 0 的 5×5 的卷积核，产生 16 个 10×10 的特征图。最后，通过跨度为 2、大小为 2 的平均池化操作，产生 16 个 5×5 的特征图。

全连接层有 120 个神经元，每个神经元接收前一层输出的 16 个 5×5 的特征图的 400 个特征值。每个神经元都会产生一个输出。这 120 个神经元，将产生一个由 120 个输出构成的一维向量，并传送到下一个有 84 个神经元的全连接层。有 84 个神经元的全连接层，将其 84 个输出传送到最后的输出层。如果需要进行 10 分类，那么输出层应包含 10 个神经元，每个神经元都会输出一个样本属于对应类别的得分。这 10 个类别的得分，可以通过 softmax 函数与真正的目标值计算多分类交叉熵损失，从而对神经网络模型进行训练。

6.5.2 AlexNet

AlexNet 是 Alex Krizhevsky 等人提出的卷积神经网络结构，在 2012 年的 ImageNet 图像分类大赛中夺得了第一名，将 top-5 错误率提升了 10 多个百分点。AlexNet 的作者用 CUDA GPU 实现了并行的神经网络训练算法，使在合理的时间内训练深度神经网络成为可能。

AlexNet 的结构，如图 6-57 所示。

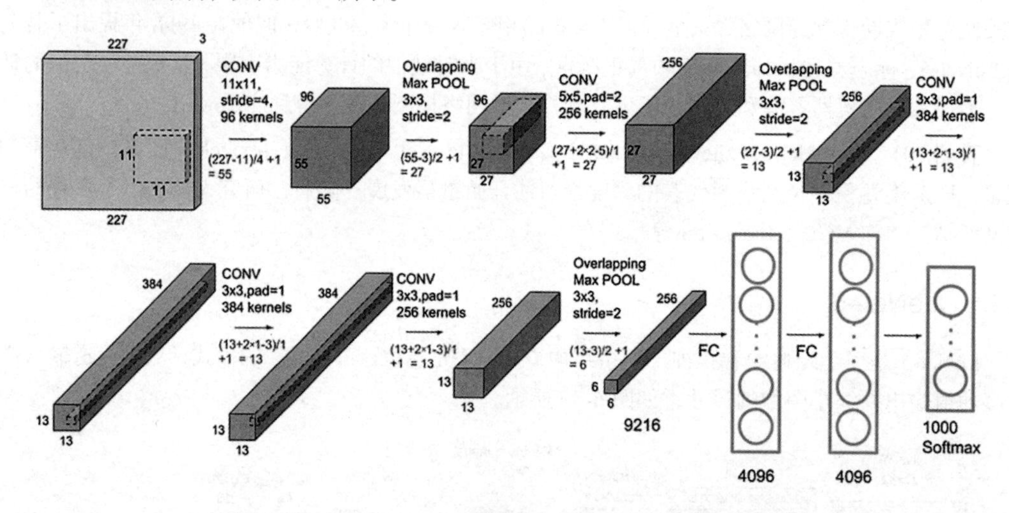

图 6-57

假设输入的是一幅 $227 \times 227 \times 3$ 的彩色图像，网络的计算过程为：经过 96 个跨度为 4 的 11×11 的卷积核，产生 96 个 55×55 的特征图（因为跨度是 4，所以图像缩小了 4 倍）；经过跨度为 2 的 3×3 的最大池化层，产生 96 个 27×27 的特征图；用 256 个跨度为 1、填充为 2 的 5×5 的卷积核执行 same 卷积操作，产生 256 个 27×27 的特征图；经过跨度为 2 的 3×3 最大池化层，产生 256 个 13×13 的特征图；用 384 个跨度为 1、填充为 1 的 3×3 的卷积核执行 same 卷积操作，产生 384 个 13×13 的特征图；执行与上一步相同的 same 卷积操作；用 256 个跨度为 1、填充为 1 的 3×3 卷积核执行 same 卷积操作，产生 256 个 13×13 的特征图；经过跨度为 2 的 3×3 最大池化层，产生 256 个 6×6 的特征图；将这 256 个特征图展开为一个 $6\times6\times256=9216$ 维的向量，然后将其输出到一个有 4096 个神经元的全连接层；再经过一个有 4096 个神经元的全连接层；最后，通过一个有 1000 个神经元的全连接层，使用 softmax 函数输出样本属于这 1000 个类别的概率。

AlexNet 与 LeNet 非常相似，但深度和规模比 LeNet 大得多——LeNet 有约 6 万个参数，而 AlexNet 有约 6000 万个参数。AlexNet 对 LeNet 的最重要的改进是采用 ReLU 激活函数，避免了深度神经网络的梯度消失问题。此外，AlexNet 提出了 Dropout 的概念，即在某个隐藏层以一定的概率使一些神经元的输出为 0（不参与网络传播），相当于在每次迭代时使用不同的函数。这种正则化技术，实际上就是用多个简单的网络函数组合表示被训练的模型函数。AlexNet 还提出了局部响应归一化层，在某一层对特征图某个位置上的所有通道的值进行归一化（但后来人们发现它的作用不大）。

AlexNet 的成功，使计算机视觉和人工智能社区重新关注沉寂多年的神经网络，尤其是深度卷积网络。研究人员开始确信，借助具有并行计算能力的图形处理器和大数据，神经网络的深度可以变得更深，原理简单的深度神经网络可以超越数学模型复杂的人工智能技术，深度学习将成为机器学习最重要的分支。实际上，现代人工智能主要就是指深度学习。

6.5.3 VGG

VGG 是由牛津大学提出一种简化的卷积网络结构，其主要贡献是证明了“增加网络的深度能够在一定程度上提高网络最终的性能”。一般卷积网络的不同卷积层的卷积核大小是不一样的，而 VGG 网络的所有卷积核的大小都是一样的，因此，VGG 简化了卷积神经网络的结构。VGG-16 是指 VGG 网络中的卷积层和全连接层一共有 16 个。只要网络足够深，就能取得与复杂神经网络相同甚至更好的性能。VGG-16 网络的结构，如图 6-58 所示。

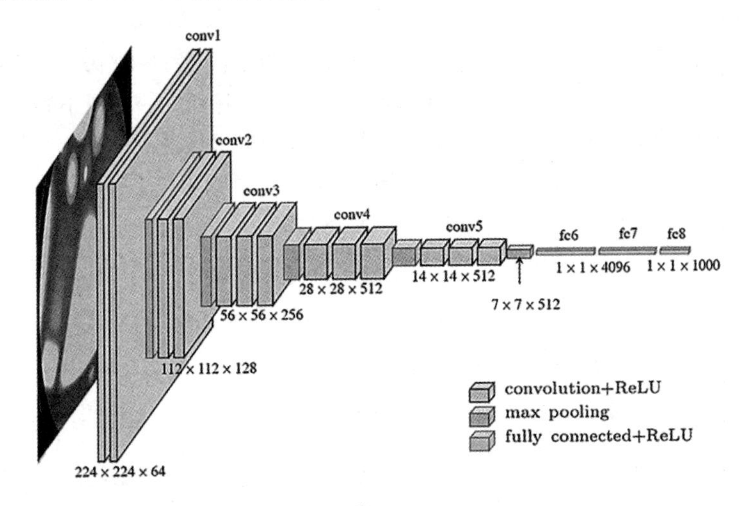

图 6-58

其中，卷积核的尺寸都是 3×3、跨度都为 1，池化窗口的尺寸都是 2×2、跨度都为 2。第一个卷积层的输出通道数是 64，之后的卷积层的输出通道数是 128、256、512。当输出通道数到达 512 后就不再增加了，原因是 VGG-16 网络的作者认为通道数 512 已经足够大了。VGG 网络结构规整，但需要的数据量很大。后来，有人提出了 VGG-19，但其与 VGG-16 的性能差别不大。

6.5.4 残差网络

残差网络（Residual Networks）通过一种类似于“跳线”的技巧，在原本距离很远的两个网络层之间建立一个短路连接，打破了神经网络逐层传递的结构，从而避免了梯度爆炸和梯度消失问题。

如图 6-59 左图所示，是一个普通的神经网络结构，其计算过程如下。

$$x = a^{[0]} \to a^{[1]} \to a^{[2]} \to \cdots \to a^{[i-1]} \to a^{[i]} \to a^{[i+1]} \to \cdots \to a^{[L]}$$

残差网络的“跳线”通常是有规律的，其结构如图 6-59 右图所示。

因为存在短路连接，所以，反向求导的梯度可以通过“跳线”从底层直接反馈到顶层，从而不会因为经过多个中间层的传递而导致梯度的衰减或爆炸。残差网络是中国学者何凯明等人发明的，作者发现只要在不同层之间建立这些跳线连接，就能训练更深的神经网络，借助于残差网络结构，人们甚至可轻松地训练 1000 层以上的神经网络。

由于残差网络具有周期性的规律，因此，残差网络可以看成是由同样结构**残差块**构成的。

一个残差块的结构，如图 6-60 所示。该残差块由两个卷积块构成，每个卷积块先进行加权和计算，再计算激活函数的输出。该残差块在第二个卷积块的激活函数前，将第一个卷积块的输入和第二个卷积块的加权和的输出进行累加，然后通过激活函数输出。第一个卷积块的输入 x 经过这个卷积块的加权和与激活函数，输入第二个卷积块。第二个卷积块的加权和 $F(x)$ 和第一个卷积块的输入 x 相加，得到 $F(x)+x$，然后输入第二个卷积块的激活函数。

该残差块表示的函数 $x\to F(x)+x$ 在原来的函数 $x\to F(x)$ 的基础上增加了一个恒等函数 $x\to x$，从而使 $x\to F(x)$ 尽可能接近 0，即将函数 $x\to F(x)$ 限制在一个很小的子空间内，这一点类似于通过对权值的正则化限制函数的范围。另外，在反向求导时，对第二个卷积块的输出的梯度将通过恒等函数 $x\to x$ 直接传给第一个卷积块的输入，从而避免了梯度消失问题。

从结构的角度看，如果将残差块看成和卷积块一样的整体模块，则残差神经网络和普通神经网络的结构是一样的，即残差网络是由一系列首尾相接的残差块的串联结构，具体如下。

$$F_1(x)+x = \text{ResBlock}_1 \to F_2(x)+x = \text{ResBlock}_2 \to \cdots \to F_n(x)+x = \text{ResBlock}_n$$

其中，ResBlock_i 表示一个残差块。普通神经网络可表示为

$$F_1(x) = \text{convBlock}_1 \to F_2(x) = \text{convBlock}_2 \to \cdots \to F_n(x) = \text{convBlock}_n$$

当然，一个残差块也可能是由多个卷积块构成的，每个卷积块都可能包含批规范化层、池化层、Dropout 层等，即一个残差块可能包含几个甚至十几个不同类型的网络层。

34-layer plain
image
7×7 conv, 64, /2
pool, /2
3×3 conv, 64
3×3 conv, 64
3×3 conv, 64
3×3 conv, 64
3×3 conv, 64
3×3 conv, 64
3×3 conv, 128, /2
3×3 conv, 128
3×3 conv, 128
3×3 conv, 128
3×3 conv, 128
3×3 conv, 128
3×3 conv, 128
3×3 conv, 128
3×3 conv, 256, /2
3×3 conv, 256
3×3 conv, 256
3×3 conv, 256
3×3 conv, 256
3×3 conv, 256
3×3 conv, 256
3×3 conv, 256
3×3 conv, 256
3×3 conv, 256
3×3 conv, 256
3×3 conv, 256
3×3 conv, 512, /2
3×3 conv, 512
3×3 conv, 512
3×3 conv, 512
3×3 conv, 512
3×3 conv, 512
avg pool
fc 1000
34-layer residual
image
7×7 conv, 64, /2
pool, /2
3×3 conv, 64
3×3 conv, 64
3×3 conv, 64
3×3 conv, 64
3×3 conv, 64
3×3 conv, 64
3×3 conv, 128, /2
3×3 conv, 128
3×3 conv, 128
3×3 conv, 128
3×3 conv, 128
3×3 conv, 128
3×3 conv, 128
3×3 conv, 128
3×3 conv, 256, /2
3×3 conv, 256
3×3 conv, 256
3×3 conv, 256
3×3 conv, 256
3×3 conv, 256
3×3 conv, 256
3×3 conv, 256
3×3 conv, 256
3×3 conv, 256
3×3 conv, 256
3×3 conv, 256
3×3 conv, 512, /2
3×3 conv, 512
3×3 conv, 512
3×3 conv, 512
3×3 conv, 512
3×3 conv, 512
avg pool
fc 1000

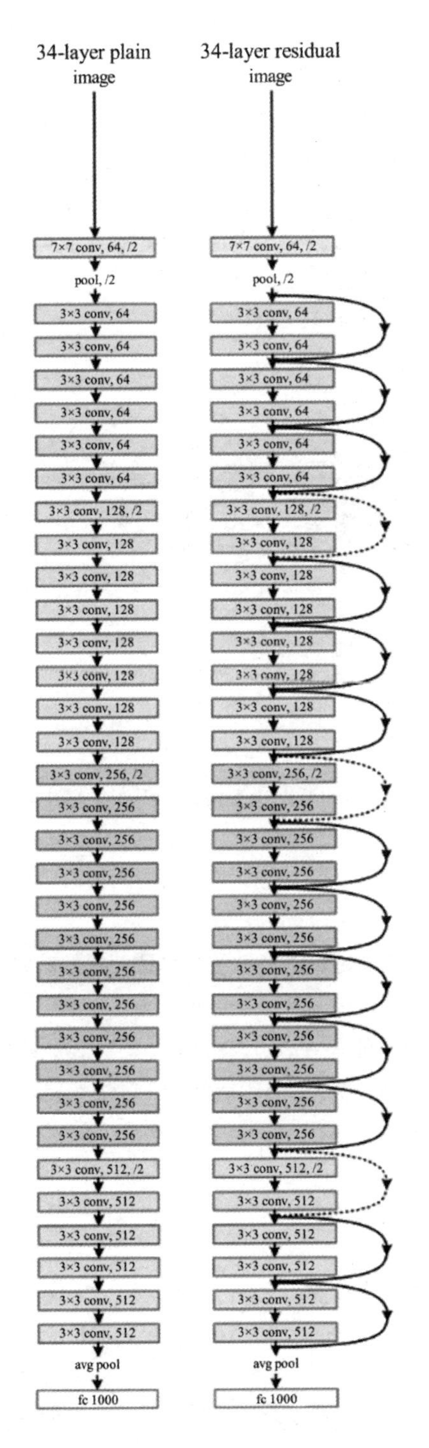

图 6-59

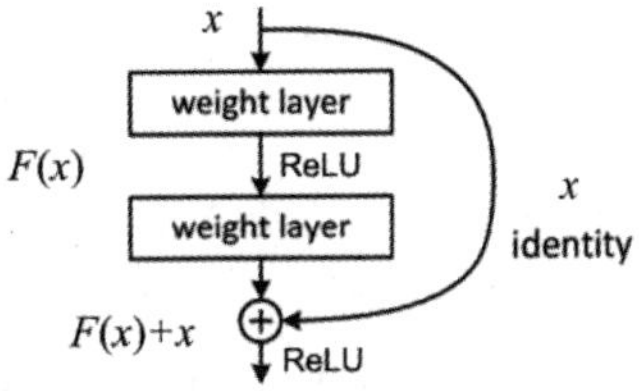

x
weight layer
F(x)
ReLU
weight layer
x
identity
F(x)+x
ReLU

图 6-60

6.5.5 Inception 网络

特征在特征图上表现出来的巨大差异和可能发生的变化，使卷积运算正确选择卷积核的大小变得困难。针对不同的问题，卷积核到底是用 3×3 的还是用 5×5 的呢？较大的卷积核适合用来捕获全局分布的信息，较小的卷积核适合用来捕获局部分布的信息。类似的问题在池化层中也存在。谷歌提出的 Inception 网络的思想，就是让网络自动选择大小合适的卷积核或池化窗口。为了达到这个目的，Inception 网络用 Inception 模块代替普通的卷积层。将多个不同尺寸的卷积核（包括池化窗口）组合在一起构成的 Inception 模块，如图 6-61 所示。

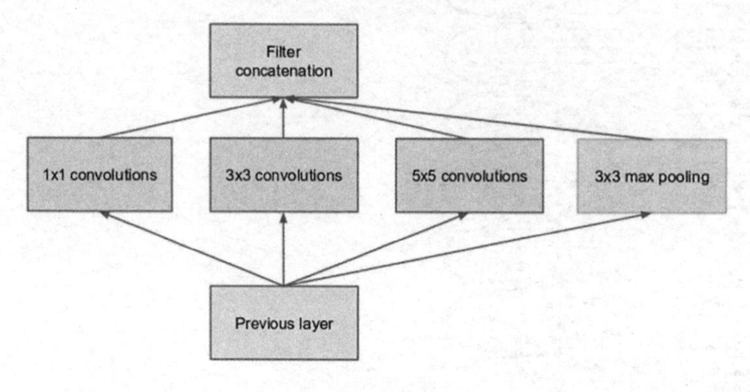

图 6-61

Inception 模块的每种卷积核都接收同样的输入，它们各自采用 same 卷积产生输出通道数不同的特征图，这些特征图将被拼接成一个最终的特征图，如图 6-62 所示。当然，Inception 模块中还可以包含池化层。池化层会使特征图变小。为了产生和原特征图尺寸相同的池化输出特征图，需要使用带有填充的 same 池化操作。

用 Inception 模块代替普通的卷积层和池化层，可以通过训练自动学习合适的模型参数，从而自动选择大小合适的卷积核（池化窗口）。

不过，Inception 模块会导致模型参数量很大。例如，对一个 $28\times28\times192$ 的输入张量使用 32 个 $5\times5\times192$ 的卷积核，将输出一个 $28\times28\times32$ 的张量，输出张量的每个元素都是通过一次 $5\times5\times192$ 的加权和计算得到的，因此，需要进行 $5\times5\times192\times28\times28\times32=120422400$ 次乘法计算。为了降低计算量，可在如 3×3、5×5、7×7 等尺寸大于 1 的卷积核前面添加一个输出通道数较少的 1×1 的卷积核，如图 6-63 所示。

假设 1×1 的卷积核的输出通道数是 16，即 $1\times1\times16$，尽管添加了一个卷积核，但计算量明显减少了。对前面那个"对一个 $28\times28\times192$ 的输入张量使用 32 个 $5\times5\times192$ 的卷积核"的例子，添加一个 1×1 的卷积核，计算量为 $1\times1\times192\times28\times28\times16+5\times5\times16\times28\times28\times32=12443648$——大约仅为原来计算量的 10%（原来的计算量为 120422400）。因为池化层的输出通道数总是和输入相同，所以，为了减少使池化层的输出通道数，应将这个 1×1 的卷积核放在池化层的最后。

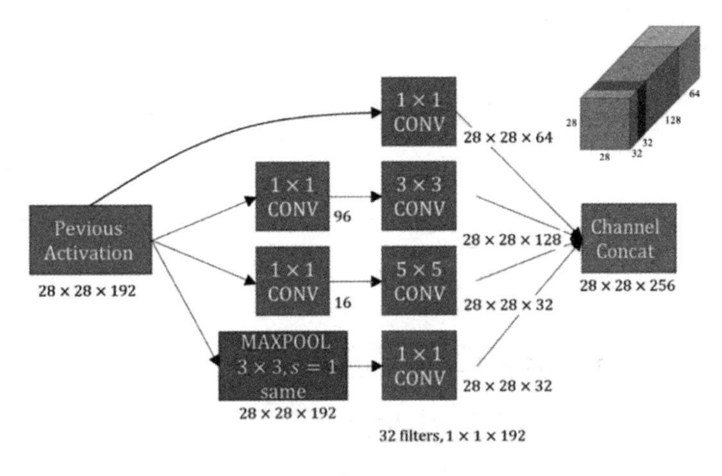

图 6-62

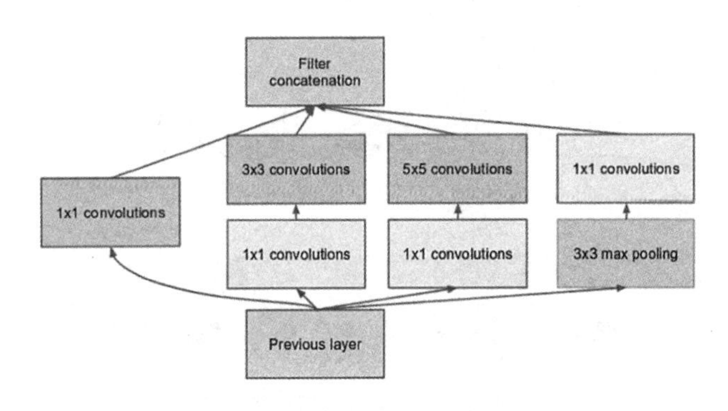

图 6-63

著名的 GoogLeNet（即 Inception V1）网络的结构，如图 6-64 所示。在 Inception V1 的基础上，人们提出了一些改进，产生了如 Inception V2、Inception V3、Inception V4 等版本。

6.5.6 NiN

通常在卷积层进行的是输入的线性卷积运算，即对输入进行线性加权和计算，再经过非线性激活函数产生输出，如图 6-65 左图所示。NiN（Network in Network，网络中的网络）则用一个小的网络代替线性卷积层，如图 6-65 右图所示。在这个小的网络上，NiN 的作者添加了 2 个全连接层。NiN 的作者认为，这样做可以提高网络卷积层的非线性能力。

NiN 的作者还用**全局均值池化**代替了传统的全连接层，对每个特征图进行全局均值池化，使每个特征图只产生一个输出值。这样做不仅有效缓解了传统全连接层由于要摊平特征图而产生大量参数的问题，还可以避免过拟合。由于每个特征图只产生一个输出值，所以，全局池化层的输入特征图的数目必须和类别的数目一致。例如，对于 10 分类问题，特征图的数目必须是 10。

NiN 的网络结构，如图 6-66 所示。

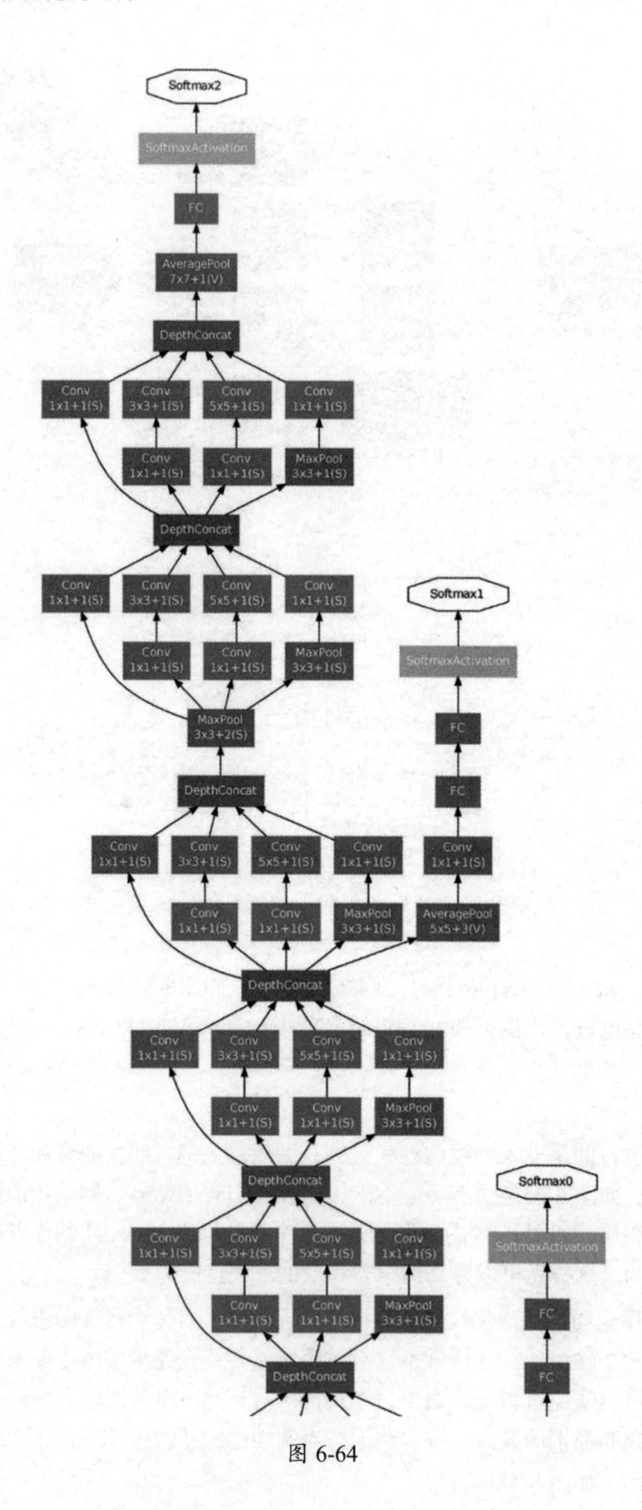
Softmax2
SoftmaxActivation
FC
AveragePool
7x7+1(V)
DepthConcat
Conv
1x1+1(S)
Conv
3x3+1(S)
Conv
5x5+1(S)
Conv
1x1+1(S)
Conv
1x1+1(S)
Conv
1x1+1(S)
MaxPool
3x3+1(S)
DepthConcat
Conv
1x1+1(S)
Conv
3x3+1(S)
Conv
5x5+1(S)
Conv
1x1+1(S)
Conv
1x1+1(S)
Conv
1x1+1(S)
MaxPool
3x3+1(S)
MaxPool
3x3+2(S)
Softmax1
SoftmaxActivation
FC
FC
DepthConcat
Conv
1x1+1(S)
Conv
3x3+1(S)
Conv
5x5+1(S)
Conv
1x1+1(S)
Conv
1x1+1(S)
Conv
1x1+1(S)
Conv
1x1+1(S)
MaxPool
3x3+1(S)
AveragePool
5x5+3(V)
DepthConcat
Conv
1x1+1(S)
Conv
3x3+1(S)
Conv
5x5+1(S)
Conv
1x1+1(S)
Conv
1x1+1(S)
Conv
1x1+1(S)
MaxPool
3x3+1(S)
DepthConcat
Softmax0
SoftmaxActivation
FC
FC
Conv
1x1+1(S)
Conv
3x3+1(S)
Conv
5x5+1(S)
Conv
1x1+1(S)
Conv
1x1+1(S)
Conv
1x1+1(S)
MaxPool
3x3+1(S)
DepthConcat

图 6-64

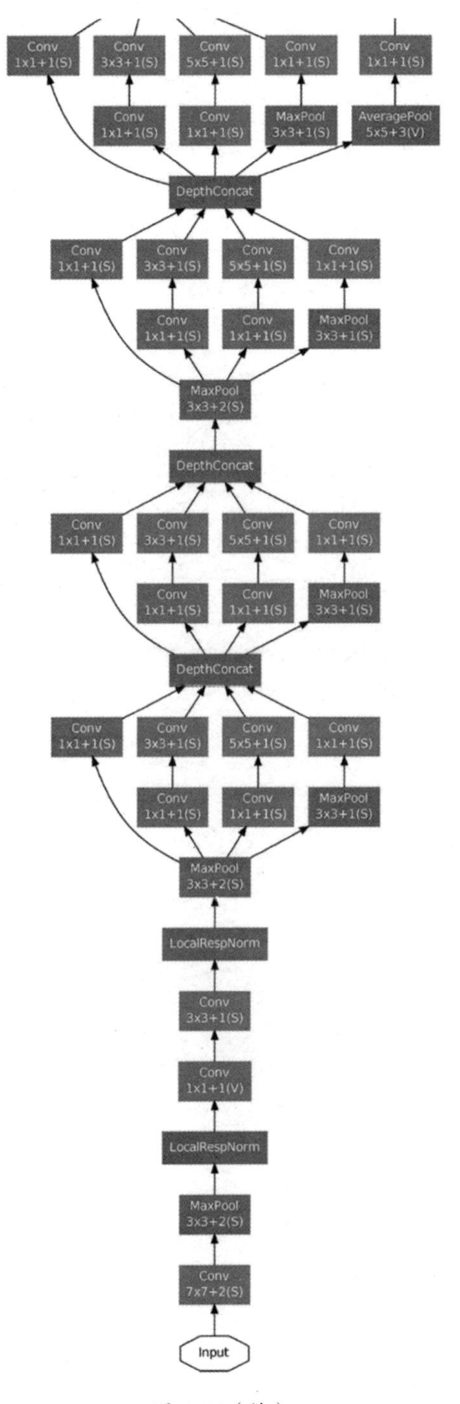
Conv
1x1+1(S)
Conv
3x3+1(S)
Conv
5x5+1(S)
Conv
1x1+1(S)
Conv
1x1+1(S)
Conv
1x1+1(S)
Conv
1x1+1(S)
MaxPool
3x3+1(S)
AveragePool
5x5+3(V)
DepthConcat
Conv
1x1+1(S)
Conv
3x3+1(S)
Conv
5x5+1(S)
Conv
1x1+1(S)
Conv
1x1+1(S)
Conv
1x1+1(S)
MaxPool
3x3+1(S)
MaxPool
3x3+2(S)
DepthConcat
Conv
1x1+1(S)
Conv
3x3+1(S)
Conv
5x5+1(S)
Conv
1x1+1(S)
Conv
1x1+1(S)
Conv
1x1+1(S)
MaxPool
3x3+1(S)
DepthConcat
Conv
1x1+1(S)
Conv
3x3+1(S)
Conv
5x5+1(S)
Conv
1x1+1(S)
Conv
1x1+1(S)
Conv
1x1+1(S)
MaxPool
3x3+1(S)
MaxPool
3x3+2(S)
LocalRespNorm
Conv
3x3+1(S)
Conv
1x1+1(V)
LocalRespNorm
MaxPool
3x3+2(S)
Conv
7x7+2(S)
Input

图 6-64（续）

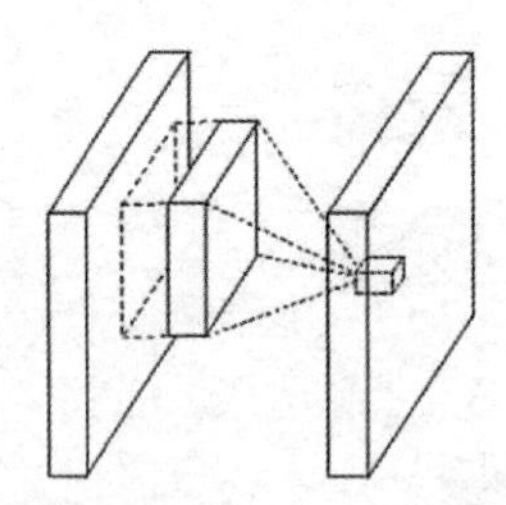

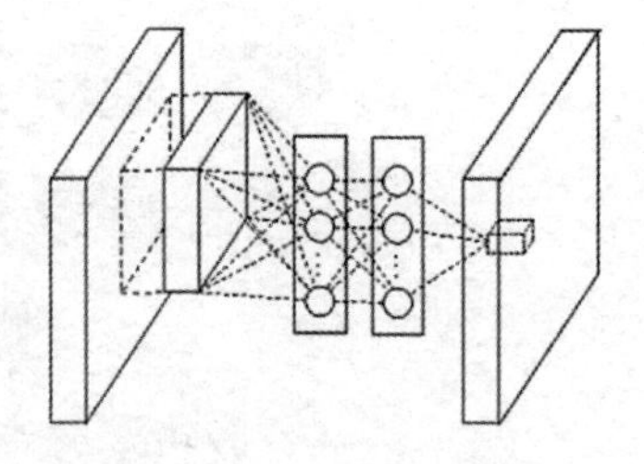

图 6-65

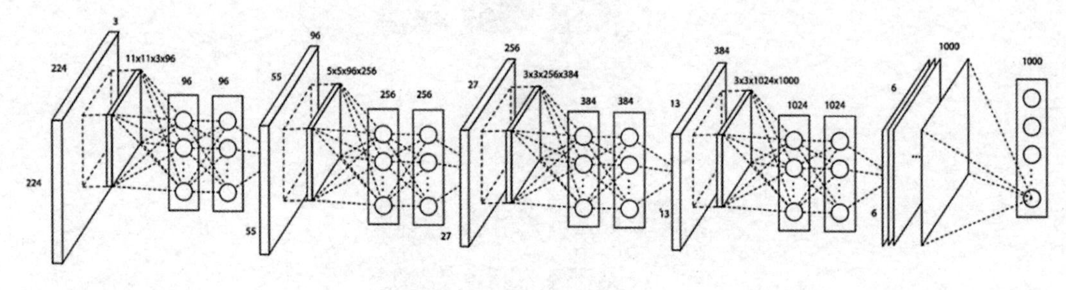
3
224
11x11x3x96
96
96
224
96
55
5x5x96x256
256
256
55
256
27
3x3x256x384
384
384
27
384
13
3x3x1024x1000
1024
1024
13
6
1000
1000
6

图 6-66

第 7 章　循环神经网络

本书前面介绍的神经网络，都假设样本之间相互独立，也就是说，不同数据的输入和输出是无关的。对一个样本 $(x^{(i)}, y^{(i)})$，$y^{(i)}$ 的值只依赖其输入 $x^{(i)}$，而与其他样本（如 $(x^{(j)}, y^{(j)})$，$j \neq i$）的输入和输出无关。这种神经网络称为一对一神经网络。

但是，有一些问题，其数据之间存在序列关系。例如，一段视频是由根据时间顺序产生的图像构成的，一段文本或一个句子是由一系列有序单词排列而成的，一段音乐是由一系列有序音符构成的，一个蛋白质序列是一系列氨基酸的排列，一支股票的曲线包含每一时刻股票的价格。孤立地对一个序列中的单个数据进行判断或预测是不可靠的。例如，孤立地理解一篇文章或一段话中的某个词是没有意义的，孤立地通过视频的某一帧判断视频中物体的运动情况（如图像中的汽车是静止、前进还是后退）是不可行的。再如，在机器翻译中，对一个句子中的每个词单独进行处理，如将“how do you do”逐字翻译成“怎么做你做”，显然是不行的。

循环神经网络（Recurrent Neural Network，RNN）是一种针对具有时序（次序）关系的**序列数据**的一种神经网络结构。循环神经网络是具有状态记忆的网络，它可以记忆时间维度上的历史信息，具体表现在：对某个时刻 t，除了当前时刻的输入数据（元素）x_t，还有一个记忆 t 时刻之前的信息的隐状态 h_{t-1}。因此，t 时刻的输入包含当前时刻的输入 x_t 和历史记忆状态 h_{t-1}，t 时刻的输出包含当前时刻的预测值 y_t 和新的历史记忆状态 h_t。隐状态 h_t 沿着序列传播，理论上可以包含之前所有时刻的历史信息。循环神经网络通过内部隐状态（包含之前序列中的历史信息），对当前序列中的元素进行预测，从而对当前时刻做出更好的预测。

循环神经网络可用于解决数据之间具有序列依赖关系的问题，如自然语言处理（机器翻译、文本生成、词性标注、文本情感分析）、语音处理（识别、合成）、音乐生成、蛋白质序列分析、视频理解与分析、股票预测等。

7.1　序列问题和模型

数据之间具有序列关系的预测问题，就是根据当前时刻之前的所有序列数据，对当前时刻的目标值进行预测。例如，根据一支股票的所有历史数据预测当前时刻的股票价格。用 x_t 表示时刻 t 的数据特征，用 y_t 表示希望预测的 t 时刻的目标值。和任何监督式机器学习一样，序列数据的预测就是要学习一个映射或函数 $f\colon (x_1, x_2, \cdots, x_t) \rightarrow y_t$，即根据 t 时刻之前的所有时刻的数据特征 $(x_1, x_2, \cdots, x_t)$ 去预测 t 时刻的目标值 y_t。

如果 x_t 和 y_t 是同一类型的数据，如 x_t 表示 t 时刻的股票价格，y_t 表示 t 时刻预测的目标价格，即 $t+1$ 时刻的股票价格 $y_t = x_{t+1}$，那么这样的序列数据预测问题称为**自回归**问题。

7.1.1 股票价格预测问题

根据一支股票的历史价格数据对其价格进行预测，就是一个典型的序列数据预测问题。执行以下代码，用 pandas 包读取 CSV 格式文件 sp500.csv 中的股票数据。

```
import pandas as pd
data = pd.read_csv('sp500.csv')
data.head()
```

```
   Date      Open         High         Low          Close        Volume
0  03-01-00  1469.250000  1478.000000  1438.359985  1455.219971  931800000
1  04-01-00  1455.219971  1455.219971  1397.430054  1399.420044  1009000000
2  05-01-00  1399.420044  1413.270020  1377.680054  1402.109985  1085500000
3  06-01-00  1402.109985  1411.900024  1392.099976  1403.449951  1092300000
4  07-01-00  1403.449951  1441.469971  1400.729980  1441.469971  1225200000
```

在以上数据中，各列分别表示日期、开盘价、最高价、最低价、收盘价、成交量。为了便于机器学习算法的训练，需要对数据进行规范化。执行以下代码，可将除日期外的数据规范化。

```
data = data.iloc[:,1:6]
data = data.values.astype(float)
data = pd.DataFrame(data)
data = data.apply(lambda x: (x - np.mean(x)) / (np.max(x) - np.min(x)))
print(data[:3])
```

以上用于读取股票数据的代码，可用一个函数来表示，具体如下。

```
import pandas as pd

def read_stock(filename,normalize = True):
    data = pd.read_csv(filename)
    data = data.iloc[:,1:6]
    data = data.values.astype(float)
    data = pd.DataFrame(data)
    if normalize:
        data = data.apply(lambda x: (x - np.mean(x)) / (np.max(x) - np.min(x)))
        return data

data = read_stock('sp500.csv')
print(data[:3])
```

```
          0         1         2         3         4
0 -0.005973 -0.005916 -0.015676 -0.012310 -0.191184
1 -0.012266 -0.016172 -0.034017 -0.037249 -0.184230
2 -0.037292 -0.035058 -0.042867 -0.036047 -0.177338
```

股票价格预测就是根据之前每一天的股票数据预测接下来一天的股票数据。对这个序列数据预测问题，每个时刻的数据 x_t 都包含开盘价、最高价、最低价、收盘价、成交量等数据特征，预测的目标值 y_t 就是接下来一天的股票收盘价。

如果每个时刻的数据 x_t 只包含收盘价这一个特征，需要预测的 y_t 也是收盘价，即它们是同一类型的数据，那么，这样的股票价格预测问题就是自回归问题。执行以下代码，绘制收盘价的曲线，结果如图 7-1 所示。

```
import numpy as np
import matplotlib.pyplot as plt
%matplotlib inline

x = np.array(data.iloc[:,-2])
print(x.shape)
plt.plot(x)
```

```
(4697,)
```

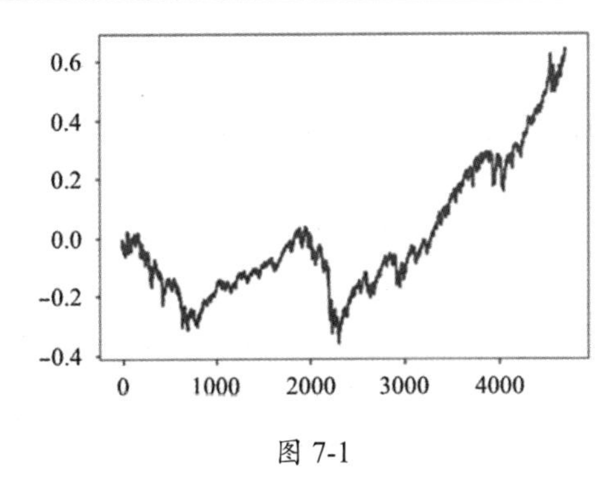

图 7-1

7.1.2　概率序列模型和语言模型

1. 概率序列模型

序列数据的预测问题，有时并不需要直接对序列数据及其目标值的函数关系建模，而是根据序列数据来预测目标值的取值概率，即确定以下条件概率。

$$y_t \sim p(y_t|x_1,\cdots,x_t)$$

也就是说，根据 t 时刻之前的所有序列数据 $(x_1,x_2,\cdots,x_t)$ 预测目标值 y_t 的取值概率。目标值的数量通常很多甚至有无穷个，而这个预测问题就是确定每个可能的 y_t 值作为目标值的概率。这种根据序列数据预测目标值取值概率的模型称为**概率序列模型**。对于自回归问题，概率序列模型表示为

$$x_t \sim p(x_t|x_1,\cdots,x_{t-1})$$

2. 语言模型

自然语言处理的基础是构建一个语言模型。所谓语言模型，就是对语句（句子）进行概率建模，以确定一个句子出现的概率。例如，“我是中国人”出现的概率显然高于“中国人是我”。一个句子通常是由一系列词（Word）组成的，即句子是由词组成的有序序列。例如，“我是中国人”是由“我”“是”“中国”“人”4 个词组成的有序序列。假设一个句子由词 $(w_1,w_2,w_3,\cdots,w_n)$ 组

成，句子的概率可用 $P(w_1,w_2,w_3,\cdots,w_n)$ 表示。根据概率论，这个概率可以表示为

$$P(w_1,w_2,w_3,\cdots,w_n)=P(w_1)*P(w_2|w_1)*P(w_3|w_1,w_2)*\cdots*P(w_n|w_1,w_2,\cdots,w_{n-1})$$

上式表示一系列条件概率的乘积。在本例中，w_1 首先出现的概率为 $P(w_1)$，在 w_1 出现的情况下 w_2 出现的概率为 $P(w_2|w_1)$，在 (w_1,w_2) 出现的情况下 w_3 出现的概率为 $P(w_3|w_1,w_2)$……在 $(w_1,w_2,\cdots,w_{n-1})$ 出现的情况下 w_n 出现的概率为 $P(w_n|w_1,w_2,\cdots,w_{n-1})$。根据上式，若能知道这些条件概率，即知道在 $(w_1,w_2,\cdots,w_{i-1})$ 出现的情况下 w_i 出现的概率 $P(w_i|w_1,w_2,\cdots,w_{i-1})$，就能知道由一系列词组成的句子的出现概率。可见，语言模型就是根据已有的词序列来预测下一个词，或者说，预测词表中每个词出现的概率。

7.1.3　自回归模型

对于当前时刻预测的目标就是下一时刻数据的自回归问题，建立的预测模型称为**自回归模型**（Auto Regressive Model，AR 模型）。自回归模型可以是一个概率序列模型或一个函数模型。例如，x_t 依赖于 $(x_1,\cdots,x_{t-1})$，自回归模型可以是函数模型 $f:(x_1,\cdots,x_{t-1})\to y_t$ 或概率序列模型 $P(x_t|x_1,\cdots,x_{t-1})$。

如果真实数据 x_t 只依赖之前长度为 τ 的数据 $(x_{t-\tau},\cdots,x_{t-1})$，则称这种序列数据满足**马尔可夫**（Markov）性质，这样的自回归模型称为**马尔可夫模型**。

最简单的自回归模型，假设 $(x_{t-\tau},\cdots,x_{t-1})$ 和 x_t 之间满足线性关系

$$x_t=a_0+a_1x_{t-1}+\cdots+a_\tau x_{t-\tau}+\epsilon$$

其中，ϵ 是采样的随机噪声（也称为白噪声）。

7.1.4　生成自回归数据

在研究序列模型时，既可以使用实际的序列数据（如股票价格、自然语言文本），也可以通过仿真方法生成一些模拟的序列数据。例如，执行以下代码，可将正弦函数和余弦函数组合成一个函数，然后采样该函数曲线的 y 坐标值，以构成一个序列数据。根据函数值生成的自回归数据，结果如图 7-2 所示。

```
import numpy as np
import matplotlib.pyplot as plt
%matplotlib inline

def gen_seq_data_from_function(f,ts):
    return f(ts)

T  =5000
x = gen_seq_data_from_function(lambda ts:np.sin(ts*0.1)+np.cos(ts*0.2),\
                                         np.arange(0, T))
plt.plot(x[:500])
plt.show()
```

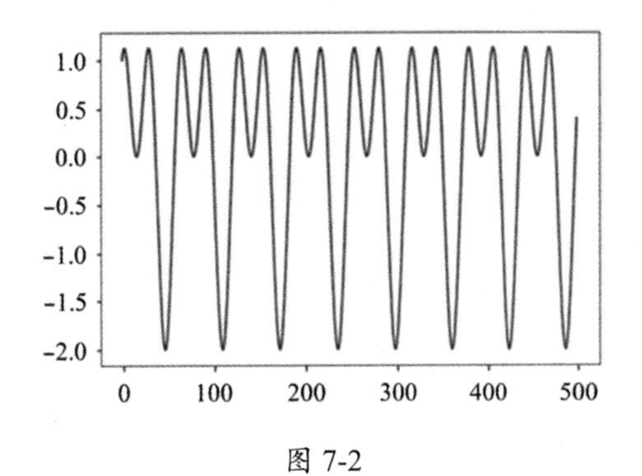

图 7-2

通过上述方法生成的数据具有明显的周期性，但实际的序列数据（如股票价格数据）不具有这种周期性。可以用 7.1.3 节介绍的最简单的自回归模型，从一些初始数据生成没有周期性的序列数据，其步骤如下。

- 选择合适的系数 $(a_0, a_1, \cdots, a_\tau)$。
- 生成最初的 τ 个随机数据。
- 多次使用最简单的自回归模型公式（参见 7.1.3 节），生成下一个数据。

对自回归模型的研究表明：只有在由系数构成的方程 $x^\tau - a_0 x^{\tau-1} - a_1 x^{\tau-2} - \cdots - a_\tau$ 的根的绝对值不超过 1 时，自回归模型才是稳定的；否则，生成的数据是不稳定的。

init_coefficients() 函数用于生成稳定的自回归模型的系数，代码如下。

```
np.random.seed(5)
def init_coefficients(n):
    while True:
        a = np.random.random(n) - 0.5
        coefficients = np.append(1, -a)
        if np.max(np.abs(np.roots(coefficients))) < 1:
            return a
init_coefficients(3)
```

```
array([-0.27800683,  0.37073231, -0.29328084])
```

generate_data() 函数可按照前面介绍的步骤生成自回归数据。因为最初生成的数据，其分布的差异很大，且会影响后面生成的数据（经过一段时间后，生成的数据才能达到稳定），所以，需要舍弃最初生成的一部分数据。以下代码通过最初生成的数据，根据自回归模型生成自回归数据，结果如图 7-3 所示。

```
def generate_data(n,data_n,noise_value = 1,k=3):
    a = init_coefficients(n+1)
    x = np.zeros(data_n + n*(k+1))
    x_noise = np.zeros(data_n + n*(k+1))
    x_noise[:n]= np.random.randn(n)

    n_all = data_n + n*k
```

```
    for i in range(n_all):
        x[n+i] = np.dot(x_noise[i:n+i][::-1], a[1:]) +a[0]
        x_noise[n+i] = x[n+i] + noise_value * np.random.randn()

    x_noise = x_noise[k*n:]            #舍弃前面的 k×n 个实数
    x = x[k*n:]
    return x_noise,x

x,_ = generate_data(5,100)
plt.plot(x[:80])
plt.show()
```

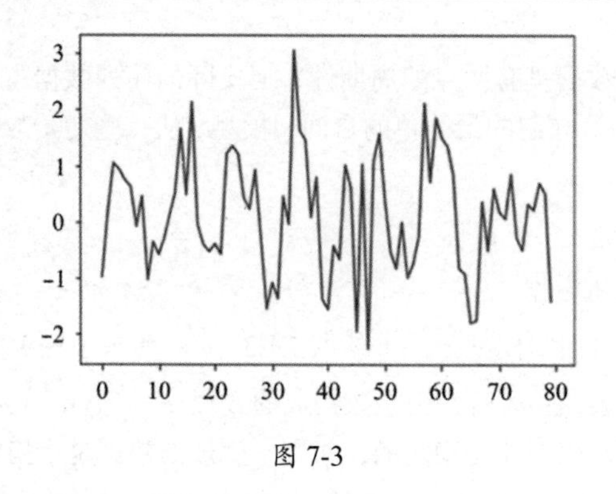

图 7-3

7.1.5 时间窗方法

在一对一神经网络中，每个样本的长度必须相同，即每个样本的特征数目必须相同。这种网络能否用于处理序列数据呢？实际上也是可以的，即从序列数据中总是截取长度相同的子序列作为一个整体，构成一个样本的数据特征。对于一个序列数据 $x^{(i)}$，如果总是用 $x^{(i)}$ 之前的 T 个（包含 $x^{(i)}$）序列元素 $(x^{(i-T+1)},\cdots,x^{(i-1)},x^{(i)})$ 作为一个样本的数据特征去预测 $y^{(i)}$，就在一定程度考虑了不同 $x^{(i)}$ 之间的序列相关性。例如，在一个乒乓球游戏中，通过球在某一时刻的位置是无法判断球的运动情况的，即无法根据球在某一时刻的位置 $x^{(t)}$ 预测其运动速度 $v^{(t)}$。但如果将当前时刻和前面几个时刻的球的位置组合起来，如将当前时刻和前面两个时刻的球的位置组合成一个输入数据特征 $\hat{x}^{(t)}=(x^{(t-2)},x^{(t-1)},x^{(t)})$，就可以根据该数据特征预测球的运动速度 $v^{(t)}$ 了。

这种将当前位置周围长度固定的子序列作为当前位置的样本数据特征的方法，称为**时间窗**方法。时间窗可直接通过一对一神经网络对序列数据进行处理。时间窗是一种处理时间序列的传统方法，如在股票价格预测问题中根据某一天之前连续 60 天的股票数据预测这一天的股票价格、在语言模型中根据已知的 k 个词预测下一个词出现的概率。

时间窗方法将序列模型的预测问题转换为非序列数据的监督式学习问题，从而用非序列数据的监督式学习方法对序列数据的预测问题建模。下面将通过自回归序列数据的预测问题来说明时间窗方法的应用。

7.1.6　时间窗采样

对一个自回归的序列数据 $\{x_t\}$，可以用一个长度固定为 T 的时间窗的数据 $(x_{t-T+1},\cdots x_t)$ 预测下一个数据 x_{t+1}。可以将固定长度的序列 $(x_{t-T+1},\cdots,x_t)$ 作为监督式学习的输入，将 x_{t+1} 作为目标值，从而将问题转换为非序列数据的监督式学习问题。这样，就可以用监督式学习的方法对问题进行建模和训练了（如用非循环神经网络建模）。为此，我们需要准备模型训练数据。

对于一个序列数据，可以从任意位置 i 截取长度为 $T+1$ 的序列 $x[i{:}\,i+T+1]$，构成监督式学习的一个样本。$x[i{:}\,i+T]$ 构成样本的数据特征 x_i，$x[T+1]$ 就是目标值 y_i。对于长度为 n 的序列数据，i 的取值范围是 $[0,n-(T+1)-1]$。

在以下代码中，由这些样本构成的集合 data_set 按比例分成了训练集（x_train、y_train）和测试集（x_test、y_test），并从序列数据中按时间窗宽度 T 采样训练样本。

```
def gen_data_set(x,T,percentage = 0.9):
    L = T + 1
    data_set = []
    for i in range(len(x) - (T+1)):
        data_set.append(x[i: i + T+1])
    data_set = np.array(data_set)
    row = round(percentage * data_set.shape[0])
    train = data_set[:int(row), :]
    np.random.shuffle(train)
    x_train = train[:, :-1]
    y_train = train[:, -1]
    x_test = data_set[int(row):, :-1]
    y_test = data_set[int(row):, -1]
    return [x_train, y_train, x_test, y_test]

x = gen_seq_data_from_function(lambda ts:np.sin(ts*0.1)+np.cos(ts*0.2),\
                               np.arange(0, 5000))
x_train, y_train, x_test, y_test = gen_data_set(x, 50)

y_train = y_train.reshape(-1,1)
print(x_train.shape,y_train.shape)
```

```
(4454, 50) (4454, 1)
```

7.1.7　时间窗方法的建模和训练

我们知道，对于从自回归序列数据中按照固定时间窗采样得到的训练样本，可使用监督式学习模型进行建模与训练。执行以下代码，可用一个 2 层全连接神经网络对从函数值采样的自回归数据进行建模与训练，训练损失曲线如图 7-4 所示。

```
from NeuralNetwork import *
import util
```

```
hidden_dim = 50
n = x_train.shape[1]
print("n",n)
nn = NeuralNetwork()
nn.add_layer(Dense(n, hidden_dim)) #('xavier',0.01)))
nn.add_layer(Relu())
nn.add_layer(Dense(hidden_dim, 1)) #('xavier',0.01)))

learning_rate = 1e-2
momentum = 0.8 #0.9
optimizer = SGD(nn.parameters(),learning_rate,momentum)

epochs=20
batch_size = 200 # len(train_x) #200
reg = 1e-1
print_n=100

losses = train_nn(nn,x_train,y_train,optimizer, \
                  util.mse_loss_grad,epochs,batch_size,reg,print_n)
#print(losses[::len(losses)//50])
plt.plot(losses)
```

```
n 50
0 iter: 3.144681992803935
100 iter: 0.3332809082102651
200 iter: 0.13722749233747686
300 iter: 0.10941419118718776
400 iter: 0.10108511745662195
```

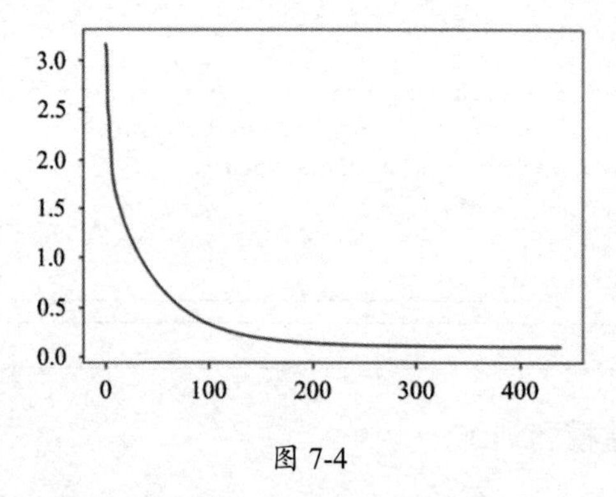

图 7-4

7.1.8 长期预测和短期预测

对于自回归序列数据，可以先从一个由初始的真实数据序列 $(x_0, x_1, \cdots, x_{T-1})$ 构成的样本特征来预测下一时刻 T 的输出 x_T，然后，从 $(x_1, x_2, \cdots, x_T)$ 预测 x_{T+1}，从 $(x_2, x_3, \cdots, x_{T+1})$ 预测 x_{T+2}……一直预测下去，即可从初始序列 $(x_0, x_1, \cdots, x_{T-1})$ 对其后多个时刻进行预测。这种预测称为**远期预测**或**长期预测**。由于预测结果不一定准确，所以，将预测值当成真实值去预测下一个值，结果会更不准确。也就是说，随着时间的推移，预测值和真实值之间的误差会越来越大。

另一种预测是**短期预测**，其极端情形是每个时刻总是用所对应的时间窗（如当前时刻 T 及其前面的 $T-1$ 时刻）的真实数据对下一时刻进行预测。因为短期预测的输入数据样本都是真实数据且只预测下一时刻的数据，所以预测效果较好。但需要注意的是，在短期预测中，每个时刻用于预测的数据都必须是真实数据，不能是之前时刻的预测数据。

执行以下代码，可采用长期预测的方法，从初始时刻的真实数据样本预测后续一系列时刻的数据，并将这些预测值与测试集中对应的目标值进行可视化比较，从而了解模型的性能。

```
x = x_test[0].copy()
x = x.reshape(1,-1)
ys =[]
for i in range(400):
    y = nn.forward(x)
    ys.append(y[0][0])
    x = np.delete(x,0,1)
    x = np.append(x, y.reshape(1,-1), axis=1)
ys  = ys[:]
plt.plot(ys[:400])
plt.plot(y_test[:400])
plt.xlabel("time")
plt.ylabel("value")
plt.legend(['y','y_real'])
```

用时间窗长度 $T=50$ 的训练模型进行长期预测，结果如图 7-5 所示。可以看出，预测的结果和真实目标值接近。这是因为，曲线具有周期性，而 $T=50$ 基本接近曲线的周期（$50\times0.1=5$，接近 $2\pi\approx6.28$）。

如果时间窗的长度较短，如 $T=10$，则预测结果如图 7-6 所示。此时，预测结果很差，且越往后预测的准确性越低。这是因为，在将预测值作为真实值去预测后续时刻的值时，由于误差是不断累加的，所以误差将越来越大。

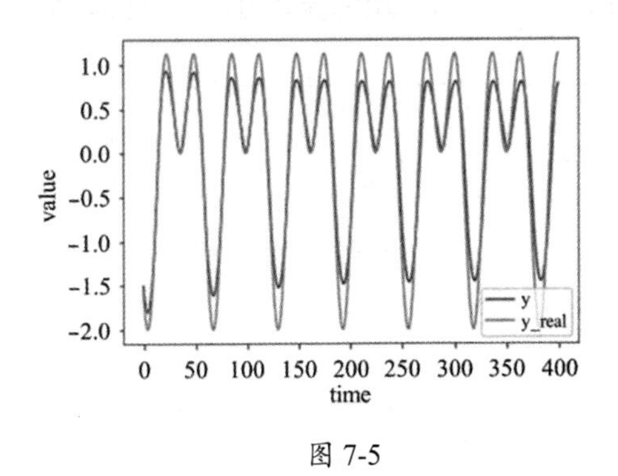

图 7-5

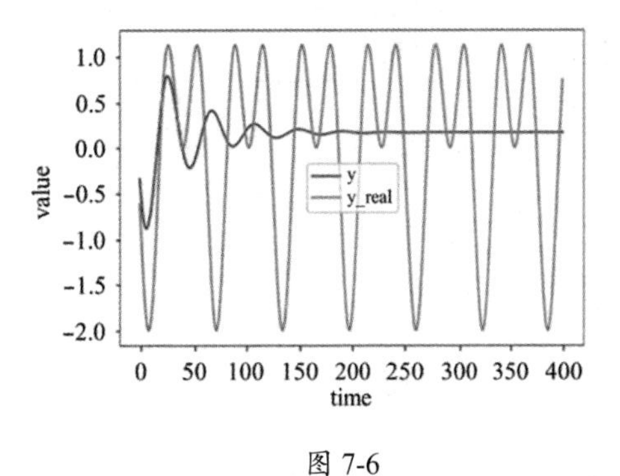

图 7-6

执行以下代码，用训练得到的神经网络进行短期预测，即每次都用真实值预测下一时刻的数据值。

```
ys =[]
for i in range(400):
    x = x_test[i].copy()
    x = x.reshape(1,-1)
    y = nn.forward(x)
    ys.append(y[0][0])
ys  = ys[:]
plt.plot(ys[:400])
plt.plot(y_test[:400])
plt.xlabel("time")
plt.ylabel("value")
plt.legend(['y','y_real'])
```

用时间窗长度 $T=50$ 的训练模型进行短期预测，结果如图 7-7 所示。显然，短期预测的结果比长期预测准确。

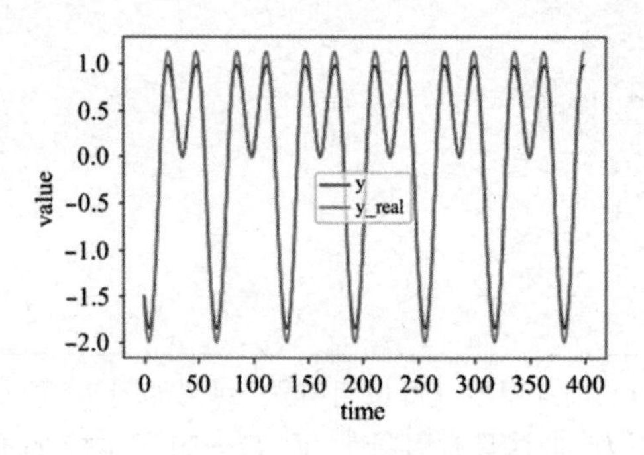

图 7-7

7.1.9 股票价格预测的代码实现

将 sp500.csv 文件中的股票收盘价作为序列数据，也可以用时间窗方法进行采样训练或样本测试。执行以下代码，用长度为 100 的时间窗生成训练集和测试集，即用前面 100 天的价格去预测接下来一天的价格。

```
x = np.array(data.iloc[:,-1])
print(x.shape)
x = x.reshape(-1,1)
print(x.shape)

x_train, y_train, x_test, y_test = gen_data_set(x, 100)
y_train = y_train.reshape(-1,1)
print(x_train.shape,y_train.shape)
```

```
(4697,)
(4697, 1)
(4136, 100, 1) (4136, 1)
```

执行以下代码，用训练集的数据训练一个神经网络模型。

```
hidden_dim = 500
n = x_train.shape[1]
print("n",n)
nn = NeuralNetwork()
nn.add_layer(Dense(n, hidden_dim))
nn.add_layer(Relu())
nn.add_layer(Dense(hidden_dim, 1))

learning_rate = 0.1
momentum = 0.8 #0.9
optimizer = SGD(nn.parameters(),learning_rate,momentum)

epochs=60
batch_size = 500 # len(train_x) #200
reg = 1e-6
print_n=50

losses = train_nn(nn,x_train,y_train,optimizer,util.mse_loss_grad,epochs, \
                  batch_size,reg,print_n)
plt.plot(losses)
```

```
n 100
0 iter: 0.04027576839624083
50 iter: 0.0005585708338086856
100 iter: 0.0004103264701123903
150 iter: 0.0003765723130633676
200 iter: 0.0003516184170804334
250 iter: 0.00035039658640954825
300 iter: 0.00030599817269094394
350 iter: 0.00031335621767437775
400 iter: 0.000308409636035205
450 iter: 0.0003134471927653575
```

时间窗长度 $T = 100$ 的股票数据的网络模型，其训练损失曲线如图 7-8 所示。

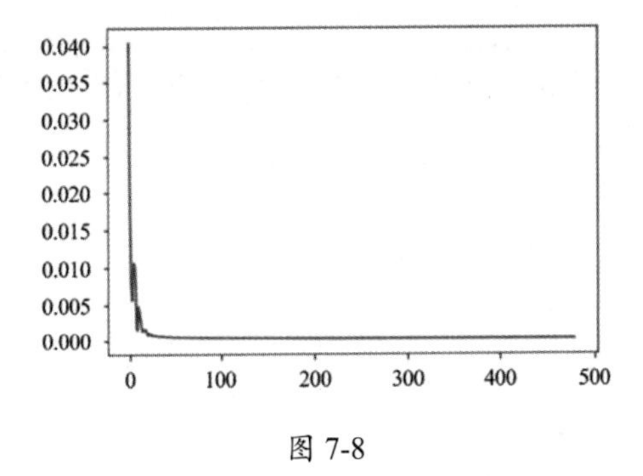

图 7-8

执行以下代码，从测试集的第一个样本开始进行长期预测，即不断用预测值构建新的数据特征去预测接下来一天的股票价格。

```
x = x_test[0].copy()
x = x.reshape(1,-1)
ys =[]
num = 400
for i in range(num):
    y = nn.forward(x)
    ys.append(y[0][0])
    x = np.delete(x,0,1)
    x = np.append(x, y.reshape(1,-1), axis=1)
ys  = ys[:]
plt.plot(ys[:num])
plt.plot(y_test[:num])
plt.xlabel("time")
plt.ylabel("value")
plt.legend(['y','y_real'])
```

用时间窗长度 $T=400$ 的训练模型进行长期预测，结果如图 7-9 所示。可以看出，对于股票这种规律性较弱的序列数据，即使时间窗长度较长（$T=400$），预测结果也不理想。

执行以下代码，采用短期预测方法进行预测。

```
ys =[]
num = 400
for i in range(num):
    x = x_test[i].copy()
    x = x.reshape(1,-1)
    y = nn.forward(x)
    ys.append(y[0][0])
    x = np.delete(x,0,1)
    x = np.append(x, y.reshape(1,-1), axis=1)
ys  = ys[:]
plt.plot(ys[:num])
plt.plot(y_test[:num])
plt.xlabel("time")
plt.ylabel("value")
plt.legend(['y','y_real'])
```

用时间窗长度 $T=400$ 的训练模型进行短期预测，结果如图 7-10 所示。

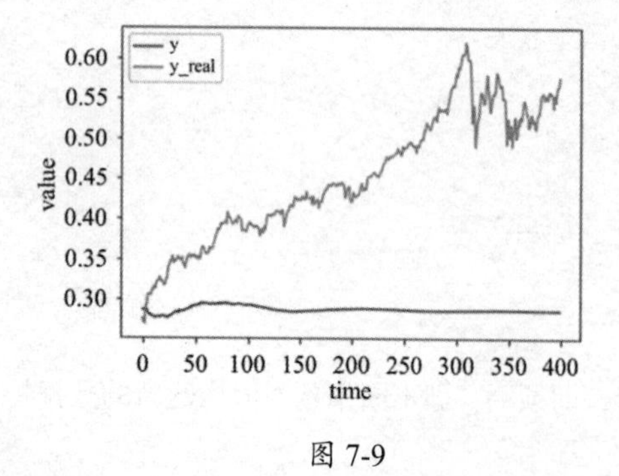

图 7-9

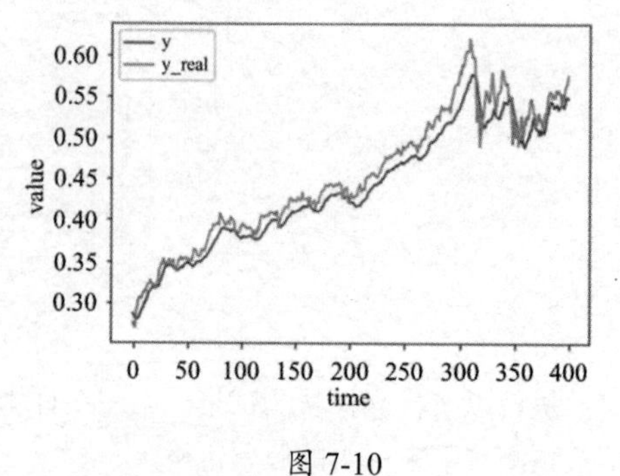

图 7-10

7.1.10　*k*–gram 语言模型

语言模型用于计算 $(w_1, w_2, \cdots, w_{n-1})$ 出现的情况下 w_n 出现的概率 $P(w_n|w_1, w_2, \cdots, w_{n-1})$。根据 $P(A|B) = \frac{P(A\cap B)}{P(B)}$，条件概率 $P(w_i|w_1, w_2, \cdots, w_{i-1})$ 可表示为

$$P(w_i|w_1, w_2, \cdots, w_{i-1}) = \frac{P(w_1, w_2, w_3, \cdots, w_{i-1}, w_i)}{\sum_w P(w_1, w_2, w_3, \cdots, w_{i-1}, w)} = \frac{P(w_1, w_2, w_3, \cdots, w_{i-1}, w_i)}{P(w_1, w_2, w_3, \cdots, w_{i-1})}$$

上式表示，用 $(w_1, w_2, w_3, \cdots, w_{i-1}, w_i)$ 同时出现的联合概率 $P(w_1, w_2, w_3, \cdots, w_{i-1}, w_i)$，除以 $(w_1, w_2, w_3, \cdots, w_{i-1})$ 确定而 $w = w_i$ 可以随机改变的边缘概率 $\sum_w P(w_1, w_2, w_3, \cdots, w_{i-1}, w)$，即 $P(w_1, w_2, w_3, \cdots, w_{i-1})$。后者也被认为是只有随机变量 $(w_1, w_2, w_3, \cdots, w_{i-1})$ 的联合概率。

要想计算条件概率，就要求出联合概率 $P(w_1, w_2, w_3, \cdots, w_{i-1})$、$P(w_1, w_2, w_3, \cdots, w_{i-1}, w_i)$。这些概率可以通过频率逼近概率的统计方法进行计算。例如，要统计 $w_1 =$ “中国” 和 $w_2 =$ “人” 同时出现的联合概率 P(“中国”,“人”)，可以在语料库（如一篇文章）中统计 “中国人” 出现的次数 n，并统计所有 w_1 和 w_2 是其他任意词的组合（如 “你好”“打球”“中国梦”）出现的次数 m，然后用频率 $\frac{n}{m}$ 逼近概率 P(“中国”,“人”)。

但是，如果 i 的值比较大，那么这种计算显然不容易实现，即存在以下两个问题。

- 因为 w_j 的数目很多，$(w_1, w_2, w_3, \cdots, w_{i-1}, w_i)$ 的组合的数目将是巨大的，所以，统计和计算 $P(w_1, w_2, w_3, \cdots, w_{i-1}, w_i)$ 是很困难的。
- 语料库中很可能没有序列 $(w_1, w_2, w_3, \cdots, w_{i-1}, w_i)$，而这会导致 $P(w_1, w_2, w_3, \cdots, w_{i-1}, w_i)$ 的值为 0。

为了解决上述计算条件概率依赖参数过多的问题，通常需要引入**马尔可夫假设**，即假设一个词出现的概率只与它前面出现的有限个词有关。一种极端的情况是，一个词的出现独立于其周围的词，即它出现的概率不依赖其他词，这种语言模型称为 1 元语言模型（Unigram）。此时，句子 $S = w_1, w_2, w_3, \cdots, w_n$ 的概率计算变得非常简单，公式如下。

$$P(w_1, w_2, w_3, \cdots, w_n) = P(w_1) * P(w_2) * P(w_3) * \cdots * P(w_n)$$

但是，这种语言模型显然是不合理的，因为文本中词的出现不都是相互独立的，而是有依赖关系的。如果一个语言模型假设一个词出现的概率仅依赖于它前面的那个词，那么这种语言模型称为 2 元语言模型（Bigram），公式如下。

$$P(w_1, w_2, w_3, \cdots, w_n) = P(w_1) * P(w_2|w_1) * P(w_3|w_2) * \cdots * P(w_n|w_{n-1})$$

依此类推，如果一个语言模型假设一个词出现的概率仅依赖于它前面的 $k-1$ 个词，那么这种语言模型称为 ***k* 元语言模型**（*k*-gram）。k 元语言模型是时间窗方法在语言模型上的具体应用，即用前 $k-1$ 个词预测下一个词出现的概率。

显然，k 的值越大，预测的准确率越高。例如：对于 2 元语言模型，如果当前词是 “中国”，下一个词可能有很多个，那么预测下一个词就很困难；对于 4 元语言模型，如果已经依次出现的

词是“我”“是”“中国”，那么下一个词是“人”的概率（可能性）就会很高。但是，k 的值越大，上述两个问题就会越严重。为了避免上述两个问题，传统的语言模型一般采用 3 元语言模型或 4 元语言模型（3-gram 或 4-gram）。如果构建了 k 元语言模型，那么，根据已出现的 $k-1$ 个词就能预测出词表中的每个词作为下一个词出现的概率，也就能预测出整个语句出现的概率。

语言模型是各种自然语言处理问题的基础。例如，可以用语言模型从最初的一些单词进行长期预测，即根据语言模型的概率采样下一个词，并不断重复这样的过程，生成后续的一系列词，从而自动生成一个文本（如文章、小说、诗歌、散文、评论等）。

不过，k 元语言模型这种用固定长度的时间窗数据进行预测的方法，存在明显的局限，主要包括以下两个方面。

- 时间窗的长度很难确定。时间窗过短，会造成“短视”问题。例如，在机器翻译中经常需要根据很长的上下文才能准确理解当前词的含义。再如，在文本生成中会根据前面很长的文本才能正确预测下一个词，如“老张的儿子去学校的路上，看到了一个跌倒的老太太，赶紧停下车……老师听说了这件事，在课堂上表扬了”这句话的最后一个词是“他”还是“她”，需要根据前面的“儿子”这个词才能确定。由于算法的计算量和样本数据长度成正比，时间窗越长，消耗的时间就越长，所以，对于语言模型，时间窗过长将使概率的估算变得非常困难。另外，对短序列样本（如短句），需要填充很多空白元素，而这会造成空间浪费。综上所述，对于许多序列数据问题，不同时刻的数据，依赖的序列长度经常是不同的、变化的，所以很难确定一个合适的时间窗长度。
- 用通常的神经网络对序列数据预测问题建模，模型参数的规模会随着时间窗长度的增加而增大。相对于单独处理每个原始数据样本，如果采用长度为 3 的时间窗，那么输入数据样本的长度将增加 3 倍。而为了更好地捕获数据的特征，每一层的神经元的数目也会相应地增加，这会使模型的参数数量呈指数级增长，不仅会消耗更多的计算资源，也会使模型函数的复杂性增加，造成过拟合。

7.2　循环神经网络基础

时间窗只是一种短期记忆行为，而人类在理解事物时，不但会利用短期记忆，还会利用过去的所有记忆。为了处理长度不固定的序列数据，研究人员模拟人类的长期记忆行为，发明了循环神经网络。

循环神经网络在传统神经网络的神经元里添加了**存储/记忆单元**，使神经元可以保存历史计算信息。换句话说，神经元具有了记忆功能，每个时刻的计算不仅依赖当前的输入，还依赖神经元存储的历史信息，使数据及计算结果可以在时间维度上传递，从而使循环神经网络在理论上可以记忆任意长度序列的信息。如同卷积神经网络可以提取空间维度的特征，循环神经网络可以在时间维度上传递信息，是非循环神经网络在时间维度上的扩展。

7.2.1　无记忆功能的非循环神经网络

前面介绍的神经网络都是无记忆功能的神经网络，表示的是一个没有记忆功能的函数，不同样本之间的输入和输出是相互独立、没有任何相关性的。将这样的神经网络记为 $y = f(x)$，对于两个不同的输入 x_i、x_j，它们的输出 $f(x_i)$、$f(x_j)$ 是相互独立的。

非循环神经网络表示的函数，类似于编程语言中无记忆功能的函数。一个 Python 语言中的函数示例，具体如下。

```
def f(x):
    y = 0
    y += x*x
    return y

print(f(2),'\t',f(3))
print(f(3),'\t',f(2))
```

```
4    9
9    4
```

在以上代码中，不管是先计算 f(2)、再计算 f(3)，还是先计算 f(2)、再计算 f(3)，f(2) 和 f(3) 的结果都只依赖它们各自的输入 2 和 3，与它们的执行顺序无关。

用非循环神经网络从当前词预测下一个词的概率，这种预测也与词的处理顺序无关。假设语言模型中只有 3 个词“好”“喝”“酒”，对于输入的词序列“好 喝 酒”中的每一个词，神经网络都输出了每一个词作为下一个词的概率，如图 7-11 所示。非循换神经网络从词“好”预测“好”“喝”“酒”作为下一个词的概率和从词“喝”预测“好”“喝”“酒”作为下一个词的概率，是相互独立的事件。

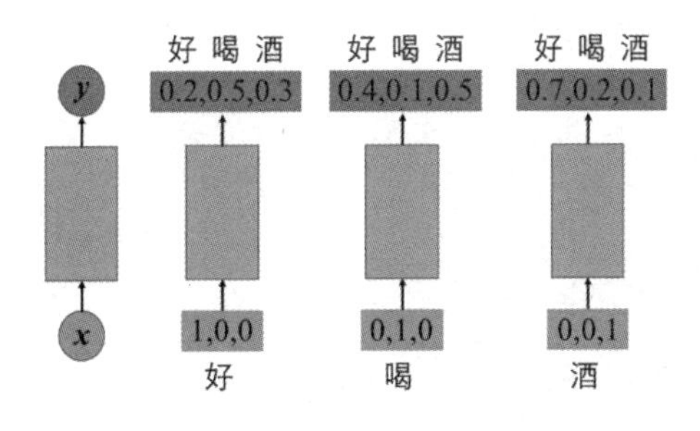

图 7-11

也就是说，不管输入序列是“好喝酒”、“酒好喝”还是“喝好酒”，从词“好”预测“好”“喝”“酒”作为下一个词的概率，结果都是一样的。用这种神经网络表示语言模型，每个词的输出值依赖于其自身，和其他词无关——这显然是不合理的。

不失一般性，假设神经网络中只有一个（或一层）神经元，即

$$y = f(\boldsymbol{x}) = g(\boldsymbol{x}\boldsymbol{W} + b)$$

并假设使用的非线性激活函数为 sigmoid，可用以下 Python 代码表示这种神经网络。

```
class FNN(x):
    #省略部分代码
    def forward(self,x):
        y = sigmoid(np.dot(x,self.W)+self.b)
        return y
```

对于一组数据，可用 FNN() 函数计算这些数据的输出，代码如下。

```
nn = FNN()
y1 = nn.forward(x1)
y2 = nn.forward(x2)
y3 = nn.forward(x3)
```

其中，3 个预测语句的顺序对预测结果是没有任何影响的。

如图 7-11 所示，为了将一个词作为样本输入神经网络，需要对每个词进行量化，即转换为长度固定的向量。因为该语言模型中只有 3 个词，所以，可以用长度为 3 的 one-hot 向量区分这 3 个词，即每个词都对应于一个不同的 one-hot 向量，如“好 (1,0,0)”“喝 (0,1,0)”“酒 (0,0,1)”。

7.2.2 具有记忆功能的循环神经网络

和非循环神经网络不同，循环神经网络是一种具有记忆功能的神经网络，可以表示为 $\boldsymbol{y}=f(\boldsymbol{x},\boldsymbol{h})$，即除输入 $\boldsymbol{x}$ 外，还有一个隐状态（Hidden State）变量 $\boldsymbol{h}$ 用于记录计算过程。循环神经网络的函数，类似于编程语言中具有记忆功能的函数或类，如 C 语言中包含静态局部变量的函数，以及 C++、Java、Python 等语言中的类对象。在以下代码中，rf 类用一个数据属性 h 记录了计算的中间结果（状态）。

```
class rf( ):
    def __init__(self):
        self.h = 0

    def forward(self,x):
        self.h += 2*x
        return self.h+x*x

    def __call__(self,x):
        return self.forward(x)

f = rf()
print(f(2),'\t',f(3))
print(f(3),'\t',f(2))
```

```
8     19
25    24
```

对于一个输入值，rf 类的 forward() 方法在计算输出时，不仅依赖输入值，还依赖之前计算过程保存的信息，因此，f(2) 和 f(3) 的输出与它们的执行顺序有关。rf 类中记录的之前计算的中间结果的变量，称为状态。

在循环神经网络内部，也有一个用于记录/记忆计算过程信息的变量 $\boldsymbol{h}$。这个变量在循环神经网络中称为**隐状态（隐变量）**。在任意时刻 t，循环神经网络根据当前的输入 $\boldsymbol{x}^{\langle t\rangle}$ 和上一时刻（$t-1$ 时刻）的状态变量 $\boldsymbol{h}^{\langle t-1\rangle}$，计算当前时刻的输出 $f^{\langle t\rangle}$ 和状态 $\boldsymbol{h}^{\langle t\rangle}$，即循环神经网络的函数是有两个输入和两个输出的函数 $\boldsymbol{y},\boldsymbol{h}=f(\boldsymbol{x},\boldsymbol{h})$ 或 $\boldsymbol{y}^{\langle t\rangle},\boldsymbol{h}^{\langle t\rangle}=f(\boldsymbol{x}^{\langle t\rangle},\boldsymbol{h}^{\langle t-1\rangle})$。$t$ 时刻的状态 $\boldsymbol{h}^{\langle t\rangle}$，又会作为 $t+1$ 时刻的输入，参与 $t+1$ 时刻的计算，即 $\boldsymbol{y}^{\langle t+1\rangle},\boldsymbol{h}^{\langle t+1\rangle}=f(\boldsymbol{x}^{\langle t+1\rangle},\boldsymbol{h}^{\langle t\rangle})$。

随时间变化的状态变量 $\boldsymbol{h}^{\langle t\rangle}$，存储/记忆了历史信息。根据这个状态变量表示的历史信息和当前时刻的数据，可以更好地进行预测。

循环神经网络通常用如图 7-12 所示的图示来表示，它和普通神经网络的区别是：当前时刻计算出来的隐状态会作为下一时刻的输入（所以，画成了一个指向自身的箭头）。此时，隐状态变量既作为当前时刻计算的输出，也作为下一时刻计算的输入。

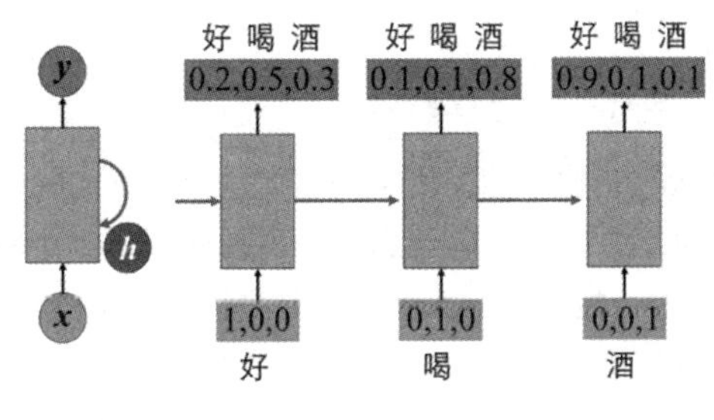

图 7-12

在最初的时刻 $t=0$，状态变量 $\boldsymbol{h}^{\langle -1\rangle}$ 是初始值为 0 的向量。对于 7.2.1 节中包含 3 个词的语言模型，输入为词“好”所对应的特征向量 $\boldsymbol{x}^{\langle 0\rangle}=(1,0,0)$，神经网络会根据这两个输入，计算当前时刻的输出 $\boldsymbol{y}^{\langle 0\rangle}$ 和状态变量 $\boldsymbol{h}^{\langle 0\rangle}$，公式如下。

$$\boldsymbol{y}^{\langle 0\rangle},\boldsymbol{h}^{\langle 0\rangle}=f(\boldsymbol{x}^{\langle 0\rangle},\boldsymbol{h}^{\langle -1\rangle})$$

在 $t=1$ 时刻，输入为 $\boldsymbol{x}^{\langle 1\rangle}=(0,1,0)$ 和上一时刻的状态 $\boldsymbol{h}^{\langle 0\rangle}$，神经网络会计算新的输出 $\boldsymbol{y}^{\langle 1\rangle}$ 和状态 $\boldsymbol{h}^{\langle 1\rangle}$，公式如下。

$$\boldsymbol{y}^{\langle 1\rangle},\boldsymbol{h}^{\langle 1\rangle}=f(\boldsymbol{x}^{\langle 1\rangle},\boldsymbol{h}^{\langle 0\rangle})$$

在 $t=2$ 时刻，输入为 $\boldsymbol{x}^{\langle 2\rangle}=(0,0,1)$ 和上一时刻的状态 $\boldsymbol{h}^{\langle 1\rangle}$，神经网络会计算新的输出 $\boldsymbol{y}^{\langle 2\rangle}$ 和状态 $\boldsymbol{h}^{\langle 2\rangle}$，公式如下。

$$\boldsymbol{y}^{\langle 2\rangle},\boldsymbol{h}^{\langle 2\rangle}=f(\boldsymbol{x}^{\langle 2\rangle},\boldsymbol{h}^{\langle 1\rangle})$$

考虑只有一个（或一层）神经元的最简单的循环神经网络，用 $\boldsymbol{x}^{\langle t\rangle}$、$\boldsymbol{h}^{\langle t\rangle}$、$f^{\langle t\rangle}$ 分别表示输入数据、状态变量、输出，循环神经网络的计算过程与只含一个（或一层）神经元的普通神经网络几乎一样，公式如下。

$$\boldsymbol{h}^{\langle t\rangle}=g_h(\boldsymbol{h}^{\langle t-1\rangle}\boldsymbol{W}_h+\boldsymbol{x}^{\langle t\rangle}\boldsymbol{W}_x+b_h)$$

$$f^{\langle t\rangle}=g_f(\boldsymbol{h}^{\langle t\rangle}\boldsymbol{W}_f+b_y)$$

其中，g_h 和 g_f 分别是计算当前时刻的状态和输出的激活函数。

假设 g_h 是 tanh 函数，g_y 是 sigmoid 函数，以上计算过程可用以下代码表示。

```
class RNN:
  #省略部分代码
  def step(self, x):
    #更新隐状态
    self.h = np.tanh(np.dot(self.h,self.W_hh) + np.dot(x,self.W_hx) )+self.b
    #计算输出向量
    y = sigmoid(np.dot(self.h,self.W_hy)+self.b2)
    return y
```

对于一个时序数据 $(x^{\langle 1\rangle},x^{\langle 2\rangle},x^{\langle 3\rangle})$，循环神经网络计算其输出的示例代码如下。

```
rnn = RNN()
y1 = rnn.step(x1)        #同时计算了隐含的 h1
y2 = rnn.step(x2)        #同时计算了隐含的 h2
y3 = rnn.step(x3)        #同时计算了隐含的 h3
```

可见，循环神经网络结构与普通神经网络结构类似，唯一不同的是，循环神经网络在计算过程中会利用保存的隐状态计算当前时刻的隐状态和输出，而不是多个神经网络在时间维度上的复制，即在神经网络（神经元）中增加了一个保存上一时刻计算结果的状态变量 $\boldsymbol{h}^{\langle t\rangle}$。因此，循环神经网络的模型参数数目不会随时间的推移而增加，并且可以不断调用 rnn.step() 方法在时间维度上展开，处理任意长度的序列。

采用时间窗方法的神经网络只能处理固定长度的序列，且模型参数的数目会随时间窗长度的增加而增加，循环神经网络则完美地解决了时间窗方法存在的这两个问题。

和一对一神经网络一样，可以引入两个辅助变量 $\boldsymbol{z}_h^{\langle t\rangle}$、$\boldsymbol{z}_f^{\langle t\rangle}$，将上述循环神经网络的计算过程表示成以下 4 个公式。

$$\boldsymbol{z}_h^{\langle t\rangle}=\boldsymbol{x}^{\langle t\rangle}\boldsymbol{W}_x+\boldsymbol{h}^{\langle t-1\rangle}\boldsymbol{W}_h+b^{\langle t\rangle}$$

$$\boldsymbol{h}^{\langle t\rangle}=g_h\left(\boldsymbol{z}_h^{\langle t\rangle}\right)$$

$$\boldsymbol{z}_f^{\langle t\rangle}=\boldsymbol{h}^{\langle t\rangle}\boldsymbol{W}_f+b_f^{\langle t\rangle}$$

$$f^{\langle t\rangle}=g_o\left(\boldsymbol{z}_f^{\langle t\rangle}\right)$$

只包含一个神经元或单个网络层的循环神经网络的正向计算过程，如图 7-13 所示。引入了加权和中间变量 $\boldsymbol{z}_h^{\langle t\rangle}$、$\boldsymbol{z}_f^{\langle t\rangle}$ 的循环神经网络的正向计算过程，先根据输入和前一时刻的隐状态计算 $\boldsymbol{z}_h^{\langle t\rangle}$，再根据激活函数计算 $\boldsymbol{h}^{\langle t\rangle}$，最后计算 $\boldsymbol{z}_f^{\langle t\rangle}$ 和 $f^{\langle t\rangle}$。

另外，和普通的一对一神经网络一样，循环神经网络也可以有多个层，前一层的输出可以作为后一层的输入，同时，每一层的神经元都有自己的状态变量。如图 7-14 所示，是一个 3 层循环神经网络。

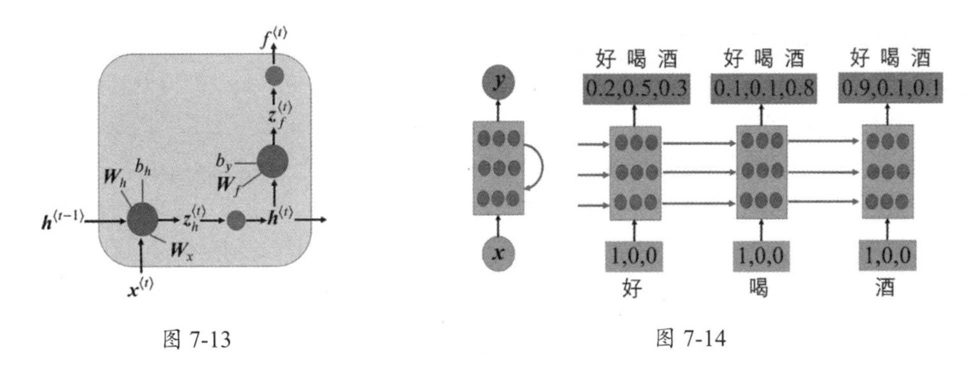

图 7-13 图 7-14

如图 7-14 所示的神经网络，是一个同步的多对多循环神经网络，即每个时刻的输入都对应于一个输出。还有异步的多对多循环神经网络，如机器翻译，只有遍历句子中所有的词，才能给出最终的翻译结果。这种处理完输入序列才产生输出序列的循环神经网络结构，称为**序列到序列**结构（参见 7.11 节），如图 7-15 所示。

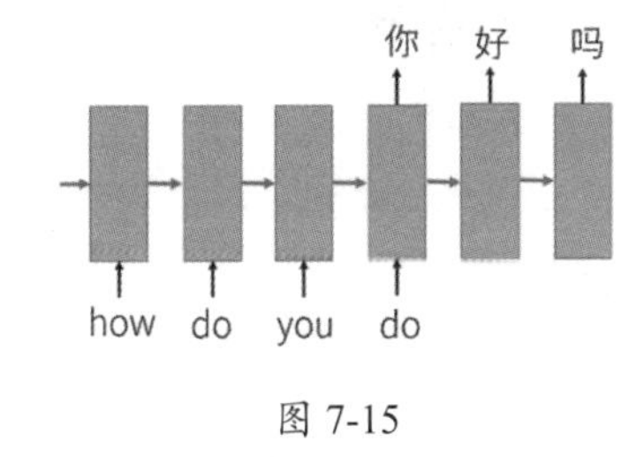

图 7-15

当然，还有多对一循环神经网络，如对一个词序列的文本进行分类（从对商品的评论中分析其所表现的好恶）。多对一循环神经网络，如图 7-16 所示。

还有一对多循环神经网络，如图 7-17 所示，给定一个输入，就产生一个输出序列。例如，给定一个词，自动生成由一系列词构成的文本。再如，从一个音符自动生成一首乐曲。

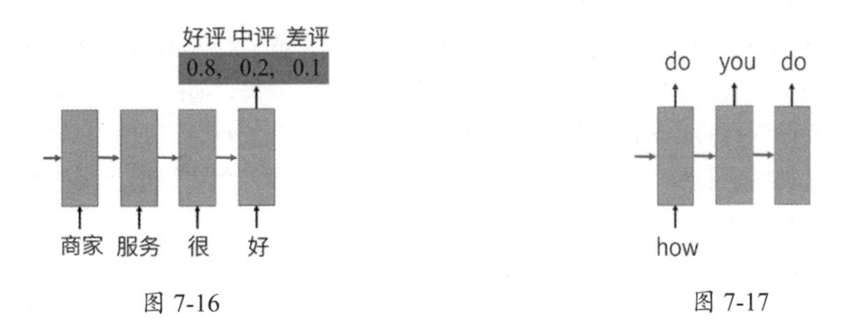

图 7-16 图 7-17

7.3 穿过时间的反向传播

和非循换神经网络一样，可以基于链式法则用反向传播算法求损失函数关于循环神经网络的模型参数、隐状态、输入和输出等变量的梯度。因为循环神经网络是基于时间计算每个时刻的隐状态和输出的，且每个时刻的隐状态和输出不仅依赖当前时刻的输入，还依赖其前面时刻的隐状态，而前面时刻的隐状态又依赖更前面时刻的输入数据和隐状态，所以，循环神经网络的损失函数依赖每个时刻的隐状态和输出。

我们知道，正向计算是按照时间顺序展开计算的，反向传播则是按照时间顺序反向求解损失函数关于每一时刻的变量（隐状态、模型参数等）的梯度的。以同步的多对多循环神经网络为例，假设网络中只有一层神经元（多层神经网络也是一样的），每个时刻都有预测值 $f^{\langle t\rangle}$、目标值 $y^{\langle t\rangle}$、损失值 $\mathcal{L}^{(t)}$，如图 7-18 所示。

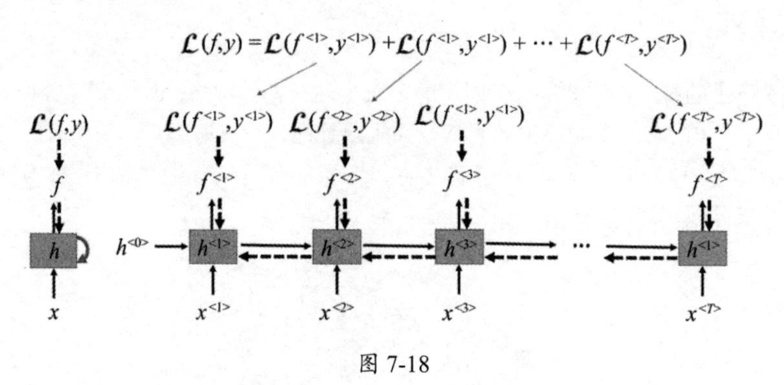

图 7-18

总的损失是所有时刻的预测值和目标值的损失之和，即

$$\mathcal{L}=\sum_{t=1}^{T}\mathcal{L}^{(t)}$$

如果这是一个单向循环神经网络，即每个时刻的预测值只依赖其前面时刻的状态，那么图 7-18 中的实线箭头表示按照时间顺序展开的正向计算，虚线箭头表示按照时间顺序的反向求导。每个时刻的损失函数都是前面时刻的变量（隐状态、输入）和模型参数的函数。在反向求导时，需要求这个损失函数关于其前面时刻的变量和模型参数的梯度。

对任意时刻 t，循环神经网络的反向求导过程中模型参数的梯度都包含当前时刻的损失和后续时刻的损失关于模型参数的梯度。其正向计算和反向求导过程，如图 7-19 所示。也就是说，在任意时刻，既要计算当前时刻的损失关于模型参数的梯度，也要计算来自后一时刻的隐状态梯度所贡献的当前时刻模型参数的梯度（当前时刻模型参数的梯度，包含当前时刻的损失和后续时刻的损失关于模型参数的梯度）。

引入中间变量（如 $\boldsymbol{z}_f^{\langle t\rangle}$、$\boldsymbol{z}_h^{\langle t\rangle}$），可以简化模型参数梯度的计算过程。包含中间变量的正向计算和反向求导过程，如图 7-20 所示。

根据链式法则，假设已经通过反向求导求出了当前时刻的损失函数关于 $f^{\langle t\rangle}$ 的梯度 $\frac{\partial\mathcal{L}}{\partial f^{\langle t\rangle}}$ 和后续时刻的损失函数关于 $\boldsymbol{h}^{\langle t\rangle}$ 的梯度 $\frac{\partial\mathcal{L}}{\partial\boldsymbol{h}^{\langle t\rangle}}$。在此基础上，就可以求出 t 时刻损失函数关于模型参数 $\boldsymbol{W}_f$、$\boldsymbol{W}_h$、$\boldsymbol{W}_x$ 和前一时刻的隐含变量 $\boldsymbol{h}^{\langle t-1\rangle}$ 的梯度（计算过程如图 7-20 所示）了。

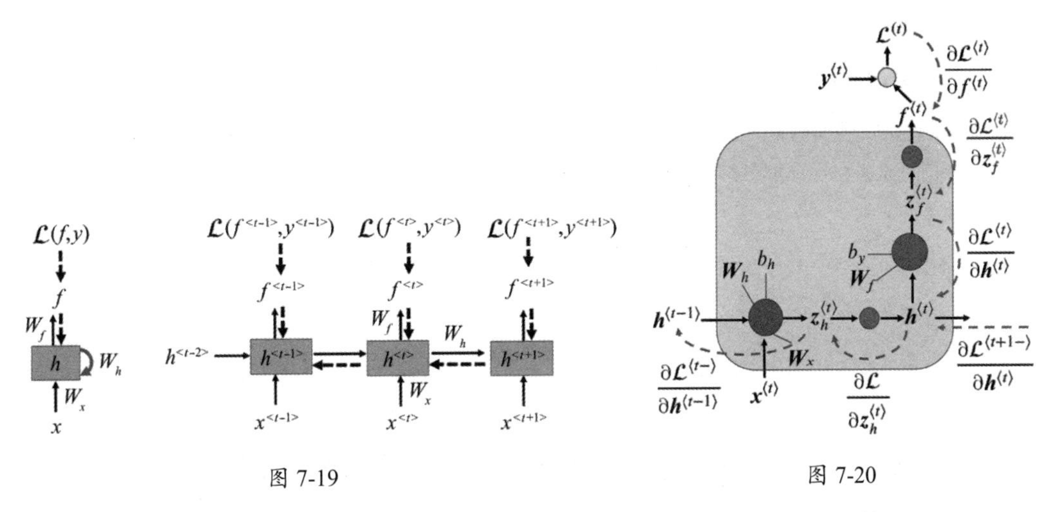

图 7-19　　　　　　　　　　　　图 7-20

因为 t 时刻的输出 $f^{\langle t\rangle}$ 只对 t 时刻的损失 $\mathcal{L}^{\langle t\rangle}$ 有贡献，即只有 $\mathcal{L}^{\langle t\rangle}$ 依赖 $f^{\langle t\rangle}$，所以，总的损失函数 $\mathcal{L}$ 关于 $f^{\langle t\rangle}$ 的梯度 $\frac{\partial \mathcal{L}}{\partial f^{\langle t\rangle}}$ 的梯度就是 $\frac{\partial \mathcal{L}^{\langle t\rangle}}{\partial f^{\langle t\rangle}}$。可以根据具体的损失函数类型，通过 t 时刻的输出 $f^{\langle t\rangle}$ 和目标值 $y^{\langle t\rangle}$ 求出该梯度。

注意：模型参数 $\boldsymbol{W}_f$、$\boldsymbol{W}_h$、$\boldsymbol{W}_x$ 在所有时刻都共享的。例如，对于模型参数 $\boldsymbol{W}_f$，总的损失函数关于它的梯度就是所有时刻的损失函数关于它的梯度之和，公式如下。

$$\frac{\partial \mathcal{L}}{\partial \boldsymbol{W}_f}=\sum_{t=1}^{n}\frac{\partial \mathcal{L}^{\langle t\rangle}}{\partial \boldsymbol{W}_f}$$

$\mathcal{L}^{\langle t\rangle}$ 是 t 时刻的预测值 $f^{\langle t\rangle}$ 和真实值 $y^{\langle t\rangle}$ 的误差，即 $\mathcal{L}^{\langle t\rangle}$ 依赖于 $f^{\langle t\rangle}$，$f^{\langle t\rangle}$ 依赖于 $z_f^{\langle t\rangle}$，$z_f^{\langle t\rangle}$ 依赖于 $\boldsymbol{W}_f$。因此，t 时刻的损失 $\mathcal{L}^{\langle t\rangle}$ 关于模型参数 $\boldsymbol{W}_f$ 的梯度为

$$\frac{\partial \mathcal{L}^{\langle t\rangle}}{\partial \boldsymbol{W}_f}=\frac{\partial \mathcal{L}^{\langle t\rangle}}{\partial \boldsymbol{z}_f^{\langle t\rangle}}\cdot\frac{\partial \boldsymbol{z}_f^{\langle t\rangle}}{\partial \boldsymbol{W}_f}=\boldsymbol{h}^{\langle t\rangle\mathrm{T}}\frac{\partial \mathcal{L}^{\langle t\rangle}}{\partial \boldsymbol{z}_f^{\langle t\rangle}}=\boldsymbol{h}^{\langle t\rangle\mathrm{T}}\frac{\partial \mathcal{L}^{\langle t\rangle}}{\partial f^{\langle t\rangle}}g_o{}'(\boldsymbol{z}_f^{\langle t\rangle})$$

将所有时刻的损失函数关于模型参数 $\boldsymbol{W}_f$ 的梯度累加，就得到了总损失函数关于 $\boldsymbol{W}_f$ 的梯度，公式如下。

$$\frac{\partial \mathcal{L}}{\partial \boldsymbol{W}_f}=\sum_{t=1}^{n}\frac{\partial \mathcal{L}^{\langle t\rangle}}{\partial \boldsymbol{z}_f^{\langle t\rangle}}\cdot\frac{\partial \boldsymbol{z}_f^{\langle t\rangle}}{\partial \boldsymbol{W}_f}=\sum_{t=1}^{n}\boldsymbol{h}^{\langle t\rangle\mathrm{T}}\frac{\partial \mathcal{L}^{\langle t\rangle}}{\partial f^{\langle t\rangle}}g_o{}'(\boldsymbol{z}_f^{\langle t\rangle})$$

那么，如何求 $\frac{\partial \mathcal{L}}{\partial \boldsymbol{h}^{\langle t\rangle}}$ 呢？t 时刻输出的隐状态 $\boldsymbol{h}^{\langle t\rangle}$，一方面输出到 $f^{\langle t\rangle}$，另一方面作为 $t+1$ 时刻的输入，也就是说，隐状态 $\boldsymbol{h}^{\langle t\rangle}$ 既通过 $f^{\langle t\rangle}$ 影响当前时刻 t 的损失 $\mathcal{L}^{\langle t\rangle}$，又作为下一时刻的隐状态的输入，影响后续所有时刻的损失 $\mathcal{L}^{\langle t'\rangle}$（$t'>t$）。因此，损失函数关于 $\boldsymbol{h}^{\langle t\rangle}$ 的梯度可以分成两部分来求，公式如下。

$$\frac{\partial \mathcal{L}}{\partial \boldsymbol{h}^{\langle t\rangle}}=\frac{\partial \mathcal{L}^{\langle t-\rangle}}{\partial \boldsymbol{h}^{\langle t\rangle}}=\frac{\partial \mathcal{L}^{\langle t\rangle}}{\partial \boldsymbol{h}^{\langle t\rangle}}+\frac{\partial \mathcal{L}^{\langle t+1-\rangle}}{\partial \boldsymbol{h}^{\langle t\rangle}}=\frac{\partial \mathcal{L}^{\langle t\rangle}}{\partial \boldsymbol{z}^{\langle t\rangle}}\cdot\frac{\partial \boldsymbol{z}^{\langle t\rangle}}{\partial \boldsymbol{h}^{\langle t\rangle}}+\frac{\partial \mathcal{L}^{\langle t+1-\rangle}}{\partial \boldsymbol{h}^{\langle t\rangle}}=\frac{\partial \mathcal{L}^{\langle t\rangle}}{\partial \boldsymbol{z}^{\langle t\rangle}}\cdot \boldsymbol{W}_f^{\mathrm{T}}+\frac{\partial \mathcal{L}^{\langle t+1-\rangle}}{\partial \boldsymbol{h}^{\langle t\rangle}}$$

$\mathcal{L}^{\langle t-\rangle}$ 表示 t 及后续所有时刻的损失之和，即 $\mathcal{L}^{\langle t-\rangle}=\sum_{t'=t}^{n} L^{\langle t\rangle}$。$\mathcal{L}^{\langle t+1-\rangle}$ 表示 t 的后续所有时刻的损失之和，即 $\mathcal{L}^{\langle t+1-\rangle}=\sum_{t'=t+1}^{n} L^{\langle t\rangle}$。因为 $\boldsymbol{h}^{\langle t\rangle}$ 对 t 时刻之前的损失没有影响，所以 $\frac{\partial \mathcal{L}}{\partial \boldsymbol{h}^{\langle t\rangle}}=\frac{\partial \mathcal{L}^{\langle t-\rangle}}{\partial \boldsymbol{h}^{\langle t\rangle}}$。$\frac{\partial \mathcal{L}^{\langle t+1-\rangle}}{\partial \boldsymbol{h}^{\langle t\rangle}}$ 是 $t+1$ 时刻之后的损失关于 t 时刻的输出的隐状态 $\boldsymbol{h}^{\langle t\rangle}$ 的梯度，它来自反向求导过程中的 $t+1$ 时刻。当然，对于最后时刻，$\frac{\partial \mathcal{L}^{\langle T-\rangle}}{\partial \boldsymbol{h}^{\langle T\rangle}}=\frac{\partial \mathcal{L}^{\langle T\rangle}}{\partial \boldsymbol{h}^{\langle T\rangle}}$，即最后时刻的损失关于该时刻的隐状态 $\boldsymbol{h}^{\langle T\rangle}$ 的梯度，公式如下。

$$\frac{\partial \mathcal{L}^{\langle T\rangle}}{\partial \boldsymbol{h}^{\langle T\rangle}}=\frac{\partial \mathcal{L}^{\langle T\rangle}}{\partial \boldsymbol{z}_f^{\langle T\rangle}}\cdot \boldsymbol{W}_f^{\mathrm{T}}$$

因为 $\boldsymbol{h}^{\langle t\rangle}=g_h(\boldsymbol{z}_h^{\langle t\rangle})$，所以，知道了 $\frac{\partial \mathcal{L}}{\partial \boldsymbol{h}^{\langle t\rangle}}$，就可以得到损失函数关于 $\boldsymbol{z}_h^{\langle t\rangle}$ 的梯度了，公式如下。

$$\frac{\partial \mathcal{L}^{\langle t-\rangle}}{\partial \boldsymbol{z}_h^{\langle t\rangle}}=\frac{\partial \mathcal{L}}{\partial \boldsymbol{z}_h^{\langle t\rangle}}=\frac{\partial \mathcal{L}}{\partial \boldsymbol{h}^{\langle t\rangle}}\cdot {g_h}'(\boldsymbol{z}_h^{\langle t\rangle})$$

进一步，可以得到损失函数关于模型参数 $\boldsymbol{W}_h$、$\boldsymbol{W}_x$ 及前一时刻输出的隐状态 $\boldsymbol{h}^{\langle t-1\rangle}$ 的梯度，公式如下。

$$\frac{\partial \mathcal{L}^{\langle t-\rangle}}{\partial \boldsymbol{h}^{\langle t-1\rangle}}=\frac{\partial \mathcal{L}}{\partial \boldsymbol{z}_h^{\langle t\rangle}}\cdot\frac{\partial \boldsymbol{z}_h^{\langle t\rangle}}{\partial \boldsymbol{h}^{\langle t-1\rangle}}=\frac{\partial \mathcal{L}^{\langle t\rangle}}{\partial \boldsymbol{z}_h^{\langle t\rangle}}\cdot \boldsymbol{W}_h^{\mathrm{T}}$$

$$\frac{\partial \mathcal{L}}{\partial \boldsymbol{W}_h}=\sum_{t=1}^{n}\frac{\partial \mathcal{L}^{\langle t-\rangle}}{\partial \boldsymbol{z}_h^{\langle t\rangle}}\cdot\frac{\partial \boldsymbol{z}_h^{\langle t\rangle}}{\partial \boldsymbol{W}_h}=\sum_{t=1}^{n}\boldsymbol{h}^{\langle t-1\rangle\,\mathrm{T}}\frac{\partial \mathcal{L}^{\langle t-\rangle}}{\partial \boldsymbol{z}_h^{\langle t\rangle}}$$

$$\frac{\partial \mathcal{L}}{\partial \boldsymbol{W}_x}=\sum_{t=1}^{n}\frac{\partial \mathcal{L}^{\langle t-\rangle}}{\partial \boldsymbol{z}_h^{\langle t\rangle}}\cdot\frac{\partial \boldsymbol{z}_h^{\langle t\rangle}}{\partial \boldsymbol{W}_x}=\sum_{t=1}^{n}\boldsymbol{x}^{\langle t\rangle\,\mathrm{T}}\frac{\partial \mathcal{L}^{\langle t-\rangle}}{\partial \boldsymbol{z}_h^{\langle t\rangle}}$$

假设循环神经网络中只有一个隐含层，$f^{\langle t\rangle}$ 是 t 时刻的输出，$\boldsymbol{y}^{\langle t\rangle}$ 是 t 时刻的真实值（对于多分类问题，$\boldsymbol{y}^{\langle t\rangle}$ 可以是真实类别所对应的整数），那么 t 时刻的多分类交叉熵损失 $L^{\langle t\rangle}$ 关于其输出值 $\boldsymbol{z}^{\langle t\rangle}$ 的梯度 $\mathrm{d}\boldsymbol{z}$，可以用代码表示如下。

```
dzf = np.copy(f[t])
dzf[y[t]] -= 1
```

关于 t 时刻的隐状态 $\boldsymbol{h}^{\langle t\rangle}$ 的梯度 $\mathrm{d}\boldsymbol{h}$，可以用代码表示如下。

```
dh = np.dot(dzf,Wf.T) + dh_next
```

知道了这两个梯度，根据上述公式，就可以求出损失函数关于其他变量的梯度了。t 时刻的反向求导代码，示例如下。

```
dzf = np.copy(f[t])
dzf[y[t]] -= 1
```

```
    dWf += np.dot(h[t].T,dzf)
    dbf += dzf
    dh = np.dot(dzf, Wf.T) + dh_next
    dzh = (1 - h[t] * h[t]) * dh
    dbh += dzh
    dWx += np.dot(x[t].T,dzh)
    dWh += np.dot(h[t-1].T,dzh)
    dh_pre = np.dot(dzh,Wh.T)
```

其中，dWf、dWx、dWh、dbh、dbf 表示损失函数关于模型参数的梯度，dh_next 表示损失函数关于 $t+1$ 时刻的隐状态的梯度，dh 表示损失函数关于当前时刻的隐状态的梯度，dh_pre 表示损失函数关于前一时刻的输出隐状态的梯度 $\frac{\partial L^{\langle t-\rangle}}{\partial \boldsymbol{h}^{\langle t-1\rangle}}$。

7.4 单层循环神经网络的实现

7.4.1 初始化模型参数

循环神经网络沿着时间维度对序列数据进行计算。假设在任意时刻 t，输入是长度为 input_dim 的向量，单层神经网络的神经元数目为 hidden_dim，输出是长度为 output_dim 的向量。可以用 init_rnn_parameters() 函数对模型参数进行初始化，代码如下。

```
import numpy as np
np.random.seed(1)
def rnn_params_init(input_dim, hidden_dim,output_dim,scale = 0.01):
    Wx = np.random.randn(input_dim, hidden_dim)*scale # input to hidden
    Wh = np.random.randn(hidden_dim, hidden_dim)*scale # hidden to hidden
    bh = np.zeros((1,hidden_dim)) # hidden bias

    Wf = np.random.randn(hidden_dim, output_dim)*scale # hidden to output
    bf = np.zeros((1,output_dim)) # output bias

    return [Wx,Wh,bh,Wf,bf]
```

除了需要初始化模型参数，还需要初始化循环神经网络的隐状态向量。一个输入样本对应于一个隐状态向量。在训练模型时，如果输入一批样本 $\boldsymbol{X}=(\boldsymbol{x}^{(1)},\boldsymbol{x}^{(2)},\cdots,\boldsymbol{x}^{(m)})^{\mathrm{T}}$，就有一批对应的隐状态向量 $\boldsymbol{H}=(\boldsymbol{h}^{(1)},\boldsymbol{h}^{(2)},\cdots,\boldsymbol{h}^{(m)})^{\mathrm{T}}$。以下函数用于初始化一批样本的隐状态向量。

```
def rnn_hidden_state_init(batch_dim, hidden_dim):
    return np.zeros((batch_dim,hidden_dim))
```

7.4.2 正向计算

在训练循环神经网络时，通常要用序列数据进行训练。如果采用批梯度下降法，训练模型的序列数据长度为 T，那么，在 $t=0,1,\cdots,T-1$ 的每个时刻都有一批样本。在以下代码中，Xs 表示序列数据，其每个时刻的数据用 Xs[t] 表示。执行以下代码，可顺序计算每个时刻（从 $t=0$ 时刻到最后时刻）的隐状态和输出值。

```python
def rnn_forward(params,Xs, H_):
    Wx, Wh, bh, Wf, bf = params
    H = H_ #np.copy(H_)

    Fs = []
    Hs = {}
    Hs[-1] = np.copy(H)

    for t in range(len(Xs)):
        X = Xs[t]
        H = np.tanh(np.dot(X, Wx) + np.dot(H, Wh) + bh)
        F = np.dot(H, Wf) + bf

        Fs.append(F)
        Hs[t] = H
    return Fs, Hs
```

其中，params 是模型参数，H_ 表示 $t=0$ 时刻的隐状态输入（通常可初始化值为 0）。假设每个序列元素都是一个一维向量，则 Xs 是一个三维张量，即有 3 个轴，分别表示序列长度、批大小 batch_dim 和输入数据长度 input_dim，如图 7-21 所示。

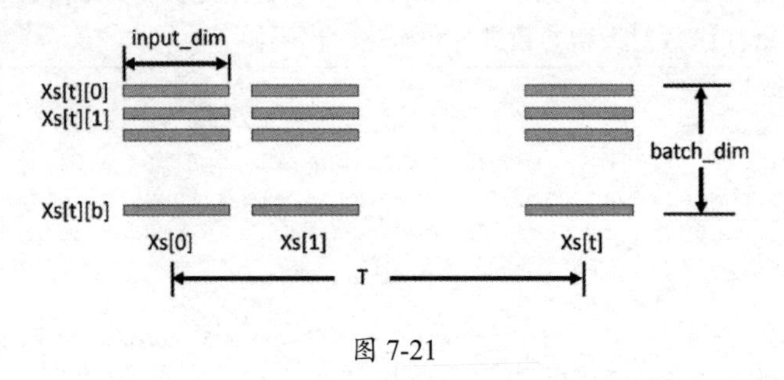

图 7-21

Hs 可用一个字典表示。Hs[-1] 表示 $t=0$ 时刻的输入状态，Hs[t] 表示 t 时刻的输出状态。因为 len(Hs) = len(Xs)+1，所以 Hs[len(Hs)-2] 就是最后时刻 len(Xs)-1 的状态。每个 Hs[t] 都是一个二维张量，第 1 轴表示批大小，第 2 轴表示状态向量的长度 hidden_dim。类似地，Fs 表示所有时刻的输出值，它既可以表示成一个三维张量，也可以用列表来表示。每个 Fs[t] 都是一个二维张量，第 1 轴表示批大小，第 2 轴表示输出向量的大小 output_dim。

可以将每个时刻的正向计算过程写成一个单独的函数 rnn_forward_step()，代码如下。

```python
def rnn_forward_step(params,X, preH):
    Wx, Wh, bh, Wf, bf = params
    H = np.tanh(np.dot(X, Wx) + np.dot(preH, Wh) + bh)
    F = np.dot(H, Wf) + bf
    return F, H
```

其中，X 是某个时刻的输入，preH 是前一时刻的隐状态，它们都是二维张量。可以将所有时刻的正向计算过程写成一个函数 rnn_forward_()，代码如下。

```
def rnn_forward_(params,Xs, H_):
    Wx, Wh, bh, Wf, bf = params
    H = H_

    Fs = []
    Hs = {}
    Hs[-1] = np.copy(H)

    for t in range(len(Xs)):
        X = Xs[t]
        F,H = rnn_forward_step(params,X,H)
        Fs.append(F)
        Hs[t] = H
    return Fs, Hs
```

7.4.3　损失函数

根据输出值和目标值，可以计算模型的损失。假设有一个同步的多对多循环神经网络，需要计算每个时刻 t 的损失 $\mathcal{L}_t$。所有时刻的损失累加就是总损失 $\mathcal{L} = \sum_{t=1}^{T} \mathcal{L}_t$。

根据问题的不同，$\mathcal{L}_t$ 可以是回归问题中的均方差损失，也可以是分类问题中的交叉熵损失。在以下代码中，rnn_lossg_rad() 函数使用传入的函数对象参数 loss_fn() 计算每个时刻的损失 loss_t 和该损失关于输出 Fs[i] 的梯度 dF_t，并将所有时刻的梯度放在一个字典变量 dFs 里。

```
import util
def rnn_loss_grad(Fs,Ys,loss_fn = util.loss_gradient_softmax_crossentropy,flatten =
 True):
    loss = 0
    dFs = {}

    for t in range(len(Fs)):
        F = Fs[t]
        Y = Ys[t]
        if flatten and Y.ndim>=2:
            Y = Y.flatten()
        loss_t,dF_t = loss_fn(F,Y)
        loss += loss_t
        dFs[t] = dF_t

    return loss,dFs
```

其中：loss_fn 默认为多分类交叉熵函数；在多分类问题中，Y 通常代表用整数表示的类别，即如果 Y 是一个二维张量，就需要将它摊平为一维张量，才能正确计算交叉熵损失；参数 flatten 的默认值是 True，表示将 Y 摊平为一维张量。

7.4.4　反向求导

有了某一时刻损失函数关于该时刻的输出的梯度，就可以通过反向求导得到损失函数关于该时刻的中间变量（如隐状态）和模型参数的梯度。在以下代码中，backward() 函数用于计算梯度（该函数接收模型参数 params、输入数据序列 Xs、隐状态 Hs、损失函数关于输出的梯度 dZs）。

```
import math
def grad_clipping(grads,alpha):
    norm = math.sqrt(sum((grad ** 2).sum() for grad in grads))
    if norm > alpha:
        ratio = alpha / norm
        for i in range(len(grads)):
            grads[i]*=ratio

def rnn_backward(params,Xs,Hs,dZs,clip_value = 5.): # Ys,loss_function):
    Wx, Wh,bh, Wf,bf = params
    dWx, dWh, dWf = np.zeros_like(Wx), np.zeros_like(Wh), np.zeros_like(Wf)
    dbh, dbf = np.zeros_like(bh), np.zeros_like(bf)

    dh_next = np.zeros_like(Hs[0])
    h = Hs
    x = Xs

    T = len(Xs)          #序列长度（时刻长度）
    for t in reversed(range(T)):
        dZ = dZs[t]

        dWf += np.dot(h[t].T,dZ)

        dbf += np.sum(dZ, axis=0, keepdims=True)
        dh = np.dot(dZ, Wf.T) + dh_next
        dZh = (1 - h[t] * h[t]) * dh

        dbh += np.sum(dZh, axis=0, keepdims=True)
        dWx += np.dot(x[t].T,dZh)
        dWh += np.dot(h[t-1].T,dZh)
        dh_next = np.dot(dZh,Wh.T)

    grads =  [dWx, dWh, dbh,dWf, dbf]
    if clip_value is not None:
    grad_clipping(grads,clip_value)
    return grads
```

循环神经网络是按时间顺序展开的，和深度神经网络一样会出现梯度爆炸和梯度消失问题。为了解决梯度爆炸问题，可采用梯度裁剪的方法，如上述代码中在 backward() 函数的最后对梯度进行了裁剪（grad_clipping(grads,5.)）。

同样，可将每一时刻的反向求导编写为一个单独的函数 rnn_backward_step()，代码如下。

```
def rnn_backward_step(params,dZ,X,H,H_,dh_next):
    Wx, Wh,bh, Wf,bf = params
    dWf = np.dot(H.T,dZ)
```

```
    dbf = np.sum(dZ, axis=0, keepdims=True)
    dh = np.dot(dZ, Wf.T) + dh_next
    dZh = (1 - H * H) * dh

    dbh = np.sum(dZh, axis=0, keepdims=True)
    dWx = np.dot(X.T,dZh)
    dWh = np.dot(H_.T,dZh)
    dh_next = np.dot(dZh,Wh.T)
    return dWx, dWh,dbh, dWf,dbf,dh_next
```

对序列数据进行反向求导的函数，可以调用以上反向求导函数，代码如下。

```
def rnn_backward_(params,Xs,Hs,dZs,clip_value = 5.):
    Wx, Wh,bh, Wf,bf = params
    dWx, dWh, dWf = np.zeros_like(Wx), np.zeros_like(Wh), np.zeros_like(Wf)
    dbh, dbf = np.zeros_like(bh), np.zeros_like(bf)
    dh_next = np.zeros_like(Hs[0])

    T = len(Xs)          #序列长度（时刻长度）
    for t in reversed(range(T)):
        dZ = dZs[t]
        H= Hs[t]
        H_ = Hs[t-1]
        X = Xs[t]

        dWx_,dWh_,dbh_,dWf_,dbf_,dh_next = rnn_backward_step(params,dZ,X,H,H_, \
                                                              dh_next)
        for grad,grad_t in zip([dWx, dWh,dbh, dWf,dbf],[dWx_,dWh_,dbh_,dWf_,dbf_]):
            grad+=grad_t

    grads =  [dWx, dWh, dbh,dWf, dbf]
    if clip_value is not None:
    grad_clipping(grads,clip_value)
    return grads
```

7.4.5 梯度验证

为了验证反向求导是否正确，可定义一个简单的循环神经网络模型，并用一组测试样本来比较分析梯度和数值梯度。以下代码针对一个输入、隐含层、输出层的大小分别是 4、10、4 的循环神经网络模型，生成了一组测试样本。

```
import numpy as np
np.random.seed(1)

#生成 4 个时刻、每批有 2 个样本的一批样本 Xs 及目标值
#定义一个输入、隐含层、输出层的大小分别是 4、10、4 的循环神经网络模型
if True:
    T  = 5
    input_dim, hidden_dim,output_dim = 4,10,4
```

```
    batch_size = 1
    seq_len = 5
    Xs = np.random.rand(seq_len,batch_size,input_dim)
    #Ys = np.random.randint(input_dim,size = (seq_len,batch_size,output_dim))
    Ys = np.random.randint(input_dim,size = (seq_len,batch_size))
    #Ys = Ys.reshape(Ys.shape[0],Ys.shape[1])
else:
    input_size,hidden_size,output_size = 4,3,4
    batch_size = 1
    vocab_size = 4
    inputs = [0,1,2,2]   #hello
    targets = [1,2,2,3]
    Xs=[]
    Ys=[]
    for t in range(len(inputs)):
        X = np.zeros((1,vocab_size)) # encode in 1-of-k representation
        X[0,inputs[t]] = 1
        Xs.append(X)
        Ys.append(targets[t])

print(Xs)
print(Ys)
```

```
[[[4.17022005e-01 7.20324493e-01 1.14374817e-04 3.02332573e-01]]

 [[1.46755891e-01 9.23385948e-02 1.86260211e-01 3.45560727e-01]]

 [[3.96767474e-01 5.38816734e-01 4.19194514e-01 6.85219500e-01]]

 [[2.04452250e-01 8.78117436e-01 2.73875932e-02 6.70467510e-01]]

 [[4.17304802e-01 5.58689828e-01 1.40386939e-01 1.98101489e-01]]]
[[1]
 [1]
 [1]
 [3]
 [3]]
```

计算上述样本的分析梯度，代码如下。

```
# --------cheack gradient-------------
params = rnn_params_init(input_dim, hidden_dim,output_dim)
H_0 = rnn_hidden_state_init(batch_size,hidden_dim)

Fs,Hs = rnn_forward(params,Xs,H_0)
loss_function = rnn_loss_grad
print(Fs[0].shape,Ys[0].shape)
loss,dFs = loss_function(Fs,Ys)
grads = rnn_backward(params,Xs,Hs,dFs)
```

```
(1, 4) (1,)
```

执行以下代码，定义用于计算循环神经网络模型的损失的辅助函数 rnn_loss()，然后调用 util 中的通用数值梯度函数 numerical_gradient() 计算循环神经网络模型参数的数值梯度，并和前面计算出来的分析梯度进行比较，同时，输出第一个模型参数的梯度。

```
def rnn_loss():
    H_0 = np.zeros((1,hidden_dim))
    H = np.copy(H_0)
    Fs,Hs = rnn_forward(params,Xs,H)
    loss_function = rnn_loss_grad
    loss,dFs = loss_function(Fs,Ys)
    return loss

numerical_grads = util.numerical_gradient(rnn_loss,params,1e-6) #rnn_numerical_grad
ient(rnn_loss,params,1e-10)
#diff_error = lambda x, y: np.max(np.abs(x - y))
diff_error = lambda x, y: np.max( np.abs(x - y)/(np.maximum(1e-8, np.abs(x) + \
                                  np.abs(y))))

print("loss",loss)
print("[dWx, dWh, dbh,dWf, dbf]")
for i in range(len(grads)):
    print(diff_error(grads[i],numerical_grads[i]))

print("grads",grads[1][:2])
print("numerical_grads",numerical_grads[1][:2])
```

```
loss 6.931604253116049
[dWx, dWh, dbh,dWf, dbf]
4.308687398527771e-06
0.00014321848390554473
8.225164888798296e-08
2.030282934604882e-07
1.155121982079175e-10
grads [[-2.39049602e-04  8.14220495e-05  1.57776751e-04  5.67414815e-05
  -2.52527076e-04  7.67751376e-05  8.81253550e-05  2.07270381e-04
  -6.92579913e-05  5.33532921e-05]
 [-1.59775181e-04  8.33693576e-05  7.68434971e-05  4.16925859e-05
  -1.31768112e-04  1.87065893e-05  3.02967764e-05  1.17071893e-04
  -3.32692578e-05  2.22690120e-05]]
numerical_grads [[-2.39049225e-04  8.14224244e-05  1.57776459e-04  5.67408343e-05
  -2.52526444e-04  7.67759190e-05  8.81255069e-05  2.07270645e-04
  -6.92583768e-05  5.33533218e-05]
 [-1.59774860e-04  8.33693115e-05  7.68434205e-05  4.16924273e-05
  -1.31767930e-04  1.87068139e-05  3.02966541e-05  1.17071686e-04
  -3.32689432e-05  2.22684093e-05]]
```

通过比较，可以判断分析梯度的计算基本正确。

7.4.6 梯度下降训练

在正向计算、反向求导的基础上，可使用训练样本对循环神经网络模型进行训练。首先，定义最基本的更新参数的梯度优化器 SGD，代码如下。

```
class SGD():
    def __init__(self,model_params,learning_rate=0.01, momentum=0.9):
        self.params,self.lr,self.momentum = model_params,learning_rate,momentum
        self.vs = []
        for p in self.params:
            v = np.zeros_like(p)
            self.vs.append(v)

    def step(self,grads):
        for i in range(len(self.params)):
            grad = grads[i]
            self.vs[i] = self.momentum*self.vs[i]+self.lr* grad
            self.params[i] -= self.vs[i]

    def scale_learning_rate(self,scale):
        self.lr *= scale
```

当然，也可以使用其他参数优化器，如 AdaGrad 优化器，代码如下。

```
class AdaGrad():
    def __init__(self,model_params,learning_rate=0.01):
        self.params,self.lr= model_params,learning_rate
        self.vs = []
        self.delta = 1e-7
        for p in self.params:
            v = np.zeros_like(p)
            self.vs.append(v)

    def step(self,grads):
        for i in range(len(self.params)):
            grad = grads[i]
            self.vs[i] += grad**2
            self.params[i] -= self.lr* grad /(self.delta + np.sqrt(self.vs[i]))

    def scale_learning_rate(self,scale):
        self.lr *= scale
```

在以下代码中，训练函数 rnn_train_epoch() 用数据迭代器 data_iter 遍历训练集，完成一次训练。该函数每次从数据迭代器 data_iter 中得到一批序列训练样本，每个样本序列 (Xs,Ys) 都是由多个时刻的样本组成的，start 用于表示该样本序列是否和上一个样本序列首尾相接。对每个样本序列，先用 rnn_forward(params,Xs,H) 函数计算每个时刻的输出 Zs 和状态 Hs，然后用损失函数 loss_function(Zs,Ys) 根据输出 Zs 和目标值 Ys 计算模型的损失 loss 及损失关于输出的梯度 dzs，再通过反向求导函数 rnn_backward(params,Xs,Hs,dzs) 计算损失关于模型参数的梯度，最后更新模型参数。Iterations 表示最大迭代次数，用于防止迭代器无限循环。print_n 表示打印信息间隔的迭代次数。

```
def rnn_train_epoch(params,data_iter,optimizer,iterations,loss_function,print_n=
100):
    Wx, Wh,bh, Wf,bf = params
    losses = []
    iter = 0

    hidden_size = Wh.shape[0]

    for Xs,Ys,start in data_iter:

        batch_size = Xs[0].shape[0]
        if start:
            H = rnn_hidden_state_init(batch_size,hidden_size)

        Zs,Hs = rnn_forward(params,Xs,H)
        loss,dzs = loss_function(Zs,Ys)

        if False:
            print("Z.shape",Zs[0].shape)
            print("Y.shape",Ys[0].shape)
            print("H",H.shape)

        dWx, dWh, dbh,dWf, dbf = rnn_backward(params,Xs,Hs,dzs)

        H = Hs[len(Hs)-2]              #最后时刻的隐状态向量

        grads = [dWx, dWh, dbh,dWf, dbf]
        optimizer.step(grads)
        losses.append(loss)

        if iter % print_n == 0:
            print ('iter %d, loss: %f' % (iter, loss))
        iter+=1

        if iter>iterations:break
    return losses,H
```

7.4.7 序列数据的采样

循环神经网络可以用任意长度的序列数据进行训练。例如，要训练一个由循环神经网络表示的语言模型，可以使用不同长度的句子（或者说，词序列）。这些用于训练循环神经网络的序列数据，称为**序列样本**。

用于训练循环神经网络的序列样本，通常需要从一个更长的原始序列中选取（采样）。例如，在训练语言模型时，原始数据可能是一个或多个包含很多句子的文本（称为**语料库**）。这时，需要从原始的长序列数据中采样用于训练的短小的序列样本。再如，将由一支股票的历史价格构成的序列数据作为原始数据，从中取出一个很小的价格序列作为序列样本。

对于自回归序列 $\{x_t\}$，其 t 时刻的目标值 y_t 就是该序列的下一个元素 x_{t+1}。对于 y_t 就是 x_{t+1} 的这种特殊序列，如果要通过程序采样长度为 seq_len=T 的序列样本，那么可以从某个 τ 开始，取出长度为 T 的子序列 $(x_\tau, x_{\tau+1}, \cdots, x_{\tau+T-1})$ 作为序列样本的输入，$(x_{\tau+1}, x_{\tau+2}, \cdots, x_{\tau+T})$ 则作为序列样本的目标值。这相当于：τ 时刻的输入 x_τ 所对应的输出是 $x_{\tau+1}$，$\tau+1$ 时刻的输入 $x_{\tau+1}$ 所对应的输出是 $x_{\tau+2}$……依此类推，$\tau+T-1$ 时刻的输入 $x_{\tau+T-1}$ 所对应的输出是 $x_{\tau+T}$，如图 7-22 所示。

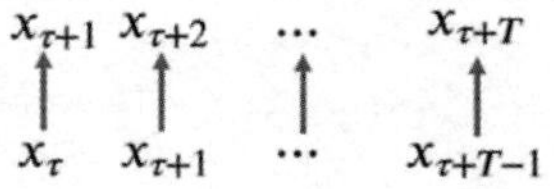

图 7-22

为了训练循环神经网络模型，可从原序列中采样很多序列样本作为训练集。如果这些序列样本的相邻两个序列样本是首尾相接的，那么这样的采样方式称为**顺序采样**，否则称为**随机采样**。例如，对于以下序列

```
[0, 1, 2, 3, 4, 5, 6, 7, 8, 9, 10, 11, 12, 13, 14, 15, 16, 17, 18, 19]
```

顺序采样的序列样本依次是

```
([0,1,2],[1,2,3])、([3,4,5],[4,5,6])、([6,7,8],[7,8,9])、([9,10,11],[10,11,12])...
```

如果采用随机采样，那么采样的样本序列可能是下面这样的。

```
([0,1,2],[1,2,3])、([2,3,4],[3,4,5])、([12,13,14],[13,14,15])、([7,8,9],[8,9,10])...
```

以上采样的所有序列样本的长度相同（都为 3）。实际上，序列样本的长度可以不同（在这里只是为了讲解简单，采样长度相同的序列样本）。

在用每个序列样本训练循环神经网络模型时，初始时刻的输入的隐状态通常被初始化为 0，表示没有历史计算信息。但对于顺序采样，一个序列样本的结束时刻正好是其后面那个序列样本的开始时刻，因此，在处理一个序列时，可直接将前一个序列样本的最后一个隐状态作为后一个序列样本的输入的隐状态，而不是将隐状态初始化为 0，从而利用前面的序列样本更好地处理当前序列样本，即在理论上使后面的序列样本可以利用之前序列样本中的历史计算信息。

在以下代码中，data 是原始序列数据，采样的所有序列样本的长度都是 T，迭代器函数采用顺序采样的方式产生序列样本，即依次产生的序列样本是首尾相接的。

```python
import numpy as np
def seg_data_iter_consecutive_one(data,T,start_range=0,repeat = False):
    n = len(data)
    if start_range>0:
        start = np.random.randint(0, start_range)
    else:
        start = 0
    end = n-T
    while True:
        for p in range(start,end,T):
            #选取一个训练样本
            X = data[p:p+T]
```

```
        Y = data[p+1:p+T+1] #[:,-1]
        #inputs = np.expand_dims(inputs, axis=1)
        #targets  = targets.reshape(-1,1)
        if p==start:
            yield X,Y,True
        else:
            yield X,Y,False
    if not repeat:
        return
```

在以上代码中：start_range 用于确定采样的初始位置 start（默认值为 0，表示总是从原始序列的开始进行采样），使每次采样都是从一个随机位置开始的（增强了采样的随机性）；repeat 表示是否重复采样原始序列（默认值为 False，表示对原始序列进行 1 次采样）；返回值中的第 3 个表示这个序列样本是否为第 1 个样本。

执行以下代码，对 seg_data_iter_consecutive_one() 函数进行测试。可以看出，这里采用的是顺序采样。

```
data = [0, 1, 2, 3, 4, 5, 6, 7, 8, 9, 10, 11, 12, 13, 14, 15, 16, 17, 18, 19]
data_it = seg_data_iter_consecutive_one(data,3,5)
for X,Y,_ in data_it:
    print(X,Y)
```

```
[4, 5, 6] [5, 6, 7]
[7, 8, 9] [8, 9, 10]
[10, 11, 12] [11, 12, 13]
[13, 14, 15] [14, 15, 16]
[16, 17, 18] [17, 18, 19]
```

随机采样不需要保证依次采样的两个序列样本是首尾相接的，其代码实现比顺序采样简单。一个随机采样迭代器函数，代码如下。

```
import numpy as np
import random
def seg_data_iter_random_one(data,T,repeat = False):
    while True:
        end = len(data)-T
        indices = list(range(0, end))
        random.shuffle(indices)
        for i in range(end):
            p = indices[i]
            X = data[p:p+T]
            Y = data[p+1:p+T+1]
            yield X,Y
        if not repeat:
            return
```

调用随机采样函数 seg_data_iter_random_one()，代码如下。

```
data_it = seg_data_iter_random_one(data,3)
i=0
```

```
for X,Y in data_it:
    print(X,Y)
    i+=1
    if i==3: break
```

```
[13, 14, 15] [14, 15, 16]
[16, 17, 18] [17, 18, 19]
[11, 12, 13] [12, 13, 14]
```

在训练神经网络时，每次迭代可能不是使用一个序列样本，而是使用一批序列样本。对于批样本的采样，同样分为顺序采样和随机采样。假设一批样本有 batch_size 个，可重复调用 seg_data_iter_consecutive_one() 函数 batch_size 次，得到 batch_size 个序列样本。但是，这种简单的批采样方式存在一个问题，就是同一批样本可能相关度很高甚至是同一个序列样本。我们知道，如果一批序列样本是同一个序列样本，其效果就等同于一个序列样本，失去了一批样本训练的意义。

对于随机采样，只要保证每批序列样本的开始位置不同就可以了。将上述函数稍做修改，在下标数组 indices 中从头开始，每次依次取出连续的 batch_size 个下标作为每个序列样本的开始位置。因为在 for 循环前面已经对下标数组 indices 进行了乱序处理（random.shuffle(indices)），所以一批样本中的每个序列样本在位置上也是随机分散的，从而得到随机取一批序列样本的函数 seg_data_iter_random()。相关代码如下。

```
import numpy as np
import random
def seg_data_iter_random(data,T,batch_size,repeat = False):
    while True:
        end = len(data)-T
        indices = list(range(0, end))
        random.shuffle(indices)
        for i in range(0,end,batch_size):
            batch_indices = indices[i:(i+batch_size)]
            X = [data[p:p+T] for p in batch_indices]
            Y = [data[p+1:p+T+1] for p in batch_indices]
            yield X,Y
        if not repeat:
            return
```

对 seg_data_iter_random() 函数进行测试，代码如下。

```
data_it = seg_data_iter_random(data,3,2)
i=0
for X,Y in data_it:
    print("X:",X)
    print("Y:",Y)
    i+=1
    if i==3: break
```

```
X: [[10, 11, 12], [6, 7, 8]]
Y: [[11, 12, 13], [7, 8, 9]]
X: [[13, 14, 15], [11, 12, 13]]
```

```
Y: [[14, 15, 16], [12, 13, 14]]
X: [[16, 17, 18], [9, 10, 11]]
Y: [[17, 18, 19], [10, 11, 12]]
```

循环神经网络对于每个输入的样本，都有一个单独的隐状态与之对应，同一批的不同序列样本对应的是不同的隐状态。如果希望两批样本是首尾相接的，后面的批训练序列可以直接利用前一批训练序列的隐状态，而不需要每次都初始化隐状态，从而利用更多的历史信息，那么，顺序采样需要保证每一批的对应样本之间是首尾相接的。

如图 7-23 所示：假设每一批有两个数据，则第二批的第 1 个数据和第一批的第 1 个数据应该是首尾相接的；同样，第二批的第 2 个数据和第一批的第 2 个数据应该是首尾相接的。所有批中的第 1 个数据构成了第 1 个序列样本，所有批中的第 2 个数据构成了第 2 个序列样本。批样本的第 1 个序列样本（上行）的数据是首尾相接的，第 2 个序列样本（下行）的数据是首尾相接的。

图 7-23

如何保证所有批都是首尾相接的？一种简单的解决方式是将原始数据划分成 batch_size 个子部分，在每个子部分用顺序采样的方法采样一个序列样本。这样就自然保证了 batch_size 个序列样本是首尾相接的，且每批样本来自不同的部分。

执行以下代码，可以将数据序列划分成 batch_size 个子部分。

```
batch_size  = 2
data= np.array(data)
data = data.reshape(batch_size,-1)
print(data)
```

```
[[ 0  1  2  3  4  5  6  7  8  9]
 [10 11 12 13 14 15 16 17 18 19]]
```

从第一部分中取出序列样本 [0,1,2]，从第二部分中取出序列样本 [10,11,12]，可构成一个批序列样本。从第一部分取出序列样本 [3,4,5]，从第二部分取出序列样本 [13,14,15]，可构成一个批序列样本。从第一部分取出序列样本 [6,7,8]，从第二部分取出序列样本 [16,17,18]，可构成一个批序列样本。

每个序列样本除输入外，还应包含作为目标的序列，而目标序列正好比输入序列往后一个位置，因此，可以用下列代码产生 $2 \times$ batch_size 个子块。

```
data = np.array(range(20))
print(data)
batch_size = 2
block_len = (len(data)-1)//2
print(block_len)
data_x = data[0:block_len*batch_size]
data_x = data_x.reshape(batch_size,-1)
print(data_x)
```

```
data_y = data[1:1+block_len*batch_size]
data_y = data_y.reshape(batch_size,-1)
print(data_y)
```

执行以上代码，data_x 有 batch_size 个子块，用于产生输入序列样本，data_y 是和 data_x 错开一个位置的 batch_size 个子块，用于构成目标序列样本，具体如下。

```
[ 0  1  2  3  4  5  6  7  8  9 10 11 12 13 14 15 16 17 18 19]
9
[[ 0  1  2  3  4  5  6  7  8]
 [ 9 10 11 12 13 14 15 16 17]]
[[ 1  2  3  4  5  6  7  8  9]
 [10 11 12 13 14 15 16 17 18]]
```

现在，可以从 data_x 和 data_y 的第 1 行中各取出一个序列，分别作为输入序列和目标序列，即 x1 = [0,1,2]、y1 = [1,2,3]，然后，分别从它们的第 2 行中取出序列样本 x2 = [10,11,12]、y2 = [11,12,13]，构成第 1 批序列样本，具体如下。

```
x1 = [0,1,2],y1 = [1,2,3],
x2 = [10,11,12],y2 = [11,12,13]]
```

使用同样的方法，可以取出第 2 批序列样本，具体如下。

```
x1 = [3,4,5],y1 = [4,5,6]
x2 = [13,14,15],y2 = [14,15,16]
```

取出第 3 批序列样本，具体如下。

```
x1=[6,7,8],y1=[7,8,9]
x2 = [16,17,18],x2 = [17,18,19]
```

根据上述方法，可以编写批顺序采样函数 rnn_data_iter_consecutive() 的代码，具体如下。

```
def rnn_data_iter_consecutive(data, batch_size, seq_len,start_range=10):
    #每次在 data[start:]里采样，使每个 epoch 的训练样本不同
    start = np.random.randint(0, start_range)
    block_len = (len(data)-start-1) // batch_size      #每个块的长度为 block_len

    Xs = data[start:start+block_len*batch_size]
    Xs = Xs.reshape(batch_size,-1)
    Ys = data[start+1:start+block_len*batch_size+1]
    Ys = Ys.reshape(batch_size,-1)

    #在每个块里采样长度为 seq_len 的序列样本
    num_batches = Xs.shape[1] // seq_len               #多少批样本
    end_pos = num_batches * seq_len
    for i in range(0, end_pos, seq_len):               #采样一批样本
        X = Xs[:,i:(i+seq_len)]
        Y = Ys[:,i:(i+seq_len)]
        yield X, Y
```

执行以下代码，对上述函数进行测试。

```
data = list(range(20))
print(data[:20])
data_it = rnn_data_iter_consecutive(np.array(data[:20]),2,3,1)

for X,Y in data_it:
    print("X:",X)
    print("Y:",Y)
```

```
[0, 1, 2, 3, 4, 5, 6, 7, 8, 9, 10, 11, 12, 13, 14, 15, 16, 17, 18, 19]
X: [[ 0  1  2]
 [ 9 10 11]]
Y: [[ 1  2  3]
 [10 11 12]]
X: [[ 3  4  5]
 [12 13 14]]
Y: [[ 4  5  6]
 [13 14 15]]
X: [[ 6  7  8]
 [15 16 17]]
Y: [[ 7  8  9]
 [16 17 18]]
```

上面采样的批序列样本都是二维张量，第 1 轴是批大小，第 2 轴是序列长度。而前面的循环神经网络假设序列样本的第 1 轴是序列长度，不是批大小。因此，需要交换序列长度和批大小所对应的轴，代码如下。

```
X = np.swapaxes(X,0,1)
```

上述代码中的 X 表示每个数据元素是长度为 1 的标量。但在实际应用中，数据可能是包含多个特征的向量甚至是多维张量（如图像）。如果数据元素是包含多个特征的向量，那么 X 就是三维张量。因此，可将上述二维张量的序列样本转换成三维张量，代码如下。

```
X = X.reshape(X.shape[0],X.shape[1],-1)
```

将上述两句代码合在一起，具体如下。

```
x1 = np.swapaxes(X,0,1)
x1 = x1.reshape(x1.shape[0],x1.shape[1],-1)
print(x1)
```

```
[[[ 6]
  [15]]

 [[ 7]
  [16]]

 [[ 8]
  [17]]]
```

改写上述函数，增加一个 to_3D 参数，以决定是否要将序列样本转换为三维张量，代码如下。

```
import numpy as np
```

```
def rnn_data_iter_consecutive(data,batch_size,seq_len,start_range=10,to_3D=True):
    #每次在data[offset:]里采样，使每个epoch的训练样本不同
    start = np.random.randint(0, start_range)
    block_len = (len(data)-start-1) // batch_size

    Xs = data[start:start+block_len*batch_size]
    Ys = data[start+1:start+block_len*batch_size+1]
    Xs = Xs.reshape(batch_size,-1)
    Ys = Ys.reshape(batch_size,-1)

    #在每个块里可以采样多少个长度为seq_len的样本序列
    reset = True
    num_batches = Xs.shape[1] // seq_len
    for i in range(0, num_batches * seq_len, seq_len):
        X = Xs[:,i:(i+seq_len)]
        Y = Ys[:,i:(i+seq_len)]
        if to_3D:
            X = np.swapaxes(X,0,1)
            X = X.reshape(X.shape[0],X.shape[1],-1)
            #X = np.expand_dims(X, axis=2)
            Y = np.swapaxes(Y,0,1)
            Y = Y.reshape(Y.shape[0],Y.shape[1],-1)
        else:
            X = np.swapaxes(X,0,1)
            Y = np.swapaxes(Y,0,1)
        if reset:
            reset = False
            yield X, Y,True
        else: yield X, Y,False
```

其中，数据迭代器生成样本 (Xs,Ys) 并返回一个表示是否要重置循环神经网络隐状态的标志。如果该标志为 True，则重置循环神经网络的隐状态。相关代码如下。

```
data = np.array(list(range(20))).reshape(-1,1)
data_it = rnn_data_iter_consecutive(data,2,3,2)
i = 0
for X,Y,_ in data_it:
    print("X:",X)
    print("Y:",Y)
    i+=1
    if i==2 :break
```

```
X: [[[ 0]
  [ 9]]

 [[ 1]
  [10]]

 [[ 2]
  [11]]]
```

```
Y: [[[ 1]
  [10]]

 [[ 2]
  [11]]

 [[ 3]
  [12]]]
X: [[[ 3]
  [12]]

 [[ 4]
  [13]]

 [[ 5]
  [14]]]
Y: [[[ 4]
  [13]]

 [[ 5]
  [14]]

 [[ 6]
  [15]]]
```

7.4.8 序列数据的循环神经网络训练和预测

1. 序列数据的训练

用 7.4.7 节采样自曲线的实数值训练循环神经网络模型，代码如下。

```
T = 5000  # Generate a total s
time = np.arange(0, T)
data = np.sin(time*0.1)+np.cos(time*0.2)
print(data.shape)

batch_size = 3
input_dim = 1
output_dim= 1
hidden_size=100
seq_length = 50
params = rnn_params_init(input_dim, hidden_size,output_dim)
H = rnn_hidden_state_init(batch_size,hidden_size)

data_it = rnn_data_iter_consecutive(data,batch_size,seq_length,2)
x,y,_ = next(data_it)
print("X:",x.shape,"Y:",y.shape,"H:",H.shape)

loss_function = lambda F,Y:rnn_loss_grad(F,Y,util.mse_loss_grad,False)
```

```
Zs,Hs = rnn_forward(params,x,H)
print("Z:",Zs[0].shape,"H:",Hs[0].shape)
loss,dzs = loss_function(Zs,y)
print(dzs[0].shape)

epoches = 10
learning_rate = 5e-4

iterations  =200
losses = []

#optimizer = AdaGrad(params,learning_rate)
momentum = 0.9
optimizer = SGD(params,learning_rate,momentum)

for epoch in range(epoches):
    data_it = rnn_data_iter_consecutive(data,batch_size,seq_length,100)
    #epoch_losses,param,H = rnn_train(params,data_it,learning_rate,iterations,loss_f
unction,print_n=100)
    epoch_losses,H = rnn_train_epoch(params,data_it,optimizer,iterations, \
                                     loss_function,print_n=50)
    #losses.extend(epoch_losses)
    epoch_losses = np.array(epoch_losses).mean()
    losses.append(epoch_losses)
```

```
(5000,)
X: (50, 3, 1) Y: (50, 3, 1) H: (3, 100)
Z: (3, 1) H: (3, 100)
(3, 1)
iter 0, loss: 52.575362
iter 0, loss: 41.488531
iter 0, loss: 2.666009
iter 0, loss: 1.424797
iter 0, loss: 0.849381
iter 0, loss: 0.723504
iter 0, loss: 0.581355
iter 0, loss: 0.938593
iter 0, loss: 1.019344
iter 0, loss: 0.297335
```

执行以下代码，绘制训练损失曲线，结果如图 7-24 所示。

```
import matplotlib.pyplot as plt
plt.plot(losses)
plt.show()
```

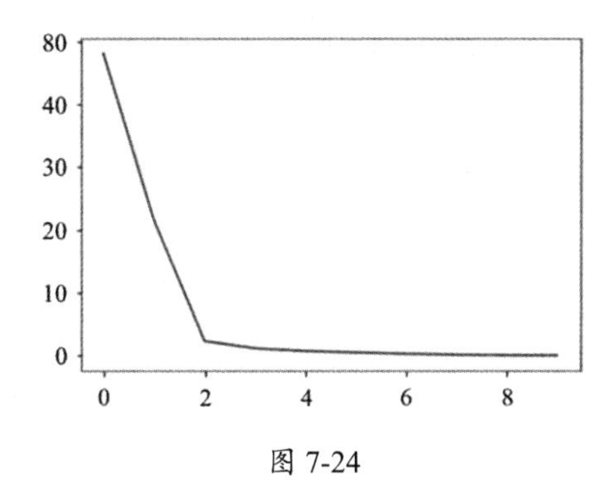

图 7-24

2. 序列数据的预测

执行以下代码，用训练好的循环神经网络模型，用某个时刻的数据预测后面 500 个时刻的输出。长期预测数据和真实数据的比较，如图 7-25 所示。

```
H = rnn_hidden_state_init(1,hidden_size)

start = 3
x = data[start:start+1].copy()
x =x.reshape(x.shape[0],1,-1)
print(x.shape)
x = x.reshape(1,-1)
ys =[]
print(x.flatten())
for i in range(500):
    F,H= rnn_forward_step(params,x,H)
    x=F
    ys.append(F[0,0])

print(len(ys))
ys  = ys[:]
plt.plot(ys[:500])
plt.plot(data[start+1:start+1+500])
plt.xlabel("time")
plt.ylabel("value")
plt.legend(['y','y_real'])
plt.show()
```

```
(1, 1, 1)
[1.12085582]
500
```

可以看出，预测结果不是很准确。

如果只从当前时刻预测下一时刻的数据，即用 data[t] 预测 data[t+1]，那么，可以执行以下代码，采用短期预测方式，用 data[start,start+500] 中的每个时刻的数据预测下一时刻的数据，即预测 data[start+1,start+1+500]。

```
H = rnn_hidden_state_init(1,hidden_size)

start = 3
ys =[]
for i in range(500):
    x= data[start+i:start+i+1].copy()
    x = x.reshape(1,-1)
    F,H= rnn_forward_step(params,x,H)
    ys.append(F[0,0])


ys  = ys[:]
plt.plot(ys[:500])
plt.plot(data[start+1:start+501])
plt.xlabel("time")
plt.ylabel("value")
plt.legend(['y','y_real'])
plt.show()
```

短期预测数据和真实数据的比较，如图 7-26 所示。

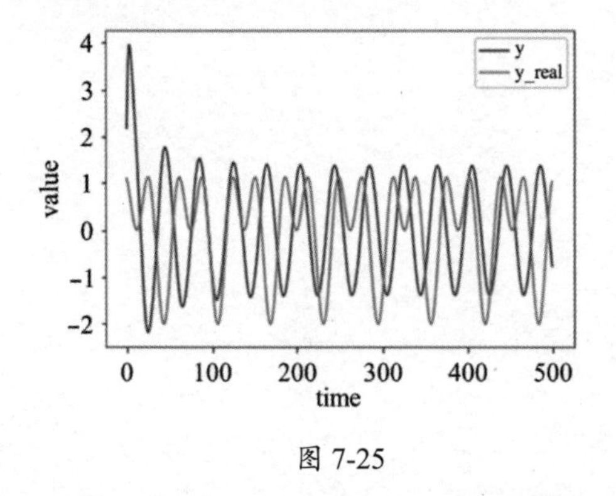

图 7-25

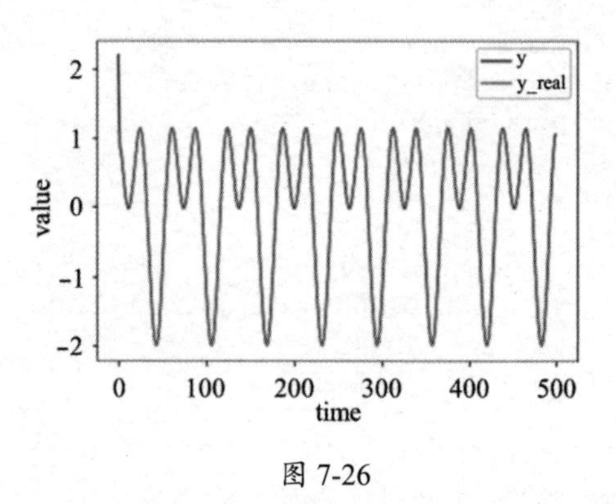

图 7-26

短期预测得到的下一时刻的结果和真实数据完全重合，说明短期预测的效果很好。上述循环神经网络的相关代码，参见随书文件 rnn.py。

3. 股票数据的训练和预测

对于股票数据，可以只用股票的收盘价作为序列数据进行预测。将股票的收盘价数据作为自回归序列数据，代码如下。

```
data = read_stock('sp500.csv')
data = np.array(data.iloc[:,-2]).reshape(-1,1)
```

对于自回归序列数据，可直接使用以上代码进行训练和预测。当学习率为 0.0001（1e-4）、批梯度下降法的迭代次数为 40 时，模型训练的损失曲线，如图 7-27 所示。

股票收盘价的自回归模型的长期预测结果如图 7-28 所示，短期预测结果如图 7-29 所示。

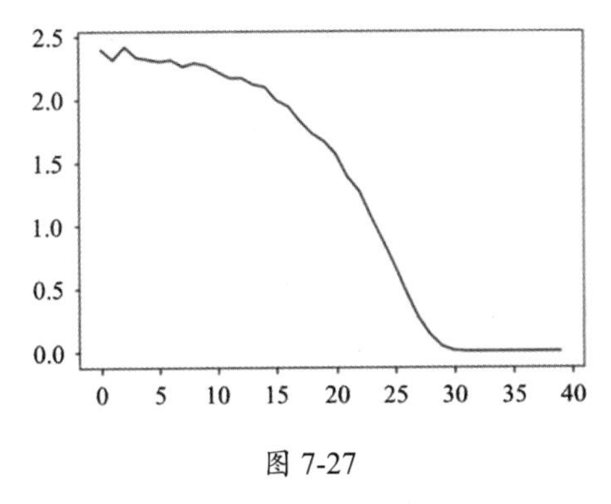

图 7-27

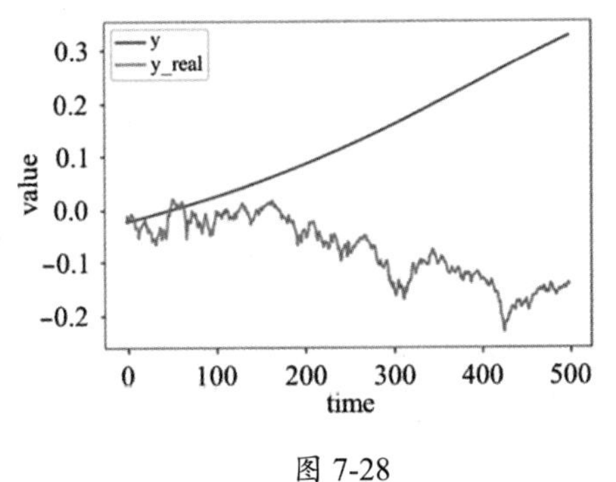

图 7-28

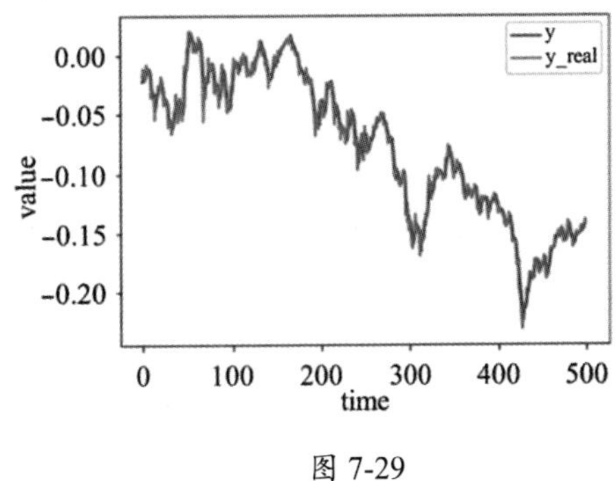

图 7-29

前面我们只用股票收盘价的历史数据对未来的股票收盘价进行了预测。执行以下代码，可用股票的所有相关数据（开盘价、最高价、最低价、收盘价、交易量）对收盘价进行预测。首先，仍然要训练循环神经网络模型。模型的训练损失曲线，如图 7-30 所示。

```
import pandas as pd
import numpy as np

data = read_stock('sp500.csv')

stock_data = np.array(data)
print("stock_data.shape",stock_data.shape)
print("stock_data[:3]\n",stock_data[:3])

def stock_data_iter(data,seq_length):
    feature_n = data.shape[1]
    num = (len(data)-1)//seq_length
    while True:
        for i in range(num):
            #选取一个训练样本
            p = i*seq_length
            inputs = data[p:p+seq_length]
            targets = data[p+1:p+seq_length+1][:,-2]
            inputs = np.expand_dims(inputs, axis=1)
```

```
            targets  = targets.reshape(-1,1)
            if i==0:
                yield inputs,targets,True
            else:
                yield inputs,targets,False


batch_size = 1
input_dim= stock_data.shape[1]
hidden_dim = 100
output_dim=1
params = rnn_params_init(input_dim, hidden_dim,output_dim)
H = rnn_hidden_state_init(batch_size,hidden_dim)

seq_length = 100 # number of steps to unroll the RNN for

data_it = stock_data_iter(stock_data, seq_length)
X,Y,_ = next(data_it)
print(X.shape,Y.shape)

loss_function = lambda F,Y:rnn_loss_grad(F,Y,util.mse_loss_grad,False)

# hyperparameters
epoches = 2
learning_rate = 1e-4
iterations  =2000
losses = []

#optimizer = AdaGrad(params,learning_rate)
momentum = 0.9
optimizer = SGD(params,learning_rate,momentum)

for epoch in range(epoches):
    data_it =  stock_data_iter(stock_data, seq_length)
   # epoch_losses,param,H = rnn_train(params,data_it,learning_rate,iterations,loss_f
unction,print_n=100)
    epoch_losses,H = rnn_train_epoch(params,data_it,optimizer,iterations,loss_functi
on,print_n=200)
    losses.extend(epoch_losses)
    #epoch_losses = np.array(epoch_losses).mean()
    #losses.append(epoch_losses)
plt.plot(losses)
```

```
stock_data.shape (4697, 5)
stock_data[:3]
 [[-0.00597324 -0.00591629 -0.01567558 -0.01231037 -0.19118446]
 [-0.01226569 -0.01617188 -0.03401657 -0.03724877 -0.1842296 ]
 [-0.0372919  -0.03505779 -0.04286668 -0.03604657 -0.17733781]]
(100, 1, 5) (100, 1)
```

```
iter 0, loss: 0.105906
iter 200, loss: 0.092861
iter 400, loss: 0.561419
iter 600, loss: 0.061234
iter 800, loss: 0.447817
iter 1000, loss: 2.762900
iter 1200, loss: 0.713906
iter 1400, loss: 0.022479
iter 1600, loss: 0.004160
iter 1800, loss: 0.011423
iter 2000, loss: 0.033837
```

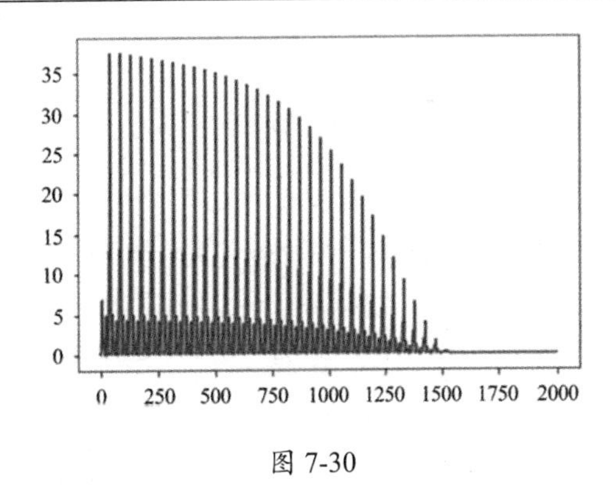

图 7-30

上述序列数据不是自回归数据，每个时刻的股票数据是由多个特征构成的向量，而需要预测的下一时刻的股票价格是一个数值，即输入是由多个值组成的向量，输出是一个值。因此，根据该模型无法进行长期预测。

执行以下代码，可通过循环神经网络模型进行短期预测，结果如图 7-31 所示。

```
H = rnn_hidden_state_init(1,hidden_dim)

start = 3
data = stock_data[start:,:]

ys =[]
for i in range(len(data)):
    x= data[i,:].copy()
    x = x.reshape(1,-1)
    f,H = rnn_forward_step(params,x,H)
    ys.append(f[0,0])

ys  = ys[:]
plt.plot(ys[:500])
plt.plot(data[:500,-2])
plt.xlabel("time")
plt.ylabel("value")
plt.legend(['y','y_real'])
```

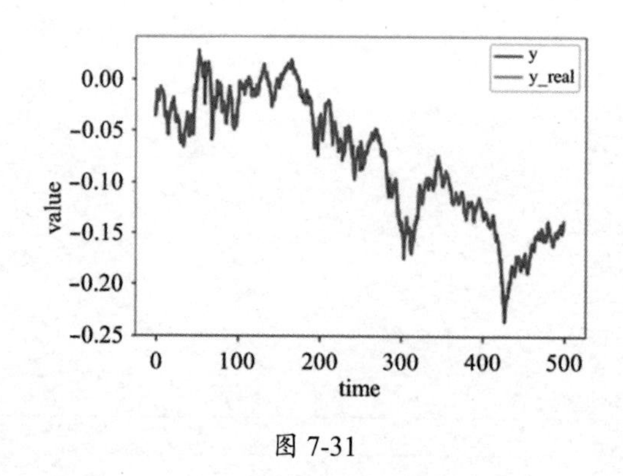

图 7-31

7.5 循环神经网络语言模型和文本的生成

在 *k*-gram 语言模型中，每个词只依赖于其前面的 $k-1$ 个词，原因在于：无法利用更多的上下文信息，模型的准确性受到了限制。而循环神经网络模型可以接收任意长度的输入序列，用循环神经网络表示的语言模型，可以从任意长度的输入词序列预测词表中每个词作为下一个词的概率，即在 $t=i$ 时刻，可根据前面所有时刻的词预测 $t=i+1$ 时刻的词出现的概率，公式如下。

$$P(w_{i+1}|w_1,w_2,\cdots,w_i)$$

根据这个概率，采样一个词作为下一个词，并不断重复这个过程，就可以从初始的一个词源源不断地产生新的词，即产生一系列词或文本。这种根据某种语言模型自动从初始的一个或少量词产生大段文本的过程，称为**本文生成**。文本生成依赖一个已经训练好的语言模型。要想训练语言模型，需要从已有的文本（如一部或多部小说）中采样以词为单位的序列数据。这些用于采样词序列样本的原始文本，称为**语料库**。通常先将语料库分割成以词为单位的词序列，然后采用序列数据采样的方法，采样用于训练循环神经网络模型的序列样本。

对于英文文本，可以以空格和标点符号为间隔，将原始文本分割成词序列；对于中文文本，则需要使用一些专门的词提取技术，对文本进行词的分割和提取。不管是什么语言，词的数量都是巨大的。简单起见，可将每个字符看成一个词，这样的语言模型称为**字符语言模型**。字符语言模型不需要专门提取文本中的词，且无论哪种语言，字符的数量都远小于词的数量。例如，英文只有 26 个字母和少量标点符号，而英文单词的数量是很多的。

不管是字符语言模型，还是通常的词语言模型，其原理都是一样的。例如，在用循环神经网络训练语言模型之前，都需要将语言模型的基本单位——词或字符——量化，即将词或字符转换为数值向量。为了对词（字符）进行量化，第一步需要建立词表（字符表）。

7.5.1 字符表

字符表（词表）构建过程通常是：扫描语料库中的所有文本，找到所有的词或字符，将它们放在一个线性表中，使得每个词或字符在表中都有一个确定的位置（下标）。例如，对于字符语言模型，只要扫描语料库文本中的所有字符，将它们放入一个字符表即可。

假设一个语料库只包含一个文本文件 input.txt，该文件的内容是莎士比亚的剧本。执行以下代码，将文本内容读入 data。set(data) 负责构造所有不同字符的集合，然后将该集合中的不同字符放入一个 list 对象 chars（chars = list(set(data))。这个 list 对象就是包含语料库中所有字符的字符表。

```
filename = 'input.txt'
data = open(filename, 'r').read()
chars = list(set(data))
```

执行以下代码，输出文本中所有字符的数目、字符表的长度，以及字符表的前 10 个字符、文本的前 148 个字符。

```
data_size, vocab_size = len(data), len(chars)
print ('总字符个数 %d,字符表的长度 %d unique.' % (data_size, vocab_size))
print('字符表的前 10 个字符: \n',chars[:10])
print('前 148 个字符: \n',data[:148])
```

```
总字符个数 1115394,字符表的长度 65 unique.
字符表的前 10 个字符:
 ['t', 'z', 'A', 'Y', 'm', ' ', 'B', 'g', 'r', '.']
前 148 个字符:
 First Citizen:
Before we proceed any further, hear me speak.

All:
Speak, speak.

First Citizen:
You are all resolved rather to die than to famish?
```

字符表中的每个字符都对应于一个下标。可以用两个字典表示字符到下标、下标到字符的映射关系，代码如下。

```
char_to_idx = { ch:i for i,ch in enumerate(chars) }
idx_to_char = { i:ch for i,ch in enumerate(chars) }
```

有了字符表，就可以对字符进行量化了。最简单的方法是根据一个字符在字符表中的下标，用一个 one-hot 向量表示这个字符。这个 one-hot 向量的长度就是字符表的长度。在这个 one-hot 向量中，除该字符对应下标的值为 1 外，其余值都为 0。

假设字符表只有 4 个字符，如图 7-32 所示，字符 e 的下标为 1，其 one-hot 向量为 (0,1,0,0)。

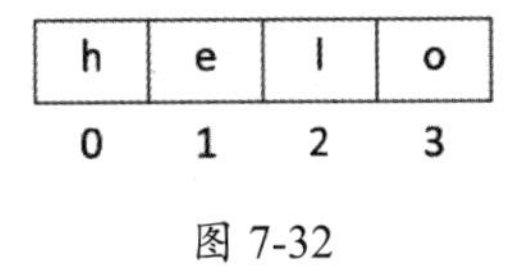

图 7-32

通过 one_hot_idx() 函数，可根据字符表的大小 vocab_size 和一个字符在字符表中的下标 idx，将该字符转换成一个 one-hot 向量，代码如下。

```python
def one_hot_idx(idx,vocab_size):
    x = np.zeros((1,vocab_size))
    x[0,idx] = 1
    return x
```

7.5.2 字符序列样本的采样

为了训练字符语言模型，需要一些训练样本。和序列数据的采样过程类似，可以从原始文本中采样字符序列样本。使用顺序采样的方式，采样字符序列样本，代码如下。

```python
import numpy as np
def character_seq_data_iter_consecutive(data, batch_size, seq_len,start_range=10):
    #每次在 data[offset:]里采样，使每个 epoch 的训练样本不同
    start = np.random.randint(0, start_range)
    block_len = (len(data)-start-1) // batch_size
    num_batches = block_len // seq_len          #在每个块里连续采样的最大批数
    bs = np.array(range(0,block_len*batch_size,block_len) )    #每个块的起始位置

    i_end = num_batches * seq_len
    for i in range(0, i_end, seq_len):          #一个块的序列开始位置
        s = start+i                             #在一个块里的位置
        X = np.empty((seq_len,batch_size),dtype=object)#,dtype = np.int32)
        Y = np.empty((seq_len,batch_size),dtype=object)#,dtype = np.int32)
        for b in range(batch_size):             #b 表示一个批样本中的第 b 个样本
            s_b = s+bs[b]
            for t in range(seq_len):
                X[t,b] = data[s_b]
                Y[t,b] = data[s_b+1]
                s_b +=1
        if i==0:
            yield X,Y,True
        else:
            yield X,Y,False
```

对以上函数进行测试，代码如下。

```python
x = 'Li,where are you from'
batch_size = 2
seq_length  = 3
data_it = character_seq_data_iter_consecutive(x,batch_size,seq_length,1)

i = 0
for x,y,_ in data_it:
    print("x:",x)
    print("y",y)
    i+=1
    if i==2:break
```

```
x: [['L' 'r']
 ['i' 'e']
```

```
 [',' ' ']]
y [['i' 'e']
 [',' ' ']
 ['w' 'y']]
x: [['w' 'y']
 ['h' 'o']
 ['e' 'u']]
y [['h' 'o']
 ['e' 'u']
 ['r' ' ']]
```

对函数返回的字符，需要进一步量化，如将每个字符转换为 one-hot 向量。为此，需要修改上述函数，代码如下。

```
def character_seq_data_iter_consecutive(data, batch_size, seq_len,vocab_size,start_
range=10):
    #每次在 data[offset:]里采样，使每个 epoch 的训练样本不同
    start = np.random.randint(0, start_range)
    block_len = (len(data)-start-1) // batch_size
    num_batches = block_len // seq_len        #在每个块里连续采样的最大批数
    bs = np.array(range(0,block_len*batch_size,block_len) )

    i_end = num_batches * seq_len
    for i in range(0, i_end, seq_len):
        s = start+i
        X = np.empty((seq_len,batch_size,vocab_size),dtype = np.int32)
        Y = np.empty((seq_len,batch_size,1),dtype = np.int32)
        for b in range(batch_size):
            s_b = s+bs[b]
            for t in range(seq_len):
                X[t,b,:] = one_hot_idx(char_to_idx[data[s_b]],vocab_size)
                Y[t,b,:] = char_to_idx[data[s_b+1]]
                s_b +=1
        if i==0:
            yield X,Y,True
        else:
            yield X,Y,False
```

对以上函数进行测试，代码如下。

```
x = 'Li,where are you from'
batch_size = 2
seq_length  = 3
data_it = character_seq_data_iter_consecutive(x,batch_size,seq_length,vocab_size,1)
i = 0
for x,y,_ in data_it:
    print("x:",x)
    print("y",y)
    i+=1
    if i==2:break
```

```
x: [[[0 0 0 0 0 1 0 0 0 0 0 0 0 0 0 0 0 0 0 0 0 0 0 0 0 0 0 0 0 0 0 0 0 0 0
   0 0 0 0 0 0 0 0 0 0 0 0 0 0 0 0 0 0 0 0 0 0 0 0 0 0 0 0 0 0]
  [0 0 0 0 0 0 0 0 0 0 0 0 0 0 0 0 0 0 0 0 0 0 0 0 0 0 0 0 0 0 0 0 0 0 0
   0 0 0 0 0 0 0 0 0 0 0 0 0 0 0 0 0 0 0 0 0 1 0 0 0 0 0 0 0 0]]

 [[0 0 0 0 0 0 0 0 0 0 0 0 0 0 0 0 0 0 0 0 0 0 0 0 0 0 0 0 0 0 0 0 0 0 0
   0 0 0 0 0 0 0 0 0 0 0 0 0 0 0 0 0 0 0 0 0 0 0 0 0 0 0 1 0 0]
  [0 0 0 0 0 0 0 0 0 0 0 0 0 0 0 0 0 0 0 0 0 0 0 0 0 0 0 0 0 0 0 0 0 0 0
   0 0 0 0 0 0 0 0 0 0 0 0 0 0 0 0 0 0 0 1 0 0 0 0 0 0 0 0 0 0]]

 [[0 0 0 0 0 0 0 0 0 0 0 0 0 0 0 0 0 0 0 0 0 0 0 0 0 0 0 0 0 0 0 0 0 0 0
   0 0 0 0 0 0 0 0 0 0 0 0 0 0 0 0 1 0 0 0 0 0 0 0 0 0 0 0 0 0]
  [0 0 0 0 0 0 0 0 0 0 1 0 0 0 0 0 0 0 0 0 0 0 0 0 0 0 0 0 0 0 0 0 0 0 0
   0 0 0 0 0 0 0 0 0 0 0 0 0 0 0 0 0 0 0 0 0 0 0 0 0 0 0 0 0 0]]]
y [[[62]
  [54]]

 [[51]
  [10]]

 [[49]
  [12]]]
x: [[[0 0 0 0 0 0 0 0 0 0 0 0 0 0 0 0 0 0 0 0 0 0 0 0 0 0 0 0 0 0 0 0 0 0 0
   0 0 0 0 0 0 0 0 0 0 0 0 0 0 1 0 0 0 0 0 0 0 0 0 0 0 0 0 0 0]
  [0 0 0 0 0 0 0 0 0 0 0 0 1 0 0 0 0 0 0 0 0 0 0 0 0 0 0 0 0 0 0 0 0 0 0
   0 0 0 0 0 0 0 0 0 0 0 0 0 0 0 0 0 0 0 0 0 0 0 0 0 0 0 0 0 0]]

 [[0 0 0 0 0 0 1 0 0 0 0 0 0 0 0 0 0 0 0 0 0 0 0 0 0 0 0 0 0 0 0 0 0 0 0
   0 0 0 0 0 0 0 0 0 0 0 0 0 0 0 0 0 0 0 0 0 0 0 0 0 0 0 0 0 0]
  [0 0 0 0 1 0 0 0 0 0 0 0 0 0 0 0 0 0 0 0 0 0 0 0 0 0 0 0 0 0 0 0 0 0 0
   0 0 0 0 0 0 0 0 0 0 0 0 0 0 0 0 0 0 0 0 0 0 0 0 0 0 0 0 0 0]]

 [[0 0 0 0 0 0 0 0 0 0 0 0 0 0 0 0 0 0 0 0 0 0 0 0 0 0 0 0 0 0 0 0 0 0 0
   0 0 0 0 0 0 0 0 0 0 0 0 0 0 0 0 0 0 0 1 0 0 0 0 0 0 0 0 0 0]
  [0 0 0 0 0 0 0 0 0 0 0 0 0 0 0 0 0 0 0 0 1 0 0 0 0 0 0 0 0 0 0 0 0 0 0
   0 0 0 0 0 0 0 0 0 0 0 0 0 0 0 0 0 0 0 0 0 0 0 0 0 0 0 0 0 0]]]
y [[[ 6]
  [ 4]]

 [[54]
  [20]]

 [[56]
  [10]]]
```

7.5.3 模型的训练和预测

假设字符表的长度为 vocab_size，那么每个字符的 one-hot 向量的长度就是 vocab_size，即每个时刻的输入数据的长度 input_dim 就是 vocab_size。由于每个时刻的预测结果是字符表中所有的词作为下一个词的概率，因此，输出向量的大小 output_dim 也是 vocab_size。如果再加上循环神经网络隐状态向量的长度 hidden_size，以及每个训练样本的大小 batch_size，就可以初始化一个循环神经网络模型了。相关代码如下。

```
batch_size = 1
input_dim = vocab_size
output_dim= vocab_size
hidden_size=100
params = rnn_params_init(input_dim, hidden_size,output_dim)
H = rnn_hidden_state_init(batch_size,hidden_size)
```

对于上述字符语言循环神经网络模型，只要输入一个初始字符（或字符序列），就可以不断预测下一个字符，从而生成由很多字符构成的文本了。

在以下代码中，predict_rnn() 函数接收循环神经网络模型的参数 params 和一个初始字符串 prefix（这个初始字符串中可能只有一个字符），然后生成 prefix 后面的一系列字符。该函数先将 prefix 的每个字符依次作为每一时刻的输入，产生一个输出 z。如果 prefix 遍历完成，就根据上一时刻的输出 z 计算每个字符出现的概率 p，再根据概率 p 进行采样，并将采样结果作为下一时刻的输入。辅助函数 one_hot_idx() 根据字符下标得到该字符所对应的 one-hot 向量。列表 output 里记录了每个时刻的目标字符，开始部分是 prefix 中的字符，然后是根据预测概率采样的字符。

```
def predict_rnn(params,prefix,n):
    Wx, Wh,bh, Wf,bf =  params
    #Wxh, Whh,Why, bh, by =params["Wxh"],params["Whh"],params["Why"],params["bh"],pa
rams["by"]
    vocab_size,hidden_size = Wx.shape[0],Wh.shape[1]
    h = rnn_hidden_state_init(1,hidden_size)

    output = [char_to_idx[prefix[0]]]

    for t in range(len(prefix) +n - 1):
        #将上一时刻的输出作为当前时刻的输入
        x = one_hot_idx(output[-1], vocab_size)
        z,h = rnn_forward_step(params,x,h)

        if t < len(prefix) - 1:
            output.append(char_to_idx[prefix[t + 1]])
        else:
            p = np.exp(z) / np.sum(np.exp(z))
           # idx = int(p.argmax(axis=1))
            idx = np.random.choice(range(vocab_size), p=p.ravel())
            output.append(idx)

    return ''.join([idx_to_char[i] for i in output])
```

执行以下代码，对以上预测函数进行测试。

```
str = predict_rnn(params,"he",200)
print(str)
```

```
heokIX..ytE:JhMjGN:AXpNH;MZZZ&prP?I;,N;!
U,zu-&veMgvasx;!VBx3BYSYVljxozYjgiQcMbIHYISWpGTlkZcFjclR-n??T&mRhnHe;ewTNZLyLOkNizP
uWliTtTX&&dGHtBm$VFWVgT
KBF!aOiHM-!TzrhwXW
gEiG?f,kEqipDQJ3yQIKwXkcptNhJ&CTmke
```

由于初始的循环神经网络模型的参数是随机的，预测也是随机的，因此，生成的文本是杂乱无章的。可以用一个从文本语料库采样的序列样本去训练循环神经网络模型，代码如下，训练损失曲线如图 7-33 所示。

```
import matplotlib.pyplot as plt

batch_size = 3
input_dim = vocab_size
output_dim= vocab_size
hidden_size=100
params = rnn_params_init(input_dim, hidden_size,output_dim)
H = rnn_hidden_state_init(batch_size,hidden_size)
seq_length = 25

loss_function = lambda F,Y:rnn_loss_grad(F,Y) #,util.mse_loss_grad)


epoches = 3
learning_rate = 1e-2
iterations  =10000
losses = []

optimizer = AdaGrad(params,learning_rate)
momentum = 0.9
optimizer = SGD(params,learning_rate,momentum)

for epoch in range(epoches):
    data_it =  character_seq_data_iter_consecutive(data,batch_size,seq_length, \
                                                    vocab_size,100)
    #epoch_losses,param,H = rnn_train(params,data_it,learning_rate,iterations,loss_f
unction,print_n=100)
    epoch_losses,H = rnn_train_epoch(params,data_it,optimizer,iterations, \
                                     loss_function,print_n=10)
    losses.extend(epoch_losses)
    #epoch_losses = np.array(epoch_losses).mean()
    #losses.append(epoch_losses)
plt.plot(losses[:])
```

```
iter 0, loss: 104.362862
iter 1000, loss: 55.074135
```

```
iter 2000, loss: 56.620070
iter 3000, loss: 51.073415
...
iter 9000, loss: 44.980323
iter 10000, loss: 46.659329
```

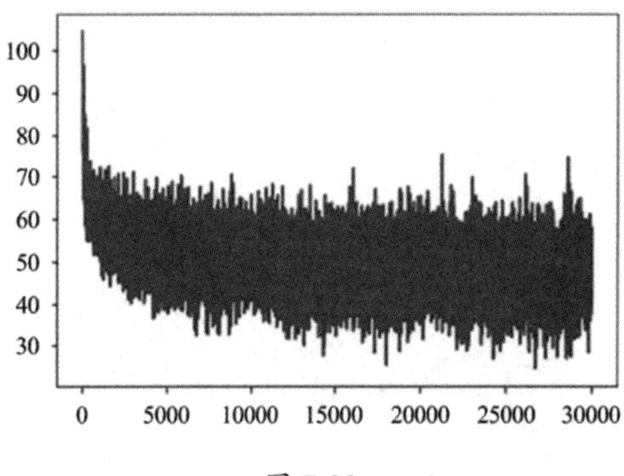

图 7-33

用训练后的循环神经网络模型进行预测，代码如下。

```
str = predict_rnn(params,"he",200)
print(str)
```

```
her creatuep I wikes spiines corvantle coulling go, your fear him hole.
No,ay no linged siffate too,
come, my wirse altes in by is beays friond, and we withain; beems
You jores fad lealene,
ine holl I w
```

可以看出，输出的文本已经与正常文本类似了。

字符语言模型不仅可以用于生成文本，还可以用于生成乐谱等。

7.6　循环神经网络中的梯度爆炸和梯度消失

尽管循环神经网络网络理论上可以捕获长时间序列的信息，但其在时间上展开进行正向计算和反向求导的过程，仍与深度神经网络从输入层到输出层的逐层正向计算和反向求导类似，很容易出现梯度爆炸和梯度消失问题，导致训练无法收敛。

为了便于讨论，假设有如下简化的循环神经网络模型。

$$\boldsymbol{h}_t = \sigma(w\boldsymbol{h}_{t-1})$$

其中，忽略了偏置和输入，只考虑隐状态向量 $\boldsymbol{h}_t$，即 t 时刻的隐状态 $\boldsymbol{h}_t$ 和 $t-1$ 时刻的隐状态 $\boldsymbol{h}_{t-1}$ 具有如上式所示的关系。

根据链式法则，有

$$\frac{\partial \boldsymbol{h}_t}{\partial \boldsymbol{h}_{t-1}} = w\sigma'(w\boldsymbol{h}_{t-1})$$

因此，有

$$\frac{\partial \boldsymbol{h}_{t-1}}{\partial \boldsymbol{h}_{t-2}} = w\sigma'(w\boldsymbol{h}_{t-2})$$

假设从 t 时刻开始，经过一系列时刻 $(t+1, t+2, \cdots, t')$ 到达 t' 时刻。在反向求导时，t' 时刻的 $\boldsymbol{h}_{t'}$ 关于 t 时刻的 $\boldsymbol{h}_t$ 的偏导数为

$$\begin{aligned}
\frac{\partial \boldsymbol{h}_{t'}}{\partial \boldsymbol{h}_t} &= \frac{\partial \boldsymbol{h}_{t'}}{\partial \boldsymbol{h}_{t'-1}} \frac{\partial \boldsymbol{h}_{t'-1}}{\partial \boldsymbol{h}_{t'-2}} \cdots \frac{\partial \boldsymbol{h}_{t+1}}{\partial \boldsymbol{h}_t} \\
&= (w\sigma'(w\boldsymbol{h}_{t'-1}))(w\sigma'(w\boldsymbol{h}_{t'-2})) \cdots (w\sigma'(w\boldsymbol{h}_t)) \\
&= \prod_{k=1}^{t'-t} w\,\sigma'(w\boldsymbol{h}_{t'-k}) \\
&= \underbrace{w^{t'-t}}_{!!!} \prod_{k=1}^{t'-t} \sigma'(w\boldsymbol{h}_{t'-k})
\end{aligned}$$

如果权值 w 不等于 0，那么：当 $0 < |w| < 1$ 时，上式将以 $t'-t$ 的速度指数衰减到 0；当 $|w| > 1$ 时，上式将增长到无穷大。也就是说，梯度 $\frac{\partial \boldsymbol{h}_{t'}}{\partial \boldsymbol{h}_t}$ 将衰减为 0 或爆炸到无穷大。而参数的更新公式为

$$w = w - \alpha \frac{\partial \mathcal{L}}{\partial w}$$

根据 $\frac{\partial \mathcal{L}}{\partial w} = \sum_{t=1}^{n} \frac{\partial \mathcal{L}}{\partial \boldsymbol{h}_{tT}} \frac{\partial \boldsymbol{h}_{tT}}{\partial \boldsymbol{h}_t} \boldsymbol{h}_t$，$\frac{\partial \mathcal{L}}{\partial w}$ 将随着 $\frac{\partial \boldsymbol{h}_{t'}}{\partial \boldsymbol{h}_t}$ 衰减为 0 或爆炸到无穷大，从而导致训练过程中模型参数 w 来回震荡或几乎不动，即训练无法收敛。样本序列越长，出现这些情况的可能性越大。

裁剪梯度可以处理梯度爆炸问题，但无法解决梯度消失问题。

7.7　长短期记忆网络

由于存在梯度爆炸和梯度消失问题，前面介绍的循环神经网络模型在时间维度上不可能展开得过长，而短时间序列意味着当前时刻的预测只依赖于前面很短的时间内的信息（如同时间窗，不具有长时间记忆功能），所以，循环神经网络在实际使用中较难捕捉时间步较大的依赖关系。为了解决这些问题，以及使循环神经网络具有长期记忆功能，Sepp Hochreiter 和 Jürgen Schmidhuber 于 1997 年提出了**长短期记忆网络**（Long Short-Term Memory，LSTM）这一改进的循环神经网络模型。

LSTM 引入了和隐状态 $\boldsymbol{h}_t$ 不同的元胞状态（Cell State）$\boldsymbol{C}_t$，前后时刻的元胞状态 $\boldsymbol{C}_{t-1}$ 和 $\boldsymbol{C}_t$ 之间为加法关系，而非乘法关系，公式如下。

$$\boldsymbol{C}_t = i \odot \tilde{\boldsymbol{C}}_t + f \odot \boldsymbol{C}_{t-1}$$

梯度 $\frac{\partial L}{\partial \boldsymbol{C}_t}$ 也是一种加法关系，公式如下。

$$\frac{\partial L}{\partial \boldsymbol{C}_{t-1}} = \cdots + f \odot \frac{\partial L}{\partial \boldsymbol{C}_t}$$

而 f 是一个接近 1 的值，因此，可以保证 $\frac{\partial L}{\partial \boldsymbol{C}_t}$ 稳定，既不至于出现梯度消失，也缓解了梯度爆炸问题（但仍然会产生梯度爆炸）。

7.7.1　LSTM 的神经元

LSTM 的神经元称为**元胞**（Cell）。元胞在传统循环神经网络的隐状态 $\boldsymbol{h}_t$ 的基础上，增加了一个专门用于记忆历史信息的元胞状态 $\boldsymbol{C}_t$。$\boldsymbol{C}_t$ 记录了所有历史信息，可以从一个元胞流入下一个元胞，如图 7-34 所示。原来的隐状态 $\boldsymbol{h}_t$ 则用于决定 $\boldsymbol{C}_t$ 在多大程度上被用于下一时刻元胞信息的更新计算。如果将 $\boldsymbol{C}_t$ 看成浩浩荡荡的历史长河，那么 $\boldsymbol{h}_t$ 就是历史长河中影响当代社会活动的那部分信息。

元胞中有一个**当前记忆单元**（也称**候选记忆单元**），用于计算当前输入对总的历史信息 $\boldsymbol{C}_t$ 的贡献值 $\tilde{\boldsymbol{C}}_t$（也称为**激活值**）。我们可以将激活值看成当代的社会活动对历史的贡献。如图 7-35 所示，当前记忆单元根据数据输入 $\boldsymbol{x}_t$ 和隐状态输入 $\boldsymbol{h}_{t-1}$ 计算当前时刻的激活值 $\tilde{\boldsymbol{C}}_t$，公式如下。

$$\tilde{\boldsymbol{C}}_t = \tanh(\boldsymbol{x}_t \boldsymbol{W}_{xc} + \boldsymbol{h}_{t-1} \boldsymbol{W}_{hc} + \boldsymbol{b}_c)$$

其中，$\boldsymbol{W}_{xc} \in \mathbb{R}^{d \times h}$、$\boldsymbol{W}_{hc} \in \mathbb{R}^{h \times h}$ 为权值参数，$\boldsymbol{b}_c \in \mathbb{R}^{1 \times h}$ 为偏置参数，$\boldsymbol{h}$ 表示元组状态 $\boldsymbol{h}_t$ 和隐状态 $\boldsymbol{C}_t$ 的向量长度，d 表示输入样本的特征数目。可见，当前时刻的激活值 $\tilde{\boldsymbol{C}}_t$，不仅取决于当前时刻的输入，还取决于上一时刻传递过来的隐状态 $\boldsymbol{h}_{t-1}$。

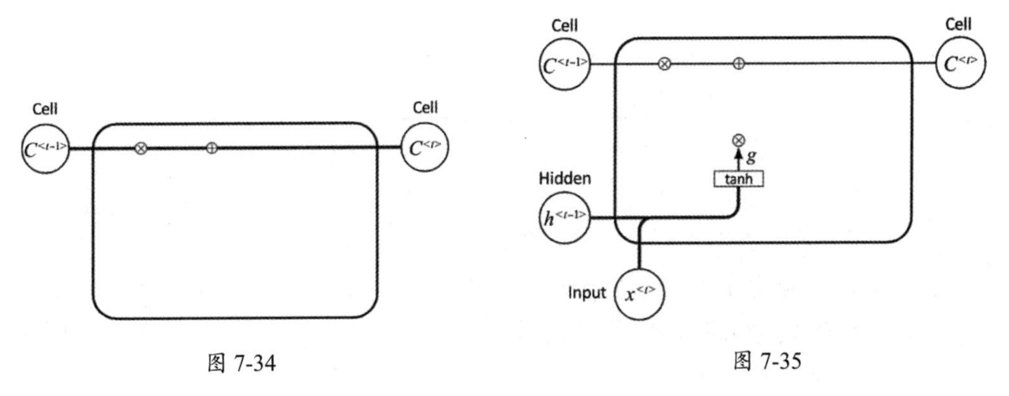

图 7-34　　　　图 7-35

对于一批样本，有

$$\tilde{\boldsymbol{C}}_t = \tanh(\boldsymbol{x}_t \boldsymbol{W}_{xc} + \boldsymbol{h}_{t-1} \boldsymbol{W}_{hc} + \boldsymbol{b}_c)$$

其中，$\boldsymbol{X}_t \in \mathbb{R}^{n \times d}$ 为当前时刻的输入，$\boldsymbol{H}_{t-1} \in \mathbb{R}^{n \times h}$ 为前一时刻的隐状态，n 为样本个数。

在元胞中，除当前记忆单元外，还包含 3 种门（Gate），分别是输入门（Input Gate）、输出门

（Output Gate）和遗忘门（Forget Gate）。门是一种决定信息能否流通和流通程度的机制，它用 sigmoid 函数的输出和输入逐元素相乘的结果，决定输入有多少会有输出（即通过这个门）。如图 7-36 所示，sigmoid 函数 σ 的输出 f 和输入 in 逐元素相乘，决定了 in 通过这个门的输出 out $=f*\text{in}$。设 σ 函数的输入为 x，其值 $\sigma(x)$ 在 0 和 1 之间。如果 $\sigma(x)=0$，用它乘以输入 c，就表示输入 c 不会产生任何输出。如果 $\sigma(x)=1$，用它乘以输入 c，就表示输入 c 完全被输出。

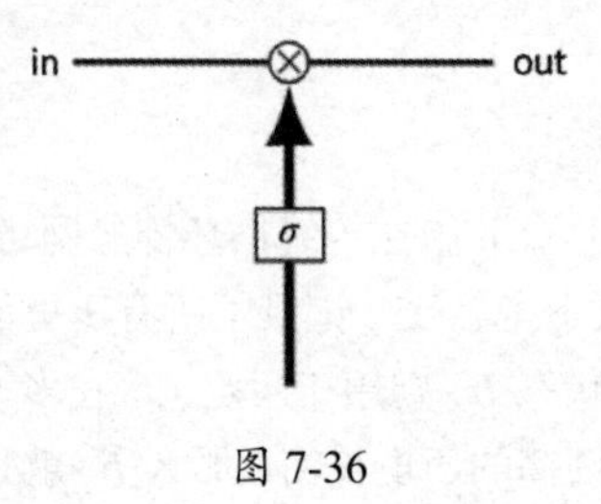

图 7-36

如图 7-37 所示，遗忘门用于控制前一时刻的总信息 $\boldsymbol{C}_{t-1}$ 有多少被遗忘（反过来理解，就是有多少信息被记忆），它接收输入的数据 $\boldsymbol{x}_t$ 和前一时刻的状态 $\boldsymbol{h}_{t-1}$，并通过 σ 函数输出 0 到 1 之间的值 f_t。此外，它和前一时刻元胞的状态 $\boldsymbol{C}_{t-1}$ 逐元素相乘，即 $f_t\boldsymbol{C}_{t-1}$，表示 $\boldsymbol{C}_{t-1}$ 中的元素被记忆的程度。遗忘门的公式如下。

$$\boldsymbol{F}_t=\sigma(\boldsymbol{X}_t\boldsymbol{W}_{xf}+\boldsymbol{H}_{t-1}\boldsymbol{W}_{hf}+\boldsymbol{b}_f)$$

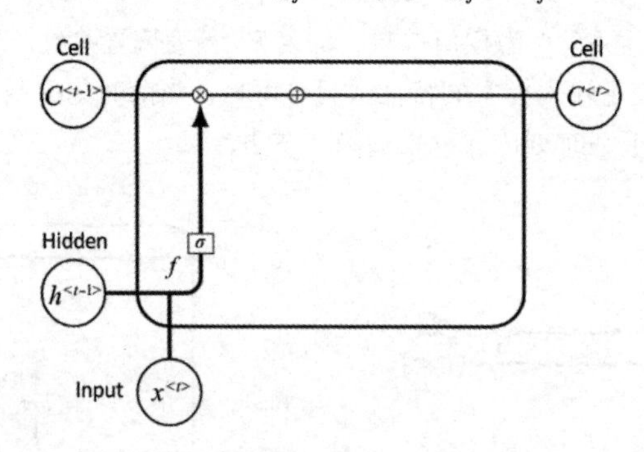

图 7-37

如图 7-38 所示，输入门接收输入的数据 $\boldsymbol{x}_t$ 和前一时刻的状态 $\boldsymbol{h}_{t-1}$，并通过 σ 函数输出 0 到 1 之间的值 i_t。i_t 和 $\tilde{\boldsymbol{C}}_t$ 逐元素相乘，即 $i_t\tilde{\boldsymbol{C}}_t$，决定了 $\tilde{\boldsymbol{C}}_t$ 参与输出计算的程度。输入门的公式如下。

$$\boldsymbol{I}_t=\sigma(\boldsymbol{X}_t\boldsymbol{W}_{xi}+\boldsymbol{H}_{t-1}\boldsymbol{W}_{hi}+\boldsymbol{b}_i)$$

如图 7-39 所示，将通过遗忘门的前一时刻的历史信息 $f_t\boldsymbol{C}_{t-1}$ 和通过输入门的当前时刻的激活信息 $i_t\tilde{\boldsymbol{C}}_t$ 相加，得到当前状态的新的历史信息 $\boldsymbol{C}_t$，公式如下。

$$\boldsymbol{C}_t=f_t\boldsymbol{C}_{t-1}+i_t\widetilde{\boldsymbol{C}}_t$$

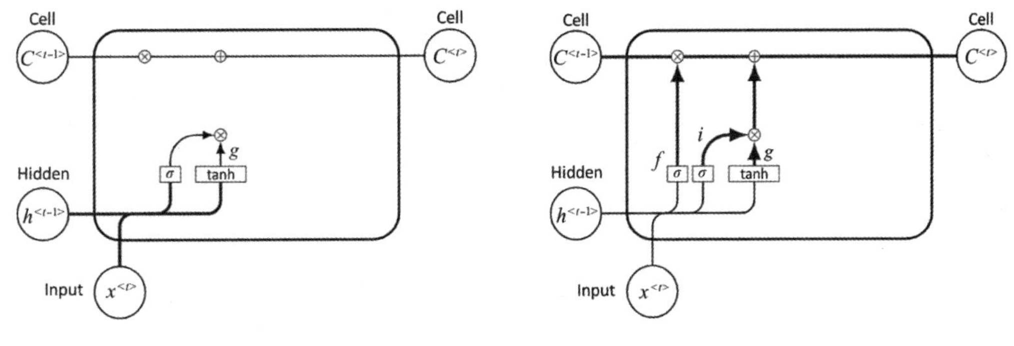

图 7-38　　　　图 7-39

如图 7-40 所示，输出门决定了当前时刻的新的历史信息 $\boldsymbol{C}_t$ 对下一时刻的元胞计算的参与程度，即确定输出到下一时刻的状态 $\boldsymbol{h}_t$。它接收输入的数据 $\boldsymbol{x}_t$ 和前一时刻的状态 $\boldsymbol{h}_{t-1}$，并通过 σ 函数输出 0 到 1 之间的值 o_t。输出门的公式如下。

$$\boldsymbol{O}_t = \sigma(\boldsymbol{X}_t\boldsymbol{W}_{xo} + \boldsymbol{H}_{t-1}\boldsymbol{W}_{ho} + \boldsymbol{b}_o)$$

如图 7-41 所示，输出门的输出值 $\boldsymbol{O}_t$ 和当前状态的信息 $\boldsymbol{C}_t$ 逐元素相乘，即 $\boldsymbol{O}_t\boldsymbol{C}_t$，就可以得到元胞的输出值 $\boldsymbol{h}_t$，即下一时刻元胞的输入的隐状态 $\boldsymbol{H}_t$，公式如下。

$$\boldsymbol{H}_t = \boldsymbol{O}_t \times \tanh(\boldsymbol{C}_t)$$

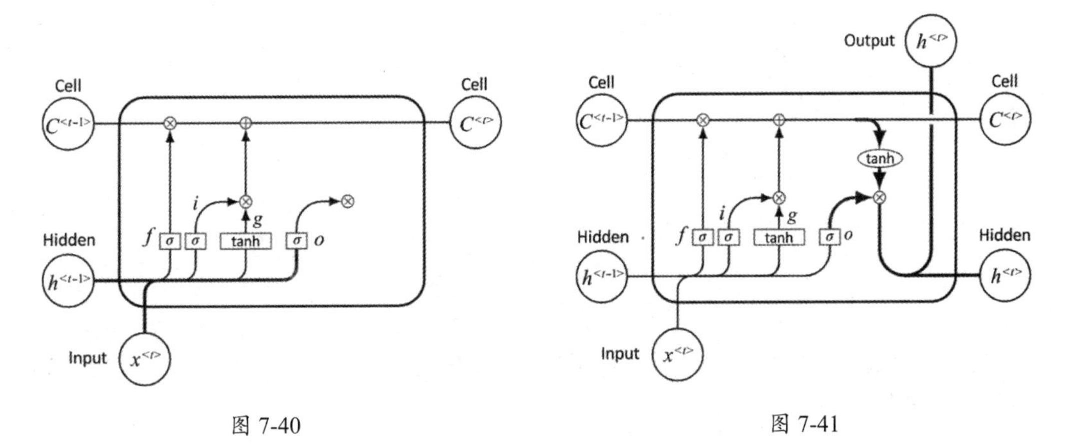

图 7-40　　　　图 7-41

如图 7-42 所示，元胞由当前记忆单元、遗忘门、输入门、输出门组成。当前计算单元计算当前时刻的激活值 $\tilde{\boldsymbol{C}}_t$，这个值由输入数据和前一时刻的隐状态决定。遗忘门决定了 $\boldsymbol{C}_t$ 有多少被保留下来。输入门决定了当前激活值 $\tilde{\boldsymbol{C}}_t$ 有多少被记录到总的历史信息 $\boldsymbol{C}_t$ 中。输出门决定了当前时刻的历史记忆 $\boldsymbol{C}_t$ 有多少参与下一时刻的计算。

最后，元胞使用 $\boldsymbol{H}_t$ 计算当前时刻的输出值 $\boldsymbol{Z}_t$，公式如下。

$$\boldsymbol{Z}_t = (\boldsymbol{H}_t\boldsymbol{W}_y + \boldsymbol{b}_y)$$

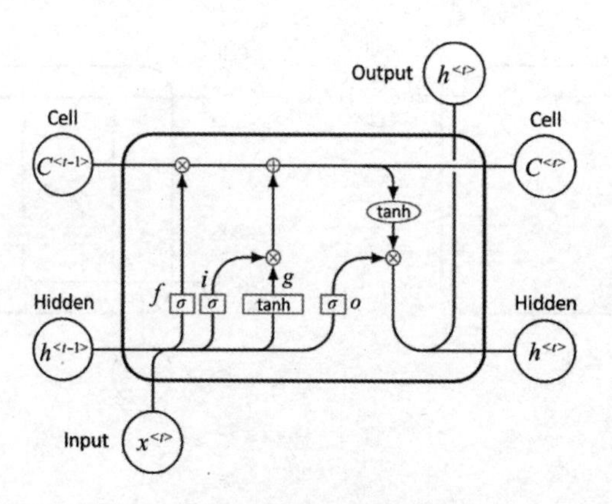

图 7-42

本节列出的 7 个公式，就是一个 LSTM 元胞的计算过程。

7.7.2 LSTM 的反向求导

根据反向求导公式，如果已知当前时刻的损失函数 $\mathcal{L}_t$ 关于 $\boldsymbol{Z}_t$ 的梯度 $\mathrm{d}\boldsymbol{Z}=\frac{\partial \mathcal{L}_t}{\partial \boldsymbol{Z}_t}$，就可以求出损失函数关于 $\boldsymbol{H}_t$、$\boldsymbol{W}_y$、b_y 的梯度。相关公式如下。

$$\frac{\partial \mathcal{L}_t}{\partial \boldsymbol{W}_y}={\boldsymbol{H}_t}^{\mathrm{T}}\frac{\partial \mathcal{L}_t}{\partial \boldsymbol{Z}_t}$$

$$\frac{\partial \mathcal{L}_t}{\partial b_y}=\mathrm{np.sum}\left(\frac{\partial \mathcal{L}_t}{\partial \boldsymbol{Z}_t},\mathrm{axis}=0,\mathrm{keepdims}=\mathrm{True}\right)$$

$$\frac{\partial \mathcal{L}_t}{\partial \boldsymbol{H}_t}=\frac{\partial \mathcal{L}_t}{\partial \boldsymbol{Z}_t}{\boldsymbol{W}_y}^{\mathrm{T}}$$

然而，损失函数关于 $\boldsymbol{H}_t$ 的梯度还包含来自下一时刻的梯度，因此，有

$$\frac{\partial \mathcal{L}}{\partial \boldsymbol{H}_t}=\frac{\partial \mathcal{L}_t}{\partial \boldsymbol{Z}_t}{\boldsymbol{W}_y}^{\mathrm{T}}+\frac{\partial \mathcal{L}^{t-}}{\partial \boldsymbol{H}_t}$$

同样，损失函数关于 $\boldsymbol{C}_t$ 的梯度也分成两部分，一部分是来自 $\boldsymbol{H}_t$ 的梯度，另一部分是 $\boldsymbol{C}_t$ 本身输出到下一时刻的梯度，公式如下。

$$\frac{\partial \mathcal{L}}{\partial \boldsymbol{C}_t}=O_t\odot\tanh'(\boldsymbol{C}_t)\frac{\partial \mathcal{L}_t}{\partial \boldsymbol{H}_t}+\frac{\partial \mathcal{L}^{t-}}{\partial \boldsymbol{C}_t}$$

根据 $\frac{\partial \mathcal{L}}{\partial \boldsymbol{H}_t}$ 和 $\boldsymbol{H}_t=\boldsymbol{O}_t*\tanh(C_t)$，可以求出损失函数关于 $\boldsymbol{O}_t$ 的梯度，公式如下。

$$\frac{\partial \mathcal{L}}{\partial \boldsymbol{O}_t}=\frac{\partial \mathcal{L}}{\partial \boldsymbol{H}_t}\odot\tanh(\boldsymbol{C}_t)$$

根据 $\frac{\partial \mathcal{L}}{\partial \boldsymbol{C}_t}$ 和 $\tilde{\boldsymbol{C}}_t=\tanh(\boldsymbol{x}_t\boldsymbol{W}_{xc}+\boldsymbol{h}_{t-1}\boldsymbol{W}_{hc}+b_c)$，可以求出损失函数关于 i_t、f_t、$\boldsymbol{C}_{t-1}$、$\tilde{\boldsymbol{C}}_t$ 的梯度，公式如下。

$$\frac{\partial \mathcal{L}}{\partial \boldsymbol{I}_t}=\frac{\partial \mathcal{L}}{\partial \boldsymbol{C}_t}\odot \tilde{\boldsymbol{C}}_t$$

$$\frac{\partial \mathcal{L}}{\partial \boldsymbol{F}_t}=\frac{\partial \mathcal{L}}{\partial \boldsymbol{C}_t}\odot \boldsymbol{C}_{t-1}$$

$$\frac{\partial \mathcal{L}}{\partial \tilde{\boldsymbol{C}}_t}=\frac{\partial \mathcal{L}}{\partial \boldsymbol{C}_t}\odot \boldsymbol{I}_t$$

$$\frac{\partial \mathcal{L}}{\partial \boldsymbol{C}_{t-1}}=\frac{\partial \mathcal{L}}{\partial \boldsymbol{C}_t}\odot \boldsymbol{F}_t$$

令 $\boldsymbol{ZI}_t=(\boldsymbol{X}_t,\boldsymbol{H}_{t-1})\boldsymbol{W}_i+\boldsymbol{b}_i$，$\boldsymbol{Z}F_t=(\boldsymbol{X}_t,\boldsymbol{H}_{t-1})\boldsymbol{W}_f+\boldsymbol{b}_f$，$\boldsymbol{ZI}_o=(\boldsymbol{X}_t,\boldsymbol{H}_{t-1})\boldsymbol{W}_o+\boldsymbol{b}_o$，可以得到

$$\frac{\partial \mathcal{L}}{\partial \boldsymbol{ZI}_t}=\sigma'(ZI_t)\frac{\partial \mathcal{L}}{\partial \boldsymbol{I}_t}=I_t(1-I_t)\frac{\partial \mathcal{L}}{\partial \boldsymbol{I}_t}$$

$$\frac{\partial \mathcal{L}}{\partial \boldsymbol{ZF}_t}=\sigma'(ZF_t)\frac{\partial \mathcal{L}}{\partial \boldsymbol{F}_t}=F_t(1-F_t)\frac{\partial \mathcal{L}}{\partial \boldsymbol{F}_t}$$

$$\frac{\partial \mathcal{L}}{\partial \boldsymbol{ZO}_t}=\sigma'(ZO_t)\frac{\partial \mathcal{L}}{\partial \boldsymbol{O}_t}=O(1-O)\frac{\partial \mathcal{L}}{\partial \boldsymbol{O}_t}$$

知道了 $\frac{\partial \mathcal{L}}{\partial \boldsymbol{ZI}_t}$、$\frac{\partial \mathcal{L}}{\partial \boldsymbol{ZF}_t}$、$\frac{\partial \mathcal{L}}{\partial \boldsymbol{ZO}_t}$，就可以求出损失函数关于 $\boldsymbol{W}_i$、$\boldsymbol{W}_f$、$\boldsymbol{W}_o$、$\boldsymbol{X}_t$、$\boldsymbol{H}_{t-1}$ 的梯度了（参见 4.2 节）。

7.7.3 LSTM 的代码实现

假设 LSTM 的元胞中一共有 4 个单元，每个单元类似于非循环神经网络的一个神经元，即先求加权和，再经过激活函数产生一个非线性输出，最后更新总的历史信息 $\boldsymbol{C}_t$ 和状态 $\boldsymbol{H}_t$。元胞根据 $\boldsymbol{H}_t$ 计算当前时刻的输出值 $\boldsymbol{y}_t$。模型参数包括 4 个单元中需要学习的模型参数，即 $(\boldsymbol{W}_i,\boldsymbol{b}_i)$、$(\boldsymbol{W}_f,\boldsymbol{b}_f)$、$(\boldsymbol{W}_o,\boldsymbol{b}_o)$、$(\boldsymbol{W}_c,\boldsymbol{b}_c)$，以及计算输出 $\boldsymbol{y}_t$ 的模型参数 $(\boldsymbol{W}_y,\boldsymbol{b}_y)$。

使用以下函数，对模型参数进行初始化。

```
import numpy as np
def lstm_params_init(input_dim,hidden_dim,output_dim,scale=0.01):
    normal = lambda m,n : np.random.randn(m, n)*scale
    two = lambda : (normal(input_dim+hidden_dim, hidden_dim),np.zeros((1, \
                                                                  hidden_dim)))

    Wi, bi = two()  # Input gate parameters
    Wf, bf = two()  # Forget gate parameters
    Wo, bo = two()  # Output gate parameters
    Wc, bc = two()  # Candidate cell parameters

    Wy = normal(hidden_dim, output_dim)
    by = np.zeros((1,output_dim))
```

```
    params = [Wi, bi,Wf, bf, Wo,bo, Wc,bc,Wy,by]
    return params
```

执行以下代码，对元胞状态 C_t 和隐状态 h_t 进行初始化。

```
def lstm_state_init(batch_size, hidden_size):
    return (np.zeros((batch_size, hidden_size)),
            np.zeros((batch_size, hidden_size)))
```

正向计算（前向传播），代码如下。

```
def sigmoid(x):
    return 1 / (1 + np.exp(-x))

def lstm_forward(params,Xs, state):
    [Wi, bi,Wf, bf, Wo,bo,Wc,bc,Wy,by] = params

    (H, C) = state                                         #初始状态
    Hs = {}
    Cs = {}
    Zs = []

    Hs[-1] = np.copy(H)
    Cs[-1] = np.copy(C)

    Is = []
    Fs = []
    Os = []
    C_tildas = []

    for t in range(len(Xs)):
        X = Xs[t]
        XH = np.column_stack((X, H))
        if False:
            print("XH.shape",XH.shape)
            print("Wi.shape",Wi.shape)
            break
        I = sigmoid(np.dot(XH, Wi)+bi)
        F = sigmoid(np.dot(XH, Wf)+bf)
        O = sigmoid(np.dot(XH, Wo)+bo)
        C_tilda = np.tanh(np.dot(XH, Wc)+bc)

        C = F * C + I * C_tilda
        H = O*np.tanh(C)       #O * C.tanh()               #输出状态

        Y = np.dot(H, Wy) + by                             #输出

        Zs.append(Y)
        Hs[t] = H
        Cs[t] = C
```

```
        Is.append(I)
        Fs.append(F)
        Os.append(O)
        C_tildas.append(C_tilda)
    return Zs,Hs,Cs,(Is,Fs,Os,C_tildas)
```

也可以将某个时刻的正向计算单独定义成一个函数，代码如下。

```
def lstm_forward_step(params,X,H,C):
    [Wi, bi,Wf, bf, Wo,bo,Wc,bc,Wy,by] = params

    XH = np.column_stack((X, H))
    I = sigmoid(np.dot(XH, Wi)+bi)
    F = sigmoid(np.dot(XH, Wf)+bf)
    O = sigmoid(np.dot(XH, Wo)+bo)
    C_tilda = np.tanh(np.dot(XH, Wc)+bc)

    C = F * C + I * C_tilda
    H = O*np.tanh(C)        #O * tanh(C)          #输出状态
    Y = np.dot(H, Wy) + by                        #输出

    return Y,H,C,(I,F,O,C_tilda)
```

反向求导，代码如下。

```
import math

def dsigmoid(x):
    return sigmoid(x) * (1 - sigmoid(x))

def dtanh(x):
    return 1 - np.tanh(x) * np.tanh(x)

def grad_clipping(grads,alpha):
    norm = math.sqrt(sum((grad ** 2).sum() for grad in grads))
    if norm > alpha:
        ratio = alpha / norm
        for i in range(len(grads)):
            grads[i]*=ratio

def lstm_backward(params,Xs,Hs,Cs,dZs,cache,clip_value = 5.): # Ys,loss_function):
    [Wi, bi,Wf, bf, Wo,bo,Wc, bc,Wy,by] = params

    Is,Fs,Os,C_tildas = cache

    dWi,dWf,dWo,dWc,dWy  = np.zeros_like(Wi), np.zeros_like(Wf), \
                            np.zeros_like(Wo), np.zeros_like(Wc), np.zeros_like(Wy)
    dbi,dbf,dbo,dbc,dby = np.zeros_like(bi), np.zeros_like(bf), \
                          np.zeros_like(bo), np.zeros_like(bc), np.zeros_like(by)
```

```
    dH_next = np.zeros_like(Hs[0])
    dC_next = np.zeros_like(Cs[0])

    input_dim = Xs[0].shape[1]

    h = Hs
    x = Xs

    T = len(Xs)
    for t in reversed(range(T)):
        I = Is[t]
        F = Fs[t]
        O = Os[t]
        C_tilda = C_tildas[t]
        H = Hs[t]
        X = Xs[t]
        C = Cs[t]
        H_pre =  Hs[t-1]
        C_prev = Cs[t-1]
        XH_pre = np.column_stack((X, H_pre))
        XH_ = XH_pre

        dZ = dZs[t]

        #输出 f 的模型参数的 idu
        dWy += np.dot(H.T,dZ)
        dby += np.sum(dZ, axis=0, keepdims=True)

        #隐状态 h 的梯度
        dH = np.dot(dZ, Wy.T) + dH_next

        dC = dH*O*dtanh(C) +dC_next  # H_t= O_t*tanh(C_t)

        dO = np.tanh(C) *dH
        dOZ = O * (1-O)*dO          #O = sigma(Z_o)
        dWo += np.dot(XH_.T,dOZ)     # Z_o = (X,H_)W_o+b_o
        dbo += np.sum(dOZ, axis=0, keepdims=True)

        #di
        di =  C_tilda*dC
        diZ = I*(1-I) * di
        dWi += np.dot(XH_.T,diZ)
        dbi += np.sum(diZ, axis=0, keepdims=True)

        #df
        df = C_prev*dC
        dfZ = F*(1-F) * df
        dWf += np.dot(XH_.T,dfZ)
        dbf += np.sum(dfZ, axis=0, keepdims=True)
```

```
        # dC_bar
        dC_tilda = I*dC     #C = F * C + I * C_tilda
        dC_tilda_Z =(1-np.square(C_tilda))*dC_tilda    # C_tilda = sigmoid(C_tilda_Z)
        dWc += np.dot(XH_.T,dC_tilda_Z)     # C_tilda_Z = (X,H_)W_c+b_c
        dbc += np.sum(dC_tilda_Z, axis=0, keepdims=True)

        dXH_ = (np.dot(dfZ, Wf.T)
            + np.dot(diZ, Wi.T)
            + np.dot(dC_tilda_Z, Wc.T)
            + np.dot(dOZ, Wo.T))

        dX_prev = dXH_[:, :input_dim]
        dH_prev = dXH_[:, input_dim:]
        dC_prev = F * dC

        dC_next = dC_prev
        dH_next = dH_prev

    grads = [dWi, dbi,dWf, dbf, dWo,dbo,dWc, dbc,dWy,dby]
    grad_clipping(grads,clip_value)
    #for dparam in [dWi, dbi,dWf, dbf, dWo,dbo,dWc, dbc,dWy,dby]:
    #    np.clip(dparam, -5, 5, out=dparam) # clip to mitigate exploding gradients
    return grads
```

1. 梯度检验

梯度检验，代码如下。

```
T  = 3
input_dim, hidden_dim,output_dim = 4,3,4
batch_size = 2
Xs = np.random.randn(T,batch_size,input_dim)
Ys = np.random.randint(output_dim, size=(T,batch_size))

print("Xs",Xs)
print("Ys",Ys)

# cheack gradient
params = lstm_params_init(input_dim, hidden_dim,output_dim)
HC = lstm_state_init(batch_size,hidden_dim)

Zs,Hs,Cs,cache = lstm_forward(params,Xs,HC)
loss_function = rnn_loss_grad
loss,dZs = loss_function(Zs,Ys)

grads = lstm_backward(params,Xs,Hs,Cs,dZs,cache)
def rnn_loss():
    HC = lstm_state_init(batch_size,hidden_dim)
    Zs,Hs,Cs,cache= lstm_forward(params,Xs,HC)
```

```
    loss_function = rnn_loss_grad
    loss,dZs = loss_function(Zs,Ys)
    return loss

numerical_grads = util.numerical_gradient(rnn_loss,params,1e-6) #rnn_numerical_grad
ient(rnn_loss,params,1e-10)
#diff_error = lambda x, y: np.max( np.abs(x - y)/(np.maximum(1e-8, np.abs(x) + np.abs
(y))))
diff_error = lambda x, y: np.max( np.abs(x - y))

def rel_error(x, y):
  """ returns relative error """
  return np.max(np.abs(x - y) / (np.maximum(1e-8, np.abs(x) + np.abs(y))))

print("loss",loss)
print("[Wi, bi,Wf, bf, Wo,bo,Wc, bc,Wy,by] ")
for i in range(len(grads)):
    print(diff_error(grads[i],numerical_grads[i]))

print("grads",grads[0])
print("numerical_grads",numerical_grads[0])
```

```
Xs [[[ 1.07411384  0.6391398  -0.2931798   2.17849217]]

 [[-1.20811047  0.57628232 -1.76050121 -0.10946053]]

 [[ 0.63967167 -1.31792179 -0.44309305  0.02581717]]]
Ys [[1]
 [2]
 [2]]
loss 4.158946966364267
[Wi, bi,Wf, bf, Wo,bo,Wc, bc,Wy,by]
6.058123808717051e-10
6.072598550329748e-10
5.219924365667437e-10
3.349195083594825e-10
3.6378380831964666e-10
2.0005488732545667e-10
6.416346913759086e-10
4.1295304328836657e-10
5.883587193833417e-10
3.573135121115456e-10
grads [[-1.70859751e-05  2.89937470e-05 -6.60073310e-05]
 [ 5.93110956e-06  3.66997064e-06  7.01129322e-05]
 [-3.36578036e-05  1.80418123e-05 -5.54601958e-05]
 [ 1.81485935e-06  3.18453505e-05  2.24917114e-06]
 [-6.18222182e-08  3.47025809e-08  9.16314700e-08]
 [ 4.30458841e-08 -3.56817450e-08  2.73817019e-07]
 [ 3.71678370e-08 -1.95199444e-08 -9.44652486e-08]]
```

```
numerical_grads [[-1.70858883e-05  2.89936963e-05 -6.60071997e-05]
 [ 5.93125549e-06  3.66995323e-06  7.01128045e-05]
 [-3.36584094e-05  1.80420123e-05 -5.54596369e-05]
 [ 1.81499260e-06  3.18451931e-05  2.24886776e-06]
 [-6.21724894e-08  3.46389584e-08  9.14823772e-08]
 [ 4.30766534e-08 -3.55271368e-08  2.73558953e-07]
 [ 3.73034936e-08 -1.95399252e-08 -9.45910017e-08]]
```

也可以定义梯度下降法的单次迭代过程，代码如下。

```
def lstm_train_epoch(params,data_iter,optimizer,iterations,loss_function,print_n=
100):
    Wi, bi,Wf, bf, Wo,bo,Wc, bc,Wy,by = params
    #Wxh, Whh,Why, bh, by =params["Wxh"],params["Whh"],params["Why"],params["bh"],pa
rams["by"]
    losses = []
    iter = 0

    batch_size = None
    hidden_size = Wy.shape[0]

    for Xs,Ys,start in data_iter:
        if not batch_size:
            batch_size = Xs[0].shape[0]
        if start:
            HC = lstm_state_init(batch_size,hidden_size)

        Zs,Hs,Cs,cache = lstm_forward(params,Xs,HC)
        loss,dZs = loss_function(Zs,Ys)
        grads = lstm_backward(params,Xs,Hs,Cs,dZs,cache)

        optimizer.step(grads)
        losses.append(loss)

        if iter % print_n == 0:
            print ('iter %d, loss: %f' % (iter, loss))
        iter+=1

        if iter>iterations:break
    return losses,H
```

2. 文本生成

用 LSTM 代替普通的循环神经网络，训练字符语言模型，代码如下。

```
filename = 'input.txt'
data = open(filename, 'r').read()
chars = list(set(data))
data_size, vocab_size = len(data), len(chars)
print ('总字符个数 %d,字符表的长度 %d unique.' % (data_size, vocab_size))
```

```
char_to_idx = { ch:i for i,ch in enumerate(chars) }
idx_to_char = { i:ch for i,ch in enumerate(chars) }

input_dim, hidden_dim,output_dim = vocab_size,100,vocab_size
batch_size = 2

params = lstm_params_init(input_dim, hidden_dim,output_dim)
H = lstm_state_init(batch_size,hidden_dim)
seq_length = 25

loss_function = lambda F,Y:rnn_loss_grad(F,Y) #,util.loss_grad_least)

epoches = 3
learning_rate = 1e-2
iterations  =10000
losses = []

optimizer = AdaGrad(params,learning_rate)
momentum = 0.9
optimizer = SGD(params,learning_rate,momentum)

for epoch in range(epoches):
    data_it =  character_seq_data_iter_consecutive(data,batch_size,seq_length, \
                                                   vocab_size,100)
    #epoch_losses,param,H = rnn_train(params,data_it,learning_rate,iterations,loss_f
unction,print_n=100)
    epoch_losses,H = lstm_train_epoch(params,data_it,optimizer,iterations, \
                                       loss_function,print_n=10)
    losses.extend(epoch_losses)
    #epoch_losses = np.array(epoch_losses).mean()
    #losses.append(epoch_losses)
```

3. 预测

和循环神经网络类似，可以定义以下预测函数。

```
def predict_lstm(params,prefix,n):
    Wi, bi,Wf, bf, Wo,bo,Wc, bc,Wy,by = params
    vocab_size,hidden_dim = Wi.shape[0]-Wy.shape[0],Wy.shape[0]
    h,c = lstm_state_init(1,hidden_dim)

    output = [char_to_idx[prefix[0]]]

    for t in range(len(prefix) +n - 1):
        #将上一时刻的输出作为当前时刻的输入
        x = one_hot_idx(output[-1], vocab_size)

        z,h,c,_ = lstm_forward_step(params,x,h,c)

        if t < len(prefix) - 1:
```

```
            output.append(char_to_idx[prefix[t + 1]])
        else:
            p = np.exp(z) / np.sum(np.exp(z))
           # idx = int(p.argmax(axis=1))
            idx = np.random.choice(range(vocab_size), p=p.ravel())
            output.append(idx)

    return ''.join([idx_to_char[i] for i in output])
str = predict_lstm(params,"he",200)
print(str)
```

```
he done!

GLOUCESTER:
Why was I being your houghcessing in lord?

CARILLO:
How, or your his dessent;
Come his false, what comon:

HASTINGS:
Put she with your howiring act a both,
But long and you have
T
```

7.7.4 LSTM 的变种

本节前面介绍的是经典 LSTM。在实际应用中，通常会对 LSTM 模型进行一些改动。例如，Gers 和 Schmidhuber 引入了窥视孔连接（Peephole Connection），使各种门可以观察元胞的状态，如图 7-43 所示。

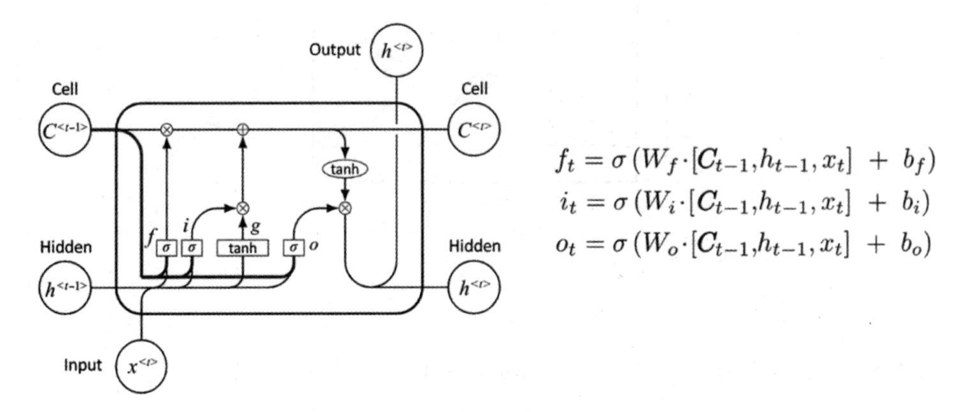

图 7-43

在图 7-43 中，所有的门都被添加了窥视孔，即 f_t、i_t、o_t 都可以看到相应的元胞状态 C_{t-1}、

$\boldsymbol{C}_t$。在另外一些论文中，只给一部分门添加了窥视孔。

考虑到 LSTM 的元胞过于复杂，2014 年，Kyunghyun Cho 等人提出了**门控循环单元**（Gated Recurrent Unit，GRU），本书将在 7.8 节详细讨论。还有一些模型，如 Depth Gated RNNs、Clockwork RNNs 等，感兴趣的读者可以自行阅读相关论文，本书不再讨论。

在不同的模型中，使用哪个 LSTM 变种才是最好的？2015 年，Greff 等人对流行的 LSTM 变种进行了比较，发现它们的效果基本相同。同年，Jozefowicz 等人对 10000 多种循环神经网络结构进行了测试，发现其中的一些在特定任务上的效果比 LSTM 要好。

7.8　门控循环单元

门控循环单元将遗忘门和输入门合并成更新门（Update Gate），将元胞状态和隐状态合并，并引入了其他变化。由于 GRU 模型比标准的 LSTM 模型更简单、效果更好，所以，它逐渐流行起来。

7.8.1　门控循环单元的工作原理

与 LSTM 分别用 $\boldsymbol{C}_t$ 和 $\boldsymbol{H}_t$ 表示总的历史信息和参与下一时刻计算的历史信息不同，GRU 和简单的循环神经网络一样，只用一个隐状态 $\boldsymbol{H}_t$ 表示所有的历史信息。和 LSTM 一样，GRU 也有一个遗忘门（也称为重置门），用于表示记忆信息对当前时刻的计算的作用。还有一个更新门，用于根据当前激活值 $\widetilde{\boldsymbol{H}}_t$ 和历史信息 $\boldsymbol{H}_{t-1}$ 更新当前时刻的历史信息 $\boldsymbol{H}_t$。如图 7-44 所示，是 GRU 中的两个门，即重置门 $\boldsymbol{R}$ 和更新门 $\boldsymbol{U}$。

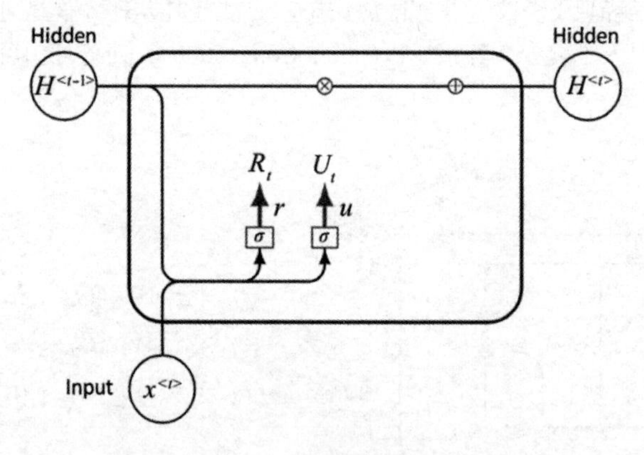

图 7-44

和 LSTM 的门一样，重置门和更新门输出的都是 [0,1] 之间的值，公式如下。

$$\boldsymbol{R}_t = \sigma(\boldsymbol{X}_t \boldsymbol{W}_{xr} + \boldsymbol{H}_{t-1} \boldsymbol{W}_{hr} + b_r)$$

$$\boldsymbol{U}_t = \sigma(\boldsymbol{X}_t \boldsymbol{W}_{xu} + \boldsymbol{H}_{t-1} \boldsymbol{W}_{hu} + b_u)$$

普通的循环神经网络神经元，用历史信息 $\boldsymbol{H}_{t-1}$ 和当前输入数据 $\boldsymbol{X}_t$ 计算当前时刻的信息，即隐状态 $\boldsymbol{H}_t$，公式如下。

$$\boldsymbol{H}_t = \tanh(\boldsymbol{X}_t\boldsymbol{W}_{xh} + \boldsymbol{H}_{t-1}\boldsymbol{W}_{hh} + b_h)$$

重置门表示在计算中历史记忆被遗忘多少（或者说，有多少历史记忆被保留下来），即将重置门的输出值 $\boldsymbol{R}_t$ 乘以历史记忆 $\boldsymbol{H}_{t-1}$，参与当前信息的计算，公式如下。

$$\widetilde{\boldsymbol{H}}_t = \tanh(\boldsymbol{X}_t\boldsymbol{W}_{xh} + (\boldsymbol{R}_t \odot \boldsymbol{H}_{t-1})\boldsymbol{W}_{hh} + b_h)$$

其中，$\widetilde{\boldsymbol{H}}_t$ 表示当前时刻的激活值，也称为**当前候选记忆**。GRU 的当前工作单元，输出当前时刻的激活值，如图 7-45 所示。

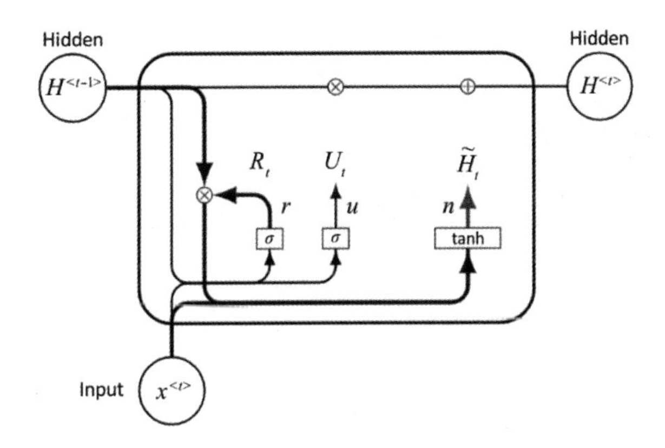

图 7-45

将当前候选记忆 $\widetilde{\boldsymbol{H}}_t$ 和历史记忆 $\boldsymbol{H}_{t-1}$ 通过一个更新门进行加权平均，将计算结果作为当前时刻的隐状态，公式如下。

$$\boldsymbol{H}_t = \boldsymbol{U}_t \odot \boldsymbol{H}_{t-1} + (1 - \boldsymbol{U}_t) \odot \widetilde{\boldsymbol{H}}_t\, f$$

如图 7-46 所示，更新门的输出值 $\boldsymbol{U}_t$ 用于对历史记忆和当前候选记忆进行加权平均。

GRU 的反向求导和 LSTM 类似，在知道损失函数关于 GRU 输出的梯度后，通过反向求导计算损失函数关于模型参数和中间变量的梯度。读者可以自行模仿 LSTM 的反向求导公式，推导 GRU 的反向求导公式，本书不再赘述。

和 LSTM 一样，GRU 可以保持长期记忆，并能防止梯度爆炸和梯度消失，性能也和 LSTM 相当，在某些问题上的表现甚至比 LSTM 好。此外，GRU 的实现比 LSTM 简单，且比 LSTM 的计算效率更高。因此，在实际使用中通常用 GRU 代替传统的 LSTM。

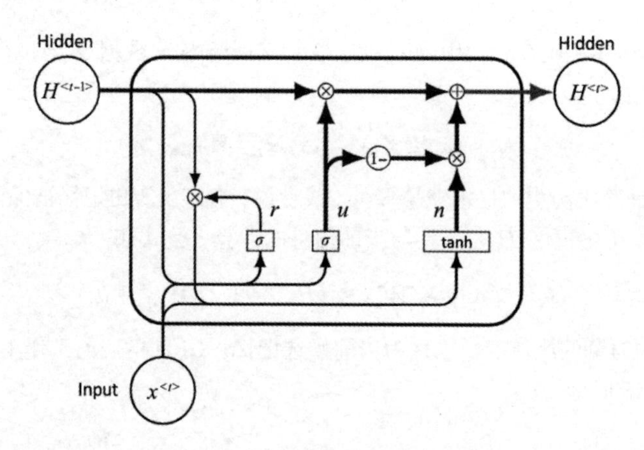

图 7-46

7.8.2 门控循环单元的代码实现

GRU 的代码实现和 LSTM 类似，示例如下。

```
import numpy as np

def sigmoid(x):
    return 1 / (1 + np.exp(-x))

def gru_init_params(input_dim,hidden_dim,output_dim,scale=0.01):
    normal = lambda m,n : np.random.randn(m, n)*scale
    three = lambda : (normal(input_dim,hidden_dim), normal(hidden_dim,hidden_dim), \
                      np.zeros((1,hidden_dim)))

    Wxu, Whu, bu = three()  # Update gate parameter
    Wxr, Whr, br = three()  # Reset gate parameter
    Wxh, Whh, bh = three()  # Candidate hidden state parameter

    Wy = normal(hidden_dim, output_dim)
    by = np.zeros((1,output_dim))

    params = [Wxu, Whu, bu, Wxr, Whr, br, Wxh, Whh, bh, Wy,by]
    return params

def gru_state_init(batch_size, hidden_size):
    return np.zeros((batch_size, hidden_size))

def gru_forward(params,Xs, H_0):
    Wxu, Whu, bu, Wxr, Whr, br, Wxh, Whh, bh, Wy,by = params
    H = H_0
    Hs = {}
    Ys = []
    Hs[-1] = np.copy(H)
```

```
    Rs = []
    Us = []
    H_tildas = []

    for t in range(len(Xs)):
        X = Xs[t]
        U = sigmoid(np.dot(X, Wxu) + np.dot(H, Whu) + bu)
        R = sigmoid(np.dot(X, Wxr) + np.dot(H, Whr) + br)
        H_tilda = np.tanh(np.dot(X, Wxh) + np.dot(R * H, Whh) + bh)
        H = U * H + (1 - U) * H_tilda
        Y = np.dot(H, Wy) + by

        Hs[t] = H
        Ys.append(Y)
        Rs.append(R)
        Us.append(U)
        H_tildas.append(H_tilda)

    return Ys,Hs,(Rs,Us,H_tildas)

def gru_backward(params,Xs,Hs,dZs,cache): # Ys,loss_function):
    Wxu, Whu, bu, Wxr, Whr, br, Wxh, Whh, bh, Wy,by = params
    Rs,Us,H_tildas = cache

    dWxu,dWhu,dWxr,dWhr,dWxh,dWhh,dWy  = np.zeros_like(Wxu), np.zeros_like(Whu), \
                     np.zeros_like(Wxr), np.zeros_like(Whr), np.zeros_like(Wxh), \
                     np.zeros_like(Whh), np.zeros_like(Wy)
    dbu,dbr,dbh,dby = np.zeros_like(bu), np.zeros_like(br),  np.zeros_like(bh), \
                      np.zeros_like(by)

    dH_next = np.zeros_like(Hs[0])

    input_dim = Xs[0].shape[1]

    T = len(Xs)
    for t in reversed(range(T)):
        R = Rs[t]
        U = Us[t]
        H = Hs[t]
        X = Xs[t]
        H_tilda = H_tildas[t]
        H_pre =  Hs[t-1]

        dZ = dZs[t]
        #输出 f 的模型参数的梯度
        dWy += np.dot(H.T,dZ)
        dby += np.sum(dZ, axis=0, keepdims=True)

        #隐状态 h 的梯度
```

```
        dH = np.dot(dZ, Wy.T) + dH_next

        #  H =  U H_pre+(1-U)H_tildas
        dH_tilda = dH*(1-U)
        dH_pre = dH*U
        dU = H_pre*dH -H_tilda*dH

        # H_tilda = tanh(X Wxh+(R*H_)Whh+bh)
        dH_tildaZ = (1-np.square(H_tilda))*dH_tilda
        dWxh+= np.dot(X.T,dH_tildaZ)
        dWhh+= np.dot((R*H_pre).T,dH_tildaZ)
        dbh += np.sum(dH_tildaZ, axis=0, keepdims=True)

        dR = np.dot(dH_tildaZ, Whh.T)*H_pre
        dH_pre += np.dot(dH_tildaZ, Whh.T)*R

        # U = \sigma(UZ)   R = \sigma(RZ)
        dUZ = U*(1-U)*dU
        dRZ = R*(1-R)*dR

        dH_pre += np.dot(dUZ, Whu.T)
        dH_pre += np.dot(dRZ, Whr.T)

        # R = \sigma(X Wxr+H_ Whr + br)
        dWxr+= np.dot(X.T,dRZ)
        dWhr+= np.dot(H_pre.T,dRZ)
        dbr += np.sum(dRZ, axis=0, keepdims=True)

        dWxu+= np.dot(X.T,dUZ)
        dWhu+= np.dot(H_pre.T,dUZ)
        dbu += np.sum(dUZ, axis=0, keepdims=True)

        if True:
            dX_RZ = np.dot(dRZ,Wxr.T)
            dX_UZ = np.dot(dUZ,Wxu.T)
            dX_H_tildaZ = np.dot(dH_tildaZ,Wxh.T)
            dX = dX_RZ+dX_UZ+dX_H_tildaZ

        dH_next = dH_pre

    return [dWxu, dWhu, dbu, dWxr, dWhr, dbr, dWxh, dWhh, dbh, dWy,dby]
```

执行以下代码，检查分析梯度和数值梯度是否一致。测试结果略。

```
T  = 3
input_dim, hidden_dim,output_dim = 4,3,4
batch_size = 1
Xs = np.random.randn(T,batch_size,input_dim)
Ys = np.random.randint(output_dim, size=(T,batch_size))
```

```
print("Xs",Xs)
print("Ys",Ys)

# cheack gradient
params = gru_init_params(input_dim, hidden_dim,output_dim)
HC = gru_state_init(batch_size,hidden_dim)

Zs,Hs,cache = gru_forward(params,Xs,HC)
loss_function = rnn_loss_grad
loss,dZs = loss_function(Zs,Ys)
grads = gru_backward(params,Xs,Hs,dZs,cache)

def rnn_loss():
    HC = gru_state_init(batch_size,hidden_dim)
    Zs,Hs,cache= gru_forward(params,Xs,HC)
    loss_function = rnn_loss_grad
    loss,dZs = loss_function(Zs,Ys)
    return loss

numerical_grads = util.numerical_gradient(rnn_loss,params,1e-6) #rnn_numerical_grad
ient(rnn_loss,params,1e-10)
#diff_error = lambda x, y: np.max( np.abs(x - y)/(np.maximum(1e-8, np.abs(x) + np.abs
(y))))
diff_error = lambda x, y: np.max( np.abs(x - y))

def rel_error(x, y):
  """ returns relative error """
  return np.max(np.abs(x - y) / (np.maximum(1e-8, np.abs(x) + np.abs(y))))

print("loss",loss)
print("[Wi, bi,Wf, bf, Wo,bo,Wc, bc,Wy,by] ")
for i in range(len(grads)):
    print(diff_error(grads[i],numerical_grads[i]))

print("grads",grads[0])
print("numerical_grads",numerical_grads[0])
```

7.9 循环神经网络的类及其实现

7.9.1 用类实现循环神经网络

在本章前面几节中，我们已经用函数实现了简单循环神经网络、LSTM、GRU 这 3 种典型的循环神经网络模型。当然，也可以用类来实现这些循环神经网络模型。

用一个 LSTM 类来表示 LSTM 的相关函数，代码如下。

```
import numpy as np
```

```
def grad_clipping(grads,alpha):
    norm = math.sqrt(sum((grad ** 2).sum() for grad in grads))
    if norm > alpha:
        ratio = alpha / norm
        for i in range(len(grads)):
            grads[i]*=ratio

class LSTM(object):
    def __init__(self,input_dim,hidden_dim,output_dim,scale=0.01):
        #super(LSTM_cell, self).__init__()
        self.input_dim,self.hidden_dim,self.output_dim = input_dim,hidden_dim, \
                                                         output_dim
        normal = lambda m,n : np.random.randn(m, n)*scale
        two = lambda : (normal(input_dim+hidden_dim, hidden_dim),np.zeros((1, \
                        hidden_dim)))

        Wi, bi = two()  # Input gate parameters
        Wf, bf = two()  # Forget gate parameters
        Wo, bo = two()  # Output gate parameters
        Wc, bc = two()  # Candidate cell parameters

        Wy = normal(hidden_dim, output_dim)
        by = np.zeros((1,output_dim))
        self.params = [Wi, bi,Wf, bf, Wo,bo, Wc,bc,Wy,by]
        self.grads = [np.zeros_like(param) for param in self.params]
        self.H,self.C = None,None

    def reset_state(self,batch_size):
        self.H,self.C = (np.zeros((batch_size, self.hidden_dim)), \
                         np.zeros((batch_size, self.hidden_dim)))

    def forward(self,Xs):
        [Wi, bi,Wf, bf, Wo,bo,Wc,bc,Wy,by] = self.params
        if self.H is None or self.C is None:
            self.reset_state(Xs[0].shape[0])

        H, C =  self.H,self.C
        Hs = {}
        Cs = {}
        Zs = []
        Hs[-1] = np.copy(H)
        Cs[-1] = np.copy(C)
        Is = []
        Fs = []
        Os = []
        C_tildas = []
        for t in range(len(Xs)):
            X = Xs[t]
```

```
            XH = np.column_stack((X, H))

            I = sigmoid(np.dot(XH, Wi)+bi)
            F = sigmoid(np.dot(XH, Wf)+bf)
            O = sigmoid(np.dot(XH, Wo)+bo)
            C_tilda = np.tanh(np.dot(XH, Wc)+bc)

            C = F * C + I * C_tilda
            H = O*np.tanh(C)        #O * C.tanh()      #输出状态

            Y = np.dot(H, Wy) + by                     #输出

            Zs.append(Y)
            Hs[t] = H
            Cs[t] = C

            Is.append(I)
            Fs.append(F)
            Os.append(O)
            C_tildas.append(C_tilda)
        self.Zs,self.Hs,self.Cs,self.Is,self.Fs,self.Os,self.C_tildas = \
                                                Zs,Hs,Cs,Is,Fs,Os,C_tildas
        self.Xs  =Xs
        return Zs,Hs

    def backward(self,dZs): # Ys,loss_function):
        [Wi, bi,Wf, bf, Wo,bo,Wc, bc,Wy,by] = self.params
        Hs,Cs,Is,Fs,Os,C_tildas = self.Hs,self.Cs,self.Is,self.Fs,self.Os, \
                                  self.C_tildas
        Xs = self.Xs
        dWi,dWf,dWo,dWc,dWy  = np.zeros_like(Wi), np.zeros_like(Wf), \
                             np.zeros_like(Wo), np.zeros_like(Wc), np.zeros_like(Wy)
        dbi,dbf,dbo,dbc,dby = np.zeros_like(bi), np.zeros_like(bf), \
                             np.zeros_like(bo), np.zeros_like(bc), np.zeros_like(by)

        dH_next = np.zeros_like(Hs[0])
        dC_next = np.zeros_like(Cs[0])

        input_dim = Xs[0].shape[1]
        h = Hs
        x = Xs
        T = len(Xs)
        for t in reversed(range(T)):
            I = Is[t]
            F = Fs[t]
            O = Os[t]
            C_tilda = C_tildas[t]
            H = Hs[t]
            X = Xs[t]
```

```
            C = Cs[t]
            H_pre =  Hs[t-1]
            C_prev = Cs[t-1]
            XH_pre = np.column_stack((X, H_pre))
            XH_ = XH_pre

            dZ = dZs[t]

            #输出f的模型参数的idu
            dWy += np.dot(H.T,dZ)
            dby += np.sum(dZ, axis=0, keepdims=True)

            #隐状态h的梯度
            dH = np.dot(dZ, Wy.T) + dH_next
          #  dC = dH_next*O*dtanh(C) +dC_next    #* H = O*np.tanh(C)
          #  dC = dH_next*O*(1-np.square(np.tanh(C))) +dC_next
            dC = dH*O*dtanh(C) +dC_next

            dO = np.tanh(C) *dH
            dOZ = O * (1-O)*dO
            dWo += np.dot(XH_.T,dOZ)
            dbo += np.sum(dOZ, axis=0, keepdims=True)

             #di
            di =  C_tilda*dC
            diZ = I*(1-I) * di
            dWi += np.dot(XH_.T,diZ)
            dbi += np.sum(diZ, axis=0, keepdims=True)

            #df
            df = C_prev*dC
            dfZ = F*(1-F) * df
            dWf += np.dot(XH_.T,dfZ)
            dbf += np.sum(dfZ, axis=0, keepdims=True)

            # dC_bar
            dC_tilda = I*dC      #C = F * C + I * C_tilda
            dC_tilda_Z =(1-np.square(C_tilda))*dC_tilda  # C_tilda = sigmoid(np.dot(X
H, Wc)+bc)
            dWc += np.dot(XH_.T,dC_tilda_Z)
            dbc += np.sum(dC_tilda_Z, axis=0, keepdims=True)

            dXH_ = (np.dot(dfZ, Wf.T)
                 + np.dot(diZ, Wi.T)
                 + np.dot(dC_tilda_Z, Wc.T)
                 + np.dot(dOZ, Wo.T))
            dX_prev = dXH_[:, :input_dim]
            dH_prev = dXH_[:, input_dim:]
            dC_prev = F * dC
```

```
            dC_next = dC_prev
            dH_next = dH_prev

        grads = [dWi, dbi,dWf, dbf, dWo,dbo,dWc, dbc,dWy,dby]
        grad_clipping(grads,5.)
        for i,_ in enumerate(self.grads):
            self.grads[i]+=grads[i]

        return [dWi, dbi,dWf, dbf, dWo,dbo,dWc, dbc,dWy,dby]

    def parameters(self):
        return self.params
```

执行以下代码，对这个 LSTM 类进行测试。

```
T  = 3
input_dim, hidden_dim,output_dim = 4,3,4
batch_size = 2
Xs = np.random.randn(T,batch_size,input_dim)
Ys = np.random.randint(output_dim, size=(T,batch_size))
#print("Xs",Xs)
#print("Ys",Ys)

lstm = LSTM(input_dim, hidden_dim,output_dim)
Zs,Hs = lstm.forward(Xs)

loss_function = rnn_loss_grad
loss,dZs = loss_function(Zs,Ys)
grads = lstm.backward(dZs)

def rnn_loss():
    lstm.reset_state(batch_size)
    Zs,Hs = lstm.forward(Xs)
    loss_function = rnn_loss_grad
    loss,dZs = loss_function(Zs,Ys)
    return loss

params = lstm.parameters()
numerical_grads = util.numerical_gradient(rnn_loss,params,1e-6)
diff_error = lambda x, y: np.max( np.abs(x - y))

print("loss",loss)
print("[Wi, bi,Wf, bf, Wo,bo,Wc, bc,Wy,by] ")
for i in range(len(grads)):
    print(diff_error(grads[i],numerical_grads[i]))

print("grads",grads[0])
print("numerical_grads",numerical_grads[0])
```

```
loss 4.15897570534243
[Wi, bi,Wf, bf, Wo,bo,Wc, bc,Wy,by]
4.0983714987404213e-10
4.804842887035274e-10
5.574688488332363e-10
5.962706955096197e-10
4.786088983281455e-10
3.3010982580892407e-10
5.250774498359589e-10
7.762481196021964e-10
5.116074152863859e-10
4.973363854077206e-08
grads [[-1.40953185e-06  1.39633673e-05  3.77862529e-05]
 [-2.05605688e-06 -6.94901972e-06 -9.72150550e-06]
 [-1.97703294e-06  2.14765528e-05 -6.23417436e-07]
 [ 2.38579566e-06  3.03502478e-05  5.32372144e-06]
 [-2.43351424e-10 -1.73915908e-09 -1.49094729e-08]
 [ 1.89104848e-08  1.69377027e-07  1.08468341e-07]
 [-6.11087686e-09 -6.70921838e-08 -7.03528265e-09]]
numerical_grads [[-1.40953915e-06  1.39630529e-05  3.77866627e-05]
 [-2.05613304e-06 -6.94910796e-06 -9.72155689e-06]
 [-1.97708516e-06  2.14761542e-05 -6.23501251e-07]
 [ 2.38564724e-06  3.03503889e-05  5.32374145e-06]
 [-4.44089210e-10 -1.77635684e-09 -1.46549439e-08]
 [ 1.86517468e-08  1.69197989e-07  1.08357767e-07]
 [-5.77315973e-09 -6.70574707e-08 -7.10542736e-09]]
```

以下代码实现了一个 GRU 结构的循环神经网络。

```
class GRU(object):
    def __init__(self, input_dim,hidden_dim,output_dim,scale=0.01):
        super(GRU, self).__init__()
        self.input_dim,self.hidden_dim,self.output_dim,self.scale = input_dim, \
                                                    hidden_dim,output_dim,scale

        normal = lambda m,n : np.random.randn(m, n)*scale
        three = lambda : (normal(input_dim,hidden_dim), normal(hidden_dim, \
                        hidden_dim),np.zeros((1,hidden_dim)))

        Wxu, Whu, bu = three()  # Update gate parameter
        Wxr, Whr, br = three()  # Reset gate parameter
        Wxh, Whh, bh = three()  # Candidate hidden state parameter
        Wy = normal(hidden_dim, output_dim)
        by = np.zeros((1,output_dim))

        self.Wxu, self.Whu, self.bu, self.Wxr, self.Whr, self.br, self.Wxh, \
        self.Whh, self.bh, self.Wy,self.by = Wxu, Whu, bu, Wxr, Whr, br, Wxh, \
        Whh, bh, Wy,by

        self.params = [Wxu, Whu, bu, Wxr, Whr, br, Wxh, Whh, bh, Wy,by]
```

```
        self.grads = [np.zeros_like(param) for param in self.params]
        self.H = None

    def reset_state(self,batch_size):
        self.H = np.zeros((batch_size, self.hidden_dim))

    def forward_step(self,X):
        Wxu, Whu, bu, Wxr, Whr, br, Wxh, Whh, bh, Wy,by = self.params
        H = self.H # previous state
        X = Xs[t]
        U = sigmoid(np.dot(X, Wxu) + np.dot(H, Whu) + bu)
        R = sigmoid(np.dot(X, Wxr) + np.dot(H, Whr) + br)
        H_tilda = np.tanh(np.dot(X, Wxh) + np.dot(R * H, Whh) + bh)
        H = U * H + (1 - U) * H_tilda
        Y = np.dot(H, Wy) + by

        Hs[t] = H
        Ys.append(Y)
        Rs.append(R)
        Us.append(U)
        H_tildas.append(H_tilda)

    def forward(self,Xs):
        Wxu, Whu, bu, Wxr, Whr, br, Wxh, Whh, bh, Wy,by = self.params
        if self.H is None:
            self.reset_state(Xs[0].shape[0])
        H = self.H
        Hs = {}
        Ys = []
        Hs[-1] = np.copy(H)
        Rs = []
        Us = []
        H_tildas = []

        for t in range(len(Xs)):
            X = Xs[t]
            U = sigmoid(np.dot(X, Wxu) + np.dot(H, Whu) + bu)
            R = sigmoid(np.dot(X, Wxr) + np.dot(H, Whr) + br)
            H_tilda = np.tanh(np.dot(X, Wxh) + np.dot(R * H, Whh) + bh)
            H = U * H + (1 - U) * H_tilda
            Y = np.dot(H, Wy) + by

            Hs[t] = H
            Ys.append(Y)
            Rs.append(R)
            Us.append(U)
            H_tildas.append(H_tilda)

        self.Ys,self.Hs,self.Rs,self.Us,self.H_tildas = Ys,Hs,Rs,Us,H_tildas
```

```
        return Ys,Hs        #return Ys,Hs,(Rs,Us,H_tildas)

    def backward(self,dZs): # Ys,loss_function):
        Wxu, Whu, bu, Wxr, Whr, br, Wxh, Whh, bh, Wy,by = self.params
        Ys,Hs,Rs,Us,H_tildas = self.Ys,self.Hs,self.Rs,self.Us,self.H_tildas
        dWxu,dWhu,dWxr,dWhr,dWxh,dWhh,dWy = np.zeros_like(Wxu), np.zeros_like(Whu), \
                         np.zeros_like(Wxr), np.zeros_like(Whr), np.zeros_like(Wxh), \
                         np.zeros_like(Whh), np.zeros_like(Wy)
        dbu,dbr,dbh,dby = np.zeros_like(bu), np.zeros_like(br),  np.zeros_like(bh), \
                          np.zeros_like(by)

        dH_next = np.zeros_like(Hs[0])
        input_dim = Xs[0].shape[1]
        T = len(Xs)
        for t in reversed(range(T)):
            R = Rs[t]
            U = Us[t]
            H = Hs[t]
            X = Xs[t]
            H_tilda = H_tildas[t]
            H_pre =  Hs[t-1]

            dZ = dZs[t]
            #输出f的模型参数的idu
            dWy += np.dot(H.T,dZ)
            dby += np.sum(dZ, axis=0, keepdims=True)

            #隐状态h的梯度
            dH = np.dot(dZ, Wy.T) + dH_next

            #  H =  U H_pre+(1-U)H_tildas
            dH_tilda = dH*(1-U)
            dH_pre = dH*U
            dU = H_pre*dH -H_tilda*dH

            # H_tilda = tanh(X Wxh+(R*H_)Whh+bh)
            dH_tildaZ = (1-np.square(H_tilda))*dH_tilda
            dWxh+= np.dot(X.T,dH_tildaZ)
            dWhh+= np.dot((R*H_pre).T,dH_tildaZ)
            dbh += np.sum(dH_tildaZ, axis=0, keepdims=True)

            dR = np.dot(dH_tildaZ, Whh.T)*H_pre
            dH_pre += np.dot(dH_tildaZ, Whh.T)*R

            # U = \sigma(UZ)   R = \sigma(RZ)
            dUZ = U*(1-U)*dU
            dRZ = R*(1-R)*dR

            dH_pre += np.dot(dUZ, Whu.T)
```

```
            dH_pre += np.dot(dRZ, Whr.T)

            # R = \sigma(X Wxr+H_ Whr + br)
            dWxr+= np.dot(X.T,dRZ)
            dWhr+= np.dot(H_pre.T,dRZ)
            dbr += np.sum(dRZ, axis=0, keepdims=True)

            dWxu+= np.dot(X.T,dUZ)
            dWhu+= np.dot(H_pre.T,dUZ)
            dbu += np.sum(dUZ, axis=0, keepdims=True)

            if True:
                dX_RZ = np.dot(dRZ,Wxr.T)
                dX_UZ = np.dot(dUZ,Wxu.T)
                dX_H_tildaZ = np.dot(dH_tildaZ,Wxh.T)
                dX = dX_RZ+dX_UZ+dX_H_tildaZ
            dH_next = dH_pre

        grads = [dWxu, dWhu, dbu, dWxr, dWhr, dbr, dWxh, dWhh, dbh, dWy,dby]
        for i,_ in enumerate(self.grads):
            self.grads[i]+=grads[i]
        return self.grads

    def get_states(self):
        return self.Hs

    def get_outputs(self):
        return self.Ys

    def parameters(self):
        return self.params
```

7.9.2 循环神经网络单元的类实现

循环神经网络最基本的计算，就是神经网络单元在某个时刻的正向计算和反向求导。在某个时刻，神经网络单元接收数据输入 $\boldsymbol{x}$ 和上一个时间步的状态输入 $\boldsymbol{h}$。对于简单循环神经网络和 GRU，输出的是当前时间步的状态 $\boldsymbol{h}'$；对于 LSTM，输出的当前记忆 $\boldsymbol{c}'$ 和传入下一个时间步的 $\boldsymbol{h}'$。例如，对简单循环神经网络，其正向计算公式如下。

$$\boldsymbol{h}' = \tanh(\boldsymbol{W}_{ih}\boldsymbol{x} + b_{ih} + \boldsymbol{W}_{hh}\boldsymbol{h} + b_{hh})$$

在这里，将原来的偏置 b_h 拆分成两项，即 b_{ih} 和 b_{hh}，它们分别表示数据输入加权和的偏置和隐状态加权和的偏置。对于 LSTM，也可以将原来的每个加权和的一个偏置拆分成两个偏置，公式如下。

$$
\begin{aligned}
&i=\sigma(W_{ii}x+b_{ii}+W_{hi}h+b_{hi})\\
&f=\sigma(W_{if}x+b_{if}+W_{hf}h+b_{hf})\\
&g=tanh(W_{ig}x+b_{ig}+W_{hg}h+b_{hg})\\
&o=\sigma(W_{io}x+b_{io}+W_{ho}h+b_{ho})\\
&c'=f*c+i*g\\
&h'=o*tanh(c')
\end{aligned}
$$

类似地，GRU 的计算公式如下。

$$
\begin{aligned}
&r=\sigma(W_{ir}x+b_{ir}+W_{hr}h+b_{hr})\\
&z=\sigma(W_{iz}x+b_{iz}+W_{hz}h+b_{hz})\\
&n=\tanh(W_{in}x+b_{in}+r*(W_{hn}h+b_{hn}))\\
&h'=(1-z)*n+z*h
\end{aligned}
$$

可以用一个公共的基类表示简单循环神经网络、LSTM、GRU 这 3 种神经网络单元的公共属性，代码如下。

```
import numpy as np
import math
class RNNCellBase(object):
    __constants__ = ['input_size', 'hidden_size']
    def __init__(self, input_size, hidden_size,bias, num_chunks):
        super(RNNCellBase, self).__init__()
        self.input_size, self.hidden_size = input_size, hidden_size
        self.bias = bias
        self.W_ih= np.empty((input_size, num_chunks*hidden_size))  # input to hidden
        self.W_hh = np.empty((hidden_size, num_chunks*hidden_size))# hidden to hidden
        if bias:
            self.b_ih = np.zeros((1,num_chunks*hidden_size))
            self.b_hh = np.zeros((1,num_chunks*hidden_size))
            self.params = [self.W_ih,self.W_hh,self.b_ih,self.b_hh]
        else:
            self.b_ih = None
            self.b_hh = None
            self.params = [self.W_ih,self.W_hh]

        self.grads = [np.zeros_like (param) for param in self.params]
        self.param_grads = self.params.copy()
        self.param_grads.extend(self.grads)

        self.reset_parameters()

    def parameters(self,no_grad = True):
        if no_grad:   return self.params;
        return self.param_grads;

    def reset_parameters(self):
        stdv = 1.0 / math.sqrt(self.hidden_size)
```

```
        for param in self.params:
            w = param
            w[:] = np.random.uniform(-stdv, stdv,(w.shape))

    def check_forward_input(self, input):
        if input.shape[1] != self.input_size:
            raise RuntimeError(
                "input has inconsistent input_size: got {}, expected {}".format(
                    input.shape[1], self.input_size))

    def check_forward_hidden(self, input, h, hidden_label=''):
        if input.shape[0] != h.shape[0]:
            raise RuntimeError(
                "Input batch size {} doesn't match hidden{} batch size {}".format(
                    input.shape[0], hidden_label, h.shape[0]))

        if h.shape[1] != self.hidden_size:
            raise RuntimeError(
                "hidden{} has inconsistent hidden_size: got {}, expected {}".format(
                    hidden_label, h.shape[1], self.hidden_size))
```

构造函数的参数 input_size 和 hidden_size 分别表示输入数据和状态的大小。num_chunks 表示每个神经网络单元的计算门的个数。check_forward_input 和 check_forward_hidden 是检查输入的数据和隐状态大小是否与神经网络单元的模型参数匹配的辅助方法。num_chunks 表示循环神经网络计算单元的个数（对于简单循环神经网络，其值为 1；对于 LSTM 和 GRU，其值分别为 4 和 3）。

在神经网络单元的基类 RNNCellBase 的基础上，可以定义具体的神经网络单元。以下代码定义了表示简单的 RNN 单元的类 RNNCell。

```
def relu(x):
    return x * (x > 0)

def rnn_tanh_cell(x, h,W_ih, W_hh,b_ih, b_hh):
    #h' = \tanh(W_{ih} x + b_{ih}  +  W_{hh} h + b_{hh})
    if b_ih is None:
        return np.tanh(np.dot(x,W_ih) +  np.dot(h,W_hh))
    else:
        return np.tanh(np.dot(x,W_ih) + b_ih  +  np.dot(h,W_hh) + b_hh)

def rnn_relu_cell(x, h,W_ih,W_hh,b_ih, b_hh):
    #h' = \relu(W_{ih} x + b_{ih}  +  W_{hh} h + b_{hh})
    if b_ih is None:
        return relu(np.dot(x,W_ih) +  np.dot(h,W_hh) )
    else:
        return relu(np.dot(x,W_ih) + b_ih  +  np.dot(h,W_hh) + b_hh)

class RNNCell(RNNCellBase):
    """        h' = \tanh(W_{ih} x + b_{ih}  +  W_{hh} h + b_{hh})"""
    __constants__ = ['input_size', 'hidden_size',  'nonlinearity']
```

```
    def __init__(self, input_size, hidden_size,bias=True, nonlinearity="tanh"):
        super(RNNCell, self).__init__(input_size, hidden_size,bias,num_chunks=1)
        self.nonlinearity = nonlinearity

    def forward(self, input, h=None):
        self.check_forward_input(input)
        if h is None:
            h = np.zeros(input.shape[0], self.hidden_size, dtype=input.dtype)
        self.check_forward_hidden(input, h, '')
        if self.nonlinearity == "tanh":
            ret = rnn_tanh_cell( input, h,
                self.W_ih, self.W_hh,
                self.b_ih, self.b_hh,)
        elif self.nonlinearity == "relu":
            ret = rnn_relu_cell( input, h,
                self.W_ih, self.W_hh,
                self.b_ih, self.b_hh,)
        else:
            ret = input
            raise RuntimeError(
                "Unknown nonlinearity: {}".format(self.nonlinearity))
        return ret
    def __call__(self, input, h=None):
        return self.forward(input,h)

    def backward(self,dh,H,X,H_pre):
        if self.nonlinearity == "tanh":
            dZh = (1 - H * H) * dh # backprop through tanh nonlinearity
        else:
            dZh = H*(1-H)* dh
        db_hh = np.sum(dZh, axis=0, keepdims=True)
        db_ih = np.sum(dZh, axis=0, keepdims=True)
        dW_ih = np.dot(X.T,dZh)
        dW_hh = np.dot(H_pre.T,dZh)
        dh_pre = np.dot(dZh,self.W_hh.T)
        dx =  np.dot(dZh,self.W_ih.T)
        grads = (dW_ih,dW_hh,db_ih,db_hh)
        for a, b in zip(self.grads,grads):
            a+=b
        return dx,dh_pre,grads
```

执行以下代码，可进行RNNCell类的一个时间步的正向计算和反向求导。其中，x是批大小为3的输入数据，h是对应的批大小为3的状态。测试结果略。

```
import numpy as np
np.random.seed(1)
x = np.random.randn(3, 10)  #(batch_size,input_dim)
h = np.random.randn(3, 20)  #(batch_size,hidden_dim)
rnn = RNNCell(10, 20)       #(input_dim,hidden_dim)
```

```
h_ = rnn(x, h)
print("h_:",h_)
dh_ = np.random.randn(*h.shape)
dx,dh,_ = rnn.backward(dh_,h_,x,h)
print("dh:",dh)
```

用序列数据 x 执行步长为 6 的 RNNCell 类的计算，代码如下。测试结果略。

```
import numpy as np
x = np.random.randn(6, 3, 10)
h = np.random.randn(3, 20)
rnn = RNNCell(10, 20)

h_0 = h.copy()
hs = []
for i in range(6):
    h = rnn(x[i], h)
    hs.append(h)
print("h:",hs[0])

dh = np.random.randn(*h.shape)
for i in reversed(range(6)):
    if i==0:
        dx,dh,_ = rnn.backward(dh,hs[i],x[i],h_0)
    else:
        dx,dh,_ = rnn.backward(dh,hs[i],x[i],hs[i-1])
print("dh:",dh)
```

也可以定义 LSTM 和 GRU 类型的循环神经网络单元 LSTMCell 和 GRUCell。

LSTMCell 类的代码如下。

```
def sigmoid(x):
    return (1 / (1 + np.exp(-x)))
def lstm_cell(x, hc,w_ih, w_hh,b_ih, b_hh):
    h,c = hc[0],hc[1]
    hidden_size = w_ih.shape[1]//4
    ifgo_Z = np.dot(x,w_ih) + b_ih  +  np.dot(h,w_hh) + b_hh
    i = sigmoid(ifgo_Z[:,:hidden_size])
    f = sigmoid(ifgo_Z[:,hidden_size:2*hidden_size])
    g = np.tanh(ifgo_Z[:,2*hidden_size:3*hidden_size])
    o = sigmoid(ifgo_Z[:,3*hidden_size:])
    c_ = f*c+i*g
    h_ = o*np.tanh(c_)
    return (h_,c_),np.column_stack((i,f,g,o))

def lstm_cell_back(dhc,ifgo,x,hc_pre,w_ih, w_hh,b_ih, b_hh):
    hidden_size = w_ih.shape[1]//4
    if isinstance(dhc, tuple):
        dh_,dc_next = dhc
```

```
        else:
            dh_ = dhc
            dc_next = np.zeros_like(dh_)
        h_pre,c = hc_pre
        i,f,g,o = ifgo[:,:hidden_size],ifgo[:,hidden_size:2*hidden_size], \
                  ifgo[:,2*hidden_size:3*hidden_size],ifgo[:,3*hidden_size:]
        c_ = f*c+i*g
        dc_ = dc_next+dh_*o*(1-np.square(np.tanh(c_)))
        do = dh_*np.tanh(c_)
        di = dc_*g
        dg = dc_*i
        df = dc_*c

        diz = i*(1-i)*di
        dfz = f*(1-f)*df
        dgz = (1-np.square(g))*dg
        doz = o*(1-o)*do

        dZ = np.column_stack((diz,dfz,dgz,doz))

        dW_ih = np.dot(x.T,dZ)
        dW_hh = np.dot(h_pre.T,dZ)
        db_hh = np.sum(dZ, axis=0, keepdims=True)
        db_ih = np.sum(dZ, axis=0, keepdims=True)
        dx =  np.dot(dZ,w_ih.T)
        dh_pre = np.dot(dZ,w_hh.T)
        #return dx,dh_pre,(dW_ih,dW_hh,db_ih,db_hh)
        dc = dc_*f
        return dx,(dh_pre,dc),(dW_ih,dW_hh,db_ih,db_hh)

    class LSTMCell(RNNCellBase):
        """  \begin{array}{ll}
            i = \sigma(W_{ii} x + b_{ii} + W_{hi} h + b_{hi}) \\
            f = \sigma(W_{if} x + b_{if} + W_{hf} h + b_{hf}) \\
            g = \tanh(W_{ig} x + b_{ig} + W_{hg} h + b_{hg}) \\
            o = \sigma(W_{io} x + b_{io} + W_{ho} h + b_{ho}) \\
            c' = f * c + i * g \\
            h' = o * \tanh(c') \\
            \end{array}
            """
        def __init__(self, input_size, hidden_size, bias=True):
            super(LSTMCell, self).__init__(input_size, hidden_size,bias, num_chunks=4)

        def init_hidden(batch_size):
            zeros= np.zeros(input.shape[0], self.hidden_size, dtype=input.dtype)
            return (zeros, zeros)#np.array([zeros, zeros])

        def forward(self, input, h=None):
            self.check_forward_input(input)
```

```
        if h is None:
            h = init_hidden(input.shape[0])
        self.check_forward_hidden(input, h[0], '[0]')
        self.check_forward_hidden(input, h[1], '[1]')
        return lstm_cell(
                input, h,
                self.W_ih, self.W_hh,
                self.b_ih, self.b_hh,
            )
    def __call__(self, input, h=None):
        return self.forward(input,h)

    def backward(self, dhc,ifgo,input,hc_pre):
        if hc_pre is None:
            hc_pre = init_hidden(input.shape[0])
        dx,dh_pre,grads = lstm_cell_back(
                        dhc,ifgo,
                        input, hc_pre,
                        self.W_ih, self.W_hh,
                        self.b_ih, self.b_hh)

        #grads = (dW_ih,dW_hh,db_ih,db_hh)
        for a, b in zip(self.grads,grads):
            a+=b
        return dx,dh_pre,grads
```

GRUCell 类的代码如下。

```
def gru_cell(x, h,w_ih, w_hh,b_ih, b_hh):
    Z_ih,Z_hh = np.dot(x,w_ih) + b_ih, np.dot(h,w_hh) + b_hh
    hidden_size = w_ih.shape[1]//3
    r = sigmoid(Z_ih[:,:hidden_size]+Z_hh[:,:hidden_size])
    u = sigmoid(Z_ih[:,hidden_size:2*hidden_size]+Z_hh[:,hidden_size:2*hidden_size])
    n = np.tanh(Z_ih[:,2*hidden_size:]+r*Z_hh[:,2*hidden_size:])
    h_next= u*h+(1-u)*n
    run = np.column_stack((r,u,n))
    #return h_next,(r,u,n)
    return h_next,run

def gru_cell_back(dh,run,x,h_pre,w_ih, w_hh,b_ih, b_hh):
    hidden_size = w_ih.shape[1]//3
    #r,u,n = run
    r,u,n = run[:,:hidden_size],run[:,hidden_size:2*hidden_size], \
            run[:,2*hidden_size:]

    #  H =  U H_pre+(1-U)H_tildas
    dn = dh*(1-u)
    dh_pre = dh*u
    du = h_pre*dh -n*dh
```

```
        #n = \tanh(W_{in} x + b_{in} + r * (W_{hn} h + b_{hn}))
        dnz = (1-np.square(n))*dn

        Z_hn = np.dot(h_pre,w_hh[:,2*hidden_size:])+b_hh[:,2*hidden_size:]
        dr = dnz*Z_hn
        dZ_ih_n = dnz
        dZ_hh_n = dnz*r

        duz = u*(1-u)*du
        dZ_ih_u = duz
        dZ_hh_u = duz

        drz = r*(1-r)*dr
        dZ_ih_r = drz
        dZ_hh_r = drz

        dZ_ih = np.column_stack((dZ_ih_r,dZ_ih_u,dZ_ih_n))
        dZ_hh = np.column_stack((dZ_hh_r,dZ_hh_u,dZ_hh_n))

        dW_ih = np.dot(x.T,dZ_ih)
        dW_hh = np.dot(h_pre.T,dZ_hh)
        db_ih = np.sum(dZ_ih, axis=0, keepdims=True)
        db_hh = np.sum(dZ_hh, axis=0, keepdims=True)

        dh_pre+=np.dot(dZ_hh,w_hh.T)
        dx =  np.dot(dZ_ih,w_ih.T)
        return dx,dh_pre,(dW_ih,dW_hh,db_ih,db_hh)

class GRUCell(RNNCellBase):
    """  \begin{array}{ll}
        r = \sigma(W_{ir} x + b_{ir} + W_{hr} h + b_{hr}) \\
        z = \sigma(W_{iz} x + b_{iz} + W_{hz} h + b_{hz}) \\
        n = \tanh(W_{in} x + b_{in} + r * (W_{hn} h + b_{hn})) \\
        h' = (1 - z) * n + z * h
        \end{array}
        """
    def __init__(self, input_size, hidden_size, bias=True):
        super(GRUCell, self).__init__(input_size, hidden_size,bias, num_chunks=3)

    def forward(self, input, h=None):
        self.check_forward_input(input)
        if h is None:
            h= np.zeros(input.shape[0], self.hidden_size, dtype=input.dtype)
        self.check_forward_hidden(input, h, '')
        return gru_cell(
                input, h,
                self.W_ih, self.W_hh,
                self.b_ih, self.b_hh,
            )
```

```
def __call__(self, input, h=None):
    return self.forward(input,h)

def backward(self, dh,run,input,h_pre):
    if h_pre is None:
        h_pre = np.zeros(input.shape[0], self.hidden_size, dtype=input.dtype)
    dx,dh_pre,grads = gru_cell_back(
                        dh,run,
                        input, h_pre,
                        self.W_ih, self.W_hh,
                        self.b_ih, self.b_hh )
    #grads = (dW_ih,dW_hh,db_ih,db_hh)
    for a, b in zip(self.grads,grads):
        a+=b
    return dx,dh_pre,grads
```

7.10　多层循环神经网络和双向循环神经网络

7.10.1　多层循环神经网络

前面讨论的都是单层的循环神经网络。和全连接神经网络和卷积神经网络一样，可以定义多层的循环神经网络。如图 7-47 所示，第 1 个隐含层接收数据输入，产生隐状态 $\boldsymbol{H}^{(1)}$，这个隐状态又作为第 2 个隐含层的输入……最后一个循环神经网络层，既可作为整个网络的输出层，也可以在后面连接一个或多个非循环神经网络层。

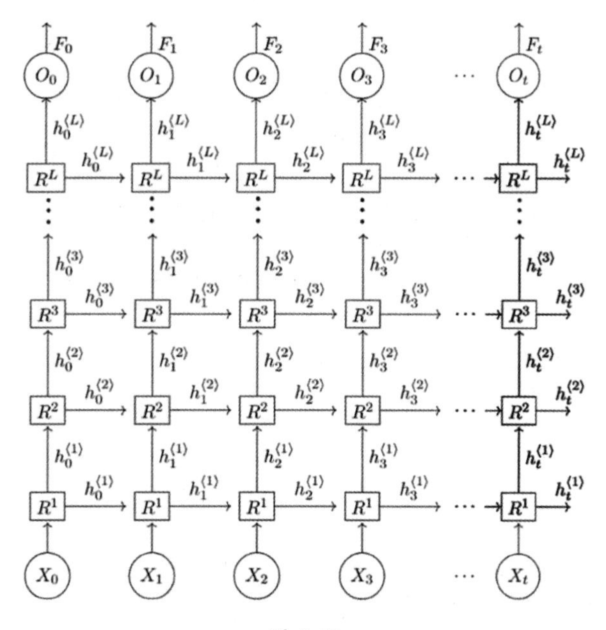

图 7-47

在时刻 t，第1层神经元的输入包括数据输入 $\boldsymbol{X}_t$ 和神经元前一时刻的状态输入 $\boldsymbol{H}_{t-1}^{(1)}$。计算第1层的隐状态 $\boldsymbol{H}_t^{(1)}$，公式如下。

$$\boldsymbol{H}_t^{(1)}=f_1\left(\boldsymbol{X}_t,\boldsymbol{H}_{t-1}^{(1)}\right)$$

第1层RNN单元（神经元）的状态 $\boldsymbol{H}_t^{(1)}$ 作为第2层RNN单元的数据输入，和第2层神经元自身前一时刻的状态 $\boldsymbol{H}_{t-1}^{(2)}$ 一起，用于计算该神经元的状态 $\boldsymbol{H}_t^{(2)}$。这个状态作为第3层RNN单元的数据输入，用于计算第3层的隐状态 $\boldsymbol{H}_t^{(3)}$。一般地，第 l 个隐含层在时刻 t 接收该层前一时刻的隐状态 $\boldsymbol{H}_{t-1}^{(1)}$ 和其前一层（即第 $l-1$ 个隐含层）的输入（通常也是隐状态 $\boldsymbol{H}_t^{(l-1)}$），输出 t 时刻的隐状态 $\boldsymbol{H}_t^{(l)}$。其计算过程可以用下面的公式表示。

$$\boldsymbol{H}_t^{(l)}=f_l\left(\boldsymbol{H}_t^{(l-1)},\boldsymbol{H}_{t-1}^{(l)}\right)$$

除第1层的数据输入是初始的数据输入 $\boldsymbol{X}_t$ 外，其他循环神经网络层的数据输入都是其前一个循环神经网络层的隐状态输出 $\boldsymbol{H}_t^{(l-1)}$。

多层循环神经网络的最后一层的状态变量，可直接作为模型的输出 $\boldsymbol{F}_t=\boldsymbol{H}_t^{(L)}$，或者通过激活函数输出，公式如下。

$$\boldsymbol{F}_t=g\left(\boldsymbol{H}_t^{(L)}\right)$$

如果最后一个循环神经网络层是整个网络的输出层，那么 $\boldsymbol{F}_t$ 就是整个网络的输出。如果这个循环神经网络层后面还有一些非循环神经网络层，那么 $\boldsymbol{F}_t$ 会继续作为后面的网络层的输入。和多层的全连接或卷积神经网络一样，多层循环神经网络可以捕获从低到高的层次性特征。

在多层循环神经网络中，初始输入数据和隐状态的大小通常并不相等，而各个循环神经网络层的隐状态的大小都是一样的，所以，第1层和其他循环神经网络层的数据输入的大小通常是不同的。因此，除第1层外，其他循环神经网络层的权重参数的形状都是一样的。当然，也可以使不同的循环神经网络层有大小不同的隐状态，但在实践中通常不会这样做。

可以用RNN单元构建多层循环神经网络。执行以下代码，可在RNN单元的基础上构建一个表示多层循环神经网络的基类RNNBase。

```
from Layers import *
class RNNBase(Layer):
    def __init__(self,mode,input_size, hidden_size, n_layers,bias = True):
        super(RNNBase, self).__init__()
        self.mode = mode
        if mode == 'RNN_TANH':
            self.cells = [RNNCell(input_size, hidden_size,bias,nonlinearity="tanh")]
            self.cells += [RNNCell(hidden_size, hidden_size,bias, \
                                   nonlinearity="tanh") for i in range(n_layers-1)]
        elif mode == 'RNN_RELU':
            self.cells = [RNNCell(input_size, hidden_size,bias,nonlinearity="relu")]
            self.cells += [RNNCell(hidden_size, hidden_size,bias, \
                                   nonlinearity="relu") for i in range(n_layers-1)]
```

```
        elif mode == 'LSTM':
            self.cells = [LSTMCell(input_size, hidden_size,bias)]
            self.cells += [LSTMCell(hidden_size, hidden_size, bias) for i in \
                           range(n_layers-1)]
        elif mode == 'GRU':
            self.cells = [GRUCell(input_size, hidden_size,bias)]
            self.cells += [GRUCell(hidden_size, hidden_size, bias) for i in \
                           range(n_layers-1)]

        self.input_size, self.hidden_size = input_size,hidden_size
        self.n_layers = n_layers
        self.flatten_parameters()
        self._params = None

    def flatten_parameters(self):
        self.params = []
        self.grads = []
        for i in range(self.n_layers):
            rnn = self.cells[i]
            for j,p in enumerate(rnn.params):
                self.params.append(p)
                self.grads.append(rnn.grads[j])

    def forward(self, x,h=None):
        seq_len,batch_size = x.shape[0], x.shape[1]
        n_layers = self.n_layers
        mode = self.mode

        hs = [[] for i in range(n_layers)]
        zs = [[] for i in range(n_layers)]
        if h is None:
            h = self.init_hidden(batch_size)
        if False:
            if mode == 'LSTM':#isinstance(h, tuple):
                self.h = (h[0].copy(),h[1].copy())
            else:
                self.h = h.copy()
        else:
            self.h = h

        for i in range(n_layers):
            cell = self.cells[i]
            if i!=0:
                x = hs[i-1]  # out h of pre layer
                if mode == 'LSTM':
                    x = np.array([h for h,c in x])

            hi = h[i]
            if mode == 'LSTM':
```

```
                hi = (h[0][i],h[1][i])
            for t in range(seq_len):
                hi =  cell(x[t],hi)
                if isinstance(hi, tuple):
                    hi,z = hi[0],hi[1]
                    zs[i].append(z)

                hs[i].append(hi)
            #  if mode == 'LSTM' or mode == 'GRU':
            #      zs[i].append(z)

        self.hs = np.array(hs)  #(layer_size,seq_size,batch_size,hidden_size)
        if len(zs[0])>0:
            self.zs = np.array(zs)
        else:self.zs = None

        output = hs[-1] # containing the output features (`h_t`)
                        # from the last layer of the RNN,
        if mode == 'LSTM':
            output = [h for h,c in output]
        hn = self.hs[:,-1,:,:]  # containing the hidden state for `t = seq_len`
        return np.array(output),hn

    def __call__(self, x,h=None):
        return self.forward(x,h)

    def init_hidden(self, batch_size):
        zeros = np.zeros((self.n_layers, batch_size, self.hidden_size))
        if self.mode=='LSTM':
            self.h = (zeros,zeros)
        else:
            self.h = zeros
        return self.h

    def backward(self,dhs,input):#,hs):
        if self.hs is None:
            self.hs,_ = self.forward(input)
        hs = self.hs
        zs = self.zs if self.zs is not None else hs
        seq_len,batch_size = input.shape[0], input.shape[1]
        dinput = [None for t in range(seq_len)]

        if len(dhs.shape)==2:  # dh at last time(batch,hidden)
            dhs_ = [np.zeros_like(dhs) for i in range(seq_len)]
            dhs_[-1] = dhs
            dhs = np.array(dhs_)
        elif dhs.shape[0]!=seq_len:
            raise RuntimeError(
                "dhs has inconsistent seq_len: got {}, expected {}".format(
```

```
            dhs.shape[0], seq_len))
    else:
        pass

     #----dhidden--------
    dhidden = [None for i in range(self.n_layers)]
    for layer in reversed(range(self.n_layers)):
        layer_hs = hs[layer]
        layer_zs = zs[layer]
        cell = self.cells[layer]
        if layer==0:
            layer_input = input
        else:
            if self.mode =='LSTM':
                layer_input  = self.hs[layer-1]
                layer_input = [h for h,c in layer_input]
            else:
                layer_input = self.hs[layer-1]

        h_0 = self.h[layer]
        dh = np.zeros_like(dhs[0])          #来自后一时刻的梯度
        if self.mode =='LSTM':
            h_0 = (self.h[0][layer],self.h[1][layer])
            dc = np.zeros_like(dhs[0])
        for t in reversed(range(seq_len)):
            dh += dhs[t]                    #后一时刻的梯度+当前时刻的梯度
            h_pre = h_0 if t==0 else layer_hs[t-1]
            if self.mode=='LSTM':
                dhc = (dh,dc)
                dx,dhc,_ = cell.backward(dhc,layer_zs[t],layer_input[t],h_pre)
                dh,dc = dhc
            else:
                dx,dh,_ = cell.backward(dh,layer_zs[t],layer_input[t],h_pre)
            if layer>0:
                dhs[t] = dx
            else :
                dinput[t] = dx
            #----dhidden--------
            if t==0:
                if self.mode=='LSTM':
                    dhidden[layer] = dhc
                else:
                    dhidden[layer] = dh
    return np.array(dinput),np.array(dhidden)

def parameters(self):
    if self._params is None:
        self._params = []
        for  i, _ in enumerate(self.params):
```

```
            self._params.append([self.params[i],self.grads[i]])
        return self._params
```

在这个基类的基础上，可以实现不同类型的多层循环神经网络。例如，以下代码实现了多层的简单循环神经网络、LSTM 和 GRU。测试结果略。

```
class RNN(RNNBase):
    def __init__(self,*args, **kwargs):
        if 'nonlinearity' in kwargs:
            if kwargs['nonlinearity'] == 'tanh':
                mode = 'RNN_TANH'
            elif kwargs['nonlinearity'] == 'relu':
                mode = 'RNN_RELU'
            else:
                raise ValueError("Unknown nonlinearity '{}'".format(
                    kwargs['nonlinearity']))
            del kwargs['nonlinearity']
        else:
            mode = 'RNN_TANH'
        super(RNN, self).__init__(mode, *args, **kwargs)

class LSTM(RNNBase):
    def __init__(self,*args, **kwargs):
        super(LSTM, self).__init__('LSTM', *args, **kwargs)

class GRU(RNNBase):
    def __init__(self,*args, **kwargs):
        super(GRU, self).__init__('GRU', *args, **kwargs)
```

执行以下代码，对上述多层循环神经网络进行测试。

```
import numpy as np
from rnn import *
np.random.seed(1)

num_layers= 2
batch_size,input_size,hidden_size= 3,5,8
seg_len = 6

test_RNN = "LSTM"

if test_RNN == "rnnTANH":
    rnn = RNN(input_size,hidden_size,num_layers )
elif test_RNN == "rnnRELU":
    rnn = RNN(input_size,hidden_size, num_layers,nonlinearity= 'relu')
elif test_RNN == "GRU":
    rnn = GRU(input_size,hidden_size, num_layers)
elif test_RNN == "LSTM":
    rnn = LSTM(input_size,hidden_size, num_layers)
    c_0 = np.random.randn(num_layers, batch_size, hidden_size)
```

```
input = np.random.randn(seg_len, batch_size, input_size)
h_0 = np.random.randn(num_layers, batch_size, hidden_size)

print("input.shape",input.shape)
print("h_0.shape",h_0.shape)
print("c_0.shape",c_0.shape)

if test_RNN == "LSTM":
    output, hn = rnn(input, (h_0,c_0))
else:
    output, hn = rnn(input, h_0)

print("output.shape",output.shape)
print("output",output)
print("hn",hn)

#------test backward---
do = np.random.randn(*output.shape)
dinput,dhidden = rnn.backward(do,input)#,rnn.hs)#output)
print("dinput.shape:",dinput.shape)
print("dinput:",dinput)
print("dhidden:",dhidden)
```

7.10.2　多层循环神经网络的训练和预测

多层 LSTM 的每个隐含层的隐状态的大小都是一样的。为了使这个多层神经网络适应大小不同的输出值，可在多层 LSTM 单元的基础上增加一个全连接输出层，以输出大小不同的向量。

以下代码中的 LSTM_RNN 就是这样一个多层循环神经网络，其中 input_size、hidden_size、output_size 分别为输入数据大小、隐状态大小、输出值大小，num_layers 为循环神经网络的层数。

```
from Layers import *
class  LSTM_RNN(object):
    def __init__(self, input_size, hidden_size, output_size,num_layers):
        super(LSTM_RNN, self).__init__()
        self.input_size = input_size
        self.hidden_size = hidden_size
        self.num_layers = num_layers

        # Define the LSTM layer
        self.lstm = LSTM(input_size,hidden_size,num_layers)

        # Define the output layer
        self.linear = Dense(hidden_size, output_size)
        self.layers = [self.lstm,self.linear]
        self._params = None

    def init_hidden(self,batch_size):
        # This is what we'll initialise our hidden state as
```

```
        self.h_0 =  (np.zeros((self.num_layers, batch_size, self.hidden_size)), \
                     np.zeros((self.num_layers, batch_size, self.hidden_size)))

    def forward(self, input):
        # input:(seq_len, batch, input_size)
        # shape of hs_out: [input_size, batch_size, hidden_dim]
        # shape of self.h_0: (a, b), where a and b both
        # have shape (num_layers, batch_size, hidden_dim).

        hs_out, self.h_0 = self.lstm(input,self.h_0)

        batch_size = input.shape[1]
        y_pred = self.linear(hs_out[-1].reshape(batch_size, -1))
        return y_pred#.reshape(batch_size, -1)#.flatten() #view(-1)

    def __call__(self, input):
        return self.forward(input)

    def backward(self,dZs,input):
        dhs = self.linear.backward(dZs)
        dinput = self.lstm.backward(dhs,input)

    def parameters(self):
        if self._params is None:
            self._params = []
            for layer in self.layers:
                for  i, _ in enumerate(layer.params):
                    self._params.append([layer.params[i],layer.grads[i]])
        return self._params
```

执行以下代码，用上述多层循环神经网络对一个自回归数据建模。其中，ARData 类来自网络（链接 7-1），用于生成自回归训练数据。自回归数据的 2 层 LSTM 训练模型的预测数据和真实数据，如图 7-48 所示。自回归数据的 2 层 LSTM 训练模型的训练损失曲线，如图 7-49 所示。

```
import util
from train import *
from generate_data import *
import matplotlib.pyplot as plt
%matplotlib inline

input_size = 20

# Data params
noise_var = 0
num_datapoints = 100
test_size = 0.2
num_train = int((1-test_size) * num_datapoints)

data = ARData(num_datapoints, num_prev=input_size, test_size=test_size, \
```

```
              noise_var=noise_var, coeffs=fixed_ar_coefficients[input_size])
X_train =data.X_train
y_train =data.y_train

hidden_size = 32
lstm_input_size = input_size
output_dim = 1
num_layers = 2
batch_size =num_train #80

X_train = X_train.reshape(input_size, -1, 1)
print(X_train.shape)
X_train = X_train.reshape(len(X_train), batch_size, 1)
print(X_train.shape)
X_train = X_train.swapaxes(0,2)
y_train = y_train.reshape(-1,1)

model = LSTM_RNN(lstm_input_size, hidden_size, output_size=output_dim, \
                 num_layers=num_layers)

loss_fn = util.mse_loss_grad#(f,y)#torch.nn.MSELoss(size_average=False)

learning_rate = 1e-3
momentum = 0.9
#optimizer = SGD(model.parameters(),learning_rate,momentum)
optimizer = Adam(model.parameters(),learning_rate)
num_epochs = 500

print(X_train.shape)
hist = np.zeros(num_epochs)
for t in range(num_epochs):
   model.hidden = model.init_hidden(batch_size)
   y_pred = model(X_train) # Forward pass

   loss,grad = loss_fn(y_pred, y_train)
   if t % 100 == 0:
      print("Epoch ", t, "MSE: ", loss)
   hist[t] = loss

   optimizer.zero_grad()      # Zero out gradient, else they will accumulate between
epochs
   model.backward(grad,X_train)# Backward pass
   optimizer.step() # Update parameters

plt.plot(y_pred, label="Preds")
plt.plot(y_train, label="Data")
plt.legend()
plt.show()
```

```
plt.plot(hist, label="Training loss")
plt.legend()
plt.show()
```

```
(20, 80, 1)
(20, 80, 1)
(1, 80, 20)
Epoch  0 MSE:  0.030292062696899477
Epoch  100 MSE:  0.013801384758457096
Epoch  200 MSE:  0.013244797126843889
Epoch  300 MSE:  0.013052903618001023
Epoch  400 MSE:  0.012934439762440214
```

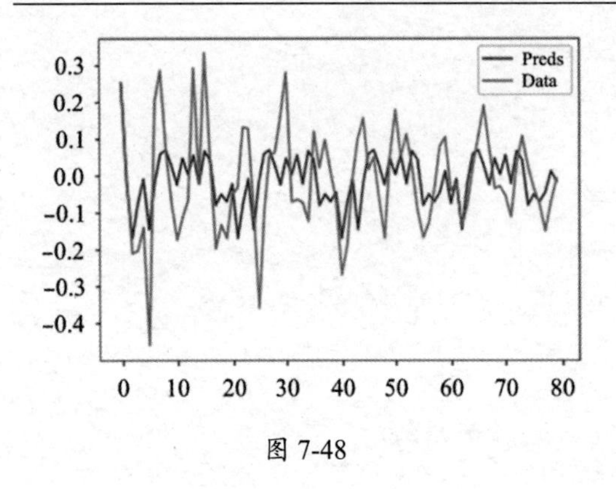

图 7-48

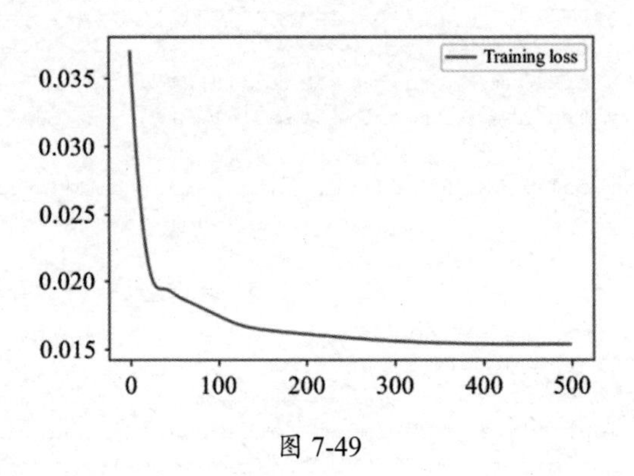

图 7-49

7.10.3 双向循环神经网络

前面介绍的循环神经网络都是单向的，即对时刻 t 的预测只依赖其前面 $(0,1,2,\cdots,t-1)$ 序列的数据。但是，有些问题，如自然语言的理解，对文本中某个词的理解会依赖其上下文信息，即时刻 t 的预测不仅依赖之前，也依赖之后的序列数据。对这类问题，就可以用双向的循环神经网络来建模，即神经网络的神经元中有用于记录上下文信息的状态变量。单层双向循环神经网络的结构示意图，如图 7-50 所示。

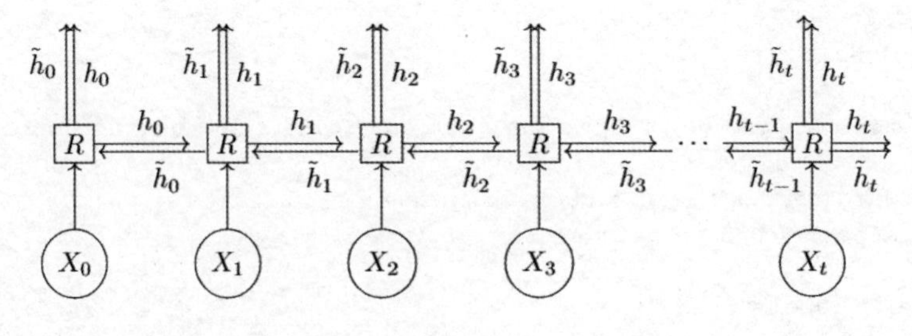

图 7-50

单层双向循环神经网络的计算过程可以表示如下。

$$\overrightarrow{\boldsymbol{H}}_t = \phi(\boldsymbol{X}_t \boldsymbol{W}_{xh}^{(f)} + \overrightarrow{\boldsymbol{H}}_{t-1} \boldsymbol{W}_{hh}^{(f)} + b_h^{(f)})$$
$$\overleftarrow{\boldsymbol{H}}_t = \phi(\boldsymbol{X}_t \boldsymbol{W}_{xh}^{(b)} + \overleftarrow{\boldsymbol{H}}_{t+1} \boldsymbol{W}_{hh}^{(b)} + b_h^{(b)})$$

$\overrightarrow{\boldsymbol{H}}_t$ 和 $\overleftarrow{\boldsymbol{H}}_t$ 分别表示前向和后向的状态变量。$\boldsymbol{W}_{xh}^{(f)} \in \mathbb{R}^{d\times h}$、$\boldsymbol{W}_{hh}^{(f)} \in \mathbb{R}^{h\times h}$、$\boldsymbol{W}_{xh}^{(b)} \in \mathbb{R}^{d\times h}$、$\boldsymbol{W}_{hh}^{(b)} \in \mathbb{R}^{h\times h}$ 是模型的权值参数。$b_h^{(f)} \in \mathbb{R}^{1\times h}$、$b_h^{(b)} \in \mathbb{R}^{1\times h}$ 是偏置参数。(f)、(b) 用于标记模型参数是前向的还是后向的。多层双向循环神经网络的最后一层的状态变量，可直接作为模型的输出 $\boldsymbol{F}_t = \boldsymbol{H}_t^{(L)}$（可通过激活函数输出，也可连接其他非循环神经网络层后再输出），公式如下。

$$\boldsymbol{F}_t = \boldsymbol{H}_t^{(L)} \boldsymbol{W}_{hf} + b_f$$

其中，$\boldsymbol{H}_t^{(L)}$ 是 $\overrightarrow{\boldsymbol{H}}_t$ 和 $\overleftarrow{\boldsymbol{H}}_t$ 拼接构成的向量。

我们可以像在 7.10.2 节中一样，直接用神经网络单元构建双向循环神经网络，也可以用一个类单独封装一个双向循环神经网络层，然后用这些单层的双向循环神经网络层构造（多层）双向循环神经网络。

在以下代码中，RNNLayer 表示一个双向循环神经网络层，其构造函数的参数 mode 表示不同类型的循环神经网络单元，参数 reverse 表示这个神经网络层是正向的还是反向的。

```
from Layers import *
#from rnn import *
class RNNLayer(Layer):
    def __init__(self,mode,input_size, hidden_size,bias=True, batch_first=False, \
                 reverse=False):
        super(RNNLayer, self).__init__()
        self.mode = mode
        if mode == 'RNN_TANH':
            self.cell = RNNCell(input_size, hidden_size,bias,nonlinearity="tanh")
        elif mode == 'RNN_RELU':
            self.cell = RNNCell(input_size, hidden_size,bias,nonlinearity="relu")
        elif mode == 'LSTM':
            self.cell = LSTMCell(input_size, hidden_size,bias)
        elif mode == 'GRU':
            self.cell = GRUCell(input_size, hidden_size,bias)
        self.reverse = reverse
        self.batch_first = batch_first
        self.zs = None

    def init_hidden(self, batch_size):
        #self.h = np.random.zeros(batch_size, self.hidden_dim)
        self.h = self.cell.init_hidden(batch_size)
        return self.h

    def forward(self,input,h=None,batch_sizes = None):
        mode = self.mode
        if self.batch_first and batch_sizes is None:
            input = input.transpose(0, 1)
```

```
        seq_len,batch_size = input.shape[0], input.shape[1]
        if h is None:
            h = self.init_hidden(batch_size)
        self.h = h #h.copy()

        output = []
        zs=[]
        hs = []
        steps = range(seq_len - 1, -1, -1) if self.reverse else range(seq_len)
        for t in steps:
            h = self.cell(input[t], h)
            #h,z = self.cell(input[t], h)
            #output.append(h)
            if isinstance(h, tuple):
                h,z = h[0],h[1]
                if mode == 'LSTM' or mode == 'GRU':
                    zs.append(z)
            hs.append(h)

        self.hs = np.array(hs)
        output = [h[0] if isinstance(h, tuple) else h for h in self.hs]
        if mode == 'LSTM' or mode == 'GRU':
            self.zs = np.array(zs)
        return np.array(output),h

    def __call__(self,input,h=None,batch_sizes = None):
            return self.forward(input,h,batch_sizes)

    def backward(self, dhs,input):#,hs):
        if False:
            if hs is None:
                hs,_ = self.forward(input)
        else:
            if self.hs is None:
                self.hs,_ = self.forward(input)
            hs = self.hs

        if False:
            if self.zs is None:
                zs = hs
            else:
                zs = self.zs
        zs = self.zs if self.zs is not None else hs

        seq_len,batch_size = input.shape[0], input.shape[1]
        cell = self.cell

        if len(dhs)==len(hs):#.shape==hs.shape: #(seq,batch,hidden)
            dinput = [None for i in range(seq_len)]
```

```
        steps = range(seq_len)   if self.reverse else range(seq_len - 1, -1, -1)
        t0 = seq_len - 1 if self.reverse else 0
        dh = np.zeros_like(dhs[0])          #来自后一时刻的梯度
        for t in steps:
            dh += dhs[t]                    #后一时刻的梯度+当前时刻的梯度
            h_pre = self.h if t==t0 else hs[t-1]
            dx,dh,_ = cell.backward(dh,zs[t],input[t],h_pre)
            dinput[t] = dx
    return dinput
```

执行以下代码，对上述代码进行测试。测试结果略。

```
#test_LSTM="LSTM"
test_LSTM="GRU"
reverse = True
np.random.seed(1)

seq_len,batch_size,input_size,hidden_size = 5,3,4,6

if  test_LSTM=="RNN_TANH":
    rnn_ = RNNLayer("RNN_TANH",input_size, hidden_size,reverse = reverse)
elif test_LSTM=="GRU":
    rnn_ = RNNLayer('GRU',input_size, hidden_size,reverse = reverse)
else:
    rnn_ = RNNLayer('LSTM',input_size, hidden_size,reverse = reverse)

input  = np.random.randn(seq_len,batch_size,input_size)
if reverse:
    input = input[::-1]

h0 = np.random.randn(batch_size, hidden_size)
c0 = np.random.randn(batch_size, hidden_size)

if  test_LSTM=="LSTM":
    output,hn= rnn_(input, (h0,c0))
else:
    output,hn= rnn_(input, h0)
print("output",output)
print("hn",hn)

#------test backward---
do = np.random.randn(*output.shape)
dinput = rnn_.backward(do,input)#,rnn_.hs)#output)
print("dinput:",dinput)
```

在上述循环神经网络层的基础上，可以方便地实现多层双向循环神经网络。在以下代码中，RNNBase_ 类就是一个双向多层循环神经网络。

```
from Layers  import *
class RNNBase_(Layer):
    __constants__ = ['mode', 'input_size', 'hidden_size', 'num_layers', 'bias', \
```

```
                'batch_first', 'dropout', 'bidirectional']

    def __init__(self, mode, input_size, hidden_size,
                 num_layers=1, bias=True, batch_first=False,
                 dropout=0., bidirectional=False):
        super(RNNBase_, self).__init__()
        self.mode = mode
        self.input_size = input_size
        self.hidden_size = hidden_size
        self.num_layers = num_layers
        self.bias = bias
        self.batch_first = batch_first
        self.dropout = float(dropout)
        self.bidirectional = bidirectional
        num_directions = 2 if bidirectional else 1
        self.num_directions = num_directions

        if not isinstance(dropout, float) or not 0 <= dropout <= 1 or \
                isinstance(dropout, bool):
            raise ValueError("dropout should be a number in range [0, 1] " \
                             "representing the probability of an element being " \
                             "zeroed")
        if dropout > 0 and num_layers == 1:
            warnings.warn("dropout option adds dropout after all but last " \
                          "recurrent layer, so non-zero dropout expects " \
                          "num_layers greater than 1, but got dropout={} and " \
                          "num_layers={}".format(dropout, num_layers))

        if False:
            if mode == 'LSTM':
                gate_size = 4 * hidden_size
            elif mode == 'GRU':
                gate_size = 3 * hidden_size
            elif mode == 'RNN_TANH':
                gate_size = hidden_size
            elif mode == 'RNN_RELU':
                gate_size = hidden_size
            else:
                raise ValueError("Unrecognized RNN mode: " + mode)

        self.layers = []
        self.params = []
        self.grads = []
        self._all_weights = []
        for layer in range(num_layers):
            layer_input_size = input_size if layer == 0 else hidden_size
            for direction in range(num_directions):
                if direction==0:
                    rnnlayer = RNNLayer(mode,layer_input_size, hidden_size, \
```

```
                                      reverse = False)
                else:
                    rnnlayer = RNNLayer(mode,layer_input_size, hidden_size, \
                                      reverse = True)
                self.layers.append(rnnlayer)

                self.params+=  rnnlayer.cell.params
                self.grads+=  rnnlayer.cell.grads
    def init_hidden(self, batch_size):
        num_layers,num_directions = self.num_layers,self.num_directions
        selh.h0 = []
        for layer in self.layers:
            h0 = layer.init_hidden(batch_size)
            selh.h0.append(h0)
        return self.h0

    def forward(self,input,h=None,batch_sizes = None):
        num_layers,num_directions = self.num_layers,self.num_directions
        mode = self.mode
        seq_len,batch_size = input.shape[0], input.shape[1]
        if h is None:
            h = self.init_hidden(batch_size)
        self.h = h #h.copy()
        hs = []
        hns = []
        for i in range(num_layers):
            for j in range(num_directions):
                l=  i*num_directions+j
                x = input if i == 0 else hs[l-num_directions]
                layer = self.layers[l]
                #print(i,j,x.shape,h[l].shape)
                output,hn = layer(x,h[l])
                hs.append(output)
                hns.append(hn)
        self.hs = np.array(hs)
        #return output,hns
        output = self.hs[-1] if num_directions==1 else self.hs[-num_directions:]
        return output,np.array(hns)
        #return self.hs[-num_directions:],np.array(hns)

    def __call__(self,input,h=None,batch_sizes = None):
        return self.forward(input,h,batch_sizes)

    def backward(self, dhs,input):#,hs):
        num_layers,num_directions = self.num_layers,self.num_directions
        if False:
            if hs is None:
                hs,_ = self.forward(input)
        else:
```

```
            if self.hs is None:
                self.hs,_ = self.forward(input)
            hs = self.hs

        dhs = [dhs[j] for j in range(num_directions)] if num_directions==2 else [dhs]
        for i in reversed(range(num_layers)):
            for j in (range(num_directions)):
                l=  i*num_directions+j
                layer = self.layers[l]
                if i==0:
                    x = input
                else:
                    x = self.layers[l-num_directions].hs
                dhs[j] = layer.backward(dhs[j],x)

        return dhs
```

执行以下代码，对 RNNBase_ 类进行测试。测试结果略。

```
import numpy  as np
np.random.seed(1)
reverse = False
num_layers = 2

seq_len,batch_size,input_size,hidden_size = 5,3,4,6

input = np.random.randn(seq_len,batch_size,input_size)
test_LSTM = 'GRU'
if  test_LSTM=="RNN_TANH":
    rnn = RNNBase_("RNN_TANH",input_size,hidden_size,num_layers)
elif test_LSTM=="GRU":
    rnn = RNNBase_('GRU',input_size,hidden_size,num_layers)
else:
    rnn = RNNBase_('LSTM',input_size,hidden_size,num_layers)

h_0 = np.random.randn(num_layers, batch_size, hidden_size)
output, hn = rnn(input, h_0)
print("output.shape",output.shape)  #(seq_len,batch_size,hidden_size)
print("output",output)

do = np.random.randn(*output.shape)
dinput = rnn.backward(do,input)
print("dinput:",dinput)
```

7.11 Seq2Seq 模型

序列到序列（Seq2Seq）是 Google 提出的用于机器翻译的深度学习模型。它采用编码器—解码器结构，如图 7-51 所示。输入序列通过编码器循环神经网络产生一个上下文向量。这个上下文可以看成输入序列的信息压缩或特征，作为解码器初始时刻的隐状态输入。解码器初始时刻的输入通常是一个表示序列开始的常量，解码器在每个时刻根据输入状态和数据产生一个预测值和当前时刻的状态向量，这个预测值将作为下一时刻的输入数据。解码器不断产生预测值，直至遇到表示结束的预测值或达到一定的时间步长。

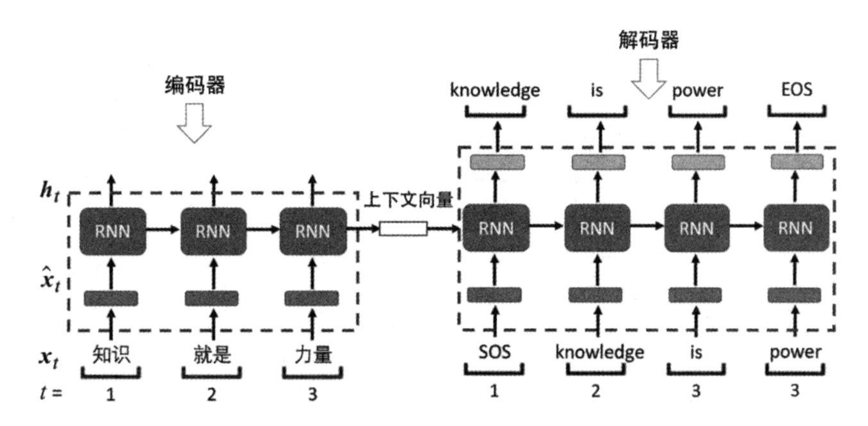

图 7-51

编码器和解码器都使用递归神经网络（RNN）来处理具有不同长度的输入序列和输出序列。输入序列输入编码器后，会产生一个状态变量，也称**上下文变量**（Content Vector）。解码器将这个上下文变量作为其初始时刻的输入状态变量，通过时间维度上的展开计算产生一个输出序列。例如，在机器翻译中，编码器接收某种语言的输入句子（词序列），解码器输出其他语言的句子（词序列）。基于 Seq2Seq 模型的特性，它很快被用于解决和机器翻译类似的其他问题，如对话、图像标题、文字摘要、对联等的生成。

7.11.1　机器翻译概述

机器翻译是指将一种语言的句子（词序列）转换为（翻译为）另一种语言的句子（词序列）。这种序列到序列的转换问题，可以用一个由编码器和解码器构成的 Seq2Seq 模型建模。

编码器接收任意长度的词序列，依次处理这个词序列中的每个词，直至遇到结束词。然后，编码器输出一个对输入句子编码后的上下文向量。这个上下文向量，既可以是最后一个时刻的输出，也可以是每个时刻的输出。

解码器接收编码后的上下文和一个特殊的开始词，依次产生一系列词，直至遇到一个特殊的结束词。开始词和结束词是人为设定的，如分别将“SOS”和“EOS”作为开始词和结束词。在机器翻译中，通常在输入句子和翻译结果句子后面，都会人为添加开始词和结束词。

在训练阶段，根据预测的词序列和目标词序列的误差损失，对编码器和解码器进行训练。在推理阶段，解码器每次从当前词预测并采样下一个词，直到生成最终的输出词序列。

7.11.2 Seq2Seq 模型的实现

Seq2Seq 模型由编码器和解码器两个循环神经网络组成。编码器除 RNN 单元自身的隐状态外，不输出任何信息，因此，编码器主要就是 RNN 单元本身。

最简单的编码器是一个循环神经网络，它接收一个数据序列，计算出一个表示序列内容的上下文信息。对最简单的编码器而言，这个上下文信息就是最后时刻的隐状态，其每个时刻都会接收输入数据和前一时刻的隐状态，计算当前时刻的隐状态（作为当前时刻的输出）。如图 7-52 左图所示：编码器接收当前时刻输入词的 one-hot 向量和前一时刻的隐状态，计算当前时刻的隐状态，并将其作为当前时刻的输出；解码器接收当前时刻输入词的 one-hot 向量和前一时刻的隐状态，计算当前时刻的隐状态，这个隐状态通过一个线性层输出一个向量，表示词表中的每一个词作为下一个词的得分。

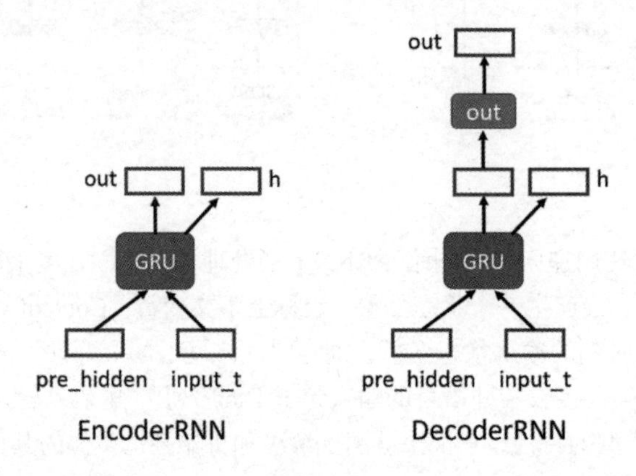

图 7-52

在以下代码中，编码器类 EncoderRNN 就是一个 GRU 神经网络，因此其构造函数的参数和 GRU 的参数是一样的，input_size 和 hidden_size 分别表示输入数据的长度和隐状态向量的长度。这个编码器和前面介绍的 GRU 类的唯一不同，就是添加了一个辅助函数 word2vec()，从而将词索引序列 word_indices_input 转换为 one-hot 向量。

```
from rnn import *

def one_hot(size,indices,expend = False):
    x =  np.eye(size)[indices.reshape(-1)]
    if expend:
        x = np.expand_dims(x, axis=1)
    return x

class EncoderRNN(object):
    def __init__(self, input_size, hidden_size,num_layers = 1):
        super(EncoderRNN, self).__init__()
        self.input_size,self.hidden_size = input_size,hidden_size
        self.num_layers = num_layers
```

```
        self.gru = GRU(input_size, hidden_size,num_layers)

    def word2vec(self,word_indices_input):
        return one_hot(self.input_size,word_indices_input,True)

    def forward(self, word_indices_input, hidden):
        #self.encode_input = one_hot(self.input_size,word_indices_input,True)
        self.encode_input =self.word2vec(word_indices_input)
        output, hidden = self.gru(self.encode_input, hidden)
        return output, hidden

    def __call__(self,word_indices_input, hidden):
        return self.forward(word_indices_input, hidden)

    def initHidden(self,batch_size=1):
        return   np.zeros((self.num_layers, batch_size, self.hidden_size))

    def parameters(self):
        return self.gru.parameters()

    def backward(self,dhs):
        dinput,dhidden = self.gru.backward(dhs,self.encode_input)
```

前面提到过，最简单的解码器就是一个循环神经网络加上一个输出层。解码器接收当前时刻输入词的 one-hot 向量和前一时刻的隐状态，计算当前时刻的隐状态。这个隐状态通过一个线性层输出一个向量，表示词表中每个词的得分。其计算过程，如图 7-52 右图所示。

解码器类 DecoderRNN 的代码如下。

```
class  DecoderRNN(object):
    def __init__(self,input_size,hidden_size, output_size,num_layers=1, \
                 teacher_forcing_ratio = 0.5):
       # super(DecoderRNN, self).__init__()
        super().__init__()
        self.input_size = input_size
        self.hidden_size = hidden_size
        self.num_layers = num_layers
        self.teacher_forcing_ratio = teacher_forcing_ratio

        self.gru = GRU(input_size,hidden_size,num_layers)
        self.out = Dense(hidden_size, output_size)

        self.layers = [self.gru,self.out]
        self._params = None

    def initHidden(self,batch_size=1):
        self.h_0 =  np.zeros((self.num_layers, batch_size, self.hidden_size))

    def word2vec(self,input_t):
        return one_hot(self.input_size,input_t,True)
```

```
    def forward_step(self, input_t, hidden):
        gru_input = self.word2vec(input_t)
        self.input.append(gru_input)
        output_hs, hidden = self.gru(gru_input,hidden)
        output = self.out(output_hs[0])
        return output,hidden,output_hs[0]

    def forward(self,input_tensor,hidden):
        teacher_forcing_ratio = self.teacher_forcing_ratio
        use_teacher_forcing = True if random.random() < teacher_forcing_ratio else \
                              False
        #use_teacher_forcing = True
        self.input = []

        output_hs = []
        output = []
        hidden_t = hidden
        h_0 = hidden.copy()

        input_t = np.array([SOS_token])
        #input_seq = []
        hs = []
        zs = []

        target_length = input_tensor.shape[0]
        for t in range(target_length):
            output_t, hidden_t,output_hs_t = self.forward_step(
                input_t, hidden_t)
            #保存每一时刻的计算结果
            hs.append(self.gru.hs)                    #隐状态
            zs.append(self.gru.zs)                    #中间变量
            output_hs.append(output_hs_t)
            output.append(output_t)

            if use_teacher_forcing:
                input_t = input_tensor[t]             #教师强制
            else:
                input_t = np.argmax(output_t)         #最大概率
                if input_t== EOS_token:
                    break
                input_t = np.array([input_t])

        output = np.array(output)
        self.output_hs = np.array(output_hs)
        self.h_0 = h_0
        self.hs = np.concatenate(hs, axis=1)
        self.zs = np.concatenate(zs, axis=1)
```

```
        #self.input_seq = input_seq
        #return  output,input_seq
        return  output

    def __call__(self, input, hidden):
        return self.forward(input, hidden)

    def evaluate(self, hidden,max_length):
        # input:(1, batch_size=1, input_size)
        input = np.array([SOS_token])
        decoded_word_indices = []
        for t in range(max_length):
            output,hidden,_ = self.forward_step(input, hidden)
            output = np.argmax(output)
            if output==EOS_token:
                break;
            else:
                decoded_word_indices.append(output)
                input = np.array([output])

        return decoded_word_indices
        #return  indexToSentence(output_lang,decoded_words)
        #return  indexToSentence(output_verb,decoded_words)

    def backward(self,dZs):
        dhs = []
        output_hs = self.output_hs
        input = np.concatenate(self.input,axis=0)

        for i in range(len(input)):
            self.out.x = output_hs[i]
            dh = self.out.backward(dZs[i])
            dhs.append(dh)
        dhs = np.array(dhs)

        self.gru.hs = self.hs
        self.gru.zs = self.zs
        self.gru.h = self.h_0

        dinput,dhidden = self.gru.backward(dhs,input)
        return dinput,dhidden

#   def backward_dh(self,dZ):
#       dh = self.out.backward(dZ)
#       return dh

    def parameters(self):
        if self._params is None:
            self._params = []
```

```
        for layer in self.layers:
            for  i, _ in enumerate(layer.params):
                self._params.append([layer.params[i],layer.grads[i]])
    return self._params
```

DecoderRNN 类包含一个 GRU 循环神经网络 self.gru，它通过线性加权和的输出层 self.out，输出词表中的每一个词作为下一个词的得分。由于某个时刻的词是以 one-hot 向量的形式被输入 self.gru 的，而 self.out 输出的也是一个和词表长度相同的向量（以表示每个词的得分），因此，self.gru 的输入向量和 self.gru 的输出向量的长度都和词表的长度相同。

forward_step() 表示某个时刻的处理过程，它接收该时刻的输入词的词表索引 input_t 和前一时刻的隐状态 hidden，先通过 word2vec() 转换为 one-hot 向量 gru_input，然后将 gru_input 输入 gru。产生的隐状态 output_hs[0] 经过输出层 out，生成最终的输出 output。因为在反向求导过程中需要使用每个时刻的中间向量（如 gru_input、output_hs[0]）等进行计算，所以，这些数据都会被保存下来（如 gru_input 被保存为 self.input、output_hs[0] 通过 forward() 方法被保存到 self.output_hs 中）。

forward() 方法接收输入的词序列 input_tensor，从特殊的开始词的索引 SOS_token 起，依次处理每一个输入词 input_t，并将 gru 计算的中间状态（如 self.gru.hs、self.gru.zs）保存下来。其原因在于，每一时刻的反向求导都依赖当前时刻的中间变量。

对每一时刻的输入词 input_t，可以输出一个预测向量 output_t。下一时刻的 input_t，可以是 output_t 所对应的得分最大的那个词，也可以是训练样本的输出句子所对应的那个词。如果标志 use_teacher_forcing 为 True，那么 input_t 就使用训练样本中输出句子所对应的那个词，否则就使用预测得分最高的那个词。

采用训练样本输出句子中的词作为下一个词，称为**教师强制**（Teacher Forcing）。例如，解码器的目标序列是“hello”，初始时刻的输入是特殊字符“SOS”，其目标输出应该是字符“h”，但在初始时刻的输出向量中，出现字符“h”的概率可能不是最大的。假设“o”是概率最大的那个预测字符：如果不采用教师强制，那么“o”将作为下一时刻的输入；如果采用教师强制，那么将不使用这个预测概率最大的“o”，而使用实际的目标输出“h”作为下一时刻的输入。

尽管使用教师强制会使收敛速度提高，但训练网络可能会过度学习训练样本中的信息，从而导致其实际泛化能力降低，即实际预测效果不稳定。因此，可以随机启用教师强制，如有 50% 的概率采用教师强制进行训练。

evaluate() 方法用训练后的解码器进行预测，它接收编码器输出的上下文向量 hidden 和输出词的最大数目 max_length，工作过程和 forward() 方法相似。因为在进行预测时只有一个初始时刻的数据输入“SOS”，所以采用的是非教师强制的方法，即每次都将预测得分最高的那个词（如果要产生多样性，也可以根据得分所对应的概率进行采样）作为下一时刻的输入词。从最初编码器输出的上下文向量和初始时刻的开始词“SOS”，不断根据预测得分进行采样，将采样得到的词作为下一时刻的输入词，直至遇到结束字符“EOS”或词（字符）达到最大数目 max_length。最终，输出的是由所有词的词表索引构造的向量。

backward() 方法接收损失函数关于输出层的输出的梯度 dZs，先计算每一时刻输出层关于对应的隐状态的梯度 dhs，然后用所有时刻的隐状态的梯度 dhs 和 gru 的输入 input，对 GRU 循环神经网络进行反向求导。

编码器和解码器的 parameters() 函数用于返回它们的所有模型参数，以便构造优化器对象。train() 函数负责接收输入的一对输入\输出序列 input_tensor\target_tensor，编码器、解码器及其优化器（encoder、decoder、encoder_optimizer、decoder_optimizer），以及用于计算模型损失的函数 loss_fn 和正则项系数 reg。

train_step() 函数用于进行一次模型参数的训练和更新。首先，根据 input_tensor 计算编码器的输出 encoder_output、encoder_hidden，根据 last_hidden 标志将最后时刻的隐状态 encoder_hidden 或 encoder_output 作为解码器的输入，和 target_tensor 一起计算解码器最终预测的输出 output。然后，根据这个预测的输出 output 和 target，计算交叉熵损失及该损失关于 output 的梯度 grad。接下来，用 decoder.backward(grad) 对解码器进行反向求导，输出关于编码器的输出 encoder_hidden 的梯度 dhidden，并根据这个梯度继续对编码器进行反向求导。最后，更新模型参数。在更新模型参数前，可使用 clip_grad_norm_nn 对梯度进行裁剪，以防止梯度爆炸。相关代码如下。

```
def train_step(input_tensor, target_tensor, encoder, decoder, encoder_optimizer, \
               decoder_optimizer, loss_fn,reg,last_hidden = True,max_length=0):
    clip = 5.
    encoder_optimizer.zero_grad()
    decoder_optimizer.zero_grad()

    input_length = input_tensor.shape[0] #input_tensor.size(0)

    loss = 0
    encode_input = input_tensor
    encoder_output, encoder_hidden = encoder(encode_input, None)
    if last_hidden:
        output = decoder(target_tensor, encoder_hidden)
    else:
        output = decoder(target_tensor, encoder_output)

    target = target_tensor.reshape(-1,1)
    if output.shape[0]!= target.shape[0]:
        target = target[:output.shape[0],:]
    loss,grad = loss_fn(output, target)
    loss /=(output.shape[0])

    if last_hidden:
        dinput,dhidden = decoder.backward(grad)
        encoder.backward(dhidden[0]) #,encode_input)
    else:
        dinput,d_encoder_outputs = decoder.backward(grad)
        encoder.backward(d_encoder_outputs)
```

```
    if reg is not None:
        loss+=encoder_optimizer.regularization(reg)
        loss+=decoder_optimizer.regularization(reg)

    util.clip_grad_norm_nn(encoder_optimizer.parameters(),clip,None)
    util.clip_grad_norm_nn(decoder_optimizer.parameters(),clip,None)

    encoder_optimizer.step()
    decoder_optimizer.step()

    return loss
    #return loss.item() / target_length
```

trainIters() 函数迭代调用 train_step() 函数，以更新模型参数，并在迭代过程中输出中间训练结果模型，如训练误差和验证误差，代码如下。

```
import numpy as np
import time
import math
import matplotlib.pyplot as plt
%matplotlib inline

def timeSince(start):
    now = time.time()
    s = now - start
    m = math.floor(s / 60)
    s -= m * 60
    return '%dm %ds' % (m, s)

def trainIters_(encoder, decoder, encoder_optimizer,decoder_optimizer, \
                train_pairs,valid_pairs, encoder_output_all = False, \
                print_every=1000, plot_every=100, reg =None):
    start = time.time()
    valid_losses = []
    plot_losses = []
    print_loss_total = 0  # Reset every print_every
    plot_loss_total = 0  # Reset every plot_every

    training_pairs = train_pairs
    loss_fn =  util.rnn_loss_grad

    for iter in range(1, n_iters + 1):
        pair = training_pairs[iter - 1]
        input_tensor,target_tensor = pair[0],pair[1]

        loss = train_step_(input_tensor, target_tensor, encoder, decoder, \
                           encoder_optimizer, decoder_optimizer, loss_fn,reg, \
                           encoder_output_all)

        if loss is None: continue
```

```
        print_loss_total += loss
        plot_loss_total += loss
        if iter % print_every == 0:
            print_loss_avg = print_loss_total / print_every
            print_loss_total = 0
            print('%s (%d %d%%) %.4f' % (timeSince(start), \
                                         iter, iter / n_iters * 100, print_loss_avg))

        if iter % plot_every == 0:
            plot_loss_avg = plot_loss_total / plot_every
            plot_losses.append(plot_loss_avg)
            plot_loss_total = 0
            plt.plot(plot_losses)
            valid_losses.append(validation_loss(encoder, decoder, \
                                valid_pairs,encoder_output_all,20,reg))
            plt.plot(valid_losses)
            plt.legend(["train_losses","valid_losses"])
            plt.show()

def validation_loss(encoder, decoder, valid_pairs,last_hidden = True, \
                    validation_size = None,reg =None):
    if validation_size is not None:
        valid_pairs = [random.choice(valid_pairs) for i in range(validation_size)]
    total_loss = 0
    loss_fn =  util.rnn_loss_grad
    teacher_forcing_ratio = decoder.teacher_forcing_ratio
    decoder.teacher_forcing_ratio = 1.1
    for pair in valid_pairs:
        encode_input = pair[0]
        target_tensor = pair[1]

        encoder_output, encoder_hidden = encoder(encode_input, None)
        if last_hidden:
            output = decoder(target_tensor, encoder_hidden)

        else:
            output = decoder(target_tensor, encoder_output)

        target = target_tensor.reshape(-1,1)
        if output.shape[0]!= target.shape[0]:
            target = target[:output.shape[0],:]
        loss,grad = loss_fn(output, target)
        loss /=(output.shape[0])

        if reg is not None:
            params = encoder.parameters()+decoder.parameters()
            reg_loss =0
            for p,grad in params:
                reg_loss+= np.sum(p**2)
```

```
        loss += reg*reg_loss

    total_loss += loss

  decoder.teacher_forcing_ratio = teacher_forcing_ratio
  return total_loss/len(valid_pairs)
```

其中，validation_loss() 函数用训练得到的模型计算验证误差，随机从验证集中取少量样本，经过编码器和解码器产生输出，然后计算解码器的预测输出，并和训练过程一样计算损失。

7.11.3 字符级的 Seq2Seq 模型

和用循环神经网络生成文本一样，机器翻译的输入\输出句子，既可以看成词序列，也可以看成字符序列。只要对一种语言中的所有字符建立一个字符表，就可以将句子中的每个字符都转换成一个 one-hot 向量。

机器翻译的字符级 Seq2seq 模型，每个时刻的输入都是一个字符，如图 7-53 所示。

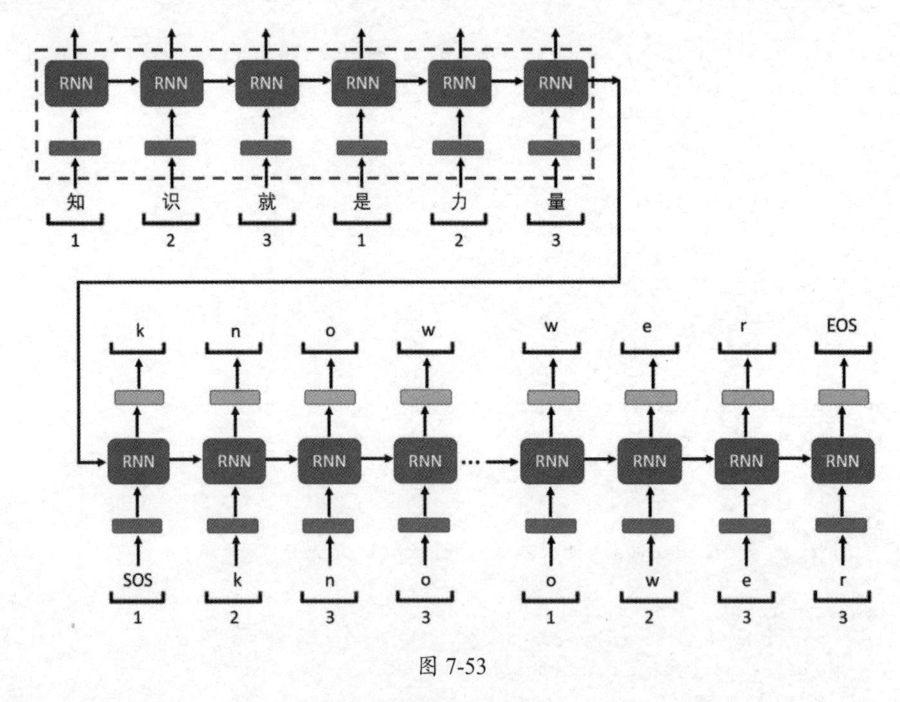

图 7-53

因此，需要为每种语言建立一个字符单词表。

1. 字符单词表

在以下代码中，ChVerb 类用于表示一种语言的字符单词表，其中包含字符、每个字符及其在字符单词表索引中的对应关系。其中，\t 和 \n 分别表示特殊的开始字符和结束字符，它们所对应的字符单词表索引分别为 0 和 1。

```
SOS_token = 0
EOS_token = 1

class ChVerb:
    def __init__(self, name):
        self.name = name

        self.char2index = {'\t':0, '\n':1}
        self.index2char = {0: '\t', 1: '\n'}
        self.n_chars = 2  # Count SOS and EOS

    def addChars(self, chars):
        for char in chars:
            self.addChar(char)

    def addChar(self, char):
        if char not in self.char2index:
            self.char2index[char] = self.n_chars
            self.index2char[self.n_chars] = char
            self.n_chars += 1
```

2. 读取训练样本并构建字符单词表

首先，读取预料库中的原始句子和对应的翻译结果句子，代码如下。

```
import numpy as np
import random
import re
import unicodedata
random.seed(1)

def unicodeToAscii(sentence):
    return ''.join(
        c for c in unicodedata.normalize('NFD', sentence)
        if unicodedata.category(c) != 'Mn'
    )

def normalize_sentence(sentence):
    sentence = unicodeToAscii(sentence.lower().strip())
    sentence = re.sub(r"([.!?])", r" \1", sentence)
    sentence = re.sub(r"[^a-zA-Z.!?]+", r" ", sentence)
    return sentence

def readLangs(lang2lang_file, reverse=False):
    print("Reading lines...")
    lines = open(lang2lang_file, encoding='utf-8').read().strip().split('\n')

    # Split every line into pairs and normalize
    pairs = [[normalize_sentence(s) for s in l.split('\t')][:2] for l in lines]
```

```
    if reverse:  # Reverse pairs
        pairs = [list(reversed(p)) for p in pairs]
    return pairs
```

normalize_sentence() 负责对句子中的字符进行预处理，如将 Unicode 码字符转换为 ASCII 码字符、将大写字符转换为小写字符、删除非字母字符。

对读取的句子对进行过滤，如限制句子的长度，代码如下。

```
MAX_LENGTH = 20
def filterPair(p):
    return len(p[0]) < MAX_LENGTH and \
        len(p[1]) < MAX_LENGTH

def filterPairs(pairs):
    return [pair for pair in pairs if filterPair(pair)]
```

将读取并过滤后的句子对作为训练样本，构建两种语言的字符单词表，代码如下。

```
def prepareCharPairs(lang2lang_file,reverse=False):
    pairs = readLangs(lang2lang_file,reverse)
    print("Read %s sentence pairs" % len(pairs))
    pairs = filterPairs(pairs)
    print("Trimmed to %s sentence pairs" % len(pairs))
    for pair in pairs:
        in_verb.addChars(pair[0])
        out_verb.addChars(pair[1])
    return in_verb, out_verb, pairs

lang2lang_file = './data/eng-fra.txt'
in_verb = ChVerb("fra")
out_verb = ChVerb("eng")
in_verb, out_verb, pairs = prepareCharPairs(lang2lang_file,True)

print("Read %s sentence pairs" % len(pairs))
print("Counted chars:")
print(in_verb.name, in_verb.n_chars)
print(out_verb.name, out_verb.n_chars)
for i in range(5):
    print(random.choice(pairs))
print(pairs[3])
```

```
Reading lines...
Read 170651 sentence pairs
Trimmed to 9194 sentence pairs
Read 9194 sentence pairs
Counted chars:
fra 32
eng 32
['tom a dit bonjour .', 'tom said hi .']
['je suis creve .', 'i am tired .']
```

```
['prends une douche !', 'take a shower .']
['je suis detendu .', 'i m relaxed .']
['tu es endurant .', 'you re resilient .']
['cours !', 'run !']
```

执行以下代码，将训练样本的字符和字符单词表的索引互换。

```
def indexToSentence(verb, indexes):
    sentense = [verb.index2char[idx] for idx in indexes]
    return ''.join(sentense)

def indexesFromSentence(verb, sentence):
    return [verb.char2index[char] for char in sentence]

def tensorFromSentence(verb, sentence):
    indexes = indexesFromSentence(verb, sentence)
    indexes.append(EOS_token)
    return np.array(indexes).reshape(-1,1)
#     return np.array(indexes,dtype = np.int64).reshape(-1,1)

def tensorsFromPair(pair):
    input_tensor = tensorFromSentence(in_verb, pair[0])
    target_tensor = tensorFromSentence(out_verb, pair[1])
    return (input_tensor, target_tensor)

print(pairs[3])
en_input, de_target = tensorsFromPair(pairs[3]) #random.choice(pairs))

print(en_input.shape)
print(de_target.shape)
print(en_input)
print(de_target)
```

```
['cours !', 'run !']
(8, 1)
(6, 1)
[[11]
 [12]
 [ 8]
 [13]
 [ 6]
 [ 4]
 [ 5]
 [ 1]]
[[ 8]
 [ 9]
 [10]
 [ 4]
 [11]
 [ 1]]
```

3. 训练字符级的 Seq2Seq 模型

使用处理后的训练样本集合 pair 和 Seq2Seq 模型的训练代码，对字符级的 Seq2Seq 模型进行训练。在以下代码中，定义了编码器和解码器对象 encoder、decoder，以及对应的优化器 encoder_optimizer、decoder_optimizer，并将 pairs 分成训练集 train_pairs 和验证集 valid_pairs，然后，调用 Seq2Seq 模型的训练函数 trainIters() 进行训练，损失曲线如图 7-54 所示。

```
from train import *
from Layers import *
from rnn import *
import util

hidden_size = 50 #256
num_layers = 1

clip = 5.#50.
learning_rate = 0.1
decoder_learning_ratio = 1.0
teacher_forcing_ratio =0.5

encoder = EncoderRNN(in_verb.n_chars, hidden_size)
decoder = DecoderRNN(out_verb.n_chars,hidden_size,out_verb.n_chars,num_layers, \
                     teacher_forcing_ratio)

momentum = 0.5
decay_every  =1000
encoder_optimizer = SGD(encoder.parameters(), learning_rate, momentum,decay_every)
decoder_optimizer = SGD(decoder.parameters(), \
                        learning_rate*decoder_learning_ratio, momentum,decay_every)

reg= None#1e-2

if True:
   pairs = pairs[:80000]

np.random.shuffle(pairs)
train_n = (int)(len(pairs)*0.98)
train_pairs = pairs[:train_n]
valid_pairs = pairs[train_n:]

n_iters = 50000
print_every, plot_every = 100,100  #10,10
idx_train_pairs = [tensorsFromPair(random.choice(train_pairs))  for i in \
                   range(n_iters)]
idx_valid_pairs  =  [tensorsFromPair(pair)  for pair in valid_pairs]
trainIters(encoder, decoder,encoder_optimizer,decoder_optimizer,idx_train_pairs, \
           idx_valid_pairs,True,print_every, plot_every,reg)
```

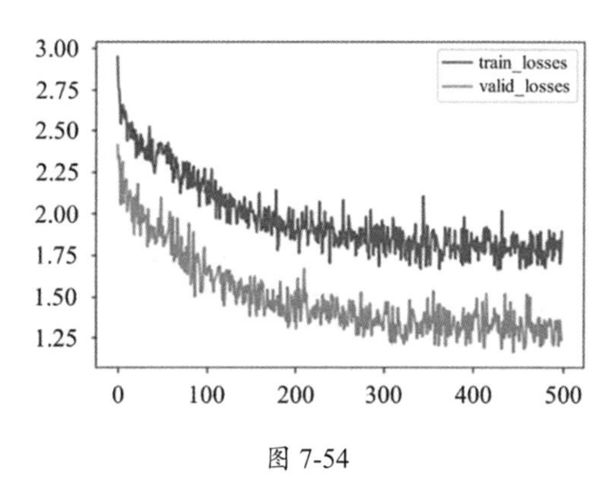

图 7-54

从训练损失曲线和验证损失曲线分开可以看出：训练结果不稳定；在迭代 40000 次后，损失曲线趋于平坦并略有上升。

使用训练后的模型进行翻译。将待翻译语言的词序列（句子）输入编码器，输出一个上下文信息。将该信息输入解码器，解码器通过初始时刻的输入“SOS”和这个上下文信息产生新的翻译结果词序列（句子）。相关代码如下，其中 last_Hidden 用于表示解码器的输入是编码器最后时刻的输出（隐向量）还是所有时刻的输出。

```
def evaluate(encoder,decoder,in_vocab,out_vocab,sentence,\
            max_length=MAX_LENGTH,last_Hidden = True):
    encode_input = tensorFromSentence(in_vocab,sentence)
    encoder_output, encoder_hidden = encoder(encode_input, None)
    if last_Hidden:
        output_sentence =  decoder.evaluate(encoder_hidden,max_length)
    else:
        output_sentence =  decoder.evaluate(encoder_output,max_length)
    output_sentence = indexToSentence(out_vocab,output_sentence)
    return output_sentence
```

随机选择几个输入句子，用 evaluate() 函数进行预测（翻译），代码如下。

```
indices = np.random.randint(len(pairs), size=3)
for i in indices:
    pair = pairs[i]
    print(pair)
    sentence = pair[0]
    sentence = evaluate(encoder, decoder,in_verb,out_verb, sentence,MAX_LENGTH)
    print(sentence)
```

```
['es tu jalouse ?', 'are you jealous ?']
are you a see  ??
['continue a courir .', 'keep running .']
come a        .
['lis ton livre !', 'read your book .']
be care it .
```

从结果看，预测效果并不理想。编码器最后时刻的输出作为上下文向量，在编码器和解码器之间传递信息。该向量承担了对整个句子进行编码的任务，可能无法包含全部信息。如果用所有时刻的输出作为上下文变量，那么信息就会比较完整。但是，我们无法直接将长度可变的编码器的所有时刻的输出，直接作为解码器的每个对应时刻的输入。

7.11.6 节将要介绍的**注意力机制**，可以使解码器网络针对解码器自身输出的每一步，“专注”于编码器输出的不同部分，从而适应长度可变的解码器输出，并避免解码器的隐状态向量增大。

7.11.4 基于 Word2Vec 的 Seq2Seq 模型

一个句子，既可以看成一个字符序列，也可以看成一个词序列。字符序列的句子要比词序列的句子长得多。序列越长，循环神经网络的梯度传递就越困难，也就越容易发生梯度爆炸或梯度消失。因此，在机器翻译中，都会将句子看成词序列。但是，一种语言中的词，数目往往很大，对每个词进行 one-hot 向量化，得到的 one-hot 向量就会很大。直接对词进行 one-hot 向量化，存在以下两个明显的问题。

- 空间浪费。例如，一个词所对应的向量很大，但其中只有一个值为 1，其他值都为 0。
- 无法表示词之间的内在联系，如近义词、相关性等。而一种语言中的词不是相互独立的，往往存在一定的关联性。

在自然语言处理中，通常会采用比 one-hot 更好的词向量化方法，这些方法统称为 **Word2Vec**（单词量化）。Word2Vec 被认为是词从其词表所在的空间（one-hot 向量空间）到一个低维空间的映射，类似于自编码器将一个高维向量映射到低维向量。Word2Vec 也是一种通过监督式学习方法用语料库进行训练的量化模型，但因为不需要对词做任何标记，只需要模型自身采样监督式学习的训练样本，所以，有人也称其为非监督式学习。

Word2Vec 主要有两种方法，分别是 Continuous Bag-Of-Words（CBOW）和 skip-gram，它们都通过类似自编码器的 2 层神经网络学习一个词的词向量，即将一个高维的 one-hot 向量映射到一个低维的隐向量。如图 7-55 所示，词表长度为 V（有 V 个不同的词），一个词的 one-hot 向量 $\boldsymbol{x}$ 就是一个长度为 V 的向量，编码器的权重矩阵为 $\boldsymbol{W}_{V\times N}$。因为 N 通常是比 V 小得多的整数，所以，用 $\boldsymbol{W}_{V\times N}$ 对 $\boldsymbol{x}$ 进行加权和运算，将产生一个低维隐向量 $\boldsymbol{h}_N=\boldsymbol{x}\boldsymbol{W}_{V\times N}$。$\boldsymbol{h}_N$ 就是索引为 k 的单词的向量化表示。

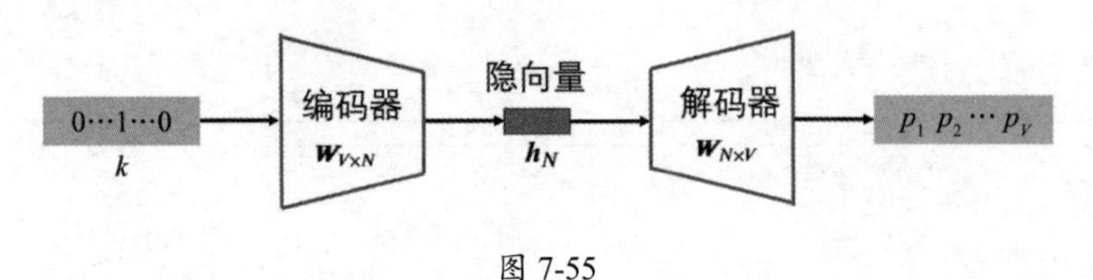

图 7-55

因为 $\boldsymbol{x}$ 是一个只有第 k 个分量为 1、其他分量都为 0 的行向量，$\boldsymbol{x}\boldsymbol{W}_{V\times N}$ 的计算结果是该矩阵的第 k 行，所以，在实际应用中不需要进行乘法运算，只需要取出矩阵的第 k 行就可以了。相关代码如下。

```
h = self.W[k,:]
```

为了得到词的合适的隐向量表示，以反映不同词之间的关联性（如近义词），需要用自编码器来训练权重矩阵。和自编码器一样，将隐向量通过 $\boldsymbol{W}_{N\times V}$ 转换为和词表长度相同的输出向量，这个输出向量的每个分量 p_i 都表示第 i 个词的得分，通过 softmax 函数可将这个得分转换为概率。

为了训练这个神经网络模型，CBOW 和 skip-gram 采用了不同的方法，从由多个句子构成的语料库中生成训练样本。由于编码器和解码器都是没有偏置和激活函数的全连接层，即只有一个权重矩阵，所以，这个 2 层神经网络有两个权重矩阵。

如图 7-56 所示为简化的 Word2Vec 神经网络，编码器和解码器都只有一个权重矩阵。

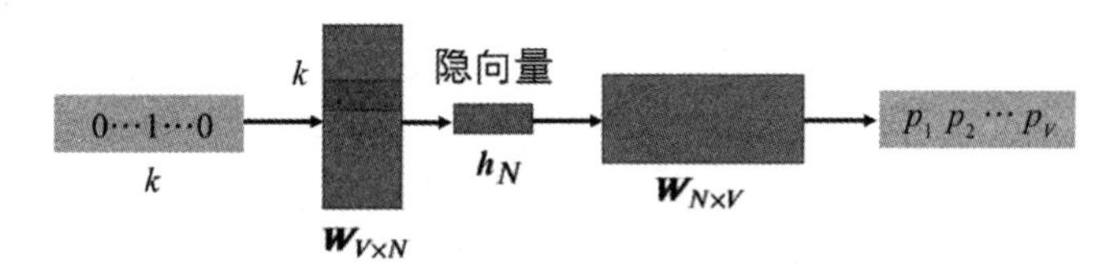

图 7-56

简化的 Word2Vec 神经网络的工作过程类似于自动编码器。其第一个全连接线性层是一个不带偏置的权重矩阵 $\boldsymbol{W}_1$，可将一个输入词的 one-hot 向量 $\boldsymbol{x}$ 转换为低维的嵌入表示 $\boldsymbol{h}=\boldsymbol{x}\boldsymbol{W}_1$，$\boldsymbol{h}$ 就是输入词的向量化表示。为了训练权重矩阵 $\boldsymbol{W}_1$，需要让 $\boldsymbol{h}$ 通过另一个不带偏置和激活函数的全连接线性层（即权重矩阵 $\boldsymbol{W}_2$），输出一个包含所有词的得分的向量 $\boldsymbol{f}=\boldsymbol{h}\boldsymbol{W}_2$。在训练中，将 $\boldsymbol{f}$ 和其目标词进行比较，得到损失误差，并通过损失误差的反向求导更新模型参数。

假设句子中的一个词为 w_t（也称为中心词或目标词），CBOW 用其上下文或周围的词作为输入。例如，将上下文窗口设置为 $C=5$，则输入是 $(w_{t-2},w_{t-1},w_{t+1})$ 和 w_{t+2} 处的词，即中心词 w_t 之前和之后的两个词。将中心词 w_t 的上下文 $(w_{t-2},w_{t-1},w_{t+1},w_{t+2})$ 输入网络，CBOW 希望输出的预测词 w_p 就是目标词 w_t。用预测词 w_p 和目标词 w_t 计算交叉熵损失，对网络进行训练。

如图 7-57 所示，CBOW 将一个词的上下文（周围的词）作为编码器的输入，经过解码器输出相应的得分，得分最高的词就是目标词。

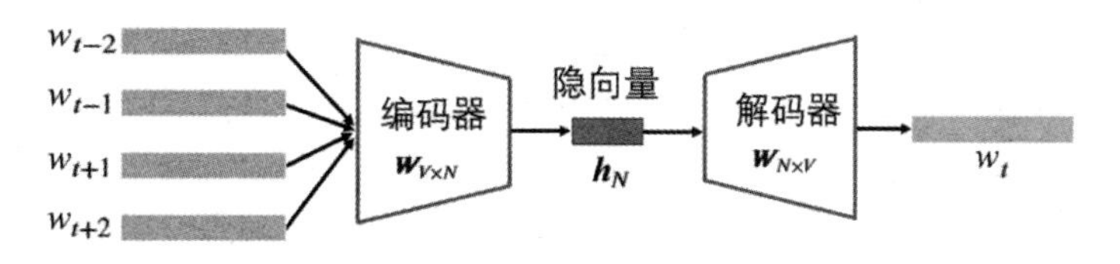

图 7-57

和 CBOW 用一个词在句子的上下文中进行预测完全相反，skip-gram 用词 w_t 预测其上下文 $(w_{t-2},w_{t-1},w_{t+1},w_{t+2})$，如图 7-58 所示。也就是说，输入词 w_t 的 one-hot 向量，先经过编码器得到隐向量 $\boldsymbol{h}_N$，再经过解码器输出一个和词表长度相同的向量，以表示词表中每个词的得分。该得分可以通过 softmax 函数转换为概率。将上下文作为目标词，可以计算交叉熵损失，从而对编码器和解码器进行训练。

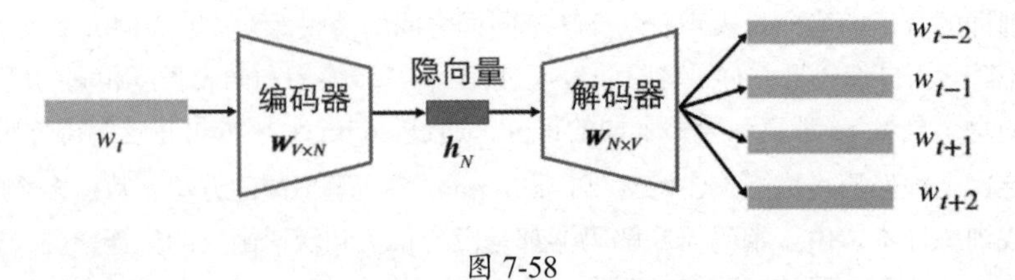

图 7-58

CBOW 和 skip-gram 都是用语料库中的句子生成训练样本的。skip-gram 将一个句子中的每一个词作为中心词。将每一个上下文作为目标词，可以构成一个训练样本。如图 7-59 所示，对于句子“Seq2Seq is a general purpose encoder decoder framework”：第 1 个单词“Seq2Seq”的上下文是“is”“a”，因此可以形成 2 个训练样本 (Seq2Seq, is)、(Seq2Seq, a)；第 2 个单词“is”的上下文是“seq2seq”“a”“general”，因此可以生成 3 个训练样本 (is, Seq2Seq,)、(is, a)、(is, general)。依此类推，对于最后一个单词“framework”，可得到训练样本 (framework, encoder)、(framework, decoder)。

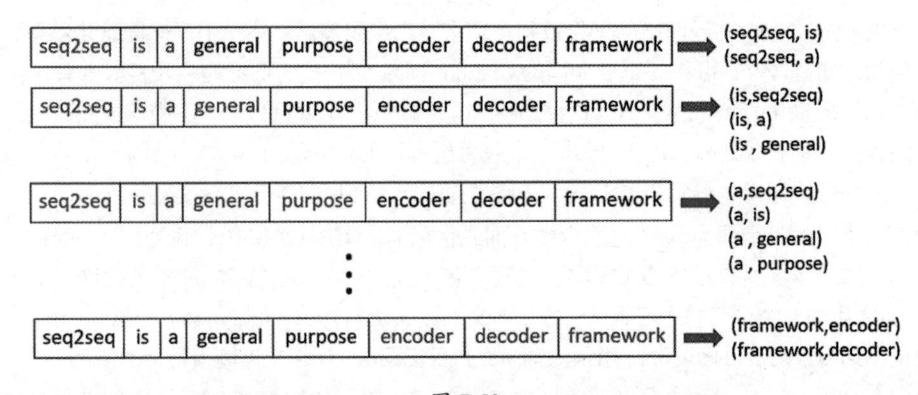

图 7-59

CBOW 和 skip-gram 各有优缺点：CBOW 适用于词的数量较少的语言模型，可以很好地表示稀缺词；skip-gram 适用于词的数量较多的语言模型，可以很好地表示出现频率较高的词。

以下代码以 skip-gram 为例，说明如何实现模型的训练过程。对于 skip-gram，其输入是当前的中心词，目标是上下文，但因为上下文中可能有多个词，即有多个目标，所以，每个目标词都要和 $\boldsymbol{f}=\boldsymbol{h}\boldsymbol{W}_2$ 计算一个交叉熵损失。此外，需要定义一个表示某种语言中所有词的词表（可以用语料库中的句子来定义词表）。

```
class Vocab:
    def __init__(self,corpus):
        wordset = set()
        for sentence in corpus:
```

```
            if isinstance(sentence,str):
                for word in sentence.split(' '):
                    wordset.add(word)
            else:
                for word in sentence:
                    wordset.add(word)

        wordlist = list(wordset)
        self.word2index = dict([(word, i) for i, word in enumerate(wordset)])
        self.index2word = dict([(i, word) for i, word in enumerate(wordset)])
        self.n_words = len(wordset)

    def index2onehot(self, idx):
        x = np.zeros((1,self.n_words))
        x[0,idx] = 1
        return x

corpus = ["i am from china",]
vocab = Vocab(corpus)
print(vocab.word2index)
print(vocab.word2index["am"])
print(vocab.index2word)
print(vocab.index2word[3])
```

```
{'china': 0, 'am': 1, 'i': 2, 'from': 3}
1
{0: 'china', 1: 'am', 2: 'i', 3: 'from'}
from
```

接下来，读取语料库中的所有句子以构建词表，并根据词表和语料库中的句子生成用于训练 Word2Vec 模型的训练样本。在以下代码中，generate_training_data() 函数根据由词表 vocab 和句子构成的语料库 corpus 及样本采样的窗口大小 window，采样用于训练 Word2Vec 模型的样本。

```
def generate_training_data(vocab,corpus,window = 2):
    training_data = []
    for sentence in corpus:  # for each sentense
        sent_len = len(sentence)
        for i, word in enumerate(sentence): # for each word in the sentense
            w_target =vocab.word2index[sentence[i]]
            w_context = []
            for j in range(i-window, i+window+1):
                if j!=i and j<=sent_len-1 and j>=0:
                    w_context.append(vocab.word2index[sentence[j]])
            training_data.append([w_target, w_context])
    return np.array(training_data)

corpus = [["i","am","from","china"]]
generate_training_data(vocab,corpus)
```

```
array([[2, list([1, 3])],
```

```
    [1, list([2, 3, 0])],
    [3, list([2, 1, 0])],
    [0, list([1, 3])]], dtype=object)
```

在词表和语料库的基础上，可以训练一个 Word2Vec 模型，代码如下。

```
class Word2Vec():
    def __init__(self,corpus,hidden_n,window,learning_rate=0.01,epochs=5000):
        self.hidden_n = hidden_n
        self.window = window
        self.lr = learning_rate
        self.epochs = epochs
        self.vocab = Vocab(corpus)

        print("训练 Word2Vec 模型....")
        train_data = generate_training_data(self.vocab,corpus,self.window)
        self.train(train_data,self.vocab.n_words, self.hidden_n)
        self.epsilon  =1e-8
        print("完成 Word2Vec 模型的训练！")

    def train(self, train_data,word_count, hidden_n):
        bound= 0.01
        self.w1 = np.random.uniform(-bound, bound, (word_count, hidden_n))
        self.w2 = np.random.uniform(-bound, bound, (hidden_n, word_count))
        for i in range(0, self.epochs):
            loss = 0
            for w_t, w_c in train_data:
                f, h, z = self.forward_pass(w_t)
                w_y = [self.vocab.index2onehot(c) for c in w_c]

                dz = np.sum([np.subtract(f,y) for y in w_y], axis=0)
                self.backprop(dz, h)#, w_t)

                loss+=  np.sum( [-np.sum(y*np.log(f)) for y in w_y] )
            print('epoch:',i, 'loss:', loss)

    def forward_pass(self, idx):
        self.x =  self.vocab.index2onehot(idx)
        #h = np.dot(self.x,self.w1)
        h = self.w1[idx,:]
        z = np.dot(h,self.w2)
        f = self.softmax(z)
        return f, h, z

    def backprop(self, dz, h):
        x = self.x
        dw2 = np.outer(h.T, dz)
        dh = np.dot( dz, self.w2.T)
        dw1 = np.outer(np.array(x).T, dh)
```

```
        self.w1 = self.w1 - (self.lr * dw1)
        self.w2 = self.w2 - (self.lr * dw2)

    def softmax(self, x):
        e_x = np.exp(x - np.max(x))
        return e_x / e_x.sum(axis=0)

    def word_vec(self, word):
        w_index = self.vocab.word2index[word]
        embeded_w = self.w1[w_index]
        return embeded_w

    def __call__(self, word):
        return self.word_vec(word)


#-------------- 测试例子 ------------------

hidden_n = 5
window_size = 2
min_count = 0                 # minimum word count
epochs = 5000                 # number of training epochs
learning_rate = 0.01          # learning rate
np.random.seed(0)             # set the seed for reproducibility

corpus = ["Neural Machine Translation using word level seq2seq model".split(' ')]

# INITIALIZE W2V MODEL
w2v = Word2Vec(corpus,hidden_n,window_size,learning_rate,epochs)
print(w2v("Machine"))
```

```
训练 Word2Vec 模型....
epoch: 0 loss: 54.065347305478255
epoch: 1 loss: 54.06530596613177
epoch: 2 loss: 54.06526433976022
......
epoch: 4998 loss: 31.565571058450484
epoch: 4999 loss: 31.565565641922532
完成 Word2Vec 模型的训练!
[-0.83213006 -2.9516065   0.14489502  0.27716055  0.85657948]
```

读取语料库，代码如下。

```
MAX_LENGTH = 10

eng_prefixes = (
    "i am ", "i m ",
    "he is", "he s ",
    "she is", "she s ",
    "you are", "you re ",
```

```
    "we are", "we re ",
    "they are", "they re "
)
def filterPair(p):
    return len(p[0].split(' ')) < MAX_LENGTH and \
        len(p[1].split(' ')) < MAX_LENGTH and \
        p[1].startswith(eng_prefixes)

def filterPairs(pairs):
    return [pair for pair in pairs if filterPair(pair)]

def read_pairs(lang2lang_file, reverse=False):
    pairs = readLangs(lang2lang_file,reverse)
    print("Read %s sentence pairs" % len(pairs))
    pairs = filterPairs(pairs)
    print("Trimmed to %s sentence pairs" % len(pairs))
    return pairs

lang2lang_file = './data/eng-fra.txt'
pairs = read_pairs(lang2lang_file,True)
print(random.choice(pairs))
```

```
Reading lines...
Read 170651 sentence pairs
Trimmed to 12761 sentence pairs
['je ne le vendrai pas .', 'i m not going to sell it .']
```

根据已经读取的语料库（即成对的句子 pairs），构建用于训练输入语言和输出语言的句子语料库，代码如下。

```
if True:
    pairs = pairs[:80000]

in_corpus = []
out_corpus = []
for pair in pairs:
    in_corpus.append(pair[0].split(' '))
    out_corpus.append(pair[1].split(' '))
print(in_corpus[:2])
print(out_corpus[:2])
```

```
[['j', 'ai', 'ans', '.'], ['je', 'vais', 'bien', '.']]
[['i', 'm', '.'], ['i', 'm', 'ok', '.']]
```

执行以下代码，训练 Word2Vec 模型。

```
hidden_n = 150
window_size = 2
min_count = 0              # minimum word count
epochs = 1                 # number of training epochs
learning_rate = 0.01       # learning rate
```

```
np.random.seed(0)          # set the seed for reproducibility

# INITIALIZE W2V MODEL
in_word2vec = Word2Vec(in_corpus,hidden_n,window_size,learning_rate,epochs)
out_word2vec =  Word2Vec(out_corpus,hidden_n,window_size,learning_rate,epochs)
print(in_word2vec("peur"))
print(in_word2vec("trouble"))
```

```
训练 Word2Vec 模型....
```

训练时间会很长。可以考虑使用现成的 Word2Vec 训练库，如多线程的 Word2Vec 库 gensim。它利用底层由 FORTRAN 或 C 语言构建的线性代数库，使训练速度获得了数百倍的提升。gensim 库的安装命令如下。

```
pip install --upgrade gensim
```

例如，在以下代码中，in_corpus 是由两个句子构成的语料库，gensim.models.Word2Vec() 用语料库 in_corpus 构建了一个 Word2Vec 模型 model，根据这个模型，可以得到一个词的向量化表示 model.wv['am']。

```
import gensim

sentence = "i am from China"
sentence2 ="how old are you ?"
test_corpus = [sentence.split(" "),sentence2.split(' ')]
print(test_corpus)

hidden_n = 8
model  = gensim.models.Word2Vec(test_corpus, size=hidden_n, window=2, \
                                min_count=1, workers=10, iter=10)
print('am:',model.wv['am'])
```

```
[['i', 'am', 'from', 'China'], ['how', 'old', 'are', 'you', '?']]
am: [-0.00522377  0.03762834 -0.05772045  0.02232596  0.00224983 -0.05164414
 -0.02401852 -0.01468942]
```

执行以下代码，用 gensim 库训练输入和输出语言的 Word2Vec 模型 in_vocab 和 out_vocab。

```
import gensim

hidden_n = 150
window_size  = 2
in_vocab  = gensim.models.Word2Vec(in_corpus, size=hidden_n, window=window_size, \
                                   min_count=1, workers=10, iter=10)
out_vocab  = gensim.models.Word2Vec(out_corpus, size=hidden_n, window=window_size, \
                                   min_count=1, workers=10, iter=10)
```

由于上述 Word2Vec 模型不包含特殊字符“SOS”“EOS”“UNK”，所以，需要将这 3 个字符添加到词表中，得到扩展词表（词表长度变为 hidden_n+3）。对这 3 个特殊字符，可直接用随机向量进行量化。相关代码如下。

```
import numpy as np
SEU_count = 3

in_SEU = np.random.rand(3,hidden_n+SEU_count)
out_SEU = np.random.rand(3,hidden_n+SEU_count)
```

以下代码定义了一些辅助函数，用于从一个句子获得其索引句子和词的向量化表示。其中，indexesFromSentence() 函数用于将一个句子中的词转换为词表索引。因为 gensim 库的模型词表不包含上述 3 个特殊字符，所以，词 word 在 gensim 库的模型的索引 vocab.wv.vocab[word].index 是针对普通字符的，需要添加偏移 SEU_count=3 才能得到其在扩展词表中的索引。vocab_word2vec 根据 gensim 库的 Word2Vec 模型 vocab 中的词的索引（包含特殊字符的单词表索引）序列，得到每个词的索引 idx 的向量化表示。对于普通的词，索引也要偏移至 gensim 库的词表的索引 vocab.wv.index2word[idx-SEU_count]。对于特殊字符，则直接用 SEU[idx] 获得其向量化表示。

```
def indexesFromSentence(vocab, sentence):
    return [ vocab.wv.vocab[word].index +SEU_count  for word in sentence.split(' ')]

def vocab_word2vec(vocab,word_indices_input,SEU,expend = False):
    x = []
    SEU_vec = np.zeros(SEU_count)
    word_indices_input = word_indices_input.reshape(-1)
    for idx in word_indices_input:
          if idx<=2:
             x.append(SEU[idx])
          else:
             word = vocab.wv.index2word[idx-SEU_count]
             vec = vocab.wv[word]
             vec = np.append(vec,SEU_vec)
             x.append( vec )
    x = np.array(x)
    if expend:
       x = np.expand_dims(x, axis=1)
    return x

SOS_token  =0
EOS_token  =1
UNK_token  =2
def tensorFromSentence(vocab, sentence):
    indexes = indexesFromSentence(vocab, sentence)
    indexes.append(EOS_token)
    return np.array(indexes).reshape(-1,1)

def tensorsFromPair(pair):
    input_tensor = tensorFromSentence(in_vocab, pair[0])
    target_tensor = tensorFromSentence(out_vocab, pair[1])
    return (input_tensor, target_tensor)

def indexToSentence(vocab, indexes):
```

```
    sentense = [vocab.wv.index2word[idx-SEU_count] for idx in indexes]
    return ' '.join(sentense)
```

tensorFromSentence() 函数和 tensorsFromPair() 函数分别用于将一个句子和一对句子从字符串转换成索引序列。tensorsFromPair() 函数用于在每个句子后面添加结束字符。indexToSentence() 函数用于将一个句子从单词索引序列转换为字符串序列。

为了用 Word2Vec 代替 one-hot 向量，需要修改编码器和解码器的代码。可定义以下派生类。

```
class EncoderRNN_w2v(EncoderRNN):
    def __init__(self, input_size, hidden_size,vocab,num_layers = 1):
        super(EncoderRNN_w2v,self).__init__(input_size, hidden_size,num_layers)
        self.vocab = vocab

    def word2vec(self,word_indices_input):
        return vocab_word2vec(self.vocab,word_indices_input,in_SEU,True)

class DecoderRNN_w2v( DecoderRNN):
    def __init__(self,input_size, hidden_size, output_size,vocab,num_layers=1, \
                 teacher_forcing_ratio = 0.5):
        super().__init__(input_size, hidden_size, output_size,num_layers, \
                        teacher_forcing_ratio)
        self.vocab = vocab

    def word2vec(self,word_indices_input):
        return vocab_word2vec(self.vocab,word_indices_input,out_SEU,True)
```

执行以下代码，进行训练，损失曲线如图 7-60 所示。

```
from train import *
from Layers import *
from rnn import *
import util

hidden_size = 256
num_layers = 1

clip = 5.#50.
learning_rate = 0.1
decoder_learning_ratio = 1.0
teacher_forcing_ratio =0.5

n_iters = 70000
print_every, plot_every = 100,100  #10,10

input_size = hidden_n+SEU_count                    # length of a Vec
output_size =len(out_vocab.wv.vocab)+SEU_count   # num of words

encoder = EncoderRNN_w2v(input_size, hidden_size,in_vocab)
decoder = DecoderRNN_w2v(input_size,hidden_size,output_size,out_vocab,num_layers, \
                         teacher_forcing_ratio)
```

```
momentum = 0.3
decay_every  =1000
encoder_optimizer = SGD(encoder.parameters(), learning_rate, momentum,decay_every)
decoder_optimizer = SGD(decoder.parameters(), \
                        learning_rate*decoder_learning_ratio, momentum,decay_every)

reg= None#1e-2

np.random.shuffle(pairs)
train_n = (int)(len(pairs)*0.98)
train_pairs = pairs[:train_n]
valid_pairs = pairs[train_n:]

print_every, plot_every = 100,100  #10,10

n_iters = 40000
idx_train_pairs = [tensorsFromPair(random.choice(train_pairs))  for i in \
                    range(n_iters)]
idx_valid_pairs  =  [tensorsFromPair(pair)  for pair in valid_pairs]

trainIters(encoder, decoder,encoder_optimizer,decoder_optimizer,idx_train_pairs, \
            idx_valid_pairs,True,print_every, plot_every,reg
```

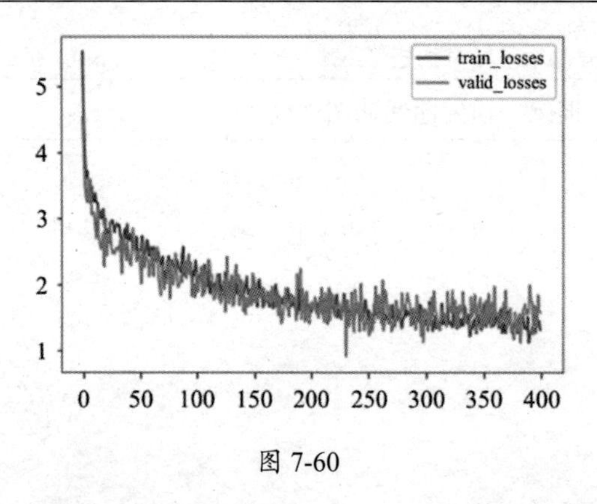

图 7-60

用训练得到的模型进行预测，代码如下。

```
indices = np.random.randint(len(pairs), size=3)
for i in indices:
    pair = pairs[i]
    print(pair)
    sentence = pair[0]
    sentence = evaluate(encoder, decoder,in_verb,out_verb, sentence,MAX_LENGTH)
    print(sentence)
```

```
['nous sommes sauvees .', 'we re saved .']
we re unlucky .
```

```
['je requiers votre aide .', 'i m asking you for your help .']
i m on on your . .
['je suis enchante d etre ici .', 'i am delighted to be here .']
i m delighted to be here .
```

可见，与字符级的 Seq2Seq 模型相比，单词级的 Seq2Seq 模型可以更好地进行预测（翻译）。读者可以增加训练次数、调整参数，以获得更满意的结果。

7.11.5　基于词嵌入层的 Seq2Seq 模型

1. 词嵌入层

Word2Vec 通过一个单独的训练过程，学习如何将一个词表中的词映射到一个比词表短的低维向量，即根据 Word2Vec 学习到的权重矩阵，用词的索引得到这个矩阵中对应的行。

词嵌入（Embedding）是指将词的向量化与特定问题的模型结合起来，即在特定问题的模型前添加一个嵌入层。这个嵌入层的参数就是词向量化矩阵，用于将词的索引映射到词的向量。但这个矩阵的参数的初始值是随机的，也需要在模型训练过程中学习，即需要将词向量化和针对特定问题的模型结合在一起训练。

嵌入层是一个没有激活函数和偏置的全连接线性层，也是一个简化的线性层，其代码如下。

```
def one_hot(size,indices,expend = False):
    x =  np.eye(size)[indices.reshape(-1)]
    if expend:
        x = np.expand_dims(x, axis=1)
    return x

class Embedding():
    def __init__(self, num_embeddings, embedding_dim,_weight = None):
        super().__init__()
        if _weight is None:
            self.W = np.empty((num_embeddings, embedding_dim))
            self.reset_parameters()
            self.preTrained = False
        else:
            self.W = _weight
            self.preTrained = True
        self.params = [self.W]
        self.grads = [np.zeros_like(self.W)]

    def reset_parameters(self):
        self.W[:] = np.random.randn(*self.W.shape)

    def forward(self, indices):
        num_embeddings = self.W.shape[0]
        x = one_hot(num_embeddings,indices).astype(float)
        self.x = x
        #Z = np.matmul(x, self.W)
```

```
        Z = self.W[indices,:]
        return Z

    def __call__(self,indices):
        return self.forward(indices)

    def backward(self, dZ):            #反向传播
        x = self.x
        dW = np.dot(x.T, dZ)
        dx = np.dot(dZ, np.transpose(self.W))
        self.grads[0] += dW
        return dx
```

2. 采用词嵌入层的 Seq2Seq 模型

编码器和解码器通过一个词嵌入层将一个词转换为一个向量。编码器的计算过程，如图 7-61 所示。

在以下代码中，输入的词（索引对应的 one-hot 向量）经过嵌入层 embedding 转换为一个低维数值向量 embedded，然后和隐状态一起作为 RNN 单元的输入，用于计算输出及隐向量。对于简单的编码器，output 和 hidden 可以是同一个向量。

```
from rnn import *
from Layers import *
from train import *

class EncoderRNN_Embed(object):
    def __init__(self, input_size, hidden_size):
        super().__init__()
        self.input_size,self.hidden_size = input_size,hidden_size
        self.embedding = Embedding(input_size, hidden_size)
        self.gru = GRU(hidden_size, hidden_size,1)

    def forward(self, input, hidden):
        self.embedded_x = []
        self.embedded_out = []
        embed_out = []
        for x in input:
            embedded = self.embedding(x).reshape(1,1,-1)
            self.embedded_x.append(self.embedding.x)
            self.embedded_out.append( embedded)

        self.embedded_out = np.concatenate(self.embedded_out,axis=0)
        output, hidden = self.gru(self.embedded_out, hidden)
        return output, hidden

    def __call__(self,input, hidden):
        return self.forward(input, hidden)
```

```
    def initHidden(self):
        return np.zeros((1, 1, self.hidden_size))

    def parameters(self):
        return self.gru.parameters()

    def backward(self,dhs):
        dinput,dhidden = self.gru.backward(dhs,self.embedded_out)
        T = dinput.shape[0]
        for t in range(T):
            dinput_t = dinput[t]
            self.embedding.x = self.embedded_x[t]  # recover the original x
            self.embedding.backward(dinput_t)

        #return
```

因为嵌入层的权重参数也是需要学习的模型参数，所以，在进行反向求导时，也需要计算损失函数关于这个嵌入层的权重参数的梯度 self.embedding.backward(dinput_t)。在这里，反向求导就是对每个时刻 t 求导，需要知道每个时刻 t 的输入 self.embedding.x。因此，在正向计算过程中，需要保存嵌入层每个时刻的输出 self.embedded_x.append(self.embedding.x)。

如图 7-62 所示，解码器也将词嵌入层的输出向量作为 RNN 单元的输入。输入的词（索引对应的 one-hot 向量）经过嵌入层 embedding 转换为一个低维数值向量 embedded，再经过 ReLU 激活函数的输出，和隐状态一起，作为 RNN 单元的输入，用于计算输出及隐向量。

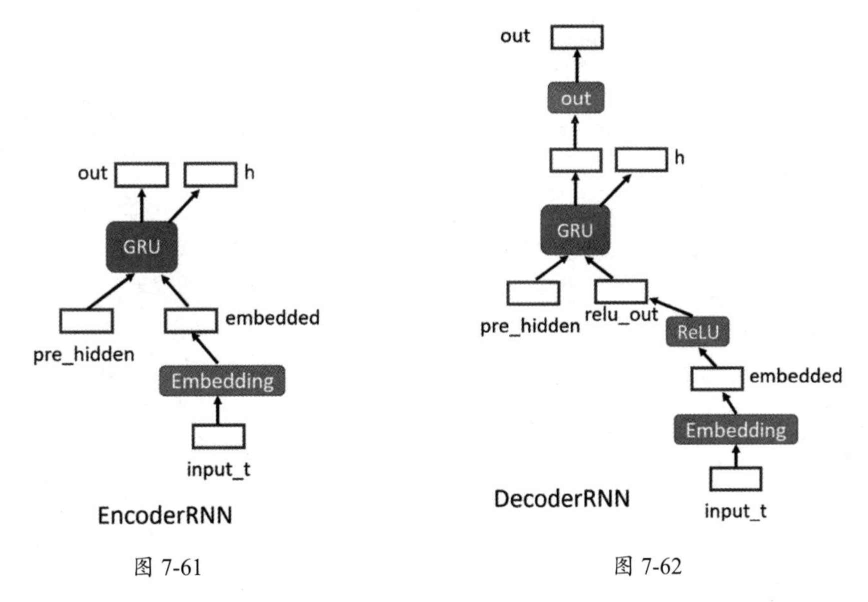

图 7-61 图 7-62

对嵌入层进行正向计算和反向求导，代码如下。

```
class DecoderRNN_Embed(object):
    def __init__(self, hidden_size, output_size,num_layers=1, \
```

```
                teacher_forcing_ratio = 0.5):
        super().__init__()
        self.hidden_size = hidden_size
        self.num_layers = 1
        self.teacher_forcing_ratio = teacher_forcing_ratio

        self.embedding = Embedding(output_size, hidden_size)
        self.relu = Relu()
        self.gru = GRU(hidden_size, hidden_size,1)
        self.linear = Dense(hidden_size, output_size)
        self.layers = [self.embedding,self.gru,self.linear]
        self._params = None

    def initHidden(self,batch_size):
        self.h_0 =  np.zeros((self.num_layers, batch_size, self.hidden_size))

    def forward_step(self, input_t, hidden,train = True):
        embedded = self.embedding(input_t)#.reshape(1,1,-1)
        self.embedded_x.append(self.embedding.x)
        output = self.relu(embedded)
        self.relu_x = self.relu.x

        relu_output = output.reshape(1,output.shape[0],-1)
        self.input.append(relu_output)  #output)  # input of gru

        output_hs, hidden = self.gru(relu_output,hidden)
        output = self.linear(output_hs[0]) #seq_len = 1
        return output,hidden,output_hs[0]

    def forward(self,input_tensor,hidden):
        self.input = []
        target_length = input_tensor.shape[0] #nput_tensor.size(0)
        teacher_forcing_ratio = self.teacher_forcing_ratio
        use_teacher_forcing = True if random.random() < teacher_forcing_ratio else \
                              False
        output_hs = []
        output = []
        hidden_t = hidden
        h_0 = hidden.copy()
        input_t = np.array([SOS_token])

        hs = []
        zs = []
        self.embedded_x = []
        self.relu_x = []

        for t in range(target_length):
            output_t, hidden_t,output_hs_t = self.forward_step(
                input_t, hidden_t)
```

```
            hs.append(self.gru.hs)                    #保留中间层的隐状态
            zs.append(self.gru.zs)                    #保留中间层的计算结果
            output_hs.append(output_hs_t)
            output.append(output_t)

            if use_teacher_forcing:
                input_t = input_tensor[t]             #教师强制
            else:
                input_t = np.argmax(output_t)         #最大概率
                if input_t== EOS_token:
                    break
                input_t = np.array([input_t])

        output = np.array(output)
        self.output_hs = np.array(output_hs)
        self.h_0 = h_0
        self.hs = np.concatenate(hs, axis=1)
        self.zs = np.concatenate(zs, axis=1)
        #self.gru.hs =  self.hs
        #self.gru.zs =  self.zs
        return  output

    def __call__(self, input, hidden):
        return self.forward(input, hidden)

    def evaluate(self, hidden,max_length):
        # input:(1, batch_size=1, input_size)
        input = np.array([SOS_token])
        decoded_words = []
        for t in range(max_length):
            output,hidden,_ = self.forward_step(input, hidden,False)
            output = np.argmax(output)
            if output==EOS_token:
                break;
            else:
                decoded_words.append(output)
                input = np.array([output])
        return decoded_words

    def backward(self,dZs):
        dhs = []
        output_hs = self.output_hs
        input = np.concatenate(self.input,axis=0)

        for i in range(len(input)):
            self.linear.x = output_hs[i]
            dh = self.linear.backward(dZs[i])
            dhs.append(dh)
```

```
        dhs = np.array(dhs)

        self.gru.hs = self.hs
        self.gru.zs = self.zs
        self.gru.h = self.h_0

        dinput,dhidden = self.gru.backward(dhs,input)
        for i in range(len(input)):
            dinput_t = dinput[i]
            d_embeded = self.relu.backward(dinput_t)
            self.embedding.x = self.embedded_x[i]  # recover the original x
            self.embedding.backward(d_embeded)
        return dinput,dhidden

    def backward_dh(self,dZ):
        dh = self.linear.backward(dZ)
        return dh

    def parameters(self):
        if self._params is None:
            self._params = []
            for layer in self.layers:
                for i, _ in enumerate(layer.params):
                    self._params.append([layer.params[i],layer.grads[i]])
        return self._params
```

建立输入词表和输出词表，以及一些用于在句子的字符串形式和索引形式之间进行转换的辅助函数。重新定义类 Vocab，使其包含特殊的开始字符和结束字符“SOS”和“EOS”。如果一个词的出现次数小于 min_count，那么它将被当成未知词。相关代码如下。

```
import numpy as np
from collections import defaultdict
SOS_token = 0
EOS_token = 1
UNK_token = 2

class Vocab:
    def __init__(self,min_count=1,corpus = None):
        self.min_count = 1
        self.word2count = {}
        self.word2index = {"SOS":0,"EOS":1, "UNK":2}
        self.index2word = {0: "SOS", 1: "EOS",2: "UNK"}
        self.n_words = 3  # Count SOS and EOS
        if corpus is not None:
            for sentence in corpus:
                self.addSentence(sentence)
            self.build()

    def addSentence(self, sentence):
```

```
        if isinstance(sentence,str):
            for word in sentence.split(' '):
                self.addWord(word)
        else:
            for word in sentence:
                self.addWord(word)

    def addWord(self, word):
        if word not in self.word2count:
            self.word2count[word] = 1
        else:
            self.word2count[word] += 1

    def build(self):
        for word in self.word2count:
            if self.word2count[word]<self.min_count:
                self.word2index[word] = UNK_token
            else:
                self.word2index[word] = self.n_words
                self.index2word[self.n_words] = word
                self.n_words += 1

vocab = Vocab()
vocab.addSentence("i am from china")
vocab.build()

print(vocab.word2index["i"])
print(vocab.index2word[4])
```

```
3
am
```

分别建立输入语言和输出语言的词表对象 in_vocab 和 out_vocab，代码如下。

```
in_vocab = Vocab()
out_vocab = Vocab()
lang2lang_file = './data/eng-fra.txt'
pairs = read_pairs(lang2lang_file,True)
for pair in pairs:
    in_vocab.addSentence(pair[0])
    out_vocab.addSentence(pair[1])

in_vocab.build()
out_vocab.build()

def indexesFromSentence(vocab, sentence):
    return [vocab.word2index[word] for word in sentence.split(' ')]

def tensorFromSentence(vocab, sentence):
    indexes = indexesFromSentence(vocab, sentence)
```

```
    indexes.append(EOS_token)
    return np.array(indexes).reshape(-1, 1)

def tensorsFromPair(pair):
    input_tensor = tensorFromSentence(in_vocab, pair[0])
    target_tensor = tensorFromSentence(out_vocab, pair[1])
    return (input_tensor, target_tensor)

def indexToSentence(vocab, indexes):
    sentense = [vocab.index2word[idx] for idx in indexes]
    return ' '.join(sentense)

#input_tensor, target_tensor = tensorsFromPair(random.choice(pairs))
#print(input_tensor.shape)
#print(input_tensor)
#print(target_tensor)
```

基于词嵌入层的 Seq2Seq 模型的训练过程，代码如下，损失曲线如图 7-63 所示。

```
from train import *
from Layers import *
from rnn import *
import util

hidden_size = 256
num_layers = 1

clip = 5.#50.
learning_rate = 0.03
decoder_learning_ratio = 1.0
teacher_forcing_ratio =0.5

output_size = out_vocab.n_words  #num of words
encoder = EncoderRNN_Embed(in_vocab.n_words, hidden_size)
decoder = DecoderRNN_Embed(hidden_size,out_vocab.n_words,num_layers, \
                           teacher_forcing_ratio)

momentum = 0.3
decay_every  =1000
encoder_optimizer = SGD(encoder.parameters(), learning_rate, momentum,decay_every)
decoder_optimizer = SGD(decoder.parameters(), \
                        learning_rate*decoder_learning_ratio, momentum,decay_every)

reg= None#1e-2

np.random.shuffle(pairs)
train_n = (int)(len(pairs)*0.98)
train_pairs = pairs[:train_n]
valid_pairs = pairs[train_n:]
```

```
print_every, plot_every = 100,100  #10,10

n_iters = 40000
idx_train_pairs = [tensorsFromPair(random.choice(train_pairs)) \
                   for i in range(n_iters)]
idx_valid_pairs  =  [tensorsFromPair(pair)  for pair in valid_pairs]

trainIters(encoder, decoder,encoder_optimizer,decoder_optimizer,idx_train_pairs, \
           idx_valid_pairs,True,print_every, plot_every,reg)
```

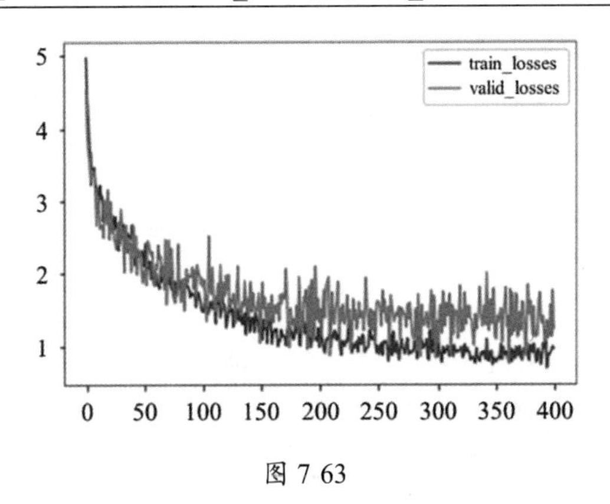

图 7 63

执行以下代码，进行预测（翻译）。

```
indices = np.random.randint(len(train_pairs), size=3)
for i in indices:
    pair = pairs[i]
    print(pair)
    sentence = pair[0]
    sentence = evaluate(encoder, decoder,in_vocab,out_vocab, sentence,MAX_LENGTH)
    print(sentence)
```

```
['c est une vraie commere .', 'she is a confirmed gossip .']
she is a total . .
['nous sommes meilleures qu elles .', 'we re better than they are .']
we re better than they are .
['tu es curieux hein ?', 'you are curious aren t you ?']
you are curious right ?
```

7.11.6 注意力机制

Seq2Seq 模型的编码器输出的内容向量，通常就是编码器最后时刻的隐状态或输出（包含整个输入序列信息的编码）。将这个内容向量作为解码器的初始隐状态，沿着时间维度传递到解码器的每个时刻，也就是说，解码器每个时刻接收的都是同一个编码器输入序列的内容编码。

然而，用最后时刻的隐状态或输出作为内容向量，可能无法包含完整的输入序列信息，尤其是对长输入序列，从 Seq2Seq 模型的效果就可以看出，序列越长，预测效果越差。如果将所有时刻的隐状态拼接成一个内容向量，就可以包含完整的输入序列信息。但是，由于输入序列的长度是可变的，所以，这个内容向量显然不能直接作为编码器的隐状态。因此，需要进行某种变换，将这个内容向量处理成长度固定的向量。另外，输入序列的不同部分对解码器的每个时刻的作用是不同的，解码器的每个时刻对输入序列的不同部分应该具有不同的关注程度。如图 7-64 所示，输入序列是句子（词序列）“知识就是力量”，输出的目标序列是句子“knowledge is power”。解码器在处理单词“knowledge”时，输入序列中的词“知识”的影响要比词“就是”“力量”大，而在处理单词“is”时，输入序列中的词“就是”更重要。可见，解码器在进行预测时，输入序列中不同的词对输出序列中不同的词的作用是不同的。

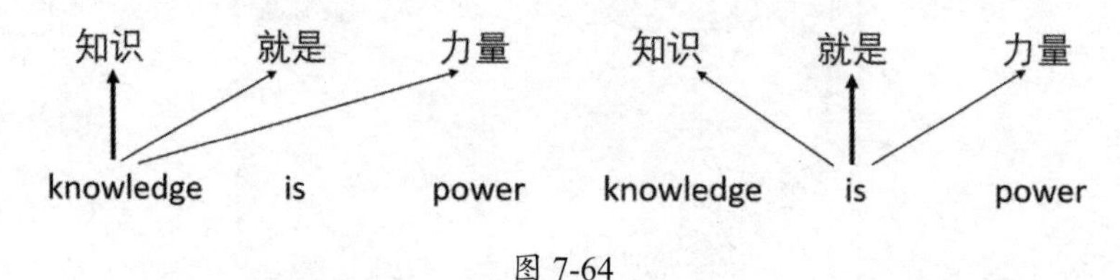

图 7-64

注意力（Attention）**机制**是指解码器在每个时刻动态选择输入序列中与当前预测最相关的那部分。通过比较解码器当前时刻的输入（前一时刻的隐状态和当前时刻的数据输入）与编码器所有时刻的输出（或隐状态）的相关程度，可以计算出一个权重向量。用这个权重向量对编码器所有时刻的输出内容进行加权和运算，可以得到一个当前时刻特有的内容上下文向量，即解码器在不同时刻具有不同的编码器上下文向量。这个上下文向量和该时刻的隐状态、数据输入一起，用于解码器的当前时刻的计算。

在 Seq2Seq 解码器的循环神经网络中，每个时刻 i 的计算公式如下。

$$\boldsymbol{h}_i = \mathrm{RNN}(\boldsymbol{h}_{i-1}, \boldsymbol{x}_i)$$

采用注意力机制的 Seq2Seq 解码器的每个时刻 i 的计算公式如下。

$$\boldsymbol{h}_i = \mathrm{RNN}(\boldsymbol{h}_{i-1}, \boldsymbol{x}_i, \boldsymbol{c}_i)$$

即在每个时刻都多了一个该时刻特有的内容向量 $\boldsymbol{c}_i$。$\boldsymbol{c}_i$ 不仅依赖 $\boldsymbol{h}_{i-1}$ 和 $\boldsymbol{x}_i$，还依赖编码器所有时刻的输出（或隐状态）。

假设编码器的所有时刻的输出都是隐状态 $\boldsymbol{h}_t$，即 $\boldsymbol{c}_i$ 依赖所有的 $\boldsymbol{h}_t$（$t = 1,2,,\cdots,T$，T 为编码器的最后时刻），那么，解码器在每个时刻，都会根据编码器的输出 $\boldsymbol{h} = (h_1, h_2, \cdots, h_T)$ 和解码器在 i 时刻的信息（如输入隐状态 $\boldsymbol{h}_{i-1}$），计算一个权重向量 $\boldsymbol{\alpha}_i = (\alpha_{i1}, \alpha_{i2}, \cdots, \alpha_{iT})$，并用这个权重向量对编码器的输出 $\boldsymbol{h}$ 进行加权求和运算，得到当前时刻的内容向量 $\boldsymbol{c}_i$，公式如下。

$$\boldsymbol{c}_i = \boldsymbol{\alpha}_i \cdot \boldsymbol{h} = \alpha_{i1} h_1 + \alpha_{i2} h_2 + \cdots + \alpha_{iT} h_T$$

且

$$\sum_{j=1}^{T} \alpha_{ij} = 1, \quad \alpha_{ij} > 0$$

即解码器在 i 时刻的输入上下文向量 $\boldsymbol{c}_i$ 是编码器所有时刻的输出（或隐状态）$\boldsymbol{h}_j$ 的加权平均。α_{ij} 表示编码器的第 j 个输出（或隐状态）$\boldsymbol{h}_j$ 在输入上下文向量 $\boldsymbol{c}_i$ 中的权重。

α_{ij} 是通过同一组所谓“得分”（也称为**能量**）的数值 e_{ij} 计算出来的，公式如下。

$$\alpha_{ij}=\frac{exp^{e_{ij}}}{\sum_{k=1}^{T}exp^{e_{ik}}}$$

每个 e_{ij} 都可以用解码器 i 时刻的输入隐状态 $\boldsymbol{h}_{i-1}$ 和编码器 j 时刻的输出 $\boldsymbol{h}_j$ 通过一个函数 a 计算得到，公式如下。

$$e_{ij}=a(\boldsymbol{h}_{i-1},\boldsymbol{h}_j)$$

当然，e_{ij} 还可以依赖当前时刻的数据输入 $\boldsymbol{x}_i$。函数 a 不同，得分的计算方式就会不同。如图 7-65 所示，让 $\boldsymbol{h}_{i-1}$ 和 $\boldsymbol{h}_j$ 通过只有一个神经元、激活函数为 tanh 的神经网络层（作为得分的计算函数），公式如下。

$$a(\boldsymbol{h}_{i-1};\boldsymbol{h}_j)=\tanh([\boldsymbol{h}_{i-1};\boldsymbol{h}_j]\boldsymbol{W}_a)$$

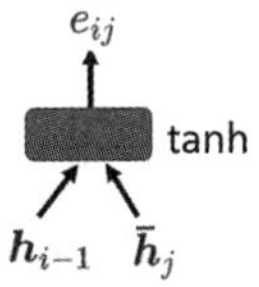

图 7-65

其中，参数 $\boldsymbol{W}_a$ 也是需要学习的。

一些常见的得分计算方式，列举如下。

- 基于内容的：$\mathrm{score}(\boldsymbol{h}_t,\boldsymbol{h}_s,)=\mathrm{cosine}[\boldsymbol{h}_t,\boldsymbol{h}_t]$。
- 可加的：$\mathrm{score}(\boldsymbol{h}_t,\boldsymbol{h}_s,)=\boldsymbol{v}_a^{\mathrm{T}}\tanh(\boldsymbol{W}_a[\boldsymbol{h}_t;\boldsymbol{h}_s])$。
- 基于位置的：$\alpha_{t,i}=\mathrm{softmax}(\boldsymbol{W}_a\boldsymbol{h}_t)$。
- 一般的：$\mathrm{score}(\boldsymbol{h}_t,\boldsymbol{h}_s,)=\boldsymbol{h}_t^{\mathrm{T}}\boldsymbol{W}_a\boldsymbol{h}_s$。
- 点积：$\mathrm{score}(\boldsymbol{h}_t,\boldsymbol{h}_s,)=\boldsymbol{h}_t^{\mathrm{T}}\boldsymbol{h}_t$。
- 放缩点积：$\mathrm{score}(\boldsymbol{h}_t,\boldsymbol{h}_s,)=\frac{\boldsymbol{h}_t^{\mathrm{T}}\boldsymbol{h}_s}{\sqrt{n}}$。

$\boldsymbol{h}_s$ 和 $\boldsymbol{h}_t$ 分别表示输入序列在 s 时刻和输出序列在 t 时刻的隐状态，$\boldsymbol{V}_a$ 和 $\boldsymbol{W}_a$ 都是可学习的权重参数矩阵。

注意：解码器的隐状态虽然统一用 $\boldsymbol{h}_t$ 来表示，但在不同的论文中含义稍有不同，有的是指当前时刻 t 的隐状态 $\boldsymbol{h}_t$，有的是指前一时刻 $t-1$ 的隐状态 $\boldsymbol{h}_{t-1}$。例如，在 *Bahdanau Attention* 论文中表示的是 $\boldsymbol{h}_{t-1}$，在 *Luong attention* 论文中表示的是 $\boldsymbol{h}_t$。

如图 7-66 所示，解码器在每个时刻用这个动态计算的上下文和输入数据及前一时刻的隐状态一起进行计算。解码器每个时刻计算一个动态权重，用这些权重对编码器所有时刻的输出（或隐向量）求加权平均，得到一个上下文向量，用于解码器当前时刻的计算。

Luong 等人还提出了**局部注意力**（Local Attention）**模型**。局部注意力模型与通常的**全局注意力**（Global Attention）**模型**的区别在于：局部注意力模型首先预测当前目标词在输入序列中的某个对齐位置，然后用以该位置为中心的窗口计算上下文向量。

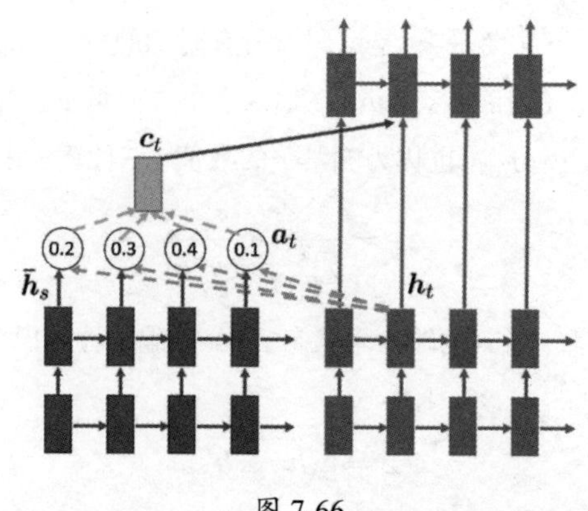

图 7-66

如图 7-67 所示：全局注意力模型用编码器的所有输出（隐状态）计算上下文向量；局部注意力模型先寻找和目标位置对应的输入序列位置，再用以该位置为中心的窗口区域的编码器的所有输出（隐状态）计算上下文向量。

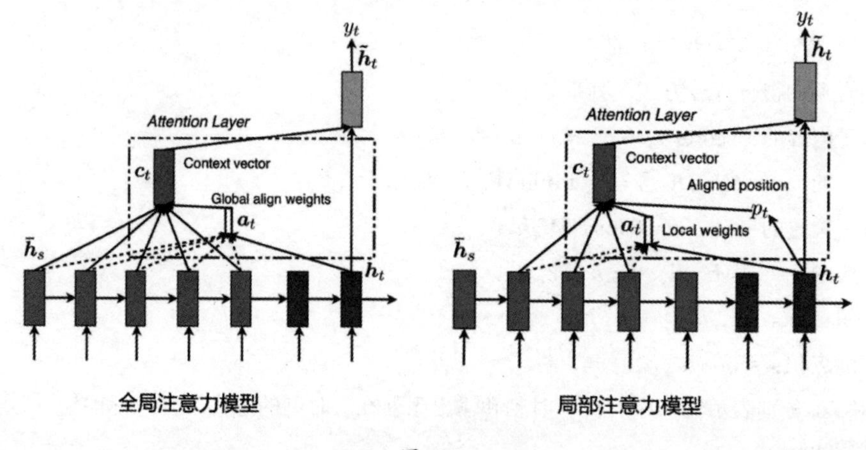

图 7-67

如图 7-68 所示，注意力机制的计算过程为：先用输入和隐状态计算一个注意力权重，然后和编码器的输出进行加权求和，再将这个加权和和输入组合成新的输入数据，并输入循环神经网络层，产生最终的输出。

解码器根据前一时刻的隐状态 prev_hidden 和编码器所有时刻的输出 encoder_outputs 计算一个注意力权值向量 attn_weights，然后用这个权值向量对编码器的输出 encoder_outputs 求加权和，得到一个注意力内容向量 content。接着，让注意力内容向量 content 和数据输入 input 的嵌入向量 embedded 经过一个全连接层 combine 组合输出，再经过 ReLU 激活函数，和 pre_hidden 一起输入循环神经网络单元 gru。最后，gru 的输出经过一个全连接层 out，得到最终的输出。

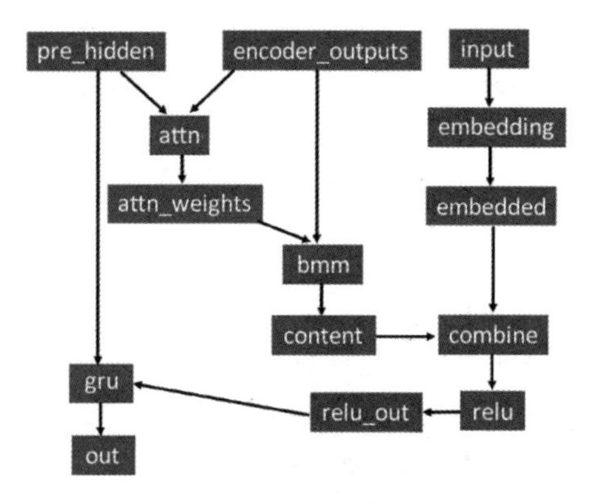

图 7-68

根据当前的数据输入 input 和前一时刻的隐状态 prev_hidden，计算一个注意力权值向量 attn，再和编码器的隐状态输出 encoder_outputs 计算加权和，得到 attn_applied。然后，和数据输入 input 的嵌入向量 embedded 组合成 attn_combine，并经过激活函数的变换，作为 RNN 单元 gru 当前时刻的数据输入。

隐状态 prev_hidden 和编码器输出内容 encoder_outputs 的加权向量的正向计算和反向求导，代码如下。

```
def attn_forward(hidden,encoder_outputs):
    #hidden (B,D)   encoder_outputs (T,B,D)
    energies = np.sum(hidden * encoder_outputs, axis=2) #(T,B)
    energies  =energies.T    #(B,T)
    alphas = util.softmax(energies)
    return alphas,energies

def attn_backward(d_alpha,energies,hidden,encoder_outputs):
    #hidden (B,D)   encoder_outputs (T,B,D)
    #d_alpha  energies:(B,T)
    d_energies = softmax_backward_2(energies,d_alpha,False)   #d_alpha,energies)
    d_energies = d_energies.T #(T,B)
    d_energies = np.expand_dims(d_energies,axis=2)
    d_encoder_outputs = d_energies*hidden # (T,B) (B,D)
    d_hidden = np.sum(d_energies*encoder_outputs,axis=0) #(T,B) (T,B,D)
    return d_encoder_outputs,d_hidden
```

attn_weights 对 encoder_outputs 求加权和的正向计算和反向求导，代码如下。

```
def bmm(alphas,encoder_outputs):
    # (B,T), [T,B,D]
    encoder_outputs = np.transpose(encoder_outputs, (1, 0, 2))  # [T,B,D] -> [B,T,D]
    #weights = np.expand_dims(weights,axis=1)    #(B,T) -> (B,1,T)
    context = np.einsum("bj, bjk -> bk", alphas, encoder_outputs)  # [B,T]*[B,T,D] ->
 [B,D]
    return context
```

```
def bmm_backward(d_context,alphas,encoder_outputs):
    encoder_outputs = np.transpose(encoder_outputs, (1,0,2))  # [T,B,D] -> [B,T,D]
    d_alphas = np.einsum("bjk, bk -> bj", encoder_outputs,d_context)  #dx = Wdz^T (B,
T,D) (B,D)  ->(B,T)
    d_encoder_outputs = np.einsum("bi, bj -> bij", alphas,d_context) # dW = x^Tdz  #
(B,T) (B,D) ->(B,T,D)
    d_encoder_outputs = np.transpose(d_encoder_outputs, (1,0,2)) # [B,T,D] -> [T,B,D]
    return d_alphas,d_encoder_outputs
```

以上代码实现了多序列样本的加权和运算 bmm，T、B、D 分别表示序列长度、样本数目、每个时刻的数据长度。bmm() 接收形状为 (B,T) 的权重矩阵，其每一行都是一个样本的权重向量。encoder_outputs 是编码器输出的内容向量，形状为 (T,B,D)，需要先将其转换成形状为 (B,T,D) 的张量，再通过 np.einsum() 对每个样本用其权重向量对输出内容求加权和，得到长度为 D 的向量。einsum() 用字符串指令控制灵活的点积（矩阵乘）运算，如“bj, bjk -> bk”，左边两个张量 bj 和 bjk 相乘，产生右边的二维张量 bk，用字母（而不是数字 0、1、2）表示张量的轴。这个乘法计算可以用以下代码来模拟。

```
#循环计算结果张量的每个元素（下标为 bk）
for b in range(...)
    for k in range(...)
        C[b,k] = 0
        for j in range(...)
            C[b,k]+= A[b,j]*B[b,j,k]
```

将求权重向量及对编码器的输出内容求加权和的过程合并到一个注意力层 Atten 中，代码如下，训练损失曲线如图 7-69 所示。

```
#Attention layer at a time t
class Atten(Layer):
    def __init__(self, hidden_size):
        super().__init__()
        self.hidden_size = hidden_size
    def forward(self,hidden,encoder_outputs):
        self.hidden = hidden
        self.encoder_outputs = encoder_outputs
        alphas,energies = attn_forward(hidden,encoder_outputs)
        context = bmm(alphas,encoder_outputs)
        self.alphas,self.energies = alphas,energies
        return context,alphas,energies

    def __call__(self,hidden,encoder_outputs):
        return self.forward(hidden,encoder_outputs)

    def backward(self,d_context): #(B,D)
        alphas,energies,hidden,encoder_outputs = self.alphas,self.energies, \
                                                  self.hidden,self.encoder_outputs
        d_alphas,d_encoder_outputs_2 = bmm_backward(d_context,alphas, \
                                                     encoder_outputs)
```

```
    d_encoder_outputs,d_hidden = attn_backward(d_alphas,energies,hidden, \
                                             encoder_outputs)
    d_encoder_outputs+=d_encoder_outputs_2
    return d_hidden,d_encoder_outputs
```

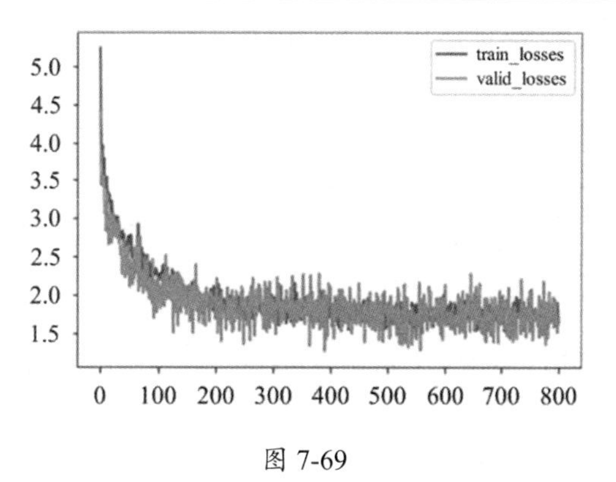

图 7-69

以下代码实现了上述简单的注意力机制的解码器。

```
from Layers import *
from rnn import *
import util

class  DecoderRNN_Atten(object):
    def __init__(self, hidden_size, output_size,num_layers=1, \
                  teacher_forcing_ratio = 0.5,dropout_p=0.1, max_length=MAX_LENGTH):
        super(DecoderRNN_Atten, self).__init__()

        self.hidden_size = hidden_size
        self.num_layers = 1
        self.teacher_forcing_ratio = teacher_forcing_ratio
        self.dropout_p = dropout_p
        self.max_length = max_length

        self.embedding = Embedding(output_size, hidden_size)
        self.dropout = Dropout(self.dropout_p)

        #self.attn = Dense(self.hidden_size * 2, self.max_length)
        self.attn = Atten(hidden_size)
        self.attn_combine = Dense(self.hidden_size * 2, self.hidden_size)
        self.relu = Relu()

        self.gru = GRU(hidden_size, hidden_size,1)
        self.out = Dense(hidden_size, output_size)

       #self.layers = [self.embedding,self.attn,self.attn_combine,self.gru,self.out]
        self.layers = [self.embedding,self.attn_combine,self.gru,self.out]
        self._params = None
```

```
        self.use_dropout = False

    def initHidden(self,batch_size):
        self.h_0 =  np.zeros((self.num_layers, batch_size, self.hidden_size))

    def forward_step_(self, input, prev_hidden,encoder_outputs,training=True):
        embedded = self.embedding(input)  #(B,D))
        if self.use_dropout and training:
            embedded = self.dropout(embedded,training)
        context,alphas,energies = self.attn(prev_hidden[0],encoder_outputs)
        attn_combine_out = self.attn_combine(np.concatenate((embedded, context), \
                                            axis=1))
        relu_out = self.relu(attn_combine_out)
        self.relu_x.append(self.relu.x)
        relu_out = np.expand_dims(relu_out, axis=0)
        output_hs, hidden = self.gru(relu_out,prev_hidden)
        output_hs_t = output_hs[0]#seq_len = 1
        output = self.out(output_hs_t)

        if training:
            self.embedded_x.append(self.embedding.x)
            if self.use_dropout:
                self.dropout_mask.append(self.dropout._mask)
            self.attn_x.append(( self.attn.alphas,self.attn.energies, \
                                self.attn.hidden,self.attn.encoder_outputs))
            self.attn_combine_x.append(self.attn_combine.x)
            self.relu_x.append(self.relu.x)

            self.gru_x.append((relu_out,self.gru.h))
            self.gru_hs.append(self.gru.hs)        #保持中间层的隐状态
            self.gru_zs.append(self.gru.zs)        #保持中间层的计算结果
            self.out_x.append(self.out.x)
        return output,hidden,output_hs_t

    def forward(self,input_tensor,encoder_outputs): #hidden,encoder_outputs):
        self.encoder_outputs = encoder_outputs  #(T,B,D)
        self.attn_weights_seq = []
        target_length = input_tensor.shape[0] #nput_tensor.size(0)

        teacher_forcing_ratio = self.teacher_forcing_ratio
        use_teacher_forcing = True if random.random() < teacher_forcing_ratio \
                            else False

        hidden_t = encoder_outputs[-1].reshape(1,encoder_outputs[-1].shape[0], \
                                            encoder_outputs[-1].shape[1])
        h_0 = hidden_t.copy()
        input_t = np.array([SOS_token])

        output = []
```

```
        output_hs = []
        self.gru_x = [] #gru input
        self.gru_hs = []
        self.gru_zs = []
        self.dropout_mask = []
        self.embedded_x = []
        self.relu_x = []
        self.attn_x = []
        self.attn_combine_x = []
        self.attn_weights_seq = []
        self.out_x = []

       # encoder_outputs = np.pad(self.encoder_outputs,((0,self.max_length-self.enco
der_outputs.shape[0]),(0,0),(0,0)), 'constant')
        for t in range(target_length):
            output_t, hidden_t,output_hs_t = self.forward_step(input_t, \
                                            hidden_t,encoder_outputs)
            output_hs.append(output_hs_t)
            output.append(output_t)

            if use_teacher_forcing:
                input_t = input_tensor[t]          #教师强制
            else:
                input_t = np.argmax(output_t)      #最大概率
                if input_t== EOS_token:
                    break
                input_t = np.array([input_t])

        output = np.array(output)
        self.output_hs = np.array(output_hs)
        self.h_0 = h_0
        return  output

    def __call__(self, input, hidden):
        return self.forward(input, hidden)

    def evaluate(self, encoder_outputs,max_length):
        hidden = encoder_outputs[-1]
        hidden = hidden.reshape(1,hidden.shape[0],hidden.shape[1])
        input_T = self.encoder_outputs.shape[0]
        #encoder_outputs = np.pad( self.encoder_outputs,((0,self.max_length- input_
T),(0,0),(0,0)), 'constant')

        # input:(1, batch_size=1, input_size)
        input = np.array([SOS_token])
        decoded_words = []
        for t in range(max_length):
            output,hidden,_ = self.forward_step(input,hidden,encoder_outputs,False)
            output = np.argmax(output)
```

```
            if output==EOS_token:
                break;
            else:
                decoded_words.append(output)
                input = np.array([output])
        return   decoded_words

    def backward(self,dZs):
        input_T = self.encoder_outputs.shape[0]
        d_encoder_outputs  = np.zeros_like(self.encoder_outputs)
        T = len(dZs)
        dprev_hidden = np.zeros_like(self.h_0)
        for i in reversed(range(T)):
            self.out.x = self.out_x[i]
            dh = self.out.backward(dZs[i])
            dh += dprev_hidden[-1]

            dhs = np.expand_dims(dh, axis=0)
            self.gru.hs = self.gru_hs[i]
            self.gru.zs = self.gru_zs[i]
            relu_out,self.gru.h = self.gru_x[i]
            drelu_out,dprev_hidden = self.gru.backward(dhs,relu_out)
            drelu_out = drelu_out.reshape(drelu_out.shape[1],drelu_out.shape[2])

            self.relu.x = self.relu_x[i]
            d_relu_x = self.relu.backward(drelu_out)
            d_attn_combine_out = d_relu_x

            self.attn_combine.x = self.attn_combine_x[i]
            d_attn_combine_x = self.attn_combine.backward(d_attn_combine_out)
            d_embedded, d_attn_out = d_attn_combine_x[:,:self.hidden_size], \
                                     d_attn_combine_x[:,self.hidden_size:]
            self.attn.alphas,self.attn.energies,self.attn.hidden, \
            self.attn.encoder_outputs = self.attn_x[i]
            dprev_hidden_2,d_encoder_outputs_2 = self.attn.backward(d_attn_out)

            if self.use_dropout:
                self.dropout._mask = self.dropout_mask[i]
                d_embedding = self.dropout.backward(d_embedded)
            else:
                d_embedding = d_embedded

            self.embedding.x = self.embedded_x[i]    ## recover the original x when do
forward
            self.embedding.backward(d_embedding)

            dprev_hidden+= dprev_hidden_2
            d_encoder_outputs +=d_encoder_outputs_2 #[:input_T]      #所有时刻都要累加
```

```
        #d_encoder_outputs[input_T-1]+=dprev_hidden[0]
        d_encoder_outputs[-1]+=dprev_hidden[0]
        return dprev_hidden,d_encoder_outputs #dhidden

    def parameters(self):
        if self._params is None:
            self._params = []
            for layer in self.layers:
                for i, _ in enumerate(layer.params):
                    self._params.append([layer.params[i],layer.grads[i]])
        return self._params
```

```
....
600m 28s (80000 100%) 1.6529
```

用训练得到的模型进行预测，代码如下。

```
indices = np.random.randint(len(train_pairs), size=3)
for i in indices:
    pair = pairs[i]
    print(pair)
    sentence = pair[0]
    sentence = evaluate(encoder, decoder,in_vocab,out_vocab, \
                        sentence,MAX_LENGTH,False)
    print(sentence)
```

```
['tu n ecoutes pas !', 'you re not listening !']
you re not a .
['nous irons .', 'we re going .']
we re going . .
['nous y sommes pretes .', 'we re ready for this .']
we re ready for it .
```

从预测结果看，效果似乎没有提升多少。感兴趣的读者可以尝试增加迭代次数、调整学习参数，特别是采用不同的注意力机制，以求得到更好的结果。

第 8 章　生成模型

数据是机器学习和现代人工智能的基础，数据量越大，机器学习算法的性能就越好。大公司正是拥有了大量的数据，才能开发出高性能的人工智能产品，如搜索引擎、推荐系统、智能游戏等。人们常说，"谁拥有了数据，谁就拥有了未来"，大数据也是神经网络能重新兴起并发展成深度学习的关键因素之一。

对于很多问题，人工获取数据（如医学影像数据）通常是很困难的，且代价很大。例如，要想提高人脸识别的性能，就需要大量人脸图像数据，而采集这些数据不仅需要获得用户的授权，还需要付出一定的成本，如果能自动生成难以和真实人脸区分的人脸图像，就可以在节省成本的基础上促进相关研究与应用的发展。再如，电子游戏、影视作品中有大量的二维和三维场景，设计和制作这些场景需要耗费大量的人力、物力、财力，从而使制作一款游戏、拍摄一部电影的成本非常高，如果能自动生成高质量的场景，就可以使设计人员更专注于创造性的工作。

机器学习中的**生成模型**（Generative Model）专门研究如何用计算机自动生成类似真实数据的数据，即生成模型可以自动生成难以和真实数据区分的伪造数据。我们在第 7 章中讨论的语言模型就是一个生成模型。好的语言模型可以生成通顺的句子，用于机器翻译、聊天对话、文章生成等方面。通常，只要把循环神经网络训练好，就可以用它产生源源不断的序列数据。

因此，自动生成的数据可以解决许多研究领域的数据缺乏问题，不仅可以提升相关问题的机器学习算法的性能，还有助于各种应用产品的研发。例如，自动人脸生成技术被用于视频人脸替换（如 DeepFake）等各种人脸应用问题，自动图像生成技术可以生成各种风格的图像，自动语音合成技术可以自动合成各种类似于真人声音的语音，还有自动谱曲，等等。

本章主要讨论目前最热门的两种基于深度神经网络（深度学习）的生成模型技术，即**变分自动编码器**和**生成对抗网络**。

8.1　生成模型概述

以生成人脸图像为例，如何自动生成和真实人脸一样的人脸图像？如果涂鸦式地给一幅图像中的像素任意着色，显然不可能产生看起来像真实图像、更不用说是人脸的图像。

世界上每个人的脸都是不同的。但不管不同的人脸的差别有多大，人们都能一眼看出图像中的是人脸，而不是猫、狗或植物。如果将所有人脸图像用同样形状的张量（如三维张量，即红、绿、蓝三种颜色的图像）来表示，例如用 $3 \times 1024 \times 768$ 的张量表示一幅人脸图像，其中包含 1024×768 个像素，每个像素都由红、绿、蓝三种颜色的值表示，即一幅人脸图像包含 $3 \times 1024 \times 768$ 个变量值，那么，用 $\boldsymbol{x}$ 表示这个张量，$\boldsymbol{x}$ 就是一个 $3 \times 1024 \times 768$ 维的线性空间数据点，或者说，每个 $\boldsymbol{x}$ 都对应于这个线性空间中的一个坐标点。所有的人脸图像所对应的 $\boldsymbol{x}$，在这个空间中不是杂乱无章的，而是通常位于某个很小的子空间内，如同二维平面上的直线上的点都分布在这条直线上一样。$\boldsymbol{x}$ 是一个变化的随机变量。所有人脸图像所对应的 $\boldsymbol{x}$ 坐标点，在这个很大的线性空间内的分布情况，具有特定的概率分布规律，或者说，具有确定的概率分布，只不过，这个概率分布无法用可解析的数学式表示出来。

如果通过某种模型能自动生成难以和真实人脸图像区分的人脸图像，那么这些自动生成的图像一定服从真实人脸图像的潜在的概率分布。

生成模型就是要生成和真实数据具有相同（或者尽可能相似）概率分布的人造数据。例如，真实数据是平面上一个圆的所有数据点，如果生成的数据点也在这个圆上，就说生成的数据点满足圆的分布。再如，真实数据是满足某种概率分布的、在数轴上的一些实数，如在 [0,1] 区间均匀分布的实数，如果生成模型生成的实数也是在 [0,1] 区间均匀分布的，即生成的实数和真实的实数具有相同的概率分布，那么，这两组实数就是难以区分的。然而，我们通常只知道这些实数，不知道这些实数的潜在的概率分布。如何生成和这些真实的实数具有同样概率分布的实数呢？这就是生成模型要解决的问题。

生成模型通常是某种参数化模型，如同参数化的神经网络函数，为了得到一个能够生成和真实数据服从相同分布的伪造数据的生成模型，需要根据真实数据来学习参数化生成模型的参数，这和用真实数据学习回归模型的参数是一样的。只要确定了参数化生成模型的参数，就能根据这个确定的生成模型自动生成服从真实数据分布的伪造数据，也就是说，这些伪造数据和真实数据是难以区分的。

当然，由生成模型生成的数据，其分布和真实数据的分布不可能完全一样——两个分布越接近，就越难区分生成数据和真实数据。

如果有一组位于一个实数轴上的实数（真实数据就是一个实数），它们在实数轴上的分布情况未知，那么，如何生成伪造的、和这些真实的实数难以区分的实数（或者说，伪造的实数服从真实的实数的分布规律）呢？例如，这些实数是海南省居民的身高数据，如果生成了一个不服从这些身高数据分布的实数，就很容易被识别出来。

对于一组实数这种低维数据，可以通过简单的统计计算，用频率来逼近数据的概率分布。例如，执行以下代码，用来自文件 real_values.npy 的一组实数组成真实的数据。

```
import numpy as np
x =  np.load('real_values.npy')
print(x.shape)
print(x[:5])
```

```
(10000,)
[4.88202617 4.2000786  4.48936899 5.1204466  4.933779  ]
```

这组实数在实数空间中是如何分布的？或者说，它们服从什么样的概率分布？可以将实数轴分成很多小区间，统计实数落在每个小区间的频率。只要数据足够多，这个频率就能足够逼近概率，从而帮助我们了解这些实数在实数空间内的概率分布情况。执行以下代码，以直方图和曲线的形式展示这组数据逼近概率的频率分布，如图 8-1 所示。

```
import numpy as np
from matplotlib import pyplot as plt
%matplotlib inline

def draw_hist(plt,x,bin_num = 10):
    xmin, xmax = np.min(x),np.max(x)
    bins = np.linspace(xmin, xmax, bin_num)
    plt.hist(x, bins=bins,density = True,alpha = 0.7)

    x2 = np.sort(x)                                    #对实数进行排序
    p, _ = np.histogram(x2, bins, density=True)        #计算bins中每个区间的频率p
    p_x = np.linspace(xmin, xmax, len(p))
    plt.plot(p_x, p, 'b-', linewidth=2, label='real data')


draw_hist(plt,x,26)
plt.show()
```

通过如图 8-1 所示的直方图可以看出，这些实数服从的分布接近高斯分布，高斯分布的中心点（均值）约为 4.0。同时，很容易计算出这组实数的标准差，大约为 0.5。

对这组实数，也可以用 seaborn 库的 kdeplot() 函数绘制概率分布图，且代码更加简单，具体如下。得到的概率分布图，如图 8-2 所示。

```
import seaborn as sns
sns.set(color_codes=True)
sns.kdeplot(x.flatten(), shade=True, label='Probability Density')
```

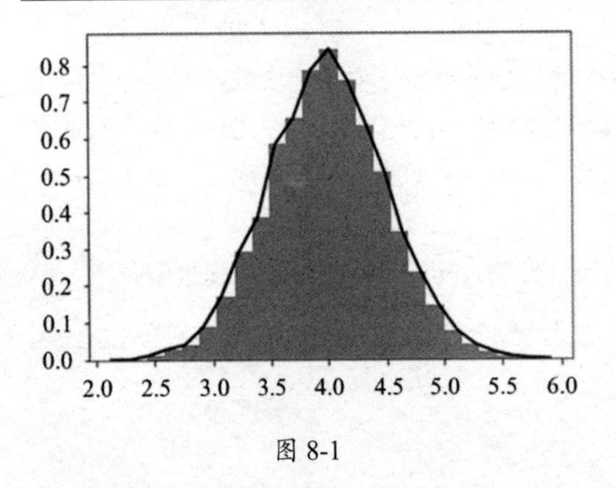

图 8-1

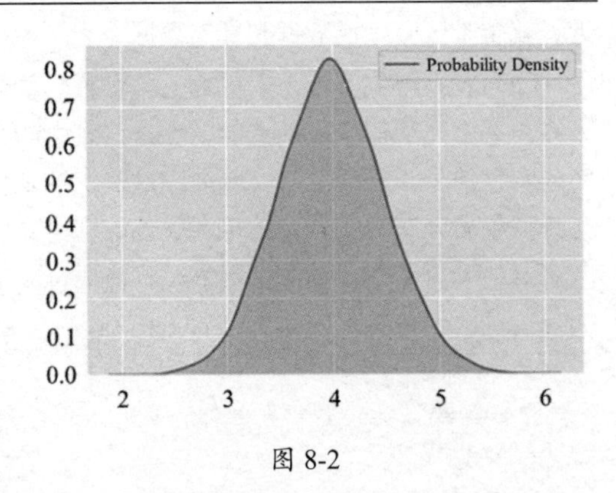

图 8-2

实际上，这些实数确实采样自均值为 4、方差为 0.5 的正态分布。它们是用下列代码生成的。

```
import numpy as np

np.random.seed(0)
mu = 4
sigma = 0.5
M = 10000
```

```
x = np.random.normal(mu, sigma, M)
print(x[:5])
np.save('real_values.npy', x)
```

```
[4.88202617 4.2000786  4.48936899 5.1204466  4.933779  ]
```

即这组实数服从均值为 4、标准差为 0.5 的高斯分布，代码如下，如图 8-3 所示。

```
def gaussian(x, mu, sig):
   return np.exp(-np.power(x - mu, 2.) / (2 * np.power(sig, 2.)))

xmin, xmax = np.min(x),np.max(x)
x_values = np.linspace(xmin, xmax, 100)
plt.plot(x_values, gaussian(x_values, mu, sigma))
y = [0]*len(x)
#plt.scatter(x, y, c='b', s=3)
plt.show()
```

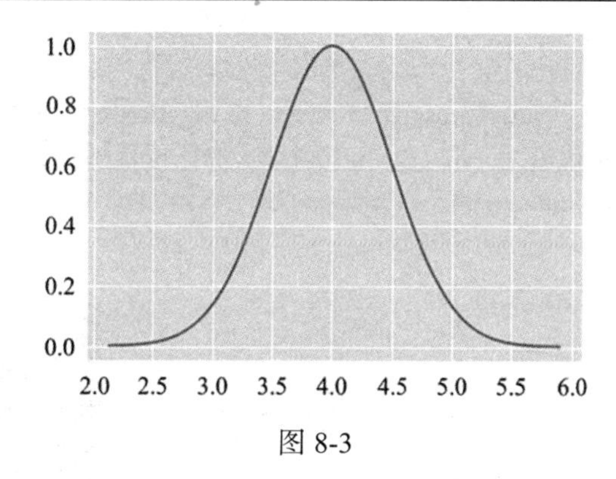

图 8-3

可以看出，在均值 4 附近的实数被采样的概率大，距离 4 越远的实数被采样的概率越小。因此，这组实数是一维实数空间中的数据，它们满足均值为 4、标准差为 0.5 的高斯分布。只要找到了分布规律，就可以直接生成符合这个分布规律的实数。

对于高维数据，采用上述计算频率的方法去发现真实数据在高维数据空间中的分布，不仅计算量很大，也是不现实的。例如，真实人脸数据集是一些人脸图像的集合，如果每个人脸图像都包含 256×256 个像素，每个像素用红、绿、蓝三种颜色表示，那么每个图像有 $256 \times 256 \times 3 = 196608$ 个数值，图像的维度是 196608，即所有人脸图像都在一个 196608 维的空间中，每个人脸图像都是这个高维空间中的一个数据点。这些人脸图像在这个高维空间中是如何分布的？直接估计 196608 个随机变量 $(x_1, x_2, \cdots, x_{196608})$ 的概率（密度）分布 $p(x_1, x_2, \cdots, x_{196608})$，是一项不可能完成的任务（既没有足够的人脸图像，计算量也是巨大的）。

对于高维数据，需要根据真实数据学习某个参数化的生成模型，以便根据这个生成模型去生成类似于真实数据的数据。有的生成模型可以直接表示概率分布，或者说，允许直接计算概率分布；有的生成模型本身并不表示概率分布，但根据这个模型生成的数据的分布与真实数据的分布很接近，即这个生成模型可以直接用来生成数据，而不是计算真实数据的概率分布。本章后续讨论的都是能直接生成数据的生成模型（VAE 和 GAN）。

从数学的角度，生成模型根据一组真实数据（如一组实数或一组人脸图像），学习一个参数化的生成模型函数 $G(\boldsymbol{z}|\theta)$。只要参数 θ 确定了，这个函数就确定了。该函数将一个隐变量 $\boldsymbol{z}$ 映射为一个真实数据，隐变量 $\boldsymbol{z}$ 所在的空间通常是一个比真实数据维度低很多的低维线性空间（例如，$\boldsymbol{z}$ 是一个长度很短的向量，真实数据是一幅包含数百万个像素点的图像）。不同的 $\boldsymbol{z}$ 会产生不同的 $G(\boldsymbol{z})$，如果 $G(\boldsymbol{z})$ 满足的概率分布 p_{fake} 接近真实数据的分布 p_{real}，那么这样的生成模型函数就可以产生以假乱真的数据。

综上所述，生成模型就是寻找一个生成模型函数 $G(\boldsymbol{z})$，使得从一个随机变量（向量）$\boldsymbol{z}$ 可以生成和真实数据类似的数据 $G(\boldsymbol{z})$。不同的随机变量 $\boldsymbol{z}$ 产生不同的生成数据 $G(\boldsymbol{z})$，这些 $G(\boldsymbol{z})$ 的分布规律应该和真实数据 $\boldsymbol{x}$ 的分布规律接近。

如图 8-4 所示，通过很多真实的人脸图像学习一个人脸图像的生成模型函数，然后用这个函数在隐空间采样（如一个向量），生成一个能以假乱真的人脸图像。

采用神经网络（深度学习）作为生成模型函数的生成模型主要有 3 种，即生成对抗网络、变分自动编解码、自回归模型（Autoregressive Models，如 PixelRNN）。例如，采用生成对抗网络生成的人脸图像（ThisPersonDoesNotExist.com）和真实人脸图像是难以区分的，如图 8-5 所示。

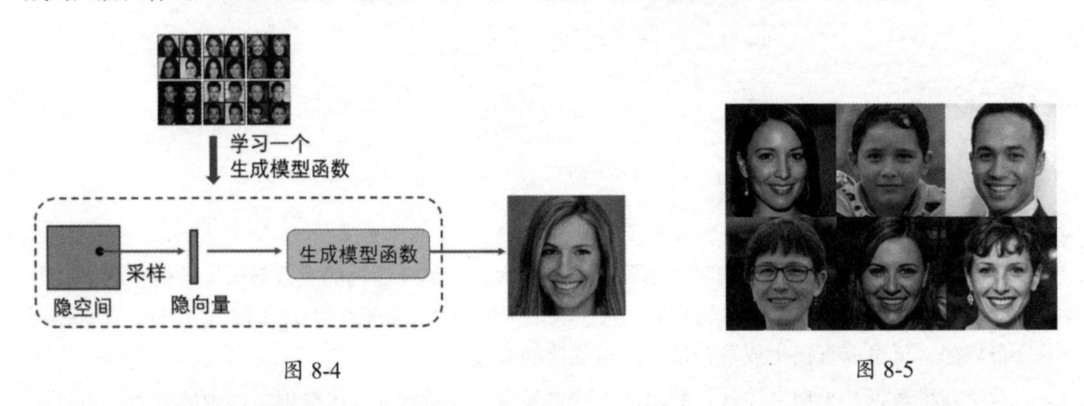

图 8-4　　图 8-5

8.2 自动编码器

在介绍变分自动编码器之前，我们来认识一种和它相关的自动编码器。了解自动编码器，有助于我们理解变分自动编码器。

8.2.1 什么是自动编码器

用于分类和回归问题的神经网络，可以将一个输入 x 映射到一个输出 y，即神经网络是一个从 x 到 y 的映射 $y = f(x)$。x 是数据特征，y 是和 x 不一样的目标值。如果 y 和 x 是同一个，即这是一个恒等的映射 $x = f(x)$——会产生什么结果？如果每一层的神经元数目和 x 的特征数目一样，那么每个神经元可以将其中一个特征分量恒等映射输出，如图 8-6 所示。

如果隐含层的神经元数目与特征数目不一样，如其数目小于特征数目，如图 8-7 所示，那么输入的多个特征就需要经过这个“**瓶颈**”后输出。如果神经网络能重构原来的输入（即网络的输出和输入是一样的），就说明这个瓶颈层的激活输出向量包含输入的所有信息，也就是说，瓶颈层的激活输出实际上是输入数据的一种压缩表示，如同压缩后的文件实际上包含原始文件的所有信息一样，即瓶颈层的表示捕获了输入数据特征之间的内在关系（内在结构）。这也说明，原始数据的特征之间不是相互独立的，是具有相关性的。例如，一幅图像的相邻像素具有相近的颜色，正是因为一幅图像中的像素具有相关性，因此，图像压缩算法才能将图像压缩成更小的数据，并通过解压恢复原始图像。

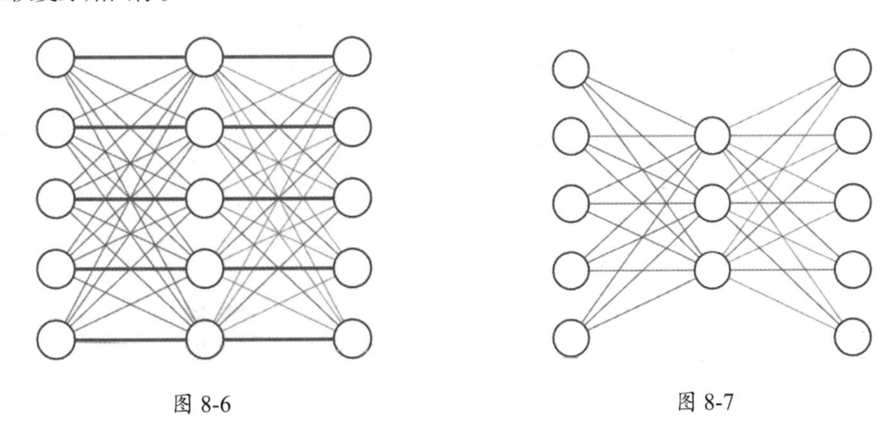

图 8-6　　　　图 8-7

如果一个数据的特征之间是相互独立的，那么瓶颈层压缩表示就无法完整地表示这些特征，必然会丢失很多输入的特征，也就无法重构输入了。

神经网络的隐含层可以进行数据特征的变换。神经元数目小于原始数据特征数目的隐含层的输出是原始数据的一种压缩表示。这种将输入通过隐含层再重构自身的神经网络，可以自动学习数据的内在特征，因此也称为**特征学习**。

在实际应用中，我们需要处理的数据（如图像）经常是高维的，而其本质特征一般都是低维的。用低维的数据特征表示原始数据，可以提高机器学习算法的效率和性能，如降低内存消耗和运算量、提高算法的收敛速度等。例如，人脸图像可能包含数百万个像素，但机器学习经常用低维特征来表示人脸图像，如用 PCA 降维技术将人脸表示成一个只包含数十个数值的向量。

数据可以有不同的特征表示，如一个圆可以用圆上的很多个像素（点）来表示，这种用于表示圆的像素图称为位图，也可以用多个线段逼近一个圆来表示一个圆。这两种表示法都需要很多数值才能高质量地表示一个圆。此外，可以用三个数值来表示圆，即圆的半径和圆心的坐标。圆的半径和坐标是圆的内在特征。这三种表示圆的方法，从不同的角度表示了圆的特征。同样，对于其他任何类型的数据，都可以有多种方法来表示。数据的不同表示方法，就是从不同的角度表示数据的不同特征。

选择合适的数据特征表示，是决定机器学习成败的关键。在过去几十年里，机器学习努力的主要目标之一就是：如何从数据原始形式的高维特征表示，寻找低维的、更本质的特征表示。从高维数据寻找其低维特征表示的过程，称为**特征工程**。设计各种人工特征是过去几十年人工智能领域研究人员的主要研究目标，针对不同的数据，人们提出了多种特征降维技术、设计了多种人工特征。随着深度学习的兴起，用神经网络自动学习特征，将研究人员从耗时费力的人工特征工程中解放出来，从而专注于更具创新性的工作。

自动编码器（Autoencoder，AE）就是用带有瓶颈层的神经网络来自动学习数据特征的技术。在训练这个神经网络时，这个神经网络的样本的目标就是数据自身。当网络的输出能够重构输入时，这个神经网络的瓶颈层就是数据的低维特征（或者说，低维表示）。如图 8-8 所示，这个神经网络函数可以被看成两个函数：从数据输入层到瓶颈层是一个函数，即编码器，它负责接收输入数据，产生一个比输入数据维度低的向量（称为隐向量）；从瓶颈层到重构输出层是另一个函数，即解码器，它负责接收隐向量的输入，输出和输入数据形状相同的输出值（这个输出值应尽量重构输入数据）。解码器的输出值和编码器的输入数据之间的误差，构成了自动编码器的损失，称为**重构损失**。通过最小化这个损失，可以使解码器的输出和编码器的输入数据尽可能相等，即使解码器的输出可以重构输入。对于一个输入数据，编码器输出的隐向量就是这个数据的低维压缩表示，它表示了数据自身的某种内在本质特征。

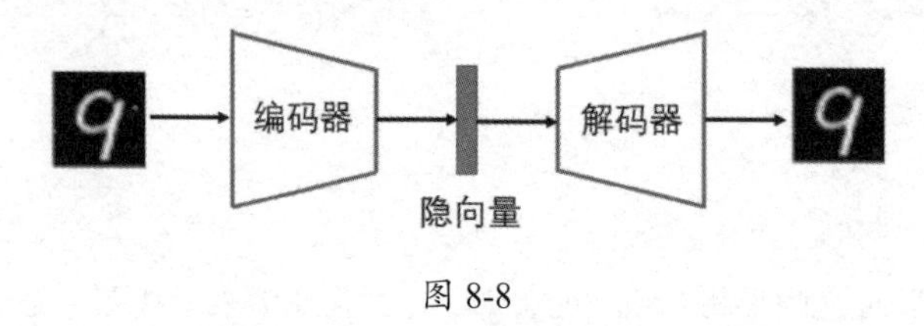

图 8-8

因此，编码器可以将一个高维的数据 $\boldsymbol{x}$ 编码成一个低维的向量 $\boldsymbol{z}$，解码器可将这个低维的向量 $\boldsymbol{z}$ 映射回原来的数据空间，得到一个和 $\boldsymbol{x}$ 非常接近的数据 $\boldsymbol{x}'$。$\boldsymbol{x}$ 经过编码器输出的 $\boldsymbol{z}$ 称为**隐向量**，所有可能的隐向量构成的线性空间称为**隐空间**。

设：编码器函数是 $\boldsymbol{z}=q_\theta(\boldsymbol{x})$，它将一个输入 $\boldsymbol{x}$ 映射为隐向量 $\boldsymbol{z}$；解码器函数是 $\boldsymbol{x}'=p_\alpha(\boldsymbol{z})$，它将一个隐向量 $\boldsymbol{z}$ 映射成一个和编码器的输入 $\boldsymbol{x}$ 形状相同的数据 $\boldsymbol{x}'$，$\boldsymbol{x}'$ 应尽可能和 $\boldsymbol{x}$ 相同（当然，$\boldsymbol{x}$ 和 $\boldsymbol{x}'$ 不可能完全相同，会存在一些误差）。θ 和 α 分别是编码器和解码器的模型参数，它们一旦确定，编码器和解码器函数就确定了。

对于一个已经训练好的自动编码器，其解码器就是一个生成器函数，可以从一个隐向量生成（产生）一个类似于真实数据的数据。例如，训练一个针对 MNIST 手写数字集的自动编码器，将 28×28 的手写数字图像直接输入编码器（或者转换成大小为 784 的输入向量输入编码器），编码器将输出某个长度（比如为 10）的隐向量 $\boldsymbol{z}$。将这个隐向量输入解码器，就会输出一个长度为 784 的向量（或者 28×28 的图像）。

自动编码器的主要作用是将数据进行压缩。隐向量是一个比输入数据维度低的向量。数据样本经过编码函数映射到隐向量，再经过解码函数映射回自身，这个过程称为**重构**。自动编码器的编码和解码过程类似于数据压缩，压缩软件将一个文件（文件夹）压缩成小文件，然后通过解压还原原始的文件（文件夹）。解压文件和原始文件之间的误差，就是压缩误差。如果被压缩的文件和解压后的文件完全相同，就是无损压缩；否则，就是有损压缩。

自动编码器的编码和解码属于有损压缩，也就是说，将 $\boldsymbol{x}$ 编码为隐向量 $\boldsymbol{z}$，从隐向量 $\boldsymbol{z}$ 解码得到的 $\boldsymbol{x}'$ 和 $\boldsymbol{x}$ 不完全相同，但非常接近。

为了学习编解码器函数的参数 θ 和 α，可以用所有真实数据 $\boldsymbol{x}$ 构成监督式学习的训练样本 $(\boldsymbol{x}, \widehat{\boldsymbol{x}})$（即样本的目标值就是输入数据）来训练编解码器模型。自动编码器的损失函数为

$$\mathcal{L}(\boldsymbol{x}, \widehat{\boldsymbol{x}}) + \mathcal{L}_{\text{regularizer}}$$

上式包含重构误差和防止过拟合的正则项 $\mathcal{L}_{\text{regularizer}}$。

自动编码器可对数据去噪，只要在训练自动编码器时，将数据的噪声版本和去噪版本分别作为训练样本的数据特征和目标值即可，即样本 $(x_{\text{noise}}, x_{\text{denoise}})$ 中的 x_{noise} 和 x_{denoise} 分别表示有噪声的数据和无噪声的数据。用于去除噪声的自动编码器称为**去噪自动编码器**。如图 8-9 所示，去噪自动编码器的输入是有噪声的图像，解码器的输出目标是去噪后的图像。

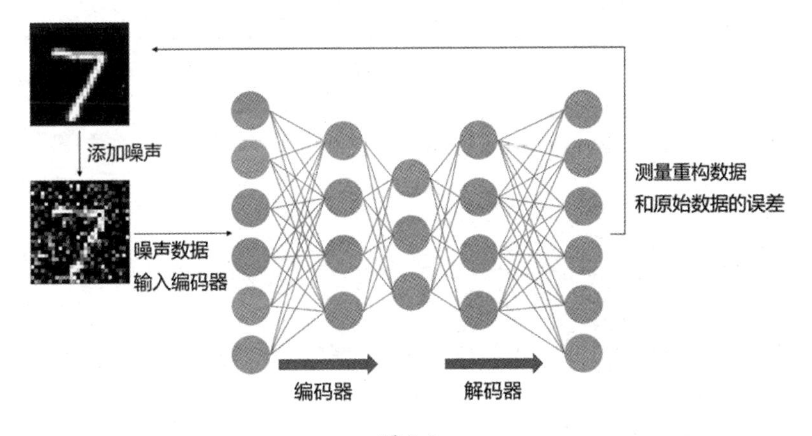

图 8-9

8.2.2　稀疏编码器

为了得到低维的特征表示，在通常情况下，隐含层的神经元数目远少于数据特征的数目。但是，隐含层的神经元数目到底设置为多大才合适呢？这是很难确定的。如果隐向量长度不够，就可能会缺少足够的特征，使解码器很难重构数据。有时，需要让自动编码器的隐含层的数目大一点，甚至和数据特征的数目不相上下。通过稀疏约束正则项，可以使隐向量的非 0 值数目变得很少（尽管隐向量元素的数目很多，但因为非 0 值很少，也能达到对数据进行低维压缩的目的）。定义如下损失函数。

$$\mathcal{L}(\boldsymbol{x}, \widehat{\boldsymbol{x}}) + \lambda \sum_i \left| a_i^{(h)} \right|$$

其中，$a_i^{(h)}$ 是隐含层的激活输出。这个惩罚项迫使这些值尽可能接近 0，即“使非 0 值尽量少”

（稀疏性）。稀疏约束起到了和瓶颈层相似的作用。采用稀疏约束的自动编码器称为**稀疏编码器**。

另一种常用的稀疏约束是 KL 散度（参见 8.6.2 节）约束。如果用 $\hat{\rho}_j = \frac{1}{m}\sum_i \left[a_i^{(h)}(x)\right]$ 表示隐含层的平均激活值，那么，可以将这个值看成一个 Bernoulli 随机变量，从而用 KL 散度表示理想的分布和待观察的分布之间的差异，公式如下。

$$\mathcal{L}(\boldsymbol{x},\widehat{\boldsymbol{x}}) + \sum_i \mathrm{KL}(\rho \| \hat{\rho}_j)$$

两个分布的 KL 散度为

$$\sum_{j=1}^{l^{(h)}} \rho \log \frac{\rho}{\hat{\rho}_j} + (1-\rho)\log \frac{1-\rho}{1-\hat{\rho}_j}$$

8.2.3 自动编码器的代码实现

下面我们用 MNIST 手写数字集说明如何实现一个自动编码器。首先，读取 MNIST 手写数字集，代码如下，如图 8-10 所示。

```
#读取数据
import matplotlib.pyplot as plt
%matplotlib inline
import pickle, gzip, urllib.request, json
import numpy as np
import os.path

def read_mnist():
    if not os.path.isfile("mnist.pkl.gz"):
        # Load the dataset
        urllib.request.urlretrieve("http://deeplearning.net/data/mnist/mnist.pkl.gz",
 "mnist.pkl.gz")

    with gzip.open('mnist.pkl.gz', 'rb') as f:
        train_set, valid_set, test_set = pickle.load(f, encoding='latin1')
    return train_set, valid_set, test_set

def draw_mnists(plt,X,indices):
    for i,index in enumerate(indices):
        plt.subplot(1, 10, i+1)
        plt.imshow(X[index].reshape(28,28),  cmap='Greys')
        plt.axis('off')

train_set, valid_set, test_set = read_mnist()

train_X, train_y = train_set
valid_X, valid_y = valid_set
test_X, test_y = valid_set

print(train_X.dtype)
```

```
print(train_X.shape)
print(valid_X.shape)
print(np.mean(train_X[0]))

draw_mnists(plt,train_X,range(10))
plt.show()
```

```
float32
(50000, 784)
(10000, 784)
0.13714226
```

5 0 4 1 9 2 1 3 1 4

图 8-10

然后，定义一个自动编码器神经网络，并用训练集 train_X 中的样本作为数据输入和目标值来训练这个神经网络，代码如下。

```
import util
import train
np.random.seed(100)

nn = NeuralNetwork()
nn.add_layer(Dense(784, 32))
nn.add_layer(Relu()) # Leaky_relu(0.01)) #Sigmoid()) #Leaky_relu(0.01)) #Relu()) # #

nn.add_layer(Dense(32, 784))
nn.add_layer(Sigmoid())

learning_rate = 1e-2 #0.01
momentum = 0.9 #0.8 # 0.9
#optimizer = SGD(nn.parameters(),learning_rate,momentum)
optimizer = train.Adam(nn.parameters(),learning_rate,0.5)

reg  = 1e-3 #1e-3
loss_fn = util.util.mse_loss_grad# loss_grad_least
batch_size = 128

X= train_X
epochs= 5 # 10000//(len(X)//batch_size)
print_n = 150
losses = train_nn(nn,X,X,optimizer,loss_fn,epochs,batch_size,reg,print_n)
```

```
0 iter: 181.4754917881575
195 iter: 37.86314183909435
390 iter: 26.37453076661517
585 iter: 23.174562871581397
780 iter: 18.48867272781079
```

```
975 iter: 17.106892623912394
1170 iter: 14.298662482564286
1365 iter: 13.615108972766208
1560 iter: 12.110143611597861
1755 iter: 11.548596796674369
```

执行以下代码，绘制损失曲线，如图 8-11 所示。

```
import matplotlib.pylab as plt
%matplotlib inline
plt.plot(losses)
```

执行以下代码，查看重构结果。如图 8-12 所示，是当学习率为 0.001、epochs 为 100 时，通过训练得到的自动编码器的目标图像（上）和重建图像（下）。

```
def draw_predict_mnists(plt,X,indices):
    for i,index in enumerate(indices):
        aimg = train_X[index]
        aimg = aimg.reshape(1,-1)
        aimg_out = nn(aimg)
        plt.subplot(2, 10, i+1)
        plt.imshow(aimg.reshape(28,28),cmap='gray')
        plt.axis('off')
        plt.subplot(2, 10, i+11)
        plt.imshow(aimg_out.reshape(28,28),cmap='gray')#cmap='gray')
        plt.axis('off')

draw_predict_mnists(plt,train_X,range(10))
plt.show()
```

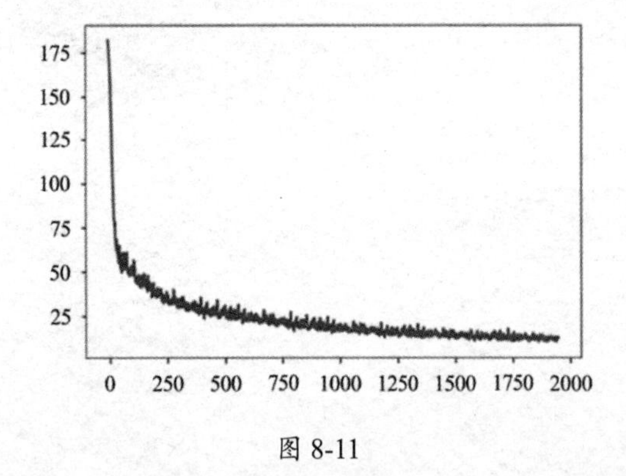

图 8-11

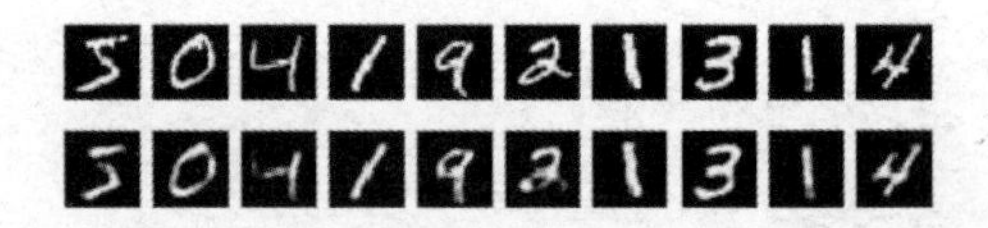

图 8-12

可以看出，输出的图像几乎重构了输入的图像。当然，还可以对网络参数和训练过程进行调优，以得到更好的结果。

作为练习，读者可以对训练样本的输入添加噪声（训练代码不需要修改，就可以使该网络具有图像去噪功能）。另外，读者也可以用卷积神经网络替代这里的全连接神经网络。采用卷积神经网络的自动编码器，称为**卷积自动编码器**。

8.3　变分自动编码器

8.3.1　什么是变分自动编码器

变分自动编码器（Variational Autoencoders，VAE）是由 Kingma 和 Welling 等人（2013 年），以及 Rezende、Mohamed、Wierstra 等人（2014 年）提出的一种生成模型方法。

VAE 是对传统 AE 的增强。VAE 的工作过程，如图 8-13 所示。VAE 的编码器输出的是概率分布的参数，将该概率分布采样的隐向量作为解码器的输入；解码器的输出和编码器的输入形状相同，二者之间的误差作为损失函数值。

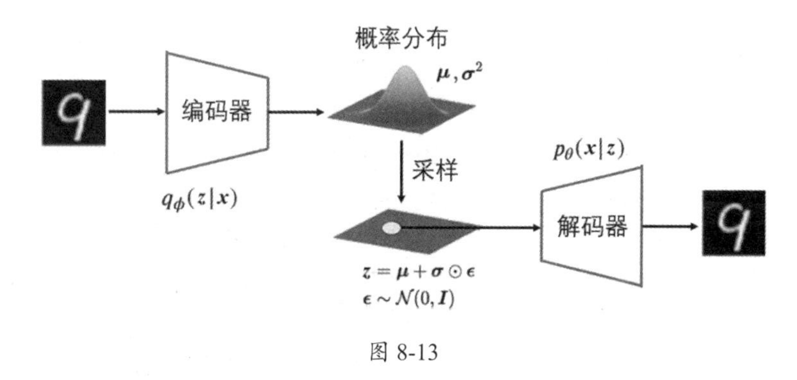

图 8-13

和 AE 将一个数据（如图像）映射为一个隐空间的固定长度的向量不同，VAE 将数据映射为某个概率分布（实际上，映射到概率分布参数）。例如，VAE 将一幅图像映射为一个服从高斯分布的参数，比如输出高斯分布的均值 μ 和方差 σ^2。

如果从这个概率分布随机采样一个隐向量数据点，那么根据高斯分布的特点，这个数据点应该集中在 μ 附近，如采样的数据点 $z = \mu + \sigma^2 \times \epsilon$，其中 ϵ 是一个很小的数。每个采样点 $\boldsymbol{z}$ 都会被解码器映射到一个图像 x' 上。因为这些 $\boldsymbol{z}$ 都围绕在 μ 附近，所以解码后的 x' 都是和 x 相近的图像，即连续的隐向量 $\boldsymbol{z}$ 产生连续变化的数据 x'，使数据在隐空间内更加结构化，从而可以对隐向量进行有意义的编辑，并根据需求对数据进行修改和控制。

编码器和解码器函数是由神经网络的参数 ϕ、θ 决定的。编码器神经网络的输出是隐向量 $\boldsymbol{z}$ 的概率密度的参数（假设是符合高斯分布的参数 μ、σ^2），即对每个输入 $\boldsymbol{x}$，编码器输出的 $q_\phi(\boldsymbol{z}|\boldsymbol{x})$ 都是一个概率分布的参数，表示 $\boldsymbol{x}$ 映射到不同的 $\boldsymbol{z}$ 的可能性（概率）。解码器函数 $p_\theta(\boldsymbol{x}|\boldsymbol{z})$ 表示将 $\boldsymbol{z}$ 映射到一个和 $\boldsymbol{x}$ 形状相同的输出，该输出也可以是一个概率，如 $\boldsymbol{x}$ 是 28×28 的手写数字图像，其中每个像素的值是 1 或 0，则解码器的输出 $p_\theta(\boldsymbol{x}'|\boldsymbol{z})$ 也是一个 28×28 的张量，表示每个位置是输入 $\boldsymbol{x}$ 的对应值（如 1 或 0）的概率。

8.3.2　变分自动编码器的损失函数

VAE 的损失包括重构损失和正则项两部分。重构损失描述了输出和输入的逼近程度，可以用逻辑回归的对数损失或平方差损失来表示。正则项能使隐变量的分布和标准正态分布尽量接近。

将 $\boldsymbol{x}$ 输入 VAE 的编解码管道，完美的重构输出应该是 $\boldsymbol{x}$，而实际输出的是尽可能接近 $\boldsymbol{x}$ 的 $\boldsymbol{x}'$。为了尽可能重构输入 $\boldsymbol{x}$，输出为 $\boldsymbol{x}$ 的概率应该最大，即 $p_\theta(\boldsymbol{x}|\boldsymbol{z})$ 应该最大。如果 VAE 中解码器输出的不是数据本身，而是不同数据 $\boldsymbol{x}$ 出现的概率 $p_\theta(\boldsymbol{x}|\boldsymbol{z})$，则最大化这个概率所对应的重构损失，就是最小化其负的极大似然性的对数 $-\log(p_\theta(\boldsymbol{x}|\boldsymbol{z}))$。加上正则项，对于一个样本 $\boldsymbol{x}^{(i)}$，其损失 $\mathcal{L}_i(\theta,\phi)$ 可表示为

$$\mathcal{L}_i(\theta,\phi) = -\mathbb{E}_{\boldsymbol{z}\sim q_\phi(\boldsymbol{z}|\boldsymbol{x}^{(i)})}[\log p_\theta(\boldsymbol{x}^{(i)}|\boldsymbol{z})] + \mathbb{KL}(q_\phi(\boldsymbol{z}|\boldsymbol{x}^{(i)}) \parallel p(\boldsymbol{z}))$$

一个固定的 $\boldsymbol{x}^{(i)}$，可以映射到一个服从编码器表示的概率分布 $q_\phi(z|\boldsymbol{x}^{(i)})$ 的随机变量 $\boldsymbol{z}$。而对于每一个 $\boldsymbol{z}$，其输出为 $\boldsymbol{x}^{(i)}$ 的概率是 $p_\theta(\boldsymbol{x}^{(i)}|\boldsymbol{z})$。也就是说，所有不同的 $\boldsymbol{z}$ 的期望对数概率 $\mathbb{E}_{\boldsymbol{z}\sim q_\phi(\boldsymbol{z}|\boldsymbol{x}^{(i)})}[\log p_\theta(\boldsymbol{x}^{(i)}|\boldsymbol{z})]$，就是重构输出为 $\boldsymbol{x}^{(i)}$ 的期望对数概率。使重构 $\boldsymbol{x}^{(i)}$ 的概率最大，就是最大化这个期望对数概率，也就是最小化负的期望对数概率 $-\mathbb{E}_{\boldsymbol{z}\sim q_\phi(\boldsymbol{z}|\boldsymbol{x}^{(i)})}[\log p_\theta(\boldsymbol{x}^{(i)}|\boldsymbol{z})]$。

损失函数的第二项是正则项。通常用 Kullback-Leibler 散度表示 $\boldsymbol{z}$ 的分布 $q_\phi(\boldsymbol{z}|\boldsymbol{x}_i)$ 和标准正态分布 $p(\boldsymbol{z}) = N(0,1)$ 的距离，即刻画它们的相似程度。将该项作为正则项（惩罚项），促使 $\boldsymbol{z}$ 的概率分布尽量接近标准正态分布，就如同将神经网络的权值参数限制为尽量接近 0。一方面，任何概率分布总是能用多变量正态分布逼近；另一方面，任何正态分布也都能通过变换转换为标准正态分布。因此，可将 $\boldsymbol{z}$ 看成标准正态分布。

对于 m 个样本 $\boldsymbol{x}^{(i)}$，总的损失函数就是每个样本损失的和，即 $\sum_{i=1}^{m}\mathcal{L}_i$。

从高斯分布 $\mathcal{N}_0(\boldsymbol{\mu}_0,\boldsymbol{\Sigma}_0)$ 到高斯分布 $\mathcal{N}_1(\boldsymbol{\mu}_1,\boldsymbol{\Sigma}_1)$（它们的协方差矩阵 $\boldsymbol{\Sigma}_0$ 和 $\boldsymbol{\Sigma}_1$ 是非奇异矩阵）的 Kullback-Leibler 散度是

$$D_{\mathrm{KL}}(\mathcal{N}_0 \parallel \mathcal{N}_1) = \frac{1}{2}\left\{\mathrm{tr}(\boldsymbol{\Sigma}_1^{-1}\boldsymbol{\Sigma}_0) + (\boldsymbol{\mu}_1-\boldsymbol{\mu}_0)^{\mathrm{T}}\boldsymbol{\Sigma}_1^{-1}(\boldsymbol{\mu}_1-\boldsymbol{\mu}_0) - k + \ln\frac{|\boldsymbol{\Sigma}_1|}{|\boldsymbol{\Sigma}_0|}\right\}$$

其中，k 是向量空间的维数。KL 散度描述了两个分布的相似程度。

设变分自动编码器的隐变量 $\boldsymbol{z}$ 的高斯分布的均值向量和协方差矩阵是 $\boldsymbol{\mu}(z)$ 和 $\boldsymbol{\Sigma}(z)$，则这个分布和标准正态分布的 KL 散度可表示为

$$D_{\mathrm{KL}}[N(\boldsymbol{\mu}(\boldsymbol{z}),\boldsymbol{\Sigma}(\boldsymbol{z})) \parallel N(0,1)] = \frac{1}{2}(\mathrm{tr}(\boldsymbol{\Sigma}(\boldsymbol{z})) + \boldsymbol{\mu}(\boldsymbol{z})^{\mathrm{T}}\boldsymbol{\mu}(\boldsymbol{z}) - k - \log\det(\boldsymbol{\Sigma}(\boldsymbol{z})))$$

k 为高斯分布的维度。$\mathrm{tr}(\boldsymbol{\Sigma}(\boldsymbol{z}))$ 为协方差矩阵 $\boldsymbol{\Sigma}(\boldsymbol{z})$ 的迹，即 $\boldsymbol{\Sigma}(\boldsymbol{z})$ 的对角元素之和。$\det(\boldsymbol{\Sigma}(\boldsymbol{z}))$ 是其行列式的值。任何多变量高斯分布总是可以通过一个变量的线性变换转换为一个协方差矩阵是对角矩阵的高斯分布，即 $\boldsymbol{\Sigma}(\boldsymbol{z})$ 可被认为是一个对角矩阵。因此，上式可以简化为

$$
\begin{aligned}
D_{\mathrm{KL}}[N(\boldsymbol{\mu}(\boldsymbol{z}),\boldsymbol{\Sigma}(\boldsymbol{z}))]N(0,1)] &= \frac{1}{2}\left(\sum_j \sigma_j^2 + \sum_j \mu_j^2 - \sum_j 1 - \log\prod_j \sigma_j^2\right) \\
&= \frac{1}{2}\left(\sum_j \sigma_j^2 + \sum_j \mu_j^2 - \sum_j 1 - \sum_j \log\sigma_j^2\right) \\
&= \frac{1}{2}\sum_j(\sigma_j^2 + \mu_j^2 - 1 - \log\sigma_j^2) \\
&= -\frac{1}{2}\sum_{j=1}^{k}(1 + \log(\sigma_j^2) - (\mu_j)^2 - (\sigma_j)^2)
\end{aligned}
$$

其中，σ_j^2 是对角矩阵 $\boldsymbol{\Sigma}(\boldsymbol{z})$ 的第 j 个对角元素。在实践中，用 $\log\sigma_j^2$ 代替 σ_j^2，在数值计算上更稳定（因为对数比指数稳定，不容易发生溢出）。因此，编码器输出的实际上并不是方差本身 σ_j^2，而是方差的对数 $\log\sigma_j^2$。

8.3.3　变分自动编码器的参数重采样

一个样本 $\boldsymbol{x}^{(i)}$ 经过编码器产生一个概率分布，实际上输出的是这个概率分布的均值 μ 和 $\log\sigma^2$。那么，如何从这个多变量高斯分布得到一个隐变量 $\boldsymbol{z}$? 因为只有将隐变量 $\boldsymbol{z}$ 输入解码器，才能得到一个解码器的输出，所以，需要对这个高斯分布进行采样，得到一个采样的 $\boldsymbol{z}$，然后将其送入解码器。但是，对概率分布的采样操作是不可以微分（求导数）的，为此，有论文提出了一个**重参数化技巧**（Reparameterization Trick），将对一般的高斯分布 $\boldsymbol{z}\sim N(\mu,\Sigma)$ 的采样转换为对标准正态分布 $u\sim N(0,1)$ 的采样，因为 $\boldsymbol{z}$ 和 u 之间有一个简单的线性变换：

$$\boldsymbol{z} = \mu + \Sigma^{\frac{1}{2}}u$$

根据这个变换，只要对标准正态分布 $u\sim N(0,1)$ 进行采样，得到一个采样值 ϵ，就能得到对一般正态分布 $\boldsymbol{z}\sim N(\mu,\Sigma)$ 的采样

$$\boldsymbol{z} = \mu + \Sigma^{\frac{1}{2}}\,\epsilon = \mu + \sigma\,\epsilon = \mu + (\mathrm{e}^{\frac{1}{2}\log\sigma^2})\,\epsilon$$

对标准正态分布 $N(0,1)$ 随机采样，可以使随机采样操作不再依赖 μ 和 $\log\sigma^2$，从而不需要对它们求导，即 ϵ 不依赖 μ 和 $\log\sigma^2$，不需要求 ϵ 关于它们的梯度。

8.3.4　变分自动编码器的反向求导

反向求导包含重构损失关于模型参数的求导和正则项关于编码器参数的求导。

重构损失（如二分类交叉熵损失）关于解码器的求导，与一般的神经网络求导过程一样，最终可以得到重构损失关于采样 z 的梯度，设为 $\mathrm{d}z$。根据采样过程，关于 μ 的梯度 $\mathrm{d}u$ 与 $\mathrm{d}z$ 是一样的。用 E 表示 $\log\sigma^2$，重构损失关于 $\log\sigma^2$ 的梯度 $\mathrm{d}E = \mathrm{d}z \times \epsilon \times (\mathrm{e}^{\frac{1}{2}E})\frac{1}{2}$。知道了 $\mathrm{d}u$、$\mathrm{d}E$，就可以反向对编码器的模型参数进行求导。该过程也和一般常的神经网络反向求导过程一样。

正则项（即 KL 损失）可表示为向量形式，公式如下。

$$-\frac{1}{2}\mathrm{np.sum}(1+E-(\mu)^2-\mathrm{e}^E)$$

其关于 μ、E 的梯度 $\mathrm{d}u$、$\mathrm{d}E$ 是

$$\mathrm{d}u=\mu$$
$$\mathrm{d}E=-\frac{1}{2}(1-\mathrm{e}^E)$$

8.3.5 变分自动编码器的代码实现

我们仍然以 MNIST 手写数字的识别为例，说明如何实现一个变分自动编码器。首先，读取数据，代码如下。

```
from util import *
from read_data import *
import time

train_set, valid_set, test_set = read_mnist()
train_X, train_y = train_set
#valid_X, valid_y = valid_set
test_X, test_y = valid_set
print(train_X.dtype)
print(train_X.shape)
print(np.mean(train_X[0]))
```

```
float32
(50000, 784)
0.13714226
```

为避免训练时间过长，在这里只选取几种手写数字图像（如数字 1、2、7）进行训练。辅助函数 choose_numbers() 用于从训练集 (X,Y) 的 X 中提取标签 Y 的值是 numbers 中指定的数字的那些数字图像，如 choose_numbers(train_X, train_y,[1,2,7]) 表示从 train_X 中提取标签 Y 是数字 1、2、7 的数字图像。相关代码如下。

```
def choose_numbers(X,Y,numbers):
    X_ = []
    for i in range(len(X)):
        if Y[i] in numbers:
            X_.append(X[i])

    return np.array(X_)

#X = choose_numbers(train_X, train_y,[1,2,7])
X = train_X
```

VAE 的编码器（encoder）和解码器（decoder）就是两个神经网络，代码如下。

```
from NeuralNetwork import *
from util import *
```

```
np.random.seed(100)

input_dim = 784
hidden = 256 #400
nz = 2  #2 #20

encoder = NeuralNetwork()
encoder.add_layer(Dense(input_dim, hidden))
encoder.add_layer(Relu()) #Leaky_relu(0.01)) #
encoder.add_layer(Dense(hidden, hidden))
encoder.add_layer(Relu()) #Leaky_relu(0.01)) #
encoder.add_layer(Dense(hidden, 2*nz))

decoder = NeuralNetwork()
decoder.add_layer(Dense(nz, hidden))
decoder.add_layer(Relu())
decoder.add_layer(Dense(hidden, hidden))
decoder.add_layer(Relu())
decoder.add_layer(Dense(hidden, input_dim))
decoder.add_layer(Sigmoid())        #已经包含在损失函数中
```

其中，nz 表示高斯分布的空间维度，如 nz=2 表示一个二维的多变量高斯分布。

VAE 模型是由编码器和解码器构成的。以下 VAE 类包含编码器 encoder 和解码器 decoder，其 forward() 方法表示输入 $\boldsymbol{x}$ 经过编码器产生了输出 $\boldsymbol{\mu}$（mu）和 $\log\sigma^2$（logvar），然后经过参数重采样，得到采样的 $\boldsymbol{z}$（sample_z），再经过解码器得到输出 out。backward() 方法用参数指定的损失函数，先计算输入和输出之间的重构损失（loss_fn(out, x)），根据这个损失关于 out 的梯度 loss_grad 调用 decoder 的 backward() 方法，计算重构损失关于解码器模型参数的梯度和关于重采样的梯度 dz，再根据 dz 计算关于编码器输出的梯度 du 和 dE，得到重构损失关于编码器输出的梯度向量 duE，最后加上 KL 损失关于 u 和 E 的梯度，调用解码器 encoder 的 backward() 方法，计算重构损失和 KL 损失关于解码器参数的梯度。用 train_VAE_epoch() 方法遍历数据集 dataset，进行一趟训练，代码如下。

```
class VAE:
    def __init__(self, encoder,decoder,e_optimizer,d_optimizer):
        self.encoder,self.decoder = encoder,decoder
        self.e_optimizer,self.d_optimizer = e_optimizer,d_optimizer

    def encode(self,x):
        e_out = self.encoder(x)
        #print("x,e_out", x,e_out)
        mu,logvar = np.split(e_out,2,axis=1)
        return mu,logvar

    def decode(self,z):
        return self.decoder(z)

    def forward(self,x):
```

```
        mu, logvar = self.encode(x)

        #use reparameterization trick to sample from gaussian
        self.rand_sample = np.random.standard_normal(size=(mu.shape[0], mu.shape[1]))
        #self.sample_z = mu + np.exp(logvar * .5) * np.random.standard_normal(size=(m
u.shape[0], mu.shape[1]))
        self.sample_z = mu + np.exp(logvar * .5) * self.rand_sample
        d_out = self.decode(self.sample_z)
        return d_out,mu, logvar

    def __call__(self,X):
        return self.forward(X)

    #反向求导
    def backward(self,x,loss_fn = BCE_loss_grad):
        out,mu, logvar = self.forward(x)
        ##print(" out,mu, logvar", out,mu, logvar)

        # reconstruction loss
        loss,loss_grad = loss_fn(out, x)
        dz = decoder.backward(loss_grad)

        du = dz
        dE = dz * np.exp(logvar * .5) * .5 * self.rand_sample
        duE = np.hstack([du,dE])
        #encoder.backward(duE)

        # KL_loss
        kl_loss = -0.5*np.sum(1+logvar-mu**2-np.exp(logvar)) #  np.power(mu, 2)
        loss += kl_loss/(len(out))
        #loss += kl_loss
        #loss /= (len(out))

        kl_du = mu
        kl_dE = -0.5*(1-np.exp(logvar))
        kl_duE = np.hstack([kl_du,kl_dE])
        kl_duE /=len(out)
        #encoder.backward(kl_duE)
        encoder.backward(duE+kl_duE)
        return loss

    def train_VAE_epoch(self,dataset,loss_fn = BCE_loss_grad,print_fn = None):
        iter = 0
        losses = []
        for x in dataset:
            self.e_optimizer.zero_grad()
            self.d_optimizer.zero_grad()

            loss = self.backward(x,loss_fn)
```

```
            #loss += nn.reg_loss_grad(reg)

            self.e_optimizer.step()
            self.d_optimizer.step()

            losses.append(loss)
            if print_fn:
                print_fn(losses)
            iter += 1
        return losses

    def save_parameters(self,en_filename,de_filename):
        self.encoder.save_parameters(en_filename)
        self.decoder.save_parameters(de_filename)

    def load_parameters(self,en_filename,de_filename):
        self.encoder.load_parameters(en_filename)
        self.decoder.load_parameters(de_filename)
```

执行以下代码，创建一个 VAE 对象 vae，并多次调用其一趟训练方法 train_VAE_epoch()，用迭代器 data_it 的数据集进行训练。

```
lr = 0.001
beta_1,beta_2 = 0.9,0.999
e_optimizer = Adam(encoder.parameters(),lr,beta_1,beta_2)
d_optimizer = Adam(decoder.parameters(),lr,beta_1,beta_2)

#reg  = 1e-3
loss_fn = mse_loss_grad #BCE_loss_grad
iterations  = 10000
batch_size = 64


vae = VAE(encoder,decoder,e_optimizer,d_optimizer)

start = time.time()
epochs = 30
print_n = 1 #epochs // 10
epoch_losses = []
for epoch in range(epochs):
    data_it = data_iterator_X(X,batch_size)

    epoch_loss = vae.train_VAE_epoch(data_it,loss_fn)
    #epoch_loss = vae.train_VAE_epoch(data_it,loss_fn,lambda loss:print_loss(loss,
100))
    epoch_loss  =np.array(epoch_loss).mean()

    #epoch_loss = vae.train_VAE_epoch(data_it,loss_fn).mean()
    if epoch % print_n == 0:
        print('Epoch{}, Training loss {:.2f}:'.format(epoch, epoch_loss))#, epoch_val
```

```
_loss))
   epoch_losses.append(epoch_loss)
end = time.time()
print('Time elapsed: {:.2f}s'.format(end - start))
#vae.save_parameters("vae_en.npy","vae_de.npy")
```

```
Epoch0, Training loss 46.80:
Epoch1, Training loss 40.55:
Epoch2, Training loss 39.07:
Epoch3, Training loss 38.11:
Epoch4, Training loss 37.40:
Epoch5, Training loss 36.86:
...
Epoch28, Training loss 34.04:
Epoch29, Training loss 33.98:
Time elapsed: 995.09s
```

执行以下代码，绘制误差曲线，如图 8-14 所示

```
import matplotlib.pylab as plt
%matplotlib inline
plt.plot(epoch_losses)
```

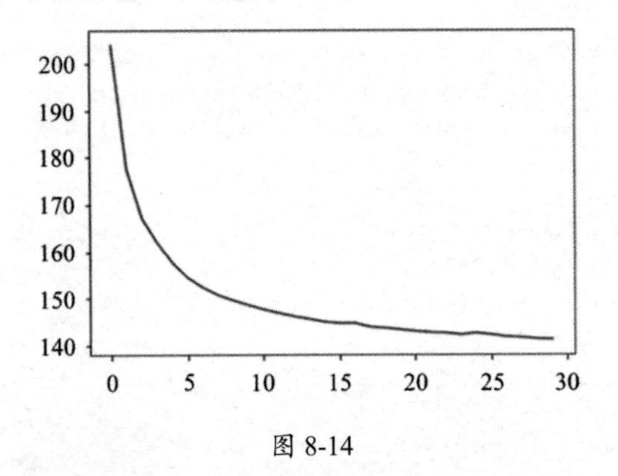

图 8-14

执行以下代码，用训练好的 VAE 对一幅手写数字图像进行处理，希望能重构这幅数字图像，结果如图 8-15 所示。

```
def draw_predict_mnists(plt,vae,X,n_samples = 10):
    np.random.seed(1)
    idx = np.random.choice(len(X), n_samples)
    _, axarr = plt.subplots(2, n_samples, figsize=(16,4))
    for i,j in enumerate(idx):
        axarr[0,i].imshow(X[j].reshape((28,28)), cmap='Greys')
        if i==0:
            axarr[0,i].set_title('original')
        out,_,_ = vae(X[j].reshape(1,-1))

        axarr[1,i].imshow(out.reshape((28,28)), cmap='Greys')
```

```
        if i==0:
            axarr[1,i].set_title('reconstruction')

draw_predict_mnists(plt,vae,test_X,10)
plt.show()
```

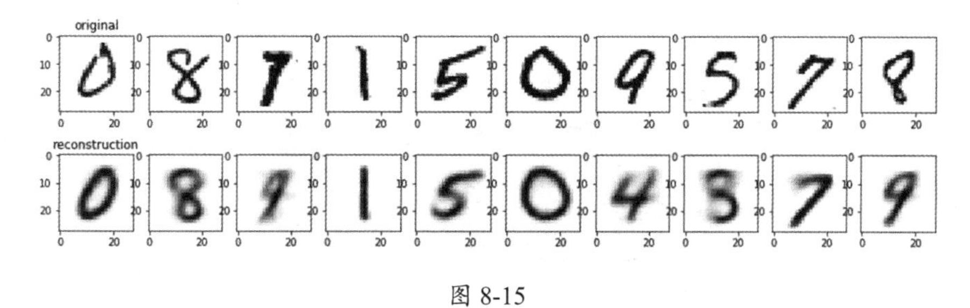

图 8-15

变分自动编码器的编解码结果，有些能正确重构，有些则不能正确重构，需要进一步改进网络模型结构和调试参数。

8.4 生成对抗网络

生成对抗网络（Generative Adversarial Net，GAN）是 Ian Goodfellow 在 2014 年提出的一种生成模型，其中包含两个分别被称作**鉴别器**和**生成器**的神经网络函数。鉴别器用于鉴别一个数据是真实数据还是伪造数据，生成器则用于生成伪造数据。采用极大极小的对抗游戏的方式，鉴别器和生成器通过不断对抗的过程，提升各自的性能，如同游戏双方的对抗过程，一方总是希望获得最高的得分，而另一方总是希望让对方的得分最低。GAN 是深度学习兴起以来最激动人心的、最具创造性的技术。“深度学习三巨头”之一、图灵奖得主 Yann LeCun 对 GAN 给予了高度评价：“Generative Adversarial Networks is the most interesting idea in the last ten years in machine learning.”（生成对抗网络是过去十年中机器学习领域最有趣的想法。）

作为一种数据生成技术，GAN 可以生成以假乱真的图像、文本、语音等数据。如图 8-16 所示的两幅人脸图像（来自链接 8-1），一幅是真实的人脸图像，另一幅是用 GAN 生成的图像，是不是很难区分？左图为用 GAN 生成的人脸，右图为真实人脸。

生成图像是 GAN 设计之初最主要的目标。如图 8-17 所示，是用 BigGAN 生成的图像（来自论文 *Large Scale GAN Training for High Fidelity Natural Image Synthesis*）。

图 8-16

图 8-17

GAN 不但可以用于图像生成，还可以用于图像增强、图像超分辨率、图像修复、图像转换、风格迁移等方面。如图 8-18 所示，基于 GAN 的 Image Inpainting 技术（来自论文 *Image Inpainting for Irregular Holes Using Partial Convolutions*），可以从一幅破损的图像或“马赛克”图像恢复原始图像（掩盖图像和相应的修复结果）。

图 8-18

如图 8-19 所示，风格迁移（来自论文 *Image-to-Image Translation with Conditional Adversarial Nets*）可将一幅图像的风格转移到另一幅图像上。

图 8-19

除合成图像外，GAN 还可以用来合成音乐（如 GANSynth）、语音、文本。

如图 8-20 所示，是用不同的 GAN 技术生成的文本。IWGAN 和 TextKD-GAN 生成的英文文本，分别来自论文 *Distillation and Generative Adversarial Networks* 和 *TextKD-GAN: Text Generation using Knowledge*。

基于 GAN 的数据合成和重建技术，催生了各种各样的创新应用。例如，著名的基于 GAN 技术的换脸应用 DeepFake，可对一段视频中的人脸进行替换，如图 8-21 所示。

虚拟换衣就是给一个虚拟中的人换上不同的衣服。如图 8-22 所示，给定一个人的一张照片，就可以给这个人换上不同的衣服，且可以改变姿势（来自论文 *Down to the Last Detail: Virtual Try-on with Detail Carving*）。

更多的 GAN 技术及应用，读者可以通过阅读相关论文来了解。

IWGAN	TextKD-GAN
The people are laying in angold	Two people are standing on the s
A man is walting on the beach	A woman is standing on a bench .
A man is looking af tre walk aud	People have a ride with the comp
A man standing on the beach	A woman is sleeping at the brick
The man is standing is standing	Four people eating food .
A man is looking af tre walk aud	The dog is in the main near the
The man is in a party .	A black man is going to down the
Two members are walking in a hal	These people are looking at the
A boy is playing sitting .	the people are running at some l

图 8-20

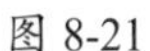

图 8-21

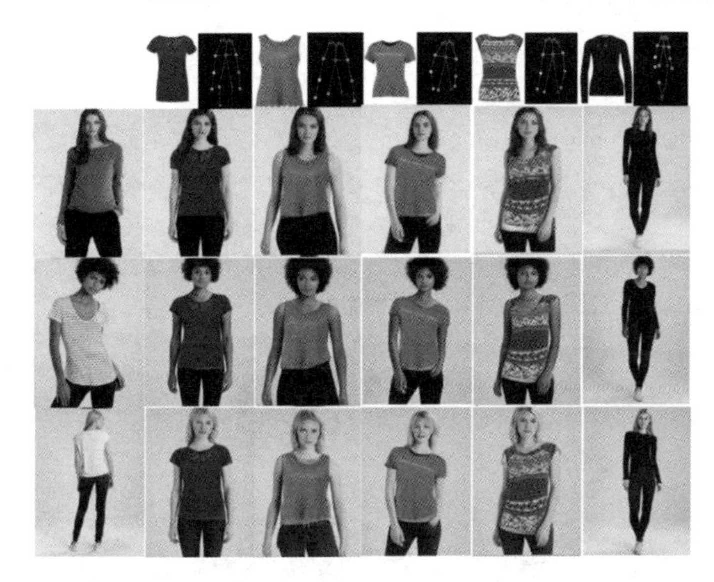

图 8-22

8.4.1 生成对抗网络的原理

"生成对抗网络"从字面上就包含了 GAN 的三个方面。生成（Generative）是指它是用于生成（制造）数据的，如输入一个实数或由几个实数构成的向量，GAN 就可以生成一幅图像、一段乐谱、一段语音或一段文本。对抗（Adversarial）是指 GAN 是通过一种对抗的方式来提高生成数据的能力的。对抗是人们熟悉的一种提升某种能力的学习手段，如运动员通过在比赛或训练中与另一方对抗，不断改进、提高自己的能力。对抗通常是一个迭代过程，通过反复和对方对抗，不断改进、调整自身，希望能最终能战胜对方。网络（Networks）是指 GAN 用来生成数据的生成器函数和鉴别数据真伪的鉴别器函数，都是神经网络函数。

GAN 的工作原理类似于赝品的制造过程：造假者希望能制造（生成）以假乱真的作品，鉴定人员作为对抗者，力求鉴别作品的真假（如文物专家鉴定文物）；造假者开始制作的赝品很容易被鉴定人员识别出来，当赝品被识别出来后，造假者会改进其伪造技术，由鉴定人员继续进行鉴别……随着造假者技术的不断改进，其制造的赝品越来越难被鉴别出来；造假者和鉴别者不断对抗；最终，当造假者制造的赝品无法被鉴别者识别时，双方的对抗就达到了一种平衡，造假者制作的赝品就可以骗过鉴别者了。

上述造假者和鉴别者对抗的过程，是一种所谓**极大极小游戏**。鉴别者希望自己的识别能力达到最强，而造假者希望使鉴别者的识别能力降至最弱。当这个游戏达到一种平衡状态时，称为**纳什均衡**。

1. 鉴别器和生成器

GAN 通过真实数据训练一个生成模型。GAN 包含以下两个函数（或者说神经网络）。

- 一个生成器（Generator）函数（网络），用于从随机噪声（称为隐变量）输入生成（产生）合成的数据。
- 一个鉴别器（Discriminator）函数（网络），是用于鉴别数据是否真实数据的二分类函数。

如图 8-23 所示，是一个生成人脸图像的 GAN。其中，生成器和鉴别器都是用深度神经网络表示的。生成器可以从一个带有噪声的随机向量生成一幅人脸图像。鉴别器是一个简单的二分类神经网络，接收一幅人脸图像，输出该图像是真实人脸的概率。鉴别器既接收真实人脸图像，也接收生成器生成的伪造人脸图像，以训练其鉴别能力。

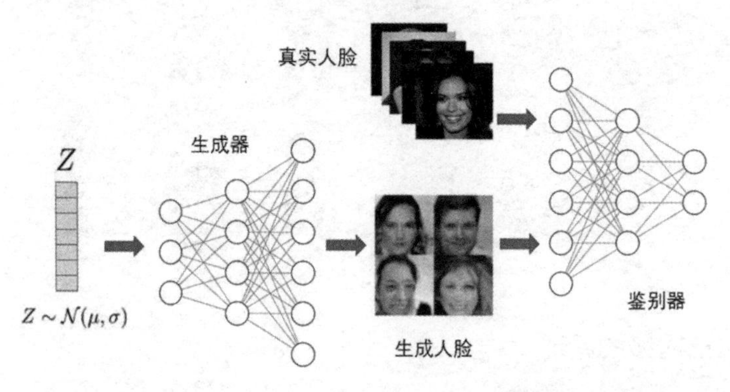

图 8-23

在 GAN 中，鉴别器和生成器可分别用 $D(\boldsymbol{x}|\theta_D)$ 和 $G(\boldsymbol{z}|\theta_G)$ 表示，其中 θ_D、θ_G 分别是这两个神经网络的模型参数。生成器 $G(\boldsymbol{z}|\theta_G)$ 函数将一个噪声隐变量 $\boldsymbol{z}$ 映射到一个数据 $G(\boldsymbol{z}|\theta_G)$，鉴别器 $D(\boldsymbol{x}|\theta_D)$ 用于判断 $\boldsymbol{x}$ 是真实数据的概率。

GAN 需要训练鉴别器和生成器这两个神经网络函数，使鉴别器 D 尽可能正确地识别出真假数据，即使真实数据 $\boldsymbol{x}$ 被判断为真实数据的概率 $D(\boldsymbol{x})$ 尽可能大、使生成数据被判断为真实数据的概率 $D(G(\boldsymbol{z}))$ 尽可能小。另外，要训练生成器 G，使生成器生成的数据尽可能欺骗鉴别器，即使生成器生成的数据被鉴别器 D 判断为真实数据的概率 $D(G(\boldsymbol{z}))$ 尽可能大。在 GAN 的训练过程中，生成器和鉴别器通过相互对抗提升各自的能力，最终使鉴别器无法区分真实数据和由生成器生成的伪造数据。

在开始时，生成器 G 生成的数据 $G(\boldsymbol{z}|\theta_G)$ 服从的分布与真实数据的潜在的分布不一致，而鉴别器 $D(\boldsymbol{x}|\theta_D)$ 也未学习足够的鉴别真假数据的能力。GAN 采用交替训练鉴别器和生成器的对抗过程来训练它们，即重复进行以下对抗训练。

- 鉴别器的训练：鉴别器 D 接收一组真实数据 $\boldsymbol{x}_{\text{real}}$ 和来自生成器的伪造数据 $\boldsymbol{x}_{\text{fake}} = G(\boldsymbol{z})$ 作为样本，鉴别器函数应使真实数据的输出值 $D(\boldsymbol{x}_{\text{real}}|\theta_D)$ 尽可能大（概率尽可能接近 1），使生成数据的输出值 $D(\boldsymbol{x}_{\text{fake}}|\theta_D) = D(G(\boldsymbol{z})|\theta_D)$ 尽可能小（概率接近 0）。因此，真实数据和伪造数据的样本标签分别为 1 和 0，训练过程和普通的神经网络训练过程完全一样。
- 生成器的训练：生成器 G 接收一组随机噪声 $\boldsymbol{z}$，将其生成的数据（输出值 $G(\boldsymbol{z})$）输入鉴别器 D，希望尽可能骗过鉴别器，即使鉴别器的输出值 $D(G(\boldsymbol{z}))$ 尽可能大（概率接近 1）。

重复进行上述过程，直到鉴别器无法区分真实数据和伪造数据为止。用数学术语说，就是生成器生成的数据服从的分布和真实数据的分布已经非常接近了。

假设真实数据就是一些实数，这些实数服从某种分布，如服从正态分布，如图 8-24 所示，黑色的点表示这些实数对应的概率密度（分布）。假设只知道这些实数，不知道其真实分布。生成器通过将噪声（隐变量）$\boldsymbol{z}$ 映射到实数空间的实数，可以生成一些实数 $\boldsymbol{x}$，实线表示这些生成的实数服从的分布。生成的实数的分布在一开始和真实实数的分布并不一致，但随着训练过程的不断迭代，生成数据 $G(\boldsymbol{z})$ 的分布逐渐接近真实数据 $\boldsymbol{x}$ 的分布，鉴别器将生成的数据识别为真实数据的概率不断提高。最后，生成数据的分布和真实数据的分布几乎完全一致，此时，鉴别器已经无法区分真实数据和生成的数据了，即不管是真实数据还是生成的数据，最终被判断为真实数据的概率都接近 0.5。

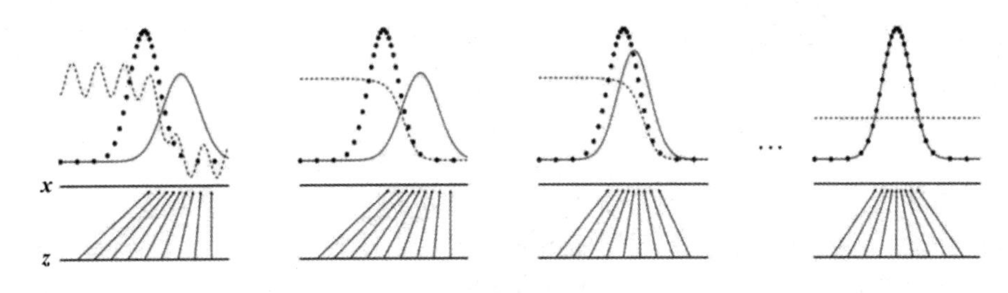

图 8-24

2. 损失函数

鉴别器和生成器的目标是不一样的。对于鉴别器，希望 $D(\boldsymbol{x})$ 尽可能大、$D(G(\boldsymbol{z}))$ 尽可能小；对于生成器，则希望 $D(G(\boldsymbol{z}))$ 尽可能大。和逻辑回归、多分类问题一样，为了提高计算的稳定性，通常用 $\log(D(\boldsymbol{z}))$ 和 $\log(D(G(\boldsymbol{z})))$ 代替 $D(\boldsymbol{z})$ 和 $D(G(\boldsymbol{z}))$，并用一批（多个）样本的平均损失（期望损失）来计算损失函数值。

如果分别用 p_z、p_r、p_g 表示隐变量 $\boldsymbol{z}$、真实数据 $\boldsymbol{x}$ 和生成数据 $G(\boldsymbol{z})$ 服从的分布，则鉴别器 D 希望真实数据 $\boldsymbol{x}$ 的 $D(\boldsymbol{x})$ 的对数期望（平均值）$\mathbb{E}_{x\sim p_r(x)}[\log D(x)]$ 尽可能大，同时希望从随机噪声变量 $\boldsymbol{z}$ 生成数据 $G(\boldsymbol{z})$ 的 $\log D(G(\boldsymbol{z}))$ 的期望（平均值）$\mathbb{E}_{z\sim p_z(z)}[\log(D(G(\boldsymbol{z})))]$ 尽可能小，或

者说 $\mathbb{E}_{z\sim p_z(z)}\left[\log\left(1-D\big(G(\boldsymbol{z})\big)\right)\right]$ 尽可能大。

因此，鉴别器希望 $\mathbb{E}_{x\sim p_r(x)}[\log D(\boldsymbol{x})]+\mathbb{E}_{z\sim p_z(z)}[\log(1-D(G(\boldsymbol{z})))]$ 尽可能大，即

$$\begin{aligned}\max_D L_D(D,G) &= \mathbb{E}_{x\sim p_r(x)}[\log D(\boldsymbol{x})]+\mathbb{E}_{z\sim p_z(z)}[\log(1-D(G(\boldsymbol{z})))]\\ &= \mathbb{E}_{x\sim p_r(x)}[\log D(\boldsymbol{x})]+\mathbb{E}_{x\sim p_g(x)}[\log(1-D(\boldsymbol{x})]\end{aligned}$$

生成器 G 希望能够欺骗鉴别器 D，即希望 $\mathbb{E}_{z\sim p_z(z)}[\log(D(G(z)))]$ 尽可能大，或者说 $\mathbb{E}_{z\sim p_z(z)}[\log(1-D(G(z)))]$ 尽可能小，即

$$\begin{aligned}\min_G L_G(D,G) &= \mathbb{E}_{z\sim p_z(z)}[\log(1-D(G(\boldsymbol{z})))]\\ &= \mathbb{E}_{x\sim p_g(x)}[\log(1-D(\boldsymbol{x})]\end{aligned}$$

由于生成器的最小化和真实数据的 $\mathbb{E}_{x\sim p_r(x)}[\log D(\boldsymbol{x})]$ 无关，所以，即使添加这一项也不影响上述最小化计算，公式如下。

$$\min_G L_G(D,G) = \mathbb{E}_{x\sim p_r(x)}[\log D(\boldsymbol{x})]+\mathbb{E}_{x\sim p_g(x)}[\log(1-D(\boldsymbol{x})]$$

综上所述，这两个损失函数可以用一个统一的损失函数来表示，公式如下。

$$\begin{aligned}\min_G\max_D L(D,G) &= \mathbb{E}_{x\sim p_r(x)}[\log D(\boldsymbol{x})]+\mathbb{E}_{z\sim p_z(z)}[\log(1-D(G(\boldsymbol{z})))]\\ &= \mathbb{E}_{x\sim p_r(x)}[\log D(\boldsymbol{x})]+\mathbb{E}_{x\sim p_g(x)}[\log(1-D(\boldsymbol{x})]\end{aligned}$$

即鉴别器 D 希望最大化这个损失，而生成器 G 希望最小化这个损失（对于 G，这个损失函数的第 1 项和它无关），即生成器和鉴别器在玩一个“最大最小”的对抗游戏。尽管可以写成统一的公式，但在实际编程时，仍然需要分别优化 $\max_D\mathbb{E}_{x\sim p_r(x)}[\log D(\boldsymbol{x})]+\mathbb{E}_{z\sim p_z(z)}[\log(1-D(G(\boldsymbol{z})))]$ 和 $\min_G\mathbb{E}_{z\sim p_z(z)}[\log(1-D(G(\boldsymbol{z})))]$。根据笔者的实践经验，一般可以将 $\min\ \log(1-D(G(\boldsymbol{z})))$ 转换为 $\max\ \log(D(G(\boldsymbol{z})))$，或者将 $\max\ \log(1-D(G(\boldsymbol{z})))$ 转换为 $\min\ \log(D(G(\boldsymbol{z})))$，这样做有助于提高训练的稳定性。

3. 训练过程

GAN 的训练，只不过是两个普通神经网络的训练。GAN 采用交替的方式训练鉴别器和生成器，即先训练鉴别器，然后训练生成器，再训练鉴别器，再训练生成器……其训练过程可以用如下伪代码来描述。

```
for 每一趟迭代:
    执行 k 次鉴别器的迭代更新:
    采样 m 个真实数据样本 x^i 和 m 个随机噪声 z^i 所对应的生成数据 G(z^i)，将它们的标签分别设置为 1 和 0
    计算下面的损失函数关于模型参数的梯度;

    用梯度上升法更新鉴别器的模型参数;
    执行 l 次生成器的迭代更新:
    采样 m 个随机噪声 z^i 所对应的生成数据 G(z^i)，将它们的标签设置为 1;
    计算下面的损失函数关于模型参数的梯度;

    用梯度下降法更新生成器的模型参数;
```

论文原文的作者，在每次对抗迭代中只进行 1 次生成器的梯度更新，即 $l = 1$，而将鉴别器的迭代更新次数 k 作为一个可以调节的超参数。通过对 k 或 l 的调整，可以平衡鉴别器和生成器的训练程度，从而防止因某一方过度训练而使另一方变得很弱。k 、l 和学习率、网络结构及其参数一样，都是一些需要根据经验调试的超参数。这些参数调试结果将直接影响算法的性能，而 GAN 这种双方对抗的训练，调参难度更大。

鉴别器和生成器需要对抗，但任何一方过强都会导致另一方变弱。如何平衡二者的训练（调整这些超参数），是 GAN 训练的困难所在。

8.4.2　生成对抗网络训练过程的代码实现

GAN 的生成器和鉴别器就是两个普通的神经网络函数，但其训练过程是一个对抗的过程。在进行代码实现时，为了提高代码的可读性，可以将 8.4.1 节讨论的 GAN 训练过程分解成三个函数，具体如下。

- D_train() 函数负责鉴别器训练的每一趟梯度更新。
- G_train() 函数负责生成器训练的每一趟梯度更新。
- GAN_train() 函数表示整个 GAN 训练过程。

鉴别器是一个二分类神经网络函数，它是用真实数据和生成器生成的伪造数据进行训练的。在鉴别器的训练中，真实数据的标签是 1，而伪造数据的标签是 0。D_train() 函数根据这些真实数据和伪造数据样本计算二分类交叉熵损失，并通过反向求导计算梯度，然后更新模型参数。相关代码如下。

```
from util import *

#===============鉴别器的一趟训练过程=======================#
def D_train(D,D_optimizer,x_real,x_fake,loss_fn=BCE_loss_grad,reg = 1e-3):
    # 1. 将梯度重置为 0
    D_optimizer.zero_grad()

    # 2. 用真实数据训练
    m_real = x_real.shape[0]
    y_real = np.ones((m_real,1))

    f_real = D(x_real)
    real_loss,real_loss_grad = loss_fn(f_real,y_real)
    D.backward(real_loss_grad,reg)
    loss = real_loss + D.reg_loss(reg)

    # 3. 用生成数据训练
    m_fake = x_fake.shape[0]
    y_fake = np.zeros((m_fake,1))

    f_fake = D(x_fake)
    fake_loss,fake_loss_grad = loss_fn(f_fake,y_fake)
```

```
    D.backward(fake_loss_grad,reg)
    loss += (fake_loss + D.reg_loss(reg))

    # 4. 更新梯度
    D_optimizer.step()
    return loss
```

其中，D 和 D_optimizer 分别表示鉴别器神经网络和优化器，x_real 和 x_fake 分别表示真实数据和伪造数据，loss_fn 是二分类交叉熵函数。

G_train() 是用于进行生成器每一趟梯度更新的函数，它接收一组随机噪声向量，经过生成器产生输出 x_fake。为了欺骗鉴别器，x_fake 的数据标签被设置为 1。这些生成器数据样本被作为真实数据样本输入鉴别器，然后根据鉴别器的二分类损失函数反向求导，对生成器的模型参数进行更新。相关代码如下。

```
#=================生成器的一趟训练过程========================#
def G_train(D,G,G_optimizer,z,loss_fn,reg = 1e-3,hack = False):
    # 1. 将梯度重置为 0
    G_optimizer.zero_grad()

    # 2. 根据采样噪声生成数据
    x_fake = G(z)

    # 3. 计算鉴别器误差
    f_fake = D(x_fake)
    batch_size = z.shape[0]
    y = np.ones((batch_size, 1))
    loss,loss_grad = loss_fn(f_fake, y)

    # 反向求导，但只更新 G 的参数
    loss_grad = D.backward(loss_grad)
    G.backward(loss_grad,reg)
    loss += G.reg_loss(reg)

    G_optimizer.step()
    return loss
```

其中，D、G、G_optimizer 分别表示鉴别器神经网络函数、生成器神经网络函数、生成器神经网络函数的优化器，z 表示随机采样的噪声。在训练生成器时，鉴别器的模型参数是固定的，因此，只需要训练和更新生成器的模型参数，即只需要执行

```
G_optimizer.step()
```

作为整个 GAN 训练过程函数，GAN_train() 在其每一趟迭代中，先执行 D_train() 以训练和更新鉴别器，再执行 G_train() 以训练和更新生成器。d_steps 和 g_steps 分别表示在 GAN_train() 的每一次迭代中 D_train() 和 G_train() 执行的次数（有时可能需要进行多次梯度更新，才能学习到更好的模型参数）。它们和各自优化器中的学习率等参数，共同用于平衡二者的学习强度，防止鉴别器过强或生成器过强。相关代码如下。

```
def GAN_train(D,G,D_optimizer,G_optimizer,real_dataset,noise_z,loss_fn, \
            iterations=10000,reg = 1e-3,show_result = None,d_steps = 1, \
            g_steps = 1,print_n = 20):
    iter = 0
    D_losses = []
    G_losses = []
    G_loss = 0.
    D_loss = 0.
    while iter< iterations:
        #训练鉴别器
        for d_index in range(d_steps):
            x_real = next(real_dataset)
            #batch_size,dim = x_real.shape[0],x_real.shape[1]
            #生成 fake 数据
            x_fake = G(next(noise_z))
            D_loss = D_train(D,D_optimizer,x_real,x_fake,loss_fn,reg)

        #训练生成器
        for g_index in range(g_steps):
            G_loss = G_train(D,G,G_optimizer,next(noise_z),loss_fn,reg)

        if iter % print_n == 0:
            print(iter,"iter:","D_loss",D_loss,"G_loss",G_loss)
            D_losses.append(D_loss)
            G_losses.append(G_loss)
            if show_result:
                show_result(D_losses,G_losses)

        iter += 1
    return D_losses,G_losses
```

8.5　生成对抗网络建模实例

8.5.1　一组实数的生成对抗网络建模

1. 真实数据：一组实数

假设有满足高斯分布的一组实数。执行以下代码，生成一批满足高斯分布的实数。

```
M = 10000
mu = 4
sigma = 0.5
x = np.random.normal(mu, sigma, M)
print(x[:20])
x = x.reshape(-1,1)
```

```
[4.04491498 4.16228945 4.57294517 4.36487946 3.80316745 3.70081992
 5.1913777  3.91089626 3.7194276  3.47951151 4.23955145 3.97878447
```

```
 4.42033902 2.84864752 4.71202734 4.34330571 4.29610917 3.81866978
 5.22367772 4.56030347]
```

将这些实数作为真实数据，并假设不知道其分布，如何生成符合这些实数的概率分布的实数呢？可以用 GAN 来解决。GAN 可以用这些作为真实数据的实数训练其鉴别器和生成器函数，训练后的生成器函数就可以生成和这些真实实数具有相同分布的实数（即伪造数据）。

2. 定义鉴别器和生成器函数

为了训练用于生成实数的 GAN，首先需要定义针对这个问题的生成器 G 和鉴别器 D，代码如下。

```
from NeuralNetwork import *
#from util import *
from train import *
np.random.seed(0)

hidden = 4
D = NeuralNetwork()
D.add_layer(Dense(1, hidden))
D.add_layer(Leaky_relu(0.2)) #Relu()) #
D.add_layer(Dense(hidden, 1))
#D.add_layer(Sigmoid())

G = NeuralNetwork()
z_dim = 1                  #隐变量的维度
G.add_layer(Dense(z_dim, hidden))
G.add_layer(Leaky_relu(0.2)) #Relu()) #
G.add_layer(Dense(hidden, 1))

#定义训练G和D的优化器算法对象
momentum = 0.9
D_lr = 1e-4 # 1e-4
G_lr = 1e-4 #1e-4
beta_1,beta_2 = 0.9,0.999
D_optimizer = Adam(D.parameters(),D_lr,beta_1,beta_2)
#D_optimizer = SGD(D.parameters(),D_lr,momentum)
G_optimizer = Adam(G.parameters(),G_lr,beta_1,beta_2)
```

3. 真实数据迭代器、噪声数据迭代器

为了训练生成器 G 和鉴别器 D，需要给它们提供训练样本。以下代码定义了从真实数据中选取一批样本的迭代器。

```
batch_size=64
def data_iterator_X(X,batch_size,shuffle = True):
    m = len(X)
    #print(m)
    indices = list(range(m))
    while True:
```

```
        if shuffle:
            np.random.shuffle(indices)
        for i in range(0, m, batch_size):
            if i + batch_size>m:
                break
            j = np.array(indices[i: i + batch_size])
            yield X.take(j,axis=0)

data_it = data_iterator_Xdata_iterator(x,batch_size)
x0= next(data_it)
print(x0.shape)
print(x0[:10].transpose())
```

```
10000
(64, 1)
[[4.39069056 4.20482386 4.14997364 4.65636703 4.36363908 3.75927793
  3.34646553 4.64355828 4.45063574 3.49191287]]
```

生成器函数的输入是一个随机噪声。执行以下代码，可定义一个用于生成一批随机噪声（每个噪声是长度为 z_dim 的向量）的函数迭代器对象。

```
def sample_z(m, z_dim=1):
    return np.random.randn(m, z_dim)

def noise_z_iterator(m, z_dim):
    while True:
        yield sample_z(m, z_dim)

noise_it =  noise_z_iterator(batch_size, z_dim)
z= next(noise_it)
print(z.shape)
print(z[:10].transpose())
```

```
(64, 1)
[[ 0.72956978  0.14262128 -0.29800486  1.78637966  0.27740342 -0.61411045
  -0.68236473  1.61341108  0.41862218 -0.89009973]]
```

4. 中间结果绘制函数

为了在训练过程中观察生成器的效果，可以编写一个辅助函数，从生成器生成一批数据，然后绘制相应的直方图。show_result() 函数常用于绘制生成器 G 和鉴别器 D 的损失曲线。

在以下代码中，show_result_gauss()函数用于输出如图 8-25 所示的图形。

```
import seaborn as sns
def gaussian(x, mu, sig):
    return np.exp(-np.power(x - mu, 2.) / (2 * np.power(sig, 2.)))

def draw_loss(ax,D_losses=None,G_losses=None):
    ax.clear()
    if D_losses:
```

```
        i = np.arange(len(D_losses))
        ax.plot(i, D_losses, '-')
    if D_losses:
        ax.plot(i, G_losses, '-')
    ax.legend(['D_losses', 'G_losses'])

def show_result_gauss(D_losses=None,G_losses=None,m=600):
    fig, (ax1, ax2) = plt.subplots(1, 2, figsize=(10, 4))
    draw_loss(ax1,D_losses,G_losses)

    ax2.clear()
    xmin, xmax = np.min(x),np.max(x)
    x_values = np.linspace(xmin, xmax, 100)
    ax2.plot(x_values, gaussian(x_values, mu, sigma), label='real data')

    noise_it =  noise_z_iterator(m, z_dim)
    z= next(noise_it)
    y = G(z)
    sns.kdeplot(y.flatten(), ax=ax2, shade=True, label='fake data')

    xs = np.linspace(*ax2.get_xlim(), m)[:, np.newaxis]
    discrim = sigmoid(D(xs))
    ax2.plot(xs, discrim, label='discrim probilities (normalized)')
    plt.show()
```

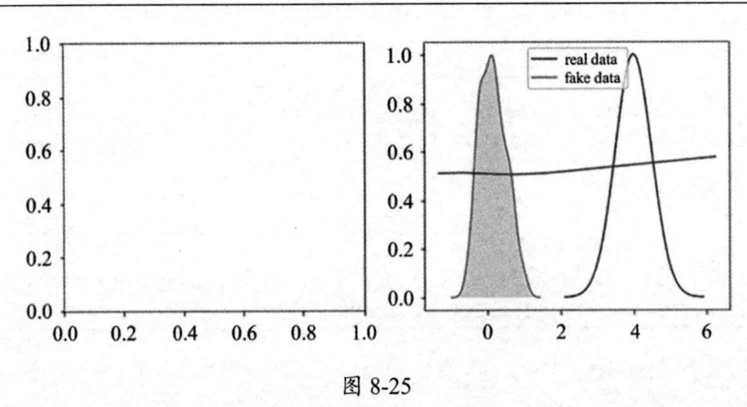

图 8-25

如图 8-25 所示：左图为还没有进行训练时的情况，所以是空白的；右图为真实数据和生成数据的分布及决策曲线（模型预测区间上的实数是否为真实数据的概率），可见，生成器函数生成的实数的分布和真实数据的分布相差很大。

5. 训练生成对抗网络

调用 GAN 的训练函数 GAN_train()，分别传入鉴别器和生成器的参数 D、G、D_optimizer、G_optimizer，数据迭代器 data_it，噪声迭代器 noise_it，以及二分类交叉熵函数 BCE_loss_grad 和训练的超参数 iterations、reg，开始训练，代码如下。

```
from util import *
reg  = 0.001 #1e-5
iterations  = 100000
d_steps,g_steps  = 5,1 #12,1
print_n=500
D_losses,G_losses = GAN_train(D,G,D_optimizer,G_optimizer,data_it,noise_it, \
                             BCE_loss_grad,iterations,reg,show_result_gauss, \
                             d_steps,g_steps,print_n)
```

在训练过程中，间隔 print_n = 500，将输出中间训练模型的损失曲线、真实数据和生成数据分布及决策曲线，命令如下。如图 8-26 ~ 图 8-32 所示是其中一些迭代步骤的输出结果。

```
500 iter: D_loss 0.840985288041485 G_loss 0.7371538282553437
```

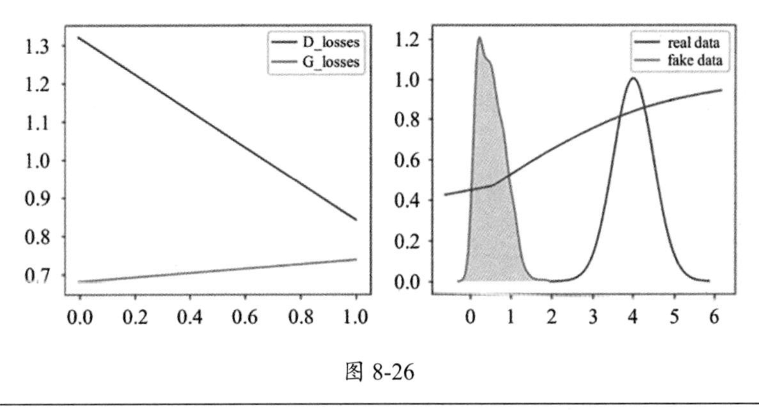

图 8-26

```
2000 iter: D_loss 0.40058914689196146 G_loss 1.4307126427753376
```

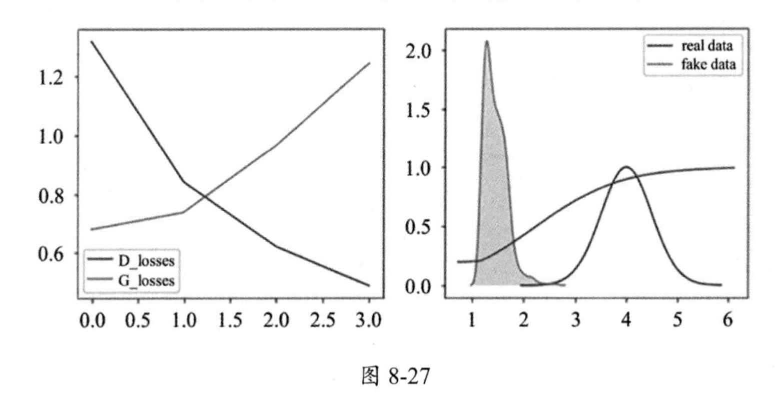

图 8-27

```
4000 iter: D_loss 1.3457534057336877 G_loss 0.7859707963138415
```

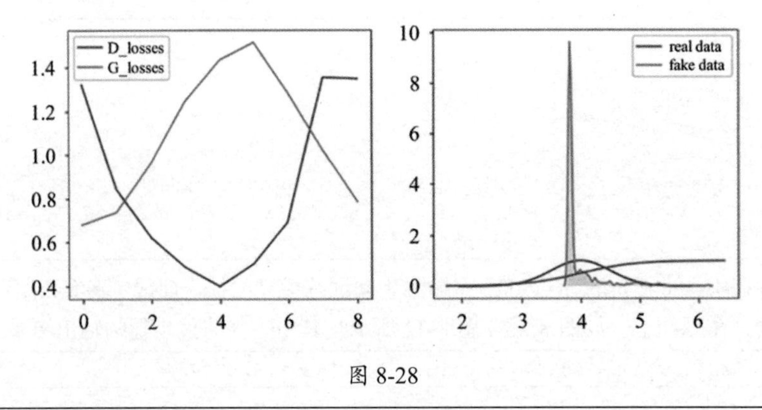

图 8-28

```
7000 iter: D_loss 1.3266855320062865 G_loss 0.8275752348295592
```

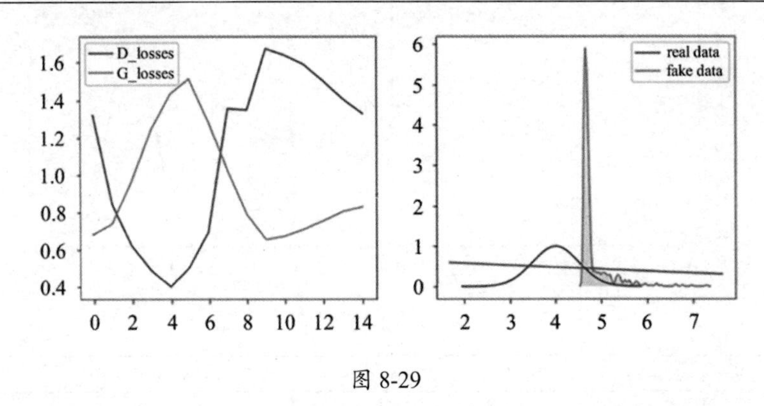

图 8-29

```
13000 iter: D_loss 1.3860751575316943 G_loss 0.7022555897704553
```

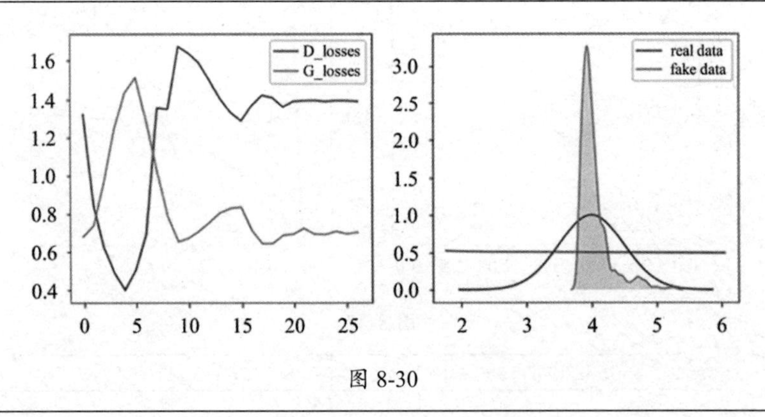

图 8-30

```
45000 iter: D_loss 1.3859107668070463 G_loss 0.6946582988497471
```

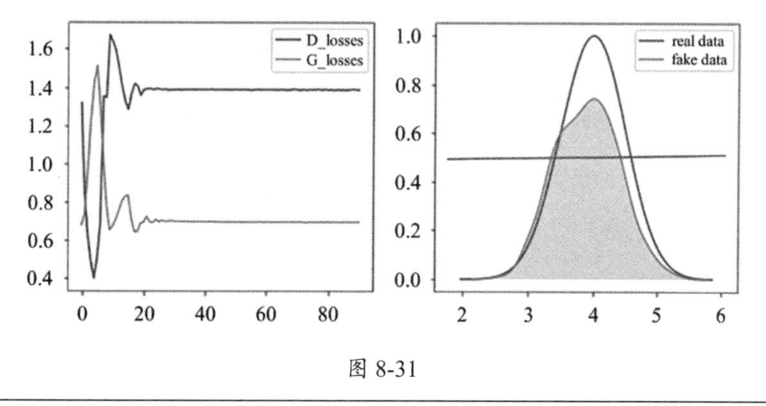

图 8-31

```
95000 iter: D_loss 1.386978807433111 G_loss 0.694197914623761
```

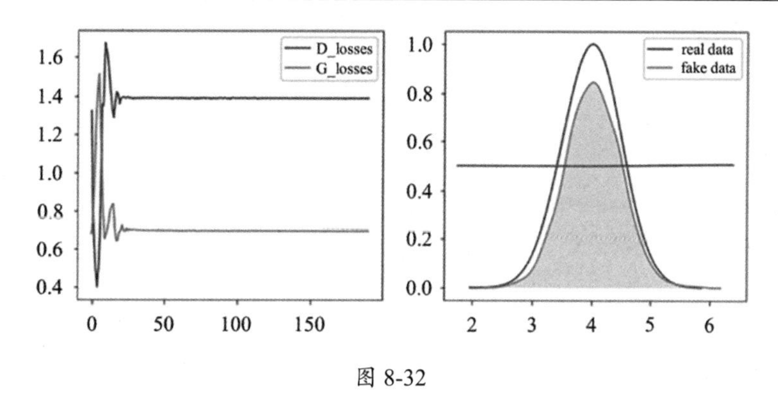

图 8-32

从这些中间迭代结果可以看出，鉴别器和生成器是一个对抗的过程。调整训练参数，使它们在对抗中达到平衡，是 GAN 训练的难点。不正确的参数将使训练过程不断震荡、训练不会收敛。生成器强于鉴别器，则会产生**模式塌陷**（Mode Collapse），即鉴别器不能产生具有多样性的数据，而生成的几乎是同一个数据。读者可以将正则化参数 reg 调低、修改学习率或者修改每趟迭代过程鉴别器的学习次数 d_steps，观察不收敛和模式塌陷的具体表现。

8.5.2　二维坐标点的生成对抗网络建模

一组实数中的每个样本都是一个实数，即只有一个特征。本节用采样自二维平面上二维坐标点集作为真实数据，让生成器学习这些二维坐标点的概率分布，其建模和训练过程和一维实数的 GAN 建模和训练过程是一样的。

1. 真实数据：椭圆曲线上采样的坐标点

椭圆曲线上的数据点的 (x,y) 坐标可以用参数方程表示为

$$x = cx + a\sin(\alpha)$$
$$y = cy + b\cos(\alpha)$$

其中，(cx, cy) 是椭圆的中心点，(a, b) 是椭圆的长短轴的长度，α 是椭圆的中心点和点 (x, y) 构成的有向线段关于 x 轴的夹角。

通过 sample_ellipse() 函数，可以在椭圆曲线上均匀采样一组坐标点，代码如下。

```
import numpy as np
import math
def sample_ellipse(m,a,b,cx=0,cy=0):
    alpha = np.random.uniform(0, 2*math.pi, m)
    x,y = cx+a*np.cos(alpha) , cy+b*np.sin(alpha)
    x = x.reshape(m, 1)
    y = y.reshape(m, 1)
    return np.hstack((x,y))
```

根据上述椭圆采样函数，在椭圆的中心点 (4,4) 采样长短轴长度分别为 5 和 3 的 100 个坐标点，然后绘制这些坐标点，代码如下，结果如图 8-33 所示。

```
from matplotlib import pyplot as plt
%matplotlib inline
data = sample_ellipse(100,5,3,4,4)

plt.scatter(data[:, 0], data[:, 1])
plt.show()
```

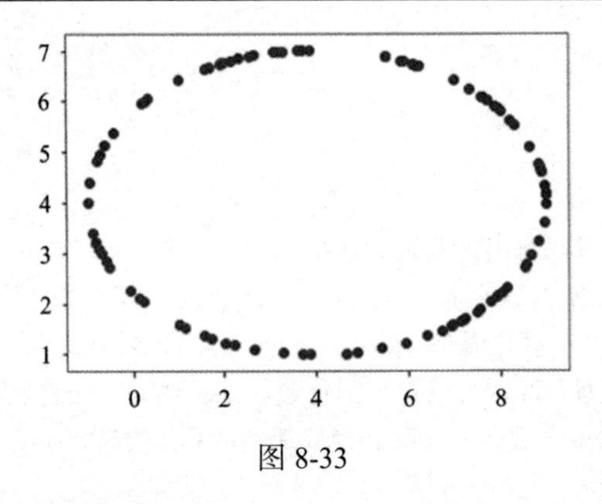

图 8-33

2. 真实数据迭代器、噪声迭代器

用 sample_ellipse() 函数定义一个数据迭代器，从椭圆上采样一组坐标点，代码如下。

```
cx,cy,a,b = 5,3,4,4
batch_size = 64
def data_iterator_ellipse(batch_size):
    while True:
        yield sample_ellipse(batch_size,cx,cy,a,b) #generate_real_samples(batch_size)

data_it = data_iterator_ellipse(batch_size)
x= next(data_it)
print(x[:3])
```

```
[[1.09671815 6.44244624]
 [8.71292461 5.00189969]
 [1.99319665 6.74776027]]
```

仍然使用 noise_z_iterator() 噪声迭代器函数定义一个噪声迭代器 noise_it，用于生成一个噪声向量，代码如下。

```
batch_size = 64
z_dim = 2
noise_it =   noise_z_iterator(batch_size, z_dim)
z = next(noise_it)
print(z[:3])
```

```
[[-0.12580991 -2.49903308]
 [-0.36232861  0.95614813]
 [-0.45110849 -1.30580063]]
```

3. 定义生成对抗网络模型的生成器和鉴别器

假设给出了许多二维坐标点，但不知道其真实的分布。可以训练一个 GAN 模型，使其生成器生成的坐标点服从的分布和这些真实坐标点的分布接近。

和生成逼近一组实数的 GAN 建模与训练过程一样，我们只需要针对这个问题定义生成器和鉴别器，代码如下。当然，针对不同问题的 GAN，其生成器和鉴别器的训练参数等需要做相应的调整（即调参）。

```
from NeuralNetwork import *
#from util import *
from train import *
np.random.seed(0)

G_hidden,D_hidden = 10,10
z_dim = 2          #隐变量的维度

G = NeuralNetwork()
G.add_layer(Dense(z_dim, G_hidden))
G.add_layer(Leaky_relu(0.2)) #Relu()) #
G.add_layer(Dense(G_hidden, 2))

D = NeuralNetwork()
D.add_layer(Dense(2, D_hidden))
D.add_layer(Leaky_relu(0.2)) #Relu()) #
D.add_layer(Dense(D_hidden, 1))
```

4. 训练生成对抗网络模型

首先，定义一个用于显示中间结果的函数 show_result()，代码如下。

```
def draw_loss(ax,D_losses=None,G_losses=None):
    ax.clear()
    i = np.arange(len(D_losses))
```

```
    if D_losses:      ax.plot(i, D_losses, '-')
    if D_losses:      ax.plot(i, G_losses, '-')
    ax.legend(['D_losses', 'G_losses'])

def show_ellipse_gan(D_losses=None,G_losses=None,m=100):
    fig, (ax1, ax2) = plt.subplots(1, 2, figsize=(10, 4))
    draw_loss(ax1,D_losses,G_losses)

    ax2.clear()
    if True:
        data = sample_ellipse(100,cx,cy,a,b)
        ax2.scatter(data[:, 0], data[:, 1])
    else:
        alpha = np.linspace(0,2*math.pi, 100)
        x,y = cx+a*np.cos(alpha) , cy+b*np.sin(alpha)
        ax2.plot(x, y,label='real data')

    noise_it =  noise_z_iterator(m, z_dim)
    z= next(noise_it)
    fake_data = G(z)
    ax2.scatter(fake_data[:, 0], fake_data[:, 1],label='fake data')

    plt.show()

show_result = show_ellipse_gan #lambda D_losses,G_losses:show_ellipse_gan(D_losses,
G_losses)
```

然后，定义鉴别器和生成器所对应的参数优化器 D_optimizer 和 G_optimizer（它们的学习率仍然是 1e-4），并设置每一趟训练鉴别器和生成器各自训练的次数 d_steps 和 g_steps 分别为 12 和 1，设置正则化参数 reg = 1e-4。开始训练，代码如下。

```
from util import *

#定义训练G和D的优化器算法对象
momentum = 0.9
D_lr = 1e-4 # 1e-4
G_lr = 1e-4 #1e-4
beta_1,beta_2 = 0.9,0.999
D_optimizer = Adam(D.parameters(),D_lr,beta_1,beta_2)
G_optimizer = Adam(G.parameters(),G_lr,beta_1,beta_2)

reg  = 1e-4 #0.001 #1e-5 #1e-5
iterations  = 300000
d_steps,g_steps  = 12,1
print_n=500
D_losses,G_losses = GAN_train(D,G,D_optimizer,G_optimizer,data_it,noise_it, \
                            BCE_loss_grad,iterations,reg,show_result,d_steps, \
                            g_steps,print_n)
```

执行以下代码，输出迭代过程中的一些中间结果，如图 8-34 ~ 图 8-39 所示。

```
0 iter: D_loss 2.1742366959961332 G_loss 0.8968873898437348
```

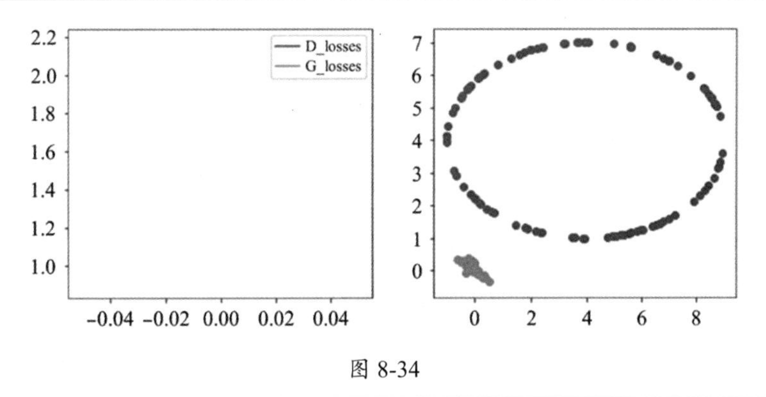

图 8-34

```
2000 iter: D_loss 0.3267357227744408 G_loss 2.3412898225834082
```

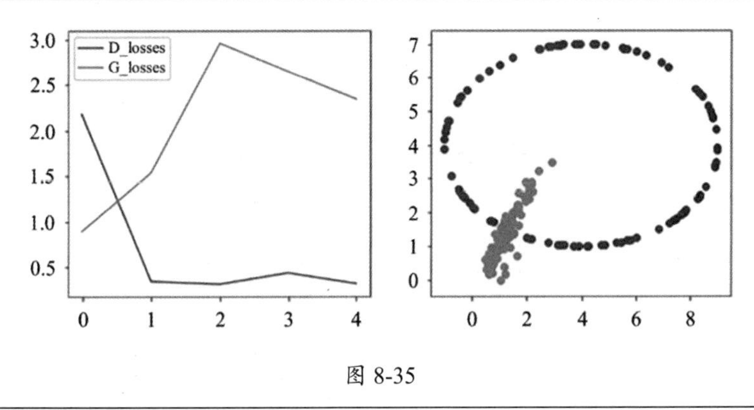

图 8-35

```
7000 iter: D_loss 1.2152731903087477 G_loss 0.9141720546508202
```

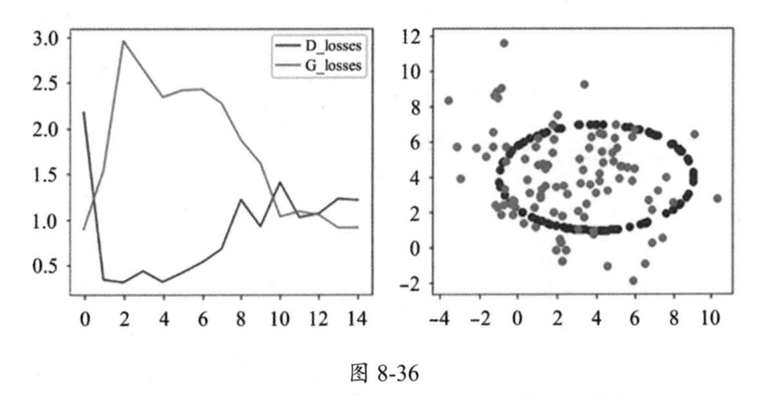

图 8-36

```
30000 iter: D_loss 1.0173900698057503 G_loss 1.1880948654376398
```

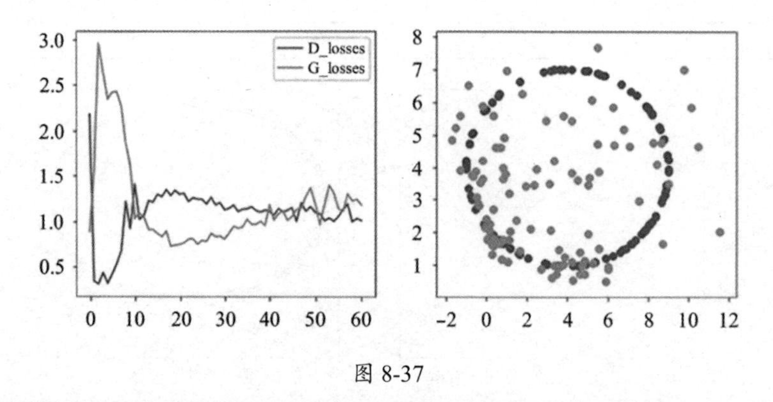

图 8-37

```
160000 iter: D_loss 1.3094760434222943 G_loss 0.9307732117439997
```

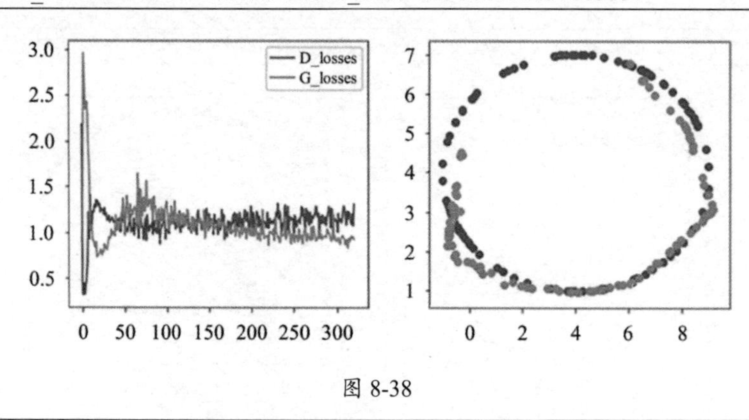

图 8-38

```
299500 iter: D_loss 1.350800595219167 G_loss 0.8432568162317724
```

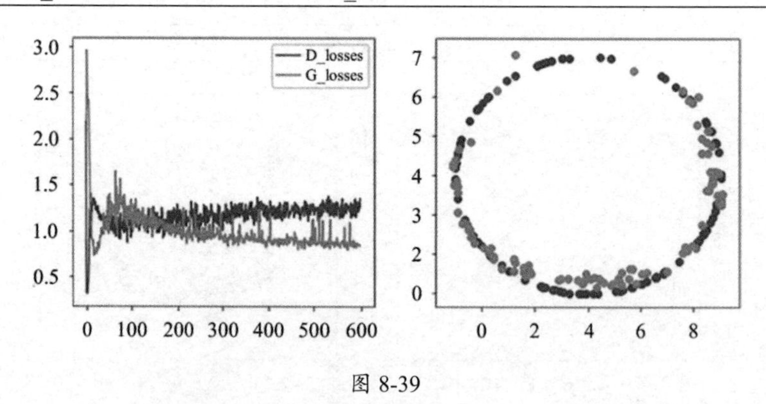

图 8-39

8.5.3 MNIST 手写数字集的生成对抗网络建模

在本节中，我们使用 8.5.2 节介绍的训练过程，训练一个 GAN 模型，以生成 MNIST 手写数字图像。

1. 读取训练数据

执行以下代码，读取 MNIST 手写数字集，并将数值规范化到 -1 到 1 之间，代码如下，结果如图 8-40 所示。

```
import data_set as ds
import matplotlib.pyplot as plt
%matplotlib inline

train_set, valid_set, test_set = ds.read_mnist()

train_X, train_y = train_set
valid_X, valid_y = valid_set
test_X, test_y = test_set
print(train_X.dtype)
print(train_X.shape)
print(train_y.dtype)
print(train_y.shape)

print(np.min(train_X[0]), np.max(train_X[0]))
train_X = (train_X -0.5)*2
print(np.min(train_X[0]), np.max(train_X[0]))

ds.draw_mnists(plt,train_X,range(10))
plt.show()
```

```
float32
(50000, 784)
int64
(50000,)
0.0 0.99609375
-1.0 0.9921875
```

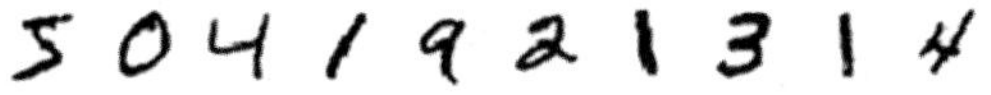

5 0 4 1 9 2 1 3 1 4

图 8-40

2. 定义数据迭代器

定义数据迭代器，代码如下。

```
z_dim= 64

batch_size  = 32
data_it = data_iterator_X(train_X,batch_size,shuffle = True,repeat=True)
noise_it =   noise_z_iterator(batch_size, z_dim)
```

3. 定义生成器和鉴别器及其优化器

定义生成器和鉴别器及其优化器，代码如下。

```
from util import *
from NeuralNetwork import *
#from train import *
import time
np.random.seed(0)

image_dim = 784
g_hidden_dim = 256
d_hidden_dim = 256
d_output_dim = 1

G = NeuralNetwork()
G.add_layer(Dense(z_dim, g_hidden_dim))
G.add_layer(Relu()) # Leaky_relu(0.2)) #
G.add_layer(Dense(g_hidden_dim, g_hidden_dim))
G.add_layer(Relu()) # Leaky_relu(0.2)) #
G.add_layer(Dense(g_hidden_dim, image_dim))
G.add_layer(Tanh())

D = NeuralNetwork()
D.add_layer(Dense(image_dim, d_hidden_dim))
D.add_layer(Leaky_relu(0.2)) #Relu()) #
D.add_layer(Dense(d_hidden_dim, d_hidden_dim))
D.add_layer(Leaky_relu(0.2)) #Relu()) #
D.add_layer(Dense(d_hidden_dim, d_output_dim))

#定义训练G和D的优化器算法对象
D_lr = 0.0002 #0.0001
G_lr = 0.0002 #0.0001
beta_1,beta_2 = 0.9,0.999
D_optimizer = Adam(D.parameters(),D_lr,beta_1,beta_2)
G_optimizer = Adam(G.parameters(),G_lr,beta_1,beta_2)
```

4. 训练模型

定义一个显示中间结果的复杂函数 show_result_mnist()，代码如下。

```
def plot_images(images, subplot_shape):
    plt.style.use('ggplot')
    fig, axes = plt.subplots(*subplot_shape)
    for image, ax in zip(images, axes.flatten()):
        ax.imshow(image.reshape(28, 28),  cmap='Greys')
        #ax.imshow(image.reshape(28, 28), vmin = 0, vmax = 1.0, cmap = 'gray')
        ax.axis('off')
    plt.show()

def show_result_mnist(D_losses = None,G_losses = None,m=10):
    #fig, (ax1, ax2) = plt.subplots(1, 2, figsize=(10, 4))
    #ax1.clear()
    if D_losses and G_losses:
```

```
        i = np.arange(len(D_losses))
        plt.plot(i,D_losses, '-')
        plt.plot(i,G_losses, '-')
        plt.legend(['D_losses', 'G_losses'])
        plt.show()

    ##ax2.clear()

    z = np.random.randn(m, z_dim)
    x_fake = G(z)
    #ds.draw_mnists(plt,x_fake,range(m))
    plot_images(x_fake, subplot_shape =[1, 10])
    plt.show()

show_result =  show_result_mnist
```

通过以下训练过程，训练 GAN 模型。如图 8-41 所示为 GAN 模型迭代 121500 次后的结果。可以看出，鉴别器和生成器的损失开始接近，生成的数字图像也开始接近真实的数字图像。

```
start = time.time()
reg = 1e-6#1e-5 #1e-5
iterations  = 180000
d_steps,g_steps  = 1,1 #2,1 #12,1

print_n=500
D_losses,G_losses = GAN_train(D,G,D_optimizer,G_optimizer,data_it,noise_it, \
                              BCE_loss_grad,iterations,reg,show_result, \
                              d_steps,g_steps,print_n)
done = time.time()
elapsed = done - start
print("训练的时间：%d 秒"%(elapsed))
...
121500 iter: D_loss 1.2937134810406197 G_loss 1.4630274260796108
```

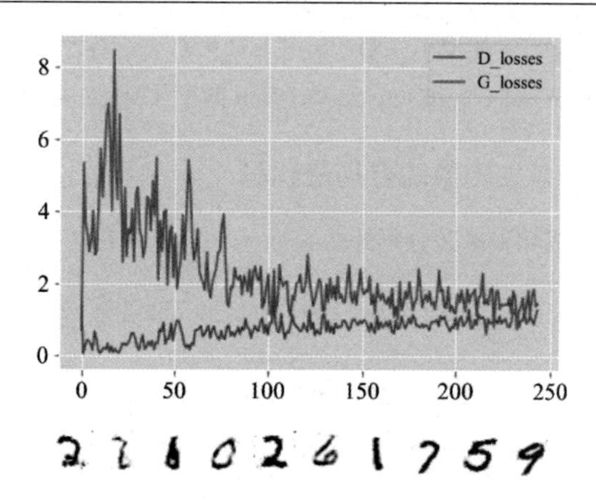

图 8-41

8.5.4 生成对抗网络的训练技巧

GAN 模型的训练很困难。人们根据实践经验，总结出了一些 GAN 训练的注意事项和技巧。

- 规范化输入数据。例如，将图像数据的值规范化到 -1 和 1 之间，生成器的最后输出激活函数采用 tanh 激活函数。
- 修改损失函数。例如，在 GAN 的原始论文里，训练生成器采用的最小化损失为 $1-D(G(\boldsymbol{z})$，即 $\min\log(1-D(G(\boldsymbol{z}))$，有人建议改用最大化损失 $\log(D(G(\boldsymbol{z}))$，即 $\max\log(D(G(\boldsymbol{z}))$。
- 生成器的输入噪声从高斯分布而不是均匀分布中采样。
- 对真实数据和生成数据分别采用批规范化，无法对真实数据和生成数据混合的数据实现批规范化。
- 避免稀疏梯度。例如，避免采用 ReLU、最大池化这些可能产生稀疏梯度的激活函数或网络层。但是，建议使用 LeakReLU。
- 使用软标签或噪声。在训练鉴别器时，真实数据标签可使用 0.7 和 1.2 之间的随机数代替 1，生成数据标签可使用 0.1 和 0.3 之间的随机数代替 0，并可偶尔翻转生成数据的标签，如从 0 改成 1。
- 使用 Adam 优化器。建议对鉴别器使用 SGD 优化器，对生成器使用 Adam 优化器。
- 如果鉴别器的损失趋近于 0，就说明鉴别器过强，鉴别器的损失方差比较大，模型不能收敛。如果生成器的损失一直下降，就说明生成器过强，容易出现噪声塌陷。在训练过程中，可以检查模型参数的梯度的大小，如果其绝对值超过 100，就说明模型不能收敛。

更多的技巧可以参考链接 8-2。

8.6 生成对抗网络的损失函数及其概率解释

GAN 的本质就是要通过对抗学习使生成数据的分布和真实数据的分布尽可能一致，即使两个分布之间的距离尽可能小。GAN 的损失函数，本质上是衡量两个分布相似程度的 Kullback-Leibler 散度（Kullback-Leibler Divergence）和 Jenson-Shannon 散度（Jensen-Shannon Divergence）。

8.6.1 生成对抗网络的损失函数的全局最优解

GAN 的损失函数可写成如下的积分形式。

$$L(G,D)=\int_x (\,p_r(x)\log(D(x))+p_g(x)\log(1-D(x)))\mathrm{d}x$$

其中，$p_r(x)$、$p_g(x)$ 分别是真实数据和生成数据的分布。引入如下的记号：

$$\tilde{x}=D(x),\qquad A=p_r(x),\qquad B=p_g(x)$$

将 $L(G,D)$ 看成 $\tilde{x}$ 的函数。根据函数极值点的必要条件，其关于 $\tilde{x}$ 的导数为 0。根据微积分的知识，被积分函数的导数应该几乎处处为 0，即 $\frac{\partial(p_r(x)\log(D(x))+p_g(x)\log(1-D(x)))}{\partial\tilde{x}}=0$。所以，令

$$(p_r(x)\log(D(x))+p_g(x)\log(1-D(x)))=f(\tilde{x})=A\log\tilde{x}+B\log(1-\tilde{x})$$

则有

$$\begin{aligned}\frac{\mathrm{d}f(\tilde{x})}{\mathrm{d}\tilde{x}}&=A\frac{1}{\tilde{x}}-B\frac{1}{1-\tilde{x}}=\left(\frac{A}{\tilde{x}}-\frac{B}{1-\tilde{x}}\right)\\&=\frac{A-(A+B)\tilde{x}}{\tilde{x}(1-\tilde{x})}\end{aligned}$$

令 $\frac{df(\tilde{x})}{d\tilde{x}}=0$，可以得到鉴别器损失函数 $L(G,D)$ 的极值点就是 $f(\tilde{x})$ 的极值点，公式如下。

$$D^*(x)=\tilde{x}^*=\frac{A}{A+B}=\frac{p_r(x)}{p_r(x)+p_g(x)}\in[0,1]$$

当生成器达到最优，即生成数据的分布和真实数据分布完全相同时（$p_g=p_r$），鉴别器的损失函数值的极值点为 $\frac{1}{2}$。此时，鉴别器损失函数 $L(G,D)$ 的最优值是

$$\begin{aligned}L(G,D^*)&=\int_x(p_r(x)\log(D^*(x))+p_g(x)\log(1-D^*(x)))\mathrm{d}x\\&=\log\frac{1}{2}\int_x p_r(x)\mathrm{d}x+\log\frac{1}{2}\int_x p_g(x)\mathrm{d}x\\&=-2\log2\end{aligned}$$

根据概率的性质，其中 $\int_x p_r(x)\mathrm{d}x$ 和 $\int_x p_g(x)\mathrm{d}x$ 的值都是 1。

8.6.2 Kullback–Leibler 散度和 Jensen–Shannon 散度

衡量两个分布是否相似的方法有两种，即 Kullback-Leibler 散度（简称 KL 散度）和 Jensen-Shannon 散度（简称 JS 散度）。

对两个概率分布 p、q，它们的 Kullback-Leibler 散度为

$$D_{\mathrm{KL}}(p\parallel q)=\int_x p(x)\log\frac{p(x)}{q(x)}\mathrm{d}x$$

KL 散度刻画了概率分布 p 偏离 q 的程度。对于一个 x，如果 $p(x)=q(x)$，那么 $\log\frac{p(x)}{q(x)}=\log1=0$；如果 $p(x)\neq q(x)$，那么 $\log\frac{p(x)}{q(x)}\neq0$。当 p 和 q 处处相等时，$D_{\mathrm{KL}}(p\parallel q)=0$，否则，可以证明 $D_{\mathrm{KL}}(p\parallel q)>0$。因此，当两个分布完全一样或几乎完全一样时（几乎处处满足 $p(x)=q(x)$），KL 散度取最小值 0。

对于如图 8-42 所示的两个离散概率分布，左图和右图的离散概率分布分别是 (0.36,0.48,0.16) 和 (0.333,0.333,0.333)，即 p 和 q 的概率分布分别为 (0.36,0.48,0.16) 和 (0.333,0.333,0.333)。它们的 KL 散度为

$$D_{\mathrm{KL}}(p \parallel q)=\sum_{x \in \mathcal{X}} p(x) \log \left(\frac{p(x)}{q(x)}\right)=0.36 \log \frac{0.36}{0.333}+0.48 \log \frac{0.48}{0.333}+0.16 \log \frac{0.16}{0.333}=0.0863$$

$$D_{\mathrm{KL}}(q \parallel p)=\sum_{x \in \mathcal{X}} q(x) \log \left(\frac{q(x)}{p(x)}\right)=0.333 \log \frac{0.333}{0.36}+0.333 \log \frac{0.333}{0.48}+0.333 \log \frac{0.333}{0.16}=0.096358$$

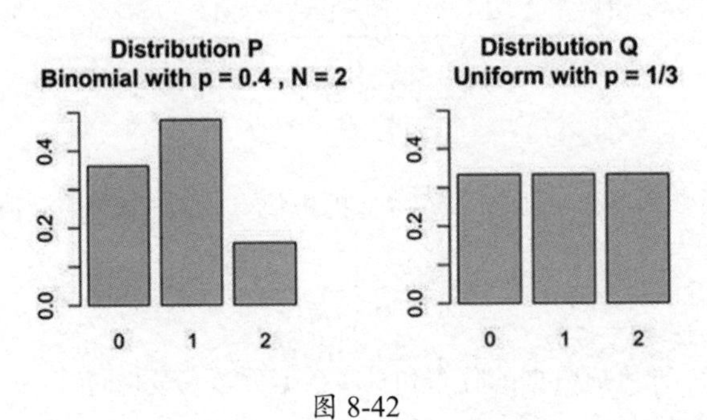

图 8-42

KL 散度是不对称的。当测量两个同等重要的分布之间的相似性时，可能会导致错误的结果。

再如，对于 $p(x)=\mathcal{N}(0,2)$、$q(x)=\mathcal{N}(2,2)$ 的两个高斯分布，其 $D_{\mathrm{KL}}(p \parallel q)$ 散度的被积分函数如图 8-43 右图所示，KL 散度就是阴影部分的正负面积之和。

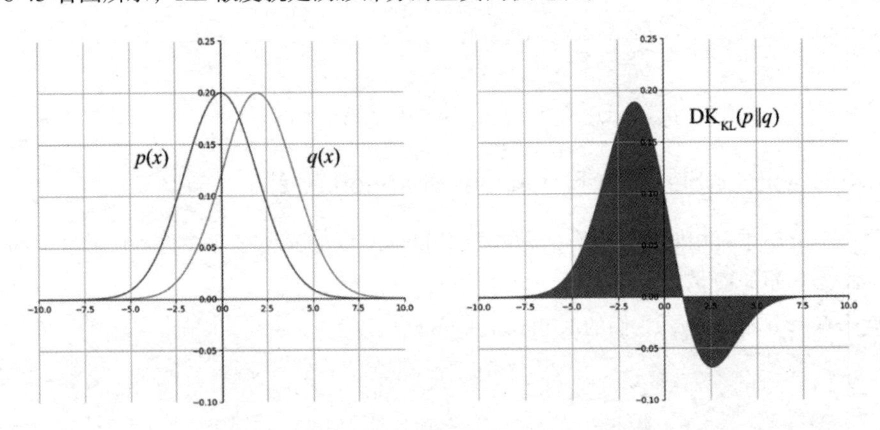

图 8-43

对于两个高斯分布的概率分布，它们的 KL 散度为

$$\begin{aligned}\mathrm{KL}(p, q) &=-\int p(x) \log q(x) \mathrm{d} x+\int p(x) \log p(x) \mathrm{d} x \\ &=\frac{1}{2} \log \left(2 \pi \sigma_2^2\right)+\frac{\sigma_1^2+\left(\mu_1-\mu_2\right)^2}{2 \sigma_2^2}-\frac{1}{2}\left(1+\log 2 \pi \sigma_1^2\right) \\ &=\log \frac{\sigma_2}{\sigma_1}+\frac{\sigma_1^2+\left(\mu_1-\mu_2\right)^2}{2 \sigma_2^2}-\frac{1}{2}\end{aligned}$$

如果固定一个概率分布，如固定 $q(x)=(0,2)$，而让 $p(x)=(\mu,2)$ 随着 μ 值的变化而变化，那么，可执行以下代码，绘制不同 μ 值所对应的 KL 散度值曲线，结果如图 8-44 所示。

```
import math
import matplotlib.pyplot as plt
import numpy as np
# if using a jupyter notebook
%matplotlib inline

def KL(mu1,sigma1,mu2,sigma2):
    return math.log(sigma2/sigma1) + (sigma1**2+(mu1-mu2)**2)/(2*sigma2**2)-1/2

mus= np.arange(-12,12,0.1)
kl_values = [KL(mu,2,0,2) for mu in mus]

plt.plot(mus,kl_values)
plt.xlabel('$\mu$')
plt.ylabel('KL ')
plt.legend(['KL Value'],loc='upper center')
plt.show()
```

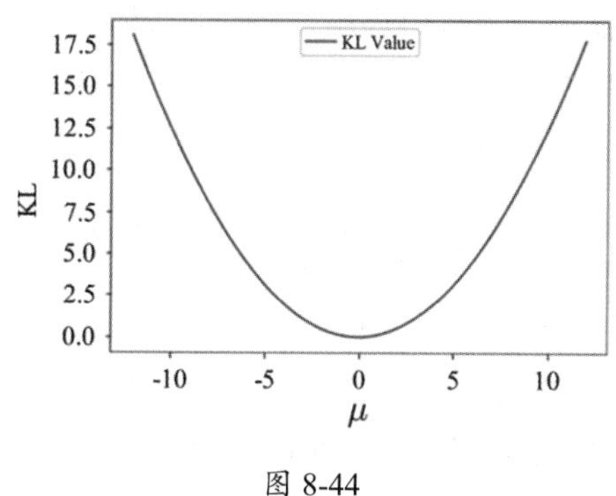

图 8-44

可见，当 $\mu=0$ 时，即 $p(x)$、$q(x)$ 是同一个分布时，KL 散度最小。

JS 散度也是用于两个分布相似性的一种度量，公式如下。

$$D_{\mathrm{JS}}(p \parallel q)=\frac{1}{2}D_{\mathrm{KL}}\left(p \parallel \frac{p+q}{2}\right)+\frac{1}{2}D_{\mathrm{KL}}\left(q \parallel \frac{p+q}{2}\right)$$

和 KL 散度不同，JS 散度是关于 p、q 对称的，即 p、q 是同等重要的，且 JS 散度比 KL 散度更光滑。

如图 8-45 所示，p、q 分别满足高斯分布 $\mathcal{N}(0,1)$、$\mathcal{N}(1,1)$，两个分布的平均值 $m=\frac{p+q}{2}$，KL 散度 D_{KL} 是不对称的，但 JS 散度 D_{JS} 是对称的。左上图是两个概率分布 $p(x)$、$q(x)$，右上图是 $\mathrm{KL}(p \parallel q)$、$\mathrm{KL}(q \parallel p)$ 的被积分函数，左下图是 $\mathrm{KL}(p \parallel m)$、$\mathrm{KL}(q \parallel m)$ 的被积分函数，右下图是 $\mathrm{JS}(p \parallel q)$ 的被积分函数。

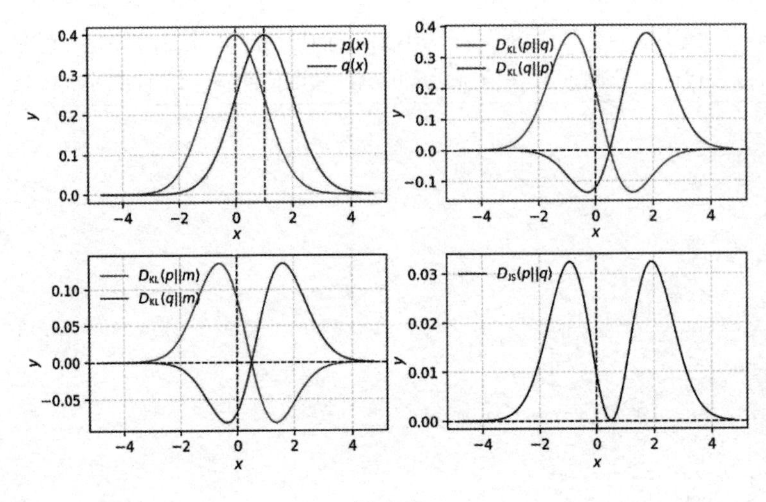

图 8-45

对 JS 散度做如下变换：

$$
\begin{aligned}
D_{\mathrm{JS}}(p_r \parallel p_g) = & \ \frac{1}{2}D_{\mathrm{KL}}\left(p_g || \frac{p_r + p_g}{2}\right) + \frac{1}{2}D_{\mathrm{KL}}\left(p_g || \frac{p_r + p_g}{2}\right) \\
= & \ \frac{1}{2}\left(\log 2 + \int_x p_r(x)\log\frac{p_r(x)}{p_r(x) + p_g(x)}\mathrm{d}x\right) + \\
& \ \frac{1}{2}\left(\log 2 + \int_x p_g(x)\log\frac{p_g(x)}{p_r(x) + p_g(x)}\mathrm{d}x\right) \\
= & \ \frac{1}{2}(\log 4 + L(G, D^*))
\end{aligned}
$$

可知当鉴别器最优时，JS 散度 $D_{\mathrm{JS}}(p_r \parallel p_g)$ 和 $L(G, D^*)$ 仅相差常数 $\frac{1}{2}\log 4$。因此，GAN 的损失函数可以通过 JS 散度来量化生成数据分布 p_g 和实际样本分布 p_r 之间的相似度，公式如下。

$$
L(G, D^*) = 2D_{\mathrm{JS}}(p_r \parallel p_g) - 2\log 2
$$

当生成器最佳时，生成数据分布和真实数据分布完全一致，第 1 项为 0。生成器和鉴别器都达到最佳时的损失函数值，公式如下。

$$
L(G^*, D^*) = 0 - 2\log 2 = -2\log 2
$$

8.6.3 生成对抗网络的最大似然解释

前面从真实数据分布和生成数据分布应该尽可能一致的角度，解释了 GAN 的损失函数和 JS 散度的关系。JS 散度就是两个 KL 散度的和。按照最大似然估计的观点，也可以发现 GAN 损失函数和 KL 散度之间的关系。

对于一组真实数据 $(x_1, x_2, \cdots, x_n)$，其服从的分布是 p_r，生成器 $G(\theta)$ 生成这些真实数据的概率为 $(p_\theta(x_1), p_\theta(x_2), \cdots, p_\theta(x_n))$。如果 $G(\theta)$ 达到最优，那么生成器 $G(\theta)$ 应以最大的概率（可能

性）生成这些真实数据，即生成器生成这些真实数据的概率应最大化，求满足下列最大值的生成器参数 θ。

$$\arg\ \max_{\theta} p(\theta; x_1, \ldots, x_n) = \arg\ \max_{\theta} \prod_{i=1}^{n} p_{\theta}(x_i)$$

同样，为了提高计算的稳定性，可以用上述概率乘积的对数代替乘积，这样做不会改变函数的极值点。因此，问题归结为求

$$\arg\ \max_{\theta} \log p(\theta; x_1, \ldots, x_n) = \arg\ \max_{\theta} \log \prod_{i=1}^{n} p_{\theta}(x_i) = \arg\ \max_{\theta} \sum_{i=1}^{n} \log p_{\theta}(x_i)$$

因为这些 x_i 是真实数据，它们服从真实数据的分布 p_r，所以，如果 n 趋近于无穷，那么上式最右项的累加和可以表示为积分的形式，公式如下。

$$\arg\ \max_{\theta} \sum_{i=1}^{n} \log p_{\theta}(x_i) = \arg\ \max_{\theta} \int_x p_r(x) \log p_{\theta}(x) \mathrm{d}x$$

对上式等号右边的这个积分，可以增加一个常数值 $-\int_x p_r(x)\log p_r(x)\mathrm{d}x$，这样做不会改变其极值点。因此，有

$$\begin{aligned}
\arg\ \max_{\theta} \int_x p_r(x)\log p_{\theta}(x)\mathrm{d}x &= \arg\ \max_{\theta}\left(-\int_x p_r(x)\log p_r(x)\mathrm{d}x + \int_x p_r(x)\log p_{\theta}(x)\mathrm{d}x\right) \\
&= \arg\ \min_{\theta}\left(\int_x p_r(x)\log p_r(x)\mathrm{d}x - \int_x p_r(x)\log p_{\theta}(x)\mathrm{d}x\right) \\
&= \arg\ \min_{\theta}\left(\int_x p_r(x)\log \frac{p_r(x)}{p_{\theta}(x)}\mathrm{d}x\right. \\
&= \arg\ \min_{\theta} \mathrm{KL}(p_r \parallel p_{\theta})
\end{aligned}$$

因此，让生成器 $G(\theta)$ 最大化真实数据的似然概率，等价于最小化上面的真实数据分布 p_r 和生成数据分布 p_{θ} 的 KL 散度。

8.7 改进的损失函数——Wasserstein GAN

GAN 模型的训练非常不稳定。解决这一问题的主要途径有两个：一是寻找能够稳定学习的架构，二是修改损失函数，即用新的损失函数代替原来的损失函数。Wasserstein GAN（WGAN）就属于后者。

8.7.1 Wasserstein GAN 的原理

WGAN 用两个分布之间的 Wasserstein 距离定义了新的损失函数，以代替 GAN 原始论文中的 JS 散度。

WGAN 从数学的角度分析了 GAN 训练不稳定的原因，认为 GAN 的本质是在优化真实数据

分布和生成数据分布的 JS 散度。KL 散度和 JS 散度是通过测量两个分布对应随机变量概率密度的差异性作为两个分布的相似性度量的，对于不重叠的两个分布，其 JS 散度总是 2。假设有两个不同的生成数据分布，当它们都与真实分布不重叠时，就无法通过 JS 散度判断哪个分布距离真实分布更近一些，从而无法使生成数据的分布逐渐向真实数据的分布靠拢。

GAN 生成的分布与真实数据分布不重叠的情况是大概率会发生的，这也是原始的 GAN 难以训练的原因之一。WGAN 的作者提出用 Wasserstein Distance 代替原始 GAN 的 JS 散度来刻画两个分布的距离。Wasserstein Distance 也称为**推土机距离**（Earth Mover's Distance，EM 距离）。EM 距离不直接测量两个分布所对应的随机变量概率密度的差异性，而是计算将一个分布转换为另外一个分布所消耗的能量：如果一个分布 p_1 比另一个分布 p_2 能以更小的能量转换为目标分布 q，则 p_1 和 q 的 EM 距离就比 p_2 和 q 的 EM 距离小。

将分布 $p(x)$、$q(y)$ 看成两堆土，EM 距离衡量的是如何将形状为 $p(x)$ 的一堆土通过某种移动方案转换为 $q(y)$ 那堆土的形状。

如图 8-46 所示，上图的彩色随机变量在 $x=1$、$x=8$ 处的概率分别为 $\frac{3}{4}$、$\frac{3}{4}$，可以将这些概率看成是位于 $x=1$、$x=3$ 处的一堆土或砖块。白色随机变量在 $x=1$、$x=8$ 处的概率分别为 $\frac{2}{4}$、$\frac{2}{4}$，可以将这些概率看成是位于 $y=5$、$y=6$ 处的一堆土或砖块。下图表格表示的是 (x,y) 的组合所对应的距离 $\parallel x-y \parallel$。

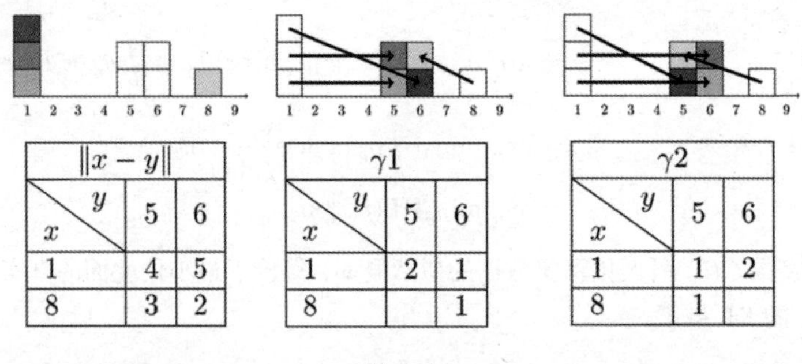

$\|x-y\|$		
x \ y	5	6
1	4	5
8	3	2

$\gamma 1$		
x \ y	5	6
1	2	1
8		1

$\gamma 2$		
x \ y	5	6
1	1	2
8	1	

图 8-46

要将 $p(x)$ 变成 $q(y)$，就需要移动这堆土或砖块。例如，可以按图 8-46 中间一列的移动计划，将 $p(x)$ 的土或砖块变换到目标 $q(y)$，此时的移动代价是

$$2/4\times(5-1)+1/4\times(6-1)+1/4\times(8-6)=(8+5+2)/4=15/4$$

也可以按图 8-46 右边间一列的移动计划，将 $p(x)$ 的土或砖块变换到目标 $q(y)$，此时的移动代价是

$$2/4\times(6-1)+1/4\times(5-1)+1/4\times(8-5)=(10+4+3)/4=17/4。$$

可见，不同的移动计划，其移动代价是不一样的。用 γ 表示一个移动计划，$\gamma(x,y)$ 表示从 x 到 y 的运土量，$\parallel x-y \parallel$ 表示运动的距离，$\gamma(x,y)\cdot\parallel x-y \parallel$ 就是从 x 到 y 运送 $\gamma(x,y)$ 的代价

（Cost）。这个移动计划的代价就是所有 $\gamma(x,y)\cdot\parallel x-y\parallel$ 之和，公式如下。

$$\sum\gamma(x,y)\parallel x-y\parallel$$

这个 $\gamma(x,y)$ 可表示为一个运土量占总量的百分比，这个百分比就相当于一个概率（因为所有可能的 $\gamma(x,y)$ 不仅大于等于 0，而且它们的 $\gamma(x,y)$ 之和 $\sum\gamma(x,y)$ 为 1，即满足概率的条件），即 $\gamma(x,y)$ 是随机变量 (x,y) 的联合概率分布，运送的距离 $\parallel x-y\parallel$ 是随机变量 (x,y) 的函数。那么，对于一个移动计划 γ 来说，其移动代价就是随机变量 $\parallel x-y\parallel$ 关于这个概率 $\gamma(x,y)$ 的数学期望

$$\sum\gamma(x,y)\parallel x-y\parallel=\mathbb{E}_{(x,y)\sim\gamma}[\parallel x-y\parallel]$$

将 $p(x)$ 变换为 $q(y)$ 的 EM 距离定义为所有可能移动计划的移动代价的最小值，更准确的数学术语就是所有可能移动计划的移动代价的**下确界**，其数学符号为 inf。因此，EM 距离定义为

$$W(p,q)=\inf_{\gamma\sim\Pi(p,q)}\mathbb{E}_{(x,y)\sim\gamma}[\parallel x-y\parallel]$$

$\Pi(p,q)$ 是所有可能的移动计划，$\gamma\in\Pi(p,q)$ 表示将 $p(x)$ 变换为 $q(y)$ 的某个移动计划。

设 p_r、p_g 分别是真实数据和生成数据的概率密度，γ 表示将概率分布 p_r 转换为 p_g 的某个移动计划，则这两个分布之间的 EM 距离是

$$W(p_r,p_g)=\inf_{\gamma\sim\Pi(p_r,p_g)}\mathbb{E}_{(x,y)\sim\gamma}[\parallel x-y\parallel]$$

上式表示将分布 p_r 变换成分布 p_g 所要付出的最小代价。EM 距离是对称的，所以上式也表示将分布 p_g 变换为分布 p_r 所要付出的最小代价。

因为无法枚举无穷多的移动计划 γ，所以计算这个距离是不可行的。通过称为 Kantorovich-Rubenstein 对偶的复杂数学推导，可以转换为下面的距离计算

$$W(P_r,P_\theta)=\sup_{\|f\|_L\leq 1}\mathbb{E}_{x_{\sim P_r}}f(x)-\mathbb{E}_{x_{\sim P_\theta}}f(x)$$

其中，sup 是**上确界**表示大于所有值的最小值，f 是 $1-\text{Lipschitz}$ 函数，即 f 满足下列条件：

$$|f(x_1)-f(x_2)|\leq|x_1-x_2|$$

对于这样一个函数，$\mathbb{E}_{x_{\sim P_r}}f(x)$ 是服从真实数据分布 p_r 的 x，即真实数据的函数值 $f(x)$ 的期望（平均值），$\mathbb{E}_{x_{\sim P_\theta}}f(x)$ 是服从生成数据分布 p_g 的 x，即生成数据的函数值 $f(x)$ 的期望（平均值）。因此，只要用一些真实数据 x 的 $f(x)$ 的平均值就可以估计 $\mathbb{E}_{x_{\sim P_r}}f(x)$ 了。同样，只要用一些生成数据 x 的 $f(x)$ 的平均值，就可以估计 $\mathbb{E}_{x_{\sim P_\theta}}f(x)$，如

$$\mathbb{E}_{x_{\sim P_r}}f(x)=\sum_1^m f(\text{real\_}x_i)$$

$$\mathbb{E}_{x_{\sim P_\theta}}f(x)=\sum_1^n f(\text{fake\_}x_i)$$

其中，$\text{real\_}x_i$、$\text{fake\_}x_i$ 分别是一些真实和生成数据。这样，EM 距离的估算就变得非常简单了。

在 GAN 的训练中，$f(x)$ 就是生成器的神经网络函数，但必须要保证它满足上述 $1-\text{Lipschitz}$ 函数的条件。在 WGAN 原始论文中，是通过**权重裁剪**的实践技巧限制权重参数的大小来保证这一点的，即将权重参数限制在 $[-c, c]$ 内。通常 $c=0.01$，也有设置成 $c=0.1$ 或 $c=0.001$ 的，即 c 也是一个需要调试的参数。

对于生成器，得到上确界，就是得到 $\mathbb{E}_{x\sim P_r}f(x)-\mathbb{E}_{x\sim P_\theta}f(x)$ 的最大值。可以通过梯度上升法更新其参数（如 w），即使 Wasserstein 距离尽可能大，以提高区分真实数据和生成数据的能力，而生成器希望最小化 Wasserstein 距离，因此，可以用梯度下降法更新其参数（如 θ）。对于生成器，只需要最小化 $-\mathbb{E}_{x\sim P_\theta}f(x)$。

WGAN 的损失函数是 $f(x)$ 或 $-f(x)$ 的和，损失函数关于 $f(x)$ 的梯度就是 1 或 -1），因此，WGAN 的损失函数及其梯度的计算更加简单，只要将 GAN 代码中计算损失函数和计算损失函数关于 $f(x)$ 的梯度的代码稍作修改即可。WGAN 算法伪代码，如图 8-47 所示。

Algorithm 1 WGAN, our proposed algorithm. All experiments in the paper used the default values $\alpha=0.00005$, $c=0.01$, $m=64$, $n_{\text{critic}}=5$.

Require: : α, the learning rate. c, the clipping parameter. m, the batch size. n_{critic}, the number of iterations of the critic per generator iteration.
Require: : w_0, initial critic parameters. θ_0, initial generator's parameters.
1: **while** θ has not converged **do**
2: **for** $t=0,\ldots,n_{\text{critic}}$ **do**
3: Sample $\{x^{(i)}\}_{i=1}^m \sim \mathbb{P}_r$ a batch from the real data.
4: Sample $\{z^{(i)}\}_{i=1}^m \sim p(z)$ a batch of prior samples.
5: $g_w \leftarrow \nabla_w \left[\frac{1}{m}\sum_{i=1}^m f_w(x^{(i)}) - \frac{1}{m}\sum_{i=1}^m f_w(g_\theta(z^{(i)}))\right]$
6: $w \leftarrow w + \alpha \cdot \text{RMSProp}(w, g_w)$
7: $w \leftarrow \text{clip}(w, -c, c)$
8: **end for**
9: Sample $\{z^{(i)}\}_{i=1}^m \sim p(z)$ a batch of prior samples.
10: $g_\theta \leftarrow -\nabla_\theta \frac{1}{m}\sum_{i=1}^m f_w(g_\theta(z^{(i)}))$
11: $\theta \leftarrow \theta - \alpha \cdot \text{RMSProp}(\theta, g_\theta)$
12: **end while**

图 8-47

后来还有人提出了一些改进的 WGAN。例如，Improved WGAN（WGAN-GP）在损失函数中增加了一个梯度惩罚项，以代替权重参数的裁剪，公式如下。

$$L(p_r, p_g) = \mathbb{E}_{\tilde{x}\sim p_g}[f(\tilde{x})] - \mathbb{E}_{x\sim p_r}[f(x))] + \mathbb{E}_{\hat{x}\sim p_{\hat{x}}}[(|\parallel \nabla f(\hat{x}) \parallel_2 - 1)^2]$$

$\mathbb{E}_{\tilde{x}\sim p_g}[f(\tilde{x})] - \mathbb{E}_{x\sim p_r}[f(x))]$ 是负的 Wasserstein 距离，即 $-W(p_g, p_r)$。$\mathbb{E}_{\hat{x}\sim p_{\hat{x}}}[(|\parallel \nabla f(\hat{x}) \parallel_2 - 1)^2]$ 是梯度惩罚项，它将梯度的绝对值尽可能限制在单位长度内，从而防止梯度爆炸和梯度消失。

权重参数的裁剪主要防止权重参数过大，从而保证神经网络函数仍然是一个 $1-\text{Lipschitz}$ 函数。梯度惩罚项类似于模型参数的正则项，也是为了防止梯度爆炸导致梯度更新过程中的参数变大，将梯度限制在一定范围内，从而将模型参数限制在一定范围内。

近来的实践表明，WGAN、WGAN GP 其实并不比 GAN 优越。因此，在实践中，人们还是习惯用最原始的 GAN。

8.7.2　Wasserstein GAN 的代码实现

根据 WGAN 的损失函数，对前面的 D_train() 和 G_train() 函数稍作修改，就得到了以下采用 WGAN 损失的鉴别器和生成器训练函数 WGAN_D_train() 和 WGAN_G_train()。

```
#===============鉴别器的一趟训练过程=======================#
def WGAN_D_train(D,D_optimizer,x_real,x_fake,clip_value = 0.01,reg = 1e-3):
    assert(x_real.shape[0]==x_fake.shape[0])
    # 1. 梯度重置为 0
    D_optimizer.zero_grad()

    # 2. 计算损失和梯度
    f_real = D(x_real)
    m = f_real.size
    real_loss = np.mean(f_real)
    real_grad = (1/m)*np.ones(f_real.shape)
    D.backward(-real_grad,reg)

    f_fake = D(x_fake)
    assert(f_fake.size==f_real.size)
    fake_loss =  np.mean(f_fake)
    fake_grad = (1/m)*np.ones(f_fake.shape)
    D.backward(fake_grad,reg)
    loss =  (real_loss - fake_loss)
    #loss += D.reg_loss(reg)
    # 4. 更新梯度
    D_optimizer.step()

    #3. 裁剪梯度 Weight clipping
    for i,_ in enumerate(D_optimizer.params):
        D_optimizer.params[i][0][:] = np.clip(D_optimizer.params[i][0],-clip_value, \
                                              clip_value)
    return loss

#=================生成器的一趟训练过程=======================#
def WGAN_G_train(D,G,G_optimizer,z,clip_value = 0.01,reg = 1e-3):
     # 1. 梯度重置为 0
    G_optimizer.zero_grad()

    # 2. 计算损失和梯度
    x_fake = G(z)
    f_fake = D(x_fake)
    loss = -np.mean(f_fake)
    m = f_fake.size
    grad = -(1/m)*np.ones(f_fake.shape)

    grad = D.backward(grad)
    G.backward(grad,reg)
    #loss += G.reg_loss(reg)
```

```
    # 3. 更新梯度
    G_optimizer.step()
    return loss

def WGAN_train(D,G,D_optimizer,G_optimizer,real_dataset,noise_z,iterations=10000, \
              reg = 1e-3,
            clip_value=0.01,n_critic = 4, show_result = None,print_n = 20):
    iter = 0
    D_losses = []
    G_losses = []

    while iter< iterations:
        #训练鉴别器
        x_real = next(real_dataset)
        x_fake = G(next(noise_z))
        D_loss = WGAN_D_train(D,D_optimizer,x_real,x_fake,clip_value,reg)

        #训练生成器
        if iter%n_critic==0:
            G_loss = WGAN_G_train(D,G,G_optimizer,next(noise_z),clip_value,reg)
        if iter % print_n == 0:
            print(iter,"iter:","D_loss",D_loss,"G_loss",G_loss)
            D_losses.append(D_loss)
            G_losses.append(G_loss)
            if show_result:
                show_result(D,G,D_losses,G_losses)
        iter += 1

    return D_losses,G_losses
```

对于 8.5.1 节的一组实数的 GAN 模型，可以用上述 WGAN 损失函数进行训练，代码如下。

```
from NeuralNetwork import *
#from util import *

np.random.seed(0)

hidden = 4
D = NeuralNetwork()
D.add_layer(Dense(1, hidden))
D.add_layer(Leaky_relu(0.2)) #Relu()) #
D.add_layer(Dense(hidden, 1))
#D.add_layer(Sigmoid())

G = NeuralNetwork()
z_dim = 1                #隐变量的维度
G.add_layer(Dense(z_dim, hidden))
G.add_layer(Leaky_relu(0.2)) #Relu()) #
G.add_layer(Dense(hidden, 1))
```

```
#定义训练 G 和 D 的优化器算法对象
D_lr = 0.0003 # 1e-4
G_lr = 0.0001 #1e-4
beta_1,beta_2 = 0.9,0.999
D_optimizer = Adam(D.parameters(),D_lr,beta_1,beta_2)
G_optimizer = Adam(G.parameters(),G_lr,beta_1,beta_2)

from util import *
clip_value = 0.01
reg  = 0 #1e-5 #1e-5e-
iterations  = 200000 #100000
n_critic = 1 #5
print_n  =500
D_losses,G_losses = WGAN_train(D,G,D_optimizer,G_optimizer,data_it,noise_it, \
                              iterations,reg,clip_value,n_critic,show_result, \
                              print_n)
```

训练的结果如下，如图 8-48 所示。

```
...
500 iter: D_loss 0.0011615003991261863 G_loss -0.01023799847202126
27000 iter: D_loss -8.578426744787482e-07 G_loss -0.009488053321470099
...
90000 iter: D_loss 1.3109091936969186e-11 G_loss -0.009999930339860416
...
199500 iter: D_loss 4.4971589611975116e-09 G_loss -0.01000896809522164
```

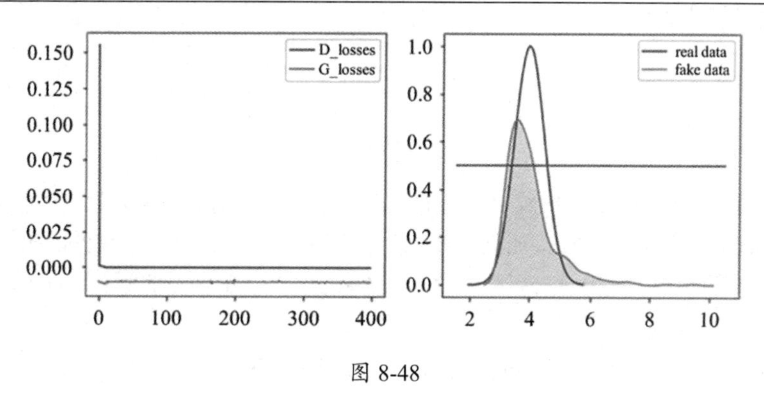

图 8-48

D_loss 是生成数据和真实数据的分布的 Wasserstein 距离，随着迭代不断收敛到 0，表示逐渐收敛。

8.8　深度卷积对抗网络

最基本的 GAN 是用全连接神经网络表示鉴别器和生成器函数，对于图像这种具有空间结构的数据，GAN 的训练不稳定，也难以产生高质量的生成数据。Radford 等人提出的深度卷积对抗网络（Deep Convolutional Generative Adversarial Networks，DCGAN）是对基本 GAN 的扩展，其想法是用卷积神经网络表示生成器和鉴别器，从而更好地处理图像这种具有空间结构的数据。

鉴别器就是一个二分类函数，可以用一个卷积神经网络表示。这个鉴别器可以通过卷积（包括池化）运算将图像的分辨率不断从高到低地降低，直到最后的全连接层转换为一个表示二分类的得分值。那么，生成器如何将低维的一维隐向量转换为一个高维的多通道图像（特征图）呢？

普通的卷积运算是一种**下采样**（Downsampling），可以将高分辨率特征图转换为低分辨率的特征图，但无法将低维隐向量转换为高维的图像。和普通的卷积运算正好相反，**转置卷积**运算（Transposed Convolutions）属于**上采样**（Upscaling）运算，可以将低分辨率的特征图转换为高分辨率的特征图。转置卷积也称为**分数跨度卷积**（Fractionally-Strided Convolution），有的文献称其为**反卷积**（Deconvolution），但这里的反卷积和通常数学上的反卷积不是同一个概念，因此，一般使用前两个术语。如图 8-49 所示，用 4 个转置卷积层将一个长度是 100 的向量转换为 $3 \times 64 \times 64$ 的彩色图像。

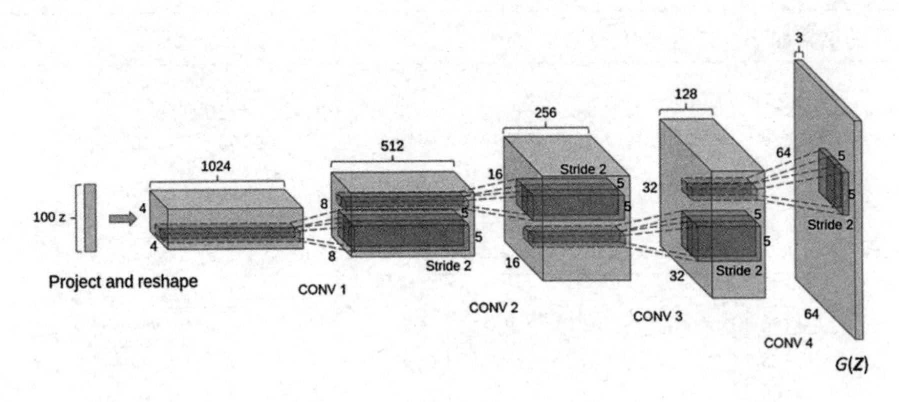

图 8-49

为了使训练更加稳定，DCGAN 论文还做了几点改进：鉴别器网络去除了全连接层，并用跨度卷积（Strided Convolution）代替池化操作；生成器和鉴别器网络都采用批归一化；生成器除输出层采用 tanh 激活函数，其他所有层都采用 ReLU 激活函数，鉴别器的所有层都采用 LeakyReLU 激活函数。

为了实现 DCGAN，必须先实现转置卷积，下面讨论转置卷积的原理和实现。

8.8.1 一维转置卷积

对于长度为 5 的输入向量 $\boldsymbol{x} = (x_0, x_1, x_2, x_3, x_4)$，执行卷积核宽度为 3、跨度和填充分别为 1 和 0 的一维卷积，其过程如图 8-50 所示。

如果输入向量的长度为 n，卷积核宽度为 k，那么，经过跨度为 s 和左右各填充均为 p 的卷积运算，产生的结果张量的长度为 $o = \frac{n-k+2\times p}{s} + 1$。本例结果张量的长度为 $o = \frac{5-3+0}{1} + 1 = 3$。可以看出，如果不填充，卷积的结果向量长度往往小于输入向量的长度。

卷积将一个和卷积核形状、大小相同的数据块通过和卷积核计算累加和，得到一个输出值，即一个数据块和卷积核运算产生一个输出值。卷积核沿着数据按照跨度移动，和遇到的每个对应数据块产生一个输出值。

转置卷积和卷积正好相反，对于输入张量的每个元素，将该元素和卷积核的每个元素相乘，产生和卷积核形状相同的输出，即对输入张量的每个元素产生一个和卷积核数目相同的元素，如图 8-51 所示。

图 8-50　　　　图 8-51

将宽度为 3 的卷积核对准输入 $\boldsymbol{x}=(x_0,x_1,x_2)$ 的第一个元素 x_0，x_0 和卷积核的每个元素相乘分别得到一个输出值。由于卷积核的宽度为 3，因此产生了 3 个输出值。如果执行跨度为 1 的转置卷积，则卷积核滑动到 x_1，又会产生 3 个输出值，直到输入的最后一个元素为止，如图 8-52 所示。如图 8-53 所示是一个具体的例子，即卷积核 $(1,2,-1)$ 和输入一维张量 $(5,15,12)$ 的转置卷积。

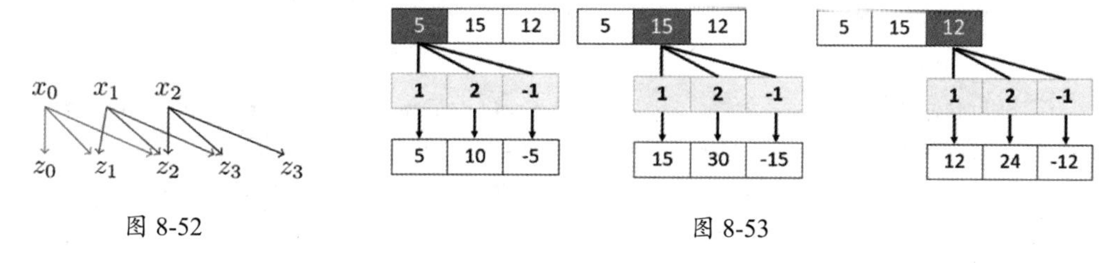

图 8-52　　　　图 8-53

如图 8-54 所示，在转置卷积的运算中，每个元素和卷积核执行逐元素相乘，输出的 3 个值要累加到对应位置的输出向量元素中。

如果将图 8-52 中卷积运算的 $\boldsymbol{z}$ 当成转置卷积的输入，将 $\boldsymbol{x}$ 当成转置卷积的输出，则转置计算过程如图 8-55 所示。

图 8-54　　　　图 8-55

可见，转置卷积的计算过程是卷积过程的逆向过程，正如卷积的反向求导是卷积的逆过程一样。因此，转置卷积的计算过程和卷积的反向求导的过程是完全类似的，都是将一个输入值通过卷积核进行分配，累加到输出向量中。

根据卷积的输出和输入向量、跨度、填充的关系，可以得到转置卷积的输出和输入向量、跨度、填充的关系。设输入张量长度为 o，经过跨度为 s 和左右填充为 p 的转置卷积运算产生的结果张量的长度为 $n = (o-1) \times s + k - 2 \times p$。对于上面例子中的转置卷积运算，结果张量长度为 $(3-1) \times 1 + 3 - 0 = 5$。

卷积可以用矩阵乘法实现其正向计算和反向求导，因此，转置卷积也可以用矩阵乘法实现其正向计算和反向求导。转置卷积的正向计算完全类似于卷积的反向求导，转置卷积的反向求导则类似于卷积的正向计算。

回顾 6.3.3 节的一维卷积的反向求导过程，其计算公式为

$$\mathrm{d}\boldsymbol{x}_{\mathrm{row}} = \mathrm{d}\boldsymbol{z}_{\mathrm{row}} \boldsymbol{K}_{\mathrm{col}}^{\mathrm{T}}$$

将其中的 $\mathrm{d}\boldsymbol{z}_{\mathrm{row}}$ 看成转置卷积的输入，将 $\mathrm{d}\boldsymbol{x}_{\mathrm{row}}$ 看成转置卷积的输出，可以得到转置卷积的正向计算的矩阵乘法公式，具体如下。

$$\boldsymbol{z}_{row} = \boldsymbol{x}_{row} \boldsymbol{K}_{col}^{\mathrm{T}}$$

其中，$\boldsymbol{x}_{\mathrm{row}}$ 是转置卷积的输入，$\boldsymbol{z}_{\mathrm{row}}$ 是转置卷积的输出，$\boldsymbol{K}_{\mathrm{col}}$ 是卷积核的列向量表示。对于上面的具体例子，计算过程为

$$\boldsymbol{z}_{\mathrm{row}} = \boldsymbol{x}_{\mathrm{row}} \boldsymbol{k}_{\mathrm{col}} = \begin{bmatrix} x_0 \\ x_1 \\ x_2 \end{bmatrix} \begin{bmatrix} k_0 & k_1 & k_2 \end{bmatrix} = \begin{bmatrix} 5 \\ 15 \\ 12 \end{bmatrix} \begin{bmatrix} 1 & 2 & -1 \end{bmatrix} = \begin{bmatrix} 5 & 15 & 12 \\ 15 & 30 & -15 \\ 12 & 24 & -12 \end{bmatrix}$$

和卷积的反向求导一样，这个摊平的 $\boldsymbol{z}_{\mathrm{row}}$ 的每一行表示一次的分配计算，需要将每一行累加到最终的输出 $\boldsymbol{z}$ 的对应位置上。将 $\boldsymbol{z}_{\mathrm{row}}$ 转换为 $\boldsymbol{z}$ 的过程，可以用卷积反向求导将 $\mathrm{d}\boldsymbol{x}_{\mathrm{row}}$ 转换为 $\mathrm{d}\boldsymbol{x}$ 的那个函数 row2im() 来完成。因此，一般都是按照卷积的反向求导过程对转置卷积做正向计算的。同样，可按照卷积的正向计算过程对转置卷积进行反向求导。作为练习，读者可以尝试写出一维转置卷积的正向计算和反向求导代码。

下面再看一些不同跨度和填充的转置卷积的过程。如图 8-56 所示是输入长度为 3、卷积核长度为 3、跨度为 2、填充为 0 的转置卷积。如图 8-57 所示是输入长度为 3、卷积核长度为 3、跨度为 2、左右填充各为 1 的转置卷积。

图 8-56　　图 8-57

可见，填充长度为 1 时的输出的最左边和最右边的元素都没有被计入输出张量。只要用转置卷积类比卷积的逆过程，就可以理解包含跨度和填充的转置卷积的计算过程了。

8.8.2 二维转置卷积

和一维转置卷积是一维卷积的逆向过程一样，二维转置卷积是二维卷积的逆向过程。

如图 8-58 所示，对于卷积运算，将下面的看成输入、上面的看成输出，表示的是对一个 4×4 输入通过一个 3×3 的卷积核，执行跨度为 1、填充为 0 的卷积，得到了形状为 2×2 的输出。同样的图也可以看成上面的是输入、下面的是输出，表示的是 2×2 的输入用 3×3 卷积核执行跨度为 1、填充为 0 的转置卷积，得到形状为 4×4 的输出。

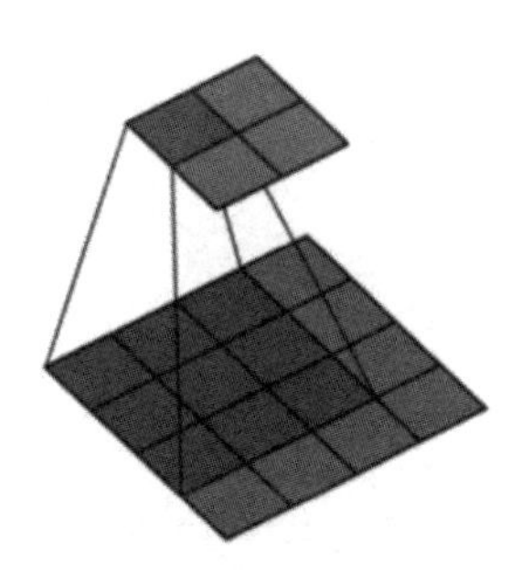

图 8-58

二维转置卷积的矩阵乘法实现和一维转置卷积的矩阵乘法实现过程是一样的，即用对应的二维卷积的反向求导和正向计算过程，分别实现二维转置卷积的正向计算和反向求导过程。

因此，只要修改一下前面已经实现的卷积运算的类 Conv_fast，将 Conv_fast 类的 backward() 和 forward() 方法转换为转置卷积的实现类 Conv_transpose 的 forward() 和 backward() 方法即可。例如，对于输入 $\boldsymbol{x}$，可以将它看成损失函数关于卷积输出的梯度。先将其摊平为一个矩阵，即摊平为形状类似 $(N*oH*oW,F)$ 的矩阵，第 1 轴表示每个元素，第 2 轴表示输出通道数目，从而转换成 $\boldsymbol{X}_{\text{row}}$ 的矩阵，代码如下。

```
X_row = X.transpose(0,2,3,1).reshape(-1,F)
```

然后，根据反向求导公式可计算出这个转置卷积的输出的摊平矩阵 $\boldsymbol{Z}_{\text{row}}$，代码如下。

```
Z_row = np.dot(X_row,K_col.T)
```

最后，根据卷积反向求导过程，将 $\boldsymbol{Z}_{\text{row}}$ 的每一行分配累加到最终的输出 $\boldsymbol{Z}$。这个过程可以直接借助 row2im() 函数或 row2im_indices() 函数完成，代码如下。

```
Z = row2im_indices(Z_row,Z_shape,self.kH,self.kW,S =self.S,P = self.P)
```

同样，转置卷积的反向求导类似于卷积的正向计算过程。首先，将损失函数关于 $\boldsymbol{Z}$ 的梯度 dz 用 im2row() 或 im2row_indices() 函数摊平为一个矩阵 dZ_row，其中的每一行表示一个数据块，然后，计算转置卷积的输入 $\boldsymbol{X}$ 的梯度，代码如下。

```
dX_row = dZ_row @ K_col
```

这样，就可以得到关于 $\boldsymbol{X}$ 的梯度的摊平矩阵 dX_row 了。最后，将这个摊平矩阵转换成和 $\boldsymbol{X}$ 形状相同的四维张量，代码如下。

```
dX = dX_row.reshape(N,self.H,self.W,self.C)
dX = dX.transpose(0,3,1,2)
```

对于模型 K 的梯度 dK_col，计算过程也是类似的，而将摊平矩阵 dK_col 的形状转换成和 K 相同的形状更为直接，代码如下。

```
dK_col = self.X_row.T@dZ_row
dK = dK_col.reshape(self.K.shape)
```

根据上面的分析，可以写出转置卷积的类 Conv_transpose，代码如下。

```
class Conv_transpose():
    def __init__(self, in_channels, out_channels, kernel_size, stride=1,padding=0):
            super().__init__()
            self.C = in_channels
            self.F = out_channels
            self.kH = kernel_size
            self.kW = kernel_size
            self.S = stride
            self.P = padding
            # filters is a 3d array with dimensions (num_filters, self.K, self.K)
            # you can also use Xavier Initialization.
            #self.K = np.random.randn(self.F, self.C, self.kH, self.kW) #/(self.K*sel
f.K)
            #self.K = np.random.randn(self.C, self.F, self.kH, self.kW) #/(self.K*sel
f.K)
            self.K = np.random.normal(0,1,(self.C, self.F, self.kH, self.kW))
            self.b = np.zeros((1,self.F)) #,1))
            self.params = [self.K,self.b]
            self.grads = [np.zeros_like(self.K),np.zeros_like(self.b)]
            self.X = None

            self.reset_parameters()

    def reset_parameters(self):
        kaiming_uniform(self.K, a=math.sqrt(5))
        if self.b is not None:
            fan_in, _ = calculate_fan_in_and_fan_out(self.K)
            #fan_in = self.F
            bound = 1 / math.sqrt(fan_in)
            self.b[:] = np.random.uniform(-bound,bound,(self.b.shape))

    def forward(self,X):
        '''
        X:       (N,C,H,W)
        K:       (F,C,kH,kW)
        Z:       (N,F,oH,oW)
        X_row:    (N*oH*oW, C*kH*kW)
        K_col:     (C*kH*kW, F)
        Z_row = X_row*K_col:  (N*oH*oW, C*kH*kW)*(C*kH*kW, F) =  (N*oH*oW, F)
```

```
        dK_col = X_row.T @dZ_row: (C*kH*kW,N*oH*oW)*(N*oH*oW, F) = (C*kH*kW,F)
        dX_row = dZ_row@K_col.T = (N*oH*oW, F) * (F, C*kH*kW) = (N*oH*oW, C*kH*kW)
        '''
        #转换为多通道
        self.X = X
        if len(X.shape)==1:
            X = X.reshape(X.shape[0],1,1,1)
        elif len(X.shape)==2:
            X = X.reshape(X.shape[0],X.shape[1],1,1)

        self.N,self.H,self.W = X.shape[0], X.shape[2], X.shape[3]
        S,P,kH,kW = self.S, self.P,self.kH,self.kW
        self.oH =self.S*(self.H-1)+kH-2*P
        self.oW = self.S*(self.W - 1)+kW - 2*P

        K = self.K
        #将(N,F,oH,oW)转换为(N,oH,oW,F)，然后摊平为(-1,F)
        F = X.shape[1]
        #assert(F==self.F)
        X_row = X.transpose(0,2,3,1).reshape(-1,F)          #(N*oH*oW,F)
        K_col = K.reshape(K.shape[0],-1).transpose()        #摊平

        Z_row = np.dot(X_row,K_col.T)

        Z_shape = (self.N,self.F,self.oH,self.oW)
        Z = row2im_indices(Z_row,Z_shape,self.kH,self.kW,S =self.S,P = self.P)

        self.b = self.b.reshape(1,self.F,1,1)
        Z+= self.b

        self.X_row = X_row
        return Z


    def __call__(self,X):
        return self.forward(X)

    def backward(self,dZ):
        N,F,oH,oW = dZ.shape[0], dZ.shape[1],dZ.shape[2], dZ.shape[3]
        S,P,kH,kW = self.S, self.P,self.kH,self.kW

        dZ_row = im2row_indices(dZ,self.kH,self.kW,S=self.S,P=self.P)
        K_col = self.K.reshape(self.K.shape[0],-1).transpose()        #摊平

        dX_row = dZ_row @ K_col    # (o,f) = (9,18)(18,1) = (9,1)

        dK_col = self.X_row.T@dZ_row  #(1,9)(9,18)     #Z_row = X_row @ K_col
        dK = dK_col.reshape(self.K.shape)
```

```
        db = np.sum(dZ,axis=(0,2,3))
        db = db.reshape(-1,F)

        # (N*H*W, C)
        dX = dX_row.reshape(N,self.H,self.W,self.C)
        dX = dX.transpose(0,3,1,2)

        self.grads[0] += dK
        self.grads[1] += db

        return dX

    #--------添加正则项的梯度-----
    def reg_grad(self,reg):
        self.grads[0]+= 2*reg * self.K

    def reg_loss(self,reg):
        return  reg*np.sum(self.K**2)

    def reg_loss_grad(self,reg):
        self.grads[0]+= 2*reg * self.K
        return  reg*np.sum(self.K**2)
```

注意：人们有时用卷积运算来模拟转置卷积的计算过程，但这种模拟过程不但复杂，而且计算量很大，因此没有实际意义。感兴趣的读者可以参考链接8-3。

8.8.3　卷积对抗网络的代码实现

借助转置卷积，可以将一个低维的隐向量转换为一个高分辨率的图像。因此，卷积对抗网络的生成器可以用带有转置卷积层的神经网络来表示，判别器则用普通的卷积神经网络来表示。这样的对抗生成网络就是卷积对抗网络（DCGAN）。下面用DCGAN对MNIST手写数字集进行训练，使生成器可以从一个隐向量输出一个类似训练集中手写数字图像的图像。

首先，读取MNIST手写数字集作为训练样本，代码如下，如图5-59所示。

```
import data_set as ds
import matplotlib.pyplot as plt
%matplotlib inline

train_set, valid_set, test_set = ds.read_mnist()

train_X, train_y = train_set
valid_X, valid_y = valid_set
test_X, test_y = valid_set
print(train_X.dtype)
print(train_X.shape)
print(train_y.dtype)
print(train_y.shape)
```

```
ds.draw_mnists(plt,train_X,range(10))
plt.show()
train_X = train_X.reshape(train_X.shape[0],1,28,28)
print(train_X.shape)
```

```
float32
(50000, 784)
int64
(50000,)
```

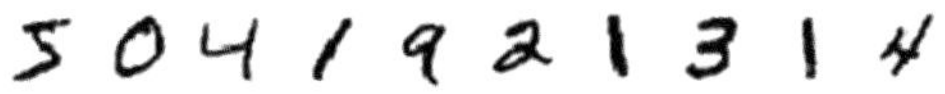

5 0 4 1 9 2 1 3 1 4

图 5-59

```
(50000, 1, 28, 28)
```

然后，用转置卷积类和卷积类及其他网络层类，分别定义表示生成器和鉴别器的神经网络 G 和 D，代码如下。

```
from util import *
from NeuralNetwork import *
from GAN import *


np.random.seed(100)
random_name = 'no'
random_value =  0.01

G = NeuralNetwork()
z_dim = 100
ngf=28
ndf=28
nc=1

G.add_layer(Conv_transpose(z_dim, ngf*4,4,1,0))        # ->(ngf*4) x 4 x 4
G.add_layer(BatchNorm(ngf*4))
G.add_layer(Relu()) #Leaky_relu(0.2))
G.add_layer(Conv_transpose(ngf*4,ngf*2,3,2,1))         #  2(4-1)+3-2 ->(ngf*2) x 7 x 7
G.add_layer(BatchNorm(ngf*2))
G.add_layer(Relu()) #Leaky_relu(0.2))
G.add_layer(Conv_transpose(ngf*2,ngf,4,2,1))      # 2(7-1)+4-2 ->(ngf) x 14 x 14
G.add_layer(BatchNorm(ngf))
G.add_layer(Relu()) #Leaky_relu(0.2))
G.add_layer(Conv_transpose(ngf,nc,4,2,1))         # 2(14-1)+4-2 ->(nc) x 28 x 28
G.add_layer(Tanh())

#self.oH = (self.H - kH + 2*P)// S + 1
D = NeuralNetwork()
```

```
D.add_layer(Conv_fast(nc, ndf,4,2,1))              # (28-4+2)//2+1=14 ->ndf x 14 x 14
D.add_layer(BatchNorm(ndf))
D.add_layer(Leaky_relu(0.2))
D.add_layer(Conv_fast(ndf, 2*ndf,4,2,1))           # (14-4+2)//2+1=7 ->(2*ndf) x 7 x 7
D.add_layer(BatchNorm(2*ndf))
D.add_layer(Leaky_relu(0.2))
D.add_layer(Conv_fast(2*ndf, 4*ndf,3,2,1))         # (7-3+2)//2+1=4 ->(4*ndf) x 4 x 4
D.add_layer(BatchNorm(4*ndf))
D.add_layer(Leaky_relu(0.2))
D.add_layer(Conv_fast(4*ndf, 1,4,1,0))             # (4-4+0)//1+1=1 ->1 x1 x1
#D.add_layer(Sigmoid())

def weights_init(layer):
    classname = layer.__class__.__name__
    if classname.find('Conv') != -1:
        W = layer.params[0]
        W[:] = np.random.normal(0.0, 0.02,(W.shape))
    elif classname.find('BatchNorm') != -1:
        W = layer.params[0]
        W[:] = np.random.normal(1.0, 0.02,(W.shape))
        b = layer.params[1]
        b[:] = 0

G.apply(weights_init)

#定义训练G和D的优化器算法对象
reg = None #1e-5
D_lr = 0.0002
G_lr = 0.0002
beta_1,beta_2 = 0.5,0.999
D_optimizer = Adam(D.parameters(),D_lr,beta_1,beta_2)
G_optimizer = Adam(G.parameters(),G_lr,beta_1,beta_2)
```

最后，采用前面介绍的 GAN 训练过程训练这个 DCGAN 网络模型，其中 show_result_mnist() 是用于显示中间结果的辅助函数。相关代码如下。

```
def show_result_mnist(D_losses = None,G_losses = None,m=10):
    #fig, (ax1, ax2) = plt.subplots(1, 2, figsize=(10, 4))

    #ax1.clear()
    if D_losses and G_losses:
        i = np.arange(len(D_losses))
        plt.plot(i,D_losses, '-')
        plt.plot(i,G_losses, '-')
        plt.legend(['D_losses', 'G_losses'])
        plt.show()

    ##ax2.clear()

    z = np.random.randn(m, z_dim)
```

```
    x_fake = G(z)
    ds.draw_mnists(plt,x_fake,range(m))
    plt.show()

#-----------开始训练-------------
import time
batch_size  = 64 # len(X)
data_it = data_iterator_X(train_X,batch_size,shuffle = True,repeat=False)

#noise_it = iter(Noise_z(batch_size,z_dim))
noise_it =   noise_z_iterator(batch_size, z_dim)
iterations  = 1500
#losses = GAN_train(D,G,D_optimizer,G_optimizer,data_it,noise_it,BCE_loss_grad,iter
ations,reg,3,1,show_result_2)
#losses = GAN_train(D,G,D_optimizer,G_optimizer,data_it,noise_it,BCE_loss_grad,iter
ations,reg,show_result_mnist,10,10)

start = time.time()
loss_fn = BCE_loss_grad
n_epoch = 20 #200
print_n  =20
for epoch in range(1, n_epoch+1):
    D_losses, G_losses = [], []
    data_it = data_iterator_X(train_X,batch_size,shuffle = True,repeat=False)
    for batch_idx, x_real in enumerate(data_it):
        x_fake = G(next(noise_it))
        D_loss = D_train(D,D_optimizer,x_real,x_fake,loss_fn,reg)
        G_loss = G_train(D,G,G_optimizer,next(noise_it),loss_fn,reg)
        D_losses.append(D_loss)
        G_losses.append(G_loss)
        #print(D_loss,G_loss)
        #if batch_idx>10: break

        if batch_idx%print_n ==0:
            print('[%d:/%d]: loss_d: %.3f, loss_g: %.3f' % (
                (batch_idx), epoch, np.mean(np.array(D_losses)), \
                 np.mean(np.array(G_ losses))))
            show_result_mnist(D_losses,G_losses)


    D.save_parameters('MNIST_DCGAN_D_params.npy')
    G.save_parameters('MNIST_DCGAN_G_params.npy')
    print('[%d/%d]: loss_d: %.3f, loss_g: %.3f' % (
            (epoch), n_epoch, np.mean(np.array(D_losses)), \
             np.mean(np.array(G_losses))))
    #break

done = time.time()
elapsed = done - start
```

```
print("训练的时间：%d 秒"%(elapsed))
```

完整代码请访问本书作者的 GitHub 站点（链接 0-1）下载。

如图 8-60 所示，是训练过程中的第 11 趟 epoch 的中间结果。

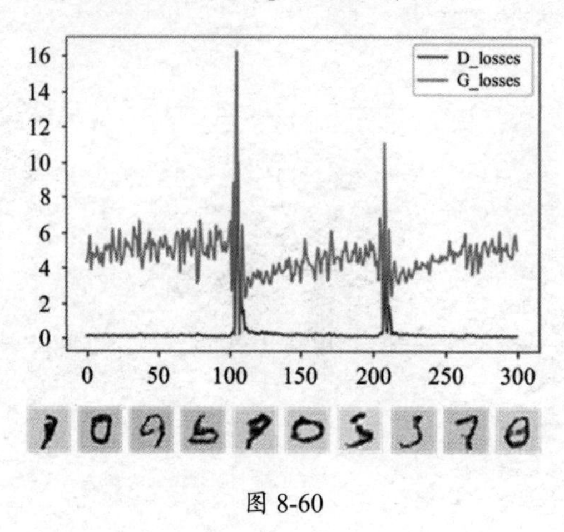

图 8-60

参考文献

[1] 斋藤康毅. 深度学习入门：基于 Python 的理论与实现 [M]. 北京：人民邮电出版社, 2018.

[2] Nielsen, Michael A. Neural networks and deep learning [M]. vol. 2018. San Francisco, CA: Determination press, 2015.
http://neuralnetworksanddeeplearning.com

[3] Aston Zhang, Mu Li, Zachary C. Lipton, Alexander J. Smola. 动手学深度学习 [M]. 2020.
https://zh.d2l.ai/d2l-zh.pdf.

[4] Andrew Ng. deeplearning.ai 课程. 2019.
https://mooc.study.163.com/u/ykt1503557960168#/c.

[5] Stanford University. CS231n: Convolutional Neural Networks for Visual Recognition. 2019.
http://cs231n.stanford.edu/.

[6] Andrew Ng. Unsupervised Feature Learning and Deep Learning Tutorial. 2018.
http://ufldl.stanford.edu/tutorial/StarterCode/.

[7] Rosenblatt, Frank. The Perceptron: A Probabilistic Model for Information Storage and Organization in the Brain [J]. Cornell Aeronautical Laboratory, Psychological Review, 1958, 65(6): 386-408.

[8] Hopfield, J. J. Neural networks and physical systems with emergent collective computational abilities [C]. Proc. Natl. Acad. Sci. U.S.A. 1982, 79 (8): 2554-2558.

[9] Y. LeCun , B. Boser , J. S. Denker , D. Henderson , R. E. Howard , W. Hubbard and L. D. Jackel, "Backpropagation applied to handwritten zip code recognition [J]. Neural Computation, 1989, 1(4):541-551.

[10] Y. LeCun, L. Bottou, Y. Bengio, and P. Haffner. Gradient-based learning applied to document recognition [C]. Proceedings of the IEEE, 1998, 86(11): 2278-2324.

[11] Krizhevsky, Alex, Sutskever, Ilya, Hinton, Geoffrey E. ImageNet classification with deep convolutional neural networks [J]. Communications of the ACM. 2017, 60 (6): 84-90.

[12] Kaiming He, Xiangyu Zhang, Shaoqing Ren, Jian Sun. Delving Deep into Rectifiers: Surpassing Human-Level Performance on ImageNet Classification [C]. 2015 IEEE International Conference on Computer Vision (ICCV), 2015.

[13] Sergey Ioffe, Christian Szegedy. Batch Normalization: Accelerating Deep Network Training by Reducing Internal Covariate Shift [J]. 2015, arXiv preprint, arXiv:1502.03167.

[14] Nitish Srivastava, Geoffrey Hinton, Alex Krizhevsky, Ilya Sutskever, Ruslan Salakhutdinov. Dropout: A Simple Way to Prevent Neural Networks from Overfitting [J]. Journal of Machine Learning

Research. 2014, 15(56):1929-1958.

[15] Afshine Amidi, Shervine Amidi. Deep Learning Tips and Tricks cheatsheet. 2019. https://stanford.edu/~shervine/teaching/cs-230/cheatsheet-deep-learning-tips-and-tricks

[16] Kaiming He, Xiangyu Zhang, Shaoqing Ren. Deep Residual Learning. 2015, arXiv:1512.03385.

[17] Kaiming He, Xiangyu Zhang, Shaoqing Ren, and Jian Sun. Deep Residual Learning for ImageRecognition. IEEE Conference on Computer Vision and Pattern Recognition (CVPR), 2016.

[18] Sepp Hochreiter, Jürgen Schmidhuber. Long short-term memory [J]. Neural Computation. 1997, 9(8): 1735-1780.

[19] Cho, Kyunghyun, van Merrienboer, Bart, Gulcehre, Caglar, Bahdanau, Dzmitry, Bougares, Fethi, Schwenk, Holger, Bengio, Yoshua . Learning Phrase Representations using RNN Encoder-Decoder for Statistical Machine Translation. 2014, arXiv:1406.1078.

[20] Christopher Olah. Understanding LSTM Networks. 2015. https://colah.github.io/posts/2015-08-Understanding-LSTMs/

[21] Diederik P Kingma, Max Welling. Auto-Encoding Variational Bayes.2013, arXiv:1312.6114.

[22] Goodfellow, Ian; Pouget-Abadie, Jean; Mirza, Mehdi; Xu, Bing; Warde-Farley, David; Ozair, Sherjil; Courville, Aaron; Bengio, Yoshua. Generative Adversarial Nets [C]. Proceedings of the International Conference on Neural Information Processing Systems. 2014: 2672-2680.

[23] Martin Arjovsky, Soumith Chintala, and Léon Bottou. "Wasserstein GAN".2017, arXiv:1701.07875.

[24] Lilian Weng. From GAN to WGAN. 2017. https://lilianweng.github.io/lil-log/2017/08/20/from-GAN-to-WGAN.html

[25] Alec Radford, Luke Metz, Soumith Chintala. Unsupervised Representation Learning with Deep Convolutional Generative Adversarial Networks. 2015, arXiv:1511.06434.

[26] Jun-Yan Zhu, Taesung Park, Phillip Isola, Alexei A. Efros. Unpaired Image-to-Image Translation using Cycle-Consistent Adversarial Networks. 2017, arxiv 1703.10593 .